工程博弈论及能源电力系统应用

梅生伟　魏韡　刘锋　陈玥　方宇娟　著

清华大学出版社
北　京

内 容 简 介

本书主要介绍现代工程博弈基本理论及其在能源电力系统控制与决策领域的应用成果，内容分为三部分。第一部分为基础篇（第1～7章），主要从工程系统控制与决策的角度阐述一般博弈论的基本概念及基本方法，包括静态非合作博弈、一般动态博弈、静态合作博弈、微分博弈及演化博弈等内容；第二部分为方法篇（第8～11章），主要介绍工程博弈论的四类先进设计方法，涉及多目标优化、鲁棒优化、鲁棒控制和多层优化四个领域；第三部分为应用篇（第12～17章），重点介绍工程博弈论在能源电力系统中的应用实例，主要涉及清洁能源电力系统容量配置、运行调度、稳定控制、安全防御以及综合能源系统商业模式设计和形态演化。

本书可以作为电气工程、自动控制和系统工程专业的研究生教材，也可供从事上述专业的研究人员和工程技术人员参考。

图书在版编目（CIP）数据

工程博弈论及能源电力系统应用/梅生伟等著.—北京：清华大学出版社，2022.6（2023.11重印）
ISBN 978-7-302-60659-8

Ⅰ. ①工…　Ⅱ. ①梅…　Ⅲ. ①博弈论-应用-电力系统-研究　Ⅳ. ①TM7

中国版本图书馆 CIP 数据核字（2022）第 068164 号

责任编辑： 王　欣
封面设计： 常雪影
责任校对： 赵丽敏
责任印制： 沈　露

出版发行： 清华大学出版社
网　　址： http://www.tup.com.cn，http://www.wqbook.com
地　　址： 北京清华大学学研大厦 A 座　　**邮　　编：** 100084
社 总 机： 010-83470000　　**邮　　购：** 010-62786544
投稿与读者服务： 010-62776969，c-service@tup.tsinghua.edu.cn
质量反馈： 010-62772015，zhiliang@tup.tsinghua.edu.cn
印 装 者： 三河市铭诚印务有限公司
经　　销： 全国新华书店
开　　本： 185mm×260mm　　**印　张：** 38.5　　**字　　数：** 838 千字
版　　次： 2022 年 8 月第 1 版　　**印　　次：** 2023 年 11 月第 2 次印刷
定　　价： 168.00 元

产品编号：089913-01

序　一

工程系统（如能源-电力系统）在设计、管理等问题中涉及各种优化决策，其目的是在所有可行的策略集合中，高效准确地寻找出最佳的一个或者一组策略。在实际工程决策问题中，经常需要处理比较复杂的场景。比如，决策所依赖的因素或信息不能准确获知，此时涉及不确定性优化决策问题；又如，决策目标可能有多个，即所谓多目标优化决策问题；再如，决策过程可能涉及不同利益方在长期演化过程中的冲突或者合作行为，涉及竞争/合作优化决策问题。上述工程决策问题可以归结为一类多主体、多目标、不确定性的优化决策问题。与常规优化问题不同，这类问题必须考虑主体之间、目标之间以及决策与不确定性之间的交互影响，其分析求解非常具有挑战性，已成为工程决策研究领域的热点和前沿。

博弈论是研究多个主体之间策略相互作用下的决策行为的一种理论。博弈过程中，要求任何一个决策主体必须意识到其他决策主体的存在，意识到自己必须面对（至少一方）其他决策主体的影响，意识到自己与其他所有决策主体一起身处博弈格局中，共同处理冲突/竞争/合作等问题，意识到自己做决策时必须要换位思考。作者团队将博弈论视为工程决策问题的一个自然推广，从而将多主体、多目标、不确定等各种复杂工程决策问题纳入博弈论的统一框架，基于“以均衡协调冲突”的思想，通过均衡分析来寻求“最优”策略。在此基础上借鉴钱学森先生建立“工程控制论”的思路，梳理总结了典型工程决策问题的一般博弈理论和方法，从而开辟了“工程博弈论”这一极具吸引力的新方向。

通过多年探索和实践，作者团队针对工程优化决策问题中常见的不确定性问题、多目标协调问题以及多主体在长期演化过程中的冲突/合作问题，建立了不确定性工程决策问题的非合作博弈原理、多目标工程决策问题的合作博弈原理和多主体规划工程决策问题的演化工程博弈原理，并将之应用于能源-电力系统工程实践，取得了令人鼓舞的成效，显示了其巨大的潜力。自 2018 年始，国家自然科学基金委“自动化”一级学科将“工程博弈论”列为“系统工程理论与技术”二级学科下的一个新兴研究方向，从侧面反映出作者团队这一原创性工作得到了学术界的认可，殊为不易。

该书是作者团队 10 余年的理论探索和工程实践的总结。在组织结构上采用“基础理论”“一般方法”“典型应用”三大板块。其中，基础理论部分介绍了非合作博弈、合作博弈和演化博弈理论，力图阐释清楚博弈论的核心思想和基本原理；一般方法部分围绕多目标优化、鲁棒优化、鲁棒控制和双层优化四类常见的复杂工程决策问题，系统化地阐释了工程博弈建模思想和一般化求解方法；典型应用部分则以能源电力系统中关注的规划、调度、控制、市场机制、政策制定等问题为应用实例，详细阐述了如何应用工程博弈论解决实际工程决策问题。全书结构清晰，逻辑严密，是一部极具学术参考价值的著作。

作为艰深的博弈数学理论和复杂的工程决策问题之间的桥梁，本书所阐述的基本原理和一般方法具有通用性。虽然书中主要考虑了能源电力系统中的应用问题，但可以比较容易地推广应用于不同领域的工程决策问题。相信本书可以为有志于从事工程博弈论相关研究的读者提供有益的参考。

周孝信

2021 年 5 月

序　二

在新能源发电比例持续提升、多类型能源系统深度融合的新形势下，我国电力系统正在向绿色清洁、低碳高效的智慧能源-电力系统过渡。能源技术的不断创新，清洁能源的深度开发，用电市场的持续开放将为智慧能源-电力系统的建设提供保障，同时也将对其安全提出更高的要求。一方面，电力系统运营日渐开放，参与主体趋于多元化。天然气网和热网等多类能源基础设施与电力系统的互联导致能源行业的融合加深，进一步增加了系统参与主体的多样性。另一方面，任何工程系统运营都追求安全、经济、环保等多个优化目标。然而风光等新能源发电具有显著的波动性和不确定性，提高新能源发电比例将增大系统的运行风险，导致上述多个目标互相冲突。在此背景下，智慧能源-电力系统的规划、运行与控制问题可归结为一类复杂的多主体、多目标、不确定工程优化决策问题。以单目标确定型为代表的传统优化方法难以较好地解决该类优化问题。

博弈论研究具有竞争或对抗性质的决策行为。在博弈格局中，参与竞争的决策主体具有不同的目标或利益，各参与者必须考虑对手各种可能的行动方案对自身利益的影响，并力图选取对自己最有利的方案。博弈论是现代数学的一个新分支，在经济学、社会学、计算机科学、国际关系、军事战略等诸多学科都有广泛应用。作者 2016 年出版《工程博弈论基础及电力系统应用》（以下简称《基础》）一书，总结凝练了工程控制与决策问题的博弈内涵，创立了以四种博弈优化方法为代表的工程博弈论，成为解决智能电网典型优化决策问题的标准范式。自 2018 年起，国家自然科学基金委“自动化”一级学科将“工程博弈论”列为“系统工程理论与技术”二级学科下的一个新兴研究方向，与“复杂系统理论”和“网络系统优化”相并列。这从一个侧面反映出作者团队在工程博弈论方面研究工作的原发性和开拓性。《基础》问世 5 年以来，能源电力系统技术日新月异，能源互联网、综合能源系统成为研究热点，为工程博弈论的应用提供了更广阔的舞台。该书较《基础》取得了长足进步，新增了不少颇具特色的内容。

该书由基础篇、方法篇和应用篇三部分组成。第一部分简要介绍非合作博弈、合作博弈和演化博弈等基础理论。第二部分主要阐述多目标优化、鲁棒优化、鲁棒控制及双层优化等四类典型工程博弈问题的建模思想和系统化求解方法。第三部分将第二部分理论成果应用于能源-电力系统工程决策实例，涵盖了电力系统规划、调度、控制以及综合能源系统演化机理和运行模式等重要问题。

该书兼顾博弈基础理论、前沿学术动态和实际工程应用，强调以“均衡协调冲突”的基本思想，在艰深的博弈分析理论和复杂的能源-电力系统工程决策问题之间架设起桥梁。相信该书将为有志于钻研此方向的读者提供有益参考，并促进工程博弈论在解决智慧能源-电力系统控制与决策问题中发挥更加重要的作用。

程时杰

2021 年 1 月

序　三

博弈论是研究现实世界中包含有矛盾、冲突、对抗、合作诸因素的优化问题的一门学科。从现代数学角度看，博弈论又称对策论，主要研究当多个决策主体之间存在利益关联或者冲突时，各决策主体如何根据自身能力及所掌握的信息，做出利己决策的一种理论。博弈论于 20 世纪 40 年代源于经济学，但其在军事、社会、信息、政治、管理乃至工程领域均有广泛的应用。该书是梅生伟教授所带领的团队在博弈论工程应用方面持续 10 年辛勤研究工作的总结，其主要创新体现在两个方面。

一是理论方面。一般工程决策优化问题特指在工程系统的设计、管理等问题中所面临的优化决策问题，包括但不限于系统的规划、设计、计划、运行和控制等。随着第四次工业革命的兴起，人类社会工程活动规模不断增大，复杂度不断增高，实际工程优化决策问题经常会面临多决策主体、多决策目标以及不确定性等复杂场景，而常规的优化决策方法有较大局限性。该书受维纳“反馈理念”和钱学森“工程控制论”启发，将工程设计与试验中应用博弈论的基本概念、建模与求解方法以及考虑工程实际的技术性条件进行决策的理论提炼总结为“工程博弈论”，其基本思路是，充分考虑策略间相互作用，通过博弈均衡分析确定工程决策问题的最优策略，从而为处理复杂工程决策问题建立了统一的博弈理论工具。自 2018 年起，国家自然科学基金委“自动化”学科将“工程博弈论”列入新兴研究方向，说明该书作者创立的工程博弈论为现代控制与决策学科注入了新的活力，极具研究价值。

二是工程方面。近年来随着能源资源和环境条件的约束，我国风光电力发展迅猛，电力系统正逐步向着由风光电厂、常规电厂、储能和电网等各个主体构成的高比例新能源电力系统演进。其优化决策不仅面临风光电力的高不确定性，且需兼顾安全经济环保等相互冲突的多种目标，以及源网荷各决策主体间的复杂竞争合作关系，而目前以单目标、单主体确定性优化为代表的常规优化决策方法难以解决此类问题。该书系统阐述了工程博弈论在新能源电力系统规划、调度、控制以及运营模式等方面的工程应用技术，特别介绍了近 5 年在演化工程博弈和高比例新能源电力系统调控技术方面取得的工程应用成果。

该书包括一般博弈基础理论、工程博弈基本方法和能源电力系统应用三部分。其中，第一部分介绍非合作博弈、合作博弈和演化博弈基础理论，特别包括不确定性工程决策问题的非合作博弈原理、多目标工程决策问题的合作博弈原理和多主体工程规划问题的演化博弈原理，逻辑缜密，层次清晰。第二部分阐述工程博弈论的四类先进设计方法，涉及多目标、鲁棒优化、鲁棒控制和多层优化四个领域，工程实用性强。第三部分是第一部分和第二部分在能源、电力系统工程应用实例，颇具特色的是，该书第二、三部分各章末均设有说明与讨论一节，既做总结，也谈展望，更叙不足，展现出梅生伟教授所带领的团队求实严谨的学风。

工程博弈论是具有广泛应用前景的新型优化决策方法论，期望并相信该书能给关心此领域发展以及准备应用工程博弈论解决实际工程决策问题的读者有所裨益。

陈维如

2021 年 2 月

前　言

《工程博弈论基础及电力系统应用》（以下简称《基础》）一书自 2016 年出版以来，基于工程博弈论的工程决策科学与技术又有了长足的发展。《基础》作为清华大学研究生专业课《工程博弈论》的课程教材，同时也作为能源电力系统科研人员和工程技术人员的参考书目，得到了读者们的普遍关注。《基础》虽然是我们团队历经多年研究成果的结晶，但毕竟赶不上工程博弈论日新月异的发展步伐，更何况其本身固有的时代局限性。本书出版的动机是总结并介绍我们团队最新的重要研究成果，希望本书出版后能够实现两个目标：一是从复杂工程系统优化决策角度梳理和夯实工程博弈论基础理论体系，使之具备类似一般博弈论那样的鲜明特征，问题提出犀利准确，理论创新严谨凝练。二是面向近年来蓬勃发展的综合能源系统与能源互联网，其优化决策问题面临不同能源网络的物理信息系统相互交织、能量流相互耦合、约束条件和利益相互影响等复杂场景，本书的出版将为解决此类问题提供有力工具和一般范式。

全书分为三个部分，共 17 章。

基础篇包括第 1~7 章，主要介绍博弈论的基本概念和分类。其中，第 2 章是全书的数学基础，主要介绍函数和集合的基本性质以及基本的优化和控制问题。具备相应基础的读者可以略过相关内容。第 3 章介绍博弈论中最基本也是最重要的静态非合作博弈，重点是博弈的基本概念以及在信息完备和不完备情况下的两种形式：完全信息静态博弈和不完全信息静态博弈。相应地，第 4 章介绍完全信息动态博弈和不完全信息动态博弈。第 5 章介绍静态合作博弈，包括基于联盟的描述方式和基于协商的描述方式。第 6 章介绍微分博弈，重点阐述基本概念及其与控制论的联系。第 7 章介绍演化博弈，讨论参与者如何通过学习影响博弈的均衡。

方法篇包括第 8~11 章，主要介绍以博弈论为基础的 4 类先进决策方法。其中，第 8 章介绍多目标优化问题的非合作博弈解法、合作博弈解法以及演化博弈解法。第 9 章阐述鲁棒优化问题的博弈内涵，揭示鲁棒优化和一类零和博弈的关系，重点介绍静态鲁棒优化和两阶段鲁棒优化的解法以及近年来受到广泛关注的分布鲁棒优化方法。第 10 章介绍鲁棒控制问题的微分博弈模型和解法，包括基于近似动态规划的学习算法。第 11 章介绍多层优化问题的主从博弈模型和解法。此部分内容为本书精华所在。

应用篇包括第 12~17 章，主要介绍工程博弈方法在能源电力系统中的应用实例，主要涉及电力系统规划、调度、控制以及综合能源系统等内容。其中，第 12 章采用非合作博弈和鲁棒优化讨论清洁能源电力系统容量配置问题，并采用合作博弈分析利益分配问题。第 13 章采用鲁棒优化研究考虑新能源发电不确定性的电力系统鲁棒调度问题，包括机组组合、备用整定和经济调度。第 14 章基于微分博弈设计发电机与无功补偿装置的控制器。第 15 章基于鲁棒优化讨论一种具有三层架构的攻防博弈，并将其用于电力系统薄弱环节的辨识与变电站网络安全。第 16 章采用广义 Nash 博弈研究综合能源系统中的新型商业模式和市场设计。第 17 章采用演化博弈研究综合源系统的发展演化和政策设计问题。

与《基础》相比，本书主要更新了下述内容。

第 2 章：删减随机微分方程，更新近似动态规划的介绍。

第 3 章：新增 3.2.6 节对势博弈进行介绍。

第 4 章：新增 4.3 节对信息不对称问题的博弈设计方法进行介绍；4.4 节总结非合作工程博弈原理。

第 5 章：新增 5.9 节讨论合作工程博弈原理。

第 7 章：新增 7.3 节介绍网络上的演化博弈；7.5 节讨论演化博弈与多智能体学习的关系；7.6 节讨论演化工程博弈原理。

第 8 章：新增 8.5 节介绍一种多目标优化问题的演化博弈求解方法。

第 9 章：新增 9.5 节讨论分布鲁棒优化问题。

第 12 章：《基础》第 12 章压缩为 12.1 节，新增 12.2 节和 12.3 节讨论高比例新能源输电系统储能容量配置和能源枢纽容量配置设计实例。

第 13 章：调整章节顺序，更新 13.1 节鲁棒机组组合问题的模型和算法。

第 15 章：新增 15.4.4 节介绍安全博弈在变电站网络安全中的应用。

第 16 章：以综合能源系统商业模式设计实例替换《基础》中若干电力经济问题实例（第 14 章）。

第 17 章：以综合能源系统演化分析替换《基础》第 17 章。

需要说明的是，第 12~17 章新增的设计实例均为当前热点问题。至此，本书应用篇内容覆盖了工程博弈论在现代能源电力系统领域应用的主要场景，使得本书成为同行学者与广大工程技术人员学习工程博弈论及其应用的有益工具书。总体而言，本书内容较《基础》一书已更新约 40%。

本书基础理论研究承蒙国家自然科学基金创新群体项目“聚纳大型风光发电的电力系统智能调度与控制基础研究”资助，新增研究内容得到国家自然科学基金项目“多能网络模型及动态演化机理研究”（No.U1766203）和国家重点研发计划“规模化储能系统集群智能协同控制关键技术研究及应用”（No.2021YFB2400701）的资助，借此机会向国家自然科学基金委和工信部谨致深切的谢意。同时这些成果还包括研究生王程、陈玥、方宇娟、曹阳、谢睿的学位论文的研究成果，在此也向他们深表谢意。值得一提的是，本书新增作者陈玥具有北京大学经济学双学位，对工程博弈论的经济学内涵有着深刻见解，本书第 16 章即为她博士工作的一部分。鉴于其突出的科研成果，陈玥博士获得 Stanford 大学博士后奖金，并于 2020 年同时入选 UC Berkeley 评选的电气工程与计算机科学领域 Rising Stars 和 CMU 评选的土木与环境工程领域 Rising Stars，是唯一来自中国大陆的获奖者。我们团队基于本书第 13 章阐述的鲁棒调度方法研发了“新能源电力系统鲁棒一体化调控平台”，已经应用于青海大规模新能源发电调度，有力支撑了绿电 7 日、9 日、15 日、31 日、35 日等全清洁能源供电创新实践，创造了巨大的社会经济效益，相关成果获青海省科技进步一等奖、中国可再生能源学会一等奖、中电联电力创新大奖等奖励。在《控制理论与应用》工程博弈论专刊发表的对工程博弈论的介绍性论文“电力系统控制与决策中的博弈问题——工程博弈论初探”入选中国精品科技期刊顶尖论文（F5000）；在该刊英文刊发表的论文 *On engineering game theory with its application in power systems* 2017 年下载次数居所有论文之首。特别让我们欣慰和鼓舞的是，自 2018 年始，国家自然科学基金委“自动化”一级学科即将“工程博弈论”列为“系统工程理论与技术”二级学科下的一个新兴研究方向并赋予编号 F030416，与“复杂系统理论”和“网络系统优化”等相并列。这从一个侧面反映出我们在此领域十余年的辛勤耕耘得到了学术界的认可和肯定，殊为荣幸。

清华大学出版社对本书出版给予了大力帮助和支持，谨借此机会表达深切的谢意。

梅生伟　谨　识

2021 年 12 月于清华园

目　录

第1章 绪论

1.1 从控制与决策的角度看工程博弈问题

博弈论又称对策论，是研究当多个决策主体之间行为具有相互作用时，各决策主体如何根据所掌握的信息及对自身能力的认知，做出有利于自己决策的一种理论[1]。简言之，博弈论是有关策略相互影响的理论。在博弈问题中，每个参与者在决策时都必须考虑其他参与者如何行动[2]。

对博弈论的研究可追溯到 Zermelo（1913 年）、Borel（1921 年）及 von Neumann（1928 年），后由 von Neumann 和 Morgenstern（1944 年、1947 年）首次对其系统化和形式化，其里程碑式成果为二人合作出版的名著《博弈论与经济行为》（The Theory of Games and Economic Behavior）[3]。该书阐述的关于二人零和博弈问题的系统化研究方法不仅成为博弈论建模分析的标准范式，所提极大极小解的概念更为不确定性条件下博弈参与者进行理性决策提供了重要工具。1950 年，Nash 给出了多人非合作博弈均衡的定义，并利用不动点定理证明均衡点的存在性，为博弈论的一般化，尤其是为现代非合作博弈理论奠定了坚实的数学基础[4,5]，可谓是博弈论发展史上的第二个里程碑。相对于极小极大解，Nash 均衡是更为一般的博弈解概念，适用于包括零和博弈在内的所有博弈格局。博弈论发展的第三个里程碑式工作是 Smith 于 20 世纪 70 年代创立的演化博弈论[6-8]，其核心理念在于用大规模行动解释博弈均衡，进一步结合生物、生态、心理及工程技术等学科的最新成果，分析生物种群、人类社会及人工系统的演化特性和博弈均衡问题。

博弈论源于经济学，但其在军事、社会、工程等领域也有广泛的应用。从诞生以来的半个多世纪里，博弈论已经对经济学乃至整个社会科学产生了重要影响，成为一个重要的决策分析工具。时至今日，博弈论不仅已成为微观经济学的基础和主流经济学的重要组成部分，更有学者认为它是整个社会科学的基础。本书关注的是博弈论在工程领域的应用成果及其方法提炼，主要从电力系统控制与决策两个层面讨论工程博弈论的背景、需要解决的问题以及未来展望。

我们首先溯源工程博弈论。20 世纪 90 年代初，笔者（以下如无特殊说明，均指本书第一作者）在中科院系统所跟随秦化淑研究员攻读博士时即开始了解并学习博弈论，当时主要是运用微分博弈研究非线性系统鲁棒控制问题。1996 年博士毕业后，进入清华大学电机系，在卢强院士指导下从事电力系统鲁棒控制理论及工程推广应用工作。当时的一个工作重点是大型发电机组励磁系统的设计与研发，为此曾数十次到东北、华中电站现场与电气工程师们深入交流。当年励磁控制器主流产品为美国的 PSS（电力系统稳定器，实际上是一类工业 PID 控制器）。PSS 工程背景明确，其基于频域的测试方法又为工程师们所熟悉，特别适合需要依赖工程经验或测试进行控制器设计的系统。由于工程师们既无精力也无兴趣去了解和学习微分博弈（非线性鲁棒控制），甚至连基于状态空间的线性最优控制也不甚熟悉，由此形成了学院派与工程界的“尖锐”对立。工程师们认为专家学者们的理论看似高深，但实用性不强。一方面，电气工程师承认，随着电力系统本身规模的发展和复杂程度的增大，基于单输入控制方式的 PSS 逐渐难以满足电力系统对抑制振荡和提高稳定极限方面的要求，因此急需研发抗干扰能力强、适应宽运行工况的励磁控制系统；另一方面，从笔者团队所谓的学院派来看，基于微分博弈的鲁棒控制理论将控制系统外部干扰与内部未建模动态统一视为虚拟的博弈参与者，通过设计鲁棒控制策略（反馈 Nash 均衡）充分抑制最坏情况下的干扰，从而使系统在任何运行工况下均具有满意的控制性能。在此背景下，笔者深刻认识到，学院派的任务不仅在于用先进理论解决工程实际问题，更重要的是与电气工程师沟通交流，实现理论与工程的有机结合。现在回想起来，正是我们与工程师的相互碰撞使我们找到了共同语言——工程博弈论。为此，笔者团队基于微分博弈和鲁棒控制理论研发了大型发电机组非线性励磁控制工业装置（NR-PSS），能够显著改善电力系统暂态稳定性，提高输送功率极限 16.7%[9]。文献 [10] 进一步揭示了基于状态空间的鲁棒控制理论与基于频域的古典控制理论的联系：对含干扰的非线性系统而言，反映鲁棒性能指标的 L_2 增益不等式在一定条件下退化为古典控制理论中的 Nyquist 判据。换言之，Nyquist 判据是 L_2 增益不等式的特殊情形，而 L_2 增益不等式则是 Nyquist 判据的推广。事实上，在博弈论框架下，若将存在于人工系统运行过程中的不确定性（主要指外部干扰和内部未建模动态）视为一个虚拟的决策主体，则线性/非线性 H_∞ 控制问题均可由二人零和微分博弈格局描述，而人们熟知的古典控制（主要指 PID 控制）、线性最优控制和非线性控制等均可纳入统一的博弈论框架。受控制理论发展及其工程应用推广的启发，工程博弈论的诞生与发展遵循了一般控制论到工程控制论的发展规律。这里需要指出的是，Nyquist 判据代表了迄今为止工业控制器的主流设计理念——PID，它是电气工程师们的最爱。我们深感幸运的是在工程博弈论这杆大旗下，我们与电气工程师真正成了同路人。

让我们再将目光投向智能电网与综合能源系统。众所周知，随着智能电网的发展，传统电力系统的结构、运行、调度、控制等诸多形态均出现了重大变化，例如，在发电侧，出现了大型风电场、集中式光伏电站等可再生能源发电，极大增加了电源出力的不确定性；在配电侧，出现了分布式发电、微电网等新型电力供应模式，在提升电网运行方式灵活性的同时增大了运行复杂度；在用户侧，电动汽车、智能家居及智能楼宇的日益普及，使负荷更具主动性，若进一步考虑各种规模的储能系统（电站或设备）的接入，参与主导电力系统运营的决策主体将愈趋多样化。凡此种种，表明以智能化为主要特征的新一代电力系统运营特性日趋繁杂。在此情况下，如何确定各决策主体最佳策略从而优化和平衡电力系统有关各方利益是一项极具挑战性的课题，而传统的以单主体决策为主要特征的确定性最优化理论体系难以克服此困难[11]。此种背景下，面向复杂主体多目标优化的博弈论完全有望成为攻克智能电网诸多关键难题的有力工具。需要说明的是，博弈论在电力系统应用久已有之。笔者长期从事电力系统控制研究，多年前即已注意到控制论与博弈论密不可分。二者的最大共同之处在于，它们都致力于优化决策，分析求解具有某种最优意义的策略。二者最大不同之处在于，控制论的被控对象多为工程系统，尽管允许不确定性存在，但在控制系统建模时一般不考虑被控对象的自主行为或理性诉求；换言之，被控对象一般是机器，或者说是非智能化的系统，这就使得控制论的应用受到限制。而博弈论的参与者应是具备理性或有限理性的“人”，或者说智能化的对手。虽然 Wiener 的控制论和 von Neumann 的博弈论差不多同一时期提出并在各自的轨道上独立发展，形成了完备的理论体系和优化策略设计方法，但面对近年来不断涌现的复杂工程系统优化决策问题，二者出现高度交融、互为依托的情况。以笔者上述 PSS 研究经历为例，若赋予同步发电机组在运行过程中受到的扰动以“理性”，则其干扰抑制问题（一类鲁棒控制问题）即可视为一类特殊的博弈问题。具体而言，目前广泛应用于实际工程的古典控制（如 PID）和最优控制（含线性、非线性两种情形），均为典型的单主体决策方法；而鲁棒控制则有不确定性（主要指外部干扰和内部未建模动态）和控制两个决策主体，从而形成非合作博弈格局，其中不确定性作为一个虚拟参与者，其博弈目标是最大程度地对系统施加有害的影响，而控制器设计的目标则是使闭环系统能够充分抑制这种影响。文献 [12] 以博弈论为统一构架阐述了线性与非线性 H_∞ 控制理论，该文献认为，可将任何形式的自动控制看成施控者与干扰（代表大自然或真实存在的攻击决策者）之间的博弈。事实上，博弈思想已被纳入控制论形成一个交叉领域，即博弈控制[13]，它既吸收了博弈的竞争-合作理念与策略，又使用并发展了控制论的工具与方法，使之成为一个可以应对和处置一类更广泛的复杂系统的有效工具。以下从博弈论的角度考察人工系统控制与决策问题的博弈内涵。

一般而言，对一个人工系统进行控制器设计或优化决策时，其根本目的在于使该系统能够满足预期目标，如安全稳定、经济运行等。任何一个人工系统不可能孤立运行，必将与其运行的外部环境发生交互作用。换言之，系统在运行中除了受到人工干预力以外，还不可避免地受到大自然（或外部环境）的影响。对于一艘在海洋中航行的轮船，代表大自然特性的洋流总是倾向于使轮船偏离航道；反之，轮船导航系统则会修正航道；因此，轮船自动控制系统与大自然相互对抗从而形成博弈格局，博弈结果将决定轮船向目的地行驶还是偏离航线。进一步，在某些人工系统控制设计问题中，设计者不仅要面对来自大自然（或外部环境）的挑战，更要面对来自其他设计者的挑战，而且通常后者更难应对。例如，地空导弹的设计目标是快速准确地击落敌机，但敌机会依赖飞行控制系统来规避导弹，这样就形成一种导弹设计者与飞机控制系统设计者对立的竞争型博弈格局：导弹导引律试图缩小导弹和飞机间的距离，而飞机自控系统则设法拉开二者的距离，以实现逃逸目的从而免遭击中。因此，拦截导弹性能越卓越，飞机自控系统设计者面临的挑战就越大，而且这种挑战远大于湍流或阵风等自然力的威胁。又如，目前实际应用的大型发电机组励磁控制器设计方法，在建模时往往采用具有固定结构和参数的模型，其控制器设计目标是改善系统动态性能。然而电力系统在其运行过程中不可避免地会受到不确定性的影响，如负荷扰动、短路故障、线路跳闸、自动装置误动等，以及所建立模型的不精确性、传感装置的测量误差和数学模型的参数误差等，这类不确定性或广义干扰都可能使得实际控制效果趋于恶化。

再举一个含风电电力系统调度的例子，它是可再生能源发电面临的一类亟待解决的典型优化决策问题。通常对此类电力系统施加作用的决策主体有二：一是人工决策者，其所发出的调度指令能够平抑风电波动性对系统的影响，实现风电的高效消纳；二是大自然，它确定风电出力，其可能的策略集包括微风、阵风、强风（含高爬坡率阵风）等，这些策略倾向于使电力系统运行状况恶化，或使其运行成本升高。因此，电力系统是否能够安全经济运行，取决于系统决策者或电网调度与大自然相互博弈的结果。从此观点出发，可以将系统决策者（他确定最佳调度指令）和大自然（它确定随机变化的风电出力）建模为一类二人零和博弈格局的参与者。后者代表外界不确定性对系统运行带来的影响，是“拟人化”的虚拟决策变量，而博弈的最终目标是，针对某一受限集合内的任一外界干扰（或不确定性），设计最佳策略以使系统可能遭受的成本损失或运行风险达到最小，从而最大限度地抑制不确定性对系统的不利影响。综上所述，正是由于实际中的众多工程控制与决策问题均具有竞争与合作的内涵，在工程设计与试验中应用博弈论的基本理论、建模与求解方法，并考虑工程实际的技术性条件进行决策才有章可循。

最后看一个新能源上网电价的例子。新能源机组（如风电或光伏发电）虽然无需燃料消耗，运行成本低，但是建设投资往往较高。新能源的上网电价决定了电站和电网企业的收益与支付。从电站的角度，希望上网电价高，以期尽快收回投资成本；从电网的角度，由于新能源机组出力的不确定性，过多使用新能源电力可能给系统安全造成风险，如果价格上没有较大吸引力，不会大量使用风光发电；从政府的角度，希望发电企业降低碳排放，于是会对新能源发电进行补贴。例如，光伏上网电价为 1 元/度，即光伏电站每发一度电送入电网获得 1 元，其中 0.5 元由电网公司支付，另外 0.5 元由国家直接补贴。补贴费用和上网电价是新能源电站、电网公司和政府机构三方博弈的结果。综上所述，电力系统中的诸多控制与决策问题均涉及多个决策主体和多个优化目标，属于典型的博弈问题，而传统单主体确定性优化问题可视为博弈问题的特例。

综合能源系统是一个以电能为核心和纽带，多类能源网络高度整合，横向由电、气、热等能源系统，纵向由生产商、调度中心和用户等多决策主体构成的源-网-荷-储协调互动的智能能源网络。综合能源系统改变了传统能源系统互相解耦的生产模式和市场格局，其参与主体可能既是生产者，又是消费者。同时，参与能源市场的利益主体增加，导致复杂市场环境下不同决策主体之间存在不同程度的竞争与合作等多种利害关系，使得综合能源系统运行和管理所面临的决策问题日趋复杂。考虑天然气网-电力系统构成的综合能源系统，在电网侧，燃气机组从天然气网购入天然气作为燃料，成本取决于天然气的价格。电力市场根据最优潮流出清，节点电价与所有机组的成本有关。在天然气网侧，电制气（P2G）作为广义储能技术备受关注。P2G 装置通过电解水制氢，进而制造甲烷等化工原料，其生产成本取决于其所在位置的节点电价，在未来 P2G 装置普及的情况下，氢/天然气的生产成本又会影响天然气价格。综合上述两个方面，天然气网-电力系统构成的综合能源系统中将呈现相互作用的决策过程，称为相依系统网络均衡。这是综合能源系统中多主体决策带来的特殊现象，非常适合采用工程博弈论进行研究。

我们提出"工程博弈论"的概念并发展其理论体系，事实上受到了控制理论发展过程的启发。1948 年，Wiener 出版了其经典名著《控制论：或关于在动物和机器中控制和通信的科学》[14]（下文简称为《控制论》），该书被认为是控制论的奠基之作，甚至还被评价为 20 世纪人类最伟大的三项成就之一（另外两项是量子力学和电气工程），从而确定了该书的科学价值。然而，该书问世之初也曾面临巨大的争议：科学界认为 Wiener 的《控制论》是一部哲学著作，主要讨论世界观、认识论和方法论，其哲学的晦涩使《控制论》难以理解，特别难于透过其哲学思想发现其与科学技术的联系；工程界认为尽管该书系统地提出了反馈、稳定性和镇定等基本控制概念及控制方法，但其重点在于解决机电元件如何形成具有稳定性和目标行为的自组织结构这一科学问题，而忽略了系统各部分的相互关系及其与整个系统的综合行为，内容宽泛模糊，缺乏严格的理论基础，实用性不高。1954 年，钱学森出版了《工程控制论》[15]，该书系统揭示了 Wiener 的《控制论》对自动化、航空、航天、电子通信等科学技术的意义和影响，实现了控制论与工程应用的紧密联系，同时也平息了学术界对 Wiener 控制论的质疑。借鉴钱学森先生关于工程控制论的基本思想，我们将面向工程实际的博弈理论和方法称为工程博弈论，文献 [12] 中采用博弈论对鲁棒控制进行建模和分析便可视为工程博弈论的一个良好例证。事实上，面向智能电网的实际工程中还有更加广泛的控制决策问题可以基于博弈论进行建模分析并辅助决策，对此郭雷院士在文献 [16] 中有精辟论述："今后面对真正的智能机器和智能网络等智能对象时，现在的控制理论就不能套用了，因为被控者与控制者往往存在博弈关系……我认为，把博弈因素恰当地放到控制理论框架中，是一个非常重要的研究问题，也是社会经济等领域问题中不可回避的，将会大大拓展控制理论的研究与应用范围。"郭雷院士的上述真知灼见，实际上也是从事工程博弈研究的重要指导原则之一。

应当指出，博弈论与现有优化控制与决策方法并无冲突，它是后者在面临多决策主体和策略交互时的自然推广。一个工程决策问题一般可以建模为下述带约束的优化问题:

$$x^* = \arg\min_{x \in \mathcal{X}} U(x) \tag{1-1}$$

其中，x 是决策变量；$\mathcal{X}$ 是决策变量的可行集，表征其在优化决策中受到的各种制约；$U(x)$ 是目标函数，表示控制代价或成本。由此可见，一个工程优化决策问题有三个核心要素：一是决策者，他决定了该决策问题的总体格局；二是优化目标，它决定了成本函数的选取；三是策略集，它决定了优化决策中的策略选取范围或约束。

在实际工程决策问题中，经常需要处理比较复杂的场景。比如，决策中可能有一些因素或者信息并不能准确获知，此时涉及不确定性优化决策问题；又如，决策目标可能有多个，即所谓多目标优化决策问题；再如，决策过程可能涉及不同利益方在长期演化过程中的冲突或者合作等行为。针对优化决策问题在目标和约束上的不同结构特点，人们发展了各种有效的算法进行求解。将博弈论应用于工程决策问题的分析和求解是一个极具吸引力的新方向。

事实上，考虑一般工程优化决策问题，把决策者由一人扩展为 n 人（$n \geqslant 2$），并对每个决策者的目标函数和策略集分别限定，则该工程决策问题实际上构成了一个博弈问题。若令 $N = \{1, 2, \cdots, n\}$ 是所有决策者的集合，则对任意决策者 $i \in N$ 均有

$$x_i^* = \arg\min_{x_i \in \mathcal{X}_i} U_i(x) \tag{1-2}$$

比较式 (1-1)、式 (1-2) 可见，一般工程优化决策问题是博弈问题在 $n = 1$ 时的特例，在进行决策时只有一个决策主体，属于常规优化决策理论研究范畴。式 (1-2) 所刻画的工程决策问题涉及至少两个决策主体的交互影响，要求任何一个决策主体必须意识到其他决策主体的存在，意识到自己必须面对来自其他决策主体的影响，意识到自己与其他所有决策主体一起身处博弈格局中，共同处理冲突/竞争/合作等问题，意识到自己做决策时必须换位思考。从这一视角看，将博弈论应用于解决复杂工程决策问题是一个非常自然的推广，可将多主体、多目标、不确定等各种复杂工程决策问题纳入统一框架，通过均衡分析来获取“最优”策略。博弈论与若干控制和决策问题的关系如表 1.1所示。

表 1.1　博弈论与若干控制和决策问题的关系

决策类型	单主体决策	多主体决策
单阶段决策	单阶段优化	静态博弈
多阶段决策	多阶段优化	动态博弈
连续决策	最优控制	微分博弈

从表 1.1可以看出，工程博弈论可以视为一门特殊的具有多个决策主体的优化方法论。在此意义下，传统优化方法与控制论所追求的“最优解”或“最优控制策略”此时对应的是博弈格局的“均衡”，不过它们是只考虑单个参与者的特殊博弈格局。

以下分三部分予以介绍：首先，概述博弈论的基本概念及工程应用中所面临的基础科学问题及其博弈解决思路；其次，归纳总结工程博弈的一般方法论；最后，以现代能源电力系统为背景，简述博弈论在电力系统规划、调度、控制、电力经济、电网安全以及电网演化等领域的应用情况。

1.2 博弈论基础

所谓博弈，系指若干决策主体（如个人、团队或大自然等）面对一定的环境条件，在一定的静态或动态约束条件下，依靠决策主体各自掌握的信息，同时或先后，一次或多次从各自的可行策略集中优选策略并实施，最终取得最佳收益的过程。简言之，形成一个博弈格局至少应包括参与者、策略与支付（或收益）三个要素，其中，参与者系指决策主体，本节用 $N=\{1,2,\cdots,n\}$ 表示一个 n 人博弈的参与者集合；S_i 表示参与者 $i\in N$ 的策略集合，$S=\{S_1,S_2,\cdots,S_n\}$ 表示所有参与者的策略集合，$s=\{s_1,s_2,\cdots,s_n\}$ 表示所有参与者的策略组合；支付（或收益）用于度量参与者在博弈中所获效益，$u=\{u_1,u_2,\cdots,u_n\}$ 表示所有参与者的支付（或收益）向量。参与者的目标通常为极小化支付或极大化收益。一个典型的博弈可以表示为 $G=\{N;S_1,S_2,\cdots,S_n;u_1,u_2,\cdots,u_n\}$。一般而言，博弈论主要包括合作博弈、非合作博弈和演化博弈三个分支，简述如下。

首先是由 von Neumann 所创立的合作博弈论[3]。合作博弈中各参与者之间存在具有约束力的协议。若一个合作博弈中，合作得到的额外收益可以在参与者中分配，则称其为支付可转移的合作博弈，通常是联盟型博弈；反之，则称之为支付不可转移的合作博弈，其又可进一步分为支付不可转移的联盟型博弈和谈判问题两种形式。

合作博弈主要有两个方面的研究内容：第一，各参与者如何达成合作；第二，各参与者如何分配因相互合作而带来的额外收益。合作博弈最基本的研究手段是公理化方法，即合作博弈中分配策略的制定均采用公理化的设计机制，其代表性研究成果包括 Nash 讨价还价博弈理论[17,18] 以及 Shapley 值[19] 的概念。

实际工程中往往存在一类非常复杂的决策问题，由于涉及面广、因素繁杂，导致决策者面对众说纷纭甚至充满争议的多种预案难以取舍。典型者如风电上网电价问题，合作博弈恰为解决此类决策问题提供了科学的定量评估工具。又如，在不断开放的电力市场环境下，风电场、光伏电站等售电主体往往属于不同的所有者，而风、光资源的天然互补性使得二者的合作存在获益的可能，采用合作博弈为分析工具可合理确定二者的合作方式及收益分配机制。

非合作博弈则以 Nash 的工作为代表[4,5]，Nash 证明了一定条件下非合作博弈解（即著名的 Nash 均衡）的存在性，从而奠定了现代非合作博弈的理论基础。非合作博弈中各参与者之间不存在具有约束力的协议，可分为静态博弈和动态博弈。其中，静态博弈中所有参与者同时选择行动，或虽非同时但后行动者并不知晓先行动者采取的行动，静态非合作博弈通常为策略式博弈；动态博弈是指参与者的行动存在先后顺序，且参与者可以获得博弈的历史信息，决策前根据当前所掌握的所有信息优化自己的行动。

如前所述，Nash 均衡为非合作博弈的核心概念，本书将在第 3 章详细介绍，其物理意义为，在 Nash 均衡处，任何参与者均不能通过单方面改变策略而获益。Nash 均衡在不同的博弈形式下有不同的表现方式，如完全静态信息的混合策略 Nash 均衡、完全动态信息下的子博弈精炼 Nash 均衡、不完全信息静态博弈下的 Bayes-Nash 均衡及不完全信息动态博弈下的精炼 Bayes-Nash 均衡等。从 Nash 均衡的定义可以看出，非合作博弈是传统多目标优化问题的推广，其显著特征是具有多个决策主体且各目标之间一般具有竞争关系，每个决策主体或参与者均企图使自身收益最大。

从上述非合作博弈的特质来看，电力系统大多数控制与决策问题均属于非合作博弈范畴，典型者如鲁棒优化、鲁棒控制等。由于运行工况变化、外部干扰及建模误差等因素，通常难以建立电力系统的精确数学模型，而系统的各种故障也将导致不确定性。因此，可以说模型不确定性在电力系统中广泛存在。所谓鲁棒控制问题，简言之即为针对一个具有不确定性的被控对象，如何设计控制器，使闭环系统满足相应控制指标，一般表现为最大限度地抑制不确定性对系统带来的不利影响。而鲁棒优化的目的是求得这样一个解，对于不确定性可能出现的所有情况，不仅约束条件均可得到满足，并且使得最坏情况下的目标函数值最优。显见，鲁棒控制与鲁棒优化问题均可归结为一类最具竞争性的二人零和博弈问题，博弈的一方为代表不确定性的大自然，另一方为人工决策者。又如多目标优化问题，该类问题中的不同目标往往具有竞争性，优化某些目标往往以牺牲其他目标为代价。有鉴于此，将多目标优化问题转化为多人非合作博弈问题是一个可行的求解思路。

相较于合作和非合作博弈，演化博弈出现得最晚，一般认为是 Smith 于 1973 年创立[6]。演化博弈源于生物进化学，早期主要用于揭示生物进化过程中的竞争现象。传统博弈论假定博弈者是完全理性的，这一假定极大地简化了博弈分析过程，能够得到非常简洁优美而又深刻的结果。然而，经典博弈论的假设很强。一是理性假设，该假设认为参与者完全了解博弈的结构及对方的支付，并具有足够强的推理计算能力做出最优决策；二是处理不完全信息时，假定参与者知晓博弈格局面临的所有可能状态以及随机抽取状态上的客观概率分布。相比较而言，演化博弈论放弃或削弱了经典博弈论的这些假设，以有限理性的参与者群体为对象，采用动态过程研究参与者如何在博弈演化中调整行为以适应环境或对手，并由此产生群体行为演化趋势的博弈理论。在方法论上，它强调动态的均衡，是对经典博弈论的重要补充。演化博弈的理论基础是 Maynard 提出的演化稳定策略与复制者动态，分别表征演化博弈的稳定状态以及向这种稳定状态动态收敛的过程。实际上，演化博弈的部分重要思想还可追溯到混合策略 Nash 均衡概念的物理解释：一种是理性主义的解释；另一种是大规模行动的解释。前者是传统博弈论的解释方式，后者即为演化博弈论的解释方式。Nash 认为均衡的实现并不一定要假设参与者对博弈结构拥有全部知识，以及个体拥有复杂的推理能力，只要假设参与者在决策时都能够从具有相对优势的各种纯策略中积累相关经验信息（如学习收益高的策略），经过一段时间的策略调整，也能达到均衡状态。演化博弈为研究工程实际问题中不具有完全理性的参与者的决策行为提供了更合理的工具。

演化博弈主要有两个方面的研究内容：第一，选取合适的适应度函数；第二，设定合理的选择与变异机制。与传统博弈中的支付函数类似，演化博弈中的适应度函数是评价演化结果的指标，也是有限理性的反映。适应度函数通常影响演化稳定策略的存在性，而选择和变异机制则是演化得以进行的驱动力量。通过选择机制能够保留上一轮演化的优势策略，通过变异机制能够保持策略的多样性。适应度函数和选择与变异机制共同决定最终的演化稳定策略。

演化博弈论虽起步相对较晚，但在经济、生物等诸多领域获得广泛应用，成果丰硕，尤其是演化经济学，已被不少经济学家认为是当今经济学“最热门、最前沿的研究领域”[20]。近年来，演化博弈在工程技术领域的应用表现为两个方面：一是直接利用演化稳定均衡和复制者动态解决多阶段决策问题。例如，文献 [21] 建立了电力市场交易中的竞价策略模型，给出了参与竞价的发电机组演化稳定策略，即最佳报价。二是基于生物演化和复制者动态思想，研究和提出工程演化论一般理论框架，这以殷瑞钰院士等的《工程演化论》[22] 为代表，尽管该书并没有直接使用“复制者动态”这一演化博弈基本概念。受该书特别是周孝信院士三代电网理论[23] 的启发，《基础》一书第 17 章采用演化博弈的基本思想对电网发展演化问题开展了一些探索性的工作，将驱动电网演化的各种主要因素，如社会发展需求、管理部门、技术创新与进步以及大自然等视为决策主体，电网演化则可视为由上述主体参与的多阶段动态决策过程，从而形成一类工程演化博弈格局，最终希望通过演化博弈论方法揭示电网时空演化规律。然而，上述模型本质上属于电力系统自组织临界模型的慢动态范畴，只能说是以演化为主而博弈模型只是明确了参与者、收益函数及博弈规则，所求出的所谓演化稳定均衡策略并不完全等同于演化博弈的稳定均衡，尽管前者有一定的物理意义。当前，我国正处于能源转型的关键时期，能源政策与能源系统发展的相互作用在“碳达峰”与“碳中和”进程中至关重要。有鉴于此，本书第 17 章加入了团队近年来的最新研究成果，从演化博弈的角度讨论政策对能源系统发展演化的影响。

1.3 从博弈论到工程博弈论

针对某个工程优化决策问题，通过确定合适的参与者、策略集、支付或收益函数，并制定合理的博弈规则，则可为该工程优化决策问题建立博弈模型。根据博弈均衡的定义，均衡策略组合实际上是所有参与者在某个博弈格局下的最佳策略组合，本质上是对博弈各方行为的某种一致性预测和协调。由此，对均衡进行分析可以有效地协调博弈各方的竞争/冲突行为。进一步，基于“以博弈均衡协调冲突”的思想，可以将工程决策问题中的各种复杂因素纳入统一的博弈论框架下进行研究。特别地，对于人工决策者与环境不确定因素间形成的对抗，可以采用非合作博弈均衡进行协调，实现对不确定性影响的有效抑制；对于不同决策目标间的竞争，可以采用合作博弈均衡进行协调，最大限度促进各目标之间的合作，实现 Pareto 改进；对于不同对局者在长期规划决策中的利益冲突，可以采用演化博弈均衡进行协调，实现各方长期利益的平衡。遵循钱学森“工程控制论”的思路，我们将在工程决策问题中应用博弈论的基本理论、建模方法与求解算法并考虑工程实际技术性条件进行决策的相关理论称为“工程博弈论”。

需要说明的是，实际工程优化决策问题中经常会面临多决策主体、多优化目标以及不确定性等三类典型复杂场景，常规的优化决策方法在处理这些问题时具有较大局限性，本书主张的针对上述三种复杂场景的“工程博弈论”则应运而生，实际上也是我们开展相关研究工作的一条主线。虽然这条主线隐含在本书纷繁庞杂的内容中，但确有提纲挈领之功效。基本思路是，充分考虑策略之间的相互作用，通过分析求解博弈均衡来确定工程决策问题的“最优”策略，从而为处理上述复杂工程决策问题建立统一的博弈理论框架。具体而言，本书基于“以博弈均衡协调冲突”新思路，将多目标工程决策、不确定性工程决策和多主体时变动态工程决策问题建模为合作、非合作和演化工程博弈问题，提出了合作、非合作、演化三项工程博弈建模原理与均衡分析方法，从而为解决相互冲突的多目标优化、含不确定性的多阶段动态优化和不同理性决策主体协同优化等难题提供了理论工具。应当指出，一方面，工程博弈论是一般博弈论在面向复杂工程决策应用中的扩展和重要补充，以克服其内容过于宽泛、过度数学化以及缺少求解大规模复杂问题的有效算法等不足；另一方面，它与传统的优化决策理论也并无冲突，本质上是后者在面临策略交互影响时候的自然推广，以解决工程决策中出现的“冲突”“竞争”以及“合作”等复杂问题。

1.4 工程博弈论关键基础科学问题

根据以上一般博弈论基本理念并结合工程应用实际状况，本书讨论的工程博弈论可归属于多目标、多主体优化决策理论范畴，具体包括两个鲜明特征：一是由各决策主体主导的多目标优化，而各目标往往相互冲突，传统的多目标优化问题只有一个决策主体，故其为工程博弈论的一个特例；二是将不确定性作为决策主体之一，实际上是一个虚拟的博弈者，任何一个实际运行的工程系统都不可避免地受到不确定性的影响。Wiener 控制论的精髓即在于构造反馈控制使得闭环系统能够充分抑制不确定性对系统带来的不利影响。从博弈观点看，Wiener 控制论可归结为一类由控制器设计者与不确定性参与的二人零和博弈问题。从此出发，则可引出工程博弈的核心科学问题，即在一个将不确定性作为决策成员之一的多主体决策问题中如何设计各主体决策策略，以最大限度地抑制不确定性带来的不利影响，同时实现各主体的优化目标。综合上述两个方面，本书将工程设计中最常见的多主体、多目标优化问题和不确定性抑制问题归纳总结为若干工程博弈论面临的基础科学问题。以下分别予以简要介绍。

问题 1　如何利用多人静态博弈求解多目标优化问题？

目前多目标优化理论面临的主要问题在于无论采取何种方法，所求得的最优解均为 Pareto 意义下的解集，通常包含无穷多解，而正是解的多样性导致 Pareto 最优解的选择往往带有主观性。再则，所谓 Pareto 最优解从物理本质上讲只是“非劣”，缺乏客观理性的评价标准，尤其当各目标存在相互冲突或竞争关系时，“非劣”并不能反映参与者的理性，换言之，在非劣解处，某参与者单方面改变策略即可增加自身收益，故非劣解的可实现性需要在强有力的约束下才具可行性。

为解决此问题，首先简要分析多人静态博弈与多目标优化问题的内在关系。在多人策略式博弈中，每个参与者都试图通过寻找自己的策略以最大化自身的收益，该收益与所有参与者的策略有关，因此，每个决策者在制定策略时都需要考虑其他参与者的策略。由此可见，多人静态博弈是一个策略相互影响的多人决策问题。设想，倘若存在一个局外人，通过统一决策来实现所有参与者各自收益的最大化，则此时的决策问题即为多目标优化问题。显然，多人静态博弈与多目标优化在目标函数与决策变量两方面均不相同，故所得到的解也可能不尽相同，其中，前者对应博弈格局的 Nash 均衡，而后者通常采用 Pareto 最优解描述。

具体而言，考虑用非合作博弈和合作博弈研究多目标优化问题。首先是非合作博弈，显然其 Nash 均衡点的求解不能由多目标优化来替代；反之，非合作博弈的 Nash 均衡点通常也不同于多目标优化问题的 Pareto 最优解，主要因为二者具有不同的理论基础，即非合作博弈中，Nash 均衡点是多个相互影响的参与者为最大化自身利益的竞争决策的结果，而多目标优化则表示所有的决策者具有一个一致的行动意向，由一个局外人进行协调决策。关于合作博弈，由于各博弈者组成联盟共同决定单一目标函数，故其可视为一类特殊的多目标优化方法。认识到非合作博弈和多目标优化问题的联系，加之多目标优化理论本身的不足，因此基本思路是首先将多目标优化问题转化为非合作博弈问题，进而求解 Nash 均衡，以此作为原多目标优化问题的解。此外，还可以通过合作博弈探讨在 Nash 均衡处，博弈参与者可能的合作行为，从而给出合作博弈意义下的 Pareto 最优解。

问题 2　如何利用零和博弈求解鲁棒优化问题？

数学规划的威力在于将复杂的决策问题以简明的数学模型表示，并提供最优策略，以指导工程实践。数学规划中理论最为成熟的是凸优化，而保障凸优化模型有效性的前提是模型参数精确已知，在此基础上，则可利用凸优化相关算法求出全局最优解。然而现实世界的决策环境往往是不确定的，数学规划模型中的不确定性往往来源于两个方面：内部不确定性和外部扰动。其中，前者通常包括数值误差和测量误差，而后者通常包括预测误差和环境变化。上述不确定性在数学规划的模型中体现为参数的摄动。通常目标函数中的参数摄动只影响解的最优性，而约束条件中的参数摄动则影响策略的可行性，在工业生产中则体现为安全性。若策略不可行，则可能引发灾难性事故，从而造成巨大经济损失。综上所述，决策过程中面临的不确定环境及决策失误所承担的巨大风险对传统数学规划理论提出了新的要求，于是一种面向不确定环境的决策理论——鲁棒优化理论应运而生，并引起数学家和工程师们极大的兴趣。

本书考虑采用二人零和博弈研究鲁棒优化问题。具体而言，将不确定性和人工系统均视为“理性”的决策者。对于大自然这样的决策者，多数情况下，其策略不明朗，或有关信息不完备，此时进行工程决策谈不上公平原则，故最好的应对手段是先观察其最坏干扰（对大自然本身而言是其最佳策略），再构建应对之策。因此，求解鲁棒优化问题可以转化为求解不确定性和决策者之间的二人零和博弈问题。需要指出的是，鲁棒优化要求最优策略对于不确定性所有可能的实现均满足约束条件，因此不可避免地具有保守性。为此可在人工决策中引入反馈机制，形成动态鲁棒优化问题，从而构成决策者与大自然之间的动态博弈格局。本书将重点讨论如何通过求解二人零和博弈解决鲁棒优化问题。

问题 3　如何利用微分博弈构造鲁棒控制器？

与鲁棒优化问题中的不确定性类似，任何一个实际工程系统在其运行过程中不可避免会受到内部和外部两种不确定性的影响，如系统参数变化、环境条件改变和外界干扰等。最优控制理论进行控制器设计时，由于在建模阶段忽略了这些干扰（为简明起见，此处干扰系指不确定性），从而难以计及它们对闭环系统性能的影响，导致实际应用中控制律的最优性与控制效果并不能得到充分保证。鲁棒控制即是针对存在干扰情况下系统控制器的一类先进设计方法，所设计的鲁棒控制器在保证系统稳定性的前提之下，能够充分抑制干扰对控制系统性能的不利影响。从 20 世纪 90 年代开始，微分博弈理论在 H_∞ 控制中即得到广泛的应用，其基本思想是将干扰作为零和微分博弈中的一方，将控制策略作为另一方，应用最大最小极值原理优化控制代价。文献 [12] 对这一思想作了系统的论述。

对线性控制系统而言，其鲁棒控制问题通常可建模为线性二次型微分博弈问题，其 Nash 均衡的求解等价于求解代数 Riccati 不等式。对非线性系统而言，其微分博弈模型的求解可归结为 Hamilton-Jacobi-Issacs（HJI）不等式，而该二次偏微分不等式的解析解在数学上没有一般的求解方法。鉴于鲁棒控制的微分博弈模型是明确的，本书将重点讨论如何求解微分博弈问题的一类反馈 Nash 均衡解。

问题 4　如何利用主从博弈求解多层优化问题？

多层优化是一种具有递阶结构的数学规划问题，每层问题都有各自的决策变量、约束条件和目标函数。以双层优化为例，上层参与者通过自己的决策引导下层决策者，而非直接干涉下层决策者的决策，其收益亦与下层参与者的策略有关；而下层参与者的策略虽然受制于上层参与者的策略，却可以根据自身需求或偏好做出有利于自身的决策。这种决策机制促使上层参与者在选择策略时，必须考虑到下层参与者对自己策略的反应。

进一步以两层优化为例，上、下层各有一个决策主体，二者的交互作用自然构成了一个主从博弈格局。然而实际工程问题中每层都可能存在多个决策主体，每层内部同时决策，形成 Nash 竞争，上下层之间顺次决策，形成 Stackelberg 竞争。有鉴于此，考虑采用非合作博弈对这种决策问题进行建模，从而形成 Nash-Stackelberg-Nash 主从博弈格局，最终借助有关博弈均衡的求解算法解决多主体、多层优化问题。

问题 5　如何求解上述工程博弈问题的均衡策略？

毫无疑问，上述四种基础科学问题的最终解决均依赖于可行的博弈均衡求解方法。一方面，由于所建立的博弈模型决策主体（参与者）往往较多、策略空间元素丰富、目标函数不尽相同，因而博弈问题的求解计算复杂度很高；另一方面，即使存在均衡解，也往往伴随多解的困难。因此，研究和发展一类兼具高效性和完备性的博弈均衡求解算法势在必行。工程博弈问题的求解方法一般可归结为三类。

一是非合作博弈均衡解的求解方法。传统的 Nash 均衡在一定的凸性假设下一般采用不动点型迭代算法进行求解。当求解规模剧增时，该求解方法效率显著降低，难以满足实际应用需求。在主从博弈问题中，下层参与者对上层参与者策略的最优反应必定是非凸的，因此通常的不动点型迭代算法不能保证收敛到均衡解。为此，多种有针对性的算法被提出，如文献 [24] 提出的驻点法、文献 [25] 提出的变分不等式法等。一般而言，表征仿射非线性系统鲁棒控制问题的微分博弈格局的 Nash 均衡可归结为 HJI 不等式的求解，而要得到其解析表达式，在数学上是非常困难的。文献 [26] 通过变尺度反馈线性化方法，将非线性微分博弈转化为线性微分博弈，进而求解代数 Riccati 不等式以获得一个近似的反馈 Nash 均衡。本书还采用近似动态规划求解满意的 Nash 均衡数值解，并通过附加学习控制的方式实现。

二是合作博弈均衡的求解算法。合作博弈可分为联盟型博弈和 Nash 协商博弈，前者为收益可转移型合作博弈，后者为收益不可转移型合作博弈。对于联盟型合作博弈，通常通过特征函数构造博弈的核[2] 或 Shapley 值[19] 进而选择能够保持联盟稳定的收益分配方案；对于 Nash 协商博弈，Nash 给出了协商博弈达到均衡的公理体系，并证明 Nash 均衡可以通过求解一个优化问题得到[18]。

三是演化博弈均衡的求解算法。机器学习是求解博弈均衡的一种新思路。参与者通过对各种历史情况的分析，判断掌握与其他参与者互动的能力：对抗时如何“损人利己”，合作时如何在不损害整体利益的前提下提高自己的受益等。上述思想非常类似于演化稳定策略的求取。近年来，研究最多的当属 Q-学习算法，它与环境模型无关，且收敛性已得到严格的数学证明，所以应用最为广泛。根据学习过程中值函数的不同定义，Q-学习又可分为 Minimax-Q、Nash-Q、Friend-or-Foe-Q 和 CE-Q 等[27]。随着人工智能的发展，高效的机器学习技术将为博弈问题的求解提供强大的工具。

1.5 能源电力系统工程应用展望

现代能源电力系统作为一个融合先进电力、通信、控制和计算技术的巨维信息-物理系统，其复杂的结构促使人们采用全新的分析手段应对不同层次的技术挑战，如设计、规划、调度和控制等。在多能源系统耦合日益密切、传统用户向“产消者”转变等趋势下，传统电力市场的组织形式难以适应多能源耦合交易新模式，以及满足海量产消者的参与需求。为适应上述变化趋势，现代能源-电力系统在复杂环境下的控制与决策问题，均可借鉴博弈的思想[11]，尤其是不断开放的市场环境以及大规模风光发电并网带来更多不确定性所引发的电力系统的规划、调度、控制以及多能源市场交易等问题，在适当的环境下均可通过博弈论进行建模和分析。近年来的研究表明，博弈论有望成为指导未来能源-电力系统设计与运行的关键工具之一。

1.5.1 电力市场

电力工业在不同的时期具有不同的特征。在 20 世纪 80 年代之前，传统电力工业实行垂直管理，即发-输-配一体化的集中垄断经营模式。随着电力工业规模的进一步扩大，规模效益逐渐丧失，造成了投资不断增加，成本不断攀升，社会效益低下等不良后果，因此，人们逐渐认识到在电力工业中引入竞争、打破垄断、建立电力市场的必要性。

电力市场的诞生为博弈论的应用提供了一个良好的“舞台”[28]。由于电能是一种特殊的商品，电能交易形式又呈现多样化，因此，博弈论在电力市场中最先取得了广泛的应用。例如，著名经济学家 Cournot 和 Bertrand 提出的双寡头模型，它们分别用于分析寡头市场中产量战和价格战中的决策者之间策略相互影响机理以及各自决策的过程，目前已成为描述完全竞争环境下决策行为的基本模型[28]，此类模型广泛应用于电力市场的竞价决策。电力市场中，一方面，各个市场参与者要尽力使自己在和他人竞争中取得的利益最大化；另一方面，市场管理者要用它来监督、阻止市场参与各方的不良行为。如一些发电公司借机抬高电价，或组成利益集团联合投标以追求最大利润等，都属于企图操纵、控制电力市场的不良投机行为。

博弈论首先用于构建电力市场多主体决策的单层模型。其中，电力市场的所有主体均基于已知信息同时做出决策，各自的最优策略构成纳什均衡。20 世纪末，区域性电力库模式被认为是打破电力垄断经营、通向宽松管制电力市场的直接途径。文献 [29] 使用博弈论来模拟在无垄断环境中的非合作报价决策过程，其中，每个参与者都希望最大化自己的利润，同时，电力库协调员可根据博弈结果来阻止不公平的结盟。文献 [30] 用博弈论研究了差价合同对供应商竞价激励的影响，通过差价合同来限制供应商的收益上限，从而避免不合理电价。博弈论也被用于分析现货市场中多个发电厂主体各自的最优报价策略。在文献 [31] 中，各发电厂对竞争对手在自己出价后可能的出价策略进行猜测，在信息不完美的现货市场中优化出价策略从而最大化收益。

输电阻塞可能影响电力市场自由竞争，导致部分参与者具有一定影响价格的能力，即市场力。因此，可利用博弈论构建双层决策模型进行分析，包括均衡约束数学规划（MPEC）和均衡约束均衡规划（EPEC）。MPEC 模型适用于研究上层为单主体的优化问题。文献 [32] 构建了若干占优发电商构成的寡头市场经济模型，每个发电商独立向电力市场上报竞标策略，如价格和容量等，同时考虑对手的策略。发电商的问题可构建为 MPEC，上层问题为最优化发电商自身收益的投标，下层问题是代表市场出清的最优潮流问题。文献 [33] 和文献 [34] 研究了基于电力库模式含网络约束的电力市场主从博弈模型，其中，上层是每个发电商收益最大化问题，下层是市场出清与电价形成。文献 [35] 利用主从博弈模型研究了能量枢纽与配电网和区域热网之间的最优决策问题，其中，上层问题优化能量枢纽向配电网和热网上报交易的电量、热量以及对应报价，下层是配电网和热网各自出清问题，确定交易量和结算价格。

多主多从博弈模型将主从博弈扩展到上层可以考虑多个参与者，每层内部构成 Nash 博弈，上下层之间构成主从博弈。文献 [36] 研究了电力市场中涉及节点电价的多主体非合作博弈问题，提出了局部 Nash 均衡和静态 Nash 均衡作为多主多从博弈模型的均衡解。文献 [37] 提出了电力库模式下考虑随机需求的电力市场均衡解，构建了多主多从随机博弈模型。文献 [38] 和文献 [39] 均利用多主多从博弈模型分析了大规模风电接入电力市场的问题，上层为参与者收益最大化问题，下层为考虑网络约束的日前和实时市场出清过程。文献 [40] 构建了两种结算电力市场的多主多从博弈模型，并提出了迭代求解算法。

1.5.2 电力系统规划

电力系统规划是电力学科研究的重要课题之一，是电网更新改造的依据，直接关乎电网建设和运行的安全性与经济性。科学合理的规划可以获得巨大的社会效益和经济效益。电力系统规划应做到整体利益和局部利益协调统一、眼前利益与长远利益协调统一、经济性和可靠性协调统一，使优化决策的综合效益达到最佳。显见电力系统规划可归结为一类典型的多主体、多目标优化问题，也正因为如此，博弈论在电力系统发电规划、输电规划、网架结构规划和可再生能源定容等方面有着广泛的应用。

在电力系统电源规划方面，文献 [41] 提出了发电公司在竞争性电力市场中发电增长规划的非合作博弈模型，在该模型中，各发电公司以发电量为决策变量，根据其他发电公司的发电量确定自身最佳发电量。文献 [42] 研究了在共同利益驱使下多个发电商容量增长规划的合作博弈模型。文献 [43] 考虑了风-光-储混合电力系统规划的非合作博弈模型、合作博弈模型以及分配策略。文献 [44] 综合考虑发电公司的电源规划问题和电网公司的网架规划问题，建立了二者存在策略交互的博弈规划模型。文献 [45] 研究了风电接入电力系统后静态备用容量配置规划问题。

电网-风光电站群-储能三方协调决策是未来电网中的一个典型博弈问题。一方面，风-光-储一体化电厂能通过各种能源的互补作用有效抑制单个电场出力的随机性与波动性，因而给电网带来的冲击显著减小，不足是储能设备的成本可能较高；另一方面，风电和光伏发电均具有可观的集群效应，将二者进行有机结合，有利于解决新能源的超远距离传输问题。但为了解决可再生能源出力波动的问题，在对大规模可再生能源进行远距离输电时，电网还需增加备用，并对常规机组进行调整，这又会在一定程度上增加电网的运行成本，有悖于大规模可再生能源开发的初衷。因此，可以将新能源电力系统规划问题考虑为三方参与的合作博弈问题。相关方法在文献 [46] 和文献 [47] 中报道。基于上述方法，作者团队提出了光伏-电网-负荷互动协调规划方法，为青海电网制定了计及资源与电网双重约束的光伏开发布局方案。传统方案计划在格尔木附近建设总装机为 3434MW 的光伏电站，而基于工程博弈论的方法指出只要在青海乌兰县附近建设总装机为 3265MW 的光伏电站即可实现既定目标，不但减少了投资，还可避免因电源规划不合理导致的弃光风险。

1.5.3 电力系统调度

电力系统调度的主要目标是保证电网的安全、稳定和经济运行，向用户提供可靠优质的电能。为达到上述目标，在发电计划中为应对来自负荷侧的不确定因素的影响，需预留一定的备用容量。随着风电等不确定性较大的电源接入，电力系统中的不确定性增强，使得系统调度变得更加复杂。基于博弈论的调度方法可将电力系统调度视为电力系统调度人员与大自然之间的博弈格局，进而可以博弈论为基本工具求解鲁棒调度策略，从而最大程度地抑制不确定性对调度安全性和经济性的影响。

文献 [48] 提出了鲁棒调度的理念，从基本概念、数学模型等方面探讨了鲁棒调度的关键问题。文献 [49] 将含风电等不确定性能源的电力系统调度、控制及规划问题归结为一类典型的鲁棒优化问题，建立了极小极大优化问题的数学模型，进一步从工程博弈论角度阐述了这类问题的二人零和博弈物理内涵。文献 [50] 阐述了鲁棒调度问题的博弈模型和物理意义，进一步提出了鲁棒调度问题的割平面算法。文献 [51] 以大规模风电接入电力系统后的鲁棒机组组合和鲁棒备用整定问题为例，介绍了鲁棒调度的具体实现方法。

上述方法已集成应用于风光资源丰富的青海电网调控平台。目前青海省累计新能源装机容量超过 2600 万 kW，已成为世界上大规模风光电站最集中的地区。基于鲁棒调度方法研发的调控平台已应用于青海电网调度中心及辖区 300 多座新能源电站，累计应用装机容量超过 2100 万 kW，根据不断提高的光伏出力预测精度滚动优化调度策略，以 5min 为周期在线修正机组出力方案，实时下发风光电站出力增发量，可显著减少新能源弃电。项目成果推广应用后，青海地区光伏消纳率提升至 96%，取得了巨大社会经济环境效益。近三年累计支撑风光电力消纳 663.48 亿 kW·h，减排二氧化碳超过 6500 万 t。新增风光电力消纳 46 亿 kW·h，产生直接经济效益 21.97 亿元，同时有力支撑了青海电网“绿电 15 日”等一系列全清洁能源供电实践，连续刷新了省域电网全清洁能源供电时间的世界纪录，引起了国内外社会各界的强烈反响，对于实现、促进可再生能源大规模可持续发展起到了重要的示范和引领作用，为支撑建设青海“清洁能源示范省”乃至全国生态环境保护做出了重大贡献。

1.5.4 电力系统控制

线性与非线性鲁棒控制是微分博弈最典型的应用场景。电力系统在实际运行过程中不可避免地会受到各种不确定性（简称干扰）的影响。为此，基于微分博弈的电力系统鲁棒控制为解决该类问题提供了重要手段 [9,52,53]。从 20 世纪 90 年代开始，微分博弈理论在 H_∞ 控制中得到广泛的应用，其基本思想是将干扰作为零和微分博弈中的一方，将控制策略作为另一方，应用最大最小极值原理优化控制代价，而最坏干扰与最优控制构成该微分博弈的反馈 Nash 均衡。文献 [12] 对这一思想作了系统的论述。文献 [54-57] 采用微分博弈理论研究了大型发电机组的励磁系统干扰抑制问题，所设计的非线性控制器具有 L_2 增益意义下的鲁棒性，即该控制器能够最大程度地抑制干扰的不利影响。相关成果已研发工业装置 [58]，并在东北数十座厂站投运，保障了东北-华北联网系统安全稳定运行。

进一步，微分博弈理论在电力系统调频控制方面也有重要的应用。文献 [59,60] 采用微分博弈理论提出了发电厂的动态协调方法。基于该方法，各发电厂通过微分博弈的 Nash 均衡调整控制器的参数以调节自身出力，同时尽量减小调速器阀门的调节量。此外，博弈论在解决大型可再生能源电站的出力控制 [61]、微电网的运行控制 [62] 以及电动汽车充电控制[63] 等方面也有广泛的应用前景。

1.5.5 分布式电源与微电网

随着分布式电源接入、微电网的兴起，电网正逐渐演变为综合电力、信息、控制和计算技术的大规模异构信息-物理系统（cyber-physical-system）。与传统电网相比，分布式电源与微电网的引入使得配电网与分布式电源、分布式电源之间、分布式电源与微电网，微电网与配电网，以及微电网之间的运行与决策过程相互联系、相互制约，从而导致系统的运行及市场化运营呈现如下特点。

（1）系统运行工况与环境呈现大范围时变性与高度不确定性。

（2）系统决策主体的异构多元化。

上述两个特点使得现有的集中优化决策框架难以适用，而博弈论作为分析多决策主体行为相互耦合、相互影响的数学理论，可为分析研究分布式电源及微电网接入后的异构多主体决策问题提供新的数学工具和合理的研究框架，目前已经逐渐成为研究的重要热点。当前，该领域的主要进展集中在以下四个方面。

（1）采用合作博弈方法研究分布式电源、微电网和配网间的能量交换、定价和优化调度决策问题[64-69]。

（2）采用非合作博弈方法研究分布式电源发电不确定性影响、微电网中异构多源多负荷的均衡等问题[70, 71]。

（3）采用多阶段动态博弈研究分布式电源及微电网的市场机制与协调问题[72]。

（4）采用一般博弈方法研究微电网的通信构架问题[73]。

针对分布式电源并联运行的协同性问题，作者团队提出了微电网分布式控制一般框架[74] 与频率分布式控制方法[75]，并将其应用于虚拟同步机分布式协同控制，研发了工业装置，在故障后离网运行时，可实现有限通信条件下的系统频率恢复；在并网运行时，可实现有功功率优化分配。

1.5.6 需求响应

智能电网的重要特征之一是将以往单向的（自上而下）“负荷管理”转换为交互的“需求响应”。显然，大量智能家居、电动汽车参与电力系统运行，给需求响应带来便利的同时，其决策过程也将变得更加复杂。

文献 [76] 研究了考虑多个分散用户之间存在博弈的需求响应问题。该文献的主要工作思路是，电网公司通过设定合理的电价机制调节负荷特性，各用户则根据电价信息及其他用户用电信息调整自身负荷曲线。仿真结果表明，该文献所提方法能够在减小系统负荷峰谷差的同时降低用户的用电成本。文献 [77] 基于主从博弈研究了电动汽车充放电管控问题。在未来智能小区零售商和电动汽车的博弈中，由于零售商可以先行制定电价，从而引导电动汽车合理充放电；另一方面，电动汽车则可以根据实时电价调整各自充放电策略，从而降低用电成本。由此可见，需求响应管理是一类典型的主从博弈问题。

1.5.7 电网安全

现代电力系统是一个包含上万个节点、数万条线路和数千台发电机组的大规模、跨区域的广域复杂系统。随着电力市场改革的深入，各种新技术的应用以及风电、太阳能等分布式发电系统的发展，更急剧增大了现代电力系统的复杂度，如何保障其安全运行是极具挑战的课题。传统的确定性电力系统安全评估方法主要有灵敏度分析方法[78]、数值仿真方法[79]、直接法[80] 等，但因各种局限性，这些方法不足以用于准确评估蓄意攻击下电力系统的安全水平防治。

动态博弈为分析电网防御与进攻的交互行为进而为电网安全评估提供了可行的研究手段。一方面，进攻方试图攻击电力系统中的薄弱环节以最大化系统损失；另一方面，防御方则采取适当防护策略以增强系统运行的安全性。如此则需要研究和发展一种特殊的动态博弈方法——安全博弈 [81]，一种具有 min-max-min 结构的多阶段决策问题[82]。该博弈模型及其均衡解可为系统防御决策提供指导性意见，同时可用于预测攻击方的攻击行为，合理评估系统遭受攻击后的运行可靠性与脆弱性，在安全分析基础上制定部署合理的电网规划，提高薄弱环节的防护程度，使系统即使在真实发生的蓄意攻击下亦具有较高的供电可靠性。为此，需要研究的关键问题包括：

（1）电网安全分析的博弈模型及求解。广义而言，可将元件失效、通信失败等归结为理性攻击者的策略集。在此基础上，分析辨识对电力系统安全运行影响最大者并将其作为薄弱环节。从安全博弈格局角度看，所谓薄弱环节和最佳防御策略即对应于安全博弈的均衡解。由于电力系统规模大、结构复杂，寻找高效的安全博弈问题的均衡求解算法是至关重要的。

（2）基于电网安全分析的电网规划设计。在安全分析基础上制定部署合理的电网规划，提高薄弱环节的防护程度，使系统即使在真实发生的蓄意攻击下亦具有较高的供电可靠性。

作者团队基于安全博弈理论对河南特高压交直流混联电网脆弱性进行评估，提出对哈密-郑州直流线路、南阳特高压交流线路以及豫香山-豫郑南交流线路等关键线路进行防护，可大幅降低连锁故障发生概率和负荷损失。应当指出，蓄意攻击不但可以直接作用于物理电力系统，还可以通过信息系统影响电力系统关键设施从而引发大停电事故。典型者如 2015 年 12 月 23 日的乌克兰大停电事故，导致 80000 个用户停电 3~6h 不等。事后调查机构在电力调度通信网络中发现部分恶意软件的样本。结合停电过程的特征及影响，本次停电事故被定位为由“网络协同攻击”造成[83]。从安全博弈的观点，该过程可描述为攻击者-防御者型双层安全博弈模型，其中，攻击者选择系统最为脆弱的环节实施破坏，系统受到攻击后进行紧急控制等自动防御措施。进一步，如何利用有限资源保护关键环节免遭攻击，则可建模为防御者-攻击者-防御者型三层安全博弈模型，其中，第一层给出防御者的最优防护策略，第二层辨识对系统运行危害最大的攻击策略，第三层模拟攻击发生后调度员执行的切机切负荷等应急预案。总之，安全博弈理论可以较好地模拟实际工程中的攻防过程，从而为网络安全性分析提供新的研究思路。

1.5.8 综合能源系统

近年来，以智能电网、智能热网[84]、区域集中冷热联供[85]、新型多能联产联储和需求侧管理等为典型代表的新型能源技术和以大数据、云计算、移动互联网等为代表的新型信息技术发展迅猛。上述技术深度融合已在能源领域引发了第三次工业革命，成为各国能源战略的焦点。其重点着眼于不同能源系统基础设施的紧密耦合，通过能源转化设备支持能量在不同物理网络中的双向流动，实现多能源协同优化配置及市场交易，即综合能源系统的智能化运营。

综合能源系统通过对电力、天然气、供热、交通等多种异质能源系统进行统筹管理、协同优化，实现多能源系统交互响应、互联互济，以充分利用各能源系统间的互补特性，可有效提升系统灵活性、运行效率及可再生能源消纳能力。综合能源系统协同优化运行被广泛研究[86-88]，通过统一管理各能源系统，协调分配系统资源，可实现多能源系统的最高效配置。在实际应用中，各能源系统存在市场壁垒和体制壁垒，其独立决策特性需被纳入考虑。以能源市场这一“无形的手”对综合能源系统进行间接调控，对各能源系统进行博弈建模，分析其相互作用机理，成为当前研究的焦点。文献 [89] 构建了电力系统、燃气系统及电转气装置间的博弈模型，结合纳什讨价还价理论分析了其优化配置均衡，并对该系统的节能减排潜力进行评估。文献 [90] 将综合能源系统管理者与用户间的关系建模为 Stackelberg 博弈，并分析了系统内储能配置、最优定价等问题。文献 [91] 结合博弈理论分析了热电联产机组在综合能源市场中的市场力。文献 [92] 将负荷侧的多能源参与者的博弈关系提炼为 MPEC，并进一步探讨了其在电力市场中的策略性行为。

为突破传统各能源系统割裂运营的局限性，针对批发市场，文献 [93] 提出了综合能源网络博弈模型，并给出了基于原对偶和 KKT 最优性原理的市场均衡分析方法。为消除利用信息优势套利的策略性行为，针对零售集中市场，文献 [94] 提出了多能源零售商制定能量套餐的运营模式，提炼为信号博弈模型，并通过削减冗余约束、识别起作用约束，对模型进行降阶，进而分析其市场均衡。为引导海量分散多能源用户自发参与提升社会福利，针对零售共享市场，文献 [95] 提出了能量枢纽参与能量共享的模型及其均衡分析方法。从理论上对比了单独决策、能量共享和集中管理三种运营模式的效率，证明了能量共享较之集中管理的零售市场，具有分布式趋优的特性。

1.5.9 多能系统演化

气候变化、环境污染等世界范围内普遍关注的社会问题和能源安全等国家战略需求都对能源供应提出了更高要求，亟须升级改造现有基础设施，发展新一代清洁高效的多能互补网络以应对上述挑战。在这一过程中，理解和掌握多能源电力系统的时空演化规律，厘清其建立链接的方式和意图，包括形成多能互补网络的前提条件及驱动因素、网络生长法则，则可深入认识多能源系统的发展演化规律，从而既可为系统构建有效的预防及安全稳控措施，又可提供系统经济运行策略，更为系统发展规划提供决策依据。

“演化”是各种工程活动的基本特征和内在本性，工程与社会、自然和创新之间的矛盾是其演化的动力，“选择与淘汰”“创新与竞争”和“建构与协同”是工程演化的三大机制。“工程演化论”[96] 从哲学层面分析了微观-中观-宏观层面的工程演化的动力学构成，为开展能源、信息等具体行业的演化研究提出了很好的蓝图。然而，在指导多能源系统的政策规划、结构调整时，仍然需要大量的研究以便量化经济、社会、创新、竞争等重要因素在演化模型中的作用[97]。演化博弈理论考虑参与者具有有限理性，通过比较和学习群体中收益高的个体的策略，从而确定个体自身的策略。演化博弈论具有以下几个特点。首先，演化博弈论不同于经典博弈论，在经典博弈论中考虑参与者具有完全理性，但在实际情况中难以达到，演化博弈论则假定所有的参与者仅具有有限理性[98]。其次，与多智能体模型不同，在多智能体模型中需考虑参与者个体的位置信息，以矩阵的形式表达[99]，但在涉及大规模群体的情况下，矩阵维度将增大，带来计算和分析困难。对于分布范围广且数量庞大的参与者群体，其策略选择过程复杂，而演化博弈论则考虑了群体中的决策机制，更适用于实际场景。此外，与数据挖掘方法相比，演化博弈论不依赖海量历史数据，可通过少量关键信息获得演化过程。基于演化博弈论中的复制者动态方程[100]，可获得各变量间的数值关系式，因此被广泛应用在演化过程分析中。在涉及多个均衡点的情况下，演化博弈论可判定各均衡的稳定性[101]，能有效解决群体决策问题[102]，为各类社会行为决策问题提供了有力的理论框架[103,104]。基于演化博弈的多能源系统演化研究涉及三类关键问题。

（1）演化驱动因素分析。借鉴复杂网络演化和电力网络演化过程分析方法，分析包含电力、天然气等多种能源需求和供给的分时价格、功率、能源品质，以及能量存储和运输的效率和速度，提炼驱动电力网络、热力网络、天然气网络等不断生长、逐渐耦合的关键因素，将这些因素作为演化博弈的决策主体。

（2）演化博弈模型构建。建立多能源系统中各决策主体的短时间尺度和长时间尺度策略集，分析电、气、热等子系统收益与增长率的关系；进一步构建基于邻域和历史信息的多能源生产、消费和传输主体策略演化的动力学模型，即演化博弈模型的核心——复制者动态方程。

（3）演化稳定均衡求解与分析。研究上述演化博弈模型均衡解，即复制者动态方程的平衡点；对于演化稳定均衡策略，即稳定平衡点，分析其吸引域，给出系统能够维持结构稳定（即各类能源比例不发生大幅度变化）的扰动范围；对于非稳定均衡策略，即不稳定平衡点，分析其失稳原因，给出防范措施，或设计合适的激励消除非稳定均衡策略。

近年来，演化博弈论被广泛应用于能源领域。文献 [105] 采用系统动力学模型分析补贴政策对汽车制造产业的影响，文献 [106] 中考虑利用演化博弈论解决在实际竞争市场和各类政策环境下的个体决策问题。此外，文献 [103] 中基于演化博弈模型分析促进企业采用低碳生产方式的财政政策，文献 [107] 中考虑电力市场中受价格弹性影响的竞价策略如何演化，文献 [108] 结合演化博弈论计算了在完全竞争市场中的竞价策略，文献 [109] 则分析了可再生能源配额制与电力生产行为决策之间的演化关系。

借鉴演化博弈论的思路，结合对我国电网发展历程的总结与展望，我们将驱动电网演化的各种主要因素，如社会发展需求、管理部门、技术创新与进步以及大自然等视为决策主体，电网演化则可视为由上述主体参与的多阶段博弈过程，从而形成一类工程演化博弈格局，最终希望通过演化博弈论方法揭示电网时空演化规律。作者团队建立了光伏-电网-负荷发展演化博弈模型，提出了基于演化稳定均衡的电网升级方法，指导了青海电网 17 项大型光伏汇集送出工程的有序建设，有效解决了电网规划与建设滞后带来的新能源弃电问题。

综合上述现代电力系统面临的七个方面的控制与决策问题，鉴于博弈论所具有的理论优势及鲜明的工程背景，本书系统总结了十余年来我们应用博弈论解决能源电力系统控制与决策问题的相关工作，可以说这些工作目前已初步形成了包括工程系统信息处理以及对象建模、控制、评估、演化的较为完备的方法论，故我们将其视为一种新的基础理论体系——工程博弈论基础。通过发展工程博弈论的理论与方法，克服传统博弈论内容过于宽泛、过度数学化及过度依赖参与者完全理性等问题，为面向智能电网的现代电力系统控制与决策问题提供系统化的解决方案。尤其是在市场环境及可再生能源发电两大因素作用下，将“博弈”因素考虑到现代电力系统控制与决策中是不可避免的。具体而言，一般博弈论关注人与人之间“合作-竞争”决策问题，工程博弈则兼顾人与自然之间的合作-竞争决策问题（主要是竞争关系）。然而，任何一门新的学科都有一个长期的发展过程。本书面向现代电力系统控制与决策中的若干关键课题，着重从不完全信息下的分布式调控、多主体多指标自趋优以及不确定环境下鲁棒调度与控制等角度入手，梳理总结工程博弈论一般方法论，进而指导电力工程实践。

工程科学的发展一直遵循这样一个规律：首先是提出要解决的工程问题，然后是弄清物理实质，建立物理定律，进而构建数学模型并求解，最终为解决所提出的实际工程问题提供依据。回顾本书科研工作历程，无不遵循此规律。对此，2005 年著名科学家 Kalman 在第十六届国际自动控制联合会（IFAC）大会报告中有更为精辟的论述：回忆过去 100 多年系统理论的发展历史，一个不争的结论是，在基本的物理实质弄清之后，系统理论中工程问题的解决直接依赖于其内在的纯数学问题的解决。现代电力系统的快速发展使得电力系统的发、输、配、用各个环节的参与者越来越多，如何平衡不同参与主体之间的利益既是电力系统规划、调度、控制等诸多方面共同面临的技术挑战，更是优化理论乃至系统科学、运筹学面临的全新课题。另外，正是现代电力系统呈现的多主体、多目标特征（这些目标之间一般存在相互竞争的关系），使得采用博弈论为工具对其进行建模和分析成为必然趋势。这一事实不仅印证了 Kalman 的上述灼见，也是从事工程博弈论研究的必由之路。

1.6 本书的主要内容

本书内容从以下三个方面依次展开：基础篇针对工程实际中遇到的各种控制与决策问题，系统阐述所涉及的博弈问题基本概念及基本理论；方法篇重点讨论工程博弈论中的关键基础科学问题并给出解决方法；应用篇给出能源电力系统工程应用方面的多个典型应用实例。

如前所述，博弈论可分为合作博弈、非合作博弈和演化博弈。按照博弈中参与者行动的时序性又可分为静态博弈和动态博弈，其中，静态博弈描述参与者同时决策的竞争格局或即使非同时决策但后行动者并不知道先行动者所采取的策略；动态博弈是指在博弈中，参与者的行动有先后顺序，且后行动者能够观察到先行动者所选择的行动。微分博弈是一种特殊的动态博弈。此外，演化博弈论虽起步相对较晚，也得到了通信、电工等工程领域学者的关注并被广泛采用，本书也将对其做适当介绍。本书将按照此分类阐述工程博弈论的主要研究内容。循此思路，本书基础篇包括第 1~7 章，主要介绍数学基础、静态非合作博弈、一般动态博弈、静态合作博弈、微分博弈及演化博弈等内容。方法篇包括第 8~11 章，主要介绍工程博弈论的四类先进设计方法，涉及多目标优化、鲁棒优化、鲁棒控制和多层优化等四个领域，此部分内容为本书重点所在。应用篇包括第 12~17 章，重点介绍方法篇总结的四类工程博弈方法在能源电力系统中的应用实例，主要涉及高比例新能源电力系统规划、调度、控制、安全防御及综合能源系统市场均衡分析与发展演化等内容。

参考文献

[1] PETERS H. Game theory: A Multi-leveled approach[M]. New York：Springer Science & Business Media, 2008.

[2] 罗云峰. 博弈论教程 [M]. 北京：清华大学出版社, 2007.

[3] MORGENSTERN O，NEUMANN J V. Theory of games and economic behavior[M]. Princeton：Princeton University Press, 1944.

[4] NASH J F. Equilibrium points in n-person games[J]. Proceedings of the national academy of sciences[M], 1950, 36(1): 48–49.

[5] NASH J F. Non-cooperative games[J]. Annals of Mathematics, 1951, 54(2): 286–295.

[6] SMITH J M，PRICE G R. The logic of animal conflict[J]. Nature, 1973, 246:15.

[7] SMITH J M. Game theory and the evolution of behavior[J]. Proceedings of the Royal Society of London. Series B. Biological Sciences, 1979, 205(1161): 475–488.

[8] SMITH J M. Evolution and the Theory of Games[M]. Cambridge：Cambridge University Press, 1982.

[9] 卢强，梅生伟. 现代电力系统控制评述——清华大学电力系统国家重点实验室相关科研工作缩影及展望 [J]. 系统科学与数学, 2012, 32(10):1207–1225.

[10] CAVERLY R，FORBES J. Nyquist interpretation of the large gain theorem[J]. IFAC-PapersOnLine, 2017, 50(1):3606–3611.

[11] 卢强，陈来军，梅生伟. 博弈论在电力系统中典型应用及若干展望 [J]. 中国电机工程学报, 2014, 34(29):5009–5017.

[12] 杨宪东，叶芳柏. 线性与非线性 H_∞ 控制理论 [M]. 台北: 全华科技图书股份有限公司, 1997.

[13] 程代展，付世华. 博弈控制论简述 [J]. 控制理论与应用, 2018, 35(5): 588–592.
[14] WIENER N. 控制论: 或关于在动物和机器中控制和通信的科学 [M]. 郝季仁, 译. 北京：北京大学出版社, 2007.
[15] 钱学森. 工程控制论 [M]. 北京: 科学出版社, 2011.
[16] 郭雷. 关于控制理论发展的某些思考 [J]. 系统科学与数学, 2012, 31(9):1014–1018.
[17] NASH J F. Two person cooperative games[J]. Econometrica, 1953, 21(1):128–140.
[18] NASH J F. The bargaining problem[J]. Econometrica, 1950, 18(2):155–162.
[19] SHAPLEY L S. A value for n-person games[R]. Santa Monica: RAND Corp, 1952.
[20] 盛昭瀚，蒋德鹏. 演化经济学 [M]. 上海：上海三联书店, 2002.
[21] 高洁，盛昭瀚. 发电侧电力市场竞价策略的演化博弈分析 [J]. 管理工程学报, 2004, 18(3):91–95.
[22] 殷瑞钰，李伯聪，汪应洛. 工程演化论 [M]. 北京：高等教育出版社, 2011.
[23] 周孝信，陈树勇，鲁宗相. 电网和电网技术发展的回顾与展望——试论三代电网 [J]. 中国电机工程学报, 2013, 33(22):1–11.
[24] 梅生伟，魏韡. 智能电网环境下主从博弈模型及应用实例 [J]. 系统科学与数学, 2014, 34(11): 1331–1344.
[25] SCUTARI G，PALOMAR D P，FACCHINEI F，et al. Convex optimization, game theory, and variational inequality theory[J]. IEEE Signal Processing Magazine, 2010, 27(3):35–49.
[26] 卢强，梅生伟，孙元章. 电力系统非线性控制 [M]. 北京：清华大学出版社, 2008.
[27] 宋梅萍，顾国昌，张国印. 随机博弈框架下的多 agent 强化学习方法综述 [J]. 控制与决策, 2005, 20(10):1081–1090.
[28] 刁勤华，林济铿，倪以信, 等. 博弈论及其在电力市场中的应用 [J]. 电力系统自动化, 2001, 25(1):19–23.
[29] FERRERO R，SHAHIDEHPOUR M，RAMESH V. Transaction analysis in deregulated power systems using game theory[J]. IEEE Transactions on Power Systems, 1997, 12(3):1340–1347.
[30] SINGH H. Introduction to game theory and its application in electric power markets[J]. IEEE Computer Applications in Power, 1999, 12(4):18–20.
[31] SONG Y, NI Y, WEN F, et al. Conjectural variation based bidding strategy in spot markets: fundamentals and comparison with classical game theoretical bidding strategies[J]. Electric Power Systems Research, 2003, 67(1):45–51.
[32] HOBBS B F，METZLER C B，PANG J S. Strategic gaming analysis for electric power systems: An mpec approach[J]. IEEE Transactions on Power Systems, 2000, 15(2):638–645.
[33] RUIZ C, CONEJO A J, SMEERS Y. Equilibria in an oligopolistic electricity pool with stepwise offer curves[J]. IEEE Transactions on Power Systems, 2012, 27(2):752–761.
[34] RUIZ C, CONEJO A J. Pool strategy of a producer with endogenous formation of locational marginal prices[J]. IEEE Transactions on Power Systems, 2009, 24(4):1855–1866.
[35] LI R, WEI W, MEI S W, et al. Participation of an energy hub in electricity and heat distribution markets: An mpec approach[J]. IEEE Transactions on Smart Grid, 2019, 10(4):3641–3653.
[36] HU X, RALPH D. Using epecs to model bilevel games in restructured electricity markets with locational prices[J]. Operations Research, 2006, 55(5):809–827.

[37] POZO D, CONTRERAS J. Finding multiple nash equilibria in pool-based markets: A stochastic epec approach[J]. IEEE Transactions on Power Systems, 2011, 26(3):1744–1752.

[38] KAZEMPOUR S, ZAREIPOUR H. Equilibria in an oligopolistic market with wind power production[J]. IEEE Transactions on Power Systems, 2014, 29(2):686–697.

[39] DAI T, QIAO W. Finding equilibria in the pool-based electricity market with strategic wind power producers and network constraints[J]. IEEE Transactions on Power Systems, 2017, 32(1):389–399.

[40] YAO J, ADLER I, OREN S. Modeling and computing two-settlement oligopolistic equilibrium in a congested electricity network[J]. Operations Research, 2008, 56(1):34–47.

[41] CHUANG A S, WU F, VARAIYA P. A game-theoretic model for generation expansion planning: problem formulation and numerical comparisons[J]. IEEE Transactions on Power Systems, 2001, 16(4):885–891.

[42] VOROPAI N I, IVANOVA E Y. Shapley game for expansion planning of generating companies at many non-coincident criteria[J]. IEEE Transactions on Power Systems, 2006, 21(4):1630–1637.

[43] 王莹莹. 含风光发电的电力系统博弈论模型及分析研究 [D]. 北京：清华大学, 2012.

[44] JENABI M, FATEMI GHOMI S M T, SMEERS Y. Bi-level game approaches for coordination of generation and transmission expansion planning within a market environment[J]. IEEE Transactions on Power Systems, 2013, 28(3):2639–2650.

[45] MEI S W, ZHANG D, WANG Y Y, et al. Robust optimization of static reserve planning with large-scale integration of wind power: a game theoretic approach[J]. IEEE Transactions on Sustainable Energy, 2014, 5(2):535–545.

[46] MEI S W, WANG Y Y, LIU F, et al. Game approaches for hybrid power system planning[J]. IEEE Transactions on Sustainable Energy, 2012, 3(3):506–517.

[47] 王莹莹，梅生伟，刘锋. 混合电力系统合作博弈规划的分配策略研究 [J]. 系统科学与数学, 2012, 32(4):418–428.

[48] 杨明，韩学山，王士柏, 等. 不确定运行条件下电力系统鲁棒调度的基础研究 [J]. 中国电机工程学报, 2011, 31(S1):100–107.

[49] 梅生伟，郭文涛，王莹莹, 等. 一类电力系统鲁棒优化问题的博弈模型及应用实例 [J]. 中国电机工程学报, 2013, 33(19):47–56.

[50] 魏韡，刘锋，梅生伟. 电力系统鲁棒经济调度（一）理论基础 [J]. 电力系统自动化, 2013, 37(17):37–43.

[51] 魏韡，刘锋，梅生伟. 电力系统鲁棒经济调度（二）应用实例 [J]. 电力系统自动化, 2013, 37(18):60–67.

[52] 卢强，梅生伟，孙元章. 电力系统非线性控制（第 2 版）[M]. 北京：清华大学出版社, 2008.

[53] 梅生伟，朱建全. 智能电网中的若干数学与控制科学问题及其展望 [J]. 自动化学报, 2013, 39(2):119–131.

[54] LU Q, MEI S W, HU W, et al. Nonlinear decentralized disturbance attenuation excitation control via new recursive design for multi-machine power systems[J]. IEEE Transactions on Power Systems, 2007, 16(4):729–736.

[55] LU Q, MEI S W, HU W, et al. Decentralised nonlinear H_∞ excitation control based on regulation linearization[J]. IEE Proceedings Generation, Transmission and Distribution, 2000, 147(4):245–251.

[56] 卢强，梅生伟，申铁龙等. 非线性H_∞ 励磁控制器的递推设计 [J]. 中国科学 E 辑：技术科学, 2000, 1:70–78.

[57] LU Q, ZHENG S M, MEI S W, et al. NR-PSS (Nonlinear Robust Power System Stabilizer) for large synchronous generators and its large disturbance experiments on real time digital simulator[J]. Science in China Series E: Technological Sciences, 2008, 51(4):337–352.

[58] MEI S W, WEI W, ZHENG S, et al. Development of an industrial non-linear robust power system stabiliser and its improved frequency-domain testing method[J]. IET Generation, Transmission and Distribution, 2011, 5(12):1201–1210.

[59] 叶荣，陈皓勇，娄二军. 基于微分博弈理论的频率协调控制方法 [J]. 电力系统自动化, 2011, 35(20):41–46.

[60] 叶荣，陈皓勇，卢润戈. 基于微分博弈理论的两区域自动发电控制协调方法 [J]. 电力系统自动化, 2013, 37(18):48–54.

[61] MARDEN J R, RUBEN S D, PAO L Y. A model-free approach to wind farm control using game theoretic methods[J]. IEEE Transactions on Control Systems Technology, 2013, 21(4):1207–1214.

[62] WEAVER W W, KREIN P T. Game-theoretic control of small-scale power systems[J]. IEEE Transactions on Power Delivery, 2009, 24(3):1560–1567.

[63] MA Z, CALLAWAY D S, HISKENS I A. Decentralized charging control of large populations of plug-in electric vehicles[J]. IEEE Transactions on Control Systems Technology, 2013, 21(1):67–78.

[64] ARISTIDOU P, DIMEAS A, HATZIARGYRIOU N. Microgrid modelling and analysis using game theory methods[C]. Energy-Efficient Computing and Networking, Lecture Notes of the Institute for Computer Sciences, Social Informatics, and Telecommunications Engineering, 2011, 54(1):12–19.

[65] SAAD W, ZHU H, POOR H V. Coalitional game theory for cooperative micro-grid distribution networks[C]. In IEEE International Conference on Communications Workshops, 2011: 1–5.

[66] CHAKRABORTY S, NAKAMURA S, OKABE T. Scalable and optimal coalition formation of microgrids in a distribution system[C]. In IEEE PES Innovative Smart Grid Technologies Conference Europe, 2015: 1–6.

[67] 王冠群，张雪敏，刘锋，等. 船舶电力系统重构的博弈算法 [J]. 中国电机工程学报, 2012, 32(13):69–76.

[68] 赵敏，沈沉，刘锋，等. 基于博弈论的多微电网系统交易模式研究 [J]. 中国电机工程学报, 2015, 35(4):848–857.

[69] 赵敏. 基于博弈论的分布式电源及微电网运行模式研究 [D]. 北京：清华大学, 2015.

[70] WEAVER W W, KREIN P T. Game-theoretic control of small-scale power systems[J]. IEEE Transactions on Power Delivery, 2009, 24(3):1560–1567.

[71] MAITY I, RAO S. Simulation and pricing mechanism analysis of a solar powered electrical microgrid[J]. IEEE System Journal, 2010, 4(3):275–284.

[72] CINTUGLU M, MARTIN H, MOHAMMED O. Real-time implementation of multiagent-based game theory reverse auction model for microgrid market operation[J]. IEEE Transactions on Smart Grid, 2017, 6(2):1064–1072.

[73] EKNELIGODA N C, WEAVER W W. Game-theoretic communication structures in microgrids[J]. IEEE Transactions on Smart Grid, 2012, 6(2):1064–1072.

[74] WANG Z, LIU F, CHEN Y, et al. Unified distributed control of stand-alone dc microgrids[J]. IEEE Transactions on Smart Grid, 2017, 10(1):1013–1024.

[75] WANG Z, LIU F, LOW S H, et al. Distributed frequency control with operational constraints[J]. IEEE Transactions on Smart Grid, 2019, 10(1):40–64.

[76] MOHSENIAN-RAD A, WONG V, JATSKEVICH J, et al. Autonomous demand-side management based on game-theoretic energy consumption scheduling for the future smart grid[J]. IEEE Transactions on Smart Grid, 2010, 1(3):320–331.

[77] WEI W, LIU F, MEI S W. Energy pricing and dispatch for smart grid retailers under demand response and market price uncertainty[J]. IEEE Transactions on Smart Grid, 2015, 6(3):1364–1374.

[78] 段献忠，袁骏，何仰赞, 等. 电力系统电压稳定灵敏度分析方法 [J]. 电力系统自动化, 1997, 21(4):9–12.

[79] 白雪峰，倪以信. 电力系统动态安全分析综述 [J]. 电网技术, 2004, 28(16):14–20.

[80] 曾沅，余贻鑫. 电力系统动态安全域的实用解法 [J]. 中国电机工程学报, 2003, 23(5):24–28.

[81] YAO Y, EDMUNDS T, PAPAGEORGIOU D, et al. Trilevel optimization in power network defense[J]. IEEE Transactions on Systems, Man, and Cybernetics, Part C: Applications and Reviews, 2007, 37(4):712–718.

[82] WU X, CONEJO A. An efficient tri-level optimization model for electric grid defense planning[J]. IEEE Transactions on Power Systems, 2016, 32(4):2984–2994.

[83] 刘念，余星火，张建华. 网络协同攻击：乌克兰停电事件的推演与启示 [J]. 电力系统自动化, 2016, 40(6):144–147.

[84] LUND H, WERNER S, WILTSHIRE R, et al. 4th generation district heating (4GDH): Integrating smart thermal grids into future sustainable energy systems[J]. Energy, 2014, 68:1–11.

[85] LI Y, REZGUI Y, ZHU H. District heating and cooling optimization and enhancement - towards integration of renewables, storage and smart grid[J]. Renewable and Sustainable Energy Reviews, 2017, 72: 281–294.

[86] 刘涤尘，马恒瑞，王波，等. 含冷热电联供及储能的区域综合能源系统运行优化 [J]. 电力系统自动化, 2018, 42(4):113–120.

[87] LI Z, WU W, WANG J, et al. Transmission-constrained unit commitment considering combined electricity and district heating networks[J]. IEEE Transactions on Sustainable Energy, 2016, 7(2):480–492.

[88] MARTINEZ-MARES A, FUERTE-ESQUIVEL C R. A robust optimization approach for the interdependency analysis of integrated energy systems considering wind power uncertainty[J]. IEEE Transactions on Power Systems, 2013, 28(4):3964–3976.

[89] ZHANG X, CHAN K, WANG H, et al. Game-theoretic planning for integrated energy system with independent participants considering ancillary services of power-to-gas stations[J]. Energy, 2019, 176:249–264.

[90] FANG F, LIN R. Energy management method on integrated energy system based on multi-agent game[C]. 2019 International Conference on Sensing, Diagnostics, Prognostics, and Control (SDPC), 2019.

[91] VIRASJOKI V, SIDDIQUI A S, ZAKERI B, et al. Market power with combined heat and power production in the nordic energy system[J]. IEEE Transactions on Power Systems, 2018, 33(5):5263–5275.

[92] YAZDANI-DAMAVANDI M, NEYESTANI N, SHAFIE-KHAH M, et al. Strategic behavior of multi-energy players in electricity markets as aggregators of demand side resources using a bi-level approach[J]. IEEE Transactions on Power Systems, 2017, 33(1):397–411.

[93] CHEN Y, WEI W, LIU F, et al. Energy trading and market equilibrium in integrated heat-power distribution systems[J]. IEEE Transactions on Smart Grid, 2019, 10(4):4080–4094.

[94] CHEN Y, WEI W, LIU F, et al. Optimal contracts of energy mix in a retail market under asymmetric information[J]. Energy, 2018, 165: 634–650.

[95] CHEN Y, WEI W, LIU F, et al. Analyzing and validating the economic efficiency of managing a cluster of energy hubs in multi-carrier energy systems[J]. Applied Energy, 2018, 230: 403–416.

[96] 周孝信. 构建新一代能源系统的设想. 陕西电力 [J], 2015, 43:1–4.

[97] 殷瑞钰, 李伯聪, 汪应洛. 工程演化论 [M]. 北京：高等教育出版社, 2011.

[98] KARL S, NOWAK M. Evolutionary game theory[J]. Current Biology, 1999, 9(14):503–505.

[99] SEMSAR-KAZEROONI E, KHORASANI K. Multi-agent team cooperation: A game theory approach[J]. Automatica, 2009, 45(10):2205–2213.

[100] JOSEF H, SIGMUND K. Evolutionary game dynamics[J]. Bulletin of the American Mathematical Society, 2003, 40(4):479–519.

[101] CHENG L, YU T. Nash equilibrium-based asymptotic stability analysis of multi-group asymmetric evolutionary games in typical scenario of electricity market[J]. IEEE Access, 2018, 6:32064–32086.

[102] MATJAZ P, SZOLNOKI A. Coevolutionary games-a mini review[J]. BioSystem, 2010, 99(2):109–125.

[103] WU B, LIU P, XU X. An evolutionary analysis of low-carbon strategies based on the government-enterprise game in the complex network context[J]. Journal of Cleaner Production, 2017, 141:168–179.

[104] RAMAZI P, RIEHL J, CAO M. Networks of conforming or nonconforming individuals tend to reach satisfactory decisions[J]. Proceedings of the National Academy of Sciences, 2016, 113(46):12985–12990.

[105] MANNER M, GOWDY J. The evolution of social and moral behavior: Evolutionary insights for public policy[J]. Ecological Economics, 2010, 69(4):753–761.

[106] TIAN Y, GOVINDAN K, ZHU Q. A system dynamics model based on evolutionary game theory for green supply chain management diffusion among Chinese manufacturers[J]. Journal of Cleaner Production, 2014, 80:96–105.

[107] WANG J, ZHOU Z, BOTTERUD A. An evolutionary game approach to analyzing bidding strategies in electricity markets with elastic demand[J]. Energy, 2011, 36(5):3459–3467.

[108] ZAMAN F, ELSAYED S, RAY T，et al. Co-evolutionary approach for strategic bidding in competitive electricity markets[J]. Applied Soft Computing, 2017, 51:1–22.

[109] ZHAO X, REN L, ZHANG Y, et al. Evolutionary game analysis on the behavior strategies of power producers in renewable portfolio standard[J]. Energy, 2018, 162(1):505–516.

第2章 数学基础

博弈论是一门博大精深的学科，涉及众多数学概念与知识，包括拓扑、泛函、优化、控制、随机过程等方面。本章仅对将涉及的必要数学基础作简要介绍，并略去了大部分定理的证明过程。读者若感兴趣，可参考文献 [1-12]。

如无特殊说明，本书用大写英文字母表示集合或矩阵，如 A；用小写英文字母表示向量，如 a，a_i 表示向量 a 的第 i 个元素；标量视为特殊的向量也用小写英文字母表示。

2.1 函数与映射

函数（function）是微积分的主要研究对象。Newton 在研究流数法（微积分）时，采用流量来表示依赖时间变化的量，这实质上是函数的雏形。Leibniz 明确提出函数一词，用以表示随一个量的变化而变化的另一个量。Euler 引进了 $f(x)$ 这一记号来表示函数。经过 Cauchy、Dirichlet、Weierstrass 等的不断努力，函数的概念逐步完善。其中，Dirichlet 在研究 Fourier 级数时提出了与现代数学非常接近的函数的定义：在给定区间上，若对每个 x 的值都有唯一的 y 与之对应，则称 y 为 x 的函数。由此可见，函数主要关注的是定义域、值域及其对应关系。注意，这种对应关系并不要求存在解析的表达式，数学分析中的隐函数即为典型实例。

映射（mapping）是函数概念的一般性推广。若将函数定义中定义域与值域的概念推广至一般的集合，则可得到映射的定义。

定义 2.1 设 X 与 Y 是两个非空集合，若对任意 $x \in X$，都存在唯一的 $y \in Y$ 与之对应，并记此对应关系为 f，则称 f 为从 X 到 Y 的映射，记为 $f: X \to Y$。其中，与 $x \in X$ 所对应的元 $y \in Y$ 称为 x 在映射 f 下的像，称 x 为 y 在映射 f 下的原像，记为 $x = f^{-1}(y)$。特别地，欧式空间中，$X \subset \mathbb{R}^n$，$Y \subset \mathbb{R}^m$，此时 $y = f(x)$ 表示 m 个 n 元函数。若令 $y = 0$，则有

$$f(x) = 0 \tag{2-1}$$

式 (2-1) 即为通常意义下的（代数）方程组。相应地，若存在 $x^* \in X$，使得

$$f(x^*) = 0 \tag{2-2}$$

则称 x^* 是方程组（2-1）的解。

2.2 空间与范数

定义 2.1中，自变量 x 和因变量 y 分别定义在集合 X 与 Y 上。因此，X 与 Y 的结构对一般的映射研究具有非常重要的意义。空间概念是用以刻画集合结构的重要工具，如拓扑空间、向量空间、线性空间、内积空间等。所谓空间，即是具备某种特殊结构的集合。例如，拓扑空间，定义了开集、闭集、极限、可数性、可分离性等基本概念，从而可以刻画集合最基本的几何结构。进一步定义度量（距离）的概念。

定义 2.2　设 X 是一非空集合。若存在映射 $d: X \times X \to \mathbb{R}$，使得 $\forall x, y, z \in X$，d 满足下述条件：

（1）非负性　$d(x,y) \geqslant 0, d(x,y) = 0 \Leftrightarrow x = y$。

（2）对称性　$d(x,y) = d(y,x)$。

（3）三角不等式　$d(x,y) \leqslant d(x,z) + d(z,y)$。

则称 $d(x,y)$ 为 X 中元素 x 和 y 之间的度量（距离），而赋以度量（距离）d 的集合 X 则称为度量（距离）空间，记为 (X,d)。

所谓度量或距离，是指实数集 $\mathbb{R}$ 上两点距离 $d(x,y) = |x-y|$ 的推广，它用以刻画集合中元素之间的距离，亦可推广至元素到集合、集合到集合的距离。同一个集合 X 可以有不同的度量，在不同度量下构成的是不同的度量空间。两种常见的度量空间是线性赋范空间和内积空间。线性赋范空间是指在一个线性空间上定义其范数，从而诱导出该线性空间的度量。范数定义如下所述。

定义 2.3　设 X 是一非空集合，$x, y \in X$。映射 $\|\cdot\|: X \to \mathbb{R}$ 称为 X 上的范数，当且仅当其满足以下性质：

（1）非负性　$\|x\| \geqslant 0$，且 $\|x\| = 0 \Leftrightarrow x = 0$。

（2）齐次性　$\|\alpha x\| = |\alpha| \, \|x\|, \forall \alpha \in \mathbb{R}$。

（3）三角不等式　$\|x+y\| \leqslant \|x\| + \|y\|$。

范数定义在一般的集合 X 上。而在实际应用中，主要在 $\mathbb{R}^n$ 上展开讨论。以下是一些 $\mathbb{R}^n$ 空间中常用的范数。

2.2.1 向量范数

设向量 $x = (x_1, x_2, \cdots, x_n)^{\mathrm{T}} \in \mathbb{R}^n$，有如下范数定义。

（1）l_∞ 范数

$$\|x\|_\infty = \max_i |x_i|, \quad i = 1, 2, \cdots, n$$

（2）l_1 范数

$$\|x\|_1 = \sum_{i=1}^{n} |x_i|$$

（3）l_2 范数

$$\|x\|_2=\left(\sum_{i=1}^{n}x_i^2\right)^{1/2}$$

（4）l_p 范数

$$\|x\|_p=\left(\sum_{i=1}^{n}x_i^p\right)^{1/p},\quad 1\leqslant p<\infty$$

例 2.1 设 $x=[1,2,-3,4]^{\mathrm{T}}$，则 $\|x\|_\infty=4$，$\|x\|_1=10$，$\|x\|_2=\sqrt{30}$。

2.2.2 诱导矩阵范数

设矩阵 $A=a_{ij}\in\mathbb{R}^{n\times n}$，有如下范数定义。

（1）诱导矩阵范数

$$\|A\|=\max_{x\neq 0}\left\{\frac{\|Ax\|}{\|x\|}\right\}$$

（2）诱导 l_1 矩阵范数

$$\|A\|_1=\max_{j}\left\{\sum_{i=1}^{n}|a_{ij}|\right\}$$

（3）诱导 l_∞ 矩阵范数

$$\|A\|_\infty=\max_{i}\left\{\sum_{j=1}^{n}|a_{ij}|\right\}$$

（4）诱导 l_2 矩阵范数

$$\|A\|_2=\sqrt{\lambda_{A^{\mathrm{T}}A}}$$

其中 $\lambda_{A^{\mathrm{T}}A}$ 是矩阵 $A^{\mathrm{T}}A$ 的最大特征值。

例 2.2 设矩阵

$$A=\begin{bmatrix}1 & 2 & 0 & 2\\ 3 & 2 & 1 & 3\\ 5 & 0 & 6 & 3\\ 2 & 4 & -9 & 7\end{bmatrix}$$

则有

$$\|A\|_1=16,\quad \|A\|_\infty=22$$

同一个线性空间可以定义不同的范数，从而构成不同的线性赋范空间。值得注意的是，同一个有限维线性赋范空间上定义的不同范数是等价的。

命题 2.1 设 $\|x\|_\alpha$ 与 $\|x\|_\beta$ 是定义在线性空间 X 中的两种范数，则有

$$\|x\|_\alpha\to 0\Leftrightarrow\|x\|_\beta\to 0$$

内积空间是结构更为特别的一类空间，它在集合上定义内积运算：

$$\langle x, y\rangle = x^{\mathrm{T}}y$$

由上式可见，内积空间必定是赋范空间，因为可以定义其范数为

$$\|x\| = \sqrt{\langle x, x\rangle}$$

同样，赋范空间也必定是度量空间，因为可以选取其度量为

$$d(x, y) = \|x - y\|$$

2.3 连续性、可微性与紧性

有了距离或范数的定义，即可刻画度量空间上的函数或者映射的连续性（continuity）。首先给出邻域的定义。

定义 2.4 设 (X, d) 是度量空间，r 是正实数。对于 $\forall x_0 \in X$，称集合

$$B_r(x_0) = \{x | x \in X, d(x, x_0) < r\} \tag{2-3}$$

是 x_0 的 r 开邻域，在不引起误解的情况下，开邻域简称为邻域。

邻域 $B_r(x_0)$ 实质上是 X 中以 x_0 为中心、r 为半径的开球。利用邻域的概念，可以进一步定义度量空间上映射的连续性。

定义 2.5 设距离空间 (X, d) 及 (Y, d) 上有映射 $f: X \to Y$。对 $x_0 \in X$，称 f 在 x_0 处连续，若对任意 $\varepsilon > 0$，存在 $\delta = \delta(\varepsilon, x_0)$，使得对任意 $x \in B_\delta(x_0) \subset X$，均有 $d(f(x) - f(x_0)) < \varepsilon$。若映射 f 在 X 内任意一点都连续，则称映射 f 在 X 上连续，简称连续。

很多时候，我们希望映射有更好的性质，不但具有连续性，而且具有光滑性。映射的光滑程度是由可微性（differentiability）来刻画的。

定义 2.6 设距离空间 (X, d) 及 (Y, d) 上有映射 $f: X \to Y$。对 $x_0 \in X$，若其一阶偏导 $\partial f/\partial x$ 在 x_0 处存在且连续，则称 f 在 x_0 处可微。若映射 f 在 X 内任意点都可微，则称映射 f 在 X 上可微，简称可微。

定义 2.6 给出了距离空间上映射的一阶可微性定义。特别地，当映射定义在 $\mathbb{R}^n$ 空间上时，对于标量映射，其一阶偏导是一个向量，一般称为梯度，记作 $\nabla f(x) = \partial f/\partial x$，其二阶偏导称为 Hessian 矩阵。对于向量映射，其一阶偏导是一个矩阵，一般称为 Jacobi 矩阵。更高阶的偏导通常难以用简单的形式写出，半张量积方法为表示多维高阶偏导提供了一个非常好的工具，读者可以参考文献 [12]。进一步，读者还可通过高阶偏导自行推导并定义映射的高阶可微性。高阶可微意味着映射更加光滑，相应也就具有更好的结构和性质。

除了连续性，集合或空间还有一个重要的性质——紧性。对 $\mathbb{R}$ 上的有界闭区间 $[a,b]$，有 Bolzano-Weierstrass 定理，即任何有界数列必有收敛的子列，此即为实数轴上的列紧性定理，它可以推广到 $\mathbb{R}^n$ 空间，并进一步推广到一般度量空间。

定义 2.7 设 M 是度量空间 X 的一非空子集。如果 M 中任意无限点列 $\{x_n\}$ 都有收敛的子列 $\{x_{n_k}\}$ 使得 $x_{n_k} \to x \in X$，则称 M 是相对列紧的。进一步如果收敛子列的极限都在 M 中，则称 M 是列紧的。特别地，如果空间 X 本身是列紧的，则称 X 为列紧空间。

除了列紧集合外，还有另一个相关的概念——紧集。

定义 2.8 设 M 是度量空间 X 的一非空子集，如果 M 的任意一族开覆盖都存在 M 的一个有限子覆盖，则称 M 是紧集。特别地，如果空间 X 本身是紧的，则称 X 是紧空间。

列紧性和紧性主要关心集合中任意的无限序列是否存在收敛点（聚点），进而关心这些收敛点是否仍在集合中，前者与集合有界性密切相关，而后者与集合的闭性密切相关。事实上，在度量空间中，相对列紧性是有限维空间 $\mathbb{R}^n$ 中集合有界性的推广，而列紧性和紧性则是有限维 Euclid 空间 $\mathbb{R}^n$ 中集合有界闭性的推广。如果度量空间 X 的子集 M 是相对列紧的，则它是有界的；如果 M 是列紧的或者紧的，则它是有界闭的。在一般拓扑空间里，列紧性与紧性是有区别的，但是在度量空间中，二者是等价的，在本书中不作严格区分。

有了紧性的定义，容易将欧式空间 $\mathbb{R}^n$ 中有界闭集上连续函数的一些重要性质推广至度量空间中紧集上的连续映射。例如，在度量空间中，连续映射将紧集映射为紧集，对紧集上的连续单值映射，其逆映射也连续。连续映射在紧集上有界，且在紧集上能达到它的界。

除集合的紧性外，我们还关心在度量空间的结构是否足够“完整”，从而在进行极限运算时不会遇到困难。显然，所谓的“完整性”是由度量空间的完备性来决定的，它可仿照实数完备性的 Cauchy 收敛原理来定义。

定义 2.9（完备度量空间） 设度量空间 (X,d) 中有点列 $\{x_n\}$，若 $\forall \varepsilon > 0$，$\exists N \in \{1,2,\cdots\}$，使得当 $m,n > N$ 时，恒有 $d(x_m,x_n) < \varepsilon$，则称 $\{x_n\}$ 是度量空间 (X,d) 的一个基本列或 Cauchy 列。如果 (X,d) 中每个基本列都收敛于该空间内的点，则称 (X,d) 是完备的度量空间。

上述定义表明，在 Cauchy 序列的意义下，空间的完备性意味着其内部和边界上都不能有“缺陷”。进一步由紧集定义和完备度量空间定义可知，一个度量空间如果是（列）紧的，则它是完备的。下面给出一些完备和不完备空间的例子。

例 2.3 整个实数轴按 Euclid 距离 $d(x,y) = |x-y|$ 构成一个完备的度量空间，而所有有理数集则构成不完备的度量空间。

例 2.4 $\mathbb{R}^n$ 空间按 Euclid 距离构成完备度量空间。

完备的内积空间称为 Hilbert 空间，而完备的赋范空间称为 Banach 空间，这些空间都是泛函分析中最重要和最常见的研究对象。很多情形下，针对一个不完备的空间，可以扩展其结构，使其变成完备的空间，此即空间的完备化。

2.4 集值映射及其连续性

集值映射（set-valued mapping）是普通映射概念的推广，其含义较普通意义上的映射更为复杂和抽象，它是博弈论中进行较为深刻的理论分析时必须使用的重要工具。由于该理论比较艰深，本节仅介绍其最基本的概念与定义，对一些基本的性质和定理也不加证明地给出，以便读者对此有初步认识。

以下给出集值映射的定义。

定义 2.10 设 D、Z 是两个非空集合，$G:D\to Z$ 是一种对应法则，即若 $\forall x\in D$，通过 G 均有 Z 中的某个子集 $G(x)$ 与之相对应，则称 G 是 D 到 Z 的一个集值映射。记为

$$G:D\to P_0(Z)$$

其中，$P_0(Z)$ 表示 Z 所有子集组成的集合。

定义 2.11 设 $G:D\to P_0(Z)$ 为非空集合 D 到 Z 的一个集值映射，称集合 $D\times Z$ 的子集

$$\mathrm{graph}(G)=\{(x,y)|(x,y)\in D\times Z, y\in G(x)\}$$

为集值映射 G 的图。进一步，若 $\mathrm{graph}(G)$ 是 $D\times Z$ 中的闭集，则称集值映射 G 是闭的，$\mathrm{graph}(G)$ 是集值映射 G 的闭图。

设 $\mathrm{graph}(G)$ 是闭图，由定义 2.11可知，若

$$(x_\alpha,y_\alpha)\in \mathrm{graph}(G),\quad (x_\alpha,y_\alpha)\to(x,y)$$

则必有

$$(x,y)\in \mathrm{graph}(G)$$

或等价地

$$\forall x_\alpha\in D,\quad x_\alpha\to x$$

$$\forall y_\alpha\in G(x_\alpha),\quad y_\alpha\to y$$

从而有

$$y\in G(x)$$

上述事实表明，闭图意味着映射 G 是闭的。进一步，映射 G 是闭的意味着 $G(x)$ 是闭集。

集值映射也有连续性的概念，但是较之普通映射上定义的连续性更为复杂。

定义 2.12 设 $G:D\to P_0(Z)$ 为非空集合 D 到 Z 的一个集值映射。若对 $X_0\in D$ 以及 Z 中满足 $G(x_0)\subset Z_0$ 的任意开集 Z_0，总存在 x_0 的某个开邻域 $B(x_0)$，使 $\forall x\in B(x_0)$，均有 $G(x)\subset Z_0$，则称 G 在 x_0 处是上半连续的。进一步，若 G 在任意 $x\in D$ 处都上半连续，则称 G 是上半连续的。

定义 2.13 设 $G: D \to P_0(Z)$ 为非空集合 D 到 Z 的一个集值映射。若对 $X_0 \in D$ 以及 Z 中满足 $G(x_0) \cap Z_0 \neq \varnothing$ 的任意开集 Z_0，总存在 x_0 的某个开邻域 $B(x_0)$，使得 $\forall x \in B(x_0)$，均有 $G(x) \cap Z_0 \neq \varnothing$，则称 G 在 x_0 处是下半连续的。进一步，若 G 在任意 $x \in D$ 处都下半连续，则称 G 是下半连续的。

上半连续与下半连续的含义不同，从下面的例子可看出。

例 2.5 如图 2.1 所示的集值映射

$$G_1 = \begin{cases} [-1, 1], & x \neq 0 \\ \{0\}, & x = 0 \end{cases}$$

$$G_2 = \begin{cases} \{0\}, & x \neq 0 \\ [-1, 1], & x = 0 \end{cases}$$

根据定义 2.12和定义 2.13分析可知，G_1 下半连续但非上半连续，G_2 上半连续但非下半连续。

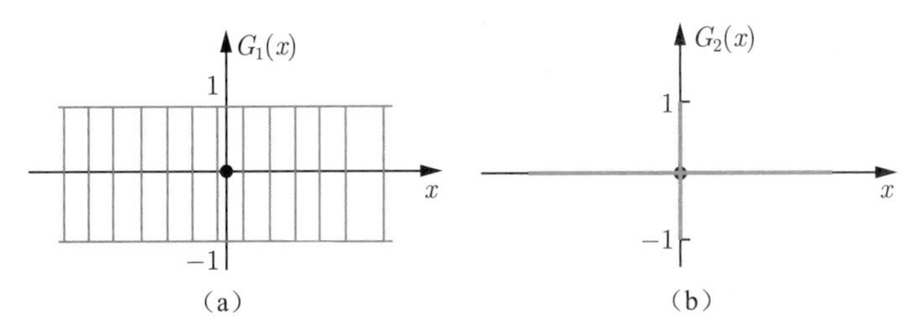

图 2.1 上半连续与下半连续

（a）下半连续但非上半连续；（b）上半连续但非下半连续

定义 2.14 设 $G: D \to P_0(Z)$ 为非空集合 D 到 Z 的一个集值映射。若 G 在 x_0 处既上半连续又下半连续，则称 G 在 x_0 处连续。进一步，若对任意 $x \in D$，G 都是连续的，则称 G 是 D 上的连续映射。

显然，若常规映射 $f: X \to Y$ 是连续的，则其作为集值映射也是连续的，并且既上半连续，又下半连续。需要说明的是，上半连续的集值映射是博弈论中证明 Nash 均衡存在性的重要理论工具，以下给出一个定理，用以判定一个集值映射是否是上半连续的。

定理 2.1 设 G 是拓扑空间 D 到紧拓扑空间 Z 的集值映射，如果 G 有闭图，则 G 是上半连续的。

2.5 凸集与凸函数

在求解某优化问题或博弈问题时，目标函数及可行域是否具备凸性关系到问题能否有效求解，这就涉及凸集（convex set）和凸函数（convex function）的概念。

定义 2.15 若对非空集合 D 中的任意元素 x 和 y，有

$$\lambda x + (1 - \lambda) y \in D, \quad \forall \lambda \in [0, 1] \tag{2-4}$$

则称集合 D 为凸集。

根据以上定义，一个集合是凸集当且仅当连接任意两点的线段仍包含在该集合内。

例 2.6 凸集的几何意义如图 2.2 所示。

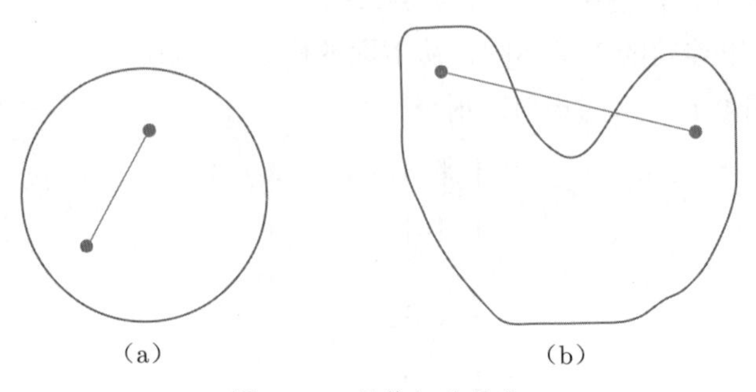

图 2.2 凸集与非凸集

(a) 凸集;(b) 非凸集

例 2.7 设 $x, p \in \mathbb{R}^n$, $a \in \mathbb{R}$，以下三类集合均是凸集。

(1) 超平面 $H = \{x | p^{\mathrm{T}} x = a\}$。

(2) 闭半空间 $H_c^- = \{x | p^{\mathrm{T}} x \leqslant a\}$ 和 $H_c^+ = \{x : p^{\mathrm{T}} x \geqslant a\}$。

(3) 开半空间 $H_o^- = \{x | p^{\mathrm{T}} x < a\}$ 和 $H_c^+ = \{x : p^{\mathrm{T}} x > a\}$。

凸集具有下列基本性质。

命题 2.2 设 S_1 和 S_2 是 $\mathbb{R}^n$ 中的凸集，则

(1) $S_1 \cap S_2$ 是凸集。

(2) $S_1 \pm S_2 = \{x \pm y | x \in S_1, y \in S_2\}$ 是凸集。

了解了集合的凸性后，下面给出凸函数和凹函数的定义。

定义 2.16 设 $S \subset \mathbb{R}^n$ 是非空凸集，f 是定义在 S 上的函数。若其满足

$$f(\lambda x + (1-\lambda) y) \leqslant \lambda f(x) + (1-\lambda) f(y), \quad \forall x, y \in S, \forall \lambda \in (0,1)$$

则称 f 是 S 上的凸函数。若 $x \neq y$ 时上述不等式严格成立，则称 f 为 S 上的严格凸函数。若 $-f$ 是 S 上的（严格）凸函数，则 f 是 S 上的（严格）凹函数。

例 2.8 图 2.3中，(a) 是凸函数；(b) 是凹函数；(c) 既不是凸函数，也不是凹函数。

例 2.9 线性函数 $f(x) = p^{\mathrm{T}} x + a$ 在 $\mathbb{R}^n$ 上既是凸函数又是凹函数。

凸函数具有以下一些重要的基本性质。

命题 2.3 设 $f_1, f_2, \cdots, f_m$ 是凸集 S 上的凸函数，则

(1) 对任意实数 $k > 0$，$k f_i$ 也是 S 上的凸函数。

(2) 对实数 $a_1, a_2, \cdots, a_m \geqslant 0$，函数 $\sum\limits_{i=1}^{m} a_i f_i$ 也是 S 上的凸函数。

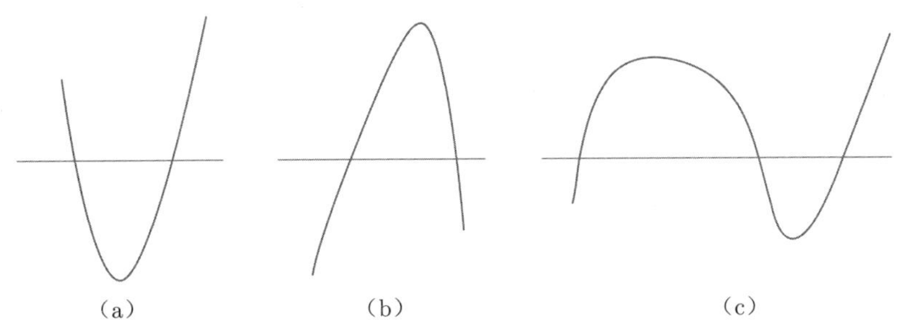

图 2.3 各类函数示意图

(a) 凸函数；(b) 凹函数；(c) 既不是凸函数，也不是凹函数

2.6 不动点与压缩映射

在优化计算和博弈分析中，常常要考虑最优解或者均衡点的存在性和唯一性问题，这需要用到泛函分析中的不动点（fixed point）理论及压缩映射（contractive mapping）原理。

定义 2.17 考虑映射 $f: X \to Y$，若 $\exists x^* \in X$ 使 $x^* = f(x^*)$ 成立，则称 x^* 为映射 f 的不动点。

由上述定义可知，不动点是指能被映射到自身的点。不动点对方程的求解、稳定性分析等具有极其重要的作用。数学家们提出了各种不动点理论，以讨论不同情况下不动点的存在与唯一性问题。下面给出两个应用最广泛的不动点定理。

定理 2.2（Brouwer 不动点定理） 设 $X \subset \mathbb{R}^n$ 是有界闭凸集合，映射 $f: X \to X$ 连续，则 f 在 X 上至少有一个不动点。

注意上述不动点原理的应用条件，一是所关心的集合 X 须为紧凸集，二是需要映射自身具有连续性以及在 X 上的封闭性。不动点在现实生活中很容易找到相应的例子。

例 2.10 将地图 A 缩小（不要求均匀按比例）后记为地图 B，将地图 B 旋转任意角度放回地图 A（A 完全包含 B），地图 B 的每一点在地图 A 上都有一点与之对应，也许地图 B 的北京在地图 A 的上海，地图 B 的南京在地图 A 的成都。不动点原理告诉我们：地图 B 上必有一个点位置没有变，该点在 A、B 两张地图上表示相同的位置。

Brouwer 不动点定理主要关心的是常规映射，它也可以推广至集值映射，对此有如下定理。

定理 2.3（Kakutani 不动点定理） 设 $D \subset \mathbb{R}^n$ 是非空有界闭凸集，集值映射 $G: D \to P_0(D)$ 满足 $\forall x \in D$，$G(x)$ 是 D 上的非空闭凸集，且 G 在 D 上是上半连续的，则 $\exists x^* \in D$，使得 $x^* \in G(x^*)$。

压缩映射是用来研究不动点最基本、最重要的方法，类似于函数与映射的关系，压缩映射理论也能推广至一般度量空间。

定义 2.18 设（X, d）是度量空间，如果存在正数 $\alpha \in (0,1)$，使得

$$d(f(x) - f(y)) \leqslant \alpha d(x - y), \quad \forall x, y \in X \tag{2-5}$$

其中，α 为压缩系数，则称映射 $f: X \to X$ 是压缩映射。

利用压缩映射，可以得到一系列不动点存在性与唯一性的判定定理。下面给出在泛函分析中经常用到的 Banach 压缩映射原理，也称为 Banach 不动点定理。

定理 2.4（Banach 不动点定理） 设 f 是完备度量空间 X 上的压缩映射，则 f 在 X 中存在唯一的不动点。

容易看出，利用定理 2.4中的压缩映射可在完备度量空间中构成一个点列，映射的连续性保证基本列的极限存在，完备性则保证该极限点位于空间之内，而映射的压缩性则使任意两个不动点的距离会趋向于 0，从而保证了不动点的唯一性。

2.7 概率论

2.7.1 样本事件概率

大自然与人类社会发生的现象可分为确定性和随机性两类。前者是指一定条件下必然发生或必然不发生的现象；后者则指相同条件下进行重复试验，其结果有多种，但在试验前无法预知，从而呈现出偶然性的现象。

定义 2.19 随机试验每一种可能的结果称为样本点（也称为基本事件），通常用 ω 表示。

定义 2.20 样本点的全体称为样本空间，通常用 Ω 表示。

定义 2.21 样本空间 Ω 的一个子集 A，称为一个随机事件，简称为事件。

根据上述定义，若在试验中出现事件 A 所包含的某一样本点 ω，则称事件 A 发生，并记为 $\omega \in A$。

定义 2.22 设 F 是由非空集合 Ω（样本空间）的若干子集所构成的集合，若其满足如下三个条件：

（1）$\Omega \in F$。

（2）若 $A \in F$，则 $\bar{A} \in F$。

（3）若 $A_i \in F(i = 1, 2, \cdots)$，则 $\bigcup\limits_{i=1}^{\infty} A_i \in F$。

则称 F 是一个 σ-代数，进一步称 (Ω, F) 为可测空间。

定义 2.23 设 (Ω, F) 为可测空间，考察下述映射

$$P: F \to [0,1], \quad \forall A \in F$$

若 P 满足下述条件：

（1）规范性，即 $P(\Omega) = 1$。

（2）可加性，即 $\forall A_i \in F(i = 1, 2, \cdots)$ 为一列两两互不相交的事件，有

$$P\left(\bigcup_{i=1}^{\infty} A_i\right) = \sum_{i=1}^{\infty} P\left(A_i\right)$$

则称 $P(A)$ 为事件 A 的概率，并称三元组 (Ω, F, P) 为所研究随机试验的概率空间。

例 2.11 抛掷均匀硬币。若用 $\omega = \{1, 0\}$ 分别表示硬币正面朝上或反面朝上，则样本空间为

$$\Omega = \{0, 1\}$$

σ-代数为

$$F = \{\{0, 1\}, \{1\}, \{0\}, \varnothing\}$$

概率 P 定义为

$$P(\{1\}) = p$$

$$P(\{0\}) = 1 - p$$

$$P(\{0, 1\}) = 1$$

$$P(\varnothing) = 0$$

显见，(Ω, F, P) 构成抛掷硬币这一随机事件的概率空间。

2.7.2 概率论若干基本定理

定理 2.5 $P(\varnothing) = 0$。

定理 2.5表明空事件的概率为 0。

定理 2.6 设 $A_1, A_2, \cdots, A_n$ 为有限不相交事件，则有

$$P\left(\bigcup_{i=1}^{n} A_i\right) = \sum_{i=1}^{n} P(A_i)$$

显见，定理 2.6是概率可加性的一个特例，由该定理可推知，某一事件的概率和该事件的补的概率之和为 1，即

$$P(A) + P(\bar{A}) = 1$$

上式的直接推论是任何事件的概率不大于 1，即

$$\forall A \in F, \quad 0 \leqslant P(A) \leqslant 1$$

进一步，若事件 B 同时是事件 A 的真子集，则事件 A 发生的概率至少和事件 B 发生的概率一样大，即有下述结论。

定理 2.7 若 $B \subseteq A$，则 $P(B) \leqslant P(A)$。

以下给出事件之并的概率定理。

定理 2.8 两个事件 A 与 B 的并 $A \cup B$ 发生的概率为

$$P(A \cup B) = P(A) + P(B) - P(AB)$$

定理 2.9 任意 n 个事件的并发生的概率为

$$P\left(\bigcup_{i=1}^{n} A_i\right) = \sum_{i=1}^{n} \left[P(A_i) - \sum_{i<j}^{n} P(A_i A_j) + \sum_{i<j<k}^{n} P(A_i A_j A_k) - \cdots\right]$$

2.7.3 条件概率与全概率公式

概率论研究的一个重点是分析各个事件发生概率之间的关系，如此则需知道某事件的发生如何影响另一事件发生的概率，即给定事件 A 和 B，若已知事件 B 发生，在此前提下，问事件 A 发生的概率是多少？这就是所谓的条件概率问题。

一种可能是这两个（或多个）事件的发生概率没有任何关系，即事件 A 发生与否，不受事件 B 发生与否的影响，在此前提下，以下给出事件独立性的一般定义。

定义 2.24 设 $A_1, A_2, \cdots, A_n$ 是一组事件，若 $P\left(\bigcup_{i=1}^{n} A_i\right) = \prod_{i=1}^{n} P(A_i)$，则称事件 $A_1, A_2, \cdots, A_n$ 相互独立。

除去各个事件相互独立的情形，我们更关心的是各个事件之间存在依赖性的情况，分析事件之间这种关系最重要的概念是条件概率，以下给出其一般定义。

定义 2.25 设 A，B 是两个事件，且 $P(A) > 0$，称

$$P(B|A) = \frac{P(AB)}{P(A)}$$

为在事件 A 发生的条件下事件 B 发生的条件概率。

由上述定义可以得到下述概率乘法公式。

定理 2.10 设 $P(A) > 0$，则有 $P(AB) = P(A)P(B|A)$。

定理 2.11 设 $A_1, A_2, \cdots, A_n$ 为 n 个事件且 $P(A_1 A_2 \cdots A_{n-1}) > 0$，则有

$$P(A_1 A_2 \cdots A_n) = P(A_1)P(A_2|A_1)P(A_3|A_1 A_2) \cdots P(A_n|A_1 A_2 \cdots A_{n-1})$$

由上述乘法公式可以推出全概率公式，它是计算复杂事件发生概率的一个有效途径，能够大大简化一个复杂事件的概率计算问题，定理 2.12即为全概率公式。

定理 2.12（全概率公式） 给定概率空间 (Ω, F, P)，设 $A, B_1, \cdots, B_n \in F$，$B_i B_j = \varnothing, i \neq j, 1 \leqslant i, j \leqslant n$，且 $\bigcup_{i=1}^{n} B_i = \Omega$，$P(B_i) > 0 (i = 1, 2, \cdots, n)$，则有

$$P(A) = P(B_1)P(A|B_1) + P(B_2)P(A|B_2) + \cdots + P(B_n)P(A|B_n)$$

显见，上述全概率公式实际上是借助于样本空间 Ω 的一个划分 $B_1, B_2, \cdots, B_n$，将事件 A 分解成几个相互独立的事件：$AB_1, AB_2, \cdots, AB_n$，进而将 $P(A)$ 分成若干部分，分别计算再求和，如此则可达到计算“复杂”事件 A 发生概率的目的。

2.7.4 Bayes 公式

经典概率论以事件发生的频率代表该事件发生的可能性的大小，即为客观概率。计算客观概率要求对某一事件进行接近无限次重复的实验，这在现实中通常不具有可行性。贝叶斯（Bayes）概率从主观角度出发，刻画了代理人对某一事件发生的置信程度，又称为主观概率。Bayes 概率理论最初由著名的天文学家和数学家 Pierre Laplace 开创，其

与客观概率的主要区别在于考虑了外部信息与内部信念的交互。客观概率一经定义便不会再变化，而 Bayes 概率则会随着人的思想而变化，随着经验的积累而修正。Bayes 公式回答了各参与者如何利用已观测到的事件估计未观测到的事件发生的概率的问题，由以下定理给出。

定理 2.13 给定概率空间 (Ω, F, P)，设 $A, B_1, B_2, \cdots, B_n \in F$，$B_iB_j = \varnothing$，$i \neq j$，$1 \leqslant i, j \leqslant n$，$\bigcup\limits_{i=1}^{n} B_i = \Omega, P(A) > 0, P(B_i) > 0 (i = 1, 2, \cdots, n)$，则有

$$P(B_i|A) = \frac{P(B_i)P(A|B_i)}{\sum\limits_{j=1}^{n} P(B_j)P(A|B_j)}$$

在上述公式中，$P(B_i), \forall i = 1, 2, \cdots, n$ 是先验概率，$P(A)$ 是现象概率，即观测到的条件，而 $P(B_i|A)$ 则为 Bayes 概率。下面，我们利用一个例子阐明客观概率与主观概率的联系与区别。

例如，某传染病发病率为 0.04%，可通过试纸检测筛查。医学实验表明，检测结果并非完全准确。已知真实患病者化验结果 99% 呈阳性，而健康者化验结果 99.9% 呈阴性。现某人的检查结果呈阳性，可通过 Bayes 公式推断真实患病概率。

记 B 事件为“被检查者患病”，在没有检测信息的情况下，患此疾病的概率即为人群中的发病率，也即为先验概率，此例中 $P(B) = 0.04\%$，故“被检查者健康”的先验概率为 $P(\bar{B}) = 99.96\%$。当有检测结果时，记 A 事件为“检查结果为阳性”，由已知条件，患病者阳性概率为 $P(A|B) = 99\%$，患病者假阴性概率为 $P(A|\bar{B}) = 0.1\%$。欲求阳性检测者患病概率 $P(B|A)$，由 Bayes 公式得

$$P(B|A) = \frac{P(B)P(A|B)}{P(B)P(A|B) + P(\bar{B})P(A|\bar{B})} = \frac{0.0004 \times 0.99}{0.0004 \times 0.99 + 0.9996 \times 0.001} = 28.4\%$$

上式表明在检查结果呈阳性的人群中，实际患病者不到 30%。原因在于该病发病率很低，10000 人中 4 人患病而 9996 人健康。若对该 10000 人进行检测，9996 个健康人中有 $9996 \times 0.001 \approx 10$ 个呈阳性。另外 4 个真实患病者中有 $4 \times 0.99 \approx 4$ 个呈阳性，真实患病者在报告的 14 个阳性案例中约占 28%。

在实际医学实验中，由于技术和操作等原因，错检概率是必定存在的。在实际中，可以采用复查来减少错误率，或用更为简便的辅助方法先行筛查，排除大量明显健康的人群后，再进行核酸检测，此时阳性案例的准确率将大幅提高。例如，对 14 名首次检查阳性的人群进行复查，此时 $P(B) = 0.284$，根据 Bayes 公式计算可得

$$P(B|A) = \frac{0.284 \times 0.99}{0.284 \times 0.99 + 0.716 \times 0.001} = 99.7\%$$

此例是现实中常见的例子，第一次利用 Bayes 公式计算出的是检测阳性者真实患病概率，第二次利用 Bayes 公式计算出的是核酸检测的准确率。通过概率分析，可以采取有效方法降低错检概率，提高医疗资源使用效率。

总体来说，Bayes 定理的强大之处在于它能够将不同来源的信息组合起来对客观概率进行不断修正。因此，Bayes 概率更具有普遍性，并逐渐被接纳为概率的基本解释。Bayes 概率也被应用于深度学习之中，通过将权重和偏置由确定的值拓展为概率分布，Bayes 深度学习可以利用更少的数据达到更佳的泛化效果，表现也较传统深度学习更为鲁棒。

2.8 随机过程

2.8.1 基本概念及统计特征

随机过程可以认为是概率论的“动力学”部分，即随机过程的研究对象是随时间演化的随机现象，换言之，对某一事物变化全过程进行一次观察得到的结果是一个关于时间 t 的函数，但对同一事物的变化过程独立地重复进行多次观察所得的结果是不同的，而且每次观察之前不能预知试验结果。

例 2.12 在海浪分析中，需要观测某固定点处海平面的垂直振动，设 $X(t)$ 表示在 t 时刻的海平面对于平均海平面的高度，则 $X(t)$ 是随机变量，而 $\{X(t)|t \in [0,+\infty)\}$ 是随机过程。

以下给出随机过程的一般定义。

定义 2.26 设 (Ω, F, P) 是概率空间，$\Omega = \{\omega\}$ 是其样本空间，T 是给定的参数集（通常表示时间），若对每个 $t \in T$ 有一个随机变量 $X(t,\omega)$ 与之对应，则称随机变量族 $\{X(t,\omega), t \in T\}$ 是随机过程，简记为 $X(t)(t \in T)$。

显见，随机过程可以视为两个变量 ω 和 t 的函数 $X(t,\omega)$，$t \in T$，$\omega \in \Omega$。特别地，对一个特定的样本点 $\omega \in \Omega$，$X(t,\omega)$ 即为对应于 ω 的样本函数或样本曲线，称为随机过程的一个轨道（或一次实现），简化为 $x(t)$。对每个固定的参数 $t \in T$，$X(t,\omega)$ 即为一个定义在样本空间 Ω 上的随机变量，称为随机过程在 t 时刻的状态。

综上所述，随机过程可以视为是对应于所有不同试验结果 $\omega \in \Omega$ 的一簇时间函数 $\{X(t,\omega_1),\ X(t,\omega_2), \cdots, X(t,\omega_n), \cdots\}$ 的总体 $X(t,\omega)$。

由于随机过程在任一时刻的状态均为随机变量，故可利用随机变量（一维和多维）描述随机过程的统计特征。

定义 2.27 给定随机过程 $\{X(t), t \in T\}$，对于每一固定的 $t \in T$，随机变量 $X(t)$ 的一维分布函数定义为

$$F(x,t) = P\{X(t) \leqslant x\}, \quad x \in \mathbb{R}$$

特别称 $\{F(x,t), t \in T\}$ 为一维分布函数族。

一维分布函数族刻画了随机过程在各个时刻的统计特性。为了描述随机过程在不同时刻之间的统计联系，一般可对任意 n 个不同时刻 $t_1, t_2, \cdots, t_n \in T$，引入随机过程的 n 维分布函数：

$$F(x_1, x_2, \cdots, x_n; t_1, t_2, \cdots, t_n) = P\{X(t_1) \leqslant x_1, X(t_2) \leqslant x_2, \cdots, X(t_n) \leqslant x_n\}$$

$$x_i \in \mathbb{R}, \quad i = 1, 2, \cdots, n$$

特别地，对于固定的 n，称 $\{F(x_1, x_2, \cdots, x_n; t_1, t_2, \cdots, t_n), t_i \in T, i = 1, 2, \cdots, n\}$ 为随机过程 $X(t)$ 的 n 维分布函数族。

随机过程的分布函数族虽然能够完整刻画随机过程的统计特性，但在实际研究随机现象时，根据随机试验往往只能得到随机过程的部分样本，而用它来确定 n 维分布函数族是非常困难的，为此引入下述随机过程的基本统计（数字）特征。

定义 2.28 随机过程 $X(t)$ 的均值函数（数学期望）定义为

$$\mu_X(t) = E[x(t)]$$

其中，$\mu_X(t)$ 为 $X(t)$ 在各个时刻的摆动中心。

定义 2.29 随机过程 $X(t)$ 的均方值定义为

$$\varPhi_X^2(t) = E[X^2(t)]$$

定义 2.30 随机过程 $X(t)$ 的方差函数定义为

$$\sigma_X^2(t) = D[X(t)] = E\{[X(t) - \mu_x(t)]^2\}$$

其中，$\sigma_X^2(t)$ 为 $X(t)$ 在 t 时刻对均值 $\mu_X(t)$ 的二阶中心矩。

定义 2.31 随机过程 $X(t)$ 的自相关函数定义为

$$R_X(t_1, t_2) = E[X(t_1)X(t_2)]$$

定义 2.32 随机过程 $X(t)$ 的自协方差函数定义为

$$C_X(t_1, t_2) = \mathrm{cov}[X(t_1), X(t_2)] = E\{[X(t_1) - \mu_X(t_1)][X(t_2) - \mu_X(t_2)]\}$$

若令 $t_1 = t_2 = t$，则有

$$\sigma_X^2 = R_X(t, t) - \mu_X^2(t)$$

一般而言，均值函数和自相关函数是随机过程最主要的两个数字特征。

定义 2.33 若随机过程 $X(t)$ 的二阶矩 $E[X^2(t)]$ 存在，则称 $X(t)$ 为二阶矩过程。

定理 2.14 若 $X(t)$ 为二阶矩过程，则其自相关函数 $R_X(t_1, t_2)$ 一定存在。

上述定理可由 Cauchy-Schwartz 不等式推得。

需要说明的是，正态过程即是一种特殊的二阶矩过程，意味着正态过程的全部统计特性完全可由它的均值函数和自相关函数确定。

2.8.2 Poisson 过程和 Wiener 过程

定义 2.34（独立增量过程） 给定二阶矩过程 $X(t)$ 及其所在区间 $[s, t]$ 上的增量 $X(t) - X(s)(t > s \geqslant 0)$，若 $\forall n \in \mathbb{N}_+$ 及任意给定的 $0 \leqslant t_0 < t_1 < t_2 < \cdots < t_n$，$n$ 个增量 $X(t_1) - X(t_0)$、$X(t_2) - X(t_1)$、$X(t_n) - X(t_{n-1})$ 相互独立，则称 $X(t)$ 为独立增量过程。

显见，独立增量过程意味着在不重叠的区间上，状态的增量是相互独立的。

定义 2.35 若 $\forall h \in \mathbb{R}$ 和 $t+h > s+h \geqslant 0$，$X(t+h) - X(s+h)$ 与 $X(t) - X(s)$ 具有相同的分布，则称 $X(t)$ 具有增量平稳性，相应的独立增量过程是齐次过程。

Poisson 过程是一类典型的独立增量过程，对应着自然界和社会普遍存在的随着时间推移迟早会重复出现的事件，如电子管阴极发射的电子到达阳极、意外事故或意外差错的发生，以及要求服务的顾客到达服务站等。

进一步可以将上述事件归纳抽象为随时间推移陆续出现在时间轴上的多个质点构成的质点流，如此，若以 $N(t), t \geqslant 0$ 表示在时间间隔 $(0, t]$ 内出现的质点数，则 $\{N(t), t \geqslant 0\}$ 即为一类状态取非负整数、时间连续的随机过程，称为计数过程。

定义 2.36 给定记数过程 $N(t)$，若其满足：

（1）$X(t)$ 是独立增量过程。

（2）$\forall t > t_0 \geqslant 0$，增量 $N(t) - N(t_0)$ 服从参数为 $\lambda(t - t_0)$ 的 Poisson 分布。

（3）$N(0) = 0$。

则称 $N(t)$ 为一强度为 λ 的 Poisson 过程。

由上述定义可知，若 $N(t)$ 为 Poisson 过程，则其在 $(t_0, t]$ 内出现 k 个质点的概率为

$$P_k(t_0, t) = \frac{[\lambda(t - t_0)]^k}{k!} \mathrm{e}^{-\lambda(t - t_0)} \tag{2-6}$$

由式 (2-6) 可知，增量 $N(t_0, t) = N(t) - N(t_0)$ 的概率分布仅与 $t - t_0$ 有关，故 Poisson 过程是一个齐次过程。

容易推知 Poisson 过程的均值函数和方差函数为

$$E[N(t)] = \mathrm{var}[N(t)] = \lambda(t) \tag{2-7}$$

式 (2-7) 表明，Poisson 过程的强度等于单位时间间隔内出现的质点数目的期望值。

定义 2.37 给定二阶矩过程 $\{X(t), t \geqslant 0\}$，若其满足：

（1）它是独立增量过程。

（2）$\forall t > s \geqslant 0, X(t) - X(s) \sim N(0, \sigma^2(t - s)), \sigma > 0$。

（3）$X(0) = 0$。

则称 $X(t)$ 为 Wiener 过程。

由上述定义，可以推知 Wiener 过程的均值函数和方差函数分别为

$$E[X(t)] = 0, \quad D[X(t)] = \sigma^2 \tag{2-8}$$

Wiener 过程是 Brown 运动的数学模型，它清晰地揭示了受到大量随机的、相互独立分子撞击的微粒做高速不规则运动的发生机理。Wiener 过程是齐次的独立增量过程。

2.8.3 Markov 过程与 Markov 链

现实世界有许多这样的随机现象：对某一过程而言，在已经知道现在情况的条件下，该过程未来某时刻的情况只与现在的情况有关，而与过去的历史情况无直接关系。例如，

研究一个汽车销售商店的累计销售额，若现在某一时刻的累计销售额已经知道，则未来某一时刻的累计销售额与现在时刻以前的任一时刻累计销售额无关。一般称描述此类随机现象的数学模型为 Markov 过程，以下给出其定义。

定义 2.38　若随机过程 $X(t)$ 在 t_0 所处的状态为已知的条件下，$X(t)$ 在 $t > t_0$ 所处状态的条件分布与该过程在 t_0 之前所处的状态无关，即在已知过程“现在”的条件下，$X(t)$ 的“将来”不依赖于其“过去”，则称 $X(t)$ 具有无后效性（或 Markov 性）。

定义 2.39　设 $\{X(t), t \in T\}$ 的状态空间为 I，若 $\forall n \in \mathbb{N}_+ (n \geqslant 3)$ 个时刻 $t_1 < t_2 < \cdots < t_n < T$，有

$$P\{X(t_n) \leqslant x_n \mid X(t_1) = x_1, \cdots, X(t_{n-1}) = x_{n-1}\}$$
$$= P\{X(t_n) \leqslant x_n \mid X(t_{n-1}) = x_{n-1}\}$$

则称 $\{X(t), t \in T\}$ 为 Markov 过程。

由上述定义可知，Poisson 过程为时间连续状态离散的 Markov 过程，Wiener 过程为时间状态都连续的 Markov 过程。

定义 2.40　称时间和状态都离散的 Markov 过程为 Markov 链。

根据上述定义，Markov 链可以视为在时间集 $T = \{0, 1, 2, \cdots\}$ 对离散状态集 $\{X_n = X(n), n = 0, 1, 2, \cdots\}$ 观测的结果。若记状态空间 $I = \{a_1,\ a_2, \cdots\}$，$a_i \in \mathbb{R}$，则其 Markov 性可用下述条件分布表示，即 $\forall n, r \in \mathbb{N}_+$，$0 \leqslant t_1 < t_2 < \cdots < t_r < m\ t_i, m\ , m+n \in T$，有

$$P\{X_{m+n} = a_j \mid X_{t1} = a_{i1}, X_{t2} = a_{i2}, \cdots, X_{tr} = a_{tr}, X_m = a_i\}$$
$$=P\{X_{m+n} = a_j \mid X_m = a_i\},\ a_k \in I$$

定义 2.41　称条件概率

$$P_{ij}(m, m+n) = P\{X_{m+n} = a_j | X_m = a_i\}$$

为 Markov 链在时刻 m 处于状态 a_i 的条件下，在时刻 $m+n$ 转移到状态 a_j 的概率，P 称为转移概率矩阵。

定义 2.42　若转移概率 $P_{ij}(m, m+n)$ 只与状态 a_i, a_j 及时间间距 n 有关，即

$$P_{ij}(m, m+n) = P_{ij}(n)$$

则称 Markov 链为齐次的，又称其转移概率具有平稳性。

定义 2.43　设 X_n 为齐次 Markov 链，称其转移概率

$$P_{ij}(n) = P\{X_{m+n} = a_j | X_m = a_i\}$$

为 X_n 的 n 步转移概率，$P(n) = (P_{ij}(n))$ 为 n 步转移概率矩阵。

定理 2.15（Chapman-Kolmogorov 方程） 设 $\{X(n), n\in T\}$ 是齐次 Markov 链，则对 $\forall u,v\in T$，有

$$p_{ij}(u+v)=\sum_{k=1}^{+\infty}p_{ik}(u)p_{kj}(v),\quad i,j=1,2,\cdots \tag{2-9}$$

Chapman-Kolmogorov 方程物理意义明确，即从任意时刻 s 所处状态 $X(s)=a_i$ 出发，经过时段 $u+v$ 转移到状态 a_j 这一事件可分解为从 $X(s)=a_i$ 出发，先经过时段 u 转移到中间状态 $a_k\,(k=1,2,\cdots)$，再从 a_k 经过时段 v 转移到状态 a_j 这样一些事件的和。

Chapman-Kolmogorov 方程也可写成矩阵乘积的形式，即

$$P(u+v)=P(u)P(v) \tag{2-10}$$

若令 $u=1, v=n-1$，则有

$$P(n)=p^n$$

综上所述，齐次 Markov 链的 n 步转移概率矩转是其一步转移概率矩阵的 n 次方，进一步，齐次 Markov 链的有限维分布由其初始分布和一步转移概率完全确定。

2.9 单目标优化问题

实际工程决策问题通常需要寻找最优策略，故可将其建模为一个最优化问题来求解。本节简要介绍无约束和带约束优化问题的基本理论。

无约束最优化问题形式为

$$\min f(x) \tag{2-11}$$

假定目标函数二阶可微，将其一阶偏导 $\nabla f(x)$ 和二阶偏导 $\nabla^2 f(x)$ 分别记为 $g(x)$ 和 $h(x)$，也称目标函数的梯度和 Hessian 矩阵。

以下列举若干关于无约束最优化问题的基本定理。

定理 2.16（一阶必要条件） 若 $x^*\in D$ 是优化问题 (2-11) 的局部极小点，则 $g(x^*)=0$。

定理 2.17（二阶必要条件） 若 $x^*\in D$ 是优化问题 (2-11) 的局部极小点，则 $g(x^*)=0$，且 $H(x^*)$ 半正定。

定理 2.18（二阶充分条件） 若 $g(x^*)=0$，且 $H(x^*)$ 正定，则 $x^*\in D$ 是优化问题 (2-11) 的局部极小点。

定理 2.19（凸充要条件） 若 f 是严格凸函数，则 $x^*\in D$ 是优化问题 (2-11) 全局极小点当且仅当 $g(x^*)=0$。

根据上述定理，可以构造多种无约束优化问题的求解方法。一般优化问题很难获得解析解，通常需要进行数值迭代求解。需要说明的是，在求解博弈问题的均衡解时，也经常需要将其转化为优化问题进行求解。

例 2.13 两个电厂发电量分别为 p_1 和 p_2，如图 2.4 所示。已知单位电价为 4，电厂 G_1 发电成本为

$$C = p_1^2 - p_1 p_2$$

设电厂 G_2 的发电量 $p_2 = 8$，试问电厂 G_1 发电量应为多少？

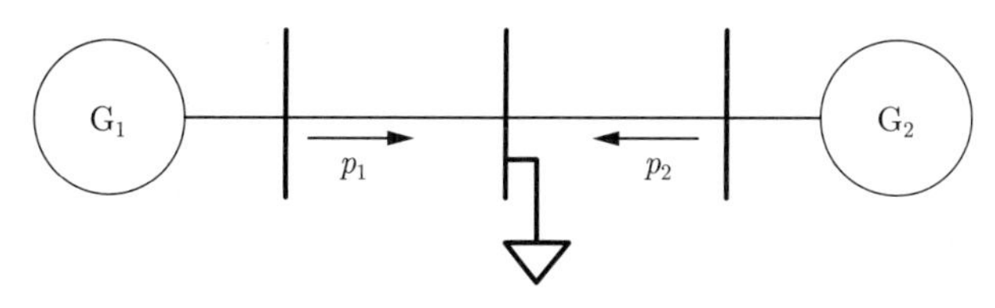

图 2.4 两电厂供电示意图

将上述问题建模为一个无约束的优化问题

$$\max f(p_1, p_2) = 4p_1 - (p_1^2 - p_1 p_2) \tag{2-12}$$

或等价地

$$\min f(p_1, p_2) = -4p_1 + (p_1^2 - p_1 p_2) \tag{2-13}$$

首先对式 (2-13) 求一阶导数

$$\frac{\partial f}{\partial p_1} = -4 + 2p_1 - p_2 = 0$$

得到最优性必要条件

$$p_1^* = 2 + \frac{p_2}{2}$$

再验证二阶充分条件

$$\frac{\partial^2 f}{\partial^2 p_1} = 2 > 0$$

令电厂 G_2 发电量 $p_2 = 8$，得电厂 G_1 的最佳发电量为 $p_1^* = 6$。

在实际工程控制和决策问题中，总存在各种约束条件，因此必须考虑带约束的优化问题。约束通常包括等式约束和不等式约束。首先考虑带等式约束的优化问题，其模型可以写为

$$\begin{aligned} \min \quad & f(x) \\ \text{s.t.} \quad & h(x) = 0 \end{aligned} \tag{2-14}$$

该问题不能直接应用无约束优化问题的基本定理求解，可以采用 Lagrange 乘子法先将其转化为无约束优化问题，然后进行求解，其基本原理概述如下。

首先写出 Lagrange 函数

$$L(x) = f(x) + \lambda^{\mathrm{T}} h(x) \tag{2-15}$$

则带等式约束的优化问题 (2-14) 等价于如下无约束优化问题：

$$\min \ L(x) \tag{2-16}$$

其一阶最优必要条件相应地变为

$$\begin{cases} \dfrac{\partial L}{\partial x} = 0 \\ \\ \dfrac{\partial L}{\partial \lambda} = 0 \end{cases} \tag{2-17}$$

进一步考虑约束中含有不等式情形。此时优化问题模型为

$$\begin{aligned} \min \quad & f(x) \\ \text{s.t.} \quad & h(x) = 0 \\ & g(x) \leqslant 0 \end{aligned} \tag{2-18}$$

我们仍然可以采用 Lagrange 乘子方法将其转化为无约束的优化问题。

令

$$L(x) = f(x) + \lambda^{\mathrm{T}} h(x) + \eta^{\mathrm{T}} g(x) \tag{2-19}$$

则带不等式约束的优化问题 (2-18) 等价于无约束优化问题

$$\min \quad L(x) \tag{2-20}$$

其一阶最优性必要条件相应地变为

$$\begin{cases} \dfrac{\partial L}{\partial x} = 0 \\ \dfrac{\partial L}{\partial \lambda} = 0 \\ \\ \eta \geqslant 0, \quad g(x) \leqslant 0, \quad \eta^{\mathrm{T}} g(x) = 0 \end{cases} \tag{2-21}$$

此条件又称为 Karush-Kuhn-Tucker 最优性条件，简称为 KKT 条件[4]。

例 2.14 仍考虑例 2.13中的两个发电厂。现设发电厂 G_1 的发电量不能超过 5，其他条件不变。试问为了实现最大收益，电厂 G_1 的发电量应为多少？

首先写出该问题的 Lagrange 函数

$$L(p_1, p_2) = -4p_1 + (p_1^2 - p_1 p_2) + \eta(p_1 - 5) \tag{2-22}$$

此时 KKT 条件为

$$\begin{cases} \dfrac{\partial L}{\partial p_1} = -4 + 2p_1 - p_2 + \eta = 0 \\ \eta(p_1 - 5) = 0 \end{cases} \tag{2-23}$$

求解该方程组可得

$$p_1 = 5, \quad \eta = 2$$

故 $p_1^* = 5$ 即为电厂 G_1 的最佳发电量。

求解优化问题时，直接求解原问题往往较为复杂，此时如果将其转化为对偶问题，则有可能大幅降低求解难度。当然，是否需要将优化问题转化为对偶问题，应根据具体情况而定，以下列举一例予以说明。

考虑下述线性最优化问题：

$$
\begin{aligned}
\min\quad & c^{\mathrm{T}}x \\
\text{s.t.}\quad & A_1x = b_1 \\
& A_2x \leqslant b_2 \\
& x \geqslant 0
\end{aligned}
\tag{2-24}
$$

其对偶问题为

$$
\begin{aligned}
\max\quad & w_1b_1 + w_2b_2 \\
\text{s.t.}\quad & w_1A_1 + w_2A_2 \leqslant c \\
& w_2 \leqslant 0
\end{aligned}
\tag{2-25}
$$

其中，w_1、w_2 为 Lagrange 乘子。

由原问题及对偶问题的数学模型可看出，当约束条件数量较多时，采用对偶问题求解会更方便。需要说明的是，实施对偶变换时应注意对偶问题与原优化问题是否等价，即是否存在对偶间隙。对于线性规划，对偶间隙必定为 0，即原问题与对偶问题具有相同的最优值。

2.10 多目标优化与 Pareto 最优

实际工程控制与决策问题中通常需要优化多个目标。例如，现代电力系统运营，既要求安全稳定，又要求经济环保，还要求电能优质，这三大目标类型完全不同，甚至相互冲突。显然传统的单目标优化理论难以直接处理此类问题，为此多目标（向量）优化理论应运而生，它成为现代优化理论一个不可或缺的重要分支。

考察下述多目标优化问题：

$$
\begin{aligned}
\min\quad & [f_1(x), \cdots, f_m(x)] \\
\text{s.t.}\quad & h(x) = 0 \\
& g(x) \leqslant 0
\end{aligned}
\tag{2-26}
$$

其中，$x \in S \subseteq \mathbb{R}^n$，映射 $[f_1(x), \cdots, f_m(x)] : \mathbb{R}^n \to \mathbb{R}^m$ 为多目标优化问题的目标函数，$h(x) = 0$ 和 $g(x) \leqslant 0$ 是多目标优化问题的等式及不等式约束条件，满足约束的 x 为可行解。以下给出多目标优化问题的若干基本概念。

定义 2.44（理想解） 若某个可行解 x^* 使得多目标优化问题 (2-26) 的各个目标均达到最优值，则称 x^* 为理想解（ideal solution，IS）。

显然，在多目标优化中，理想解一般是不存在的。图 2.5给出了一个理想解的例子，两个目标 f_1 与 f_2 同时在 $x^{(0)}$ 处取得极小值。而图 2.6所示的例子不存在理想解。尽管如此，理想解可以为实际求解多目标优化的非理想解提供一个基准，这对于评估一般可行解的优劣是有意义的。

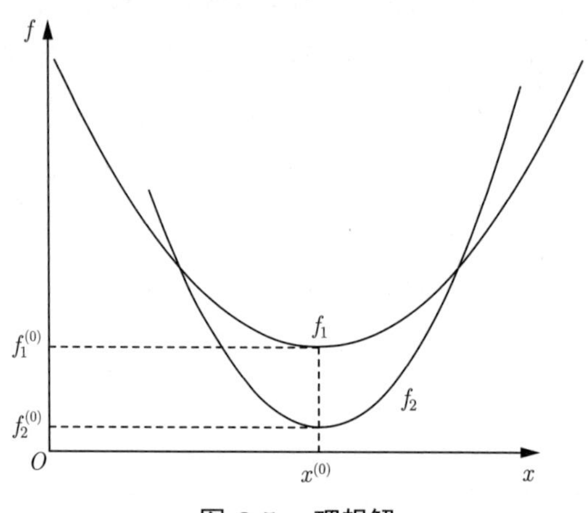

图 2.5 理想解

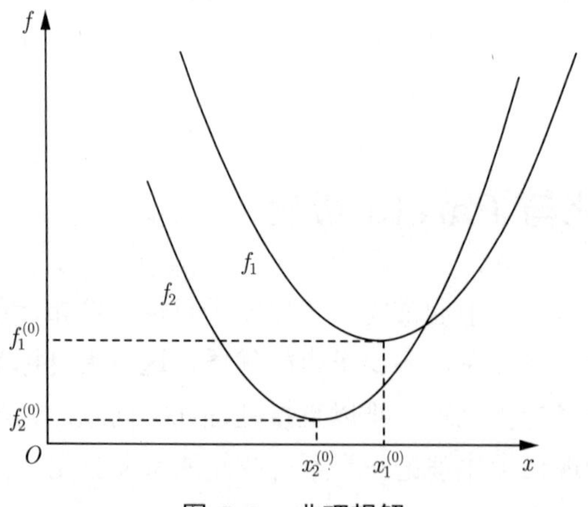

图 2.6 非理想解

定义 2.45（占优解） 多目标优化问题 (2-26) 的某个可行解 x_1 是相对另一可行解 x_2 的占优解（dominant solution，DS），若其满足下述条件：

（1）在所有的目标分量上，x_2 都不优于 x_1。

（2）至少在一个目标分量上，x_1 严格优于 x_2。

定义 2.46（非劣解） 多目标优化问题 (2-26) 的某个可行解 x^*，若其他任何可行解都不能构成它的占优解，则称 x^* 为非劣解（non-dominated solution，NDS），又称为 Pareto 解。

Pareto 最优意味着找不到其他策略，能够改善至少一个目标而不损害其余目标。

定义 2.47（非劣解集） 多目标优化问题 (2-26) 的所有非劣解构成的集合称为非劣解集（non-dominated solution set，NDSS），又称为 Pareto 最优解集或 Pareto 前沿。

2.11 动态优化与最优控制

在实际工程控制与决策问题中，通常会遇到动态优化问题，即需要优化的不再是一个点，而是一个过程，它本质上考虑的是泛函极值问题，这需要用到变分法。所谓泛函，可粗略地理解为“函数的函数”，即其自变量也是函数。普通函数求极值需要用到微分，它表示函数增量中与自变量变化量呈线性关系的主要部分。与之相类似，变分表示泛函增量与其自变量函数增量呈线性关系的主要部分，以下给出其定义。

定义 2.48 设有映射 $J: Y \to \mathbb{R}$，其中 Y 是由函数 $y = y(x)$ 构成的空间，$x \in X \subset \mathbb{R}^n$，则称 J 为 Y 上的一个泛函。又设 $y, y_0 \in Y$，称 $\delta y = y - y_0$ 为 y 在 y_0 的变分。相应地，若令 $\alpha \in \mathbb{R}$，则泛函 J 在 y_0 处的变分可定义为

$$\delta J = \frac{\partial}{\partial \alpha} J(y_0 + \alpha \delta y)_{\alpha=0} \tag{2-27}$$

其中，变分 δy 是 x 的函数，它与常规函数微分 Δy 的区别在于，变分 δy 表示整个函数的改变，而 Δy 表示同一个函数 $y(x)$ 因 x 的不同值而产生的差异。由上述定义可以看出，泛函是一般函数概念的推广，它的定义域从常规的实数或复数空间扩展为函数空间（空间上的每个点表示一个函数），而变分也是常规函数微分概念的推广。有了变分的定义，即可得到泛函极值问题的基本定理，实为函数极值定理在泛函极值问题上的推广。

定理 2.20（泛函极值必要条件） 若具有变分的泛函 $J(y(x))$ 在 $y = y_0(x)$ 处达到极值，则沿 $y = y_0(x)$ 的轨线，恒有 $\delta J = 0$。

应用变分法求泛函极值时，通常还会用到下述定理。

定理 2.21 设函数 $\varPhi(x)$ 在有界闭区间 $[a, b]$ 上是连续的，如果对任意连续可微并在 $[a, b]$ 端点处取值为零的函数 $\eta(x)$，恒有

$$\int_a^b \varPhi(x)\eta(x)\mathrm{d}x = 0 \tag{2-28}$$

则有

$$\varPhi(x) = 0, \quad x \in [a, b]$$

利用定理 2.20和定理 2.21，即可讨论泛函极值问题的求解。

考察下述泛函

$$J(y) = \int_{t_0}^{t_1} f(t, y(t), \dot{y}(t))\mathrm{d}t \tag{2-29}$$

其中，$y = [y_1, y_2, \cdots, y_n]^{\mathrm{T}}$，$\dot{y} = [\dot{y}_1, \dot{y}_2, \cdots, \dot{y}_n]^{\mathrm{T}}$。

$J(y)$ 取得极值的必要条件可由式 (2-30) 给出

$$\delta J = 0 \Rightarrow \frac{\partial f}{\partial y_i} - \frac{\mathrm{d}}{\mathrm{d}t}\frac{\partial f}{\partial \dot{y}_i} = 0 \tag{2-30}$$

式 (2-30) 即为古典变分的 Euler 方程。

利用 Euler 方程求解泛函极值问题时，没有考虑约束条件。当泛函极值问题带有约束时，可以采用前面提到的 Lagrange 乘子法，先将其转化为无约束的泛函极值问题，然后利用 Euler 方程求解。

考虑下述带约束的泛函极值问题：

$$\min J(y) = \int_{t_0}^{t_1} f(t, y(t), \dot{y}(t))\mathrm{d}t \tag{2-31}$$

$$\text{s.t.} \quad \phi(t, y) = 0 \tag{2-32}$$

首先引入 Lagrange 乘子向量 λ，令

$$F = f + \lambda^{\mathrm{T}}\phi \tag{2-33}$$

对式 (2-33) 直接利用 Euler 方程即可得到带约束泛函极值问题的下述必要条件：

$$\begin{cases} \dfrac{\partial F}{\partial y_i} - \dfrac{\mathrm{d}}{\mathrm{d}t}\dfrac{\partial F}{\partial \dot{y}_i} = 0 \\ \dfrac{\partial F}{\partial \lambda_j} - \dfrac{\mathrm{d}}{\mathrm{d}t}\dfrac{\partial F}{\partial \dot{\lambda}_j} = 0 \end{cases} \tag{2-34}$$

式 (2-34) 即为古典变分的 Euler-Lagrange 方程。

Euler-Lagrange 方程应用广泛，其中最重要的应用之一就是求解最优控制问题。

考察控制系统

$$\dot{x} = f(x, u) \tag{2-35}$$

其中，$f: X \times U \to X$ 为光滑映射，$x \in X$ 为系统状态变量，$u \in U$ 为系统控制输入。式 (2-35) 又称为系统的状态方程。

设优化性能指标为

$$J = \int_0^T L(x, u)\mathrm{d}t \tag{2-36}$$

则相应的最优控制问题可描述为，如何设计控制输入 u 使得性能指标（2-36）在状态方程（2-35）的约束下达到最小。注意需要寻找的最优控制律 u 实际上并不是一个数值，而是一个函数，因此，最优控制问题本质上属于带约束的泛函极值问题范畴，故可用 Euler-Lagrange 方程求解。

首先令

$$F = L(x, u) + \lambda^{\mathrm{T}}[f(x, u) - \dot{x}] \tag{2-37}$$

对式 (2-37) 应用 Euler-Lagrange 方程可得

$$\begin{cases} \dot{x} = f(x,u) \\ \dot{\lambda} = -\dfrac{\partial H}{\partial x} \\ 0 = \dfrac{\partial H}{\partial u} \end{cases} \tag{2-38}$$

或等价地

$$\begin{cases} \dot{x} = f(x,u) \\ \dot{\lambda} = -\dfrac{\partial H}{\partial x} \\ \min\limits_{u} H(x^*,\lambda^*,u) = H(x^*,\lambda^*,u^*) \end{cases} \tag{2-39}$$

其中

$$H = L(x,u) + \lambda^{\mathrm{T}} f(x,u) \tag{2-40}$$

此处 H 为 Hamilton 函数。式 (2-38) 或式 (2-39) 被称为 Hamilton-Pontryagin（简称 HP）方程，即最优控制的必要条件。式 (2-39) 最后一个方程表明，最优控制 u^* 使 Hamilton 函数取得极值，不论该函数是否可导，此即为著名的 Pontryagin 极值原理。利用该原理可以求解各种最优控制问题。下面以线性最优控制系统为例说明如何利用 Pontryagin 极值原理设计最优控制器。

例 2.15 线性系统最优控制设计原理

考察线性动态系统

$$\dot{x} = Ax + Bu \tag{2-41}$$

选取优化性能指标为如下积分型二次函数：

$$\min_{u} J(x,u) = \int_0^{\infty} \frac{1}{2}(x^{\mathrm{T}}Qx + u^{\mathrm{T}}Ru)\mathrm{d}t \tag{2-42}$$

其中，Q 和 R 分别为半正定和正定常系数矩阵。试求上述线性最优控制问题的解。

以下为线性最优控制的基本设计步骤。

第 1 步 构造线性最优控制问题的 Hamilton 函数为

$$H = \frac{1}{2}(x^{\mathrm{T}}Qx + u^{\mathrm{T}}Ru) + \lambda^{\mathrm{T}}(Ax + Bu)$$

第 2 步 应用 HP 方程 (2-39) 可求得上述线性最优控制问题必要条件为

$$\begin{cases} \dot{x} = Ax + Bu \\ \dot{\lambda} = -Qx - A^{\mathrm{T}}\lambda \\ Ru + B^{\mathrm{T}}\lambda = 0 \end{cases}$$

第 3 步 求解上述方程组得

$$u=-R^{-1}B^{\mathrm{T}}\lambda$$

$$\dot{x}=Ax-BR^{-1}B^{\mathrm{T}}\lambda$$

第 4 步 设有常数对称正定矩阵 P 使得

$$\lambda=Px$$

则有

$$\begin{cases} u=-R^{-1}B^{\mathrm{T}}Px \\ PA-A^{\mathrm{T}}P-PBR^{-1}B^{\mathrm{T}}P+Q=0 \end{cases}$$

第 5 步 求解下述 Ricatti 代数方程：

$$PA-A^{\mathrm{T}}P-PBR^{-1}B^{\mathrm{T}}P+Q=0$$

若其解为 P^*，则线性最优控制律为

$$u=-R^{-1}B^{\mathrm{T}}P^*x$$

2.12 动态规划与近似动态规划

2.12.1 动态规划

如 2.11节所述，Pontryagin 极值原理给出了泛函极值问题的必要条件，而一定条件下，动态规划方法中的 Bellman 最优性原理则给出了泛函极值问题的充分必要条件。

Bellman 于 1957 年提出并系统建立了动态规划理论，动态规划的理论基础是 Bellman 最优性原理[6]：一个全过程的最优策略应具有这样的性质，即对最优策略过程中的任意状态而言，无论其过去的状态和决策如何，余下的决策必须构成一个最优子策略。简言之就是“整体最优则步步最优”或“整体最优必定局部最优”。以下分离散系统和连续系统分别予以介绍。

1. 离散系统的 Bellman 最优性原理

考察离散时间系统

$$x_{k+1}=F(x_k,u_k) \tag{2-43}$$

其中，k 为离散时间；x_k 为状态变量；u_k 为决策变量或控制变量，$u_k=\pi(x_k),\pi(x_k)$ 为策略函数；$F(x_k,u_k)$ 为系统状态转移函数。

定义系统 (2-43) 的代价函数为

$$J^{\pi}(x_k)=\sum_{i=k}^{\infty}r(x_i,\pi(x_i)) \tag{2-44}$$

其中，$J^{\pi}(x_k)$ 为系统在策略 $\pi(x_k)$ 作用下从状态 x_k 出发的代价函数；$r(x_i, \pi(x_i))$ 为系统在时间 i 的瞬时代价函数。

进一步，定义系统 (2-43) 的最优代价函数 $J^*(x_k)$ 为

$$J^*(x_k) = \min_{\pi} J^{\pi}(x_k) \tag{2-45}$$

根据 Bellman 最优性原理，系统的最优代价函数 $J^*(x_k)$ 应满足如下 Bellman 方程：

$$J^*(x_k) = \min_{u_k} \{r(x_k, u_k) + J^*(x_{k+1})\} \tag{2-46}$$

2. 连续系统的 Bellman 最优性原理

考察连续时间系统

$$\dot{x}(t) = F(x(t), u(t)) \tag{2-47}$$

其中，t 为时间；$x(t)$ 为状态变量；$u(t)$ 为决策变量或控制变量，$u(t) = \pi(x(t)), \pi(x(t))$ 为策略函数；$F(x(t), u(t))$ 描述系统动态。

定义系统 (2-47) 的代价函数为

$$J^{\pi}(x(t)) = \int_t^{\infty} r(x(\tau), \pi(x(\tau)))\mathrm{d}\tau \tag{2-48}$$

其中，$J^{\pi}(x(t))$ 为系统在策略 $\pi(x(t))$ 作用下从状态 $x(t)$ 出发的代价函数；$r(x(\tau), \pi(x(\tau)))$ 为系统在时刻 τ 的瞬时代价函数。

进一步，定义系统 (2-47) 的最优代价函数

$$J^*(x(t)) = \min_{\pi} J^{\pi}(x(t)) \tag{2-49}$$

根据 Bellman 最优性原理，系统的最优代价函数 $J^*(x(t))$ 应满足如下 Bellman 方程：

$$J^*(x(t)) = \min_{\pi} \left\{ \int_t^{t+\Delta t} r(x(\tau), \pi(x(\tau)))\mathrm{d}\tau + J^*(x(t+\Delta t)) \right\} \tag{2-50}$$

当 Δt 趋于零时，由式 (2-50) 可以导出

$$-\frac{\partial J^*}{\partial t} = \min_{\pi} \left\{ r\left(x\left(t\right), \pi\left(x\left(t\right)\right)\right) + \left(\frac{\partial J^*}{\partial x}\right)^{\mathrm{T}} F\left(x\left(t\right), u\left(t\right)\right) \right\} \tag{2-51}$$

该方程即为著名的 Hamilton-Jacobi-Bellman 方程，简称 HJB 方程。

综上所述，基于 Bellman 最优性原理，动态规划方法将一个多阶段最优决策问题转换成一系列单阶段最优决策问题进行求解，即把整体优化问题简化为各阶段的优化问题，每阶段只需要处理变量维数较低的优化问题，逐阶段进行优化计算从而获得整体问题的最优解。因此，动态规划方法在工程技术、社会经济、工业生产以及军事、政治等各个领域得到了广泛的应用。

2.12.2 近似动态规划

动态规划方法本质上是一种"聪明"的枚举方法，但随策略空间、状态空间维数的增长，或决策阶段数的增长，其计算过程存在典型的"维数灾"问题，导致动态规划在复杂工程控制与决策问题中的应用受到限制。为此，学者们提出了近似动态规划（approximate dynamic programming，ADP）方法[7]，以克服"维数灾"问题并有效应对系统难以精确建模、运行过程中受到不确定因素的影响等挑战。

为降低经典动态规划算法的存储负担，在近似动态规划中，代价函数和策略是由特定的函数逼近结构来估计的，如多项式函数、径向基函数、神经网络等。这些函数逼近结构均呈现参数化特性，其参数由近似动态规划算法进行辨识。

近似动态规划通常采用图 2.7所示的"执行-评价"结构。图中，执行部分用以逼近近似策略，进而产生控制动作作用于系统；评价部分用以近似逼近代价函数，进而对动作效果进行评价，并通过近似代价函数指导执行部分的策略更新。通过策略评价和策略更新的反复迭代，评价部分和执行部分将分别逼近最优代价函数和最优策略，从而实现近似求解动态规划问题的目标。

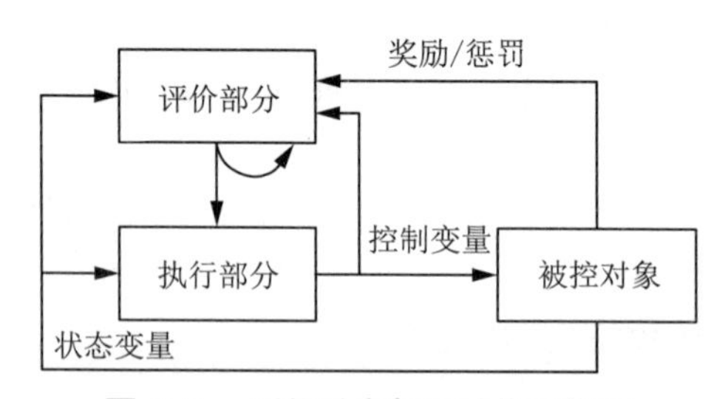

图 2.7 近似动态规划结构示意图

近似动态规划包括值函数迭代和策略迭代两种基本算法。两种迭代方法最终均能收敛于最优代价函数和最优策略，但二者迭代过程性质不同。前者从零初始值函数出发进行迭代，迭代过程中的值函数单调递增，但收敛速率较慢；后者从一个初始容许策略（容许策略下系统的代价函数有限）出发进行迭代，其迭代过程中的值函数单调下降，收敛速率较快。下面以离散系统的策略迭代算法为例，简要说明近似动态规划的基本原理。

第 1 步 初始化容许策略 $u_k = \pi^0(x_k)$，收敛误差 $\theta > 0$，$i = 0$。

第 2 步 策略评价，计算值函数

$$J^i(x_k) = r(x_k, \pi^i(x_k)) + J^i(x_{k+1})$$

第 3 步 策略更新，计算策略

$$\pi^{i+1}(x_k) = \arg\min_{u_k} \left\{ r(x_k, u_k) + J^i(x_{k+1}) \right\}$$

第 4 步 重复第 3 步和第 4 步，直至 $|J^{i+1}(x_k) - J^i(x_k)| < \theta$。

由上述算法流程可以看出，策略迭代算法由评价部分和执行部分的迭代组成。它从一个初始容许策略开始，不断逼近值函数和更新策略，这与经典动态规划的递推方法有显著差异，也是其能克服“维数灾”问题的原因所在。

近似动态规划的核心部分是“评价”与“执行”两个环节，本质上是一个强化学习结构，通过采样所得的大量“激励-响应”数据对来逼近真实的“评价函数”与“执行函数”。为此，一般采用参数化的方式，先确定评价函数与执行函数的参数化结构，然后通过采样数据训练获得合适的参数值。由于神经网络具有对连续函数的任意逼近能力，因此常被用于实现评价函数与执行函数的参数化。此时，评价函数与执行函数表示为输入节点、隐层节点和输出节点的结构，其各层节点之间互联后的权重系数即为需要训练获得的参数值。因此，参数化后评价函数与执行函数也分别被称为评价网络和执行网络。早期的评价网络和执行网络通常采用简单的三层神经网络结构（即仅有一层隐层节点）。

基于神经网络的近似动态规划的学习能力取决于评价网络和执行网络的逼近能力。Hinton 在 2006 年发表的著名论文[13] 中指出：增加神经网络的隐层节点层数可以显著地提升其特征学习能力，同时提出了逐层预训练的方法有效地克服深度神经网络的全局优化求解难题。这一论文极大地鼓舞和促进了深度学习领域的蓬勃发展。2016 年 3 月，基于深度学习的 AlphaGo 以 4 比 1 的总比分完胜围棋世界冠军李世石，称为人工智能发展的里程碑事件。AlphaGo 采用了与“评价-执行”强化学习非常相似的学习结构（评价网络 + 策略网络）[14]。不同的是，其评价网络与执行网络并非简单的三层神经网络，而是采用了 13 层的深度神经网络结构，每层节点数高达 192 个。深度神经网络的应用赋予了评价网络和策略网络强大的逼近能力，取得了惊人的效果。这也启发我们，在近似动态规划中，若采用深度神经网络代替简单三层神经网络来构造评价网络和执行网络，有望获得大幅度的性能提升。当然，深度学习中面临的样本效率、训练效率、过度拟合等问题，在其应用于近似动态规划中亦不能避免，需要根据具体的问题进行针对性设计。

参考文献

[1] MANDELKERN M. Limited omniscience and the Bolzano-Weierstrass principle[J]. Bull. London Math. Soc, 1988, 20(4): 319–320.

[2] AUBIN J P，CELLINA A. Differential inclusions: Set-valued maps and viability theory[J]. New York：Springer-Verlag New York, Inc., 1984.

[3] FAN K. Fixed-point and minimax theorems in locally convex topological linear spaces[J]. Proceedings of the National Academy of Sciences of the United States of America, 1952, 38(2):121.

[4] KUHN M. The Karush-Kuhn-Tucker Theorem[M]. Mannheim：CDSEM Uni Mannheim, 2006.

[5] DAMEN A. Modern control theory[C]. Eindhoven：Measurement and Control Group Department of Electrical Engineering, Eindhoven University of Technology, 2002.

[6] BELLMAN R E. Dynamic programming[M]. Princeton: Princeton University Press, 1957.

[7] SI J，BARTO A，POWELL W，et al. Handbook of learning and approximate dynamic programming：Scaling up to the real world[M]. New York: IEEE Press and John Wiley & Sons, 2004.

[8] BERTSEKAS D P. Abstract Dynamic Programming[M]. Belmont：Athena Scientific, 2013.

[9] 俞建. 博弈论与非线性分析 [M]. 北京：科学出版社, 2008.

[10] 夏道行，吴卓人，严绍宗，等. 实变函数论与泛函分析 [M]. 北京：高等教育出版社, 2010.

[11] BOYD S，VANDENBERGHE L. Convex optimization[M]. Cambridge: Cambridge University Press, 2004.

[12] 梅生伟，刘锋，薛安成. 电力系统暂态分析中的半张量积方法 [M]. 北京：清华大学出版社, 2010.

[13] HINTON G，OSINDERO S，TEH Y. A fast learning algorithm for deep belief nets[J]. Neural Computation, 2006, 18(7): 1527–1554.

[14] SILVER D，HUANG A，MADDISON C，et al. Mastering the game of go with deep neural networks and tree search[J]. Nature, 2016, 529: 484–489.

第3章 静态非合作博弈

博弈是在政治、经济、生活、工程等方面普遍存在的问题。本章将介绍博弈论的一般概念和数学描述，包括参与者、策略和支付等。在此基础上，介绍最基本的博弈格局——完全信息静态博弈。在此博弈格局下，博弈的参与者（或决策主体）需要同时做出决策或进行行动，而决策的前提是参与者对其他参与方关心的支付信息完全清楚。基于对完全信息静态博弈的分析，本章对博弈论最重要的概念——Nash 均衡进行阐释。当博弈参与者对其他方的支付信息不完全清楚时，该博弈构成不完全信息静态博弈，此时通过引入“Harsanyi 转换”可将此博弈由不完全信息转换为完全但不完美信息（此概念在第 4 章详细介绍），并根据 Bayes 法则对各参与者的策略和支付进行推断。该博弈又称为静态 Bayes 博弈，相应的 Nash 均衡称为精炼 Bayes-Nash 均衡。本章内容主要参考了文献 [1-11]；定义、命题及定理主要引自文献 [4]。

3.1 博弈论的基本概念

3.1.1 博弈的基本要素

首先来看一个成绩博弈的例子。

例 3.1 假设一群学生参加一次评级考试，所有学生随机地分为两两一组，互相不能商量，每人独立在 x 和 y 中作出一个选择，最终成绩按如下规则确定。

（1）若同组两人都选 x，则二者成绩都得 C。

（2）若同组两人都选 y，则二者成绩都得 B。

（3）若同组一人选 x 另一人选 y，则选 x 者得 A，选 y 者得 D。

具体如表 3.1所示。

显然，参与者 1 愿意选择 x，因为无论参与者 2 选择 x 还是 y，参与者 1 选择 x 的成绩（C 或 A）都高于选择 y 时的成绩（D 或 B）。从例 3.1可以看出，博弈参与者们通过清楚而明确的规则相互作用，可最大化自身的收益。而站在对方的立场上想问题，正是博弈与常规优化不同之处。通过例 3.1，对博弈有了一个简单直观的认识。以下简要介绍博弈的基本要素。

表 3.1 收益矩阵

(a) 参与者 1

		参与者 2	
		x	y
参与者 1	x	C	A
	y	D	B

(b) 参与者 2

		参与者 2	
		x	y
参与者 1	x	C	D
	y	A	B

1. 参与者

在博弈论里，参与者（player）（也称决策主体）是能够在博弈中作出决策的实体。称由 n 位参与者组成的博弈格局为 n 人博弈。若给每位参与者编号，并记为 $N=\{1,2,\cdots,n\}$，其中的每个编号都代表一位参与者，则可用 $i\in N$ 代表博弈中的任意一位参与者。例如，上文的成绩博弈问题即构成一个 2 人博弈，每组内的 2 个同学可分别记为参与者 1 和参与者 2。

除了一般的参与者，博弈中还可以有虚拟参与者 (pseudo-player)——大自然 (the nature)。尽管大自然本身并不存在收益的问题，但大自然的行为会影响决策者的收益；另外，大自然的行为充满不确定性，而人们总是会力图避免大自然给自身的收益带来最坏的影响，这等价于假定大自然总会给决策者带来最坏影响。从这一观点看，大自然被赋予了理性从而成为博弈者，但这种理性的赋予并非来自大自然本身，而是来自大自然行为的不确定性及人们趋利避害的行为模式。这种“避免最坏情况”的思想常常用来处理含有不确定因素的工程控制与决策问题，从而成为应用博弈论解决此类工程控制与决策问题的主要手法。例如，动态优化控制系统中经常存在各种噪声，但噪声是自然产生的，很多情况下人们并不知道其具体形式，故在构造反馈控制器时，设计者会考虑根据可能产生的最坏影响来优化控制器，由此产生了鲁棒控制的思想。从博弈论观点看，鲁棒控制本质上属于设计者与大自然间的一类微分博弈问题。此外，计及不确定因素的电力系统调度问题也是人与大自然博弈的一种典型形式。

2. 策略

策略（strategy）是参与者如何进行博弈的一个完整描述。在策略型博弈中有两种策略类型，首先介绍纯策略 (简称策略)。所谓策略是指每个参与者在博弈中可以采取的行动方案，每个参与者都有可供其选择的多种策略。设 S_i 为参与者 i 的纯策略集合或纯策略空间，$s_i\in S_i$ 为参与者 i 的策略。n 个参与者各选择一个策略形成策略向量 $s=(s_1,s_2,\cdots,s_n)$，称为策略组合 (strategy profile)。策略组合集合 S 定义为各参与者自身策略集合的乘积空间，即

$$S=S_1\times\cdots\times S_n=\prod_{i\in N}S_i$$

这里又称 S 为策略组合空间 (strategy profile space)。

若 S_i 对所有的 i 均为有限集，则称 S 为有限策略空间，相应的博弈为有限博弈(finite game)。若记参与者 i 之外的其他参与者所采取的策略组合为 $s_{-i}=\{s_j\}_{j\neq i}$，则策略组合可记为 $(s_i,s_{-i})\in S$。考察前述成绩博弈实例 3.1，$S_1=S_2=\{x,y\}$ 即为纯策略空间，其中 x 和 y 分别为不同的纯策略。进一步，若存在某个参与者 i，其策略集合 S_i 为无限集，则称该博弈为无限策略型博弈（infinite game），如某参与者的策略空间为 $S_i=[0,1]$。

除纯策略概念外，还存在另一种策略概念——混合策略（mixed strategy），它是在纯策略基础上形成的。参与者 i 的混合策略 σ_i 是其纯策略空间 S_i 上的一种概率分布，表示参与者实际博弈时依照该概率分布在纯策略空间中随机选择加以实施，一般用 $\sigma_i(s_i)$ 表示 σ_i 分配给纯策略 s_i 的概率。如此，将参与者 i 的混合策略空间记为 $\varSigma_i$，则有 $\sigma_i\in\varSigma_i$。相应地，混合策略组合空间可记为 $\varSigma=\prod\limits_{i\in N}\varSigma_i$。

例 3.2 猜数字游戏中，双方同时在 0 和 1 中选取一个数字，若两人所猜数字相同，则参与者 1 得 1 分，参与者 2 扣 1 分；反之，若两人所猜数字不同，则参与者 2 得 1 分，参与者 1 扣 1 分。具体如表 3.2所示。

表 3.2 猜数字游戏（混合策略）

		参与者 2	
		$1:p$	$0:1-p$
参与者 1	$1:q$	$1,-1$	$-1,1$
	$0:1-q$	$-1,1$	$1,-1$

参与者 1 选 1 的概率为 q，选 0 的概率为 $1-q$；参与者 2 选 1 的概率为 p，选 0 的概率为 $1-p$。由此，参与者 1 的策略空间为

$$\sigma_1=\{q{\sim}1,(1-q){\sim}0\}$$

在不引起误解的情况下，简记为

$$\sigma_1=\{q,\ 1-q\}$$

参与者 2 的策略空间为

$$\sigma_2=\{p{\sim}1,(1-p){\sim}0\}$$

同样在不引起误解的情况下简记为

$$\sigma_2=\{p,\ 1-p\}$$

策略组合空间为

$$S=\{q,1-q\}\times\{p,1-p\}$$

除了策略的形式外，行动的先后顺序也是一个重要的概念。在动态博弈中，行动的先后顺序将会影响博弈的结果。以下为工程决策问题的例子。

例 3.3 考虑一个含有大规模风电场的电力系统，调度人员需要提前制订次日的发电机组出力计划。若调度人员能准确预测风电场次日的出力情况，则调度人员即可利用先动优势，提前优化各机组的出力；若调度人员只能以有限精度预测风电场次日的出力情况，则在制订机组出力计划时，由于无法事先知道风电场的准确出力，因此不再具有先动优势。当观测到风电场实际出力后，调度人员可以迅速改变当前机组的出力，以取得满意的运行状态，这实际上是利用了后动优势。从此例可以看出，行动的顺序对博弈的格局和参与者的收益都将产生重要影响。

3. 支付或收益

支付或收益是指每个参与者在博弈中追求的目标（若该目标需要极小化则称为支付，反之称为收益，收益有时也称效用)，它是策略组合 s 的函数，即称

$$u_i(s) : S \to R$$

为参与者 i 的支付或收益函数。为了严格定义支付，Morgenstern 和 von Neumann[12] 提出了效用理论。通常存在以下三种不同类型的效用函数 (utility function)。

1）序数效用

效用类似于一种心理感受，只能用序数（第 1、第 2、$\cdots$）来表示，即只能相互比较，不能做常规的加减等数学运算。

某人口渴时，喝一杯茶感觉好，看一份报纸感觉一般，所以两者比较，喝茶的效用大于看报的效用，故喝茶的效用排在第一，看报的效用排在第二。又以某生期末考试为例，若因为期末成绩得 A 比得 B 好，则 A 的效用高于 B，但是得两个 B 的是不是优于 A 呢？这就难以比较，因为序数效用 (ordinal utility) 仅仅包含排序的信息。

2）基数效用

若效用采用基数 $1,2,3,\cdots$ 表示，则不仅可以比较大小，还可进行加减运算。

再以某人口渴为例，他喝一杯茶感觉好，效用评价为 10 个效用单位。然后又看了一份报纸，感觉还好，效用评价为 5 个效用单位。因此，喝一杯茶的效用大于看一份报纸的效用，两件事的总效用为 15 个效用单位。

3）期望效用

策略 s 对应的概率分布为 $P_s(c)$，在该概率分布下的期望效用 (expected utility) 函数为

$$u(s) = \int u(c)\,\mathrm{d}P_s(c)$$

若 $P_s(c)$ 为连续概率分布函数，对应的概率密度为 $p_s(c)$，则期望效用函数可写为

$$u(s) = \int u(c)\,p_s(c)\,\mathrm{d}c$$

若 $p_s(c)$ 为离散形式的概率分布，则有

$$u(s)=\sum_{j=1}^{n}p_j^s u(s_j),\quad \sum_{j=1}^{n}p_j^s=1$$

例 3.4　一场赌博游戏，有 1/3 的概率可以赢得 10 元，但有 2/3 的概率会输掉 10 元，则期望效用函数为

$$u(s)=\frac{1}{3}\times 10-\frac{2}{3}\times 10=-\frac{10}{3}$$

3.1.2　标准型博弈

下面正式给出标准型博弈的基本定义。

定义 3.1 [标准型博弈（normal-form games）]　一个标准型博弈 $\Gamma=\langle N,S,u\rangle$ 具备以下三个要素。

（1）博弈参与者的集合 $N=\{1,2,\cdots,n\}$。

（2）每个参与者的策略 s_i 和策略空间 S_i，$i=1,2,\cdots,n$，$S=\prod\limits_{i\in N}S_i$。

（3）每个参与者的支付函数（或收益函数或效用函数）$u_i:S\to\mathbb{R}$，$i=1,2,\cdots,n$，$u=[u_1,u_2,\cdots,u_n]$。

标准型博弈又称为策略型博弈，它一般可用矩阵描述，以下以著名的囚徒困境问题为例进行说明。

例 3.5　两人因为涉罪被捕，被警方隔离审讯。他们面临的形势是：若两人都坦白罪行，则各自将被判处 5 年有期徒刑；若一方坦白而另一方不坦白，则坦白者从宽，无罪释放，抗拒者从严，判处 10 年有期徒刑；若两人均不坦白，因为证据不充分，则各自被判处 2 年有期徒刑。

此博弈中，参与者分别是囚徒 A 和囚徒 B，每个参与者有 2 种策略，用表 3.3所示的博弈矩阵可以清晰地描述他们之间的博弈格局。

表 3.3　囚徒困境（标准型策略）

		囚徒 B	
		坦白	不坦白
囚徒 A	坦白	5,5	0,10
	不坦白	10,0	2,2

表 3.3所示矩阵中，每个单元格内的第一个数字表示参与者 1 在对应策略组合形成的结局中得到的支付，第二个数字表示参与者 2 的相应支付。这种矩阵有时也被称为双支付矩阵，表中常常省略参与者 1 和参与者 2 的标记，缺省设定为参与者 1 选择行，参与者 2 选择列。

当考虑博弈者采用混合策略时，标准型博弈被称为混合策略博弈，其定义如下。

定义 3.2（混合策略博弈） 标准型博弈 $\Gamma=\langle N,S,u\rangle$ 的混合策略博弈记为 $\Gamma^m=\langle N,S,u^m\rangle$，其中 $\sigma_i\in\Sigma_i$ 为参与者 i 的一个混合策略，σ_i 通过纯策略 s_i 的概率分布来定义；$\sigma\in\Sigma=\prod_{i\in N}\Sigma_i$ 为混合策略组合。对所有的 $i\in N$，期望效用函数定义为

$$u_i(\sigma_i,\sigma_{-i})=\sum_{s_{-i}\in S_{-i}}\sum_{s_i\in S_i}u_i(s_i,s_{-i})\sigma_i(s_i)\sigma(s_{-i})$$

3.1.3 博弈论的基本假设

1. 理性

理性（rationality）是指参与者总会选择能够给他们带来最高期望效用或最低支付的策略。理性与效用函数密切相关，并且在很大程度上会影响博弈的结果。若博弈的参与者仅具有个体理性，则一般属于非合作博弈；若博弈参与者还具有整体理性，则一般构成合作博弈；一定条件下，如参与者间存在有效协议（binding agreement），非合作博弈可以转化为合作博弈。

例 3.6 电力系统为了保证系统频率稳定与品质，需要采用自动发电控制（automatic generation control，AGC）调节发电机出力。若每个控制区域的控制目标仅考虑维持联络线功率偏差，则各控制区域实际上只具备个体理性，但由于联络线功率偏差仅仅是局部的信息，此时 AGC 构成的是非合作博弈；若将控制目标再加上频率偏差项，由于频率是个全网指标，则各控制区域在具备了个体理性基础上，又具备了整体理性，此时 AGC 将构成合作博弈。

为便于理论分析，通常假定理性是完全的，但在实际博弈中，理性一般都是有限的。例如，国际著名象棋大师 Kasparov 和超级计算机“深蓝”的国际象棋世纪大战中，“深蓝”具有完全的理性，而 Kasparov 尽管是最杰出的国际象棋大师，他仍然有失算的时候，此时他具有的是不完全的理性。

作为一个虚拟博弈者，应该如何理解大自然的理性呢？这个问题实质上等价于如何考虑大自然的策略对支付的影响。当决策者总是力图防止最坏的情况时，就等价于大自然具有完全理性。换言之，大自然的理性源自于决策者自身的理性及大自然的不确定性，或者说是决策者总是遵循避免最坏情况的原则。

2. 公共知识

公共知识（common knowledge）是指“所有参与者知道，所有参与者知道所有参与者知道，所有参与者知道所有参与者知道所有参与者知道 ······”的知识。公共知识是博弈论中一个非常强的假定，它意味着赋予了每个参与者获取知识和进行逻辑推理的完美能力。与之相近的概念是“共有知识”（mutual knowledge），但二者有本质的不同。在现实的许多博弈中，即使参与者“共同”享有某种知识，但每个参与者也许并不知道其他参与者知道这些知识，或者并不知道其他人知道自己拥有这些知识，这只能称为共有知识，而非公共知识。

例 3.7　银行有时会因为某些原因遇到挤兑，此时大家都认为银行可能破产，因而纷纷要求兑现。若任其发展，银行真的会因此破产。但若此时政府及时站出来，在公开场合表明会无条件支持银行，公众则会选择停止挤兑，银行因此可以免于破产。这里政府将重要信息以公共信息的方式告知公众，从而改变了博弈的结果。

由例 3.7可知：

（1）信息的透明程度会改变博弈的结果。

（2）公共知识可通过信息的公布来实现。

（3）在公共知识下，所有完全理性的参与者不会有不同的推理。

公共知识是与信息密切相关的一个重要概念。除了公共知识外，信息还有其他更一般的体现形式，在博弈论中称之为信息结构。在不同的信息结构下，博弈者有时需要处理完全信息与不完全信息，此时关心信息的对称性；有时还需要处理完美信息与不完美信息，此时关心信息的延续性。关于信息结构的细节将在后续的章节中探讨。

3.1.4　博弈的基本分类

根据不同的分类标准，博弈可以划分为不同类型。

根据博弈者个数的不同，可分为单人博弈、二人博弈和 n 人博弈；根据策略类型的不同可分为纯策略博弈和混合策略博弈、连续博弈和离散博弈及无限博弈和有限博弈；根据博弈的过程可以分为静态博弈、动态博弈和重复博弈；根据支付可以分为零和博弈和非零和博弈；根据博弈者的理性可以分为合作博弈和非合作博弈、完全理性博弈和有限理性博弈，包括演化博弈；根据信息结构可以分为完全信息博弈和不完全信息博弈（对支付的信息）、完美信息博弈和不完美信息博弈（对博弈过程的信息）。

3.1.5　标准型博弈的解

下面简单介绍一些关于标准型博弈解的相关基本概念。

1. 占优策略与严格占优策略

定义 3.3（占优策略）　对参与者 i，若其效用函数对所有 $s_i' \in S_i$ 和 $s_{-i} \in S_{-i}$ 均有

$$u_i(s_i, s_{-i}) \geqslant u_i(s_i', s_{-i})$$

则称策略 $s_i \in S_i$ 为参与者 i 的占优策略。

定义 3.4（严格占优策略）　对参与者 i，若其不等于 s_i 的策略 $s_i' \in S_i$ 满足

$$u_i(s_i, s_{-i}) > u_i(s_i', s_{-i}), \quad \forall s_{-i} \in S_{-i}, \quad s_i' \in S_i, \quad s_i' \neq s_i$$

则称策略 s_i 为参与者 i 的严格占优策略。

定义 3.5（严格占优均衡）　对于任意一个参与者 i，若策略 s_i^* 均是严格占优策略，则策略组合 s^* 为严格占优均衡。

如表 3.3所示的囚徒博弈，对于囚徒 A 来说，若 B 选择坦白，则 A 应选择坦白才能使自己的损失较小（$5<10$）；若 B 选择不坦白，则 A 应仍然选择坦白才能使自己的损失最小 ($0<2$)，因此坦白为 A 的严格占优策略；同理分析可知 B 的严格占优策略也为坦白。综上可见，（坦白，坦白）为此囚徒博弈问题的严格占优均衡。

2. 劣策略

定义 3.6（严格劣策略） 对参与者 i，若存在一个策略 $s_i' \in S_i$，使其效用函数对于所有 $s_{-i} \in S_{-i}$ 均有

$$u_i(s_i', s_{-i}) > u_i(s_i, s_{-i})$$

则称策略 $s_i \in S_i$ 为参与者 i 的严格劣策略。

定义 3.7（弱劣策略） 对参与者 i，若存在一个策略 $s_i' \in S_i$，使其效用函数对于所有 $s_{-i} \in S_{-i}$ 均有

$$u_i(s_i', s_{-i}) \geqslant u_i(s_i, s_{-i})$$

则称策略 $s_i \in S_i$ 为参与者 i 的弱劣策略。

3. 逐步剔除严格劣策略

由劣策略的定义可知，对于任何一个博弈而言，理性的参与者永不选择劣势策略是一般性原则。由此可以通过逐步剔除严格劣策略来求取某些博弈的均衡解。

算法 3.1 对于一个标准型博弈 $\Gamma = \langle N, S, u \rangle$，逐步剔除严格劣策略的算法步骤如下所述。

第 1 步 对每个 i，定义 $S_i^0 = S_i$。

第 2 步 对每个 i，定义

$$S_i^1 = \left\{ s_i \in S_i^0 | \nexists\, s_i' \in S_i^0 \text{ s.t. } u_i\left(s_i', s_{-i}\right) > u_i\left(s_i, s_{-i}\right),\ \forall s_{-i} \in S_{-i}^0 \right\}$$

第 k 步 对每个 i，定义

$$S_i^k = \left\{ s_i \in S_i^{k-1} | \nexists\, s_i' \in S_i^{k-1} \text{ s.t. } u_i\left(s_i', s_{-i}\right) > u_i\left(s_i, s_{-i}\right),\ \forall s_{-i} \in S_{-i}^{k-1} \right\}$$

第 ∞ 步 对每个 i，定义

$$S_i^\infty = \bigcap_{k=0}^{\infty} S_i^k$$

上述算法中，S_i^∞ 与剔除顺序无关。该算法也可推广到弱劣策略的剔除，但剔除的顺序会影响最终的结果。

如表 3.4所示的一个静态博弈问题，在此博弈问题中，参与者 1 的策略空间为

$$S_1 = \{上，下\}$$

参与者 2 的策略空间为

$$S_2 = \{左，中，右\}$$

不难看出，参与者 1 和参与者 2 均不存在严格占优策略。但参与者 2 发现，策略“右”是策略“中”的严格劣策略（因为 $1 < 2$，且 $0 < 1$）。因此，理性的参与者 2 不会选择策略“右”。这时，参与者 1 知道参与者 2 是完全理性的，因此他就可直接把“右”从参与者 2 的策略空间中剔除。如此，参与者 1 就可将表 3.4中的博弈视为同表 3.5所示的博弈。

表 3.4　逐步剔除严格劣策略（第 1 次剔除）

		参与者 2		
		左	中	右
参与者 1	上	1,0	1,2	0,1
	下	0,3	0,1	2,0

表 3.5　逐步剔除严格劣策略（第 2 次剔除）

		参与者 2	
		左	中
参与者 1	上	1,0	1,2
	下	0,3	0,1

在表 3.5中，对参与者 1 来说，策略“下”相对于策略“上”是严格劣策略 (因为 $0 < 1$，且 $0 < 1$)。于是，若参与者 1 是理性的（且其知晓参与者 2 是理性的，原博弈才能简化为表 3.5的形式），则参与者 1 绝不会选择策略“下”。此时，由于参与者 2 知道参与者 1 是理性的，且参与者 2 也知道参与者 1 知道参与者 2 是理性的（否则，参与者 2 不会知道原博弈已被简化为表 3.5形式），则参与者 2 就可把策略“下”从参与者 1 的策略空间中剔除。如此，参与者 2 又可进一步将表 3.5简化为如表 3.6所示的形式。

表 3.6　逐步剔除严格劣策略（第 3 次剔除）

		参与者 2	
		左	中
参与者 1	上	1,0	1,2

在表 3.6中，对参与者 2 来说，策略“左”相对于策略“中”是严格劣策略（因为 $0 < 2$），于是理性的参与者 2 不会选择“左”，结果仅剩的 $s^* =$\{上，中\} 就成为原博弈问题的均衡解。

以上即为利用逐步剔除严格劣策略法最终找到博弈均衡的完整过程。由上例可以发现，逐步剔除严格劣策略最后剩下一个平衡点，在此平衡点处，所有的参与者都采取了自己在此博弈格局下的最佳策略，也即对其他参与者策略的最佳反应（best response，BR）。

需要说明的是，逐步剔除严格劣策略的方法也存在明显的缺陷。首先，每次剔除都需要假设对方完全理性并具备共同知识。其次，这一过程通常并不能给出博弈行为的准确判断。如表 3.7所示的一个静态博弈问题，在此博弈问题中，采用逐步剔除严格劣策略的方法并不能剔除任何策略。

表 3.7　逐步剔除严格劣策略失效

	L	C	R
T	0,4	4,0	5,3
M	4,0	0,4	5,3
B	3,5	3,5	6,6

要解决这一问题，需要深入了解博弈均衡的概念和性质，以下介绍非合作博弈最重要的概念——Nash 均衡。

3.1.6　Nash 均衡

Nash 均衡是博弈论中最重要的基本概念，以下为其定义。

定义 3.8 [Nash 均衡（Nash equilibrium，NE）]　若不等式

$$u_i\left(\sigma_i^*,\sigma_{-i}^*\right)\geqslant u_i\left(s_i,\sigma_{-i}^*\right),\quad \forall s_i\in S_i,\forall i \tag{3-1}$$

成立，则称混合策略组合 σ_i^* 为 Nash 均衡。

当上述策略是纯策略时，称为纯策略 Nash 均衡 s^*。显然，混合策略 Nash 均衡是更为一般性的定义，因为纯策略可看成是特殊形式的混合策略。

Nash 均衡具有“策略稳定性”（strategically stable）和“自我强制性”（self-reinforcement）。事实上，由 Nash 均衡的定义，若各参与者达到 Nash 均衡，则任意一个参与者都没有动机偏离此均衡，因为此时单方面选择 Nash 均衡以外的任何策略都无法使其获得额外的收益。另外，Nash 均衡也意味着不需要外力的协助就可自动实现。Nash 均衡这些重要特性表明，它是关于博弈结局的一致性预测 (consistent prediction)。若所有参与者预测一个特定的 Nash 均衡会出现，则该 Nash 均衡就必定出现，且各参与者的预测不会出现矛盾。另外，只有 Nash 均衡才能使每个参与者都认可这种结局且没有动力偏离这一结局，并且所有参与者都知道其他参与者也认可这种结局。

值得注意的是，一个博弈的 Nash 均衡可能并不唯一。当存在多个 Nash 均衡时，究竟哪一个会在现实中出现是一个难以预测的问题。特别在解决工程博弈问题时，通常需要对 Nash 均衡进行精炼，以剔除部分不合理的均衡解。

当式 (3-1) 中的不等式严格成立时，该 Nash 均衡称为强 Nash 均衡。强 Nash 均衡意味着每个参与者对于对手的策略有且仅有唯一的最佳反应。强 Nash 均衡是比 Nash 均衡更强的均衡概念，它具有自稳定性，即使支付中出现微小的扰动，强 Nash 均衡仍能保持不变。此外，由于参与者改变策略一定会使其利益受损，所以参与者具有维持均衡策略的动力。而在 Nash 均衡中，可能出现最佳反应策略不唯一的情况，此时不能保证 Nash 均衡的唯一性。需要指出的是，强 Nash 均衡必定是唯一的，但一般不能保证其存在性，很多博弈问题中并不存在强 Nash 均衡。

当参与者数目 n 和每个参与者的策略空间都较大时，用定义 3.8 中不等式条件去检验一个策略组合是否是 Nash 均衡将变得非常复杂。对于两人有限博弈，参与者的收益函数可由双变量矩阵描述，此时可通过划线法寻求 Nash 均衡，主要步骤如下所述。

第 1 步 观察并决定参与者 1 针对参与者 2 每个给定策略的最优策略，即在双变量矩阵每一列中，找出参与者 1 的最优策略，即找出双变量中第一个分量为最大者，并在相应的收益下划一横线。

第 2 步 找出参与者 2 的最优策略，即在双变量矩阵的每一行中，找出双变量中第二个分量的最大者，在其下划一横线。

第 3 步 若双变量矩阵中某个单元的两个收益值下面都被划了横线，则该单元对应的策略组合即为一个 Nash 均衡。

考察表 3.8所示的博弈。

首先，在双变量矩阵的三列中，分别找出第一个分量的最大值 4、4、2，并在它们下面划一道横线。其次，在双变量矩阵的三行中，分别找出第二个分量的最大值 3、2、4，在它们下面划一道横线。最后，右下角单元（2，4）两个收益值下面都被划了横线，则对应的 $s^*=$（下，右）就是一个 Nash 均衡。

表 3.8 划线法求解 Nash 均衡

		参与者 2		
		左	中	右
参与者 1	上	3,$\underline{3}$	$\underline{4}$,1	1,2
	中	$\underline{4}$,0	0,$\underline{2}$	1,1
	下	2,$\underline{4}$	2,3	$\underline{2}$,$\underline{4}$

3.2 完全信息静态博弈

静态博弈格局根据参与者对其他参与者支付的了解程度可分为完全信息静态博弈和不完全信息静态博弈两类。若任意参与者均知晓所有参与者各种情况下的支付信息，则称该博弈具有完全信息（complete information），相应的博弈称为静态完全信息博弈；反之，若至少部分参与者不完全知晓所有人在所有情况下的支付信息，则称该博弈具有不完全信息（incomplete information），相应的博弈称为不完全信息博弈。对于不完全信息博弈，根据其是否关心动作顺序，又可分为不完全信息静态博弈和不完全信息动态博弈。

3.2.1 连续策略博弈

在很多博弈格局中，参与者可选择的策略是连续变量 (如实数区间)。在一定的可微条件下，求解连续策略博弈的 Nash 均衡可以通过分析参与者对其他参与者策略组合的最佳反应函数来实现，即在其他参与者策略组合给定时优化己之支付，进而求得最佳反应策略，该反应策略是其他参与者策略组合的函数。在得到每个参与者的最佳反应函数后，联立求解即可得到连续策略博弈的 Nash 均衡。

例 3.8 发电公司的 Cournot 竞争问题。

两家发电公司在同一市场中竞争，参与者 i 的策略空间为其发电量 $q_i \in [0, \infty)$，收益为其收入减去总成本，表达式为

$$u_1(q_1, q_2) = q_1 P(Q) - cq_1$$

$$u_2(q_1, q_2) = q_2 P(Q) - cq_2$$

其中，c 为单位发电成本；$Q = q_1 + q_2$ 为两家发电公司的总发电量，电价用如下分段线性函数表示：

$$P(Q) = \max\{0, a - Q\}$$

其中，a 为最高电价，即总发电量 $Q = 0$ 时的电价。

假定每家发电公司的目标均为最大化自身收益，他们对对方策略的最佳反应函数为

$$q_1 = \frac{a - q_2 - c}{2}, \quad q_2 = \frac{a - q_1 - c}{2}$$

求其交点可得

$$q_1^* = q_2^* = \frac{a - c}{3}$$

验证该点处二者收益函数的二阶导数均小于 0，说明其为极大值点，进一步可求得

$$Q^* = \frac{2(a - c)}{3}$$

$$P^* = \frac{a + 2c}{3}$$

$$u_1^* = u_2^* = \frac{(a - c)^2}{9}$$

若两家发电公司联合起来，发电量设定为

$$q_1 = q_2 = \frac{a - c}{4}$$

则有

$$P^* = \frac{a+c}{2}$$

$$u_1^* = u_2^* = \frac{(a-c)^2}{8}$$

即双方的利润均会增加，每个发电公司都会得到更好的收益。但这一结局是可信的吗？容易看出，这一结局并非 Nash 均衡，这意味着双方都会有单方面改变策略的动机。事实上，当任一发电公司发电量固定为 $(a-c)/4$ 时，另一方的最优反应为 $3(a-c)/8$，即可通过增加产量获利。因此，Cournot 竞争模型和囚徒困境一样，存在着个体理性和集体理性的矛盾。竞争的结果导致收益下降，但这显然对消费者是有利的。这正是市场经济中竞争存在的重要价值。

一般地，我们称

$$\mathrm{BR}_i(s_{-i}) = \arg\max_{s_i \in S_i} u_i(s_i, s_{-i})$$

为最佳反应对应 (best response correspondence)。此处不再将之称为函数，是因为它有可能是多值的，属于集值映射范畴，而非常规意义下的函数。

3.2.2 混合策略博弈

前面提到过，某些博弈格局不存在纯策略 Nash 均衡，但在混合策略意义下，Nash 均衡总是存在的。下面先通过一个例子来说明混合策略型博弈的特点及混合策略 Nash 均衡的求解方法。

例 3.9 假设两人赌博，每人都有一枚硬币，可以出硬币的正反面，赌注是 1 元。该博弈问题可用表 3.9所示的双变量矩阵描述。

表 3.9 参与者收益

		参与者 2	
		正面	反面
参与者 1	正面	1,−1	−1,1
	反面	−1,1	1,−1

经简单分析可以看出，上述博弈不存在纯策略 Nash 均衡，因为无论采取何种策略，参与者均可通过改变策略将输赢结果颠倒而获利。下面来看混合策略下的博弈结局会有怎样的变化。

记参与者 1 的混合策略为

$$\sigma_1 = \{(p_1, 1-p_1)\}$$

即以 p_1 的概率选择正面，$(1-p_1)$ 的概率选择反面。同样参与者 2 的混合策略为

$$\sigma_2 = \{(p_2, 1-p_2)\}$$

此时参与者 1 选正面、反面的期望效用分别为

$$u_1 = p_2 - (1 - p_2) = 2p_2 - 1$$

以及

$$u_1 = -p_2 + (1 - p_2) = 1 - 2p_2$$

因此，参与者 1 的总期望效用为

$$u_1(\sigma_1, \sigma_2) = p_1(2p_2 - 1) + (1 - p_1)(1 - 2p_2) = (1 - 2p_1)(1 - 2p_2)$$

同理，参与者 2 的总期望效用为

$$u_2(\sigma_1, \sigma_2) = p_2(1 - 2p_1) + (1 - p_2)(2p_1 - 1) = (1 - 2p_1)(2p_2 - 1)$$

每个参与者混合策略下的最佳反应如图 3.1所示，图中最佳反应曲线的交点为 $(1/2, 1/2)$，因此，该混合策略的 Nash 均衡为

$$\sigma_1 = \left\{\frac{1}{2}, \frac{1}{2}\right\}, \quad \sigma_2 = \left\{\frac{1}{2}, \frac{1}{2}\right\}$$

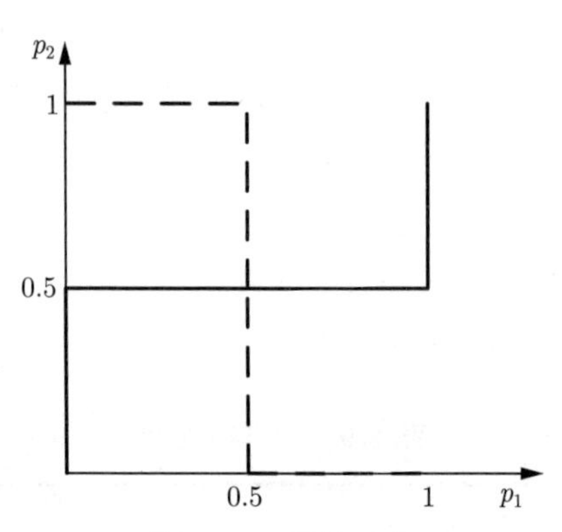

图 3.1 最佳反应

需要说明的是，还有某些博弈中可能既存在纯策略 Nash 均衡，也存在混合策略 Nash 均衡。事实上，存在多个纯策略 Nash 均衡的博弈必定存在混合策略 Nash 均衡。

下面给出混合策略 Nash 均衡的一般定义。

定义 3.9 （混合策略 Nash 均衡） 称混合策略 $\sigma^* \in \Sigma$ 是标准型博弈 $\Gamma^m = \langle N, \Sigma, u^m \rangle$ 的混合策略 Nash 均衡，当且仅当对所有的 $\sigma_i \in \Sigma_i, i \in N$，下述不等式均成立：

$$u_i(\sigma_i^*, \sigma_{-i}^*) \geqslant u_i(\sigma_i, \sigma_{-i}^*)$$

或

$$u_i(\sigma_i^*, \sigma_{-i}^*) \geqslant u_i(s_i, \sigma_{-i}^*), \quad \forall s_i \in S_i$$

对于混合策略博弈，有以下两个重要命题。

命题 3.1（最佳反应）　混合策略博弈 $\Gamma^m = \langle N, S, u^m \rangle$ 中，记参与者 i 的最佳反应 $\sigma_i^* \in \Sigma_i$ 为

$$\sigma_i^* = \left\{\sigma_i^{1*}, \sigma_i^{2*}, \cdots, \sigma_i^{k*}\right\}$$

若 σ_i^* 的某个分量 $\sigma_i^{j*} > 0$，则有

$$u_i(s_i^j, \sigma_{-i}^*) = u_i(\sigma_i^*, \sigma_{-i}^*)$$

由命题 3.1可知，混合策略中，概率取值大于 0 的纯策略能够取得混合策略所能带来的最佳效用。换言之，概率大于 0 的纯策略本身即为 σ_{-i}^* 的最优反应。事实上，正是这些概率值大于 0 的纯策略确定了参与者的最佳混合策略。

定义 3.10（支撑集）　混合策略 $\sigma_i \in \Sigma_i$ 所包含的所有具有正概率的纯策略构成混合策略的支撑集。

命题 3.2（最佳反应）　对于混合策略博弈 $\Gamma^m = \langle N, S, u^m \rangle$，其策略组合 $\sigma_i^* \in \Sigma_i$ 是 Nash 均衡，当且仅当对于所有的 $i \in N$，σ_i^* 的支撑集中的任一纯策略都是 σ_{-i}^* 的最佳反应。

命题 3.2的合理性很容易理解：假定一个混合策略组合是 Nash 均衡，其中某个纯策略的概率分配为正。若该纯策略不构成最佳反应对应，则将此概率移到另外的某些纯策略上必定可以增加期望效用，这与该混合策略组合是 Nash 均衡矛盾。有兴趣的读者可自行思考这两个命题的严格证明。命题 3.1和命题 3.2意味着，混合策略 Nash 均衡的支撑集中的任意一个纯策略，其效用等价于混合策略 Nash 均衡下的效用。我们可以利用最佳反应的这一性质来寻找混合策略 Nash 均衡。

首先来看例 3.9，该博弈不存在纯策略 Nash 均衡，混合策略下的 Nash 均衡分析如下。参与者 1 选正、反面的期望效用分别为

$$u_1 = 2p_2 - 1, \quad u_1 = 1 - 2p_2$$

两个纯策略必定都是支撑集的元素，因此有

$$2p_2 - 1 = 1 - 2p_2$$

故 $p_2 = 1/2$。同理可得 $p_1 = 1/2$。因此，该硬币博弈的混合策略 Nash 均衡为

$$\left\{\frac{1}{2}, \frac{1}{2}\right\}, \quad \left\{\frac{1}{2}, \frac{1}{2}\right\}$$

对于同时存在纯策略均衡和混合策略均衡的博弈问题，仍然可以采用迭代剔除劣策略的方法寻找 Nash 均衡。例如，对于表 3.10所示的博弈问题，令 $q_1 = q_2 = 1/2$，则可看出策略“D”是混合策略 $\{U,M,D\}$=$\{1/2,1/2,0\}$ 的严格劣策略，根据迭代消除严格劣策略的原则，可将参与者 1 的 D 策略去掉，转化成表 3.11所示的博弈问题，可以很容易求得其 Nash 均衡为 (M, R)。

表 3.10 混合博弈问题

		参与者 2	
		$L(p)$	$R(1-p)$
参与者 1	$U(q_1)$	3,1	0,2
	$M(q_2)$	0,2	3,3
	$D(1-q_1-q_2)$	1,3	1,1

表 3.11 混合博弈问题（第 1 次剔除）

		参与者 2	
		$L(p)$	$R(1-p)$
参与者 1	$U(q_1)$	$\underline{3}$,1	0,$\underline{2}$
	$M(q_2)$	0,2	$\underline{3}$,$\underline{3}$

将上述方法一般化，即可得到混合策略意义下的劣策略定义。

定义 3.11（混合严格劣策略） 若存在一个混合策略 $\sigma_i \in \Sigma_i$ 使得

$$u_i(\sigma_i, s_{-i}) > u_i(s_i, s_{-i}), \quad \forall s_{-i} \in S_{-i}$$

则称 s_i 是严格劣的（strictly dominated）。

混合策略 Nash 均衡作为一个比纯策略 Nash 均衡更为一般的概念，可以从以下三个视角来理解。

（1）行动的随机化及概率分布。例如，在石头–剪刀–布和猜硬币的游戏中，参与者必须采用随机化的策略，使对手无法猜到自己的行动。另外，为了最大化自己的期望效用，参与者也必须按照某个概率分布来实施自己的行动。总体来说，这是多次行动的结果——可以想象，单次行动很难用这种理论来解释。

（2）群体选择的概率分布。当玩石头–剪刀–布这一游戏的人不是两个，而是分成两组的很多人，此时，混合策略可理解为大量参与者对同一对局作出的不同抉择。当然，人们关心的结果不再是个体间的胜负，而是两组参与者间的胜率。

（3）对对手采用某个策略的信心或推断（belief）。若对局中，某一对手的策略集有多个可供选择的策略，那么他会选择哪个策略呢？也许都有可能，此时参与者需要根据各种信息判断或估计对手选取不同策略的概率是多大。

3.2.3 Nash 均衡的存在性

Nash 均衡是博弈论最重要、最核心的概念。如前所述，纯策略的 Nash 均衡不一定存在，但混合策略的 Nash 均衡是普遍存在的，这正是博弈论成为控制与决策最重要的分析与设计工具的原因之一，因为它表明各种经济、社会乃至工程决策问题中某些稳定状态的存在性及决策向这些稳定状态发展演化的必然性。本节将从理论上讨论 Nash 均衡的存在性。在讨论 Nash 均衡之前，先引入两个定理，第一个定理，即 Kakutani 不动点定理，在第 2 章中已经介绍过，为叙述清楚，将其重写为下述形式。

定理 3.1（Kakutani 定理） 设 $D \subset \mathbb{R}^d$ 是紧凸集，若集值映射 $G: D \to P_0(D)$ 满足：

（1）$\forall x \in D$，$G(x)$ 非空。

（2）$G(x)$ 上半连续且是凸的。

则 G 在 D 上具有不动点。

下述定理给出了一类特殊形式的集值映射非空和上半连续的充分条件。

定理 3.2（Berge 定理） 设 $X \subset \mathbb{R}^d$ 及 $M \subset \mathbb{R}^z$ 是紧凸集，设映射

$$f(x, m): X \times M \to \mathbb{R}$$

在 X 和 M 上均连续。定义集值映射 $G: M \to P_0(X)$ 为

$$G(m) = \arg\max_{x \in X} f(x, m)$$

则对任意 $m \in M$，$G(m)$ 均为非空和上半连续的。

定理 3.3（Nash 定理） 任意有限策略型博弈 $\Gamma = \langle N, S, u \rangle$ 至少存在一个 Nash 均衡。

证明 Nash 均衡可能是纯策略也可能是混合策略。由于纯策略可以看成是混合策略的特例，因此只需要证明至少存在一个混合策略 Nash 均衡。

对于一个有限策略型博弈，设 S_i 和 Σ_i 分别为参与者 i 的纯策略和混合策略空间。由于是有限策略博弈，S_i 是有限集合（假设有 n 种纯策略 $s_1, s_2, \cdots, s_n$），因此，Σ_i 是 Euclid 空间的紧凸子集（任意 Σ_i 可视为以 $s_1, s_2, \cdots, s_n$ 为顶点的超多面体的闭包，故其一定有界且凸），进而混合策略的策略空间 $\Sigma = \prod_{i \in N} \Sigma_i$ 也是 Euclid 空间的紧凸集。参与者 i 的支付函数为

$$u_i(\sigma_i, \sigma_{-i}) = \sum_{s_{-i} \in S_{-i}} \sum_{s_i \in S_i} u_i(s_i, s_{-i}) \sigma_i(s_i) \sigma(s_{-i})$$

此处 $u_i(\sigma_i, \sigma_{-i})$ 为 σ_i 和 σ_{-i} 的线性函数，且在 Σ_i 和 Σ_{-i} 上连续。

定义集值映射 $b_i: \Sigma_{-i} \to P_0(\Sigma_i)$ 为

$$b_i(\sigma_{-i}) = \arg\max_{\sigma_i \in \Sigma_i} u_i(\sigma_i, \sigma_{-i})$$

注意，$b_i(\sigma_{-i})$ 实际上是第 i 个参与者相对于其他参与者策略组合的最佳反应。

根据定理 3.2，对任意 $\sigma_{-i} \in \Sigma_{-i}$，$b_i(\sigma_{-i})$ 非空且上半连续。由于对任意 $\sigma_{-i} \in \Sigma_{-i}$，$u_i(\sigma_i, \sigma_{-i})$ 是线性的，若有 $\sigma_i', \sigma_i'' \in \Sigma_i$ 均为 σ_{-i} 的最佳反应，记为

$$u_i(\sigma_i', \sigma_{-i}) = u_i(\sigma_i'', \sigma_{-i}) = \max_{\sigma_i \in \Sigma_i} u_i(\sigma_i, \sigma_{-i})$$

则对 $\forall\lambda \in (0,1)$，有

$$u_i(\lambda\sigma_i' + (1-\lambda)\sigma_i'', \sigma_{-i}) = u_i(\sigma_i', \sigma_{-i}) = \max_{\sigma_i \in \Sigma_i} u_i(\sigma_i, \sigma_{-i})$$

因此，$b_i(\sigma_{-i})$ 为凸集。

进一步，定义集值映射 $b(\sigma) : \Sigma \to P_0(\Sigma)$ 为

$$b(\sigma) = (b_1(\sigma_{-1}), b_2(\sigma_{-2}), \cdots, b_n(\sigma_{-n}))$$

因此，集值映射 $b(\sigma)$ 是非空、上半连续和凸的，故其满足 Kakutani 不动点定理，因此必定存在不动点 $\sigma^* \in b(\sigma^*)$。

注意到 $b(\sigma)$ 与有限博弈 Γ^m 的混合策略的最佳反应对应，不动点 $\sigma^* \in b(\sigma^*)$ 的存在意味着有限博弈混合策略 Nash 均衡的存在性。

〈证毕〉

对于连续策略型博弈的 Nash 均衡，有如下定理。

定理 3.4 对策略式博弈 $G = \{N; S_1, \cdots, S_i, \cdots, S_n; u_1, \cdots, u_i, \cdots, u_n\}$，若策略集合 S_i 为 Euclid 空间的非空紧凸集，支付函数 u_i 关于策略组合 s 连续，且关于 s_i 拟凹，则该博弈存在纯策略 Nash 均衡。

该定理以较强的条件给出较强的结果，即纯策略 Nash 均衡的存在性。现实中，有些博弈存在纯策略 Nash 均衡，但并不唯一，即具有多重均衡的情况。处理该类多重性问题的方法有两大类：一类方法根据 Nash 均衡的定义得到精炼的均衡解，如子博弈精炼 Nash 均衡；另一类则称作非规范式的方法，如聚焦效应等。例如，将定理 3.4中的相关条件放松即可得到混合策略 Nash 均衡存在性的下述结论。

定理 3.5 对策略式博弈 $G = \{N; S_1, \cdots, S_i, \cdots, S_n; u_1, \cdots, u_i, \cdots, u_n\}$，若策略集合 S_i 为 Euclid 空间的非空紧子集，支付函数 u_i 关于策略组合 s 连续，则该博弈存在混合策略 Nash 均衡。

定理 3.4和定理 3.5均要求参与者的支付函数关于策略组合的连续性，然而在实际应用中，非连续或非拟凹的收益函数也很常见，在此情况下，一个紧的策略空间并不能保证 Nash 均衡一定存在。为此，若对相关条件进行放松，则有如下定理。

定理 3.6 对策略式博弈 $G = \{N; S_1, \cdots, S_i, \cdots, S_n; u_1, \cdots, u_i, \cdots, u_n\}$，若对于所有的参与者 i，其策略空间 S_i 为有限维 Euclid 空间的非空紧凸子集，支付函数 u_i 关于 s_i 拟凹，关于 s 上半连续且

$$\max_{s_i} u_i(s_i, s_{-i})$$

关于 s_{-i} 连续，则该博弈存在纯策略 Nash 均衡。

3.2.4 Nash 均衡的求解

3.1.6 节中提到的 Nash 均衡求解方法，如迭代剔除劣策略方法、划线法等，对参与者较少的情况是适合的。当参与者人数较多时，则非常烦琐。本节介绍一种系统化的求

解方法，该方法适用于一般 n 人博弈问题。

考察一个 n 人策略型博弈 $\Gamma=\langle N,S,u\rangle$，参与者 i 有 k_i 个纯策略，其纯策略空间为

$$S_i=\{s_i^1,s_i^2,\cdots,s_i^{k_i}\}$$

混合策略为

$$\sigma_i=\{\sigma_i^1,\sigma_i^2,\cdots,\sigma_i^{k_i}\}$$

则 Nash 均衡可通过求解下述优化问题获得：

$$\begin{aligned}&\max\sum_{i=1}^{n}\left(u_i\left(\sigma_i,\sigma_{-i}\right)-v_i\right)\\&\text{s.t.}\quad u_i\left(s_i^j,\sigma_{-i}\right)\leqslant v_i,\quad j=1,\cdots,k_i,\forall i\in N\\&\qquad\sum_{j=1}^{k_i}\sigma_i^j=1,\quad\forall i\in N\end{aligned}\tag{3-2}$$

其中，v_i 为参与者 i 在 Nash 均衡点的期望收益。

如此，混合策略博弈问题即转化为一个常规的优化问题，故可采取常规的优化算法求解。

3.2.5　二人零和博弈

本节介绍一类最简单的博弈问题——二人零和博弈（two-person zero-sum game），该博弈只有两个参与者，其支付之和恒为 0，这意味着一方的所得必定是另一方的损失，两个博弈者间构成了完全对立的格局。显见，对于二人零和博弈问题，只需知道其中一个博弈者的支付矩阵，也就确定了整个博弈格局。因此，一个有限二人零和博弈也可简单地记为 $A=\{a_{ij}\}$。二人零和博弈中，Nash 均衡条件要求每一个参与者的策略都应该是最佳反应对应，当某个参与者确定自己的最佳决策时，他必须推测对手对自己决策的最佳反应对应。

为了探讨决策顺序对于二人零和博弈 Nash 均衡的影响，首先给出以下定理。

定理 3.7　对于二人零和博弈 $A=\{a_{ij}\}$，有

$$\max_i\min_j\{a_{ij}\}\leqslant\min_j\max_i\{a_{ij}\}\tag{3-3}$$

定义 3.12（鞍点）　对于二人零和博弈 $A=\{a_{ij}\}$，若存在 i^* 及 j^*，使

$$\max_i\min_j\{a_{ij}\}=a_{i^*j^*}=\min_j\max_i\{a_{ij}\}\tag{3-4}$$

则称 $a_{i^*j^*}$ 为鞍点。

定理 3.8（极大极小原理）　二人零和博弈 $A=\{a_{ij}\}$ 的某个策略组合是它的 Nash 均衡，当且仅当它是鞍点。

证明

（1）若 (i^*,j^*) 是鞍点，则式 (3-4) 成立，因此 (i^*,j^*) 互为对方的最佳反应，由 Nash 均衡的定义，(i^*,j^*) 是二人零和博弈问题的 Nash 均衡。

（2）设 (i^*,j^*) 是博弈问题的 Nash 均衡，则有

$$\max_i \min_j \{a_{ij}\} = \max_i a_{ij^*} \geqslant a_{i^*j^*}$$

以及

$$\min_j \max_i \{a_{ij}\} = \min_j a_{i^*j} \leqslant a_{i^*j^*}$$

进一步有

$$\min_j \max_i \{a_{ij}\} \leqslant a_{i^*j^*} \leqslant \max_i \min_j \{a_{ij}\}$$

由定理 3.7可知

$$\min_j \max_i \{a_{ij}\} = a_{i^*j^*} = \max_i \min_j \{a_{ij}\}$$

因此，(i^*,j^*) 是鞍点。

〈证毕〉

对于混合策略二人零和博弈的情况，也有类似的结果。

定义 3.13（混合策略） 对于二人零和博弈 $A=\{a_{ij}\}$，若存在一个混合策略组合 (σ_1^*,σ_2^*)，使

$$u(\sigma_1^*,\sigma_2^*) = \max_{\sigma_1} \min_{\sigma_2} u(\sigma_1,\sigma_2) = \min_{\sigma_2} \max_{\sigma_1} u(\sigma_1,\sigma_2)$$

其中，$u=\sigma_1^{\mathrm{T}} A\sigma_2$ 为博弈的期望收益，则混合策略组合 (σ_1^*,σ_2^*) 为鞍点。

定理 3.9 二人零和博弈 $A=\{a_{ij}\}$ 的混合策略组合 (σ_1^*,σ_2^*) 是它的 Nash 均衡，当且仅当 (σ_1^*,σ_2^*) 是鞍点。

定理 3.10（二人零和博弈混合策略 Nash 均衡的求解） 若二人零和博弈 $A=\{a_{ij}\}$ 存在一个混合策略组合

$$\sigma_1^* = \left\{\sigma_1^{1*},\cdots,\sigma_1^{n*}\right\}, \quad \sigma_2^* = \left\{\sigma_2^{1*},\cdots,\sigma_2^{m*}\right\}$$

以及常数 v，使得

$$\left\{\begin{array}{ll} \displaystyle\sum_{i=1}^{n} a_{ij}\sigma_1^{i*} \geqslant v, & \forall j \in \{1,2,\cdots,m\} \\ \displaystyle\sum_{j=1}^{m} a_{ij}\sigma_2^{j*} \leqslant v, & \forall i \in \{1,2,\cdots,n\} \end{array}\right. \tag{3-5}$$

则混合策略组合 (σ_1^*,σ_2^*) 为二人零和博弈 A 的 Nash 均衡，v 为均衡点处的期望收益。

对该博弈问题的 Nash 均衡，有如下定理。

定理 3.11 对于二人零和博弈 $A=\{a_{ij}\}$，若其 Nash 均衡点处的期望收益 v 大于 0，则混合策略 Nash 均衡 (σ_1^*,σ_2^*) 为下述两个线性规划问题的解：

$$
\begin{aligned}
&\min \sum_{i=1}^{n} p_i \\
&\text{s.t.} \quad p_i \geqslant 0, \quad i=1,2,\cdots,n \\
&\qquad \sum_{i=1}^{n} a_{ij} p_i \geqslant 1, \quad j=1,2,\cdots,m \\
&\max \sum_{j=1}^{m} q_j \\
&\text{s.t.} \quad q_j \geqslant 0, \quad j=1,2,\cdots,m \\
&\qquad \sum_{j=1}^{m} a_{ij} q_j \leqslant 1, \quad i=1,2,\cdots,n
\end{aligned}
$$

该 Nash 均衡点的支付为

$$
v = \frac{1}{\sum_{i=1}^{n} p_i} = \frac{1}{\sum_{j=1}^{m} q_j}
$$

相应的 Nash 均衡为

$$
\sigma_1^* = \{vp_1, vp_2, \cdots, vp_n\}
$$

及

$$
\sigma_2^* = \{vq_1, vq_2, \cdots, vq_m\}
$$

二人零和博弈在实际工程问题中应用广泛，这是由于实际工程中一般要求系统具有较高的可靠性，而内部和外部的扰动、未建模动态等不确定性因素都可能引发运行风险。此种情况下，可以把不确定因素看成是博弈的一方，而设计者是博弈的另一方，二者构成一个二人零和博弈格局。工程设计的核心目标即是考虑在最坏干扰下实现系统的最佳性能。以下考察一个关于鲁棒控制的二人零和博弈问题。

例 3.10 在鲁棒控制/H_∞ 控制问题中，博弈的双方分别为控制器和未知的干扰（或不确定性)，其中干扰总是倾向于降低系统的性能，而控制器设计者总是要尽量提升闭环系统性能。定义控制器的支付为其控制性能目标函数，该支付的上升完全由扰动造成。如此，双方可形成一个二人零和博弈问题，其 Nash 均衡即为最优控制律 u^* 和最坏干扰激励 w^*，二者可通过求解下述微分博弈问题获得：

$$
\begin{aligned}
&\inf_u \sup_w J(u,w) = \sup_w \inf_u J(u,w) \\
&\text{s.t.} \quad \dot{x} = f(x,u,w)
\end{aligned}
$$

在均衡点 (u^*, w^*) 处，最优控制律 u^* 和最坏干扰 w^* 构成一个鞍点，此时有

$$
J(u^*, w) \leqslant J(u^*, w^*) \leqslant J(u, w^*)
$$

需要指出的是，在某些情况下，鲁棒控制/H_∞ 控制问题的鞍点可能不存在，故无法求解 Nash 均衡。但在一般工程控制问题中，我们其实并不关注干扰的支付，而只关注控制的支付。因此，通常只需要求解下述优化问题：

$$\begin{aligned}&\inf_u \sup_w J(u,w)\\&\text{s.t.}\quad \dot{x}=f(x,u,w)\end{aligned}$$

上述博弈格局实为主从微分博弈，这已超出本节静态博弈问题的范畴，将在后续的章节予以介绍。

3.2.6 势博弈

某些博弈问题中，参与者支付/收益函数具有特殊的结构，其变化可以通过一个势函数描述。此类博弈称为势博弈。本节内容主要参考文献 [13]。

势博弈有多种类型，共同点是通过与博弈相关的势函数将博弈策略空间 S 映射到实数空间 $\mathbb{R}$。势博弈的分类取决于参与者的势函数与效用函数之间的特定关系。因此，势函数是势博弈中最重要的元素。以下讨论中记博弈 $\xi=\langle N,S,u\rangle$。

定义 3.14（精确势博弈）　若存在函数 $F(s):S\to\mathbb{R}$，对于 $\forall i\in N$ 满足：

$$\begin{aligned}u_i(t_i,s_{-i})-u_i(s_i,s_{-i})=F(t_i,s_{-i})-F(s_i,s_{-i}),\\ \forall s_i,t_i\in S_i;\forall s_{-i}\in S_{-i}\end{aligned}$$

则博弈 ξ 称为精确势博弈，函数 $F(s)$ 称为精确势函数。在精确势博弈中，每个参与者收益的变化（由于自己的策略偏差）导致的势函数变化量完全相同。

假设每个参与者的策略集 S_i 是 $\mathbb{R}$ 的一个连续区间，函数 u_i 处处连续可微。精确势函数存在的条件是

$$\frac{\partial u_i(s_i,s_{-i})}{\partial s_i}=\frac{\partial F(s_i,s_{-i})}{\partial s_i},\quad \forall s_i\in S_i;\forall s_{-i}\in S_{-i},\ \forall i\in N$$

在各种类型的势博弈中，精确势博弈要求最严格。其他类型的势博弈可通过放宽此条件定义。精确势博弈是最重要的势博弈，并且在理论研究和实际应用中都引起了高度关注。

定义 3.15（加权势博弈）　若存在函数 $F(s):S\to\mathbb{R}$ 的博弈 ξ 满足

$$\begin{aligned}u_i(t_i,s_{-i})-u_i(s_i,s_{-i})=w_i(F(t_i,s_{-i})-F(s_i,s_{-i})),\\ \forall s_i,t_i\in S_i;\forall s_{-i}\in S_{-i},\quad \forall i\in N\end{aligned}\tag{3-6}$$

其中权重 $(w_i)_{i\in N}$ 由一个正数向量构成，则博弈 ξ 称为加权势博弈，函数 $F(s)$ 称为加权势函数。在加权势博弈中，参与者因单方面策略偏差而导致的收益变化等于势函数的变化，但按权重因子进行缩放。显然，所有精确势博弈都是加权势博弈。

式 (3-6) 等价于如下条件：

$$\frac{\partial u_i(s_i,s_{-i})}{\partial s_i}=w_i\frac{\partial F(s_i,s_{-i})}{\partial s_i},\quad \forall s_i\in S_i;\forall s_{-i}\in S_{-i},\quad \forall i\in N$$

引理 3.1 当且仅当$\xi' = \left\langle N, S, \left\{ v_i = \dfrac{1}{w_i} u_i \right\}_{i \in N} \right\rangle$是具有势函数 $F(s)$ 的精确势博弈时，$\xi = \langle N, S, \{u_i\}_{i \in N} \rangle$ 是具有势函数 $F(s)$ 和权重 $(w_i)_{i \in N}$ 的加权势博弈。

由于

$$u_i(t_i, s_{-i}) - u_i(s_i, s_{-i}) = w_i(F(t_i, s_{-i}) - F(s_i, s_{-i}))$$

和

$$v_i(t_i, s_{-i}) - v_i(s_i, s_{-i}) = F(t_i, s_{-i}) - F(s_i, s_{-i})$$

等价。因此充分性和必要性都很明显。

定义 3.16（序数势博弈） 若存在函数 $F(s) : S \to \mathbb{R}$ 满足：

$$\begin{gathered} u_i(t_i, s_{-i}) - u_i(s_i, s_{-i}) > 0 \Leftrightarrow F(t_i, s_{-i}) - F(s_i, s_{-i}) > 0, \\ \forall s_i, t_i \in S_i; \forall s_{-i} \in S_{-i}, \quad \forall i \in N \end{gathered} \tag{3-7}$$

其中式 (3-7) 可等价写为如下形式：

$$\operatorname{sgn}[u_i(t_i, s_{-i}) - u_i(s_i, s_{-i})] = \operatorname{sgn}[F(t_i, s_{-i}) - F(s_i, s_{-i})],$$

$$\forall s_i, t_i \in S_i; \forall s_{-i} \in S_{-i}, \quad \forall i \in N$$

其中 sgn() 为符号函数，则 ξ 为序数势博弈，函数 $F(s)$ 称为序数势函数。

与精确势博弈不同，序数势博弈只要求由于参与者单方面策略偏差而导致的势函数变化与参与者效用函数变化具有相同的符号。换句话说，如果参与者 i 通过改变策略获得了更好的（更差的）收益，这将导致势函数 F 的增加（下降），反之亦然。

序数势函数存在的条件是：

$$\operatorname{sgn}\left[\frac{\partial u_i(s_i, s_{-i})}{\partial s_i}\right] = \operatorname{sgn}\left[\frac{\partial F(s_i, s_{-i})}{\partial s_i}\right], \quad \forall s_i \in S_i; \forall s_{-i} \in S_{-i}, \quad \forall i \in N$$

定义 3.17（广义序数势博弈） 若存在函数 $F(s) : S \to \mathbb{R}$ 满足：

$$u_i(t_i, s_{-i}) - u_i(s_i, s_{-i}) > 0 \Rightarrow F(t_i, s_{-i}) - F(s_i, s_{-i}) > 0,$$

$$\forall s_i, t_i \in S_i; \forall s_{-i} \in S_{-i}, \quad \forall i \in N$$

则 ξ 为广义序数势博弈，函数 $F(s)$ 称为广义序数势博弈。广义序数博弈是序数博弈的扩展。基本上，由于单方面策略偏差导致参与者效用增加（减少）意味着势函数增加（减少）。但不像序数势博弈，反推并不成立。

说明势博弈 Nash 均衡存在的关键思想是观察与该类博弈均衡集相关的利益趋同博弈均衡集，其中，每个参与者都最大化共有势函数。下面主要介绍序数势博弈均衡。

定理 3.12 若 F 是序数势博弈 $\xi = \langle N, S, \{u_i\}_{i \in N} \rangle$ 的势函数，那么 ξ 的 Nash 均衡集与利益趋同博弈 $\xi^+ = \langle N, S, \{F\}_{i \in N} \rangle$ 的 Nash 均衡集相同。即

$$\operatorname{NESet}(\xi) = \operatorname{NESet}(\xi^+)$$

推论 3.1 若 F 在 S 上存在最大点，那么 ξ 具有纯策略 Nash 均衡。

F 与 ξ 的纯策略 Nash 均衡相同。假设 s^* 是 ξ 的一个 Nash 均衡，那么 s^* 可以是全局或局部最优点，因此 F 的全局最大点集是 $\text{NESet}(\xi)$ 的子集。然而，如果势函数本身代表了此最优性一种有意义的度量，则可能只认为这些全局最大点在社会最优性方面更为“理想”。

根据策略空间和势函数性质，以下理论描述了序数势博弈 Nash 均衡的存在性。

（1）每个有限（序数）势博弈至少包含一个纯策略 Nash 均衡。

（2）每个策略空间 S 封闭有界且势函数 F 连续的连续（序数）势博弈至少包含一个纯策略 Nash 均衡。此外，若 F 是严格凹的，则 Nash 均衡唯一。

定义 3.18 策略集 $\rho=(s^0,s^1,s^2,\cdots)$ 对于每个索引 $k\geqslant 0$，通过允许参与者 $i(k)$ 改变其策略 (第 k 步中的单个偏差者) 而从 s^k 获得 s^{k+1}，称为路径。若在每一步 k 中，偏差者 $i(k)$ 效用有所提高，即 $u_{i(k)}(s^{k+1})>u_{i(k)}(s^k)$，则路径 ρ 是一条改进路径。此外，若 ρ 具有有限长度且其终点元素 s^K 与其初始元素 s^0 相同，则称为循环。

定理 3.13 对于任意策略博弈 ξ，若存在一条有限的改进路径，则其终点对应于 Nash 均衡。这表明，任何能够产生有限改进路径的决策动态最终都将得到 Nash 均衡。

对于有限序数势博弈，每条改进路径都是有限的，称为有限改进路径属性。

推论 3.2 对于有限序数势博弈，不论其起始点如何，更好反应和最佳反应的每个序列都收敛到 Nash 均衡。

在连续的情况下，可能会或不会在有限的步骤中实现收敛。一个典型的例子是收敛序列$\left\{1-\dfrac{1}{2^n}\right\}_{n=1,2,\cdots}$，该序列最终收敛但无限进行，因为序列的无穷小步长导致 $n\to\infty$。然而，可以通过定义改进路径的概念来控制步进大小。

定义 3.19 若在每一步骤 k 中，偏差参与者 $i(k)$ 有 $u_{i(k)}(s^{k+1})>u_{i(k)}(s^k)+\epsilon,\epsilon\in\mathbb{R}_+$，则路径 $\rho=(s^0,s^1,s^2,...)$ 是一条 ϵ-改进路径。

由此也衍生出了近似于实际 Nash 均衡的 ϵ-均衡概念。

定义 3.20 当且仅当 $\exists\epsilon\in\mathbb{R}_+$，使下式成立的策略集 $\widetilde{s}\in S$ 称为 ϵ-Nash 均衡。即 $\forall i\in N$

$$u_i(\widetilde{s}_i,\widetilde{s}_{-i})\geqslant u_i(s_i,\widetilde{s}_{-i})-\epsilon,\quad \forall s_i\in S_i$$

ϵ-Nash 均衡是对原始纳什均衡的改进，有时是首选的求解概念，尤其是在需要较少计算复杂性的情况下。

对于具有有界效用函数的连续序数势博弈，每条 ϵ-改进路径都是有限的。这称为近似有限改进路径属性。

推论 3.3 对于连续的序数势博弈，每个具有 ϵ-改进性质的更好反应序列都在有限步骤之内收敛于 ϵ-均衡。

尽管传统的最佳反应和较好反应动态在连续博弈中朝 Nash 均衡收敛，但不能保证它们是否能在有限的步骤之内终止。若发生这种情况，可以使用 ϵ-改进路径来近似求解。

例 3.11　考虑具有线性成本函数 $c_i(q_i) = cq_i(1 \leqslant i \leqslant n)$ 的对称寡头 Cournot 竞争[13]。逆需求函数 $F(Q), Q > 0$ 是正函数 (无需关于单调性、连续性或可微性的假设)。公司 i 定义在 $\mathbb{R}_+^n$ 上的收益函数为

$$u_i(q_1, q_2, \cdots, q_n) = F(Q)q_i - cq_i$$

其中，$Q = \sum_{j=1}^{n} q_j$。

定义一个函数 P:$\mathbb{R}_+^n \to \mathbb{R}$:

$$P(q_1, q_2, \cdots, q_n) = q_1 q_2 \cdots q_n (F(Q) - c)$$

对于每个公司 i，每个 $q_{-i} \in \mathbb{R}_+^{n-1}$，有

$$u_i(q_i, q_{-i}) - u_i(x_i, q_{-i}) > 0, \quad \text{if } P(q_i, q_{-i}) - P(x_i, q_{-i}) > 0, \quad \forall q_i, x_i \in \mathbb{R}_{++}$$

将满足上式的函数 P 称为序数势，具有序数势的博弈称为序数势博弈。显然，Cournot 博弈的纯策略均衡集与每个公司利润由 P 给出的博弈纯策略均衡集相同。

考虑具有线性逆需求函数 $F(Q) = a - bQ(a, b > 0)$ 和任意可微成本函数 $c_i(q_i)(1 \leqslant i \leqslant n)$ 的准 Cournot 竞争，定义函数 $P^*(q_1, q_2, \cdots, q_n)$ 为

$$P^*(q_1, q_2, \cdots, q_n) = a\sum_{j=1}^{n} q_j - b\sum_{j=1}^{n} q_j^2 - b\sum_{1 \leqslant i < j \leqslant n} q_i q_j - \sum_{j=1}^{n} c_j(q_j)$$

可以证明对于每个公司 i，$q_{-i} \in \mathbb{R}_+^{n-1}$, 有

$$u_i(q_i, q_{-i}) - u_i(x_i, q_{-i}) = P^*(q_i, q_{-i}) - P^*(x_i, q_{-i}), \quad \forall q_i, x_i \in \mathbb{R}_+ \tag{3-8}$$

满足式 (3-8) 的函数 P^* 被称为势函数。式 (3-8) 表示准 Cournot 博弈的混合策略均衡集与用 P^* 替换每个收益函数所得博弈的混合策略均衡集一致。特别地，最大化势函数 P^*(或者是有序势 P) 最终会达到均衡。

3.3　不完全信息静态博弈

3.2 节讨论了完全信息静态博弈，但在实际博弈问题中，经常会遇到信息不完整的情况，即参与者对其他参与者的支付并不完全了解。处理此类问题的关键在于利用 Bayes 法则处理不完全信息带来的条件概率问题。因此，不完全信息静态博弈也被称为静态 Bayes 博弈。本节对其进行讨论。

3.3.1　不完全信息

前述各种静态博弈实例均有一个共同点，即每个参与者完全知晓自己和对手的支付相关的信息。但实际问题中，经常出现某个（或所有）参与者对于其他参与者（甚至自身）支付或策略的信息了解并不充分的情况。下面举一个不完全信息静态博弈的例子。

例 3.12 现有 A、B 两个可再生能源发电公司，其中 A 在某个地区已经成为垄断者（参与者 1），B 现在要决定是否进入该地区建设电厂（参与者 2），同时参与者 1 也要决定是否要再建新电厂。现在面临的问题是，参与者 2 不知道参与者 1 的建厂成本是高还是低，如此则形成表 3.12 所示的不完全信息博弈问题。

表 3.12 市场进入博弈问题

参与者 1 高成本		参与者 2		参与者 1 低成本		参与者 2	
		进入	不进入			进入	不进入
参与者 1	新建	0,−1	2,0	参与者 1	新建	1,−1	4,0
	不新建	2,1	3,0		不新建	2,1	3,2

不完全信息引起了参与者 2 决策的困难。从表 3.12可以看出，若参与者 1 的建厂成本高，则存在唯一的纯策略 Nash 均衡，即为参与者 1 不建厂，参与者 2 进入；若参与者 1 的建厂成本低，也存在唯一的纯策略 Nash 均衡，即参与者 1 建厂，参与者 2 不进入。因此，建厂成本是高还是低对于两个参与者最终如何决策非常重要，它们分别对应于不同的均衡结局。例 3.12中，参与者需要在对不确定的支付信息做出主观判断的基础上进行决策，故上述市场进入博弈问题是一类典型的静态不完全信息博弈问题。

一般地，在不完全信息博弈中，并非所有人均知晓同样的信息。博弈参与者除了均知晓的公共信息外，还具有各自的私有信息。由于参与者的私有信息对其他参与者是未知的，因此在决策时，参与者只能对对手的私有信息进行猜测，同时还要对其他参与者对自己私有信息的猜测作出猜测，这种猜测之猜测序列可以无限持续下去。这一点与共同知识非常相似，所不同的是，基于公共知识可得到的是确定性的推断，而不完全信息下，参与者只能获得一定条件下的概率性猜测。

3.3.2 非对称信息的 Cournot 寡头竞争模型

首先来看一个 Cournot 竞争问题的例子。

例 3.13 两家发电公司在同一市场中竞争，参与者 $i(i=1,2)$ 的行动为其发电量 $q_i \in [0,\infty)$。参与者 i 的收益为其收入减去总成本，表达式为

$$u_1(q_1,q_2) = q_1 P(Q) - cq_1$$

$$u_2(q_1,q_2) = q_2 P(Q) - cq_2$$

其中，$Q = q_1 + q_2$ 为两家发电公司的总发电量；$P(Q) = \max\{0, a - Q\}$ 为电价，a 为最高电价；c 为单位发电量的成本（两家公司相同）。现求两家发电公司的最佳发电量。

例 3.13是典型的 Cournot 竞争问题，现在对该问题做若干假设来说明不完全信息博弈的基本思想。首先，假设企业 1 知道自己的成本函数但不知道企业 2 的成本函数，而企业 2 知道自己和企业 1 的成本函数。如此，模型中的两个参与者具有不对称的信息，

企业 2 比企业 1 享有信息优势是双方的公共知识，即企业 1 知道企业 2 享有信息优势，企业 2 也知道企业 1 知道自己有信息优势。此时，两家企业的成本函数分别为如下线性函数。

（1）企业 1　$C_1(q_1)=cq_1$。

（2）企业 2　$C_2(q_2)=c_{\mathrm{H}}q_2$ 的概率是 x；$C_2(q_2)=c_{\mathrm{L}}q_2$ 的概率是 $1-x$，其中成本系数 $c_{\mathrm{L}}<c_{\mathrm{H}}$。

两参与者对发电量的选择如下。

（1）企业 1　q_1^*。

（2）企业 2　$q_2^*(c_{\mathrm{H}})$ 或 $q_2^*(c_{\mathrm{L}})$。

假定 q_1^* 是企业 1 的最佳发电量决策，则企业 2 的最优反应分别为

（1）高成本情形，$q_2^*(c_{\mathrm{H}})=\arg\max\limits_{q_2}[(a-q_1^*-q_2)-c_{\mathrm{H}}]q_2$。

（2）低成本情形，$q_2^*(c_{\mathrm{L}})=\arg\max\limits_{q_2}[(a-q_1^*-q_2)-c_{\mathrm{L}}]q_2$。

此时，企业 1 的最佳反应满足下述条件：

$$q_1^*=\arg\max_{q_1}x\{[a-q_1-q_2^*(c_{\mathrm{H}})]-c\}q_1+(1-x)\{[a-q_1-q_2^*(c_{\mathrm{L}})]-c\}q_1$$

上述三个最优化问题的一阶必要条件分别为

$$q_2^*(c_{\mathrm{H}})=\frac{a-q_1^*-c_{\mathrm{H}}}{2}$$

$$q_2^*(c_{\mathrm{L}})=\frac{a-q_1^*-c_{\mathrm{L}}}{2}$$

$$q_1^*=\frac{x[a-q_2^*(c_{\mathrm{H}})-c]+(1-x)[a-q_2^*(c_{\mathrm{L}})-c]}{2}$$

求解上述方程组可得

$$q_1^*=\frac{a-2c+xc_{\mathrm{H}}+(1-x)c_{\mathrm{L}}}{3}$$

$$q_2^*(c_{\mathrm{H}})=\frac{a-2c_{\mathrm{H}}+c}{3}+\frac{(1-x)(c_{\mathrm{H}}-c_{\mathrm{L}})}{6}\geqslant\frac{a-2c_{\mathrm{H}}+c}{3}$$

$$q_2^*(c_{\mathrm{L}})=\frac{a-2c_{\mathrm{L}}+c}{3}-\frac{x(c_{\mathrm{H}}-c_{\mathrm{L}})}{6}\leqslant\frac{a-2c_{\mathrm{L}}+c}{3}$$

根据上述结果可知，在边际成本较低时，企业 1 将会生产更多的产品。虽然企业 2 具有信息优势，但是不完全信息同样会影响企业 2 的决策和收益，并且企业 1 信息的不完全并非总是对企业 2 最有利。事实上，当企业 2 的实际成本较高时，其产量高于 $(a-2c_{\mathrm{H}}+c)/3$，信息的不完全的确对其更有利；但当企业 2 的实际边际成本较低时，其产量却低于 $(a-2c_{\mathrm{L}}+c)/3$，这说明此时企业 1 的信息不完全对企业 2 并非有利。

上述这样一个简单的例子，可以清楚地说明不完全信息如何影响各参与者的支付以及他们的决策。读者也许可以思考一个问题，此时企业 2 是否可以根据他对对方成本信

息的了解，决定是否发布自己的成本信息，以达到最大化产量？事实上，在国际政治、经济发展中，经常有这样的做法，有的实力较弱的国家，需要不断向国际上发布自己大规模杀伤武器的进展信息，而实力较强的国家，则对自己的高级武器实行严密的信息封锁。需要说明的是，寡头垄断市场中，产量并非参与者的最后目标，寡头们可能更关心产品在市场中的价格，这涉及另外一个经典模型——Bertrand 垄断模型。读者可以尝试将参与者的策略空间由产量修改为价格，推导这一模型。

3.3.3 不完全信息静态博弈

3.3.2 节通过 Cournot 模型的例子初步了解了不完全信息博弈问题。以下给出不完全信息博弈的标准定义。我们知道完全信息标准型博弈可以表示为 $\Gamma = \langle N, (S_i)_{i\in N}, (u_i)_{i\in N}\rangle$，而要描述对不完全信息的标准型静态博弈（即静态 Bayes 博弈），需要涉及以下几个要素。

1. 参与者

参与者与完全信息标准型博弈一致，$i \in N$。

2. 类型

在博弈论中用类型（type）来定义参与者的私有信息。在不完全信息博弈中，每个参与者可能具有一种或多种类型。此时，类型的差异将对参与者的决策产生影响，这种影响本质是由信息不完全导致参与者期望支付发生变化造成的。因此，若某个参与者在两种类型下形成的最终支付在所有情况下均完全相同，则这两种类型对于该不完全信息决策来说无法也无需区分，可合并为一种类型。还有一类参与者，他知道自己属于某种特定的类型，而其他参与者只知道他是若干可能类型中的一种，但不能确切地知道是哪一种类型。这种情况称为该参与者具有私有信息，而所有参与者均知道的公共知识是：各个参与者的具体类型是该参与者的若干类型中的一种，且所有参与者知道其他参与者都知道这一信息。一般将参与者 i 的类型记为 $\theta_i \in \Theta_i$，其中 Θ_i 是参与者 i 所有可能的类型构成的集合。$\Theta = \prod_{i\in N} \Theta_i$ 是所有参与者的类型组合构成的空间，称为类型空间。其中任一类型组合记为 $\theta = (\theta_i, \theta_{-i})$，$\theta_{-i}$ 与 Θ_{-i} 分别表示除参与者 i 以外的所有参与者的类型构成的一个组合，以及由所有这种类型组合 θ_{-i} 构成的集合。

3. （联合）概率分布

为描述参与者对类型的公有信息，可假设参与者 i 的类型 $\{\theta_i\}_{i=1}^{n}$ 来自于一种类型上的联合概率分布 $p(\theta_1, \theta_2, \cdots, \theta_n)$，这种联合概率分布对所有参与者而言是公共知识。

4. 信念

信念（belief）是指各个参与者在公有信息 [联合概率分布 $p(\theta_1, \theta_2, \cdots, \theta_n)$] 的基础上形成对其他参与者实际类型概率的判断，即参与者 i 在知道自己类型为 θ_i 的情况下对

其他参与者类型的条件概率分布 $p_i(\theta_{-i}|\theta_i)$ 的推断。信念 $p_i(\theta_{-i}|\theta_i)$ 描述了参与者 i 对其他 $n-1$ 个参与者的不确定性的判断。

上述定义中，$p_i(\theta_{-i}|\theta_i)$ 表示条件概率，即在 θ_i 成立的条件下，θ_{-i} 成立的概率。它满足下述 Bayes 法则

$$p_i\left(\theta_{-i}|\theta_i\right)=\frac{p_i\left(\theta_{-i},\theta_i\right)}{p_i\left(\theta_i\right)}=\frac{p_i\left(\theta_{-i},\theta_i\right)}{\sum\limits_{\theta_{-i}\in\Theta_{-i}}p_i\left(\theta_{-i},\theta_i\right)} \tag{3-9}$$

下面以一个企业市场竞争实例说明信念的物理内涵。

例 3.14　两个企业在某种产品市场上竞争，他们清楚地知道自己的实力，但是彼此不清楚对方实力。显然，双方实力的不同会导致博弈局势和均衡解的改变。这种博弈可简化描述为双方均有两种类型，实力强与实力弱，可称其为“强”（s）类型与“弱”（w）类型。为给出这种博弈问题的数学描述，考察表 3.13所示的联合概率分布。

表 3.13　联合概率分布

		参与者 2	
		强（s）	弱（w）
参与者 1	强（s）	0.3	0.2
	弱（w）	0.1	0.4

根据上述联合概率分布，利用 Bayes 准则，每个参与者即可对其他参与者在不同情况下的类型进行概率推断。以参与者 1 为例，当他自身类型为强时，对于对手的类型可作出下述推断：

$$p_1(s|s)=\frac{0.3}{0.2+0.3}=0.6,\quad p_1(w|s)=\frac{0.2}{0.2+0.3}=0.4$$

即当自身类型为强时，对方类型也是强的概率是 0.6，而对方类型是弱的概率则为 0.4。同样，当参与者 1 类型为弱时，可作如下推断：

$$p_1(s|w)=\frac{0.1}{0.1+0.4}=0.2,\quad p_1(w|w)=\frac{0.4}{0.1+0.4}=0.8$$

5. 行动

$a_i\in A_i$ 代表参与者 i 可能的行动（action），A_i 是所有可能行动的集合，即行动集。

6. 策略

参与者 i 的策略（strategy）是一个从 Θ_i 到 S_i 的映射：$\phi_i:\Theta_i\rightarrow S_i$，该映射表示参与者 i 对每个可能的类型 $\theta_i\in\Theta_i$ 规定了一个策略 $s_i\in S_i$。一般来说，不完全信息博弈中，策略可以分为两类：一是分离策略（separating strategy），是指 Θ_i 中的每个类型 θ_i 从行动集合 A_i 中选择不同的行动 a_i；二是集中策略（pooling strategy），是指所有的类型均选择相同的行动。

7. 支付

若支付（payoff）函数、可能的类型及联合概率分布都是公共知识，则参与者 i 类型 θ_i 下的期望支付为

$$u_i\left(s_i, s_{-i}, \theta_i\right)=\sum_{\theta_{-i} \in \Theta_{-i}} p_i\left(\theta_{-i} | \theta_i\right) u_i\left(s_i, s_{-i}(\theta_{-i}), \theta_i, \theta_{-i}\right)$$

或

$$u_i\left(s_i, s_{-i}, \theta_i\right)=\int u_i\left(s_i, s_{-i}(\theta_{-i}), \theta_i, \theta_{-i}\right) \mathrm{d} P_i(\theta_{-i} | \theta_i)$$

定义 3.21 不完全信息静态博弈（静态 Bayes 博弈）可记为 $\Gamma=\langle N, S, \Theta, p, u\rangle$。

例 3.15 考察如表 3.14所示的不完全信息静态博弈实例。

表 3.14 不完全信息静态博弈

s-s		参与者 2(s)		s-w		参与者 2(w)	
		L	R			L	R
参与者 1 (s)	U	−4, −4	2,−2	参与者 1 (s)	U	−4, −4	1,0
	D	−2，2	0,0		D	−2，0	0,1
w-s		参与者 2(s)		w-w		参与者 2(w)	
		L	R			L	R
参与者 1 (w)	U	−4, −4	0,−2	参与者 1 (w)	U	−4, −4	0,0
	D	0，2	1,0		D	0，0	1,1

表 3.14中，参与者 1 和参与者 2 的类型为

$$\Theta_1=\Theta_2=\{s, w\}$$

行动集为

$$A_1=\{U, D\}(\theta_1=\{s, w\})$$

$$A_2=\{L, R\}(\theta_2=\{s, w\})$$

策略集为

$$S_1=\{(U, U),(U, D),(D, U),(D, D)\}$$

$$S_2=\{(L, L),(L, R),(R, L),(R, R)\}$$

信念为

$$p_1(s|s)=\frac{p_{ss}}{p_{ss}+p_{sw}}, \quad p_1(w|s)=\frac{p_{sw}}{p_{ss}+p_{sw}}$$

$$p_1(s|w)=\frac{p_{ws}}{p_{ws}+p_{ww}}, \quad p_1(w|w)=\frac{p_{ww}}{p_{ws}+p_{ww}}$$

$$p_2(s|s) = \frac{p_{ss}}{p_{ss} + p_{ws}}, \quad p_2(w|s) = \frac{p_{ws}}{p_{ss} + p_{ws}}$$
$$p_2(s|w) = \frac{p_{sw}}{p_{sw} + p_{ww}}, \quad p_2(w|w) = \frac{p_{ww}}{p_{sw} + p_{ww}}$$

参与者 1 在“s”类型下选择策略“U”的支付有 4 种情况，其中

$$u_1(U,(L,L),s) = u_1(U,L,s,s)p_1(s|s) + u_1(U,L,s,w)p_1(w|s) = \frac{-4p_{ss}}{p_{ss}+p_{sw}} + \frac{-4p_{sw}}{p_{ss}+p_{sw}}$$
$$u_1(U,(L,R),s) = u_1(U,L,s,s)p_1(s|s) + u_1(U,R,s,w)p_1(w|s) = \frac{-4p_{ss}}{p_{ss}+p_{sw}} + \frac{p_{sw}}{p_{ss}+p_{sw}}$$
$$u_1(U,(R,L),s) = u_1(U,R,s,s)p_1(s|s) + u_1(U,L,s,w)p_1(w|s) = \frac{2p_{ss}}{p_{ss}+p_{sw}} + \frac{-4p_{sw}}{p_{ss}+p_{sw}}$$
$$u_1(U,(R,R),s) = u_1(U,R,s,s)p_1(s|s) + u_1(U,R,s,w)p_1(w|s) = \frac{2p_{ss}}{p_{ss}+p_{sw}} + \frac{p_{sw}}{p_{ss}+p_{sw}}$$

同样可求得参与者 1 在“s”类型下策略“D”的支付，以及在“w”类型下策略“U”或“D”的支付。参与者 2 的支付计算也完全类似。假定例 3.15中的联合概率分布为

$$p_{ss} = 0.2, \quad p_{sw} = 0.3, \quad p_{ws} = 0.2, \quad p_{ww} = 0.3$$

则根据 Bayes 法则有下述相关推断：

$$p_1(s|s) = 0.4, \quad p_1(w|s) = 0.6, \quad p_1(s|w) = 0.4, \quad p_1(w|w) = 0.6$$

$$p_2(s|s) = 0.5, \quad p_2(w|s) = 0.5, \quad p_2(s|w) = 0.5, \quad p_2(w|w) = 0.5$$

综上所述，可以写出该博弈格局的矩阵表达式，如表 3.15所示。

表 3.15 静态不完全信息博弈的矩阵表示

(s,w)	(L,L)	(L,R)	(R,L)	(R,R)
(U,U)	$(-4,-4),(-4,-4)$	$(-0.4,-1.6),(-4,0)$	$(-1.6,-2.4),(-2,-4)$	$(2,0),(-2,0)$
(U,D)	$(-4,0),(-1,-2)$	$(-0.4,0.6),(-1,0.5)$	$(-1.6,0.4),(-1,-2)$	$(2,1),(-1,0.5)$
(D,U)	$(-2,-4),(-1,-2)$	$(-0.8,-1.6),(-1,0.5)$	$(-1.2,-2.4),(-1,-2)$	$(0,0),(-1,0.5)$
(D,D)	$(-2,0),(2,0)$	$(-0.8,0.6),(2,1)$	$(-1.2,0.4),(0,0)$	$(0,1),(0,1)$

观察该博弈矩阵，容易看出，参与者 1 的策略 (U，U) 是 (U，D) 的劣解，(D，U) 是 (D，D) 的劣解，因此可以剔除这两个策略。进一步，参与者 2 的策略 (L，L) 和 (R，L) 分别是 (L，R) 和 (R，R) 的劣解，故也可剔除。于是该矩阵可简化为表 3.16所示的形式。

表 3.16 静态不完全信息博弈剔除劣解后的格局

(s,w)	(L,R)	(R,R)
(U,D)	(−0.4, 0.6), (−1, 0.5)	(2, 1), (−1, 0.5)
(D, D)	(−0.8, 0.6), (2, 1)	(0, 1), (0, 1)

由表 3.16可知，参与者 1 的策略 D 被 U 优超，而对于参与者 1 的行动 (U,D)，参与者 2 采取不同行动获得的支付相同，故该博弈问题存在两个纯策略均衡解：$((U,D)$, $(L,R))$ 及 $((U,D)$, $(R,R))$。由此例可以看出，当信息不完全时，参与者只要知道其他参与者的类型及相关的联合分布概率，即可求取各种类型及各策略下的支付，进而可以求解博弈问题。但还有一个问题尚未得到解答：参与者的类型以及相关的联合分布概率如何得到？为此，Harsanyi 在 1967—1968 年提出了一个解决方案，即 Harsanyi 转换[9-11]，其主要思想是引入“大自然”作为一个虚拟的博弈者参与博弈，在原来的参与者行动之前先行决策，从而确定每个参与者的类型及类型上的联合概率分布，其决策过程简述如下。

第 0 阶段 大自然在博弈各方的类型空间中设定一个类型向量

$$\theta = (\theta_1, \theta_2, \cdots, \theta_n), \quad \theta_i \in \Theta_i$$

进一步，将（先验的）联合概率分布 $p(\theta)$ 赋予此类型向量，并假定类型向量 θ 和联合概率分布 $p(\theta)$ 均为公共知识。

第 1 阶段 大自然告知各参与者 i 自身的类型 θ_i，但是不会告知其他参与者的类型 θ_{-i}。

第 2 阶段 各参与者根据 Bayes 准则对其他参与者的类型进行推断，据此制定自身的最佳策略 s_i，并同时行动，最终得到各自的支付 $u_i(s_i, s_{-i}, \theta_i, \theta_{-i})$。

由上述决策过程可知，Harsanyi 转换将一个信息不完全的静态博弈过程转换为一个两阶段的博弈过程。在此过程中，关于支付的信息是完整的，因此是完全信息博弈，但是由于参与者 i 并不知道“大自然”给其他参与者分配何种类型，因此他对于博弈过程中之前的行动并不完全清楚，这种信息的不完整性称为“非完美信息”（imperfect information）。因此，通过 Harsanyi 转换，原来的不完全信息博弈转变为完全非完美信息博弈。当然，转换后的博弈问题严格来说是一个两阶段动态博弈问题，而非原来的静态博弈问题，对此类博弈，将在第 4 章深入讨论。此外，还需强调的是，公共知识在非完全信息静态博弈中所起作用非常重要。由 Harsanyi 转换过程可知，需要假定所有参与者都知晓大自然在选择参与者类型时所采用的（联合）概率分布，并且所有参与者都认为其他参与者知晓这一信息。这使得后续的博弈过程中，各参与者可以对其他参与者可能的行动进行推测。

3.3.4 Bayes-Nash 均衡

与完全信息静态博弈的均衡概念类似，不完全信息静态博弈也需要探讨其均衡概念。不完全信息下，静态博弈均衡又称 Bayes-Nash 均衡，其核心思想仍然是要求每个参与者的策略必须是对其他参与者策略的最佳反应。换言之，Bayes-Nash 均衡即为不完全信息静态博弈（静态 Bayes 博弈）的 Nash 均衡。

定义 3.22（Bayes-Nash 均衡） 考察一类静态 Bayes 博弈问题

$$\Gamma = \langle N, S, \Theta, p, u \rangle$$

称策略组合 $(\phi_i^*(\theta_i), \phi_{-i}^*, \theta_i)$ 为一个 Bayes-Nash 均衡，若

$$E[u_i(\phi_i^*(\theta_i), \phi_{-i}^*; \theta_i)] \geqslant E[u_i(s_i, \phi_{-i}^*; \theta_i)], \quad \forall i \in N, \forall s_i \in S_i, \forall \theta_i \in \Theta_i$$

其中，$E[u_i]$ 为参与者 i 的期望效用。

若采用 Bayes 博弈中期望效用表达式，则可给出 Bayes-Nash 均衡的下述等价定义。

定义 3.23（Bayes-Nash 均衡）　考察一类静态 Bayes 博弈问题

$$\Gamma = \langle N, S, \Theta, p, u \rangle$$

若

$$\phi_i^*(\theta_i) \in \arg\max_{s_i \in S_i} \sum_{\theta_{-i} \in \Theta_{-i}} p(\theta_{-i}|\theta_i) u_i(s_i, \phi_{-i}^*(\theta_{-i}), \theta_i, \theta_{-i}), \quad \forall \theta_i \in \Theta_i, \forall i \in N$$

则称策略组合 $\phi^* = (\phi_i^*, \phi_{-i}^*)$ 为（纯策略）Bayes-Nash 均衡。

需要说明的是，Bayes-Nash 均衡中，参与者 i 的纯策略空间是从 Θ_i 到 S_i 的映射的集合。类似地，还有混合策略 Bayes 均衡的定义。关于 Bayes-Nash 均衡的存在性，有如下两个定理。

定理 3.14　对于任何一个有限不完全信息静态博弈（或 Bayes 博弈)，至少存在一个混合策略 Bayes-Nash 均衡。

这里，所谓有限是指参与者 N 有限，策略空间 S_i 有限，类型 Θ_i 有限。定理 3.14的证明与完全信息下有限静态博弈均衡存在性证明类似。感兴趣的读者可尝试自行证明。

很多情况下，不完全信息静态博弈会涉及连续策略和连续类型，此时有如下定理。

定理 3.15　对于一个具有连续策略空间和连续类型的静态 Bayes 博弈，若策略集和类型集均是紧集，支付函数为连续凸函数，则纯策略的 Bayes-Nash 均衡必定存在。

3.3.5　不完全信息静态博弈的典型应用——拍卖

静态 Bayes 博弈的一个主要应用就是拍卖，这是在拍卖参与者之间分配具有不同估值商品的常用方法。由于不同潜在买家对商品的估值是未知的，故拍卖显然属于不完全信息博弈范畴。一般来说，拍卖均以利润最大化为目的，也就是将拍卖的物品以尽可能高的价格卖出。以下给出一个典型拍卖模型的博弈分析。

设有一个待售物品和 n 个竞标者。竞标者 i 对该物品的估价为 v_i，其愿意支付的价格为 b_i，该竞标者的效用为 $v_i - b_i$；假设每个竞标者 i 对该物品的估价 v_i 在区间 $[0, \bar{v}]$ 上独立同分布，累积分布函数为 F，连续概率密度函数为 f；竞标者 i 知道自己对该商品估价 v_i，但对其他竞标者的估价需要通过 F 来推断。换言之，在此拍卖模型中，除了各买家对商品的真实估价外，其余信息皆为公共知识。竞标者的目标是最大化自己的期望效用，这是其理性所在。因此，上述拍卖模型实质上可归结为一类 Bayes 博弈，参与者（竞标者）的类型是他们各自对待售物品的估价，参与者的纯策略为报价，该报价是估价区间到正实数区间的一个映射，即

$$\phi : [0, \bar{v}] \to \mathbb{R}_+$$

下面探讨第一价格拍卖（first price auction）。在此拍卖中，所有竞标者同时出价，出价最高者获得商品，并且支付其所报价格，这是一种静态 Bayes 博弈。假设各竞标者 i 对该物品的估价为 v_i，其报价为 b_i，则相应的支付为

$$u_i(b_i, b_{-i}, v_i, v_{-i}) = \begin{cases} v_i - b_i, & b_i > \max_{j \neq i} b_j \\ 0, & b_i < \max_{j \neq i} b_j \end{cases}$$

若有两个竞标者出价相同，即 $b_i = b_j$ 时，则可通过掷硬币决定谁将获得拍卖品，这种情况下的收益是期望收益。不过上述规则实用性较低，因为在报价服从连续分布的情况下，出现相同报价的概率为 0。

为方便求解上述拍卖问题的 Nash 均衡，首先对若干必要的符号和假设给出说明：由于所有的竞标者是对等的，故其均衡策略对称，为了分析方便，进一步假设均衡策略是可微的，且竞标者 i 选择的策略 $\phi: [0, \bar{v}] \to \mathbb{R}_+$ 是单调增可微函数。假定竞标者 i 采用竞标策略 ϕ，当其估价为 v_i 时，出价为 b_i，即 $\phi(v_i) = b_i$。以下简要分析竞标的博弈过程。

显见，若一个竞标者对商品的估价为 0，他必定不会报出正的价格，即 $\phi(0) = 0$。对于竞标者 i 来说，只要有

$$\max_{j \neq i} \phi(v_j) < b_i$$

则竞标者 i 就会获胜并赢得商品。由于 ϕ 是单调增的，故有

$$\max_{j \neq i} \phi(v_j) = \phi(\max_{j \neq i}(v_j)) = \phi(v_r)$$

其中，$v_r = \max\limits_{j \neq i}(v_j)$，此式意味着竞标者 i 在 $v_r < \phi^{-1}(b_i)$ 时即可获胜。

为最大化自身期望收益，其最优报价 b_i 应满足

$$b_i = \arg\max_{b \geqslant 0}\{P(\phi^{-1}(b))(v_i - b)\} \tag{3-10}$$

其中，$P(v_i)$ 表示竞标者 i 报价为 b_i 时赢得商品的概率，即

$$P(v_i) = \Pr(\phi(v_r) < b_i)$$

或等价地

$$P(v_i) = \Pr(v_r < v_i)$$

为分析方便，假定 $p(\cdot) = P'(\cdot)$ 是其概率密度函数。注意式（3-10）实际上是竞价者 i 的最佳反应。根据式 (3-10) 的一阶最优条件可得

$$p(\phi^{-1}(b_i))(\phi^{-1}(b_i))'(v_i - b_i) - P(\phi^{-1}(b_i)) = 0 \tag{3-11}$$

由于

$$\phi(\phi^{-1}(b_i)) = b_i$$

上式两边对 b_i 求导得

$$\phi'(\phi^{-1}(b_i))(\phi^{-1}(b_i))' = 1$$

由于 ϕ 单调增，因此

$$(\phi^{-1}(b_i))' \neq 0$$

从而有

$$(\phi^{-1}(b_i))' = 1/\phi'(\phi^{-1}(b_i))$$

则式 (3-11) 可转化为

$$\frac{p(\phi^{-1}(b_i))}{\phi'(\phi^{-1}(b_i))}(v_i - b_i) - P(\phi^{-1}(b_i)) = 0 \tag{3-12}$$

当然，若要保证 b_i 是最优解，还应检验最优解是否满足二阶充分条件。

假设 $b_i = \phi(v_i)$ 是优化问题（3-10）的解，则由式（3-12）得

$$p(v_i)(v_i - b_i) - P(v_i)\phi'(v_i) = 0$$

因此

$$\frac{\mathrm{d}}{\mathrm{d}v_i}(P(v_i)\phi(v_i)) = P(v_i)\phi'(v_i) + p(v_i)\phi(v_i) = v_i p(v_i)$$

其边界条件为 $\phi(0) = 0$。

两边对 v_i 积分有

$$P(v_i)\phi(v_i) = \int_0^{v_i} xp(x)\mathrm{d}x$$

即

$$\phi(v_i) = \frac{1}{P(v_i)}\int_0^{v_i} xp(x)\mathrm{d}x$$

注意到

$$P(v_i) = \Pr(v_r < v_i)$$

故有

$$\phi(v_i) = E[v|v < v_i] \tag{3-13}$$

式 (3-13) 即为竞标者 i 的最优竞标策略。由于 i 是任意的，故 $\phi(v_i)$ 即为该博弈的 Nash 均衡。特别地，假设所有竞标者的估值服从 [0,1] 均匀分布，即竞标者 i 估值的累积概率分布为

$$P(v_i) = v_i^{n-1}$$

其概率密度函数为

$$p(v_i) = (n-1)v_i^{n-2}$$

由式 (3-13) 可得

$$\phi(v_i) = \frac{1}{P(v_i)} \int_0^{v_i} xp(x)\mathrm{d}x = \frac{1}{v_i^{n-1}} \int_0^{v_i} x(n-1)x^{n-2}\mathrm{d}x = \frac{n-1}{n}v_i$$

因此，竞标者的最佳竞标策略为

$$\phi^*(v) = \frac{n-1}{n}v$$

上式表明，当参与竞拍的人数足够多时，按第一价格拍卖竞标者可以实现按估价出价。

3.3.6 混合策略的再认识

在博弈均衡处，任意一个参与者的策略选择应该是对其他参与者策略的最佳反应，但最佳反应策略可能并不唯一。在混合策略均衡中，若对手采取所指定的混合策略，则参与者采用混合策略中任意一个正概率的策略都将获得同样的支付，因为这些策略都是其他参与者策略的最佳反应，或者说，都是理性反应。因此，参与者可直接在支撑集中任选一个策略执行，而不必通过随机机制确定自己所采用的策略；同理，其他参与者也不需要采用随机机制来应对该参与者。既如此，采用混合策略的意义又何在呢？这正是混合策略受到质疑的重要原因。

Harsanyi 利用 Bayes 博弈理论对混合策略的意义做了重新解释[14]。他认为，混合策略均衡可以被视为微小扰动形成的不完全信息博弈的纯策略 Bayes-Nash 均衡的极限。事实上，从上述讨论可以看出，在 Bayes 博弈中，参与者在确定策略时需要考虑对手类型的概率分布，这类似于与采用混合策略的参与者进行博弈。下面通过一个例子予以说明。

例 3.16（性别战博弈） 有一对夫妇度周末，丈夫李雷想去看拳击，妻子韩梅梅想去看歌剧，但他们都想待在一起而不是分开各做各的。如果他们不相互商量，会如何度过周末呢？上述性别战博弈的收益矩阵可以用表 3.17表示。

表 3.17 完全信息性别战博弈

		李雷	
		歌剧	拳击
韩梅梅	歌剧	2,1	0,0
	拳击	0,0	1,2

从表 3.17中可以看出，此博弈局势有两个纯策略均衡，分别为

$$s_1^* = (\text{歌剧}, \text{歌剧}), \quad s_2^* = (\text{拳击}, \text{拳击})$$

此外，还存在一个混合策略均衡

$$p^* = (p_1^*, p_2^*)$$

其中

$$p_1^* = \left\{\frac{2}{3}, \frac{1}{3}\right\}, \quad p_2^* = \left\{\frac{1}{3}, \frac{2}{3}\right\}$$

表 3.17 所示的收益矩阵表明，两人对对方听歌剧或者看拳击比赛的效用是完全清楚的，因而该博弈是一个完全信息静态博弈。现在对博弈的设定稍作改变，假设两人还不完全了解对方参加不同活动的效用。特别地，假设两人都去听歌剧，韩梅梅的效用为 $(2+t_{\rm c})$，这里的 $t_{\rm c}$ 可视为韩梅梅的私有信息，李雷并不清楚。类似地，若两人都去看拳击，李雷的效用变为 $(2+t_{\rm p})$，这里 $t_{\rm p}$ 是李雷的私有信息，韩梅梅并不知道。不妨假定 $t_{\rm c}$ 和 $t_{\rm p}$ 相互独立，且在 $[0,x]$ 上均匀分布。此处，x 是一个很小的常数，$t_{\rm c}$ 和 $t_{\rm p}$ 可看成是博弈中的随机扰动。以上都是公共知识。由于韩梅梅和李雷都不完全清楚对方的效用，因此，原博弈转变为一个不完全信息静态博弈，收益矩阵如表 3.18所示。

表 3.18 不完全信息性别战博弈

		李雷	
		歌剧	拳击
韩梅梅	歌剧	$2+t_{\rm c},1$	$0,0$
	拳击	$0,0$	$1,2+t_{\rm p}$

此时，双方的策略空间分别为

$$A_{\rm c} = A_{\rm p} = \{\text{歌剧，拳击}\}$$

相应地，类型空间为

$$\Theta_{\rm c} = \Theta_{\rm p} = [0,x]$$

设想韩梅梅在 $t_{\rm c}$ 达到或超过某个临界值 $c \in [0,x]$ 时选择歌剧，否则选择拳击。即韩梅梅的纯策略为

$$s_{\rm c}(t_{\rm c}) = \begin{cases} \text{歌剧}, & t_{\rm c} > c \\ \text{拳击}, & t_{\rm c} < c \end{cases}$$

类似地，李雷在 $t_{\rm p}$ 达到或超过某个临界值 $d \in [0,x]$ 时选择拳击，否则选择歌剧，即李雷的纯策略为

$$s_{\rm p}(t_{\rm p}) = \begin{cases} \text{拳击}, & t_{\rm p} > d \\ \text{歌剧}, & t_{\rm p} < d \end{cases}$$

由于 $t_{\rm c}$ 在 $[0,x]$ 上均匀分布，对于韩梅梅来说，有

$$P(t_{\rm c} < c) = \frac{c}{x}, \quad P(t_{\rm c} \geqslant c) = \frac{x-c}{x}$$

同样，对于李雷来说，有

$$P(t_{\rm p} < d) = \frac{d}{x}, \quad P(t_{\rm p} \geqslant d) = \frac{x-d}{x}$$

因此，上述博弈等价于韩梅梅以 $(x-c)/x$ 的概率选择歌剧，以 c/x 的概率选择拳击；而李雷以 $(x-d)/x$ 的概率选择拳击，以 d/x 的概率选择歌剧。

假设李雷的策略已经给定，则韩梅梅选择歌剧的期望收益为

$$\frac{d}{x}(2+t_{\mathrm{c}})+\frac{x-d}{x}\cdot 0=\frac{d}{x}(2+t_{\mathrm{c}})$$

而她选择拳击的期望收益为

$$\frac{d}{x}\cdot 0+\frac{x-d}{x}\cdot 1=1-\frac{d}{x}$$

为最大化期望效用，当

$$\frac{d}{x}(2+t_{\mathrm{c}})\geqslant 1-\frac{d}{x}$$

即 $t_{\mathrm{c}}\geqslant x/d-3$ 时，韩梅梅选择歌剧是最优的。因此韩梅梅决策的临界值为

$$c=\frac{x}{d}-3$$

类似地，给定韩梅梅的策略，李雷选择歌剧或者拳击的期望收益分别为 $1-c/x$ 和 $c(2+t_{\mathrm{p}})/x$。因此，当

$$\frac{c}{x}(2+t_{\mathrm{p}})\geqslant 1-\frac{c}{x}$$

成立时，李雷选择拳击是最优的。于是可得李雷决策的临界值为

$$d=\frac{x}{c}-3$$

联立求解，可得 c、d 表达式为

$$c=d=-\frac{3}{2}\pm\frac{\sqrt{9+4x}}{2}$$

由于 $c,d\in[0,x]$，则上述的二次方程的负解应舍去，于是可以得到不完全信息条件下性别战博弈的 Bayes-Nash 均衡。此时，韩梅梅选择歌剧的概率及李雷选择拳击的概率均为

$$\bar{p}=\frac{x-c}{x}=\frac{x-d}{x}=1-\frac{\sqrt{9+4x}-3}{2x}$$

当 $x\to 0$ 时，有 $\bar{p}\to 2/3$，此时的不完全信息博弈问题转化为完全信息静态博弈，参与者在不完全信息博弈中的 Bayes-Nash 均衡下选择行动的概率趋于原来完全信息博弈的混合策略 Nash 均衡，即

$$p^*=\left(\left\{\frac{2}{3},\frac{1}{3}\right\},\left\{\frac{1}{3},\frac{2}{3}\right\}\right)$$

Harsanyi 在文献 [9-11] 中证明，给定一个标准型博弈 $\Gamma=\langle N,S,u\rangle$ 及其摄动博弈 $\Gamma(\varepsilon)$（该博弈为一静态 Bayes 博弈），则 Γ 的任何 Nash 均衡均为 $\Gamma(\varepsilon)$ 在 $\varepsilon\to 0$ 时的纯策略均衡序列的一个极限，这意味着，当支付中的随机扰动逐步减小时，标准型博弈 Γ 的几乎任一混合策略均衡都是其摄动博弈 $\Gamma(\varepsilon)$ 的纯策略均衡的一个极限。

参考文献

[1] GIBBONS R. Game Theory for Applied Economists[M]. Priceton：Princeton University Press, 1992.

[2] FUDENBERG D，TIROLE J. Game Theory[M]. Cambridge：MIT Press, 1991.

[3] 黄涛. 博弈论教程 [M]. 北京：首都经济贸易大学出版社, 2004.

[4] 罗云峰. 博弈论教程 [M]. 北京：北京交通大学出版社, 2007.

[5] 范如国. 博弈论 [M]. 武汉：武汉大学出版社, 2011.

[6] 拉斯穆森. 博弈与信息——博弈论概要 (第四版)[M]. 韩松, 译. 北京：中国人民大学出版社, 2009.

[7] 谢识予. 经济博弈论 [M]. 2 版. 上海：复旦大学出版社, 2002.

[8] 麦卡蒂，梅罗威茨. 政治博弈论 [M]. 孙经纬，高晓晖, 译. 上海：上海人民出版社, 2009.

[9] HARSANYI J. Games with incomplete information played by “Bayesian” players part i. the basic model[J]. Management Science, 1967, 14(3):159–182.

[10] HARSANYI J. Games with incomplete information played by “Bayesian” players part ii. Bayesian equilibrium points[J]. Management Science, 1968, 14(5):320–334.

[11] HARSANYI J. Games with incomplete information played by “Bayesian” players part iii. the basic probability distribution of the game[J]. Management Science, 1968, 14(7):486–502.

[12] MORGENSTERN O，NEUMANN J V. Theory of games and economic behavior[M]. Princeton：Princeton University Press, 1953.

[13] MONDERER D，SHAPLEY L. Potential games[J]. Games and economic behavior, 1996, 14: 124–143.

[14] HARSANYI J. Games with randomly disturbed payoffs: A new rationale for mixed-strategy equilibrium points[J]. International Journal of Game Theory, 1973, 2(1):1–23.

第4章　一般动态博弈

第 3 章介绍的静态博弈格局中，各参与者同时决策或行动。但在实际工程设计中，许多决策或行动具有先后顺序，需要依次决策，后动方可对先动方的决策进行观察，且其决策受到先动方的影响，可根据当前所掌握的所有信息选择自己的最优策略。这类博弈称为“动态博弈”或“序贯博弈”，生活中的典型例子是下棋或打牌。由于双方相继行动，每个参与者的决策都是决策前所获信息的函数，这与静态博弈有显著区别。本章介绍与行动顺序相关的动态博弈问题。感兴趣的读者可进一步参考文献 [1-10]。本章所述定义、命题及定理如无特殊说明均引自文献 [1]。

4.1　完全信息动态博弈

在正式引入动态博弈之前，先介绍双寡头市场的 Stackelberg 博弈模型，说明决策顺序对博弈结果的影响。

4.1.1　Stackelberg 博弈

例 4.1　发电商的发电量竞争问题——Stackelberg 模型。

两家发电商在同一市场中竞争，参与者 i 的策略空间为发电量 $q_i \in [0, +\infty)$，其收益为收入减去总成本，即

$$u_1(q_1, q_2) = q_1 P(Q) - cq_1$$

$$u_2(q_1, q_2) = q_2 P(Q) - cq_2$$

参数含义同例 3.8。与例 3.8 不同，此处假设发电商 1 先行动，然后发电商 2 再行动。此时，该博弈的均衡将会如何变化？

在例 3.8 中，两家发电公司在行动前互相不了解对方的行动，仅能猜测，且必须同时行动。本例中，规定了行动的先后顺序，在本质上改变了博弈的格局，即静态博弈变为动态博弈，我们称之为 Stackelberg 博弈。由于发电商 1 有先行动的权利，具有主导性，发电商 2 只能依据对发电商 1 行动的观察确定自己的最佳策略，具有随从性，因此 Stackelberg 博弈又称主从博弈。

上述模型中，博弈分成了两个阶段，因此，需要对这两个阶段分别进行分析，这里采用逆推法。首先分析第二阶段的博弈格局。假定发电商 2 观察到发电商 1 给出的发电量决策是 q_1^*，则易得发电商 2 的最佳响应为

$$q_2^* = \frac{a - q_1^* - c}{2} \tag{4-1}$$

接下来分析第一阶段，即发电商 1 的决策过程。由于发电商 1 对发电商 2 的策略和收益函数很清楚，根据理性原则，他必定会根据发电商 2 的最佳响应来决定自己的最佳发电量，即在已知 q_2^* 的情况下最大化自己的收益。因此，发电商 1 将求解如下优化问题：

$$\max\ q_1(a - (q_1 + q_2^*) - c) \tag{4-2}$$

考虑到发电商 2 的最佳反应函数，式 (4-2) 可写为

$$\max\ q_1\left(a - \left(q_1 + \frac{1}{2}(a - q_1 - c)\right) - c\right) \tag{4-3}$$

由一阶最优条件可解得发电商 1 的最佳发电量为

$$q_1^* = \frac{a - c}{2}$$

因此，发电商 2 的最佳发电量为

$$q_2^* = \frac{a - c}{4}$$

此时总发电量为

$$Q^* = q_1^* + q_2^* = \frac{3(a - c)}{4}$$

二者的收益分别为

$$u_1^* = \frac{(a - c)^2}{8}$$

$$u_2^* = \frac{(a - c)^2}{16}$$

由上述分析可得以下结论。

（1）行动顺序会影响博弈均衡点。与 Cournot 模型相比，例 4.1中先行动的发电商收益提高，而后行动的发电商收益降低。这一事实表明，行动顺序的确影响参与者的决策及最后博弈的结局。

（2）信息结构会影响博弈。例 4.1中，后行动的发电商掌握的信息有所增加，它在行动前先获知了发电商 1 的行动。但需要注意的是，信息的增加并不一定都是有利的。若发电商 1 先行动，而发电商 2 无法获知该行动，则该博弈等价于同时决策的静态博弈，

发电商 2 反而会因为缺乏信息而获利。因此，发电商 1 在行动时，应选择将此信息公开发布，此时，发电商 2 将会由于获得更多的信息而导致收益降低。

（3）博弈中存在不可信的均衡。由例 3.8 可知，尽管 Cournot 均衡也是一个博弈均衡解，但发电商 2 似乎有下面一种方案：不论所获得的发电商 1 的决策信息如何，坚持威胁发电商 1 要以 Cournot 模型下的均衡解作为自己的策略，迫使发电商 1 仍回到 Cournot 模型下的均衡解，从而增加自己的收益。这样做看似有理，因为均衡的意义是“最佳反应的最佳反应”，博弈双方必须要根据对方的策略制定自身的策略，而发电商 2 的威胁正是基于一个均衡提出的。但问题是，这一威胁是可信的吗？事实上，如果此时发电商 2 真的单方面修改他的策略，其收益会从 $(a-c)^2/16$ 下降为 $(a-c)^2/18$。换言之，发电商 2 单方面修改策略会导致其收益进一步受损。因此，若发电商 2 是理性的，则会认识到发电商 1 不会相信其威胁。这一事实表明，博弈中有很多均衡可能并不可靠，这也可以解释为什么有一些均衡在实际博弈中很少能被使用甚至被观察到。因此，必须采取某种方法剔除这些不可靠的均衡，而这也是动态博弈研究的重要内容。

由例 4.1可以看出，3.1.1 节中介绍过的标准型博弈并不能刻画博弈中的行动顺序和信息结构这两个特点，因此，需要引入另外一种形式的博弈，即扩展式博弈。

4.1.2 扩展式博弈

扩展式博弈主要研究多个参与者进行顺序决策的博弈问题，具有以下 4 个特征。

（1）多个阶段，这意味着参与者的行动会存在先后顺序的问题。

（2）在每个阶段中，参与者可能先后行动，也可能同时行动。先后行动一般对应完美信息的博弈问题，而同时行动一般对应非完美信息的博弈问题。所谓完美信息，是指参与者在决策时知晓对手之前的行动。在同时行动的情况下，参与者无法了解本次博弈中对手采取什么行动，因此信息是非完美的。

（3）每个参与者知晓其对手之前每个阶段的所有支付，即具备完全信息。

（4）参与者在做决策时，依据的是整个行动序列的收益，而不是单次行动的收益。

标准型博弈一般采用支付矩阵来描述，扩展式博弈一般采用博弈树来描述。下面再看一个例子。

例 4.2 市场进入博弈问题。

有 A、B 两家可再生能源发电公司，其中，公司 B 在某个地区已经成为垄断者，公司 A 现在要决定进入或不进入该地区建设电厂，公司 B 则要决定是否采取行动阻止公司 A，此时，公司 A 的策略集为 {进入，不进入}，公司 B 的策略集为 {接纳，阻止}，分别记为 {In，Out} 和 {A，F}，二者形成的博弈格局如表 4.1所示。

利用划线法容易发现，该博弈存在两个均衡：（In，A）及（Out，F)。

注意，上述博弈隐含着对行动顺序的描述，即若公司 A 有行动，公司 B 才会采取相应的行动。显然，采用支付矩阵表示的标准型博弈无法体现出博弈者的行动顺序。为此，本章采用分支图来表示上述博弈格局，称为博弈树（game tree）。下面以上述市场进入博弈问题为例，简要介绍博弈树的基本概念和构成。

表 4.1　市场进入博弈

		公司 B	
		A	F
公司 A	In	$\underline{2}, \underline{1}$	0, 0
	Out	1, 2	$\underline{1}, \underline{2}$

如图 4.1所示，首先画出一点 x_1 作为整个博弈树的根节点（root node），意味着博弈过程从此处开始。在根节点 x_1 处标出公司 A，意味着该节点处由公司 A 行动。由于公司 A 有两种可能的行动 In 或 Out，因此，从根节点 x_1 处引出两条边（branch）$\overline{x_1x_2}$ 以及 $\overline{x_1x_3}$，并分别标上“In”和“Out”，表示公司 A 决策可能导致的两种不同博弈路径。沿此两条边，分别到达新的决策节点（decision node）x_2 和 x_3。接着公司 B 行动，因此在节点 x_2 和 x_3 处标出公司 B，此时，公司 B 有两种可能的行动 A 和 F，共可形成 4 条路径分别到达 $x_4 \sim x_7$，即博弈的终节点（terminal node）。每个终节点对应一条决策路径，如 x_4 对应着路径 $x_1 \to x_2 \to x_4$，同时对应着该决策路径下双方的支付（2, 1），将这些支付写在对应的终节点下，最终即可得到整个博弈格局的博弈树。

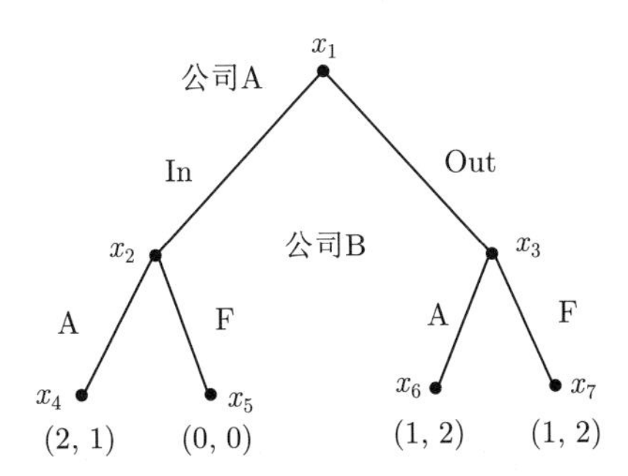

图 4.1　市场进入博弈问题的博弈树

注意到在终节点 x_6、x_7 处，二者的支付相同，因此，该树枝可以被修剪以简化博弈。剪枝后的博弈树变为如图 4.2所示。

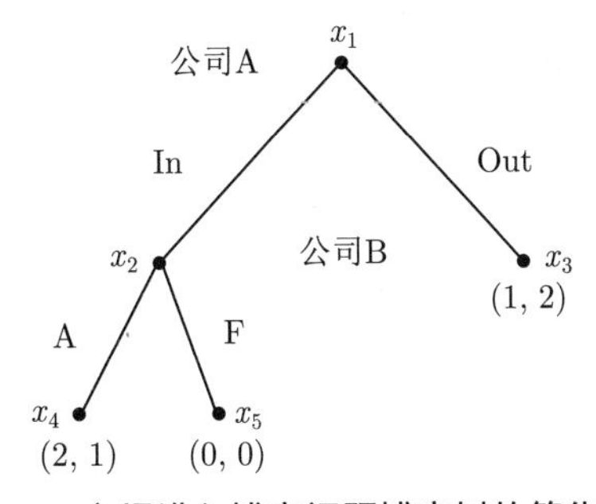

图 4.2　市场进入博弈问题博弈树的简化表示

由例 4.2可以看出，博弈树实质上是一个树枝图，其任意一个子节点只有一个父节点，如此既可保证博弈过程中不会出现循环（闭合路径），也不会出现一个博弈结果由多种博弈过程导出（多条分支指向同一个节点）的情况。

为了深入研究扩展式博弈的理论，先要给出其定义。一般来说，描述一个扩展式博弈主要包括以下 5 个要素。

（1）参与者的集合。

（2）参与者的行动顺序，即何时采取了何种行动，在动态博弈中一般用“历史”（history）来描述。

（3）参与者的策略集合，即每次行动的可选策略。

（4）信息集，即参与者开始行动时所知道的关于对方行动的所有信息。

（5）参与者的支付函数。

由上述要素可以发现，与标准型博弈相比，动态博弈有两个显著的不同：一是标准型博弈中策略与行动可以不加区分，但在动态博弈中则需要区分，严格地讲，策略是各种情景下行动的详尽计划；二是动态博弈中出现了行动顺序和信息集两个新要素。在动态博弈过程中，每个参与者的一次决策称为一个阶段。当一个阶段中有多个参与者同时决策时，这些决策者的同时决策也构成一个阶段。

以下对这些基本要素进行简要介绍。

1. 参与者

参与者与标准型博弈一致，$i \in N$。

2. 历史

动态博弈中，若记 a_i^k 为第 i 个参与者在第 k 阶段的行动，则可考虑如下有限或无限的参与者行动序列组成的集合。

$h^0 = \varnothing$：初始行动历史，此时无任何行动发生。

$a^0 = \left(a_1^0, a_2^0 \cdots, a_n^0\right)$：阶段 0 的行动组合。

$h^1 = a^0$：阶段 0 结束后的行动历史。

$\vdots$

$h^{k+1} = \left(a^0, a^1, \cdots, a^k\right)$ 阶段 k 结束后的行动历史。

注意，以上过程仅考虑一种博弈行动的发展过程（仅对应某一个终节点），而动态博弈需要考虑的是所有可能的行动发展过程，因此引入另一个集合序列 $H^k = \left\{h^k\right\}$，用其表示在第 k 阶段所有可能的行动历史。显然，若某个动态博弈的阶段是有限的，如共有 K 个阶段，则 H^{K+1} 即为所有可能终节点的行动历史。进一步，令

$$H = \bigcup_{k=0}^{K+1} H^k$$

则 H 表示有限阶段动态博弈的所有可能的行动历史集。

3. 纯策略

动态博弈中，第 i 个参与者在第 k 阶段的纯策略（pure strategy）是对所有可能行动历史 $H^k=\left\{h^k\right\}$ 的详尽应对方案。一般地，参与者 i 在第 k 阶段的策略集可表示为

$$S_i\left(H^k\right)=\bigcup_{h^k\in H^k}S_i\left(h^k\right)$$

因此，参与者 i 在第 k 阶段的一个纯策略，实际上是在该阶段从之前行动历史到下一步可能行动的一个映射，即

$$s_i^k:H^k\rightarrow S_i\left(H^k\right)$$

使得

$$s_i^k\left(h^k\right)\in S_i\left(h^k\right)$$

进而，参与者 i 的纯策略可定义为

$$s_i=\{s_i^k\}_{k=0}^K$$

即该参与者在每个阶段根据所有可能的行动历史信息所选取的可能行动方案，由此可知有下述关系：

$$a^k=s^k(h^k),\quad k\geqslant 0$$

上述序列给出了策略组合的动态发展路径。

4. 支付

动态博弈中，参与者 i 的支付定义为行动历史集上的一个实值映射

$$u_i:\ H^{K+1}\rightarrow\mathbb{R}$$

或等价地，支付 $u_i(s)$ 定义了一个策略空间 $S=\bigcup_{i,k}S_i^k\left(H^k\right)$ 上的实值函数。

为了帮助理解上述关于行动历史和策略的定义，我们仍以例 4.2为例进行分析。在此例中，参与者为公司 A 和公司 B。

第 1 阶段　公司 A 行动之前的行动历史为空集，而它有两个可能的行动选择 {In, Out}，因此有

$$H^0=\varnothing$$

相应地该阶段策略集为

$$S_1=\{\text{In},\text{Out}\}$$

第 2 阶段 对公司 B 来说，公司 A 可能的行动历史可能为 {In}，也可能为 {Out}，因此他所了解到的行动历史集应为

$$H^1 = \{\{\text{In}\}, \{\text{Out}\}\}$$

公司 B 的可能行动集合是 {A, F}，他需要根据这些可能的行动历史选择自己的行动，因此策略集应为

$$S_2 = \{\text{AA, AF, FA, FF}\}$$

其中，AA 表示不论公司 A 的行动为 In 还是 Out，公司 B 都执行行动 A；AF 表示公司 A 的行动为 In 时，公司 B 执行行动 A，而当公司 A 的行动为 Out 时，公司 B 执行行动 F，FA 和 FF 可依此类推。

值得注意的是，策略描述的是各种情景下行动的详尽计划，这中间也包括看起来不可能的情景。上述过程中，若策略组合为 $s = (\text{In, AF})$，由于公司 A 已经做出行动 In，则公司 B 的策略 AF 中的 F 看来是不需要的，因此实际上该策略下的博弈结果应为（In，A）。同理，若策略组合为 $s = (\text{Out, AF})$，则博弈结果应为（Out，F）。但是，参与者从自己掌握的行动历史信息中，未必可以准确知晓对手的行动历史，而参与者的策略应该是对对手所有策略下的应对措施，因此，上述写法是有必要的。

由例 4.2 注意到，公司 B 在制定其行动策略时，需要考虑行动前所掌握的所有关于之前行动的历史信息。这意味着，对信息的了解程度会影响博弈的进程与结果。对此，需要引入一个专门的概念来描述信息的结构。

5. 信息集

信息集（information set）表示参与者在决策前所获知的所有参与者之前行动的信息，它可以看成是行动历史集概念的扩展。一个信息集是博弈树节点的一个划分。在某个给定的博弈阶段，信息集是博弈树在这一阶段某些节点 $\{x_i\}$ 的集合，它表示该参与者将从这些节点出发选择自己的行动。在某个信息集中任意两个节点 x_i, x_j 对该参与者来说是无法区分的，即在同一个信息集里，参与者不能区分自己是从哪一个节点开始后续行动的。除此之外，同一个信息集的所有节点，它们所有的可能行动集是相同的。

有了上述信息集的定义，即可进一步给出第 3 章中提及的完美信息博弈的正式定义。

定义 4.1 完美信息博弈（perfect information game）。

一个博弈具有完美信息，是指它的每个信息集都有且只有一个元素（节点），即信息集为单点集。否则称为不完美信息博弈。

仍以市场进入博弈为例，该问题的信息集如图 4.3所示。

图 4.3中若参与者 2（公司 B ）在行动时，不清楚参与者 1（公司 A ）的行动，则其信息集为

$$\{x_2, x_3\}$$

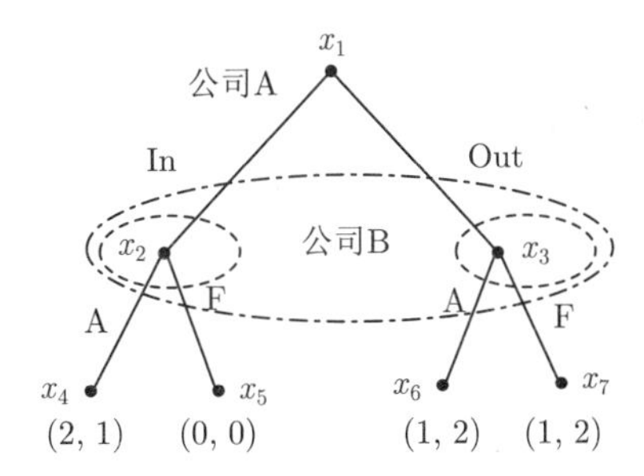

图 4.3　市场进入博弈问题的信息集

显见，信息集中的元素为图 4.3中点划线椭圆所包含的节点，而该博弈为不完美信息博弈。此时，公司 B 的信息集只有 1 个，可能的行动有 2 个，分别为 A 和 F。而公司 A 的可能行动也有 2 个，分别为 In 和 Out。据此可以写出该博弈格局的支付矩阵如表 4.2所示。

表 4.2　市场进入博弈的支付矩阵

		公司 B	
		A	F
公司 A	In	2, 1	0, 0
	Out	1, 2	1, 2

若公司 B 在行动时，完全知晓公司 A 的行动，则其信息集为

$$\{\{x_2\},\{x_3\}\}$$

显见，信息集中的元素为图 4.3中虚线椭圆所包含的节点，而该博弈为完美信息博弈。此时，公司 B 的信息集有 2 个，每个信息集下可能的行动均有 2 个，分别为 A 和 F，因此，总的可能行动共有 4 个，分别为 AA、AF、FA、FF。而参与者 1 的可能行动有 2 个，分别为 In 和 Out，由此写出该博弈格局的支付矩阵。如前所述，策略组合（In，AA）对应的博弈结果应为（In，A），其支付为（2，1）。因此，最终的支付矩阵如表 4.3 所示。

表 4.3　市场进入博弈的支付矩阵（完美信息）

		公司 B			
		AA	AF	FA	FF
公司 A	In	2, 1	2, 1	0, 0	0, 0
	Out	1, 2	1, 2	1, 2	1, 2

第 3 章介绍了静态 Bayes 博弈，通过 Harsanyi 转换将其变为完全信息的扩展式（动态）博弈。这里，通过引入“大自然”作为虚拟参与者，可以使参与者完全知晓其对手的支付，但其对大自然的行动情况却不清楚，因而是一个非完美信息的扩展式博弈。在静态 Bayes 博弈中，策略是从类型到行动的映射，而从扩展式博弈来看，策略即为行动

历史到下一步行动的映射。类型在 Harsanyi 转换后变为“大自然”这一虚拟参与者的历史行动，若考虑该行动是通过混合策略执行的（按概率执行），则静态 Bayes 博弈即可与非完美信息的扩展式博弈完全对应。

需要说明的是，在动态博弈中，所谓的历史行动不仅包括到达当前决策节点的前一阶段的行动信息，还包括前面每个阶段的行动历史。从这个角度讲，动态博弈研究的不仅仅是参与者在某一阶段的行动，还有各参与者在每个决策阶段根据之前对手行动出现的各种情况决定后续行为的详尽计划所构成的策略组合。为此，需要对动态博弈的均衡进行分析。下面考虑完全信息下的动态博弈均衡问题。

4.1.3 子博弈精炼 Nash 均衡

1. 空洞威胁

为了解动态博弈的均衡概念，首先通过一个例子来分析扩展式博弈均衡的特点。仍然考虑例 4.2中的市场进入博弈问题，该博弈可以简化为如图 4.4所示的博弈树。

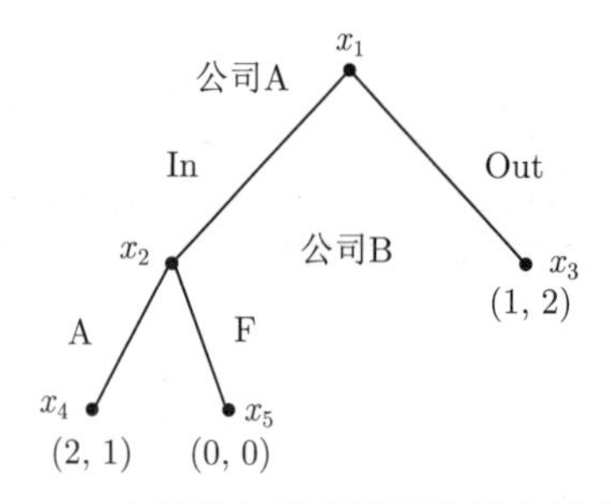

图 4.4　市场进入博弈问题的简化博弈树

图 4.4中，公司 A 的策略集为 {In，Out}，而由于公司 B 在 x_3 处无需再选择行动，因此其策略集为 {A，F}，由此可以写出其双支付博弈矩阵，如表 4.4所示。

表 4.4　简化后市场进入博弈的支付矩阵

		公司 B	
		A	F
公司 A	In	$\underline{2}$, $\underline{1}$	0, 0
	Out	1, 2	$\underline{1}$, $\underline{2}$

通过划线法容易得到，该博弈存在两个均衡：{In，A} 及 {Out，F}，其支付分别为（2，1）和（1，2）。现在的问题是：这两个均衡都是合理的吗？

以下进行深入分析。首先，公司 A（进入市场者）实际上不会选择 Out 这一行动，原因如下：在行动 Out 下，公司 B 会选择 F 从而达到均衡，此时公司 A 的支付为 1。但公司 A 如果选 In，他知道作为理性的决策者，公司 B 一定会选择支付更高的行动 A，此时公司 A 的支付为 2，大于选择行动 Out 的支付。由于公司 A 具有首选权，所以他一定会选择行动 In 而不会选择行动 Out。因此，均衡 {Out，F} 是不合理的，此处只有一个合理的博弈均衡存在，即 {In，A}。

从博弈树可以看出，公司 B 希望公司 A 选择行动 Out，从而使他能获得最大支付 2。但可以设想，为了实现这一最大支付，他可以威胁公司 A：如果公司 A 选择 In，他将要采取行动 F，使得公司 A 的支付降为 0。但是，这样的威胁实际上是不可信的，公司 A 不会相信公司 B 的威胁。因为，一旦自己选择行动 In，公司 B 只有选择行动 A 才能获得最大支付 1，否则就会遭受损失。作为一个理性的参与者，公司 B 只会选择行动 A。博弈论中将这样的威胁称为空洞威胁（empty threaten）。

2. 子博弈精炼 Nash 均衡

标准型博弈中可能存在多个均衡解，但在扩展式博弈中会发现某些均衡其实是不合理的。因此，有必要对均衡的概念做一些改进，如此可以排除一些不合理的均衡。下面介绍子博弈精炼 Nash 均衡的概念，它要求均衡解不但在博弈的终节点处是最优的，还要求它在整个博弈历史过程中都是最优的。

定义 4.2（子博弈）　设扩展型博弈 Γ 的博弈树中所有节点集合为 V_Γ，则其子博弈 Γ' 由 Γ 的一个单节点开始且包括其以后的所有节点和分支，且保证信息集的结构完整，即满足 $\forall x' \in V_{\Gamma'}$ 及 $x'' \in h(x')$，必有 $x'' \in V_{\Gamma'}$。其中，子博弈 Γ' 的信息集和支付函数由原博弈 Γ 继承而来。一般将从单节点 x 开始的原博弈 Γ 的子博弈记为 $\Gamma(x)$。

定义 4.2表明，一个子博弈是原博弈的一部分，但它自身也构成一个完整的博弈，因此它具有构成博弈的所有要素，即博弈参与者、策略集、行动顺序、支付函数、信息结构等。同时应注意，子博弈总是从一个仅包含单个元素的信息集开始。

前文市场进入博弈的例子中（图 4.5），两个虚线框表示该动态博弈的两个子博弈。当公司 A 选择行动 In 时，公司 B 选择行动 A 还是行动 F 构成了原博弈的子博弈；同理，当公司 A 选择行动 Out 时，公司 B 选择行动 A 还是行动 F 也构成了原博弈的子博弈。注意，原博弈也构成自身的一个子博弈，只是这样的子博弈通常没有实际意义，一般称为平凡子博弈。

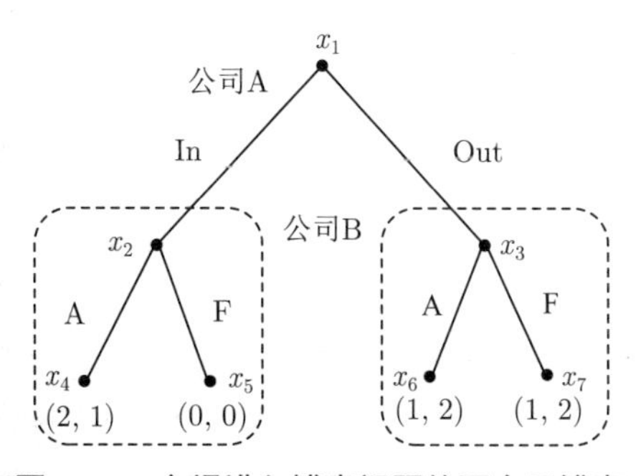

图 4.5　市场进入博弈问题的两个子博弈

定义 4.3（子博弈精炼 Nash 均衡） 若对 Γ 任意的子博弈 Γ'，策略组合 s^* 均是 Γ' 的 Nash 均衡，则称扩展型博弈 Γ 的子博弈精炼 Nash 均衡（subgame perfect equilibrium，SPE）。

该定义有两层含义。首先，子博弈精炼 Nash 均衡会在原博弈的各个子博弈中均构成 Nash 均衡；其次，空洞威胁对应的策略在其中一些子博弈中不能构成 Nash 均衡，因此子博弈精炼 Nash 均衡将空洞威胁排除在外。

根据子博弈精炼 Nash 均衡的定义，理论上可以采取如下两种方法构造子博弈均衡：首先求取原博弈所有的 Nash 均衡，然后在每个子博弈中进行校核，去掉所有非完美均衡解。显然，要真正实现这一方法是困难和烦琐的。另一种方法是，将原博弈完全分解为一系列子博弈，然后从博弈树上最末端的子博弈开始，逆向寻找各子博弈的 Nash 均衡，直到根节点为止。最终获得的均衡解是所有子博弈的 Nash 均衡，也即为原博弈的子博弈精炼 Nash 均衡。该方法称为动态博弈分析的“逆推法”。

回顾上述市场进入博弈，除去平凡子博弈（原博弈自身），该博弈还有 2 个子博弈。最末端的子博弈是单人博弈，只需求占优策略即可。如此，原博弈可简化为如图 4.6所示的简化扩展博弈，此时公司 A 仅需在此博弈格局下判断自己的策略是否占优，如此则最终博弈均衡即为（In，A），且该均衡是一个子博弈精炼 Nash 均衡。同样，前述例 4.1中的均衡 $[(a-c)/2,(a-c)/4]$ 也是子博弈精炼 Nash 均衡。

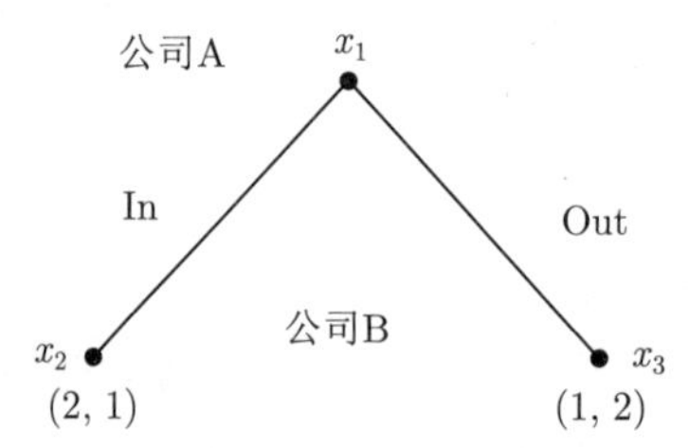

图 4.6 市场进入博弈问题的简化博弈树

下面再看一个例子。

例 4.3 求取图 4.7所示的扩展式博弈的子博弈精炼 Nash 均衡。

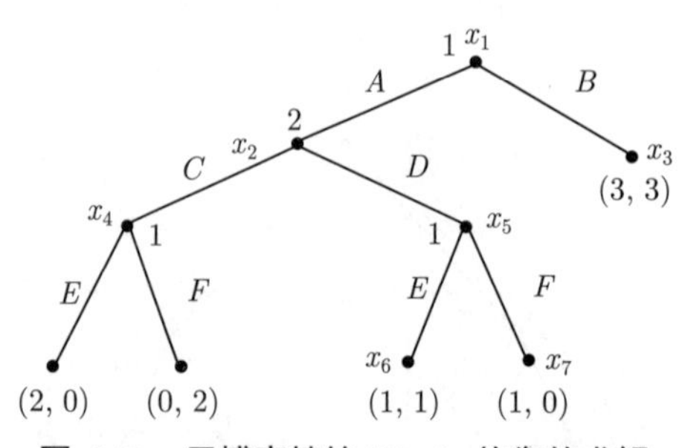

图 4.7 子博弈精炼 Nash 均衡的求解

图 4.7所示的博弈树包括 3 个阶段，其中第 3 阶段由参与者 1 行动，但他不能观察到参与者 2 在第 2 阶段的行动（不能区分 x_4, x_5 ），即这一阶段信息是不完美的。因此，

原博弈有两个子博弈 $\Gamma'(x_2)$ 和 $\Gamma'(x_3)$。对于前者，采用逆推法从最末端的子博弈开始考察，该子博弈为不完美信息下的两阶段博弈，可等效为两个参与者的标准型博弈，其支付矩阵如表 4.5所示。

表 4.5　子博弈 $\Gamma'(x_2)$ 的支付矩阵

		参与者 2	
		C	D
参与者 1	E	$\underline{2}, 0$	$\underline{1}, \underline{1}$
	F	$0, \underline{2}$	$\underline{1}, 0$

由支付矩阵容易解得该子博弈均衡为（E，D），将子博弈收缩到节点 x_2，相应的支付为（1，1），原博弈则可简化为如图 4.8所示的简单博弈。

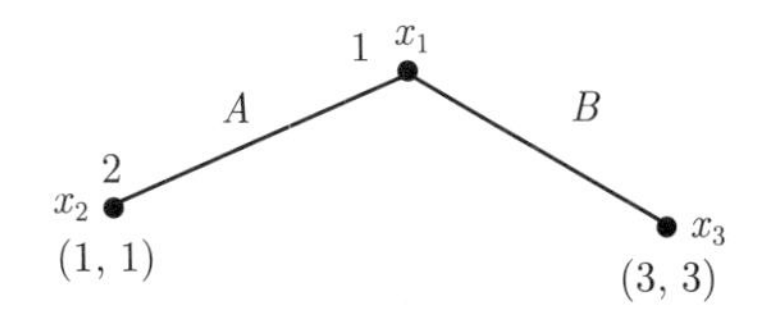

图 4.8　简化后子博弈精炼 Nash 均衡的求解

分析上述简单博弈问题，可以直接得到此阶段参与者 1 的均衡策略是 B。至此，得到该博弈的子博弈精炼 Nash 均衡为 $(\{B,\ E\}, D)$，其含义为第 1 阶段（节点 x_1 处）参与者 1 行动为 B，第 3 阶段（节点 x_5 处）参与者 1 行动为 E；参与者 2 在第 2 阶段（节点 x_2 处）行动为 D。

关于子博弈精炼 Nash 均衡的存在性，以下介绍 3 个重要定理。

定理4.1　每一个有限的完美信息扩展式博弈都存在一个纯策略的子博弈精炼 Nash 均衡。

对于完美信息扩展型博弈，每个参与者的信息集都是单点集，即每次仅有一个参与者进行决策。根据逆向归纳法，从最后一个子博弈开始分析，对该子博弈，显然只有一个参与者进行决策，且该参与者必定选择相应的占优策略，也就是该子博弈下的纯策略均衡。进一步逆推，求解过程中的每个子博弈都是单人决策问题，故可求取相应的纯策略最优解，直至第一阶段博弈结束。由于博弈是有限的，因此经过有限次逆推之后，必定可以得到纯策略的子博弈精炼 Nash 均衡。

定理 4.2　每一个有限的扩展式博弈都存在子博弈精炼 Nash 均衡。

该定理的证明与定理 4.1的证明类似，不同之处在于其中有些子博弈可能存在混合策略均衡。

定理 4.3　对于有限的扩展式博弈，逆推法可给出其全体子博弈精炼 Nash 均衡。

因为逆推法的求解过程将遍历所有的子博弈，故该定理成立。

值得注意的是，逆推法假定了扩展式博弈是有限阶段的。对于无限阶段扩展式博弈，由于不存在最终阶段，因此直接应用上述方法存在困难。但逆推法的思想仍然可以借鉴。

例 4.4 Rubinstein 讨价还价模型。

讨价还价是现实生活中常见的一类博弈问题，博弈过程中双方交替“出价”和“还价”，从而构成多阶段动态博弈。为此，Rubinstein 提出了一种谈判模型：甲、乙两人分一块蛋糕，在第 $0,2,4,\cdots$ 阶段甲提议自己分得 $x(x\leqslant 1)$ 份蛋糕。若乙同意该提议，则可得 $1-x$ 份蛋糕，博弈结束；若不同意，则由乙在其后的奇数阶段提出自己分得 $x''(x''<1)$ 份蛋糕，甲分得 $1-x''$ 份。重复这一过程，只要双方互不接受对方的提议，谈判就一直进行下去。显然，这是一个无限阶段的扩展式博弈。由于持续谈判会消耗时间，为了描述时间的代价，引入折扣因子 $\delta_1<1$ 和 $\delta_2<1$，每增加一个阶段，甲、乙双方的收益会分别乘以 δ_1 和 δ_2。若在第 k（k 是偶数）阶段谈判达成一致，则相应的收益分别变为 $[\delta_1^k x,\delta_2^k(1-x)]$，其中，$x$ 为甲获得的蛋糕份额。

下面采用逆推法来分析该动态博弈问题。由于存在无穷多个阶段，无法找到最终阶段进行分析，因此直接采用逆推法不可行。但是该问题的关键在于，从甲出价的任何一个阶段开始的子博弈等价于从 0 阶段开始的整个博弈。假设在子博弈精炼 Nash 均衡中甲能得到的最大份额为 $\bar{v}_1$，对于任意 $t\geqslant 2$ 阶段甲先提方案，他能得到的最大份额也是 $\bar{v}_1$。由于对甲而言，t 阶段的 $\bar{v}_1$ 等价于 $t-1$ 阶段的 $\delta_1\bar{v}_1$，故乙在 $t-1$ 阶段提议时只要让甲所得高于 $\delta_1\bar{v}_1$ 即可让甲接受，因此，乙会让自己得到 $1-\delta_1\bar{v}_1$；同理，由于对乙而言，$t-1$ 阶段的 $1-\delta_1\bar{v}_1$ 相当于 $t-2$ 阶段的 $\delta_2(1-\delta_1\bar{v}_1)$，故甲在 $t-2$ 阶段只要让乙所得高于 $\delta_2(1-\delta_1\bar{v}_1)$ 即可让乙接受，因此，在 $t-2$ 阶段甲之所得为 $1-\delta_2(1-\delta_1\bar{v}_1)$。对于甲来说，$t-2$ 阶段与 t 阶段的博弈问题完全相同，因此，他们的最高利益也应该一致，可得如下方程：

$$1-\delta_2\left(1-\delta_1\bar{v}_1\right)=\bar{v}_1 \tag{4-4}$$

从式 (4-4) 可以求出甲的最高收益为

$$\bar{v}_1=\frac{1-\delta_2}{1-\delta_1\delta_2} \tag{4-5}$$

同理，也可以求得甲的最低收益为

$$\underline{v}_1=\frac{1-\delta_2}{1-\delta_1\delta_2} \tag{4-6}$$

因此有

$$\bar{v}_1=\underline{v}_1$$

式 (4-6) 说明甲在该分配方案下所能获得的最高收益和最低收益相等。进一步，乙的收益为 $\bar{v}_2=\dfrac{\delta_2-\delta_1\delta_2}{1-\delta_1\delta_2}$，故 $(\bar{v}_1,\bar{v}_2)$ 为该谈判问题唯一的子博弈精炼 Nash 均衡。

考察上述博弈结果，若 $\delta_i=0(i=1,2)$，则表明谈判者 i 没有任何耐心，必须要在第 1 轮结束就达成协议，此时谈判的结果将是他分不到蛋糕；反之，若 $\delta_i=1$，即谈判

者 i 有等待无穷时间的耐心，则当对方不具有足够的耐心时，他就有可能争取到全部蛋糕。若双方的耐心都足够好，则他们会一直谈判下去，直到蛋糕坏掉。

4.1.4 重复博弈

重复博弈是动态博弈的一种特例，它在每个阶段的博弈都具有相同的结构，故可视为某个博弈对局的不断重复，即在该博弈过程中，参与者在每个阶段都面临相同的博弈格局。值得注意的是，虽然每个阶段博弈格局都相同，但各参与者的行为会在每个阶段结束后被观察到，因此参与者的行为并非简单重复。相反，参与者可以通过观察其对手在前面阶段的行为修正自己的策略，从而影响整个博弈过程、博弈结果及均衡。因此，重复博弈不能单独分析某个阶段的博弈过程，而必须将其当成一个整体来考察。

在囚徒困境中，我们知道该博弈有一个均衡，但它并不是最好的选择，虽然博弈双方都不认罪是最好的选择，但由于个体支付最大化的理性导致他们无法自动实现合作。然而，在社会生活中，却常常能观察到看来似乎是囚徒困境的博弈中，由于不断地重复该博弈，逐渐会有合作的情况发生。现在的问题是，如果同一个博弈过程重复进行多次，是否有可能促成合作？或者更一般地，重复博弈对均衡有什么影响？

1. 有限次重复博弈

首先考察有限次重复博弈的情况。重复博弈是静态或动态博弈的重复进行，比较常见的是原博弈重复多次，一般称这种由原博弈的有限次重复构成的重复博弈为有限次重复博弈。一个动态博弈或静态博弈 $\varGamma$ 重复进行 T 次，且每次重复该博弈前，参与者均能观察到之前博弈的结果，这样的博弈过程称为 $\varGamma$ 的 T 次重复博弈，记为 $\varGamma(T)$；$\varGamma$ 称为重复博弈 $\varGamma(T)$ 的原博弈或阶段博弈。

重复博弈的整体支付是指各阶段支付之和。前文在讨论 Rubinstein 讨价还价博弈时，提到时间是有代价的，或是有偏好的。重复博弈中也有类似的考虑，因此也需要引入折扣因子的概念。一个实际生活中的例子是利率或折现率。100 元钱存进银行，年利率 10%，第 2 年变为 110 元，第 3 年就是 121 元，因此现金是有时间价值的。实际分析计算时，需要将不同时间阶段上的金额折算到当前，如两年后的 121 元钱折现后就是 100 元。考虑折现率后，整体支付就变成单次博弈支付的折现加权和，或称为折现累加收益。折现率 δ 与利率 r 的关系为

$$\delta = \frac{1}{1+r}$$

若一个 T 次重复博弈中的某个参与者在各阶段的支付分别为 $g^0, g^1, g^2, \cdots, g^T$，则考虑时间价值（折现率为 $\delta < 1$）后的整体支付可表示为

$$u = g^0 + \delta g^1 + \delta^2 g^2 + \cdots + \delta^T g^T = \sum_{t=0}^{T} \delta^t g^t \tag{4-7}$$

以下给出有限重复博弈的标准定义。

定义 4.4（整体支付） 整体支付是参与者在各阶段支付的折现加权和。

定义 4.5（折现率） 折现率 Δ 是指使未来支付按照线性或指数下降的某个常数，$\delta \in [0,1)$。

定义 4.6（有限重复博弈） T 阶段重复博弈记为 $\Gamma(T)$，包括以下要素。

（1）博弈行动组合序列为 $a=\{a^t\}_{t=0}^{T}$，其中 $a^t=\{a_i^t\}_{i=1}^{N}$，N 为参与者个数。

（2）博弈参与者 i 的整体支付为 $u_i(a)=\sum\limits_{t=0}^{T}\delta^t g_i\left(a_i^t,a_{-i}^t\right)$。

这里每次博弈记为

$$\Gamma=\left\langle N,(A_i)_{i\in N},(u_i^t)_{i\in N}\right\rangle$$

其中，A_i 为每个阶段博弈中参与者 i 的行动空间。而参与者 i 在 t 阶段在策略组合 (a_i^t,a_{-i}^t) 下的支付为

$$u_i^t=g_i\left(a_i^t,a_{-i}^t\right)$$

此处假定每次博弈结果可以完美观测。

需要注意的是，第一，重复博弈中的行动组合是指一个序列，即每次博弈行动构成的序列，而并非仅仅某个阶段的策略组合；第二，若行动组合是混合策略，则也可相应给出混合行动组合，它同样是一个行动组合序列；第三，整体支付是单阶段支付的折现累加和，而并非某个阶段的支付，这将对博弈的结果产生重要影响。

例 4.5 考察如表 4.6所示的重复博弈下的囚徒困境，试分析其有限次博弈的均衡。

表 4.6 囚徒困境博弈的支付矩阵

		囚徒 2	
		坦白	不坦白
囚徒 1	坦白	$\underline{0},\underline{0}$	$2,-1$
	不坦白	$-1,2$	$1,1$

本例采用逆推法进行分析。首先考虑最终阶段博弈，即第 T 次博弈。由于是最后一阶段博弈，两个参与者仅需要考虑本阶段获取最大支付。此时，（坦白，坦白）是占优均衡，也是唯一的 Nash 均衡。然后考虑第 $T-1$ 次博弈，此时，理性的参与者应知晓第 T 次博弈的结果必然是（坦白，坦白），因此，该阶段的博弈支付应该是将第 T 阶段博弈结果的支付直接加入本次博弈支付矩阵中，如表 4.7所示。

表 4.7 囚徒困境的有限次重复博弈问题

		囚徒 2	
		坦白	不坦白
囚徒 1	坦白	$\underline{0+0},\underline{0+0}$	$2+0,-1+0$
	不坦白	$-1+0,2+0$	$1+0,1+0$

由于（坦白，坦白）的支付是（0，0），故其仍然是占优均衡。以此类推，（坦白，坦白）在每个阶段均是占优均衡。综上所述，（坦白，坦白）是这一重复博弈中唯一的子博弈精炼 Nash 均衡。

通过上面的分析，在囚徒困境博弈的有限次重复博弈中，唯一的子博弈精炼 Nash 均衡是每次都采用原博弈的 Nash 均衡，即有限次重复博弈并没有改变囚徒困境的低效率均衡。对此，介绍如下定理。

定理 4.4　对于有限次重复博弈，若各阶段博弈仅有一个纯策略的 Nash 均衡，则该均衡为有限次重复博弈的子博弈精炼 Nash 均衡，即每次博弈的结局都是该 Nash 均衡。

根据逆推法，容易证明上述定理，有兴趣的读者可自行尝试。

接下来考虑，如果阶段博弈中存在的不是一个而是多个 Nash 均衡，则在有限次重复博弈中其均衡是否会有改变？为此考察下述修正的囚徒困境有限次重复博弈问题。

例 4.6　考察囚徒困境问题。若每个囚徒增加一种策略（沉默），则相应的支付矩阵如表 4.8所示。试分析其重复博弈时均衡个数的变化情况。

表 4.8　囚徒困境阶段博弈支付矩阵

		囚徒 2		
		坦白	不坦白	沉默
囚徒 1	坦白	$\underline{0}, \underline{0}$	$\underline{1.2}, -1$	$0, -2$
	不坦白	$-1, \underline{1.2}$	$1, 1$	$0, -2$
	沉默	$-2, 0$	$-2, 0$	$\underline{0.5}, \underline{0.5}$

该阶段博弈存在两个均衡，分别为（坦白，坦白）和（沉默，沉默）。容易看出（不坦白，不坦白）这一策略组合可以使双方都获得最好的结果。然而，该策略组合却并不是 Nash 均衡，因此在单次博弈中，两个囚徒都不会选择此策略。

现在考虑这一情况的两次重复博弈。首先分析第 2 阶段，此时只可能出现（坦白，坦白）和（沉默，沉默）两种 Nash 均衡。但问题是，这两种均衡下，两个囚徒应该如何抉择呢？为此，逆推回第 1 阶段，考虑两个囚徒采用以下规则：如果第一阶段结局是（不坦白，不坦白），则第 2 阶段采用策略沉默，否则第 2 阶段采用策略坦白。注意，这一规则是人为制定的，这里不考虑它的实际意义，仅仅看在这种规则下两阶段博弈的均衡会发生何种变化。

由上述条件可知，若第 1 阶段选择为（不坦白，不坦白），则第 2 阶段必为（沉默，沉默），且在第 2 阶段的得益为（0.5，0.5），因此实际上第 1 阶段（不坦白，不坦白）对应的收益应该加上第 2 阶段的收益，变为（1.5，1.5）。

而当第 1 阶段为其他策略组合时，第 2 阶段的选择即为（坦白，坦白），相应的收益为 $(0, 0)$，因此，总收益等于第 1 阶段的收益。

通过以上两步，可将原来的两次重复博弈等价转化为一个单次博弈，支付矩阵如表 4.9所示。

表 4.9 囚徒困境两次重复博弈第 1 阶段等价支付矩阵

		囚徒 2		
		坦白	不坦白	沉默
囚徒 1	坦白	0, 0	1.2, −1	0, −2
	不坦白	−1, 1.2	1.5, 1.5	0, −2
	沉默	−2, 0	−2，0	0.5, 0.5

从上述支付矩阵可以看出，该博弈中除了（坦白，坦白）和（沉默，沉默）两个均衡外，新增加了一个均衡（不坦白，不坦白），且可实现两个囚徒的最佳支付。因此第 1 阶段选择（不坦白，不坦白）、第 2 阶段选择（沉默，沉默）是该两次重复博弈的子博弈精炼 Nash 均衡。

例 4.6表明，当博弈存在多个均衡时，通过有限次重复博弈及设计恰当的规则可以产生新的均衡，其原因在于，当博弈存在多个阶段时，参与者可以将下一阶段中性能较差的均衡作为威胁。由于 Nash 均衡的强制性，这种威胁不是空洞的，而是有约束力的；同时参与者将下一阶段中较好的均衡作为奖励，以促进合作，由于 Nash 均衡的强制性，这种奖励是可兑现的。因此，通过这种方式，囚徒走出了困境，实现了双方的合作。上述过程中，通过重复博弈使得参与者在决策时需要考虑长期效益，而恰当的规则使得该长期效益分配到希望达成均衡的策略组合上。但要真正实现这样的效益再分配，则要依靠 Nash 均衡的强制性来保证。此外，采用 Nash 均衡作为惩罚和奖励这一原则应当是所有参与者的公共知识。

2. 无限次重复博弈

在一个重复博弈中，被重复进行的博弈被称为阶段博弈，若一个重复博弈中包含无限个阶段，则称为无限次重复博弈，记为 $\varGamma(\infty)$。

考虑参与者 i 的支付函数为 g_i，t 阶段的策略为 a_i^t，并且以同样的折扣因子 δ 计入时间价值，则无限次重复博弈的整体支付可表示为

$$u_i = (1-\delta)\sum_{t=0}^{+\infty}\delta^t g_i\left(a_i^t, a_{-i}^t\right) \tag{4-8}$$

这里需要注意的是，上述整体支付的定义中乘了一个因子 $1-\delta$。若考虑每个单次博弈的支付为 1，则无限次重复博弈的整体支付为 $1/(1-\delta)$，乘以 $1-\delta$ 后该支付为 1，因此 $1-\delta$ 又称为归一化因子。进一步，我们将考虑折扣因子 δ 的无限次重复博弈记为 $\varGamma(\infty,\delta)$。

下面介绍触发策略的概念。触发策略是重复博弈中一种非常重要的机制，在前面介绍有限次重复博弈时已经有所涉及。采用触发策略意味着将对以后的策略实施可信的威胁或奖赏，并影响后续博弈行动的选择。所谓触发策略，本质上是要制造一个更坏的支付作为惩罚措施，并以此来威胁参与者，促使其不会偏离大家共同认可的行动策略。一

种特殊的触发策略称为不原谅触发策略，又称为冷酷策略（cruel strategy)，它是指如果参与者发生单方面的偏离之后，该惩罚策略将永久执行。一般的冷酷策略可表述为

$$a_i^t = \begin{cases} \bar{a}_i, & 若\ \forall\tau < t,\ a^\tau = \bar{a} \\ \underline{a}_i, & 若\ \exists\tau < t,\ a^\tau \neq \bar{a} \end{cases} \tag{4-9}$$

其中，a^τ 为 τ 时段所有参与者的策略组合；$\bar{a}$ 是参与者共同认可的策略，一般是博弈中的高支付策略；$\underline{a}$ 为惩罚策略，在某个参与者单方面偏离共同认可的策略后将被永久执行。$\bar{a}_i$ 和 $\underline{a}_i$ 分别为 $\bar{a}$ 和 $\underline{a}$ 中参与者 i 对应的分量。通常来说，惩罚策略应是 Nash 均衡，并且是一个最低支付的 Nash 均衡，否则该策略不具备强制力，从而变为空洞威胁。

例 4.7 无限次重复囚徒困境博弈。

再考虑例 4.5中的囚徒困境如表 4.10所示，试问若该博弈重复无限次其均衡将有何变化。我们采用如下的冷酷策略分析此问题：若参与者在某一阶段都执行合作策略（不坦白，不坦白)，则在后续阶段一直执行这一策略；否则，若博弈的任一阶段有参与者选择了坦白策略，则后续阶段则永远执行（坦白，坦白)。

表 4.10 囚徒困境的无限次重复博弈问题

		囚徒 2	
		坦白	不坦白
囚徒 1	坦白	$\underline{0}, \underline{0}$	2, −1
	不坦白	−1, 2	1, 1

考虑折扣因子 δ，则该博弈可能出现两种情况。其一是双方永远都执行（不坦白，不坦白)，该情况下整体支付为

$$(1-\delta)\left[1+\delta+\delta^2+\cdots\right] = (1-\delta)\times\frac{1}{1-\delta} = 1 \tag{4-10}$$

其二是在重复博弈的某一阶段，其中一人选择了坦白策略，这次策略的偏离带来的支付是 2，但之后所有参与者将永远执行非合作的策略。由于非合作策略（坦白，坦白）是 Nash 均衡，因此之后的整体收益为

$$(1-\delta)\left[2+0+0+\cdots\right] = 2(1-\delta) \tag{4-11}$$

若要让无限次重复博弈的策略保持在第一种情况，即（不坦白，不坦白)，当且仅当第 1 种情况的整体支付大于第 2 种情况的整体支付，即 $2(1-\delta) < 1$ 或 $\delta > 1/2$ 时，博弈双方都不会有意愿偏离策略，策略组合（不坦白，不坦白）构成了子博弈精炼 Nash 均衡。可以看出，折扣因子的取值表明了参与者对于长期利益的重视程度，出于对长期利益的考虑，囚徒最终走出了困境。

通过以上分析易知，单次博弈中的非均衡解（不坦白，不坦白）在无限次重复博弈中成为子博弈精炼 Nash 均衡，但这依赖于折扣因子的选择，其原因在于折扣因子引入

后的重复博弈可能导致均衡的多样性。此外，对比前面有限次重复博弈的例子，虽然阶段博弈均为相同的囚徒困境博弈，但无限次重复博弈却得到了与有限次重复博弈完全不同的结果。总而言之，若多阶段博弈只有一个均衡解，通过有限次重复博弈并不能改变博弈结局，但无限次重复博弈则有可能产生新的博弈均衡，且根据不同的折扣因子，所产生的均衡解具有多样性。为说明这一原理，介绍如下定理。

定理 4.5（Folk 定理） 记阶段博弈 Γ 的 Nash 均衡处的支付向量为 $e=[e_1,e_2,\cdots,e_n]$，$v=[v_1,v_2,\cdots,v_n]$ 是其他任意可行策略对应的支付向量。若 $v_i>e_i,\forall i$，则存在正数 $\delta^*\in(0,1)$，使得 $\forall\delta\in(\delta^*,1)$，存在无限次重复博弈 $\Gamma(\infty,\delta)$，其子博弈精炼 Nash 均衡对应的支付向量为 v。

Folk 定理中之所以要求 $\delta>\delta^*$，是为了让博弈中未来的支付足够大，从而使参与者不会因为眼前利益而放弃长远利益。该定理表明，若每位参与者具有足够的耐心，则对任何一个可实现的支付向量，只要它能使所有参与者获得多于各自单次博弈均衡所具有的支付，都可通过无限次重复博弈来实现。以下简要给出 Folk 定理的证明。

证明 令策略组合 a^* 为阶段博弈 Γ 的 Nash 均衡，相应的支付向量为 e，又设 $v=(v_1,v_2,\cdots,v_n)$ 为任意的可行支付向量，它严格优于 e。考虑参与者采用如下触发策略。

第 1 阶段 选择一种满足可行支付的行动组合 a''。

第 t 阶段 若前面 $t-1$ 个阶段所有参与人都采取策略 a''，则下一步仍执行策略 a''。若任意阶段有人违背相应的策略，则所有参与者将选择阶段博弈的 Nash 均衡 a^* 作为策略。

下面证明这种触发策略是重复博弈的 Nash 均衡，且是一个子博弈精炼 Nash 均衡。

假设除参与者 i 以外的所有参与者均采用该触发策略，而参与者 i 在某一阶段选择其最优偏离策略 a_i'，即对其余参与者策略 a_i 的最佳反应，相应的支付为 v_i'，则有

$$v_i'>v_i>e_i$$

进一步，虽然参与者 i 选择最优偏移策略将使其在当前阶段获得最大支付 v_i'，但却触发其他参与者在以后博弈阶段永远选择较差的 Nash 均衡 a^*，因此，在以后阶段参与者 i 的最优策略应为 a_i^*，且未来每个阶段的支付都将是 e_i，如此参与者 i 未来可获得支付的现值为

$$u_i'=v_i'+\delta e_i+\delta^2e_i+\cdots=v_i'+\frac{\delta}{1-\delta}e_i \tag{4-12}$$

若参与者 i 不偏离可行支付策略 a''，则可获得的收益为

$$u_i=v_i+\delta v_i+\delta^2v_i+\cdots=\frac{v_i}{1-\delta} \tag{4-13}$$

若要策略 a'' 为最优，即参与者 i 不会选择偏离策略 a''，则必然要求选择策略 a'' 的支付优于偏离策略 a_i' 的未来支付，即

$$u_i\geqslant u_i'$$

故有

$$\frac{v_i}{1-\delta} \geqslant v_i' + \frac{\delta}{1-\delta} e_i \tag{4-14}$$

求解上述不等式可得

$$\delta \geqslant \frac{v_i' - v_i}{v_i' - e_i} \tag{4-15}$$

考虑到

$$v_i' > v_i > e_i$$

从而

$$\frac{v_i' - v_i}{v_i' - e_i} < 1 \tag{4-16}$$

因此只需要选择

$$\delta^* = \frac{v_i' - v_i}{v_i' - e_i}$$

于是 $\forall \delta \in (\delta^*, 1)$，均存在最优策略 a''。由于 i 的任意性，a'' 是无限次重复博弈 $\Gamma(\infty, \delta)$ 的 Nash 均衡。

由于无限阶段重复博弈 $\Gamma(\infty, \delta)$ 的每一个子博弈均等价于 $\Gamma(\infty, \delta)$ 本身，因此，该均衡即为子博弈精炼 Nash 均衡。

〈 证毕 〉

Folk 定理可利用囚徒困境例 4.7说明。图 4.9给出了囚徒困境的下述 4 种策略：

$$(0,0), \quad (1,1), \quad (2,-1), \quad (-1,2)$$

其中，（0，0）是 Nash 均衡的支付。根据 Folk 定理，虚线所示范围内的任何一个支付向量，都存在着某个折扣因子 $s_{\mathrm{S}}^2 = (m_1, m_2)$ 使得该支付向量是某个 Nash 均衡的支付向量。这里需要注意两点：第一，若对长期收益足够重视，则任意严格优于原 Nash 均衡的支付都能通过设计某种 Nash 均衡获得；第二，相应的冷酷策略代价是高昂的，它通常伴随着自身收益的巨大损失，一旦执行，其结果就是两败俱伤。

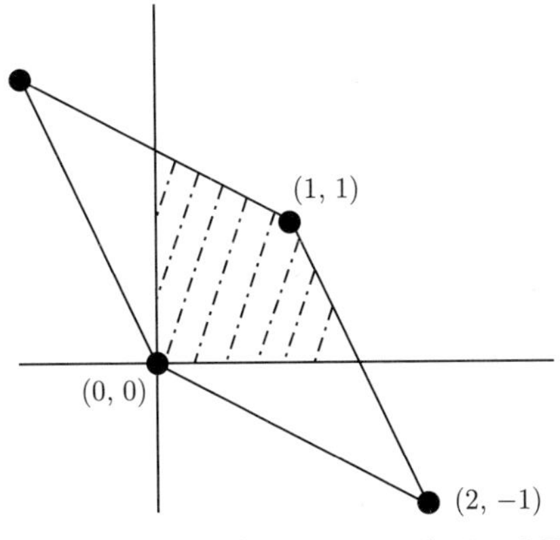

图 4.9 囚徒困境下的 Folk 定理示意图

例 4.8 无限次重复 Cournot 模型。

3.3.2 节中在分析 Cournot 模型时曾提到，两家发电商因为陷入囚徒困境而无法实现共谋。现在我们分析无限次重复博弈是否能帮助他们走出囚徒困境。首先，单阶段 Cournot 模型中存在唯一的 Nash 均衡，即

$$\left(\frac{a-c}{3},\frac{a-c}{3}\right)$$

上式即为两家发电商的 Cournot 产量，用 q_{c} 表示，相应的支付均为

$$\pi_{\mathrm{c}}=\frac{(a-c)^2}{9}$$

若两家发电商实现共谋，则最佳发电量为

$$q_1=q_2=\frac{q_{\mathrm{m}}}{2}=\frac{a-c}{4}$$

其中，q_{m} 为单家公司垄断市场下的垄断发电量，相应的支付均为

$$\pi_{\mathrm{m}}=\frac{(a-c)^2}{8}$$

显见，π_{m} 高于采取 Cournot 产量时的收益，但这一结果在单次博弈或者有限次重复博弈中是无法实现的。

现在考察无限次重复博弈，假定折扣因子为 δ 并考虑采用如下冷酷策略。

第 1 阶段 两家发电商均生产其垄断发电量的一半，即

$$q_1=q_2=\frac{a-c}{4}$$

第 t 阶段 若前 $t-1$ 阶段两家发电商的发电量都是 $(a-c)/4$，则继续保持该产量不变；否则，若有一家发电商单方面偏离这一发电量，则在此后的博弈中，永远采用 Cournot 发电量 $q_c=(a-c)/3$ 作为策略。

上述触发策略实质是参与者试图先合作以提高双方的收益，一旦发现对方偏离策略，则选择低效益 Nash 均衡的发电量进行报复。当两家发电商均采用触发策略时，每阶段博弈双方的支付均为 π_{m}，则无限次重复博弈的整体支付现值为

$$u_i=\pi_{\mathrm{m}}\left(1+\delta+\delta^2+\cdots\right)=\frac{1}{1-\delta}\pi_{\mathrm{m}} \tag{4-17}$$

假设在重复博弈过程中，发电商 1 选择偏离上述触发策略，则其知晓发电商 2 在该阶段的发电量为

$$q_2=\frac{a-c}{4}$$

发电商 1 为使本阶段支付最大，应有

$$\pi_{\mathrm{d}}=\max_{q_1}\left(a-q_1-\frac{a-c}{4}-c\right)q_1 \tag{4-18}$$

求解式 (4-18) 得

$$q_1 = \frac{3(a-c)}{8}$$

相应的支付为

$$\pi_{\mathrm{d}} = \frac{9(a-c)^2}{64}$$

显见，π_{d} 高于采用触发策略的单阶段支付 π_{m}。由于采用偏离策略，后续阶段两发电商均将采用 Cournot 产量 q_{c}（见例 3.8），后续各阶段支付为

$$\pi_{\mathrm{c}} = \frac{(a-c)^2}{9}$$

因此，可以计算在偏离策略下，无限次重复博弈在未来阶段的整体支付现值为

$$u_i' = (\pi_{\mathrm{d}} - \pi_{\mathrm{c}}) + \frac{1}{1-\delta}\pi_{\mathrm{c}} \tag{4-19}$$

为使上述触发策略为 Nash 均衡，必须保证 $u_i \geqslant u_i'$，即

$$\frac{1}{1-\delta}\pi_{\mathrm{m}} \geqslant (\pi_{\mathrm{d}} - \pi_{\mathrm{c}}) + \frac{1}{1-\delta}\pi_{\mathrm{c}} \tag{4-20}$$

解得

$$\delta \geqslant 9/17$$

因此，当 δ 满足上式时，两个发电公司可以实现共谋，获得垄断利益，而相应的触发策略是无限次重复博弈的 Nash 均衡，且其为子博弈精炼 Nash 均衡。反之，当 δ 不满足上式时，发电商会选择偏离触发策略，因为触发策略不再是无限次重复博弈的 Nash 均衡，也不是子博弈精炼 Nash 均衡。此时，可以构造新的触发策略，使两家发电公司将发电量控制在 q_{c} 和 $q_{\mathrm{m}}/2$ 之间，从而避免囚徒困境，达成合作，实现博弈效率的提升。

4.2　不完全信息动态博弈

针对 4.1 节介绍的 3 种不同形式的博弈，包括标准式博弈，Nash 定理保证了它们在一般的条件下存在 Nash 均衡；而当博弈中对支付函数或参与者类型不能确切知悉时，博弈格局则转化为不完全信息静态博弈，为此，可利用 Harsanyi 转换将其进一步转化为（动态）完全但不完美信息博弈，即通过基于 Bayes 法则的推断获得类型的概率分布，此时相应均衡概念扩展为 Bayes-Nash 均衡；进一步，当考虑行动顺序和信息结构时，博弈格局转变为完全信息动态博弈，Nash 均衡相应地扩展为子博弈精炼 Nash 均衡，而该均衡恰可消除空洞威胁。以下介绍同时考虑行动顺序和信息不完全时的动态博弈问题，一般称之为不完全信息动态博弈或动态 Bayes 博弈。

4.2.1 不完全信息动态博弈的基本概念

不完全信息动态博弈的定义主要包括以下 7 个方面。

（1）参与者 $i \in N$。

（2）第 k 阶段的博弈行动历史序列 H^k。

（3）信息集，即参与者决策时所知道的信息。

（4）参与者 i 的策略 $s_i \in S_i$，指每个信息集上所有可能的详尽行动计划。

（5）参与者 i 的类型 $\theta_i \in \Theta_i$，其中 Θ_i 为参与者 i 的可能类型的集合。

（6）概率分布，设参与者的类型 $\{\theta_i\}_{i=1}^n$ 来自于概率分布 $p(\theta_1, \theta_2, \cdots, \theta_n)$，每个参与者可以在此基础上根据 Bayes 法则形成对其他参与者实际类型的概率判断。

（7）参与者 i 的支付函数 $u_i(s_i, s_{-i}, \theta_i)$，可视为参与者策略和类型到实数值的一类映射。

在不完全信息动态博弈中，参与者的行动存在先后顺序，后续参与者可以通过观察先行参与者的行动来修正己之行动。这里同样可以通过 Harsanyi 转换将不完全信息动态博弈转化为完全不完美信息动态博弈，即通过假定其他参与者均知道某一参与者的所属类型的概率分布，计算该博弈的 Bayes-Nash 均衡解。

例 4.9 Harsanyi 转换的例子。

考虑两个参与者 1 和 2，其中参与者 1 有两种类型，分别用 θ_1 、θ_2 表示，每种类型的分布概率分别是 p_1 和 p_2。在两种类型下，参与者 1 均有 U、M、D 3 种行动可选。参与者 2 对参与者 1 的类型不清楚，但是参与者 1 行动完毕之后，参与者 2 能够完全获知参与者 1 的行动信息，并有 L 和 R 两种行动可选，该博弈可用图 4.10所示的博弈树表述。

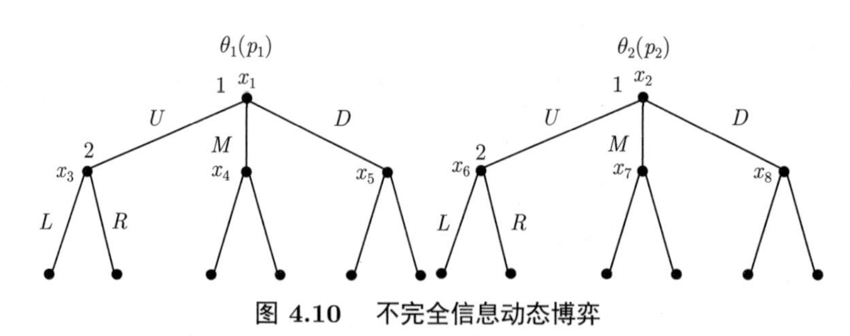

图 4.10 不完全信息动态博弈

这是一个典型的不完全信息动态博弈问题，可以通过 Harsanyi 转换引入“大自然”这一虚拟参与者将该博弈问题转化为完全非完美信息动态博弈，如图 4.11所示。

图 4.11中虚线连接的决策节点属于同一个信息集。由于参与者 2 清楚参与者 1 的行动，因此若参与者 1 的行动是“U”，则参与者 2 应当从节点 x_3 或 x_6 开始决策，但是参与者 2 不知道参与者 1 的类型，即不知道“大自然”的行动。因此，他不能区分到底是从 x_3 开始决策还是从 x_6 开始决策，也就是说，$\{x_3, x_6\}$ 是其中一个信息集。同样，可以找到另外两个信息集分别为 $\{x_4, x_7\}$ 和 $\{x_5, x_8\}$。

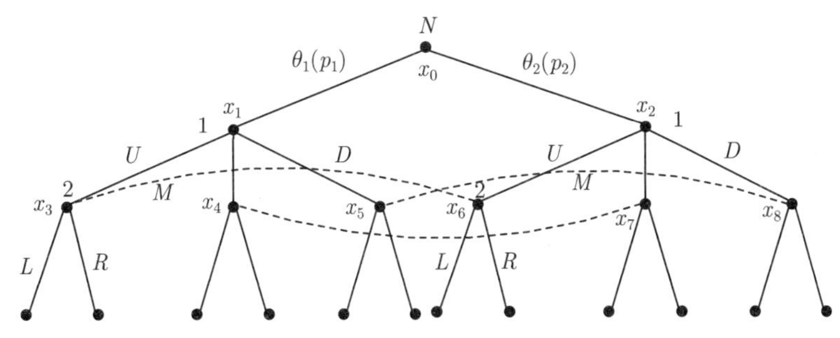

图 4.11　不完全信息动态博弈的 Harsanyi 转换

4.2.2 精炼 Bayes-Nash 均衡

Harsanyi 转换将不完全信息处理为在博弈开始时由大自然根据特定概率选择的一种行动，此时，从非初始节点出发的任何子博弈树都必然会割裂原有的信息集，因此，转化后的博弈只存在唯一的子博弈，即自身。这意味着子博弈精炼 Nash 均衡无法精炼不完全信息动态博弈均衡。为处理这一问题，我们结合 Bayes-Nash 均衡的概念，介绍精炼 Bayes-Nash 均衡的概念。

不完全信息动态博弈需要考虑每个信息集上的博弈问题，但经过 Harsanyi 转换后的动态博弈信息并不完美，为此需要在每个信息集上定义参与者的信念或推断，推断的概念在静态 Bayes 博弈中已有介绍。通过 Harsanyi 转换可将不完全信息静态博弈转换为两阶段的扩展式博弈，因此对于每个参与者，信息集一般只有一个。而在不完全信息动态博弈中，一般会出现多个信息集，为此需要对每个信息集都给出推断。如此，整个推断自身即构成一个完整的体系，称为推断系统。

参与者的行动策略是指自每个信息集上，对每种可能行动的概率分配，即在每个信息集上，以多大概率执行各个可能的行动，这种做法可视为混合策略在多阶段博弈中的推广。

若给定各个参与者的“推断”，则他们的策略必须满足序贯理性（sequential rationality）的要求，即在每个信息集中，若给定当前应做出决策的参与者的推断和其他参与者的后续策略，则该参与者的行动选择及后续策略应该以己之支付或期望支付最优为目标，即所谓序贯理性。需要说明的是，后续策略是相应的参与者在到达给定的信息集以后的阶段中，对所有可能的情况应如何行动的完整计划。所谓完整，是指某些可能的情况实际上并不会达到，但是在策略中同样应该考虑。

一致性是针对推断系统提出的。所谓一致性，是指针对一个给定的均衡策略，推断系统中所有的推断均是通过 Bayes 法则导出的，即遵循一般条件概率公式。在单点信息集上，若均衡策略到达这一信息集，则概率只能为 1，故 Bayes 法则自然满足；若均衡策略到达的信息集不是单点的，则相应的参与者是以一定的概率位于其中的节点上，当参与者进行后续决策时，必须根据对手之前的行动推断自己以多大概率位于信息集中的各个节点上，数学上可表示为一个条件概率估计问题，因此必须遵循 Bayes 法则。总之，给定的均衡策略提供了一个对手的行动序列，根据先验概率分布通过 Bayes 法则进行推断，客观上表现为通过先验概率加上条件求取后验概率的过程。根据每一步的行动，不断更新后验概率，最终即可得到合理的推断系统。

下面通过一个例子说明推断系统的必要性。

例 4.10　给定如图 4.12所示的完全非完美信息动态博弈问题，试对其进行推断。

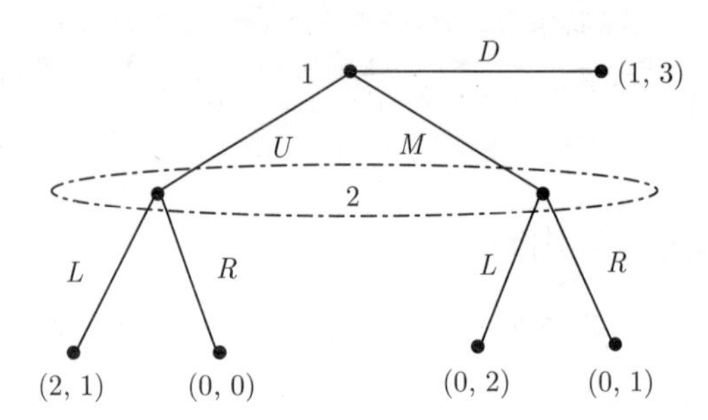

图 4.12　不完全信息动态博弈的 Harsanyi 转换

针对图 4.12所示的博弈问题可以写出如表 4.11所示的支付矩阵。

表 4.11　例 4.10 动态博弈的支付矩阵

		Player 2	
		L	R
Player 1	U	$\underline{2}, \underline{1}$	0, 0
	M	$0, \underline{2}$	0, 1
	D	$1, \underline{3}$	$\underline{1}, \underline{3}$

由上述支付矩阵可以看出该博弈存在两个 Nash 均衡分别为 (U, L) 和 (D, R)，显然后者不是一个可信的均衡，因为当参与者 1 策略为“U”或“M”时，对参与者 2 来说，“R”是“L”的严格劣策略。

从例 4.10可以看出，在不完全信息动态博弈中，子博弈精炼 Nash 均衡的概念并不够用，必须由更强的均衡概念来处理这一博弈问题。按照第 3 章处理不完全信息静态博弈问题的思路，可以对均衡概念增加一些限定条件，从而将一些不可信的均衡剔除。为此引入下列两个条件。

条件 1　当某个信息集到达时，参与者对该信息集中决策节点的概率分布存在一个推断。

条件 2　在给定的推断下，参与者策略是序贯理性的。

条件 1 的要求是自然的，因为一旦有联合概率分布这一先验概率，参与者即可根据该先验概率对每个信息集中决策节点的概率进行推断。而条件 2 的要求也是平凡的，这是均衡概念在不完全信息动态博弈下的自然推广，即要求在各阶段下参与者的行动都是最优反应。

对于例 4.10，其博弈树如图 4.13所示。首先建立推断系统，此处只有一个非单点信息集 $\{x_2, x_3\}$。假定到达 x_2 的概率是 p，则到达 x_3 的概率即为 $1-p$。

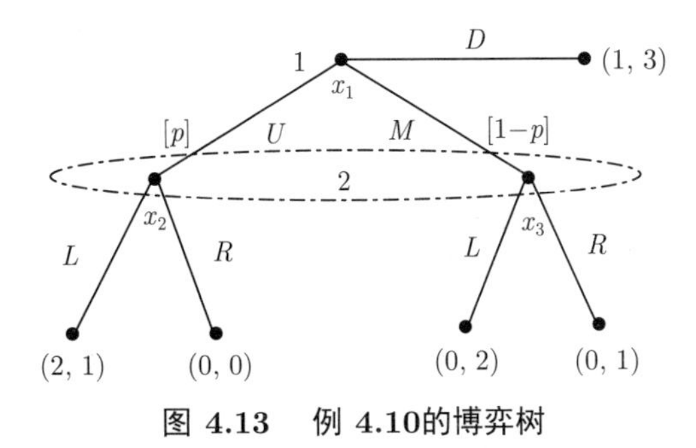

图 4.13　例 4.10的博弈树

以下在给定的推断下，分析参与者的序贯理性。

对于参与者 2 来说，选择行动 R 的期望收益为

$$p \cdot 0 + (1-p) \cdot 1 = 1 - p$$

而选择行动 L 的期望收益为

$$p \cdot 1 + (1-p) \cdot 2 = 2 - p$$

由于

$$2 - p > 1 - p$$

始终成立，因此理性的参与者 2 不会选择行动 R。

图 4.13给出的博弈树中只有参与者 2 有一个包含两个决策节点的信息集，因此仅需要考虑参与者 2 在该信息集上如何进行推断。若参与者 1 的均衡策略是在第 1 阶段选择 U，则参与者 2 的推断只能是“参与者 1 以概率 $p=1$ 选择 U”，如此才能与参与者 1 选择的策略相符合。根据这一推断，参与者 2 会在自己的第 2 阶段选择策略 L。因此该推断是参与者 2 决策的依据和双方均衡策略稳定的基础。既如此，如何保证上述推断是合理的呢？

假设该博弈存在一个混合策略均衡，其中，参与者 1 选择 U 的概率为 q_1，选择 M 的概率为 q_2，选择 D 的概率为 $1-q_1-q_2$。根据 Bayes 法则，参与者 2 在其第 2 阶段选择时的推断为

$$p(U) = \frac{q_1}{q_1 + q_2}$$

$$p(M) = \frac{q_2}{q_1 + q_2}$$

从上式可以看出，在进行推断时不需要考虑策略 D，这是因为策略 D 的支路不会到达参与者 2 的信息集 $\{x_2, x_3\}$。为了对信息集做进一步分析，以下介绍两个概念。

定义 4.7（位于均衡路径之上（on the equilibrium path）） 给定一个均衡策略，若某个信息集是按正概率到达的，则称其位于均衡路径之上。

定义 4.8（位于均衡路径之外（off the equilibrium path）） 给定一个均衡策略，若其是不可到达的，则称其位于均衡路径之外。

上述两个概念中的均衡可以是 Nash 均衡、子博弈精炼 Nash 均衡、Bayes-Nash 均衡及将要介绍的精炼 Bayes-Nash 均衡。显然，信息集是否在均衡路径上，与均衡的选择直接相关。图 4.13的例子中，对于参与者 2 的信息集 $\{x_2, x_3\}$ 而言，当参与者 1 第 1 阶段选择策略 D 时，该信息集不在均衡路径上；而当参与者 1 第 1 阶段不采取策略 D 时，该信息集在均衡路径上。

在判定信息集是否位于某条均衡路径上之后，再给出如下限定条件。

条件 3（策略一致性） 在均衡路径上的信息集，其推断由相应的均衡策略以及 Bayes 法则决定。

例 4.11 考察如下经过 Harsanyi 转换后的等价完全非完美信息动态博弈问题，试分析其推断。

此例有两个参与者，其中参与者 1 有三种类型 $\{\theta_1, \theta_2, \theta_3\}$，其概率分布分别为 r_1、r_2 和 r_3，每种类型可能的行动集是 $\{U,\ D\}$，参与者 1 知道自己的类型。参与者 2 不知道参与者 1 的类型，其可能的行动集为 $\{L,\ R\}$。假设参与者 1 类型为 θ_1、θ_2 时执行策略 U，当其类型为 θ_3 时执行策略 D。从图 4.14中可以看出，参与者 2 存在两个信息集，即 $\{x_1, x_3, x_5\}$ 和 $\{x_2, x_4, x_6\}$，每个信息集上都有两种可能行动 $\{L,\ R\}$。显见每一个信息集都处于均衡路径上，因此可以利用 Bayes 法则确定参与者 2 在信息集上的如下推断。

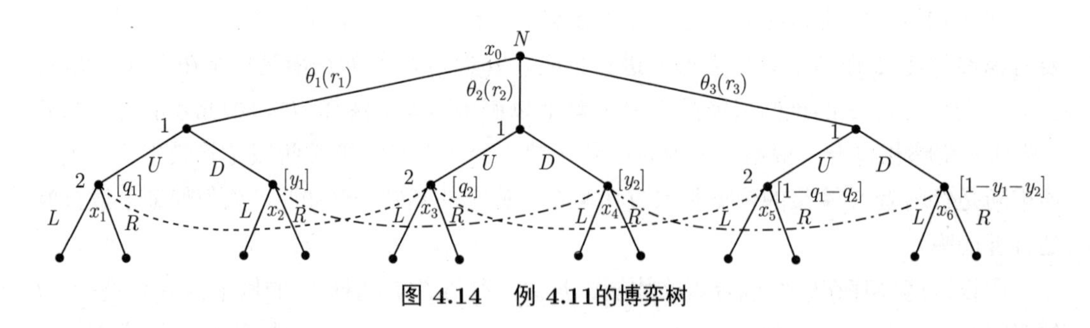

图 4.14 例 4.11的博弈树

（1）先验概率：

$$p(\theta_1) = r_1, \quad p(\theta_2) = r_2, \quad p(\theta_3) = r_3$$

（2）条件概率。由于参与者 1 的均衡策略是 (U, U, D)，因此有

$$p(U|\theta_1) = p(U|\theta_2) = p(D|\theta_3) = 1, \quad p(D|\theta_1) = p(D|\theta_2) = p(U|\theta_3) = 0$$

根据上述先验概率及 Bayes 法则，参与者 2 在信息集 $\{x_1, x_3, x_5\}$ 上的推断为

$$p(\theta_i|a_i) = \frac{p(a_i|\theta_i)\,p(\theta_i)}{\sum\limits_{\theta_j \in \Theta_j} p(a_i|\theta_j)\,p(\theta_j)} \tag{4-21}$$

$$q_1 = p(\theta_1|U) = \frac{p(U|\theta_1)\,p(\theta_1)}{\sum\limits_{\theta_j \in \Theta_j} p(U|\theta_j)\,p(\theta_j)} = \frac{1 \times r_1}{1 \times r_1 + 1 \times r_2 + 0 \times r_3} = \frac{r_1}{r_1 + r_2} \tag{4-22}$$

$$q_2 = p(\theta_2|U) = \frac{p(U|\theta_2)\,p(\theta_2)}{\sum\limits_{\theta_j \in \Theta_j} p(U|\theta_j)\,p(\theta_j)} = \frac{1 \times r_2}{1 \times r_1 + 1 \times r_2 + 0 \times r_3} = \frac{r_2}{r_1 + r_2} \tag{4-23}$$

$$q_3 = p(\theta_3|U) = \frac{p(U|\theta_3)\,p(\theta_3)}{\sum\limits_{\theta_j \in \Theta_j} p(U|\theta_j)\,p(\theta_j)} = \frac{0 \times r_3}{1 \times r_1 + 1 \times r_2 + 0 \times r_3} = 0 \tag{4-24}$$

同理，参与者 2 在信息集 $\{x_2, x_4, x_6\}$ 上的推断为

$$y_1 = p(\theta_1|D) = \frac{p(D|\theta_1)\,p(\theta_1)}{\sum\limits_{\theta_j \in \Theta_j} p(D|\theta_j)\,p(\theta_j)} = \frac{0 \times r_1}{0 \times r_1 + 0 \times r_2 + 1 \times r_3} = 0 \tag{4-25}$$

$$y_2 = p(\theta_2|D) = \frac{p(D|\theta_2)\,p(\theta_2)}{\sum\limits_{\theta_j \in \Theta_j} p(D|\theta_j)\,p(\theta_j)} = \frac{0 \times r_1}{0 \times r_1 + 0 \times r_2 + 1 \times r_3} = 0 \tag{4-26}$$

$$y_3 = p(\theta_3|D) = \frac{p(D|\theta_3)\,p(\theta_3)}{\sum\limits_{\theta_j \in \Theta_j} p(D|\theta_j)\,p(\theta_j)} = \frac{1 \times r_1}{0 \times r_1 + 0 \times r_2 + 1 \times r_3} = 1 \tag{4-27}$$

因此，该博弈的均衡为

$$\left((U,\ U,\ D), \left(q_1 = \frac{r_1}{r_1 + r_2}, q_2 = \frac{r_2}{r_1 + r_2}, q_3 = 0\right), (y_1 = 0, y_2 = 0, y_3 = 1)\right)$$

由例 4.11可以看出，不完全信息动态博弈中，均衡由最佳反应策略组合及各信息集上的推断共同构成。

例 4.11考虑的是信息集全部位于均衡路径上的情况。对于不处于均衡路径上的信息集，需要下述限定条件。

条件 4（结构一致性）　位于均衡路径外的信息集，其推断由 Bayes 法则和参与者在此处可能的均衡策略组合决定。由于位于均衡集外的行动从理论上说不应存在，即相当于零概率事件发生，此时 Bayes 法则中分母为 0，因此该法则失效。但在应用此要求时，只要该推断与参与者的某个可能的均衡策略相一致，则可任意确定某个推断。

例 4.12　考察如图 4.15所示的不完全信息动态博弈问题，试分析其均衡。

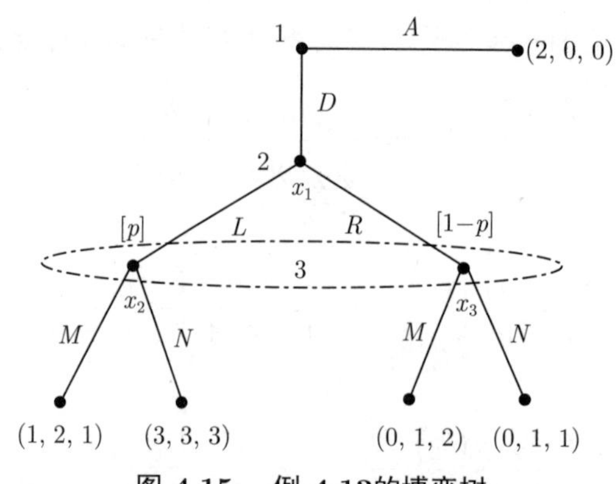

图 4.15　例 4.12的博弈树

在该博弈中，共有 3 个参与者。第一阶段参与者 1 有 A 和 D 两个选择，对于参与者 1 的具体选择，参与者 2 和参与者 3 都能得知。在第二阶段参与者 2 有 L 和 R 两种选择，但参与者 3 不知道参与者 2 的具体选择。参与者 3 在第三阶段有 M 和 N 两种选择，这是一个两节点信息集，反映出参与者 3 对于参与者 2 信息的了解不完美。该博弈的支付矩阵如表 4.12所示。根据该支付矩阵，可求出其共有 4 个纯策略均衡：

$$(A, L, M),\quad (A, R, M),\quad (A, R, N),\quad (D, L, N)$$

现在依据前述 4 条要求来分析这些均衡是否合理。

表 4.12　例 4.12不完全信息动态博弈支付矩阵

		参与者 1（A）		参与者 1（D）	
		参与者 3			
		M	N	M	N
参与者 2	$L(p)$	2,0,0	2,0,0	1,2,1	3,3,3
	$R(1-p)$	2,0,0	2,0,0	0,1,2	0,1,1

假设参与者 3 推断参与者 2 选择 L 和 R 的概率分别为 p 和 $1-p$。若参与者 1 在第一阶段选择策略 A，则博弈结束，相应的支付为 $(2,0,0)$；若参与者 1 在第一阶段选择策略 D，则博弈继续进行。在第二阶段参与者 2 分别以概率 p 和 $1-p$ 选择策略 L 和 R，然后博弈进入第三阶段。考虑使用逆推法，在博弈的第三阶段，若参与者 3 选择策略 M，此时他的期望支付为

$$1 \cdot p + 2 \cdot (1-p) = 2 - p$$

若参与者 3 选择策略 N，则此时的期望支付为

$$3 \cdot p + 1 \cdot (1-p) = 1 + 2p$$

显然当参与者 3 的最佳反应为 M 时，需满足

$$2 - p > 1 + 2p$$

即当 $p < 1/3$ 时，参与者 3 应该选择策略 M；同理，当 $p > 1/3$ 时，参与者 3 应该选择策略 N；当 $p = 1/3$ 时，选择 M 或 N 其支付相同。假设参与者 3 推断 $p > 1/3$，则他的策略选择为 N。然后倒推回第二阶段，由于 L 是参与者 2 的严格占优策略，因此他必将选择 L。再倒推回第一阶段，由于参与者 1 知晓只要博弈进入第二阶段，则后续选择必为 (L, N)。由于参与者 1 选择策略 D 的支付为 3，高于其选择策略 A 的支付，故其必定会选择策略 D。综上得到，均衡策略组合 (D, L, N) 满足条件 1、2、3。进而，由于上述策略组合不存在均衡路径外的非单点信息集，因此条件 4 自然满足。由上述分析过程可以看出，该均衡亦是子博弈精炼 Nash 均衡。

下面考虑均衡策略组合 (A, L, M)，假定此时推断为 $p = 0$。由于参与者 1 在第一阶段选择策略 A，因此第一阶段博弈结束。在该推断下，策略 (A, L, M) 满足序贯理性，因此均衡 (A, L, M) 满足条件 1、2、3。然而，该均衡并非子博弈精炼 Nash 均衡，因为该博弈中，以 x_1 为根节点的子博弈唯一的均衡为 (L, N)。这是由于条件 1、2、3 并没有对参与者 3 的推断做任何限制，因为若参与者 1 选择策略 A，博弈不会到达参与者 3 的信息集。由此可见，仅仅满足条件 1、2、3 并不能保证其均衡的合理性。事实上，参与者 3 的信息集 $\{x_2, x_3\}$ 不在均衡路径上，根据条件 4，在该信息集上的推断也必须满足各方的均衡策略。参与者 3 在推断 $p = 0$ 的条件下，显然与参与者 2 的选择 L 不符；而在推断 $p = 1$ 的条件下，参与者 3 的最佳反应为 N。因此，条件 2 与条件 4 无法同时满足，导致这一均衡并不合理。同样，(A, R, M) 和 (A, R, N) 也不是合理的均衡。

基于例 4.12，下面给出不完全信息动态博弈均衡的一般性定义。

定义 4.9（精炼 Bayes-Nash 均衡） 满足前述条件 1～ 条件 4 的策略组合及相应的推断系统构成不完全信息动态博弈的精炼 Bayes-Nash 均衡。

精炼 Bayes-Nash 均衡的概念排除了参与者选择任何始于均衡路径之外的信息集的严格劣策略的可能性，进而通过推断系统的引入，使得其他参与者不会相信该参与者将采取劣策略。需要说明的是，通常情况下由于不完美信息的存在，一般不能像完全信息动态博弈那样直接采用逆推法，这是由于每个阶段的信息集受到上一个阶段的行动影响，而这些行动又（部分地）依赖于参与者后续的策略，因此各阶段间相互耦合，不能简单进行逆推。

以下给出关于精炼 Bayes-Nash 均衡的存在性定理。

定理 4.6（精炼 Bayes-Nash 均衡存在性定理） 一个有限不完全信息动态博弈至少存在一个精炼 Bayes-Nash 均衡。

4.2.3 几种均衡概念的比较

前文分别介绍了完全信息静态博弈、不完全信息静态博弈、完全信息动态博弈和不完全信息动态博弈，它们涵盖 4 个基本的博弈均衡概念，分别为 Nash 均衡、Bayes-Nash 均衡、子博弈精炼 Nash 均衡和精炼 Bayes-Nash 均衡，这 4 个均衡概念是密切相连、逐步强化的。较强的博弈均衡概念是为了弥补较弱的均衡概念的不足和漏洞，剔除不合理的均衡解。简言之，Bayes-Nash 均衡与子博弈精炼 Nash 均衡的概念较之 Nash 均衡概念更强，而精炼 Bayes-Nash 均衡的概念又较 Bayes-Nash 均衡与子博弈精炼 Nash 均衡更强，这主要是因为简单博弈中的合理行为在较为复杂的博弈中可能并不合理。相应地，适用于简单博弈的均衡并不一定适用于更复杂的博弈。因此，对复杂情况下的博弈格局需要提出更严格的限制条件以强化均衡概念，从而剔除不合理的均衡。

另外，精炼 Bayes-Nash 均衡的概念是 4 个均衡概念中要求最严格的，即参与者所采用的策略不仅是整个博弈的 Bayes-Nash 均衡，而且在每一个后续子博弈上构成 Bayes-Nash 均衡，并且参与者需通过 Bayes 法则修正信息，在均衡路径上和均衡路径外都要做出合理的推断，从而强化了 Bayes-Nash 均衡的概念。因此，其他几种均衡概念均可统一归结为某种条件下的精炼 Bayes-Nash 均衡，它在静态完全信息下与 Nash 均衡等价，在静态不完全信息下与 Bayes-Nash 均衡等价，而在动态完全信息下与子博弈精炼 Nash 均衡等价。需要指出的是，即使是精炼 Bayes-Nash 均衡，也不能保证其是完全合理的。因此，研究者又提出“颤抖手均衡”（trembling-hand perfect equilibrium）、“恰当均衡”（proper equilibrium）等概念，进一步对均衡进行精炼 [11,12]。

4.2.4 不完全信息动态博弈的应用——信号博弈

1. 信号博弈

信号博弈是一个典型的不完全信息动态博弈问题，它一般有两个参与者。一个是信号的发送者；另一个是信号的接收者。信号发送者首先行动，向信号接收者传递信息。信号接收者收到的信号可能存在不完全信息，但它能从发送者发出的信号中推测出部分信息。根据对所接收信号的推断，信号接收者选择自己的行动。

根据 3.3 节介绍的不完全信息博弈问题，信号博弈问题可以通过如下 Harsanyi 转换变为完全但不完美信息动态博弈。

第 0 阶段 假设“大自然”作为一个虚拟参与者按照一定概率分布 $p(\theta_i)$（$p(\theta_i)>0, \sum_i p(\theta_i)=1$），从信号发送者类型集合 $\Theta=\{\theta_1,\theta_2,\cdots,\theta_I\}$ 中选取某个类型，并将其分配给发送者。

第 1 阶段 信号发送者在获知自己类型 θ_i 后，从自己的行动空间 $M=\{m_1,m_2,\cdots,m_J\}$ 选择一个行动 m_j，将其作为信号发送给信号接收者。

第 2 阶段 信号接收者接收到发送者所发送的信号 m_j 后，根据此信号及对发送者类型 θ_i 的推断，在自己的行动空间 $A=\{a_1,a_2,\cdots,a_K\}$ 中选择某个行动 a_k。

整个博弈结束后，相应的支付函数分别为 $u_{\mathrm{S}}(m_j,a_k,\theta_i)$ 以及 $u_{\mathrm{R}}(a_k,m_j,\theta_i)$。

以下考虑一个简单的信号博弈，其发送者的类型、策略空间、接收者的策略空间都只有两个元素，即

$$\Theta=\{\theta_1,\theta_2\},\quad M=\{m_1,m_2\},\quad A=\{a_1,a_2\}$$

该博弈过程可用图 4.16表示，或采用图 4.17的博弈树表示。

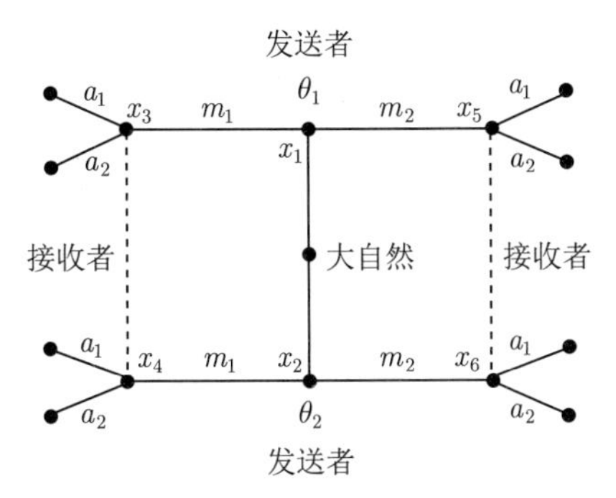

图 4.16　信号博弈问题

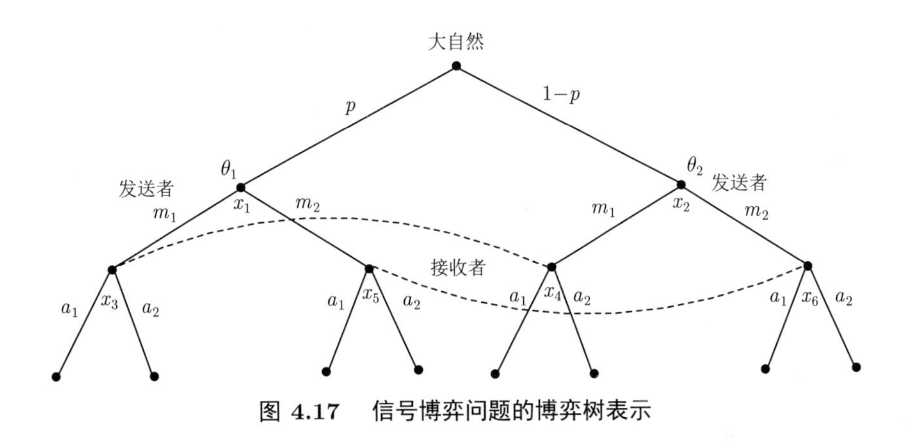

图 4.17　信号博弈问题的博弈树表示

图 4.17中 p 和 $1-p$ 表示自然选择的概率分布。信号发送者根据其不同类型 $\{\theta_1,\theta_2\}$ 有 4 种纯策略，即

$$s_{\mathrm{S}}^1=(m_1,m_1),\quad s_{\mathrm{S}}^2=(m_1,m_2),\quad s_{\mathrm{S}}^3=(m_2,m_1),\quad s_{\mathrm{S}}^4=(m_2,m_2)$$

信号接收者根据其接收到的不同信号 $\{m_1,m_2\}$ 也有 4 种纯策略，即

$$a_{\mathrm{R}}^1=(a_1,a_1),\quad a_{\mathrm{R}}^2=(a_1,a_2),\quad a_{\mathrm{R}}^3=(a_2,a_1),\quad a_{\mathrm{R}}^4=(a_2,a_2)$$

信号发送者的 4 个纯策略中，s_{S}^1 和 s_{S}^4 对于自然选择的不同类型发送者选择相同的策略，称为集中策略 (pooling strategy)；s_{S}^2 和 s_{S}^3 针对不同类型选择不同的策略，称为分离策略（separating strategy）。由于该信号博弈中信号发送者的类型集和行动集都只有两个元素，因此其纯策略只有集中策略和分离策略两种。更复杂的情况下，可能出现部分集中策略或准分离策略。除此之外，还可以有混杂策略（hybrid strategy）。例如，当自然抽取类型为 θ_1 时，发送者选择策略 m_1，而自然抽取类型 θ_2 时，发送者在策略 m_1 和 m_2 中随机选择。

由于信号博弈是一个非完全信息动态博弈问题，根据精炼 Bayes-Nash 均衡的要求，信号接收者需要在接收到信号后给出关于发送者类型的推断，即当发送者选择行动 m_j

时，发送者是类型 θ_i 的概率分布为

$$p(\theta_i|m_j) \geqslant 0\ ,\ \sum_i p(\theta_i|m_j) = 1$$

在给出了发送方的信号和接收方的推断后，即可描述接收者的最佳反应，即接收者应选择 a_k 使其期望支付最大。因此，a_k 是如下优化问题的解：

$$\max_{a_k} \sum_{\theta_i} p\left(\theta_i|m_j\right) u_{\mathrm{R}}\left(a_k, m_j, \theta_i\right) \tag{4-28}$$

进一步根据序贯理性原则，信号发送者对于接受者的最佳反应策略 $a^*\left(m_j\right)$ 同样是最佳反应，因此发送者应选择 m_j 使其支付最大，则有如下优化问题：

$$\max_{m_j} u_{\mathrm{S}}\left(m_j, a^*\left(m_j\right), \theta_i\right) \tag{4-29}$$

由上述过程可以看出，求解信号博弈问题相当于求解与例 4.1类似的 Stackelberg 博弈问题。当然，根据精炼 Bayes-Nash 均衡的概念，信号接收者在其信息集处的推断必须要与信号发送者的策略相一致，同时还应遵循 Bayes 法则。

2. 信号博弈的应用实例

信号博弈在经济、政治博弈中有很多应用，下面介绍两个常见的应用。一是企业投资博弈，二是就业市场信号博弈。

例 4.13 企业投资博弈。

假设某新能源发电商需要引入一笔外来投资新建一个光伏电场。该发电商知道自身盈利能力，但这些私有信息对投资者是保密的。为吸引投资，该发电商提出可将一定比例的股份分给投资者，试分析何种情况下投资人会愿意投资？

若将发电商看作是信号发送者，私人投资者看作是信号接收者，则该问题可转化为一个信号博弈问题。假设该发电商具有高利润和低利润两种类型，即

$$\theta \in \Theta = \{L, H\}$$

其中，θ 是企业的利润。设项目所需的投资为 I，相应增加的收益为 R，r 为潜在投资者的现有收益率。显然，只有该项目的收益大于投资者现有收益时投资者才会选择投资。该信号博弈可以表示如下。

（1）首先由“大自然”决定新能源公司的原有利润是高还是低，即

$$p\left(\theta = L\right) = q, \quad p\left(\theta = H\right) = 1 - q$$

（2）发电商知道自己原有利润的情况，提出用 s 比例的股份换取投资 $(0 \leqslant s \leqslant 1)$。

（3）投资者可以知道股份的比例 s，但不知道发电商原有利润 θ，然后选择是否接受投资。

（4）若投资者拒绝，则投资者的收益是 $(1+r)\cdot I$，r 是收益率（如存款利率或投资回报率等），发电商的收益为 θ；若投资者接受，则投资者的收益为 $s(\theta+R)$，相应地发电商的收益为

$$(\theta+R)-s(\theta+R)=(1-s)(\theta+R)$$

此处假定 $R>(1+r)I$。

这里，信号发送者的类型只有两种 $\{L,H\}$，信号接收者的策略也只有两种 { 投资，不投资 }，信号发送者的策略空间是一个连续区间 $[0,1]$ 。假设投资者得知发电商给出的股份为 s 后，推断其为高利润的概率为 x，即

$$p(H|s)=x$$

则当下述条件：

$$s[xH+(1-x)L+R]\geqslant I(1+r) \tag{4-30}$$

成立时，投资者才会接受投资。

对于发电商来说，其可接受的股份比例 s 必须满足

$$(1-s)(\theta+R)\geqslant\theta \tag{4-31}$$

联立求解式 (4-30)、式 (4-31) 可得

$$\frac{I(1+r)}{xH+(1-x)L+R}\leqslant s\leqslant\frac{R}{\theta+R} \tag{4-32}$$

式 (4-32) 即为双方都愿意接受的条件。当然，实际生活中，由于发电商与投资商都需要考虑一定的最低赢利，因此真实的区间要较式 (4-32) 所示小得多。而且，双方为了使自己获得更高利润，还可能进行讨价还价博弈。

注意到

$$L+R\leqslant xH+(1-x)L+R\leqslant H+R$$

此时，低利润的发电商（$\theta=L$）出价为

$$s=\frac{I(1+r)}{L+R}\geqslant\frac{I(1+r)}{xH+(1-x)L+R}$$

投资方会接受。

而高利润的发电商（$\theta=H$）出价为

$$s=\frac{I(1+r)}{H+R}\leqslant\frac{I(1+r)}{xH+(1-x)L+R}$$

投资方不会接受。这意味着低赢利能力的发电商能赢得投资，而高利润的项目反而会失去机会。这实质上是信息不完全造成的市场经济的低效率。

例 4.14 就业市场信号博弈。

一般公司在招聘员工时，会设置一个选拔机制，最常见的就是考试，以此来分辨员工素质高低。其原因是，不同素质的劳动者获得学历或通过考试所需要花费的边际成本是不同的，一般低素质的劳动者比高素质的劳动者的成本高。因此，劳动者就会根据自身的素质选择相应的教育水平，这就给公司提供了一个隐含指标，从而可以通过设置选拔机制来判断劳动者的素质高低。

以下给出该博弈问题的决策顺序。

第 1 步 首先由大自然确定一个劳动者的素质 θ，假定素质 θ 有高、低两种类型，即 $\theta=\{H,L\}$，其概率分布分别为

$$p\left(\theta=H\right)=x,\quad p\left(\theta=L\right)=1-x$$

第 2 步 劳动者根据自己的素质，选择一个教育水平 $e\geqslant 0$，素质为 θ 的劳动者接受教育水平为 e 的培训时花费的成本为 $c\left(\theta,e\right)$。

第 3 步 就业市场上两家公司根据同时观察到的劳动者受教育水平 e，但并不知道该劳动者的具体类型 θ，提出相应的工资水平。

第 4 步 劳动者选择工资水平较高的公司，若两个公司给出的工资水平相同，则随机决定选择任一方。这里用 w 表示劳动者所接受的工资水平。

在此博弈中，劳动者的支付为

$$u_w=w-c\left(\theta,e\right)$$

雇得该劳动者的公司支付为

$$u_y=y\left(\theta,e\right)-w$$

其中，$y\left(\theta,e\right)$ 表示素质为 θ、受教育水平为 e 的劳动者的生产能力；没有雇得劳动者的企业的支付为 0。该博弈中，劳动者选择的教育水平为公司提供了一个劳动者生产能力强弱的信号，因此，可以将之归为一类信号博弈问题，与例 4.13不同的是，接收者是两个而不是一个，此博弈格局属于三参与者两阶段不完全信息信号博弈。

由于未雇得劳动者公司的收益为 0，因此两家公司之间的竞争会使公司的期望收益趋近于 0，即公司的最佳策略是提出接近于劳动者生产能力的工资水平。这是自由竞争导致的结果，即使只有两家公司参与竞争。反之，若只有一家公司而有两个竞聘的劳动者，局势就会逆转。此时，只有表现出自身的优势，才有可能获得大于 0 的净收益。

4.3 信息不对称问题的博弈设计方法

信息不对称现象在现实中广泛存在，即至少有一个参与者不知道其他某个或某些参与者的类型、参与意愿等信息。其中，掌握信息较充分的参与者往往处于有利地位，而缺

乏信息的参与者则处于劣势地位。参与者利用信息优势，可能导致两种典型的问题：逆向选择和道德风险。逆向选择问题的典型例子是 George Akerlof 在 1970 年提出的柠檬市场（二手车市场）[13]；道德风险问题则主要指搭便车和机会主义行为[14]。随着信息不对称问题的突显，信息经济学已逐渐成为新市场经济理论的主流。本章将动态博弈理念引入信息不对称问题，分别举例探讨了两类信息不对称问题下的合同设计和均衡分析方法。

4.3.1 逆向选择问题

逆向选择问题可以用经济学中经典的“委托-代理”框架描述。委托人委托代理人生产一种商品，每 q 个单位的价值为 $Q(q)$，其中，价值函数 $Q(\cdot)$ 满足 $Q^{'}>0$, $Q^{''}<0$ 且 $Q(0)=0$，即商品总价值随着商品件数的增加而增加，但边际价值递减。代理人的单位生产成本为 c，这里假设有两种类型的代理商，成本分别为 $\underline{c}$ 和 $\overline{c}$，概率分别为 v 和 $1-v$，且满足 $\underline{c}<\overline{c}$。代理人的类型是私人信息，不为委托人所知。委托人和代理人之间的合同由两个公开可观测量构成：产量 q 和支付 m。当代理人可获得非负的净效用时，其会选择接受合同并组织生产。在此问题中，委托人先决策即制定合同，代理人后决策即决定是否接受合同，二者构成动态博弈。

1. 逆向选择的委托代理模型

我们采用对称信息下的模型作为对照组。在信息对称的情况下，委托人准确知道代理人的生产成本 c，因而可针对每种类型的代理人设计相应的合同，以最大化自身收益：

$$\max_{q,m} \pi = Q(q) - m \tag{4-33a}$$

$$\text{s.t.} \quad m - cq \geqslant 0 \tag{4-33b}$$

最优产量和支付记为 q^* 和 m^*。在最优解处有 $Q^{'}(q^*)=c$，且由于 $Q^{''}<0$，可得 $\underline{q}^*(\underline{c})>\overline{q}^*(\overline{c})$，即生产成本低的代理人生产更多。对应地，委托人的收益满足：

$$\underline{\pi} = Q(\underline{q}^*) - \underline{c}\underline{q}^* \geqslant Q(\overline{q}^*) - \underline{c}\overline{q}^* \geqslant Q(\overline{q}^*) - \overline{c}\overline{q}^* \geqslant \overline{\pi} \tag{4-34}$$

尽管有 $\underline{q}^*(\underline{c})>\overline{q}^*(\overline{c})$，但相应的支付 $\underline{m}$、$\overline{m}$ 并无固定的大小关系。图 4.18中的两个例子分别对应于 $\underline{m}>\overline{m}$ 和 $\underline{m}<\overline{m}$ 的两种情况。

在信息不对称的情况下，每个代理人的单位成本 c 是私人信息，两种可能的取值分别为 $\underline{c}$（概率为 v）和 $\overline{c}$（概率为 $1-v$）。委托人通过设计两种类型的合同 $(\underline{m},\underline{q})$ 和 $(\overline{m},\overline{q})$ 供代理人选择以间接将其区分开来，并期望生产成本为 $\underline{c}$ 的代理人选择合同 $(\underline{m},\underline{q})$，生产成本为 $\overline{c}$ 的代理人选择合同 $(\overline{m},\overline{q})$。为保证两种类型的代理人会愿意接受并自动选择为其设定的合同，需满足以下两类约束。

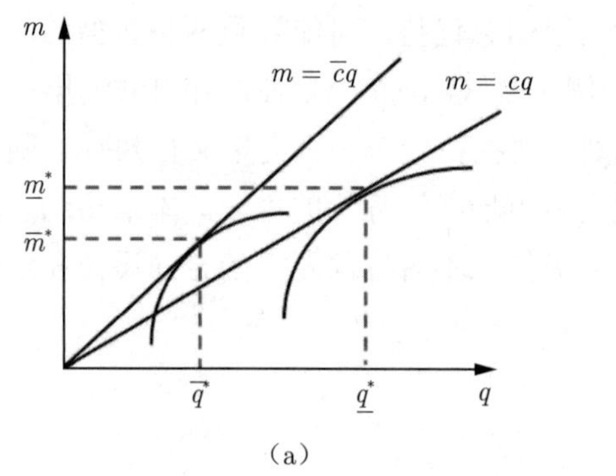

(a)

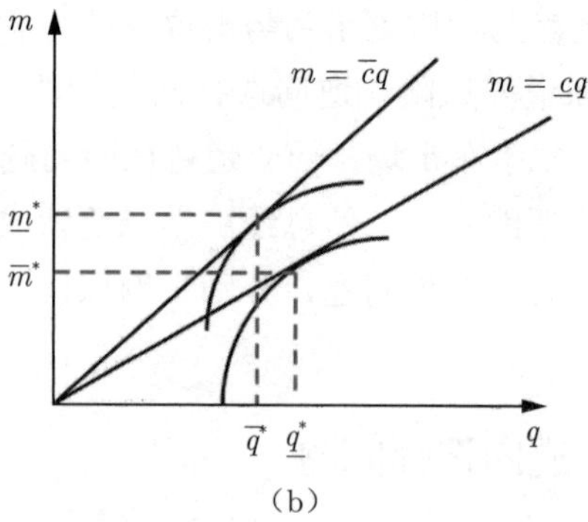

(b)

图 4.18　信息对称下的两种情况

(a) $\underline{m}^*>\overline{m}^*$ 的情况；(b) $\underline{m}^*<\overline{m}^*$ 的情况

（1）参与约束：

$$\underline{m}-\underline{c}\underline{q}\geqslant 0 \tag{4-35a}$$

$$\overline{m}-\overline{c}\overline{q}\geqslant 0 \tag{4-35b}$$

（2）激励相容约束：

$$\underline{m}-\underline{c}\underline{q}\geqslant \overline{m}-\underline{c}\overline{q} \tag{4-36a}$$

$$\overline{m}-\overline{c}\overline{q}\geqslant \underline{m}-\overline{c}\underline{q} \tag{4-36b}$$

此时，委托人的决策问题为

$$\max_{(\underline{m},\underline{q}),(\overline{m},\overline{q})} v(Q(\underline{q})-\underline{m})+(1-v)(Q(\overline{q})-\overline{m}) \tag{4-37a}$$

$$\text{s.t.}\quad \underline{m}-\underline{c}\underline{q}\geqslant 0 \tag{4-37b}$$

$$\overline{m}-\overline{c}\overline{q}\geqslant 0 \tag{4-37c}$$

$$\underline{m}-\underline{c}\underline{q}\geqslant \overline{m}-\underline{c}\overline{q} \tag{4-37d}$$

$$\overline{m}-\overline{c}\overline{q}\geqslant \underline{m}-\overline{c}\underline{q} \tag{4-37e}$$

我们称 $U:=m-cq$ 为代理人的信息租金，则目标函数(4-37a)可以表示为

$$\max_{(\underline{m},\underline{q}),(\overline{m},\overline{q})} v(Q(\underline{q})-\underline{c}\underline{q})+(1-v)(Q(\overline{q})-\overline{c}\overline{q})-(v\underline{U}+(1-v)\overline{U}) \tag{4-38}$$

若直接采用对称信息下所制定的合同，即令 $(\underline{m},\underline{q})=(\underline{m}^*,\underline{q}^*)$, $(\overline{m},\overline{q})=(\overline{m}^*,\overline{q}^*)$，则由图 4.18可知，代理人 1 均有动机去伪装为代理人 2，不满足激励相容约束。

2. 逆向选择博弈均衡解讨论

逆向选择问题可以抽象为信号博弈，最初由诺贝尔经济学奖获得者 Michael Spence 在他的博士论文中提出[15]。上述“委托-代理”信号博弈存在两种均衡类型。

（1）混同均衡。在均衡处，所有类型的代理人选择相同的策略，因此代理人的行为无法向委托人传递类型信息。

（2）分离均衡。在均衡处，不同类型的代理人会选择不同的策略，其行动向委托人揭示了其类型信息。

在混同均衡中，所有代理人的策略“混同”在一起，因此，委托人在代理人行动后，无法获得有效信息，其后验信念等于代理人行动前的先验信念。在分离均衡中，每个代理人通过独特的策略选择将自己与其他参与者“分离”开来，因此，委托人在代理人行动后，可以准确推断出其类型。

当存在混同均衡时，有 $\underline{m}=\overline{m}=m, \underline{q}=\overline{q}=q$。此时，激励相容约束(4-36)恒满足，只需考虑参与约束(4-35)（且式(4-39a)可由式(4-39b)推出）：

$$m-\underline{c}q \geqslant 0 \tag{4-39a}$$

$$m-\overline{c}q \geqslant 0 \tag{4-39b}$$

当存在分离均衡时，存在两种可能的情况。

（1）只针对其中一种类型的代理人设定合同。此时只有一种合同类型，无需考虑激励相容约束(4-36)，而参与约束(4-35)满足：

$$m-\underline{c}q \geqslant 0, \quad m-\overline{c}q \leqslant 0 \tag{4-40}$$

或

$$m-\underline{c}q \leqslant 0, \quad m-\overline{c}q \geqslant 0 \tag{4-41}$$

式(4-41)可推出矛盾。故在此情况下，只针对低成本的代理人设定合同，且满足 $Q'(q)=\underline{c}$，$m=\underline{c}q$，此时 $m-\overline{c}q<0$，即高成本代理人选择不生产。

（2）分别针对两种类型的代理人设定合同。委托人求解决策问题(4-37)以最大化其期望净效用。设最优的合同设定分别为 $(\underline{m}^{\mathrm{S}}, \underline{q}^{\mathrm{S}})$ 和 $(\overline{m}^{\mathrm{S}}, \overline{q}^{\mathrm{S}})$。首先易得式(4-37b)可由式(4-37c)和式(4-37d)推得。考虑到实际情况下，高成本的代理人没有激励去伪装低成本的代理人，先假设式(4-37e)取严格不等号，而式(4-37c)和式(4-37d)取等号。代入目标函数，求导可得最优解满足：

$$Q^{'}(\underline{q}^{\mathrm{S}})=\underline{c} \tag{4-42a}$$

$$(1-v)(Q^{'}(\overline{q}^{\mathrm{S}})-\overline{c})=v(\overline{c}-\underline{c}) \tag{4-42b}$$

因此，有 $\underline{q}^{\mathrm{S}*}=\underline{q}^{*}$，且 $\overline{q}^{\mathrm{S}*}<\overline{q}^{*}$。由于 $\underline{q}^{*}>\overline{q}^{*}$，代入式(4-37e)，易检验其取严格不等号。此外，应检验是否满足 $\overline{q}^{\mathrm{S}*}>0$，若否可只针对其中一种类型的代理人设定合同。

4.3.2　道德风险问题

道德风险问题源自于委托人难以观测和监督代理人的生产努力程度，最初由美国数理经济学家 Kenneth J. Arrow 在 1963 年引入到保险相关分析中。

1. 道德风险的委托代理模型

假设代理人的努力程度可以用变量 e 表示，$e \in \{0,1\}$，当努力程度为 e 时所需付出的成本为 $\Phi(e)$，令 $\Phi(0) := \underline{\Phi}$, $\Phi(1) := \overline{\Phi}$, $\Delta\Phi := \overline{\Phi} - \underline{\Phi}$；代理人可获得的报酬为 m，所带来的效用为 $u(m)$，且满足 $u'(\cdot) > 0$, $u''(\cdot) \leqslant 0$，令 $h = u^{-1}$。代理人的产量 q 是随机的，有两种可能取值 $\underline{q}$, $\overline{q}$，相应地，委托人的收益为 $Q(\underline{q}) := \underline{Q}$, $Q(\overline{q}) := \overline{Q}$。两种产量实现的概率受代理人努力程度的影响，即

$$P(q = \overline{q}|e = 0) = \pi_0, \quad P(q = \overline{q}|e = 1) = \pi_1 \tag{4-43}$$

且满足 $\pi_1 > \pi_0$。委托人无法直接观测到代理人的努力程度，而只能根据产量 q 设定相应的支付 $m(q)$。令 $\overline{m} := m(\overline{q})$, $\underline{m} := m(\underline{q})$。我们希望所设定的支付能够促使代理人选择高的努力程度，即 $e = 1$。

我们采用对称信息下的模型作为对照组。在信息对称的情况下，委托人可以准确获知代理人的努力程度，并有针对性地设定合同：

$$\max_{\underline{m},\overline{m}} \ \pi_1(\overline{Q} - \overline{m}) + (1 - \pi_1)(\underline{Q} - \underline{m}) \tag{4-44a}$$

$$\text{s.t.} \ \pi_1 u(\overline{m}) + (1 - \pi_1)u(\underline{m}) - \overline{\Phi} \geqslant 0 : \lambda \tag{4-44b}$$

上述优化问题的拉格朗日方程为

$$L(\overline{m}, \underline{m}, \lambda) = \pi_1(\overline{Q} - \overline{m}) + (1 - \pi_1)(\underline{Q} - \underline{m}) + \lambda[\pi_1 u(\overline{m}) + (1 - \pi_1)u(\underline{m}) - \overline{\Phi}] \tag{4-45}$$

对 $\underline{m}$ 和 $\overline{m}$ 分别求导，得

$$-\pi_1 + \lambda\pi_1 u'(\overline{m}^*) = 0 \tag{4-46a}$$

$$-(1 - \pi_1) + \lambda(1 - \pi_1)u'(\underline{m}^*) = 0 \tag{4-46b}$$

推得 $\lambda = \dfrac{1}{u'(\underline{m}^*)} = \dfrac{1}{u'(\overline{m}^*)} > 0$，$\underline{m}^* = \overline{m}^* = m^* = h(\overline{\Phi})$。此时，委托人可获得的收益为 $V_1 = \pi_1\overline{Q} + (1 - \pi_1)\underline{Q} - h(\overline{\Phi})$。若委托人决定放弃激励代理人努力，则其可获得的收益为 $V_0 = \pi_0\overline{Q} + (1 - \pi_0)\underline{Q} - h(\underline{\Phi})$。因此，当且仅当 $\Delta\pi\Delta Q \geqslant h(\overline{\Phi}) - h(\underline{\Phi})$，委托人会激励代理人努力。

在信息不对称下，需满足两类约束。

（1）激励相容约束：

$$\pi_1 u(\overline{m}) + (1 - \pi_1)u(\underline{m}) - \overline{\Phi} \geqslant \pi_0 u(\overline{m}) + (1 - \pi_0)u(\underline{m}) - \underline{\Phi} \tag{4-47}$$

（2）参与约束：

$$\pi_1 u(\overline{m}) + (1 - \pi_1)u(\underline{m}) - \overline{\Phi} \geqslant 0 \tag{4-48}$$

则委托人的决策问题为

$$\max_{\underline{m},\overline{m}} \ \pi_1(\overline{Q}-\overline{m})+(1-\pi_1)(\underline{Q}-\underline{m}) \tag{4-49a}$$

$$\text{s.t.}\ \pi_1\overline{m}+(1-\pi_1)\underline{m}-\overline{\Phi}\geqslant \pi_0\overline{m}+(1-\pi_0)\underline{m}-\underline{\Phi}:\lambda \tag{4-49b}$$

$$\pi_1\overline{m}+(1-\pi_1)\underline{m}-\overline{\Phi}\geqslant 0:\mu \tag{4-49c}$$

进一步，我们考虑代理人具有有限责任的情况，即委托人对于高低两种产量下的支付均不小于特定值 M，则

$$\max_{\underline{m},\overline{m}} \ \pi_1(\overline{Q}-\overline{m})+(1-\pi_1)(\underline{Q}-\underline{m}) \tag{4-50a}$$

$$\text{s.t.}\ \pi_1\overline{m}+(1-\pi_1)\underline{m}-\overline{\Phi}\geqslant \pi_0\overline{m}+(1-\pi_0)\underline{m}-\underline{\Phi} \tag{4-50b}$$

$$\pi_1\overline{m}+(1-\pi_1)\underline{m}-\overline{\Phi}\geqslant 0 \tag{4-50c}$$

$$\overline{m}\geqslant M,\quad \underline{m}\geqslant M \tag{4-50d}$$

2. 道德风险博弈均衡解讨论

首先考虑不存在有限责任的情况，优化问题(4-49)的拉格朗日方程为

$$\begin{aligned}L(\overline{m},\underline{m},\lambda,\mu)=&\pi_1(\overline{Q}-\overline{t})+(1-\pi_1)(\underline{Q}-\underline{t})+\\&\lambda[\Delta\pi(\overline{m}-\underline{m})-\Delta\Phi]+\mu[\pi_1\overline{m}+(1-\pi_1)\underline{m}-\overline{\Phi}]\end{aligned} \tag{4-51}$$

对 $\underline{m}$ 和 $\overline{m}$ 分别求导，得

$$\overline{m}:\ \pi_1+\lambda\Delta\pi+\mu\pi_1=0 \tag{4-52a}$$

$$\underline{m}:\ -(1-\pi_1)-\lambda\Delta\pi+\mu(1-\pi_1)=0 \tag{4-52b}$$

可得 $\lambda=0$ 和 $\mu=1>0$, $\pi_1\overline{m}+(1-\pi_1)\underline{m}=\overline{\Phi}$，委托人的收益为

$$\pi_1\overline{Q}+(1-\pi_1)\underline{Q}-\overline{\Phi}$$

命题 4.1　如果委托人和代理人都是风险中性的，即使无法观测到努力程度，也不存在道德风险问题。

对于代理人具有有限责任的情形，分以下两种情况讨论。

（1）当 $M<\dfrac{-\pi_0\overline{\Phi}+\pi_1\underline{\Phi}}{\Delta\pi}$ 时，则与不存在(4-50d)的情况相同，约束(4-50c)取等号。一种可能的最优解为

$$\underline{m}^*=\frac{-\pi_0\overline{\Phi}+\pi_1\underline{\Phi}}{\Delta\pi},\quad \overline{m}^*=\frac{(1-\pi_0)\overline{\Phi}-(1-\pi_1)\underline{\Phi}}{\Delta\pi} \tag{4-53}$$

（2）当 $M\geqslant\dfrac{-\pi_0\overline{\Phi}+\pi_1\underline{\Phi}}{\Delta\pi}$ 时，约束(4-50b)和约束(4-50d)取等号，可以求解得

$$\underline{m}^{\mathrm{S}} = M, \quad \overline{m}^{\mathrm{S}} = M + \frac{\Delta\varPhi}{\Delta\pi} \tag{4-54}$$

此时，代理人的期望收益为 $\pi_1\overline{m}^{\mathrm{S}} + (1-\pi_1)\underline{m}^{\mathrm{S}} - \overline{\varPhi} = M + \dfrac{\pi_1}{\Delta\phi}\Delta\varPhi - \overline{\varPhi} \geqslant 0$。

特别地，若 $M \leqslant \underline{\varPhi}$，委托人有可能放弃激励代理人努力，而选择对所有可能的产出都只支付 $m = \underline{\varPhi}$，此时委托人的期望收益为

$$V_0 = \pi_0\overline{Q} + (1-\pi_0)\underline{Q} - \underline{\varPhi} \tag{4-55}$$

则委托人会选择激励代理人努力当且仅当

$$\pi_1\overline{Q} + (1-\pi_1)\underline{Q} - M - \frac{\pi_1}{\Delta\pi}\Delta\varPhi \geqslant \pi_0\overline{Q} + (1-\pi_0)\underline{Q} - \underline{\varPhi} \tag{4-56}$$

即

$$\Delta\pi\Delta Q \geqslant \frac{\pi_1\Delta\varPhi - \Delta\pi\underline{\varPhi}}{\Delta\pi} + M \geqslant \Delta\varPhi \tag{4-57}$$

4.4 非合作工程博弈原理——通过非合作博弈均衡应对冲突

上述博弈模型与分析多源自于经济学。实际工程系统中固然不乏多个参与者经济利益的纠葛，但从系统整体运行角度来看，还必须面对一个特殊的参与者。具体而言，对一个人工系统进行优化设计，其根本目的在于使该人工系统能够满足预期目标，如安全稳定、经济运行等。任何一个人工系统不可能独立运行，必将与其运行的外部环境交互作用。简言之，除了受到人工干预力以外，同时还不可避免地受到大自然（或外部环境）的影响。不确定因素引入优化问题以后，最直接的后果是模糊了优化决策的边界条件，相关的优化决策问题归结为如下一类关于不确定参数的优化问题：

$$\begin{aligned} \min_{x\in\mathcal{X}} \quad & U(x,\xi) \\ \text{s.t.} \quad & g(x,\xi) \leqslant 0, h(x,\xi) = 0 \end{aligned} \tag{4-58}$$

其中，x 是决策变量；$\xi \in \varXi$ 是不确定参数，其值在求解优化问题时不能精确获知，只能对其范围 $\varXi$ 进行大概的估计。

上述优化决策问题中，决策者最关心的问题是最优解 x 在不确定性的影响下是否仍能满足相应的安全性约束。换言之，他们关心不确定性对系统决策带来的最坏影响是什么，并尽力避免这一最坏情况带来的严重后果。从这一角度看，不确定性与决策者之间自然地构成了一种博弈关系：大自然的不确定性试图让系统运行指标恶化，而决策者试图给出一种策略，在不确定性各种可能的情况下依然能让运行指标实现优化，二者利益完全背离。从这一思路出发，基于 Harsanyii 不完全信息博弈理念，通过将代表不确定性的大自然赋予虚拟理性构成一个虚拟参与者，从而建立起不确定优化决策问题的二人

零和博弈模型，在数学上可归结为一类约束耦合的 max-min 问题：

$$
\begin{aligned}
&\max_{\xi\in\Xi}\ \min_{x\in\mathcal{X}}\ U(x,\xi)\\
&\text{s.t.}\quad g(x,\xi)\leqslant 0, h(x,\xi)=0
\end{aligned}
\tag{4-59}
$$

其中，不确定性是虚拟的决策者，其虚拟理性定义为在博弈中试图通过调整 ξ 让系统某类待优化指标尽可能恶化，而人工决策者试图给出最佳对策 x，即使在最坏情况发生的情景下依然使该运行指标得到最大程度优化，从而极小化不确定性可能造成的不利影响。根据 Nash 均衡的定义，双方的最佳策略在 Nash 均衡处取得。此时，通过非合作博弈的 Nash 均衡策略应对来自不确定性的对抗和冲突，以实现对不确定性影响的最佳抑制，我们称之为“不确定工程决策问题的非合作博弈原理”。应当注意 x 和 ξ 既可能同时行动，也可能先后行动，需要根据工程问题的实际情况来确定。此外，虽然通常我们仅关心决策者的均衡策略，但由于不确定性的均衡策略代表了最坏场景，很多时候可以为工程设计提供重要的指导信息。第 9 章将详细介绍非合作工程博弈的基本原则以及问题 (4-59) 的求解方法。

如果进一步考虑多阶段决策，则上述零和博弈需考虑行动顺序，从而转变为动态博弈。若博弈涉及多于两个参与者及多重决策时序，则可采用主从博弈建模框架，将决策时序纳入博弈模型。第 11 章详细论述了上层包含多个领导者，下层包含多个跟随者的多主多从博弈模型。该模型将广义 Nash 博弈、Stackelberg 博弈等工程决策问题中广泛涉及的博弈格局有机集成, 形成了非合作工程博弈问题的 Nash-Stackelberg-Nash（N-S-N）博弈统一框架，涵盖单主单从、单主多从、多主单从等不同的博弈格局，从而广泛应用于求解各种多主体工程决策问题。

参考文献

[1] 杨荣基，彼得罗相，李颂志. 动态合作——尖端博弈论 [M]. 北京: 中国市场出版社, 2007.

[2] 范如国. 博弈论 [M]. 武汉：武汉大学出版社, 2011.

[3] 黄涛. 博弈论教程 [M]. 北京：首都经济贸易大学出版社, 2004.

[4] BASAR T，OLSDER G J. Dynamic noncooperative game theory[M]. London：Academic Press, 1998.

[5] BELLMAN R E. Dynamic Programming[J]. Princeton：Princeton University Press, 1957.

[6] 谢识予. 经济博弈论 [M]. 上海：复旦大学出版社, 2002.

[7] 高红伟，彼得罗相. 动态合作博弈 [M]. 北京: 科学出版社, 2009.

[8] 郎艳怀. 博弈论及其应用 [M]. 上海：上海财经大学出版社, 2015.

[9] 蒲勇健. 应用博弈论 [M]. 重庆：重庆大学出版社, 2014.

[10] 朱富强. 博弈论 [M]. 北京：经济管理出版社, 2013.

[11] SELTEN R. Reexamination of the perfectness concept for equilibrium points in extensive games[J]. International Journal of Game Theory, 1975, 4(1):25–55.

[12] MYERSON R B. Refinements of the nash equilibrium concept[J]. International Journal of Game Theory, 1978, 7(2):73–80.

[13] AKERLOF G. The market for "lemons": Quality uncertainty and the market mechanism[J]. Quarterly Journal of Economics, 1970, 84(3):488–500.

[14] PAULY M V. The economics of moral hazard: comment[J]. The American Economic Review, 1968, 58(3):531–537.

[15] SPENCE M. Market signaling: Informational transfer in hiring and related screening processes[M], volume 143. Harvard University Press, 1974.

第5章　静态合作博弈

第 3、4 章主要讨论了非合作博弈理论，其中，每个参与者只关心己之利益。在非合作博弈格局下，参与者之间的利益相互冲突，加之参与者的理性支配，参与者之间呈完全对抗关系。除非合作博弈外，合作博弈也是博弈论的重要分支。与非合作博弈不同，合作博弈中一部分或者全部参与者通过有强制力的协议形成联盟，参与者之间不再是完全的对抗关系，而呈现了合作格局。人类社会活动和日常生活中合作博弈实例比比皆是，小到日常的拼车、团购等活动，大到跨国集团的并购、政府间缔结合作协议等事件，背后都有合作博弈的影子。由于非合作博弈的参与者之间是完全对抗的格局，因此，所能达到的均衡通常是缺乏效率的。而形成联盟进行合作则能取得额外的整体收益，并通过合理的分配使得联盟能够稳定，从而改变非合作博弈中低效的均衡。本章将简要介绍静态合作博弈的基本概念和方法，内容主要来自文献 [1-13]。

5.1　从非合作博弈到合作博弈

合作博弈与非合作博弈有着紧密的关系。通过改变博弈格局中的某些条件，可以将非合作博弈格局转化为合作博弈格局。例如，第 3 章介绍的囚徒困境实例中，两个嫌疑犯若能形成有强制力的合作协议，则可能实现共谋，从而获得非合作博弈所不能够达到的 Pareto 最优解，最终博弈的结果也将与非合作博弈完全不同。事实上，正是通过合作协议将非合作博弈的格局转化成了合作博弈的格局。

合作博弈的结果是形成联盟，而联盟形成的关键要素同样是理性和收益。在合作博弈中，所有参与者仍然遵循理性假设，追求自身利益的最大化，这一点与非合作博弈相同。与非合作博弈的本质不同在于，合作博弈的参与者可以通过结盟获得额外收益。合作博弈的理性具有两方面含义：一方面，联盟的整体利益大于参与者个体单独行动的收益之和（整体理性）；另一方面，联盟的每个成员分配所得的利益均大于其单独行动时的收益（个体理性）。满足这两方面条件的博弈格局将在整体和个体理性驱动下自然形成合作，这正是合作博弈的基础。

合作博弈与非合作博弈并非完全对立。我们经常会遇到一类非合作博弈问题，这类问题要求参与者必须考虑一部分合作的情况。反之，我们也会在处理合作博弈时，必须考虑相互竞争的情况。在实际生活和工程实践中，很少出现纯粹的非合作博弈或纯粹的合作博弈，经常是博弈的参与者在某些方面形成了合作，而在其他方面无法形成合作。因此，实际中的博弈问题往往介于非合作博弈和合作博弈之间。以上简要介绍了合作博弈及其基本特点，以及合作博弈与非合作博弈的关系。本章将介绍合作博弈在建模分析和求解方面的数学方法。

5.2 合作博弈的基本概念

我们仍然从熟悉的囚徒困境例子开始展开讨论，其中博弈双方的支付矩阵如表 5.1 所示。

表 5.1 囚徒困境

		嫌疑犯 A	
		不坦白	坦白
嫌疑犯 B	不坦白	$-0.5, -0.5$	$-10, 0$
	坦白	$0, -10$	$-3, -3$

在第 3 章讨论的非合作博弈情形下，嫌疑犯 A 和 B 之间没有强有力的共谋协议，故在无法做到互相信任的情况下，任何一位嫌疑犯只要选择坦白，无论另一位是否坦白，对于他本人都是最有利的。因此，在非合作的情形下，两名嫌疑犯都会坦白，他们所受到的惩罚远大于他们都不坦白的情形。

需要注意的是，由于审讯方采用了隔离审讯的方法，使得两位嫌疑犯即使事先串通，也难以做到互相完全信任，从而无法达成合作。但若假设两嫌疑犯之间因为某种原因能够达成可靠的合作关系，则他们都将会选择拒不坦白，从而将处罚降到最低。这是该博弈问题的 Pareto 最优解——因为没有任何其他策略能够在不损害对方收益的情况下改善自身收益。因此，合作博弈的一个必要条件就是参与者达成具有约束力的协议，否则，合作是无法达成的。

以下以电力系统实例展开说明。我国目前建有多个接入电网的大规模风电场。风电是高效清洁的能源，但它也有一个很明显的缺点，即其出力具有较强的不确定性，从而易对电力系统造成冲击。现阶段电网运行中，风电场运行方会对风电场出力进行预测并提供给电网，而电网运行人员则根据预测出力安排发电计划及备用以实现电力实时平衡。一方面，由于风电“靠天吃饭”的特性，难以实现对日前风电功率的精确预测；另一方面，风电机组的控制手段有限，难以实施类似常规机组的大范围功率快速调节出力。因此，在实时运行中，当风电场出力与预测值有显著偏离时将影响电力系统的安全稳定。此时，风电场运行方会被电网征收一定的罚款。

风电出力的随机性，使得分布在一个较大区域内的若干个风电场的出力偏差值可能有正有负。由于这些出力偏差可能会相互抵消，因此，整体上对系统的影响可能并不是很大，此即风电集群效应。此时，从风电场运行方看，他们可以利用这一点来降低自己的罚款。具体而言，这些风电场可以形成联盟向电网运行方申报风电出力预测，并按照相互抵消后的总偏差向电网缴纳罚款，之后再按照某种规则将罚款分摊到每个风电场运行方，如此则有望大幅减少所缴纳的罚款额。下面看一个具体的例子。

例 5.1　风电场罚款实例。

考察由 5 个风电场组成的集群。风电场 i 的出力偏差为 w_i，如表 5.2所示。假设每个风电场缴纳的罚款额正比于其出力偏差绝对值，即每 1p.u. 的偏差需要缴纳罚款 100 元。按照表中的出力偏差情况，若每个风电场按照自身的出力偏差来单独缴纳罚款，即参照 $C_w^{\text{abs}}(i)$ 缴纳罚款，则 5 个风电场的出力偏差绝对值的和为 19.5p.u.，因而需要缴纳罚款共计 1950 元。若 5 个风电场能够形成一个联盟，则可按其总出力偏差缴纳总计 250 元罚款，远小于不结盟情形下的总罚款。至于每个风电场需要分摊的罚款额，本章后续内容将予以讨论。

表 5.2　不结盟/结盟情形下风电场向电网缴纳罚款的对比

i	w_i / p.u.	$C_w^{\text{abs}}(i)$ / 元	$C_w(i)$ / 元	$C_w(i)/C_w^{\text{abs}}(i)$
1	11	1100	7.58	0.007
2	−1	100	90.40	0.904
3	−3	300	43.45	0.145
4	−2	200	58.68	0.293
5	−2.5	250	49.89	0.200
联盟	−2.5	1950	250	0.128

表 5.2给出了各风电场分摊的罚款数额。由该表可见，联盟各成员所需缴纳的罚款额也远小于单独缴纳的罚款额，因而相当于联盟中各成员的收益比单独行动时更高。

由例 5.1可见，合作博弈中联盟整体获得了额外收益，并且联盟中每个成员均可从中获益。此例中，额外利益驱使 5 个风电场之间形成了有约束力的协议，从而 5 个风电场达成合作。因此，在可靠协议的约束下，博弈参与者完全有可能通过合作实现整体最优效果。事实上，若每个参与者均可从合作中获益，则合作就可能达成，这是由参与者的理性所决定的。当然，除了理性外，还需要保证联盟成员收益分配的公平性，即每个成员增加的收益应与他的贡献正相关。

5.3　合作博弈的分类

非合作博弈主要关注每个博弈参与者个体的竞争行为和个体收益，进而分析出最终可能形成的均衡。而在合作博弈中，还需要关注各参与者的合作关系、联盟的收益，以及联盟内部如何分配利益等问题。

在合作博弈中，参与者可以与其他参与者形成联盟，以获得更大收益。若联盟得到的总收益可以被分摊到每个参与者，则该博弈问题为效用可转移博弈（transferable utility game，TUG）；反之则称该博弈问题为效用不可转移博弈（non-transferable utility game，NTUG）。5.3 节 ∼5.7 节讨论的合作博弈属于效用可转移博弈，5.8 节讨论的讨价还价博弈属于效用不可转移博弈。

根据联盟收益影响因素的不同，效用可转移博弈又可以进一步分为拆分函数博弈（partition function game, PFG）和特征函数博弈（characteristic function game, CFG）。前者是指当博弈的所有参与者形成若干联盟后，每个联盟的收益除了依赖于自身行动外，还依赖于其他联盟的行动，这也是效用可转移博弈中最一般的情形。而后者则较为特殊，此种博弈中，联盟的收益仅依赖于联盟自身的行动，而与其他联盟的行动无关。因此，在特征函数博弈中，每个联盟能够通过其自身最佳行动所确定的收益来辨识，而特征函数即是该联盟的收益。为了更好地理解拆分函数博弈和特征函数博弈，下面来看一个例子。

例 5.2 合作开采石油实例。

S 国有石油资源，但缺乏开采技术，无法有效开采；A 国有开采技术，但国内石油供不应求，需要从海外获得石油资源。于是 A 国在 S 国投资建立石油开采基地，以推动该国经济发展，同时 A 国也可以获得石油资源，形成合作博弈格局。假设不考虑世界原油市场价格对开采量的影响，并用石油开采量来衡量博弈的收益，则由于石油开采量和别国石油开采没有关系，只由两国合作的开采行为决定，这种情况下该博弈问题属于特征函数博弈。如果用石油价格来衡量该博弈问题的收益，由于世界原油市场价格受到各国开采量等因素的影响，两国的收益将会受到其他国家的石油开采量的影响，该情况下的博弈属于拆分函数博弈。

需要注意的是，尽管博弈的参与者可以结成联盟并使联盟获益，但每个联盟成员自身仍需遵循理性假设，即以追求自身利益最大化为目标。若联盟不能使每一个成员获得最大利益，则会有参与者向自身利益最大化的方向行动，从而使联盟瓦解。因此，在合作博弈中，一般情况下整体收益不是本质的，个体收益才是本质的。若要促成博弈的合作格局，则必须考虑个体收益的 Pareto 最优解改进。有鉴于此，若要参与者结成联盟，除了使联盟收益和各参与者的收益增加外，一个稳定的联盟还必须使任何参与者或参与者组成的联盟没有背离该联盟的动机。例如，在国际合作方面，不论是经济合作还是政治合作，各国都会根据具体局势调整本国与他国之间的关系，国与国之间可能形成联盟，也可能联盟会瓦解，局势可能瞬息万变，其背后的驱动力就是本国利益，也即合作博弈中联盟各成员的个体理性。

5.4 特征函数博弈

5.4.1 特征函数

对于一个 n 人参与的效用可转移博弈，该 n 人集合中的任一子集都有可能构成一个联盟，而 n 人所有成员可共同构成一个单一的联盟，称为总联盟（grant coalition）。

本节将着重介绍特征函数博弈问题。

定义 5.1（特征函数博弈）　特征函数博弈问题可表示为一个二元组 $G=\langle N,v\rangle$，其中 $N=\{1,2,\cdots,n\}$ 是博弈参与者编号的集合；$v:P_0(N)\to R$ 被称为合作博弈的特征函数。对于 N 的任一子集 $C\subseteq N$，$v(C)$ 表示 C 中所有参与者形成的联盟的总收益。

上述定义中，$P_0(N)$ 表示编号集合 N 的所有子集构成的集合，当包含全集和空集两个特殊子集时，$P_0(N)$ 共有 2^n 个元素。由 N 自身构成联盟（N 中的所有参与者形成同一个联盟）为总联盟。通常特征函数 v 具有如下性质。

（1）标准化，$v(\varnothing)=0$。

（2）非负性，$v(C)\geqslant 0,\ \forall C\subseteq N$。

（3）单调性，$v(C)\leqslant v(D),\ \forall C,D\subseteq N,\ C\subseteq D$。

下面用一个例子来说明上述定义。

例 5.3　采购设备实例。

假设有三家工厂 A、B、C 计划采购变压器，为了降低成本，不同工厂可以合用变压器。目前市面上有三种规格的变压器 X、Y、Z，容量和价格分别如表 5.3所示。

表 5.3　用电变压器配置与价格

	X	Y	Z
容量/MV·A	5	7.5	10
价格/万元	70	90	110

假设 A、B、C 三家工厂可用于购置新变压器的经费分别为 60 万元、40 万元、30 万元，若以工厂联合可以购买到的变压器容量为特征函数，则可有如下组合方式。

情景 1　若任意两家工厂都不合作，则自身经费均不足以购买任意一台变压器，此时有

$$v(\varnothing)=v(\{\mathrm{A}\})=v(\{\mathrm{B}\})=v(\{\mathrm{C}\})=0$$

情景 2　若两家工厂合买，则有

$$v(\{\mathrm{A,B}\})=7.5,\quad v(\{\mathrm{A,C}\})=7.5,\quad v(\{\mathrm{B,C}\})=5$$

情景 3　若三家工厂合买，则仅有一种联盟方式，即

$$v(\{\mathrm{A,B,C}\})=10$$

上述三种情景枚举了三家工厂各种可能的联盟情况，并给出了对应的特征函数，不难检验该特征函数符合上述标准化、非负性和单调性三条性质。

5.4.2　支付与分配

在特征函数合作博弈中，联盟的总收益可以分摊到联盟各成员，而分摊额即对应非合作博弈中支付的概念。在此之前，先介绍拆分的概念。

定义 5.2（联盟结构） 对合作博弈问题 $G=\langle N,v\rangle$，若 C 满足

（1）$\bigcup\limits_{i=1}^{k} C_i = N$。

（2）$C_i \cap C_j = \varnothing, \forall 1 \leqslant i \leqslant k, 1 \leqslant j \leqslant k, i \neq j$。

则称由 N 的子集构成的集合 $C^{\mathrm{s}} = \{C_1, C_2, \cdots, C_k\}\,(C_i \subseteq N)$ 为 G 的一个拆分或联盟结构。

由上述定义可知，C^{s} 恰好将所有参与者分成了若干个互不相交的集合，这些集合即为参与者组成的各联盟，因此，C^{s} 可看成是若干个联盟的集合，C^{s} 也可称为联盟结构。

给定联盟结构 C^{s} 后，即可定义支付向量 $x=(x_1, x_2, \cdots, x_n)$，它表示当前联盟情况下所有参与者分摊到的联盟收益。

定义 5.3（支付向量） 给定联盟结构 $C^{\mathrm{s}} = \{C_1, C_2, \cdots, C_k\}$，若 x 满足下述条件：

（1）$x_i \geqslant 0,\ \forall i \in N$。

（2）$\sum\limits_{i \subset C_j} x_i = v\left(C_j\right),\ \forall C_j \in C^{\mathrm{s}}$。

则称 x 为支付向量。

定义 5.4（支付） 对于一个合作博弈 $G=\langle N,v\rangle$，若给定联盟结构 C^{s} 和支付向量 x，则称二元组 $\langle C^{\mathrm{s}}, x\rangle$ 为合作博弈 G 的一个结果 (outcome)，又称为该博弈的一个支付方案，简称支付。

例 5.4 考虑由参与者 $i(i=1,2,\cdots,5)$ 形成的双联盟结构合作博弈，参与者 1,2,3 形成联盟 1，参与者 4,5 形成联盟 2。若 $v\left(\{1,2,3\}\right)=9$，$v\left(\{4,5\}\right)=4$，则

$$\langle C^{s}, x\rangle = \langle\left(\{1,2,3\}, \{4,5\}\right), (3,3,3,3,1)\rangle$$

是该合作博弈的一个支付，而

$$\langle C^{\mathrm{s}}, x\rangle = \langle\left(\{1,2,3\}, \{4,5\}\right), (2,3,2,3,1)\rangle$$

则不是支付，因为 $2+3+2<9$。

合作博弈的支付表示了参与者构成联盟的情况，以及在这种联盟情况下参与者对联盟收益的某种分摊。在合作博弈中，每个参与者遵循理性假设，以自身利益最大化为目标。需要指出的是，合作博弈的支付只是在定义了特征函数的条件下规定了分摊的基本数学特征，在实际情况下并不一定是一个合理的（满足理性的）分摊。例如，尽管联盟的收益高于个体收益之和，但是若某个个体在联盟中分得的支付低于单独行动的支付，那么为了最大化自己的收益，该个体一定会离开联盟单独行动，从而使联盟瓦解。因此，在一个合理的合作博弈中，必须对支付进行约束，即加入关于理性的相关规定，如此则引出了分配的概念。

定义 5.5（分配） 若博弈支付 $\langle C^{\mathrm{s}}, x\rangle$ 满足条件

$$x_i \geqslant v\left(\{i\}\right), \quad \forall i \in N \tag{5-1}$$

则称该支付为一个分配（imputation）。

式 (5-1) 又称为个体理性条件，它规定联盟成员获得的支付不得低于其单独行动获得的支付，即参与者在合作中获得的支付不能低于自身单独行动所能获得的支付。简言之，只有满足该条件，联盟的成员才有可能不会脱离该联盟，因而个体理性条件是形成联盟的一个必要条件。

给定一个博弈支付 $\langle C^{\mathrm{s}}, x\rangle$，定义每个联盟 C_i 的分配 $x(C_i)$ 为

$$x(C_i) \triangleq \sum_{j\in C_i} x_j \tag{5-2}$$

例 5.5 考虑例 5.4中的双联盟合作博弈，若特征函数为

$$v(\{i\}) = 1,\ 1 \leqslant i \leqslant 5,\ i \in N, \quad v(\{1,2,3\}) = 9, \quad v(\{4,5\}) = 4$$

则不难得出下述结论：

（1）$\langle C^{\mathrm{s}}, x\rangle = \langle(\{1,2,3\},\{4,5\}),(3,3,3,3,1)\rangle$ 是该博弈的一个分配。

（2）$\langle C^{\mathrm{s}}, x\rangle = \langle(\{1,2,3\},\{4,5\}),(4,3,2,4,0)\rangle$ 不是该博弈的一个分配，因为 $0 < 1$。

例 5.6 考察例 5.3中三家工厂购置变压器的例子。假定此时各工厂拥有的资金发生了变化，A、B、C 厂可提供的采购资金分别为 40 万元、30 万元、30 万元，若特征函数 v 仍为所购买的变压器的容量，则可枚举各种联盟组合下的特征函数。

情景 1 若任意两家工厂都不合作，则有

$$v(\varnothing) = v(\{\mathrm{A}\}) = v(\{\mathrm{B}\}) = v(\{\mathrm{C}\}) = 0$$

情景 2 若两家工厂合买，则有

$$v(\{\mathrm{A},\mathrm{B}\}) = 5, \quad v(\{\mathrm{A},\mathrm{C}\}) = 5, \quad v(\{\mathrm{B},\mathrm{C}\}) = 0$$

情景 3 若三家工厂合买，则仅有一种联盟方式，即

$$v(\{\mathrm{A},\mathrm{B},\mathrm{C}\}) = 7.5$$

综上，采购了新变压器后，三家工厂可扩大产能，但由于变压器可能是合买的，为了合理使用新购变压器，参与购买的工厂需要以某种方式分摊变压器的容量，作为新增生产用电容量的上限。显见，在本例中，各工厂分摊的变压器容量值实际上即为该合作博弈问题的一个支付向量。

5.4.3 超可加性博弈

在联盟型合作博弈中，之所以最终多个参与者能够形成联盟，是因为联盟能够产生各参与者单独行动所能得到收益之外的额外收益，即产生“$1+1>2$”的效果。实际上对于任何一个合作博弈问题，若形成更大联盟即可获得额外收益，则博弈格局即会趋向于联合，如此背景下，超可加性博弈问题应运而生，它实际上可归结为一种特殊的特征函数博弈问题。

定义 5.6（超可加性博弈） 若一个特征函数合作博弈 $G=\langle N,v\rangle$ 满足

$$v(C\cup D)\geqslant v(C)+v(D),\quad \forall C\subseteq N, D\subseteq N, C\cap D=\varnothing$$

则称其为超可加性博弈。

上述条件又称为超可加性条件。

例 5.7 考察一个特征函数合作博弈问题 $G=\langle N,v\rangle$，定义其特征函数为

$$v(C)=|C|^2,\quad \forall C\subseteq N$$

其中 $|C|$ 表示集合 C 中元素的个数。

对于 N 中任意两个不相交的子集 C 和 D，由于

$$C\cap D=\varnothing$$

则有

$$V(C\cup D)=|C|^2+2|C||D|+|D|^2\geqslant |C|^2+|D|^2=V(C)+V(D)$$

故该特征函数博弈是超可加性博弈。

超可加性条件总能保证两个联盟的联合不会使收益下降，因此，在超可加性博弈中，参与者总是趋向于形成联盟，并最终趋向于形成总联盟。进一步，在超可加性博弈中，通过总联盟的支付即可确定合作博弈结果。

再来看例 5.6 中三工厂购置变压器合作博弈实例，不难验证，该博弈是超可加性博弈。

5.5 合作博弈的稳定性

5.5.1 联盟的稳定性

在一个合作博弈中，参与者可以形成若干个联盟，并确定该联盟划分情况下的分配。但对于一个给定分配而言，其对应的联盟并不一定能够真正形成。为说明此问题，我们仍然以工厂合买变压器的合作博弈例 5.6 为例，可根据该例给出如下分配：

$$\langle\{\mathrm{A},\mathrm{B},\mathrm{C}\},(2.5,3,2)\rangle$$

但进一步分析会发现，实际上这个联盟不会形成。虽然该分配中，工厂 A 和 C 分别拿到了 2.5 MV・A 和 2 MV・A 的容量，但若这两个工厂撇开 B 厂进行联合，则可购买到总容量为 5 MV・A 的变压器，如此，A 厂和 C 厂即可轻易得到比原分配方案更多的容量，如 A 厂得到 2.75 MV・A，C 厂得到 2.25 MV・A。在利益驱动下，A、B、C 三厂联盟必定会瓦解。

问题到底出在哪里呢？根本原因在于分配方案不合理导致联盟无法形成，即若分配方案不是使参与者利益最大化的可行方案，则在利益驱动下，参与者的行动一定会趋向于别的方案。具体而言，对于一个联盟结构和该联盟结构下的分配，一旦若干参与者的分配额之和小于这些参与者形成的另一联盟 C_i' 的特征函数 $v\left(C_i'\right)$，而且该联盟不属于当前联盟结构，则这些参与者即会倾向于形成新的联盟 C_i'，从而打破当前的联盟结构。若要使联盟稳定存在，则必须避免这种情况出现，由此可引申出稳定分配的概念。

定义 5.7（稳定分配）　若特征函数博弈 $G=\langle N,v\rangle$ 的分配 $\langle C^{\mathrm{s}},x\rangle$ 满足

$$\sum_{i\in C} x_i \geqslant v(C), \quad \forall C\subseteq N$$

则称该分配是一个稳定分配。

在例 5.6中，因为

$$x_{\mathrm{A}}+x_{\mathrm{C}}<v\left(\{\mathrm{A},\mathrm{C}\}\right)$$

故

$$\langle C^{\mathrm{s}},x\rangle=\langle\{\mathrm{A},\mathrm{B},\mathrm{C}\},(2.5,3,2)\rangle$$

不是一个稳定分配。同时也不难验证，分配

$$\langle C^{\mathrm{s}},x\rangle=\langle\{\mathrm{A},\mathrm{B},\mathrm{C}\},(2.5,2.5,2.5)\rangle$$

是一个稳定分配。

进一步研究例 5.6中联盟 $\{\mathrm{A},\mathrm{B},\mathrm{C}\}$ 稳定的条件。由特征函数和稳定分配的定义，可以得到 $\langle\{\mathrm{A},\mathrm{B},\mathrm{C}\},(x_{\mathrm{A}},x_{\mathrm{B}},x_{\mathrm{C}})\rangle$ 是稳定分配的条件为

$$\begin{cases} x_{\mathrm{A}}+x_{\mathrm{B}}+x_{\mathrm{C}}=7.5 \\ x_{\mathrm{A}},x_{\mathrm{B}},x_{\mathrm{C}}\geqslant 0 \\ x_{\mathrm{A}}+x_{\mathrm{B}}\geqslant v\left(\{\mathrm{A},\mathrm{B}\}\right)=5 \\ x_{\mathrm{A}}+x_{\mathrm{C}}\geqslant v\left(\{\mathrm{A},\mathrm{C}\}\right)=5 \\ x_{\mathrm{B}}+x_{\mathrm{C}}\geqslant v\left(\{\mathrm{B},\mathrm{C}\}\right)=0 \end{cases} \tag{5-3}$$

其中，前 2 行约束保证了支付向量 $(x_{\mathrm{A}},x_{\mathrm{B}},x_{\mathrm{C}})$ 是分配，与后 3 行约束共同限制该分配为稳定分配。通过化简上述约束，可以得到稳定分配的条件为

$$\begin{cases} x_{\mathrm{A}}+x_{\mathrm{B}}+x_{\mathrm{C}}=7.5 \\ 0\leqslant x_{\mathrm{B}}\leqslant 2.5 \\ 0\leqslant x_{\mathrm{C}}\leqslant 2.5 \end{cases} \tag{5-4}$$

综上，满足上述条件的分配均为在联盟结构 $C^{\mathrm{s}}=\{\mathrm{A},\mathrm{B},\mathrm{C}\}$ 下的稳定分配。如图 5.1所示，其中，三角形区域包含了所有可能的分配，深色区域代表其中稳定的分配。

从上例可以看出，稳定分配可以有无数种可能。其中，约束条件 (5-4) 确定了该联盟结构下稳定分配的一个集合，该集合被称为特征函数合作博弈的（稳定）核。

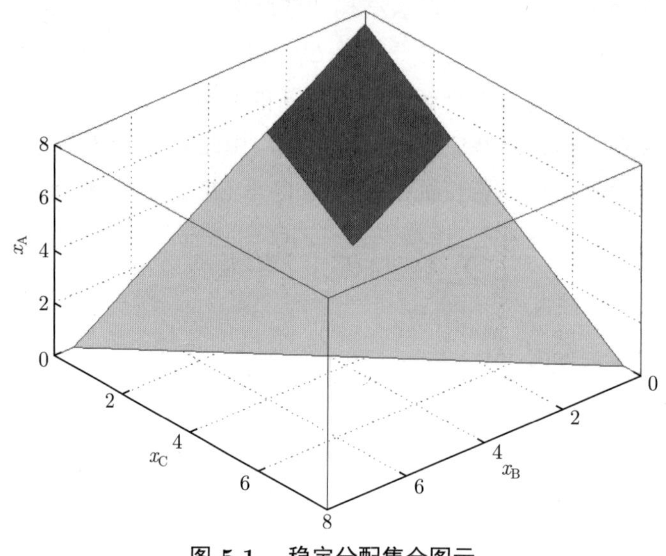

图 5.1 稳定分配集合图示

5.5.2 核

定义 5.8（核） 考察一个特征函数合作博弈 $G=\langle N,v\rangle$，该博弈的核 core(G) 定义为给定联盟结构 C^{s} 下所有稳定分配的集合，即

$$\operatorname{core}(G)=\left\{\langle C^{\mathrm{s}},x\rangle \mid \sum_{i\in C}x_i\geqslant v(C),\ \forall C\subseteq N\right\} \tag{5-5}$$

核的存在保证了当前联盟结构不会趋于瓦解，这是因为核中的每个博弈分配均能保证每个联盟成员能够获得不少于它自身（采取其他各种联盟方式）所能获得的支付。

如前所述，在超可加性博弈中，博弈的结果总是趋向于形成总联盟。此时，博弈的核对应于总联盟下的分配向量。但需要注意的是，核的概念并不仅仅只适用于超可加性博弈，对非超可加性博弈，一些情况下也能适用，此时博弈的核也对应于总联盟下的分配向量，这就要求在分析合作博弈问题时，要注意对具体问题进行分析，从而确定合理的分配向量和核。

例 5.6中，通过等式约束和不等式约束求得的分配集合 (5-4) 即为该合作博弈的核。根据定义 5.8可知，$\langle C^{\mathrm{s}},x\rangle=\langle\{\mathrm{A},\mathrm{B},\mathrm{C}\},(2.5,3,2)\rangle$ 不是核的成员，而 $\langle C^{\mathrm{s}},x\rangle=\langle\{\mathrm{A},\mathrm{B},\mathrm{C}\},(2.5,\ 2.5,\ 2.5)\rangle$ 是核的成员。

例 5.8 给定特征函数

$$v(\{1,2,3\})=9,\quad v(\{4,5\})=4,\quad v(\{2,4\})=7$$

试问 $\langle C^{\mathrm{s}},x\rangle=\langle(\{1,2,3\},\{4,5\}),(3,3,3,3,1)\rangle$ 是核的成员吗？

事实上，容易看出在上述分配下，有

$$x_2 + x_4 = 6 < 7$$

故其不是核的成员。

需要说明的是，尽管核并不一定能够保证实际分配的合理性，但由于它保证了分配的稳定性，给出了联盟存在的条件，因而核是合作博弈中的核心概念之一。对于一个合作博弈问题的均衡解，往往会首先关心其核的存在性，如此我们要问，合作博弈中的核是否一定非空呢？答案是否定的，确有某些博弈问题没有稳定解，例如零和博弈，因而其核为空集，这种博弈称为空核博弈。现在的问题是，如何判断一个博弈问题的核是否非空？针对超可加性博弈，给出如下关于核存在的充分必要条件。

定理 5.1（核存在的充分必要条件） 超可加性博弈 $G = \langle N, v\rangle$ 的核 $\text{core}(G)$ 非空，当且仅当下述线性规划：

$$\begin{aligned} &\min\ z = \sum_{i=1}^{n} x_i \\ &\text{s.t.}\ \ \sum_{i\in C} x_i \geqslant v\left(C\right),\ \forall C \subseteq N \end{aligned} \tag{5-6}$$

的解满足 $z^* \leqslant v(N)$。

为了便于理解该定理，考察如下实例。

例 5.9 公有地域资源联合开发实例。

有三个相邻国家的公有地域上有某种自然资源可以开采，但这三个国家都无力单独占有这些资源，故可考虑联合开采资源。若任意两个国家联合，则会对另一个国家形成优势，从而这两个国家获得资源；而若三个国家联合，则这三个国家可以共同开采资源。对此建立合作博弈模型 $G = \langle N, v\rangle$，三个国家分别为该博弈中的三个参与者，并编号为 $N = \{1, 2, 3\}$。以资源量为博弈的特征函数，并设总资源量为 1，则该博弈的特征函数为

$$v\left(\varnothing\right) = v\left(1\right) = v\left(2\right) = v\left(3\right) = 0,\ v\left(\{1,2\}\right) = v\left(\{1,3\}\right) = v\left(\{2,3\}\right) = 1,\ v\left(\{1,2,3\}\right) = 1$$

以下考虑分配问题：是否存在稳定的分配及其对应的联盟？不妨对各种联盟结构 C^{s} 进行枚举分析，具体过程如下。

（1）若 $C^{\mathrm{s}} = \{\{1\}, \{2\}, \{3\}\}$，即每个参与者都单独行动。此种情况下，每个参与者的收益只能是 0。而一旦任意两个参与者联合，就能共同得到总收益 1，从而使自己收益增加。因此这种联盟结构是不稳定的。

（2）若 $C^{\mathrm{s}} = \{\{1, 2, 3\}\}$，即三个参与者共同组成一个联盟。这种情况下三个参与者总共获得收益 1，那么不管怎么分配，至少有一个参与者 i 的分配为正，即 $x_i > 0$。此时，另两个参与者的收益之和一定小于 1，即有 $x(N\backslash\{i\}) < 1$。但若这两个参与者自己结盟，则可以获得总收益 1，从而使他们的收益增加。因此，这个联盟结构也是不稳定的。

（3）若 $C^{\mathrm{s}}=\{\{1,2\},\{3\}\}$，即 1 和 2 联盟，3 单独行动。此种情况下，1 和 2 可以获得总收益 1，3 的收益为 0。由于不管怎么分配，1 和 2 中的某个参与者 i 的分配必定小于 1，而此时 3 的收益为 0。因此，该参与者 i 可选择与 3 联盟，获得总和为 1 的收益，从而可以使 i 和 3 的收益均有所增加，因此 1 和 2 的联盟会分裂，该联盟结构是不稳定的。而对于 $C^{\mathrm{s}}=\{\{1,3\},\{2\}\}$ 和 $C^{\mathrm{s}}=\{\{2,3\},\{1\}\}$，同理可知它们也是不稳定的。

以上已经枚举了所有可能的联盟结构，并得出了这些联盟结构都不稳定的结论，因此例 5.8中的合作博弈问题没有稳定的分配。这是因为资源的总量是一定的，三个国家利益上的冲突超过了他们之间合作的吸引力，因此无法形成稳定的联盟。

以下用定理 5.1检验该问题核的存在性。

设 $x=(x_1,x_2,x_3)$ 为分配向量，则核存在的条件为

$$\begin{cases} x_1\geqslant 0,x_2\geqslant 0,x_3\geqslant 0 \\ x_1+x_2\geqslant 1 \\ x_2+x_3\geqslant 1 \\ x_1+x_3\geqslant 1 \end{cases} \tag{5-7}$$

由上述约束易得

$$x_1+x_2+x_3\geqslant 1.5 \tag{5-8}$$

但由定理 5.1，核非空必须有

$$z=x_1+x_2+x_3\leqslant v(N)=1 \tag{5-9}$$

从而导致矛盾，因此三国无法形成稳定的联盟。

定理 5.1针对超可加性博弈问题，以下简要讨论不具备超可加性条件的特征函数博弈问题。在这种情况下有两种核的定义：一种对应于总联盟结构下分配向量的核；另一种对应于任何联盟结构下分配向量的核（对应于稳定分配）。在非超可加性博弈中，即使有稳定分配存在，对应于总联盟的核亦可能为空。下面看一个非超可加性博弈的例子。

例 5.10 考虑博弈 $G=\langle N,v\rangle$，其中 $N=\{1,2,3,4\}$，博弈的特征函数为

$$v(C)=\begin{cases} 0,|C|\leqslant 1 \\ 1,|C|>1 \end{cases},C\subseteq N \tag{5-10}$$

式中，$|C|$ 表示集合 C 中元素的个数。由于

$$v(\{1,2\})+v(\{3,4\})=2>v(N)=1 \tag{5-11}$$

故本例不是一个超可加性博弈。下面分析总联盟中稳定分配的存在性。

若例 5.10中 4 个参与者组成总联盟，则分析如下。

（1）若收益最高的参与者得到收益为 1，则另外三个参与者的收益均为 0，这三位参与者将趋向于离开联盟而形成新的联盟，以得到总收益 1，从而使三位参与者的收益提高。

（2）若收益最高的参与者得到的收益小于 1（一定大于 0），则另外三位参与者中任意两位参与者分得的收益之和均小于 1。此时，其中两位参与者可选择离开联盟而形成新的联盟，以得到总收益 1，从而使这两位参与者的收益提高。

由上述分析可知，总联盟下无法实现稳定分配。换言之，对应于总联盟的核是空集，这一结论也可通过核的定义推得。事实上，设总联盟的分配向量 $x=(x_1,x_2,x_3,x_4)$，根据稳定分配的条件有

$$x_1+x_2\geqslant 1\,,\quad x_3+x_4\geqslant 1$$

故

$$x_1+x_2+x_3+x_4\geqslant 2$$

这与

$$x_1+x_2+x_3+x_4=1$$

矛盾。因此，在总联盟下上述博弈问题的核必定为空集。

上述事实是否意味着，在此非超可加性博弈问题中，不存在任何稳定的分配呢？答案是否定的，因为可能存在总联盟以外的其他形式的联盟结构，使稳定分配成为可能。对于上例，如果设分配

$$\langle\{\{1,2\},\{3,4\}\},(0.5,0.5,0.5,0.5)\rangle$$

则不难验证，这样的分配是稳定的，相应博弈的核是非空的。

5.5.3 近似的稳定结果——ε-核和最小核

由于空核博弈中不存在严格稳定分配，故可以考虑退而求其次，去寻求“近似”稳定的分配结果。在严格稳定分配中，要求当前分配下对任意可能联盟中成员收益之和不小于联盟的特征函数值，故在“近似”稳定中考虑将此要求进行一个大小为 ε 的松弛，即联盟成员收益之和可以承受 ε 的亏空。如此做法在解决实际博弈问题中是有意义的，因为通常情况下，除非增加的收益超过一定的程度，否则参与者缺乏足够动力离开当前联盟。在此松弛条件下，一些原本无法达到稳定的博弈问题可以实现近似稳定，而这些近似稳定解构成的集合称为 ε-核。以下给出 ε-核的严格定义。

定义 5.9（ε-核） 考察一个特征函数合作博弈 $G=\langle N,v\rangle$，若给定某个 $\varepsilon\geqslant 0$，则博弈的 ε-核定义为

$$\varepsilon\text{-core}(G)=\left\{\langle C^{\mathrm{s}},x\rangle\mid\sum_{i\in C}x_i\geqslant v(C)-\varepsilon,\ \forall C\subseteq N\right\}\tag{5-12}$$

为了更好理解 ε-核的概念，回顾例 5.9中的空核博弈 $G=\langle N,v\rangle$，$N=\{1,2,3\}$，其特征函数为

$$v\left(C\right)=\left\{\begin{array}{ll}0, & |C|\leqslant 1\\ 1, & |C|>1\end{array}\right.,\quad C\subseteq N\tag{5-13}$$

在总联盟结构下，ε-核中的元素满足下列条件：

$$\begin{cases} x_1 + x_2 + x_3 = 1 \\ x_1, x_2, x_3 \geqslant -\varepsilon \\ x_1 + x_2 \geqslant 1 - \varepsilon \\ x_2 + x_3 \geqslant 1 - \varepsilon \\ x_1 + x_3 \geqslant 1 - \varepsilon \end{cases} \tag{5-14}$$

分析式 (5-14) 可得，当 $\varepsilon \geqslant 1/3$ 时，式 (5-14) 有解，即 ε -核非空；而 $\varepsilon < 1/3$ 时，ε -核为空集。例如，不难验证分配向量 $x = (1/3, 1/3, 1/3)$ 是 1/3-核的唯一成员。换言之，该博弈形成稳定分配需要联盟承受至少 1/3 的利益亏空。

图 5.2 ~ 图 5.4分别为 $\varepsilon = 0$、$\varepsilon = 1/3$ 和 $\varepsilon = 1/2$ 情况下的核。其中，图 5.2表示的约束没有交集，因此核为空；图 5.3 的约束交为一点，即核中仅有 $x = (1/3, 1/3, 1/3)$ 一个点；图 5.4表示的核为中间三角形阴影区域。

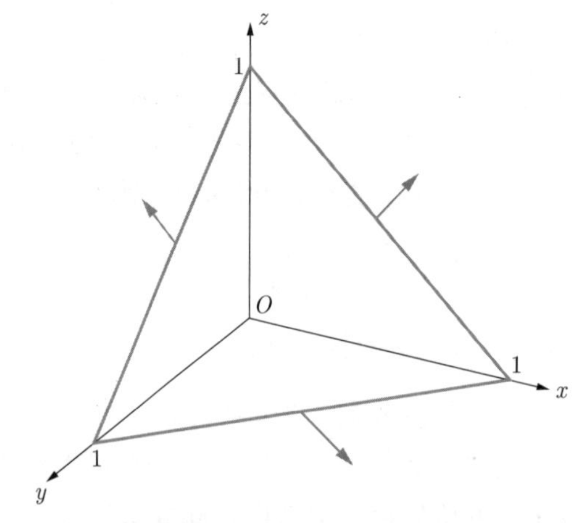

图 5.2 不同顺序对边际贡献计算结果的影响 ($\varepsilon = 0$)

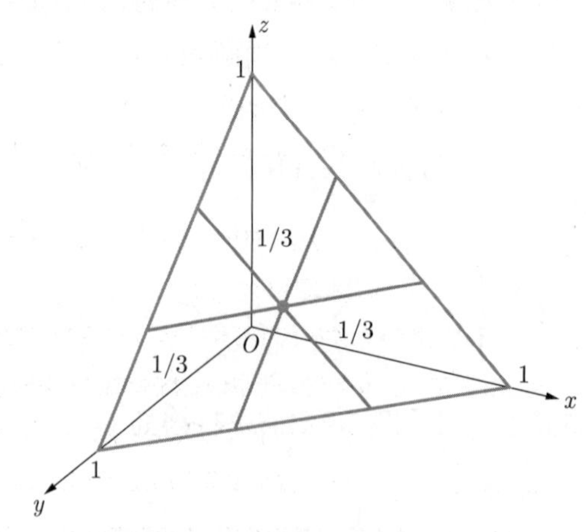

图 5.3 不同顺序对边际贡献计算结果的影响 ($\varepsilon = 1/3$)

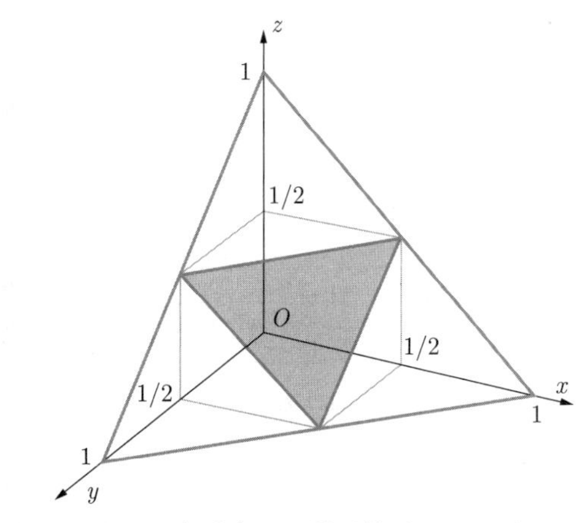

图 5.4　不同顺序对边际贡献计算结果的影响 ($\varepsilon = 1/2$)

值得注意的是，ε-核的概念主要是针对超可加性博弈而给出的，如果用于非超可加性博弈还需做必要的推广。

综上，ε-核表示以保证最大亏空 ε 为代价的近似稳定分配结果，即分配结果集合中的任何联盟亏空不会大于 ε，这正是其物理意义所在。但需要指出的是，归根结底，联盟亏空是参与者不希望的，因而需要在取得稳定分配结果的前提下尽可能降低亏空。为此，需要引入最小核的概念，即保证 ε-核非空的条件下最小化 ε。

定义 5.10（最小核）　称一个特征函数合作博弈 $G = \langle N, v\rangle$ 的 ε-核为该博弈的最小核，若 ε 满足

$$\varepsilon^* = \inf\{\varepsilon | \varepsilon\text{-core}(G) \neq \varnothing\} \tag{5-15}$$

将满足上述条件的 ε 记为 $\varepsilon^*(G)$，简记为 ε^*。

考察例 5.9中博弈的最小核。求解如下线性规划：

$$\begin{aligned}
&\min \varepsilon \\
&\text{s.t.} \quad x_1 + x_2 + x_3 = 1 \\
&\qquad\quad x_1, x_2, x_3 \geqslant -\varepsilon \\
&\qquad\quad x_1 + x_2 \geqslant 1 - \varepsilon \\
&\qquad\quad x_2 + x_3 \geqslant 1 - \varepsilon \\
&\qquad\quad x_1 + x_3 \geqslant 1 - \varepsilon
\end{aligned}$$

其最优值为 $\varepsilon = 1/3$，即若 $\varepsilon \geqslant 1/3$，则 ε-核非空；而若 $\varepsilon < 1/3$，则 ε-核为空集。因此该博弈的最小核为 1/3-核。

5.5.4　核仁

核仁的定义涉及剩余的概念，剩余的定义如下所述。

定义 5.11（剩余） 对于 n 人合作博弈 $G=\langle N,v\rangle$，C 是其中的一个联盟，若 $x=(x_1,x_2,\cdots,x_n)$ 为一个支付向量，则称

$$e(C,x)=v(C)-\sum_{i\in S}x_i$$

为 C 关于 x 的一个剩余。

如果 x 为一个分配，则剩余 $e(C,x)$ 反映了联盟对于分配的不满意程度。显然，每个联盟都希望剩余越小越好。由于 n 个参与者总共可以组成 2^n 个不同的联盟，所以 $e(C,x)$ 也有 2^n 个，可以将他们从小到大排列成一个向量：

$$\theta(x)=(\theta_1(x),\cdots,\theta_{2^n}(x))$$

对两个不同的支付向量 x 和 y，若 $\theta_i(x)$ 的每一个分量均不大于 $\theta_i(y)$ 的对应分量，且 $\theta_i(x)$ 至少有一个分量严格小于 $\theta_i(y)$ 的对应分量，则记作 $\theta(x)<\theta(y)$。如果分配 x,y 满足 $\theta(x)<\theta(y)$，则表明采用支付 x 时联盟的不满程度比支付 y 小，从而更容易被参与者接受。而核仁则是分配向量中按照上述比较方法得到的最小剩余向量集合，定义如下所述。

定义 5.12（核仁） 对于 n 人合作博弈 $G=\langle N,v\rangle$，其所有的支付向量集合 X，它的核仁 $N(G)$ 是指集合

$$N(G)=\{x\in X|\ \ \theta(x)\leqslant\theta(y),\forall y\in X\}$$

定理 5.2 对于 n 人合作博弈 $G=\langle N,v\rangle$，有：

（1）核仁 $N(G)$ 包含且只包含一个元素。

（2）如果核非空，则必定包含核仁。

由定理 5.2知，核仁是能够保证最坏的剩余最好的唯一分配策略。

5.5.5 DP 指标

1974 年，Gately 提出 DP（disruption propensity）指标[12]，并用其定量描述分配策略对于每个参与者的吸引力。具体而言，其定义如下。

定义 5.13（DP 指标） 参与者 i 的 DP 指标定义为

$$d(i)=\frac{\sum\limits_{j\in\{N\backslash\{i\}\}}x(j)-v\left(\{N\backslash\{i\}\}\right)}{x(i)-v\left(\{i\}\right)} \tag{5-16}$$

其中，$x(k)$ 表示参与者 k 在支付向量 x 中获得的收益。

DP 指标是一个比值，其含义为参与者 i 拒绝合作后给其他参与者带来的总损失与对自己带来损失的比值。从式 (5-16) 可以看出，指标 $d(i)$ 的数值随参与者 i 所分得的支付 $x(i)$ 的增大而减小。通常地，如果 $x(i)$ 非常小，则相应的 DP 指标 $d(i)$ 将会非常大，此时，参与者 i 很有可能拒绝合作或者可以试图通过威胁其他参与者而获得更大的收益。显然，DP 指标的数值越小，分配策略越稳定。

5.6 分配的公平性

回到三厂购置变压器的实例 5.6，由图 5.1可知，可从其核中选取一个稳定分配来作为变压器容量分配的方案。例如，选取核中元素 $\langle\{\mathrm{A},\mathrm{B},\mathrm{C}\},(2.5,2.5,2.5)\rangle$，对应三家工厂各分得 2.5 MV・A 的容量作为扩大产能的上限。但与此同时，也不难发现，分配 $\langle\{\mathrm{A},\mathrm{B},\mathrm{C}\},(7.5,0,0)\rangle$ 也是核中的元素，这意味着工厂 A 将独占变压器的所有容量，而工厂 B 和 C 一无所得。显然该分配是稳定的，因为即使 B 和 C 联合，也无法购买到变压器，故只能靠与 A 联合来买到变压器，但此结果并不合理，因为对 B 和 C 不公平，他们不会同意这样的分配方案。产生这一情况的主要原因是上述分配没有考虑各厂付出的成本，或者说没有考虑各厂在变压器购置中的贡献。因此，虽然稳定性是形成合作博弈的必要条件，但仅仅满足稳定性尚无法保证博弈结果的合理性。为此，还需要进一步研究分配的公平性，以及如何给出公平的分配方案。

5.6.1 边际贡献

谈到分配，中国人常常说“论功行赏”，即按照贡献来确定奖赏，这是传统公平观念的体现。合作博弈也如此，每个人的收益多少，应当根据自己为联盟做出的贡献大小来确定。

那么，如何从整个联盟的收益中衡量每个参与者的“贡献”呢？日常生活中经常采用一种比较增量的方式来评估贡献，例如如果有了 A，那么收益就会增长 100。这种贡献评估模式启发我们，某个个体 A 的贡献可以通过其加入联盟后带来的额外收益来衡量。在合作博弈中，可将这种思路量化：对于某个参与者，将含该参与者的联盟的特征函数减去去除该参与者后联盟的特征函数，所得差额即为该参与者的边际贡献。

定义 5.14（边际贡献） 考察一个特征函数博弈 $G=\langle N,v\rangle$，若一个联盟加入参与者 i 后形成新的联盟 C，则参与者 $i\in C$ 的边际贡献为

$$x_i \triangleq x\left(C\right)-x\left(C\setminus\{i\}\right)$$

定义中的“边际”一词常用于经济学分析中，用于描述某个影响因素对效益影响的增量。

下面来看一个例子。

例 5.11 含有两个参与者的特征函数博弈 $G=\langle N,v\rangle$，$N=\{1,2\}$，特征函数为

$$v(\varnothing)=0,\quad v(\{1\})=v(\{2\})=5,\quad v(N)=v(\{1,2\})=20$$

考虑总联盟结构下的分配，并假设总联盟以 1 先加入，2 后加入的顺序形成，其边际贡献分别为

$$x_1=v(\{1\})-v(\varnothing)=5,\quad x_2=v(\{1,2\})-v(\{1\})=15$$

按照边际贡献的概念，在总联盟中确定分配时，参与者 1 应分得 5，参与者 2 应分得 15。然而，这一结果合理吗？

由于本例中两个参与者的地位完全相等，因此，可以推定最合理的分配应该是两个参与者平分收益，但这一做法与按照边际贡献确定的分配方法是相悖的。问题究竟出在哪里呢？原因在于边际贡献是由计算贡献时假设的顺序决定的。若将参与者 1 和 2 加入联盟的顺序改变，则其边际贡献也会互换，而相应的分配恰好相反。如何解决这一问题呢？一个简单的改进思路就是将所有可能顺序下得到的结果进行平均，如此则会得到下述平均边际贡献的概念与计算方法。

为了克服边际贡献计算结果受联盟形成顺序的影响，应该计算所有可能顺序下的边际贡献，并求平均值，所得结果即为平均边际贡献。再次考察例 5.11，如图 5.5所示，其边际贡献有以下两种计算顺序：

$$x_1^{'} = v(\{1\}) - v(\varnothing) = 5, \quad x_2^{'} = v(\{1,2\}) - v(\{1\}) = 15$$

$$x_2^{''} = v(\{2\}) - v(\varnothing) = 5, \quad x_1^{''} = v(\{1,2\}) - v(\{2\}) = 15$$

根据平均边际贡献，最终的分配方案由上述两种顺序计算的平均值确定，即

$$x_1 = \frac{x_1^{'} + x_1^{''}}{2} = 10, \quad x_2 = \frac{x_2^{'} + x_2^{''}}{2} = 10$$

综上，最终得到的分配结果与我们的直觉认知相符，即合理的分配方式是两个参与者平分联盟收益。

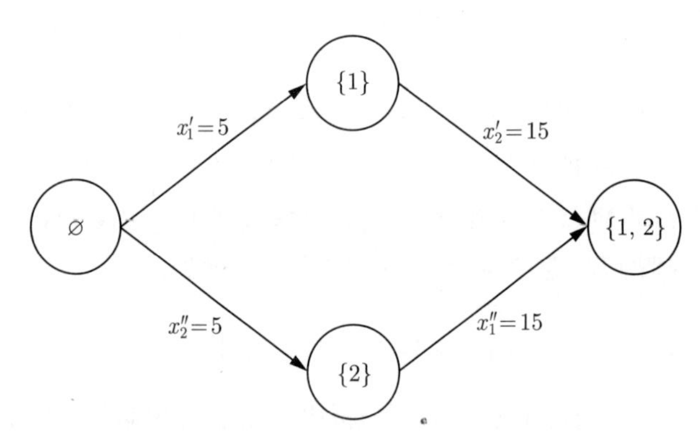

图 5.5 不同顺序对边际贡献计算结果的影响

5.6.2 Shapley 值

5.6.1 节讨论了如何根据平均边际效应确定合理的分配。本节将这种计算方法一般化，由此引出 Shapley 值的概念。

为了给出 Shapley 值的完整定义，首先介绍置换的概念。所谓置换，即调换顺序，可将其定义为顺序数集合到其自身的一对一映射，即

$$\pi : \{1, 2, \cdots, n\} \to \{1, 2, \cdots, n\}$$

设 $P(N)$ 为集合 $N=\{1,2,\cdots,n\}$ 下所有置换的集合，那么集合 N 中可能的置换为 $\{1,2,\cdots,n\}$ 的排列，共有 $n!$ 种。对于集合中某个选定的元素 i 和置换 $\pi\in P(N)$，$S_\pi(i)$ 为经过置换 π 后的集合中，元素 i 之前的元素组成的集合。对于 N 中的任意子集 $C\subseteq N$，定义

$$\delta_i(C)=v(C\cup\{i\})-v(C)$$

可借此给出合作博弈中参与者的 Shapley 值的定义。

定义 5.15（Shapley 值） 对于合作博弈 $G=\langle N,v\rangle$，$|N|=n$，参与者 i 的 Shapley 值定义为

$$\varphi_i(G)=\frac{1}{n!}\sum_{\pi\in P(N)}\delta_i(S_\pi(i)) \tag{5-17}$$

式中，$\delta_i(S_\pi(i))$ 表示在给定置换 π 下参与者 i 的边际贡献，值 $\varphi_i(G)$ 即为对可能顺序下边际贡献的平均值。从计算角度讲，也可以将 Shapley 值的计算过程视为对参与者集合置换的抽样，如此 Shapley 值即为抽样条件下参与者 i 的边际贡献的期望值。

进一步，还可以对 Shapley 值给出更为一般化的定义，在此之前首先要给出两个概念：哑成员和对称成员。

定义 5.16（哑成员） 称参与者 i 为哑成员，当且仅当

$$v(C\cup\{i\})=v(C),\quad \forall C\subseteq N$$

即其加入或退出不影响任何联盟的收益。

定义 5.17（对称成员） 称参与者 i 和 j 为对称成员，当且仅当

$$v(C\cup\{i\})=v(C\cup\{j\}),\quad \forall C\subseteq N\backslash\{i,j\}$$

即其对任何联盟的边际贡都相同。

在上述定义的基础上，可给出 Shapley 值的一般公理化定义。

定义 5.18（Shapley 值） Shapley 值是由 $G=\langle N,v\rangle$ 到 $\mathbb{R}^n$ 的映射 φ（对应参与者的分量为 φ_i），它满足下列 4 个性质。

（1）效率性质。

$$\sum_{i=1}^{n}\varphi_i=v(N)$$

（2）哑成员。哑成员对任意联盟的贡献为零。

（3）对称性。若 i 和 j 是对称成员，则 $\varphi_i=\varphi_j$。

（4）可加性。给定在相同成员集合上的任意两个特征函数博弈 $G_1=\langle N,v_1\rangle$ 和 $G_2=\langle N,v_2\rangle$，则有 $\varphi_i(G_1+G_2)=\varphi_i(G_1)+\varphi_i(G_2)$。

定理 5.3（Shapley 值） 定义 5.15 中的 Shapley 值计算公式是唯一满足上面 4 个性质的分配计算方法。

现在还有一个问题，按 Shapley 值分配一定是稳定分配吗？答案是否定的，读者可以根据稳定分配和 Shapley 值的概念思考一下两者的关系。例如，某些空核博弈，即使可以计算其 Shapley 值，但该值肯定不是稳定分配。以下针对满足某些条件的特殊博弈，给出 Shapley 值的相关结论。

定义 5.19（凸博弈）　给定特征函数博弈 $G=\langle N,v\rangle$，若满足

$$v(S\cup T)\geqslant v(S)+v(T)-v(S\cap T),\quad \forall S,T\subseteq N$$

则称 G 为凸博弈。

对比超可加性博弈的定义 5.6，当 $S\cap T=\varnothing$ 时，凸博弈和超可加性博弈对特征函数的要求是相同的；当 $S\cap T\neq\varnothing$ 时，凸博弈进一步限定了 $v(S)$、$v(T)$、$v(S\cup T)$ 和 $v(S\cap T)$ 之间的关系，而超可加性博弈则无此要求。故凸博弈条件更强，换言之，凸博弈一定是超可加性博弈。

关于凸博弈的分配稳定性和 Shapley 值，有如下两个定理。

定理 5.4 [5]　凸博弈的核非空。

定理 5.5 [5]　凸博弈的 Shapley 值在其核中。

需要说明的是，要证明上述两个定理只需要证明凸博弈的 Shapley 值是稳定分配即可[13]。此处略去证明过程，感兴趣的读者可自行思考。

现在，我们利用 Shapley 值解决三工厂购置变压器实例 5.6中悬而未决的问题。三厂在合买 7.5 MV・A 变压器，总联盟的形成顺序一共有 6 种，分别为

$$\{\mathrm{A,B,C}\},\{\mathrm{A,C,B}\},\{\mathrm{B,A,C}\},\{\mathrm{B,C,A}\},\{\mathrm{C,A,B}\},\{\mathrm{C,B,A}\}$$

分别计算 A，B，C 三家工厂的 Shapley 值可得

$$\varphi_{\mathrm{A}}=\frac{25}{6},\quad \varphi_{\mathrm{B}}=\frac{5}{3},\quad \varphi_{\mathrm{C}}=\frac{5}{3}$$

因此，根据 Shapley 值得到的分配为

$$x=\left(\frac{25}{6},\frac{5}{3},\frac{5}{3}\right)$$

容易验证这个分配是稳定的。

5.7 合作博弈的计算问题

5.4 节重点介绍了合作博弈中特征函数博弈问题，并研究了该博弈问题下的分配，以及分配的稳定性和公平性问题。在此基础上分别给出了稳定分配与核的定义，以及 Shapley 值的计算方法。在实际的分析计算中，除了关心核的存在性与 Shapley 值的求解，我们还希望提高计算的效率，使计算时间在可接受的范围内。下面分别针对核的确定方法和 Shapley 值的计算进行讨论。

5.7.1 核的确定方法

为了确定博弈问题是否有稳定分配，即检查博弈的核是否为空，可以根据核的定义，建立一系列等式约束和不等式约束，搜寻是否有符合所有约束的可行解，本质上属于一类可行性检测问题。

定理 5.6（分配向量的稳定性） 若一个超可加性博弈 $G=\langle N,v\rangle$ 在总联盟结构下的分配向量 $x=(x_1,\cdots,x_n)$ 满足如下三类约束：

（1）整体理性约束：

$$\sum_{i\in N} x_i = v(N)$$

（2）个体理性约束：

$$\sum_{x\in C} x_i \geqslant v(C), \quad \forall C\subseteq N$$

（3）非负性约束：

$$x_i \geqslant 0$$

则该分配向量是稳定的。

若某一合作博弈存在稳定分配，则上述约束条件必定存在可行解。反之，若上述约束条件没有可行解，则合作博弈的核为空集，我们退而求其最小核，即求解如下线性规划问题：

$$\begin{aligned} \min\ & f=\varepsilon \\ \text{s.t.}\quad & x_i\geqslant 0,\forall i\in N \\ & \sum_{i\in N} x_i = v(N) \\ & \sum_{x\in C} x_i+\varepsilon \geqslant v(C),\forall C\subseteq N \\ & \varepsilon\geqslant 0 \end{aligned} \tag{5-18}$$

显然，若最优值 $\varepsilon^*=0$，则该博弈问题一定有稳定分配；若 $\varepsilon^*>0$，则合作博弈的核为空集，其最小核为 ε-核。

5.7.2 Shapley 值的计算方法

根据 Shapley 值的定义，可以在任意特征函数博弈下计算每个成员的 Shapley 值。具体而言，根据式 (5-17) 可知，Shapley 值的计算复杂度随着参与者的增加而迅速增高，特别是求和量与参与者的数量呈阶乘关系，这对大规模计算而言，其代价往往是高昂的。

在超可加性博弈中，通过合并同类项可以得到 Shapley 值的下述简化计算公式：

$$\varphi_i(G)=\frac{1}{n!}\sum_{S\subseteq N,i\in S}(|S|-1)!\,(n-|S|)!\,(v(S)-v(S\backslash\{i\})) \tag{5-19}$$

显见，式 (5-19) 可以将求和量减少到 2^n 量级，尽管可大幅提高计算速度，但算法复杂度仍然太高。回到 Shapley 值的含义，它实际上是对所有可能顺序下的边际贡献求平均值。因此，在对计算精度要求不是很高而又希望进行较快计算的场合下，可以考虑采用 Monte Carlo 模拟法，对边际贡献进行采样，并求平均值，从而得到近似 Shapley 值。随着采样次数的增加，根据大数定律，计算结果将逐渐趋近于真实值。需要说明的是，在使用 Monte Carlo 模拟法时，应注意分析采样的误差，以确定采样的精度和相应需要的采样次数。

5.8 讨价还价博弈

上述讨论的合作博弈问题主要是联盟博弈，即多人通过形成联盟共同获得收益。然而，形成合作的内部机理有时是通过讨价还价来确定的，此即形成了一类特殊的博弈问题——讨价还价博弈 [1,2]，它是博弈论最早研究的问题之一，也是合作博弈的重要理论基础。为此本节简要介绍讨价还价博弈，阐述其基本理论，即二人讨价还价博弈的数学模型和基本解法。

二人讨价还价博弈模型描述的是实际生活中常见的一类场景。例如，两个人分别作为买方和卖方对某一笔生意进行商谈，买方希望用尽量少的价格买到商品，而卖方希望商品卖出尽量高的价钱，以最大化自己的利润。双方讨价还价的目的在于希望达成一个协议，并使自己在该协议中尽量多受益。当然两人之间的利益是有一定冲突的，而且每个人受益的程度也是有限的，即超出一定限度后谈判就会破裂，即生意没有谈成。

设 (u_1, u_2) 为博弈双方的收益向量，U 为所有可能的收益向量构成的集合，显然 $(u_1, u_2) \in U$。一般地，假定 U 是紧凸集。给定 $d = (d_1, d_2) \in U$ 为谈判破裂点处的收益向量，即若双方未能达成协议，则两位参与者将采取不合作的策略，此时双方的收益为 $d = (d_1, d_2)$。一般情况下，d 不会是 Pareto 最优的。若讨价还价博弈可以达到一个均衡点，则它一定是双方以最大化自身利益为目的进行讨价还价的结果。从直觉上讲，该均衡解应该使得双方都离开自己的谈判破裂收益（等价于最坏情况）最远。再考虑该问题的对称性，可通过求解以最大化效用函数 $(u_1 - d_1)(u_2 - d_2)$ 为目标的优化问题来求取均衡解。一般情况下，双方的收益是一个与当前资源配置与双方策略 $x \in X$ 的函数，如此背景下，该问题可以表述为

$$\max_{x \in X} \left(u_1(x) - d_1\right)\left(u_2(x) - d_2\right) \tag{5-20}$$

上述结果由 Nash 在文献 [1, 2] 中提出，故又称为 Nash 谈判问题或 Nash 协商问题。

为将问题一般化，用二元组 $B = \langle U, d \rangle$ 定义上述讨价还价博弈问题，其含义为在可行收益向量集合中寻找一点，使其尽量远离谈判破裂点 d。为此，定义一个映射

$$\pi : U \times d \to U$$

使得

$$(u_1^*, u_2^*) = \pi(U, d) \tag{5-21}$$

其中，(u_1^*, u_2^*) 是讨价还价博弈问题 B 的解，映射 π 可理解为博弈问题 B 的解法。为规范化求解方法，Nash 提出下述公理。

公理 5.1（Pareto 最优）　$\pi(U,d) > d$。进一步，若存在 $(u_1, u_2) \in U$，且

$$(u_1, u_2) \geqslant \pi(U, d)$$

则有

$$(u_1, u_2) = \pi(U, d)$$

该公理意味着，若谈判不破裂，则必定存在一组谈判解使得参与双方收益均获得提升。此外，不会存在其他的分配方案，能够在不降低某参与者收益的同时，提高另外一人的收益，因此，Nash 谈判结果必定是 Pareto 最优的。

公理 5.2（线性变换无关性）　给定一组常数 a_1, a_2, b_1, b_2，定义

$$U' \triangleq \left\{ \left(u_1^{'}, u_2^{'}\right) | u_1^{'} = a_1 u_1 + b_1, u_2^{'} = a_2 u_2 + b_2, \forall (u_1, u_2) \in U \right\}$$

$$d' \triangleq \left\{ \left(d_1^{'}, d_2^{'}\right) | d_1^{'} = a_1 d_1 + b_1, d_2^{'} = a_2 d_2 + b_2 \right\}$$

则有

$$\pi(U', d') = (a_1 u_1^* + b_1,\ a_2 u_2^* + b_2)$$

该公理表明，一个支付函数和它通过线性变换得到的另一支付函数是完全等价的。换言之，线性变换不会改变谈判结果的相对关系。

公理 5.3（对称性）　假设可行集合 U 中，两位参与者是可互换的，即

$$(u_1, u_2) \in U \Leftrightarrow (u_2, u_1) \in U$$

且有 $d_1 = d_2$，则必有 $u_1^* = u_2^*$。

上述公理表明，每位参与者的在谈判中地位是对等的。

公理 5.4（选择无关性）　若 $\pi(U,d) = (u_1^*, u_2^*) \subset D \subseteq U$，则 $\pi(D,d) = (u_1^*, u_2^*)$。

该公理表明，保持谈判破裂点不变，去除可行集合的一部分，除非它使得原有的 Nash 谈判解不可行，否则两个讨价还价博弈的 Nash 谈判解是相同的。

上述 4 条公理给构成了讨价还价博弈 Nash 谈判解的基础。基于这些公理，可以给出如下定理。

定理 5.7（Nash 讨价还价博弈）　满足公理 5.1～ 公理 5.4 的映射 π 唯一存在，该映射由优化问题 (5-20) 给出。

上述定理中，谈判破裂收益 (d_1, d_2) 是每位参与者能保证的收益，而 (u_1^*, u_2^*) 则是谈判结果，即最终收益。因此 $u_i - d_i\,(i=1,2)$ 可看作是每位参与者相对于谈判破裂导致最差结果的距离。显然，每个参与者都希望离最差收益最远。最优规划 (5-20) 旨在最大化二者距离的乘积。

在具体求解时，有时为了求解方便，也可将式 (5-20) 转化为对数形式，即

$$\max_{x \in X} \{\ln(u_1(x) - d_1) + \ln(u_2(x) - d_2)\} \tag{5-22}$$

5.9 合作工程博弈原理——通过合作博弈均衡协调多目标间的竞争

在工程实践中，有很多决策问题涉及多个优化目标。这些目标往往并不一致，而是存在相互制约、相互竞争的关系，如电力系统中的安全、经济、优质运行等目标。多目标优化问题一般可用下述模型表示：

$$\begin{aligned} &\max \ \{U_1(x), \cdots, U_r(x)\} \\ &\text{s.t.} \quad g(x) \leqslant 0, h(x) = 0 \end{aligned} \tag{5-23}$$

上述模型的解通常不唯一，其所有解的集合称为 Pareto 集解，又称 Pareto 前沿。选择具体策略时需要兼顾各目标的地位与优化程度，一般有两种方法：一是将多个目标函数作线性组合，建立一个单目标的评价函数通过人为确定的权重系数将多目标优化问题转化为单目标优化问题进行求解；二是通过分层、分组、分类等方法将多目标优化问题转化为单目标优化问题，其主要思路是依照某种优化次序依次将多目标转换为约束条件，以此体现各目标的地位。然而，由于需要人为确定权重系数或者分层分组方案，上述两种方法均不可避免地受到决策者主观性的影响。

根据博弈论基本思想，若针对一个多目标优化决策问题能够确定参与者、策略集、收益函数及博弈规则，则可将此问题转化为一个博弈问题进而求解。该博弈均衡策略（集），最终从该均衡中确定原多目标优化决策问题的满意解。特别地，考虑到优化目标间虽有竞争（否则等价于单目标优化问题），但是亦有合作的成分（否则即为完全对抗），通过寻求最大程度上的合作则可获得最合理的优化解。根据这一思路，即可将待优化目标建模为多个虚拟参与者，在充分满足自身利益诉求的前提下进行合作，从而获得各方都可以接受的合理方案。由于均衡策略是各目标之间自行通过博弈最终达成，并不涉及主观选定的参数，因此，能有效地避免人为因素的影响。注意到最终的解应当在 Pareto 前沿上取到，否则就必定还存在可改进空间。因此，可以将上述多目标优化决策问题建模为如下的博弈模型：

$$\begin{aligned} &\max_{x_i \in \mathcal{P}} U_i(x_i), i = 1, \cdots, N \\ &\text{s.t.} \quad x_1 = \cdots = x_N \end{aligned} \tag{5-24}$$

其中，$\mathcal{P}$ 为原多目标优化问题的 Pareto 解集。该博弈的 Nash 均衡处，所有参与者采用相同的策略，且不能通过单方面改变策略而获益，满足个体理性。另一方面，由于该均衡被限制在 Pareto 解集上，意味着即使所有参与者共同行动，也不可能在不损害任何一方现有利益的基础上获益更多，故该均衡满足整体理性。因此，该博弈本质上是一个合作博弈。由上述分析可见，通过将各优化目标建模为虚拟对局者可以构成合作博弈格局，进而通过合作博弈均衡来有效协调不同目标间的竞争行为，从而实现充分合作以达成 Pareto 最优，我们称之为“多目标决策问题的合作工程博弈原理”。基于该博弈原理构造多目标优化求解方法，无需为不同目标人为指定权重系数或者分层分组方案，因此，可以有效避免决策者主观性的影响，从而为求解多目标优化决策问题提供了新的途径。

将多目标优化决策转化为博弈问题可以有多种方式。注意到我们的初衷是要协调不同目标间的冲突，因此，需要构建合适的博弈格局以促成不同目标之间的充分合作。在博弈过程中，代表不同目标的虚拟参与者都想为自己的目标争取最优，并尽量避免对自己不利的策略，最终在各方之间达成妥协，从而得到各方均接受的方案。从此意义看，多目标优化决策问题可建模为经典的 Nash 谈判问题。以双目标优化决策问题为例，为建立其 Nash 谈判博弈模型，首先构造两个虚拟参与者来代表两个不同目标，称为谈判者 1 和谈判者 2，其策略集和策略相同，即 $x \in \mathcal{X}$，支付分别为 $U_1(x)$ 和 $U_2(x)$，同时假定谈判双方均完全了解对方的支付情况。谈判中，双方的理性在于使得各自的支付远离自己所能接受的最坏支付 d_1 和 d_2，可通过对单个目标分别进行优化得到。根据 5.8 节的四条公理，Nash 谈判问题的唯一解构成了多目标优化问题合理的 Pareto 最优解，由如下单目标优化优化问题给出：

$$\begin{aligned} &\max_{x \in \mathcal{X}} \ (d_1 - U_1(x))\,(d_2 - U_2(x)) \\ &\text{s.t.} \quad g(x) \leqslant 0, h(x) = 0 \end{aligned} \tag{5-25}$$

Nash 谈判均衡的 Pareto 有效性意味着其可以实现多目标优化决策问题中相互冲突的目标之间的“充分”合作，也即协同优化。此外，Nash 谈判均衡的对称性、线性变换无关性、无关选择不变性使得均衡策略在不同的尺度下保持不变，因此，与优化目标的量纲无关。关于多目标优化问题的博弈求解方法将在第 8 章详细阐述。

5.10 说明与讨论

本章讨论了两种典型的合作博弈。基于特征函数的联盟型合作博弈属于支付可转移型合作博弈，其要点是联盟形式和收益分配，完全由特征函数决定。本章中为讨论问题方便均给定了特征函数，而在实际应用中，特征函数的获取可能并不易获取。例如，每个联盟的收益定义为优化问题的最优值，而联盟之间形成非合作博弈，因此，为获取特征函数须求解各种联盟形式对应的非合作博弈的 Nash 均衡，也即实际问题中非合作博弈与合作博弈可能共存。第 12 章将用此方法研究风光储电力系统容量配置。讨价还价博弈又称 Nash 协商博弈或 Nash 谈判，是一种支付不可转移型合作博弈，其特点是博弈参与者在达成协议时其策略相同，这恰好类似于多目标优化问题的某个 Pareto 最优解，而谈判的过程类似于在 Pareto 前沿上确定一个合理的解从而协调对各个优化目标的优化程度。详细内容将在第 8 章中讨论。

参考文献

[1] NASH J F. Two person cooperative games[J]. Econometrica, 1953, 21(1):128–140.

[2] NASH J F. The bargaining problem[J]. Econometrica, 1950, 18(2):155–162 .

[3] 董保民，王运通，郭桂霞. 合作博弈论 [M]. 北京: 中国市场出版社, 2008.

[4] 施锡铨. 合作博弈引论 [M]. 北京: 北京大学出版社, 2012.

[5] 黄涛. 博弈论教程——理论. 应用 [M]. 北京: 首都经济贸易大学出版社, 2004.

[6] 杨荣基，彼得罗相，李颂志. 动态合作——尖端博弈论 [M]. 北京: 中国市场出版社, 2007.

[7] 高红伟，彼得罗相. 动态合作博弈 [M]. 北京: 科学出版社, 2009.

[8] 董保民，王运通，郭桂霞. 合作博弈论: 解与成本分摊 [M]. 北京: 中国市场出版社, 2008.

[9] 张朋柱，叶红心，薛耀文. 合作博弈理论与应用: 非完全共同利益群体合作管理 [M]. 上海: 上海交通大学出版社, 2006.

[10] KAMISHIRO Y. New approaches to cooperative game theory: core and value[D]. Brown University, 2010.

[11] BRANZEI R，DIMITROV D，TIJS S. Models in cooperative game theory[M]. Heidelberg: Springer-Verlag Berlin Heidelberg, 2008.

[12] GATELY D. Sharing the gains from regional cooperation: a game theoretic application to planning investment in electric power[J]. International Economic Review, 1972, 15(1):195–208.

[13] SHAPLEY L S. Cores of convex games[J]. International journal of game theory, 1971, 1(1):11–26 .

第6章 微分博弈

微分博弈属于动态博弈范畴。所谓动态博弈，系指此博弈格局中的任何一位参与者在某个时间点的行动依赖于此参与者之前的行动。第 4 章所述的多阶段或重复博弈，即是一类典型的离散动态博弈问题，而若每个阶段的时间间隔趋向于无穷小，则此多阶段博弈即成为一类时间连续的动态博弈，即微分博弈。具体而言，微分博弈系指参与者在进行博弈活动时，基于微分方程（组）描述及分析博弈现象或规律的一种动态博弈方法，它是处理双方或多方连续动态冲突、竞争或合作问题的一种数学工具。微分博弈实质上是一种双（多）方的多目标最优控制问题，它将最优控制理论与博弈论相结合，从而比最优控制理论更具对抗性和竞争性。

微分博弈按其参与者能否达成具有强制执行力的合作协议划分，有合作微分博弈和非合作微分博弈两类；按是否考虑随机动态划分，有确定性微分博弈和随机微分博弈两类。本章主要介绍确定性合作/非合作微分博弈，主要参考文献为 [1-12]。

6.1 非合作微分博弈

本节首先介绍 n 人微分博弈，它在工程、经济、社会和军事中应用广泛，由于参与者的利益相互冲突，理性参与者一般会从个人收益角度寻找最佳策略。若 n 个参与者两两之间不相互合作，则每个参与者都将选择一个最大化己之收益的策略，从而形成 Nash 均衡。

6.1.1 非合作微分博弈的数学描述

考虑 n 个参与者的微分博弈，其状态方程为

$$\dot{x}(t) = f(x, u_1, u_2, \cdots, u_n, t), \quad x(t_0) = x_0 \tag{6-1}$$

其中，$x \in \mathbb{R}^m$ 表示系统状态，$x(t_0)$ 为初始状态，$u_i \in U^i (i = 1, 2, \cdots, n)$ 为 n 个参与者的决策变量（或控制输入），$U^i \subseteq \mathbb{R}^{m_i}$ 为第 i 个参与者的可行策略集合；f 是连续函数。参与者（$i = 1, 2, \cdots, n$）收益函数的表达式为

$$J_i(u_1, u_2, \cdots, u_n) = \phi_i(x(t_\mathrm{f}), t_\mathrm{f}) + \int_{t_0}^{t_\mathrm{f}} L_i(x, u_1, u_2, \cdots, u_n, t)\mathrm{d}t, \quad i = 1, 2, \cdots, n \tag{6-2}$$

其中，L_i 和 ϕ_i 均为连续函数。为简明起见，假定末端时刻 t_f 不变，函数 $\phi_i(i=1,2,\cdots,n)$ 称为终端收益函数。

在非合作微分博弈中，每个参与者均知晓当前系统状态、系统参数和收益函数，但不知晓其他参与者的策略。显见，非合作微分博弈的最终目标是求取闭环系统在完全信息结构条件下的 Nash 均衡策略，即基于闭环无记忆完全信息条件下非合作微分博弈 Nash 均衡解。以下给出其严格数学定义。

定义 6.1 考虑 n 人非合作微分博弈问题 (6-1) 和 (6-2)，若参与者 i 的控制策略 $u_i^* \in U^i, i=1,2,\cdots,n$ 满足

$$J_i^* = J_i(u_1^*, u_2^*, \cdots, u_n^*) \leqslant J_i(u_1^*, u_2^*, \cdots, u_{i-1}^*, u_i, u_{i+1}^*, \cdots, u_n^*), \quad \forall i \tag{6-3}$$

则称 $u_i^*(i=1,2,\cdots,n)$ 为非合作微分博弈问题 (6-1) 和 (6-2) 的 Nash 均衡解，特别地，记参与者 i 的最优策略为

$$u_i^* = \{u_i^*(t), t \in [t_0, t_\mathrm{f}]\}, \qquad u_i = \{u_i(t), t \in [t_0, t_\mathrm{f}]\}$$

以下给出 Nash 均衡解的一个存在性条件。

考虑 n 人非合作微分博弈问题 (6-1) 和 (6-2)，设其控制策略（或决策组合）

$$u = \{u_1, u_2, \cdots, u_n\}$$

为分段连续映射，又设第 i 个参与者的值函数为

$$V_i(x,t) = \inf_{u \in U} \{\phi_i(x(t_\mathrm{f}), t_\mathrm{f}) + \int_t^{t_f} L_i(x, u, \tau)\mathrm{d}\tau \tag{6-4}$$

其中，$U = U^1 \times U^2 \times \cdots \times U^n$, $u = [u_1, u_2, \cdots, u_n]$。

根据 2.12 节动态规划最优性原理，值函数 V_i 的解满足下述 Hamilton-Jacobi（HJ）方程[1]：

$$\left\{\begin{array}{l} \dfrac{\partial V_i(x,t)}{\partial t} = \inf\limits_{u_i \in U^i} H_i\left(x, t, u_1^*, u_2^*, \cdots, u_{i-1}^*, u_i, u_{i+1}^*, \cdots, u_n^*, \dfrac{\partial V_i}{\partial x}\right) \\ V_i(x(t_\mathrm{f}), t_\mathrm{f}) = \phi_i(x(t_\mathrm{f}), t_\mathrm{f}) \quad\quad i=1,2,\cdots,n \end{array}\right. \tag{6-5}$$

其中

$$H_i(x, t, u, \lambda_i^\mathrm{T}) = L_i(x, u, t) + \lambda_i^\mathrm{T} f(x, u, t), \qquad i=1,2,\cdots,n \tag{6-6}$$

为 Hamilton 函数。显见，所求的 Nash 均衡策略 $u^* = (u_1^*, u_2^*, \cdots, u_n^*)$ 的作用即是最小化 Hamilton 函数。

对于 HJ 方程 (6-5)，以 $x(t_\mathrm{f})$ 作为末端向后积分，同时对 $V(x,t): \mathbb{R}^m \times \mathbb{R} \to \mathbb{R}$ 求解 Nash 均衡 $u_i^*(i=1,2,\cdots,n)$，如此则对所有的 $\{x, \lambda, t\}$ 及向量 $H = [H_1, H_2, \cdots, H_n]$，Nash 均衡 u^* 满足

$$\left\{\begin{array}{l} \dfrac{\partial V_i}{\partial t}(x,t) = -H_i\left(x, t, u^*\left(x, t, \dfrac{\partial V_1}{\partial t}, \dfrac{\partial V_2}{\partial t}, \cdots, \dfrac{\partial V_n}{\partial t}\right), \dfrac{\partial V_i}{\partial x}\right) \\ \dot{x} = f(x, u_1, u_2, \cdots, u_n, t) \end{array}\right. \tag{6-7}$$

其中

$$u^* = u^*\left(x, t, \frac{\partial V_1}{\partial t}, \frac{\partial V_2}{\partial t}, \cdots, \frac{\partial V_n}{\partial t}\right) \tag{6-8}$$

容易看出，若对方程 (6-7) 从末端向后积分，即可获得非合作微分博弈问题 (6-1) 和 (6-2) 的最优轨迹。以下给出该系统 Nash 均衡存在性的一个必要条件。

定理 6.1 [2]（HJ 方程） 若存在 n 个 C^1 值函数 $V_i(1 \leqslant i \leqslant n)$，$u^* = (u_1^*, u_2^*, \cdots, u_n^*)$ 为微分博弈问题 (6-1) 和 (6-2) 的 Nash 均衡，则其必满足 HJ 方程 (6-5)。

6.1.2 非合作微分博弈的三种 Nash 均衡

从 6.1.1节 n 人微分博弈的定义看，微分博弈理论可以视为最优控制理论的一个自然的推广。事实上，从控制角度看，微分博弈问题属于一类具有对抗性（或合作性）的多主体驱动的动态系统控制问题范畴，它可视为单主体驱动的最优控制问题的一种拓展。对于多人参与的控制系统，各参与者企图优化己方性能指标泛函。此时，各参与者作为控制器设计者，其目标是确定一个容许控制策略，以保证闭环系统的稳定性和最优化各自性能指标泛函，并最终形成均衡解。显见在微分博弈中，最优性是以均衡形式体现的，为此本节简要介绍非合作微分博弈的三种 Nash 均衡。

为简明起见，以下基于不考虑终端代价函数的非合作微分博弈问题进行阐述。

定义参与者 i 的支付函数为

$$J_i = J_i(u_1, u_2, \cdots, u_n) = \int_{t_0}^{t_f} L_i(x(\tau), u_i, \cdots, u_n, \tau)\mathrm{d}\tau, \quad i = 1, 2, \cdots, n \tag{6-9}$$

系统的状态方程为

$$\dot{x} = f(x, u_1, u_2, \cdots, u_n, t), x_0 = x(t_0) \tag{6-10}$$

式 (6-9)、式 (6-10) 中各符号意义同式 (6-1) 和式 (6-2)。

微分博弈中 Nash 均衡的物理意义等同于完全信息静态博弈中的 Nash 均衡，即任何参与者单方面偏离 Nash 均衡策略将导致其收益下降。在此背景下，基于系统的初始状态、微分方程模型和最优化性能指标泛函，参与者需要执行预先设计的策略，才能实现 n 人最优控制，以下给出此种背景下的 Nash 均衡的严格定义。

定义 6.2（微分博弈问题 Nash 均衡） 若控制策略 $(u_1^*, u_2^*, \cdots, u_n^*)$，$u_i^* \in U_i, i = 1, 2, \cdots, n$ 满足以下不等式组：

$$\begin{cases} J_1^* = J_1(x(t), u_1^*, u_2^*, \cdots, u_n^*) \leqslant J_1(x(t), u_1, u_2^*, \cdots, u_n^*) \\ J_2^* = J_2(x(t), u_1^*, u_2^*, \cdots, u_n^*) \leqslant J_2(x(t), u_1^*, u_2, \cdots, u_n^*) \\ \quad \vdots \\ J_n^* = J_n(x(t), u_1^*, u_2^*, \cdots, u_n^*) \leqslant J_n(x(t), u_1^*, u_2^*, \cdots, u_n) \end{cases} \tag{6-11}$$

则称其为微分博弈问题 (6-9) 和 (6-10) 的 Nash 均衡。

根据控制策略 u 的形式，非合作微分博弈的 Nash 均衡通常可分为开环 Nash 均衡、闭环 Nash 均衡和反馈 Nash 均衡三类。

1. 开环 Nash 均衡

若控制向量 u 仅为当前时间 t 和初始状态 x_0 的函数，即

$$u^*(t) = \alpha^*(t, x_0), \quad t \in [t_0, t_{\mathrm{f}}] \tag{6-12}$$

则称 $u^*(t)$ 为微分博弈问题 (6-9) 和 (6-10) 的开环 Nash 均衡。开环 Nash 均衡中，参与者的策略不依赖除 x_0 以外任意时刻的系统状态，故为一种开环的信息结构。

2. 闭环 Nash 均衡

若控制向量 u 是当前时间 t、初始状态 x_0 和当前状态 $x(t)$ 的函数，即

$$u^*(t) = \alpha^*(t, x(t), x_0), \quad t \in [t_0, t_{\mathrm{f}}] \tag{6-13}$$

则称 $u^*(t)$ 为微分博弈问题 (6-9) 和 (6-10) 的闭环 Nash 均衡。闭环 Nash 均衡中，每个参与者均知晓系统的完整历史状态，这是一种闭环的完全信息结构。

3. 反馈 Nash 均衡

若控制向量 u 是当前时间 t 和系统当前状态 $x(t)$ 的函数，即

$$u^*(t) = \alpha^*(t, x(t)), \quad t \in [t_0, t_{\mathrm{f}}] \tag{6-14}$$

则称 $u^*(t)$ 为微分博弈问题 (6-9) 和 (6-10) 的反馈 Nash 均衡。

反馈 Nash 均衡是一种典型的状态反馈，实际上是将一般开环、闭环 Nash 均衡限制于反馈解子集中，故其既可消除推导开/闭环 Nash 均衡所面临的信息非唯一性，更可克服一般 Nash 均衡的多解性难题。

6.1.3 二人零和非合作微分博弈

本节介绍二人零和微分博弈，它实际上是微分博弈问题 (6-1) 和 (6-2) 在 $n=2, J_1+J_2=0$ 的特殊情形，为叙述方便，以下给出二人零和微分博弈问题的数学描述。

设 u, w 为两个参与者，其状态方程及初态为

$$\dot{x} = f(x, u, w), \quad x(t_0) = x_0 \tag{6-15}$$

其中，$x \in \mathbb{R}^n$ 为状态变量。$u \in U$，$w \in W$，U 和 W 分别为参与者 u 和 w 的容许策略集合。t_0 为初始时刻，$x(t_0)$ 为初始状态。又设性能指标为

$$J_u(u, w) = -J_w(u, w) = J(u, w) = \varphi(x(t_{\mathrm{f}}), t_{\mathrm{f}}) + \int_{t_0}^{t_{\mathrm{f}}} L(x(t), u(t), w(t), t)\mathrm{d}t \tag{6-16}$$

式中各符号意义同式 (6-1) 和式 (6-2)。

以下给出二人零和微分博弈的一个实例。

例 6.1 [2] 带有机动能力目标的拦截问题。

设拦截器为导弹（下标为 M），目标为飞机（下标为 F），二者均视为质点，导弹和飞机的三维位置矢量分别记为 x_{M} 和 x_{F}，其速度矢量分别记为

$$v_{\mathrm{M}} = \frac{\mathrm{d}x_{\mathrm{M}}}{\mathrm{d}t}, \quad v_{\mathrm{F}} = \frac{\mathrm{d}x_{\mathrm{F}}}{\mathrm{d}t} \tag{6-17}$$

导弹和飞机所处坐标系如图 6.1所示。

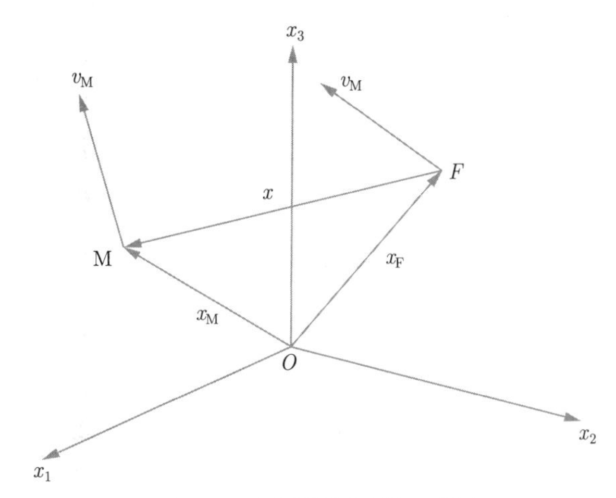

图 6.1 导弹拦截飞机示意图

令

$$\begin{cases} x = x_{\mathrm{M}} - x_{\mathrm{F}} \\ v = v_{\mathrm{M}} - v_{\mathrm{F}} = \dot{x}_{\mathrm{M}} - \dot{x}_{\mathrm{F}} \end{cases} \tag{6-18}$$

若忽略作用于飞机和导弹上的重力差和气动力差，则导弹和飞机相对运动方程为

$$\begin{cases} \dot{x} = v \\ \dot{v} = u_{\mathrm{M}} - u_{\mathrm{F}} \\ x(t_0) = x_0, \quad v(t_0) = v_0 \end{cases} \tag{6-19}$$

其中，u_{M} 为导弹的控制加速度；u_{F} 为飞机的控制加速度。又设

$$u_{\mathrm{F}} \in U = \mathbb{R}^3, \quad u_{\mathrm{M}} \in V = \mathbb{R}^3$$

即导弹和飞机加速度的取值都不受约束。进一步选取性能指标为

$$J(u_{\mathrm{M}}(\cdot), u_{\mathrm{F}}(\cdot)) = \frac{k}{2} x^{\mathrm{T}}(t_{\mathrm{f}}) x(t_{\mathrm{f}}) + \frac{1}{2} \int_{t_0}^{t_f} [c_{\mathrm{M}} u_{\mathrm{M}}^{\mathrm{T}}(t) u_{\mathrm{M}}(t) - c_F u_{\mathrm{F}}^{\mathrm{T}}(t) u_{\mathrm{F}}(t)] \mathrm{d}t \tag{6-20}$$

其中，k、c_{F} 和 c_{M} 分别为待定常数。

上述导弹拦截飞机的微分博弈问题可以归结为：拦截器导弹选择控制加速度 $u_{\mathrm{M}}(t)$ 使性能指标 (6-20) 达到最小，以实现击毁飞机的目标；而飞机选择控制加速度 $u_{\mathrm{F}}(t)$ 使性能指标 (6-20) 达到极大，免遭击中，以实现逃逸目的。

以下给出二人零和微分博弈问题 (6-15) 和 (6-16) 的 Nash 均衡的必要条件——Hamil-ton-Jacobi-Issacs（HJI）方程。

定理 6.2 [3]（HJI 方程） 考虑二人微分博弈问题 (6-15) 和 (6-16)，设其值函数 $V(x,t)$ 偏导数存在，则该微分博弈问题的 Nash 均衡解 (u^*,w^*) 满足

$$
\begin{aligned}
-\frac{\partial V(x,t)}{\partial t} &= \inf_{u\in U}\sup_{w\in W}\left\{\frac{\partial V(x,t)}{\partial x}f(x,u,w,t)+L(x,u,w,t)\right\}\\
&= \sup_{w\in W}\inf_{u\in U}\left\{\frac{\partial V(x,t)}{\partial x}f(x,u,w,t)+L(x,u,w,t)\right\}\\
&= \frac{\partial V(x,t)}{\partial x}f(x,u^*,w^*,t)+L(x,u^*,w^*,t)
\end{aligned}
\tag{6-21}
$$

边界条件为

$$V(x(t_{\rm f}),t_{\rm f})=\varphi(x(t_{\rm f}),t_{\rm f})$$

式 (6-21) 称为微分博弈问题 (6-15) 和 (6-16) 的 HJI 方程。显见，HJI 方程是定理 6.1中 n 人非合作微分博弈 Nash 均衡解必要性条件在 $n=2$ 的特殊情形，该方程对线性及非线性鲁棒控制问题的求解至关重要。本书第 10 章将对此予以专门论述。

对 HJI 方程 (6-21)，其解的含义讨论如下。

（1）求解

$$H\left(x,u,w,\frac{\partial V}{\partial x}\right)\triangleq\frac{\partial J}{\partial x}f(x,u,w)+L(x,u,w)$$

分别关于 u 的极小解和关于 w 的极大解，若其存在，则有

$$u=u\left(x,\frac{\partial V}{\partial x}\right)$$

$$w=w\left(x,\frac{\partial V}{\partial x},u\right)=w\left(x,\frac{\partial V}{\partial x},u\left(x,\frac{\partial V}{\partial x}\right)\right)\triangleq w_1\left(x,\frac{\partial V}{\partial x}\right)$$

（2）将 $u\left(x,\frac{\partial V}{\partial x}\right)$ 和 $w_1\left(x,\frac{\partial V}{\partial x}\right)$ 代入 HJI 方程 (6-21)，则得如下带边界条件的偏微分方程：

$$\frac{\partial V}{\partial t}+\frac{\partial V}{\partial x}f\left(x,u\left(x,\frac{\partial V}{\partial x}\right),w_1\left(x,\frac{\partial V}{\partial x}\right)\right)+L\left(x,u\left(x,\frac{\partial V}{\partial x}\right),w_1\left(x,\frac{\partial V}{\partial x}\right)\right)=0$$

$$V(x(t_{\rm f}),t_{\rm f})=\varphi(x(t_{\rm f}),t_{\rm f})$$

假设上述偏微分方程关于 w 的解存在，记为 $w(x,t)$，令

$$w_1(x,t)\triangleq w\left(x,\frac{\partial V(x,t)}{\partial x},u(x,t)\right)$$

$$u(x,t)\triangleq u\left(x,\frac{\partial V(x,t)}{\partial x}\right)$$

则 $J(x,t), u(x,t)$ 和 $w_1(x,t)$ 满足下述方程：

$$\frac{\partial V(x,t)}{\partial t}+\frac{\partial V(x,t)}{\partial x}f(x,u(x,t),w_1(x,t))+L(x,u(x,t),w_1(x,t))\equiv 0$$
$$V(x(t_\mathrm{f}),t_\mathrm{f})=\varphi(x(t_\mathrm{f}),t_\mathrm{f}),\quad \forall t\in[0,t_\mathrm{f}],\forall x\in D\subset\mathbb{R}^n$$

其中，$D\subset\mathbb{R}^n$ 为含 $x=0$ 为内点的某一区域。

进一步，若 $\exists V(x,t)>0,\forall(x,t)\in D\times[0,t_\mathrm{f}],x\neq 0,V(0,t)=0$，则称 $(V(x,t), u(x,t),w_1(x,t))$ 为 HJI 方程 (6-21) 在 $D\times[0,t_\mathrm{f}]$ 上的解。

根据上述对 HJI 方程的讨论，以下给出二人零和微分博弈问题 (6-15) 和 (6-16)Nash 均衡的一个充分条件。

定理 6.3　考虑微分博弈问题 (6-15) 和 (6-16)，设 $f(x,u,w)$ 满足相应初值问题解的存在性、唯一性及可延拓性条件，$L(x,u,w,t)$ 为连续正定函数。若 HJI 方程 (6-21) 存在正解 $(V_+^*(x,t),u_+^*(x,t),w_+^*(x,t))$，则 $(u_+^*(x,t),w_+^*(x,t))$ 构成了微分博弈问题 (6-15) 和 (6-16) 的 Nash 均衡。

6.2 合作微分博弈

6.1.2节介绍了 n 人非合作微分博弈的三种 Nash 均衡。显然，当各参与者相互之间不合作时，Nash 均衡 $(u_1^*,u_2^*,\cdots,u_n^*)$ 自然成为微分博弈的合理解。事实上，若某一参与者单方面采取其他策略，则支付将增大。然而，若在博弈之前，全体参与者达成了某种合作协议，同时改变所有策略 $u_i^*(i=1,2,\cdots,n)$ 则有望减小总支付。换言之，若参与者具有共同利益，则此微分博弈格局将有一个相互有利的最终博弈结果，此时，微分博弈由非合作型转为合作型[12]。合作微分博弈的前提是参与者达成了具有约束力的协议，从而形成微分博弈的整体理性，最终实现 Pareto 均衡，下面给出其定义。

定义 6.3（Pareto 均衡）　令 $\alpha_i\in(0,1),i=1,2,\cdots,n$。若存在一个参数集合

$$\psi=\left\{\alpha=(\alpha_1,\alpha_2\cdots,\alpha_n)\alpha_i>0,\sum_{i=1}^{n}\alpha_i=1\right\}\tag{6-22}$$

使得 $u^*\in U$ 满足

$$u^*\in\arg\min_{u\in U}\left\{\sum_{i=1}^{n}\alpha_iJ_i(u)\right\}\tag{6-23}$$

则称 u^* 为微分博弈问题 (6-9) 和 (6-10) 的 Pareto 均衡或 Pareto 最优策略。

下述定理给出了 Pareto 均衡的必要条件。

定理 6.4 微分博弈问题 (6-9) 和 (6-10) 的 Pareto 均衡满足如下方程：

$$\begin{cases} \dot{x}^*(t) = f(x^*(t), u_1^*(t), \cdots, u_n^*(t), t) \\ H(t, x^*, u^*, \lambda) \leqslant H(t, x^*, u, \lambda) \\ \dot{\lambda}(t) = -\left(\sum_{i=1}^{n} \alpha_i \dfrac{\partial L_i}{\partial x} + \lambda(t)\dfrac{\partial f}{\partial x}\right), \quad x^*(0) = x_0 \end{cases} \tag{6-24}$$

其中

$$H(t, x, u, \lambda) = \sum_{i=1}^{n} \alpha_i L_i(t, x, u) + \lambda f(t, x, u) \tag{6-25}$$

函数 L_i、f 是连续可微函数。

以下讨论 Pareto 均衡的充分条件。为叙述方便，将 Pareto 均衡表述为下述关于参数 α 的极小值优化问题：

$$\min_u J_0(\alpha, u) = \sum_{i=1}^{n} \alpha_i J_i(u) \tag{6-26}$$

引入下述两个集合记号：

$$\begin{cases} S = \left\{J(u) | J_1(\alpha, u) = \min\limits_{u'} J(\alpha, u'), \alpha \in \psi\right\} \\ \bar{S} = \left\{J(u) | J_2(\alpha, u) = \min\limits_{u'} J(\alpha, u'), \alpha \in \bar{\psi}\right\} \end{cases} \tag{6-27}$$

其中，$\bar{\psi}$ 为 ψ 的闭包。显然 $\bar{\psi}$ 中每个元素均可视为参与者的权重向量；α_i 是参与者 i 的权重，反映其在博弈格局中的作用、地位或重要性。又记微分博弈问题 (6-9) 和 (6-10) 所有非劣解对应的支付向量构成的集合为 $\varLambda$，则有如下定理。

定理 6.5 设 ψ 是 n 人合作微分博弈问题的非劣支付集，则有 $S \subseteq \varLambda$。

证明 用反证法。若存在 $J(u) \in S$，$J(u) \notin \varLambda$，则 u 不是 Pareto 最优策略，故存在策略 $\bar{u}$ 使得

$$J(\bar{u}) < J(u)$$

换言之，对某个 $i_0 (1 \leqslant i_0 \leqslant n)$，有

$$J_{i_0}(\bar{u}) < J_{i_0}(u)$$

而对任意 $i \neq i_0$，$i = 1, 2, \cdots, n$，有

$$J_i(\bar{u}) \leqslant J_{i_0}(u)$$

故对任意 $\alpha \in \psi$，有

$$\sum_{i=1}^{n} \alpha_i J_i(\bar{u}) < \sum_{i=1}^{n} \alpha_i J_i(u)$$

上式表明，u 不是极小值优化问题 (6-27) 的解，即 $J(u) \notin S$，此与 $J(u) \in S$ 矛盾。

< 证毕 >

定理 6.5说明，当参与者 i 的权重均为正数时，参与者 i 在博弈格局中的确发挥了作用，此时，由优化问题 (6-26) 求得的策略必定是 Pareto 最优的。因此，可以通过改变权重向量 α 求取其他 Pareto 最优策略。显然，并非所有的 Pareto 最优策略均可由优化问题 (6-26) 求得，为此给出下述定理。

定理 6.6 [4] 设可行策略集 $U = U_1 \times U_2 \times \cdots \times U_n$ 为凸集。若每个支付函数 $J_i(u)(i=1,2,\cdots,n)$ 均为 u 的凸函数，则 $\Lambda \subseteq \bar{S}$。

定理 6.6表明，当参与者的支付函数均为凸时，所有 Pareto 最优策略均可由非负线性加权系数极小化问题 (6-26) 求得。

6.3 主从微分博弈

6.1节和 6.2节讨论的微分博弈问题，无论合作还是非合作，参与者均处于平等地位，但在许多实际工程控制与决策问题中，参与者在作用、地位以及影响力方面关系并不平等。例如，省级电网调度中心与地级电网调度中心即是一种上下级关系，他们掌握信息的时序和数量不尽相同，在决策权限上也存在主从关系。4.1 节介绍了针对静态博弈问题的 Stackelberg 博弈，即完全信息动态博弈，本节介绍其在微分博弈中的推广，即主从微分博弈，主要内容源于文献 [5]。

6.3.1 主从微分博弈的 Stackelberg 均衡

考察下述微分博弈问题。

设 u,v 为两个参与者，其中 u 为 Leader（领导者），v 为 Follower（跟随者），系统状态方程为

$$\dot{x} = f(t,x,u,v), \quad x(t_0) = x_0 \tag{6-28}$$

其中，$x \in \mathbb{R}^n$ 为状态变量，$u \in U \subseteq \mathbb{R}^p$，$v \in V \subseteq \mathbb{R}^1$，$U$ 和 V 分别为参与者 u 和 v 的容许策略集合，t_0 为初始时刻，$x(t_0)$ 为初始状态。又设 Leader 和 Follower 的性能指标为

$$J_i(u,v) = \phi_i(x(t_{\mathrm{f}}),t_{\mathrm{f}}) + \int_{t_0}^{t_{\mathrm{f}}} L_i(x(t),u(t),v(t),t)\mathrm{d}t, \quad i=1,2 \tag{6-29}$$

式中各符号含义同式 (6-1) 和式 (6-2)。

基于上述问题，主从微分博弈本质上可视为一类特殊的二人非零和非合作微分博弈，通常满足下述假定：参与者 u 在博弈中起领导作用（称为 Leader），他首先宣布其策略并有能力予以实施。参与者 v 只能以 u 的策略作为约束限制并对此作出“合理”的理性反应。v 在博弈中起到一种相应、追随的作用，称为 Follower。Leader 考虑到 Follower 的理性反应，从而合理地选择自己的策略以期取得最好的结果。

主从微分博弈的决策过程如下。

Leader 首先宣布其策略 $u \in U$，Follower 则以策略 u 作为自己的约束条件并对此选择相应的策略 $v \in V$ 以使自己的支付取得极小值，即存在映射 $\psi: U \to V$ 使得对所有 $v \in V$ 都有

$$J_2(u,\psi(u)) \leqslant J_2(u,v)$$

显然，若 $J_2(u,\psi(u))$ 不存在极小值，则 $\psi(u)=\varnothing$。一般地，$\psi(u)$ 是一个多值映射。

定义 6.4 记集合

$$R(u)=\{v|v=\psi(u),(u,v)\in U\times V\}$$

称 $R(u)$ 为 Follower v 的理性反应集。

若 ψ 为单值映射，则对任意给定的 $u\in U$，$R(u)$ 是单元素集，记

$$R(u,v)=\{(u,v)|u\in U,v\in R(u)\}$$

由于 Leader 处于主导地位，不仅能发号施令，而且能了解 Follower 的反应信息。因此，Leader 选择最优策略 $u^*\in U$ 使 Follower 按其理性反应选取策略 $v^*=\psi(u^*)\in V$ 时，可以取得支付函数 J_1 的极小值，据此可给出主从微分博弈的 Stackelberg 均衡的定义。

定义 6.5 若存在 $(u^*,v^*)\in R(u,v)$，使对所有 $(u,v)\in R(u,v)$ 有

$$J_1(u^*,v^*)\leqslant J_1(u,v),\quad \forall(u,v)\in R(u,v) \tag{6-30}$$

则称 (u^*,v^*) 是二人非零和主从微分博弈的 Stackelberg 均衡，其中 u^* 是 Leader 的最优策略，$v^*=\psi(u^*)$ 是 Follower 的最优策略。

从上述定义可以看出，参与者之间的主从关系一旦确定，则 Stackelberg 均衡构成了 Leader 和 Follower 的最优策略。若 Follower 采取其他策略，则其收益下降；若 Leader 采取其他策略，Follower 的策略亦会随之改变，导致 Leader 收益下降。

若 ψ 不是单值映射，则对于给定的 $u\in U$，$R(u)$ 是多元素集，如此 Leader 会考虑 Follower 策略选择的非唯一性，故为安全起见，Leader 将采用保守策略，即将式 (6-30) 中的不等式修改为

$$\sup_{v\in R(u^*)} J_1(u^*,v)\leqslant \sup_{v\in R(u)} J_1(u,v)$$

如前所述，主从微分博弈实质上是一类非合作微分博弈。现假定 Leader 与 Follower 都是以获得各自的支付函数极小值作为自己的目标，即采用的策略是另一方策略的最优反应，则此种博弈的结果将形成 Nash 均衡，记作 $(u_{\rm N}^*,v_{\rm N}^*)$。综上，对 Leader 支付函数有下述结论。

定理 6.7 $J_1(u^*,v^*)\leqslant J_1(u_{\rm N}^*,v_{\rm N}^*)$。

证明 由于

$$(u_{\rm N}^*,v_{\rm N}^*)\in R(u,v)$$

故由定义 6.5可得

$$J_1(u^*,v^*)\leqslant J_1(u_{\rm N}^*,v_{\rm N}^*)$$

< 证毕 >

上述定理说明，主从微分博弈格局下 Leader 的最优收益不低于其在 Nash 博弈格局下的收益。因此，每个参与者都希望自己作为 Leader 参与主从博弈。对于 Follower 在两种博弈格局下的最优收益并无一般性结论，须视具体情况而定。

6.3.2 主从微分博弈的最优性条件

本节主要讨论主从微分博弈存在开环最优解的必要条件。闭环最优解的最优性条件与此类似，但要复杂一些。读者可参阅文献 [5]。

根据主从微分博弈的决策顺序，当 Leader 宣布其策略 $u \in U$ 后，Follower 理性反应映射 $v = \psi(u) \in V$ 的确定问题等价于求解下述以 u 为参数、v 为控制变量的最优控制问题：

$$\begin{aligned} &\min\ J_2(u,v) \\ &\text{s.t.}\quad \dot{x} = f(t,x,u,v) \\ &\qquad\quad x(t_0) = x_0 \end{aligned}$$

其最优性条件为

$$\begin{cases} \dot{\lambda}_2 = -\dfrac{\partial H_2}{\partial x} \\ \lambda_2(t_{\rm f}) = \left.\dfrac{\partial \phi_2(t,x)}{\partial x}\right|_{t=t_{\rm f}} \\ \dfrac{\partial H_2}{\partial v} = 0 \end{cases} \tag{6-31}$$

其中，H_2 为 Follower 的 Hamilton 函数，即

$$H_2(t,x,u,v,\lambda_2) = h_2(t,x,u,v) + \lambda_2^{\rm T} \cdot f(t,x,u,v) \tag{6-32}$$

此处假设函数 H_2 连续可微。否则，式 (6-31) 最后一式可用如下条件替换：

$$H_2(t,x,u,\psi(u),\lambda_2) = \min_{v\in V} H_2(t,x,u,v,\lambda_2)$$

Leader 考虑到 Follower 的理性反应，其最优策略 $u^* \in U$ 是下述最优控制问题的解：

$$\begin{aligned} &\min\ J_1(u) = J_1(u,\psi(u)) \\ &\text{s.t.}\quad \dot{x} = f(t,x,u,\psi(u)), \\ &\qquad\quad x(t_0) = x_0 \end{aligned}$$

将 Follower 的最优反应 $\psi(u)$ 用其最优性条件表示，可得 Leader 面临的决策问题为

$$\begin{aligned} &\min\ J_1(u,v) \\ &\text{s.t.}\quad x(t_0) = x_0 \\ &\qquad\quad \dot{x} = f(t,x,u,v) \\ &\qquad\quad \dot{\lambda}_2 = -\frac{\partial H_2}{\partial x} \\ &\qquad\quad \frac{\partial H_2}{\partial v} = 0 \\ &\qquad\quad \lambda_2(t_{\rm f}) = \left.\frac{\partial \phi_2(t,x)}{\partial x}\right|_{t=t_{\rm f}} \end{aligned}$$

该问题的最优性条件为

$$\begin{cases}\dfrac{\partial H_1}{\partial u}=0\\ \dfrac{\partial H_1}{\partial v}=0\\ \dot{\lambda}_1=-\dfrac{\partial H_1}{\partial x}\\ \dot{\lambda}_3=-\dfrac{\partial H_1}{\partial \lambda_2}\\ \lambda_1(t_{\rm f})=\left.\left(\dfrac{\partial g_1(t,x)}{\partial x}-\lambda_3^{\rm T}\cdot\dfrac{\partial^2\phi_2(t,x)}{\partial x^2}\right)\right|_{t=t_{\rm f}}\\ \lambda_3(t_0)=0\end{cases} \tag{6-33}$$

其中，H_1 为 Leader 的 Hamilton 函数，即

$$H_1(t,x,u,v,\lambda)=h_1(t,x,u,v)+\lambda_1^{\rm T}\cdot f(t,x,u,v)-\lambda_3^{\rm T}\left(\frac{\partial H_2}{\partial x}\right)+\lambda_4^{\rm T}\left(\frac{\partial H_2}{\partial v}\right) \tag{6-34}$$

其中，λ_4 为待定系数。

综上，可得主从微分博弈的下述最优性条件。

定理 6.8[5] 若 (u^*,v^*) 是固定逗留期 $[t_0,t_{\rm f}]$ 主从微分博弈 (6-28) 和 (6-29) 的 Stackelberg 均衡，且 u^* 与 v^* 分别是 U、V 的内点，则 (u^*,v^*) 与相应的最优轨迹 x^* 满足：

$$\begin{cases}\dot{x}^*=f(t,x^*,u^*,v^*),\quad x^*(t_0)=x_0\\ \left.\dfrac{\partial H_2}{\partial v}\right|_{Q_1}=0\\ \dot{\lambda}_2=-\left.\dfrac{\partial H_2}{\partial x}\right|_{Q_1}\\ \lambda_2(t_{\rm f})=\left.\dfrac{\partial\phi_2(t,x)}{\partial x}\right|_{(t_{\rm f},x^*(t_{\rm f}))}\\ \left.\dfrac{\partial H_1}{\partial u}\right|_{Q_2}=0\\ \left.\dfrac{\partial H_1}{\partial v}\right|_{Q_2}=0\\ \dot{\lambda}_1=-\left.\dfrac{\partial H_1}{\partial x}\right|_{Q_2}\\ \lambda_1(T_0)=\left.\left(\dfrac{\partial g_1(t,x)}{\partial x}-\lambda_3^{\rm T}\cdot\dfrac{\partial^2\phi_2(t,x)}{\partial x^2}\right)\right|_{(t_{\rm f},x^*(t_{\rm f}))}\\ \dot{\lambda}_3=-\left.\dfrac{\partial H_1}{\partial\lambda_2}\right|_{Q_2}\\ \lambda_3(t_0)=0\end{cases}$$

其中，$Q_1=(t,x^*,u^*,v^*,\lambda_2)$；$Q_2=(t,x^*,u^*,v^*,\lambda)$；Hamilton 函数 H_1 与 H_2 分别由式 (6-34) 和式 (6-32) 给定。

定理 6.8为求解主从微分博弈问题提供了可行的途径。该定理作为必要性条件，所得解是否为主从微分博弈的均衡解，尚需进一步验证。

例 6.2 经济增长问题。

令 $x(t)$ 为某国在时间 t 的财富总量，$x(t)$ 满足下述微分方程：

$$\dot{x}=ax-u_1x-u_2,\quad x(0)=x_0,\quad t\in[0,T]$$

其中，$a>0$ 是经济自然增长率，$u_2(t)$ 是即时消耗，如规划部门用于基础设施建设等的投资，设 t 时刻的税收额与财富量 $x(t)$ 成正比，比例系数是财政部门的税收率 $u_1(t)$。又设财政部门和规划部门的目标函数分别为

$$\begin{cases}J_1=bx(T)+\displaystyle\int_0^T\varphi_1(u_1x)\mathrm{d}t\\ J_2=x(T)+\displaystyle\int_0^T\varphi_2(u_2)\mathrm{d}t\end{cases}$$

其中，φ_1 和 φ_2 为效用函数，本例中假定

$$\varphi_1(s)=k_1\ln s,\quad \varphi_2(s)=k_2\ln s$$

经济增长过程中，财政部门首先发布一段时期内的税收率函数 $u_1(t)$，民政部门随后确定投资情况。对于给定的税收率函数 $u_1^*(t)$，规划部门的决策可以归结为如下最优控制问题：

$$\begin{aligned}&\max\ J_2=x(T)+k_2\int_0^T\ln u_2\mathrm{d}t\\ &\text{s.t.}\quad \dot{x}=ax-u_1^*x-u_2\\ &\qquad\ \ x(0)=x_0,\quad t\in[0,T]\end{aligned}$$

根据式 (6-31)，该问题的最优轨线满足下述条件：

$$\begin{cases}\dot{x}^*=ax^*-u_1^*x-u_2^*\\ \dot{q}_2^*=-q_2^*(a-u_1^*)\\ x(0)=x_0,\quad q_2^*(T)=1\\ u_2^*\in\arg\max\limits_{y\geqslant0}\{-q_2y+k_2\ln y\}=\dfrac{k_2}{q_2}\end{cases}$$

对于作为 Leader 的财政部门，其最优决策对应于如下最优控制问题：

$$
\begin{aligned}
\max \quad & bx(T)+k_1\int_0^T \ln(u_1x)\mathrm{d}t \\
\text{s.t.} \quad & \dot{x}=ax-u_1\times\frac{k_2}{q_2} \\
& \dot{q}_2=-q_2(a-u_1)
\end{aligned}
$$

其最优策略满足

$$
u_1^*\in\arg\max_{y\geqslant 0}\{\lambda_1(-yx)+\lambda_2q_2y+\lambda_0k_1\ln(yx)\}=\frac{\lambda_0k_1}{\lambda_1x-\lambda_2q_2}
$$

根据式 (6-33)，系统最优轨线为如下微分方程的解：

$$
\begin{cases}
\dot{x}=\left(a-\dfrac{\lambda_0k_1}{\lambda_1x-\lambda_2q_2}\right)x-\dfrac{k_2}{q_2} \\
\dot{q}_2=\left(\dfrac{\lambda_0k_1}{\lambda_1x-\lambda_2q_2}-a\right)q_2 \\
\dot{\lambda}_1=-\lambda_0\dfrac{k_1}{x}+\lambda_1\left(\dfrac{\lambda_0k_1}{\lambda_1x-\lambda_2q_2}-a\right) \\
\dot{\lambda}_2=-\lambda_1\dfrac{k_2}{q_2}+\lambda_2\left(a-\dfrac{\lambda_0k_1}{\lambda_1x-\lambda_2q_2}\right) \\
x(0)=x_0,\quad q_2(T)=1 \\
\lambda_1(T)=\lambda_0b,\quad \lambda_2(0)=0
\end{cases}
$$

6.4 说明与讨论

虽然微分博弈问题最早来源于军事对抗问题，但随着微分博弈理论的不断发展和工程应用的不断推广，人们逐渐发现将一般工程领域内许多和控制与决策相关的问题描述为微分博弈问题更加合理，因此，微分博弈受到越来越多的关注。一般而言，微分博弈的参与者可以是对抗的，也可以是合作的。微分博弈理论的发展对最优控制与鲁棒控制产生了重要的影响。从控制论角度看，微分博弈即为具有对抗或合作的多决策主体的最优控制问题，它可视为单决策主体最优控制问题的推广，因此，最优控制理论中的许多重要方法均可用于分析和求解微分博弈问题，而鲁棒控制问题的博弈内涵则更为突出，可归结为一类控制器设计者与不确定性参与的二人零和微分博弈问题。经历了半个多世纪的发展, 微分博弈理论已在工程控制与决策中取得广泛的应用。但时至今日，基于非线性微分博弈的鲁棒控制器的构造还取决于如何求解反馈 Nash 均衡（包括 Stackelberg 均衡），该问题在数学上表示为求解一类偏微分不等式或方程。例如，针对仿射非线性不确定系统鲁棒控制器设计的 HJI 方程即为一类二阶偏微分方程。针对此类偏微分方程，数学上并没有一般的求解方法，导致构造高抗干扰能力的鲁棒控制器面临巨大挑战。有鉴于此，第 10 章将专门论述基于微分博弈求解鲁棒控制器的典型方法。

参考文献

[1] 谭拂晓，刘德荣，关新平，等. 基于微分对策理论的非线性控制回顾与展望 [J]. 自动化学报, 2014, 40(1):1–15.

[2] 王朝珠，秦化淑. 最优控制理论 [M]. 北京：科学出版社, 2003.

[3] BASAR T，OLSDER G. Dynamic noncooperative game theory[M]. London：Academic Press, 1998.

[4] 杨荣基，彼得罗相，李颂志. 动态合作——尖端博弈论 [M]. 北京：中国市场出版社, 2007.

[5] 李登峰. 微分对策及其应用 [M]. 北京：国防工业出版社, 2000.

[6] 张嗣瀛. 微分对策 [M]. 北京: 科学出版社, 1987.

[7] BASAR T，BERNHARD P. H_∞ optimal control and related minimax design problems: a dynamic game approach[M]. New York：Springer Science & Business Media, 2008.

[8] 杨宪东，叶芳柏. 线性与非线性 H_∞ 控制理论 [M]. 台北: 全华科技图书股份有限公司, 1997.

[9] ISAACS R. Differential games: a mathematical theory with applications to warfare and pursuit, control and optimization[M]. North Chelmsford：Courier Corporation, 1999.

[10] HO Y. Differential games, dynamic optimization, and generalized control theory[J]. Journal of Optimization Theory and Applications, 1970, 6(3):179–209.

[11] 年晓红，黄琳. 微分对策理论及其应用研究的新进展 [J]. 控制与决策, 2004, 19(2):128–133.

[12] 高红伟，彼得罗相. 动态合作博弈 [M]. 北京：科学出版社, 2009.

第7章 演化博弈

自 1944 年 Morgenstern 和 von Neumann 在著作[1] 中将博弈论系统化和规范化后，它就一直是经济学研究的重要工具，并在经济学研究中不断取得突破性进展。经济学领域存在两种研究模式：均衡分析和演化分析，它们分别对应经典博弈论（前述各章所述）和演化博弈论。经典博弈论假定博弈者是完全理性的：这一假定极大地简化了博弈分析过程，能够得到非常简洁优美而又深刻的结果；另一方面，该假定也时常被认为过于苛刻而受到诟病。与此不同的是，演化博弈论并不要求参与者具备完全理性，也不要求完全信息，因此，可以更合理地刻画真实世界中的各种博弈行为，并被广泛地应用于经济学、生物学和社会学等领域。随着心理学研究的发展，有限理性的概念被提出，经典博弈论与演化博弈论越来越多地得到相互印证和促进。1973 年，Smith 提出了演化博弈理论中的基本概念——演化稳定策略（evolutionary stable strategy，ESS）[2]，它与复制者动态共同构成了演化博弈论的一对核心概念，分别表征演化博弈的稳定状态，以及向这种稳定状态动态收敛过程[3]。简言之，演化博弈论是以有限理性的参与者群体为对象，采用动态过程研究参与者如何在博弈演化中调整行为以适应环境或对手，并由此产生群体行为演化趋势的博弈理论。在方法论上，它强调动态的均衡，是对经典博弈论的重要补充。以下简要介绍演化博弈的基本概念模型和分析方法，主要内容来自文献 [1-15]。

7.1 两个自然界例子

平衡，是大自然最重要的法则，是世界生生不息的真谛。以生态系统为例，生物链关系创造出了大自然中“一物降一物”的现象，维系着物种间天然的数量平衡。

7.1.1 狮马捕食

假如在一个岛屿上，有草、斑马和狮子三种生物。植物从自然界中获取养分生长，它们之间的食物链是斑马吃草，狮子吃斑马。为了便于叙述，不妨做如下假设：一头狮子每天捕食一只斑马，一只斑马每天吃掉一片草地；狮子进食后次日数量翻倍，斑马进食后次日数量翻倍，草地自然生长次日数量翻倍；若狮子、斑马没有进食，则次日死亡；受地形与环境限制，草地最大数量为 72；假设初始时刻该地区有 12 只斑马，2 头狮子。试问在未来一段时间内，该生态系统如何演化？最终结果如何？

第 1 天开始时：72 片草地，12 只斑马，2 头狮子。

第 1 天结束时：60 片草地，10 只斑马，2 头狮子。

第 2 天开始时：72 片草地，20 只斑马，4 头狮子。

第 2 天结束时：52 片草地，16 只斑马，4 头狮子。

第 3 天开始时：72 片草地，32 只斑马，8 头狮子。

第 3 天结束时：40 片草地，24 只斑马，8 头狮子。

第 4 天开始时：72 片草地，48 只斑马，16 头狮子。

第 4 天结束时：24 片草地，32 只斑马，16 头狮子。

第 5 天开始时：48 片草地，64 只斑马，32 头狮子。

第 5 天结束时：0 片草地，32 只斑马，32 头狮子。

第 6 天开始时：0 片草地，64 只斑马，64 头狮子。

第 6 天结束时：0 片草地，0 只斑马，64 头狮子。

第 7 天开始时：0 片草地，0 只斑马，128 头狮子。

第 7 天结束时：0 片草地，0 只斑马，128 头狮子。

第 8 天开始时：0 片草地，0 只斑马，0 头狮子。

上述演化过程和最终结果似乎不可思议。在上述过程中，由于斑马的数量急剧增加，草地遭到过度啃食，结果斑马和草的数量都会大大下降，甚至会同归于尽；斑马一旦消失，狮子就会饿死，最终导致生态系统崩溃。然而，自然界似乎自动避免了这一悲剧。大自然拥有一种神秘却真实存在的力量，这种力量无时无刻不在影响着生活在其“怀抱”内所有生物，维持着生态平衡。如何揭示大自然的这种神奇能力以及运行机制，恰恰是演化博弈产生的原因及其威力所在。

7.1.2 鹰鸽博弈

鹰鸽（hawk-dove）博弈是研究动物群体和人类社会普遍存在的竞争和冲突现象的一个典型博弈示例。假定某个生态环境中有鹰和鸽两种动物，由于食物和生存空间有限，它们必须竞争以求得生存与发展。鹰的特点是凶悍，喜欢发起攻击，而鸽则与之相反，在强敌面前常常选择退避。竞争的获胜者获得生存资源从而能更好地繁衍后代，失败一方则会失去生存资源而导致后代的数量减少。假定资源总量为 V，若鹰与鸽相遇并竞争资源，则鹰会轻而易举地获得全部资源 V，而鸽由于害怕强敌而退出争夺，从而不能获得任何资源；若鸽与鸽相遇并竞争生存资源，由于它们均不愿战斗，则结果为平分资源各得 $V/2$；若鹰与鹰相遇并展开竞争，由于双方都非常凶猛而相互残杀，直至双方重伤力竭，则竞争结果虽然双方都获得部分生存资源，但损失惨重。其获得资源以减少 C 作为受伤的代价，鹰、鸽两种动物进行的资源竞争格局可用表 7.1所示的收益矩阵来描述。

表 7.1 鹰鸽博弈的收益矩阵

物种（策略）	鹰（H）	鸽（D）
鹰（H）	$(V-C)/2,(V-C)/2$	$V,0$
鸽（D）	$0,V$	$V/2,V/2$

其中，鹰和鸽所能采取的纯策略如下。

鹰（H）策略：战斗，仅当自己受伤或对手撤退时才停止战斗。

鸽（D）策略：炫耀，当对手开始战斗时立即撤退。

事实上，鹰和鸽亦可代表相同物种为争夺资源进行的博弈中所采取的强势和弱势两种策略，并不一定具体指鹰和鸽这两种生物。此时，鹰和鸽所代表的纯策略对应的混合策略表示群体中采用强势策略和弱势策略的个体比例。

从经典博弈论的角度看，鹰鸽博弈属于完全信息静态博弈。可以通过分析该博弈最终会选择哪一个均衡来判断鹰与鸽在长期演化后的比例。该均衡策略与参数 V、C 相关，可分两种情形讨论。

情形 1 $V>C$。

此时，鹰鸽博弈具有唯一的纯策略均衡 $\{H,H\}$。这意味着长期演化之后，种群中所有的成员都会逐渐成为鹰型。

情形 2 $V\leqslant C$。

此时，鹰鸽博弈具有唯一的混合策略均衡：

$$\left\{\left(\frac{V}{C},1-\frac{V}{C}\right),\left(\frac{V}{C},1-\frac{V}{C}\right)\right\}$$

若将混合策略视为大量博弈参与者做出不同决策所占的比例，则上述均衡意味着，长期演化之后，鹰在种群中所占比例应该保持在 V/C；若高于此比例，则鹰的生存情况会变糟糕，从而导致比例逐步降低；反之，鸽的比例会自动降低。二者比例始终保持在 $V:(C-V)$。

基于以上的博弈均衡分析，还可得到以下一些有趣的推断。

（1）当伤痛代价非常大时 $(C\gg V)$，鹰所占比例将会很少。实际观察也证实了这一点。例如，动物，尤其是凶猛动物在种群内部的战争更多地是通过炫耀来施行的。即使发生搏斗，也尽量避免升级。种群内部真正导致大量伤亡的现象是非常罕见的。

（2）当生存价值 V 非常高时 $(C\approx V)$，鹰所占比例将会上升。例如，若将大量鸽子关在同一个笼子里，则即使自然条件下的鸽子也可能会选择战斗至死。

综上，博弈论很好地揭示了种群演化过程中不同类型的成员能够保持一定的比例关系这一现象的内在机制，从策略角度看，这应该是不同类型成员的最佳反应使然。

通过上述示例可以看出，自然界中不同物种之间或同一物种内部，往往存在类似于博弈及其均衡的现象。如此产生的一个科学问题是，只具备低等智力的动物在其生长演化过程中也能如同人一样能进行博弈吗？下面要介绍的演化博弈理论为自然界的这类现象给出了合理的解释。

7.2 演化博弈的基本理论

演化博弈一般分为两种：一种是由较快学习能力的小群体成员组成的反复博弈，相应的动态机制称为最佳反应动态（best-response dynamic）；另一种是学习速度很慢的成员组成的大群体随机配对的反复博弈，策略调整则利用生物学进化的复制者动态（replicator dynamic）机制进行模拟。这两种情况都有很大的代表性，特别是复制者动态，由于它对理性的要求不高，因此，对我们理解演化博弈的意义有很大的帮助。假设在演化博弈开始时所有可能的策略都存在，进一步探讨采取哪些策略的个体将生存下去并得到发展，进而揭示其个体数占种群比例的动态演化规律，即本节将按照演化过程（最佳反应动态/复制者动态）— 演化结果（演化稳定均衡）的顺序介绍演化博弈。

7.2.1 演化博弈基本内容与框架

演化博弈基本思想来源于 Darwin 的生物进化论和 Lamarck 的遗传基因理论[5]。在生物进化过程中，只有那些在竞争中能够获得较高繁殖成活率的物种才能幸存下来，这里存活率对应于经典博弈论中的支付；而获得较低支付的物种在竞争中被淘汰，即优胜劣汰，这与经典博弈论中的理性相对应。换言之，我们可以这样理解生物进化论，凡是不选择最佳反应的物种最后都逐渐被淘汰，最终能够生存的物种都是“理性”的——尽管这种理性并不一定为物种主观具备。在优胜劣汰原则下，生物的行为趋于某个稳定状态，即所谓均衡。由此可见，演化博弈论是进化论和经典博弈论的有机结合。经典博弈论中的理性对应于演化博弈论中对自然选择的适应度（存活率）最大，而均衡则表征演化过程的动态性和稳定性。

演化博弈的结构一般可分为物理结构和知识结构，其中，物理结构包括以下几方面。

（1）参与者集合。演化博弈关注群体而非经典博弈论中的个体。

（2）策略集。演化博弈策略包含纯策略或混合策略，这与经典博弈论一致。

（3）支付集合。演化博弈中支付即为适应度函数，该函数借鉴了生物进化论的相关概念。

（4）均衡。均衡是指演化稳定策略及演化均衡，与经典博弈论不同，它强调演化过程的动态性和稳定性。

知识结构是指参与者对物理结构的认知，这一点与经典博弈论显著不同，即演化博弈假设理性是有限的。换言之，它认为参与者的知识相当有限，远不能拥有博弈结构和规则的全部知识。参与者通过某种传递机制（如遗传）而非理性选择策略。尽管博弈的次数可能无穷，但在每次博弈中，通常从大群体中随机选择参与者，而他们之间缺乏了解，再次博弈的概率也较低。由此可见，与经典博弈论相比，演化博弈的假设条件更接近现实情况。

7.2.2 演化博弈的分类

演化博弈理论按其所考察的群体数目可分为单群体模型（monomorphic population model）与多群体模型（polymorphic population model），其中，单群体模型直接来源于生态学的研究。生态学家在研究生态进化现象时，常常把同一个生态环境中所有群体看作一个大群体，由于生物的行为是由其基因唯一确定的，因而可以把生态环境中每一个种群视为一个特定的纯策略，从而使得整个群体等价于一个可选择不同纯策略的个体。此时，博弈并不是在随机抽取的两个个体之间进行，而是在个体与群体分布所代表的虚拟博弈者之间进行。例如，前述的鹰鸽博弈中，鹰与鸽代表的实际上是两种不同的纯策略，可供该生态群体中的个体在演化过程中进行选择，根据选择“鹰”策略与“鸽”策略的个体数在群体中所占的比例可计算不同策略下的期望收益，进而分析不同策略下种群数量的增减情况。

除上述单群体模型之外，演化博弈还有多群体模型。它通过在单群体模型中引入角色限制行为（role conditioned behavior），从而将单个大群体分为许多不同规模的小群体，进而从这些小群体中随机抽取个体并进行两两配对重复博弈。研究表明，同一博弈在单群体与多群体时也会有不同的演化稳定均衡。理论分析表明，在多群体博弈中演化稳定均衡都是严格 Nash 均衡[6]。

按照群体在演化中所受到的影响因素是确定的还是随机的，演化博弈模型还可分为确定性动态模型和随机性动态模型。确定性模型较为简单，由于能够较好地描述系统的宏观演化趋势，因而研究较多。随机性模型需要考虑许多随机因素对动态系统的影响，往往较为复杂，但该类模型却能够更准确地刻画系统的真实行为。

本章主要基于确定性单群体模型讨论演化博弈问题。

7.2.3 适应度函数

适应度本是生物演化理论的核心概念，主要用于描述基因或者种群的繁殖能力，类似于经典博弈论里的“支付”概念。适应度函数（fitness function）刻画了策略与适应度的映射关系，类似经典博弈论中的支付函数。在生物进化论中，适应度函数有较为明确的定义，可用于确定染色体的优劣排序，从而使适应度高的个体能产生高适应度的后代。而在演化博弈论中，适应度函数的定义相对含糊，主要因为其取决于多种因素，包括策略在博弈中获得的支付、主观道德评价、个体学习能力和个体间社会互动模式等。尽管从直观上适应度函数可以看成是某种支付函数，但实际上二者不能简单等同，一般需要经过特定转换。

7.2.4 演化过程

与经典博弈论不同，演化博弈关注群体规模和策略频率的演化过程。该过程主要涉及两个重要的机制，即选择机制（selection mechanism）和突变机制（mutation mechanism），它们均源自于生物进化论中的“遗传”与“突变”理论。

1. 选择机制

选择机制是指某个阶段中获得较高收益的策略能够被后代或竞争对手学习和模仿，并在下一阶段中继续采用，它是演化过程建模的基础。该机制通过假定使用某一策略的个体数目的增长率等于使用该策略时所得的收益与平均收益之差，建立不同策略下个体数目演变的动态方程，从而刻画有限理性个体的群体行为变化趋势。在此基础上若再考虑个体策略的随机变动影响，即可构成同时包含选择机制和变异机制的综合演化博弈模型。作为演化博弈论最重要的基本模型，复制者动态模型能够较好地刻画群体行为。下面对其予以简要介绍。

考虑某个种群中的个体有不同的策略可选择，假定只有适应性最强的群体才能生存下来，如此则当某个群体的收益超过全体种群的平均水平时，该群体的个体数量就会增加，反之其比例则会下降，直至最后被完全“淘汰”。这一过程既可用连续动态过程刻画（对应微分方程），也可用离散动态过程刻画（对应差分方程），相应地可得到复制者动态的连续模型和离散模型。

设定种群中个体可选择的纯策略为

$$s_i \in S,\ \ i \in \{1, 2, \cdots, n\}$$

记

$$s = (s_1, s_2, \cdots, s_n)$$

令 $x_i(t)$ 表示 t 时刻采用策略 s_i 的个体数量，又记

$$x = (x_1, x_2, \cdots, x_n)$$

则群体的总数为

$$N = \sum_{i=1}^{n} x_i$$

设选择策略 s_i 的个体占总个体数的比例为 p_i，则有

$$p_i = \frac{x_i}{N}$$

且

$$\sum_{i=1}^{n} p_i = 1$$

设 $f_i(s, x)$ 是采用策略 s_i 的个体的适应度函数（可简单理解为繁殖率），则群体的平均适应度为

$$\bar{f} = \sum_{i=1}^{n} p_i f_i(s, x)$$

在离散情形下有

$$x_i(t+1) = [1 + f_i(s,x)] \cdot x_i(t) \tag{7-1}$$

在连续情形下有

$$\dot{x}_i = f_i(s,x) \cdot x_i \tag{7-2}$$

若采用个体数占总数比例作为状态变量，并记之为

$$p = (p_1, p_2, \cdots, p_n)$$

则有

$$p_i(t+1) = \frac{1 + f_i(s,x)}{1 + \bar{f}} p_i(t) \tag{7-3}$$

及

$$\dot{p}_i = [f_i(s,x) - \bar{f}] \cdot p_i \tag{7-4}$$

上述方程称为复制者动态模型，揭示了种群数目或比例的演化规律：若个体选择纯策略 s_i 的收益少于群体平均收益，则选择该策略的个体数增长率为负；反之则为正。若个体选择纯策略所得的收益恰好等于群体平均收益，则选择该策略的个体数目保持不变。

特别地，若只考虑对称博弈（群体中个体无角色区分的博弈，博弈收益只与策略有关而与参与者无关），并直接将策略的期望收益作为适应度，则有

$$p_i(t+1) = \frac{1 + (\mathrm{Ap})_i}{1 + p^{\mathrm{T}}\mathrm{Ap}} p_i(t) \tag{7-5}$$

及

$$\dot{p}_i = [(\mathrm{Ap})_i - p^{\mathrm{T}}\mathrm{Ap}] \cdot p_i \tag{7-6}$$

其中，A 为博弈的支付矩阵；$(\mathrm{Ap})_i$ 为向量 Ap 的第 i 个分量。

2. 突变机制

突变系指种群中的某些个体以随机的方式改变策略。需要注意的是，突变仅仅是策略的改变，并不产生新策略。一般而言，策略的突变将导致收益的变化，既可能升高也可能降低。使收益增加的突变策略经过选择将被保留并推广，而使收益降低的突变策略则自然消亡。在演化博弈中，变异机制的引入使得演化均衡的稳定性能够得到检验。若将突变机制与之前的复制者动态相结合，则可得到同时包含选择机制和突变机制的综合演化博弈模型——复制者-变异者模型。

离散型的复制者-变异者模型为

$$p_i(t+1) = \sum_{j \neq i}^{n} [w(i|j)p_j(t) - w(j|i)p_i(t)] + \frac{1 + (\mathrm{Ap})_i}{1 + p^{\mathrm{T}}\mathrm{Ap}} \cdot p_i(t) \tag{7-7}$$

连续型的复制者-变异者模型为

$$\dot{p}_i = \sum_{j \neq i}^{n} [w(i|j)p_j - w(j|i)p_i] + p_i[(\mathrm{Ap})_i - p^{\mathrm{T}}\mathrm{Ap}] \tag{7-8}$$

其中，$w(i|j)$ 表示策略 s_i 突变为策略 s_j 的概率，$w(j|i)$ 表示策略 s_j 突变为策略 s_i 的概率，$\sum_{j \neq i}^{n} [w(i|j)p_j - w(j|i)p_i]$ 表示突变机制对策略 s_i 的综合影响。

7.2.5 演化稳定均衡

7.2.4 节介绍的复制者动态方程 (7-3) 和 (7-4) 的渐近稳定平衡点即为演化稳定均衡 (evolutionary stable equilibrium)，它是某种群对应的混合策略。对此我们介绍以下两个定理[4]。

定理 7.1 令 σ^* 是博弈 G 的一个（对称）Nash 均衡，则群体状态 $p^* = \sigma^*$ 是复制者动态方程的一个平衡点。

定理 7.2 令群体状态 p^* 是复制者动态方程 (7-3) 和方程 (7-4) 的一个渐近稳定平衡点，若 $p^* = \sigma^*$，则策略组合 (σ^*, σ^*) 定义了博弈 G 的一个（对称）Nash 均衡。

由定理 7.1 和定理 7.2 可知，演化均衡是 Nash 均衡的精炼。这里，复制者动态模型平衡点的稳定性扮演了重要的角色。

1973 年，Maynard 提出了演化稳定策略（evolutionary stable strategy，ESS）的概念[2]，用以描述这样一种策略：该策略一旦被接受，它将能抵制任何变异的干扰。换言之，演化稳定策略在所定义的策略集中具有更大的稳定性。这表明，若整个种群的每一个成员都采取此策略，则在自然选择的作用下，不存在一个突变策略能够入侵（invade）这个种群。显然，该策略将导致一种动态平衡，在该平衡状态中，任何个体不会愿意单方面改变其策略。由此易知，演化稳定策略必定是 Nash 均衡，但 Nash 均衡不一定是演化稳定策略。因此，演化稳定策略是 Nash 均衡的一种精炼。

演化稳定策略的正式定义如下。

定义 7.1（演化稳定策略） 称 $x \in S$ 是演化稳定策略，若对 $\forall y \in S$ 且 $y \neq x$，均存在某个正数 $\bar{\varepsilon}_y \in (0,1)$，使得关于策略为 x 的群体的适应度函数 f 满足

$$f\left[x, \varepsilon y + (1-\varepsilon)x\right] > f\left[y, \varepsilon y + (1-\varepsilon)x\right], \quad \forall \varepsilon \in (0, \bar{\varepsilon}_y) \tag{7-9}$$

其中，$\varepsilon y + (1-\varepsilon)x$ 表示选择演化稳定策略群体与选择突变策略群体所组成的混合种群之策略。若种群中几乎所有个体都采取了 x 策略，则这些个体的适应度必高于其他可能出现的突变异种的适应度，因此 x 是一个稳定策略，否则突变个体将侵害整个种群，此时 x 不可能稳定。这一事实表明策略 x 比策略 y 更适合生存。

等价地，演化稳定策略亦可采用如下定义。

定义 7.2（演化稳定策略） 在博弈 G 中，称一个行为策略 $s \in S$ 为演化稳定策略，若其满足

（1）平衡条件:$f(s',s) \leqslant f(s,s), \forall s' \in S$。

（2）稳定条件: 若 $f(s',s)=f(s,s)$，则有

$$f(s',s') < f(s,s'), \quad \forall s' \neq s$$

有兴趣的读者可自行证明定义 7.1 和定义 7.2 的等价性。

若考虑个体可采用混合策略，则可得到类似定义。

定义 7.3（演化稳定策略） 设 $\sigma,\sigma^* \in \Sigma$ 是博弈的混合策略，称 σ^* 是演化稳定策略，若其满足：

（1）平衡条件:$f(\sigma,\sigma^*) \leqslant f(\sigma^*,\sigma^*), \forall \sigma \in \Sigma$。

（2）稳定条件: 若 $f(\sigma,\sigma^*)=f(\sigma^*,\sigma^*)$。则有

$$f(\sigma,\sigma) < f(\sigma^*,\sigma), \quad \forall \sigma \neq \sigma^*$$

关于演化稳定策略，有如下定理。

定理 7.3 令 σ^* 是演化博弈 G 的一个演化稳定策略，则群体状态 $p^*=\sigma^*$ 是复制者动态方程 (7-3)、方程 (7-4) 的渐近稳定平衡点。

例 7.1 [16] 电价竞价策略模型。

发电侧市场中，每个发电企业的收益不但取决于自身报价，还受到其他企业报价的影响，从而构成了一个博弈问题，各企业自身的可行报价集合即为其策略集。发电企业报价策略将直接关系到其最终收益，因此，各企业总是试图通过合理报价获取最大收益。若企业完全按照生产成本报价则称为按基价报价，但显然这在一般情况下并非最佳报价策略。

发电侧市场中，总是有多个发电企业参与报价。本例仅探讨最简单的情况，即只有两类发电企业参与。发电企业根据设备容量的多少分为小企业和大企业。假定它们只有两个竞价策略，策略 1 按高于基价报价，记为“高价”，策略 2 按基价报价，记为“基价”。两类在不同报价策略组合下的支付如表 7.2所示，其中，u_1 和 u_2 分别为两类发电企业都按策略 2 报价时各自的支付，双方分摊总售电量。如果小企业选择策略 1，大企业选择策略 2，则大企业支付增加 f，相应地小企业支付减少 f。当小企业选择策略 2，而大企业选择策略 1 时, 前者支付增加 e，后者支付减少。当二者都选择策略 1 时，都可获得额外利润 d。显然二者均选择报高价会有最大支付，但是否大、小企业均会选择此策略呢？下面采用复制者动态和演化稳定策略理论进行分析。

表 7.2 发电企业的竞价博弈 ($d>0,e>0,f>0$)

	大企业策略 1（高价）	大企业策略 2（基价）
小企业策略 1（高价）	u_1+e+d, u_2+f+d	u_1-f, u_2+f
小企业策略 2（基价）	u_1+e, u_2-e	u_1, u_2

首先构建系统的复制者动态模型。设 p 为在小企业群体里使用策略 1 的小企业比例，q 为在大企业群体里使用策略 1 的大企业比例，则状态

$$s=(\{s_1^1,s_2^1\},\{s_1^2,s_2^2\})=(\{p,1-p\},\{q,1-q\})$$

可用 $[0,1]\times[0,1]$ 区域上的一点 (p,q) 来描述，它反映了发电企业竞价系统演化的动态。

又令 $r^1=\{1,0\}$ 表示企业以概率 1 选择策略 1，$r^2=\{0,1\}$ 表示以概率 1 选择策略 2。则小企业采用策略 1 的适应度函数（支付）为

$$f^1(r^1,s)=(u_1+e+d)q+(u_1-f)(1-q)$$

采用策略 2 的适应度函数为

$$f^1(r^2,s)=(u_1+e)q+u_1(1-q)$$

平均适应度函数为

$$f^1(p,s)=pf^1(r^1,s)+(1-p)f^1(r^2,s)$$

类似可得大企业采用策略 1 的适应度函数为

$$f^2(r^1,s)=(u_2+f+d)p+(u_2-e)(1-p)$$

采用策略 2 的适应度函数为

$$f^2(r^2,s)=(u_2+f)p+u_2(1-p)$$

平均适应度函数为

$$f^2(q,s)=qf^2(r^1,s)+(1-q)f^2(r^2,s)$$

只要一个策略的适应度比群体的平均适应度高，则使用该策略的群体即会增长。采用策略 1 的小企业所占比例的增长率可表示为

$$\dot{p}=[f^1(r^1.s)-f^1(p,s)]p$$

即

$$\dot{p}=p(1-p)[(d+f)q-f] \tag{7-10}$$

同理可得采用策略 1 的大企业所占比例的增长率为

$$\dot{q}=q(1-q)[(d+e)p-e] \tag{7-11}$$

微分方程 (7-10) 和方程 (7-11) 即是刻画发电企业竞价演化过程的复制者动态方程。对于上述复制者动态方程，可以通过分析其平衡点的稳定性来分析其是否演化稳定策略。

方程 (7-10) 表明，仅当 $p=0,1$ 或 $q=f/(d+f)$ 时，小企业群体中使用策略 1 的小企业所占比例是稳定的。同样地，方程 (7-11) 表明，仅当 $q=0,1$ 或 $p=e/(d+e)$ 时，大企业群体中使用策略 1 的大企业所占的比例是稳定的。为进一步分析其平衡点的稳定性，对复制者动态 (7-10) 和 (7-11) 求取系统 Jacobi 矩阵，得

$$J=\begin{bmatrix}(1-2p)[(d+f)q-f] & p(1-p)(d+f)\\ q(1-q)(d+e) & (1-2q)[(d+e)p-e]\end{bmatrix} \tag{7-12}$$

易知系统有 5 个局部平衡点，其局部稳定性分析结果如表 7.3所示。

表 7.3　局部稳定分析结果（$d>0, e>0, f>0$）

均衡点	J 的行列式 (符号)	J 的迹 (符号)	结果
$p=0, q=0$	$ef(+)$	$-e-f(-)$	稳定
$p=0, q=1$	$de(+)$	$e+d(+)$	不稳定
$p=1, q=0$	$df(+)$	$d+f(+)$	不稳定
$p=1, q=1$	$d^2(+)$	$-2d(-)$	稳定
$p=\dfrac{e}{d+e}, q=\dfrac{f}{d+f}$	$-\dfrac{efd^2}{(d+e)(d+f)}(-)$	0	鞍点

由表 7.3 可见，系统的 5 个局部平衡点中包含 2 个稳定平衡点、2 个不稳定平衡点以及 1 个鞍点，其中，两个稳定平衡点是演化稳定策略，分别对应于发电企业竞价过程中自发形成的两个模式：大企业和小企业都报高价或都按基价报价。

图 7.1描述了两类发电企业竞价的动态过程。由 2 个不稳定平衡点 $(1,0)$、$(0,1)$ 及鞍点 $(e/(d+e), f/(d+f))$ 连成的折线可以看成系统演化轨迹收敛于不同平衡点的临界轨线。当初始状态位于临界轨线左下方的深色区域内时，系统将收敛到 $(0,0)$ 点，即最终所有企业均按基价报价。初始状态位于临界轨线右上方的浅色区域内时，系统将收敛到 $(1,1)$ 点，即最终所有企业均报高价。在图 7.1中，若设 $e=f=d$，则此时系统收敛于两种竞价模式的概率相同（深色、浅色区域面积相等）。由此可见，不同的初始条件下，长期演化将导致两种截然不同的发电市场行为：一种趋向于人们所期待的合理报价；另一种则趋向于人们不愿看到的不规范高价。但是，两种状态均为演化稳定状态，系统究竟会演化至何种状态？这取决于演化初始条件位于哪一个稳定平衡点的收敛域内，即初始点是位于深色区域还是浅色区域。

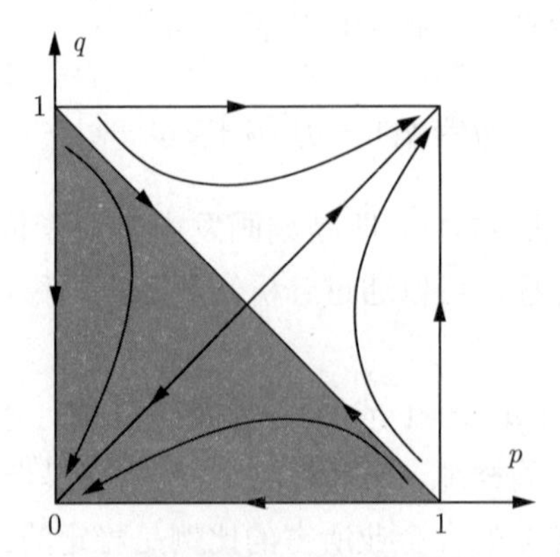

图 7.1　发电企业竞价动态过程 ($e=f=d$)

注意到参数 e、f、d 的变化将改变复制者动态系统的平衡点及各平衡点的收敛域，故可通过调整这些参数使得系统的演化轨迹趋向于合理的平衡点。例如，降低参数 d 可使大、小企业不能通过报高价获得较高的收益，因此大、小企业都报高价的可能性将明显下降。这一参数调整实际上对应着对发电标价市场进行政府监督。若政府通过经济分析，确定发电企业上网电价的上、下限，使其盈利在合理范围内，一方面可以保证发电企业有适当的赢利和发展空间，另一方面又可限制报高价的企业的利润。总之，通过调整竞价规则可改变竞价博弈的支付，从而使得各企业的决策趋于理性。为说明这一点，不妨假设此时表 7.2所示的支付满足下列条件：

$$d < 0,\quad d + e > 0,\quad d + f > 0$$

对复制者动态方程的局部稳定性分析（见表 7.4）发现，此时系统平衡点减少为 4 个，即

$$(0,0),\quad (0,1),\quad (1,0),\quad (1,1)$$

其中，只有 $(0,0)$ 点是稳定平衡点，而 $(1,0)$ 、$(0,1)$ 是鞍点，$(1,1)$ 是不稳定平衡点。因此，当且仅当各企业都按基价报价的竞价模式才是演化稳定策略，而报高价的竞价模式是不稳定策略。由前述演化博弈理论可知，这些不稳定策略均将在演化过程中逐渐消失。从图 7.2的系统相轨迹图可见，从任何初始状态出发，系统都将收敛到（0, 0）点。由此可见，合理的竞价规则使得上网电价趋于理性。

表 7.4 局部稳定分析结果（$d < 0, d + e > 0, d + f > 0$）

均衡点	J 的行列式（符号）	J 的迹（符号）	结果
$p = 0, q = 0$	$ef(+)$	$-e - f(-)$	稳定
$p = 0, q = 1$	$de(-)$	$e + d(+)$	鞍点
$p = 1, q = 0$	$df(-)$	$d + f(+)$	鞍点
$p = 1, q = 1$	$d^2(+)$	$-2d(+)$	不稳定

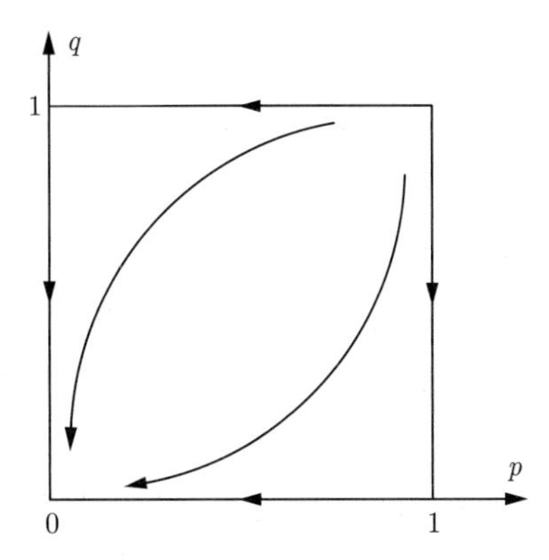

图 7.2 政府监督后发电企业竞价动态过程 ($d < 0, d + e > 0, d + f > 0$)

7.3 网络上的演化博弈

在广泛分布的参与者群体中，根据差异性程度，群体可分为无差别群体和具有网络结构的群体。前者中各参与者信息量相同，其演化博弈模型可由复制者动态方程表达，以微分方程的形式出现，其演化稳定均衡可根据稳定性理论进行判断；后者中各参与者带位置信息与社会关系信息的情况，进一步可分为静态网络结构和动态网络结构，区别在于是否考虑网络节点连接关系变化。网络上的演化博弈形式更加复杂，包含网络结构建模，演化更新规则等。复杂网络理论为研究综合能源系统的演化机理提供了新思路，包括小世界网络、无标度网络、随机网络、规则网络等。

目前针对具有动态网络结构特性的系统，研究重点在于网络结构如何变化以及动态变化对演化均衡的影响。文献 [17] 总结了一系列研究系统网络结构变化下的演化策略问题，动态复杂网络受网络规模大小，演化更新和网络生长规律，网络复制能力等影响，从而最终影响演化博弈的收益。根据文献 [18]，与静态复杂网络相比，在考虑了网络动态连接关系后，博弈中合作行为的比例显著上升，因此，在实际应用中，增加网络动态有助于提高合作率。类似地，文献 [19] 通过对比仿真发现，当博弈参与者有机会选择和调节与自己相邻的参与者（即改变网络连接关系）时，背叛行为会极大减少。在考虑网络变化基础上，进一步分析网络的特征，文献 [20] 考虑了在具有权重值的动态网络系统中的演化博弈行为，通过设计合理的权重值，合作率将有效提升，即使在背叛者占比高的情况下，采用该机制，将有效促进合作行为的产生。

7.3.1 考虑网络结构的演化博弈模型

对于具有网络结构的系统，与 7.2 节的不同之处在于，群体中的每一个个体包含了其位置信息，从而无法通过复制者动态方程描述其演化过程，为了研究其演化博弈问题，首先需要理论描述其网络结构[21]。

一般而言，各主体之间的连接关系形成的网络结构可以用邻接矩阵来表达，若两节点间有连接关系，则矩阵中对应的值为 1，否则为 0。复杂网络的结构特征一般用以下两个指标来衡量。

（1）平均路径长。网络中所有节点对的路径长度的平均值。

（2）聚类系数。假设某个节点有 k 条边，则这 k 条边连接的节点（k 个）之间最多可能存在的边的条数为 $k(k-1)/2$，用实际存在的边数除以最多可能存在的边数得到的分数值，定义为这个节点的聚类系数。聚类系数是网络的局部特征，反映了相邻两个人之间朋友圈的重合度，即该节点的朋友之间也是朋友的程度。

小世界网络是一种常用的关系网络，其特征是平均路径长较短，而聚类系数较大。可以通过下面两个步骤建立小世界模型。

（1）形成 N 最近邻网络。考虑一个含有 N 个点的最近邻耦合网络，它们围成一个环，其中每个节点都与其左右相邻的各 $k/2$ 个节点相连（k 为偶数）。

（2）随机化重连。以概率 p 随机地重新连接网络中的每个边。即将边的一个端点保持不变，而另一个端点取为网络中随机选择的一个节点。规定任意两个不同的节点之间至多有一条边，且每个节点都不能有边与自身相连。

1999 年 Barabási 和 Albert 提出了无标度网络模型（简称 BA 无标度网络模型）。无标度网络的重要特征为：无标度网络的节点度分布服从幂律分布[22]，即无标度网络的度分布 $p(d)$ 满足

$$p(d) \sim d^{-\alpha} \tag{7-13}$$

其中，d 代表度的大小；α 为度分布的幂律指数。真实网络 α 值一般介于 2 和 3 之间。

BA 无标度网络是另一种常用的关系网络。构建 BA 无标度网络的步骤如下。

（1）网络初始时具有 m_0 个节点，两两相连，之后每过一段时间增加一个新节点。新节点从当前网络中选择 $m(m \leqslant m_0)$ 个节点与之相连，某节点 v_i 被选中的概率 $p(v_i)$ 与节点度的大小 d_i 成正比，即

$$p(v_i) = \frac{d_i}{\sum\limits_j d_j} \tag{7-14}$$

（2）经过 t 段时间后，网络中含有 $m_0 + mt$ 个节点，$m_0(m_0 - 1)/2 + mt$ 条边，可以证明当 t 足够大时，按此规律增长的网络的度分布为幂指数等于 3 的幂律分布。

近年来越来越多的研究表明，真实世界网络既不是规则网络，也不是随机网络，而是兼具小世界和无标度特性的复杂网络，具有与规则网络和随机网络截然不同的统计特性。因此，在本章的研究中也将结合小世界网络和 BA 无标度网络进行分析。

基于参与者的位置信息、社会关系信息和网络结构，具有网络结构的系统演化策略更新规则有如下几种典型的方式。

（1）Fermi Rule[17]。参与者 i 与 j 比较其策略的适应度（收益）π_i 和 π_j，k 为选择强度，描述了决策过程中的不确定性，例如波动和错误。用以下公式计算 $P(i \to j)$，即策略被取代的概率：

$$P(i \to j) = \frac{1}{1 + \exp[(\pi_j - \pi_i)k]} \tag{7-15}$$

费米规则是一种被广泛应用的演化更新规则。

（2）优胜劣汰。参与者 i 与 j 的策略分别为 s_i、s_j，比较其策略的适应度（收益）π_i 和 π_j，取适应度高的策略留下，适应度低的策略则改变。

（3）Richest-follow。参与者 i 与其周围所有邻居的收益比较，最后选择其中收益最高的策略。

（4）Birth-death rule。该演化规则采用了模拟生物界死生交替的过程[23]，首先参与者 i 根据其生产率 F_i，生产下一代，产生的下一代以 w_{ij} 的概率替代其邻居 j，临界成本收益比为

$$\left(\frac{b}{c}\right)^* = \frac{\sum\limits_{i,j} \dfrac{w_{ij}}{w_i w_j}\tau_{ij}}{\sum\limits_{i,j,k} \dfrac{w_{ij}w_{ik}}{{w_i}^2 w_j}(\tau_{jk} - \tau_{ik})} \tag{7-16}$$

Birth-death rule 要求修正后的溯祖过程，从第 i 步到第 j 步发生的概率为 w_{ij}/w_j，修正后的溯祖次数为 τ_{ij}。

面向具有网络结构的演化博弈分析，演化图论（evolutionary graph theory）和协同演化博弈（coevolutionary game theory）是目前应用广泛的两种理论，前者基于图论的思想进行分析，后者考虑在演化过程中策略和网络结构同时变化。在考虑网络结构的情况下，初值对演化博弈最终状态产生影响，初始状态下，合作行为的比例越高，则演化均衡下所有参与者选择合作行为的可能性越大。当网络结构和参与者策略一起变化时，更易形成群体中趋同于一种策略的情况。因此，带有网络动态结构的演化博弈更具实际意义。

7.3.2 求解方法

面向网络结构下的演化博弈问题分析其演化过程，本节基本假设如下。

假设 7.1 博弈中有 N 个参与者，其中的选择策略一比例为 x，而选择策略二的比例为 $1-x$。在参与者 i 邻居中同样选择策略一的参与者所占的比例为 y_i。

假设 7.2 所有参与者仅具有有限理性和不完全信息，通过比较自己与他人的收益，以一定概率学习相邻参与者 j 的决策。该概率由演化策略更新规则决定。

假设 7.3 参与者可以且仅可学习具有连接关系的邻居的策略。

带网络结构的演化博弈求解流程如下。

步骤 1: 根据网络特征构建网络邻接矩阵。网络中每个节点的初始策略随机设为策略一或策略二。若初始策略为策略一，则其值为 1，若为策略二，则其值为 0。

步骤 2: 设置所有参数的初值。

步骤 3: 每一轮中，参与者 i 与其邻居博弈并得到各自的收益。根据收益，参与者 i 以概率 $P(i \to j)$ 学习相邻参与者 j 的策略。

步骤 4: 所有参与者同步更新策略，计算网络中策略一和策略二的比例，进入下一轮博弈。

步骤 5: 迭代次数达到最大次数，或网络中策略一和策略二的比例达到稳定，则输出结果。

为克服初始策略随机性对结果造成的影响，需对各节点初始策略进行多组取值，取输出结果的平均值。

7.3.3　经典算例

在考虑网络结构的情况下，观察鹰鸽博弈的结果。首先，根据表 7.1中的收益矩阵, 在不考虑网络结构时，群体中的决策行为可用复制者动态方程表示，即

$$\dot{p}_i = [f_i(s,x) - \bar{f}] \cdot p_i \tag{7-17}$$

但对于考虑网络结构的演化博弈，群体中决策更新不再符合复制者动态方程表示的规律。因为在网络演化博弈中，每个参与者在博弈中仅能获取其邻居的信息，从而更新自己的策略。

基于上节的求解方法，分析在小世界网络下鹰鸽博弈的群体博弈行为演化过程如下。

情形 1　$V > C$。

令 $V = 10, C = 5$，演化博弈过程中种群中鹰的占比如图 7.3所示。

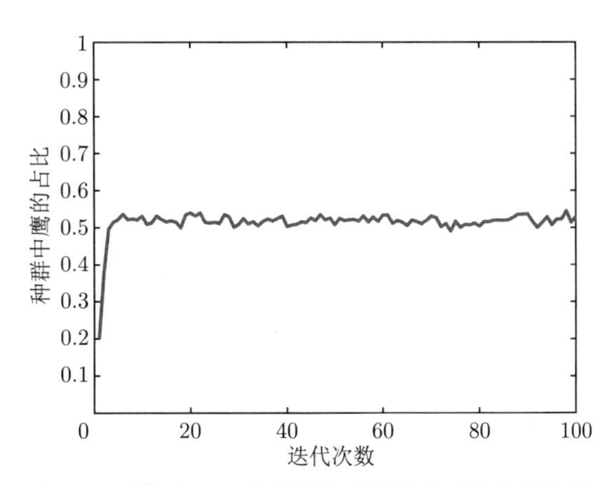

图 7.3　情形 1 下演化博弈过程中种群中鹰的占比

根据仿真结果，在 100 次迭代后，种群中鹰的比例为 0.52。与不考虑网络结构时的分析结果相比，在不考虑网络结构的情形下，若 $V > C$，则鹰类型为严格占优策略，最终群体中所有的参与者都会选择鹰作为策略。但在考虑网络结构的情形下，即便是 $V > C$，参与者在博弈中仅能获取其邻居的信息，从而更新自己的策略，则受限于网络结构，并非所有的参与者都具有条件获取高收益策略的信息。

情形 2　$V \leqslant C$。

令 $V = 5, C = 10$，演化博弈过程中种群中鹰的占比如图 7.4所示。

情形 2 中，在 100 次迭代后，种群中鹰的比例为 0.36。与不考虑网络结构时的分析结果相比，在不考虑网络结构的情形下，若 $V \leqslant C$，则混合策略 $p = V/C$ 是一个 ESS。在考虑网络结构的情形下，由于选择鸽型收益高于鹰型，则在种群中鸽型会较情形 1 中偏高，但受限于网络结构，最终其占比也与不考虑网络结构时不同。值得注意的是，最终群体中策略一和策略二的占比也与网络结构类型有关。

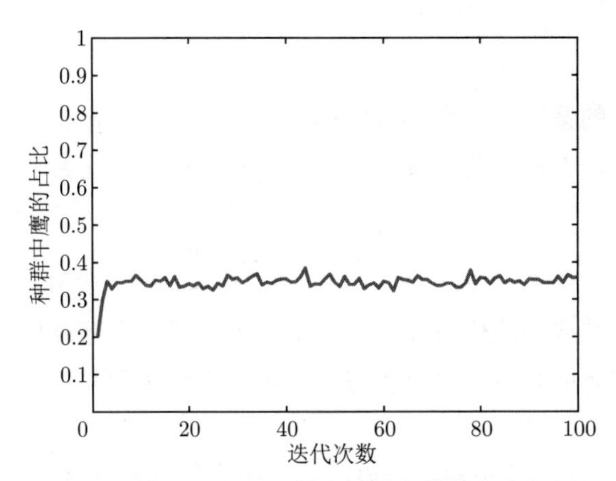

图 7.4 情形 2 下演化博弈过程中种群中鹰的占比

7.4 演化博弈与经典博弈

7.4.1 经典博弈问题的再认识

假设存在一个拥有无限成员的种群，每个成员都随机采取 H 或 D 策略，在开始竞争前所有个体均有同样的适应值 W_0。假定 p 为整个种群中选择 H 策略的个体比例，$1-p$ 为种群中选择 D 策略的个体比例；$W(H)$ 和 $W(D)$ 分别表示 H 策略、D 策略所带来的适应度；$E(H,D)$ 表示个体选择 H 策略而对手选择 D 策略所带来的回报，$E(H,H),E(D,H),E(D,D)$ 类似，如此则有

$$\begin{cases} W(H)=W_0+pE(H,H)+(1-p)E(H,D) \\ W(D)=W_0+pE(D,H)+(1-p)E(D,D) \end{cases} \tag{7-18}$$

进一步，假设个体能够通过无性生殖复制出与其同类型的后代，且后代的数量与个体的适应度成正比，则下一代中采取 H 策略的概率为

$$p'=\frac{pW(H)}{\bar{W}} \tag{7-19}$$

其中，$\bar{W}=pW(H)+(1-p)W(D)$ 为平均适应度。

假定初始时刻只有“鸽”类型的个体，则群体将会保持这种状况并持续下去。现在考虑由于某种因素的影响，该群体中出现一个“鹰”类型的突变者。开始时整个群体中鸽类型数量占绝对多数，因此，“鹰”类型的个体几乎总是与“鸽”类型的个体相遇，从而在竞争中获得较多的资源并拥有较高的适应度。此时，“鹰”类型的数目将快速增长。随着时间的推移，“鹰”类型个体的数量越来越多，“鸽”类型个体数量不断下降。反之，若初始时只有“鹰”类型的个体，由于“鹰”之间相遇会发生争斗，导致两败俱伤，从而使其数量不断地减少，此时，若其中出现“鸽”类型的突变者，其数量就会逐渐地增加。由此可见，二者比例将会稳定在某个状态。

下面我们采用演化博弈来分析此博弈过程。根据演化稳定均衡的定义，容易导出以下结论。

（1）由于 $E(D,D) < E(H,D)$，D 不可能是一个演化稳定策略。

（2）若 $V > C$，H 是 D 的严格占优策略，显然 H 是一个演化稳定策略。该事实表明，若竞争者冒着受伤的风险去争夺资源仍然有利可图，则选择 H 策略是明智之举。

（3）若 $V \leqslant C$，则混合策略 $p = V/C$ 是一个演化稳定策略（记为 I）。

结论（1）、（2）显然成立，下面验证结论（3）。

首先，容易验证

$$E(I,I) = E(D,I) = E(H,I)$$

因此，只需要验证 $E(I,D) > E(D,D)$，以及 $E(I,H) > E(H,H)$。

对于前者有

$$E(I,D) = pV + \frac{(1-p)V}{2} > E(D,D) = \frac{V}{2}$$

对于后者有

$$E(I,H) = \frac{p(V-C)}{2} > E(H,H) = \frac{V-C}{2}(V < C)$$

因此结论（3）成立。

进一步，可以写出该演化博弈的复制者动态模型。此时二者的适应度函数分别为

$$f(H) = \frac{p(V-C)}{2} + (1-p)V, \quad f(D) = \frac{(1-p)V}{2} \tag{7-20}$$

故可得连续动态的复制者动态模型为

$$p(1-p)[f(H) - f(D)] = \frac{p(1-p)(V-pC)}{2} \tag{7-21}$$

假设 $V = 2$，$C = 12$，则可给出该复制者动态相图，如图 7.5 所示。

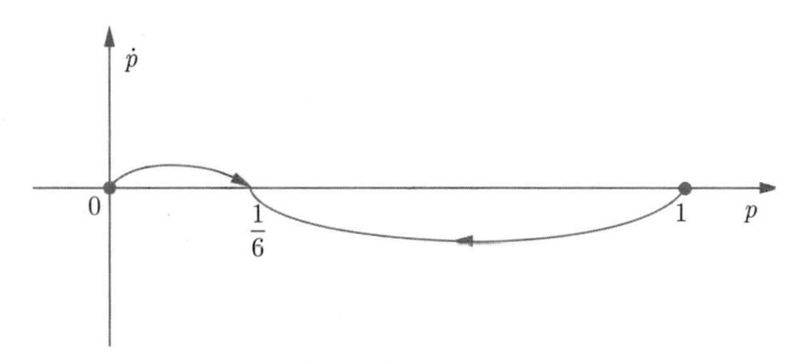

图 7.5　鹰鸽博弈的复制者动态相图

由图 7.5可见，方程 (7-21) 存在下述三个平衡点：

$$p_1^* = 0, \quad p_2^* = \frac{1}{6}, \quad p_3^* = 1$$

其中，唯一的稳定均衡点，即演化稳定策略为

$$p_2^* = \frac{1}{6}$$

综上，若 $V = 2$，$C = 12$，则达到演化稳定时，鹰所占比例为 1/6。

7.4.2 演化博弈与经典博弈的关系

1. Nash 均衡对演化博弈的诠释

演化博弈的兴起与发展既受到经典博弈论的影响，又受到生物进化论的启示，尤其后者更为人们所关注。考虑到本书致力于利用博弈论解决工程控制与决策问题，我们特别注意到以 Nash 均衡为核心的非合作博弈与以复制者动态和演化稳定均衡为核心的演化博弈的内在联系。实际上，演化博弈的部分重要思想还可追溯到 Nash 对均衡概念的解释[24]。Nash 指出，均衡概念存在两种解释方式：一种是理性主义的解释；另一种是大规模行动的解释。前者是传统博弈论的解释方式，后者即为演化博弈论的解释方式。Nash 认为，均衡的实现并不一定要假设参与者对博弈结构拥有全部知识，以及个体拥有复杂的推理能力，只要假设参与者在决策时都能够从具有相对优势的各种纯策略中积累相关经验信息（如学习收益高的策略），经过一段时间的策略调整，也能达到均衡状态。Nash 进一步详细阐述了“大规模行动”的基本分析结构：首先，假设每个博弈参与者都采用一个纯策略，将采用相同纯策略的个体视为同一群体，所有群体组成一个更大的种群；其次，假设每个参与博弈的个体都是从整个大种群中随机挑选定的；再次，假设收益较高的策略在群体中的频率将增加，反之，收益较低的将减少；最后，在这些假设的基础上，能够求出一个纯策略频率分布均衡，即混合策略均衡。因此，尽管 Nash 没有明确提出“演化博弈”的术语，其“大规模行动”的思想实际上涵盖了演化博弈的实质内涵。

2. 经典博弈的困惑

无须讳言，经典博弈论尚存在两大值得商榷之处。一是理性与序贯理性的假设，该假设认为参与者是完全理性的，且每个参与者对博弈的结构及对方的支付有完全的了解；此外，求解子博弈精炼 Nash 均衡时所利用的逆推法（backward induction），不但要求参与人完全理性，而且还要求序贯理性（sequential rationality），这一要求显然与现实相差太远。二是处理不完全信息时，假设参与者知晓博弈格局面临的所有可能状态，以及随机抽取状态上的客观概率分布；此外，参与人必须具有很强的计算以及推理能力。这样的假定显然与现实不尽相符。相比较而言，演化博弈论放弃或削弱了经典博弈论的这些假设，从而有可能获得更加合理的均衡分析。

经典博弈与演化博弈的区别可归纳为如表 7.5所示的 6 个方面[24]。

表 7.5 经典博弈与演化博弈的区别

博弈问题	经典博弈	演化博弈
理性假定	完全理性	有限理性
研究对象	参与者个体	参与者群体
动态概念	不涉及达到均衡的调整过程及外在因素对均衡的影响	注重群体行为达到均衡的调整过程
均衡概念	任何参与者单方面偏离均衡策略时其收益都不会增加	达成演化稳定均衡时群体能够消除微小突变
精炼均衡的方法	精炼思想来源于后向归纳法，以序贯理性为前提	精炼思想来源于前向归纳法，即遗传或学习
达到均衡的过程	系统常常处于均衡状态，从非均衡到均衡无需时间	均衡是暂时的甚至是不可能的，系统达到均衡需要通过长期演化

7.5 演化博弈与多智能体学习

演化博弈与多智能体强化学习具有强关联性，对演化博弈方法的研究，可为理解、分析、设计多智能体强化学习算法提供思路。一方面，当参与者和可选动作的数量增多时，多智能体学习算法的复杂度增加，而通过构建对应的演化博弈模型，可帮助理解强化学习“黑箱”中的内部机理，进而为参数设定提供参考。另一方面，演化博弈中的复制者动态方程，可为改进强化学习算法提供设计思路。

Börgers 和 Sarin 于 1997 年在文献 [25] 中证明了连续时间下的交叉学习（cross learning）算法收敛于对应演化博弈模型中的复制者动态方程。随后，文献 [26] 提出了两参与者 Q-学习算法对应的演化博弈模型。通过计算连续时间下的 Boltzmann exploration 方程，可得对应的复制者动态方程为

$$\begin{cases}\dfrac{\mathrm{d}x_i}{\mathrm{d}t} = \dfrac{\alpha x_i}{\tau}[(Ay)_i - x^{\mathrm{T}}Ay] + x_i\alpha\sum_j x_j\ln\left(\dfrac{x_j}{x_i}\right)\\ \dfrac{\mathrm{d}y_i}{\mathrm{d}t} = \dfrac{\alpha y_i}{\tau}[(Bx)_i - y^{\mathrm{T}}Bx] + y_i\alpha\sum_j y_j\ln\left(\dfrac{y_j}{y_i}\right)\end{cases} \tag{7-22}$$

其中，x_i, y_i 为第 i 种类型的参与者 1 和 2 的比例；A 为参与者 1 的支付矩阵；B 为参与者 2 的支付矩阵；α 对应强化学习中的学习步长；τ 对应于温度参数。上述表达式中的第一项表示选择（selection）过程，与复制者动态方程相同；第二项表示变异（mutation）过程，与所选动作与群体整体的熵差异有关。

类似地，文献 [27] 和文献 [28] 给出了 Lenient Q 学习算法和 regret minimization 算法对应的演化博弈模型。文献 [29] 进一步分析了复制者动态方程，提出了改进的多智能体强化学习算法——Frequency adjusted Q 学习（FAQ）算法。相比于传统的 Q 学习

算法，FAQ 算法根据比例 x_i 调整学习步长：

$$Q_{a_i}(t+1) \leftarrow Q_{a_i}(t) + \frac{1}{x_i}\alpha[r(t+1) + \gamma \max_j Q_{a_j}(t) - Q_{a_i}(t)] \tag{7-23}$$

为解决 x_i 较小时算法不收敛的问题，进一步引入参数 $\beta \in [0,1)$：

$$Q_{a_i}(t+1) \leftarrow Q_{a_i}(t) + \min\left(\frac{\beta}{x_i}, 1\right)\alpha[r(t+1) + \gamma \max_j Q_{a_j}(t) - Q_{a_i}(t)] \tag{7-24}$$

当 $x_i < \beta$ 时，FAQ 算法退化为常规的 Q 学习算法；当 $x_i \geqslant \beta$ 时，FAQ 算法性能最佳。在实际应用中，常令 $0 < \beta < \frac{1}{2}$。FAQ 算法对初值依赖度低，表现更鲁棒。

7.6 演化工程博弈原理——通过演化均衡协调动态决策中的利益冲突

工程优化决策问题中，经常涉及多个利益相关方，他们的目标和利益并不一致，而且在决策对象可能涉及长期的演化发展过程，在不同阶段会面临不同的交互影响。因为种种原因，决策各方不完全清楚其他方的相关信息。此外，由于需要在一个较长时间的尺度上进行决策，决策者甚至对自己的准确支付（或收益）也不很清楚，更无法基于“完全理性”做出准确无误的判断。在此情况下，直接通过均衡分析进行决策是不可行的。

如 7.2 节所述，演化博弈论是以有限理性的参与者群体为对象，采用动态过程研究参与者如何在博弈演化中调整行为以适应环境或对手，并由此产生群体行为演化趋势的博弈理论。如果将不同的决策方建模为参与者，将之放入规划对象的长期演化过程中，则无需假设参与者对博弈结构拥有全部知识以及个体拥有复杂的推理能力，只要假设参与者在决策时都能够从具有相对优势的各种纯策略中积累相关经验信息（例如学习收益高的策略），经过一段时间的策略调整，也能达到均衡状态。这本质上是将经典博弈论中均衡分析的“逆向推理”替换为“正向演化”，从而降低均衡分析的困难，使之可以充分考虑各种复杂的实际条件限制。

演化博弈理论通常并不直接考虑参与者如何选取具体的策略，而是转而考虑某个种群中采取某个策略的个体在种群中所占比例及其随时间变化的情况。演化博弈通常采用 7.2.4 节的复制者动态方程进行建模。尽管个体有不同的策略可选择，但只有适应性最强的个体才能生存下来。具体来说，当某类个体的收益超过全体种群的平均水平时，该类个体的数量就会增加，反之其比例则会下降，直至最后被完全“淘汰”。当复制者动态方程所描述的动力学系统达到稳定平衡点时，对应的策略即为该博弈的演化均衡（或演化稳定策略）。演化过程中还可以考虑其他各种复杂的情况，如变异机制、创新机制、扩散机制、选择机制等。上述演化动态亦可扩展为多个种群的演化问题，不同的种群间还可以存在竞争/合作关系。

通过将工程决策问题中的不同决策方建模为虚拟的种群，设定相应的可选策略集，并确定合理的演化规则和适应度函数，即可将其建模为演化博弈问题进行分析，进而通过演化均衡来有效协调不同利益方在长期发展过程中的竞争行为，从而实现充分各方长期利益的平衡，我们称之为“多方规划工程决策问题的演化工程博弈原理”。由于无需完全理性的假设，且分析过程从“逆向推理”变为“正向演化”，基于该原理可以处理长时间复杂演化过程中各方决策的交互影响，同时还可以方便地考虑决策中的非理性因素和复杂的信息结构。演化均衡求解主要关注演化动态方程不动点的稳定性质。对于简单的情况，可以直接通过分析动态方程平衡点即可解决。对于较为复杂的工程决策问题，一般需要通过大规模长时间仿真来进行分析。第 17 章将通过演化工程博弈原理分析与综合能源系统相关的若干实例。

7.7 说明与讨论

与经典博弈理论不同，演化博弈论不需要严格的理性假设，而是采用了自然选择的机制。同时，它采用动态视角看待博弈过程，除了关注博弈均衡本身外，它还能刻画参与博弈的群体到达均衡的动态过程。如果考虑复制者动态，则可进一步刻画可以达到均衡的区域，此即为复制者动态不动点的吸引域。这些特点使得演化博弈论逐渐引起工程领域学者的关注，并在通信网络演化[30,31]、电力网络演化[32]以及电力市场竞价策略等工程问题中得到广泛应用，以期帮助研究人员分析和预测网络形态、结构、群体行为特征等关键属性的发展趋势。然而，将演化博弈论应用于研究工程系统演化研究，目前还存在巨大的挑战。主要表现为以下几个方面。

（1）演化博弈理论采用 Darwin 进化论的“自然选择”机制，但工程系统演化显然不是一个单纯的“自然选择”过程，而是所谓的“社会选择”过程，包括技术选择、市场选择、政治选择等。这些选择过程需要考虑的因素过多，且绝大多数因素都相当复杂，难以建立准确的数学模型。

（2）演化博弈理论采用适应度函数描述博弈的效用函数或支付函数，工程系统演化并不能直接套用，如何选取合适的工程系统演化的适应度函数尚属悬而未决的难题。

（3）在研究生物演化过程时，演化博弈理论所关注的生物系统个体非常相似，或者仅有少量类型，因此，相对容易对群体进行整体描述，如捕食者模型，而工程系统本身过于复杂，难以采用此方法进行数学刻画。

（4）在应用演化博弈理论研究生物演化过程时，所涉及的策略集相对简单，但工程演化问题可能涉及的策略集构成一般都非常复杂。

综上，对于工程系统演化问题，直接采用演化博弈理论进行研究还存在诸多困难和挑战。与《基础》一书相比 7.3 节新增了网络上的演化博弈，针对博弈中各参与者个体差异性，考虑参与者的位置信息等，对决策问题中网络结构下参与者之间的演化博弈行为进行建模分析，在一定程度上解决了复制者动态方程难以刻画网络上演化博弈动态过程的困难。本书第 17 章将介绍我们应用演化博弈理论研究综合能源系统演化的工作。

参考文献

[1] MORGENSTERN O，NEUMANN J V. Theory of games and economic behavior[M]. Princeton：Princeton University Press, 1944.

[2] SMITH J，PRICE G. The logic of animal conflict[J]. Nature, 1973, 246:15.

[3] SMITH J. Evolution and the theory of games[M]. Cambridge：Cambridge University Press, 1982.

[4] 范如国. 博弈论 [M]. 武汉: 武汉大学出版社, 2011.

[5] DENNETT D. Darwin's dangerous idea[M]. New York：Penguin Books Ltd, 1996.

[6] VINCENT T，BROWN J. Evolutionary game theory, natural selection, and darwinian dynamics[M]. New York：Cambridge University Press, 2005.

[7] 张良桥. 进化稳定均衡与纳什均衡——兼谈进化博弈理论的发展 [J]. 经济科学, 2001, 3: 103–111.

[8] 黄仙，王占华. 多群体复制动态模型下发电商竞价策略的分析 [J]. 电力系统保护与控制, 2009, 37(12):27–31.

[9] HELBING D. Evolutionary Game Theory, in Quantitative Sociodynamics[M]. Dordrecht：Springer Netherlands, 1995.

[10] 威布尔. 演化博弈论. 王永钦, 译. 上海: 上海人民出版社, 2006.

[11] DUGATKIN L，REEVE H. Game theory and animal behavior[M]. Oxford：Oxford University Press, 1998.

[12] VEGA-REDONDO F. Evolution, games, and economic behaviour[M]. Oxford：Oxford University Press, 1996.

[13] CHALLET D，ZHANG Y C. Emergence of cooperation and organization in an evolutionary game[J]. Physica A: Statistical Mechanics and its Applications, 1997, 246(3):407–418.

[14] HOFBAUER J，SIGMUND K. Evolutionary game dynamics[J]. Bulletin of the American Mathematical Society, 2003, 40(4):479–519.

[15] VINCENT T L，BROWN J S. Stability in an evolutionary game[J]. Theoretical Population Biology, 1984, 26(3):408–427.

[16] 高洁，盛昭瀚. 发电侧电力市场竞价策略的演化博弈分析 [J]. 管理工程学报, 2004, 18(3):91–95.

[17] PERC M，SZOLNOKI A. Coevolutionary games: a mini review[J]. Biosystems, 2010, 99:109–125.

[18] PACHECO J，TRAULSEN A，NOWAK M. Coevolution of strategy and structure in complex networks with dynamical linking[J]. Physical Review Letters, 2006, 97:258103.

[19] Zhang C，Zhang J，Xie G，et al. Coevolving agent strategies and network topology for the public goods games[J]. The European Physical Journal B, 2011, 80:217–222.

[20] HUANG K，ZHENG X，LI Z，et al. Understanding cooperative behavior based on the coevolution of game strategy and link weight[J]. Scientific Reports, 2015, 5:14783.

[21] 王龙，伏锋，陈小杰，等. 复杂网络上的演化博弈 [J]. 智能系统学报, 2007, 02:1–10.

[22] 杜海峰，李树茁，Marcus W，等. 小世界网络与无标度网络的社区结构研究 [J]. 物理学报, 2007, 12:6886–6893.

[23] NOWAK M，TARNITA C，ANTAL T. Evolutionary dynamics in structured populations[J]. Philosophical Transactions of the Royal Society B: Biological Sciences, 2010, 365:19–30.

[24] 黄凯南. 现代演化经济学基础理论研究 [M]. 杭州：浙江大学出版社, 2010.

[25] BÖRGERS T，SARIN R. Learning through reinforcement and replicator dynamics[J]. Journal of Economic Theory, 1997, 77(1):1–14.

[26] TUYLS K，VERBEECK K，LENAERTS T. A selection-mutation model for q-learning in multi-agent systems[C]. In Proceedings of the Second International Joint Conference on Autonomous Agents and Multiagent Systems, 2003: 693–700.

[27] PANAIT L，TUYLS K，LUKE S. Theoretical advantages of Lenient learners: An evolutionary game theoretic perspective[J]. Journal of Machine Learning Research, 2008, 9(Mar): 423–457.

[28] KLOS T，VAN AHEE G，TUYLS K. Evolutionary dynamics of regret minimization[C]. In Joint European Conference on Machine Learning and Knowledge Discovery in Databases, 2010, 82–96.

[29] KAISERS M，TUYLS K. Frequency adjusted multi-agent Q-learning[C]. In Proceedings of the 9th International Conference on Autonomous Agents and Multiagent Systems: volume 1-Volume 1, 2010: 309–316.

[30] NIYATO D，HOSSAIN E. Dynamics of network selection in heterogeneous wireless networks: an evolutionary game approach[J]. IEEE Transactions on Vehicular Technology, 2009, 58(4):2008–2017.

[31] TEMBINE H，ALTMAN E，EL-AZOUZI R，et al. Evolutionary games in wireless networks[J]. IEEE Transactions on Systems，Man，and Cybernetics，Part B：Cybernetics, 2010, 40(3):634–646.

[32] 梅生伟，龚媛，刘锋. 三代电网演化模型及特性分析 [J]. 中国电机工程学报, 2014, 34(7):1003–1012.

第8章 多目标优化问题的博弈求解方法

工程实践中众多优化设计，包括控制问题均属于多目标优化问题，而这些目标往往是相互冲突的，如电力系统安全、经济、优质运行等目标。因此，如何在设计中既兼顾各目标利益，又体现各目标地位，是求解多目标优化问题的关键。多目标优化一直是优化领域的研究热点和难点，目前主要采用基于数学规划理论的多目标优化方法，在求解途径上大致可归纳为两类[1]：一是将多个目标函数作线性组合，建立一个单目标的评价函数，各目标的地位通过权重体现，如此则完成了多目标优化问题向单目标优化问题的转化；二是通过分层、分组、分类方法将多目标优化转化为单目标优化，其主要思路是依照某类优化次序依次将多目标转换为约束条件，以此体现各目标的地位。显而易见，前一类方法的主要不足在于难以选择合适的权重系数，后一类方法的局限性在于确定各目标的合理优化次序以及相应的约束条件。换言之，二者均从某一方面解决多目标优化问题，最终的优化策略不可避免地受到设计者主观性的影响。而事实上，决策人面向多个相互冲突目标进行决策时，其最终目标即是要调和此类冲突，为此，需要利用某种先进理论和方法解决各目标之间的矛盾，避免主观随意性。在此背景下，利用博弈论解决多目标优化问题顺理成章，因为博弈论本身就是研究解决、调和冲突的科学理论。根据博弈论基本原理，若针对一个多目标优化问题能够确定博弈者、策略集、收益函数及博弈规则，则可将此多目标优化问题转化为博弈问题，进而求解该博弈问题的均衡解集（主要是 Nash 均衡），最终从该解集中选取原多目标优化问题的满意解。

有鉴于此，本章主要介绍三种多目标优化问题的博弈论求解方法。其中 8.2 节介绍的综合法要求多目标优化问题中的决策变量可以按目标分块解耦，8.3 节介绍的加权系数法要求多目标优化问题中目标函数为线性函数，8.4 节介绍的 Nash 谈判法要求多目标优化问题呈现凸性，否则可采用 8.5 节介绍的演化博弈法。尽管以上三种方法在应用场合各有局限，但它们均在一定程度上克服了现有多目标优化方法的不足，且在解决实际工程问题方面优势突出。在应用本章介绍的方法时，可以按照实际问题特点灵活选择。

8.1 多目标优化问题及 Pareto 解

在传统的线性规划和非线性规划中，所研究的优化问题一般只含一个目标函数，这类问题常称为单目标最优化问题。但在实际生产、生活中所遇到的决策问题往往需要同时考虑多个目标，称含有多个目标的优化问题为多目标优化。

多目标优化最早出现于 1772 年，当时 Franklin 就提出了多目标矛盾如何协调的问题[2]。但国际上一般认为多目标优化问题最早由法国经济学家 Pareto 于 1896 年提出，当时他从政治经济学的角度，把若干不易比较的目标归纳成多目标优化问题[3]。1944 年，von Neumann 和 Morgenstern 从博弈论的角度提出了含多个决策者而彼此目标又相互矛盾的多目标决策问题[4]。1951 年，Koopmans 从生产与分配的活动分析中提出了多目标优化问题，并第一次提出了 Pareto 最优解的概念[5]。同年，Kuhn 和 Tucker 从数学规划的角度，给出了向量极值问题的 Pareto 最优解的概念，并研究了这种解的充分与必要条件[6]。1976 年，Zeleny 撰写了第一本关于多目标优化问题的著作[7]。迄今为止，多目标优化不仅在理论上取得很多重要成果，其应用范围也越来越广泛。多目标优化作为基本工具在解决工程技术、经济、管理、军事和系统工程等众多领域的决策问题时显示出强大生命力。

用现代数学方法解决实际工程问题时，首先要建立数学模型。一般的多目标优化由以下要素构成：变量、约束条件和目标函数。其中，变量即待求解问题中的未知量，也称决策变量；约束条件即决策变量需要满足的限制；目标函数即问题中各个目标的数学表达式。

不失一般性，假定多目标优化问题中所有目标均取最小值，则多目标优化问题便可归纳为下述紧凑形式：

$$\begin{aligned} &\min\ [f_1(x), f_2(x), \cdots, f_p(x)] \\ &\text{s.t.}\quad G(x) \leqslant 0,\ H(x) = 0 \end{aligned} \tag{8-1}$$

若对一部分目标求极大值，则可极小化其相反数。

多目标优化问题与单目标优化问题的本质区别是，前者优化的目标是一个向量函数，后者则为一标量函数，因此，在向量自然序的意义下，可以给出多目标最优化模型解的概念。

定义 8.1　令 G 表示由约束形成的 x 的可行域，对于 $x^* \in G$，若不存在另一个 $x \in G$，使得对于所有目标都满足

$$f_j(x) \leqslant f_j(x^*), \quad j = 1, 2, \cdots, p$$

同时，至少有一个不等式严格成立，即存在 j 使得

$$f_j(x) < f_j(x^*)$$

则称 x^* 为原多目标优化问题的 Pareto 最优解；进一步，所有 Pareto 最优解构成的集合称为 Pareto 前沿。

定义 8.2 对于任意 $x^* \in G$，若不存在另一个 $x \in G$，使得对于所有目标均满足

$$f_j(x) \leqslant f_j(x^*), \quad j = 1, 2, \cdots, p$$

则称 x^* 为原多目标优化问题的弱 Pareto 最优解。

定义 8.3 对于 $x \in G$，若存在另一个 $x^* \in G$，使得对于所有目标均满足

$$f_j(x) < f_j(x^*), \quad j = 1, 2, \cdots, p$$

则称 x^* 为原多目标优化问题的强 Pareto 最优解。

通常情况下，弱 Pareto 最优解集包含 Pareto 最优解集，当优化问题呈凸性时两者相同。应当指出，要得到 Pareto 前沿的解析表达式是很困难的。一般的方法是寻找落在 Pareto 前沿上的均匀分布的 Pareto 最优解。以下采用著名的囚徒困境的例子进一步说明博弈论的 Nash 均衡与多目标优化的 Pareto 最优解之间的区别和联系。

例 8.1（囚徒困境） 若将其表述为博弈问题，显然该博弈为两人博弈，每人有两个策略（坦白或不坦白）可以选择，以判刑年数的相反数作为支付。每人通过选择合适的策略最大化支付，以实现最小化判刑年限的目标。该博弈的支付矩阵如表 8.1 所示。根据划线法可得到策略组合（坦白，坦白）为该博弈唯一的 Nash 均衡策略。

表 8.1 囚徒困境的支付矩阵

		嫌疑犯 2	
		不坦白	坦白
嫌疑犯 1	不坦白	−2，−2	−4，0
	坦白	0，−4	−3，−3

若将两嫌疑犯的策略作为方案记作向量 $x = [x_1, x_2]^{\mathrm{T}}$；将嫌疑犯 1 和嫌疑犯 2 的判刑年限分别作为目标，记作 $f_1(x)$ 和 $f_2(x)$。则可将其表述为如下多目标优化问题：

$$\begin{aligned} & \max_x \ [f_1(x), f_2(x)]^{\mathrm{T}} \\ & \text{s.t.} \quad x = [x_1, x_2]^{\mathrm{T}} \\ & \qquad\ \ x_1, x_2 \in \{\text{不坦白，坦白}\} \end{aligned} \tag{8-2}$$

不同方案下各个目标的取值如表 8.2 所示。

表 8.2 多目标优化视角下的囚徒困境问题

方案	目标收益	
	嫌疑犯 1	嫌疑犯 2
（不坦白，不坦白）	−2	−2
（不坦白，坦白）	−4	0
（坦白，不坦白）	0	−4
（坦白，坦白）	−3	−3

进一步，可将表 8.1 中表述的两嫌疑犯在不同策略下的支付绘于二维平面上，如图 8.1 所示。

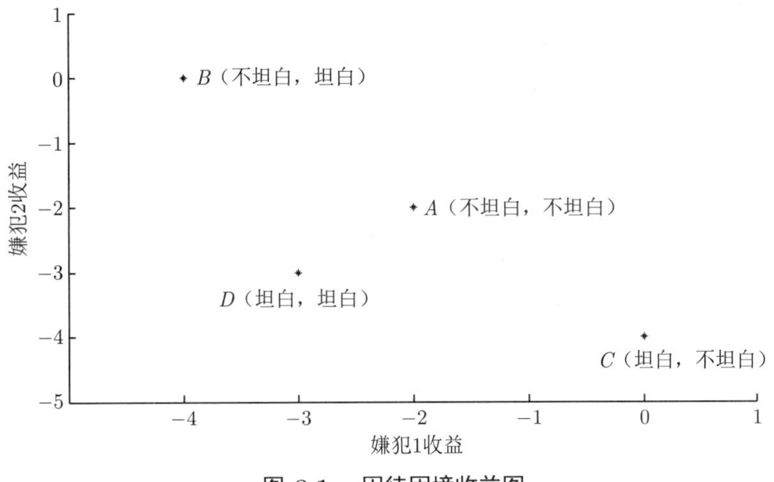

图 8.1　囚徒困境收益图

图 8.1中，A、B、C、D 4 个点分别表示 4 种策略组合下的双方收益。显然，A、B、C 所代表的 3 种策略组合互不占优，是式（8-2）所描述的多目标优化问题的 Pareto 最优解，而 D（坦白，坦白）所代表的 Nash 均衡策略是多目标优化问题的劣解。

以上分析充分显示非合作博弈中的 Nash 均衡点的求解不能由多目标优化来替代；相应地，从非合作博弈的 Nash 均衡点亦不能等同于多目标优化的 Pareto 最优解。这主要源于二者具有不同的理论基础：非合作博弈中，Nash 均衡点是多个相互影响的博弈者为最大化自身利益进行竞争决策的结果，决策者控制的变量不同，如例 8.1 中的 x_1 和 x_2；而多目标优化则表示所有的决策者具有一个一致的行动意向，如例 8.1 中每个目标函数中的变量 x 是相同的，由一个局外人进行协调决策。

需要说明的是，尽管非合作博弈与多目标优化不尽相同，但倘若非合作博弈参与者通过组成总联盟进行合作博弈决策，在此情况下，合作博弈的决策过程与多目标优化则有诸多相似之处。

8.2　综合法

本节首先介绍如何将多目标优化问题转化为多人博弈问题，主要方法源自文献 [8]，在此基础上，本节进一步对博弈均衡与 Pareto 最优解的关系做初步探讨。

8.2.1　多目标优化问题的博弈模型

为将多目标优化问题转换为博弈问题，具体包括两项基本步骤。

第 1 步 对于多目标优化问题

$$\min_{x\in\mathbb{R}^m}[f_1(x),f_2(x),\cdots,f_n(x)] \tag{8-3}$$

设 $m\geqslant n$，将 n 个目标函数 $f_i(x)(i=1,2,\cdots,n)$ 视为 n 人非合作博弈参与者的目标函数，进一步可将向量 x 分为 n 个子向量，即

$$x=[x_1,x_2,\cdots,x_n]^{\mathrm{T}},\quad x_i\in\mathbb{R}^{m_i}$$

其中，$\sum\limits_{i=1}^{n}m_i=m$，$x_i$ 为博弈第 i 个参与者的决策变量，其支付为 f_i，并用

$$x_{-i}=[x_1,\cdots,x_{i-1},x_{i+1},\cdots,x_n]$$

表示 x 中除 x_i 以外的策略。

第 2 步 构建如下 n 人非合作博弈模型：

参与者 $i=1,2,\cdots,n$，共 n 个。

策略组 $x=[x_1,x_2,\cdots,x_n],x_i\in\mathbb{R}^{m_i},i=1,2,\cdots,n$。

策略集 $X=X_1\times X_2\times\cdots\times X_n,X_i\subseteq\mathbb{R}^{m_i},i=1,2,\cdots,n$。

支付 $f_1(x),f_2(x),\cdots,f_n(x)$。

在该博弈中，参与者 i 最小化自身支付，即相应的博弈问题为

$$\left[\min_{x_i\in X_i}f_i(x_i,x_{-i})\right]\ \forall i \tag{8-4}$$

根据以上步骤建立了多目标优化问题的博弈模型后，即可利用非合作博弈方法求解该博弈问题的 Nash 均衡解，以此作为多目标决策的参考依据，还可进一步分析合作/部分合作格局下利益的分配策略。8.2.2 节和 8.2.3 节将针对多目标优化问题的博弈模型展开讨论，重点介绍非合作博弈和合作博弈两种求解方法。

8.2.2 非合作博弈求解方法

若存在策略组合 x^* 满足

$$f_i(x_i^*,x_{-i}^*)\leqslant f_i(x_i,x_i^*),\quad \forall x_i\in X_i,\ \forall i \tag{8-5}$$

即 x^* 为博弈问题 (8-4) 的 Nash 均衡，可将之作为多目标优化问题的解。博弈问题 (8-4) 可以用文献 [9] 中的不动点型迭代算法求解，这里不再赘述。

应当指出，一般来讲，求解多目标优化问题希望获得 Pareto 最优解，其概念与 Nash 均衡有所不同，前者决策具有整体性，即决策者企图改变某目标函数时可变动所有决策变量；而后者决策强调个体性，即参与者 i 优化自身目标函数 $f_i(x_i,x_{-i})$ 时，只能调整自身策略 x_i。这种区别使得非合作博弈 (8-4) 的 Nash 均衡可能并非 Pareto 意义下的最优解。本节后续将详细讨论 Nash 均衡与 Pareto 最优解的关系，以及如何寻找 Nash 均衡附近的 Pareto 最优解。

8.2.3　合作博弈求解方法

根据第 5 章可知，合作博弈除探讨各参与者如何达成合作之外，其重点在于分析达成合作的各参与者如何分配合作带来的额外收益，而额外收益一般与多目标优化问题本身的机制设计有关，因此，本节主要介绍文献 [8] 中采用合作博弈求解多目标优化问题的基本思想。

用合作博弈的方法求解多目标优化问题存在一个必要的前提，即各参与者组成联盟后其收益均不低于其非合作博弈时的水平。以双目标优化问题为例，将按照非合作博弈方法求解得到的 Nash 均衡解记作 $(\bar{x}_1, \bar{x}_2)$，将按照合作博弈方法求解得到的均衡解记作 $(\hat{x}_1, \hat{x}_2)$。又记参与者组成联盟后获得的额外收益为 ΔF，其中，分配给参与者 1 的部分为 ΔF_1，分配给参与者 2 的部分为 ΔF_2。若不等式

$$\begin{cases} f_1(\hat{x}_1, \hat{x}_2) + \Delta F_1 \geqslant f_1(\bar{x}_1, \bar{x}_2) \\ f_2(\hat{x}_1, \hat{x}_2) + \Delta F_2 \geqslant f_2(\bar{x}_1, \bar{x}_2) \end{cases} \tag{8-6}$$

成立，则参与者 1 和参与者 2 将由非合作博弈转为合作博弈。

对于一般多目标优化问题，按照前述综合法建立非合作博弈模型后，设该模型包含 n 个参与者。若其中任意 l $(l \geqslant 2)$ 个参与者组成联盟后的收益大于完全非合作博弈时的收益，则原非合作博弈将形成部分参与者组成联盟与其他参与者非合作的博弈局势。

合作博弈的均衡 $(\hat{x}_1, \hat{x}_2)$ 可以由多种方法获得，如本章后续提到的加权系数法、Nash 谈判法、演化博弈法等。分配方案 ΔF_1 和 ΔF_2 则可按 5.6 节讨论的方法确定。

8.2.4　Nash 均衡与 Pareto 最优解的关系

多目标优化问题的最优解由 Pareto 前沿描述。一般而言，求解多目标优化问题希望获得至少一个 Pareto 最优解。8.2.1 节和 8.2.2 节讨论了如何将多目标优化转化为非合作博弈并获得 Nash 均衡解，那么 Nash 均衡是否为 Pareto 最优解呢？从例 8.1可以看出，答案是否定的。本节进一步针对无约束多目标优化问题 (8-7) 及其对应的非合作博弈问题 (8-8)，讨论 Nash 均衡和 Pareto 最优解的关系，以及如何由 Nash 均衡出发寻找 Pareto 最优解。本节多数结论稍加补充即可推广至带约束条件的多目标优化问题：

$$\min_{x \in \mathbb{R}^m} [f_1(x), f_2(x), \cdots, f_n(x)] \tag{8-7}$$

$$\left[\min_{x_i \in \mathbb{R}^{m_i}} f_i(x_i, x_{-i})\right], \quad \forall i \tag{8-8}$$

定理 8.1 [10]（Gordan 定理）　设 A 为 $n \times m$ 矩阵，$m > n$，集合 $S_1 = \{x \mid Ax < 0\}$，$S_2 = \left\{y \mid A^{\mathrm{T}}y = 0,\ y \geqslant 0,\ y \neq 0\right\}$，则

$$S_1 = \varnothing \Leftrightarrow S_2 \neq \varnothing$$

或

$$S_1 \neq \varnothing \Leftrightarrow S_2 = \varnothing$$

多目标优化问题 (8-7) 中，第 i 个目标函数 $f_i(x)$ 在 x^* 处的梯度记为 $\nabla f_i(x^*)$。进一步，记矩阵

$$A(x^*) = [\nabla f_1(x^*),\ \nabla f_2(x^*),\ \cdots,\ \nabla f_n(x^*)]^{\mathrm{T}}$$

定理 8.2（Pareto 最优性条件） 若集合 $S_1 = \{h|A(x^*)h < 0\} = \varnothing$，则 x^* 是多目标优化问题 (8-7) 的一个 Pareto 最优解。

证明 x^* 邻域内的任何一点可以表示为 $x = x^* + \mu h$，其中 $\mu > 0$ 是标量，h 表示 x 增长方向。目标函数 f_i 的增量可表示为

$$f_i(x^* + \mu h) - f_i(x^*) = \mu \nabla f_i(x^*)^{\mathrm{T}} h + O(\|\mu h\|), \quad i = 1, 2, \cdots, n$$

若 $S_1 = \{h|A(x^*)h < 0\} = \varnothing$，即不存在 h 满足

$$\nabla f_i(x^*)^{\mathrm{T}} h < 0, \quad i = 1, 2, \cdots, n$$

上式说明 x^* 的邻域中不存在同时改进所有目标函数的点，故 x^* 是多目标优化问题 (8-7) 的一个 Pareto 最优解。

< 证毕 >

定理 8.3（Nash 均衡和 Pareto 最优的关系） 设博弈问题 (8-8) 的 Nash 均衡为 x^*。若梯度向量组 $\{\nabla f_i(x^*),\ i = 1, 2, \cdots, n\}$ 线性无关，则 x^* 不是多目标优化问题 (8-7) 的 Pareto 最优解。

证明 由于 $\{\nabla f_i(x^*),\ i = 1, 2, \cdots, n\}$ 线性无关，故有

$$\sum_{i=1}^{n} y_i \nabla f_i(x^*) = 0 \ \Leftrightarrow\ y_i = 0, \quad i = 1, 2, \cdots, n$$

从而有集合

$$S_2 = \left\{y|A^{\mathrm{T}} y = 0,\ y \geqslant 0,\ y \neq 0\right\} = \varnothing$$

由定理 8.1知集合

$$S_1 = \{x|Ax < 0\} \neq \varnothing$$

进一步由定理 8.2知 Nash 均衡 x^* 不是多目标优化问题 (8-7) 的 Pareto 最优解。

< 证毕 >

推论 8.1 若博弈问题 (8-8) 的 Nash 均衡 x^* 是多目标优化问题 (8-7) 的 Pareto 最优解，则 $\{\nabla f_i(x^*),\ i = 1, 2, \cdots, n\}$ 线性相关。

由于本章研究的多目标优化问题要求决策变量数不少于目标函数个数，也即向量组 $\{\nabla f_i(x^*)\}$ 的个数小于每个向量的维数，通常向量组 $\{\nabla f_i(x^*),\ i = 1, 2, \cdots, n\}$ 是线性无关的，换言之，非合作博弈的 Nash 均衡一般都不是多目标优化问题的 Pareto 最优解。这是容易理解的，因为竞争的存在使优化的效率下降。需要指出的是，即使梯度向量组 $\{\nabla f_i(x^*),\ i = 1, 2, \cdots, n\}$ 线性相关也不能断言 Nash 均衡 x^* 是 Pareto 最优解。

既然非合作博弈的 Nash 均衡一般不具有 Pareto 最优性，那么如何寻找 Nash 均衡附近的 Pareto 最优解呢？这需要赋予 Pareto 最优解更直观的充分条件。由于 A^{T} 是 $m\times n$ 矩阵，且 $m>n$，故可选出 A^{T} 行空间的一组基，组成矩阵 B，B 是 $r\times n$ 矩阵，$r\leqslant n$，显然 B 是行满秩的。进一步将 B 划分为 $[B_{\mathrm{s}},B_{\mathrm{t}}]$，其中 B_{s} 是 $r\times r$ 的满秩矩阵，B_{t} 是 B 中其余的部分。相应地将 y 划分为

$$y=\begin{bmatrix} y_{\mathrm{s}} \\ y_{\mathrm{t}} \end{bmatrix}$$

于是得到以下等价关系：

$$\exists y\geqslant 0,\ y\neq 0, A^{\mathrm{T}}y=0\ \Leftrightarrow\ \exists y\geqslant 0,\ y\neq 0,\ By=0$$
$$By=0\Leftrightarrow B_{\mathrm{s}}y_{\mathrm{s}}+B_{\mathrm{t}}y_{\mathrm{t}}=0\Leftrightarrow Iy_{\mathrm{s}}+Py_{\mathrm{t}}=0$$

其中，$P=B_{\mathrm{s}}^{-1}B_{\mathrm{t}}$。

定理 8.4（Pareto 最优的充分条件）　若 P 的某列 $P_j\leqslant 0$，$P_j\neq 0$，则 x^* 是 Pareto 最优解。

证明　若 P 的某列 $P_j\leqslant 0$，$P_j\neq 0$，则可看出

$$y=\begin{bmatrix} -P_j \\ I_j \end{bmatrix}$$

是 $By=0$ 的一个非负解，进而是 $A^{\mathrm{T}}y=0$ 的一个非负解，其中 I_j 表示单位矩阵的第 j 列。由定理 8.1知集合 $S_1=\{x\mid Ax<0\}$ 是空集，再由定理 8.2知 x^* 是 Pareto 最优解。

< 证毕 >

根据上述定理可设计如下算法。首先选定 x 的变化方向 h；再确定步长参数 μ，使得向量组 $\{\nabla f_i(x^*+\mu h), i=1,2,\cdots,n\}$ 线性相关；最后由定理 8.4判断 $x^*+\mu h$ 是否为 Pareto 最优解。

将上述步骤归纳总结如下：

第 1 步　计算每个目标函数 f_i 的梯度向量,形成矩阵 $A=\{\nabla f_i(x^*),\ i=1,2,\cdots,n\}$。

第 2 步　确定一个可行改进方向 h，满足 $Ah<0$。

第 3 步　以 x^* 为初始点，沿方向 h 计算以 μ 为参数的矩阵

$$A(\mu)=\{\nabla f_i(x^*+\mu h), i=1,2,\cdots,n\}$$

第 4 步　求解方程 $\det(A_s(\mu))=0$（$\det(A)$ 表示方阵 A 的行列式值）得到 μ^*，令 $x^*=x^*+\mu h$，用定理 8.4检验 x^* 是否 Pareto 最优，若是，结束；若否，报告未能获得 Pareto 最优解，仍采用原 Nash 均衡。

需要说明的是，第 2 步中 h 的选取可以遵循某种优化原则。事实上，一种自然的考

虑是求取距离 Nash 均衡 x^* 最接近的 Pareto 最优解，故可归结为如下优化问题：

$$\begin{aligned} &\min\ \mu \\ &\text{s.t.}\quad \mu \geqslant 0, h^{\mathrm{T}} h = 1 \\ &\qquad\ \det(A(x^* + \mu h)) = 0 \end{aligned}$$

例 8.2 考虑 $\mathbb{R}^2$ 上的双目标优化问题

$$\min \begin{cases} f_1(x, y) = (x-1)^2 + (x-y)^2 \\ f_2(x, y) = (y-3)^2 + (x-y)^2 \end{cases} \tag{8-9}$$

分别对每个目标函数优化的结果为

$$\begin{aligned} f_1^* = 0, \quad (x^*, y^*) = (1, 1) \\ f_2^* = 0, \quad (x^*, y^*) = (3, 3) \end{aligned}$$

上述两个函数不可能同时达到极小值，其 Pareto 最优解集可以通过求解以下含参数 λ 的单目标优化问题：

$$F(x, y, \lambda) = \lambda f_A(x, y) + (1-\lambda) f_B(x, y), \quad \lambda \in [0, 1]$$

得到。而 F 达到极小值的条件为

$$\begin{cases} \dfrac{\partial F(x, y, \lambda)}{\partial x} = 0 \\ \dfrac{\partial F(x, y, \lambda)}{\partial y} = 0 \end{cases}$$

由此得到

$$\begin{cases} x = \dfrac{\lambda^2 + \lambda - 3}{\lambda^2 - \lambda - 1}, \\ y = \dfrac{3\lambda^2 - \lambda - 3}{\lambda^2 - \lambda - 1}, \end{cases} \lambda \in [0, 1]$$

上式即为双目标优化问题 (8-9) 的 Pareto 最优解集。

现将双目标优化问题 (8-9) 转化为二人非合作博弈。假设有两位虚拟参与者，参与者 1 的策略是 x，收益函数为

$$f_1(x, y) = (x-1)^2 + (x-y)^2$$

参与者 2 的策略是 y，收益函数为

$$f_2(x, y) = (y-3)^2 + (x-y)^2$$

参与者 1 和参与者 2 的最优反应方程分别为

$$\begin{aligned} 2x - y - 1 = 0 \\ 2y - x - 3 = 0 \end{aligned}$$

联立上述方程求解，得到 Nash 均衡点为

$$(x^*, y^*) = \left(\frac{5}{3}, \frac{7}{3}\right)$$

Nash 均衡处两个参与者的收益是 $(8/9, 8/9)$，目标函数的梯度向量为

$$\nabla f_1 = \begin{bmatrix} 0 \\ 4/3 \end{bmatrix}, \quad \nabla f_2 = \begin{bmatrix} -4/3 \\ 0 \end{bmatrix}$$

显见，∇f_1 和 ∇f_2 线性无关，由定理 8.3可知该 Nash 均衡不是 Pareto 最优解。

选 $h = [1, -1]^{\mathrm{T}}$，构造

$$\begin{bmatrix} x \\ y \end{bmatrix} = \begin{bmatrix} 5/3 + \mu \\ 7/3 - \mu \end{bmatrix}, \quad A = \begin{bmatrix} 6\mu & 4(1/3 - \mu) \\ 4(\mu - 1/3) & -6\mu \end{bmatrix}$$

求解方程

$$\det(A) = 16\left(\mu - \frac{1}{3}\right)^2 - 36\mu^2 = 0$$

得到正根

$$\mu = \frac{2}{15}$$

从而有

$$\begin{bmatrix} x \\ y \end{bmatrix} = \begin{bmatrix} 9/5 \\ 11/5 \end{bmatrix}$$

经定理 8.4检验，该解是 Pareto 最优解，参与者的收益为 $(4/5, 4/5)$，相比于 Nash 均衡点处的支付 $(8/9, 8/9)$，两个参与者的支付都有所下降。Pareto 前沿、Nash 均衡与 Pareto 最优解如图 8.2 所示。必须指出，在 Pareto 最优解处，参与者 1 或 2 单方面改变策略均可降低自身支付。

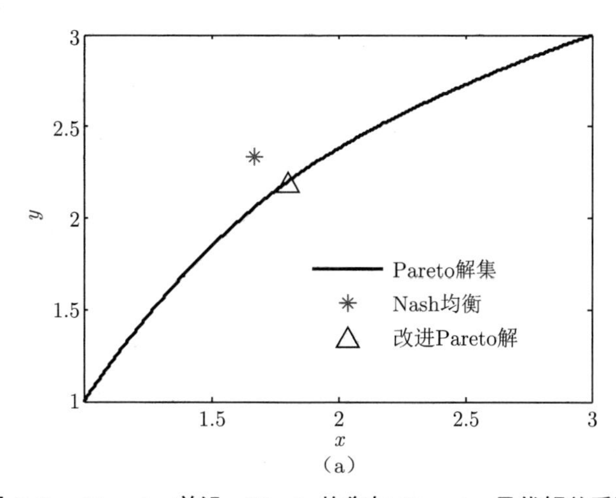

图 8.2　Pareto 前沿、Nash 均衡与 Pareto 最优解关系图

(a) Pareto 解集与 Nash 均衡（策略空间）；(b) Pareto 前沿与 Nash 均衡（目标空间）

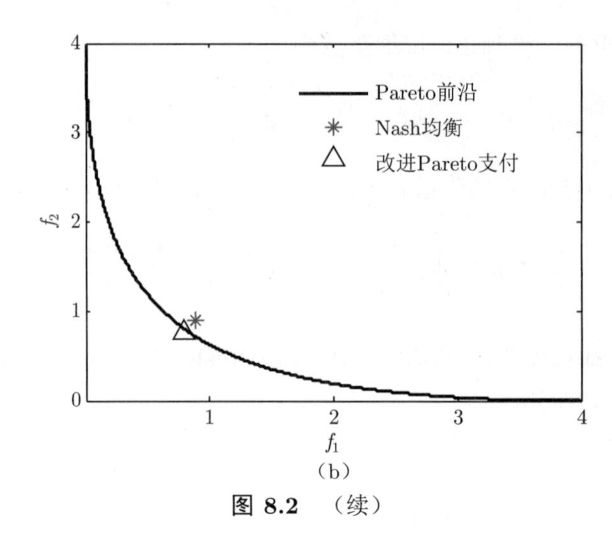

（b）

图 8.2 （续）

8.3 加权系数法

如 8.1 节和 8.2 节所述，求解多目标优化问题的方法多种多样，典型者如平方加权和法、目标规划法等[7]，本质上均可归结为下述对各目标的线性组合的优化问题：

$$\begin{aligned}&\min\ f(x)=\sum_{i=1}^{n}\lambda_i f_i(x)\\&\text{s.t.}\quad G(x)\leqslant 0, H(x)=0\end{aligned}$$

上述方法的不足之处在于难以准确设定各个目标的权重系数。有鉴于此，本节介绍一种基于二人零和博弈的线性加权法[11]，其权重系数由该博弈的混合策略 Nash 均衡确定，从而克服了已有多目标优化加权系数法受限于决策者主观性的不足。应当指出，此方法只适用于求解目标函数为线性的多目标优化问题。

设原多目标优化问题有 n 个目标，即 $f_1, f_2, \cdots, f_n$，变量 $x\in\mathbb{R}^m$。单独优化目标 i 时，原问题最优解记作 x_i^*。进一步，将相应最优解构成的集合记作 X^*。

假设博弈中有参与者 1 和参与者 2 两人。参与者 1 的策略集为 $f_i\in\{f_1, f_2, \cdots, f_n\}$，即参与者 1 从原多目标优化问题中选取一个目标作为自己的策略；参与者 2 的策略集为 $x_i\in X^*$，即参与者 2 从单独优化各个目标得到的最优解集中选取一个解作为自己的策略。应当指出，在原多目标优化问题中，同时优化多个目标是为了最大化社会效益或最小化社会成本，一定程度上体现了各个目标的合作性；而各个目标之间的潜在的冲突性又会降低所取得的社会效益或增加社会成本，故此处赋予参与者 1 和 2 下述理性：参与者 1 的理性为尽可能的最大化社会效益或最小化社会成本，此时兼顾了各个目标；而参与者 2 的理性为尽可能的最小化社会效益或最大化社会成本以期实现某个目标最优。参与者 1 和参与者 2 的策略空间没有耦合，故属于静态博弈的范畴。以上分析与设计构成了一类典型的二人零和博弈问题，其模型如下所述：

$$\begin{cases}\text{参与者：参与者 1，参与者 2（虚拟参与者）}\\ \text{策略集：} f_i \in \{f_1, f_2, \cdots, f_n\}, x_i \in \{x_1^*, x_2^*, \cdots, x_n^*\}\\ \text{支付：} f_i(x_i), -f_i(x_i)\end{cases} \tag{8-10}$$

考虑到原问题的 n 个目标存在冲突，故参与者 I 的支付如表 8.3 所示，而参与者 II 的支付为参与者 I 支付的相反数。

表 8.3 参与者 I 的支付

	x_i^*	$\cdots$	x_n^*
f_1	$f_1(x_1^*)$	$\cdots$	$f_1(x_n^*)$
$\vdots$	$\vdots$	$f_i(x_j^*)$	$\vdots$
f_n	$f_n(x_1^*)$	$\cdots$	$f_n(x_n^*)$

在表 8.3 所示的策略式博弈矩阵中，支付 $f_{ij} = f_i(x_j^*)$ 表示当参与者 1 选择策略 f_i 且参与者 2 选择策略 x_j^* 时参与者 1 的期望支付。考虑到多目标优化问题中各个目标的量纲一般不同，为此还需要对各目标做下述归一化处理：

$$f'_{ij} = \frac{f_i(x_j^*)}{f_i(x_i^*)}, \quad i, j = 1, 2, \cdots, n$$

进一步，令 λ'_i 表示参与者 1 选择 f_i 作为策略的概率，μ'_j 表示参与者 2 选择 x_j^* 作为策略的概率。参与者 1 总的期望支付为

$$F' = \sum_{i=1}^{n}\sum_{j=1}^{n} f'_{ij}\lambda'_i u'_j$$

若 F' 表示某种成本，则参与者 1 的目标是最小化 F'，而参与者 2 的目标是最大化 F'，如此可写出等价数学模型如下：

$$\begin{aligned} &\max_{\mu'}\min_{\lambda'} F' = \min_{\lambda'}\max_{\mu'} F' \\ &\text{s.t.} \quad \sum_{i=1}^{n} \lambda'_i = 1, \lambda'_i \geqslant 0 \\ &\qquad\ \ \sum_{i=1}^{n} u'_j = 1, u'_j \geqslant 0 \end{aligned} \tag{8-11}$$

其中

$$\begin{cases} \mu' = (\mu'_1, \mu'_2, \cdots, \mu'_n) \\ \lambda' = (\lambda'_1, \lambda'_2, \cdots, \lambda'_n) \end{cases}$$

博弈问题 (8-11) 的求解等价于求解如下两个线性规划问题：

$$
\begin{aligned}
\max & \sum_{i=1}^{n} r_i \\
\text{s.t.} \quad & r_i \geqslant 0 \\
& \sum_{i=1}^{n} f'_{ij} r_i \leqslant 1, j=1,2,\cdots,n
\end{aligned}
\tag{8-12}
$$

$$
\begin{aligned}
\min & \sum_{j=1}^{n} s_j \\
\text{s.t.} \quad & s_j \geqslant 0 \\
& \sum_{j=1}^{n} f'_{ij} s_j \geqslant 1, i=1,2,\cdots,n
\end{aligned}
\tag{8-13}
$$

求解上述两个优化问题，则其最优支付为

$$
F^* = \frac{1}{\sum r_i^*} = \frac{1}{\sum s_j^*}
$$

而博弈问题 (8-10) 的混合策略 Nash 均衡为

$$
\lambda_i'^* = F^* r_i^*, \quad u_j'^* = F^* s_j^*
$$

其中，F^* 表示该博弈问题的最优支付。

进一步可以得到原优化问题各个目标的权重系数为

$$
\lambda_i = \frac{\lambda_i'}{f_{ii} \sum\limits_{1}^{n} (\lambda_i'/f_{ii})}, \quad i=1,2,\cdots,n \tag{8-14}
$$

综上可以得到与原多目标优化问题等价的单目标优化问题模型，如式 (8-11) 所示。该式中各权重系数是通过二人零和博弈得到的，从而克服了一般加权系数法依赖决策者主观性的不足。

例 8.3 [12] 电网公司制订长期发电计划时需要综合考虑发电成本、节能及环保等多项因素，是一类典型的多目标优化问题。本例考虑的目标有二，即发电成本和煤耗，记作 f_1 和 f_2；决策变量即为各机组各时段出力，记作 x_{ij} （$i=1,2,\cdots,N$；$j=1,2,\cdots,T$；其中，N 表示机组数，T 表示时段数）；约束条件即为功率平衡、机组发电能力等常见约束。若用通常的将多目标优化问题转化为单目标优化问题的方法求解该问题，则各个目标的权重系数难以恰当选取。下面采用基于二人零和博弈求解权重系数的方法确定原问题各个目标的权重系数。

如上所述，该长期发电计划制订问题中包含两个目标，即发电成本 f_1 和煤耗 f_2。为简明起见，认为煤耗和购电两个目标函数都是线性的。考虑含 10 台发电机的系统，机组参数如表 8.4 所示。从表中可知，有些机组虽然煤耗较低，但购电价格较高（如机组 8、9、10）；有些机组购电价格较低，但煤耗较高（如机组 2、3、4）。因此，发电成本和煤耗有明显的冲突性。

表 8.4　10 机系统机组参数

机组	额定功率/MW	煤耗系数 / (kg/ (MW·h))	购电价格 / (元/ (MW·h))
1	125	418	400
2	200	380	342
3	300	355	318
4	455	305	352
5	600	285	370
6	600	285	400
7	650	290	390
8	700	294	450
9	830	280	500
10	1000	270	480

首先单独优化发电成本和煤耗，得到的最优发电计划分别记作 x^{F} 和 x^{C}，并计算每种发电计划下的发电成本分别为 f_1 和煤耗 f_2；其次引入两个虚拟参与者，其策略分别为 f_1, f_2 和 $x^{\mathrm{F}}, x^{\mathrm{C}}$，形成二人零和博弈，其支付矩阵如表 8.5 所示。

表 8.5　购电问题零和博弈的支付矩阵

	x^{F}	x^{C}
f_1/元	1.556×10^{10}	1.583×10^{10}
f_2/kg	1.172×10^{10}	1.154×10^{10}

进一步，由式 (8-12) 和式 (8-13) 所确定的二人零和博弈问题求得其混合策略 Nash 均衡为

$$\lambda_1 = 0.5055, \lambda_2 = 0.4945$$

如此则可确定各个目标的权重系数，从而将原双目标优化问题转换为如下单目标优化问题：

$$\min f(x) = \lambda_1 f_1(x) + \lambda_2 f_2(x)$$

求解上式可得，在最优发电计划下，购电成本和煤耗分别为 1.560×10^{10}元和 1.160×10^{10}kg。将不同优化方法得到的结果加以对比，如表 8.6 所示。

表 8.6　不同方法计算结果对比

	目标	发电费用/10^{10} 元	煤耗/10^{10}kg	费用增加	煤耗增加
单目标优化	发电成本	1.55	—	—	—
	煤耗	—	1.15	—	—
多目标优化	发电成本	1.556	1.172	0.52%	2.00%
	煤耗	1.583	1.154	2.26%	0.44%
二人零和博弈	—	1.560	1.160	0.78%	0.96%

表 8.6 中所列单目标优化是指仅以最小化发电成本或煤耗为运行目标的计算结果；所列多目标优化是指先将某一目标作为主要目标进行单目标优化，再将其他目标作为约束条件添加到原问题的约束集中得到的计算结果；所列二人零和博弈是指利用本节所述的二人零和博弈方法确定各目标权重系数，从而将多目标优化问题转化为单目标优化问题得到的计算结果。由表 8.6 可知，本节提出的博弈方法较好地兼顾了经济性和节煤性，计算结果明显优于传统方法。

8.4 Nash 谈判法

Nash 在文献 [13] 中指出，多目标优化问题中的各个目标可以看作相互竞争的谈判单位（negotiation primitive），这些单位都想为自己的目标争取最优，尽量避免对自己不利的策略，最终达成妥协，从而得到各谈判单位均接受的方案。在此意义下，Nash 将多目标优化问题归结为博弈理论中一类经典的讨价还价问题，即 Nash 谈判问题（Nash bargaining problem）[13]。对此第 5 章已予以简要介绍。下面以双目标优化问题

$$
\begin{aligned}
&\min\ \{f_1(x), f_2(x)\} \\
&\text{s.t.}\quad G(x) \leqslant 0, H(x) = 0
\end{aligned} \tag{8-15}
$$

为例进行说明。

在双目标优化问题的 Nash 谈判博弈模型中，首先构造两个虚拟参与者，即参与者 1 和参与者 2，其策略集分别为 $x_1 \in X$ 和 $x_2 \in X$，支付分别为 f_1 和 f_2，假定谈判双方完全了解对方的支付。严格来说，在 Nash 提出的谈判问题中，参与者 1 和参与者 2 的策略集完全相同，且在博弈均衡解处有 $x_1 = x_2$，这正是谈判类博弈问题的特点。谈判双方一般就统一问题展开谈判，但在该问题下的支付却不相同，双方都想最小化自身支付，因此，会先后在策略空间 X 中选择一个策略 x 作为自身策略。若 $x_1 = x_2$，说明谈判双方对当前方案均满意，谈判结束，(x, x) 即为 Nash 谈判问题的均衡解；若 $x_1 \neq x_2$，则谈判继续。这种对称的二人 Nash 谈判问题的博弈模型表述如下：

$$
\begin{cases}
\text{参与者：参与者 1，参与者 2（虚拟参与者）} \\
\text{策略集：} x_1 \in X, x_2 \in X, x_1 = x_2 \\
\text{支付：} f_1(x_1), f_2(x_2)
\end{cases} \tag{8-16}
$$

针对上述博弈问题，Nash 提出了四条公理[13]，用于求出一个博弈双方都可以接受的“合理”的解。下面从多目标优化角度阐述这些公理及其物理意义。

（1）Pareto 有效性。一个双方均可接受的博弈结果（以下简称结果）不能被其他结果所“优超”，即不能有其他结果使双方均获得更大的收益。若有其他结果使双方的收益均增加，则博弈的双方没有理由不选择这个新的结果。由此，Nash 谈判问题的结果一定处于该优化问题的 Pareto 前沿，这是由原问题的多目标优化性质所决定的。

（2）对称性。博弈双方的 Nash 谈判结果与双方出价的顺序无关，唯一决定双方博弈结果的是他们的支付函数。特别地，当双方支付函数完全相同时，其“合理”解一定在双方收益相等的点达到。总之，对称性反映了双方对自身利益的偏好是相同的。

（3）线性变换无关性。该公理的含义为，若对多目标优化中任一目标函数做线性变换，最优策略不变。这一公理表明，多目标优化问题的 Nash 谈判结果与目标函数的数量级无关。这一事实对于目标函数表示不同物理量且数量级相差甚远的实际问题具有重要意义。

（4）选择无关性。如果两个讨价还价问题的目标函数相同，仅可行域不同，分别记之为 S_1 和 S_2，且有 $S_1 \subseteq S_2$。又设它们的讨价还价解分别为 x_1^* 和 x_2^*，若 $x_1^* \in S_2$，则 $x_1^* = x_2^*$。应用此公理可以对多目标优化对应的 Nash 谈判问题进行简化，如简化谈判破裂点的选取等。

Nash 证明了在满足上述公理的前提下，Nash 谈判问题存在唯一的合理解 x^*，且满足

$$\max_{x\in S} \left(f_1(x) - d_1\right)\left(f_2(x) - d_2\right) \tag{8-17}$$

其中，f_1 和 f_2 表示博弈双方的支付函数；d_1 和 d_2 表示博弈双方可能的最大支付，即谈判破裂点；S 为多目标优化问题 (8-15) 的 Pareto 前沿。优化问题 (8-17) 的数学解释为，谈判双方都希望自身支付距最大支付尽可能远，其几何意义如图 8.3 所示。谈判中，参与者的理性在于使各自的支付远离自己所能接受的最大支付 (d_1, d_2)，同时保证策略位于 Pareto 前沿上。

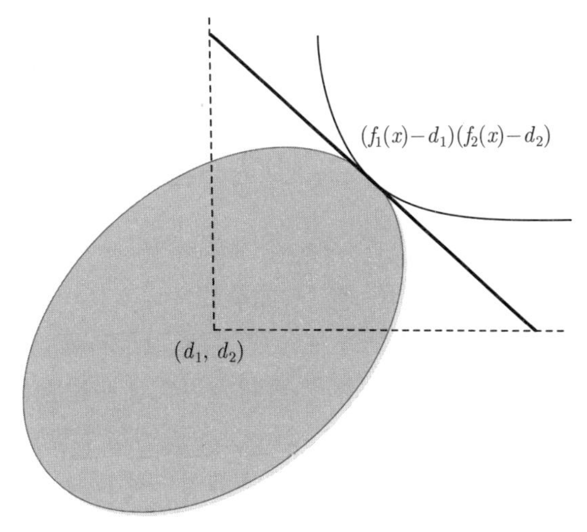

图 8.3　Nash 谈判的几何意义

考虑到用精确的数学（几何）语言难以描述 Pareto 前沿 S，从而给优化问题 (8-17) 的求解增加了难度。下面以双目标线性优化问题为例，介绍一种无须显式描述 Pareto 前沿即可求解 Nash 谈判问题的方法[14]。

考察双目标线性优化问题

$$\begin{aligned}&\min\ \{c_1^{\mathrm{T}}x, c_2^{\mathrm{T}}x\}\\&\text{s.t.}\quad x|Gx \leqslant g, Hx = h\end{aligned} \tag{8-18}$$

记该问题的可行域为集合 F，问题的 Pareto 前沿为集合 S，分别对每个目标函数优化的结果为

$$\begin{cases} x_{(1)}^* = \arg\min\limits_{x\in F} c_1^{\mathrm{T}}x, f_{(1)}^* = c_1^{\mathrm{T}}x_{(1)}^* \\ x_{(2)}^* = \arg\min\limits_{x\in F} c_2^{\mathrm{T}}x, f_{(2)}^* = c_2^{\mathrm{T}}x_{(2)}^* \end{cases} \tag{8-19}$$

目标函数 1 最坏情况下的取值为 $c_1^{\mathrm{T}}x_{(2)}^*$，也即相当于加权系数法中目标函数 1 的权重为 0。反之，目标函数 2 最坏情况下的取值为 $c_2^{\mathrm{T}}x_{(1)}^*$。据此可定义约减可行域：

$$x \in F_{\mathrm{C}} = \{x \in F | c_1^{\mathrm{T}}x \leqslant c_1^{\mathrm{T}}x_{(2)}^*, c_2^{\mathrm{T}}x \leqslant c_2^{\mathrm{T}}x_{(1)}^*\} \tag{8-20}$$

显见 $S \subseteq F_{\mathrm{C}} \subseteq F$。据此可将

$$d_1 = c_1^{\mathrm{T}}x_{(2)}^*, \quad d_2 = c_2^{\mathrm{T}}x_{(1)}^* \tag{8-21}$$

作为 Nash 谈判问题的谈判破裂点。于是原问题对应的 Nash 谈判问题为

$$\max_{x\in S}\ \left(d_1 - c_1^{\mathrm{T}}x\right)\left(d_2 - c_2^{\mathrm{T}}x\right) \tag{8-22}$$

得到。

注意到问题 (8-22) 的非凸性有两方面来源：一是目标函数非凸，二是 Pareto 前沿 S 为非凸集且无显式表达。针对第一点，可利用比 Pareto 前沿宽松且为线性的约减可行域 F_{C}，考虑以下松弛问题：

$$\max_{x\in F_{\mathrm{C}}}\ \left(d_1 - c_1^{\mathrm{T}}x\right)\left(d_2 - c_2^{\mathrm{T}}x\right) \tag{8-23}$$

以下引理说明问题 (8-23) 可替代问题 (8-22) 用于求解 Nash 谈判均衡。

引理 8.1 问题 (8-22) 与问题 (8-23) 最优解相同。

证明 设 x_r^* 是松弛问题的最优解，且博弈双方可能的最大支付严格满足不等式 $d_1 > c_1^{\mathrm{T}}x_r^*, d_2 > c_2^{\mathrm{T}}x_r^*$。由于两问题目标函数相同，只需证明松弛问题的最优解 $x_r^* \in S$。假设 $x_r^* \notin S$，则 Pareto 前沿上必存在严格对 x_r^* 占优的可行策略 $x^* \in S \subseteq F_{\mathrm{C}}$，使得 $f_1(x^*) \leqslant f_1(x_r^*), f_2(x^*) \leqslant f_2(x_r^*)$，且至少有一个不等号严格成立。注意到 $d_1 > c_1^{\mathrm{T}}x^*, d_2 > c_2^{\mathrm{T}}x^*$，有

$$(d_1 - c_1^{\mathrm{T}}x^*)(d_2 - c_2^{\mathrm{T}}x^*) > (d_1 - c_1^{\mathrm{T}}x_r^*)(d_2 - c_2^{\mathrm{T}}x_r^*) > 0$$

与假设“x_r^* 是松弛问题 (8-23) 的最优解”矛盾。因此，$x_r^* \in S$，故 x_r^* 是问题 (8-22) 的最优解。

< 证毕 >

针对前述第二点非凸性来源，需要设法将最大化目标转化为凹函数。注意到对数函数是严格单调的凹函数，可以将问题 (8-23) 的目标函数用其对数函数取代，得到问题

$$\max_{x\in F_{\mathrm{C}}}[\ln(d_1-c_1^{\mathrm{T}}x)+\ln(d_2-c_2^{\mathrm{T}}x)] \tag{8-24}$$

至此，就得到了用于求解 Nash 谈判问题的凸优化模型 (8-24)。可利用如下外逼近算法[15] 求解该问题。

第 1 步　计算 d_1、d_2，选定收敛误差 ε 和小正数 γ，令 $k=1$，$\mathrm{Opt}_k=\inf$。计算 $x_1=\arg\min_{x\in F}(c_1^{\mathrm{T}}x+c_2^{\mathrm{T}}x)/2$，并按式 (8-26) 计算初始割平面系数 $h_1(x_1)$ 和 $H_1(x_1)$。

第 2 步　求解如下线性规划：

$$\begin{aligned}\min_{x,\eta}\ &\eta\\ \text{s.t.}\quad &x\in F,d_1-\gamma\geqslant c_1^{\mathrm{T}}x,d_2-\gamma\geqslant c_2^{\mathrm{T}}x\\ &\eta\leqslant h_i(x_i)+H_i^{\mathrm{T}}(x_i)(x-x_i),i=1,2,\cdots,k\end{aligned} \tag{8-25}$$

第 3 步　更新 $k=k+1$，最优值为 Opt_k，最优解为 x_k，计算割平面系数

$$\begin{cases}h_k(x_k)=\ln(d_1-c_1^{\mathrm{T}}x_k)+\ln(d_2-c_2^{\mathrm{T}}x_k)\\ H_k(x_k)=-\dfrac{c_1}{d_1-c_1^{\mathrm{T}}x_k}-\dfrac{c_2}{d_2-c_2^{\mathrm{T}}x_k}\end{cases} \tag{8-26}$$

第 4 步　若 $\mathrm{Opt}_{k-1}-\mathrm{Opt}_k<\varepsilon$，算法结束，返回最优值 x_k；否则产生割平面 $\eta\leqslant h_k(x_k)+H_k^{\mathrm{T}}(x_k)(x-x_k)$，返回第 2 步。

对于指定的收敛误差 ε，上述算法可在有限步收敛；且由于目标函数为凹函数，割平面不会割掉任何可行解，故收敛解为全局最优。引入正数 γ 是为了避免割平面系数 (8-26) 出现“$\ln 0$”、零分母等无意义值，当这一正数足够小时，选择无关性能够保证谈判解保持不变。例如，可将这一正数选取为 $\gamma=\min\{d_1-f_{(1)}^*,d_2-f_{(2)}^*\}/100$。

关于模型 (8-23) 和 (8-24) 的适用性，需要注意以下两点。第一，凸优化问题中，对目标函数分段线性化后仍能获得较精确的最优解，因此，前述割平面算法的适用范围可扩展至目标函数均为凸的多目标优化问题。具体地，假设问题 (8-24) 中待优化的乘积项为 $\ln(d_i-f_i(x))$，其中 $f_i(x)$ 为凸函数，引入附加变量 y_i 及约束 $y_i=d_i-f_i(x)$，则待极大化的目标函数 $\sum_i\ln y_i$ 为凹函数，将等式约束 $y_i=d_i-f_i(x)$ 替换为不等式 $y_i\leqslant d_i-f_i(x)$ 不改变最优值，而该不等式的可行域为凸集。第二，选取最大可接受支付 d_1、d_2 时，只要不小于式 (8-21) 中的取值，就能保证问题 (8-22) 及相应算法有意义，谈判破裂点的选取也影响着对应 Nash 谈判均衡点的取值。

综上，对于目标函数均为凸函数的双目标优化问题，利用外逼近算法求解问题 (8-24)，可求得其 Nash 谈判下的均衡解。事实上，一般多目标优化问题也可用 Nash 谈判模型建模求解，其等价于求解下述优化问题

$$\max_{x\in S}(d_1-f_1(x))(d_2-f_2(x))\cdots(d_n-f_n(x))$$

其中，$f_1, f_2, \cdots, f_n$ 表示谈判参与者的支付函数；$d_1, d_2, \cdots, d_n$ 表示各个参与者可能的最大支付，S 表示该多目标优化问题的 Pareto 前沿。

8.5 演化博弈法

当多目标优化的目标函数非凸或其形式较为复杂时，Pareto 前沿可能是非凸的，外逼近算法产生的割平面可能不再是目标函数的支撑超平面，因此，前述算法不再适用。针对目标函数复杂，但问题可行域有界且较为简单的情况，以下介绍一种求解 Nash 谈判问题的集群优化算法[16]。该方法借鉴演化博弈理论，在不同策略间互相对抗，按指定规则进行选择、复制和变异，以达到稳态，并将稳态下“存活”比例最高的策略作为 Nash 谈判问题的最优解的估计值。

由于引理 8.1在目标函数非凸时仍能保证松弛问题与原 Nash 谈判问题同解，当谈判破裂点 d_1 和 d_2 取得足够大，即

$$d_1 \geqslant D_1 = \max_{x \in F} f_1(x), \quad d_2 \geqslant D_2 = \max_{x \in F} f_2(x)$$

时，松弛问题 (8-23) 的可行域可直接用原问题可行域 F 替代，于是原 Nash 谈判问题可转化为

$$\max_{x \in F} (d_1 - f_1(x))(d_2 - f_2(x)) \tag{8-27}$$

可针对问题 (8-27) 采用集群优化算法，其中，复制者-变异者动态核心部分的流程如图 8.4 所示。初始从策略集中随机生成 N 个策略构成初始策略池。策略随机两两配对，在每对策略中判断优劣，由此得到 $N/2$ 个优胜策略（以下称作“胜者”）和 $N/2$ 个淘汰策略（以下称作“败者”）。随后胜者组复制自身（复制过程中有一定概率变异），其自身与得到的副本共同构成新的策略池。由此循环，直至策略群体聚集至问题最优解或距最优解足够近的点。

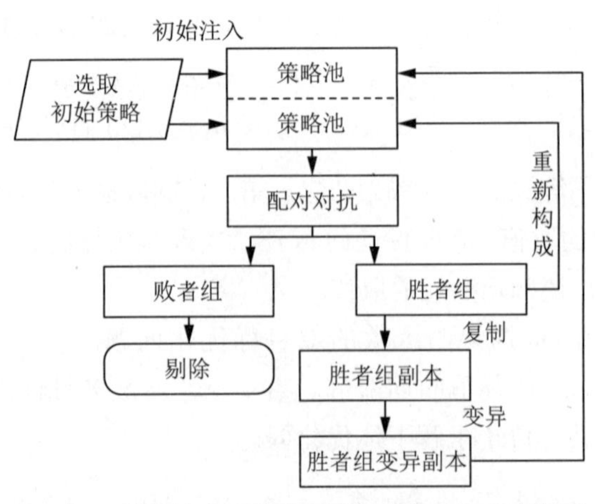

图 8.4　演化博弈法求解多目标优化的迭代流程图

为了得到实际可行的算法，需要明确以下规则细节。

（1）初始策略池的生成规则。若已知各决策变量 x 的上下界，则初始策略可在此上下界范围内均匀随机选取。所选策略的可行性在后续策略对抗环节再予以考虑。

（2）两策略比较判断优劣的规则。策略的优劣可由可行性与目标函数的较优性两方面判定。可行策略必优于不可行策略，因而不可行策略须逐步淘汰；目标函数则直接选取问题 (8-27) 的目标，即

$$\mathrm{HV}(s) = (d_1 - f_1(s))(d_2 - f_2(s)) \tag{8-28}$$

对策略池中的两个策略 s_1 和 s_2 进行比较，存在以下 3 种情况。① 当 s_1 和 s_2 仅一者可行时，可行策略判为胜者，不可行策略为败者。② 当 s_1 和 s_2 均不可行时，希望留下距可行域较近的策略作为胜者，以适应变异规则。若一策略 s 每条约束的超限程度（冲突约束等号或不等号两边之差的绝对值）均不大于另一策略，则策略 s 为胜者，另一策略为败者；否则，随机从两策略中选其一作为胜者。③ 当 s_1 和 s_2 均可行时，目标函数 $\mathrm{HV}(s)$ 较大的策略获胜，较小的策略落败；若两策略 $\mathrm{HV}(s)$ 相等，则随机选其一作为胜者。

（3）变异规则。在选择-复制机制下，算法很容易陷入某个局部解。可通过引入变异机制来保持策略池的多样性。在胜者组副本中，可按经验为每个决策变量 x_j 赋予变异概率 p_{x_j}，即决策变量将有相应的概率随机变为其上下界之间的某个数值。

（4）迭代的终止规则。有多种备选规则可以使用，其目的是保证迭代终止时，占优策略能在策略池中占有足够的比例。可设定为当演化迭代达到最大轮数 G 时，停止迭代；也可设定为占优策略占比超过某一比例 $Z\%$ 时停止迭代等。相关终止参数可通过实际试验辅助选取。

（5）算法稳定性与最优解的选取。分析算法稳定性时，一方面要判断最优策略是否可以到达；另一方面要分析在足够多次迭代后，最优策略能否在策略池中占最大比例。

由于假设原问题可行域 F 有界，知策略集中必存在使 $\mathrm{HV}(s)$ 最大的可行策略 s^*，该策略便为演化迭代的最优策略。由于初始策略池生成及变异时，各决策变量均在其上下界之间随机取值，故经过足够多次迭代后，必有某策略落在 s^* 的 ε-邻域与可行集的交集内，因此，在可接受误差 ε 范围内，最优策略必能到达。另一方面，由于邻域内的策略必将“战胜”其他策略，可知对抗、复制之后邻域内的策略在策略池中所占比例期望会大于原有数值，只要决策变量变异概率不足以影响复制增殖的趋势，这些策略最终将成为策略池中占比最高的策略。

文献 [16] 进一步证明，按上述规则演化迭代，最终会收敛到原问题的一个 Pareto 解，且收敛解渐近稳定。因此，可选取迭代终止时策略池中占比最高的可行策略，作为本次迭代的最优解。

整合上述流程与规则，可给出求解松弛问题 (8-27) 的算法流程，见算法 8.1。后面将举例演示算法 8.1 的实际使用过程。

算法 8.1　演化博弈法求解多目标优化问题

1: 选定足够大的谈判破裂点 d_1、d_2
2: 随机生成 N 个策略，构成策略池集合 P
3: $P' \leftarrow \varnothing$
4: **while** 未触发迭代终止条件 **do**
5: 　**for** k from 1 to $|P|/2$ **do**
6: 　　$s_1, s_2 \leftarrow$ 从 P 中任选两策略
7: 　　$winner \leftarrow$ 从 s_1, s_2 中决出的胜者
8: 　　$replica \leftarrow winner$ /* 胜者组副本 */
9: 　　**for** j from 1 to v **do**
10: 　　　/* v 为决策变量个数 */
11: 　　　**if** random() $\leqslant p_{x_j}$ **then**
12: 　　　　$replica$ 的第 j 位决策变量变异
13: 　　　**end if**
14: 　　**end for**
15: 　　$P \leftarrow P \setminus \{s_1, s_2\}$
16: 　　$P' \leftarrow P' \cup \{winner, replica\}$
17: 　**end for**
18: 　$P \leftarrow P'$
19: **end while**
20: $q \leftarrow \arg\min\limits_{s \in P} v(s)$
21: **while** q is infeasible **do**
22: 　$P \leftarrow P \setminus \{q\}$
23: 　$q \leftarrow \arg\min\limits_{s \in P} v(s)$
24: **end while**
25: 返回最优解 $s^* = q$

例 8.4　在例 8.2中多目标优化问题 (8-9) 的基础上，增加决策变量上下限约束，考虑如下问题：

$$\min \begin{cases} f_1(x,y) = (x-1)^2 + (x-y)^2 \\ f_2(x,y) = (y-3)^2 + (x-y)^2 \end{cases} \tag{8-29}$$
$$\text{s.t.} \quad 1 \leqslant x \leqslant 3, 1 \leqslant y \leqslant 3$$

这里目标函数均为凸函数，且由例 8.2可知无约束问题 (8-9) 的 Pareto 前沿含于本例约束问题的可行域，故 Nash 谈判均衡不受影响。根据例 8.2中的分析，Pareto 前沿上

两目标函数的最大可能值均为 4。但为便于比较理论解与演化迭代得到的最优解，两种方法的谈判破裂点采用目标函数在可行域内的最大值

$$d_1 = 8, \quad d_2 = 8$$

以此保证可行域内目标函数均小于谈判破裂点，从而 Nash 谈判目标恒为正数。

（1）解析法求解。由例 8.2中的分析可知，Pareto 前沿关于参数 λ 存在解析表达式

$$x_{\mathrm{p}}(\lambda) = \frac{\lambda^2 + \lambda - 3}{\lambda^2 - \lambda - 1}$$

$$y_{\mathrm{p}}(\lambda) = \frac{3\lambda^2 - \lambda - 3}{\lambda^2 - \lambda - 1}$$

因此，该多目标优化问题的 Nash 谈判问题为

$$\min_{\lambda} F(\lambda) = [f_1(x_p(\lambda), y_p(\lambda)) - 8][f_2(x_{\mathrm{p}}(\lambda), y_{\mathrm{p}}(\lambda)) - 8]$$

式中 $F(\lambda)$ 为谈判值函数，其图像如图 8.5 所示。

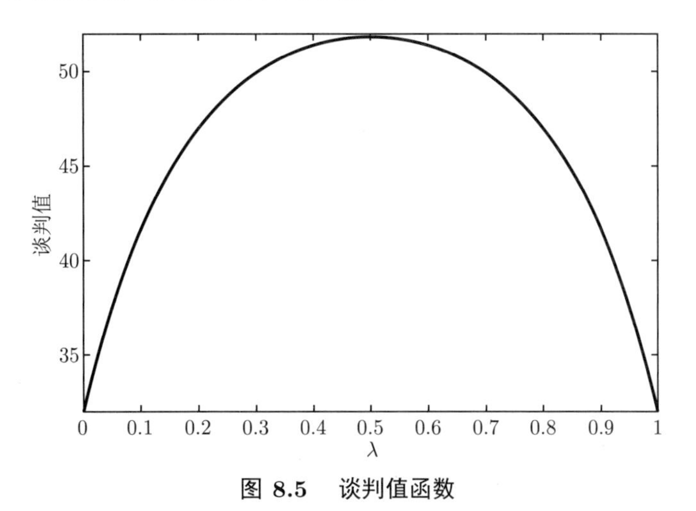

图 8.5　谈判值函数

可求得，当 $\lambda = 0.5$ 时，$F(\lambda)$ 取得极大值 51.84，因此，该多目标优化问题关于破裂点 d_1、d_2 的 Nash 谈判解的准确值为

$$x^* = x_{\mathrm{p}}(0.5) = 1.8$$

$$y^* = y_{\mathrm{p}}(0.5) = 2.2$$

$$f_1^* = 0.8, \quad f_2^* = 0.8$$

（2）演化博弈法求解。按照算法 8.1 编写计算机程序，策略池容量为 500 个策略点，决策变量 x 和 y 的变异概率均为 $p_{x_j} = 0.15$，变异后该决策变量至多产生 80% 的偏移（相对上界或下界），共进行 100 次演化迭代。经过特定次数迭代后，策略池中策略的分布情况如图 8.6 所示，其中，每个圆圈对应策略池中策略的某一取值，圆圈的半径表示这一取值在策略池中所占比例的相对大小。

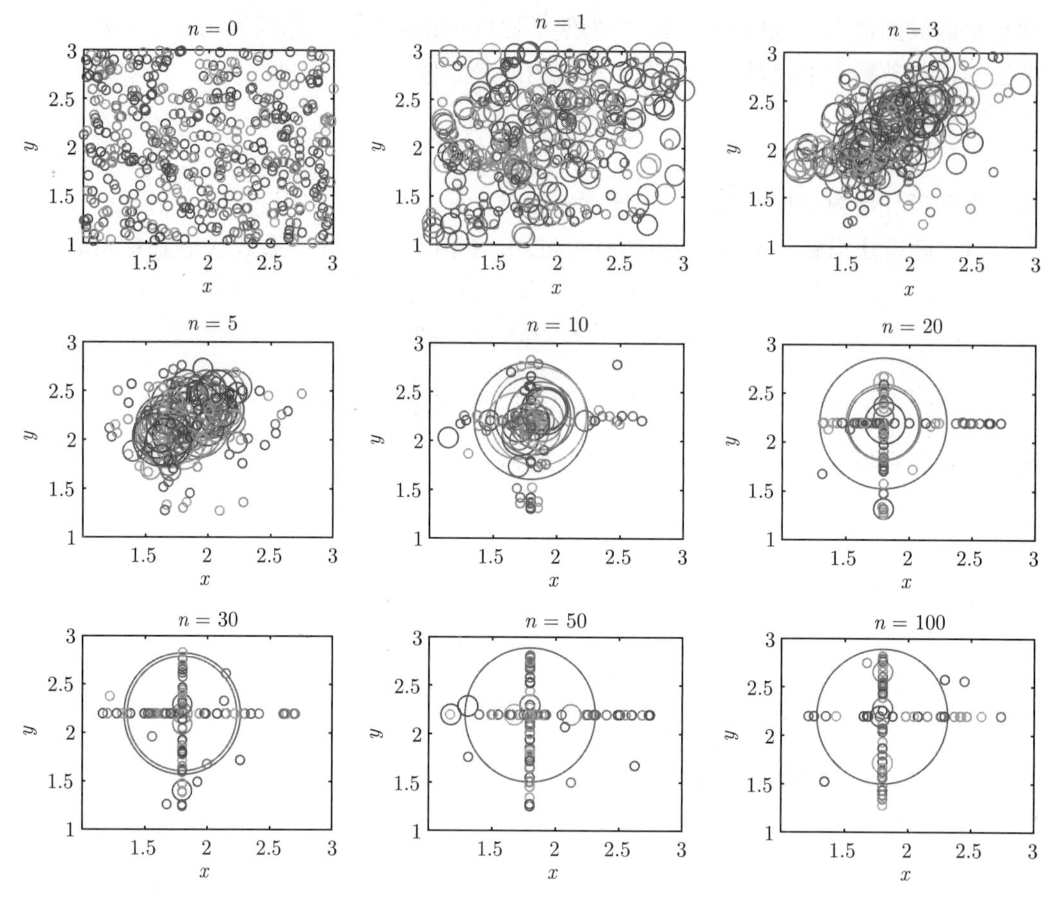

图 8.6 演化迭代过程中策略池的分布情况

可以看到，迭代开始前策略在上下界内呈均匀分布。第 1 次迭代过后，这一轮的胜者自身复制使得其所代表圆圈半径扩大，部分胜者因复制时发生变异而产生了新的策略取值。但收敛趋势并不显著。到第 5 次迭代过后，策略池开始呈现集群性。第 10 次迭代过后，策略池中已出现比例占主导的策略，并不断“吞并”周围目标函数低于它的策略。第 20 次迭代过后，数个近乎同心的圆圈囊括了策略池中的绝大部分策略，这些策略与实际 Nash 谈判均衡已相当接近，并在后续迭代中逐渐合并为最接近最优解的取值。

100 次迭代全部结束后，策略池中的主导策略为 $(1.799, 2.199)$，占 500 个策略点中的 411 个（占总数的 82.2%）；其他策略点几乎都是这一轮结束后变异而得（占总数的 17.4%）。因此，演化迭代求出的 Nash 谈判均衡为 $(1.799, 2.199)$。该数值相对解析解 $(1.8, 2.2)$ 的误差低于 0.6%，求解较为准确。

问题 (8-29) 可行域、目标函数的 Pareto 前沿与 Nash 谈判均衡点如图 8.7 所示。可以看到，Nash 谈判均衡确落在 Pareto 前沿上；在目标函数空间里，坐标轴分别过该均衡点对应的目标函数值点与过谈判破裂点 $(8, 8)$ 所作的垂线围成的矩形面积最大。

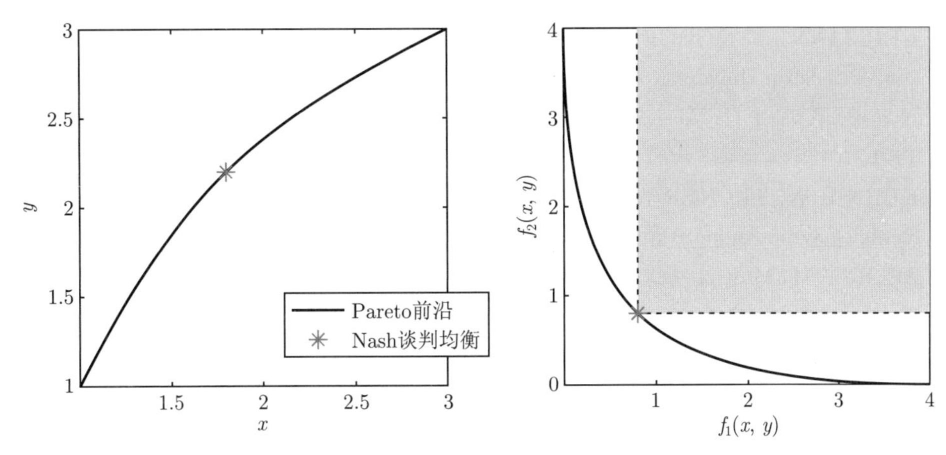

图 8.7　例 8.4 多目标优化问题的 Pareto 前沿和 Nash 谈判均衡点

8.6　说明与讨论

本章主要介绍了若干将多目标优化问题描述为非合作或合作博弈问题的转化方法，阐述了 Pareto 最优解和 Nash 均衡的相互关系，在此基础上，探讨了基于 Nash 谈判选择一个 Pareto 最优解的方法和基于演化博弈思想的 Nash 谈判问题求解方法。应用本章方法时，需要注意以下三点。

（1）由于非合作博弈问题较多目标优化问题更具竞争性，导致 Nash 均衡一般并非 Pareto 最优解，为此需要通过合作获得 Pareto 最优解。另一方面，在 Pareto 最优解处，非合作博弈的参与者一般可以通过单方面改变自身策略而获益。因此，Pareto 有效性的前提是在博弈参与者之间达成具有强制性的合作协议。

（2）采用 Nash 谈判可以获得合作博弈中各参与者的最优策略，而利益的分配可采用联盟型合作博弈或 Sharpley 值进行分析。当问题是凸优化时，凸松弛法必定精确，与第一版中基于 KKT 条件的混合整数规划方法相比极大降低了计算复杂度。

（3）演化博弈法提供了一种海量策略筛选的过程。策略池通过对抗与调整来积累相关信息，并逐渐达到均衡。演化博弈算法 8.1本质上也是求解一个 Nash 谈判的均衡策略作为多目标优化的协调最优解，虽不要求原问题目标函数是凸函数，但难以考虑复杂的约束。

参考文献

[1] 马小姝，李宇龙，严浪. 传统多目标优化方法和多目标遗传算法的比较综述 [J]. 电气传动自动化, 2010, 32(3): 48–50.

[2] 郭晓强，郭振清. 富兰克林: 一位过早凋谢的科学之花 [J]. 自然辩证法通讯, 2005, 27(1): 96–103.

[3] 冯星淇. 基于协同的多目标决策理论在项目管理中的应用 [D]. 北京: 华北电力大学, 2012.

[4] NEUMANN J V, MORGENSTERN O. Theory of games and economic behavior [M]. Princeton: Princeton University Press, 1944.

[5] KOOPMANS T C. Activity analysis of production and allocation [M]. New York: Wiley, 1951.

[6] KUHN H W, TUCKER A W. Nonlinear programming [C]. In Proceedings of the second Berkeley symposium on mathematical statistics and probability, 1951: 481–492.

[7] ZELENY M. Multiple criteria decision making[M]. New York: Springer-Verlag, 1975.

[8] 董雨，胡兴祥，陈景雄. 多目标决策问题的博弈论方法初探 [J]. 运筹与管理, 2003, 12(6): 35–39.

[9] SCUTARI G, PALOMAR D, FACCHINEI F, et al. Monotone games for cognitive radio systems [M]. London: Springer London, 2012.

[10] 陈宝林. 最优化理论与算法 [M]. 清华大学出版社, 北京, 2005.

[11] BELENSON S, KAPUR K. An algorithm for solving multicriterion linear programming problems with examples [J]. Journal of the Operational Research Society, 1973, 24(1): 65–77.

[12] CHEN L, WANG G, GONG Y, et al. Multi-objective long-term generation scheduling based on two person-zero sum games [C]. In 31st Chinese Control Conference, 2012, 6958–6962.

[13] NASH J F. The bargaining problem [J]. Econometrica: Journal of the Econometric Society, 1950, 18(2):155–162.

[14] WEI W, WANG J, MEI S W. Convexification of the nash bargaining based environmental-economic dispatch [J]. IEEE Transactions on Power Systems, 2016, 31(6): 5208–5209.

[15] FLETCHER R, LEYFFER S. Solving mixed integer nonlinear programs by outer approximation [J]. Mathematical Programming, 1994, 66(3): 327–349.

[16] YI R. Evolutionary Game Theoretic Multi-objective Optimization Algorithms and Their Applications[D]. Boston: University of Massachusetts, 2017.

第9章 鲁棒优化问题的博弈求解方法

数学规划的威力在于将复杂的决策问题以简明的数学模型表示，并提供最优策略指导工程实践。数学规划中理论最为成熟的是凸优化，而凸优化模型有效性的基础是模型参数准确已知，在此基础上方可利用凸优化相关算法求出最优解。然而现实世界的决策环境往往充满不确定性，数学规划模型中的不确定性可能来源于内部不确定性和外部扰动两个方面，其中前者通常包括以下两个方面。

（1）数值误差。在计算系统中数据只能以有限精度存储，导致所谓的浮点误差，该误差会在计算过程中扩大，即使严格的整数规划也不例外。在具有代表性的 NETLIB 实例中，文献 [1] 报道了 90 个测试算例中有 13 个算例的最优解对系数非常敏感。与非线性系统中的混沌现象类似，微小的参数误差完全有可能是截断误差造成的，却可能导致严重的后果，使人们不得不重新审视最优解的可靠性问题。

（2）测量误差。数学模型中的某些参数一般由测量提供，任何测量方法都具有一定的误差，由文献 [1] 可知，即使微不足道的误差对最优解可行性的影响也可能是不可忽略的。

而后者通常包括以下两个方面。

（1）预测误差。关于未来的预测通常是不准确的，最典型的例子是天气预测，在科学技术突飞猛进的今天，要进行准确的长期天气预测仍是非常困难的，事实上也是不现实的。对电力系统而言，即使短期风速或光照强度的预测精度也不是十分理想。

（2）环境变化。当决策问题涉及较长的周期时，环境因素变得不可忽略。如投资决策中价格的变化、新技术的引进、不可预知的自然灾害和战争等，都会给决策带来极大的不确定性。

上述不确定性在数学规划的模型中体现为参数的摄动。一般而言，目标函数中的参数摄动只会影响解的最优性，而约束条件中的参数摄动会影响解的可行性，在工业生产中则体现为安全性。策略不可行将可能造成灾难性事故，带来巨大损失。决策过程中面临的不确定环境以及决策失误所承担的巨大风险对传统数学规划理论提出了新的要求，于是一种面向不确定环境下的决策理论——鲁棒优化应运而生，并引起数学家和工程师们极大的兴趣。

应该说，鲁棒性是自然界广泛存在的一种系统属性，已渗透至工程技术领域的各个角落以至经济和社会体系等，人们逐渐意识到这种客观属性在哲学中的深刻内涵以及理论上的重要意义。美国著名 Santa Fe 研究院系统地研究了鲁棒性的起源、机理和结果，提出了当今被学术界广泛认同的定义，即鲁棒性是系统在内部结构和外部环境发生变化时，能够保持系统功能的能力[2,3]。应当指出，鲁棒优化领域的文献浩如烟海，这些文献侧重于讨论如何将给定形式的鲁棒优化问题转换为可解形式，即鲁棒伴随问题（robust counterpart）。本章内容并非试图以博弈论取代鲁棒优化，而意在从博弈的角度审视鲁棒优化，并提供新的研究思路，这对于二者的发展均有所裨益。

9.1 鲁棒优化问题的博弈诠释

一般而言，对一个人工系统进行优化设计（包括控制、调度及规划决策等），其根本目的在于使该人工系统能够满足预期目标，如安全稳定、经济运行等。任何一个人工系统不可能独立运行，必将与其运行的外部环境相互作用。简言之，除了受到人工干预力以外，同时还不可避免地受到大自然（或外部环境）的影响。以风力发电系统为例，对该系统施加作用的主要因素有两个：一是电网调度系统，其调度策略能够平抑风电波动性对系统的影响，实现风电的高效消纳；二是大自然确定的风电出力，其可能的策略包括微风、阵风、强风（含高爬坡率阵风）及大风等，这些策略倾向于使电力系统运行状况恶化，或使其运行成本升高。因此，风电系统是否能够安全经济运行，取决于电网调度与大自然相互博弈的结果。从这一观点出发，可以分析鲁棒优化问题的博弈实质。

不确定因素引入优化问题以后，最直接的后果是模糊了优化决策的边界条件。此时，对系统决策人员而言，最关心的是其优化决策在不确定性因素的影响下是否仍能满足相应的可靠性与安全性约束。换言之，他们关心不确定性对系统决策的可靠性和安全性带来的最坏影响，并尽力避免这一最坏情况带来的严重后果。从这一角度看，不确定性与系统决策人员之间自然地构成了一种博弈关系：大自然的不确定性试图让系统规划与运行指标恶化，而系统决策者试图给出一种策略，在不确定各种可能的情况下依然让规划与运行指标得到满足甚至优化。事实上，Harsanyii 在研究不完全信息博弈时即提出将大自然赋予虚拟理性从而构成一个虚拟博弈者这一思想及分析方法。为此，他荣获 1994 年诺贝尔经济学奖。从此观点出发，可以将系统决策和大自然的随机变化建模为一类二人零和博弈的参与者，后者代表不确定性对系统运行带来的影响，是“拟人化”的虚拟决策变量，而博弈的最终目标是，针对某一受限集合内的任一外界干扰（或不确定性），设计最佳策略以使系统可能遭受的成本损失或运行风险达到最小，以最大程度地抑制不确定性对系统的不利影响。这一思路源自鲁棒控制理论中的微分博弈思想，数学上可将此博弈问题归结为一类带约束的 min-max 或 max-min 优化问题。事实上，鲁棒优化与鲁棒控制的共同点在于二者均面向如何处理不确定性，均致力于提出优化策略以最大程度地抑制不确定性对系统带来的有害影响。进一步，二者均以大自然（或不确定性）为博弈一方，人工决策为博弈另一方，从而形成一类典型的二人零和博弈格局。为此，本节将微分博弈思想推广到含有不确定性的优化决策问题，为构建鲁棒优化问题的博弈模型奠定基础。

9.2 不确定性刻画及最优策略保守性讨论

系统优化面对多种形式的不确定性，如环境干扰、执行器误差和模型参数误差等。一般来讲，可以将不确定性分为确定型（deterministic type）、概率型（probabilistic type）或可能型（possibilistic type），数学上分别对应确定集合、概率分布和模糊集合[4]。确定型建模描述了不确定性变化的范围，如给出某一参数的变化范围；概率型建模描述了不确定性的概率分布，如某一参数符合正态分布；可能型建模则用模糊集合描述了事件发生的隶属度。本章主要针对鲁棒优化中的不确定性，即不确定集合展开讨论。鲁棒优化的首要目标是提供对不确定集合 W 内的所有元素都可保持约束可行性的最优解。由此可见，鲁棒优化最优解的存在性与保守性很大程度上取决于所选择的不确定集合。于是构建合适的不确定集合 W 是影响鲁棒优化实用性的重要因素。

9.2.1 不确定性的刻画

由 9.1节的分析可知，鲁棒优化问题中，将不确定性视为一个虚拟的博弈者“大自然”，与系统决策者形成一个二人零和博弈，该模型的均衡解，即两个博弈参与者的最佳策略：对人工决策者来说，其策略为最优策略；对大自然而言，其策略为最坏干扰激励。事实上，只要所构建的最佳人工策略能够抵御此最坏干扰，则必能抵御 W 中的任何其他元素。仍以风力发电系统为例，若电网调度系统能够平抑最高风险的风力爬坡事件对系统的影响，则其也一定能够平抑其他任何类型的风力事件。由于对大自然行为的预测不可能实现完全精确，故其可行策略行为一般表现为一个集合 W，预测工作的最高目标即是最大程度地压缩 W 的“大小”(严格讲，是不确定性的某种测度)，使其对不确定性或干扰的预测，如每日负荷峰谷值、风电出力上下限等，保持在一个工程允许的范围之内。换言之，需要在建立鲁棒优化模型时即给出 W 的描述。一般而言，由鲁棒优化模型求得的人工决策不可避免地带有保守性，W 越大或越粗糙，保守性也越大，反之亦然。

为尽量压缩集合 W 的大小，一条可行的途径是将一些发生可能性较小的情景排除在不确定集合之外，具体做法是根据不确定因素自身的特点，在集合 W 中考虑一些附加条件，通过选择集合 W 中的参数，将不确定因素的变化范围限制在合理的范围，从而更加贴近实际情况。由于鲁棒优化的最优解仅对集合 W 内的不确定性提供约束可行性保证，对集合外的不确定性并不能保证约束可行性。因此，必须提出严格的理论，保证未来不确定性的实现以较大概率落在所构建的不确定集合 W 当中。为此，文献 [5-7] 分别从概率的角度和风险测度的角度提出了静态线性鲁棒优化问题中不确定集合的构建方法，为真实参数出现在集合 W 中提供了概率或风险意义上的保证。其中文献 [5] 系统地给出了鲁棒优化中集合 W 的选择方法，除对不确定参数的区间预测之外，还引入了对总偏差的约束，可以针对不同风险水平合理地压缩集合 W 的测度。文献 [8] 将这种方法用于构建风力发电系统鲁棒优化问题的不确定集合。本节以文献 [5] 和文献 [8] 的工作为基础，综合考虑误差的统计特性等各方面因素，给出鲁棒优化中不确定集合的构建方法，具体包括如下。

（1）不确定参数的上、下界的选择方法。

（2）不确定性的总体偏差量的选择方法。

应当指出，根据决策机制的不同，鲁棒优化可分为静态鲁棒优化和动态鲁棒优化，但不论何种鲁棒优化，其决策者和“大自然”博弈的本质是不变的，作为“大自然”的策略集，集合 W 的制定目标也是一致的，即不确定集合 W 以较大概率覆盖不确定性所有可能发生的情况，同时把发生概率极低的情况排除在外以减小决策保守性。

假设鲁棒优化中不确定参数构成的向量为 w，其第 j 个元素记为 w_j，w_j 的预测值（或期望值）为 w_j^{e}。此处认为 w_j 满足以下两个基本假设。

假设 9.1 预测误差的方差 $\sigma_j^2 = \mathrm{var}[w_j - w_j^{\mathrm{e}}]$ 已知。

假设 9.2 归一化预测误差 $e_j^{\mathrm{N}} = (w_j - w_j^{\mathrm{e}})/\sigma_j$ 独立同分布。

其中，预测误差的方差 σ_j 可以由历史数据获得，与所采用的预测方法有关。因此，假设 9.1易于满足。对于假设 9.2，在实际工程问题中，只要不确定因素相对独立，也不难满足，即使不独立，只要具有同一时间断面的数据，方差也不难计算。出于计算角度的考虑，W 作为一个集合通常需要具有良好的性质，如闭凸性等。事实上，采用线性约束即可很好地描述现实中的不确定性[5]。本节提出的不确定集合将从两个方面刻画不确定性偏离预测的程度。首先根据预测误差可以得到不确定参数变化的区间

$$w_j^{\mathrm{l}} \leqslant w_j \leqslant w_j^{\mathrm{u}}, \quad \forall j \tag{9-1}$$

其中，w_j^{u} 和 w_j^{l} 分别为不确定参数的上界和下界，其选择应当使式 (9-1) 以一定概率成立，具体方法见 9.2.2节。由于不确定参数偏离预测具有独立性，且单个不确定参数达到边界的可能性不大，故所有不确定参数同时达到边界的可能性就更小。因此在不确定集合 W 中加入以下不确定性对预测总体偏差量的限制：

$$\sum_j \frac{|w_j - w_j^{\mathrm{e}}|}{w_j^{\mathrm{h}}} \leqslant \varGamma \tag{9-2}$$

其中

$$w_j^{\mathrm{e}} = 0.5(w_j^{\mathrm{u}} + w_j^{\mathrm{l}}), \quad w_j^{\mathrm{h}} = 0.5(w_j^{\mathrm{u}} - w_j^{\mathrm{l}}) \tag{9-3}$$

当 $\varGamma = 0$ 时，W 是单元素集合，意味着预报准确或不考虑预测误差，相应的鲁棒优化问题也将退化为传统确定性优化问题。当 $\varGamma$ 逐渐增大时，W 的测度也随之增大，意味着决策者面临着更加严重的不确定性。可见参数 $\varGamma$ 可用于控制不确定性的严重程度，同时也反映了决策者的风险偏好。$\varGamma$ 越大，说明决策者对不确定性的变化范围持更加谨慎

的态度，也将付出更大的成本以应对可能出现的风险。不确定集合 (9-1)~(9-3) 也可以表示为以下形式[5]：

$$W=\left\{w|w_j=w_j^{\mathrm{e}}+w_j^{\mathrm{h}}z_j,|z_j|\leqslant 1,\forall j,\sum_j|z_j|\leqslant \varGamma\right\} \tag{9-4}$$

文献 [9] 指出，若 $\varGamma$ 取整数，集合 (9-4) 具有单模矩阵结构，意味着不确定性最坏的情况下必然有 $\varGamma$ 个 z_j 的绝对值等于 1。或者说，当 $\varGamma$ 为整数时，多面体不确定集合 (9-4) 的极点可用如下集合表示：

$$\begin{cases} W=\{w_j|w_j=w_j^{\mathrm{e}}+w_j^{\mathrm{h}}z_j^+-w_j^{\mathrm{h}}z_j^-,\forall j,\{z_j^+,z_j^-\}\in Z\} \\ Z=\left\{z_j^+,z_j^-|z_j^+,z_j^-\in\{0,1\},z_j^++z_j^-\leqslant 1,\forall j,\sum_j|z_j|\leqslant\varGamma\right\}\end{cases} \tag{9-5}$$

在集合 (9-5) 中，$\varGamma$ 为正整数。

事实上，工程技术领域中的不确定性大都可以描述为集合 (9-4) 或集合 (9-5) 的形式，如物流管理中需求侧的不确定性。电力系统机组组合中新能源发电或负荷的不确定性等。因此，本节介绍的不确定集合具有一般性。

9.2.2 参数选择

一般而言，参数 w_j^{u}、w_j^{l} 和 $\varGamma$ 的选取对鲁棒优化的结果起着决定性影响。一个合理的不确定集合既不能过于保守，否则有失经济性原则；又不能过于冒进，否则不能充分考虑不确定性给决策带来的影响，从而无法保证决策的可靠性。因此，待定参数的选择应在可靠性和经济性之间合理权衡，并能根据决策者对风险的态度而调整。有鉴于此，式 (9-1)，式 (9-2) 中的每个不等式均应当以一定置信概率得到满足，这是选择待定参数的根本原则。以下分两部分阐述。

1. 区间上下界的选择

本节讨论如何选择 w_j^{u} 和 w_j^{l}，原则是满足如下概率约束：

$$\Pr(w_j^{\mathrm{l}}\leqslant w_j\leqslant w_j^{\mathrm{u}})\geqslant\alpha,\quad\forall j \tag{9-6}$$

其中，α 是置信概率。w_j^{u} 和 w_j^{l} 与 w_j^{e} 和 w_j^{h} 的关系由式 (9-3) 给出，其中 w_j^{e} 由预报直接给出，故为已知，因此问题归结为如何确定 w_j^{h}。下面的定理给出了 w_j^{h} 的选择方法。

定理 9.1 若取 $w_j^{\mathrm{h}}=k\sigma_j$，则可使式 (9-6) 成立，其中，$k=\sqrt{1/(1-\alpha)}$。

证明 由 Chebyshev 不等式[10] 有

$$\Pr(|w_j-w_j^{\mathrm{e}}|\geqslant k\sigma_j)\leqslant\frac{1}{k^2}$$

因此，当 $k=\sqrt{1/(1-\alpha)}$ 时，取 $w_j^{\mathrm{h}}=k\sigma_j$，有

$$\Pr(|w_j-w_j^{\mathrm{e}}|\geqslant w_j^{\mathrm{h}})\leqslant 1-\alpha \tag{9-7}$$

故式 (9-7) 等价于式 (9-6)。

< 证毕 >

进一步，若考虑到误差分布的单峰性，即误差的概率密度函数连续且只有一个极大值点，Gauss 不等式[11] 可以给出保守性较小的结果。假设 $w_j - w_j^{\mathrm{e}}$ 的概率密度函数满足单峰性，则 Gauss 不等式给出

$$\Pr(|w_j - w_j^{\mathrm{e}}| \geqslant k\sigma_j) \leqslant \frac{4}{9k^2}$$

因此，当 $k = \sqrt{4/9(1-\alpha)}$ 时，取 $w_j^{\mathrm{h}} = k\sigma_j$，有

$$\Pr(|w_j - w_j^{\mathrm{e}}| \geqslant w_j^{\mathrm{h}}) \leqslant 1 - \alpha \tag{9-8}$$

定理 9.2 设 $v_j = (w_j - w_j^{\mathrm{e}})/\sigma_j \sim N(0,1)$，若取 $w_j^{\mathrm{h}} = k\sigma_j$，则可使式 (9-6) 成立，其中 $k = \Phi^{-1}((1+\alpha)/2)$，$\Phi$ 表示标准正态分布的累计概率分布函数。

定理 9.2由标准正态分布累计概率分布函数的定义直接得出，此处略去证明。

应当指出，认为预测误差遵守正态分布是统计学中的共识，然而实际工程中，在某些情况下，某种特定的分布可能更加适合特定物理量的预测误差，例如，文献 [12] 认为，与正态分布相比，Cauchy 分布可以更准确地表示风功率预测误差。因此，本节提出了定理 9.1和定理 9.2用以确定参数 w_j^{h}，其中前者不需要假设预测误差的分布，因此易于实现但偏保守，后者则需要预测误差呈正态分布，而从统计学的观点，采用正态分布描述误差分布通常是合理的，当然也可根据实际情况采用某种特定的分布函数。

2. 不确定预算的选择

本节基于中心极限定理和概率不等式给出 Γ 的选取方法，原则是使

$$\Pr\left(\sum_j \frac{|w_j - w_j^{\mathrm{e}}|}{w_j^{\mathrm{h}}} \leqslant \Gamma\right) \geqslant \beta, \quad 0 < \beta < 1 \tag{9-9}$$

以下定理给出了 Γ 的选取方法。

定理 9.3 若设 $E[Y] = \mu, \mathrm{var}[Y] = \sigma^2$，若取

$$\Gamma = \mu + \sigma\sqrt{\frac{1}{1-\beta} - 1} \tag{9-10}$$

则其满足式 (9-9)。

证明 以 Γ^{S} 的取法为例。由单方 Chebyshev 不等式[13,14] 有

$$\Pr(Y - \mu \geqslant d) \leqslant \left(1 + \frac{d^2}{\sigma^2}\right)^{-1} \tag{9-11}$$

令

$$1 - \beta = \left(1 + \frac{d^2}{\sigma^2}\right)^{-1}$$

于是有

$$d=\sigma\sqrt{\frac{1}{1-\beta}-1}$$

将上式代入式 (9-11) 可得

$$\Pr\left(Y\geqslant\mu+\sigma\sqrt{\frac{1}{1-\beta}-1}\right)\leqslant 1-\beta \tag{9-12}$$

当 $\varGamma$ 按式 (9-10) 取值时，式 (9-12) 等价于式 (9-9)。

< 证毕 >

定理 9.3 从概率不等式的角度给出了 $\varGamma$ 的选取方法，该方法不依赖 Y 的分布函数，也不要求假设 9.2 成立，因此易于实现。但也正是因为概率不等式没有充分考虑随机变量的分布特点，所得到的结果通常较为保守。基于此，以下从中心极限定理出发确定 $\varGamma$ 的取值。为便于表述，记

$$z_j=\frac{w_j-w_j^{\mathrm{e}}}{w_j^{\mathrm{h}}}$$

$$Y=\sum_j|z_j|$$

定理 9.4　在假设 9.2的前提下，令

$$E[|z_j|]=\mu_{\mathrm{s}},\mathrm{var}[|z_j|]=\sigma_{\mathrm{s}}^2$$

若取

$$\varGamma=n\mu_{\mathrm{s}}+\varPhi^{-1}(\beta)\sqrt{n}\sigma_{\mathrm{s}} \tag{9-13}$$

则 $\varGamma$ 可满足式 (9-9)，其中 n 是向量 w 的维数。

证明　由假设 9.2，e_j^{N} 独立同分布，所以 z_j 及 $|z_j|$ 都满足独立同分布，由 Lindeberg-Levy 中心极限定理可知

$$\lim_{M\to\infty}\left(\frac{\displaystyle\sum_{j=1}^{n}|z_j|-M\mu_{\mathrm{s}}}{\sqrt{M}\sigma_{\mathrm{s}}}\right)\xrightarrow{D}N(0,1)$$

即

$$Y=\sum_j\frac{|w_j-w_j^{\mathrm{e}}|}{w_j^{\mathrm{h}}}$$

是均值为 $M\mu_{\mathrm{s}}$、方差为 $M\sigma_{\mathrm{s}}^2$ 的标准正态分布，故有

$$\Pr(Y\leqslant n\mu_{\mathrm{s}}+\varPhi^{-1}(\beta)\sqrt{n}\sigma_{\mathrm{s}})=\beta$$

即 $\varGamma$ 按式 (9-13) 取值时，式 (9-9) 成立。

< 证毕 >

这里需要说明三点。

（1）定理 9.3 中的 μ 和 σ^2 的获取方法有多种，如统计分析法等。特别地，针对预测误差是正态分布的情况，可以给出解析表达式。若归一化预测误差 e_j^{N} 服从标准正态分布，则根据 w_j^{h} 的取法，有 $z_j \sim N(0,1/k^2)$，$|z_j|$ 即为半正态分布[15]，这种情况下 $|z_j|$ 的均值和方差由下式给出：

$$E[|z_j|] = \mu_{\mathrm{s}} = \frac{\sqrt{2}}{\sqrt{\pi}k}$$

$$\mathrm{var}[|z_j|] = \sigma_{\mathrm{s}}^2 = \frac{1-2/\pi}{k^2}$$

（2）定理 9.3 和定理 9.4 原则上都不需要预知预测误差的概率分布函数，只需要均值和方差等简单信息，这是因为不论概率不等式还是中心极限定理对各类独立同分布随机变量都是普遍成立的。而 μ_{s} 和 σ_{s}^2 的取值也可通过多种方式获得而不必依赖解析表达式。因此，不确定集合 W 的整个构建过程是基于数据的，可以摆脱对不确定因素概率分布函数的依赖，符合鲁棒优化的基本思想。

（3）由定理 9.1 和定理 9.4 可见，基于概率不等式和基于中心极限定理所得结果形式相同，区别仅在于个别系数。这个结果在理论上深刻反映了两种方法的本质联系。事实上，概率不等式方法往往给出较大的参数，因其对各种分布普遍成立；定理 9.4 实则预测了 Y 的概率分布，给出的结果通常与统计分析数据相符，本节假设预测误差独立分布。至于考虑误差相关性的不确定集合，可参考文献 [16]。

9.3 静态鲁棒优化问题

9.3.1 静态鲁棒优化问题的数学模型

本节讨论的静态鲁棒优化问题的数学模型可以表述为[17,18]

$$\begin{aligned} &\max_{w} J(u,w),\ \min_{u} J(u,w) \\ &\text{s.t.} \quad G(x,u,w) \leqslant 0 \\ &\qquad\ \ w \in W, u \in U \end{aligned} \tag{9-14}$$

其中，u 为人工决策变量；w 为大自然的决策变量（用于表征不确定性）；x 为系统的状态；$J(u,w)$ 为支付函数；$G(x,u,w)$ 为系统状态约束条件，若对于给定的 u 和 w，不等式 $G(x,u,w) \leqslant 0$ 不存在可行解 x，则系统运行可靠性无法保障；U 和 W 分别代表人工决策变量 u 和大自然决策变量 w 的可行策略集。如前所述将大自然视为一个虚拟的博弈参与者的思想来源于鲁棒控制[19]，本节的主题即是遵循该思想，从对局及竞争的角度讨论系统优化设计问题。

在式 (9-14) 所示的鲁棒优化模型中，决策者通过对 u 的设计以使 $J(u,w)$ 达到最小，而大自然则通过施加干扰 w 使 $J(u,w)$ 最大，且二者的策略会相互影响，因此式 (9-14)

中 u 和 w 构成二人零和博弈，其最优解可由博弈的 Nash 均衡确定。倘若 (u^*, w^*) 为该博弈问题的 Nash 均衡，则在该策略下，双方都不能通过单独更改策略而获益，因此 (u^*, w^*) 应满足如下不等式：

$$J(u^*, w) \leqslant J(u^*, w^*) \leqslant J(u, w^*) \tag{9-15}$$

记式 (9-15) 中支付函数 J 的上下限分别为 $\bar{J}$ 和 $\underline{J}$，其具体形式如下：

$$\begin{cases} \underline{J} = \min\limits_{u} \max\limits_{w} J(u, w) \\ \bar{J} = \max\limits_{w} \min\limits_{w} J(u, w) \end{cases} \tag{9-16}$$

两者恒满足 $\bar{J} \geqslant \underline{J}$。进一步，若存在 (u^*, w^*)，使 $\bar{J} = \underline{J} = J^* = J(u^*, w^*)$ 成立，则称 (u^*, w^*) 为一组鞍点解（saddle-point solution）或 Nash 均衡解。该模型遵循著名的极小极大原理[20]，本质上属于 von Neumann 提出的二人零和博弈格局。需要说明的是，式 (9-16) 中，优化变量按照由外向内的次序依次决策，即在 $\bar{J}$ 中 w 先行决策，而在 $\underline{J}$ 中 u 先行决策，这种表示方式多见于鲁棒优化领域文献，尤其是最新文献 [21-23]，但与部分鲁棒控制领域文献所采用的方式有所不同，后者采用由内向外的顺序决策。这种差异是由于针对二人零和博弈的研究在两个领域中是独立进行的。为避免混淆，本书在阐述鲁棒优化及鲁棒控制问题时，仍沿用该领域的习惯表达，但并不影响问题的实质。

实际上，并不是每一个二人零和博弈都有 Nash 均衡解，为此将上述鲁棒优化模型 (9-14) 改写为下述形式：

$$\begin{aligned} &\max_{w \in W} \min_{u \in U} \ J(u, w) \\ &\text{s.t.} \qquad\qquad G(x, u, w) \leqslant 0 \end{aligned} \tag{9-17}$$

上述问题与原鲁棒优化问题 (9-14) 中大自然与人工系统同时决策不同，该问题中，大自然先行决策，人工系统在观测到大自然的策略后采取措施以应对其对系统产生的不利影响。对于式 (9-17) 所示的鲁棒优化问题，一定存在一组解 (u^*, w^*) 使得下式成立[24]：

$$J(u^*, w^*) = \max_{w} \min_{u} J(u, w) \tag{9-18}$$

式 (9-17) 和式 (9-18) 描述了鲁棒优化模型对应的 max-min 问题。该模型在工程博弈问题（包括工程控制问题）中有很强的针对性和实用性。在模型中，虚拟博弈者“干扰”作为一种随机因素，当然不具备“理性”。那么在静态鲁棒优化问题中，为何要将其视为理性的决策者呢？其基本博弈内涵（或工程意义）可以概括为以下三项基本原则。

1. 人工决策变量的最佳选择是避免最坏情况

不言而喻，鲁棒控制器的设计理念即源于上述原则。电力系统发电计划、机组组合及状态检修策略的制定更无一不遵守上述原则。从另一个角度讲，只要避免了最坏情况的发生，即形成了一个合理的博弈格局，进而达到了由两个博弈者各自利益所强制形成的一种真正的均衡。换言之，博弈者决不会从他的最佳策略偏移到有损自己利益的策略上去。

2. 人工系统与大自然的合理决策顺序是 max-min 型[24]

式 (9-17) 确定的博弈双方最佳策略表示人工决策变量 u 允许大自然 w 先行决策，然后 u 介入扭转局势，这种设计为最恶劣情况下的设计。虽然从博弈观点看，这样的决策顺序对 u 不公平，但根据大自然最恶劣策略 w^* 确定的决策策略 u^*，必能应对其他非最恶劣策略 w 的挑战，故而 u^* 虽然较为保守但绝对是安全的，这意味着其工程可行性。

尤其是面对大自然这样的博弈者，多数情况下，其策略不明朗，或有关信息不完备，此时进行工程决策谈不上公平原则，故最好的应对手段是先观察其最坏干扰（对大自然本身而言是其最佳策略），再构建应对之策。

例如，对于风电调度系统而言，电网调度者不可能先行决策后再等大自然刮风。由于对于风速的大小及空间分布难以准确预测，因此电网调度者在决策时处于被动位置。在大自然策略 w 不明确的情况下，人工决策 u 只能考虑最坏的情况：假设此时出现最高风险的风力爬坡事件，调度员以此来设计调度策略。若该策略能保障电网稳定运行，则亦可应对一般风力爬坡事件。这种针对最恶劣状况的设计理念，正是博弈模型 (9-17) 所蕴含的物理意义之所在，也是鲁棒优化设计的核心思想。

3. 人工系统与大自然均满足理性要求

所谓理性要求，即指博弈参与者均期望通过博弈最大化己方收益。损人不利己，或利人不利己，均造成一个博弈格局所需必要条件的缺失。无论 von Neumann 还是 Nash 博弈格局，均要求参与者必须具备理性，否则博弈的核心——均衡，没有物理意义。对鲁棒优化问题 (9-17) 所对应的博弈格局，人工决策变量 u 显然是理性的，其目的在于最大程度地降低系统的支付函数，即在保证系统安全运行的前提下提高经济性。大自然作为博弈参与者当然也是“理性”的，表现在大自然带来的不确定性总是会增加系统的支付，即降低系统的经济性或影响系统的运行安全。例如，突然出现的阵风决不会使风电场输出更加平滑。因此，大自然（或外部环境）对系统带来的影响总是负面的，并企图极大化此负面影响，此即大自然的“理性”。

以上 3 个论断构成了建立静态鲁棒优化问题博弈模型的基本原则。诚然，静态鲁棒优化问题及其求解方法只是工程博弈论处理优化决策问题的一种典型方法，但正是由于实际工程领域诸多控制与决策问题均有此内涵，在工程设计与试验中应用博弈论的基本理论、建模与求解方法，并考虑工程实际的技术条件进行决策才有章可循。

9.3.2 静态鲁棒优化问题的求解算法

一般形式的 max-min 优化问题 (9-17) 无法直接通过现成求解器求解，这里推荐采用文献 [25] 提出的两阶段松弛算法求解鲁棒优化问题，具体步骤如下所述。

第 1 步　初始化大自然的策略 $w^1 \in W$，并记迭代次数 $n = 1$。

第 2 步　引入对偶变量 λ 和辅助变量 σ，求解松弛后的极小化问题：

$$
\begin{aligned}
\min_{u,\lambda,\sigma}\ & \sigma \\
\text{s.t.}\quad & J(u, w_i) - \lambda G(x, u, w_i) \leqslant \sigma, i = 1, 2, \cdots, n \\
& u \in U,\ \lambda \geqslant 0
\end{aligned}
$$

通过适当的优化算法，得到第 n 步的最优解 $(u_n, \lambda_n, \sigma_n)$。需要说明的是，上式不等式约束的数目将会随着迭代次数的增加而增加，因此，上式是一个松弛度不断降低的松弛极小化问题。

第 3 步　求解极大化问题：

$$
\max_{w \in W} J(u_n, w) - \lambda_n G(x, u_n, w)
$$

该问题中，仅以大自然的决策变量为变量，u_n 和 λ_n 均为上一步求得的值。采用适当的优化算法得到该问题的最优解 w_{n+1}，并得到相应的目标函数值，记作 $h(u_n, \lambda_n)$。

第 4 步　检验算法是否结束。

若 $h(u_n, \lambda_n) \leqslant \sigma_n + \varepsilon$，则算法终止，$(u_n, w_{n+1})$ 即为所求静态鲁棒优化问题 (9-17) 的最优解，此处 ε 为一个很小的正数；否则，记 $n = n + 1$，增加如下约束：

$$
J(u_n, w) - \lambda_n G(x, u_n, w) \leqslant \sigma
$$

回到第 2 步。

文献 [25] 证明，对于任意给定的 $\varepsilon > 0$，以上两阶段松弛算法可通过有限步迭代收敛。

9.4　动态鲁棒优化问题

静态鲁棒优化要求所有变量必须在不确定性获知以前作出决策，其结果往往过于保守。Ben-Tal 等学者在文献 [26] 中首次将鲁棒优化的决策过程扩展到了两阶段，称为可调鲁棒优化（ajustable robust optimization, ARO），并按照随机规划的命名习惯将需要在不确定性获知之前作出决定的第一阶段变量 x 称为 here-and-now 变量，将不确定性观测到之后的第二阶段变量 y 称为 wait-and-see 变量或补偿变量。ARO 本质上是一类多阶段动态鲁棒优化问题，而动态鲁棒优化的特点在于随着时间的推移不确定性逐渐被观测到，人工决策者也会根据不确定性实际出现的情况进行一系列的调整。动态鲁棒优化以 ARO 的两阶段决策过程最具代表性，更多阶段的决策过程在原理上与两阶段决策是类似的，不过计算上要复杂一些。多阶段鲁棒优化中，以线性问题研究最为成熟，应用最为广泛，而非线性优化问题由于其非凸性难以构造鲁棒伴随模型，因此研究成果较少。本章主要阐述基于两阶段决策的线性 ARO 问题，并且假设不确定性仅出现在右端项。

9.4.1 ARO 的数学模型

ARO 的基本思想是：将决策过程分为预决策和再决策。其中预决策需要在不确定性被观测到之前确定，而再决策可以等到不确定性获知以后再确定，是对预决策的补充或校正措施。动态鲁棒优化的鲁棒性是对预决策而言的，预决策一旦确定，不论不确定性如何取值都不再改变，而再决策可在不确定性观测到之后确定，也可将其理解为构成了针对不确定性的反馈。由于决策机制更加灵活，因此与静态鲁棒优化相比，ARO 的保守性通常更小。

秉承博弈的观点，决策者最关心的仍是不确定性对系统安全性和经济性可能造成的最坏影响，即在不确定因素各种可能出现的情况下，其策略是否仍能满足相应的安全性约束，或者存在可行的校正策略，使安全性约束得到满足。因此，大自然掌控的不确定性与决策者掌控的系统之间仍然构成零和博弈关系：大自然的不确定性试图让系统运行指标恶化，而决策者则试图分两步化解不确定性带来的危害，在不完全了解不确定性可能出现的情况时作出部分决策，即预决策，同时保留一部分调节手段，在不确定性获知之后做出校正决策，也即再决策，使安全性约束得到满足。从此观点出发，可以将 ARO 中预决策 x、不确定性 w 和再决策 y 之间的决策过程描述为动态零和博弈，即 x 首先决策，并需要考虑在其后决策的不确定性 w 所有可能的策略下，最后决策的 y 是否存在可行的策略。在现实世界中，预决策 x 和再决策 y 都是人工决策者控制的，而虚拟决策者大自然的策略 w 则是“拟人化”的决策变量。博弈的最终目标是，针对受限集合 W 内的任意干扰 w，在保证系统安全性的同时，满足一定的经济性指标。综上，可以将 ARO 描述为如下动态博弈问题：

$$\min_{x\in X}\max_{w\in W}\min_{y\in Y(x,w)} f(x,w,y) \tag{9-19}$$

其中

$$f(x,w,y)=c^{\mathrm{T}}x+d^{\mathrm{T}}y(x,w)$$

$$y(x,w)=\arg\min_{y\in Y(x,w)} d^{\mathrm{T}}y$$

$$Y(x,w)=\{y|By\leqslant b-Cw-Ax\}$$

在博弈问题 (9-19) 中，x 首先在策略集 X 中选择策略，随后不确定性 w 在不确定集合 W 中选择最坏的干扰策略，最后 y 在策略集 $Y(x,w)$ 中做出决策。这里约定，若集合 $Y(x,w)$ 为空集，则目标函数 $f(x,w,y)$ 为无穷大。换言之，若 $f(x,w,y)$ 最优值为有限值，则不论 w 如何取值，必定存在 y 使所有约束得到满足。对于一般情况，博弈问题 (9-19) 所描述的 ARO 并不能直接求解。文献 [26] 指出，ARO 是 NP-hard 问题。以下给出三种处理方法。

9.4.2 ARO 的求解方法

根据 ARO 模型的不同，本节简要叙述三种 ARO 求解方法。

1. 基于线性反馈律的求解方法

当目标函数 $f(x,w,y)$ 中向量 $d=0$ 时，干扰 w 仅影响可行性而不影响目标函数值，可采用文献 [26] 中的线性反馈方法处理。该情况下，鲁棒优化的目标是使约束条件在不确定性的干扰下始终成立。

设可调变量 y 是不确定性 w 的线性函数，即

$$y = y^0 + Gw \tag{9-20}$$

其中，向量 y^0 是对应于 $w=0$ 时的再决策；增益矩阵 G 是待求矩阵变量。

在此模型中大自然和人工决策者之间的博弈体现在集合 $Y(x,w)$ 是否为空集。大自然总是试图使其成为空集，从而使目标函数趋向无穷大，而人工决策者则试图部署最优策略 x，使得不论大自然采取何种策略，集合 $Y(x,w)$ 非空，即总能够根据大自然采用的 w 找到合适的策略 y 满足系统运行约束。上述博弈过程可表示为

$$Ax + B(y^0 + Gw) \leqslant b - Cw, \quad \forall w \in W \tag{9-21}$$

或

$$(BG + C)w \leqslant b - Ax - By^0, \quad \forall w \in W \tag{9-22}$$

由式 (9-22) 可知，对于给定的 x, y^0 和增益矩阵 G，不确定性（或干扰）总是试图增大左端项使约束越界，为了在不确定性最坏可能的情况下保持约束可行性，决策者需要设计 x, y^0, G，使得

$$\max_{w\in W} (BG + C)_i w \leqslant (b - Ax - By^0)_i, \quad i = 1, 2, \cdots \tag{9-23}$$

其中，$(\cdot)_i$ 表示矩阵的第 i 行或向量的第 i 个元素。式 (9-23) 阐述了 ARO 的博弈本质。大自然的理性通过极大化左边项予以体现。但约束条件 (9-23) 中的 max 运算不利于问题的求解，为此可按下述步骤处理。

当不确定集合 W 表示为多面体 $\{w|Sw \leqslant h\}$ 时，根据线性规划的对偶定理可得

$$\max_{Sw\leqslant h} (BG + C)_i w = \min_{\varGamma_i \in \Pi_i} \varGamma_i h$$

其中，$\varGamma$ 是对偶变量构成的矩阵；$\varGamma_i$ 是 $\varGamma$ 的第 i 行，也是第 i 个优化问题的对偶变量，其可行域为

$$\varPi_i = \{\varGamma_i \geqslant 0, \varGamma_i S = (BG + C)_i\}$$

据此可以将 ARO 转化为以下线性规划问题：

$$\begin{aligned} \min_{x, y^0, G, \varGamma} \quad & c^{\mathrm{T}} x \\ \text{s.t.} \quad & Ax + By^0 + \varGamma h \leqslant b \\ & \varGamma S = BG + C, \varGamma \geqslant 0 \end{aligned} \tag{9-24}$$

其中，x 和 y^0 是向量；G 和 Γ 为矩阵。显见，只要线性规划 (9-24) 有解，最优解 x 就能抑制最坏干扰，进而通过线性反馈 (9-20) 满足任意不确定参数 w 下系统运行约束。

另外，线性反馈 (9-20) 将会降低再决策的灵活性，在数学上反映为限制了变量 y 的可变范围。从工程的角度讲，该线性反馈将限制不确定性获知以后校正措施的多样性，从而得出过于保守的结果。不过线性反馈因其计算上的巨大优势已成为一种颇具吸引力的代表性方法。文献 [27] 将这种方法推广到了多种形式的不确定集合，并给出了等价的混合整数线性规划或半定规划模型，感兴趣的读者可以参考之。

2. 基于鲁棒可行域的求解方法

为解决线性反馈保守性的问题，文献 [28-30] 提出了 ARO 的鲁棒可行性约束模型

$$\begin{aligned} &\min\ c^{\mathrm{T}}x \\ &\text{s.t.}\quad x \in X \cap X_R \end{aligned} \tag{9-25}$$

其中，X_R 是 x 的鲁棒可行域，其定义为

$$X_R = \{x | \forall w \in W, Y(x,w) \neq \varnothing\} \tag{9-26}$$

式中，再决策可行域 $Y(x,w)$ 的定义参见式 (9-19)。

模型 (9-25) 中，再决策变量 y 可以在可行域 $Y(x,w)$ 中灵活选择，而不必是不确定性 w 的线性函数。以下定理揭示了鲁棒可行域 X_R 的几何性质。

定理 9.5 若 x 和 y 为连续变量且 $X_R \neq \varnothing$，则 X_R 是多面体。

证明 考虑集合

$$\Lambda = \bigcap_{w \in \mathrm{vert}(W)} \{(x,y) | Ax + By \leqslant b - Cw\}$$

其中，vert(W) 表示集合 W 的极点。由于多面体具有有限多极点，故集合 Λ 是有限个多面体的交集，仍为多面体。进一步，集合 X_R 是集合 Λ 到 x 所在子空间的投影，而投影变换 $\Lambda \to X_R$ 是线性变换，因此 X_R 也是多面体。

< 证毕 >

定理 9.5揭示了 X_R 的凸属性，但并没有给出 X_R 的表达式。事实上，X_R 也不存在解析表达式。X_R 的实质仍然是代表大自然的干扰 w 和决策 y 之间通过博弈影响 ARO 问题的可行性。事实上，求解鲁棒优化问题 (9-25) 时，也无需 X_R 的具体表达式，而只需要其中的起作用约束，这需要检验对于给定的 x，集合 $Y(x,w)$ 是否非空。

为考察集合 $Y(x,w)$ 的非空性，引入正松弛向量 s^+, s^-，形成如下线性规划问题：

$$\begin{aligned} S(x,w) = &\min_{y,s^+,s^-}\ 1^{\mathrm{T}}s^+ + 1^{\mathrm{T}}s^- \\ &\text{s.t.}\quad By + Is^+ - Is^- \leqslant b - Cw - Ax \end{aligned} \tag{9-27}$$

其中，向量 s^+, s^- 可以理解为某种应急策略，而为避免使用应急策略，需极小化松弛向量元素之和。如果上述线性规划问题的最优值为正，即 $S(x,w)>0$，则可断定 $Y(x,w)=\varnothing$；否则若 $S(x,w)=0$，最优解中的 y 分量即为 $Y(x,w)$ 中的元素，即 $Y(x,w)\neq\varnothing$。因此，最优值 $S(x,w)$ 可以作为衡量可行性的指标。

现考虑不确定参数 w 变化的情况，即 $\forall w\in W$，考察 $Y(x,w)$ 的非空性。秉承博弈的观点，将 w 作为先行决策的攻击者，策略集是 W，其目的在于通过极大化 $S(x,w)$ 破坏再决策 y 的存在性，从而迫使决策者采用应急策略，达到威胁系统安全的目的。而在再决策阶段，决策者只能根据大自然的策略 w，在其策略集 $Y(x,w)$ 中寻找策略，构建破解之策，形成如下零和博弈模型：

$$
\begin{aligned}
R=\max_{w\in W}\min_{y,s^+,s^-}\ & 1^{\mathrm{T}}s^+ + 1^{\mathrm{T}}s^- \\
\text{s.t.}\quad & By+Is^+-Is^-\leqslant b-Cw-Ax
\end{aligned} \tag{9-28}
$$

类似地，若上述优化问题的最优值 $R=0$，则有 $Y(x,w)\neq\varnothing, \forall w\in W$，预决策 x 鲁棒可行；反之若 $R>0$，则均衡解中的 w^* 分量必定使 $Y(x,w^*)=\varnothing$，即预决策 x 非鲁棒可行，反映到实际问题中则意味着必须采取应急措施，否则系统不能安全运行。若 x 鲁棒可行，则当 x 实施后，不论不确定性 $w\in W$ 如何变化，一旦实际的 w 获知之后必然存在再决策 $y\in Y(x,w)$ 能够校正系统运行状态，从而使约束得到满足。可见 R 能够反映不确定环境下系统运行状态的安全性，也是衡量鲁棒可行性的量化指标，其几何意义可描述为当前运行点距离鲁棒可行域边界的某种度量。

由于鲁棒可行域 X_R 是凸的，故可采用以下思路求解 ARO 问题 (9-25)：首先判断某个给定的 x^* 是否鲁棒可行，若否，将 x^* 及其附近的非鲁棒可行区域通过割平面割除（若 X_R 非凸则割平面有可能破坏鲁棒可行域）。进一步，若能够把所有非鲁棒可行点割除，相当于得到了 X_R 中的起作用约束。遵循此思路，以下两个关键问题有待解决。

问题 1　如何求解博弈问题 (9-28) 并构造相应的割平面？

问题 2　如何产生足够多的割平面使 X_R 的近似具有较好的逼近度？

首先讨论问题 1。

写出线性规划 (9-27) 的对偶规划问题

$$
\max_{u\in U} u^{\mathrm{T}}(b-Cw-Ax) \tag{9-29}
$$

其中，u 是对偶变量；$U-\{u|u^{\mathrm{T}}B\leqslant 0^{\mathrm{T}},-1\leqslant u\leqslant 0\}$。在优化问题 (9-29) 中将 w 视为变量，则可将博弈问题 (9-28) 转化为以下优化问题：

$$
\max_{w\in W,u\in U} u^{\mathrm{T}}(b-Ax)-u^{\mathrm{T}}Cw \tag{9-30}
$$

其中，不确定集合 W 由式 (9-1) 和式 (9-2) 定义。需要说明的是，求解优化问题 (9-30) 的主要困难在于目标函数中存在非凸的双线性项 $u^{\mathrm{T}}Cw$，故采用一般算法只能求出局部最优解，从而导致鲁棒可行性发生误判。为解决此问题，文献 [30] 提出一种方法将优化

问题 (9-30) 转化为混合整数线性规划，从而借助成熟的混合整数线性规划求解器求出全局最优解，其方法步骤如下所述。

第 1 步（双线性标量化） 首先将目标函数写为

$$u^{\mathrm{T}}(b - Ax) - \sum_i \sum_j c_{ij} u_i w_j$$

可见非线性存在于乘积项 $u_i w_j$。

第 2 步（目标函数线性化） 注意到 w_j 可写为式 (9-1) ~ 式 (9-2) 的形式，故引入下述附加变量：

$$v_{ij}^{+} = u_i z_j^{+}, \quad v_{ij}^{-} = u_i z_j^{-}$$

从而将目标函数线性化为

$$u^{\mathrm{T}}(b - Ax) - \sum_i \sum_j c_{ij}(u_i w_j^{\mathrm{e}} + v_{ij}^{+} w_j^{\mathrm{h}} - v_{ij}^{-} w_j^{\mathrm{h}})$$

第 3 步（约束线性化） 进一步将 v_{ij}^{+} 和 v_{ij}^{-} 用线性不等式表示，可将双线性规划 (9-30) 转化为以下混合整数线性规划问题：

$$\begin{aligned}
R = & \max_{u,v^{+},v^{-},z^{+},z^{-}} \left(u^{\mathrm{T}}(b - Ax) - \sum_i \sum_j c_{ij}(u_i w_j^{\mathrm{e}} + (v_{ij}^{+} - v_{ij}^{-}) w_j^{\mathrm{h}}) \right) \\
\text{s.t.} \quad & u \in U, \quad \{z^{+}, z^{-}\} \in Z \\
& v_{ij}^{+} \leqslant 0,\ u_i \leqslant v_{ij}^{+},\ -z_j^{+} \leqslant v_{ij}^{+},\ v_{ij}^{+} \leqslant -z_j^{+} + u_i + 1,\ \forall i,\ \forall j \\
& v_{ij}^{-} \leqslant 0,\ u_i \leqslant v_{ij}^{-},\ -z_j^{-} \leqslant v_{ij}^{-},\ v_{ij}^{-} \leqslant -z_j^{-} + u_i + 1,\ \forall i,\ \forall j
\end{aligned} \tag{9-31}$$

混合整数线性规划 (9-31) 和双线性规划 (9-30) 之间有如下关系。

定理 9.6 混合整数线性规划 (9-31) 等价于双线性规划 (9-30)，即二者具有相同的最优值和关于 u, w 的最优解。

证明 只需证明其目标函数与约束等价即可。

由于 $z_j^{+} \in \{0,1\}$，由混合整数线性规划 (9-31) 的约束可知，当 $z_j^{+} = 0$ 时，$v_{ij}^{+} = 0$，当 $z_j^{+} = 1$ 时，$v_{ij}^{+} = u_i$。同理，当 $z_j^{-} = 0$ 时，$v_{ij}^{-} = 0$；当 $z_j^{-} = 1$ 时，$v_{ij}^{-} = u_i$。这与 $v_{ij}^{+} = u_i z_j^{+}$ 和 $v_{ij}^{-} = u_i z_j^{-}$ 是等价的。因此，混合整数线性规划 (9-31) 和双线性规划 (9-30) 的目标函数等价。进一步，二者关于对偶变量 u 和不确定性 w（或 z^{+}, z^{-}）的约束是相同的。因此二者具有相同的最优值和最优解 u、w。

< 证毕 >

注意到为线性化每个双线性项 $v_{ij}^{+} = u_i z_j^{+}$ 和 $v_{ij}^{-} = u_i z_j^{-}$，需要引入 1 个连续附加变量和 4 个附加约束。不过考虑到矩阵 C 通常具有稀疏性，此举并不会显著增加问题的规模和求解难度，相反，将非凸的双线性规划转化为混合整数线性规划，可以有效求出全局最优解，这为鲁棒可行性判断建立了严格的理论基础。应当说明的是，混合整数线

性规划的计算复杂度亦也 NP-hard，不过式 (9-31) 中的整数变量是 w 维数的 2 倍，与变量 x 和 u 的维数无关，因此当 w 维数较低时可高效求解。

通过求解混合整数线性规划 (9-31) 得到最优解 R 后，即可判断 x 的鲁棒可行性。由前文的分析可知，若要使 x 具有鲁棒性，必须使 $R=0$。当 $R>0$ 时，需要沿 R 的可行下降方向调整 x 使其值下降为 0。需要注意的是，双线性规划 (9-30) 中，x 仅出现在目标函数中，其约束条件与 x 无关，因此，R 在 x^* 处的次梯度可表示为

$$s_{\mathrm{g}}^*=-u^{*\mathrm{T}}A$$

其中，u^* 是以 x 为参数的双线性规划 (9-30) 最优解中的 u 分量。次梯度 s_{g}^* 恰好提供了 R 在 x 的一个下降方向，即若在某 x^* 处 $R>0$，则使 $R<0$ 的区域为

$$s_{\mathrm{g}}^*x\leqslant -R(x^*)+s_{\mathrm{g}}^*x^*$$

上式的几何意义为，根据 $R(x)$ 的 1 阶 Taylor 展开能够估计鲁棒可行域 X_R 的边界。事实上 R 不可能小于 0，因为松弛向量中的元素是非负的。

其次讨论问题 2。

若能找到一组合适的点，使得根据这些点构造的割平面组成 X_R 的边界，则可将 X_R 用一组线性不等式表示。但实际应用中缺乏足够的先验知识获得这些点的分布情况。有鉴于此，一种可行的处理办法是仿照约束产生方法[31] 或 Benders 可行割方法[32]，先将鲁棒可行域 X_R 进行松弛，在迭代求解过程中逐次验证 x 的鲁棒可行性，并构造割平面，逐渐逼近鲁棒可行域 X_R，直至 $x\in X_R$。基于此思路，有如下割平面算法。

第 1 步（初始化）　设置迭代次数 $k=0,x^0=0,s^0=0,R^0=0$。

第 2 步（预决策）　求解如下松弛的鲁棒优化问题：

$$\begin{aligned}&\min_{x\in X}\ c^{\mathrm{T}}x\\&\text{s.t.}\quad s_{\mathrm{g}}^lx\leqslant -R^l+s_{\mathrm{g}}^lx^l,\ 0\leqslant l\leqslant k\end{aligned}\tag{9-32}$$

$k=k+1$，记问题 (9-32) 的最优解为 x^k。

第 3 步（鲁棒可行性检验）　求解双线性规划 (9-30)，记其最优解为 u^k，最优值为 R^k，若 $R^k=0$，则 x^k 为最优预决策，至第 4 步，否则产生次梯度

$$s_{\mathrm{g}}^k=-(u^k)^{\mathrm{T}}A$$

以及可行割

$$s_{\mathrm{g}}^kx\leqslant -R^k+s_{\mathrm{g}}^kx^k$$

将可行割加入问题 (9-32) 的约束中，返回第 2 步。

第 4 步（再决策）　若不确定性已被准确预报，则求解以下线性规划：

$$\min_{y\in Y(x,w)}\ d^{\mathrm{T}}y$$

得到实际校正策略 y。

3. 基于 Benders 分解的求解方法

ARO 模型 (9-24) 和模型 (9-25) 中，目标函数仅包含第一阶段变量 x。文献 [21,22] 提出了问题 (9-19) 的 Benders 分解算法。注意，问题 (9-19) 的决策顺序，即 w 和 y 决策时，x 已经给定，因此可将 w 和 y 之间的决策描述为如下以 x 为参数的零和博弈问题，即

$$R(x) = \max_{w \in W} \min_{y \in Y(x,w)} d^{\mathrm{T}} y(x,w) \tag{9-33}$$

从而问题 (9-19) 可以转化为如下形式：

$$\begin{aligned} &\min_{x,\sigma} \ (c^{\mathrm{T}} x + \sigma) \\ &\text{s.t.} \quad x \in X, \ \sigma \geqslant R(x) \end{aligned} \tag{9-34}$$

式中，函数 $R(x)$ 的解析表达式虽然未知，但可以采用割平面逐渐逼近。求解上述问题的基本思路仍然是通过求解 (9-33) 对应的双线性规划获得 $R(x)$ 关于 x 的灵敏度。文献 [21] 采用基于外逼近的求解算法，该算法通过求解一系列线性规划求出双线性规划的解，其高效性是不言而喻的。但作为一种凸优化的求解算法，该算法不能在理论上保证求出全局最优解。为此，文献 [22] 采用混合整数线性规划算法。本节将其归纳总结如下。类似于问题 (9-31)，将零和博弈 (9-33) 转化为如下双线性规划问题：

$$\begin{aligned} &\max_{u,w} \left(u^{\mathrm{T}}(b - Ax) - \sum_i \sum_j c_{ij} u_i w_j \right) \\ &\text{s.t.} \quad u^{\mathrm{T}} B \leqslant d^{\mathrm{T}}, \ u^{\mathrm{T}} \leqslant 0^{\mathrm{T}}, \ w \in W \end{aligned} \tag{9-35}$$

同理，引入附加变量 $v_{ij}^{+} = u_j z_j^{+}$ 和 $v_{ij}^{-} = u_j z_j^{-}$ 并将其线性化，可得如下混合整数线性规划问题：

$$\begin{aligned} R = &\max_{u,v^+,v^-,z^+,z^-} \left(u^{\mathrm{T}}(b - Ax) - \sum_i \sum_j c_{ij}(u_i w_j^{\mathrm{e}} + (v_{ij}^{+} - v_{ij}^{-}) w_j^{\mathrm{h}}) \right) \\ &\text{s.t.} \quad u^{\mathrm{T}} B \leqslant d^{\mathrm{T}}, \ u \leqslant 0, \ \{z^+, z^-\} \in Z \\ &\qquad v_{ij}^{+} \leqslant 0, \ u_i \leqslant v_{ij}^{+}, \ -M z_j^{+} \leqslant v_{ij}^{+}, v_{ij}^{+} \leqslant u_i - M(z_j^{+} - 1), \ \forall i, \ \forall j \\ &\qquad v_{ij}^{-} \leqslant 0, \ u_i \leqslant v_{ij}^{-}, \ -M z_j^{-} \leqslant v_{ij}^{-}, v_{ij}^{-} \leqslant u_i - M(z_j^{-} - 1), \ \forall i, \ \forall j \end{aligned} \tag{9-36}$$

其中，M 是充分大的正数。与 9.4.1 节不同，此处由于对偶变量的边界未知，需要引入参数 M。从等价性角度来看，希望 M 越大越好；从计算角度来看，希望 M 越小越好，因为 M 越大问题条件数也越大，容易产生数值稳定性问题。

根据混合整数线性规划 (9-36) 的最优解 (u^k, w^k) 构造最优割：

$$\sigma \geqslant (u^k)^{\mathrm{T}}(b - Ax) - (u^k)^{\mathrm{T}} C w^k$$

综上，问题 (9-19) 的 Benders 分解算法归纳总结如下。

第 1 步（初始化）　取 x 的初值为 x^0，求解混合整数线性规划 (9-36) 得到最优解 (w^1,u^1)。设置迭代次数 $k=1$，$LB=0$，$UB=1$，收敛误差 $\varepsilon>0$。

第 2 步（定下界）　求解如下主问题：

$$\begin{aligned}\min_{x,\sigma}\ & (c^{\mathrm{T}}x+\sigma)\\ \text{s.t.}\ \ & x\in X\\ & \sigma\geqslant(u^l)^{\mathrm{T}}(b-Ax)-(u^l)^{\mathrm{T}}Cw^l,\forall l\leqslant k\end{aligned}$$

记其最优解为 (x^k,σ^k)，并设

$$LB=c^{\mathrm{T}}x^k+\sigma^k$$

第 3 步（定上界）　求解混合整数线性规划 (9-36)，记其最优解为 (w^k,u^k)，最优值为 $R(x^k)$，并设

$$UB=c^{\mathrm{T}}x^k+R(x^k)$$

第 4 步（判敛）　若 $UB-LB\leqslant\varepsilon$，算法结束，返回 x^k；否则 $k=k+1$，返回第 2 步。

文献 [23] 的研究结果表明，采用 Pareto 最优割可以大幅提高上述算法的效率，减少迭代次数。

本节最后用一个简单的例子说明决策顺序对鲁棒优化问题的可行性与最优值的影响。

例 9.1 [33]　考察如下带不确定参数的鲁棒优化问题：

$$\min\ x_1 \tag{9-37}$$

$$\text{s.t.}\quad x_1,x_2\geqslant 0 \tag{9-38}$$

$$x_1\geqslant(2-\varsigma)x_2 \tag{9-39}$$

$$x_2\geqslant\frac{1}{2}\varsigma x_1+1 \tag{9-40}$$

其中，不确定参数 $\varsigma\in[0,\rho],\rho<1$。由于目标函数中不包含不确定性，故参数 ς 仅影响解的可行性。本例将考察不确定性信息以及参数 ρ 的取值对优化问题的影响。

情形 1　x_1,x_2 均需要在不知晓 ς 精确取值的情形下做出，且对任意 ς 约束条件需要得到满足。

当 $\varsigma=\rho$ 时，约束条件 (9-40) 表明

$$x_2\geqslant\frac{1}{2}\rho x_1+1$$

当 $\varsigma=0$ 时，约束条件 (9-39) 表明

$$x_1\geqslant 2x_2$$

因此 $x_1\geqslant\rho x_1+2$，即

$$x_1\geqslant\frac{2}{1-\rho}$$

可见，当 $\rho \to 1$ 时，最优值趋向于无穷大。

情形 2 仅 x_1 需要在不知晓 ς 精确取值的情形下做出，且对任意可能的 ς，允许 x_2 做出调整使得约束条件得到满足。

在此情形下，取

$$x_2 = \frac{1}{2}\varsigma x_1 + 1$$

总可以使约束 (9-40) 得到满足。在约束 (9-39) 中消去 x_2 可得

$$x_1 \geqslant (2-\varsigma)\left(\frac{\varsigma}{2}x_1 + 1\right), \quad \forall \varsigma \in [0,\rho] \tag{9-41}$$

至此 x_1 的取值范围，即可行域尚不明确。若取 $x_1 = 4$ 代入式 (9-41) 可得

$$4 \geqslant 2(2-\varsigma)\varsigma + 2 - \varsigma \tag{9-42}$$

考虑到当 $\varsigma \in [0,\rho]$ 且 $\rho < 1$ 时，$(2-\varsigma)\varsigma \leqslant 1$，显见，式 (9-42) 对任意 $\varsigma \in [0,\rho]$ 成立，说明 $x_1 = 4$ 是一个可行解，因此情形 2 下不论 ρ 为何值，优化问题的最优值不大于 4。

综上分析可以看出，决策过程中根据获得的不确定性信息做出相应的调整对降低鲁棒优化的保守性是至关重要的，同时也说明了动态鲁棒优化方法在建模上的优势。

9.5 分布鲁棒优化问题

上述鲁棒优化模型均针对最坏场景决策。由于最坏场景在实际中出现的概率极低，故鲁棒优化往往具有保守性。为减小鲁棒优化的保守性，需要考虑不确定参数的分布特性，即预测值附近的场景出现的概率较高，而远离预测值的场景出现的概率较低。事实上，随机优化中的不确定性即以概率分布描述，进而优化目标函数的期望值。然而不确定参数的真实概率分布往往难以准确获得，根据有限历史数据拟合的经验分布往往具有偏差，使得根据参考分布计算出的解在统计意义下并不具有最优性。分布鲁棒优化结合了随机优化和鲁棒优化的特点。它通过矩、对称性、单峰性等统计数据与结构信息在参考分布附近构建一个概率分布函数族，并针对最坏分布优化期望值等统计指标，既考虑了不确定性的分布特性，又降低了不精确的概率分布对于结果的影响，是一种极具潜力的方法。本节从博弈的观点介绍一些具有代表性的分布鲁棒优化方法。

9.5.1 基于矩模型的分布鲁棒优化

本节的主要结果来自文献 [34]。基于矩模型的分布鲁棒优化问题可表述为

$$\min_{x \in X} \left\{ c^{\mathrm{T}} x + \sup_{f(\omega) \in \mathcal{P}} \mathbb{E}_{f(\omega)} Q(x,\omega) \right\} \tag{9-43}$$

其中，x 是第一阶段的决策变量，X 是它的可行范围；不确定参数用 ω 表示；$f(\omega)$ 是概率分布函数，其导出的一阶矩和二阶矩给定，形成以下切比雪夫概率分布函数族：

$$\mathcal{P}=\left\{f(\omega)\left|\begin{array}{c}f(\omega)\geqslant 0,\forall\omega\in W\\ \displaystyle\int_{\omega\in W}f(\omega)\mathrm{d}\omega=1\\ \displaystyle\int_{\omega\in W}\omega f(\omega)\mathrm{d}\omega=\mu\\ \displaystyle\int_{\omega\in W}\omega\omega^{\mathrm{T}}f(\omega)\mathrm{d}\omega=\Theta\end{array}\right.\right\}\tag{9-44}$$

其中，不确定参数在 $W=\left\{\omega|(\omega-\mu)^{\mathrm{T}}Q(\omega-\mu)\leqslant\Gamma\right\}$ 中取值；矩阵 $\Theta=\Sigma+\mu\mu^{\mathrm{T}}$ 表示不确定参数的二阶矩；μ 表示均值；Σ 是相关矩阵。问题 (9-43) 中根据 $\mathcal{P}$ 中最坏概率分布函数 $f(\omega)$ 取期望，在 x 和 ω 固定时的第二阶段问题是以下线性规划：

$$Q(x,\omega)=\min_{y\in Y(x,\omega)}d^{\mathrm{T}}y\tag{9-45}$$

其中，$Q(x,\omega)$ 是在固定 x 和 ω 时的最优值函数。第二阶段问题的可行域为

$$Y(x,\omega)=\{y|By\leqslant b-Ax-C\omega\}\tag{9-46}$$

其中，矩阵 A、B、C 和向量 b、c、d 是模型里面的常数系数。假定第二阶段问题可行，即 $\forall x\in X$，$\forall\omega\in W$，都有 $Y(x,\omega)\neq\varnothing$，而且有界，故 $Q(x,\omega)$ 具有有限最优值。此假设可以通过引入第二阶段松弛变量和在式 (9-45) 的目标函数中加惩罚项来保证，物理意义是补救不平衡量付出的成本。

1. 最坏期望问题

首先讨论问题 (9-43) 中的最坏期望问题

$$\sup_{f(\omega)\in\mathcal{P}}\mathbb{E}_{f(\omega)}Q(x,\omega)\tag{9-47}$$

在式 (9-47) 中，第一阶段变量 x 已经给定。从博弈的观点，问题 (9-47) 可以看作大自然与人工决策者的二人零和博弈。然而，与前述鲁棒优化不同，此处大自然不再使用纯策略，而是使用混合策略，策略集为切比雪夫概率分布函数族 (9-44)。

为求解式 (9-47)，写出其对偶问题

$$\begin{aligned}\min_{H,h,h_0}\ &\mathrm{tr}(H^{\mathrm{T}}\Theta)+\mu^{\mathrm{T}}h+h_0\\ \text{s.t.}\ \ &\omega^{\mathrm{T}}H\omega+h^{\mathrm{T}}\omega+h_0\geqslant Q(x,\omega),\forall\omega\in W\end{aligned}\tag{9-48}$$

其中，H、h、h_0 是对偶变量。根据线性规划对偶理论

$$Q(x,\omega)=\max_{u\in U}u^{\mathrm{T}}(b-Ax-C\omega)\tag{9-49}$$

其中，u 是线性规划 (9-45) 中的对偶变量，其可行域为

$$U=\left\{B^{\mathrm{T}}u=d,u\leqslant 0\right\} \tag{9-50}$$

由于已经假设 $Q(x,\omega)$ 有界，此对偶问题的最优解必定可在 U 的某个极点取到，即

$$\exists u^*\in \mathrm{vert}(U):Q(x,\omega)=(b-Ax-C\omega)^{\mathrm{T}}u^* \tag{9-51}$$

其中，$\mathrm{vert}(U)=\left\{u^1,u^2,\cdots,u^{N_E}\right\}$ 是多面体 U 的顶点集合，$N_E=|\mathrm{vert}(U)|$ 是集合 $\mathrm{vert}(U)$ 的元素个数。故式 (9-48) 的约束可写为

$$\omega^{\mathrm{T}}H\omega+h^{\mathrm{T}}\omega+h_0\geqslant(b-Ax-C\omega)^{\mathrm{T}}u^i,\quad \forall\omega\in W,i=1,2,\cdots,N_E \tag{9-52}$$

根据 W 的定义，上述约束转化为

$$\begin{aligned}&\omega^{\mathrm{T}}H\omega+h^{\mathrm{T}}\omega+h_0-(b-Ax-C\omega)^{\mathrm{T}}u^i\\&\geqslant\lambda[\varGamma-(\omega-\mu)^{\mathrm{T}}Q(\omega-\mu)]\geqslant 0,\quad\forall\omega\in\mathbb{R}^k,i=1,2,\cdots,N_E\end{aligned} \tag{9-53}$$

写成矩阵形式为

$$\begin{bmatrix}\omega\\1\end{bmatrix}^{\mathrm{T}}M^i\begin{bmatrix}\omega\\1\end{bmatrix}\geqslant 0,\quad\forall\omega\in\mathbb{R}^k,i=1,2,\cdots,N_E \tag{9-54}$$

其中

$$M^i=\begin{bmatrix}H+\lambda Q & \dfrac{h-C^{\mathrm{T}}u^i}{2}-\lambda Q\mu\\ \dfrac{h^{\mathrm{T}}-(u^i)^{\mathrm{T}}C}{2}-\lambda\mu^{\mathrm{T}}Q & h_0-(b-Ax)^{\mathrm{T}}u^i-\lambda(\varGamma-\mu^{\mathrm{T}}Q\mu)\end{bmatrix} \tag{9-55}$$

因此，式 (9-54) 实际上等价于 $M^i\succcurlyeq 0,i=1,2,\cdots,N_E$。

至此，问题 (9-48) 归结为如下半正定规划

$$\begin{aligned}\min_{H,h,h_0,\lambda}\ &\mathrm{tr}(H^{\mathrm{T}}\varTheta)+\mu^{\mathrm{T}}h+h_0\\ \text{s.t.}\ \ &M^i(H,h,h_0,\lambda)\succcurlyeq 0,i=1,2,\cdots,N_E\\ &\lambda\in\mathbb{R}_+\end{aligned} \tag{9-56}$$

其中，$M^i(H,h,h_0,\lambda)$ 定义见式 (9-55)。

2. 约束生成算法

因为协方差矩阵 $\varSigma$ 是正定的，所以问题 (9-47) 和 (9-48) 具有相同的最优值[34]。将式 (9-43) 中的最坏期望问题换成对偶形式得到如下半正定规划：

$$\begin{aligned}\min\ \ &c^{\mathrm{T}}x+\mathrm{tr}(H^{\mathrm{T}}\varTheta)+\mu^{\mathrm{T}}h+h_0\\ \text{s.t.}\ \ &M^i(H,h,h_0,\lambda)\succcurlyeq 0,i=1,2,\cdots,N_E\\ &x\in X,\lambda\in\mathbb{R}_+\end{aligned} \tag{9-57}$$

然而，集合 U 的顶点数 ($|\text{vert}(U)|$) 可能随 U 的维数而指数增长，列举所有的顶点是极其困难的。然而，大多数极点并不产生有效约束。为此，采用迭代方法找出式 (9-51) 中起作用极点并求解问题 (9-57)。具体思路是，在主问题中，用 $\text{vert}(U)$ 的一个子集来构造松弛问题，然后检查以下约束是否成立：

$$\omega^{\mathrm{T}} H\omega + h^{\mathrm{T}}\omega + h_0 \geqslant (b - Ax - C\omega)^{\mathrm{T}} u, \quad \forall \omega \in W, \forall u \in U \tag{9-58}$$

如果成立，则松弛是精确的，说明找到了最优解。如果不成立，需要找出违反约束 (9-58) 的一个新的顶点，并将其加到主问题中，将不可行解分离出去，直至满足约束 (9-58)。算法流程总结如下。

算法 9.1

第 1 步　选择收敛判据 $\epsilon > 0$，以及初始顶点集合 $V_E \subset \text{vert}(U)$。

第 2 步　求解以下主问题：

$$\begin{aligned} \min \quad & c^{\mathrm{T}} x + \text{tr}(H^{\mathrm{T}} \Theta) + \mu^{\mathrm{T}} h + h_0 \\ \text{s.t.} \quad & M^i(H, h, h_0, \lambda) \succcurlyeq 0, \forall u^i \in V_E \\ & x \in X, \lambda \in \mathbb{R}_+ \end{aligned} \tag{9-59}$$

最优值记为 R^*，最优解记为 (x^*, H, h, h_0)。

第 3 步　在第 2 步 (x^*, H, h, h_0) 的基础上求解以下子问题：

$$\begin{aligned} \min_{\omega, u} \quad & \omega^{\mathrm{T}} H\omega + h^{\mathrm{T}}\omega + h_0 - (b - Ax^* - C\omega)^{\mathrm{T}} u \\ \text{s.t.} \quad & \omega \in W, u \in U \end{aligned} \tag{9-60}$$

最优值记为 r^*，最优解记为 u^* 和 ω^*。

第 4 步　若 $r^* \geqslant -\epsilon$，终止算法并输出最优解 x^* 和最优值 R^*；否则，令 $V_E = V_E \cup u^*$，在主问题 (9-59) 中加入对应当前 u^* 的线性矩阵不等式约束 $M(H, h, h_0, \lambda) \succcurlyeq 0$，并回到第 2 步。

事实上，有效极点通常只有少数几个，故该算法具有很高的效率。

9.5.2　分布鲁棒机会约束规划

本节介绍含分布鲁棒机会约束的优化问题，其中概率分布函数族是用 ϕ-散度建模的，最优解可以使得即使在最坏情况的概率分布下，约束的成立也具有保证。总体上本节考虑的问题有以下特征：

第 1 种　概率分布函数是连续的，违反约束的概率与概率分布函数有关，因此本质上是个泛函。

第 2 种　不确定参数不显式出现在目标函数中。

本节的主要结果来自文献 [35]。

1. 问题形式

传统机会约束规划的形式为

$$
\begin{aligned}
&\min\ c^{\mathrm{T}}x \\
&\text{s.t.}\quad \Pr[C(x,\xi)] \geqslant 1-\alpha \\
&\qquad\quad x \in X
\end{aligned}
\tag{9-61}
$$

其中，x 是决策变量的向量；ξ 是不确定参数的向量，假定决策者知道精确的（联合）概率分布函数；α 是可接受的最大违反约束的概率阈值；$C(x,\xi)$ 代表含随机性的约束组，通用表达式为

$$
C(x,\xi) = \{\xi | \exists y : A(\xi)x + B(\xi)y \leqslant b(\xi)\}
\tag{9-62}
$$

其中，A、B、b 是可能含有随机参数的系数矩阵；y 是在 ξ 确定之后做的决策。由于 y 存在，所以式 (9-61) 是一个两阶段问题。在机会约束中，对于给定的一个 x，在 ξ 的概率分布函数选定的情况下可以计算约束成立的概率。含机会约束规划问题的传统研究往往假定 ξ 的分布完全准确。这是一个很强的假设。此外，随机规划的最优解可能对真实概率分布很敏感，分布变化以后原来的最优解可能表现很差。为了克服上述困难，可以考虑一族概率分布函数，要求机会约束对所有概率分布函数均成立，得到下面的鲁棒机会约束规划：

$$
\begin{aligned}
&\min\ c^{\mathrm{T}}x \\
&\text{s.t.}\quad \inf_{f(\xi)\in D} \Pr[C(x,\xi)] \geqslant 1-\alpha \\
&\qquad\quad x \in X
\end{aligned}
\tag{9-63}
$$

其中，$f(\xi)$ 是随机变量 ξ 的概率密度函数；不确定概率分布函数族 D 可以通过数据驱动的方式来构造，如上节介绍的基于矩的方法。除了矩的信息，其他结构特征也可以用来构造 D，如对称性和单峰性，见文献 [36]。式 (9-63) 能否有效求解与 D 的构造方法有关。矩模型的一个缺点是，它没有提供 D 中概率分布函数与参考分布之间距离的直接信息。两个具有相同矩的概率分布函数仍然在很多方面存在差异。本节采用散度构造概率分布函数族，考虑参考分布附近的所有概率分布。

为了构造概率分布函数族，首要问题是如何描述两个概率分布之间的距离。一种常用的度量两个概率密度函数之间差距的方法是 ϕ-散度，定义为[37]

$$
D_\phi(f\|f_0) = \int_\Omega \phi\left(\frac{f(\xi)}{f_0(\xi)}\right) f_0(\xi)\mathrm{d}\xi
\tag{9-64}
$$

其中，f_0 表示参考概率分布的概率密度函数；$D_\phi(f\|f_0)$ 衡量概率密度函数 f 到 f_0 的距离，函数 ϕ 满足

$$\begin{cases} \phi(1)=0 \\ 0\phi(x/0)=\begin{cases} x\lim\limits_{p\to+\infty}\phi(p)/p, x>0 \\ 0, x=0 \end{cases} \\ \phi(x)=+\infty, x<0 \\ \phi(x)\text{是}\mathbb{R}_+\text{上的凸函数} \end{cases} \tag{9-65}$$

不确定概率分布函数族可构造为[37]

$$D=\{P: D_\phi(f\|f_0)\leqslant d, f=\mathrm{d}P/\mathrm{d}\xi\} \tag{9-66}$$

其中，决策者可以根据对风险的态度调整容忍度参数 d。式 (9-66) 中的不确定概率分布函数族记为 D_ϕ，表示它由 ϕ-散度 $D_\phi(f\|f_0)$ 产生。与切比雪夫概率分布函数族相比，散度族利用了全体数据概率分布的信息，有望给出保守性较低的结果，但它不保证相同的均值。

很多常见的散度都是 ϕ-散度的特殊情况，取决于函数 ϕ 的具体形式，见表 9.1[38]。下文主要使用 KL-散度。KL-散度的表达式为

$$D_\phi(f\|f_0)=\int_\Omega \log\left(\frac{f(\xi)}{f_0(\xi)}\right)f(\xi)\mathrm{d}\xi \tag{9-67}$$

分布鲁棒机会约束规划 (9-63) 仍然可以理解为人工决策者和大自然之间的二人零和博弈，其中大自然采取混合策略，策略集为散度族 D。大自然的策略限制了人工决策者的可行域，从而影响其成本。

2. 等价形式

文献 [35] 指出，对于 ϕ-散度族（见表 9.1），分布鲁棒机会约束规划 (9-63) 可以转化为参考分布下的传统机会约束规划 (9-61)，并对参数 α 进行修正。具体地，KL-散度族下的分布鲁棒机会约束

$$\inf_{\mathbb{P}(\xi)\in\{D_{\mathrm{KL}}(f\|f_0)\leqslant d\}} \Pr[C(x,\xi)]\geqslant 1-\alpha \tag{9-68}$$

等价于参考分布下的传统机会约束

$$\Pr_0[C(x,\xi)]\geqslant 1-\alpha'_+ \tag{9-69}$$

其中,$\Pr_0$ 指概率是根据参考分布 $\mathbb{P}_0$ 计算的;$\alpha'_+=\max\{\alpha',0\}$,$\alpha'$ 归结于求解 $\inf\limits_{x\in(0,1)} h(x)$,其中

$$\alpha'=\min_{x\in(0,1)} h(x),\quad h(x)=\frac{\mathrm{e}^{-d}x^{1-\alpha}-1}{x-1} \tag{9-70}$$

目标函数在 (0,1) 上的一阶导数为

$$h'(x)=\frac{1-\alpha\mathrm{e}^{-d}x^{1-\alpha}-(1-\alpha)\mathrm{e}^{-d}x^{-\alpha}}{(x-1)^2} \tag{9-71}$$

表 9.1　一些 ϕ-散度的例子

散　度	函数 $\phi(x)$
KL-散度	$x\log x - x + 1$
反 KL-散度	$-\log x$
Hellinger 距离	$(\sqrt{x}-1)^2$
变异距离	$\|x-1\|$
J-散度	$(x-1)\log x$
χ^2 散度	$(x-1)^2$
α-散度	$\begin{cases} \dfrac{4}{1-\alpha^2}(1-x^{(1+\alpha)/2}), & \alpha \neq \pm 1 \\ x\ln x, & \alpha = 1 \\ -\ln x, & \alpha = -1 \end{cases}$

注意到分母 $(x-1)^2$ 在开区间 $(0,1)$ 上是 x 的递减函数；然后可以证明分子是 x 的增函数，因为它的一阶导为

$$(1-\alpha\mathrm{e}^{-d}x^{1-\alpha}-(1-\alpha)\mathrm{e}^{-d}x^{-\alpha})'_x=\alpha(1-\alpha)\mathrm{e}^{-d}(x^{-\alpha-1}-x^{-\alpha})>0,\quad \forall x\in(0,1) \tag{9-72}$$

因此，$h'(x)$ 单调增，$h(x)$ 是 x 的凸函数。因为 $h'(x)$ 在 $(0,1)$ 连续，而且 $\lim\limits_{x\to 0+} h'(x)=-\infty$，$\lim\limits_{x\to 1-} h'(x)=+\infty$，故存在 $x^*\in[\delta,1-\delta]$ 使得 $h'(x^*)=0$。$h(x)$ 的最小值 x^* 可以通过牛顿法求解非线性方程 $h'(x)=0$ 得到。

以上讨论说明分布鲁棒机会约束规划的求解复杂度与传统机会约束规划相同，除了 α' 的计算开销。如果 $\mathbb{P}_0$ 是对数凹概率分布，那么机会约束是凸的。特别地，如果 $\mathbb{P}_0$ 是高斯分布或者椭圆支持集上的均匀分布，那么机会约束归结于一个二阶锥[39]。对于一般情况，机会约束是关于 x 的非凸集合，这时可以利用风险的概念和抽样平均近似（sample average approximation, SAA）进行转化。

3. 基于风险和抽样平均近似的转化形式

对于给定的 x 和 ξ，如果满足 $A(\xi)x+B(\xi)y\leqslant b(\xi)$ 的 y 不存在，那么 $C(x,\xi)$ 中的约束不能成立。为了定量表述给定情景 ξ 和第一阶段决策变量 x 取值下约束违反情况，定义以下损失函数 $L(x,\xi)$：

$$\begin{aligned} L(x,\xi)=&\min_{y,\sigma}\sigma \\ \text{s.t.}\quad & A(\xi)x+B(\xi)y\leqslant b(\xi)+\sigma\mathbf{1} \end{aligned} \tag{9-73}$$

其中，$\mathbf{1}$ 是全 1 向量。如果 $L(x,\xi)\geqslant 0$，松弛变量 σ 的最小值被定义为损失；否则，表示需求都可以满足。已经假设 $C(x,\xi)$ 是有界多面体，问题 (9-73) 可行且有界。因此机会约束 (9-69) 可写为

$$\mathrm{Pr}_0[L(x,\xi)\leqslant 0]\geqslant 1-\alpha'_+ \tag{9-74}$$

在给定概率容忍度 β 和第一阶段决策变量 x 时，参考分布 $\mathbb{P}_0$ 下，损失函数 $L(x,\xi)$ 的 β-VaR 定义为

$$\beta\text{-VaR}(x)=\min\left\{a\in\mathbb{R}\,\middle|\,\int_{L(x,\xi)\leqslant a}f_0(\xi)\mathrm{d}\xi\geqslant\beta\right\}\tag{9-75}$$

意义是使得损失不会超过阈值 a 的概率不少于 β。根据式 (9-75)，机会约束 (9-74) 的一个等价表达式为

$$(1-\alpha'_+)\text{-VaR}(x)\leqslant 0\tag{9-76}$$

以上风险表示消去了概率运算。式 (9-74) 和式 (9-76) 的意义是导致 $L(x,\xi)>0$ 的场景在所有抽样里最多只能占 α'_+ 的比例。

令 $\xi_1,\xi_2,\cdots,\xi_q$ 表示随机变量 ξ 的 q 组采样场景。引入 0-1 变量 $z_1,z_2,\cdots,z_q$, $z_k=1$ 表示在场景 ξ_k 下约束不能成立。为此，令 M 为一个足够大的正数，考虑不等式

$$A(\xi_k)x+B(\xi_k)y_k\leqslant b(\xi_k)+Mz_k\tag{9-77}$$

在式 (9-77) 中，如果 $z_k=0$，那么在场景 ξ_k 下第二阶段变量 y_k 可以满足所有约束，因此 $C(x,\xi_k)$ 非空；否则，若这样的 y_k 不存在，那么必然违反约束。在不可行时 $z_k=1$，即约束 (9-77) 成立，因此实际上没有对场景 ξ_k 进行约束。会造成违反约束的采样场景的比例为 $\sum\limits_{k=1}^{q}z_k/q$。分布鲁棒机会约束规划 (9-63) 的混合整数线性规划形式为

$$\begin{aligned}\min\ & c^{\mathrm{T}}x\\ \text{s.t.}\ & x\in X\\ & A(\xi_k)x+B(\xi_k)y_k\leqslant b(\xi_k)+Mz_k,\quad k=1,2,\cdots,q\\ & \sum_{k=1}^{q}z_k\leqslant q\alpha'_+,\ z_k\in\{0,1\},\ k=1,2,\cdots,q\end{aligned}\tag{9-78}$$

其中，违反约束的情况在全部 q 种场景中的最多 $q\alpha'_+$ 种场景中可以发生。文献 [40] 中深入研究了不需要大 M 参数的改进混合整数规划形式，并且指出了可行域的一些结构特征。

混合整数线性规划 (9-78) 中的二进制变量数量等于采样场景的数量。为了保证 SAA 的准确性，需要大量的场景，使得混合整数线性规划 (9-78) 难以求解。为了改善这种情况，介绍问题 (9-63) 的一种保守的线性规划近似，这种方法基于文献 [41] 中指出的 CVaR 的性质。

损失函数 $L(x,\xi)$ 的 β-CVaR 定义为

$$\beta\text{-CVaR}(x)=\frac{1}{1-\beta}\int_{L(x,\xi)\geqslant\beta\text{-VaR}(x)}L(x,\xi)f(\xi)\mathrm{d}\xi\tag{9-79}$$

意义是不少于 β-VaR 损失的条件期望，因此

$$\beta\text{-VaR}\leqslant\beta\text{-CVaR}\tag{9-80}$$

成立，并且约束 (9-76) 的一个保守近似为

$$(1-\alpha'_{+})\text{-CVaR}(x) \leqslant 0 \tag{9-81}$$

不等式 (9-79) 是式 (9-74) 和式 (9-76) 的一个充分条件。根据文献 [41]，不等式 (9-81) 左端等于以下极小化问题的最优值：

$$\min_{\gamma}\left\{\gamma+\frac{1}{\alpha'_{+}}\int_{\xi\in\mathbb{R}^K}\max\{L(x,\xi)-\gamma,0\}f(\xi)\mathrm{d}\xi\right\} \tag{9-82}$$

进行 SAA 之后，式 (9-82) 中的积分归结于离散采样场景 $\xi_1,\xi_2,\cdots,\xi_q$ 之和，即

$$\min_{\gamma}\left\{\gamma+\frac{1}{q\alpha'_{+}}\sum_{k=1}^{q}\max\{L(x,\xi_k)-\gamma,0\}\right\} \tag{9-83}$$

引入辅助变量 s_k，则式 (9-81) 定义的可行域可表示为

$$\begin{gathered}
\exists\gamma\in\mathbb{R}, s_k\in\mathbb{R}_{+}, \sigma_k\in\mathbb{R},\quad k=1,2,\cdots,q\\
\sigma_k-\gamma\leqslant s_k,\quad k=1,2,\cdots,q\\
A(\xi_k)x+B(\xi_k)y_k\leqslant b(\xi_k)+\sigma_k\mathbf{1},\quad k=1,2,\cdots,q\\
\gamma+\frac{1}{q\alpha'_{+}}\sum_{k=1}^{q}s_k\leqslant 0
\end{gathered} \tag{9-84}$$

综上，分布鲁棒机会约束规划 (9-63) 的保守线性规划形式为

$$\begin{aligned}
\min_{x,y,s,\gamma}\ & c^{\mathrm{T}}x\\
\text{s.t.}\quad & x\in X,\gamma+\frac{1}{q\alpha'_{+}}\sum_{k=1}^{q}s_k\leqslant 0, s_k\geqslant 0, k=1,\cdots,q\\
& A(\xi_k)x+B(\xi_k)y_k-b(\xi_k)\leqslant(\gamma+s_k)\mathbf{1}, k=1,\cdots,q
\end{aligned} \tag{9-85}$$

根据式 (9-80)，条件 (9-81) 保证了式 (9-74) 和式 (9-76)，因此式 (9-68) 的机会约束以不低于（通常高于）$1-\alpha$ 的概率成立。

9.5.3 基于 KL-散度的分布鲁棒优化问题

在分布鲁棒机会约束的基础上考虑最坏期望成本，形成如下问题：

$$\begin{aligned}
\min_{x}\ & \left\{c^{\mathrm{T}}x+\max_{P(\xi)\in D_{\mathrm{KL}}}\ \mathbb{E}_P[Q(x,\xi)]\right\}\\
\text{s.t.}\quad & x\in X\\
& \sup_{P(\xi)\in D'}\ \Pr[C(x,\xi)]\geqslant 1-\alpha
\end{aligned} \tag{9-86}$$

其中，$Q(x,\xi)$ 是第二阶段问题的最优值函数，

$$\begin{aligned}
& Q(x,\xi)=\min q^{\mathrm{T}}y\\
& \text{s.t.}\quad B(\xi)y\leqslant b(\xi)-A(\xi)x
\end{aligned} \tag{9-87}$$

在固定的第一阶段决策变量 x 和随机参数 ξ 取值下，以上问题是线性规划；

$$D_{\mathrm{KL}}=\{P(\xi)|D_{\phi}^{\mathrm{KL}}(f\|f_0)\leqslant d_{\mathrm{KL}}(\alpha^*),f=\mathrm{d}P/\mathrm{d}\xi\} \tag{9-88}$$

是基于 KL-散度分布函数族，其中，d_{KL} 是与 α^* 有关的一个阈值，用于决定不确定概率分布函数族的大小；α^* 反映置信水平，真实概率分布在 D_{KL} 中的概率不小于 α^*。对于离散分布，KL-散度有以下形式：

$$D_{\phi}^{\mathrm{KL}}(f\|f_0)=\sum_{s}\rho_s\log\frac{\rho_s}{\rho_s^0} \tag{9-89}$$

当 $d_{\mathrm{KL}}=0$ 时，分布函数族 D_{KL} 退化为单一概率分布，模型 (9-86) 变为传统随机规划问题。模型 (9-86) 中的分布鲁棒机会约束可以通过 9.5.2 节介绍的方法来处理，下面讨论目标函数的转化。目标函数和机会约束中的概率分布函数族可以相同也可以不同，故分别记为 D_{KL} 和 D'。问题 (9-86) 的博弈内涵与前面讨论的分布鲁棒优化问题类似，只不过大自然可以选择两个混合策略，分别影响机会约束和目标函数的期望值。

考虑如下最坏期望问题：

$$\max_{P(\xi)\in D_{\mathrm{KL}}}\mathbb{E}_P[Q(x,\xi)] \tag{9-90}$$

其中，第一阶段变量 x 已经确定。文献 [37] 中证明，问题 (9-90) 等价于

$$\min_{\alpha\geqslant 0}\alpha\log\mathbb{E}_{P_0}[\mathrm{e}^{Q(x,\xi)/\alpha}]+\alpha d_{\mathrm{KL}} \tag{9-91}$$

其中，α 是对偶变量。问题 (9-91) 中，期望是在参考分布 P_0 下计算的，消去了关于概率分布的优化。用 SAA 方法表示期望，给出问题 (9-91) 的离散形式。在离散情形下，问题 (9-91) 变为

$$\min_{\alpha\geqslant 0}\left\{\alpha d_{\mathrm{KL}}+\alpha\log\sum_{i=1}^{s}p_i^0\mathrm{e}^{Q(x,\xi_i)/\alpha}\right\} \tag{9-92}$$

在模型 (9-86) 中把内层问题 (9-90) 用式 (9-92) 替换，得到以下问题：

$$\begin{aligned}\min\ &\left\{c^{\mathrm{T}}x+\alpha d_{KL}+\alpha\log\sum_{i=1}^{s}p_i^0\mathrm{e}^{\theta_i/\alpha}\right\}\\ \text{s.t.}\ & x\in X,\alpha\geqslant 0,\theta_i=q^{\mathrm{T}}y_i,\forall i\\ & A(\xi_i)x+B(\xi_i)y_i\leqslant b(\xi_i),\forall i\\ & \text{Cons-RCC}\end{aligned} \tag{9-93}$$

其中，Cons-RCC 代表 9.5.2 节讨论的分布鲁棒机会约束的线性近似，因此，问题 (9-93) 中的约束是线性的；唯一的非线性位于目标函数的最后一项。下面将证明它是关于 θ_i 和 α 的凸函数。

由文献 [42] 可知

$$h_1(\theta)=\log\left(\sum_{i=1}^{s}\mathrm{e}^{\theta_i}\right) \tag{9-94}$$

是凸函数。又因为仿射变换的复合保凸[42]，故

$$h_2(\theta) = h_1(A\theta + b) \tag{9-95}$$

在线性映射 $\theta \to A\theta + b$ 下仍是凸函数，其中 A 为单位矩阵，

$$b = \begin{bmatrix} \log p_1^0 \\ \vdots \\ \log p_s^0 \end{bmatrix} \tag{9-96}$$

即

$$h_2(\theta) = \log\left(\sum_{i=1}^{s} p_i^0 \mathrm{e}^{\theta_i}\right) \tag{9-97}$$

是凸函数。最后，函数

$$h_3(\alpha, \theta) = \alpha h_2(\theta/\alpha) \tag{9-98}$$

是 $h_2(\theta)$ 的透视函数，因此也是凸的[42]。

综上，问题 (9-93) 是凸优化，因此它的局部极小值也是全局的，可以采用非线性规划软件求解，也可以通过外逼近法[43,44] 对目标函数进行线性近似。

9.6 说明与讨论

如何处理不确定性是鲁棒优化理论的关键所在。任何一个实际运行的系统都会受到人工决策和大自然（内外不确定性或干扰）两种因素的作用，从而影响工程决策问题的可行性或最优性。为此可以建立一个二人零和博弈模型，其参与者为大自然和人工决策者。一般而言，若能求得该模型的均衡解，则即可得到两个参与者的最佳策略：对人工决策者来说，其策略为最优策略；对大自然而言，其策略为最坏干扰激励，此最坏干扰激励即作为不确定性集合的一个典型代表，或者一个最好的“预测”。事实上，只要所构建的最佳人工策略能够抵御此最坏干扰，则必能抵御 W 中的任何其他元素。由于对大自然行为的预测不可能实现完全精确，故其可行策略行为一般表现为一个集合，预测工作的最高目标即是最大程度地压缩 W 的“大小”(严格讲，是不确定性的某种测度)，使其对不确定性或干扰的预测保持在一个工程允许的范围之内。一般而言，W 越大或越粗糙，保守性也越大，反之亦然。为尽量压缩集合 W 的大小，本章系统地给出了鲁棒优化模型中集合 W 的选择方法，除对不确定参数的区间进行预测之外，还引入了对总偏差的约束，并基于概率不等式或中心极限定理给出了集合 W 中参数的选择方法，可以针对不同风险水平合理地压缩集合 W 的测度。

本章优化问题的目标函数中若包含多重 max 或 min 算子，则根据优化类文献的惯例，一般按照由外向内的顺序进行决策。本章讨论的静态鲁棒优化模型属 max-min 博弈

格局，动态鲁棒优化模型属 min-max-min 博弈格局，前者所有决策必须在不确定性获知以前做出，后者的部分决策可以到不确定性被观测到以后再做出，可将其理解为包含反馈机制，其保守性较前者较小。需要指出的是，鲁棒优化方面的研究更侧重于求解不确定优化问题本身，而博弈论在更大程度上是一种应对不确定性的思想，最终问题的求解还要归结到算法。因此二人零和博弈并不能取代鲁棒优化算法的研究。另外，任何鲁棒优化的求解算法也可为对应二人零和博弈问题的求解提供有益的参考。

本章在《基础》一书基础上新增了关于分布鲁棒优化的讨论。分布鲁棒优化是近年来新兴的一种优化技术，由于采用不精确的概率分布描述不确定性，即减小了针对最坏场景决策的保守性，又不依赖精确的概率分布函数，可谓综合了传统随机规划与鲁棒优化的优势。工程博弈论为研究传统鲁棒优化和分布鲁棒优化提供了统一的视角：二者都是人工决策者和大自然之间的二人零和博弈，只不过在前者中大自然采用纯策略，而在后者中大自然采用混合策略。

参考文献

[1] BEN-TAL A, NEMIROVSKI A. Robust solutions of linear programming problems contaminated with uncertain data [J]. Mathematical programming, 2000, 88(3): 411–424.

[2] JEN E, CRUTCHFIELD J, KRAKAUER D, et al. Working definitions of robustness [OL]. SFI Robustness Site http://discuss. santafe. edu/robustness, RS-2001-009, 2001.

[3] JEN E. Stable or robust? what's the difference? [J]. Complexity, 2003, 8(3): 12–18.

[4] BEYER H, SENDHOFF B. Robust optimization—a comprehensive survey [J]. Computer methods in applied mechanics and engineering, 2007, 196(33): 3190–3218.

[5] BERTSIMAS D, SIM M. The price of robustness [J]. Operations Research, 2004, 52(1): 35–53.

[6] BERTSIMAS D, BROWN D B. Constructing uncertainty sets for robust linear optimization [J]. Operations research, 2009, 57(6): 1483–1495.

[7] NATARAJAN K, PACHAMANOVA D, SiM M. Constructing risk measures from uncertainty sets [J]. Operations Research, 2009, 57(5): 1129–1141.

[8] 魏韡. 电力系统鲁棒调度模型与应用 [D]. 北京: 清华大学, 2013.

[9] WOLSEY L. Integer programming [M]. New York: Wiley, 1998.

[10] PAPOULIS A, PILLAI S. Probability, random variables, and stochastic processes [M]. New York: McGraw-Hill, 1984.

[11] VANPARYS B, GOULART P, KUHN D. Generalized gauss inequalities via semidefinite programming [J]. Mathematical Programming, 2016, 156(1): 271–302.

[12] HODGE B, MILLIGAN M. Wind power forecasting error distributions over multiple timescales [C]//IEEE Power and Energy Society General Meeting, 2011.

[13] BENNETT G. Probability inequalities for the sum of independent random variables [J]. Journal of the American Statistical Association, 1962, 57(297): 33–45.

[14] HOEFFDING W. Probability inequalities for sums of bounded random variables [J]. Journal of the American statistical association, 1963, 58(301): 13–30.

[15] LEONE F, NELSON L, NOTTINGHAM R. The folded normal distribution [J]. Technometrics, 1961, 3(4): 543–550.

[16] 孙健，刘斌，刘锋，等. 计及预测误差相关性的风电出力不确定性集合建模与评估 [J]. 电力系统自动化, 2014, 38(18): 27–32.

[17] 梅生伟，郭文涛，王莹莹，等. 一类电力系统鲁棒优化问题的博弈模型及应用实例 [J]. 中国电机工程学报, 2013, 33(19): 47–56.

[18] MEI S W, ZHANG D, WANG Y, et al. Robust optimization of static reserve planning with large-scale integration of wind power: A game theoretic approach [J]. IEEE Transactions on Sustainable Energy, 2014, 5(2): 535–545.

[19] ISAACS R. Differential games: a mathematical theory with applications to warfare and pursuit, control and optimization [M]. Courier Corporation, 1999.

[20] NEUMANN J V, MORGENSTERN O. The theory of games and economic behavior [M]. Princeton: Princeton University Press, 1944.

[21] BERTSIMAS D, LITVINOV E, SUN X A, et al. Adaptive robust optimization for the security constrained unit commitment problem [J]. IEEE Transactions on Power Systems, 2013, 28(1): 52–63.

[22] JIANG R, WANG J, GUAN Y. Robust unit commitment with wind power and pumped storage hydro [J]. IEEE Transactions on Power Systems, 2012, 27(2): 800–810.

[23] ZHAO L, ZENG B. Robust unit commitment problem with demand response and wind energy [C]//IEEE Power and Energy Society General Meeting, 2012: 1–8.

[24] 杨宪东，叶芳柏. 线性与非线性 H_∞ 控制理论 [M]. 台北：全华科技图书股份有限公司, 1996.

[25] SHIMIZU K, AIYOSHI E. Necessary conditions for min-max problems and algorithms by a relaxation procedure [J]. IEEE Transactions on Automatic Control, 1980, 25(1): 62–66.

[26] BEN-TAL A, GORYASHKO A, GUSLITZER E, NEMIROVSKI A. Adjustable robust solutions of uncertain linear programs [J]. Mathematical Programming, 2004, 99(2): 351–376.

[27] GOULART P. Affine feedback policies for robust control with constraints [D]. Cambridge: University of Cambridge PhD Thesis, 2007.

[28] 魏韡，刘锋，梅生伟. 电力系统鲁棒经济调度 (一) 理论基础 [J]. 电力系统自动化, 2013, 37(17): 37–43.

[29] 魏韡，刘锋，梅生伟. 电力系统鲁棒经济调度 (二) 应用实例 [J]. 电力系统自动化, 2013, 37(18): 60–67.

[30] WEI W, LIU F, MEI S W, et al. Robust energy and reserve dispatch under variable renewable generation [J]. IEEE Transactions on Smart Grid, 2015, 6(1): 369–380.

[31] BLANKENSHIP J W, FALK J E. Infinitely constrained optimization problems [J]. Journal of Optimization Theory and Applications, 1976, 19(2): 261–281.

[32] BERTSIMAS D, TSITSIKLIS J N. Introduction to linear optimization [M]. Belmont: Athena Scientific, 1997.

[33] BEN-TAL A, EL GHAOUI L, NEMIROVSKI A. Robust optimization [M]. Princeton: Princeton University Press, 2009.

[34] BERTSIMAS D, DOAN X V, NATARAJAN K, et al. Models for minimax stochastic linear optimization problems with risk aversion [J]. Mathematics of Operations Research, 2010, 35(3): 580–602.

[35] JIANG R, GUAN Y. Data-driven chance constrained stochastic program [J]. Mathematical Programming, 2016, 158(1): 291–327.

[36] HANASUSANTO G A, ROITCH V, KUHN D, et al. A distributionally robust perspective on uncertainty quantification and chance constrained programming [J]. Mathematical Programming, 2015, 151(1): 35–62.

[37] BEN-TAL A, DEN HERTOG D, DE WAEGENAERE A, et al. Robust solutions of optimization problems affected by uncertain probabilities [J]. Management Science, 2013, 59(2): 341–357.

[38] LIESE F, VAJDA I. On divergences and informations in statistics and information theory [J]. IEEE Transactions on Information Theory, 2006, 52(10): 4394–4412.

[39] CALAFIORE G C, EL GHAOUI L. On distributionally robust chance-constrained linear programs [J]. Journal of Optimization Theory and Applications, 2006, 130(1): 1–22.

[40] AHMED S, XIE W. Relaxations and approximations of chance constraints under finite distributions [J]. Mathematical Programming, 2018, 170(1): 43–65.

[41] ROCKAFELLAR R T, URYASEV S. Optimization of conditional value-at-risk. J. Risk, 2002, 2: 21–24.

[42] BOYD S, VANDENBERGHE L. Convex Optimization [M]. New York: Cambridge University Press, 2004.

[43] DURAN M A, GROSSMANN I E. An outer-approximation algorithm for a class of mixed-integer nonlinear programs [J]. Mathematical Programming, 1986, 36(3): 307–339.

[44] Fletcher R, Leyffer S. Solving mixed integer nonlinear programs by outer approximation [J]. Mathematical Programming, 1994, 66(1-3): 327–349.

第10章 鲁棒控制问题的博弈求解方法

基于传递函数的经典 PID 控制、基于状态空间的线性最优控制及基于微分几何的非线性最优控制的理论和方法，依赖被控对象的精确数学模型，一般不考虑干扰（不确定性），故它们难以定量评估乃至充分抑制干扰对控制系统的不利影响。上述干扰包括来自外界的干扰（如测量噪声）以及来自系统本身的干扰（如未建模动态等）。为了研究控制系统对干扰的抑制能力，我们首先阐明鲁棒性和鲁棒控制的概念。一个在无干扰时稳定的闭环系统，若其输出对系统所受的干扰不敏感，或系统所受到的干扰对该系统的输出的影响足够小，则称该闭环系统对干扰具有鲁棒性。进一步，如果一个稳定的闭环系统在相应控制作用下具有足够的鲁棒性，则称该控制是鲁棒控制。由此可知，所谓某一动态系统的鲁棒性，其实际含义是指该系统所具有的降低干扰对输出影响的能力。

由以上对鲁棒性概念的认识可知，任何一个处于正常运行中的控制系统必具备两个特征；一是稳定性；二是或多或少地具有鲁棒性。一个不具有鲁棒性的控制系统实际上是不能运行的，因为它在受到干扰后，其输出将会偏离工程上允许的范围。随着科学技术的发展和人类对工程控制系统质量要求的不断提高，降低干扰对控制系统输出的不利影响，即通过设计控制器以显著改善闭环系统的鲁棒性，正是鲁棒控制所要解决的主要问题，也是鲁棒控制成为控制界研究的一大热门课题的原因。

微分博弈是使用博弈理论处理微分方程约束下的双方或多方连续动态冲突、竞争或合作问题的数学工具。换言之，微分博弈是最优控制理论与博弈论的融合的产物，是一种多方最优控制问题，从而比传统单目标最优控制理论具有更强的竞争性和对抗性。微分博弈已经广泛应用于经济学、国际关系、军事战略和控制工程等诸多领域。鲁棒控制的核心思想即是将控制器设计建模为二人零和微分博弈，其中干扰视为虚拟的参与者，在此基础上应用最大最小极值原理，构造最佳鲁棒控制策略使最坏干扰激励对系统的影响在可接受的范围。本章将从微分博弈的角度分析对比传统控制与鲁棒控制问题，系统地介绍面向鲁棒控制问题的二人零和微分博弈问题的 4 类解法。

10.1 鲁棒控制理论的博弈诠释

控制器设计是一种不折不扣的博弈。一般而言，该博弈格局的参与者为大自然与控制器设计者，其中大自然是虚拟的参与者，表示干扰或不确定性。随着实际工程系统对闭环控制效果要求的不断提升，控制问题所蕴含的博弈格局也越发复杂，从开环设计到闭环设计、从单人博弈到两人博弈。人们在与自然较量的过程中，不断领悟博弈的规则，提升控制器的控制性能指标。本章首先从博弈论角度诠释控制理论的发展沿革，包括经典控制、最优控制和鲁棒控制，进而给出鲁棒控制的二人零和微分博弈模型，并介绍相应 Nash 均衡即鞍点的求解方法。文献 [1] 基于博弈论对经典 PID 控制、最优控制及鲁棒控制的物理内涵进行了精辟分析和总结，本节结合稳定性和鲁棒性理论，将文献 [1] 主要论点梳理总结如下。

以博弈论观点深入考察控制理论发展史，可以看出早期控制理论，如经典 PID 控制、线性最优控制等，其本质是被动式的、单方面的控制理念。对于经典 PID 控制，既无明确的设计目标，也无解析化的设计手段，通常根据经验法则和现场调试来确定控制策略，如根轨迹法、Nyquist 判据、Bode 图等，最终设计的策略 u 严格依赖于设计者的经验，故其所得只是一般策略，并非最优策略。而对该设定的 u，可通过若干稳定性及性能分析法则，如幅值裕度或相角裕度等，辨识出系统所能承受的最坏外界干扰 w^*，因此 PID 控制可以认为是 (u, w^*) 型博弈格局，即以一般控制策略 u 应对最坏干扰 w^*。

线性最优控制通常利用 Riccati 方程求解最优控制策略，而大自然或干扰的策略 w 则由设计者主观设定，通常假定 w 只是一般微小干扰（这也是对被控对象采用线性系统建模的前提之一），没有经过“最优”设计，故线性最优控制可视为 (u^*, w) 型博弈格局，即以最优控制策略 u^* 应对大自然的一般微小干扰 w。事实上，从 Lyapunov 稳定性理论角度看，线性最优控制应对的干扰可以归纳为对微分方程描述的动态系统的瞬时扰动（或微小扰动）。线性最优控制通过最优控制策略构成闭环系统，以保证系统在运行时对此类不确定性引起的初始条件响应的稳定性。换言之，线性最优控制策略 u^* 只能应对由微小扰动 w 构成的干扰集。从博弈策略集合的角度看，线性最优控制人为压缩了 w 的策略集合，使其在系统设计时无法事先定量地把握不确定性对系统性能品质的影响，最终造成这种处理方法与工程实际情况差距较大。

在实际工程控制问题中，控制工程师所构建的自动控制系统不可避免地受到干扰的影响。这里所说的干扰，既包括外界环境的干扰因素，又包括设计控制器时未考虑到的系统内部动态。鲁棒控制是针对存在干扰情况下系统控制器设计的一类控制理论和方法，在保证系统稳定性的前提下，尽可能抑制干扰对控制系统性能的不利影响。事实上，鲁棒控制可以视为二人零和微分博弈在控制问题中的应用，控制器的作用与干扰的影响形成竞争对立的关系，控制器希望提高系统性能，干扰则降低系统性能，这在本质上形成一种控制器与干扰之间的博弈格局。在此背景下，最优控制策略和最坏干扰激励构成反馈 Nash 均衡，从而可以利用微分博弈的理论方法进行分析和求解。

进一步，实际工程中还有一类更广泛的鲁棒控制与决策问题。该类问题中，控制器设计者不仅要面对来自外部环境的挑战，更要面对来自其他人工设计者的挑战，而且通常后者更难应对。例如，地空导弹的设计目标是快速准确地击落敌机，但敌机会依赖飞行控制系统来规避导弹，这样就形成一种导弹设计者与飞机控制系统设计者竞争与对立的博弈格局：导弹导引律试图缩小导弹和飞机间的距离，而飞机自控系统则设法拉开二者距离。因此，导弹性能越卓越，飞机自控系统设计者就面临越大的挑战，而且这种挑战远大于湍流或阵风等自然力的威胁。事实上，控制技术的发展即伴随着这种人与自然、人与人之间的竞争。这类竞争格局进一步可以描述为一类二人零和博弈模型，包括参与者、策略集合和支付函数（对应于极小化目标函数）或收益函数（对应于极大化目标函数）三大要素。为简明起见，用 u 和 w 表示控制策略和干扰激励，其最优策略的组合，即 Nash 均衡策略，记为 (u^*, w^*)，其中 u^* 和 w^* 分别是参与者 u 和 w 在均衡状态下的最优策略，即 u 和 w 均不会单方面选择非 Nash 均衡的其他策略，否则参与者收益会降低或至少不会比采取 u^* 和 w^* 时获益更多。

综上所述，鲁棒控制理论是主动的、双方面的控制理念，对于任何形式和大小的干扰及攻击都作预先准备及评估，进而构建最优控制策略以形成抗扰能力最强的闭环系统，并分析该闭环系统能否抵御来自人为或自然的最坏可能干扰或攻击。具体而言，鲁棒控制的目标即是探讨在最恶劣（从大自然或攻击者的角度来看是最优）的干扰 w^* 下，如何设计最优控制策略 u^*。由此可见，鲁棒控制是一种“公平”的竞争，不特别强调 u 或 w，让两者均尽可能地发挥，如此形成的博弈结果 (u^*, w^*) 是最为合理的。

10.2 鲁棒控制问题的数学模型

本节针对考虑干扰的线性系统和非线性系统，分别给出其鲁棒控制问题的数学描述。事实上，这两类系统的鲁棒控制物理或工程内涵一致，都包括闭环系统稳定和干扰抑制两个方面[2]。

对于线性系统，通过引入时域 L_2 范数或频域 H_∞ 范数，可以对其鲁棒控制问题进行描述，对应的线性鲁棒控制又称为线性 L_2 增益控制或线性 H_∞ 控制。由于时域 L_2 范数和频域 H_∞ 范数等价，这两种建模方式本质上也是等价的，其数学描述如下。

考察含干扰的线性系统

$$\begin{cases} \dot{x} = Ax + B_1 w + B_2 u \\ z = Cx + Du \end{cases} \tag{10-1}$$

其中，$x \in \mathbb{R}^n$ 是状态变量；$u \in \mathbb{R}^m$ 和 $w \in \mathbb{R}^r$ 分别为控制输入向量和干扰信号向量；$z \in \mathbb{R}^p$ 为广义评价信号；A、B_1 、B_2、C、D 分别为具有合适维数的定常矩阵。所谓线性 L_2 增益控制或线性 H_∞ 控制问题，即是要设计反馈控制器 $u = Kx$，使闭环系统渐

近稳定，并且从干扰输入 w 到广义输出 z 的闭环传递函数矩阵 $T_{zw}(s)$ 满足

$$\|T_{zw}(s)\|_\infty = \sup_{-\infty<\omega<\infty} |T_{zw}(\mathrm{j}\omega)| < \gamma \tag{10-2}$$

其中，$\|\cdot\|_\infty$ 表示传递函数算子的 H_∞ 范数；γ 是事先给定的正常数。

对于仿射非线性系统，其鲁棒控制问题的数学描述如下。

考察含干扰的仿射非线性系统

$$\begin{cases} \dot{x} = f(x) + g_1(x)w + g_2(x)u \\ z = h(x) + k(x)u \end{cases} \tag{10-3}$$

其中，x、u、w、z 含义同式 (10-1)；$f(x)$、$g_1(x)$、$g_2(x)$、$h(x)$、$k(x)$ 为具有合适维数的函数向量或矩阵，不失一般性，假设 $f(0) = 0$, $h(0) = 0$。对于上述系统，所谓非线性 L_2 增益控制或非线性鲁棒控制问题是指，对于给定的正数 γ，构造状态反馈控制律 $u = \alpha(x), \alpha(0) = 0$，使闭环系统满足以下性能指标：

（1）当 $w = 0$ 时，闭环系统在原点渐近稳定。

（2）$\forall T > 0$，当 $x(0) = 0$ 时，L_2 增益不等式成立，即

$$\int_0^T \|z(t)\|^2 \mathrm{d}t \leqslant \gamma^2 \int_0^T \|w(t)\|^2 \mathrm{d}t, \quad \forall w \in L_2[0,T] \tag{10-4}$$

其中

$$L_2[0,T] = \left\{ w | w : [0,T] \to \mathbb{R}^r, \int_0^T \|w\|^2 \mathrm{d}t < +\infty \right\} \tag{10-5}$$

从上述非线性鲁棒控制问题建模过程不难看出，其建模是基于 L_2 范数的。由于对于线性系统而言，L_2 范数与 H_∞ 范数等价，线性 L_2 增益控制与线性 H_∞ 控制等价。因此，尽管非线性系统不存在 H_∞ 范数，控制理论中仍把非线性 L_2 增益控制称为非线性 H_∞ 控制。

考察线性和非线性鲁棒控制问题的数学模型，可见其都有两个目标：一是控制器要保证无干扰情况下闭环系统的稳定性，这是对控制器的基本要求；二是控制器要具有抑制干扰的能力，表现为对系统 L_2 增益的限制，这是鲁棒控制的核心理念。干扰抑制能力的大小与给定正数 γ 的大小相关，γ 值越小，抑制能力越强。若 γ 取到极小值，即为最优鲁棒控制。

10.3 鲁棒控制的微分博弈模型

本节以仿射非线性系统 (10-3) 为例，讨论非线性鲁棒控制问题的微分博弈模型。线性系统可视为仿射非线性系统的特例。

对系统 (10-3)，其 L_2 增益不等式 (10-4) 等价为

$$\int_0^T \left(\|z(t)\|^2 - \gamma^2 \|w(t)\|^2 \right) \mathrm{d}t \leqslant 0, \quad \forall T \geqslant 0 \tag{10-6}$$

定义性能指标函数

$$J(u,w)=\int_0^T(\|z\|^2-\gamma^2\|w\|^2)\mathrm{d}t \tag{10-7}$$

则 L_2 增益不等式 (10-4) 等价为如下变分问题：

$$\begin{aligned}&\min_u\max_w J(u,w)\leqslant 0\\&\text{s.t.}\quad \dot{x}=f(x)+g_1(x)w+g_2(x)u\end{aligned} \tag{10-8}$$

式 (10-8) 即为非线性鲁棒控制的博弈模型。由于约束条件为微分方程，故其为一个微分博弈模型。博弈模型中的各个要素分析如下。

1）参与者

由博弈模型 (10-8) 可见，控制 u 与干扰 w 之间自然地构成了一种博弈关系：干扰 w 的不确定性试图使闭环系统的 L_2 增益增大，而控制 u 则试图使闭环系统的 L_2 增益最小。从此观点出发，可以将控制 u 与干扰 w 视为博弈的参与者。

2）支付

干扰 w 的目标是最大化 $J(u,w)$，而控制 u 的目标是最小化 $J(u,w)$，或最大化 $-J(u,w)$。因此，干扰 w 和控制 u 的支付分别为 $J(u,w)$ 和 $-J(u,w)$，两者支付之和为零，所以该博弈格局为二人零和博弈。

由于控制器设计者的目标就是抑制干扰对系统的影响，所以在鲁棒控制的博弈模型 (10-8) 中，控制 u 试图最小化 $J(u,w)$ 是容易理解的。但干扰 w 企图最大化 $J(u,w)$，也即由大自然决定的干扰 w 也具备“理性”，这一点似乎并不直观。之所以这样处理，是因为在设计控制器时，无法准确预测干扰 w 的行为，此时一种虽然保守但是绝对保险的办法就是针对最坏干扰激励 w^* 设计最佳控制 u^*，使得系统在最恶劣情况下也能达到满意的控制性能。根据 w^* 确定的最佳控制 u^*，必能应对其他非最恶劣干扰的挑战，故而 u^* 虽然较为保守但绝对是安全的，这意味着其工程可行性。

3）约束条件

博弈模型 (10-8) 的约束条件为描述系统动态的微分方程，以及对控制 u 和干扰 w 各自的限制，如 u 有界、w 能量有界等。

在式 (10-8) 所示的鲁棒控制博弈模型中，控制器设计者希望通过设计 u 以使 $J(u,w)$ 达到最小，而干扰则通过控制 w 使 $J(u,w)$ 最大，且二者的策略会相互影响，其最优解可由博弈的 Nash 均衡 (u^*,w^*) 确定。在该均衡策略下，双方均不能通过单方面更改策略而获得更大收益，因此 (u^*,w^*) 应满足如下不等式：

$$J(u^*,w)\leqslant J(u^*,w^*)\leqslant J(u,w^*) \tag{10-9}$$

二人零和微分博弈的 Nash 均衡 (u^*,w^*) 又称为鞍点（saddle point），其中 u^* 为鲁棒控制策，w^* 为最坏干扰激励。根据第 6 章的介绍，该鞍点解即为二人零和微分博弈的反馈 Nash 均衡。在工程实际中，控制器采用鲁棒控制策略 u^*，但实际干扰不一定为

w^*，意味着实际 L_2 增益不会大于鞍点解 (u^*, w^*) 确定的 L_2 增益，这正是鲁棒控制的目标。

10.4 鲁棒控制器的构造

本节首先基于微分博弈推导非线性鲁棒控制问题的 Hamilton-Jacobi-Issacs（HJI）不等式，构造非线性鲁棒控制器必须求解该不等式，但 HJI 不等式是一类二次偏微分不等式，目前数学上尚无一般求解方法。为解决此问题，本节介绍四种典型处理方法，这四种方法的共同之处在于构造鲁棒控制器的过程中均可避免直接求解 HJI 不等式。

为了分析并得到非线性系统的最优控制策略和最坏干扰激励，可按下述步骤推导 HJI 不等式。

第 1 步　建立增广泛函 $\bar{J}$：

$$\bar{J} = \int_0^T (\|z\|^2 - \gamma^2 \|w\|^2 + \Lambda^{\mathrm{T}}[f(x) + g_1(x)w + g_2(x)u - \dot{x})]\mathrm{d}t$$

其中，$z = h(x) + k(x)u$ 为评价输出向量。

第 2 步　根据以上增广泛函被积函数写出系统的 Hamilton 函数

$$H(x, \Lambda, w, u) = \|z\|^2 - \gamma^2 \|w\|^2 + \Lambda^{\mathrm{T}}(t)[f(x) + g_1(x)w + g_2(x)u] \tag{10-10}$$

其中，$\Lambda(t)$ 为 Lagrange 乘子向量，也称协状态向量。

将 $z = h(x) + k(x)u$ 代入式 (10-10) 得

$$H(x, \Lambda, w, u) = \Lambda^{\mathrm{T}}(t)[f(x) + g_1(x)w + g_2(x)u] + \|h(x) + k(x)u\|^2 - \gamma^2 \|w\|^2 \tag{10-11}$$

第 3 步　由变分法原理可知，二人零和微分博弈 (10-8) 的鞍点 (u^*, w^*) 须满足以下必要条件，即

$$\frac{\partial H(x, \Lambda, w, u)}{\partial u} = 0 \tag{10-12}$$

$$\frac{\partial H(x, \Lambda, w, u)}{\partial w} = 0 \tag{10-13}$$

将 Hamilton 函数表达式 (10-11) 代入式 (10-12) 和式 (10-13) 中，求解 w 和 u 可得

$$\begin{bmatrix} w^*(x, \Lambda) \\ u^*(x, \Lambda) \end{bmatrix} = \begin{bmatrix} \dfrac{1}{2\gamma^2} g_1^{\mathrm{T}}(x)\Lambda \\ -R^{-1}(x)\left(\dfrac{1}{2} g_2^{\mathrm{T}}(x)\Lambda + k^{\mathrm{T}}(x)h(x)\right) \end{bmatrix} \tag{10-14}$$

设式 (10-14) 中 $R(x) = k^{\mathrm{T}}(x)k(x)$ 为正定矩阵，故该矩阵可逆。

根据 u^* 和 w^* 的表达式 (10-14) 和 Hamilton 函数表达式 (10-10), 令

$$H(x, \Lambda, w, u) = H^*(x, \Lambda) + \|u - u^*\|_R^2 - \gamma^2 \|w - w^*\|^2 \tag{10-15}$$

其中

$$H^*(x,\Lambda) = H(x,\Lambda,w^*,u^*)$$

$$\|u-u^*\|_R^2 = [u-u^*]^{\mathrm{T}} R\,[u-u^*]$$

根据 $R(x) = k^{\mathrm{T}}(x)k(x)$ 为正定矩阵的假设，$H(x,\Lambda,w,u)$ 关于 u 严格凸，关于 w 严格凹。换言之，当 $w = w^*$ 时，Hamilton 函数 H 取极大值；当 $u = u^*$ 时，H 取极小值。这一事实说明，$w = w^*$ 和 $u = u^*$ 是系统 Hamilton 函数的鞍点，即有

$$H(x,\Lambda,w,u^*) \leqslant H(x,\Lambda,w^*,u^*) \leqslant H(x,\Lambda,w^*,u) \tag{10-16}$$

若存在函数 $V(x):\mathbb{R}^n \to \mathbb{R}$，并以其梯度向量

$$V_x = \frac{\partial V(x)}{\partial x} \tag{10-17}$$

代替 Hamilton 函数中的协状态向量 Λ，使得

$$H^*(x,V_x,w^*,u^*) = H^*(x,V_x) \leqslant 0 \tag{10-18}$$

则由式 (10-15) 可知，此时

$$H(x,V_x,w,u) \leqslant \|u-u^*\|_R^2 - \gamma^2\,\|w-w^*\|^2 \leqslant 0 \tag{10-19}$$

从式 (10-19) 可以看出，系统的 Hamilton 函数 H 在 u^* 取极小值，故 u^* 是最优控制策略；Hamilton 函数在 w^* 取极大值，故 w^* 是最坏干扰激励。

因此，非线性鲁棒控制问题归结为求正定函数 $V(x):\mathbb{R}^n \to \mathbb{R}$，使得

$$H^*(x,V_x) \leqslant 0 \tag{10-20}$$

从而得到两个“最佳”策略

$$w^*(x,V_x) = \alpha_1(x) = \frac{1}{2\gamma^2} g_1^{\mathrm{T}}(x)V_x \tag{10-21}$$

$$u^*(x,V_x) = \alpha_2(x) = -R^{-1}(x)\left(\frac{1}{2}g_2^{\mathrm{T}}(x)V_x + k^{\mathrm{T}}(x)h(x)\right) \tag{10-22}$$

构成二人零和微分博弈问题 (10-8) 的 Nash 均衡。又由于 w 是干扰，故这个对“极大方”是“最佳”策略的 w^*，实际上就是最具威胁性的干扰（最坏干扰激励）。

综上，非线性鲁棒控制问题可归结为求解一个非负可微函数 $V(x)$，$V(0)=0$，使得式 (10-20) 成立。如此则当 $u = u^*$ 和 $w = w^*$ 时，系统的 Hamilton 函数

$$H(x,V_x,w^*,u^*) \leqslant 0$$

由式 (10-10) 可知，在这种条件下有

$$V_x^{\mathrm{T}}(f(x) + g_1(x)w + g_2(x)u) \leqslant \gamma^2\,\|w\|^2 - \|z\|^2$$

或等价地

$$\left(\frac{\mathrm{d}V(x)}{\mathrm{d}x}\right)^{\mathrm{T}}\frac{x}{\mathrm{d}t}\leqslant\gamma^2\left\|w\right\|^2-\left\|z\right\|^2$$

亦即

$$\frac{\mathrm{d}V(x)}{\mathrm{d}t}\leqslant\gamma^2\left\|w\right\|^2-\left\|z\right\|^2 \tag{10-23}$$

由式 (10-23) 可得

$$V[x(T)]-V[x(0)]\leqslant\int_0^T(\gamma^2\left\|w\right\|^2-\left\|z\right\|^2)\mathrm{d}t \tag{10-24}$$

由于 $V(0)=0$，$V[x(T)]\geqslant 0$，故由式 (10-24) 可知式 (10-25) 成立，即

$$\int_0^T(\gamma^2\left\|w\right\|^2-\left\|z\right\|^2)\mathrm{d}t\geqslant 0,\quad \forall T>0 \tag{10-25}$$

由式 (10-25) 可知，针对 $L_2[0,T]$ 中的任何可能的干扰 w，控制律 u^* 使得由 w 到 z 的 L_2 增益均不大于给定的正数 γ，因此即为所求的鲁棒控制律 u^*。

式 (10-20) 称为 HJI 不等式。若能求解 HJI 不等式，将所得的非负解 $V(x)$ 的梯度向量式 V_x 代入 $\alpha_2(x)$ 即可得到仿射非线性系统 (10-3) 的非线性鲁棒控制律 u^*。

综上所述，非线性鲁棒控制的目标是设计鲁棒控制器使得相应闭环系统内部稳定，并且从干扰 w 到评价输出 z 的 L_2 增益不超过事先给定的正数 γ，而这一目标的实现依赖于 HJI 不等式的求解。以下将导出 HJI 不等式的具体形式。为此只需将式 (10-21) 及 (10-22) 中 w^* 和 u^* 的表达式代入式 (10-10)，并以 V_x 向量置换 Λ 向量即可。经整理可得

$$\begin{aligned}&H^*(x,V_x,w^*,u^*)\\&=V_x^{\mathrm{T}}f(x)+h^{\mathrm{T}}(x)h(x)+\gamma^2\alpha_1^{\mathrm{T}}(x)\alpha_1(x)-\alpha_2^{\mathrm{T}}(x)R(x)\alpha_2(x)\\&=V_x^{\mathrm{T}}\hat{f}(x)+\hat{h}^{\mathrm{T}}(x)\hat{h}(x)+\frac{1}{4}V_x^{\mathrm{T}}\hat{R}(x)V_x\end{aligned} \tag{10-26}$$

其中

$$\hat{f}(x)=f(x)-g_2(x)R^{\mathrm{T}}(x)k^{\mathrm{T}}(x)h(x)$$
$$\hat{h}(x)=[I-k(x)R^{-1}(x)k^{\mathrm{T}}(x)]h(x)$$
$$\hat{R}(x)=\frac{1}{\gamma^2}g_1(x)g_1^{\mathrm{T}}(x)-g_2(x)R^{-1}(x)g_2^{\mathrm{T}}(x)$$

故 HJI 不等式 (10-20) 可写成

$$V_x^{\mathrm{T}}f(x)+h^{\mathrm{T}}(x)h(x)+\gamma^2\alpha_1^{\mathrm{T}}(x)\alpha_1(x)-\alpha_2^{\mathrm{T}}(x)R(x)\alpha_2(x)\leqslant 0 \tag{10-27}$$

其中，$\alpha_1(x)$ 和 $\alpha_2(x)$ 的表达式见式 (10-21) 和式 (10-22)，或写成如下形式：

$$V_x^{\mathrm{T}}\hat{f}(x)+\hat{h}^{\mathrm{T}}(x)\hat{h}(x)+\frac{1}{4}V_x^{\mathrm{T}}\hat{R}(x)V_x\leqslant 0 \tag{10-28}$$

以下简要讨论 HJI 不等式及其解的性质。

首先，HJI 不等式是偏微分不等式，在不等式中 $V_x = \partial V(x)/\partial x$，其解 $V^*(x)$ 为 n 元函数，由于在不等式中存在如 $V_x^{\mathrm{T}} V_x$ 的二次型多项式，故 HJI 不等式是非线性（二次）偏微分不等式；其次，其解 $V^*(x)$ 须为正定函数，即

$$V(x) > 0, \quad x \neq 0, \quad V(0) = 0$$

例 10.1 考虑线性系统 (10-1)。假定 HJI 不等式的解为

$$V(x) = x^{\mathrm{T}} P x$$

其中，P 为待求矩阵。将 $V(x)$ 代入 HJI 不等式可得矩阵 P 应满足

$$P\hat{A} + \hat{A}P + \hat{C}_1^{\mathrm{T}} \hat{C}_1 + P\hat{R}P < 0 \tag{10-29}$$

其中

$$\hat{A} = A - B_2 R^{-1} K^{\mathrm{T}} C$$
$$\hat{C}_1 = (I - K R^{-1} K^{\mathrm{T}}) C$$
$$\hat{R} = \frac{1}{\gamma^2} B_1 B_1^{\mathrm{T}} - B_2 R^{-1} B_2^{\mathrm{T}}$$

式中，$R = K^{\mathrm{T}} K$ 非奇异。式 (10-29) 称为 Riccati 不等式，若能求得其非负解 P^*，则鲁棒控制律为

$$u = -R^{-1}(B_2^{\mathrm{T}} P^* + K^{\mathrm{T}} C)x$$

在该控制律作用下，相应闭环系统内部稳定且传递函数满足

$$\|T_{zw}\|_\infty < \gamma$$

本节基于微分博弈的反馈 Nash 均衡理论推导了非线性鲁棒控制问题的最坏干扰激励和最优控制策略（鲁棒控制律）的一般数学表达式，该表达式含有待求能量存储函数 $V(x)$，而 $V(x)$ 的求解依赖于目前尚无一般性求解方法的偏微分 HJI 不等式。有鉴于此，以下介绍 4 种具有代表性的非线性鲁棒控制器构造方法，其共同之处在于避免了直接求解 HJI 不等式。

10.4.1 变尺度反馈线性化 H_∞ 设计方法

文献 [2] 基于微分博弈理论，提出了非线性鲁棒控制器的变尺度反馈线性化 H_∞ 设计方法，基本思路是将非线性系统通过坐标变换和反馈转化为线性系统，从而将偏微分 HJI 不等式转化为代数 Riccati 不等式求解。现简述如下。

考察一类仿射非线性系统

$$\begin{cases} \dot{x} = f(x) + g_1(x)w + g_2(x)u \\ z = h(x) \end{cases} \tag{10-30}$$

其中，x、u、w、z 含义同式 (10-3)，$f(x)$、$g_1(x)$、$g_2(x)$ 和 $h(x)$ 为光滑的向量函数，并满足 $f(0)=0$，$h(0)=0$。

综上系统 (10-30) 的非线性鲁棒控制问题可归结为求足够小的 $\gamma^*>0$ 和相应的控制策略 $u=u^*(x)$，使得当 $w=0$ 时闭环系统渐近稳定，且对 $\forall\gamma>\gamma^*$ 都有

$$\int_0^T (\|z\|^2+\|u\|^2)\mathrm{d}t \leqslant \gamma^2\int_0^T \|w\|^2\,\mathrm{d}t,\quad \forall T\geqslant 0 \tag{10-31}$$

假定系统 (10-30) 对应的标称系统

$$\begin{cases} \dot{x}=f(x)+g_2(x)u \\ z=h(x) \end{cases} \tag{10-32}$$

可以精确线性化，即输出函数 $h(x)$ 关于系统的相对阶（向量）满足 $\sum r_i=n$。

对于此类系统，由微分几何反馈线性化理论可知[2-4]，该标称系统可以由一组合适的变尺度坐标变换

$$z=\begin{bmatrix} z_1\\ \vdots\\ z_\mu\\ z_{\mu+1}\\ z_{\mu+2}\\ \vdots\\ z_n \end{bmatrix}=KT(x)=\begin{bmatrix} k_1h(x)\\ \vdots\\ k_\mu L_f^{\mu-1}h(x)\\ k_{\mu+1}L_f^{\mu}h(x)\\ k_{\mu+2}L_f^{\mu+1}h(x)\\ \vdots\\ k_nL_f^{n-1}h(x) \end{bmatrix}$$

以及相应的反馈律

$$v=\alpha(x)+\beta(x)u$$

精确线性化为 Brunovsky 标准型

$$\begin{cases} \dfrac{\mathrm{d}\tilde{x}}{\mathrm{d}t}=A\tilde{x}+Bv \\ \tilde{z}=C\tilde{x} \end{cases} \tag{10-33}$$

式中

$$\alpha(x)=L_f^rh(x),\quad \beta(x)=L_{g_2}L_f^{n-1}h(x)$$

其中，$L_f^rh(x)$ 为函数 $h(x)$ 沿着 $f(x)$ 的第 r 阶 Lie 导数，$0\leqslant r\leqslant n$，$K=\mathrm{diag}(k_1,\cdots k_n)$ 是待定的对角常数矩阵，其几何意义可以理解为某一向量在映射 $\varPhi$ 下从 x 空间到 z 空间的张弛尺度。将该变尺度坐标变换与反馈律作用于原系统 (10-30) 可以得到

$$\begin{cases} \dfrac{\mathrm{d}\tilde{x}}{\mathrm{d}t}=A\tilde{x}+B_1\tilde{w}+B_2v \\ \tilde{z}=C\tilde{x} \end{cases} \tag{10-34}$$

其中

$$\tilde{w} = K\frac{\partial T(x)}{\partial x}g_1(x)w \tag{10-35}$$

若给定一个正数 γ，则线性系统 (10-34) 的鲁棒控制问题可以通过求解代数 Riccati 不等式来解决。事实上，系统 (10-34) 的鲁棒控制问题有解的条件是当且仅当如下 Riccati 不等式

$$A^{\mathrm{T}}P + PA + \frac{1}{\gamma^2}PB_1B_1^{\mathrm{T}}P - PB_2B_2^{\mathrm{T}}P + C^{\mathrm{T}}C < 0 \tag{10-36}$$

存在一个非负解 P^*，此时最优控制策略为

$$v^* = -B_2^{\mathrm{T}}P^*z \tag{10-37}$$

最坏干扰激励为

$$\tilde{w}^* = \frac{1}{\gamma^2}B_1^{\mathrm{T}}P^*z \tag{10-38}$$

进一步，最终所求的控制律为

$$u^* = -\beta^{-1}(x)[\alpha(x) + B_2^{\mathrm{T}}P^*KT(x)] \tag{10-39}$$

其中，u^* 为式（10-30）所示的原系统的非线性鲁棒控制律，文献 [2] 给出了这一论断的严格数学证明。

例 10.2 考察如下非线性系统

$$\begin{cases} \dot{x} = \begin{bmatrix} x_3(1+x_2) \\ x_1 \\ x_2(1+x_1) \end{bmatrix} + \begin{bmatrix} 0 \\ 1+x_2 \\ -x_3 \end{bmatrix}u + \begin{bmatrix} 0 \\ 1 \\ 0 \end{bmatrix}w \\ y = x_1 \end{cases} \tag{10-40}$$

选择输出函数 $h(x) = x_1$，正常数 k_1、k_2、k_3 以及下述坐标变换：

$$\begin{cases} z_1 = k_1h(x) = k_1x_1 \\ z_2 = k_2L_fh(x) = k_2x_3(1+x_2) \\ z_3 = k_3L_f^2h(x) = k_3x_1x_3 + (1+x_1)(1+x_2)x_2 \end{cases}$$

则可将系统转化为 Brunovsky 标准型：

$$\begin{cases} \dot{z} = Az + B_2v + B_1\tilde{w} \\ y = Cz \end{cases}$$

其中

$$A = \begin{bmatrix} 0 & k_1/k_2 & 0 \\ 0 & 0 & k_2/k_3 \\ 0 & 0 & 0 \end{bmatrix},\quad B_2 = \begin{bmatrix} 0 \\ 0 \\ k_3 \end{bmatrix},\quad B_1 = \begin{bmatrix} 0 \\ k_2 \\ 0 \end{bmatrix},\quad C = \begin{bmatrix} k_1 & 0 & 0 \end{bmatrix}$$

取 $k_1=2, k_2=k_3=1, \gamma=0.5$，考察如下 Riccati 方程：

$$A^{\mathrm{T}}P+PA+\frac{1}{\gamma^2}PB_1B_1^{\mathrm{T}}P-PB_2B_2^{\mathrm{T}}P+C^{\mathrm{T}}C=-0.5I_3$$

其中，I_3 是 3 阶单位矩阵，其解为

$$P^*=\begin{bmatrix} 1.7165 & 0.5303 & 0.0178 \\ 0.5303 & 0.4045 & 0.0609 \\ 0.0178 & 0.0609 & 0.7500 \end{bmatrix}$$

故原系统的鲁棒控制策略为

$$\begin{aligned} u &= \frac{-L_f^3h(x)+v}{L_gL_f^2h(x)} \\ &= \frac{-x_3^2(1+x_2)-x_2x_3(1+x_2^2)-x_1(1+x_1)(1+2x_2)-x_1x_2(1+x_1)+v}{(1+x_1)(1+x_2)(1+2x_2)-x_1x_3} \end{aligned}$$

其中，预反馈

$$\begin{aligned} v=-B_2^{\mathrm{T}}Pz= &-0.0178x_1-0.0609x_3(1+x_2) \\ &-0.7500[x_1x_3+(1+x_1)(1+x_2)x_2] \end{aligned}$$

在该控制策略下，闭环系统渐近稳定，同时从干扰到输出的 L_2 增益不超过 0.5。

第 14 章将采用本节理论设计非线性鲁棒电力系统稳定器 (NR-PSS)[5]，正是因为引进了变尺度参数，大大增强了非线性鲁棒励磁控制规律的可调性和对系统不同运行工况的适应能力，实际工程中也取得了满意的效果。

10.4.2　基于 Hamilton 系统的设计方法

Hamilton 系统是非线性科学研究的重要对象，这类系统普遍存在于物理科学、生命科学及工程科学等众多领域。广义 Hamilton 系统是一类既与外界存在能量交换，又有能量耗散，还有能量生成的开放系统。这类系统物理意义明确，Hamilton 函数是系统的广义能量（动能 + 势能）。在特定条件下，Hamilton 函数构成系统的 Lyapunov 函数，对系统稳定性分析起至关重要的作用。在某些控制问题中，广义 Hamilton 系统已显示出极大的优越性。本节讨论基于广义 Hamilton 系统的控制律设计方法，以避免直接求解 HJI 不等式。

定义 10.1　对于受控动态系统

$$\dot{x}=f(x)+g(x)u \tag{10-41}$$

如果存在 Hamilton 函数 $H(x)$、结构矩阵函数 $T(x)$ 和一个适当的反馈律

$$u=\alpha(x)+v$$

使相应的闭环系统可表示为

$$\dot{x} = T(x)\frac{\partial H}{\partial x} + g(x)v \tag{10-42}$$

则称式 (10-42) 为系统 (10-41) 的状态反馈 Hamilton 实现，进一步，若矩阵 $T(x)$ 可表示为

$$T(x) = J(x) - R(x)$$

其中，$J(x)$ 为反对称矩阵，即 $J(x) + J^{\mathrm{T}}(x) = 0$，$R(x)$ 是半正定（正定）矩阵，则称式 (10-42) 是系统 (10-41) 的一个（严格）耗散 Hamilton 实现。关于 Hamilton 函数的求取可参考文献 [6]。

本节主要考虑以下形式的 Hamilton 系统：

$$\begin{cases} \dot{x} = [J(x) - R(x)]\dfrac{\partial H}{\partial x} + g_2(x)u + g_1(x)w \\ y = g_2^{\mathrm{T}}(x)\dfrac{\partial H}{\partial x} \\ z = g_1^{\mathrm{T}}(x)\dfrac{\partial H}{\partial x} + D(x)u \end{cases} \tag{10-43}$$

其中，x、u、w、z 含义同式 (10-3)；$J(x)$ 是适当维数的反对称矩阵；$R(x)$ 是适当维数的半正定矩阵；$H(x)$ 是系统的 Hamilton 函数，并假设

$$D^{\mathrm{T}}(x)g_1^{\mathrm{T}}(x)\frac{\partial H}{\partial x} \equiv 0, \quad \forall x \in \mathbb{R}^n$$

系统 (10-43) 被称为端口受控 Hamilton 系统，函数 H 称为 Hamilton 函数。以下分析 Hamilton 函数的物理意义。将其对时间 t 求导数可得

$$\frac{\mathrm{d}H}{\mathrm{d}t} = \left(\frac{\partial H}{\partial x}\right)^{\mathrm{T}}\frac{\mathrm{d}x}{\mathrm{d}t} = \left(\frac{\partial H}{\partial x}\right)^{\mathrm{T}}\left[(J-R)\frac{\partial H}{\partial x} + g_2(x)u + g_1(x)w\right] = y^{\mathrm{T}}u - \left(\frac{\partial H}{\partial x}\right)^{\mathrm{T}} R\frac{\partial H}{\partial x}$$

其中，右端第一项可理解为控制输入 u 注入系统的能量，第二项为系统内部消耗的能量，因此 Hamilton 函数反映了系统的总能量。进一步，由于 $\mathrm{d}H/\mathrm{d}t$ 中含有控制 u，故可以通过设计反馈控制率 u 镇定系统。

Hamilton 系统 (10-43) 的鲁棒控制问题是指，对于给定的正数 $\gamma > 0$，设计状态反馈 $u = u(x)$，使得闭环系统满足如下 L_2 增益不等式：

$$\int_0^T \|z(t)\|^2 \mathrm{d}t \leqslant \gamma^2 \int_0^T \|w(t)\|^2 \mathrm{d}t$$

且当 $w = 0$ 时闭环系统渐近稳定。

定理 10.1 [7] 假设 $x^* = 0$ 是系统 (10-43) 的 Hamilton 函数 H 的严格局部极小点，对于给定的正数 γ，存在正数 β 满足

$$\beta R + \frac{\alpha^2}{2}g_2(x)[D^{\mathrm{T}}(x)D(x)]^{-1}g_2^{\mathrm{T}}(x) - \left(\frac{1}{2} + \frac{\alpha^2}{2\gamma^2}\right)g_1(x)g_1^{\mathrm{T}}(x) \geqslant 0$$

则系统 (10-43) 的鲁棒控制策略为

$$u = -\beta[D^{\mathrm{T}}(x)D(x)]^{-1}y$$

本节所述方法的核心在于构造 Hamilton 函数将一般仿射非线性系统 (10-3) 转换为端口受控 Hamilton 系统 (10-43)。

以下以一简单实例说明 Hamilton 函数的物理意义，以及 Hamilton 系统控制设计的基本思想。简明起见，本例忽略干扰。第 15 章将采用本节理论设计考虑干扰的水轮机励磁与调速的协调控制器。

例 10.3 考察如下单摆系统：

$$\begin{cases} \dot{x}_1 = x_2 \\ \dot{x}_2 = -\sin x_1 + u \end{cases} \tag{10-44}$$

其中 $d > 0$ 为常数，求控制规律 u 使闭环系统在平衡点 $(0,0)$ 渐近稳定。

取 Hamilton 函数

$$H(x) = (1 - \cos x_1) + \frac{1}{2}x_2^2$$

其中第一项为系统势能，第二项为系统动能，则系统动态方程可写为

$$\dot{x} = [J(x) - R(x)]\frac{\partial H}{\partial x} + g(x)u$$

其中

$$J(x) = \begin{bmatrix} 0 & 1 \\ -1 & 0 \end{bmatrix}, \quad R(x) = \begin{bmatrix} 0 & 0 \\ 0 & 0 \end{bmatrix}, \quad g(x) = \begin{bmatrix} 0 \\ 1 \end{bmatrix}$$

若选取控制律

$$u = -g^{\mathrm{T}}(x)\frac{\partial H}{\partial x} = -x_2$$

则

$$\frac{\mathrm{d}H}{\mathrm{d}t} = -x_2^2 \leqslant 0$$

因此系统 Lyapunov 稳定。进一步，系统在平衡点 $(0,0)$ 处的近似动态方程为

$$\dot{x} = Ax$$

其中

$$A = \begin{bmatrix} 0 & 1 \\ -1 & -1 \end{bmatrix}$$

矩阵 A 的特征值为 $-0.5 \pm 0.866\mathrm{i}$，均具有负实部，因此系统在平衡点 $(0,0)$ 处渐近稳定。

10.4.3 策略迭代法

前已提及，非线性鲁棒控制问题依赖于求解 HJI 不等式，而该不等式的解析解一般难以获得。一种可行的思路是通过交替求解一系列非线性 Lyapunov 方程，从而得出在给定 L_2 增益 γ 下的 HJI 不等式的非负解。

作为一种重要的强化学习算法，策略迭代被广泛应用于迭代求解最优控制策略。策略迭代包括策略评价和策略更新两个步骤，前者用于评价当前策略，后者根据策略评估结果更新当前策略，确保控制效果得到逐步改善。通过策略迭代交替求解非线性 Lyapunov 方程，即可求得微分博弈的 Nash 均衡策略，即鲁棒控制问题中最坏干扰激励 w^* 和最优控制策略 u^*，从而在一定程度上克服 HJI 不等式难以求解的困难。

假定非线性系统 (10-30) 中的 $f(x)$、$g_1(x)$、$g_2(x)$ 均满足局部 Lipschitz 连续条件。在无限时间域中，定义性能指标函数

$$J(u,w) = \int_0^{\infty} \left(\left\|h^{\mathrm{T}}h + u^{\mathrm{T}}Ru\right\|^2 - \gamma^2 \|w\|^2\right) \mathrm{d}t = \int_0^{\infty} r(x,u,w)\mathrm{d}t \tag{10-45}$$

其中，$r(x,u,w) = \left\|h^{\mathrm{T}}h + u^{\mathrm{T}}Ru\right\|^2 - \gamma^2 \|w\|^2, R = R^{\mathrm{T}}$ 是正定矩阵。

对任一给定的容许控制 u 和干扰 $w \in L_2[0,\infty)$，定义值函数

$$V(x(t),u,w) = \int_t^{\infty} \gamma(x,u,w)\mathrm{d}\tau \tag{10-46}$$

上述值函数的微分等价形式为

$$0 = r(x,u,w) + V_x^{\mathrm{T}}(f(x) + g_1(x)w + g_2(x)u), \quad V(0) = 0 \tag{10-47}$$

对于容许控制 u，若非线性 Lyapunov 方程 (10-47) 存在非负解 $V(x)$，则其即为相应于给定干扰 $w \in L_2[0,\infty)$ 的值函数 (10-46)。

将式 (10-46) 代入 Hamilton 函数 (10-10) 可得

$$H(x,V_x,u,w) = r(x,u,w) + V_x^{\mathrm{T}}(f(x) + g_1(x)w + g_2(x)u) \tag{10-48}$$

由式 (10-12) 及式 (10-13) 可得，关于 w 和 u 的鞍点解满足

$$\begin{bmatrix} w^*(x,V_x) \\ u^*(x,V_x) \end{bmatrix} = \begin{bmatrix} \dfrac{1}{2\gamma^2} g_1^{\mathrm{T}}(x)V_x \\ -\dfrac{1}{2}R^{-1}(x)g_2^{\mathrm{T}}(x)V_x \end{bmatrix} \tag{10-49}$$

将式 (10-49) 代入式 (10-47)，可得如下非线性 Lyapunov 方程：

$$h^{\mathrm{T}}h + V_x^{\mathrm{T}}f(x) - \frac{1}{4}V_x^{\mathrm{T}}g_2(x)R^{-1}g_2^{\mathrm{T}}(x)V_x + \frac{1}{4\gamma^2}V_x^{\mathrm{T}}g_1(x)g_1^{\mathrm{T}}(x)V_x = 0, \quad V(0) = 0 \tag{10-50}$$

Lyapunov 方程 (10-50) 可用策略迭代法通过策略评价和策略更新两步迭代求解，从而间接求解 HJI 不等式，进而获得鲁棒控制策略。以下给出策略迭代算法的步骤。

算法 10.1　鲁棒控制问题的策略迭代求解算法 [8,9]。

第 1 步（初始化）　选择初始稳定控制策略 u_0。

第 2 步（策略评价）　对于给定的 u_j（$j=0,1,\cdots$），令 $w^0=0$，按式 (10-51)、式 (10-52) 求解值函数 $V_{x,j}^i(x)$，并更新 w^{i+1}（$i=0,1,\cdots$），以极大化控制代价。

$$h^{\mathrm{T}}h+\left(V_{x,j}^i\right)^{\mathrm{T}}\left(f\left(x\right)+g_1\left(x\right)w^i+g_2\left(x\right)u_j\right)+u_j^{\mathrm{T}}Ru_j-\gamma^2\left\|w^i\right\|^2=0 \tag{10-51}$$

$$w^{i+1}=\arg\max_w\left[H\left(x,V_{x,j}^i,w,u_j\right)\right]=\frac{1}{2\gamma^2}g_1^{\mathrm{T}}\left(x\right)V_{x,j}^i \tag{10-52}$$

直至收敛，令 $V_{j+1}\left(x\right)=V_j^i\left(x\right)$。

其中 $V_{x,j}^i$ 为第 j 次策略更新第 i 次策略评价过程中值函数的梯度，$V_j(x)$ 为第 j 次策略更新后的值函数。

第 3 步（策略更新）　按式 (10-53) 更新控制策略以极小化控制代价，即

$$u_{j+1}=\arg\min_u\left[H\left(x,V_{x,j+1},w,u\right)\right]=-\frac{1}{2}R^{-1}g_2^{\mathrm{T}}\left(x\right)V_{x,j+1} \tag{10-53}$$

返回第 2 步。

第 14 章将采用本节方法设计负荷频率鲁棒控制器。

10.4.4　基于 ADP 的鲁棒控制在线求解方法

正如前文所述，策略迭代为在线迭代求解 HJI 不等式提供了一种良好的思路，但非线性 Lyapunov 方程 (10-47)、方程 (10-51) 的直接求解较为困难。ADP 设计方法[10] 采用值函数近似结构逼近非线性 Lyapunov 方程 (10-51) 的值函数，进而采用评价-执行结构实施策略迭代，从而在线求解鲁棒控制问题。简言之，鲁棒控制问题的 ADP 设计方法的基本思想是在保证闭环系统稳定的同时，利用函数近似结构在线逼近最坏干扰激励和最佳控制策略，采用策略评价评估当前策略，通过策略更新调节近似结构权值，从而不断在线更新值函数和策略函数，最终使策略函数收敛到微分博弈反馈 Nash 均衡策略 (w^*,u^*)。常用的值函数近似结构主要有神经网络[8-10]、Volterra 级数[11] 等。

近似求解 Lyapunov 方程 (10-51) 需要解决近似结构的稳定性、近似误差的有界性及近似策略的收敛性等一系列问题。相关内容可参考文献 [8-15]。应当指出，ADP 方法并非独立于策略迭代方法的新方法，而是后者的在线实现。以下阐述非线性鲁棒控制器的 ADP 设计方法：

采用任意一组基函数近似值函数 (10-46)，即

$$V\left(x\right)=W_1^{\mathrm{T}}\varphi_1\left(x\right)+\varepsilon \tag{10-54}$$

其中，$\varphi_1\left(x\right):\mathbb{R}^n\to\mathbb{R}^K$ 为一组基函数向量；W_1 为基函数权值；K 为基函数个数；ε 为近似误差。

值函数 $V(x)$ 的梯度 V_x 可表述为

$$V_x=\frac{\partial V}{\partial x}=\left(\frac{\partial \varphi_1(x)}{\partial x}\right)^{\mathrm{T}} W_1+\frac{\partial \varepsilon}{\partial x}=\nabla \varphi_1^{\mathrm{T}} W_1+\nabla \varepsilon, \quad \forall x \in \Omega \tag{10-55}$$

文献 [8-10] 基于 Weierstrass 逼近定理证明了随着基底函数个数 $K\to\infty$，近似误差 $\varepsilon\to 0$，$\nabla\varepsilon\to 0$。特别地，对于固定的 K，当 Ω 为紧集时近似误差 ε 及 $\nabla\varepsilon$ 均有界。

采用近似结构 (10-54) 逼近值函数 (10-46) 时，Hamilton 函数 (10-48) 可表示为

$$H(x,W_1,w,u)=\left\|h^{\mathrm{T}}h+u^{\mathrm{T}}Ru\right\|^2-\gamma^2\|w\|^2+W_1^{\mathrm{T}}\nabla\varphi_1[f(x)+g_1(x)w+g_2(x)u]=\varepsilon_H \tag{10-56}$$

其中

$$\varepsilon_H=-(\nabla\varepsilon)^{\mathrm{T}}(f+g_1w+g_2u) \tag{10-57}$$

可以证明，当非线性系统 (10-30) 中所有函数 Lipschitz 连续时，ε_H 有界，且近似误差随着 K 的增加一致收敛[8,9]。有鉴于此，值函数 (10-54) 可表示为

$$V(x)=W_1^{\mathrm{T}}\varphi_1(x) \tag{10-58}$$

由极值曲线 (10-14) 可推得对应于值函数 (10-58) 的最坏干扰激励和最优控制策略分别为

$$w_1=\frac{1}{2\gamma^2}g_1^{\mathrm{T}}(x)V_x=\frac{1}{2\gamma^2}g_1^{\mathrm{T}}(x)\nabla\varphi_1^{\mathrm{T}}(x)W_1 \tag{10-59}$$

$$u_1=-\frac{1}{2}R^{-1}g_2^{\mathrm{T}}(x)V_x=-\frac{1}{2}R^{-1}g_2^{\mathrm{T}}(x)\nabla\varphi_1^{\mathrm{T}}(x)W_1 \tag{10-60}$$

需要说明的是，实际应用时由于 W_1 未知，一般采用其估计值 $\hat{W}_1$ 代替，即值函数 (10-58) 的估计值为

$$\hat{V}(x)=\hat{W}_1^{\mathrm{T}}\varphi_1(x) \tag{10-61}$$

相应地，最坏干扰激励和最优控制策略分别为

$$w_2(x)=\frac{1}{2\gamma^2}g_1^{\mathrm{T}}(x)\nabla\varphi_1^{\mathrm{T}}(x)\hat{W}_2 \tag{10-62}$$

$$u_2(x)=-\frac{1}{2}R^{-1}g_2^{\mathrm{T}}(x)\nabla\varphi_1^{\mathrm{T}}(x)\hat{W}_3 \tag{10-63}$$

其中，$\hat{W}_2$，$\hat{W}_3$ 是值函数理想近似权值 W_1 的当前估计值。进一步定义评价网络和执行网络估计误差分别为

$$\tilde{W}_1=W_1-\hat{W}_1,\quad \tilde{W}_2=W_1-\hat{W}_2,\quad \tilde{W}_3=W_1-\hat{W}_3$$

文献 [8,9] 证明了估计误差 $\tilde{W}_1$、$\tilde{W}_2$、$\tilde{W}_3$ 一致最终有界（UUB），并给出如下权系数更新方法：

$$\dot{\hat{W}}_1=-a_1\frac{\sigma_2}{\left(\sigma_2^{\mathrm{T}}\sigma_2+1\right)^2}\left[\sigma_2^{\mathrm{T}}\hat{W}_1+h^{\mathrm{T}}h-\gamma^2\|w_2\|^2+u_2^{\mathrm{T}}Ru_2\right] \tag{10-64}$$

$$\dot{\hat{W}}_2 = -a_2 \left\{ \left(F_2 \hat{W}_2 - F_1 \bar{\sigma}_2^{\mathrm{T}} \hat{W}_1 \right) - \frac{1}{4} \bar{D}_1(x) \hat{W}_2 m^{\mathrm{T}} \hat{W}_1 \right\} \tag{10-65}$$

$$\dot{\hat{W}}_3 = -a_3 \left\{ \left(F_4 \hat{W}_3 - F_3 \bar{\sigma}_2^{\mathrm{T}} \hat{W}_1 \right) + \frac{1}{4\gamma^2} \bar{E}_1(x) \hat{W}_3 m^{\mathrm{T}} \hat{W}_1 \right\} \tag{10-66}$$

其中

$$\bar{D}_1(x) = \nabla\varphi_1(x) g_1(x) g_1^{\mathrm{T}}(x) \nabla\varphi_1^{\mathrm{T}}(x)$$

$$\bar{E}_1(x) = \nabla\varphi_1(x) g_2(x) R^{-\mathrm{T}} g_2^{\mathrm{T}}(x) \nabla\varphi_1^{\mathrm{T}}(x)$$

$$\sigma_2 = \nabla\varphi_1(f + g_1 w_2 + g_2 u_2)$$

$$\bar{\sigma}_2 = \sigma_2 / \left(\sigma_2^{\mathrm{T}} \sigma_2 + 1 \right)$$

$$m = \sigma_2 / \left(\sigma_2^{\mathrm{T}} \sigma_2 + 1 \right)^2$$

$F_1 > 0, F_2 > 0, F_3 > 0, F_4 > 0$ 为调节参数。关于该方法的收敛性有如下结论。

假设 10.1　对于容许控制策略，非线性 Lyapunov 方程 (10-47)、方程 (10-51) 具有局部光滑解 $V(x) \geqslant 0, \forall x \in \Omega$。

定理 10.2 [8,9]　若假设 10.1 成立，且 $h^{\mathrm{T}}h > 0$，则存在常数 K_0，使得当近似基函数个数 $K > K_0$ 时，控制器 (10-63) 可保证闭环系统稳定。同时，评价网络参数估计误差 $\tilde{W}_1$、干扰网络估计误差 $\tilde{W}_2$ 及控制策略参数估计误差 $\tilde{W}_3$ 均一致最终有界（UUB）。

定理 10.3 [8,9]　若定理 10.2 的条件满足，则有：

（1）$H\left(x, \hat{W}_1, w_2, u_2\right)$ 一致最终有界（UUB）。

（2）$(u_2(x), w_2(x))$ 收敛于二人零和微分博弈 (10-8) 的 Nash 均衡 (u^*, w^*)。

注意，上述鲁棒控制器的在线设计并不需要知晓系统 (10-30) 中的 $f(x)$，因此可以实现控制器的在线自适应优化。第 14 章将采用本节理论设计负荷频率鲁棒控制器及 STATCOM 鲁棒控制器。

10.5　说明与讨论

本章针对鲁棒控制问题中控制与干扰相互竞争冲突的博弈内涵，从微分博弈的角度诠释了经典控制、最优控制和鲁棒控制的关系，给出了鲁棒控制的二人零和微分博弈数学描述。对仿射非线性系统而言，微分博弈问题归结为求解二次偏微分 HJI 不等式，数学上尚无一般求解方法，本章介绍了 4 种非线性鲁棒控制问题的求解方法，即变尺度反馈线性化 H_∞ 设计方法、端口受控 Hamilton 系统设计方法、策略迭代法及基于 ADP 的设计方法，均无需求解 HJI 不等式，其中变尺度反馈线性化 H_∞ 设计方法通过坐标变换将仿射非线性系统转化为线性系统，从而将 HJI 不等式转化为代数 Riccati 不等式，最终使问题得以简化；端口受控 Hamilton 系统设计法则基于耗散系统理论构造 Hamilton 函数，从而求取博弈均衡；策略迭代法将微分博弈问题的求解转化为迭代求解非线性 Lyapunov

方程；ADP 方法采用函数近似结构和策略迭代方法，能够在线自适应求解二人零和博弈的反馈 Nash 均衡，即鞍点。前两种方法实质上属于离线设计、在线应用的设计方法，后两种则为在线设计、在线应用。

虽然已经历半个世纪的发展, 时至今日, 基于微分博弈的非线性鲁棒控制与最优控制的研究依然面临诸多挑战，主要表现在受实际系统复杂性和不确定性限制，通常难以建立系统精确数学模型，从而使得系统性能的优化控制难以实现。在此背景下，设计既不依赖于系统模型，又能实现性能优化的鲁棒控制器显得尤为必要。ADP 作为一种以 Bellman 优化原理为基础的先进动态规划理论，在原理上对于被控系统模型没有过多限制，无需建立系统精确模型，故有望实现鲁棒控制的无模型化。此外，ADP 基于系统输入输出数据实现在线策略迭代，为性能优化提供了保证。总之，深入研究鲁棒控制问题的 ADP 方法有望解决标准鲁棒控制设计及求解算法面临的难题，从而为工程系统鲁棒控制器设计开辟一条新途径。

参考文献

[1] 杨宪东，叶芳柏. 线性与非线性 H_∞ 控制理论 [M]. 台北: 全华科技图书股份有限公司, 1997.

[2] 卢强，梅生伟，孙元章. 电力系统非线性控制（第 2 版） [M]. 北京: 清华大学出版社, 2008.

[3] LU Q, ZHENG S M, MEI S W, et al. NR-PSS (Nonlinear Robust Power System Stabilizer) for large synchronous generators and its large disturbance experiments on real time digital simulator [J]. Science in China Series E: Technological Sciences, 2008, 51(4): 337–352.

[4] 程代展. 非线性系统的几何理论 [M]. 北京: 科学出版社, 1988.

[5] MEI S W, WEI W, ZHENG S, et al. Development of an industrial non-linear robust power system stabiliser and its improved frequency-domain testing method [J]. IET generation, Transmission and Distribution, 2011, 5(12): 1201–1210.

[6] 王玉振. 广义 Hamilton 控制系统理论 [M]. 北京: 科学出版社, 2007.

[7] XI Z, CHENG D. Passivity-based stabilization and H_∞ control of the Hamiltonian control systems with dissipation and its applications to power systems [J]. International Journal of Control, 2000, 73(18): 1686–1691.

[8] HUANG J ABU-KHALAF M, LEWIS F. Policy iterations on the Hamilton-Jacobi-Isaacs equation for state feedback control with input saturation [J]. IEEE Transactions on Automatic Control, 2007, 51(12): 1989–1995.

[9] VAMVOUDAKIS K, LEWIS F. Online solution of nonlinear two-player zero-sum games using synchronous policy iteration [J]. International Journal of Robust and Nonlinear Control, 2012, 22(13): 1460–1483.

[10] SI J, BARTO A, POWELL W, et al. Handbook of learning and approximate dynamic programming: Scaling up to the real world [M]. New York: IEEE Press and John Wiley & Sons, 2004.

[11] GUO W, SI J, LIU F, et al. Policy iteration approximate dynamic programming using volterra series based actor [C]//International Joint Conference on Neural Networks, 2014: 249–255.

[12] VAMVOUDAKIS K, LEWIS F. Multi-player non-zero-sum games: online adaptive learning solution of coupled Hamilton-Jacobi equations [J]. Automatica, 2011, 47(8): 1556–1569.

[13] LIU F, SUN J, SI J, et al. A boundedness result for the direct heuristic dynamic programming [J]. Neural Networks, 2012, 32: 229–235.

[14] GUO W, LIU F, SI J, et al. Online supplementary ADP learning controller design and application to power system frequency control with large-scale wind energy integration [J]. IEEE Transactions on Neural Networks and Learning Systems, Published online, 2015.

[15] GUO W, LIU F, SI J, et al. Approximate dynamic programming based supplementary reactive power control for DFIG wind farm to enhance power system stability [J]. Neurocomputing, Published online, 2015.

第 11 章 双层优化问题的博弈求解方法

双层优化是一种具有递阶结构的优化问题，上层问题和下层问题都有各自的决策变量、约束条件和目标函数。换言之，双层优化问题中，下层优化问题作为约束条件限制了一部分优化变量的取值范围。这种形式的优化问题最早由 Stackelberg 在研究市场中的经济行为时提出[1]。由于 Stackelberg 博弈在建模动态决策问题上的突出优势，在过去几十年中获得了很大的关注，并逐步发展出多层规划理论，现已成为数学规划领域中的一个重要分支。鉴于其复杂性，目前的研究仍主要针对双层优化问题，系统性研究成果可见文献 [2]。本章将博弈理念引入双层优化问题，介绍了一种上、下层都具有多主体决策结构的双层优化问题的求解方法。

11.1 双层优化问题简介

双层优化问题中先决策方称为 Leader，后决策方称为 Follower，决策模型可表述如下。

Leader 问题

$$\begin{cases} \min\limits_{x \in X} F(x, y(x)) \\ X = \{x | G(x) \geqslant 0\} \\ y(x) \in S(x) \end{cases} \tag{11-1}$$

其中，x 为 Leader 的策略；X 为 Leader 的策略集；$S(x)$ 表示以 x 为参数的 Follower 问题的最优解集，具体表述为

Follower 问题

$$\begin{cases} S(x) = \arg \min\limits_{y \in Y(x)} f(x, y) \\ Y(x) = \{y | g(x, y) \geqslant 0\} \end{cases} \tag{11-2}$$

这里假定 $S(x)$ 是单元素集合，即对任意 x，Follower 问题有且仅有一个最优解，否则需要假设 Follower 会从最优解集 $S(x)$ 中选择对 Leader 最有利的那个解。Stackelberg 博弈中，Leader 和 Follower 按照非合作方式顺次决策，Leader 优先选择策略 x，Follower

根据 Leader 的策略 x 选择自己的策略 y，故以 $y(x)$ 表示 Follower 的最优策略 y 对 Leader 策略 x 的依赖。由模型 (11-1) 和 (11-2) 可知，Leader 的策略不但影响 Follower 的目标函数 $f(x, y)$，还会影响 Follower 的策略集 $Y(x)$。尽管 Follower 的策略 y 会影响 Leader 的目标函数，但是 Leader 可以预见自己采取策略 x 时，Follower 的反应 $y(x)$，因此 Leader 在做出决策时需要考虑来自 Follower 的反应。以下将 Stackelberg 博弈决策的三大特点归纳如下。

（1）层次性。Leader 先行决策，Follower 在不违背 Leader 策略规定的策略集中选择策略。实际决策过程中这种顺序不一定总代表领导力，也可表示决策时序。

（2）自发性。不论是 Leader 还是 Follower 均以优化各自利益为目标，任何一方单方面偏离博弈的均衡都会导致其收益下降。

（3）交互性。交互性体现在两个方面：一是目标函数的耦合性，即 Leader 和 Follower 有着各自的目标，这些目标往往并不一致，甚至是相互冲突的；二是策略集的耦合性，即 Follower 的策略集受到 Leader 策略的影响，从而使博弈问题变得复杂。上述特性使得每个参与者在决策时必须考虑其他参与者的策略。

当 Follower 问题满足一定约束规范时，其最优解可采用 KKT 最优性条件表示。因此，上述双层优化问题可以转化为以 KKT 条件为约束的优化问题。应当指出，由于 KKT 条件中含有互补松弛约束，转化后的非线性规划呈现非凸性，并且违反常见的约束规范[2]。

本章目的并非从理论上研究双层规划问题的数学性质及其解法，而是从工程决策问题的特点出发，从决策模型上对双层规划进行扩展，使之应用范围更加广泛。为简明起见，本章以一类典型的市场报价问题为例进行说明：各供应商在不了解其他供应商报价的情况下对某种资源独立报价，客户则根据所有供应商的报价在不了解其他客户需求的情况下独立申报采购策略。显然这里供应商应当作为 Leader，客户作为 Follower。然而，由于供应商/客户需要同时决策，故上层/下层内部构成 Nash 竞争（决策时不了解其余参与者的策略），上层、下层之间构成 Stackelberg 竞争（Leader 先于 Follower 决策），最终供应商/客户内部将形成 Nash 均衡，供应商与客户之间形成 Stackelberg 均衡。可见工程决策问题中，上层和下层中往往存在多个决策主体。他们所面临的冲突、竞争、合作并存的决策问题自然构成了多主体多层博弈格局。从此角度讲，工程决策问题极大地丰富了 Stackelberg 博弈的内涵，同时也扩充了传统双层规划的研究内容。

本章将 Nash 博弈及 Stackelberg 博弈统一归纳为一类博弈问题，称为 Nash-Stackelberg-Nash 型主从博弈，简称为 N-S-N 博弈，用以解决工程实际中的多主体决策问题。此博弈的特点在于，上层参与者的策略作为下层博弈问题的参数，而下层博弈问题作为上层博弈问题的约束条件。在下层参与者最优策略唯一的情形下，上层参与者可以预测到下层参与者对自己策略的反应。在此框架下，仍沿用 Stackelberg 博弈中的称谓，称上层参与者为 Leader，下层参与者为 Follower。Leader/Follower 内部同时决策，而 Leader 和 Follower 之间顺次决策。可见 N-S-N 博弈是 Nash 博弈和 Stackelberg 博弈的结合与推广，尤其适用于工程中的多主体决策问题。应当指出，N-S-N 博弈与一类数学规划——均衡约束均衡优化（equlibrium problem with equilibrium constraint, EPEC）[3] 具有相似的结构。本章将具有这种决策结构的主从博弈归纳为 N-S-N 博弈，以便利用主从博弈理论分析研究相关问题。

11.2 N-S-N 博弈的数学模型

本章符号使用的原则规定如下。N 和 L 分别表示上层参与者和下层参与者的数量。所有上层参与者的策略用向量 x 表示，特别地，用向量 x^i 表示第 i 个上层参与者的策略，用向量 $x^{-i}=[x^1,\cdots,x^{i-1},x^{i+1},\cdots,x^N]$ 表示上层除第 i 个参与者外其他参与者的策略。所有下层参与者的策略用向量 y 表示，特别地，用向量 y^j 表示第 j 个下层参与者的策略，用向量 $y^{-j}=[y^1,\cdots,y^{j-1},y^{j+1},\cdots,y^L]$ 表示下层除第 j 个参与者外其他参与者的策略。约束条件 $0\leqslant a\perp b\geqslant 0$ 表示向量 $a\geqslant 0$、 $b\geqslant 0$ 且 $a^{\mathrm{T}}b=0$。当 a、b 为标量时，$a\perp b$ 表示 a、b 至少有一个为 0。

根据 11.1 节阐述的决策结构，N-S-N 博弈的数学模型可描述为

Leader 问题

$$\begin{aligned}\min_{x^i,y}\ & F_i(x,y),\forall i\\ \text{s.t.}\quad & G_i(x,y)\geqslant 0,\forall i\\ & y\in S(x),\forall i\end{aligned}\tag{11-3}$$

其中，$y\in S(x)$ 表示 y 是以 x 为参数的下层 Nash 均衡，即

Follower 问题

$$\begin{aligned}\min_{y^j}\ & f_j(x,y),\forall j\\ \text{s.t.}\quad & g_j(x,y^j)\geqslant 0,\forall j\\ & h_j(x,y^j)=0,\forall j\end{aligned}\tag{11-4}$$

N-S-N 博弈的决策过程如下。

首先各 Leader 在不了解其余 Leader 决策 x^{-i} 的情况下作出决策 x^i，使自身利益达到最优。各 Follower 在所有 Leader 做出决策后，在不知道其余 Follower 决策 y^{-j} 的情况下作出决策 y^j，使自身利益达到最优。注意，问题 (11-4) 中，每个 Follower 仅目标函数与其他 Follower 的策略相关，策略集与其他 Follower 的策略无关，因此构成标准 Nash 博弈。由式 (11-3) 可见，Nash 博弈问题 (11-4) 充当了 Leader 决策问题的约束条件。此处作如下假定。

假设 11.1 对任意给定的上层策略 x，Nash 博弈 (11-4) 有且仅有一个 Nash 均衡，即 $S(x)$ 为单值映射。

在假设 11.1成立的前提下，Leader 可以根据策略 x 和映射 $S(x)$ 预测 Follower 的策略 y。应当指出，上述假设在数学上是很强的。对假设 11.1不满足的情况，可以采用

如下 Leader 模型：

$$\begin{aligned}\min_{x^i,y^i} \ & F_i(x,y^i),\forall i\\ \text{s.t.} \quad & G_i(x,y^i)\geqslant 0,\forall i\\ & y^i\in S(x),\forall i\end{aligned} \tag{11-5}$$

其中，$y^i=\{y^{i1},\cdots,y^{iL}\}$ 为所有 Follower 对第 i 个上层参与者的反应，表明当 $S(x)$ 为多值映射时，Follower 会从自己的最优策略集中选择对 Leader 最有利的那一个，并且 Follower 对不同的 Leader 可以选择不同的策略，相应的模型称为乐观模型。当然 Follower 也有可能选择其他策略，甚至选择对 Leader 最不利的策略，相应的模型称为悲观模型。本章内容对乐观模型仍然适用。悲观模型则更加复杂，超出本章的讨论范围。N-S-N 博弈的决策关系如图 11.1 所示。

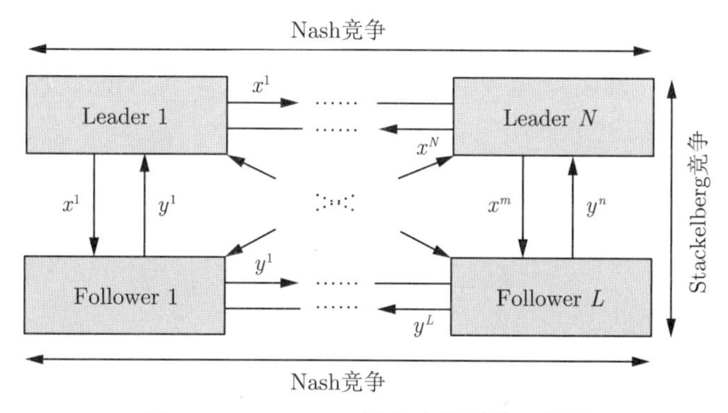

图 11.1　N-S-N 博弈决策结构示意图

定义 11.1（Nash-Stackelberg-Nash 均衡）　若 $F_i(x^*,y^*)\leqslant F_i(x^i,(x^*)^{-i},y),\forall\{x^i,y\}\in\Omega^{-i}(x^*)$，$\forall i$，其中

$$\Omega^{-i}(x^*)=\left\{(x^i,y)\;\middle|\;\begin{array}{c}G_i(x^i,(x^*)^{-i},y)\geqslant 0\\ y\in S(x^i,(x^*)^{-i})\end{array}\right\}$$

则称策略 (x^*,y^*) 为 N-S-N 博弈 (11-3) 和 (11-4) 的 Nash-Stackelberg-Nash 均衡。

定义 11.1表明，在 Nash-Stackelberg-Nash 均衡处，每个参与者均无法通过单独改变自身策略而获益。

11.3　N-S-N 博弈的求解方法

文献 [4] 提出了两种具有代表性的算法可为求解 N-S-N 博弈提供有力工具。

其一是驻点法，也称 ALLKKT 法，即先将下层 Nash 博弈用等价 KKT 系统代替，再列出每个 Leader 等价非线性规划的 KKT 条件，进而联立求解。

其二是不动点型迭代算法，即先将下层 Nash 博弈用等价 KKT 系统代替，再交替求解每个上层问题的等价非线性规划，直至收敛到不动点。此类算法又可分为 Jacobi 型迭代和 Gauss-Seidel 型迭代。

驻点法和不动点型迭代算法都有广泛应用。通常来说，驻点法无需迭代，故不涉及收敛性问题，但其上、下两层优化问题都需要进行 KKT 条件的转换，涉及较多的对偶变量，计算复杂度较高。不动点型迭代算法只需要对下层 Nash 均衡问题进行 KKT 条件转换，涉及较少的变量，并且可以实现分布式计算，但计算的收敛性缺乏理论上的保证。以下首先介绍这两种方法，然后基于驻点法介绍一种求解 N-S-N 博弈的驻点优化算法。

11.3.1 不动点型迭代算法

以 Gauss-Seidel 型迭代算法[4] 为例，计算步骤如下。

第 1 步 选择 Leader 的初始决策 $\{x^{i0}\},\forall i$, 收敛误差 ε，以及最大允许迭代次数 N_I，取 $x^{i1}=x^{i0},\forall i$, 计当前迭代次数 $k=1$。

第 2 步 对所有 Leader 执行如下循环。

（1）对 Leader i，固定 $x^{-i}=x^{-i1}$，求解 Leader i 对应的如下 Stackelberg-Nash 博弈：

$$\begin{aligned}
\min_{x^i,y}\ & F_i(x^i,x^{-i1},\hat{y}) \\
\text{s.t.}\quad & G_i(x^i,x^{-i1},\hat{y})\geqslant 0 \\
& \hat{y}^j=\arg\min_{y^j} f^j(x^i,x^{-i1},y),\forall j \\
\text{s.t.}\quad & g_j(x^i,x^{-i1},y^j)\geqslant 0,\forall j \\
& h_j(x^i,x^{-i1},y^j)=0,\forall j
\end{aligned} \tag{11-6}$$

记最优解为 $(x^i)^*$。

（2）取 $x^{i1}=(x^i)^*$。

第 3 步 若 $\left|x^{i1}-x^{i0}\right|\geqslant\varepsilon,\forall i$, 结束，输出最优解 x 和 y。

第 4 步 若 $k=N_I$, 结束，报告算法未能收敛。

第 5 步 $k=k+1$, 取 $x^{i0}=x^{i1},\forall i$, 返回第 2 步。

若 N-S-N 博弈具有多个均衡，则最终博弈结果将与初值有关。另外，即使上述算法不收敛，也不表明原 N-S-N 博弈没有均衡解。

11.3.2 驻点法

为克服不动点型迭代算法在收敛性上的困难，文献 [4] 进一步提出了驻点法。简介如下。

KKT 条件是研究优化问题的重要工具。考虑到主从博弈问题中每个参与者的决策问题是以其他参与者策略为参数的优化问题，故首先列出 Nash 博弈 (11-4) 中每个 Follower 决策问题的 KKT 条件，形成如下 KKT 系统：

$$\left\{\begin{array}{l}
\nabla_{y^j} f_j-\lambda_l^{j\mathrm{T}}\nabla_{y^j} g_j-\mu_l^{j\mathrm{T}}\nabla_{y^j} h_j=0,\ \forall j \\
0\leqslant\lambda_l^j\perp g_j(x,y^j)\geqslant 0,\ \forall j \\
h_j(x,y^j)=0,\ \forall j
\end{array}\right. \tag{11-7}$$

当 Follower 问题为凸优化时，KKT 系统 (11-7) 与 Nash 博弈 (11-4) 等价。进一步，若假设 11.1成立，KKT 系统 (11-7) 有唯一解。为表述方便，将 KKT 系统 (11-7) 写为如下互补约束：

$$0 \leqslant K_1(x,y) \perp K_2(x,y) \geqslant 0 \tag{11-8}$$

其中，$K_1(x,y)=[K_1^j(x,y)],\forall j,\ K_2(x,y)=[K_2^j(x,y)],\forall j$。

$$K_1^j(x,y)=\begin{bmatrix} \nabla_{y^j} f_j - \lambda_l^{j\mathrm{T}} \nabla_{y^j} g_j - \mu_l^{j\mathrm{T}} \nabla_{y^j} h_j \\ 0 \\ h_j(x,y^j) \\ 0 \\ \lambda_l^j \end{bmatrix}$$

$$K_2^j(x,y)=\begin{bmatrix} 0 \\ -\nabla_{y^j} f_j + \lambda_l^{j\mathrm{T}} \nabla_{y^j} g_j + \mu_l^{j\mathrm{T}} \nabla_{y^j} h_j \\ 0 \\ -h_j(x,y^j) \\ g_j(x,y^j) \end{bmatrix}$$

将 N-S-N 博弈中的下层 Nash 博弈 (11-4) 用 KKT 系统 (11-8) 代替，可得每个 Leader 的优化问题为

$$\begin{aligned} \min_{x^i,y}\ & F_i(x,y),\forall i \\ \text{s.t.}\quad & G_i(x,y) \geqslant 0,\forall i \\ & 0 \leqslant K_1(x,y) \perp K_2(x,y) \geqslant 0,\forall i \end{aligned} \tag{11-9}$$

考虑如下优化问题：

$$\begin{aligned} \min_{x^i,y}\ & F_i(x,y),\forall i \\ \text{s.t.}\quad & G_i(x,y) \geqslant 0,\forall i \\ & K_1(x,y) \geqslant 0,\forall i \\ & K_2(x,y) \geqslant 0,\forall i \\ & K_1^{\mathrm{T}}(x,y)K_2(x,y) \leqslant 0,\forall i \end{aligned} \tag{11-10}$$

上述两个优化问题式 (11-9) 和式 (11-10) 具有相同的可行域，但采用后者可获得更好的数值计算可靠性[5]。有鉴于此，若固定 x^{-i}，求解优化问题 (11-10) 则可获得第 i 个 Leader 和 Follower 之间的均衡解。

与标准 Nash 博弈 (11-4) 不同，博弈 (11-10) 中每个参与者的策略集与其他参与者的策略有关，此类博弈称为广义 Nash 博弈，其均衡称为广义 Nash 均衡[6]，即博弈 (11-10)

对应如下 KKT 系统的解：

$$\begin{cases}\nabla_{x^i}F_i-\nabla_{x^i}G_i^{\mathrm{T}}\lambda_u^i-\nabla_{x^i}K_1^{\mathrm{T}}\rho_1^i-\nabla_{x^i}K_2^{\mathrm{T}}\rho_2^i-\nabla_{x^i}\left(K_1^{\mathrm{T}}K_2\right)^{\mathrm{T}}\pi^i=0,\forall i\\ \nabla_yF_i-\nabla_yG_i^{\mathrm{T}}\lambda_u^i-\nabla_yK_1^{\mathrm{T}}\rho_1^i-\nabla_yK_2^{\mathrm{T}}\rho_2^i-\nabla_y\left(K_1^{\mathrm{T}}K_2\right)^{\mathrm{T}}\pi^i=0,\forall i\\ 0\leqslant G_i(x,y)\perp\lambda_u^i\geqslant 0,\forall i\\ 0\leqslant K_1(x,y)\perp\rho_1^i\geqslant 0,\forall i\\ 0\leqslant K_2(x,y)\perp\rho_2^i\geqslant 0,\forall i\\ 0\geqslant K_1^{\mathrm{T}}(x,y)K_2(x,y)\perp\pi^i\leqslant 0,\forall i\end{cases}\tag{11-11}$$

关于 KKT 系统 (11-11) 讨论如下。

（1）由后 3 个约束可知，$K_1^{\mathrm{T}}(x,y)K_2(x,y)=0$ 在可行域内成立，因此式 (11-11) 的最后一个约束可写为

$$K_1^{\mathrm{T}}(x,y)K_2(x,y)\leqslant 0,\quad \pi^i\leqslant 0,\forall i$$

（2）由于

$$K_1^{\mathrm{T}}(x,y)\rho_1^i=0,\quad K_1^{\mathrm{T}}(x,y)K_2(x,y)=0$$

故有

$$K_1^{\mathrm{T}}(x,y)[K_2(x,y)+\rho_1^i]=0$$

同理，由于

$$K_2^{\mathrm{T}}(x,y)\rho_2^i=0,\quad K_1^{\mathrm{T}}(x,y)K_2(x,y)=0$$

故有

$$K_2^{\mathrm{T}}(x,y)[K_1(x,y)+\rho_2^i]=0$$

因此，KKT 系统 (11-11) 的后 3 个约束可以表示为

$$\begin{cases}0\leqslant K_1^{\mathrm{T}}(x,y)\perp[K_2(x,y)+\rho_1^i]\geqslant 0,\quad \forall i\\ 0\leqslant K_2^{\mathrm{T}}(x,y)\perp[K_1(x,y)+\rho_2^i]\geqslant 0,\quad \forall i\\ \rho_1^i\geqslant 0,\quad \rho_2^i\geqslant 0,\quad \pi^i\leqslant 0,\quad \forall i\end{cases}$$

显见，上式能够减少 KKT 系统 (11-11) 中互补约束的个数。

一般而言，满足 KKT 系统 (11-11) 的广义 Nash 均衡有无穷多个，并且这些均衡解是非孤立的[6]。通过对公共约束的对偶变量施加适当约束可获得唯一均衡解，如变分均衡[6] 或约束广义 Nash 均衡等[7]。应当指出，约束广义 Nash 均衡虽然较灵活，但需要指定对偶变量的约束锥，主观性较强；变分均衡只是其特例，灵活性较差。为此，本章提出以下求解方法。

11.3.3 驻点优化法

KKT 系统 (11-11) 实为一组约束条件，因此可以在满足 KKT 系统 (11-11) 的解集中筛选出使另一目标函数 $v(x,y)$ 达到最优的一个解。函数 $v(x,y)$ 可以是参与者共同关心的系统运行指标，亦或是某种意义的社会福利。

定义 11.2（最优驻点） 将满足 KKT 系统 (11-11) 的驻点中，使优化目标 $v(x,y)$ 达到最优的那一组称为最优驻点。

最优驻点可通过求解以下优化问题得到：

$$\begin{aligned} &\min\ v(x,y) \\ &\text{s.t.} \quad \text{KKT 系统 (11-11)} \end{aligned} \tag{11-12}$$

应当指出，KKT 系统的驻点与优化问题的最优解并不等价，前者通常包括后者。最优驻点是否为 Nash-Stackelberg-Nash 均衡可以通过摄动法结合定义 11.1进行检验。若满足定义 11.1，则该最优驻点又称为最优 Nash-Stackelberg-Nash 均衡。

需要说明的是，最优驻点法旨在克服约束广义 Nash 均衡中约束锥选取困难及变分均衡不够灵活等问题，并不能降低驻点法本身的计算复杂度。此外，次级优化目标函数中也可以包含对偶变量。求解优化问题 (11-12) 的困难之处在于，KKT 系统 (11-11) 中的互补松弛条件不满足 Mangasarian-Fromovitz 约束规范，也不满足 Slater 规格化条件，即无可行内点，故难以获得稳定的数值解。为克服此困难，可采用以下两种处理方法。

方法 1 序列二次规划法

仍可采用文献 [5] 中提出的方法将互补约束转化为不等式约束，进而采用该文提出的序列二次规划方法。文献 [5] 证明了该方法在适当条件下具有二阶收敛性。

方法 2 罚函数法

由于互补函数 $G_i^{\mathrm{T}}(x,y)\lambda_u^i$、$K_1^{\mathrm{T}}(x,y)\rho_1^i$、$K_2^{\mathrm{T}}(x,y)\rho_2^i$、$K_1^{\mathrm{T}}K_2\pi^i$ 在可行域内非负，因此可作为惩罚项直接引入目标函数而不增加优化问题的阶次，即

$$\begin{aligned} \min\ & v(x,y)+\sigma\sum_i[G_i^{\mathrm{T}}(x,y)\lambda_u^i+K_1^{\mathrm{T}}(x,y)\rho_1^i+K_2^{\mathrm{T}}(x,y)\rho_2^i+K_1^{\mathrm{T}}(x,y)K_2(x,y)\pi^i] \\ \text{s.t.}\quad & G_i(x,y)\geqslant 0,\ \lambda_u^i\geqslant 0,\ \forall i \\ & K_1(x,y)\geqslant 0,\ \rho_1^i\geqslant 0,\ \forall i \\ & K_2(x,y)\geqslant 0,\ \rho_2^i\geqslant 0,\ \forall i \\ & K_1^{\mathrm{T}}(x,y)K_2(x,y)\leqslant 0,\ \pi^i\leqslant 0,\ \forall i \\ & \nabla_{x^i}F_i-\nabla_{x^i}G_i^{\mathrm{T}}\lambda_u^i-\nabla_{x^i}K_1^{\mathrm{T}}\rho_1^i-\nabla_{x^i}K_2^{\mathrm{T}}\rho_2^i-\nabla_{x^i}(K_1^{\mathrm{T}}K_2)^{\mathrm{T}}\pi^i=0,\ \forall i \\ & \nabla_yF_i-\nabla_yG_i^{\mathrm{T}}\lambda_u^i-\nabla_yK_1^{\mathrm{T}}\rho_1^i-\nabla_yK_2^{\mathrm{T}}\rho_2^i-\nabla_y(K_1^{\mathrm{T}}K_2)^{\mathrm{T}}\pi^i=0,\ \forall i \end{aligned} \tag{11-13}$$

其中，σ 为罚因子。文献 [8] 指出，对于形如式 (11-13) 的优化问题，存在有限的罚因子使罚问题和原问题等价。该结论对 N-S-N 博弈也适用，即存在 σ^* 使得当 $\sigma>\sigma^*$ 时，非线性规划 (11-12) 和 (11-13) 具有相同的最优解。

例 11.1 [9] 考虑一个具有两个供应商的市场，对若干种商品的定价分别为向量 x^1 和 x^2。用户根据价格确定从两个供应商处的采购量，其策略记为向量 y。供应商的目标是极大化自身销售额，用户的目标是极大化自身利润。在此背景下，该市场的定价与采购可以描述为如下 N-S-N 博弈：

$$\text{Leader 1:} \quad \begin{aligned} & \max_{x^1} y^{\mathrm{T}} A_1 x^1 \\ & \text{s.t.} \quad B_1 x^1 \leqslant b_1 \end{aligned} \tag{11-14}$$

$$\text{Leader 2:} \quad \begin{aligned} & \max_{x^2} y^{\mathrm{T}} A_2 x^2 \\ & \text{s.t.} \quad B_2 x^2 \leqslant b_2 \end{aligned} \tag{11-15}$$

$$\text{Follower:} \quad \begin{aligned} & \max_{y} f(y) - y^{\mathrm{T}} A_1 x^1 - y^{\mathrm{T}} A_2 x^2 \\ & \text{s.t.} \quad Cy = d \end{aligned} \tag{11-16}$$

其中，$f(y) = -y^{\mathrm{T}} Qy/2 + c^{\mathrm{T}} y$ 为用户的收益；Q 为正定矩阵。

该博弈中，Leader 问题的目标函数为 Follower 的支付，约束条件为限价政策。Follower 的目标函数中，$f(y)$ 为收益函数，后两项为采购成本，采购价格取决于 Leader 的定价策略，约束条件中，C 为行满秩矩阵。由于用户策略 y 是 x^1 和 x^2 的函数，故每个 Leader 的策略均会影响另一方的收益。

由于 Leader 价格给定时，Follower 问题为严格凸二次规划，其最优解可由如下 KKT 条件刻画：

$$c - Qy - A_1 x^1 - A_2 x^2 - C^{\mathrm{T}} \lambda = 0$$
$$Cy - d = 0$$

求解上述方程组可得

$$\begin{aligned} y = & Q^{-1} c - Q^{-1} C^{\mathrm{T}} (M_{CQ} d + P_{CQ} c) \\ & + [Q^{-1} C^{\mathrm{T}} P_{CQ} A_1 - Q^{-1} A_1] x^1 \\ & + [Q^{-1} C^{\mathrm{T}} P_{CQ} A_2 - Q^{-1} A_2] x^2 \end{aligned}$$

其中

$$M_{CQ} = (CQ^{-1} C^{\mathrm{T}})^{-1}, N_{CQ} = CQ^{-1}, P_{CQ} = M_{CQ} N_{CQ}$$

进一步将 y 简记为

$$y = r + M_1 x^1 + M_2 x^2 \tag{11-17}$$

其中

$$r = Q^{-1} c - Q^{-1} C^{\mathrm{T}} (M_{CQ} d + P_{CQ} c)$$
$$M_1 = Q^{-1} C^{\mathrm{T}} P_{CQ} A_1 - Q^{-1} A_1$$
$$M_2 = Q^{-1} C^{\mathrm{T}} P_{CQ} A_2 - Q^{-1} A_2$$

将式 (11-17) 代入 Leader 的目标函数可得

$$\begin{cases} \theta_1(x^1,x^2)=y^{\mathrm{T}}A_1x^1=r^{\mathrm{T}}A_1x^1+(x^1)^{\mathrm{T}}M_1^{\mathrm{T}}A_1x^1+(x^2)^{\mathrm{T}}M_2^{\mathrm{T}}A_1x^1 \\ \theta_2(x^1,x^2)=y^{\mathrm{T}}A_2x^2=r^{\mathrm{T}}A_2x^2+(x^2)^{\mathrm{T}}M_2^{\mathrm{T}}A_2x^2+(x^1)^{\mathrm{T}}M_1^{\mathrm{T}}A_2x^2 \end{cases}$$

因此博弈 (11-14)~(11-16) 可由如下标准 Nash 博弈描述：

$$\text{Leader 1:}\quad \begin{aligned} &\max_{x^1}\ \theta_1(x^1,x^2) \\ &\text{s.t.}\quad B_1x^1\leqslant b_1 \end{aligned}$$

$$\text{Leader 2:}\quad \begin{aligned} &\max_{x^2}\ \theta_2(x^1,x^2) \\ &\text{s.t.}\quad B_2x^2\leqslant b_2 \end{aligned}$$

计算目标函数 $\theta_1(x^1,x^2)$ 的 Hessian 矩阵得

$$\nabla_{x^1}^2\theta_1(x^1,x^2)=-2A_1^{\mathrm{T}}Q^{-1/2}P_JQ^{-1/2}A_1$$

其中，$Q^{-1/2}$ 为 Q^{-1} 的平方根矩阵，即 $Q^{-1}=(Q^{-1/2})^2$，矩阵

$$P_J=Q^{-1/2}C^{\mathrm{T}}(CQ^{-1}C^{\mathrm{T}})^{-1}CQ^{-1/2}-I$$

满足

$$P_J^2=-P_J$$

故对任意向量 z 有

$$z^{\mathrm{T}}A_1^{\mathrm{T}}Q^{-1/2}P_JQ^{-1/2}A_1z=-(P_JQ^{-1/2}A_1z)^{\mathrm{T}}(P_JQ^{-1/2}A_1z)\leqslant 0$$

因此，Hessian 矩阵 $\nabla_{x^1}^2\theta_1(x^1,x^2)$ 是半负定矩阵，$\theta_1(x^1,x^2)$ 是关于 x^1 的凹函数。同理，$\theta_2(x^1,x^2)$ 是关于 x^2 的凹函数，故 Leader 问题 (11-14) 和问题 (11-15) 均为凸优化问题。因此，博弈 (11-14)~(11-16) 可以由不动点型迭代算法求解。

11.4　半零和双线性主从博弈

双层规划的重要特点是可以通过 Leader 的策略控制 Follower 的策略。本节讨论一类特殊的主从博弈，其数学模型表述如下。

Leader 问题

$$\max_{x}\ x^{\mathrm{T}}D_{\mathrm{C}}y(x)-p^{\mathrm{T}}D_{\mathrm{M}}z(y) \tag{11-18}$$

$$\text{s.t.}\quad Ax\leqslant a \tag{11-19}$$

$$B_1y(x)+B_2z(y)\leqslant b \tag{11-20}$$

Follower 问题

$$
\begin{aligned}
&\min_{y} \ x^{\mathrm{T}} D_{\mathrm{C}} y \\
&\text{s.t.} \quad Fy \geqslant f
\end{aligned}
\tag{11-21}
$$

其中，Follower 的策略为 y，目标是极小化其支付，约束条件为线性不等式；Leader 的策略是 x 和 z，其目标函数 (11-18) 可分为两部分：第一部分是 Follower 的支付，也即 Leader 的收益，第二部分是 Leader 的某种支付，如生产成本或采购成本；z 表示生产策略或采购策略；p 为单位生产成本或上一级市场的售价；约束条件 (11-20) 为线性等式或不等式，表示生产过程或采购过程所要满足的条件。此博弈的特点在于目标函数中的 $x^{\mathrm{T}} D_{\mathrm{C}} y$ 项。对 Follower 而言，x 为参数，因此 Follower 问题是线性规划。由于 x 仅出现在目标函数的系数中，因此可以理解为价格。本节研究的博弈中，假定上层只有一个 Leader，并假定 Follower 只能从 Leader 获取所需商品。在此背景下 Leader 具有完全的市场力。为避免不合理的价格，本节假设 Leader 和 Follower 之间已达成了定价协议，通过约束条件 (11-19) 规定了价格策略 x 的可行域。对 Leader 而言，由于 x 和 y 都是变量，因此 $x^{\mathrm{T}} D_{\mathrm{C}} y$ 是“双线性”项。进一步，由于 Follower 的支付即为 Leader 收益的一部分，故称这种竞争关系为“半零和”。

半零和双线性主从博弈的一个重要应用即为分析市场上的经济行为。市场经济的特点是可以通过价格引导消费行为。例如，在电力市场中，通过合理设定不同时段电价，可以间接控制负荷曲线，以此为基础的需求侧管理是智能电网区别于传统电网的重要特征之一。在国家发展规划中，可以通过对某些商品施加税收调整该商品的产量或需求，或者对某行业进行补贴从而促进该行业的发展。此类问题中，Leader 的价格策略可表示为 x，Follower 的需求可表示为 y。为了达到相应的调控目的，Leader 在制定价格的同时需要预测 Follower 对价格的反应。这种相互制约的决策问题非常适合采用半零和双线性主从博弈分析与求解。

半零和双线性主从博弈具有的特殊结构使其可以转化为一个混合整数线性规划求解。以下进行讨论。注意，主从博弈 (11-18)~(11-21) 中，当价格策略 x 固定时，Follower 问题为线性规划，其最优策略可用下述 KKT 条件代替：

$$
\left\{
\begin{aligned}
&D_{\mathrm{C}}^{\mathrm{T}} x = F^{\mathrm{T}} \mu \\
&0 \leqslant \mu \perp Fy - f \geqslant 0
\end{aligned}
\right.
\tag{11-22}
$$

其中，μ 为对偶变量。

根据线性规划对偶理论，在 Follower 问题最优解处有

$$
x^{\mathrm{T}} D_{\mathrm{C}} y = f^{\mathrm{T}} \mu
$$

故目标函数 (11-18) 中的非线性项 $x^{\mathrm{T}} D_{\mathrm{C}} y$ 可以表示为对偶变量 μ 的线性函数。进一步，KKT 条件 (11-22) 中的互补松弛条件可以由文献 [10] 中的方法表示为下述线性不

等式：

$$
\begin{cases}
0 \leqslant \mu \leqslant M(1-v) \\
0 \leqslant Fy - f \leqslant Mv \\
v \in \{0,1\}^{N_f}
\end{cases}
\tag{11-23}
$$

其中，$v \in \{0,1\}^{N_f}$，N_f 为向量 f 的维数。在此基础上，Leader 对应的优化问题可转化为以下混合整数线性规划问题：

$$
\begin{aligned}
\max_{x,y,u,v,z} \quad & f^{\mathrm{T}}\mu - p^{\mathrm{T}} D_{\mathrm{M}} z \\
\text{s.t.} \quad & v \in \{0,1\}^{N_f} \\
& 0 \leqslant \mu \leqslant M(1-v) \\
& 0 \leqslant Fy - f \leqslant Mv \\
& Ax \leqslant a,\ D_C^{\mathrm{T}} x = F^{\mathrm{T}}\mu \\
& B_2 z \leqslant b - B_1 y
\end{aligned}
\tag{11-24}
$$

综上所述，求解上述优化问题即可直接获得 Leader 的最优策略。

11.5　广义 Nash 博弈

广义 Nash 博弈是标准 Nash 博弈的推广，相当于只有 Leader 的 N-S-N 博弈，具体形式可表述为

$$
\begin{aligned}
\min_{x^i} \quad & \theta_i(x^i, x^{-i}), \forall i \\
\text{s.t.} \quad & x^i \in X_i(x^{-i}), \forall i
\end{aligned}
$$

其中，$\theta_i(x^i, x^{-i})$ 为参与者 i 的目标函数；$X_i(x^{-i})$ 为当其余参与者的策略固定为 x^{-i} 时，参与者 i 的策略集。广义 Nash 博弈与标准 Nash 博弈的本质区别在于，每个参与者的策略空间 $X_i(x^{-i})$ 取决于其他参与者的策略 x^{-i}。关于广义 Nash 博弈的详细介绍可参考文献 [6]，其求解可参考文献 [7,11,12]。需要说明的是，广义 Nash 博弈并无多层决策结构，本节将其作为一种特殊的 N-S-N 博弈加以讨论，旨在揭示 N-S-N 博弈与传统博弈格局的联系。

需要说明的是，标准 Nash 均衡的存在性与唯一性可在适当条件下得到保证，如严格凸条件。然而，由于约束条件之间的耦合性，广义 Nash 均衡的分布往往更加复杂，甚至以流形的形式出现[6]，对此本节将给出实例。本节主要关注的问题是，当广义 Nash 均衡不唯一时，如何确定具有特定意义的解。

考察下述广义 Nash 博弈模型：

$$
\begin{aligned}
\min_{x^i} \quad & f_i(x) = \theta_i(x^i) + b(x), \forall i \\
\text{s.t.} \quad & g_i(x^i) \leqslant 0, h(x) \leqslant 0, \forall i
\end{aligned}
\tag{11-25}
$$

其中，所有函数均为凸函数，故参与者 i 的决策问题为凸优化问题。函数 θ_i 和 g_i 仅与参与者 i 自身的策略 x^i 相关，函数 b 和 h 取决于所有参与者的策略 x，并且对所有参与者是相同的，因此无下标 i。博弈 (11-25) 的特点在于，目标函数中的耦合部分和耦合约束对每个参与者都是相同的，事实上构成一类势博弈[13]。

在博弈 (11-25) 中，记参与者 i 的策略集为

$$X_i(x^{-i}) = \{x^i | g_i(x^i) \leqslant 0,\ h(x^i, x^{-i}) \leqslant 0\}$$

并记集合

$$X = \{x | g_i(x^i) \leqslant 0, \forall i,\ h(x) \leqslant 0\}$$

定义 11.3 若 $x^* \in X$ 满足

$$f_i(x^{i*}, x^{-i*}) \leqslant\ f_i(x^i, x^{-i*}), \quad \forall x^i \in X_i(x^{-i*}), \forall i$$

则称 x^* 为博弈 (11-25) 的广义 Nash 均衡。

研究表明，x^* 为博弈 (11-25) 的广义 Nash 均衡，当且仅当其为如下 KKT 系统的驻点[6]:

$$\begin{cases} \nabla_{x^i}\theta_i + \nabla_{x^i} b + \lambda_i^{\mathrm{T}} \nabla_{x^i} g_i + \mu_i^{\mathrm{T}} \nabla_{x^i} h = 0, \forall i \\ g_i(x^i) \leqslant 0,\ \lambda_i \geqslant 0,\ \lambda_i^{\mathrm{T}} g_i(x^i) = 0, \forall i \\ h(z) \leqslant 0,\ \mu_i \geqslant 0,\ \mu_i^{\mathrm{T}} h(x) = 0, \forall i \end{cases} \tag{11-26}$$

其中，每个参与者公共约束 $h(x)$ 的 Lagrange 乘子 μ_i 可以不同，导致式 (11-26) 构成低维流形。为保证式 (11-26) 存在孤立驻点，需要对 Lagrange 乘子 μ_i 加以限制。例如，文献 [12] 对 μ_i 施以锥约束，将所得均衡称为约束 Nash 均衡。

本节考虑如下约束：

$$\mu_i = \mu_0, \quad \forall i \tag{11-27}$$

对应的广义 Nash 均衡称为变分均衡（variational equilibrium, VE）[6]。变分均衡具有明确的经济学意义：若将公共约束理解为某种共享的稀缺资源，则变分均衡意味着稀缺资源对所有参与者具有相同的边际价格。

一般来讲，求解广义 Nash 均衡需要获得 KKT 系统的解。然而，即使所有函数均为线性函数，KKT 系统也将由于包含非线性的互补约束而难以快速求解，甚至存在数值稳定性问题。事实上，对于形如 (11-25) 的广义 Nash 博弈，其变分均衡可以通过求解一个特殊的优化问题得到。

定理 11.1 广义 Nash 博弈 (11-25) 的变分均衡与如下优化问题：

$$\begin{aligned} \min \ & b(x) + \sum_i \theta_i(x^i) \\ \text{s.t.} \ & x \in X \end{aligned} \tag{11-28}$$

的最优解等价。

证明　上述优化问题的 KKT 条件可表述为

$$\begin{cases} \nabla_{x^i}\theta_i + \nabla_{x^i}h + \lambda_i^{\mathrm{T}}\nabla_{x^i}g_i + \mu^{\mathrm{T}}\nabla_{x^i}h = 0, \forall i \\ g_i(x^i) \leqslant 0,\ \lambda_i \geqslant 0,\ \lambda_i^{\mathrm{T}} g_i(x^i) = 0, \forall i \\ h(x) \leqslant 0,\ \mu \geqslant 0,\ \mu^{\mathrm{T}} h(x) = 0 \end{cases} \tag{11-29}$$

由此可见 KKT 系统 (11-29) 与 KKT 系统 (11-26) 和 (11-27) 等价。又因为每个参与者的优化问题均呈凸性，使得 KKT 系统的驻点均为对应优化问题的最优解，因此，广义 Nash 博弈 (11-25) 的变分均衡与优化问题 (11-28) 的最优解等价。

< 证毕 >

例 11.2　考虑如下广义 Nash 博弈

$$\begin{cases} \text{Player 1} \quad \max\limits_{x_1}\{x_1 \mid \text{s.t. } x_1 \geqslant 0,\ 2x_1 + x_2 \leqslant 2,\ x_1 + 2x_2 \leqslant 2\} \\ \text{Player 2} \quad \max\limits_{x_2}\{x_2 \mid \text{s.t. } x_2 \geqslant 0,\ 2x_1 + x_2 \leqslant 2,\ x_1 + 2x_2 \leqslant 2\} \end{cases} \tag{11-30}$$

其中，参与者 1 的策略为 x_1，局部约束为 $x_1 \geqslant 0$；参与者 2 的策略为 x_2，局部约束为 $x_2 \geqslant 0$；不等式 $2x_1 + x_2 \leqslant 2$ 和 $x_1 + 2x_2 \leqslant 2$ 为该广义 Nash 博弈的耦合约束。变量 x_1 和 x_2 的可行域如图 11.2 所示。

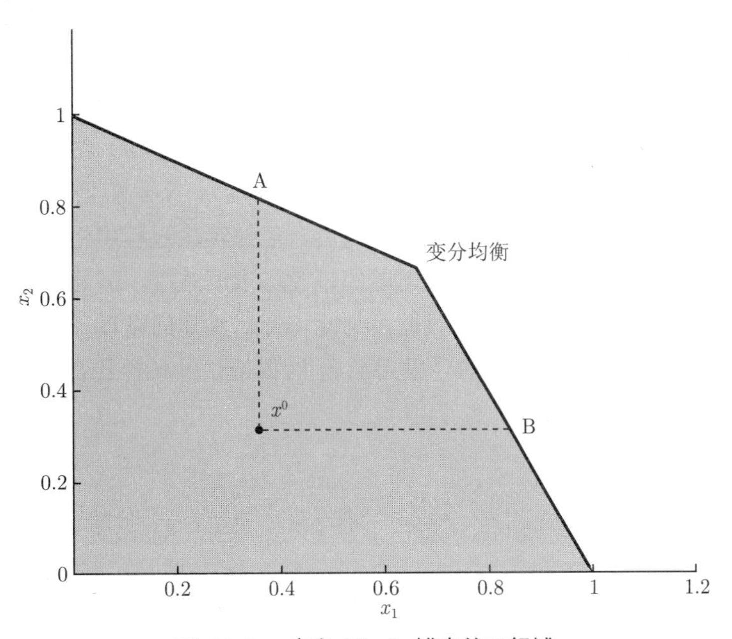

图 11.2　广义 Nash 博弈的可行域

容易验证，线段

$$L_1 = \left\{(x_1, x_2) \mid 0 \leqslant x_1 \leqslant \frac{2}{3},\ \frac{2}{3} \leqslant x_2 \leqslant 1, x_1 + 2x_2 = 1\right\}$$

和

$$L_2 = \left\{(x_1, x_2) \mid \frac{2}{3} \leqslant x_1 \leqslant 1,\ 0 \leqslant x_2 \leqslant \frac{2}{3}, 2x_1 + x_2 = 1\right\}$$

上的任何一点 (x_1, x_2) 均为博弈 (11-30) 的广义 Nash 均衡。若用不动点型迭代算法求解，如选取初值 $x^0 = (2/3, 2/3)$，首先固定 $x_2 = 2/3$ 求解参与者 1 的优化问题，得到 $x_1 = 2/3$，接着固定 $x_1 = 2/3$ 求解参与者 2 的优化问题，得到 $x_2 = 2/3$，即算法收敛到初值 $(2/3, 2/3)$。事实上，当初值 $x^0 \in L_1 \cup L_2$ 时，最终结果始终为 x^0；若 $x^0 \notin L_1 \cup L_2$，如图中的 x^0 点，则最终结果可能为 A 或 B，具体取决于求解各参与者优化问题的顺序；若采用定理 11.1求解该广义 Nash 博弈，则可得到变分均衡 $(2/3, 2/3)$，两个公共约束的对偶变量均为 1/3。

11.6 说明与讨论

本章结合工程决策问题的特点，将传统双层优化问题扩展为 N-S-N 博弈格局。N-S-N 博弈具有双层多主体结构，每层内部形成 Nash 竞争，两层之间形成 Stackelberg 竞争。本章进一步给出了 N-S-N 均衡的驻点优化求解方法。这种方法无需对下层 KKT 条件的 Lagrange 乘子施以附加约束，所求得的 N-S-N 均衡满足次级优化目标，故具有很强的工程实用性。本章还讨论了一类半零和双线性主从博弈问题，可用于分析市场上的经济行为。需要说明的是，本章所提方法并不是解决所有双层优化问题的灵丹妙药，但其思路为解决多种竞争环境下的多主体决策问题提供了一个可供选择的参考。本章所提方法已应用于电力系统控制器参数设计[14]、需求响应调度[15]、电动汽车充电管理[16] 及零售市场电价制定[17] 等实际工程决策问题。

应当指出，本章方法需要应用两次 KKT 条件才能将 N-S-N 博弈转化为 KKT 系统约束下的优化问题，虽然这种方法具有一般性，但在转化过程中将引入大量对偶变量及互补松弛条件，显著增大了工程决策问题的规模与求解难度，因此在处理大规模优化问题上本章所述方法还具有一定的局限性。为此可针对具体问题设计更加合理的转化方法。例如，当下层问题为线性规划时，采用原始-对偶最优性条件代替 KKT 条件，可显著减少约束中的互补松弛约束。

参考文献

[1] STACKELBERG H. Marktform und Gleichgewicht, English Translated: The Theory of the Market Economy [D]. Oxford University, 1952.

[2] DEMPE S, KALASHNIKOV V, PÉREZ-VALDES G A, et al. Bilevel Programming Problems: Theory, Algorithms and Applications to Energy Networks [M]. New York: Springer, 2015.

[3] EHRENMANN A. Equilibrium problems with equilibrium constraints and their application to electricity markets [D]. Cambridge University, 2004.

[4] HU X. Mathematical programs with complementarity constraints and game theory models in electricity markets [D]. University of Melbourne, 2003.

[5] FLETCHER R, LEYFFER S, RALPH D, et al. Local convergence of SQP methods for mathematical programs with equilibrium constraints [J]. SIAM Journal on Optimization, 2006, 17(1): 259–286.

[6] FACCHINEI F, KANZOW C. Generalized nash equilibrium problems [J]. 2007, 5(3): 173–210.

[7] FUKUSHIMA M. Restricted generalized Nash equilibria and controlled penalty algorithm [J]. Computational Management Science, 2011, 8(3): 201–218.

[8] HU X M, RALPH D. Convergence of a penalty method for mathematical programming with complementarity constraints [J]. Journal of Optimization Theory and Applications, 2004, 123(2): 365–390.

[9] HU M, FUKUSHIMA M. Existence, uniqueness, and computation of robust Nash equilibria in a class of multi-leader-follower games [J]. SIAM Journal on Optimization, 2013, 23(2): 894–916.

[10] FORTUNY-AMAT J, MCCARL B. A representation and economic interpretation of a two-level programming problem [J]. Journal of the operational Research Society, 1981, 32(9): 783–792.

[11] FACCHINEI F, FISCHER A, PICCIALLI V. Generalized nash equilibrium problems and Newton methods [J]. Mathematical Programming, 2009, 117(1-2): 163–194.

[12] FACCHINEI F, KANZOW C. Penalty methods for the solution of generalized Nash equilibrium problems [J]. SIAM Journal on Optimization, 2010, 20(5): 2228–2253.

[13] MONDERER D, SHAPLEY L. Potential games [J]. Games and Economic Behavior, 1996, 14(1): 124–143.

[14] 王宏，魏韡，潘艳菲，等. 基于双层规划的非线性鲁棒电力系统稳定器参数整定方法 [J]. 电力系统自动化, 2014, 38(14): 42–48.

[15] WEI W, LIU F, MEI S W. Energy pricing and dispatch for smart grid retailers under demand response and market price uncertainty [J]. IEEE Transactions on Smart Grid, 2014, 6(3): 1364–1374.

[16] 魏韡，陈玥，刘锋, 等. 基于主从博弈的智能小区电动汽车充电管理及代理商定价策略. 电网技术, 2015, 39(4): 939–945.

[17] 梅生伟，魏韡. 智能电网环境下主从博弈模型及应用实例 [J]. 系统科学与数学, 2014, 34(11): 1331–1344.

第 12 章 清洁能源电力系统容量配置设计实例

单一新能源发电的随机波动性较强，若将多种新能源发电结合，则可以充分利用其互补优势，降低其整体波动性。例如，风能和太阳能在时间和地域上具有天然互补性，即日间光照较强，风力较弱，而夜间无光照但风力较强；又如，夏季光照强风力弱，而冬季光照弱风力强，有鉴于此，可将风力发电、光伏发电与储能设备组成风-光-储混合电力系统（hybrid power system，HPS）。这一组合可获得比单一风力发电或光伏发电更平滑的电力输出，同时还能放宽对储能设备的技术经济指标要求。电能和热能具有天然的互补性：电力负荷日间较高而热力负荷夜间较高；热能容易大规模存储，可以作为电力系统的灵活负荷。此外，热电联产可以提高能源的整体利用效率。因此，综合能源系统以及能量集成近来获得广泛关注。本章基于博弈论建模并分析几类典型的清洁能源电力系统容量配置问题，包括风-光-储混合电力系统，高比例新能源输电系统和配电侧电-热能量枢纽。内容主要源自文献 [1-7]。

12.1 风光储混合电力系统容量配置

科学合理地配置风光储混合电力系统设备容量是系统安全运行的基础，也是当前研究的热点问题。已有学者采用多目标优化方法研究风、光、储的容量配置优化问题，通过设定权值将多目标优化转为单目标优化，依赖于决策者的主观意愿，也无法反映市场环境下风、光、储以最大化各自收益为目标的选择过程。实际上，混合电力系统中风、光、储三方为追求各自收益最大化，各方既可能完全独立决策，也可能通过与他人联合共同决策。博弈论作为一类解决多个决策主体间竞争与合作关系的数学理论，适用于解决此类规划问题。本节采用博弈论讨论风光储混合电力系统容量配置问题，建立适用于该问题的博弈论决策模型，一方面为各独立发电投资主体如何决策（即配置各自容量）以最大化自身利益提供理论工具；另一方面也为电力市场的监管组织者准确预测各发电投资主体的可能决策形式，并在此基础上引导各发电投资者合理投资并发挥市场监管作用提供依据。

12.1.1 容量设计的非合作博弈模型

1. 博弈的基本元素

1）参与者集合

风、光、储为该博弈的参与者，以下用 W、S 和 B 分别表示此三个参与者，并记参与者集合

$$N = \{W, S, B\}$$

2）策略集合

风、光、储的策略分别为各自的容量，分别记为 P_W、P_S 和 P_B，决策变量可在某个范围内连续取值，即各参与者具有连续的策略空间 $\varOmega_W$、$\varOmega_S$ 和 $\varOmega_B$，具体为

$$P_W \in \varOmega_W = [P_W^{\min}, P_W^{\max}], \quad P_S \in \Omega_S = [P_S^{\min}, P_S^{\max}], \quad P_B \in \varOmega_B = [P_B^{\min}, P_B^{\max}]$$

其中，$P_W^{\max}$ 和 $P_W^{\min}$ 分别为风机容量的上限和下限；$P_S^{\max}$ 和 $P_S^{\min}$ 分别为光伏发电容量的上限和下限；$P_B^{\max}$ 和 $P_B^{\min}$ 分别为储能电池容量的上限和下限。因此，博弈的策略集合为

$$\varOmega = (\varOmega_W, \varOmega_S, \varOmega_B)$$

3）支付

本节基于全寿命周期的理念设计参与者支付，将其定义为参与者的全寿命周期收入与全周期寿命费用（或成本）之差，分别记为 I_W、I_S 和 I_B。从而该博弈的支付向量为

$$I = (I_W, I_S, I_B)$$

参与者 i 的全寿命周期收入主要包括售电收入 $I_{i\text{SEL}}$、政策补贴收入 $I_{i\text{SUB}}$、报废收入 $I_{i\text{D}}$ 和辅助服务收入 $I_{i\text{AUX}}$ 等；其全寿命周期费用则需计及运行年限内的设备投资建设费用 $C_{i\text{INV}}$、运行维护费用 $C_{i\text{OM}}$、停电补偿费用 $C_{i\text{EENS}}$、从大电网购电的费用 $C_{i\text{PUR}}$ 等。为简明起见，这里将政府补贴和售电收入相结合，以提高售电电价的方式等效政府补贴，如此则下文中的 $I_{i\text{SEL}}$ 实际上是售电收入和政府补贴的总和。

需要说明的是，与风电和光伏发电不同，储能电池在 HPS 中通常发挥削峰填谷、平滑功率输出的作用，即其收入主要来自其在系统中发挥的辅助功能。例如，作为系统备用及提高风电和光伏发电接入容量等。为简明起见，仅考虑储能电池的辅助服务收入，设风电和光伏发电的辅助收入为零。

综上所述，参与者 i 的支付可表示为

$$I_i = I_{i\text{SEL}} + I_{i\text{D}} + I_{i\text{AUX}} - C_{i\text{INV}} - C_{i\text{OM}} - C_{i\text{EENS}} - C_{i\text{PUR}} \tag{12-1}$$

事实上，参与者支付涉及诸多因素，其不仅与参与者的策略有关，更涉及系统的负荷需求、风电的出力特征、光伏发电出力特征和储能电池的充放电特性等，后续将详细介绍各参与者支付的计算方法。

4）均衡

在明确博弈的上述三要素之后，可得博弈的 Nash 均衡，并记作 (P_W^*, P_S^*, P_B^*)。

此外，该博弈涉及众多信息，如所在地区的风速、光照、负荷需求、电价及国家政策等。为简明起见，假设该博弈涉及的所有信息均是公开的，如此，本章所研究博弈为完全信息的策略式博弈。

2. 风、光、储三方的支付

基于全寿命周期理念的支付具有多种表征形式，此处考虑资金的贴现率，采用年平均收入和费用计算各参与者的全寿命周期支付。计算过程中，采用时间序列模型描述风电、光伏发电、储能电池和负荷的特性，并分别将 t 时刻的风电出力、光伏发电出力、储能电池的功率水平和负荷需求记作 $p_W(t)$、$p_S(t)$、$p_B(t)$ 和 $p_d(t)$。

1）风电的支付

风电的支付 I_W 与其总装机容量、风电出力特性、负荷波动特性、政策等多种因素相关，其中最直接相关的是风电的出力特性（或时间序列）。本节将在风电出力时间序列的基础上计算风电的各项费用和收入，以确定风电的支付。

通常有两种方法建立风电出力的时间序列：第一种是间接法，即首先获得研究地区风速的时间序列，之后根据风电出力与风速的函数关系，得到风电出力的时间序列；第二种是直接法，即根据历史数据，采用先进的功率预测方法得到风电出力的时间序列。由于缺少足够的风功率历史数据，且风速信息一般较为丰富，故本节采用第一种建模方法。

记 t 时刻的风速为 $v(t)$，经大量的试验验证，风机在 t 时刻的出力 $p_W(t)$ 与风速 $v(t)$ 满足下述非线性关系[8]：

$$p_W(t) = \begin{cases} 0, & v(t) < v_\mathrm{i} \text{ 或 } v(t) \geqslant v_\mathrm{o} \\ P_W \dfrac{v(t) - v_\mathrm{i}}{v_\mathrm{r} - v_\mathrm{i}}, & v_\mathrm{i} \leqslant v(t) \leqslant v_\mathrm{r} \\ P_W, & v_\mathrm{r} \leqslant v(t) < v_\mathrm{o} \end{cases} \tag{12-2}$$

其中，v_i、v_o 和 v_r 分别为风机的切入风速、切出风速和额定风速；t 为时间。

（1）年售电收入。年售电收入是风电收入的主要部分，其正比于风电的售电量。而风电的售电量不仅与风电的出力相关，也与系统总负荷需求及其他电源（如光伏发电）的出力相关，即由系统中的供需平衡关系决定。当系统供不应求时，风电的出力可以完全售出并带来收入。当系统供大于求时，风电的售电量小于其出力，事实上，此时风电和光伏发电的售电量均小于相应的出力，二者的总售电量仅为最大可消耗功率，系统出现弃风和弃光现象，在此情况下，假设风电和光伏发电的售电量正比于其出力。

考虑 HPS 的负荷需求、储能电池功率水平以及向大电网输送功率情况，系统在 t 时刻的最大可消纳功率为

$$P_{\max}(t) = P_d(t) + P_B - p_B(t) + P_l^{\max} \tag{12-3}$$

其中，$P_B - p_B(t)$ 为储能电池在 t 时刻最大可吸收的功率；$P_l^{\max}$ 为联络线的传输容量，加入此项缘于当 HPS 中供电充裕时，可将部分功率输出给大电网，而最大输出功率即为联络线的传输容量。进一步定义 HPS 的过剩功率为系统总发电与最大可消耗功率的差值：

$$P_{\mathrm{MAR}}(t) = p_W(t) + p_S(t) - P_{\max}(t) \tag{12-4}$$

其中，过剩功率 $P_{\mathrm{MAR}}(t)$ 由弃电负荷消耗掉，不会给参与者带来任何收入。

最终可得到风电在 t 时刻的售出功率 $P_{\mathrm{WSEL}}(t)$ 为

$$P_{\mathrm{WSEL}}(t) = \begin{cases} p_W(t), & P_{\mathrm{MAR}}(t) \leqslant 0 \\ \dfrac{p_W(t)P_{\max}(t)}{p_W(t) + p_S(t)}, & P_{\mathrm{MAR}}(t) > 0 \end{cases} \tag{12-5}$$

综上所述，风电的年售电收入 I_{WSEL} 为

$$I_{\mathrm{WSEL}} = \sum_{t=1}^{T} (1+\alpha)R(t)P_{\mathrm{WSEL}}(t) \tag{12-6}$$

其中，$R(t)$ 为实时电价；$T = 8760$；α 为政府补贴的电价系数。

（2）年投资费用。此处假设风电的投资一次完成，若风机单位功率的造价为 U_W，则风电建设的一次投资总额为 $P_W U_W$。考虑资金的时间价值，将其折算为年投资费用

$$C_{\mathrm{WINV}} = \frac{P_W U_W r(1+r)^{L_W}}{(1+r)^{L_W} - 1} \tag{12-7}$$

其中，r 为贴现率；L_W 为风机的寿命。

（3）年停电补偿费用。HPS 的出力具有不确定性，其总出力不一定时刻均能满足负荷需求，倘若系统由于供电不足引起负荷停电，则需要对其进行补偿，此处的停电补偿费用正比于停电负荷量。

记 t 时刻 HPS 中负荷与最大可用功率之差为系统的不平衡功率，其表达式为

$$\Delta P(t) = P_d(t) - [p_W(t) + p_S(t) + p_B(t) - P_{B\min}] \tag{12-8}$$

其中，$P_{B\min}$ 为储能电池的最小储能功率；$p_B(t) - P_{B\min}$ 为储能电池在 t 时刻的最大可释放功率；中括号中各项之和为 HPS 最大可提供功率。显然，倘若 $\Delta P(t) \leqslant 0$，HPS 可以满足负荷的需求；否则将从大电网购进部分电力 $P_g(t)$，以期最大程度地满足用户需求。此外，受联络线容量的限制，$P_g(t)$ 最大值为联络线的极限功率 $P_l^{\max}$，由式 (12-9) 确定：

$$P_g(t) = \begin{cases} 0, & \Delta P(t) \leqslant 0 \\ \Delta P(t), & 0 < \Delta P(t) \leqslant P_l^{\max} \\ P_l^{\max}, & \Delta P(t) > P_l^{\max} \end{cases} \tag{12-9}$$

考虑到 HPS 系统可以从大电网购电，其在 t 时刻的停电功率 $P_{\mathrm{EENS}}(t)$ 为

$$P_{\mathrm{EENS}}(t)=\begin{cases}0, & \Delta P(t)\leqslant P_l^{\max}\\ \Delta P(t)-P_l^{\max}, & \Delta P(t)>P_l^{\max}\end{cases} \tag{12-10}$$

显然，当 $P_{\mathrm{EENS}}(t)=0$，系统中无负荷停电。否则，系统中会出现负荷失电，此时 HPS 需对停电负荷做出一定的补偿，总补偿费用 C_{EENS} 为

$$C_{\mathrm{EENS}}=\sum_{t=1}^{T}k(t)P_{\mathrm{EENS}}(t) \tag{12-11}$$

其中，$k(t)$ 为单位停电量的补偿费用，其数值可以根据相关协议或者政策确定，此处取 $k(t)=1.5R(t)$。总停电补偿费用在系统电源之间按照某种策略进行分摊，这里假定各电源按照装机容量的大小分摊该费用，从而风电因供电不足引起的年停电补偿费用为

$$C_{\mathrm{WEENS}}=\frac{C_{\mathrm{EENS}}P_W}{P_W+P_S+P_B} \tag{12-12}$$

一般来讲，费用分摊要公平合理。借鉴“多获利多买单”的思想，基于收益与容量存在正相关性的假设，此处按照容量比分摊费用。该方法虽然并非最优方案，但不失为一种简单易行的方法。

（4）年购电费用。若 HPS 向大电网购买电量 $P_g(t)$，则需要支付相应的费用，同时考虑到大电网通常采用传统发电形式，其发电成本较高，且排放温室有害气体等造成环境污染，故有必要考虑因为污染排放引起的费用。可将从大电网购电带来的总费用 C_{PUR} 视为购电量 $P_g(t)$ 的函数，即

$$C_{\mathrm{PUR}}=f(P_g(t)) \tag{12-13}$$

此处，C_{PUR} 按照容量比例分摊到风、光、储上，从而风电的年购电费用为

$$C_{\mathrm{WPUR}}=\frac{C_{\mathrm{PUR}}P_W}{P_W+P_S+P_B} \tag{12-14}$$

（5）年报废收入。考虑设备在其寿命终止时带来的价值，该项收入在寿命终止时刻得到，需要考虑资金的时间价值对其进行折算。若记单位功率的风机报废收入为 D_W，则在风电设备到达其使用期限报废时，总报废收入为 P_WD_W，将其折算到运行期间每一年的等效年报废收入为

$$I_{\mathrm{WD}}=\frac{P_WD_Wr}{(1+r)^{L_W}-1} \tag{12-15}$$

（6）年运行维护费用。记风机单位功率的年运行维护费用为 M_W，则得风机的年运行维护费用为

$$C_{\mathrm{WOM}}=P_WM_W \tag{12-16}$$

综上所述，可得风电的支付 I_W 为

$$I_W=I_{\mathrm{WSEL}}+I_{\mathrm{WD}}-C_{\mathrm{WINV}}-C_{\mathrm{WOM}}-C_{\mathrm{WEENS}}-C_{\mathrm{WPUR}} \tag{12-17}$$

2）光伏发电的支付

光伏发电支付相关的各项费用/收入的计算方式与上一节中风电的相似，简介如下。

（1）年售电收入。光伏发电在 t 时刻的售出电量 $P_{\mathrm{SSEL}}(t)$ 与式 (12-5) 所示的 $P_{\mathrm{WSEL}}(t)$ 计算形式相似，具体如下：

$$P_{\mathrm{SSEL}}(t)=\begin{cases}p_S(t), & P_{\mathrm{MAR}}(t)\leqslant 0\\ \dfrac{p_S(t)P_{\max}(t)}{p_W(t)+p_S(t)}, & P_{\mathrm{MAR}}(t)>0\end{cases} \tag{12-18}$$

从而可得到光伏发电的年售电收入为

$$I_{\mathrm{SSEL}}=\sum_{t=1}^{T}(1+\alpha)R(t)P_{\mathrm{SSEL}}(t) \tag{12-19}$$

（2）年投资费用。若光伏发电单位功率的投资费用为 U_S，且其寿命为 I_S，则可得到光伏发电的年投资费用为

$$C_{\mathrm{SINV}}=\frac{P_S U_S r(1+r)^{L_S}}{(1+r)^{L_S}-1} \tag{12-20}$$

（3）年停电补偿费用。类似于式 (12-12)，光伏发电的年停电补偿费用为

$$C_{\mathrm{SEENS}}=\frac{C_{\mathrm{EENS}}P_S}{P_W+P_S+P_B} \tag{12-21}$$

（4）年购电费用。类于式 (12-14)，光伏发电的年购电费用为

$$C_{\mathrm{SPUR}}=\frac{C_{\mathrm{PUR}}P_S}{P_W+P_S+P_B} \tag{12-22}$$

（5）年报废收入。若光伏发电的单位功率报废收益为 D_S，则其年报废收入为

$$I_{\mathrm{SD}}=\frac{P_S D_S r}{(1+r)^{L_S}-1} \tag{12-23}$$

（6）年运行维护费用。若单位功率的年运行维护费用为 M_S，则年运行维护费用为

$$C_{\mathrm{SOM}}=P_S M_S \tag{12-24}$$

综上所述，可得光伏发电的支付为

$$I_S=I_{\mathrm{SSEL}}+I_{\mathrm{SD}}-C_{\mathrm{SINV}}-C_{\mathrm{SOM}}-C_{\mathrm{SEENS}}-C_{\mathrm{SPUR}} \tag{12-25}$$

3）储能电池的支付

本节首先给出储能电池的充放电模型以确定其可用功率时间序列，在此基础上，计算储能电池的全寿命周期收入作为其支付。

储能电池在 t 时刻的存储容量 $p_{\mathrm{B}}(t)$ 既与 t 时刻的供求关系相关，也与其在上一时刻的能量状况相关。定义系统中风电与光伏发电的总功率与系统负荷之差为系统发电裕度，可得 t 时刻的系统发电裕度为

$$\Delta(t) = p_W(t) + p_S(t) - P_d(t) \tag{12-26}$$

当系统功率充足（$\Delta(t) \geqslant 0$）时，储能电池以效率 η_C 充电；当系统功率不足（$\Delta(t) < 0$）时，则会放电。于是可得储能电池在 t 时刻的存储容量为

$$p_B(t) = \begin{cases} p_B(t-1) + \eta_C \Delta(t), & \Delta(t-1) \geqslant 0 \\ p_B(t-1) + \Delta(t), & \Delta(t-1) < 0 \end{cases} \tag{12-27}$$

一般地，储能电池的存储容量不能低于保证其正常工作的最低存储容量，即其 t 时刻的功率应满足

$$P_{\mathrm{Bmin}} \leqslant p_B(t) \leqslant P_B \tag{12-28}$$

当然实际运行中，储能电池的存储容量还受其他诸多因素的影响，如自放电等，为简明起见，此处不考虑电池的自放电。

在此基础上，可得储能电池的支付如下所述。

（1）年售电收入。获得储能电池售电功率的简单方法是计算相邻两个时刻的存储容量差：

$$\Delta p_B(t) = p_B(t) - p_B(t+1) \tag{12-29}$$

而储能电池在 t 时刻的售电量 $P_{\mathrm{BSEL}}(t)$ 与 $\Delta p_B(t)$ 的关系为

$$P_{\mathrm{BSEL}}(t) = \begin{cases} \Delta p_B(t), & \Delta p_B(t) > 0 \\ 0, & \Delta p_B(t) \leqslant 0 \end{cases} \tag{12-30}$$

从而储能电池的售电收入为

$$I_{\mathrm{BSEL}} = \sum_{t=1}^{T} (1+\alpha) R(t) P_{\mathrm{BSEL}}(t) \tag{12-31}$$

（2）年投资费用。若储能电池的单位投资费用为 U_B，且其寿命为 L_B，则可得到储能电池的年投资费用为

$$C_{\mathrm{BINV}} = \frac{P_B U_B r(1+r)^{L_B}}{(1+r)^{L_B} - 1} \tag{12-32}$$

（3）年停电补偿费用。储能电池的年停电补偿费用为

$$C_{\mathrm{BEENS}} = \frac{C_{\mathrm{EENS}} P_B}{P_W + P_S + P_B} \tag{12-33}$$

（4）年购电费用。储能电池的年购电费用为

$$C_{\mathrm{BPUR}} = \frac{C_{\mathrm{PUR}} P_B}{P_W + P_S + P_B} \tag{12-34}$$

（5）年报废收入。储能电池报废时不会带来任何收入，甚至需要花费报废费用。为简明起见，设 $I_{\mathrm{BD}}=0$。

（6）年运行维护费用。若单位功率的年运行维护费用为 M_B，则年运行维护费用为

$$C_{\mathrm{BOM}}=P_BM_B \tag{12-35}$$

（7）年辅助服务收入。储能电池在 HPS 中主要发挥削峰填谷的作用。换言之，储能电池大部分时间处于备用状态，即为系统提供备用容量。设由此获得辅助服务的收入为 I_{BAUX}，显然，该收入与储能电池所提供的备用量成正比。储能电池在 t 时刻的备用容量 $P_{\mathrm{RES}}(t)$ 为

$$P_{\mathrm{RES}}(t)=p_B(t)-P_{\mathrm{BSEL}}(t)-P_{\mathrm{Bmin}} \tag{12-36}$$

从而可得储能电池的年辅助服务收入为

$$I_{\mathrm{BAUX}}=\beta\sum_{t=1}^{T}P_{\mathrm{RES}}(t) \tag{12-37}$$

其中，β 为单位备用容量的收入。

综上所述，可得储能电池的支付为

$$I_B=I_{\mathrm{BSEL}}+I_{\mathrm{BD}}+I_{\mathrm{BAUX}}-C_{\mathrm{BINV}}-C_{\mathrm{BOM}}-C_{\mathrm{BEENS}}-C_{\mathrm{BPUR}} \tag{12-38}$$

由以上计算过程可知，博弈参与者的支付不仅与自身的决策变量直接相关，同时也受其他参与者策略的影响。

3. 策略式博弈模型

HPS 电源规划决策中，风、光、储三方共有 5 种可能的博弈模式，分别为完全竞争的非合作博弈模式、完全合作博弈模式以及两方合作与另一方竞争的部分合作模式，其中后者又可分为三种情形。各博弈模式的编号、标记、含义及合作程度如表 12.1 所示。

表 12.1　HPS 电源规划的博弈模式

编号	博弈模式	含义	合作程度
1	$\{W\},\{S\},\{B\}$	风、光、储各自为政，独立决策	非合作
2	$\{W,S,B\}$	风、光、储完全合作，共同决策	完全合作
3	$\{W,S\},\{B\}$	风、光组成联盟合作决策，储能电池独立决策	部分合作
4	$\{W,B\},\{S\}$	风、储组成联盟合作决策，光伏发电独立决策	部分合作
5	$\{W\},\{S,B\}$	光、储组成联盟合作决策，风电独立决策	部分合作

本节将分别给出 HPS 电源规划在非合作与合作博弈模式下的策略式模型。

1）非合作博弈模式的策略式博弈模型

若风、光、储各自为政，独立决策以最大化各自支付，则所形成的非合作博弈的策略式博弈模型如下。

（1）参与者集合

$$N=\{W,S,B\}$$

（2）策略集合

$$\Omega=(\Omega_W,\Omega_S,\Omega_B)$$

（3）支付函数

$$I_W(P_W,P_S,P_B),\quad I_S(P_W,P_S,P_B),\quad I_B(P_W,P_S,P_B)$$

若上述博弈模型存在 Nash 均衡点 (P_W^*,P_S^*,P_B^*)，则根据 Nash 均衡的定义，其应满足

$$P_W^*=\arg\max_{P_W} I_W(P_W,P_S^*,P_B^*) \tag{12-39}$$

$$P_S^*=\arg\max_{P_S} I_S(P_W^*,P_S,P_B^*) \tag{12-40}$$

$$P_B^*=\arg\max_{P_B} I_B(P_W^*,P_S^*,P_B) \tag{12-41}$$

由此可见，P_W^*、P_S^* 和 P_B^* 均是在另外两方选择最优策略下的己方最优对策，即在策略组合 (P_W^*,P_S^*,P_B^*) 下风、光、储均能达到 Nash 均衡意义下的最高支付。

2）合作博弈模式的策略式博弈模型

很多情况下，基于个人利益最大化的非合作博弈模式可能会导致整体利益远离最优的不利局面，因此参与者有可能采用合作方式与其他参与者组成联盟，通过最大化联盟的支付及对联盟支付的适当分配来实现个人利益的最大化。本节以风、光合作组成联盟后与储能电池博弈（博弈模式 3：$\{W,S\},\{B\}$）为例给出该合作博弈模式的策略式模型，在该博弈模式下，风-光联盟可视为一个独立决策者，其决策变量为风电和光伏发电的容量，相应的策略集合记为 Ω_{WS}，支付为风电与光伏发电支付之和，记作 I_{WS}，具体如下。

（1）参与者 $N=\{W,S,B\}$；

（2）策略集合 $\Omega_{WS}=[P_W^{\min},P_W^{\max}]\times[P_S^{\min},P_S^{\max}],\Omega_B=[P_B^{\min},P_B^{\max}]$；

（3）支付函数 $I_{WS}(P_W,P_S,P_B),I_B(P_W,P_S,P_B)$。

若上述合作博弈模型存在 Nash 均衡点 $(P_W^{*'},P_S^{*'},P_B^{*'})$，根据 Nash 均衡的定义，其应满足

$$\left(P_W^{*'},P_S^{*'}\right)=\arg\max_{P_W,P_S} I_{WS}(P_W,P_S,P_B^{*'}) \tag{12-42}$$

$$P_B^{*'}=\arg\max_{P_B} I_B(P_W^{*'},P_S^{*'},P_B) \tag{12-43}$$

式 (12-42) 和式 (12-43) 表示 $(P_W^{*'},P_S^{*'})$ 和 $P_B^{*'}$ 均是在对方选择最优策略下的己方最优对策，即该策略组合下风-光联盟和储能电池均达到 Nash 均衡意义下的最大支付。

另三种合作博弈模式的策略式模型与此类似，此处不再赘述。

鉴于 HPS 电源规划策略式博弈的策略集合是 Euclid 空间的非空紧凸集，根据定理 3.4 给出的 Nash 均衡存在性条件，本节只需说明支付函数是相应策略的连续拟凹函数，即可证明该策略式博弈存在纯策略 Nash 均衡点。为方便表达，以下分别阐述非合作与合作博弈模式下 Nash 均衡的存在性。

4. 非合作博弈模式下 Nash 均衡的存在性

在非合作博弈模式下，本节通过证明风电、光伏发电和储能电池的支付相对各自决策变量的连续拟凹性，说明 Nash 均衡的存在性。

由风电的支付 I_W 的定义可知，组成 I_W 的 7 项收入或费用可分解为风电装机容量 P_W 的线性函数和非线性函数两部分，分别记为 F_{WL} 和 F_{WNL}。

F_{WL} 是风电装机容量 P_W 的线性函数，包含三项内容，分别为年报废收入、年投资费用和年运行维护费用，具体为

$$F_{\mathrm{WL}} = I_{\mathrm{WD}} - C_{\mathrm{WINV}} - C_{\mathrm{WOM}} = K_M P_W \tag{12-44}$$

根据凹函数的定义，线性函数显然是一类凹函数。此外，由于系统投资费用和运行维护费用通常高于报废支付，因此有

$$K_M < 0 \tag{12-45}$$

F_{WNL} 是风电装机容量 P_W 的非线性函数，包含年售电收入、年停电费用、年购电费用以及年辅助服务收入（此项为零），即

$$F_{\mathrm{WNL}} = I_{\mathrm{WSEL}} - C_{\mathrm{WENS}} - C_{\mathrm{WPUR}} \tag{12-46}$$

根据风、光、储三方的支付公式可知，I_{WSEL} 是 P_W 的凹函数，$C_{\mathrm{WENS}} + C_{\mathrm{WPUR}}$ 是 P_W 的凸函数，故其相反数 $-C_{\mathrm{WENS}} - C_{\mathrm{WPUR}}$ 是 P_W 的凹函数，从而 $F_{W\mathrm{NL}}$ 作为两个凹函数之和也是 P_W 的凹函数。

综上所述，风电的支付函数作为两个凹函数的线性叠加，亦为 P_W 的凹函数。若取 $P_B = P_S = 0$，则可得到风电的支付 I_W 与其装机容量 P_W 的关系，如图 12.1 所示，该图表明此情况下 I_W 是 P_W 的连续凹函数。

光伏发电和储能电池支付函数的拟凹特性的证明过程与风电相似，此处不再赘述。

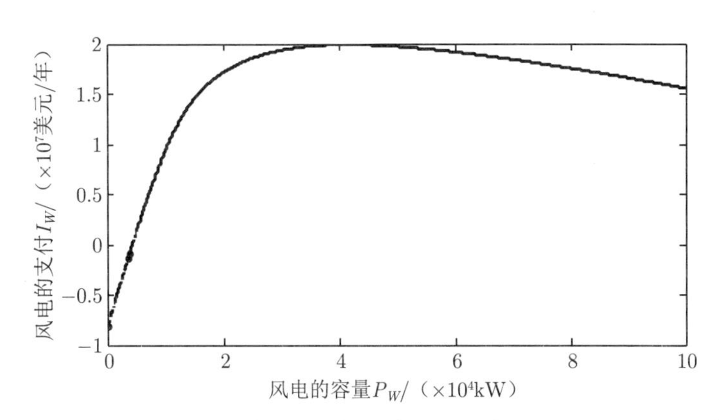

图 12.1　风电的支付与其容量的连续凹函数关系

5. 合作博弈模式下 Nash 均衡的存在性

本节以风、光合作组成联盟后与储能电池博弈 $(\{W,S\},\{B\})$ 为例，说明合作博弈 Nash 均衡点的存在性。由于 I_B 是 P_B 的连续凹函数，此处只需要说明 I_{WS} 与 P_W、P_S 的凹函数关系，即可证明 Nash 均衡的存在性。

根据前述定义，风-光联盟的支付为

$$\begin{aligned} I_{\mathrm{WS}} &= I_W + I_S \\ &= I_{\mathrm{WSEL}} + I_{\mathrm{SSEL}} + I_{\mathrm{WD}} + I_{\mathrm{SD}} - \\ &\quad C_{\mathrm{WINV}} - C_{\mathrm{SINV}} - C_{\mathrm{WOM}} - C_{\mathrm{SOM}} - \\ &\quad C_{\mathrm{WENS}} - C_{\mathrm{SENS}} - C_{\mathrm{WPUR}} - C_{\mathrm{SPUR}} \\ &= I_{\mathrm{WSSEL}} + F_{\mathrm{WSL}} + F_{\mathrm{WSNL}} \end{aligned} \tag{12-47}$$

进一步，将其分为三部分，其中 I_{WSSEL} 为风-光联盟的售电收入，F_{WSL} 与 F_{WSNL} 分别为除售电收入外的线性与非线性部分。具体地

$$I_{\mathrm{WSSEL}} = I_{\mathrm{WSEL}} + I_{\mathrm{SSEL}} \tag{12-48}$$

$$F_{\mathrm{WSL}} = I_{\mathrm{WD}} + I_{\mathrm{SD}} - C_{\mathrm{WINV}} - C_{\mathrm{SINV}} - C_{\mathrm{WOM}} - C_{\mathrm{SOM}} \tag{12-49}$$

$$F_{\mathrm{WSNL}} = -C_{\mathrm{WENS}} - C_{\mathrm{SENS}} - C_{\mathrm{WPUR}} - C_{\mathrm{SPUR}} \tag{12-50}$$

以下分别说明以上三部分均为决策变量 P_W、P_S 的连续凹函数。

根据前述相关定义，可以得出风-光联盟的总售电量 $P_{\mathrm{WSSEL}}(t)$ 为

$$P_{\mathrm{WSSEL}}(t) = P_{\mathrm{WSEL}}(t) + P_{\mathrm{SSEL}}(t) = \begin{cases} p_W(t) + p_S(t), & P_{\mathrm{MAR}}(t) \leqslant 0 \\ P_{\max}(t), & P_{\mathrm{MAR}}(t) > 0 \end{cases} \tag{12-51}$$

容易看出，总售电量 P_{WSSEL} 为 P_W 和 P_S 的凹函数，而 I_{WSSEL} 正比于 P_{WSSEL}，故也为 P_W 和 P_S 的凹函数。

联盟总支付的线性部分 F_{WSL} 和非线性部分 F_{WSNL} 的凹函数特性的证明与风电支付函数的计算方法类似，此处略去。

因此，风-光联盟的支付 I_{WS} 为 P_S 和 P_W 的凹函数。取 $P_B=0$，可得 I_{WS} 与 P_W、P_S 的三维曲面如图 12.2 所示。该图形象表明 I_{WS} 是决策变量 P_W、P_S 的连续凹函数。

对于另外三种合作博弈模式，可采用相似的思路证明支付函数的连续拟凹特性，此处略去。

综上可见，本节所研究的 HPS 电源规划的策略式博弈的 5 种博弈模式，支付函数均为相关决策变量的连续凹函数，故均存在纯策略 Nash 均衡。在建立策略式模型并证明其 Nash 均衡的存在性之后，则需要寻求 Nash 均衡的求解算法，以获得各博弈模式下的 Nash 均衡解作为最优容量配置方案。以下将介绍一种典型的迭代搜索算法。

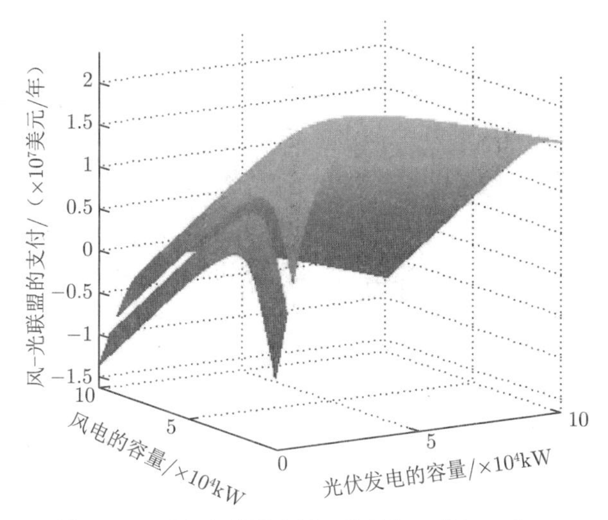

图 12.2 风-光联盟支付函数的拟凹特性示意图

由前述章节中的策略式博弈模型可以看出，博弈问题（特别是非合作博弈）并非一个全系统的统一优化问题，而是每个参与者（或联盟）独立优化各自目标的多个相互耦合优化问题的集成。目前，已有的均衡求解方法包括迭代搜索法[9]、剔除劣势策略法[10]以及最大-最小优化法[11] 等。鉴于本章所研究的博弈为具有连续策略且非零和的策略式博弈，本节采用迭代搜索法求解 Nash 均衡点，求解流程简述如下。

第 1 步 输入系统的技术经济数据或参数。

初始化建立策略式博弈模型所需的各种技术经济数据，主要包括负荷需求、风速、光照强度、电价、资金的贴现率及其他计算参与者支付必需的数据或参数。

第 2 步 建立策略式博弈模型。

第 3 步 设定均衡点初值。

在各决策变量的策略空间选取均衡点初值 (P_W^0, P_S^0, P_B^0)，此处随机选取。

第 4 步 各博弈参与者或联盟依次进行独立优化决策。

以前述风-光-储非合作博弈为例说明该优化决策过程。记博弈中各参与者在第 j 轮优化的结果为 (P_W^j, P_S^j, P_B^j)。具体地，在进行第 j 轮优化时，各参与者根据上一轮的优化结果 $(P_W^{j-1}, P_S^{j-1}, P_B^{j-1})$，通过优化算法（此处选用粒子群算法[12]，选取 100 个粒子，最大迭代次数为 50 次）得到最优策略组合 (P_W^j, P_S^j, P_B^j)，即

$$P_W^j = \arg\max_{P_W} I_W(P_W, P_S^{j-1}, P_B^{j-1}) \tag{12-52}$$

$$P_S^j = \arg\max_{P_S} I_S(P_W^{j-1}, P_S, P_B^{j-1}) \tag{12-53}$$

$$P_B^j = \arg\max_{P_B} I_W(P_W^{j-1}, P_S^{j-1}, P_B) \tag{12-54}$$

第 5 步 信息共享。

将第 4 步中各博弈者的最优策略告知每一位参与者。

第 6 步 判断系统是否找到 Nash 均衡点。

若各博弈参与者相邻两次得到的最优解相同，即

$$(P_W^j, P_S^j, P_B^j) = (P_W^{j-1}, P_S^{j-1}, P_B^{j-1}) = (P_W^*, P_S^*, P_B^*) \tag{12-55}$$

则表明在该策略下，任何参与者都不能通过独立改变策略而获得更多的支付，根据 Nash 均衡的定义，可以认为该策略组合即为 Nash 均衡。

若找到 Nash 均衡点，则进入第 7 步，输出结果；否则，回到第 4 步进行优化决策。

第 7 步 输出系统的 Nash 均衡点 (P_W^*, P_S^*, P_B^*)。

上述计算流程是在博弈模型存在纯策略 Nash 均衡的前提下执行的。正如前述章节所证明的，HPS 规划的策略式博弈模型总是存在纯策略 Nash 均衡。所以，理论上来讲，不论第 3 步如何选取初值，上述算法都可以收敛到 Nash 均衡。对于一般的博弈问题，可能存在多个局部最优点，在此情况下，初值的选取就显得非常关键。目前为止，还没有一套通用的、系统的初值选取方法。假如在某个初值下算法不收敛，可以根据目标函数的特点及所采用优化算法的特性在第 3 步重新选择初值。

需要说明的是，本节虽然建立了电力市场环境下的策略式博弈规划模型，但从严格意义来讲，由于博弈三方所掌握的某些信息的非对称和非公开性，此时的博弈格局应属于不完全信息博弈。在此种情况下，应采用 Harsanyi 转换求解该模型的 Bayes-Nash 均衡。考虑到本章重点在于探索一种基于博弈论的规划思路，为简明起见，假定各方信息公开透明。如此，所求得的 Nash 均衡解是确定性的非随机变量，这样既便于清晰阐明工作思路，又避免了求解非完全信息博弈面临的复杂性难题。此外，从我国当前风-光-储系统的发展现状看，三方各自的信息（如成本和收益等）基本上是可以获知的。本节在完全信息环境下建立风-光-储投资规划问题的博弈模型并分析市场均衡的存在性进而求取其数值解，可为市场设计者与管理者提供参考和借鉴。

本节将所提策略式博弈模型应用于一个虚拟的 HPS。基于系统的负荷需求、风光信息及其他技术经济参数，通过求解 Nash 均衡确定混合电力系统中风电、光伏发电和储能电池的最佳容量配置方案，分析不同博弈模式下的均衡解，并将其与多目标优化的 Pareto 最优解进行对比，最后仿真分析 Nash 均衡的稳定性和参数灵敏度。

所用虚拟系统中，年度负荷时间序列取自 IEEE-RTS 的标准负荷数据[13]。不失一般性，设峰荷 $P_{\mathrm{d}}^{\max} = 10\mathrm{MW}$，如此，可得负荷需求的时间序列如图 12.3 所示。

考虑到 Weibull 分布可以较好地拟合风速的概率特性，此处基于 Weibull 分布生成年（8760h）风速序列，如图 12.4 所示；采用不同季节的典型日光照强度表征地区光照强度信息，且假设光伏发电的出力正比于该光照强度，如图 12.5 所示。电价、资金的贴现率等其他技术经济数据如表 12.2 所示。同时，考虑到工程实际中，受资源与政策影响，风、光等资源有限，此处假设风电、光伏发电、储能电池的容量下限为零，上限为 10 倍峰荷，在实际的规划设计中，该值可依据规划当地的实际可用资源情况而定。

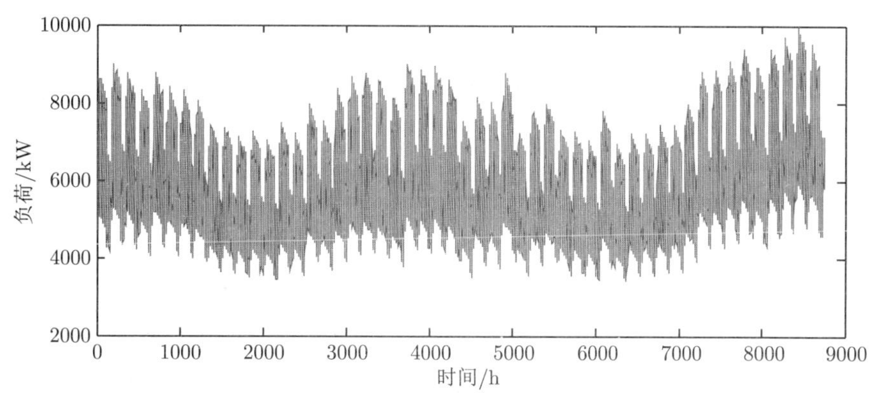

图 12.3　负荷需求序列

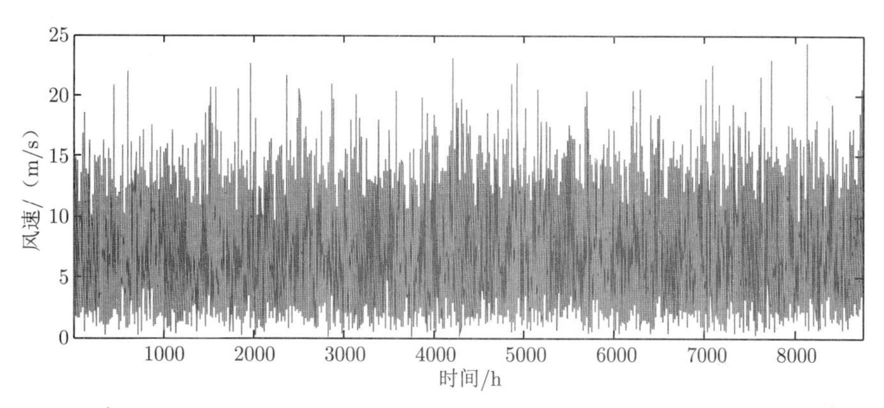

图 12.4　风速序列

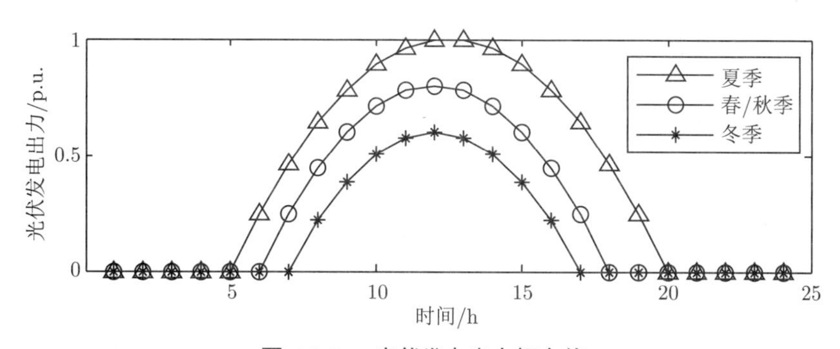

图 12.5　光伏发电出力标幺值

6. 不同博弈模式下的 Nash 均衡分析

1）非合作博弈模式下的 Nash 均衡结果

若 HPS 中风、光、储三方各自为政，独立优化决策，则可通过求解前述章节中非合作博弈模式下的策略式博弈模型得到相应的 Nash 均衡作为容量配置方案，如表 12.3 所示。该表中 P_{total} 为系统的总容量，即风、光、储的容量之和

$$P_{\text{total}} = P_W^* + P_S^* + P_B^* \tag{12-56}$$

I_{total} 为系统的总支付，即

$$I_{\text{total}} = I_W + I_S + I_B \tag{12-57}$$

表 12.2 HPS 技术经济参数

系统参数	数值	系统参数	数值
电价/（美元/（kW·h））	0.12	风机报废收入/（美元/kW）	77
贴现率/（%）	12	光伏电池单位造价/（美元/kW）	1890
切入风速/（m/s）	3	光伏电池寿命/年	20
切出风速/（m/s）	20	光伏电池年单位运维费用/（美元/kW）	20
额度风速/（m/s）	12	光伏电池报废收入/（美元/kW）	100
风机寿命/年	20	储能电池寿命/年	10
风机单位造价/（美元/kW）	770	储能电池单位造价/（美元/kW）	100
风机单位运维费用/（美元/kW）	20	储能电池单位运维费用/（美元/kW）	1

表 12.3 非合作博弈模式下的 Nash 均衡

编号	博弈模式	策略/kW				支付/（$\times 10^3$ 美元/年）	
		P_W^*	P_S^*	P_B^*	P_{total}	参与者的支付	I_{total}
1	$\{W\},\{S\},\{B\}$	40622	15760	6250	62632	$I_W = 17706$ $I_S = 2676$ $I_B = 2503$	22886

由表 12.3 可以看出，非合作博弈模式的 Nash 均衡策略为

$$(40622, 15760, 6250)$$

上述均衡中风电的容量最大，占系统总容量的 64.86%；光伏发电次之；储能电池的容量最小，不足总容量的 10%。从各参与者的支付上看，风电最大，光伏发电次之，储能电池的支付最小。

2）合作博弈模式下的 Nash 均衡结果

考虑风、光、储三方所有 4 种可能的合作模式（表 12.1），分别求解这 4 种合作博弈模式下的策略式博弈模型，得到相应的 Nash 均衡如表 12.4 所示。

表 12.4 表明，4 种合作博弈模式下的 Nash 均衡结果既有相似性，又有差异性。相似性主要体现在除第 2 种博弈模式外，均有

$$P_W^* > P_S^* > P_B^*$$

即风电是 HPS 中电源的最大组成部分，光伏发电其次，储能电池所占比例最小。差异性主要体现在系统总容量和总支付的不同：第 3 种博弈模式（风-光联盟后与储能电池博

弈）的总容量最小，为 46430kW，总支付较高；第 2 种博弈模式，即风、光、储组成总联盟的支付与此相差不大。其他两种部分合作博弈模式（博弈模式 4 和 5）的系统总容量较大，均在 60MW 以上，但总支付相对较低，尤其以第 4 种博弈模式为甚。

表 12.4　合作博弈模式下的 Nash 均衡

编号	博弈模式	策略/kW				支付/（$\times 10^3$ 美元/年）	
		P_W^*	P_S^*	P_B^*	P_{total}	参与者或联盟的支付	I_{total}
2	$\{W,S,B\}$	33255	6820	8510	48585	$I_{\text{WSB}}=24174$	24174
3	$\{W,S\},\{B\}$	33184	6996	6250	46430	$I_{\text{WS}}=21632$ $I_B=2498$	24130
4	$\{W,B\},\{S\}$	42079	15775	7920	65774	$I_{\text{WB}}=20374$ $I_S=2690$	23064
5	$\{W\},\{S,B\}$	42064	15697	6250	64011	$I_W=17868$ $I_{\text{SB}}=5109$	22977

事实上，以上所提 5 种博弈模式对应于现实中各参与者之间不同的竞争程度，显然博弈模式 1 为完全竞争的格局，而博弈模式 2 则是完全合作没有竞争的格局。通过以上的仿真结果可以看出，竞争程度的高低将会影响各独立决策者的决策行为及得到的收益。在完全竞争的市场环境下，总的收益值最低；而在完全合作的环境下，总收益值最高。所提模型不仅可为各发电投资者的决策提供基础，也可为电力监管和决策部门预测和判断该竞争决策提供重要信息。本节的分析结果显示，电力市场的监管组织可以适当创造环境鼓励和促进各方合作以实现总社会效益的最大化，但同时也要监督、防止甚至惩罚蓄意操纵市场及哄抬电价等不正当行为。

7. Nash 均衡与多目标优化的 Pareto 最优解

采用多目标优化方法研究混合电力系统的电源规划问题时，常用的目标有经济性目标、可靠性目标及近年来备受关注的环境目标等。作为对比，本节将经济性和可靠性作为两个目标，建立混合电力系统电源规划的多目标优化模型。为方便与博弈论模型进行比较，多目标优化模型中的经济性目标与可靠性目标均由前述章节中的全寿命周期费用的相关部分构成。具体而言，记经济性目标为 I_{E}，其由系统的售电收入、报废收入、辅助服务收入、投资费用及运行维护费用决定，具体计算形式如式 (12-58) 所示：

$$I_{\text{E}}=\sum_{i\in\{W,S,B\}}(I_{i\text{SEL}}+I_{i\text{D}}+I_{i\text{AUX}}-C_{i\text{INV}}-C_{i\text{OM}}) \tag{12-58}$$

式 (12-58) 表明，I_{E} 数值越大，系统的经济性能越好；记系统的可靠性目标为 I_{R}，其由系统的停电补偿费用与购电费用两部分组成，具体可表述为

$$I_{\text{R}}=\sum_{i\in\{W,S,B\}}(C_{i\text{EENS}}+C_{i\text{PUR}}) \tag{12-59}$$

可见，I_{R} 的数值越小，代表系统为保证系统的可靠运行付出的代价越小，系统的可靠性越高。

由此，可以建立 HPS 电源规划的多目标优化模型，如式 (12-60) 所示：

$$\begin{aligned}&\{\max\, I_{\mathrm{E}}(P_W,P_S,P_B),\min I_{\mathrm{R}}(P_W,P_S,P_B)\}\\ &\text{s.t.}\quad P_W\in\Omega_W\\ &\qquad\ \ P_S\in\Omega_S\\ &\qquad\ \ P_B\in\Omega_B\end{aligned}\tag{12-60}$$

此处，本节通过一种改进的粒子群（PSO）算法[12] 求解式 (12-60) 所示的多目标优化的 Pareto 最优解。粒子群算法中的粒子数设为 100，最大迭代次数设为 50。通过所设计的优化算法，可以得到由 249 个非占优解组成的 Pareto 前沿。进一步，将 Pareto 最优解与表 12.1 给出的 5 种博弈模式下的 Nash 均衡绘于同一张图上，如图 12.6 所示。由于横坐标的跨度较大，为清晰起见，将部分横坐标的尺度范围用虚线表示。

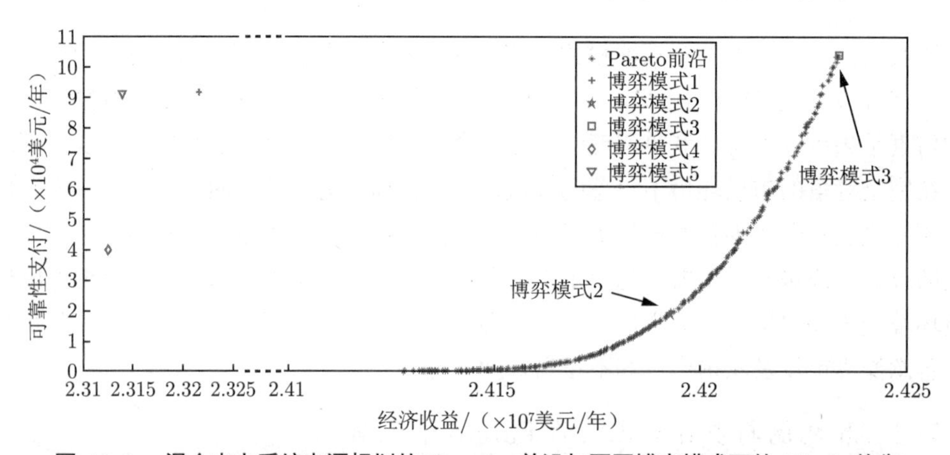

图 12.6　混合电力系统电源规划的 Pareto 前沿与不同博弈模式下的 Nash 均衡

由图 12.6 可以看出，系统的 Pareto 最优解集组成一条光滑的曲线；同时系统在第 2 种（五角星标记）和第 3 种（正方形标记）博弈模式下的 Nash 均衡解落在 Pareto 前沿上，而其他三种博弈模式下的均衡解均远离 Pareto 前沿。以上现象表明：

（1）风-光之间的合作可以实现 Pareto 最优，而竞争（或者决策者的自治决策）将会导致总支付的降低。

（2）本节所提策略式博弈模型可以实现多目标优化方法获得的 Pareto 最优解，但其是各参与者分散决策的结果，而不是依靠传统多目标优化采用的统一优化方法实现的。

（3）多目标优化算法得到的 Pareto 解将会忽略三种博弈模式下的 Nash 均衡解，而这三种博弈模式所对应的竞争关系在现实中很可能存在。相较而言，多目标优化方由于忽略了各发电投资者的独立决策过程，其优化结果自然无法呈现像博弈模型所能获得的如此丰富的信息，因此也无法辅助电力监管和决策部门进行市场预测与监督。从这个角度来看，博弈论在信息丰富度和多样化方面具有多目标优化无法替代的优势。

8. Nash 均衡的稳定性分析

为说明 Nash 均衡的稳定性，本节将分析风速、光照以及负荷的不确定性对其稳定性的影响。以下以风速不确定性对 Nash 均衡稳定性的影响为例进行说明。

与采用确定性的风速数据不同，此处采用区间描述不同时刻的风速以表征其不确定性。具体地，时刻 t 的风速 $v(t)$ 由风速中值 v_{ft} 和预测误差 $e_t(\%)$ 两个变量确定的区间描述，即

$$v(t) \in [v_{\mathrm{ft}}(1-e_t), v_{\mathrm{ft}}(1+e_t)]$$

通常来讲，风速的预测误差将会随着预测时段的增长而增大，此处设

$$e_0 = 0\%, \quad e_T = 10\%$$

在风速的区间内进行 $H = 100$ 次随机抽样得到不同的风速序列，并分别计算各风速序列下 5 种博弈模式下的 Nash 均衡。进一步，统计分析 Nash 均衡的均值 $E(\cdot)$、标准差 $\mathrm{Std}(\cdot)$ 和置信区间 $\mathrm{In}(\cdot)$，以表征风速不确定性对 Nash 均衡稳定性的影响。此外，采用相关系数表征风、光、储三位参与者策略间的相关特性。

设 X、Y 为两个随机变量，其相关系数记为 ρ_{XY}，则 ρ_{XY} 的正负能够反映变量变化趋势的关系，倘若 ρ_{XY} 为正，则表示两随机变量倾向于同时取较大或同时取较小值，即具有相同的变化趋势；倘若 ρ_{XY} 为负，则反映出两随机变量具有相反方向的变化趋势。需要说明的是，由于 ρ_{XY} 本身是期望值，故其反映的变化趋势均是在平均意义上而言的。

1）考虑风速不确定性的 Nash 均衡稳定性分析

分析 H 个样本下 5 种博弈模式的均衡结果，得到各策略的均值和标准差如表 12.5 所示。其中各个博弈模式的含义参见表 12.1。

表 12.5　风速不确定性下 Nash 均衡的统计特性　　MW

编号	博弈模式	$E(P_W)$	$\mathrm{Std}(P_W)$	$E(P_S)$	$\mathrm{Std}(P_S)$	$E(P_B)$	$\mathrm{Std}(P_B)$
1	$\{W\},\{S\},\{B\}$	41978	142.2	15743	18.5	6250	3.52×10^{-5}
2	$\{W,S,B\}$	33356	141.3	6874	105	8518	10.5
3	$\{W,S\},\{B\}$	33265	146.9	7019	95.8	6250	2.25×10^{-5}
4	$\{W,B\},\{S\}$	42031	139.4	15761	16.3	7954	16.3
5	$\{W\},\{S,B\}$	41977	138.7	15701	23.9	6250	5.3×10^{-4}

表 12.5 表明，风速的不确定性将会带来 Nash 均衡解的波动，且不同参与者策略的波动特性不完全相同。表 12.5 中风、光、储三者策略的方差可以看出，风电的方差最大，光伏发电次之，储能电池最小，即风电的决策受风速不确定性的影响相对最大，光伏发电次之，而储能电池的决策几乎不受风速不确定性的影响，且当储能电池与风电在结盟情形下，其策略受风速不确定性影响较大。尽管风电策略的方差相对较大，但仍不足风

电容量的 0.5%。由此可见，即使风速的预测存在不确定性，采用本章所提方法进行风光储容量的配置基本可以得到稳定的结果。

进一步，根据区间估计理论[14]，给定置信水平下的置信区间可由均值和标准差确定。此处，取置信概率为 95%，可得不同博弈模式下，各参与者均衡策略的置信区间如表 12.6 所示。该置信区间的含义为：当风速在给定的区间随机波动时，不同博弈模式下的 Nash 均衡将有 95% 的概率落在表 12.6 给出的区间内。由于各策略的标准差数值较小，所得置信区间也较窄。

表 12.6 风速不确定性下 Nash 均衡的置信区间 MW

编号	博弈模式	$\text{In}(P_W)$	$\text{In}(P_S)$	$\text{In}(P_B)$
1	$\{W\},\{S\},\{B\}$	[41694, 42263]	[15706, 15780]	[6250, 6250]
2	$\{W,S,B\}$	[33073, 33638]	[6663, 7084]	[8497, 8539]
3	$\{W,S\},\{B\}$	[32971, 33558]	[6827, 7211]	[6250, 6250]
4	$\{W,B\},\{S\}$	[41752, 42309]	[15729, 15794]	[7922, 7987]
5	$\{W\},\{S,B\}$	[41700, 42254]	[15653, 15749]	[6250, 6250]

2）风速不确定性下策略的相关性分析

根据相关系数的定义，可得风、光、储三方均衡策略的相关系数如表 12.7 所示，其中 ρ_{WS}、ρ_{WB} 和 ρ_{SB} 分别为风-光、风-储和光-储之间的相关系数。

表 12.7 风速不确定性下 Nash 均衡中策略的相关系数

编号	博弈模式	ρ_{WS}	ρ_{WB}	ρ_{SB}
1	$\{W\},\{S\},\{B\}$	−0.2853	0.1240	0.0110
2	$\{W,S,B\}$	−0.4526	0.0202	−0.1209
3	$\{W,S\},\{B\}$	−0.3257	0.0553	0.0053
4	$\{W,B\},\{S\}$	−0.2307	0.1043	−0.00167
5	$\{W\},\{S,B\}$	−0.4606	−0.0460	−0.0959

分析表 12.7 中各策略之间的相关系数可以看出：

（1）不同的博弈模式下，风电与光伏发电的相关系数为负值，且数值较大，表明风电与光伏发电具有很强的负相关性，即风电容量较大时，光伏发电容量通常较小。

（2）储能电池与风电以及与光伏发电的相关系数均相对较小，且不同博弈模式下相关系数的符号不完全相同。由此可见，储能电池容量与风电容量及光伏发电容量的相关性不大。此现象主要由储能电池的容量基本不受风速不确定性的影响，即 $\text{Std}(P_B)$ 非常小所致。

3）其他不确定性下的 Nash 均衡稳定性分析

系统中其他不确定性，如光照和负荷需求等，也会对不同博弈模式的 Nash 均衡产生影响。相应的分析方法与风速相似，此处仅给出相关结论：光照强度的不确定性对光伏发电的均衡策略影响最大；负荷需求的波动性将会同时影响风电和光伏发电的容量，而风电受其影响程度大于光伏发电。尽管以上参数的不确定性会不同程度引起 Nash 均衡的波动，但波动范围均较小。综上可见，面对不确定的风速、光照以及负荷需求，本章所提策略式博弈模型的 Nash 均衡结果具有足够的稳定性。

9. Nash 均衡的参数灵敏度分析

事实上，表 12.2 中各参数的大小也会影响博弈的均衡结果。鉴于电价与贴现率对风、光、储三者均有直接影响，本节将分别分析 Nash 均衡相对此两个参数的灵敏度，以期为参与者的决策及市场监管人员的监督提供辅助信息。

1）电价对均衡点的影响分析

为分析电价高低对均衡的影响，此处分别取电价为 0.11 美元/（kW·h）和 0.13 美元/（kW·h），计算各博弈模式下的 Nash 均衡，并将其与前述章节（电价为 0.12 美元/（kW·h））中的结果做相应对比（减去表 12.3 与表 12.4 中对应的数值），如表 12.8 所示，其中 ΔP_W^*、ΔP_S^* 和 ΔP_B^* 分别为风电、光伏发电和储能电池策略的变化百分比。

表 12.8　不同电价下的均衡分析

电价（美元/（kW·h））	博弈模式	P_W^*/kW	P_S^*/kW	P_B^*/kW	ΔP_W^*	ΔP_S^*	ΔP_B^*
0.11	$\{W\},\{S\},\{B\}$	39709	14826	6250	−5.59	−5.92	0
	$\{W,S,B\}$	32828	5539	8445	−1.26	−18.8	−0.8
	$\{W,S\},\{B\}$	32689	5718	6250	−1.49	−18.3	0
	$\{W,B\},\{S\}$	39741	14847	7775	−5.56	−5.88	−1.83
	$\{W\},\{S,B\}$	39703	14800	6250	−5.6	−5.66	0
0.13	$\{W\},\{S\},\{B\}$	44365	16450	6250	5.48	4.38	0
	$\{W,S,B\}$	33779	8138	8553	1.6	19.3	0.466
	$\{W,S\},\{B\}$	33761	8165	6250	1.74	16.7	0
	$\{W,B\},\{S\}$	44408	16482	8052	5.54	4.48	1.672
	$\{W\},\{S,B\}$	44365	16410	6250	5.48	4.6	0

分析表 12.8 的结果可以看出，电价对均衡的影响具有以下特点：

（1）从总体趋势来看，在 0.12 美元/（kW·h）的电价附近，电价越低，Nash 均衡下各参与者配置的容量越小。

（2）不同博弈模式下，电价对均衡的影响程度不同。

（3）电价的高低对不同参与者的影响不同，其中风电和光伏发电对电价的高低最为敏感，储能电池的均衡策略受电价影响较小。

2）贴现率对均衡点的影响分析

贴现率是影响规划结果的重要参数之一，此处分别给出贴现率为 11% 和 13% 的博弈规划结果，并与前述章节贴现率为 12% 情况下的均衡进行对比，结果见表 12.9。该表显示：贴现率的大小会不同程度地影响参与者的决策，尤其以风电和光伏发电对贴现率的大小最为敏感，且贴现率越小，各参与者的最优容量数值越大；不同博弈模式下，各参与者的受影响程度不同。

表 12.9 不同贴现率下的 Nash 均衡比较

贴现率/%	博弈模式	P_W^*/kW	P_S^*/kW	P_B^*/kW	ΔP_W^*	ΔP_S^*	ΔP_B^*
11	$\{W\},\{S\},\{B\}$	43635	16274	6250	3.743	3.271	0
	$\{W,S,B\}$	33497	7734	8531	0.752	13.39	0.214
	$\{W,S\},\{B\}$	33447	7855	6250	0.793	12.28	0
	$\{W,B\},\{S\}$	43672	16290	7971	3.785	3.264	0.642
	$\{W\},\{S,B\}$	43615	16234	6250	3.7	3.48	0
13	$\{W\},\{S\},\{B\}$	40638	15077	6250	−3.384	−4.33	0
	$\{W,S,B\}$	33023	5855	8481	−0.672	−14.2	−0.38
	$\{W,S\},\{B\}$	32851	6149	6250	−1.004	−12.1	0
	$\{W,B\},\{S\}$	40664	15102	7867	−3.363	−4.62	−0.67
	$\{W\},\{S,B\}$	40622	15041	6250	−3.417	−4.12	0

12.1.2 支付分摊策略

12.1.1 节讨论了风-光-储混合电力系统在不同博弈模式下的均衡解，分析指出，只有风、光、储组成总联盟才能实现总支付最优。风、光、储三方是否有意愿组成总联盟来最大化总支付，实现混合电力系统在满足负荷需求的基础上投资的最佳回报，自然成为下一个需要关心的问题。在博弈中，合作往往是有条件的，如何制定具有约束力的协议，即如何对合作所获得的额外收益进行合理分配，以使得所有参与者均有意愿参与联盟，是保证合作实现的关键。倘若有参与者认为既定的分配策略对自己不利，那么该参与者有可能脱离联盟。以上问题显然属于合作博弈（或称为联盟型博弈）的范畴。合作博弈通过各种公理化条件发展出分配策略的求解方法[15]。在合作获得的额外收益可以转移这一假设前提下，本节采用第 5 章合作博弈理论的各种公理化条件研究 HPS 电源规划问题的联盟型博弈模型，重点探讨如何制定让所有参与者均接受的分配策略，以促进合作的实现。

根据合作博弈理论，建立 HPS 电源规划的联盟型表述即是要提取该博弈的参与者集合 N 与特征函数 V，具体如下。

该博弈的参与者集合 N 由风、光、储三方组成，记作 $N=\{W,S,B\}$。

鉴于该博弈有三个参与者，那么参与者集合 N 共有 7 个非空子集（或联盟），记由所有非空子集组成的集合为

$$\Psi=\{\{W\},\{S\},\{B\},\{W,S\},\{W,B\},\{S,B\},\{W,S,B\}\}$$

特征函数 V 为每一个联盟 $\phi\in\Psi$ 赋予联盟价值，记联盟 ϕ 的联盟价值为 $V(\phi)$。对本节所研究的 HPS 电源规划问题，联盟价值定义为该联盟中所有成员合作创造的总支

付与该联盟中成员各自为政的支付和之差，换言之，联盟价值为联盟中成员合作创造的额外收益，如下所示：

$$V(\phi) = I_{\phi} - \sum_{i \in \phi} I_i, \quad \forall \phi \in \Psi \tag{12-61}$$

其中，I_i 为参与者 i 的支付；I_{ϕ} 为联盟 ϕ 的支付。显然，对任何仅有一个参与者的联盟，其联盟价值为零，即

$$V(\{W\}) = 0, \quad V(\{S\}) = 0, \quad V(\{B\}) = 0 \tag{12-62}$$

基于各博弈模式下不同参与者或联盟的支付，可以方便地得到其联盟价值，并计算参与者对不同联盟的边际贡献。如此可得该联盟型博弈的特征函数与边际贡献。如表 12.10 所示，其中 MC_W、MC_S 和 MC_B 分别表示风、光、储三方参与者相对各联盟的边际贡献。

表 12.10 HPS 联盟型博弈的特征函数与边际贡献 美元/年

联盟	特征函数	MC_W	MC_S	MC_B
$\{W\}$	$V(\{W\}) = 0$	0	0	0
$\{S\}$	$V(\{S\}) = 0$	0	0	0
$\{B\}$	$V(\{B\}) = 0$	0	0	0
$\{W, S\}$	$V(\{W, S\}) = 1249276$	1249276	1249276	0
$\{W, B\}$	$V(\{W, B\}) = 164661$	164661	0	164661
$\{S, B\}$	$V(\{S, B\}) = -70389$	0	−70389	−70389
$\{W, S, B\}$	$V(\{W, S, B\}) = 1288445$	1358834	1123784	39169

本节首先分析 HPS 电源规划决策中，风、光、储三方组成总联盟的可能性，其次给出稳定分配应满足的个体理性、整体理性与联盟理性约束，最后在判断核心非空的前提下给出核心的解集。

1. 合作可能性分析

1）结合力检验

一个博弈格局是否具有结合力将决定该博弈中的参与者是否有意愿组成总联盟。换言之，只有具有结合力的联盟型博弈才能使各参与者有意愿合作组成总联盟。

该博弈共有三个参与者，若将其分成不相交的小联盟，共有 4 种分割方式，以下分别检验各分割方式能否满足结合力的条件。

分割方式一： $N = W \cup S \cup B$。

该分割方式下，分割的特征函数之和为

$$V(\{W\}) + V(\{S\}) + V(\{B\}) = 0 \tag{12-63}$$

显然小于总联盟的特征函数 $V(\{W, S, B\})$。

分割方式二： $N = WS \cup B$。

该分割方式下，分割的特征函数之和为

$$V(\{W,S\}) + V(\{B\}) = 1249276 \tag{12-64}$$

该值小于总联盟的特征函数 $V(\{W,S,B\})$。

分割方式三： $N = WB \cup S$。

该分割方式下，分割的特征函数之和为

$$V(\{W,B\}) + V(\{S\}) = 164661 \tag{12-65}$$

该值小于总联盟的特征函数 $V(\{W,S,B\})$。

分割方式四： $N = W \cup SB$。

该分割方式下，分割的特征函数之和为

$$V(\{W\}) + V(\{S,B\}) = -70389 \tag{12-66}$$

该值明显小于总联盟的特征函数 $V(\{W,S,B\})$。

综上，该博弈满足结合力条件，在适当的分配策略下，三位博弈参与者有可能组成总联盟。

2）超可加性检验

超可加性是比结合力更强的条件，若博弈满足超可加性，则该博弈中的参与者通过合作组成总联盟的愿望更强。经计算发现，该博弈并不满足超可加性，这是因为对于 $N = \{W,S,B\}$ 的子集 $\{S\}$ 和 $\{B\}$，有 $\{S\} \cap \{B\} = \varnothing$，但

$$V(\{S,B\}) = -70389 < V(\{S\}) + V(\{B\}) = 0 \tag{12-67}$$

因此，根据超可加性的定义，该博弈不具有超可加性。

2. 稳定分配的条件

令 $x = (x(W), x(S), x(B))$ 代表某个分配策略，其中 $x(W)$、$x(S)$ 和 $x(B)$ 分别表示对参与者 W、S 和 B 的分配。倘若分配 $x = (x(W), x(S), x(B))$ 为稳定分配，其应满足个体理性、整体理性和联盟理性。针对该混合电力系统电源规划的联盟型博弈，个体理性、整体理性与联盟理性的具体表述如下。

1）个体理性

个体理性要求各参与者分配所得支付不能低于各自为政时的所得，即

$$\begin{cases} x(W) \geqslant V(\{W\}) = 0 \\ x(S) \geqslant V(\{S\}) = 0 \\ x(B) \geqslant V(\{B\}) = 0 \end{cases} \tag{12-68}$$

2）整体理性

若分配 $x=(x(W),x(S),x(B))$ 是整体理性的，则应满足

$$x(W)+x(S)+x(B)=V(\{W,S,B\}) \tag{12-69}$$

所有满足式 (12-68) 和式 (12-69) 所示的分配称为有效的分配，其所有元素构成三维空间的凸闭集，在三维空间表现为一个平面。为了保证分配的稳定性，需要进一步保证每个联盟的理性。

3）联盟理性

该博弈中，联盟理性可表示为

$$\begin{cases} x(W)+x(S)\geqslant V(\{W,S\}) \\ x(W)+x(B)\geqslant V(\{W,B\}) \\ x(S)+x(B)\geqslant V(\{S,B\}) \end{cases} \tag{12-70}$$

由表 12.10 知，$V(\{S,B\})$ 小于零，而在式 (12-68) 的个人理性约束下，有

$$x(S)+x(B)\geqslant 0$$

从而联盟理性约束可以由式 (12-68) 得到保证，因此该条联盟理性约束为不起作用约束，可以不予考虑。

根据核心的定义（定义 5.8），所有同时满足式 (12-68)～式 (12-70) 的分配均属于核，核的存在性保证了所有参与者在该分配下均不会脱离总联盟。进一步，由式 (12-69) 减去式 (12-70) 可以得到稳定的分配策略，基于该策略风、光、储三方参与者所能分得支付的上限 $\bar{x}(W)$、$\bar{x}(S)$ 和 $\bar{x}(B)$ 表述如下：

$$\begin{cases} x(W)\leqslant V(\{W,S,B\})-V(\{S,B\})=\bar{x}(W) \\ x(S)\leqslant V(\{W,S,B\})-V(\{W,B\})=\bar{x}(S) \\ x(B)\leqslant V(\{W,S,B\})-V(\{W,S\})=\bar{x}(B) \end{cases} \tag{12-71}$$

根据表 12.10 中的特征函数，可以得到风、光、储分得支付的上限为

$$\bar{x}(W)=1358834,\quad \bar{x}(S)=1123784,\quad \bar{x}(B)=39169 \tag{12-72}$$

3. 核非空判定

核代表了支付可转移的联盟型博弈中能够被参与者接受的分配方案应该满足的最低要求，即任何不属于核的分配策略均会有参与者拒绝接受。以下基于定理 5.1，判断 HPS 电源规划的联盟型博弈核是否非空。由于

$$\begin{cases} V(\{W\})+V(\{S\})+V(\{B\})=0<V(\{W,S,B\})=1288445 \\ V(\{W,S\})+V(\{B\})=1249276<V(\{W,S,B\})=1288445 \\ V(\{W,B\})+V(\{S\})=164661<V(\{W,S,B\})=1288445 \\ V(\{W\})+V(\{S,B\})=-70389<V(\{W,S,B\})=1288445 \\ \dfrac{V(\{W,S\})+V(\{W,B\})+V(\{S,B\})}{2}=671774<V(\{W,S,B\})=1288445 \end{cases} \tag{12-73}$$

故不难验证，式 (12-73) 满足式 (5-5)，从而该联盟型博弈的核非空。

核通常是一个集合，此处将风、光、储三方合作博弈的核用三维空间的平面形象表示，如图 12.7 中的平面 $ECGJ$。该图中，平面 ABC 为满足个体理性和整体理性的分配策略的集合，其中

$$|OA|=|OB|=|OC|=V(\{W,S,B\}) \tag{12-74}$$

考虑联盟理性后，平面 ABC 将被两条表征联盟理性的直线 ED 和 FG 围成平行四边形 $ECGJ$，即为核所代表的集合，其中 J 为直线 ED 和 FG 的交点。该图中，平面 $EDD'E'$ 代表

$$x(W)+x(S)=V(\{W,S\}) \tag{12-75}$$

平面 $FGG'F'$ 代表

$$x(W)+x(B)=V(\{W,B\}) \tag{12-76}$$

从而平行四边形 $ECGJ$ 所表征的三维空间的平面为该博弈的核，该平面上的任何一点均满足个体理性、整体理性和联盟理性的要求，同时图 12.7 也表明核是三维空间的紧凸集。

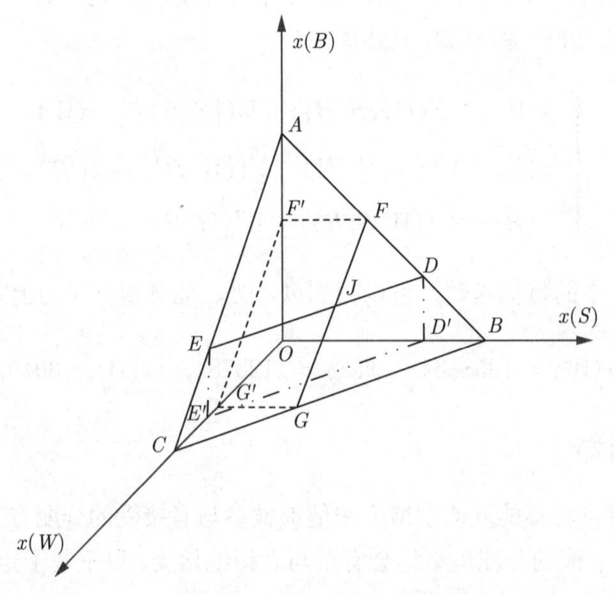

图 12.7　核的三维示意图

与此同时，可将代表核的三维平面采用二维平面表示，如图 12.8 所示，其中阴影部分 ($ECGJ$) 即表征核。事实上，四边形 $ECGJ$ 上不同点的选择对参与者的吸引程度并不相同，核仅给出稳定的分配策略应满足的最低要求，但不能保证参与者均能获得正的分配。倘若某个参与者分到的支付与其独自为政时相同或相差甚小，则此时该参与者参与合作组成总联盟的意愿自然较小，而核的概念显然无力描述与分析这种情况。

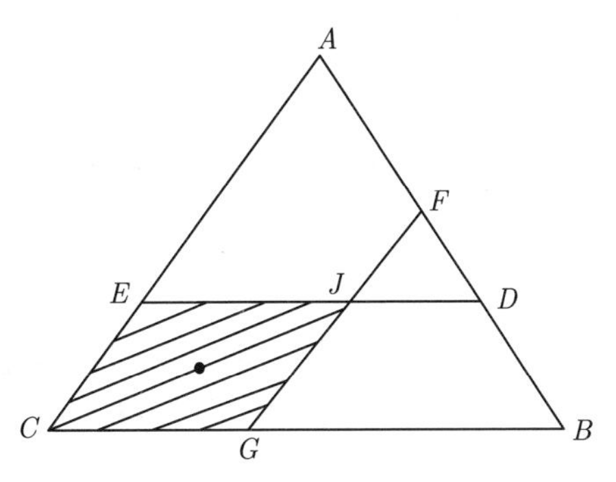

图 12.8 核的二维示意图

考虑到核通常非唯一，且有时甚至为空，为此有两项工作可以弥补核在这两个方面的缺陷。一是核仁，其是唯一存在的分配策略，可以保证最坏剩余最好，当核非空时，核仁为核的几何中心（如图 12.8 中阴影部分的中心黑点）。另一个是基于边际贡献的 Shapley 值。除此之外，还有一类评价分配策略合作强度的指标，即第 5 章中介绍的 DP 指标。

为方便应用和分析，本节对第 5 章中介绍的 DP 指标 $d(i)$ 做归一化处理，如下式所示：

$$D(i)=\frac{1}{n-1}\frac{\sum\limits_{j\in N\backslash\{i\}}x(j)-V\left(N\backslash\{i\}\right)}{x(i)-V\left(\{i\}\right)} \tag{12-77}$$

其中，n 为参与者数目。这里称 $D(i)$ 为 MDP（modified disruption propensity）指标，或改进 DP 指标。通过将指标 $d(i)$ 除以 $n-1$，所得到的 $D(i)$ 指标表示参与者 i 拒绝合作带给其他参与者的人均损失与自身损失之比。

更一般地，可以定义集合 $\varPhi$ 的 MDP 指标，其为集合 $D(\varPhi)$ 中的参与者拒绝接受分配而组成联盟 $\varPhi$ 后引起的人均损失比，即

$$D(\varPhi)=\frac{|\varPhi|}{|N\backslash\varPhi|}\frac{\sum\limits_{j\in\{N\backslash\varPhi\}}x(j)-V\left(\{N\backslash\varPhi\}\right)}{\sum\limits_{i\in\varPhi}x(i)-V\left(\varPhi\right)} \tag{12-78}$$

其中，$|\varPhi|$ 为集合 $\varPhi$ 中参与者的数目；$N\backslash\varPhi$ 表示集合 $\varPhi$ 的补集。

此处之所以采用 $D(i)$ 指标描述一个特定分配策略的被接受程度，主要因为 $D(i)$ 除具有 $d(i)$ 所能表征的一切特性外，还具有以下优势。

（1）$D(i)$ 给出的是人均损失比，相比指标 $d(i)$，其物理意义更加清楚，且易于确定，具有明确意义的阈值。直观上，$D(i)\geqslant 1$ 表明参与者 i 的非合作行为将会导致其他参与

者的平均损失不小于参与者 i 自身的损失，在此情况下，参与者 i 倾向于拒绝该分配方案；相反，若 $D(i)<1$，则参与者倾向于接受该分配方案。通常很难给出指标 $d(i)$ 的一个通用阈值。

（2）指标 $D(i)$ 可以用于比较不同合作博弈的分配策略的合作强度，而不依赖于合作参与者的类型、数量以及支付的量纲。显然，原有的指标 $d(i)$ 无法实现这一点。

有鉴于此，本节采用 MDP 指标 $D(i)$ 定量评估特定分配策略下参与者参与合作的意愿强度。对所研究的 HPS 电源规划的联盟型博弈问题，三方参与者的 MDP 指标定义为

$$\begin{cases} D(W)=\dfrac{x(S)+x(B)-V(\{S,B\})}{2(x(W)-V(\{W\}))} \\ D(S)=\dfrac{x(W)+x(B)-V(\{W,B\})}{2(x(S)-V(\{S\}))} \\ D(B)=\dfrac{x(W)+x(S)-V(\{W,S\})}{2(x(B)-V(\{B\}))} \end{cases} \tag{12-79}$$

通过对比核心与 MDP 指标的定义，可以看出二者具有如下的关系：

（1）对核心中的任何一个分配，其 MDP 指标的数值均为正。

（2）对满足个体理性和整体理性，但不满足联盟理性的任何分配策略，即任何不是核心集的分配策略，至少有一位参与者的 MDP 指标数值为负。

本节将给出 5 种典型的分配策略，用于分配 HPS 电源规划合作获得的额外收益。所用 5 种分配策略中，既有基于传统观念的分配策略，如等分、按容量比例分配等，也有合作博弈中经典的分配策略，如 Shapley 值、核仁等，同时也给出了基于 MDP 指标的分配策略。

分配策略 I：等分。

等分策略下每位参与者平等分割总联盟的联盟价值，即

$$x(W)=x(S)=x(B)=V(\{W,S,B\})/3 \tag{12-80}$$

分配策略 II：容量比例分配。

该分配策略下，每位参与者分得的支付与其组成总联盟后的容量成正比。风、光、储组成总联盟的情况下的最优策略为

$$P_W^*=33255\text{kW},\quad P_S^*=6820\text{kW},\quad P_B^*=8510\text{kW} \tag{12-81}$$

由此可得，此分配策略下每位参与者分得的支付为

$$\begin{cases} x(W)=\dfrac{P_W^*}{P_W^*+P_S^*+P_B^*}V(\{W,S,B\}) \\ x(S)=\dfrac{P_S^*}{P_W^*+P_S^*+P_B^*}V(\{W,S,B\}) \\ x(B)=\dfrac{P_B^*}{P_W^*+P_S^*+P_B^*}V(\{W,S,B\}) \end{cases} \tag{12-82}$$

分配策略 Ⅲ：Shapley 值。

Shapley 值是基于参与者边际贡献的分配策略，根据 Shapley 值的定义，可知各参与者基于 Shapley 值的分配策略计算公式如下：

$$\begin{cases} x(W) = \dfrac{(1-1)!(3-1)!}{3!}\mathrm{MC}_W(\{W\}) + \dfrac{(2-1)!(3-2)!}{3!}\mathrm{MC}_W(\{W,S\}) + \\ \qquad \dfrac{(2-1)!(3-2)!}{3!}\mathrm{MC}_W(\{W,B\}) + \dfrac{(3-1)!(3-3)!}{3!}\mathrm{MC}_W(\{W,S,B\}) \\ x(S) = \dfrac{(1-1)!(3-1)!}{3!}\mathrm{MC}_S(\{S\}) + \dfrac{(2-1)!(3-2)!}{3!}\mathrm{MC}_S(\{W,S\}) + \\ \qquad \dfrac{(2-1)!(3-2)!}{3!}\mathrm{MC}_S(\{S,B\}) + \dfrac{(3-1)!(3-3)!}{3!}\mathrm{MC}_S(\{W,S,B\}) \\ x(B) = \dfrac{(1-1)!(3-1)!}{3!}\mathrm{MC}_B(\{B\}) + \dfrac{(2-1)!(3-2)!}{3!}\mathrm{MC}_B(\{W,B\}) + \\ \qquad \dfrac{(2-1)!(3-2)!}{3!}\mathrm{MC}_B(\{S,B\}) + \dfrac{(3-1)!(3-3)!}{3!}\mathrm{MC}_B(\{W,S,B\}) \end{cases} \tag{12-83}$$

分配策略 Ⅳ：核仁。

在核非空的情况下，核仁为核的几何中心，通过计算图 12.8 中平行四边形 $ECGJ$ 的中心即可得到核仁。

根据平行四边形 $ECGJ$ 的生成过程，原点 O 到其 4 个顶点的向量分别为

$$OE = (V(\{W,S\}), 0, \mathrm{MC}_B(\{W,S,B\}))^{\mathrm{T}} \tag{12-84}$$

$$OJ = \begin{pmatrix} V(\{W,S,B\}) - \mathrm{MC}_S(\{W,S,B\}) - \mathrm{MC}_B(\{W,S,B\}) \\ \mathrm{MC}_S(\{W,S,B\}) \\ \mathrm{MC}_B(\{W,S,B\}) \end{pmatrix} \tag{12-85}$$

$$OG = (V(\{W,B\}), \mathrm{MC}_D(\{W,S,B\}), 0)^{\mathrm{T}} \tag{12-86}$$

$$OC = (V(\{W,S,B\}), 0, 0)^{\mathrm{T}} \tag{12-87}$$

由此可得表征核仁的向量为

$$\frac{1}{4}(OE + OJ + OG + OC)$$

其三维坐标对应于核仁的分配策略。

分配策略 Ⅴ：等 MDP 指标分配。

一般来讲，某个分配策略下，各参与者的 MDP 指标数值越小，参与者接受该策略的可能性越高，但如何给定一个足够小的 MDP 指标数值并非易事。倘若所有参与者的 MDP 指标均相同，则表示每位参与者拒绝接受此分配策略的可能性相同，换言之，每位参与者对此分配策略的满意程度相同，也即每位参与者均对该分配策略表示满意。因此，

基于等 MDP 指标的分配策略，能带给各参与者相同的喜好程度，针对所研究的 HPS 电源规划问题，可得风、光、储三者的 MDP 指标为

$$\begin{cases} D(W)=\dfrac{V(\{W,S,B\})-V(\{S,B\})-x(W)}{2(x(W)-V(\{W\}))} \\ D(S)=\dfrac{V(\{W,S,B\})-V(\{W,B\})-x(S)}{2(x(S)-V(\{S\}))} \\ D(B)=\dfrac{V(\{W,S,B\})-V(\{W,S\})-x(B)}{2(x(B)-V(\{B\}))} \end{cases} \tag{12-88}$$

在等 MDP 指标的要求下，结合整体理性，如下公式成立：

$$\begin{cases} D(W)=D(S) \\ D(S)=D(B) \\ x(W)+x(S)+x(B)=V(\{W,S,B\}) \end{cases} \tag{12-89}$$

通过求解式 (12-89) 所示的多元方程组，可得到等 MDP 指标下的分配策略为

$$\begin{cases} x(W)=\dfrac{\bar{x}(W)}{\bar{x}(W)+\bar{x}(S)+\bar{x}(B)}V(\{W,S,B\}) \\ x(S)=\dfrac{\bar{x}(S)}{\bar{x}(W)+\bar{x}(S)+\bar{x}(B)}V(\{W,S,B\}) \\ x(B)=\dfrac{\bar{x}(B)}{\bar{x}(W)+\bar{x}(S)+\bar{x}(B)}V(\{W,S,B\}) \end{cases} \tag{12-90}$$

式 (12-90) 表明等 MDP 分配下，每位参与者分到的支付与由核确定的支付上限成正比，即参与者支付的上限越高，其分得的收益越大。

计算 5 种分配策略、各分配策略下的总支付（非合作博弈模式下的支付加上分配）及 MDP 指标，如表 12.11 所示。该表显示，不同分配原则或公理下的分配策略并不相同，以下重点以 MDP 指标为参考，分析各分配策略的特点。

表 12.11 典型分配策略的比较

编号	分配策略/（$\times10^3$ 美元/年）			总支付/（$\times10^3$ 美元/年）			MDP 指标		
	$x(W)$	$x(S)$	$x(B)$	W	S	B	$D(W)$	$D(S)$	$D(B)$
Ⅰ	429	429	429	18136	3105	2933	1.08	0.81	−0.45
Ⅱ	882	181	226	18588	2857	2729	0.27	2.61	−0.41
Ⅲ	689	571	29	18395	3247	2532	0.49	0.48	0.18
Ⅳ	707	562	20	18413	3238	2523	0.46	0.50	0.50
Ⅴ	694	574	20	18400	3250	2523	0.48	0.48	0.48

（1）等分策略下储能电池的 MDP 指标数值小于零，这缘于该分配策略赋予储能电池的支付大于一个稳定的分配策略下其所能得到的支付上限。在此情况下，另外，两位参与者将不会同意接受此分配而会选择建立联盟 $\{W,S\}$ 以获取更大的支付。风电的 MDP

大于 1，即表明风电拒绝接受此分配会造成其他参与者的损失比自己的损失大，因此，风电很可能选择拒绝接受此分配。而光伏发电的 MDP 指标大于零小于 1，表明光伏发电拒绝此分配给他人带来的人均损失是自己的 0.8 倍左右，其可能选择接受此策略，也有可能与风电组成联盟试图获得更大收益。由此可见，这种表面看起来公平的等分策略，实际上忽略了参与者的地位而不能被接受，故必是不稳定的分配策略。

（2）容量比例分配也是现实中常见的一种分配策略。该分配策略下光伏发电的 MDP 指标达 2.6，而储能电池的 MDP 指标仍然为负值，即表明光伏发电得到的支付较少，如此将会拒绝接受该分配策略，而储能电池分得的支付值又超出其上限。因此，该策略将会因为光伏发电拒绝接受变得不稳定，但风电的 MDP 指标数值较小，即其倾向于接受此分配。总之，即使光伏发电拒绝接受此分配也很难通过与风电或者储能电池建立联盟而获取更大的支付。不过尽管如此，光伏发电依然可以通过威吓等手段来试图增加自身的支付。由此可见，该种分配策略也不能被所有的参与者接受，因此是不稳定的。

显然，以上两种分配策略均能满足个体理性与整体理性的要求，但不能满足联盟理性的要求。因此，这两种策略是有效但不稳定的分配策略，也必然不属于核。

（3）后三种分配策略下，各参与者的 MDP 指标均为小于 1 的正数，也即在这些分配策略下没有参与者能够通过拒绝分配策略给他人带来更大损失，即均是稳定的可以被所有参与者接受的分配策略。因此，基于边际贡献的 Shapley 值、核仁等 MDP 指标的分配策略均是核中的元素。

（4）Shapley 值是基于参与者对不同联盟边际贡献的均值，也可以看作是一种平均主义思想的产物，是目前使用较广的一种分配方法，计算方便且唯一存在。

（5）核仁作为核的几何中心，物理意义明确，且其最小化最大剩余的思想符合人们的日常决策理念。但其计算复杂，尤其当参与者数目众多时，需要借助高效优化算法进行求解。

（6）基于等 MDP 指标的分配策略着眼于拒绝分配给他人带来的损失与给自身带来损失的比值，即该分配下，各参与者不仅关注自身的支付，也关心自己的行为对他人的影响。换言之，倘若参与者的 MDP 指标较大，其拒绝合作组成总联盟给他人带来的平均损失大于对自己的损失，则该参与者可以通过恐吓其他参与者增大自己的收益。因此，MDP 指标为分配策略的稳定性提供了一个新的视角和评价指标，在现实中也有其实用价值。

（7）进一步考察指标 $D(i)(i=W,S,B)$ 可以发现，前两种分配策略下均有参与者的 MDP 指标不小于 1 或存在负值，而对于稳定的后三种分配策略，所有参与者的 MDP 指标均小于 1，由此表明指标 MDP 的大小和符号可以用来表征给定分配策略的稳定性水平。

12.2　高比例新能源输电系统储能容量配置实例

化石能源储量有限以及环境变化在当今社会受到广泛关注。过去几十年中，以风、光为代表的清洁可再生能源得到了快速的发展。然而，输电通道建设工期长、常规机组调峰

（调频）能力不足、风光发电波动性对电网运行构成潜在风险等多方面原因导致了新能源消纳问题。2018 年，国家发改委和能源局联合印发了《清洁能源消纳行动计划（2018—2020 年）》，要求到 2020 年将全国弃风率控制在 5% 左右，弃光率降到 5% 以下。鉴于我国资源分布特点，新能源富集区远离负荷中心，无法借鉴欧美分布式消纳的经验；而建设远距离输电线路成本高、利用率低，而且容易造成稳定性问题。随着储能技术的发展，储能装置单位容量成本逐年下降，风电场内配置储能装置不但可以使风电场站的输出趋于平滑可控，经济性上也优于远距离输电，逐渐成为近年来的研究热点。本节主要讨论新能源电力系统中，集中式储能站的容量规划和偏远地区光伏电站站内储能和连网传输线容量的协调规划问题。

12.2.1 电网集中式储能站容量配置方法

大多数现有研究采用了随机规划或鲁棒优化的方法处理新能源发电的不确定性，以建立相应的规划模型。随机规划方法需要事先假定不确定因素（诸如新能源发电出力）服从某一概率分布，但实际中往往由于缺乏足够的历史数据，经验分布并不准确。此外，即使根据历史数据估计出了某一参考分布，当实际情况中真实分布相对参考分布出现偏离时，随机规划结果的最优性往往会大打折扣[16]。鲁棒优化则忽略了不确定因素的历史数据中的分布统计信息，仅仅考虑最坏情况下的优化结果，而实际中最坏场景发生的概率往往很低，从而导致鲁棒优化的结果偏保守。为了解决上述的问题，分布鲁棒优化方法成为近年来的研究热点[17,18]。这一方法考虑与经验分布距离接近的一族概率分布函数，与传统随机规划和鲁棒优化方法相比具有明显的优势。与随机规划相比，分布鲁棒优化不需要精确的概率分布函数，因而结果在统计意义下鲁棒性更强；与鲁棒优化相比，分布鲁棒优化考虑了不确定性的分布特性，因此不会投入大量资源应对发生概率极低的极端场景，从而结果的保守性较小。

本节采用分布鲁棒优化方法研究了新能源储能装置容量优化配置方案，以降低系统的年新能源弃电率。具体技术包括分布函数集合的构建、储能容量优化配置的分布鲁棒优化模型和求解方法。首先根据历史数据构造新能源发电出力的经验分布，以 Kullback-Leibler（KL）散度作为分布函数差异的度量建立了新能源发电出力的概率分布函数集合。随后，建立了以储能投资成本最小为目标，以年新能源弃电率为约束的鲁棒机会约束规划模型。最后，通过矫正机会约束中的风险阈值将鲁棒机会约束转化为传统机会约束，并借助凸近似和抽样平均构建线性规划进行高效求解。

1. 储能容量规划模型

1）直流潮流模型

由于储能装置主要对有功进行调控，故采用直流潮流对网络进行建模：

$$P_{i,t} = \sum_{j \in S_i} P_{ij,t} \tag{12-91a}$$

$$P_{ij,t} = (\theta_{i,t} - \theta_{j,t})/x_{ij} \tag{12-91b}$$

其中，$P_{i,t}$ 表示节点 i 的注入有功功率之和（机组出力减去负荷）；$P_{ij,t}$ 表示线路 (i,j) 的有功潮流；$\theta_{i,t}$ 表示节点 i 的电压相角；x_{ij} 表示线路 (i,j) 的电抗值。

2）储能模型

储能装置在电网中发挥削峰填谷的作用，当新能源发电出力过剩时，储能装置充电；当系统新能源发电出力不足时，储能装置放电。储能装置充放电过程的数学模型如下：

$$\begin{cases} W_{i,t+1}^E = W_{i,t}^E(1-\mu_i^E) + (p_{i,t}^c \eta_{i,c}^E - p_{i,t}^d/\eta_{i,d}^E)\Delta t \\ P_c^{\min} \leqslant p_{i,t}^c \leqslant P_c^{\max} \\ P_d^{\min} \leqslant p_{i,t}^d \leqslant P_d^{\max} \\ W_{i,E}^{\min} \leqslant W_{i,t}^E \leqslant W_{i,E}^{\max} \end{cases} \tag{12-92}$$

其中，$W_{i,t}^E$ 表示储能装置在时刻 t 的储能量；μ_i^E 表示储能装置的损失率；$p_{i,t}^c$ 和 $p_{i,t}^d$ 表示储能装置的充电和放电功率；$\eta_{i,c}^E$ 和 $\eta_{i,d}^E$ 表示充电和放电效率；$P_c^{\min}$ 和 $P_c^{\max}$ 表示储能装置的最小和最大充电功率；$P_d^{\min}$ 和 $P_d^{\max}$ 表示储能装置的最小和最大放电功率；$W_{i,E}^{\min}$ 和 $W_{i,E}^{\max}$ 表示储能装置的最小和最大储能量。

3）确定性储能容量规划模型

考虑储能装置的规划问题，网络架构、传统火电机组容量位置和新能源容量位置均为给定值。

在系统中无储能装置时，由于系统中只含有传统火电机组和新能源发电机组，调节能力不足，造成了大量新能源弃电。为了降低新能源弃电率，采用在新能源节点配置储能装置的手段，依靠储能装置削峰填谷的能力以提升系统灵活性，减小新能源弃电率。因此，在不考虑新能源发电不确定性情况下的储能规划模型如下：

$$\begin{aligned} \min \quad & \sum_i I^E C_i^E \\ \text{s.t.} \quad & \text{Cons-PF}, \text{Cons-EES}, \text{Cons-BD} \\ & D_{curt} \leqslant R_{\text{curt}} \end{aligned} \tag{12-93}$$

其中，目标函数旨在最小化投资成本，I^E 是储能装置单位投资造价；C_i^E 是节点 i 储能装置的容量；Cons-PF 表示电网潮流方程 (12-91)；Cons-EES 表示储能装置充放电约束 (12-92)；Cons-BD 表示潮流变量上下界约束；$D_{\text{curt}} \leqslant R_{\text{curt}}$ 则规定实际新能源弃电率必须小于给定阈值 R_{curt}。

实际新能源弃电率 D_{curt} 定义如下：从春、夏、秋、冬四个季节中各取一个典型日，调度时间间隔为 1h，则以此 96 个点代表全年的新能源发电出力情况，则 D_{curt} 可表述为

$$D_{\text{curt}} = \frac{\sum\limits_t \sum\limits_i (P_{i,t}^{w,\max} - p_{i,t}^w)}{\sum\limits_t \sum\limits_i P_{i,t}^{w,\max}} \tag{12-94}$$

其中，$P_{i,t}^{w,\max}$ 表示 t 时刻新能源 i 的最大可发电量；$p_{i,t}^{w}$ 表示 t 时刻新能源 i 的实际发电量。

在不考虑新能源发电不确定性的情况下，新能源储能规划模型是一个线性规划模型，可以高效求解。然而，新能源发电出力具有随机性和波动性，在系统规划这种长期优化决策问题中如果忽略不确定性的影响，可能会导致最终的结果无法满足实际系统对新能源弃电率的要求。因此，采用了基于 KL 散度的分布鲁棒优化方法处理新能源发电的不确定性。

4）不确定集合建模

（1）生成参考分布 P_0。目前最常用的生成参考分布的方法是利用历史数据进行估计。例如，假设有 M 个抽样可以分类到 N 个区间中，则在每个区间中有 $M_1, M_2, \cdots, M_N$ 个抽样。每个区间中代表样本是区间中样本的期望值，对应的概率是 $\pi_i = M_i/M(i = 1,2,\cdots,N)$，则参考分布 P_0 为 $\{\pi_1,\pi_2,\cdots,\pi_N\}$。此外，也可以假设不确定因素符合某一特定分布，如高斯分布等，从而利用参数估计的方法确定分布函数。

（2）建立不确定集合。首先，采用 KL 散度描述两个分布函数之间的距离，距离越小，表明两个分布越相似。对于连续型的分布其定义如下：

$$D_{\mathrm{KL}}(P||P_0) = \int_{\Omega} f(\xi)\log\frac{f(\xi)}{f_0(\xi)}\mathrm{d}\xi \tag{12-95}$$

对于离散型的分布其定义如下：

$$D_{\mathrm{KL}}(P||P_0) = \sum_{n}\pi_n\log\frac{\pi_n}{\pi_n^0} \tag{12-96}$$

基于 KL 散度的描述，考虑了与参考分布 P_0 的 KL 散度不超过 d_{KL} 的所有分布函数，从而构建如下的不确定集合（集合中的元素为分布函数）：

$$W = \{P|D_{\mathrm{KL}}(P||P_0) \leqslant d_{\mathrm{KL}}\} \tag{12-97}$$

当 $d_{\mathrm{KL}} > 0$ 时，不确定集合 W 中含有无穷多个分布函数；随着 d_{KL} 趋近于 0，W 逐渐缩小直至变成单元素集合 $\{P_0\}$，后续描述的分布鲁棒规划模型也转变为一个传统的随机规划模型。

（3）选择集合参数 d_{KL}。在实际决策中，决策制定者需要根据风险偏好决定 d_{KL} 的大小。显然，历史数据越多，则估计出来的参考分布与真实分布越近，可以设定更小的 d_{KL} 值。根据文献 [19] 中的定理 3.1，d_{KL} 可以采用如下的选取方法：

$$d_{\mathrm{KL}} = \frac{1}{2M}\chi^2_{N-1,\alpha^*} \tag{12-98}$$

其中，χ^2_{N-1,α^*} 代表 $N-1$ 自由度的卡方分布的 α^* 上分位数，保证了真实分布以不小于 α^* 的概率包含在集合 W 中。

5）分布鲁棒规划模型

在前述的确定性规划模型和不确定集合建模基础上，所提的分布鲁棒规划模型可以写成如下的形式：

$$\begin{aligned}\min\quad & \sum_i I^E C_i^E \\ \text{s.t.}\quad & \text{Cons-PF}, \text{Cons-EES}, \text{Cons-BD} \\ & \inf_{P\in W} \Pr\{D_{\text{curt}}(\xi) \leqslant R_{\text{curt}}\} \geqslant 1-\alpha\end{aligned} \tag{12-99}$$

式 (12-99) 最后一行为鲁棒机会约束，描述了系统即使在 W 最坏分布情况下，新能源弃电率小于等于给定值 R_{curt} 的概率仍大于 $1-\alpha$；$D_{\text{curt}}(\xi)$ 对应于前述的实际新能源弃电率 D_{curt}，ξ 表示新能源发电出力等不确定因素。此外，对比分析随机规划模型和鲁棒优化模型。其中，随机规划模型仅仅考虑参考分布下的新能源弃电率要求，其表达式如下：

$$\begin{aligned}\min\quad & \sum_i I^E C_i^E \\ \text{s.t.}\quad & \text{Cons-PF}, \text{Cons-EES}, \text{Cons-BD} \\ & \Pr_0\{D_{\text{curt}}(\xi) \leqslant R_{\text{curt}}\} \geqslant 1-\alpha\end{aligned} \tag{12-100}$$

鲁棒优化模型中所有情况下都必须满足新能源弃电率要求，其表达式如下：

$$\begin{aligned}\min\quad & \sum_i I^E C_i^E \\ \text{s.t.}\quad & \text{Cons-PF}, \text{Cons-EES}, \text{Cons-BD} \\ & \max_{\xi}\{D_{\text{curt}}(\xi)\} \leqslant R_{\text{curt}}\end{aligned} \tag{12-101}$$

2. 模型求解

在分布鲁棒规划模型中，最主要的难点在于鲁棒机会约束的处理，因为鲁棒机会约束在一个含有无穷个分布函数的不确定集合中进行概率估计。然而，当采用 KL 散度描述不确定集合时，文献 [20] 证明了该鲁棒机会约束等价于如下的传统机会约束：

$$\Pr_0\{(D_{\text{curt}} - R_{\text{curt}}) \leqslant 0\} \geqslant 1-\alpha_+ \tag{12-102}$$

其中，$\Pr_0$ 表示参考分布 P_0 下的概率；α_+ 的计算如下：

$$\alpha_+ = \max\left\{0, 1 - \inf_{z\in(0,1)}\left\{\frac{\mathrm{e}^{-d_{\text{KL}}} z^{1-\alpha} - 1}{z-1}\right\}\right\} \tag{12-103}$$

其中，单变量表达式 $(\mathrm{e}^{-d_{\text{KL}}} z^{1-\alpha} - 1)/(z-1)$ 对 $(0,1)$ 区间上的 z 是凸函数[20]，其最小值很容易通过传统的黄金分割搜索计算出来。另外，$\alpha_+ < \alpha$ 成立，因为若鲁棒机会约束被满足，则在参考分布下的新能源弃电率达标的概率一定大于 $1-\alpha$。

然而，机会约束仍然是一个非凸的约束，难以求解。因此，需要寻找一个保守的凸近似。式 (12-102) 等价于如下的表达式：

$$E_{P_0}[I_+(D_{\text{curt}} - R_{\text{curt}})] = \Pr\{(D_{\text{curt}} - R_{\text{curt}}) > 0\} \leqslant \alpha_+ \tag{12-104}$$

其中，$E_{P_0}(\cdot)$ 表示参考分布下的期望函数；$I_+(x)$ 定义如下：

$$I_+(x)=\begin{cases}1, x>0\\0, x\leqslant 0\end{cases} \tag{12-105}$$

接下来，引入凸函数 $\Psi(x)$ 代替 $I_+(x)$，得到下述表达式：

$$E_{P_0}[I_+(D_{\text{curt}}-R_{\text{curt}})]\leqslant E_{P_0}[\Psi(D_{\text{curt}}-R_{\text{curt}})]\leqslant \alpha_+ \tag{12-106}$$

其中

$$\Psi(x)=\max\{0, x/\beta+1\} \tag{12-107}$$

此处，$\beta>0$ 是一个常数。最后的优化模型中，β 将作为优化变量以提供更好的凸近似结果。对任意 $\beta>0$，函数 $\Psi(x)$ 满足 $I_+(x)\leqslant \Psi(x), \forall x\in\mathbb{R}$，因此，式 (12-106) 是式 (12-104) 的保守化近似。

最后，采用抽样平均的方法，取 K 个典型样本 $\xi^1,\xi^2,\cdots,\xi^K$，对应概率分别是 $\pi_1,\pi_2,\cdots,\pi_K$，则 $E_{P_0}[\Psi(D_{\text{curt}}-R_{\text{curt}})]\leqslant\alpha_+$ 变为如下线性约束：

$$\begin{cases}D_{\text{curt}}(\xi^k)-R_{\text{curt}}+\beta\leqslant\phi_k, \phi_k\geqslant 0, \forall k\\ \sum\limits_k \pi_k\phi_k\leqslant\beta\alpha_+, \beta>0\end{cases} \tag{12-108}$$

其中，ϕ_k 是辅助变量。

在上述转换之后，原始的分布鲁棒规划模型转换为下述的线性形式：

$$\begin{aligned}\min\ & \sum_i I^E C_i^E\\ \text{s.t.}\ & \text{Cons-PF, Cons-EES, Cons-BD}\\ & D_{\text{curt}}(\xi^k)-R_{\text{curt}}+\beta\leqslant\phi_k, \phi_k\geqslant 0, \forall k\\ & \sum_k \pi_k\phi_k\leqslant\beta\alpha_+, \beta>0\end{aligned} \tag{12-109}$$

模型 (12-109) 的目标函数和约束均为线性，利用成熟的商业软件即可高效求解。

利用同样的方法可将随机规划模型转化为如下的线性形式：

$$\begin{aligned}\min\ & \sum_i I^E C_i^E\\ \text{s.t.}\ & \text{Cons-PF, Cons-EES, Cons-BD}\\ & D_{\text{curt}}(\xi^k)-R_{\text{curt}}+\beta\leqslant\phi_k, \phi_k\geqslant 0, \forall k\\ & \sum_k \pi_k\phi_k\leqslant\beta\alpha, \beta>0\end{aligned} \tag{12-110}$$

鲁棒优化模型则可以写成如下形式：

$$\begin{aligned}\min\ & \sum_i I^E C_i^E\\ \text{s.t.}\ & \text{Cons-PF, Cons-EES, Cons-BD}\\ & D_{\text{curt}}(\xi^k)-R_{\text{curt}}\leqslant 0, \forall k\end{aligned} \tag{12-111}$$

3. 算例分析

采用 IEEE 30 节点电网进行算例分析，其中火电机组配置在 1、13、22 和 27 号节点，容量分别为 80MW 和 60MW 的新能源配置在 2 和 23 号节点，待规划的储能装置安装在新能源内部（节点 2 和节点 23）。储能装置的参数如表 12.12 所示。

表 12.12　储能装置（ESU）参数

参数	投资成本（元/（MW·h））
$\eta_c^E = 0.90, \eta_d^E = 0.90, \mu^E = 0.01$	1500000

考虑的不确定因素为新能源发电出力，从四种典型日（春、夏、秋、冬）产生。同时，不考虑负荷的不确定性并假定负荷为精确值，其 4 个典型日的参考值如图 12.9 所示。

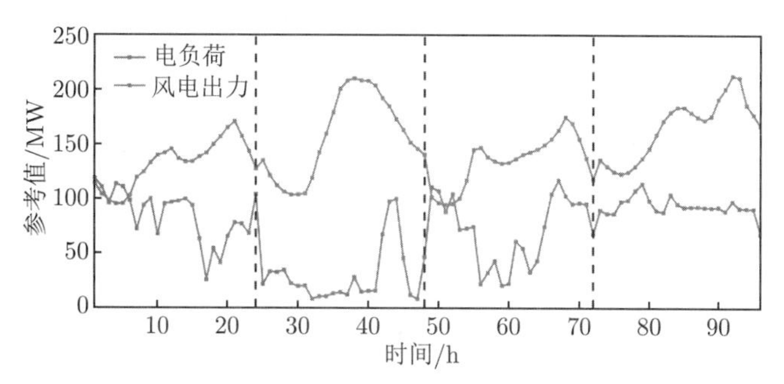

图 12.9　不同季节下电负荷和新能源发电出力

假设新能源发电出力相对参考值的误差服从正态分布，其均值为 0。对于新能源发电出力，假定其误差的标准差为 0.2 倍的参考值。利用蒙特卡洛方法产生了 5000 个场景，并采用场景削减方法削减到 100 个场景。根据式 (12-98)，在置信水平 $\alpha^* = 0.95$ 的情况下选择 $d_{KL} = 0.0124$。在鲁棒机会约束中，供能可靠性指标设为 95%，则根据式 (12-103) 计算出 $\alpha_+ = 0.0229$。同时，令新能源弃电率指标要求为全年新能源弃电率应小于 5%。此外，在系统中不含储能装置时，全年新能源弃电率为 21.08%。

将所提的分布鲁棒模型（DRO）和传统的随机规划（SP）、鲁棒规划（RO）进行对比，规划的结果如表 12.13 所示。从最优值来看，DRO 比 SP 更加保守，但相比 RO 其保守性则大大降低。造成上述差异的原因在于：SP 仅仅考虑参考分布下的情况而忽略了不确定因素；RO 则完全没有利用分布信息而只考虑了最坏情况，从而导致了非常保守的结果。此外，和 SP 相比，DRO 考虑了分布的不确定性从而获得了更加鲁棒的结果，而仅仅付出了 3.22% 的额外成本。

表 12.13　储能装置规划结果

	DRO	SP	RO
ESU_1/（MW·h）	191.02	176.60	248.04
ESU_2/（MW·h）	193.70	196.18	155.83
最优值/$\times 10^8$ 元	5.77	5.59	6.06

参数 d_{KL} 决定了概率分布的不确定集合大小，也反应了决策者的风险偏好。d_{KL} 越大，系统应对不确定性的能力越强但相应的成本也越高。根据式 (12-98)，研究了不同的抽样数 M 和不同的置信水平 α^* 下产生的不同 d_{KL} 对最终规划结果的影响。如表 12.14 所示，最优值随着 d_{KL} 的增加而不断增加，表明不确定集合大小的增加，直接导致了规划结果保守性的增加。同样可以看到，抽样数 M 对 d_{KL} 的影响明显大于置信水平 α^*，因此获取更多的历史数据有助于显著降低系统规划结果的保守性。

表 12.14　不同 d_{KL} 下的最优值（d_{KL} & 最优值）

M	α^*		
	0.90	0.95	0.99
5000	0.0118&5.76	0.0124&5.77	0.0136&5.78
2000	0.0296&5.81	0.0311&5.81	0.0340&5.82
1000	0.0592&5.89	0.0622&5.90	0.0679&5.91
500	0.1185&5.99	0.1243&6.00	0.1358&6.01
100	0.5925&6.03	0.6217&6.03	0.6790&6.04

DRO 的一个显著优势是对真实分布的变化不敏感，具有较好的鲁棒性。因此，研究了在真实分布偏离参考分布的情况下，系统新能源弃电率大于给定阈值的概率。首先，产生了多个与参考分布具有不同 KL 散度的真实分布，每种分布中包含 10000 个场景，计算其新能源弃电率不达标的概率，结果如表 12.15 所示。可以发现，DRO 的规划结果下新能源弃电率不达标的概率始终小于 SP 的规划结果，这表明 DRO 对真实分布的波动更加鲁棒，有效地处理了相关的不确定因素。此外，即使 d_{KL} 达到 0.03（大于基础算例设定中 W 采用的 0.0124），系统新能源弃电率达标的概率仍然达到 95% 以上。这是因为对机会约束进行了凸近似，从而导致了更加保守的结果。

表 12.15　不同 d_{KL} 下的新能源弃电率不达标概率

d_{KL}	0.005	0.010	0.020	0.030	0.050
DRO	2.51%	3.07%	3.93%	4.62%	5.77%
SP	4.26%	5.02%	6.15%	7.06%	8.57%

在储能的规划模型中，新能源弃电率指标是影响规划结果的一个重要因素。因此，研究了不同新能源弃电率指标对规划结果的影响。如表 12.16 所示，随着新能源弃电率指标的增加，储能的容量及投资成本迅速下降，表明新能源弃电率指标相关的政策将会显著影响电网中储能的发展。

最后，研究了不同新能源发电接入水平对规划结果的影响，通过给初始设定的新能源发电容量乘以一个系数 ζ 的方式模拟新能源发电接入水平的变化，结果如表 12.17 所示。随着新能源发电接入水平的提高，储能的容量及投资成本迅速提高，这也表明在未来电网中新能源比例不断攀升的趋势下，储能行业也将迎来快速的发展。

表 12.16 不同新能源弃电率指标下的规划结果

新能源弃电率指标		5%	7.5%	10%	15 %
DRO	ESU_1/（MW·h）	191.02	115.18	88.10	33.17
	ESU_2/（MW·h）	193.70	195.56	155.96	116.40
	最优值/10^8 元	5.77	4.66	3.66	2.24
SP	ESU_1/（MW·h）	176.60	115.19	93.84	28.03
	ESU_2/（MW·h）	196.18	186.02	142	112.98
	最优值/10^8 元	5.59	4.52	3.55	2.12
RO	ESU_1/（MW·h）	248.04	187.39	150.06	53.88
	ESU_2/（MW·h）	155.83	140.15	115.39	105.77
	最优值/10^8 元	6.06	4.91	3.98	2.39

表 12.17 不同新能源发电接入水平下的规划结果

ζ		0.6	0.8	1.0	1.2
DRO	ESU_1/（MW·h）	52.62	101.89	191.02	278.84
	ESU_2/（MW·h）	58.28	139.00	193.70	314.27
	最优值/10^8 元	1.66	3.61	5.77	8.90
SP	ESU_1/（MW·h）	51.47	101.59	176.60	282.88
	ESU_2/（MW·h）	57.63	126.03	196.18	292.53
	最优值/10^8 元	1.64	3.41	5.59	8.63
RO	ESU_1/（MW·h）	56.89	104.76	248.04	438.06
	ESU_2/（MW·h）	63.38	138.81	155.83	215.32
	最优值/10^8 元	1.80	3.65	6.06	9.80

12.2.2 偏远新能源场站配套储能与传输线容量协调配置

我国已经建成了许多大型光伏电站，由于其中一些光伏电站远离负载中心或现有的电网基础设施，因此配套的传输通道是必不可少的。为解决光伏发电不确定性，本节提出基于 Wasserstein 散度的分布鲁棒优化模型来计算大型光伏电站配套储能单元和输电走廊容量协调规划问题。光伏发电出力的参考分布由少量历史数据构造而来，优化中目标是最小化投资成本，包含最大弃光率不大于指定值的鲁棒机会约束。经过适当的变换后，分布鲁棒模型可转化为一个易解的线性规划。算例分析表明所提出的模型计算得到的规划策略是有效的。此外，当光伏电站位于偏远地区时，储能装置的使用可以显著降低传输线容量，因为此时传输线单位容量成本较高。

1. 协调规划问题

1）弃电率鲁棒机会约束模型

偏远地区的新能源电站需要经较长的输电走廊接入电网。以一个光伏容量为 P_w（MW）的光伏电站为研究对象，协调光伏电站储能装置和并网线路的容量，最小化投资成本。协调规划问题的目的是确定光伏电站与电力系统之间的输电线路容量 x_l（MW）和光伏电站内储能装置的容量 x_s（MW·h）。考虑到光伏发电弃光率约束，问题可以写成

$$\min_{x_s,x_l} \quad C_s x_s + C_l x_l \tag{12-112a}$$

$$\text{s.t.} \quad x_s \leqslant 0, x_l \leqslant 0 \tag{12-112b}$$

$$\sup_{P\in S(\epsilon)} P\left[h(x,w) - \lambda\sum_{t=1}^{T} w_t \Delta t \geqslant 0\right] \leqslant \alpha \tag{12-112c}$$

在目标函数中，C_s 和 C_l（元/MW）分别为储能单元和输电线路的单位容量成本；目标是使总投资成本最小化。约束 (12-112b) 表示容量 x_s 和 x_l 是非负变量。式 (12-112c) 是最大弃光量约束，其中 $S(\epsilon)$ 是年光伏发电出力的概率分布模糊集，$h(x,w)$ 代表在给定的规划策略 $x=(x_s,x_l)$ 下的总弃光量（MW·h）。

选取 1 年的光照强度数据，建立年光伏出力曲线，包括 8760 个时段，每段时长 $\Delta t = 1\text{h}$。令 w_t 为 t 时刻下最大光伏发电出力，λ 为光伏发电弃光率的上界。因此，约束表明对集合 $S(\epsilon)$ 中的任意分布 P，光伏发电弃光率大于 λ 的概率应不超过 α。

2）新能源场站调度模型

在调度问题中，储能装置和输电线路的容量是固定的。新能源电站出力可以通过传输线外送，也可以对储能充电，其目标是尽量减少弃电量，于是新能源场站调度模型可以写为

$$h(x,w) = \min \quad \sum_{t=1}^{T} a_t \Delta t \tag{12-113a}$$

$$\text{s.t.} \quad w_t - c_t + d_t - a_t = r_t \tag{12-113b}$$

$$0 \leqslant c_t \leqslant P_c x_s, \quad 0 \leqslant d_t \leqslant P_d x_s \tag{12-113c}$$

$$a_t \geqslant 0, \quad 0 \leqslant r_t \leqslant x_l \tag{12-113d}$$

$$S_l x_s \leqslant e_t \leqslant S_u x_s, e_T = e_0 = S_0 x_s \tag{12-113e}$$

$$e_t = e_{t-1} + \eta_c c_t \Delta t - \frac{d_t \Delta t}{\eta_d} \tag{12-113f}$$

在功率平衡约束 (12-113b) 中，c_t 和 d_t 分别是储能装置的充电和放电功率；a_t 为弃光量；r_t 是 t 时段通过输电线路向电力系统输送的功率。约束 (12-113c) 是充放电功率约束，其中 P_c 和 P_d 是储能装置的参数；假设最大充放电功率与容量成正比。约束 (12-113d) 表示弃光量总是非负的，输送到电力系统的功率是非负的而且不超过输电线路的容量。e_t

表示 t 时段结束时储能装置中的存储量，e_0 为一天的初始存储量，约束 (12-113e) 规定了 e_t 的合理范围并确定初始和最终的荷电状态（SoC），其中 S_l 和 S_u 为储能装置的参数。约束 (12-113f) 描述荷电状态动态[21]。对于给定的 x 和 w，通过求解线性规划 (12-113) 可以得到调度策略和最小弃光量 $h(x,w)$。

3）数据驱动的模糊集

记 $W_{i,t}$ 为 t 时段中第 i 个新能源场站的出力。通过这些数据可为新能源出力构造一个离散的经验概率分布 P_N[22]

$$P_N(B)=\sum_{i=1}^{N}\frac{1}{N}1_{\{W_i\in B\}},\quad \forall B\subset\mathbb{R}^T \tag{12-114}$$

Wasserstein 散度是用来度量任意两个概率分布的距离的工具[23]。概率分布 Q 与 P_N 之间的 1-范数 Wasserstein 距离可以定义为

$$d(Q,P_N)=\sup_{|f(\xi)-f(\xi')|\leqslant||\xi-\xi'||_1}\left\{\int f(\xi)Q(\mathrm{d}\xi)-\int f(\xi)P_N(\mathrm{d}\xi)\right\} \tag{12-115}$$

在此距离度量的基础上，定义分布族

$$S(\epsilon)=\{Q\in M:d(Q,P_N)\leqslant\epsilon\} \tag{12-116}$$

其中 ϵ 是一个非负的数字，它反映了分布族的大小。M 表示所有概率分布的集合；$S(\epsilon)$ 包含到 P_N 的 Wasserstein 距离不超过 ϵ 的概率分布。因此，协调规划问题是一个含鲁棒机会约束的规划问题。

2. 模型求解

本节采用条件风险价值（CVaR）来近似约束，将问题转化为可处理的形式。对于一个实值随机变量 Z，Z 在分布 P 下的 α 水平 CVaR 为

$$\mathrm{CVaR}_{1-\alpha}^{P}(Z)=\inf_{\gamma\in R}\left[\frac{1}{\alpha}E^P(Z+\gamma)_+-\gamma\right] \tag{12-117}$$

其中，$(Z+\gamma)_+=\max\{Z+\gamma,0\}$。可以定义 x 和 w 的损失函数

$$g(x,w)=h(x,w)-\lambda\sum_{t=1}^{T}w_t\Delta t \tag{12-118}$$

当且仅当 $g(x,w)\leqslant 0$ 时弃光率不超过 λ。根据 CVaR 的性质，问题 (12-112) 中鲁棒机会约束的一个充分条件为

$$\sup_{P\in S(\epsilon)}\mathrm{CVaR}_{1-\alpha}^{P}(g(x,w))\leqslant 0 \tag{12-119}$$

采用文献 [24] 中的引理 V.8 给出的充分条件。光伏总容量 P_w 是常数且 $0 \leqslant w_t \leqslant P_w$。注意到 $c_t = d_t = r_t = 0, a_t = w_t, e_t = e_0$ 是一个可行解，故 $h(x,w)$ 满足

$$0 \leqslant h(x,w) \leqslant \sum_{t=1}^{T} w_t \Delta t \leqslant T P_w \Delta t < \infty \tag{12-120}$$

由于 $g(x, 0_{T\times1}) = 0$，于是对 $g(x,w)$ 有

$$\begin{cases} -\lambda \sum_{t=1}^{T} w_t \Delta t \leqslant g(x,w) - g(x, 0_{T\times1}) \leqslant (1-\lambda) \sum_{t=1}^{T} w_t \Delta t \\ -\lambda T P_w \Delta t \leqslant g(x,w) \leqslant (1-\lambda) T P_w \Delta t \end{cases} \tag{12-121}$$

可见 $g(x,w)$ 有界，且 $|g(x,w) - g(x, 0_{T\times1})| \leqslant \max\{\lambda, 1-\lambda\} ||w||_1 \Delta t$，这表明 $g(x,w)$ 满足 Lipschitz 条件。因为 λ 是最大弃光率，又有 $\max\{\lambda, 1-\lambda\}$，令 $L = (1-\lambda)\Delta t$。

$g(x,w)$ 的凸性由 $h(x,w)$ 的凸性推出。对于 $x^{(1)}, x^{(2)} \geqslant 0$ 和 $w^{(1)}, w^{(2)} \geqslant 0$，假设 $a^{(1)}, b^{(1)}, c^{(1)}, d^{(1)}, e^{(1)}$ 是问题在 $x^{(1)}$ 和 $w^{(1)}$ 的最优解，$a^{(2)}, b^{(2)}, c^{(2)}, d^{(2)}, e^{(2)}$ 是问题在 $x^{(2)}$ 和 $w^{(2)}$ 的最优解，对任意 $0 \leqslant \mu \leqslant 1$，令

$$\begin{cases} x^{(3)} = \mu x^{(1)} + (1-\mu) x^{(2)}, \quad w^{(3)} = \mu w^{(1)} + (1-\mu) w^{(2)} \\ a^{(3)} = \mu a^{(1)} + (1-\mu) a^{(2)}, \quad b^{(3)} = \mu b^{(1)} + (1-\mu) b^{(2)} \\ c^{(3)} = \mu c^{(1)} + (1-\mu) c^{(2)}, \quad d^{(3)} = \mu d^{(1)} + (1-\mu) d^{(2)} \\ e^{(3)} = \mu e^{(1)} + (1-\mu) e^{(2)} \end{cases} \tag{12-122}$$

$a^{(3)}, b^{(3)}, c^{(3)}, d^{(3)}, e^{(3)}$ 是问题在 $x^{(3)}$ 和 $w^{(3)}$ 的可行解，从而

$$h(x^{(3)}, w^{(3)}) \leqslant \mu h(x^{(1)}, w^{(1)}) + (1-\mu) h(x^{(2)}, w^{(2)}) \tag{12-123}$$

因此，$h(x,w)$ 是凸的，$g(x,w)$ 也是凸的。综上所述，损耗函数 $g(x,w)$ 满足引理 V.8 的假设[24]，由这个引理，式（12-112）的充分条件为

$$\epsilon L + \inf_{\gamma \in \mathbb{R}} \left[\frac{1}{N} \sum_{i=1}^{N} (g(x, W_i) + \gamma)_+ - \gamma \alpha \right] \leqslant 0 \tag{12-124}$$

将式（12-124）代入式（12-112）中的约束，可以得到保守的近似

$$\begin{aligned} \min_{x_s, x_l} \quad & C_s x_s + C_l x_l \\ \text{s.t.} \quad & x_s \geqslant 0, x_l \geqslant 0 \\ & \epsilon(1-\lambda) + \inf_{\gamma \in \mathbb{R}} \left[\frac{1}{N} \sum_{i=1}^{N} (g(x, W_i) + \gamma)_+ - \gamma \alpha \right] \leqslant 0 \end{aligned} \tag{12-125}$$

这个问题等价于下面的线性规划：

$$
\begin{aligned}
\min\ & C_s x_s + C_l x_l \\
\text{s.t.}\ & x_s \geqslant 0, x_l \geqslant 0 \\
& \epsilon(1-\lambda) + \frac{1}{N}\sum_{i=1}^{N} s_i - \gamma\alpha \leqslant 0 \\
& s_i \geqslant 0, s_i \geqslant \sum_{t=1}^{T} a_{i,t}\Delta t - \lambda \sum_{t=1}^{T} W_{i,t}\Delta t + \gamma \\
& W_{i,t} - c_{i,t} + d_{i,t} - a_{i,t} = r_{i,t} \\
& 0 \leqslant c_{i,t} \leqslant P_c x_s, 0 \leqslant d_{i,t} \leqslant P_d x_s, a_{i,t} \geqslant 0, 0 \leqslant r_{i,t} \leqslant x_l \\
& S_l x_s \leqslant e_{i,t} \leqslant S_u x_s, e_{i,t} = e_{i,t-1} + \eta_c c_{i,t}\Delta t - \frac{d_{i,t}\Delta t}{\eta_d}, e_{i,T} = e_{i,0} = S_0 x_s
\end{aligned}
\tag{12-126}
$$

其中，$s_i(i=1,2,\cdots,N)$ 是辅助变量。

3. 算例分析

1）参数设置

中国西北部光照资源丰富，但光伏发电消纳不足。以 500MW 光伏电站为例，该电站通过 330kV 输电线连接到电力系统，参数在表 12.18 中给出。光伏发电历史数据根据天气数据生成，包括 1460 天内每小时的出力数据。每组数据包含春、夏、秋、冬季的 4 个典型日，组成 365 组数据。数据集由 200 组数据构成，测试集包含剩余的 165 组。一天中每小时光伏发电数据的箱型图如图 12.10 所示。优化程序在 MATLAB 中实现，使用 YALMIP 工具包调用 GUROBI 软件求解。

表 12.18　参数设置表

参数	值	参数	值
C_s	1×10^6 元/（MW·h）	C_l	1×10^7 元/MW
T	96	Δt	1 h
P_c	20%	P_d	20%
η_c	95%	η_d	95%
S_l	10%	S_u	90%
S_0	50%	α	0.05
ϵ	0.02	λ	5%

2）结果对比

求解线性规划模型需要 52.74s，结果为 $x_s \approx 1265$MW·h, $x_l \approx 160.4$MW，总投资成本约为 2.87×10^9 元。在试验集中，97.9% 的数据组满足光伏发电弃光率约束，整体弃光率为 1.61%。

考虑不使用储能的情况，设 $x_s = 0$，则最佳容量 x_l 为 387.8MW，投资成本约为 3.88×10^9 元。因此，适当部署储能可以降低传输线的所需容量，降低总投资成本。将所提出的方法与样本平均近似（SAA）方法进行比较，该方法等效于 $\epsilon = 0$ 的情况，即模糊集仅具有元素 P_N。在这种情况下，问题可以表示为以下混合整数线性规划

$$
\begin{aligned}
\min \quad & C_s x_s + C_l x_l \\
\text{s.t.} \quad & x_s \geqslant 0, x_l \geqslant 0 \\
& \frac{1}{N}\sum_{i=1}^{N} z_i \leqslant \alpha, z_i \in \{0,1\} \\
& \sum_{t=1}^{T} a_{i,t}\Delta t - \lambda \sum_{t=1}^{T} W_{i,t}\Delta t \leqslant (1-\lambda) T P_w z_i \Delta t
\end{aligned}
\tag{12-127}
$$

其中，z_i 是二进制变量，表示第 i 天的弃光率是否超过 λ。$N = 100$ 时，其最优解为 $x_s \approx 1444$ MW·h，$x_l \approx 95.2$ MW，总投资成本为 2.40×10^9 元，低于所提方法的结果，但是弃光率为 5.66%，不满足弃光率约束条件，因为有限历史数据不能准确反映概率分布。

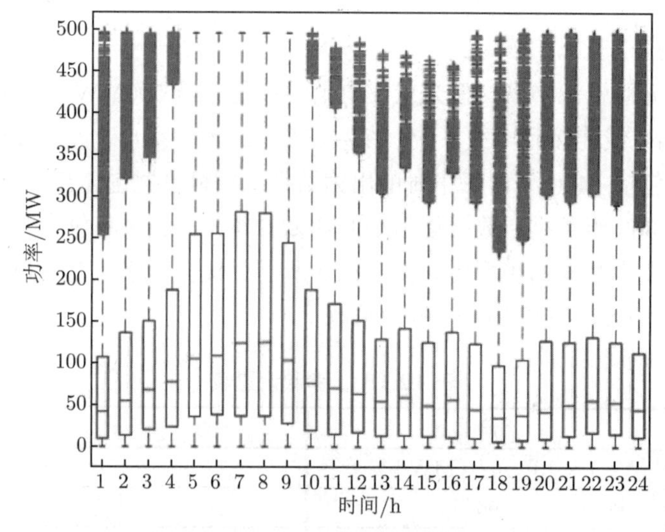

图 12.10　光伏日出力曲线

3）参数灵敏度分析

接下来研究数据总量 N，传输线投资成本参数 C_l，概率阈值 α 和 Wasserstein 距离阈值 ϵ 的影响。结果如表 12.19 ～ 表 12.22 所示。较大的 C_l 导致较高的总投资成本。当 α 变小或 ϵ 变大时，规划方案变得更加保守。

表 12.19　不同数据总量 N 下的结果

N	x_s/（MW·h）	x_l/（MW·h）	最优值/元
50	1093	161.3	2.71×10^9
100	1152	162.2	2.77×10^9
200	1265	160.4	2.87×10^9

表 12.20 不同传输线投资成本参数 c_l 下的结果

c_l/（元/MW）	x_s/（MW·h）	x_l/（MW·h）	最优值/元
1.0×10^7	1265	160.4	2.87×10^9
1.5×10^7	1331	155.4	3.66×10^9
2.0×10^7	1382	152.4	4.43×10^9

表 12.21 不同数据总量 N 下的结果

α	x_s/（MW·h）	x_l/（MW·h）	最优值/元
0.01	974.8	202.2	3.00×10^9
0.05	1265	160.4	2.87×10^9
0.10	1206	159.3	2.80×10^9

表 12.22 不同 Wasserstein 距离阈值下 ϵ 的结果

ϵ	x_s/（MW·h）	x_l/（MW·h）	最优值/元
0.002	1 264	160.4	2.87×10^9
0.02	1 265	160.4	2.87×10^9
0.1	1 274	160.8	2.88×10^9

12.3 能源枢纽容量配置实例

在现代社会中，化石能源的过度使用造成了严重的环境污染问题。近年来，页岩气革命使得天然气成为未来极具发展潜力的清洁燃料。同时，以风能和太阳能为代表的可再生能源的发展也大大减少了电力行业的二氧化碳排放。然而，风电和光伏的出力具有随机性和波动性，需要足够的备用容量和灵活的资源来补偿实时运行中的不平衡电量，从而给电力系统的运行带来了巨大的挑战。灵活的燃气机组能够应对可再生能源出力的快速变化；热力系统具有较大的热惯性，可以作为储能装置。此外，各种能源的梯级利用使得天然气、热力和发电的联合调度比单独运行具有更高的效率。综合来看，多能源系统可以通过能量梯级利用来提高整体能效，并通过利用天然气和热力系统的快速响应和存储能力来提高系统灵活性。因此，多种能源系统的集成已成为未来能源系统发展的潮流和趋势。在这样集成的系统架构中，能量枢纽是其中关键的接口设施，起着能源生产、转换和存储的作用。能量枢纽的容量很大程度上决定了不同能源系统之间耦合的紧密程度，从而影响系统运行的经济性和可靠性。本节讨论电热耦合网络中的能量枢纽的容量配置问题。

12.3.1 能量枢纽模型

能量枢纽的拓扑结构和能量流向如图 12.11 所示。输入的是电能和天然气，输出是电能和热能。能源枢纽包括热电联产机组（combined heat and power，CHP）、热泵（heat pump，HP）、储电装置（electricity storage unit，ESU）和储热装置（thermal storage unit，TSU）。与用户级能量枢纽的输出端连接到终端用户不同，图 12.11 中能量枢纽的两侧都连接到能源系统。能量枢纽中的运行约束和能量流描述如下：

$$p_{i,t}^{\text{out}} = p_{i,t}^{\text{CHP}} + p_{i,t}^{d} - p_{i,t}^{c} \tag{12-128a}$$

$$h_{i,t}^{\text{out}} = h_{i,t}^{\text{CHP}} + h_{i,t}^{\text{HP}} + h_{i,t}^{d} - h_{i,t}^{c} \tag{12-128b}$$

$$g_{i,t}^{\text{in}} = p_{i,t}^{\text{CHP}}/\eta_i^{gp} + h_{i,t}^{\text{CHP}}/\eta_i^{gh} \tag{12-128c}$$

$$h_{i,t}^{\text{HP}} = \text{COP}_i \cdot p_{i,t}^{\text{in}} \tag{12-128d}$$

$$W_{i,t+1}^{E} = W_{i,t}^{E}(1-\mu_i^E) + (p_{i,t}^{c}\eta_{i,c}^{E} - p_{i,t}^{d}/\eta_{i,d}^{E})\Delta t \tag{12-128e}$$

$$W_{i,t+1}^{T} = W_{i,t}^{T}(1-\mu_i^T) + (h_{i,t}^{c}\eta_{i,c}^{T} - h_{i,t}^{d}/\eta_{i,d}^{T})\Delta t \tag{12-128f}$$

其中，式 (12-128a) 和式 (12-128b) 是电力和热力平衡条件；式 (12-128c) 和式 (12-128d) 描述了热电联产机组和热泵的输入输出关系；式 (12-128e) 和式 (12-128f) 描述了储电装置和储热装置的充放能动态。

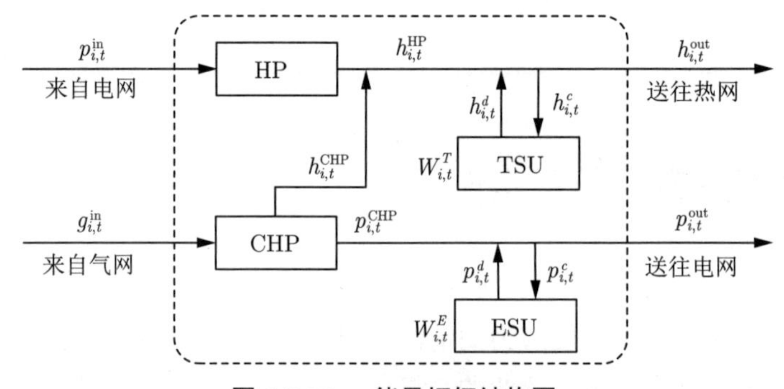

图 12.11　能量枢纽结构图

配电网（power distribution network，PDN）的拓扑结构一般呈放射状，可以采用线性化的 branchflow 模型来描述相应的潮流约束[25]：

$$p_{j,t} + P_{ij,t} = \sum_{k \in S_j^{B,d}} P_{jk,t} + p_{j,t}^{d} \tag{12-129a}$$

$$q_{j,t} + Q_{ij,t} = \sum_{k \in S_j^{B,d}} Q_{jk,t} + q_{j,t}^{d} \tag{12-129b}$$

$$V_{j,t} = V_{i,t} - (r_{ij}P_{ij,t} + x_{ij}Q_{ij,t})/V_0 \tag{12-129c}$$

其中，式 (12-129a) 和式 (12-129b) 表示有功功率和无功功率平衡条件，$p_{j,t}$ 表示节点 j 总的有功功率注入，包括传统发电机出力 $p_{j,t}^{\text{TU}}$、风力发电场出力 $p_{j,t}^{w}$ 和能量枢纽的输出功率 $p_{j,t}^{\text{out}}$；式 (12-129c) 表示沿线路的电压降落。模型 (12-129) 忽略了网络损耗，但是考虑了无功功率和母线电压，因此比忽略无功功率并假定恒定母线电压的直流潮流模型更加适合配电网的潮流分析。

区域供热网络（district heating network，DHN）由上下对称的供水管道和回水管道组成。在每个热源（负荷）节点处，热量通过供水侧和回水侧之间的热交换器注入网络（从网络中抽出）。热网模型由水力模型和热力模型两部分组成[26]。本书采用了恒定流量可变温度的热网运行模式，将水力模型中的质量流量 $\dot{m}$ 设置为恒定值。热网的热流模型如下：

$$h_{i,t}^{S} = c_p \dot{m}_{i,t}^{S}(\tau_{i,t}^{S} - \tau_{i,t}^{R}) \tag{12-130a}$$

$$h_{i,t}^{L} = c_p \dot{m}_{i,t}^{L}(\tau_{i,t}^{S} - \tau_{i,t}^{R}) \tag{12-130b}$$

$$\tau_{b,t}^{o} = (\tau_{b,t}^{i} - T_t^a)\mathrm{e}^{-\frac{\lambda_b L_b}{c_p \dot{m}_{b,t}}} + T_t^a \tag{12-130c}$$

$$\sum_{b\in S_i^{P,e}} (\tau_{b,t}^{o}\dot{m}_{b,t}) = \tau_{i,t}^{n} \sum_{b\in S_i^{P,e}} \dot{m}_{b,t} \tag{12-130d}$$

$$\tau_{b,t}^{i} = \tau_{i,t}^{n}, \quad \forall b \in S_i^{P,s} \tag{12-130e}$$

其中，式 (12-130a) 和式 (12-130b) 表示热源节点和热负荷节点处的热交换过程；式 (12-130c) 描述了沿供回水管道的温度下降；式 (12-130d) 描述了汇合节点处的混合流体温度；式 (12-130e) 描述了离开汇合节点的流体温度。

首先考虑确定性的能量枢纽容量配置，其中，假定可再生能源出力和负荷是确定和已知的。其规划考虑了两个阶段：在第一阶段，确定能量枢纽各元件的容量；在第二阶段，考虑了全生命周期下的若干典型日的运行约束限制。因此，总的规划目标是使第一阶段的投资成本和全生命周期运行成本之和最小。至此，确定性的能量枢纽规划问题可以写成如下形式：

$$\begin{aligned} \min \quad & f_C + N_d \cdot f_O \\ \text{s.t.} \quad & \text{Cons-PF, Cons-TF} \\ & \text{Cons-EH, Cons-BD} \end{aligned} \tag{12-131}$$

其中，Cons-PF 表示线性化 branchflow 模型 (12-129a)~(12-129c)；Cons-TF 表示热流模型 (12-130a)~(12-130e)；Cons-EH 表示能量枢纽模型 (12-128)；Cons-BD 表示所有决策变量的下限和上限约束。此外，能量枢纽投资费用可表示为

$$f_C = I^{\text{CHP}}C^{\text{CHP}} + I^{\text{HP}}C^{\text{HP}} + I^{E}C^{E} + I^{T}C^{T} \tag{12-132}$$

其中，包含了热电联产机组、热泵、储电装置和储热装置的投资成本。此外，系统的日常运行成本可表示为

$$f_O = \sum_t \left(\sum_i \omega_g g_{i,t}^{\text{in}} + \sum_j F(p_{j,t}^{\text{TU}}) \right) \tag{12-133}$$

其中，包括了热电联产机组和传统发电机的燃料成本。二次成本函数 $F(p_{j,t}^{\text{TU}})$ 可利用分段线性近似化的方法转为线性函数[27]，因此，整个目标函数可以视为线性函数。$N_d = 3650$

表示全生命周期运行天数。模型考虑春季/秋季，夏季和冬季的三个典型日，权重分别为0.5、0.25 和 0.25。

能量枢纽的运行变量的范围取决于热电联产机组容量 C^{CHP}、热泵容量 C^{HP}、储电装置容量 C^E 和储热装置容量 C^T。具体的关系可描述为

$$(p_{i,t}^{\mathrm{CHP}}/\eta_i^{gp} + h_{i,t}^{\mathrm{CHP}}/\eta_i^{gh}) \leqslant C^{\mathrm{CHP}} \tag{12-134a}$$

$$p_{i,t}^{\mathrm{CHP}}/\eta_i^{gp} \geqslant R_g^p C^{\mathrm{CHP}}, \quad h_{i,t}^{\mathrm{CHP}}/\eta_i^{gh} \leqslant R_g^h C^{\mathrm{CHP}} \tag{12-134b}$$

$$h_{i,t}^{\mathrm{HP}} \leqslant C^{\mathrm{HP}} \tag{12-134c}$$

$$W_{i,t}^E \leqslant C^E, p_{i,t}^d \leqslant R_d^E C^E, \quad p_{i,t}^c \leqslant R_c^E C^E \tag{12-134d}$$

$$W_{i,t}^T \leqslant C^T, h_{i,t}^d \leqslant R_d^T C^T, \quad h_{i,t}^c \leqslant R_c^T C^T \tag{12-134e}$$

这些约束实际上都包含在模型 (12-131) 的 Cons-BD 中。前两个方程表示热电联产机组的多面体运行区域，包括式 (12-134a) 中的最大燃料消耗限制，以及式 (12-134b）中的最小电输出和最大热输出限制，其中，R_g^h 和 R_g^p 是常量；式 (12-134c) 反映了热泵的容量限制；式 (12-134d) 和式 (12-134e) 表示储能装置的充放能速率和存储的能量取决于装置的最大容量，其中，R_d^E，R_c^E ，R_d^T 和 R_c^T 是常量。

令向量 x 表示第一阶段决策变量，包括设备容量 C^{CHP}，C^{HP}，C^E 和 C^T；向量 ξ 表示不确定参数，包括风电场的出力 $p_{j,t}^w$ 和系统负荷 $p_{j,t}^d$ 和 $h_{i,t}^L$；向量 y 表示第二阶段决策变量，包括潮流模型和热流模型中的变量。由于确定性的能量枢纽规划模型 (12-131) 是一个线性规划，可以表示成如下的矩阵形式：

$$\begin{aligned} &\min\ c^{\mathrm{T}}x + Q(x,\xi) \\ &\text{s.t.}\ \ x \in X \end{aligned} \tag{12-135}$$

其中，$X = \{x|0 \leqslant x \leqslant x^u\}$ 是第一阶段决策变量的可行集合；目标函数中的第一项 $c^{\mathrm{T}}x$ 对应于式 (12-132) 中的投资成本 f_C，第二项 $Q(x,\xi)$ 是在给定 x 下的关于参数 ξ 的最小运行成本，具体表达式如下：

$$\begin{aligned} Q(x,\xi) &= \min_y p^{\mathrm{T}}y \\ \text{s.t.}\quad & Ax + By + C\xi + d \leqslant 0 \end{aligned} \tag{12-136}$$

其中，目标函数对应于式 (12-133) 代表的运行成本，约束则包括 Cons-PF、Cons-TF、Cons-EH 和 Cons-BD 中的对应约束（X 中的约束除外）。

在不考虑可再生能源出力和负荷不确定性的情况下，问题 (12-135) 是容易求解的线性规划问题。为了考虑变量 ξ 的不确定性，可以基于确定性模型 (12-135) 建立随机规划模型和鲁棒优化模型。假设有一组样本 ξ^1，ξ^2，$\cdots$，ξ^n，同时每个样本的概率为 π_1，π_2，$\cdots$，π_n，则可以通过以下方式建立随机规划模型：

$$\begin{aligned} &\min\ c^{\mathrm{T}}x + \sum_n \pi_n p^{\mathrm{T}} y^n \\ &\text{s.t.}\ \ x \in X,\ Ax + By^n + C\xi^n + d \leqslant 0,\ \forall n \end{aligned} \tag{12-137}$$

如果只有样本而没有相关概率的信息，则可以采用以下的鲁棒优化模型：

$$\begin{aligned}&\min_{x} c^{\mathrm{T}}x+\max_{\xi^n}\left\{\min_{y^n} p^{\mathrm{T}}y^n\right\}\\&\text{s.t. } x\in X,\ Ax+By^n+C\xi^n+d\leqslant 0,\forall n\end{aligned} \tag{12-138}$$

从随机规划模型 (12-137) 和鲁棒优化模型 (12-138) 可以看到。

（1）第二阶段决策变量 y^n 取决于第一阶段决策变量 x 的值和不确定变量 ξ^n。这表明一旦在第一阶段确定了能量枢纽的容量规划策略，在运行期间是无法更改的。同时，在可以准确预测可再生能源出力和负荷这些不确定变量之后，第二阶段模拟系统的日常运行，调度每个出力单元来响应不确定变量的实际值，以最大程度地降低运行成本。通过两阶段优化的方式，本文的规划模型将初始投资和系统运行集成到了一个整体优化模型之中。

（2）随机规划模型和鲁棒优化模型具有相同的约束，但它们的目标函数不同：前者在第二阶段包含了期望运行成本，而后者则考虑了最坏情况下的运行成本。显然，随机规划需要更多有关不确定性的信息，如果采用随机规划模型 (12-137)，决策者必须要从有限的历史数据中推断出相应的经验分布，但这往往与真实分布不符，从而无法保证规划策略的鲁棒性；如果采用鲁棒优化模型 (12-138)，则不需要任何关于概率分布的信息，但会得到过于保守的规划策略。因此，亟需一种新的方法解决上述鲁棒性和保守性的两难问题。

本节考虑可再生能源出力和负荷的不确定性，基于 KL 散度理论用一个包含一系列分布函数的不确定集合对其进行建模，具体步骤如下所示。

（1）估计参考分布 P_0。在参考分布的估计方法中，最常用的是直方图法。假如有 M 个样本被分到 N 个区间中，每个区间中有 $M_1,M_2,\cdots,M_N$ 个样本。随后，令每个区间中的代表性样本是其区间中所有样本的期望，相应的概率为 $\pi_i=M_i/M(i=1,2,\cdots,N)$。至此，离散的参考分布 P_0 的密度函数记为 $\{\pi_1,\pi_2,\cdots,\pi_N\}$。此外，也可以假设不确定变量 ξ 服从某一特定的分布，例如高斯分布，并通过参数拟合方法来确定概率分布中的参数[28]。同时，由于最终考虑的是 P_0 附近的一系列分布函数，对参考分布的精确性要求可适当放宽。

（2）构造分布函数族。考虑所有与参考分布 P_0 接近的概率分布函数，具体可通过如下集合进行描述：

$$W=\{P|D_{\mathrm{KL}}(P\parallel P_0)\leqslant d_{\mathrm{KL}}\} \tag{12-139}$$

其中，d_{KL} 是一个常数，描述了不确定集合的大小. 此外，两个分布函数之间的距离计算方式如下：

$$D_{\mathrm{KL}}(P\parallel P_0)=\int_{\Omega}f(\xi)\log\frac{f(\xi)}{f_0(\xi)}\mathrm{d}\xi \tag{12-140}$$

式 (12-140) 表示从 P 的概率密度函数 $f(\xi)$ 到 P_0 的概率密度函数 $f_0(\xi)$ 的 KL 散度。对于离散分布，KL 散度具有以下形式：

$$D_{\mathrm{KL}}(P \parallel P_0) = \sum_n \pi_n \log \frac{\pi_n}{\pi_n^0} \tag{12-141}$$

从式 (12-139) 可以看出，只要 $d_{\mathrm{KL}} > 0$，则不确定集合 W 中就会有无穷多个的分布函数；当 $d_{\mathrm{KL}} = 0$ 时，则 W 仅仅包含参考分布，后文所提出的分布鲁棒优化模型也将退化成传统的随机规划模型。

KL 散度是基于信息论建立的，并被广泛用于量化两个概率分布函数之间的差异[29]。在后文中可以看到，当不确定集合 W 中使用这种 KL 散度进行度量时，其模型最终转化为凸优化模型，从而便于求解。

（3）选择不确定集合参数 d_{KL}。在实际运用中，决策者可以根据风险偏好来决定 d_{KL} 的值。此外，拥有的历史数据越多，估计出来的参考分布 $f_0(\xi)$ 与真实分布的距离就越近，d_{KL} 也应该设置得越小。根据文献 [30] 中的定理 3.1，d_{KL} 的选择方式如下：

$$d_{\mathrm{KL}} = \frac{1}{2M} \chi^2_{N-1,\alpha^*} \tag{12-142}$$

其中，χ^2_{N-1,α^*} 是自由度为 $N-1$ 的 χ^2 分布的 α^* 上分位数；M 表示样本规模，α^* 表示置信度（反应了决策者的风险偏好）。式 (12-142) 表示 W 中包含真实分布函数的概率至少为 α^*。

基于矩阵形式的确定性规划模型 (12-135) 和模型 (12-139) 中定义的不确定集合 W，基于数据驱动的能量枢纽分布鲁棒规划模型可写成如下的形式：

$$\min\ c^{\mathrm{T}} x + \sup_{P \in W} E_P[Q(x,\xi)] \tag{12-143a}$$

$$\text{s.t.}\ \ x \in X \tag{12-143b}$$

$$\inf_{P' \in W'} \Pr\{D_{\mathrm{loss}}(\xi) \leqslant 0\} \geqslant 1-\alpha \tag{12-143c}$$

其中，$E_P[Q(x,\xi)]$ 表示当不确定变量服从概率分布 P 时的运行成本函数 $Q(x,\xi)$ 的期望；式 (12-143c) 表明在极端天气情况下，系统也必须以大于 $1-\alpha$ 的概率来满足负荷供应，该约束称为鲁棒机会约束，因为考虑了不确定集合 (12-139) 中最坏分布函数。$D_{\mathrm{loss}}(\xi)$ 表示在给定不确定变量 ξ 时，系统由于各种运行约束限制无法满足的负荷供应量，其定义为

$$\begin{aligned} & D_{\mathrm{loss}}(\xi) = \min g \\ & \text{s.t.}\ \ A'x + B'y + C'\xi + d' \leqslant 0 \\ & \qquad \sum_{k \in S_j^{b,d}} P_{jk,t} + p_{i,t}^d - P_{ij,t} - p_{j,t} \leqslant g \\ & \qquad c_p \dot{m}_{i,t}^L (\tau_{i,t}^S - \tau_{i,t}^R) - h_{i,t}^L \leqslant g \end{aligned} \tag{12-144}$$

其中，系数矩阵 A'，B'，C' 和 d' 对应于式 (12-136) 中 A，B，C 和 d 除去节点能量平衡约束的部分。式 (12-144) 后两个不等式是松弛的节点能量平衡约束，其中负荷不满足量由松弛变量 g 进行量化，而 ξ 表示所有不确定变量，包括风电出力 $p_{j,t}^{w}$、电负荷 $p_{j,t}^{d}$ 和热负荷 $h_{i,t}^{L}$。

目标函数 (12-143a) 中第一项表示能量枢纽的投资成本，第二项表示在正常天气情况下，对应的不确定集合 (12-139) 中最坏分布函数的期望值 $E_P[Q(x,\xi)]$。综上，规划模型 (12-143) 有效地结合了随机规划和鲁棒优化的优势：不需要依赖于精确的参考分布，同时得到的规划策略对实际运行中真实分布的波动具有良好的鲁棒性。

此外，目标函数 (12-143a) 中对应的正常天气条件下的不确定集合 W，与鲁棒机会约束 (12-143c) 对应的极端天气条件下的不确定集合 W' 是不同的，同时它们对应的最坏概率分布 P 和 P' 也是不同的。

12.3.2　模型求解

在模型 (12-143) 中，式 (12-143a) 中的 min-max-min 形式的目标函数和式 (12-143c) 中的鲁棒机会约束使得模型求解困难，因此，本节的任务是探寻有效的求解策略。

鲁棒机会约束 (12-143c) 最大的困难点在于它的评估对象是一个包含无穷多个分布函数的不确定集合 (12-139)。从另一个角度考虑，如果某一规划策略满足式 (12-143c)，则在参考分布 P_0 下的评估概率一定会大于 $1-\alpha$。如果使用 KL 散度量化不同分布函数之间的距离，则约束 (12-143c) 等同于如下的传统机会约束[31]。

$$\mathrm{Pr}_0\{D_{\mathrm{loss}} \leqslant 0\} \geqslant 1-\alpha_+ \tag{12-145}$$

其中，Pr_0 表示在参考分布 P_0 下评估的概率；α_+ 可以通过如下方式计算

$$\alpha_+ = \max\left\{0, 1-\inf_{z\in(0,1)}\left\{\frac{\mathrm{e}^{-d_{\mathrm{KL}}}z^{1-\alpha}-1}{z-1}\right\}\right\} \tag{12-146}$$

其中，函数 $h(z)=(\mathrm{e}^{-d_{\mathrm{KL}}}z^{1-\alpha}-1)/(z-1)$ 在区间 $(0,1)$ 是关于 z 的凸函数[31]，因此可以通过经典黄金分割搜索方法直接求解。显然 $\alpha_+<\alpha$，因此，约束 (12-145) 比仅仅依靠 P_0 的传统机会约束更加保守。

但是，机会约束 (12-145) 仍然是一个非凸约束。因此，通过凸近似的方法进行处理。显然，约束 (12-145) 等价于如下的形式：

$$E_{P_0}\left[\mathbb{I}_+(D_{\mathrm{loss}})\right] = \mathrm{Pr}_0\{D_{\mathrm{loss}} > 0\} \leqslant \alpha_+ \tag{12-147}$$

其中，$E_{P_0}(\cdot)$ 表示参考分布 P_0 下的期望函数；$\mathbb{I}_+(x)$ 是一个指示函数，即

$$\mathbb{I}_+(x) = \begin{cases} 1, & x>0 \\ 0, & x\leqslant 0 \end{cases}$$

接下来需要找到一个凸函数 $\psi(x)$ 对 $\mathbb{I}_+(x)$ 进行保守的近似估计，以保证如下的表达式成立：

$$E_{P_0}\left[\mathbb{I}_+(D_{\text{loss}})\right] \leqslant E_{P_0}\left[\psi(D_{\text{loss}})\right] \leqslant \alpha_+ \tag{12-148}$$

选择如下的保守近似凸函数 $\psi(D_{\text{loss}})$：

$$\psi(D_{\text{loss}}) = \max\{0, D_{\text{loss}}/\beta + 1\} \tag{12-149}$$

其中，$\beta > 0$ 是一个常数，但在最终转化得到的问题 (12-159) 中 β 是一个变量，以便实现 $\psi(D_{\text{loss}})$ 对 $\mathbb{I}_+(x)$ 的最优近似。

假设有一组样本 ξ^1，ξ^2，$\cdots$，ξ^K，同时每个样本的概率为 π_1，π_2，$\cdots$，π_K，通过抽样平均近似方法，可将约束 $E_{P_0}\left[\psi(D_{\text{loss}})\right] \leqslant \alpha_+$ 变为如下形式：

$$\sum_k \pi_k \max\{0, D_{\text{loss}}(\xi^k)/\beta + 1\} \leqslant \alpha_+ \tag{12-150}$$

进一步，约束 (12-150) 可以写成如下等价的线性形式：

$$\begin{cases} D_{\text{loss}}(\xi^k) + \beta \leqslant \phi_k, \quad \phi_k \leqslant 0, \quad \forall k \\ \displaystyle\sum_k \pi_k \phi_k \leqslant \beta\alpha_+, \quad \beta > 0 \end{cases} \tag{12-151}$$

其中，$D_{\text{loss}}(\xi^k)$ 通过问题 (12-144) 定义。根据式 (12-146) 可知 α_+ 小于 α，因此即使真实的概率与 $\pi_1, \pi_2, \cdots, \pi_K$ 不符，也可以满足极端天气情况下的系统负荷供应可靠性要求。

对于一个给定的规划策略 x，系统的最坏期望成本可以写成如下的形式：

$$\sup_{P \in W} E_P[Q(x, \xi)] \tag{12-152}$$

模型 (12-152) 是在包含无穷多个分布函数的不确定集合 W 上进行优化的，直接求解存在较大的难度。根据对偶理论[32]，模型 (12-152) 可以等价地写成如下的单变量优化形式：

$$\min_{\lambda \geqslant 0} \lambda \log\left\{E_{P_0}\left[\mathrm{e}^{Q(x,\xi)/\lambda}\right]\right\} + \lambda d_{\text{KL}} \tag{12-153}$$

其中，决策变量为非负的单变量 λ。对于离散形式的分布函数，可以将式 (12-153) 中的期望替换为如下加权和的形式：

$$\min_{\lambda \geqslant 0} \lambda \log\left\{\sum_n \pi_n \left[\mathrm{e}^{Q(x,\xi^n)/\lambda}\right]\right\} + \lambda d_{\text{KL}} \tag{12-154}$$

定义 $\theta_n = Q(x, \xi^n)$，则可以定义如下的函数 $H(\theta, \lambda)$：

$$H(\theta, \lambda) = \lambda \log\left(\sum_n \pi_n \mathrm{e}^{\theta_n/\lambda}\right) \tag{12-155}$$

接下来，证明函数 $H(\theta,\lambda)$ 是一个关于 λ 和 θ_n 的凸函数，而这种凸性将给最终问题的求解带来极大的便利。

首先，根据文献 [33]，如下函数：

$$h_1(\theta)=\log\left(\sum_{n=1}^{N}\mathrm{e}^{\theta_n}\right) \tag{12-156}$$

是凸函数。进一步，关于凸函数的仿射变换仍得到一个凸函数[33]，故

$$h_2(\theta)=h_1(A\theta+b) \tag{12-157}$$

也是凸函数。令 A 为一个单位矩阵，$b=[\log\pi_1,\cdots,\log\pi_N]^{\mathrm{T}}$，则 $h_2(\theta)$ 可以写成如下形式：

$$h_2(\theta)=\log\left(\sum_{n=1}^{N}\pi_n\mathrm{e}^{\theta_n}\right) \tag{12-158}$$

最后，可得到 $H(\theta,\lambda)=\lambda h_2(\theta/\lambda)$。由于 $H(\theta,\lambda)$ 是凸函数 $h_2(\theta/\lambda)$ 的透视函数，$H(\theta,\lambda)$ 关于 λ 和 θ_n 是凸函数。

在上述转化的基础上，原始的能量枢纽分布鲁棒规划问题 (12-143) 最终被转化为如下的一个具有凸目标函数和线性约束的凸优化问题：

$$\min\quad c^{\mathrm{T}}x+\lambda\log\left(\sum_{n}\pi_n\mathrm{e}^{\theta_n/\lambda}\right)+\lambda d_{KL} \tag{12-159a}$$

$$\text{s.t.}\quad x\in X,\ \lambda\geqslant 0 \tag{12-159b}$$

$$\theta_n=p^{\mathrm{T}}y^n,\quad \forall n \tag{12-159c}$$

$$Ax+By^n+C\xi^n+d\leqslant 0,\quad \forall n \tag{12-159d}$$

$$A'x+B'y^k+C'\xi^k+d'\leqslant 0,\ \forall k \tag{12-159e}$$

$$My^k+N\xi^k\leqslant g^k,\quad \forall k \tag{12-159f}$$

$$g^k+\beta\leqslant\phi_k,\quad \phi_k\geqslant 0,\ \forall k \tag{12-159g}$$

$$\sum_{k=1}^{K}\pi_k\phi_k\leqslant\beta\alpha_+,\quad \beta>0 \tag{12-159h}$$

其中，正常天气和极端天气情况下的样本场景是从三个正常典型日和两个极端日生成的，分别用 n 和 k 进行标记。第二阶段的最优运行成本 $Q(x,\xi^n)=p^{\mathrm{T}}y^n$ 由式 (12-159c) 中的 θ_n 表示；式 (12-159d) 表示在正常天气情况下不允许失负荷的存在；式 (12-159e)～式 (12-159f) 描述极端天气场景下的最小失负荷量；式 (12-159g)～式 (12-159h) 是等价于式 (12-151) 的极端天气条件下的供能可靠性约束，其中损失函数 $D_{\mathrm{loss}}(\xi^k)=g^k$。

由于模型 (12-159) 是一个凸优化问题，其局部最优解等价于全局最优解。但是，尝试了市场上通用的非线性规划局部优化算法求解器（如 IPOPT 和 NLOPT）之后，发现

均无法收敛。为此，本文采用了一种基于线性规划的外逼近算法求解问题 (12-159)，其过程在算法 12.1 中进行了详细描述。文献 [34] 中证明了外逼近算法可以求得凸优化问题的全局最优解，其原理是不断将 $H(\theta,\lambda)$ 进行局部线性化，从而连续生成切面以逼近其边界求得全局最优解。

算法 12.1 第 1 步 设置收敛误差 $\epsilon>0$；设置初始迭代序号 $m=0$；通过求解随机规划模型 (12-137) 初始化 θ^0 并设置 $\lambda^0=1000$；计算 $H^m=H(\theta^m,\lambda^m)$ 的值和 $H(\theta,\lambda)$ 在 (θ^m,λ^m) 处的梯度：

$$g_H^m=\left[\left(\frac{\partial H}{\partial\theta}\right)^{\mathrm{T}},\frac{\partial H}{\partial\lambda}\right|_{(\theta^m,\lambda^m)}^{\mathrm{T}} \tag{12-160}$$

第 2 步 求解如下的线性规划问题：

$$\begin{cases}\min & c^{\mathrm{T}}x+\sigma+\lambda d_{\mathrm{KL}}\\ \text{s.t.} & \text{式 (12-159b)} \sim \text{式 (12-159h)}\\ & H^v+(g_H^v)^{\mathrm{T}}\begin{bmatrix}\theta-\theta^v\\ \lambda-\lambda^v\end{bmatrix}\leqslant\sigma,\\ & v=0,1,\cdots,m\end{cases} \tag{12-161}$$

更新 $m\leftarrow m+1$，并记录相应的最优解和最优值。

第 3 步 如果相邻两次迭代中最优值的变化小于 ϵ，则终止迭代并记录当前的最优解作为最终结果；否则根据式 (12-160) 计算 H^m 和 g_H^m，添加如下新的约束到问题 (12-161) 并返回步骤 2：

$$H^m+(g_H^m)^{\mathrm{T}}\begin{bmatrix}\theta-\theta^m\\ \lambda-\lambda^m\end{bmatrix}\leqslant\sigma \tag{12-162}$$

此外，为了将所提的分布鲁棒规划模型与传统的随机规划和鲁棒优化方法进行比较，在随机规划模型 (12-137) 基础上增加极端天气下供能可靠性约束，并利用本节的凸近似和抽样平均近似方法得到如下形式的随机规划模型：

$$\begin{aligned}\min\ & c^{\mathrm{T}}x+\sum_n\pi_n p^{\mathrm{T}}y^n\\ \text{s.t.}\ & x\in X,\ Ax+By^n+C\xi^n+d\leqslant 0,\ \forall n\\ & A'x+B'y^k+C'\xi^k+d'\leqslant 0,\ \forall k\\ & My^k+N\xi^k\leqslant g^k,\ \forall k\\ & g^k+\beta\leqslant\phi_k,\ \phi_k\geqslant 0,\ \forall k\\ & \sum_{k=1}^K\pi_k\phi_k\leqslant\beta\alpha,\ \beta>0\end{aligned} \tag{12-163}$$

对于鲁棒优化模型 (12-138)，在增加极端天气下供能可靠性约束后的模型如下：

$$
\begin{aligned}
\min_{x} \quad & c^{\mathrm{T}} x + \max_{\xi^n} \left\{ \min_{y^n} p^{\mathrm{T}} y^n \right\} \\
\text{s.t.} \quad & x \in X,\ Ax + By^n + C\xi^n + d \leqslant 0,\ \forall n \\
& A'x + B'y^k + C'\xi^k + d' \leqslant 0,\ \forall k \\
& My^k + N\xi^k \leqslant 0,\ \forall k
\end{aligned}
\tag{12-164}
$$

模型 (12-164) 中要求即使在极端天气情况下也不能弃负荷，符合鲁棒优化的原则。

12.3.3 算例分析

本节采用一个 IEEE 33 节点配电网和 10 节点热网组成的综合能源系统来验证所提模型和方法的性能。系统拓扑如图 12.12 所示，系统数据见文献 [35]。计划投资建设两个能量枢纽，全生命周期设为 10 年。表 12.23 中列出了能量枢纽中各个元件的参数数据。本节的测试平台是一台具有 Intel i5-7300HQ CPU 和 8G 内存的笔记本电脑，同时所有优化模型都由 MATLAB 中的 YALMIP 工具箱建立并调用 CPLEX12.8 进行求解。

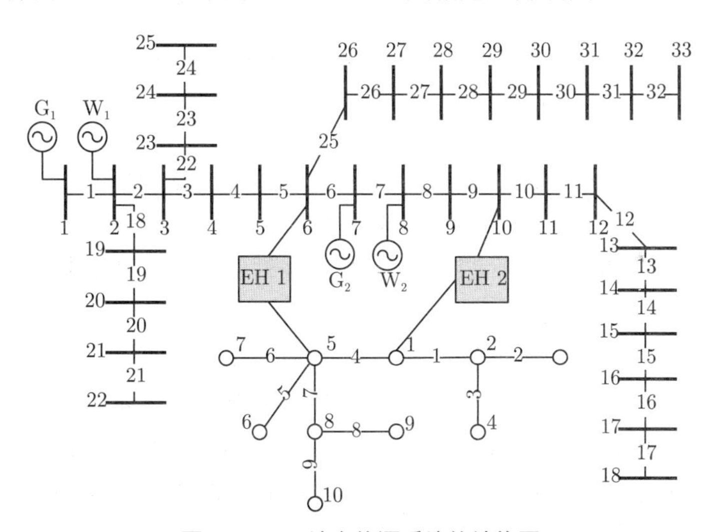

图 12.12 综合能源系统的结构图

表 12.23 能量枢纽中的元件参数

	参数	单位投资成本
CHP	$\eta_{gp} = 0.9, \eta_{gh} = 0.9$	1000000/（美元/MW）
HP	COP = 3	1500000/（美元/MW）
ESU	$\eta_c^E = 0.98, \eta_d^E = 0.98, \mu^E = 0.01$	200000/（美元/（MW·h））
TSU	$\eta_c^H = 0.95, \eta_d^H = 0.95, \mu^H = 0.01$	150000/（美元/（MW·h））

对于不确定的可再生能源出力和负荷，约束 (12-159d) 采用了正常天气条件下的三个典型日（春季/秋季，夏季和冬季）中的电/热需求和风电出力；约束 (12-159e)~(12-159f) 则采用了极端天气条件下的两个典型日（夏季和冬季）中的电/热需求和风电出力。图 12.13 展示了相关的预测数据。此外，假设预测误差服从正态分布，其均值为

零，风电预测误差标准差是风电预测值的 0.2 倍，系统负荷预测标准差是负荷预测值的 0.1 倍。同时，利用蒙特卡洛方法为每个典型日生成 5000 个样本场景，并削减至 100 个样本。根据式 (12-142)，在置信度为 $\alpha^* = 0.95$ 时，不确定集合 (12-139) 中使用的 $d_{\mathrm{KL}} = 0.0124$；在鲁棒的机会约束 (12-143c)，供能可靠性概率不低于 95%，据此可得 $\alpha = 0.05$ 和 $\alpha_+ = 0.0229$。

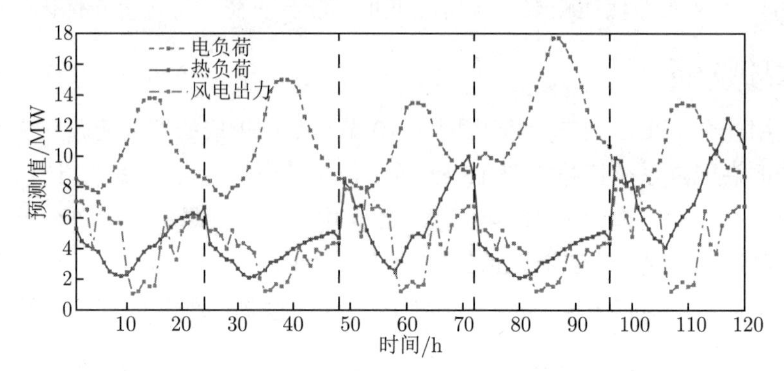

图 12.13　不同典型日下的电负荷、热负荷和风电预测出力

从左到右依次是三个正常天气的典型日和两个极端天气的典型日

分布鲁棒规划 DR-SP 模型 (12-159) 与传统的随机规划 SP 模型 (12-163) 和鲁棒优化 RO 模型 (12-164) 的对比结果展示在表 12.24 中。显然，从最优成本角度看，分布鲁棒规划模型比传统的随机规划更加保守，但保守性明显低于鲁棒优化。这是因为随机规划仅仅考虑参考分布 P_0，而鲁棒优化忽略了概率分布函数去寻找最坏的样本场景，而实际中最坏场景发生的概率是很低的。此外，鲁棒优化模型偏好昂贵的热电联产机组的投资，从而导致了更高的成本。与随机规划相比，分布鲁棒规划模型仅仅付出了额外的 1.12% 的费用，却能保证系统在极端天气下的供能鲁棒性。表 12.24 中也展示了三个模型的计算时间，分布鲁棒规划模型的算法 12.1 在 6 次迭代中收敛，耗时 847s，能够满足规划问题的计算效率要求。

参数 d_{KL} 决定了不确定集合 (12-139) 的大小。d_{KL} 越大，可以更好地保护系统免受分布不确定性的影响从而增强鲁棒性，但同时也会导致更高的投资成本。同时，式 (12-142) 表明数据规模 M 和置信度 α^* 决定了 d_{KL} 的大小，因此，本节研究了这两个因素对规划结果的影响，具体结果如表 12.25 所示。可以看到，随着数据规模 M 的减小和置信度 α^* 的增加，d_{KL} 和最优成本都随之增加。此外，数据规模 M 比置信度 α^* 对总成本的影响更大。在所有测试实验中，算法 12.1 都在 6 次迭代中成功收敛，并且计算时间少于 900s，表明了该方法在规划问题中的计算有效性。

分布鲁棒规划模型的一个主要优势在于求解出的规划策略对真实分布函数的波动不敏感。因此，本节生成了一系列与参考分布具有不同 KL 散度距离 d_p^0 的分布函数，来模拟实际中的分布函数波动的情况。随后，测试表 12.24 中分布鲁棒规划结果和随机规划结果下采用这些分布计算出的失负荷概率，结果如表 12.26 所示。其中，$\mathrm{Pr}_1/\mathrm{Pr}_2$ 分别表示极端天气下夏季/冬季的失负荷概率。在传统随机规划模型提供的规划策略下，一旦 $d_p^0 > 0.01$，极端天气下的失负荷概率就会超过指定值 5%。在分布鲁棒规划模型提供的规划策略下，当 $d_p^0 < 0.0124$（不确定集合 W 中采用的值）时，即使真实数据遵循不同的分布，供能可靠性概率也大于 97 %，这表明了规划策略良好的鲁棒性。实际上，即使 d_p^0 增长到 0.03，也可以保持给定的可靠性水平。这是因为求解策略中使用了凸函数 $\psi(x)$ 来近似指标函数 $\mathbb{I}_+(x)$，从而产生了更为保守的不等式约束 (12-148)。

表 12.24　能量枢纽最优规划结果

		DR-SP	SP	RO
EH_1	CHP/MW	5.8732	5.6406	6.1008
	HP/MW	2.6416	2.6325	2.5780
	ESU/（MW·h）	3.8214	4.0569	4.0688
	TSU/（MW·h）	6.8870	6.7553	6.6172
EH_2	CHP /MW	5.9455	5.7004	6.1711
	HP/MW	2.6013	2.5917	2.5393
	ESU/（MW·h）	3.8665	4.0572	4.0786
	TSU/（MW·h）	6.8611	6.7520	6.5141
最优成本/$\times 10^7$ 美元		8.0282	7.9391	8.6954
最优投资成本/$\times 10^7$ 美元		2.3283	2.2826	2.3547
最优运行成本/$\times 10^7$ 美元		5.6999	5.6565	6.3407
计算时间/s		847	128	91

表 12.25　不同 d_{KL} 下的最优成本（d_{KL} & 最优成本）　　$\times 10^7$ 美元

M	α^*		
	0.90	0.95	0.99
5000	0.0118 & 8.0261	0.0124 & 8.0282	0.0136 & 8.0322
2000	0.0296 & 8.0800	0.0311 & 8.0844	0.0340 & 8.0930
1000	0.0592 & 8.1211	0.0622 & 8.1234	0.0679 & 8.1278
500	0.1185 & 8.1597	0.1243 & 8.1629	0.1358 & 8.1690
100	0.5925 & 8.3167	0.6217 & 8.3231	0.6790 & 8.3381

储能装置在能量枢纽的运行中发挥着至关重要的作用，而未来储电装置和储热装置的单位容量成本也会持续下降。因此，本节将原始的储能装置单位投资成本乘以不同的倍数 ζ，来研究其对规划结果的影响，结果如表 12.27 所示。可以看到，随着投资成本的降低，储能的规划容量迅速增加。同时，由于储热装置容量的增加，热电联产机组容量显著下降，而热泵容量略有增加以适应更大的储热容量。这些结果表明，随着储能单位投资成本的持续降低，未来多能源系统对储能装置的需求会快速增长。

最后，考察不同风电的接入水平对规划结果的影响。在测试中，将图 12.13 中的风电场出力乘以一个常数，研究不同风电容量对规划结果的影响，结果如表 12.28 所示。可以看到，当有更多的风能可供使用时，夜间产生的多余电能可以存储在储电装置中，或通过热泵转化为热量并存储在储热装置中，因此储能装置的容量显著增加。同时，系统也选择建造了更大的热泵以利用更多电能产生热能。此外，热电联产机组的容量降低，因为更多能源供应将来自零成本的风电出力。

表 12.26　不同分布函数下的失负荷概率

d_p^0		0.005	0.010	0.020	0.030	0.050
DR-SP	Pr_1	2.36%	2.92%	3.74%	4.41%	5.52%
	Pr_2	2.22%	2.75%	3.55%	4.19%	5.27%
SP	Pr_1	4.26%	5.02%	6.15%	7.06%	8.57%
	Pr_2	4.13%	4.88%	5.99%	6.89%	8.37%

表 12.27　不同储能投资成本下的规划结果

ζ		1.0	0.8	0.6	0.4
EH_1	CHP/MW	5.8732	5.3492	3.3455	3.0995
	HP/MW	2.6416	2.7203	2.9550	3.0594
	ESU/（MW·h）	3.8214	5.8367	14.6498	15.7582
	TSU/（MW·h）	6.8870	8.1579	13.4595	14.2451
EH_2	CHP/MW	5.9455	5.4157	3.3896	3.1393
	HP/MW	2.6013	2.6767	2.9060	3.0067
	ESU/（MW·h）	3.8665	5.8203	14.5244	15.6491
	TSU/（MW·h）	6.8611	8.1389	13.4434	14.2272
最优成本/$\times10^7$ 美元		8.0282	7.9438	7.7950	7.5944
最优投资成本/$\times10^7$ 美元		2.3283	2.3636	2.5397	2.5890
最优运行成本/$\times10^7$ 美元		5.6999	5.5802	5.2553	5.0054

表 12.28　不同风电接入水平下的规划结果

风电容量		6MW	8MW	10MW	12MW
EH_1	CHP/MW	6.4103	5.8732	4.9633	3.6916
	HP/MW	2.5695	2.6416	2.8034	2.9743
	ESU/（MW·h）	3.0106	3.8214	6.2506	10.7163
	TSU/（MW·h）	5.5171	6.8870	8.9294	12.1764
EH_2	CHP/MW	6.4923	5.9455	5.0227	3.7299
	HP/MW	2.5327	2.6013	2.7678	2.9206
	ESU/（MW·h）	3.0770	3.8665	6.2979	10.6220
	TSU/（MW·h）	5.5207	6.8611	8.9499	12.1630
最优成本/$\times10^7$ 美元		8.8974	8.0282	7.2216	6.4713
最优投资成本/$\times10^7$ 美元		2.3429	2.3283	2.3534	2.4182
最优运行成本/$\times10^7$ 美元		6.5545	5.6999	4.8682	4.0531

12.4　说明与讨论

本章建立了适用于风、光、储三方独立决策，以及市场监管下的 HPS 电源规划的策略式博弈模型，分析了现实决策中可能存在的不同程度竞争模式下的 Nash 均衡策略，进一步将公理化的分配策略应用于 HPS 电源规划的联盟型博弈，并制定分配策略。在此基础上，分析讨论了 5 种典型分配策略的稳定性，通过构建 MDP 指标，定量评估参与者对给定分配策略的喜好程度，该指标可以作为制定具有约束力的分配策略的辅助工具。实例分析表明，风、光、储合作组成总联盟能够获得最大的系统总收益，被认为是最有效的资源利用方式，而风、光二者竞争会带来总收益的大幅降低。因此，在实际的规划策略制定阶段，相关部门有必要进行适当的政策引导，鼓励风、光、储三方，或者至少是风、光两方进行协调统一规划，以避免完全的非合作竞争造成不必要的资源浪费，最终实现资源的高效利用。

需要说明的是，现实中很难说一种分配策略完全优于另一种，因为不同分配策略所采用的公理不同，评价原则也不尽相同。另外，相对于等分和容量比例分配，Shapley 值等其他公理化的分配策略不够直观且不易被理解，使得人们往往很难体会到其所体现的公平性。因此，实际应用中，等分或容量比例分配策略的应用场合依然比较多。但可以设想，当人们对公平有了新的认识和定义，或当人们对博弈论有了更多了解之后，Shapley 值等先进的分配策略将会有更广阔的应用空间。

本章进一步采用了分布鲁棒优化方法，研究了两种场景下储能容量配置问题。其中，偏远场站的储能与传输线容量协调配置本质上是一种只考虑功率平衡和外送能力的模型，广义上讲对于区域新能源配套储能也是适用的；网内集中式储能站容量配置则考率了网络约束，适用于基于线性潮流模型的情况。所提方法的特点是考虑了新能源出力概率分布的不精确性，从而将年弃电率要求建模为鲁棒机会约束，实际中弃电量大于给定界限的概率不会高于政策要求的 5%。由于传统鲁棒优化未考虑概率因素，无法建模弃电量概率约束；随机规划由于未考虑概率分布的不精确性给出的结果可能不满足要求。

最后，本章采用了分布鲁棒优化方法，研究了多能源网络中能量枢纽的容量规划问题。所提模型考虑了极端场景下失负荷概率的鲁棒机会约束以及非极端场景中最坏分布下的期望成本，最终转化为一个凸优化模型，可采用基于线性规划的外逼近算法求解，计算效率较高。由于对鲁棒机会约束的近似实际上限制了失负荷的条件风险，故所提模型给出的策略可以应对低概率高风险事件。

参考文献

[1] 梅生伟, 王莹莹, 刘锋. 风-光-储混合电力系统的博弈论规划模型与分析 [J]. 电力系统自动化, 2011, 35(20): 13–19.

[2] 王莹莹, 梅生伟, 刘锋. 混合电力系统合作博弈规划的分配策略研究 [J]. 系统科学与数学, 2012, 32(4): 418–428.

[3] MEI S, WANG Y, LIU F, et al. Game approaches for hybrid power system planning [J]. IEEE Transactions on Sustainable Energy, 2012, 3(3): 506–517.

[4] 王莹莹. 含风光发电的电力系统博弈论模型及分析研究 [D]. 北京：清华大学, 2012.

[5] 杨立滨, 曹阳, 魏韡, 等. 计及风电不确定性和弃风率约束的风电场储能容量配置方法 [J]. 电力系统自动化, 2020, 44(16): 39–45.

[6] CAO Y, WEI W, WANG J, et al. Capacity planning of energy hub in multi-carrier energy networks: A data-driven robust stochastic programming approach [J]. IEEE Transactions on Sustainable Energy, 2020, 11(1): 3–14.

[7] WEI W, YANG L, XEI R. Coordinated planning of storage unit in a remote wind farm and grid connection line: A distributionally robust optimization approach [C]//2019 IEEE Innovative Smart Grid Technologies - Asia, 2019, 424–428.

[8] DIVYA K, OSTERGAARD J, YANG H, et al. Battery energy storage technology for power systems - an overview[J]. Solar Energy, 2009, 79(4): 511–520.

[9] CHUANG A S, WU F, VARAIYA P. A game-theoretic model for generation expansion planning: problem formulation and numerical comparisons [J]. IEEE Transactions on Power Systems, 2001, 16(4): 885–891.

[10] MYERSON R B. Game theory: analysis of conflict [M]. Cambridge and London: Harvard University Press, 1991.

[11] WEAVER W W, KREIN P T. Game-theoretic control of small-scale power systems [J]. IEEE Transactions on Power Delivery, 2009, 24(3): 1560–1567.

[12] KENNEDY J, EBERHART R. Particle swarm optimization [C]//Prceedings of ICNN'95-international conference on neural networks, IEEE, 1995(4): 1942–1948.

[13] SUBCOMMITTEE P M. IEEE reliability test system [J]. IEEE Transactions on Power Apparatus and Systems, 1979, 98(6): 2047–2054.

[14] EVANS M J, ROSENTHAL J S. Probability and statistics: the science of uncertainty [M]. New York: W.H. Freeman and Co., 2010.

[15] HART S, MAS-COLELL A. Cooperation: game-theoretic approaches [M]. New York: Springer, 1997.

[16] BERTSIMAS D, THIELE A. A robust optimization approach to inventory theory [J]. Operations research, 2006, 54(1): 150–168.

[17] DELAGE E, YE Y. Distributionally robust optimization under moment uncertainty with application to data-driven problems [J]. Operations research, 2010, 58(3): 595–612.

[18] WIESEMANN W, KUHN D, SIM M. Distributionally robust convex optimization [J]. Operations Research, 2014, 62(6): 1358–1376.

[19] PARDO L. Statistical inference based on divergence measures [M]. New York: Chapman and Hall/CRC, 2005.

[20] JIANG R, GUAN Y. Data-driven chance constrained stochastic program [J]. Mathematical Programming, 2016, 158(1): 291–327.

[21] LUO F, MENG K, DONG Z, et al. Coordinated operational planning for wind farm with battery energy storage system [J]. IEEE Trans. Sustainable Energy, 2015, 6(1): 253–262.

[22] ESFAHANI P, KUHN D. Data-driven distributionally robust optimization using the wasserstein metric: performance guarantees and tractable reformulations [J]. Mathematical Programming, 2018, 171: 115–166.

[23] KANTOROVICH L, RUBINSHTEIN G. On a space of totally additive functions [J]. Vestn. Leningr. Univ., 1958, (13): 52–59.

[24] HOTA A, CHERUKURI A, LYGEROS J. Data-driven chance constrained optimization under wasserstein ambiguity sets [C]// In 2019 American Control Conference (ACC). IEEE 2019, 1501–1506.

[25] BARAN M, WU F. Network reconfiguration in distribution systems for loss reduction and load balancing [J]. IEEE Transactions on Power Delivery, 1989, 4(2): 1401–1407.

[26] LIU X, WU J, JENKINS N, et al. Combined analysis of electricity and heat networks [J]. Applied Energy, 2016, 162: 1238–1250.

[27] WU L. A tighter piecewise linear approximation of quadratic cost curves for unit commitment problems [J]. IEEE Transactions on Power Systems, 2011, 26(4): 2581–2583.

[28] RICE J. Mathematical statistics and data analysis[M]. Toronto: Nelson Education, 2006.

[29] KULLBACK S. Information theory and statistics [M]. Massachusetts: Courier Corporation, 1997.

[30] PARDO L. Statistical inference based on divergence measures [M]. Boca Raton: CRC press, 2005.

[31] JIANG R, GUAN Y. Data-driven chance constrained stochastic program [J]. Mathematical Programming, 2016, 158(1-2): 291–327.

[32] HU Z, HONG L. Kullback-leibler divergence constrained distributionally robust optimization [J]. Available at Optimization Online, 2013.

[33] BOYD S, VANDENBERGHE L. Convex optimization [M]. Cambridge: Cambridge University Press, 2004.

[34] HOGAN W. Applications of a general convergence theory for outer approximation algorithms [J]. Mathematical Programming, 1973, 5(1): 151–168.

[35] https: //sites.google.com/163.com/caoyang13.

第13章 鲁棒调度设计实例

为应对化石能源枯竭与环境恶化所带来的重重压力，现今电力生产使用的能源格局正在发生根本性的变革，以风能、光伏为代表的清洁可再生能源进入了大规模并网发电的阶段[1-3]。然而，大规模可再生能源的接入也给电力系统安全运行带来了诸多问题。可再生能源发电易受气候、环境等因素的影响，具有明显的随机性、间歇性和低可调度性，此类电源大规模接入系统势必会增加电力系统运行中的不确定性。由于当前可再生能源发电出力预测精度不高，根据预测曲线制定的调度策略在某些情况下可能无法满足实时安全约束，从而给系统的安全运行造成隐患[4-6]，更给现行的调度理论与方法带来了新的挑战。为应对这一挑战，需要将电力系统优化调度的理论基础由传统的确定性优化理论推广到考虑不确定性的鲁棒优化范畴，进而建立电力系统鲁棒调度理论体系。

出力具有间歇性和波动性的可再生能源接入电力系统以后，调度人员最关心的问题是其调度决策在不确定性因素的影响下，是否仍能满足相应的可靠性与安全性约束。换言之，他们希望知道不确定性对系统可靠性和安全性带来的最坏影响是什么，并力图避免这一最坏情况带来的严重后果。从博弈的视角看，变化的可再生能源出力与人工系统的调度决策之间构成了二人零和博弈：大自然的不确定性试图让系统运行指标恶化，而调度决策者试图在不确定性最坏的情况下，依然让运行指标最优。

为了实现大规模可再生能源接入环境下电力系统调度的安全性与经济性，本章提出了电力系统发电计划问题的鲁棒优化模型，包括鲁棒机组组合、鲁棒备用整定和鲁棒经济调度，内容主要源自文献 [7-13]。以上模型的求解算法可参考第 9 章。

13.1 多时间尺度调度框架

由于新能源出力预测精度随时间提前量增长迅速下降，可以把有功调度分解为 4 个阶段：日前计划、备用计划、实时调度和自动发电控制（automatic generation control, AGC）。传统调度方式主要在日前计划中求解机组组合安排机组启停计划，实时调度阶段求解最优潮流获得机组实时出力，最后通过 AGC 机组控制平衡功率波动。然而，日前计划和实时调度这两个时间尺度跨度大，传统机组调节速度有限，难以适应大规模风光电源接入后的电网调度。高比例新能源电力系统采用的 4 段式有功调度体系如图 13.1 所示。

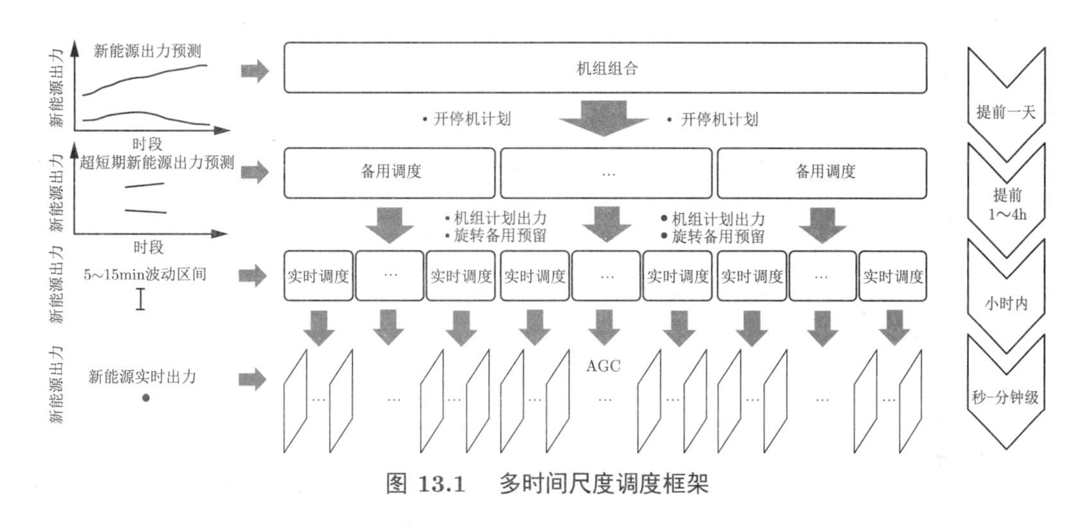

图 13.1　多时间尺度调度框架

（1）日前计划。提前一天根据负荷和新能源出力预测安排（煤电）机组启停计划，目标是保证当负荷和新能源实际出力偏离预测值时，系统有足够的资源灵活调节系统运行状态，满足安全运行约束而无需改变机组启停状态，因为启停机操作需要提前数小时进行。快速响应的燃气轮机可以在日内安排。

（2）能量备用联合调度。机组启停状态已知，以 1~4h 负荷和新能源预测为基础，滚动优化机组发电计划曲线。为应对新能源出力的实时波动，机组需要预留足够的旋转备用，占用机组的有功发电容量，因此，对发电曲线和旋转备用进行联合优化。在传统调度模式中由于负荷预测误差较小，实时偏差只需通过 AGC 机组进行补偿，故无此阶段。

（3）实时调度。在 1h 周期内，根据 5~15min 负荷和新能源预测，优化机组实时出力，同时考虑网络潮流、AGC 机组备用容量等约束。由于周期短，机组出力调节范围有限，若出力计划和旋转备用安排不妥，实时调度有可能不存在可行解，威胁电网安全稳定运行。这是新能源接入给电力系统调度带来的巨大挑战。

（4）AGC。AGC 包括校正控制和阻塞管理，目标是快速消除安全隐患，保证系统频率稳定。秒级校正控制指令下发到 AGC 机组，使系统频率和联络线功率满足 CPS 考核指标。安全校正控制主要处理线路断面潮流越限。

如图 13.1 所示的框架，实际上是大自然决定的风光出力和调度员部署的控制指令间相互作用的动态过程。在此多时间尺度调度框架下，根据时间演进，调度员逐步掌握对不确定性更为准确的预测，但可采取的调度资源和调节能力也随之减少。可见多时间尺度调度体系实际上是调度员和大自然之间的博弈。由于 AGC 本质属于控制问题，且与其他阶段相比不确定性相对较小，故本章主要讨论前三个阶段的优化决策问题。

13.2 鲁棒机组组合

接入比例日益增大的风电为电网调度运行带来了极大的挑战。在日前调度中，上述挑战具体体现在如何制定可靠且经济的调度策略（机组组合、经济调度等）以有效应对由高比例风电引入的高水平不确定性，其中，机组组合策略的制定尤为重要，鉴于其直接决定电网日内的由发电机提供的运行灵活性。有鉴于此，国内外学者围绕如何制定可靠且经济的机组组合策略开展了大量研究。其按照风电不确定性建模方法的差异主要可分为两类，分别为基于模拟场景的随机机组组合及基于不确定集合的鲁棒机组组合。随机机组组合可保证在给定风电出力模拟场景下机组组合策略的最优性和可行性。然而，受限于场景生成、筛选方法及模型特点，某些小概率风电出力场景无法计及其中。然而这些小概率风电出力场景却可能会为电网调度带来较大的运行损失，如大量弃风或切负荷等。鲁棒机组组合模型可以在一定程度上规避随机机组组合模型在遗漏小概率场景方面的不足，原因在于其可以保证机组组合策略对属于某风电不确定集合的任意风电出力场景的可行性。应当指出，此法不仅增加了机组组合策略的保守性（主要体现在成本方面），还增加了模型的求解难度。

目前已有的关于鲁棒机组组合的研究，多假设风电不确定集合已预先确定，往往忽视了一个重要问题，即若风电实际出力不属于预先构建的不确定集合会给电网调度带来多大的运行损失。风电实际出力与日前预测值及小时前预测值的差值分别可达 6 倍日前预测误差标准差和 10 倍小时前预测误差标准差。换言之，考虑到某些风电出力场景与预测出力场景的巨大偏差，其发生概率虽小但依然可能给电网调度带来较大的运行损失，故亟需量化评估极端风电出力场景（落在不确定集合外）为电网调度带来的潜在运行风险，并指导机组组合决策。由此引出鲁棒机组组合中另一重要问题，即如何构建“合适的”不确定集合。在已有研究中，不确定集合的构建通常依赖于风电出力分布信息及给定置信概率水平。此做法在实际应用中存在主要瓶颈有二：其一，置信概率水平通常由电网调度员主观确定，该参数的合理性存疑；其二，考虑到各风电场及其在各时段风电预测精度的差异，差异化选取置信概率水平的方法显得尤为必要，但目前尚无此类方法。

本节提出了含电网运行风险约束的鲁棒机组组合模型，无需决定不确定集合置信水平或边界参数。在该模型中，仅需要提供电网运行风险阈值，不确定集合边界会根据运行风险阈值及电网参数自动调整，并可保证机组组合策略对该集合的鲁棒可行性。针对该模型特点，改进了传统的分解算法，极大地降低了问题的计算代价。此改进对一类电力系统鲁棒优化问题具有普适性。

13.2.1 不确定性的刻画

假设电力系统包含 j 个风电场，记风电场 j 在 t 时段的出力为 p_{jt}，表现为不确定的参数，其预测值（或期望值）为 p_{jt}^{e}，预测区间为 $[p_{jt}^{\mathrm{l}}, p_{jt}^{\mathrm{u}}]$。假设预测误差的分布函数是未知的，故无法按照随机优化的方法产生场景。遵照第 9 章所述鲁棒优化的方法，应当考虑不确定性可能发生的所有情况。

出于计算角度的考虑，W 作为一个集合通常需要具有良好的性质，如闭凸性。事实上采用线性约束可很好地描述现实中的不确定性。本节提出的不确定集合将从三个方面刻画风电出力的不确定性。首先根据天气预报可以得到风电场出力预测区间为

$$p_{jt}^{\mathrm{l}} \leqslant p_{jt} \leqslant p_{jt}^{\mathrm{u}},\ \forall j, \forall t \tag{13-1}$$

其中，$p_{jt}^{\mathrm{l}}, p_{jt}^{\mathrm{u}}$ 分别是风电场 j 在 t 时段出力的上界和下界，其选择应当使式 (13-1) 以较大概率成立。由于不同的风电场分布区域较广，气候条件相对独立，考虑到空间集群效应，在特定时段所有风电场的出力预测误差不太可能同时达到上界或下界，故对每个调度时段 t 加入以下对风电场出力预测总体偏差量的限制条件：

$$\sum_j |p_{jt} - p_{jt}^{\mathrm{e}}|/p_{jt}^{\mathrm{h}} \leqslant \varGamma^{\mathrm{S}},\ \forall t \tag{13-2}$$

其中

$$p_{jt}^{\mathrm{e}} = 0.5(p_{jt}^{\mathrm{u}} + p_{jt}^{\mathrm{l}}),\ p_{jt}^{\mathrm{h}} = 0.5(p_{jt}^{\mathrm{u}} - p_{jt}^{\mathrm{l}})$$

同理，考虑到时间平滑效应，即对特定的风电场，其不同时段的出力预测误差不太可能同时达到上界或下界，所以对每个风电场 j 加入以下对所有时段出力预测总体偏差量的限制条件：

$$\sum_t |p_{jt} - p_{jt}^{\mathrm{e}}|/p_{jt}^{\mathrm{h}} \leqslant \varGamma^{\mathrm{T}},\ \forall j \tag{13-3}$$

综上，描述风电出力不确定性的集合可表示为

$$P^{\mathrm{W}} = \left\{ \{p_{jt}\} \;\middle|\; \begin{array}{c} p_{jt}^{\mathrm{l}} \leqslant p_{jt} \leqslant p_{jt}^{\mathrm{u}},\ \forall j, \forall t \\ \displaystyle\sum_j |p_{jt} - p_{jt}^{\mathrm{e}}|/p_{jt}^{\mathrm{h}} \leqslant \varGamma^{\mathrm{S}},\ \forall t \\ \displaystyle\sum_t |p_{jt} - p_{jt}^{\mathrm{e}}|/p_{jt}^{\mathrm{h}} \leqslant \varGamma^{\mathrm{T}},\ \forall j \end{array} \right\} \tag{13-4}$$

事实上，由于式 (13-4) 所示的集合是多面体，其所描述的不确定性一定发生在某个极点上，因此只需要考虑该多面体的极点集：

$$P^{\mathrm{W}} = \left\{ \{p_{jt}\} \;\middle|\; \begin{array}{c} p_{jt} = p_{jt}^{\mathrm{e}} + (\tau_{jt}^{+} - \tau_{jt}^{-})p_{jt}^{\mathrm{h}} \\ \tau_{jt}^{+},\ \tau_{jt}^{-} \in \{0,1\},\ \forall j, \forall t \\ \tau_{jt}^{+} + \tau_{jt}^{-} \leqslant 1,\ \forall j, \forall t \\ \displaystyle\sum_j \tau_{jt}^{+} + \tau_{jt}^{-} \leqslant \varGamma^{\mathrm{S}},\ \forall t \\ \displaystyle\sum_t \tau_{jt}^{+} + \tau_{jt}^{-} \leqslant \varGamma^{\mathrm{T}},\ \forall j \end{array} \right\} \tag{13-5}$$

其中，$\tau_{jt}^{+} = 1, \tau_{jt}^{-} = 0$ 时，风电场 j 在 t 时段的出力达到最大值；$\tau_{jt}^{+} = 0, \tau_{jt}^{-} = 1$ 时，风电场 j 在 t 时段的出力达到最小值；$\tau_{jt}^{+} = \tau_{jt}^{-} = 0$ 时，风电场 j 在 t 时段的出力为期望值。

13.2.2 传统鲁棒机组组合

传统鲁棒机组组合旨在保证对所构建的风电不确定集合内任意风电出力场景鲁棒可行性的前提下，最小化机组组合及风电预测出力场景下常规发电机发电成本之和。其本节采用文献 [12,13] 中的模型，表述如下：

$$\min_{z_{gt},u_{gt},\hat{p}_{gt}} \sum_{t=1}^{T}\sum_{g=1}^{G}(S_g z_{gt} + c_g u_{gt} + C_g(\hat{p}_{gt})) \tag{13-6a}$$

$$\text{s.t.} \quad -u_{g(t-1)} + u_{gt} - u_{gk} \leqslant 0,\ \forall g,\ \forall t,\ k=t,\cdots,t+T_g^{\text{on}}-1 \tag{13-6b}$$

$$u_{g(t-1)} - u_{gt} + u_{gk} \leqslant 1,\ \forall g,\ \forall t,\ k=t,\cdots,t+T_g^{\text{off}}-1 \tag{13-6c}$$

$$-u_{g(t-1)} + u_{gt} - z_{gt} \leqslant 0,\ \forall g,\ \forall t \tag{13-6d}$$

$$u_{gt} \leqslant P_{\min}^g \leqslant \hat{p}_{gt} \leqslant u_{gt}P_{\max}^g,\ \forall g,\ \forall t \tag{13-6e}$$

$$\hat{p}_{gt} - \hat{p}_{g(t+1)} \leqslant u_{g(t+1)}R_-^g + (1-u_{g(t+1)})P_{\max}^g,\ \forall g,\ \forall t \tag{13-6f}$$

$$\hat{p}_{g(t+1)} - \hat{p}_{gt} \leqslant u_{gl}R_+^g + (1-u_{gt})P_{\max}^g,\ \forall g,\ \forall t \tag{13-6g}$$

$$\sum_{g=1}^{G}\hat{p}_{gt} + \sum_{m=1}^{M}\hat{w}_{mt} = \sum_{j=1}^{J}D_{jt},\ \forall t \tag{13-6h}$$

$$-F_l \leqslant \sum_{g=1}^{G}\pi_{gt}\hat{p}_{gt} + \sum_{m=1}^{M}\pi_{ml}\hat{w}_{mt} - \sum_{j=1}^{J}\pi_{jl}D_{jt} \leqslant F_l,\ \forall l,\ \forall t \tag{13-6i}$$

$$u_{gt} \in \left\{ u_{gt} \middle| \max_{v_{mt}^{\text{u}},v_{mt}^{\text{l}}} \min_{p_{gt},\Delta w_{mt},\Delta D_{jt}} \sum_{t=1}^{T}\left(\sum_{m=1}^{M}\Delta w_{mt} + \sum_{j=1}^{J}\Delta D_{jt}\right) = 0 \right. \tag{13-6j}$$

$$\text{s.t.} \quad u_{gt}P_{\min}^g \leqslant p_{gt} \leqslant u_{gt}P_{\max}^g,\ \forall g,\ \forall t \tag{13-6k}$$

$$p_{gt} - p_{g(t+1)} \leqslant u_{g(t+1)}R_-^g + (1-u_{g(t+1)})P_{\max}^g,\ \forall g,\ \forall t \tag{13-6l}$$

$$p_{g(t+1)} - p_{gt} \leqslant u_{gt}R_+^g + (1-u_{gt})P_{\max}^g,\ \forall g,\ \forall t \tag{13-6m}$$

$$\sum_{g=1}^{G}p_{gt} + \sum_{m=1}^{M}(w_{mt} - \Delta w_{mt}) = \sum_{j=1}^{J}(D_{jt} - \Delta D_{jt}),\ \forall t \tag{13-6n}$$

$$0 \leqslant \Delta D_{jt} \leqslant D_{jt},\ \forall j,\ \forall t \tag{13-6o}$$

$$0 \leqslant \Delta w_{mt} \leqslant w_{mt},\ \forall m,\ \forall t \tag{13-6p}$$

$$-F_l \leqslant \sum_{g=1}^{G}\pi_{gt}p_{gt} + \sum_{m=1}^{M}\pi_{ml}(w_{mt} - \Delta w_{mt}) - \sum_{j=1}^{J}\pi_{jl}(D_{jt} - \Delta D_{jt}) \leqslant F_l,\ \forall l,\ \forall t \tag{13-6q}$$

$$w_{mt} = (w_{mt}^{\text{u}} - \hat{w}_{mt})v_{mt}^{\text{u}} + (w_{mt}^{\text{l}} - \hat{w}_{mt})v_{mt}^{\text{l}} + \hat{w}_{mt},\ \forall m, \forall t \tag{13-6r}$$

$$\sum_{t=1}^{T}(v_{mt}^{\text{u}} + v_{mt}^{\text{l}}) \leqslant \varGamma^{\text{T}},\ \forall m \tag{13-6s}$$

$$\sum_{m=1}^{M}(v_{mt}^{\mathrm{u}}+v_{mt}^{\mathrm{l}})\leqslant \Gamma^{\mathrm{S}},\ \forall t \tag{13-6t}$$

$$\left.v_{mt}^{\mathrm{u}}+v_{mt}^{\mathrm{l}}\leqslant 1,\ \forall m,\forall t\right\} \tag{13-6u}$$

其中，g 与 G 分别表示发电机索引与数量；m 与 M 分别表示风电场索引与数量；l 与 L 分别表示传输线索引与数量；j 与 J 分别表示负荷索引与数量；n 与 N 分别表示节点索引与数量；t 与 T 分别表示时间段索引与数量；S_g 表示发电机启动成本；c_g 表示发电机发电成本常数项；$\hat{p}_{gt}$ 表示风电预测出力场景下发电机出力；$C_g(\cdot)$ 表示发电机发电成本一次项和二次项，其为 $\hat{p}_{gt}$ 的函数；u_{gt} 表示发电机运行状态布尔量；z_{gt} 表示发电机启动布尔量，其为“1”表示发电机在当前时刻开始启动；T_g^{on} 与 T_g^{off} 分别表示发电机最小开机与停机时间；$P_{\min}^g$ 表示发电机出力最小值；$P_{\max}^g$ 表示发电机出力最大值；R_+^g 表示发电机上爬坡能力；R_-^g 表示发电机下爬坡能力；$\hat{w}_{mt}$ 表示风电场预测出力；D_{jt} 表示负荷；F_l 表示传输线功率上限；π_{gl} 表示发电机 g 在线路 l 的功率分布转移因子；π_{ml} 表示风电场 m 在线路 l 的功率分布转移因子；π_{jl} 表示负荷 j 在线路 l 的功率分布转移因子；Δw_{mt} 与 ΔD_{jt} 分别表示弃风量与切负荷量；p_{gt} 表示风电实际出力场景下发电机出力变量；w_{mt} 表示风电场实际出力；w_{mt}^{l} 与 w_{mt}^{u} 分别表示风电不确定集合下边界和上边界，可通过选取风电场出力区间置信概率 α_{mt} 并结合文献 [11] 中介绍的方法计算得到；v_{mt}^{l} 为布尔变量，其为 1/0 表示风电出力到达其出力区间下界/预测值；v_{mt}^{u} 为布尔变量，其为 1/0 表示风电出力到达其出力区间上界/预测值；Γ^{S} 与 Γ^{T} 分别表示风电空间与时间不确定预算，可通过选取风电场空间不确定预算的置信概率 β^{S} 和时间不确定预算的置信概率 β^{T} 并结合文献 [11] 中介绍的方法计算得到。

上述模型中，目标函数 (13-6a) 旨在最小化运行成本，其第一项表示发电机开机成本，后两项表示风电预测出力场景下发电成本，考虑到 C_g 中含二次项，可采用分段线性化方法将其转化为线性目标函数；式 (13-6b) 与式 (13-6c) 分别表示发电机最小开机与停机时间约束；式 (13-6d) 表示发电机开机逻辑约束；式 (13-6e) 表示发电机出力范围约束；式 (13-6f) 与式 (13-6g) 分别表示发电机下爬坡与上爬坡约束；式 (13-6h) 表示电网全网功率平衡约束；式 (13-6i) 表示传输线传输功率约束。不难发现，式 (13-6a)~式 (13-6i) 构成一组最优性约束。电网鲁棒机组组合策略除满足成本最优外，还需满足对风电不确定集合的鲁棒性。实际上，式 (13-6j)~ 式 (13-6u) 构成其可行性约束，物理意义如下：式 (13-6j) 表示任意属于风电不确定集合的风电出力场景均不会导致电网产生弃风或切负荷损失；式 (13-6k) 表示发电机出力范围约束；式 (13-6l) 与式 (13-6m) 分别表示发电机下爬坡与上爬坡约束；式 (13-6n) 表示考虑了弃风及切负荷的全网功率平衡方程；式 (13-6o) 与式 (13-6p) 分别表示电网切负荷量与弃风量约束；式 (13-6q) 表示计及切负荷与弃风的传输线传输功率约束；式 (13-6r) 描述了风电实际出力场景；式 (13-6s) 与式 (13-6t) 分别表示风电出力时间平滑与空间平均约束；式 (13-6u) 表示风电不确定性逻辑约束。

显然，对于风电不确定集合内的风电出力场景（图 13.2），鲁棒机组组合可保证其不引发电网运行损失。然而，该模型并不能保证对所有可能的风电出力场景均具有鲁棒可行性。换言之，在某些风电出力场景下，即便电网应用了鲁棒机组组合策略，其仍面临运行损失，故需量化评估鲁棒机组组合策略下电网运行风险。直观地，电网运行风险为

$$\text{Risk}=\underbrace{\int_0^{w_1^{\max}}\int_0^{w_1^{\max}}\cdots\int_0^{w_M^{\max}}}_{M\times T}Q(w)\underbrace{P(w_{11})P(w_{12})\cdots P(w_{MT})}_{M\times T}\underbrace{\mathrm{d}w_{11}\mathrm{d}w_{12}\cdots\mathrm{d}w_{MT}}_{M\times T}\tag{13-7}$$

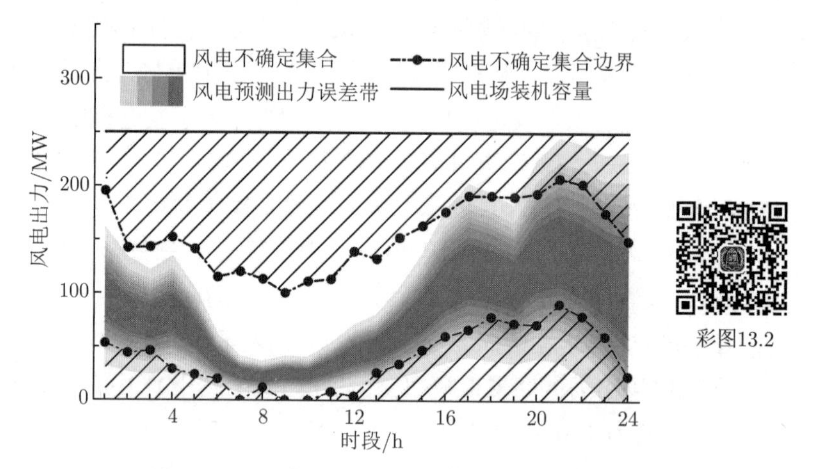

图 13.2　风电不确定集合与风电出力预测误差带

其中，w 表示由各风电场各时段风电出力组成的风电实际出力向量；$P(\cdot)$ 表示各风电场各时段风电出力的概率密度函数；$Q(\cdot)$ 表示风电实际出力下电网运行损失，是 w 的函数，具体可由下式计算得到：

$$Q(w)=\min_{p_{gt},\Delta w_{mt},\Delta D_{jt}}\sum_{t=1}^{T}\left(e_t\sum_{m=1}^{M}\Delta w_{mt}+f_t\sum_{j=1}^{J}\Delta D_{jt}\right)\tag{13-8}$$

$$\text{s.t.}\quad 式\ (13\text{-}6\text{k})\sim 式\ (13\text{-}6\text{q})$$

其中，e_t 与 f_t 分别表示弃风与切负荷成本系数。虽然式 (13-7)∼ 式 (13-8) 具有较明确的物理意义，然而其可计算性较低。也可应用本文第 2 章中介绍的评估固定机组组合策略下电网运行策略的方法计算电网运行风险，即

$$\text{Risk}=\min_{Q_{mt}^p,Q_{mt}^n}\sum_{t=1}^{T}\sum_{m=1}^{M}(Q_{mt}^p+Q_{mt}^n)\tag{13-9}$$

$$\text{s.t.}\quad Q_{mt}^p\geqslant a_{mtsz}^p w_{mt}^{\mathrm{u}*}+b_{mtsz}^p,\ \forall m;\ \forall t,\ s=0,1,\cdots,S;\ z=0,1,\cdots,Z-1\tag{13-10}$$

$$Q_{mt}^n\geqslant a_{mtsz}^n w_{mt}^{\mathrm{l}*}+b_{mtsz}^n,\ \forall m;\ \forall t,\ s=0,1,\cdots,S;\ z=0,1,\cdots,Z-1\tag{13-11}$$

其中，$w_{mt}^{\mathrm{u}*}$ 与 $w_{mt}^{\mathrm{l}*}$ 分别表示鲁棒机组组合策略下风电可接纳域边界，且此处认为其已知；$a_{mtsz}^{p}, a_{mtsz}^{n}, b_{mtsz}^{p}, b_{mtsz}^{n}$ 为常系数；s 和 z 为分段线性化法引入的索引；S 和 Z 分别为 s 和 z 的最大值；Q_{mt}^{u} 与 Q_{mt}^{l} 分别表示电网弃风与切负荷风险辅助变量；式 (13-10) 与式 (13-11) 分别表示电网弃风与切负荷风险辅助约束。上述方法虽然定量评估了鲁棒机组组合下电网运行风险，却未揭示如何构建“合适的”不确定集合。

13.2.3　含运行风险约束的鲁棒机组组合

本节提出一种含电网运行风险约束的鲁棒机组组合模型，记作 $\mathcal{P}_{\mathrm{RR}}$，其与传统鲁棒机组组合模型 $\mathcal{P}_R$ 的区别主要体现在两方面：其一，风电不确定集合的边界为变量而非固定参数；其二，考虑了电网运行风险约束及电网运行风险与风电不确定集合边界的定量关系，使机组组合策略下的电网运行风险得以有效控制。风险约束鲁棒机组组合模型如下：

$$\min_{z_{gt}, u_{gt}, \hat{p}_{gt}, w_{mt}^{\mathrm{u}}, w_{mt}^{\mathrm{l}}, Q_{mt}^{p}, Q_{mt}^{n}} \sum_{t=1}^{T} \sum_{g=1}^{G} (S_g z_{gt} + c_g u_{gt} + C_g(\hat{p}_{gt}))$$

$$\text{s.t.}\quad 式\ (13\text{-}6b) \sim 式\ (13\text{-}6i) \tag{13-12a}$$

$$0 \leqslant w_{mt}^{\mathrm{l}} \leqslant \hat{w}_{mt},\ \forall m,\ \forall t \tag{13-12b}$$

$$\hat{w}_{mt} \leqslant w_{mt}^{\mathrm{u}} \leqslant w_{m}^{\max},\ \forall m,\ \forall t \tag{13-12c}$$

$$\mathrm{Risk} = \min_{Q_{mt}^{p}, Q_{mt}^{n}} \sum_{t=1}^{T} \sum_{m=1}^{M} (Q_{mt}^{p} + Q_{mt}^{n}) \leqslant \mathrm{Risk}_{\mathrm{dh}}$$

$$\text{s.t.}\quad 式\ (13\text{-}10) \sim 式\ (13\text{-}11) \tag{13-12d}$$

$$u_{gt}, w_{mt}^{\mathrm{u}}, w_{mt}^{\mathrm{l}} \in \Omega \tag{13-12e}$$

$$\Omega \doteq \left\{ u_{gt}, w_{mt}^{\mathrm{u}}, w_{mt}^{\mathrm{l}} \middle| \max_{v_{mt}^{\mathrm{u}}, v_{mt}^{\mathrm{l}}} \min_{p_{gt}, \Delta w_{mt}, \Delta D_{jt}} \sum_{t=1}^{T} \left(\sum_{m=1}^{M} \Delta w_{mt} + \sum_{j=1}^{J} \Delta D_{jt} \right) = 0 \right.$$

$$\left. \text{s.t.}\quad 式\ (13\text{-}6k) \sim 式\ (13\text{-}6u) \right\} \tag{13-12f}$$

其中，w_{mt}^{u} 与 w_{mt}^{l} 分别表示风电不确定集合上边界与下边界，此处为决策变量；$\mathrm{Risk}_{\mathrm{dh}}$ 表示电网日前运行风险阈值；其余符号物理意义与 $\mathcal{P}_R$ 中对应符号相同，此处不再赘述。

上述模型中，目标函数 (13-12a) 旨在最小化运行成本，其第一项表示发电机开机成本，后两项表示风电预测出力场景下发电成本，C_g 线性化方法同传统鲁棒机组组合模型，不同之处在于此模型决策变量增加了 $w_{mt}^{\mathrm{u}}, w_{mt}^{\mathrm{l}}, Q_{mt}^{p}, Q_{mt}^{n}$；式 (13-12b) 为风电不确定集合下边界约束；式 (13-12c) 为风电不确定集合上边界约束；式 (13-12d) 为电网运行风险约束；式 (13-12e) 为风电不确定集合边界及发电机状态变量的可行性集合，而在传统鲁棒机组组合模型中，此可行性集合仅针对发电机状态变量。应当指出，$\mathcal{P}_{\mathrm{RR}}$ 与 $\mathcal{P}_R$ 部分约束相同，其物理意义此处不再赘述。注意到式 (13-12d) 自身为一极小化问题，增

加了 $\mathcal{P}_{\mathrm{RR}}$ 的求解难度。考虑到式 (13-12a) 为一极小化问题且式 (13-12d) 与式 (13-12a) 有相同的变化趋势，故可将式 (13-12d) 由下式替换

$$\sum_{t=1}^{T}\sum_{m=1}^{M}(Q_{mt}^{p}+Q_{mt}^{n})\leqslant \mathrm{Risk}_{\mathrm{dh}} \tag{13-13}$$

至此，不难发现，$\mathcal{P}_{\mathrm{RR}}$ 为一标准两阶段鲁棒优化模型，可采用第 9 章方法求解。然而，求解此问题得到的风电不确定集合边界 w_{mt}^{u} 和 w_{mt}^{l} 并非当前机组组合策略下的最优值，原因在于电网运行风险并未体现在该问题目标函数中。为获取最优风电不确定集合边界 w_{mt}^{u} 和 w_{mt}^{l}，这里介绍一种近似处理方法。在式 (13-12a) 中加入对电网运行风险的惩罚项，有

$$\min_{z_{gt},u_{gt},\hat{p}_{gt},w_{mt}^{\mathrm{u}},w_{mt}^{\mathrm{l}},Q_{mt}^{p},Q_{mt}^{n}}\sum_{t=1}^{T}\left(\sum_{g=1}^{G}(S_g z_{gt}+c_g u_{gt}+C_g(\hat{p}_{gt}))+K\sum_{m=1}^{M}(Q_{mt}^{p}+Q_{mt}^{n})\right) \tag{13-14}$$

其中，K 为惩罚比例系数。求解式 (13-14) 获得的 w_{mt}^{u} 和 w_{mt}^{l} 为当前机组组合策略下的最优值。为叙述方便，记以式 (13-14) 为目标函数的风险约束鲁棒机组组合模型为 $\mathcal{P}_{\mathrm{ARR}}$。$\mathcal{P}_{\mathrm{ARR}}$ 与 $\mathcal{P}_{\mathrm{RR}}$ 包含约束完全相同，但考虑到其目标函数的差异，$\mathcal{P}_{\mathrm{ARR}}$ 可视为 $\mathcal{P}_{\mathrm{RR}}$ 的近似，可通过调节 K 实现对其目标函数差异的灵活控制。对 $\mathcal{P}_{\mathrm{ARR}}$ 与 $\mathcal{P}_{\mathrm{RR}}$ 而言，$\mathrm{Risk}_{\mathrm{dh}}$ 是一个重要参数，原因在于其不仅影响机组组合策略还直接决定模型的可求解性。在实际中，$\mathrm{Risk}_{\mathrm{dh}}$ 可视电网运行历史数据、电网调度的风险偏好或购（供）电合同而定。

求解算法

为分析方便，列写 $\mathcal{P}_{\mathrm{ARR}}$ 的紧凑形式如下：

$$\min_{x,\hat{y},w,Q}\ a^{\mathrm{T}}x+b^{\mathrm{T}}\hat{y}+c^{\mathrm{T}}Q \tag{13-15a}$$

$$\text{s.t.}\quad Ax+B\hat{y}\leqslant d \tag{13-15b}$$

$$Cw+DQ\leqslant e \tag{13-15c}$$

$$x,w\ \in\{x,w|\max_{v}\min_{y,s}\ f^{\mathrm{T}}s=0 \tag{13-15d}$$

$$\text{s.t.}\quad Ex+Fy+G(w\circ v)+Hs+Jv\leqslant g \tag{13-15e}$$

$$Lv\leqslant h\ \ \} \tag{13-15f}$$

其中，x 表示发电机布尔型变量；$\hat{y}$ 与 y 表示发电机连续型变量；w 表示风电不确定集合边界变量；Q 表示电网运行风险变量；s 表示弃风及切负荷变量；v 表示风电不确定性布尔型变量；a, b, c, d, e, f, g, h, A, B, C, D, E, F, G, H, J, L 表示常系数矩阵且可由式 (13-6b)～式 (13-6i)、式 (13-6k)～式 (13-6u)、式 (13-10)～式 (13-11) 及式 (13-12a)～式 (13-12f) 获得；$w\circ v$ 表示 Hadamard 积。相比于 $\mathcal{P}_{R}$，$\mathcal{P}_{\mathrm{ARR}}$ 包含更多的约束及决策变量。应当指出，w 在 $\mathcal{P}_{\mathrm{ARR}}$ 中 w 中为决策变量而在 $\mathcal{P}_{R}$ 中为参数。

如前所述，$\mathcal{P}_{\mathrm{ARR}}$ 属于一类两阶段鲁棒优化模型。在介绍其求解算法前，将 $\mathcal{P}_{\mathrm{ARR}}$ 拆成主问题及可行性检测子问题如下：

主问题 $\mathcal{P}_{\mathrm{ARR}}^{m}$：式 (13-15a)~ 式 (13-15c)

可行性检测子问题 $\mathcal{P}_{ARR}^{s}$：

$$\begin{aligned}&\max_{v}\min_{y,s}\ f^{\mathrm{T}}s\\&\text{s.t.}\ \ 式\ (13\text{-}15e)\sim 式\ (13\text{-}15f)\end{aligned}\tag{13-16}$$

下面将首先介绍 $\mathcal{P}_{\mathrm{ARR}}^{s}$ 的求解方法，接着介绍 $\mathcal{P}_{\mathrm{ARR}}^{m}$ 的求解方法，最后介绍两种计算加速技术。

可行性子问题求解方法

本质上，$\mathcal{P}_{\mathrm{ARR}}^{s}$ 属于一类双层混合整数线性规划问题，其可以被若干求解方法如 KKT 最优性条件法[14] 或强对偶定理法[15] 等高效求解。本节介绍一种有别于上述两种方法的求解方法，实施细节如下：应用对偶原理将式 (13-16) 转化为单层双线性问题并列写对偶转化后的可行性子问题紧凑形式如下：

$$R=\max_{v,\lambda}\ \lambda^{\mathrm{T}}(g-Ex)-\lambda^{\mathrm{T}}Jv-\lambda^{\mathrm{T}}G(w\circ v)\tag{13-17a}$$

$$\text{s.t.}\quad \begin{bmatrix}F & \vdots & H\end{bmatrix}^{\mathrm{T}}\lambda\leqslant\begin{bmatrix}0^{\mathrm{T}} & \vdots & f^{\mathrm{T}}\end{bmatrix}^{\mathrm{T}}\tag{13-17b}$$

$$\lambda\leqslant 0\tag{13-17c}$$

$$式\ (13\text{-}15f)$$

其中，λ 表示式 (13-16) 内层优化问题的对偶变量；R 表示式 (13-17a) 在最优解处的目标函数值。注意到式 (13-17a) 中包含双线性项，可引入辅助变量及约束将其转为如下混合整数线性规划问题：

$$\begin{aligned}&R=\max_{v,\lambda,\gamma}\ \lambda^{\mathrm{T}}(g-Ex)-\gamma^{\mathrm{T}}q\\&\text{s.t.}\ \ 式\ (13\text{-}15f),\ 式\ (13\text{-}17b)\sim 式\ (13\text{-}17c)\end{aligned}\tag{13-18}$$

$$-M_{\mathrm{big}}v\leqslant\gamma\leqslant 0\tag{13-19}$$

$$-M_{\mathrm{big}}(1-v)\leqslant\lambda-\gamma\leqslant 0\tag{13-20}$$

其中，式 (13-19) 与式 (13-20) 为线性化式 (13-17a) 时引入的辅助约束；M_{big} 表示一个充分大的正数；γ 表示辅助变量；q 为参数向量且可由下式获得：

$$\lambda^{\mathrm{T}}Jv+\lambda^{\mathrm{T}}G(w\circ v)=\sum_{i}\sum_{j}q_{ij}\lambda_i v_j=\gamma^{\mathrm{T}}q,\quad \gamma_{ij}=\lambda_i v_j\tag{13-21}$$

从而将可行性检测子问题转化为单层混合整数线性规划问题，其可由如 Cplex 等商业求解器高效求解。从仿真分析可知，可行性检测子问题的求解速度与 γ 及式 (13-19)

与式 (13-20) 的规模正相关，而后者取决于矩阵 G 中非零元素个数。换言之，若能提高矩阵 G 的稀疏度，则可降低可行性子问题的求解规模，从而提升其求解速度。

主问题求解方法

注意到主问题 $\mathcal{P}_{\text{ARR}}^m$ 与可行性检测子问题 $\mathcal{P}_{\text{ARR}}^s$ 均属于一类混合整数线性规划问题。接下来应用 C&CG 算法求解主问题，其步骤如下。

算法 13.2

第 1 步 设置迭代次数 $l=0$，收敛误差 ϵ，$R_0=\infty$。

第 2 步 求解式 (13-15a)~ 式 (13-15c)：

$$Ex+Fy^k+G(w\circ v_k)+Jv_k\leqslant g,\ \forall k\leqslant l \tag{13-22}$$

记 x 的最优解为 x_{l+1}，w 的最优解为 w_{l+1}。

第 3 步 求解以式 (13-18) 为目标函数并以式 (13-15f)、式 (13-17b)~ 式 (13-17c) 及式 (13-19)~ 式 (13-20) 为约束条件的优化问题，将其目标函数最优值记作 R_{l+1}。若 $|R_{l+1}-R_l|<\epsilon$，则终止算法；反之，记 v 的最优解为 v_{l+1}，并在主问题中增加变量 y^{l+1} 及如下约束：

$$Ex+Fy^{k+1}+G(w\circ v_{k+1})+Jv_{k+1}\leqslant g \tag{13-23}$$

令 $l=l+1$ 并跳转至第 2 步。

计算加速技术

如上所述，提高可行性检测子问题求解速度的关键在于增强矩阵 G 的稀疏性。为此，将 $\mathcal{P}_{\text{ARR}}$ 中式 (13-6h)~ 式 (13-6i) 替换为

$$\begin{aligned}&\sum_{g\in\phi_g(n)}p_{gt}+\sum_{m\in\phi_m(n)}(w_{mt}-\Delta w_{mt})-\sum_{o\in\phi_o(n)}B_{on}(\theta_{nt}-\theta_{ot})\\&-\sum_{j\in\phi_j(n)}(D_{jt}-\Delta D_{jt})=0,\ \forall n,\ \forall t\end{aligned} \tag{13-24a}$$

$$-F_l\leqslant B_{o_1o_2}(\theta_{o_1t}-\theta_{o_2t})\leqslant F_l,\ o_1,o_2\in\text{line}_l,\ \forall l,\ \forall t \tag{13-24b}$$

$$\theta_{\text{ref,t}}=0,\ \forall t \tag{13-24c}$$

其中，$\phi_g(n)$ 表示与节点 n 相邻的发电机集合；$\phi_j(n)$ 表示与节点 n 相邻的负荷集合；$\phi_m(n)$ 表示与节点 n 相邻的风电场集合；$\phi_o(n)$ 分别表示与节点 n 相邻的节点集合，o 表示 n 的相邻节点；B 表示节点导纳矩阵；o_1 与 o_2 分别表示传输线首节点与末节点；θ_{nt} 表示节点相角；式 (13-24a) 为节点有功功率平衡约束；式 (13-24b) 表示传输线传输功率约束；式 (13-24c) 为参考节点相角约束。不难发现，$\mathcal{P}_{\text{ARR}}$ 中全网功率平衡方程被替换为节点功率平衡方程，其中基于功率分布转移因子的线路潮流模型被替换为基于首末节点相角差的线路潮流模型。类似地，$\mathcal{P}_{\text{ARR}}^s$ 等价问题的紧凑形式可列写如下：

$$\max_v\min_{z,s}\quad e^{\mathrm{T}}s \tag{13-25a}$$

$$\text{s.t.} \quad Mx + Nz + O(w \circ v) + Ps + Uv \leqslant p \tag{13-25b}$$

式 (13-15f)

其中，x, w, s, v 的物理意义与式 (13-15a)~ 式 (13-15f) 相同，此处不再赘述；z 表示发电机出力及节点相角向量；M, N, O, P, U, e, p 表示常系数矩阵且可由式 (13-6b)~式 (13-6g)、式 (13-6k)~ 式 (13-6u)、式 (13-10)~ 式 (13-11)、式 (13-12a)~ 式 (13-12f) 及式 (13-24a)~ 式 (13-24c) 获得。进一步，列写其单层混合整数线性规划等价问题的紧凑形式如下：

$$R = \max_{v,\eta,\mu} = \eta^{\mathrm{T}}(p - Mx) - \mu^{\mathrm{T}} r \tag{13-26a}$$

$$\text{s.t.} \quad \begin{bmatrix} N & \vdots & P \end{bmatrix}^{\mathrm{T}} \eta \leqslant \begin{bmatrix} 0^{\mathrm{T}} & \vdots & e^{\mathrm{T}} \end{bmatrix}^{\mathrm{T}} \tag{13-26b}$$

$$\eta \leqslant 0 \tag{13-26c}$$

$$-M_{\text{big}} v \leqslant \eta \leqslant 0 \tag{13-26d}$$

$$-M_{\text{big}}(1 - v) \leqslant \eta - \mu \leqslant 0 \tag{13-26e}$$

式 (13-15f)

其中，η 表示式 (13-25a) 内层问题的对偶变量；μ 表示线性化双线性目标函数时引入的辅助变量；r 为常数向量且可由下式获得：

$$\eta^{\mathrm{T}} Uv + \eta^{\mathrm{T}} O(w \circ v) = \sum_i \sum_j r_{ij} \eta_i v_j = \eta^{\mathrm{T}} r, \quad \mu_{ij} = \eta_i v_j \tag{13-27}$$

简便起见，记 $\mathcal{P}_{\text{ARR}}^{s}$ 的等价模型为 $\mathcal{P}_{\text{ARR}}^{se}$。$\mathcal{P}_{\text{ARR}}^{s}$ 与 $\mathcal{P}_{\text{ARR}}^{se}$ 计算规模对比见表 13.1。由表 13.1 可知，尽管 $\mathcal{P}_{\text{ARR}}^{se}$ 中原模型连续变量与原模型常规约束相较于 $\mathcal{P}_{\text{ARR}}^{s}$ 分别多 N 和 NT 个，但 $\mathcal{P}_{\text{ARR}}^{se}$ 其余变量和约束的个数远少于 $\mathcal{P}_{\text{ARR}}^{s}$，特别是病态约束（含 M_{big} 的约束）的个数，故 $\mathcal{P}_{\text{ARR}}^{se}$ 的计算规模远小于 $\mathcal{P}_{\text{ARR}}^{s}$。将算法 13.1 中的 $\mathcal{P}_{\text{ARR}}^{s}$ 替换为 $\mathcal{P}_{\text{ARR}}^{se}$ 可提高算法效率，将应用 $\mathcal{P}_{\text{ARR}}^{se}$ 的算法记作算法 13.2。注意到算法 13.1 与算法 13.2 的区别仅在于可行性检测子问题模型，其具体步骤不再赘述。

表 13.1 风险约束鲁棒机组组合可行性检测子问题模型及其等价模型计算代价分析

模型		$\mathcal{P}_{\text{ARR}}^{s}$	$\mathcal{P}_{\text{ARR}}^{se}$
布尔变量		$2MT$	$2MT$
连续变量	原模型	$(3G + 2L + 2J + 2M + 1)T$	$(3G + 2L + 2J + 2M + N + 1)T$
	辅助变量	$4(L + 1)MT$	$4MT$
常规约束	原模型	$(G + M + L)T$	$(G + M + L + N)T$
	辅助约束	$8(L + 1)MT$	$8MT$
病态约束		$8(L + 1)MT$	$8MT$

应当指出，本小节提出的降低模型计算规模方法也可应用到其他第二阶段问题含功

率平衡约束的电力系统两阶段鲁棒优化问题中，如传统鲁棒机组组合问题、鲁棒经济调度问题等。此外，若电网中风电场数目较多，应用此法的计算收益将愈发显著。

在一些仿真算例中，算法 13.1 的收敛性不理想。有鉴于此，在算法每次迭代过程中加入如下割平面：

$$-\eta_k^{\mathrm{T}}M(x-x_k)-\eta_k^{\mathrm{T}}O(w\circ v_k-w_k\circ v_k)\leqslant -R_k \tag{13-28}$$

其中，x_k 与 w_k 表示算法第 k 次迭代中主问题最优解；v_k 与 η_k 表示算法第 k 次迭代可行性检测子问题最优解；R_k 表示算法第 k 次迭代可行性检测子问题目标函数最优值。由此提出考虑可行性割平面的改进 C&CG 算法，其步骤如下。

算法 13.3

第 1 步 设置迭代次数 $l=0$，收敛误差 ϵ，$R_0=\infty$。

第 2 步 求解式 (13-15a)∼ 式 (13-15c)

$$Ex+Fy^k+G(w\circ v_k)+Jv_k\leqslant g,\quad \forall k\leqslant l \tag{13-29a}$$

$$-\eta_k^{\mathrm{T}}M(x-x_k)-\eta_k^{\mathrm{T}}O(w\circ v_k-w_k\circ v_k)\leqslant -R_k,\quad \forall k\leqslant l \tag{13-29b}$$

记 x 的最优解为 x_{l+1}，w 的最优解为 w_{l+1}。

第 3 步 求解以式 (13-18) 为目标函数并以式 (13-15f)、式 (13-17b)∼ 式 (13-17c) 及式 (13-19)∼ 式 (13-20) 为约束条件的优化问题，将其目标函数最优值记作 R_{l+1}。若 $|R_{l+1}-R_l|<\epsilon$，则终止算法；反之，记 v 的最优解为 v_{l+1}，并在主问题中增加变量 y^{l+1} 及如下约束：

$$Ex+Fy^{k+1}+G(w\circ v_{k+1})+Jv_{k+1}\leqslant g \tag{13-30}$$

$$-\eta_{k+1}^{\mathrm{T}}M(x-x_{k+1})-\eta_{k+1}^{\mathrm{T}}O(w\circ v_{k+1}-w_{k+1}\circ v_{k+1})\leqslant -R_{k+1} \tag{13-31}$$

令 $l=l+1$ 并跳转至第 2 步。

13.2.4 算例分析

1. 测试系统介绍

为验证本章所提含运行风险约束鲁棒机组组合模型及算法的有效性，这里采用 IEEE 118 节点系统进行测试。IEEE 118 节点系统共有 54 台发电机和 186 条传输线。三个风电场分别在节点 17、节点 66 及节点 94 接入测试系统，其装机容量同为 500MW。各风电场风电出力日前预测曲线如图 13.3 所示。各时段弃风及切负荷成本如表 13.2 所示。风电时间与空间不确定预算置信概率分别置为 $\beta^{\mathrm{T}}=95\%$ 和 $\beta^{\mathrm{S}}=95\%$，进而可得 $\Gamma^{\mathrm{T}}\approx 8$ 且 $\Gamma^{\mathrm{S}}\approx 2$。假设各风电场风电预测出力误差均值为 0 且均方根服从下式：

$$\sigma_{mt}=\sigma_m\hat{w}_{mt}\left(1+\mathrm{e}^{-(T-t)}\right),\quad \forall m,\ \forall t$$

$$\sigma_1=0.2,\ \sigma_2=0.15,\ \sigma_3=0.1$$

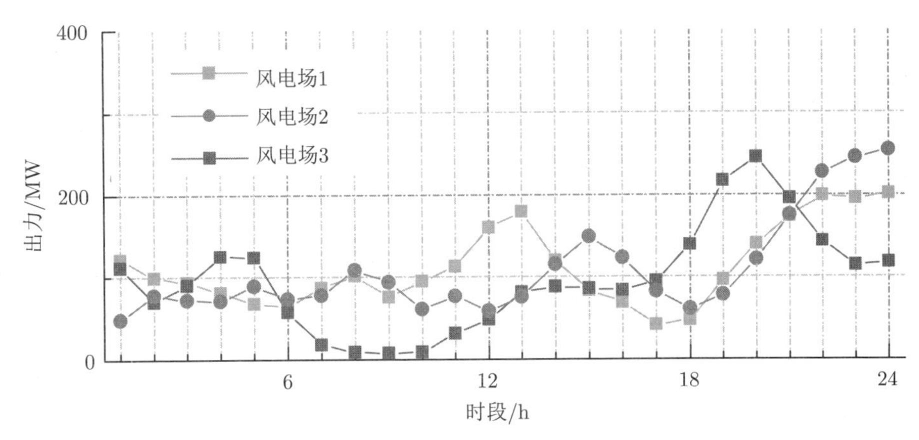

图 13.3 风电场预测出力曲线

表 13.2 电网弃风及切负荷成本系数

时段/h	1~6	7~12	13~18	19~24
切负荷成本/（美元/（MW·h））	100	200	150	200
弃风成本/（美元/（MW·h））	20	40	30	40

2. 与其他机组组合策略对比

以下从运行成本、运行风险及运行损失等方面将本章提出的含电网运行风险约束的鲁棒机组组合（robust risk-constrained unit commitment，RRUC）模型与如下三种机组组合模型进行对比分析。

（1）确定型机组组合（deterministic unit commitment，DUC），模型细节见文献 [11]，其中备用率为 10%。

（2）随机机组组合（stochastic unit commitment，SUC），模型细节见文献 [16]，其中原始场景数为 200 个，削减后场景数减为 20 个。

（3）鲁棒机组组合（robust unit commitment，RUC），模型细节见文献 [11]，其中风电不确定集合边界及不确定预算的置信概率与 RRUC 一致。

为选取合适的运行风险阈值 Risk_{dh}，采用文献 [13] 中电网风电可接纳能力评估模型评估本节构造的 RUC 的运行风险，并将其置为 RRUC 的运行风险阈值。依据 Risk_{dh} 的大小，进一步选取 K 为 0.1。上述 4 种机组组合模型的运行成本、运行风险及求解时间见表 13.3，其中 DUC 与 SUC 的运行风险同样可由文献 [13] 计算获得。由表 13.3 可知，RRUC 的运行成本和运行风险均小于 RUC，体现了其在优化配置运行灵活性及抑制运行风险方面的优势。仅从 4 种机组组合模型的机组启停成本来看，在 DUC 中，其仅考虑备用率约束，而未考虑备用调节能力的可达性，故机组无需频繁启停，成本最低；在 SUC 中，为保证对削减后风电出力模拟场景的可行性，机组需较为频繁的启停，故其成本高于 DUC；在 RUC 中，为保证对构建风电不确定集合内所有风电出力场景的可行性，故机组启停最为频繁，成本最高；在 RRUC 中，通过对运行灵活性及风电可接纳域的协同优化，既控制了运行风险水平又降低了机组启停频率，成本低于 RUC。此外，RRUC 运行成本与运行风险之和在 4 种机组组合模型中最低。同时应当指出，若不考虑 SUC 中场景削减的时间，RRUC 的求解代价最高。

表 13.3　不同机组组合模型计算结果对比

机组组合	运行成本/美元			运行风险/美元	计算时间/s
	总成本	机组启停	经济调度		
DUC	1.287×10^6	1.90×10^4	1.262×10^6	2.67×10^4	125
SUC	1.304×10^6	2.79×10^4	1.276×10^6	9.86×10^3	1879
RUC	1.312×10^6	3.29×10^4	1.283×10^6	7.23×10^3	3727
RRUC	1.307×10^6	2.87×10^4	1.278×10^6	6.64×10^3	5399

若某风电出力场景部分或完全超出风电不确定集合，则称其为风电极端出力场景。为测试 4 种机组组合模型在风电极端出力场景下的运行损失，生成了 10000 组相对于 RUC 构建的风电不确定集合的风电极端出力场景。测试结果如表 13.4 所示。由表 13.4 可知，RRUC 下电网平均运行损失最低，此与表 13.3 中各机组组合模型运行风险指标一致。各机组组合模型下平均弃风及切负荷损失在各时段分布如图 13.4 所示。由图 13.4不难发现高弃风与切负荷损失时段有明显互补特点，在时段 6～时段 13，电网切负荷损失较低而弃风损失较高；而在时段 19～时段 23，电网弃风损失较低而切负荷损失较高。其原因在于由于风电场风电出力之和在时段 6～时段 13 较低，即便风电出力为 0，切负荷损失也较低；而在时段 19～时段 23，风电场风电出力之和较高，若风电实际出力向下偏离其预测值则可能造成较大的切负荷损失。以弃风损失角度分析也可得到一致的结论。RUC 与 RRUC 下各风电场风电可接纳域边界见图 13.5～ 图 13.7。由图 13.5～图 13.7 可知，在大多数时段，RRUC 下各风电场风电可接纳域上边界及下边界（绿色方点实线）相较于 RUC（红色圆点实线）均略低，揭示了 RRUC 与 RUC 在风电极端出力场景下平均弃风及切负荷损失的差异。

表 13.4　不同机组组合模型在风电极端出力场景下运行损失

机组组合	平均运行损失/美元		
	总损失	弃风	切负荷
DUC	1.017×10^6	2.172×10^5	8.010×10^5
SUC	5.094×10^5	1.365×10^5	3.720×10^5
RUC	4.050×10^5	1.209×10^5	2.841×10^5
RRUC	3.357×10^5	1.137×10^5	2.043×10^5

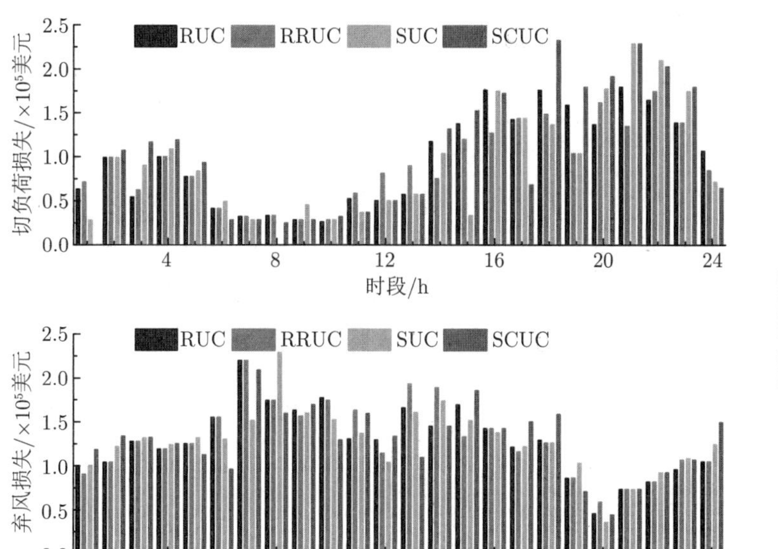

图 13.4　各机组组合在风电出力高风险事件下运行损失对比

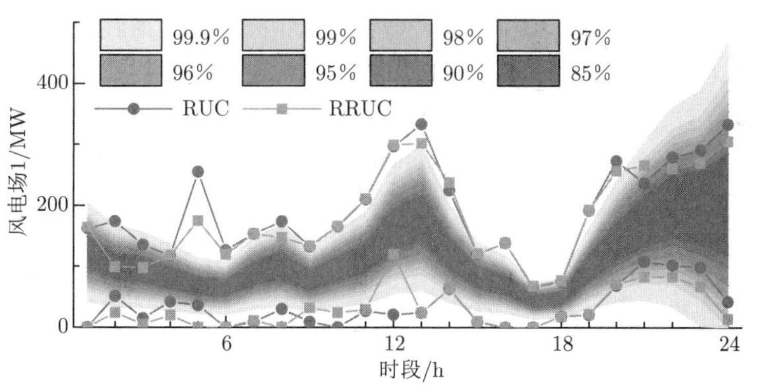

彩图13.5

图 13.5　不同机组组合下风电可接纳域边界：风电场 1

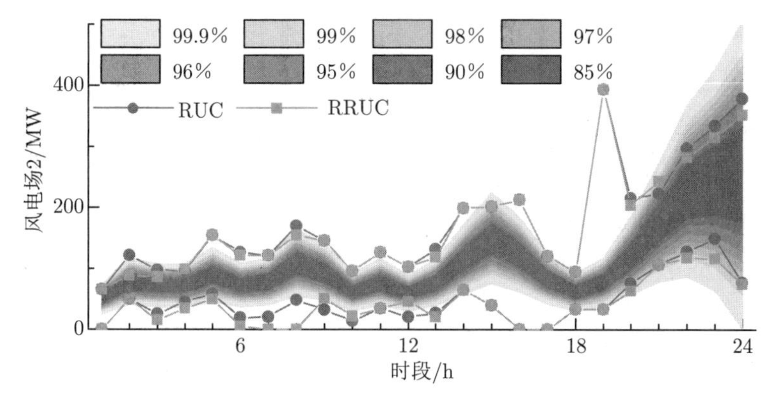

图 13.6　不同机组组合下风电可接纳域边界：风电场 2

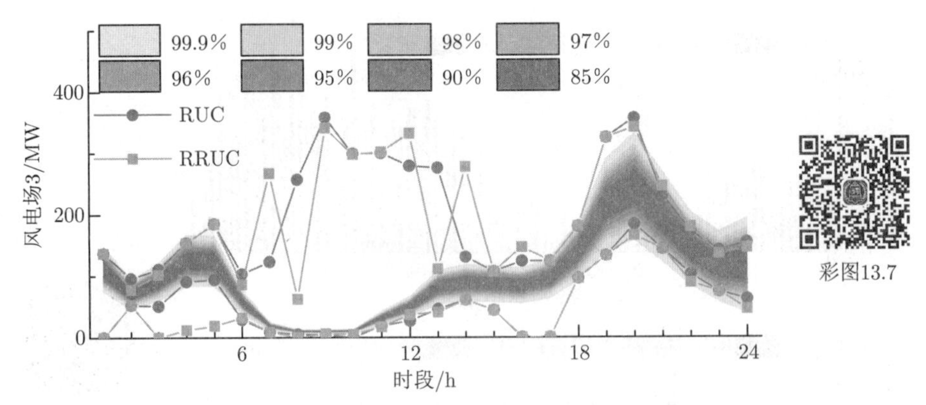

彩图13.7

图 13.7 不同机组组合下风电可接纳域边界：风电场 3

3. 风电不确定集合与风电可接纳域

在 RUC 中，风电不确定集合为预先构造且与 95% 置信概率水平的风电预测出力误差带一致，记作 W^{RUC}。因此，W^{RUC} 关于风电预测出力曲线对称且其宽度与 σ_{mt} 成正比。直观地，RUC 的风电可接纳域包含 W^{RUC}，记作 R^{RUC}（图 13.5~ 图 13.7 中红色圆点实线）。在 RRUC 中，风电不确定集合，记作 W^{RRUC}（图 13.5~ 图 13.7 中绿色方点实线），与机组组合策略一并通过求解优化问题获得，其并非关于风电预测出力曲线对称，各时段宽度关于 σ_{mt} 也无固定比例关系，体现了 RRUC 下电网运行灵活性及抑制运行风险能力的优化配置。同时，记 RRUC 下风电可接纳域为 R^{RRUC}（图 13.5~ 图 13.7 中绿色方点实线），其与 W^{RRUC} 完全相同。此外，风电场 1 中由风电出力场景位于 $R^{\mathrm{RUC}}, W^{\mathrm{RUC}}, W^{\mathrm{RRUC}}$ 外而导致的电网弃风及切负荷风险分别记作 $\mathrm{Risk}_1^{\mathrm{L}}, \mathrm{Risk}_1^{\mathrm{W}}, \mathrm{Risk}_2^{\mathrm{L}}, \mathrm{Risk}_2^{\mathrm{W}}, \mathrm{Risk}_3^{\mathrm{L}}, \mathrm{Risk}_3^{\mathrm{W}}$，如图 13.8 所示。由图可知，$W^{\mathrm{RUC}}$ 在各个时段的运行风险均高于 R^{RUC} 且 W^{RRUC} 外的运行风险与 W^{RUC} 无固定关系，皆与前述分析一致。

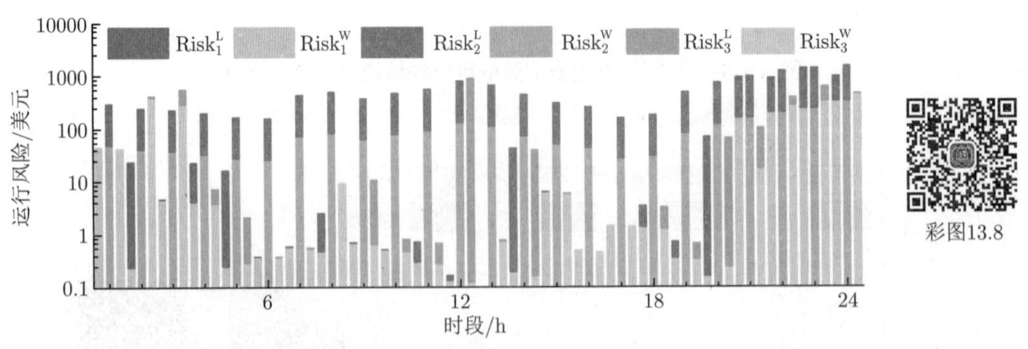

彩图13.8

图 13.8 风电场 1 在 $R^{\mathrm{RUC}}, W^{\mathrm{RUC}}, W^{\mathrm{RRUC}}$ 外的运行风险对比

4. 计算效率

表 13.5 给出了算法 13.1 和算法 13.2 在不同算例下计算效率。其中，风电时间不确定预算 $\varGamma^{\mathrm{T}}$ 离散取 8、16 及 24，空间不确定预算 $\varGamma^{\mathrm{S}}$ 为 4 不变。由表 13.5 可知，应用降

低模型计算规模加速技术后，平均计算效率提升了 83.3%，即算法 13.2 的计算效率比算法 13.1 高 83.3%；进一步应用提高算法收敛性加速技术后，平均计算效率提升了 77.5%，即算法 13.3 的计算效率分别比算法 13.2 及算法 13.1 高 77.5% 和 225%，验证了本章提出的加速技术的有效性。

表 13.5　算法 13.1 至算法 13.3 在不同算例下计算效率

算法	Γ^{T}	计算时间/s			迭代次数
		总时间	主问题	子问题	
13.1	8	15982	8971	6921	15
	16	7239	3406	3833	9
	24	3753	1082	2671	5
13.2	8	9775	8614	1161	15
	16	3647	3013	634	9
	24	1255	992	263	5
13.3	8	5399	4587	812	12
	16	2183	1811	372	7
	24	691	590	101	4

本节将通过算例展示 $\mathcal{P}_{\mathrm{RR}}$ 模型与 $\mathcal{P}_{\mathrm{ARR}}$ 模型的差别。此处，仍采用 IEEE 118 节点算例，其中 3 个风电场聚合为一个并在节点 29 接入系统。电网运行风险阈值 $\mathrm{Risk}_{\mathrm{dh}}$ 取为 7.25×10^3 美元。求解 $\mathcal{P}_{\mathrm{RR}}$ 模型与 $\mathcal{P}_{\mathrm{ARR}}$ 模型得到的风电不确定集合边界如图 13.9 所示，目标函数、运行风险及计算时间如表 13.6 所示。需要说明的是，求解 $\mathcal{P}_{\mathrm{RR}}$ 与 $\mathcal{P}_{\mathrm{ARR}}$ 得到的机组组合策略完全相同，然而其运行风险及风电不确定集合边界却不同，如图 13.9 及表 13.6 所示。显然，在模型 $\mathcal{P}_{\mathrm{RR}}$ 中，风电不确定集合边界对于当前机组组合策略并非抑制运行风险意义下最优，也就是说，需要额外的步骤评估抑制运行风险最佳的风电不确定集合边界[13]。求解 $\mathcal{P}_{\mathrm{RR}}$ 得到的机组组合策略下的抑制运行风险最优的风电可接纳域见图 13.9，不难发现其与求解 $\mathcal{P}_{\mathrm{ARR}}$ 获得的风电不确定集合完全一致。从计算效率的角度，若以 $\mathcal{P}_{\mathrm{RR}}$ 为机组组合决策模型，还需开展额外的评估步骤，故其总计算时间长于以 $\mathcal{P}_{\mathrm{ARR}}$ 为机组组合决策模型的情形，亦体现了将运行风险以惩罚项的方式加入机组组合模型目标函数的重要意义。

5. 灵敏度分析

1）惩罚系数 K

如前所述，在 $\mathcal{P}_{\mathrm{ARR}}$ 的目标函数中加入惩罚系数 K 旨在控制 $\mathcal{P}_{\mathrm{ARR}}$ 与 $\mathcal{P}_{\mathrm{RR}}$ 在最优解处目标函数值的偏差。一种做法是采用自适应 K 值使得惩罚项的数量级低于主问题混合整数线性规划的求解精度。在本例中，混合整数线性规划的求解精度取为 0.1% 且主问题最优解处目标函数值的数量级为 10^6，故主问题的数值精度为 10^3。考虑到运行风险阈值的数量级为 10^3，故可取 K 为 0.1 使得惩罚项的数量级不超过 10^2，从而降低了

$\mathcal{P}_{\mathrm{ARR}}$ 与 $\mathcal{P}_{\mathrm{RR}}$ 在最优解处目标函数值的偏差。不同 K 取值下的仿真结果如表 13.7 所示。由表 13.7 可知，当 K 从 0.1 到 1 变化时，$\mathcal{P}_{\mathrm{ARR}}$ 最优解不变，验证了本节所提 K 值选取方法的有效性。

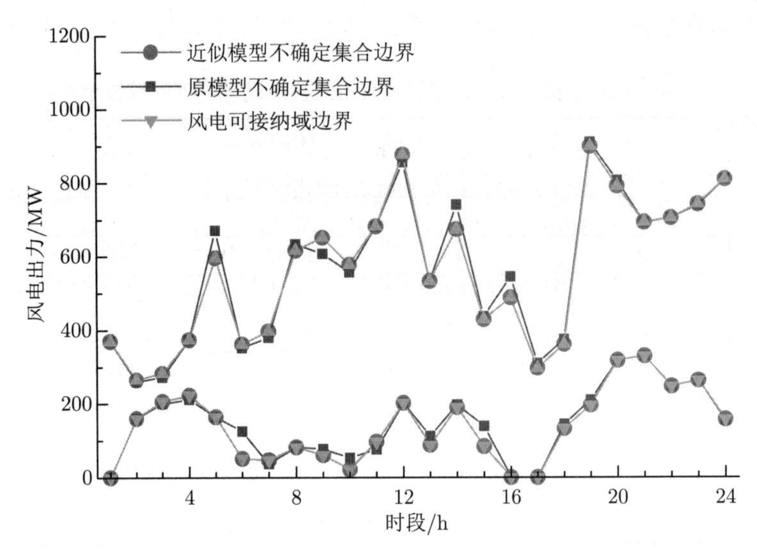

图 13.9　原模型与近似模型风电可接纳域对比

表 13.6　$\mathcal{P}_{\mathrm{RR}}$ 模型与 $\mathcal{P}_{\mathrm{ARR}}$ 模型计算结果对比

	目标函数/美元	运行风险/美元	计算时间/s		
			机组组合	评估	总时间
$\mathcal{P}_{\mathrm{RR}}$	1.3521×10^6	7.25×10^3	163	47	210
$\mathcal{P}_{\mathrm{ARR}}$	1.3521×10^6	6.64×10^3	131	0	131

表 13.7　不同 K 值下 $\mathcal{P}_{\mathrm{ARR}}$ 仿真结果对比

K	运行成本/美元			运行风险/美元
	总成本	机组启停	经济调度	
0.1	1.3067×10^6	2.874×10^4	1.278×10^6	6.64×10^3
1	1.3067×10^6	2.874×10^4	1.278×10^6	6.64×10^3
10	1.3086×10^6	2.970×10^4	1.279×10^6	6.38×10^3

2）运行风险阈值 $\mathrm{Risk}_{\mathrm{dh}}$

不同运行风险阈值 $\mathrm{Risk}_{\mathrm{dh}}$ 下求解 $\mathcal{P}_{\mathrm{ARR}}$ 模型，得到的机组组合策略的运行成本及运行风险如图 13.10 所示。图中，圆点实线表示运行成本；方块虚线表示运行风险；UB 和 LB 分别表示运行风险的上界与下界；LFRL 表示可行运行风险阈值的下界。由图 13.10 可知，随着运行风险阈值降低，运行成本随之上升，当运行风险阈值低于特定值时（在本例中为 270 美元），$\mathcal{P}_{\mathrm{ARR}}$ 将无可行解。换言之，本例运行风险阈值下界为 270 美元。考虑到机组组合策略为布尔量，其非连续性导致运行风险阈值与实际运行风险存在偏差，注意到方块虚线并非严格直线段。类似地，可以通过改变运行风险阈值获得电网运行风险的上界与下界。

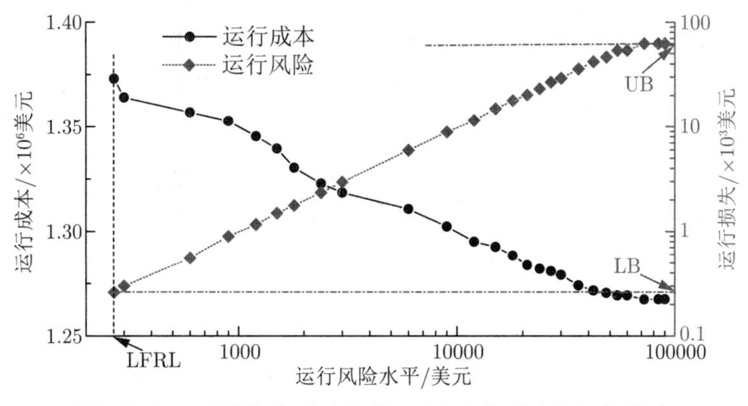

图 13.10　不同运行风险阈值下电网运行成本与运行风险

3）风电场风电出力预测精度

风电场风电出力预测精度同样对 $\mathcal{P}_{\mathrm{ARR}}$ 模型的可求解性（若预测精度过低，在给定的运行风险阈值下 $\mathcal{P}_{\mathrm{ARR}}$ 可能无解）。不同风电出力预测误差均方根下电网运行成本与运行风险如图 13.11 所示，其中，圆点虚线与方块实线分别表示运行成本与运行风险。特别地，此时运行风险阈值 $\mathrm{Risk}_{\mathrm{dh}}$ 保持不变。由图 13.11 可知，当预测误差均方根增加时，运行成本显著上升，当预测误差均方根高于特定值时（在本例中为 0.31），$\mathcal{P}_{\mathrm{ARR}}$ 将无可行解。换言之，本例预测误差均方根上界为 0.31。同时，当预测误差均方根增加时，运行风险阈值与实际运行风险之间的差值减小，当预测误差均方根达到 0.31 时，运行风险阈值与实际运行风险同为 2410 美元。

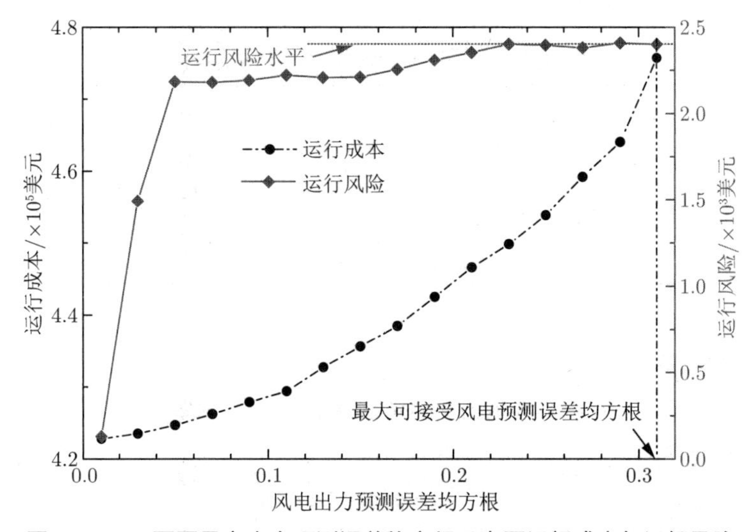

图 13.11　不同风电出力预测误差均方根下电网运行成本与运行风险

4）不确定预算

下面分析风电不确定预算对运行成本及运行风险的影响。分别选取风电时间不确定预算 Γ^{T} 为 8、16 及 24，风电空间不确定预算 Γ^{S} 为 1、2 及 3，共 9 组算例，仿真结果如表 13.8 所示。如表 13.8 可知，当 Γ^{S} 与 Γ^{T} 增加时，电网运行成本上升同时运行风险总是满足运行风险阈值，即 7.23×10^3 美元。通过选择合适的 Γ^{S} 与 Γ^{T}，可以灵活调节求解 $\mathcal{P}_{\mathrm{ARR}}$ 模型得到机组组合策略的鲁棒性与保守性。

表 13.8　不同风电时空不确定预算下仿真结果对比

Γ^{S}	Γ^{T}	运行成本/美元	运行风险/美元
1	8	1.291×10^6	7.01×10^3
	16	1.302×10^6	6.39×10^3
	24	1.316×10^6	6.92×10^3
2	8	1.307×10^6	6.64×10^3
	16	1.320×10^6	7.12×10^3
	24	1.335×10^6	6.58×10^3
3	8	1.337×10^6	6.77×10^3
	16	1.354×10^6	6.61×10^3
	24	1.362×10^6	7.19×10^3

5）风电场数量

下面分析风电场数量对算法求解效率的影响。将本例中各风电场分别分为 2、3 及 4 个相同装机容量的小风电场，算法求解时间如表 13.9 所示。由表可知，当风电场数量增加时，求解时间显著增加，特别是可行性子问题的求解时间。显然当风电场数量继续增加时，考虑到可行性子问题的计算代价，本章介绍的基于大 M 的求解可行性子问题的方法将不再适用，此时可应用文献 [17] 介绍的外逼近算法进行求解。

表 13.9　不同风电场数量下算法求解时间

风电场数量	Γ^{S}	求解时间/s			迭代次数
		总时间	$\mathcal{P}_{\mathrm{ARR}}^{m}$	$\mathcal{P}_{\mathrm{ARR}}^{s}$	
6	4	748	601	147	4
9	6	876	627	249	4
12	8	1736	891	845	5

13.3 鲁棒备用整定

我国新一代坚强智能电网的首要任务是确保电网的安全、稳定和经济运行，可靠地向各类用户提供高质量的电能。其中，源-荷的功率平衡对供电质量和电网安全起着至关重要的影响。由于系统负荷随着时间、季节而改变，使得机组的工作状态和出力也需随之改变。因此，制定合理的调度策略是电力系统安全经济运行迫切需要解决的问题。

在电网实际运行中，由于天气异常、负荷骤变、线路跳闸、机组停运等偶然因素，都增加了电力系统维持实时功率平衡和频率稳定的难度。为确保系统可靠运行，在经济调度中必须考虑偶然因素的影响，预留一定的备用容量以备不时之需。在传统调度方式下，由于超短期负荷预测通常具有较高的精度，备用容量通常按照 N-1 准则或系统负荷的百分比例确定[18-20]。大规模可再生能源接入后，由于其出力预测精度不高，即使按照超短期预测制定发电计划，也难以在不附加任何调控手段的情况下将系统频率保持在可接受的范围内。为应对可再生能源出力的波动性，需要预留更多的备用容量。机组提供备用容量需要付出相应的成本，但与发电不同，若备用容量未被调用，并不能给运营者带来直接的收益，从而影响运行的经济性。有鉴于此，关于以下两个问题的研究具有重要的理论意义与实用价值。

问题 1　如何兼顾安全性与经济性，从而合理确定备用容量的需求？

问题 2　系统所需备用容量与电网运行状态有关，如何科学统筹、合理规划发电和备用的协调调度，进而降低总运行成本？

备用整定的核心是在保证电网运行安全性和经济性的基础上，根据不确定性可能的变化范围，在充分考虑机组发电能力与调节速度、功率平衡约束以及线路传输能力的基础上，合理安排机组备用，以较低成本保证电网在不确定运行环境下具有较高的可靠性。为此，本节开展针对输电网备用整定问题的研究，着眼于应对可再生能源出力不确定性在 1 小时的时间尺度上对发电调度的影响。

13.3.1　不确定性的刻画

假设电力系统包含 j 个风电场，记风电场 j 在 t 时段的出力为 p_j，表现为不确定的参数，其预测值（或期望值）为 p_j^{e}，预测区间为 $[p_j^{\mathrm{l}}, p_j^{\mathrm{u}}]$。假设预测误差的分布函数是未知的，就无法按照随机优化的方法产生场景。遵照第 9 章所述鲁棒优化的方法，应当考虑不确定性可能发生的所有情况。

出于计算角度的考虑，W 作为一个集合通常需要具有良好的性质，如闭凸性。事实上采用线性约束可很好地描述现实中的不确定性。本节提出的不确定集合将从三个方面刻画风电出力的不确定性。首先根据天气预报可以得到风电场出力预测区间为

$$p_j^{\mathrm{l}} \leqslant p_j \leqslant p_j^{\mathrm{u}}, \quad \forall j \tag{13-32}$$

其中，$p_j^{\mathrm{l}}, p_j^{\mathrm{u}}$ 分别是风电场 j 出力的上界和下界，其选择应当使式 (13-32) 以较大概率成立。由于不同的风电场分布区域较广，气候条件相对独立，考虑到空间集群效应，在特定的时段所有风电场的出力预测误差不太可能同时达到上界或下界，故加入以下对风电场出力预测总体偏差量的限制条件：

$$\sum_j |p_j - p_j^{\mathrm{e}}| / p_j^{\mathrm{h}} \leqslant \Gamma^{\mathrm{S}} \tag{13-33}$$

其中

$$p_j^{\mathrm{e}} = 0.5(p_j^{\mathrm{u}} + p_j^{\mathrm{l}}), \quad p_j^{\mathrm{h}} = 0.5(p_j^{\mathrm{u}} - p_j^{\mathrm{l}})$$

综上，描述风电出力不确定性的集合可表示为

$$P^{\mathrm{W}} = \left\{ \{p_j\} \left| \begin{array}{c} p_j^{\mathrm{l}} \leqslant p_j \leqslant p_j^{\mathrm{u}},\ \forall j \\ \sum_j |p_j - p_j^{\mathrm{e}}|/p_j^{\mathrm{h}} \leqslant \varGamma^{\mathrm{S}} \end{array} \right. \right\} \tag{13-34}$$

事实上，由于式 (13-34) 所示的集合是多面体，其所描述的不确定性一定发生在某个极点上，因此只需要考虑该多面体的极点集

$$P^{\mathrm{W}} = \left\{ \{p_j\} \left| \begin{array}{c} p_j = p_j^{\mathrm{e}} + (\tau_j^+ - \tau_j^-)p_j^{\mathrm{h}} \\ \tau_j^+,\ \tau_j^- \in \{0,1\},\ \forall j \\ \tau_j^+ + \tau_j^- \leqslant 1,\ \forall j \\ \sum_j \tau_j^+ + \tau_j^- \leqslant \varGamma^{\mathrm{S}} \end{array} \right. \right\} \tag{13-35}$$

其中，$\tau_j^+ = 1, \tau_j^- = 0$ 时，风电场 j 的出力达到最大值；$\tau_j^+ = 0, \tau_j^- = 1$ 时，风电场 j 的出力达到最小值；$\tau_j^+ = \tau_j^- = 0$ 时，风电场 j 的出力为期望值。

13.3.2 鲁棒备用整定的 ARO 模型

鲁棒备用整定问题可描述为：根据风电场当前出力 p_j^{e} 和未来一段时间内变化范围构成的集合 P^{W}，确定当前机组出力 p_i^{f} 和机组备用 r_i，不论风电场未来出力 $\{p_j\} \in P^{\mathrm{W}}$ 如何变化，仅在备用容量范围内即可将机组出力校正至 p_i^{c}，并满足所有运行约束，同时极小化运行成本。具体而言，鲁棒备用整定问题可描述为如下二人零和博弈问题：

$$F = \min_{\{p_i^{\mathrm{f}}, r_i\} \in X} \max_{\{p_j\} \in Y} \sum_i \left(C_i(p_i^{\mathrm{f}}) + d_i r_i \right) \tag{13-36}$$

其中，$C_i(p_i^{\mathrm{f}})$ 可通过分段线性函数表示，d_i 是机组 i 的备用成本系数。上述模型旨在极小化运行成本，即调度成本与备用成本之和，而作为不确定性的风电出力企图恶化运行经济性和安全性。预调度约束条件为

$$X = \left\{ \{p_i^{\mathrm{f}}, r_i\} \left| \begin{array}{c} p_i^{\mathrm{f}} + r_i \leqslant P_{\max}^i, \forall i \\ P_{\min}^i \leqslant p_i^{\mathrm{f}} - r_i, \forall i \\ 0 \leqslant r_i \leqslant \min\left\{R_i^-, R_i^+\right\},\ \forall i \\ \sum_i p_i^{\mathrm{f}} + \sum_j p_j^{\mathrm{e}} = \sum_q p_q \\ -F_l \leqslant \sum_i \pi_{il} p_i^{\mathrm{f}} + \sum_j \pi_{jl} p_j^{\mathrm{e}} \\ -\sum_q \pi_{ql} p_q \leqslant F_l,\ \forall l \end{array} \right. \right\}$$

其中，R_i^+ 和 R_i^- 分别是机组 i 的最大上爬坡率和下爬坡率，Δt 是调度时段间隔。预调度约束条件包括发电容量约束、爬坡率约束、功率平衡约束和传输线安全约束。

再调度约束条件为

$$Y(\{p_i^{\rm f},r_i\},\{p_j\})=\left\{\{p_i^{\rm c}\}\left|\begin{array}{c}p_i^{\rm f}-r_i\leqslant p_i^{\rm c}\leqslant p_i^{\rm f}+r_i,\ \forall i\\ P_i^{\min}\leqslant p_i^{\rm c}\leqslant P_i^{\max},\ \forall i\\ \sum\limits_i p_i^{\rm c}+\sum\limits_j p_j=\sum\limits_q p_q\\ -F_l\leqslant\sum\limits_i \pi_{il}p_i^{\rm c}+\sum\limits_j \pi_{jl}p_j\\ -\sum\limits_q \pi_{ql}p_q\leqslant F_l,\ \forall l\end{array}\right.\right\}$$

再调度约束是对应于风功率 $\{p_j\}$ 的发电容量约束、功率平衡约束和传输线安全约束，最后一个条件为再调度调节范围，表明再调度阶段只能在当前出力或预出力的基础上，在备用容量或预先给定的范围内进行调节。

根据第 9 章的论述，由二人零和博弈描述的鲁棒备用整定模型可写为如下形式：

$$\begin{aligned}&\min F=\sum_i\left(C_i(p_i^{\rm f})+d_ir_i\right)\\&\text{s.t.}\quad \{p_i^{\rm f},r_i\}\in X\cap X_R\end{aligned}\tag{13-37}$$

其中，鲁棒可行域为

$$X_R=\left\{\{p_i^{\rm f},r_i\}\left|\forall\{p_j\}\in P^{\rm W}:Y(\{p_i^{\rm f},r_i\},\{p_j\})\neq\varnothing\right.\right\}$$

定义 13.1 称备用整定策略是鲁棒的，当且仅当 $\{p_i^{\rm f},r_i\}\in X_R$。

由定义 13.1 可见，备用整定的鲁棒性体现在系统当前运行点随着不确定性的实现转移到新的安全运行点的可达性；换言之，当前机组出力 $\{p_i^{\rm f}\}$ 决定了校正的基准，备用容量 r_i 的定位与大小决定了校正的能力，二者共同决定了当前运行点的可达集，对于不确定性的任意一种实现，可达集中必须至少有一点 $\{p_i^{\rm c}\}$ 能够满足运行约束。校正过程是调度系统和大自然博弈的结果。显然，r_i 越大，可达集也就越大，相应的备用成本也就越高。鲁棒备用整定旨在寻找满足鲁棒性约束的最经济的那一组 $\{p_i^{\rm f},r_i\}$。

需要指出的是，传统经济调度由于既没有考虑发电与备用在物理上的耦合关系，也没有考虑备用容量的释放速度，更没有考虑调频后潮流的重新分布，因此，即使备用容量在数值上是充足的，也不能保证调度策略的安全性。而鲁棒备用整定模型则全面考虑了发电与备用的耦合关系，深刻揭示了预调度策略与校正策略在数学上的制约关系。

13.3.3 算例分析

为研究本节所提鲁棒备用整定模型的有效性，采用 5 节点系统进行测试。该系统由 4 台发电机、1 个风电场、5 个节点及 6 条传输线组成，拓扑结构如图 13.12 所示。发电机及传输线参数分别如表 13.10 和表 13.11 所示。节点 B、C 和 D 的负荷分别为 550MW，450MW 和 350MW。装机容量为 200MW 的风电场从节点 D 接入系统，该调度时段预测出力为 150MW。

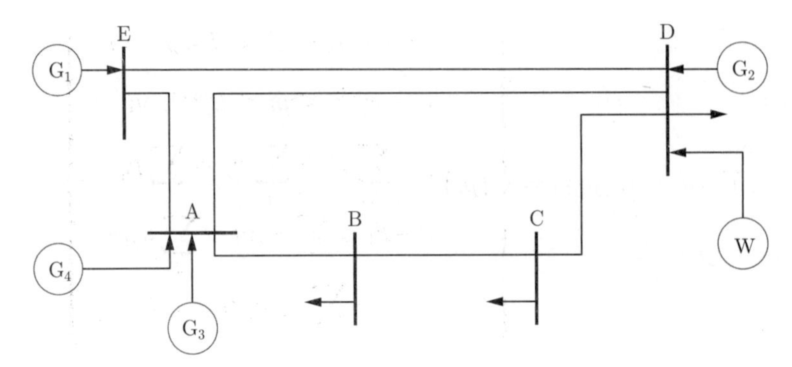

图 13.12　5 节点系统拓扑结构

表 13.10　5 节点系统发电机数据

发电机	$P^{\min}/P^{\max}$ /MW	发电成本 /（元/（MW·h））	备用成本 /（元/（MW·h））	爬坡率 /（MW/h）
G_1	[180 400]	200	300	50
G_2	[100 300]	300	450	50
G_3	[150 600]	360	540	100
G_4	[120 500]	250	400	80

表 13.11　5 节点系统传输线数据

传输线	始节点	末节点	线路电抗	传输容量/MW
L_1	A	B	0.0281	600
L_2	A	D	0.0304	300
L_3	A	E	0.0064	200
L_4	B	C	0.0108	300
L_5	C	D	0.0297	420
L_6	D	E	0.0297	300

不确定集合由式 (13-35) 给出。由于我国现行风电出力预测方法提前 1h 预报的平均绝对误差在 10% 左右，因此，假设该风电场的出力波动范围是 ±20MW，相当于 13.3% 的不确定性，也即出力区间为 [130MW，170MW]。

与传统方法相比，本节将着重突出安全性问题，即在风电场任意可能的出力下，机组实施调频以后传输线安全约束不会越限，即不会造成线路阻塞。本节假定备用整定的时间尺度是 1h。鲁棒备用整定测试的基本思路与步骤如下。首先计算传统备用整定作为对比的基础，接着计算鲁棒备用整定，从运行成本和不确定环境下运行安全性等方面进行比较。对于鲁棒备用整定方法，拟从两个方面观察不确定性对备用整定结果的影响。一方面是不确定性的大小，体现为预报的准确程度；另一方面是不确定性的分散度，体现为空间集群效应的强弱，以此揭示空间集群效应对降低总备用容量和运行成本的有利影响。为此，设计了以下 4 个情景。

情景 1 传统备用整定。

传统备用整定包括两项任务。

（1）备用定位。为应对风电场出力的不确定性，20MW 备用容量根据机组容量按比例分配到 4 台机组。

（2）经济调度。根据风电厂预测出力，求解如下优化问题：

$$
\begin{aligned}
\min\ & \sum_i b_i p_i \\
\text{s.t.}\ & P_i^{\min} + r_i \leqslant p_i \leqslant P_i^{\max} - r_i,\ \forall i \\
& \sum_i p_i^{\mathrm{f}} + \sum_j p_j^{\mathrm{e}} = \sum_q p_q \\
& -F_l \leqslant \sum_i \pi_{il} p_i^{\mathrm{f}} + \sum_j \pi_{jl} p_j^{\mathrm{e}} - \sum_q \pi_{ql} p_q \leqslant F_l,\ \forall l
\end{aligned}
$$

其中

$$
r_i = \frac{P_i^{\max} R_T}{\sum\limits_i P_i^{\max}}
$$

上式中 $R_T = 20\text{MW}$。传统备用整定结果，如表 13.12 所示。

表 13.12 5 节点系统传统备用整定结果

	G_1	G_2	G_3	G_4
出力/MW	395.6	195.4	156.7	452.3
备用/MW	4.44	3.33	6.67	5.56

本例中风电接入比例超过 10%，为应对风电场 1h 以内的出力波动，需要 20MW 旋转备用，总成本 315881元，其中调度成本 307225元，备用成本 8656元，占总成本的 2.74%。然而，这组备用整定结果并不能保证系统的安全性。为了说明这一现象，将系统有功潮流示于图 13.13。

由图 13.13 可见，传输线 AB 上的有功潮流已达到其传输能力的上限。此时，如果风电场出力只有 130MW，发电机 G_1~G_4 将释放所有备用以平衡系统有功需求，结果将导致传输线 AB 过载。若线路 AB 因过流保护退出运行，负荷中心 B 的有功需求将流经传输线 BC，造成 BC 过流停运。进一步，线路 CD 不足以提供负荷中心 C 的电力需求也将因过载而退出运行，最终造成大停电事故。可见传统备用整定方法不足以保证系统安全可靠运行，甚至引起连锁故障，系统损失负荷近 60%。为此将鲁棒备用整定方法应用于该系统。

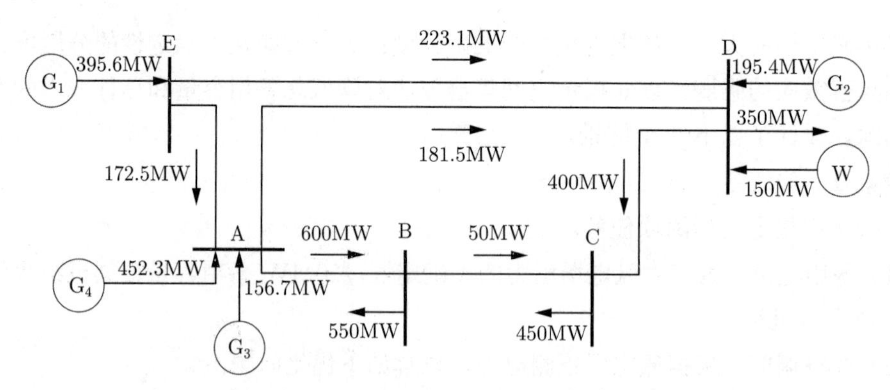

图 13.13 传统备用整定下有功潮流分布

以下情景 2~ 情景 4 为鲁棒备用整定方法的结果。不同情景考虑了不确定性的不同程度与分散特性。

情景 2 低不确定性下鲁棒备用整定（±20MW 波动）。

求解鲁棒备用整定模型 (13-37)，得到的结果如表 13.13 所示，求解时间约为 0.2s。

表 13.13 鲁棒备用整定结果（±20MW 不确定性）

	G_1	G_2	G_3	G_4
出力/MW	380	214.6	150	455.4
备用/MW	20	0	0	0

从表 13.13 可知鲁棒备用整定下，仍然需要提供 20MW 备用容量，与传统备用整定不同的是，这些备用集中在备用最低的 G_1 中，因此备用成本为 6000 元，降低了 30%，调度成本为 308230元，略有提高，但总成本为 314230元，降低了 0.52%。鲁棒备用整定后系统有功潮流分布如图 13.14 所示。

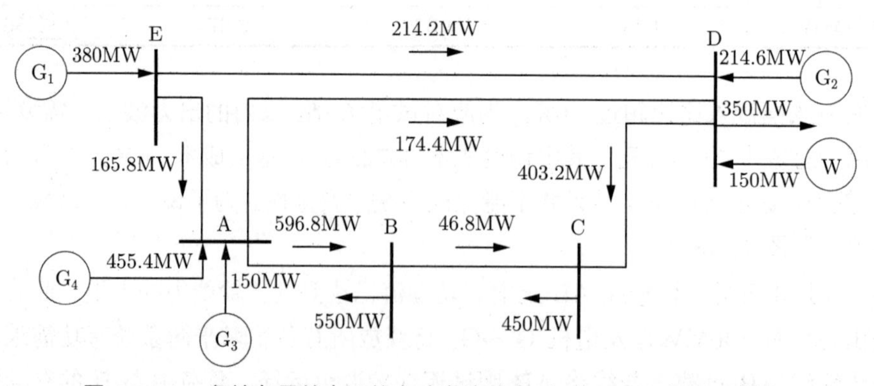

图 13.14 鲁棒备用整定下的有功潮流分布（±20MW 不确定性）

由图 13.14 可见，鲁棒备用整定使系统有功潮流变“松弛”了，尤其是传输线 AB 距离其传输极限还有一定裕度。进一步，将备用定位在 G_1 中不但降低了备用成本，更提高了系统安全性。因为 G_1 中的备用释放时，大部分流经 ED 和 EA→AD，从而减小了线路 AB 上的压力。因此，不论风电场出力如何变化，总能够通过调节 G_1 的出力使系统到达新的安全运行状态，同时降低了运行成本。

同时也可看出，由于 G_2 的容量是最小的，故依照按机组容量分配备用的原则承担的备用容量也是最小的，从而不利于系统调度，为了保证 G_2 有足够的调节能力，不得不在其他机组中也配置了大量的备用，从而造成了浪费，影响了系统运行的经济性。同时，本例从一个侧面说明了在传输线发生阻塞的情况下，传统备用整定法存在一定的局限性。

为了避免这种局限性，可以根据系统实际运行情况和运行经验制定一套备用分配计划，该计划并不限于按照某种比例分配备用容量，运行时只需要求解鲁棒可行性问题，检验当前运行状态与备用分配计划是否具有鲁棒性；若否，则调整备用计划，直至满足定义 13.1的条件，即可使风电出力不确定性对系统安全性的影响降至最低。

情景 3　高不确定性下鲁棒备用整定（±105MW 波动）。

为了考察鲁棒备用整定应对更严重的不确定性的能力，将风电场出力预测区间增加到 [45MW, 255MW]，即 ±105MW 的波动。鲁棒备用整定经 5 次迭代收敛，耗时 0.9s，结果如表 13.14 所示，系统潮流分布如图 13.15 所示。

表 13.14　鲁棒备用整定结果（±105MW 不确定性）

	G_1	G_2	G_3	G_4
出力/MW	350	255	150	445
备用/MW	50	44.6	0	10.4

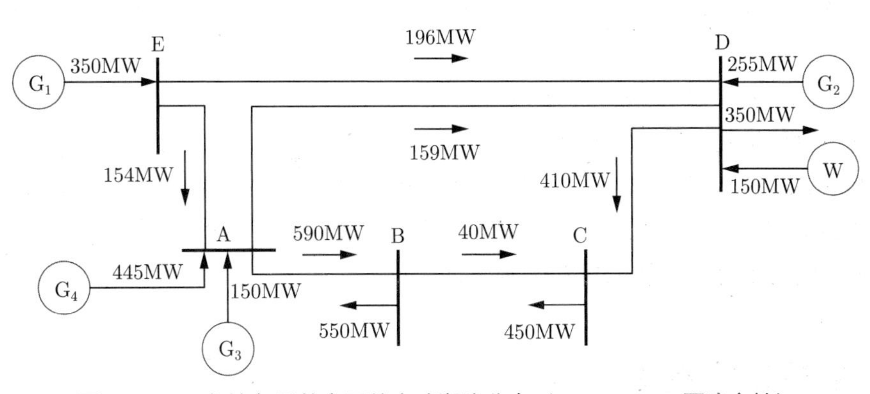

图 13.15　鲁棒备用整定下的有功潮流分布（±105MW 不确定性）

由表 13.14 可见，G_1 和 G_2 承担了绝大部分备用容量，这对于缓解传输线 AB 的压力是大有好处的；由图 13.15 可见，与场景 2 相比，传输线 AB 上的有功潮流进一步下降了，可见鲁棒备用整定为系统应对更为严重的不确定性预留了更大的安全裕度。同时，调度成本升高到 311750 元，备用成本升高到了 39230 元，总成本也升高到了 350980 元。

按照场景 1 中的方法进行传统备用整定可得备用成本为 45442 元，总成本为 356896

元，均比鲁棒备用整定结果高，而且该结果不能保证系统安全性。

若进一步增加风电场出力的波动范围，则鲁棒备用整定也无法给出可行解，这是由于鲁棒可行域 X_R 为空集，在物理上则表明不确定性超出了系统所能承受的范围。为确保系统安全运行，应提高预测精度，或升级基础设施，如在 A 和 B 间新建传输线，或在 B 处建设发电厂等。当然，虚拟此场景只是以研究为目的，就现有预测技术而言，提前 1h 的风电场出力预报不会有如此大的误差。

情景 4 鲁棒备用整定（多风场接入）。

本情景考察空间集群效应如何影响鲁棒备用整定的结果。为此，将原风电场等分为更小的风电场接入系统，并保持总不确定性仍为 ±105MW：① 6 个相同的小风电场均匀接入节点 A、D 和 E，每个预测出力 25MW；② 9 个相同的小风电场均匀接入节点 A、D 和 E，每个预测出力 16.7MW。分别取 $\Gamma^{\mathrm{S}}=4$ 和 $\Gamma^{\mathrm{S}}=5$。鲁棒备用整定的结果如表 13.15 所示。

表 13.15 多风场接入下标准鲁棒备用整定结果

机组	6 个风电场（$\Gamma^{\mathrm{S}}=4$）		9 个风电场（$\Gamma^{\mathrm{S}}=5$）	
	机组出力/MW	机组备用/MW	机组出力/MW	机组备用/MW
G_1	350.0	50	350.0	50.00
G_2	244.6	20	244.6	8.33
G_3	150.0	0	150.0	0
G_4	455.4	0	455.4	0
成本	调度成本	备用成本	调度成本	备用成本
/元	311230	24000	311230	18748.5

由表 13.15 可以看出，由于空间集群效应，风电场对系统的等效不确定性有所减小，相应的备用容量也随之降低。单个风电场 ±105MW 的不确定性分为 6 个风电场时仅需要 70MW 的备用，而分为 9 个风电场时仅需要 58.3MW 的备用，备用成本与场景 3 相比分别减小了 38.8% 和 52.2%。这说明若能有效利用空间集群效应则可显著降低调度可再生能源发电的难度，以及为应对不确定性而付出的成本。

13.4 鲁棒经济调度

风电的接入决定了电力系统运行的经济性同时受到人为控制力（输电网调度）及大自然的影响。一方面，在满足系统安全运行的前提下，电网调度试图通过制定发电机组出力计划等调度策略实现电网的最经济运行；另一方面，由大自然决定的可用风功率的不确定性也可能使得既定的调度策略不能保证系统的经济性。因此，可用风功率的大小将会直接影响电网调度策略的经济性。这表明，现代电力系统调度具有对立竞争的内涵。基于鲁棒优化方法，在建模阶段即考虑不确定性对系统的影响，有望弥补已有方法在处理风电不确定性上的不足。此外，可入网电动汽车在相关政策的扶持下将会有很大的发展空间。通过对电动汽车充放电的合理控制可为电力系统调度提供辅助手段[21,22]，本节所建鲁棒经济调度模型亦会考虑如何将电动汽车充放电控制作为新的调控手段引入到电力系统，为接纳新能源发挥积极作用。

13.4.1　数学模型

含风电和电动汽车的配电网经济调度是一类典型的具有不确定性的决策问题。具体地，将电网的调度策略看作 u，大自然决定的可用风功率看作 w，基于第 9 章提出的 min-max 模型，构建含风电和电动汽车的鲁棒经济调度模型。在该模型中，电网的决策变量包含三部分，分别是传统发电机出力、电动汽车的充放电功率以及调度风功率；而大自然决定的可用风功率为虚拟决策者。调度风功率为风电出力计划曲线，该计划曲线往往与实际可用风功率不同。此问题的处理方法为：若调度风功率大于可用风功率，则需要投入备用；当调度风功率小于可用风功率时，则弃掉过剩风功率。然而无论是投入备用还是弃风，均需付出相应成本。故下文的模型也会将此考虑到调度目标中。

考虑到电力系统经济调度的目的在于以最小的发电费用满足负荷的需求，此处选用发电成本作为电网调度的目标，除传统发电机组的发电费用外，还应考虑风电和电动汽车的特点，并设置相关的成本项；约束条件除含有常规经济调度（仅含有传统发电机）的约束外，还需根据风电和电动汽车的特性，增加针对风电和电动汽车的约束。

1. 目标函数

此处考虑的发电成本 F 包含三部分，分别为传统发电机的发电费用、电动汽车的充电（或放电）费用（或收益）及备用和弃风成本，如下式所示：

$$F=\sum_{t=1}^{T}\sum_{i=1}^{N_g}f(p_{it})+\sum_{t=1}^{T}\sum_{j=1}^{N_v}g(u_{jt})+\sum_{t=1}^{T}\sum_{k=1}^{N_w}h(p_{kt}^{\mathrm{W}},p_{kt}^{\mathrm{G}}) \tag{13-38}$$

其中，p_{it} 为传统发电机 i 在 t 时段的有功出力，u_{jt} 为电动汽车组 j 在 t 时段的充（放）电功率，p_{kt}^{W} 和 p_{kt}^{G} 分别代表风电场 k 在 t 时段的可用风功率和调度风功率；N_g、N_v 和 N_w 分别为系统中传统发电机的数目、电动汽车组的数目及风电场的数目；T 为调度时段数。以下分别介绍各部分的计算方法。

1）传统发电机的发电费用

此处采用二次函数表示传统发电机的发电费用，即第 i 台传统发电机在 t 时段的发电费用为

$$f(p_{it})=\frac{1}{2}a_ip_{it}^2+b_ip_{it}+c_i \tag{13-39}$$

其中，a_i、b_i、c_i 为表征第 i 台传统发电机发电费用的系数。

2）电动汽车充电（或放电）费用（或收益）

若仅考虑电动汽车的充电（$u_{jt} \geqslant 0$），则第 j 组电动汽车在 t 时段的充电费用为

$$g(u_{jt}) = \beta_t u_{jt} \tag{13-40}$$

若同时考虑电动汽车的放电（$u_{jt} \leqslant 0$），则 t 时段的放电收益为

$$g_r(u_{jt}) = -\beta_t u_{jt} \tag{13-41}$$

其中，β_t 为 t 时刻的电价。

3）风功率估计偏差费用

由于风电的不可准确预测性，风功率计划值与实际的风电场出力情况往往不一致。一方面，若调度风功率高于实际可用风功率，则系统需要快速备用实现功率的瞬时平衡；另一方面，若调度风功率低于实际可用风功率，则会造成风功率过剩从而导致弃风。此处采用式 (13-42) 表征高估和低估可用风功率带来的备用费用和弃风费用，即

$$h(p_{kt}^{\mathrm{W}}, p_{kt}^{\mathrm{G}}) = C_{o,wk} \max(0, p_{kt}^{\mathrm{G}} - p_{kt}^{\mathrm{W}}) + C_{u,wk} \max(0, p_{kt}^{\mathrm{W}} - p_{kt}^{\mathrm{G}}) \tag{13-42}$$

其中，$C_{o,wk}$ 和 $C_{u,wk}$ 分别为高估和低估风功率的费用系数，且通常有 $C_{o,wk} > C_{u,wk}$。

2. 约束条件

电力系统经济调度以安全运行为前提，即调度策略应当满足系统运行的各种约束，以下将从传统经济调度约束、电动汽车充放电约束及风功率约束 3 个方面进行描述。

1）传统经济调度约束

电力系统传统经济调度中的约束条件通常包含功率平衡约束、发电机出力上下限约束、发电机出力爬坡约束和输电线路容量极限约束，分别如以下各式所示：

$$\sum_{i=1}^{N_g} p_{it} + \sum_{k=1}^{N_w} p_{kt}^{\mathrm{G}} = p_{dt} + \sum_{j=1}^{N_v} u_{jt} \tag{13-43a}$$

$$p_{gi}^{\min} \leqslant p_{it} \leqslant p_{gi}^{\max}, \quad i = 1, 2, \cdots, N_g \tag{13-43b}$$

$$-p_{gi}^{\mathrm{dn}} \leqslant p_{it} - p_{it-1} \leqslant p_{gi}^{\mathrm{up}}, \quad i = 1, 2, \cdots, N_g \tag{13-43c}$$

$$-p_l^{\max} \leqslant p_{lt} \leqslant p_l^{\max}, \quad l = 1, 2, \cdots, N_l \tag{13-43d}$$

此处的经济调度模型基于直流潮流，故式 (13-43a) 仅考虑有功功率平衡；式 (13-43b) 是机组发电容量约束，其中，$P_{gi}^{\min}$ 和 $P_{gi}^{\max}$ 分别为第 i 台发电机有功出力的下限和上限；式 (13-43c) 是机组爬坡约束，其中，p_{gi}^{dn} 和 p_{gi}^{up} 分别为第 i 台发电机向下和向上调节速率上限；式 (13-43d) 是传输线安全约束，其中，$p_l^{\max}$ 和 p_{lt} 分别为第 l 条输电线路传输容量和 t 时段的传输功率，N_l 为系统中输电线路的条数。线路潮流可表示为节点注入功率的线性函数，即

$$p_{lt} = \sum_{m=1}^{N} S_{ml} p_m \tag{13-44}$$

其中，N 为系统节点总数；S_{ml} 为节点功率转移分布因子。

2）电动汽车充放电约束

倘若同时考虑电动汽车的充放电，并记电动汽车 j 在 t 时段的充放电功率为 u_{jt}，则当 $u_{jt} > 0$ 时，表示电动汽车在 t 时段充电；而当 $u_{jt} < 0$ 时，表示电动汽车在 t 时段放电。为方便处理，记充放电效率均为 100%。

电动汽车在系统中工作原理如下：第 j 组电动汽车在调度初始时刻的功率给定，记为 p_{vj0}^{ESP}，其在调度周期内既可以充电也可以放电，但要求在调度周期的最后时刻功率达到额定值 p_{vjT}^{ESP}。对第 j 组电动汽车，其相邻两时段的功率关系为

$$p_{jt+1} = p_{jt} + u_{jt}, \quad j = 1, 2, \cdots, N_v \tag{13-45a}$$

从而可以得到第 j 组电动汽车在任意时段的功率为

$$p_{jt} = p_{vj0}^{\mathrm{ESP}} + \sum_{t=0}^{t-1} u_{jt} \tag{13-45b}$$

考虑到蓄电池电量的限制，对 p_{jt} 有如下约束：

$$0 \leqslant p_{jt} \leqslant p_{vjT}^{\mathrm{ESP}} \tag{13-45c}$$

此外，电动汽车的充放电功率不能大于其额定功率 p_{vjT}^{ESP}，故有如下约束：

$$-p_{vjT}^{\mathrm{ESP}} \leqslant u_{jt} \leqslant p_{vjT}^{\mathrm{ESP}} \tag{13-45d}$$

综上，式 (13-45b)~ 式 (13-45d) 构成了对电动汽车充放电特性的约束。

3）风功率约束

假设风功率的预测误差服从正态分布，且随着预测时段的增长而增大，此处采用预测均值和标准方差描述风功率的波动特性[23]。每一时段的可用功率均是由均值和标准差表示的随机变量，为了进一步处理的方便，选择一定的置信水平，采用区间表示每一时刻的风功率。具体而言，第 k 个风场在 t 时段的可用风功率 p_{kt}^{W} 可以用闭区间 $[p_{kt}^{\min}, p_{kt}^{\max}]$ 表示，其中，$p_{kt}^{\min}, p_{kt}^{\max}$ 分别为第 k 个风场在 t 时段可用风功率的最小值和最大值。调度风功率 p_{kt}^{G} 和可用风功率 p_{kt}^{W} 都应当在闭区间 $[p_{kt}^{\min}, p_{kt}^{\max}]$ 中取值，即对风功率的约束可表示为

$$p_{kt}^{\min} \leqslant p_{kt}^{\mathrm{G}} \leqslant p_{kt}^{\max}, \quad k = 1, 2, \cdots, N_w \tag{13-46a}$$

$$p_{kt}^{\min} \leqslant p_{kt}^{\mathrm{W}} \leqslant p_{kt}^{\max}, \quad k = 1, 2, \cdots, N_w \tag{13-46b}$$

3. 调度模型

在以上给出的目标函数和约束条件的基础上，可将含有风电和电动汽车的鲁棒经济调度模型表示成下述 min-max 优化问题：

$$\begin{aligned}
&\min_{[P_g,u_v,p_w^{\mathrm{G}}]} \max_{p_w^{\mathrm{W}}} F \\
&\text{s.t.}\quad \sum_{i=1}^{N_g} p_{it} + \sum_{k=1}^{N_w} p_{kt}^{\mathrm{G}} = p_{dt} + \sum_{j=1}^{N_v} u_{jt}, \forall t \\
&\qquad p_{jt+1} = p_{jt} + u_{jt}, \forall j, \forall t \\
&\qquad -p_{vjT}^{\mathrm{ESP}} \leqslant u_{jt} \leqslant p_{vjT}^{\mathrm{ESP}}, \forall j, \forall t \\
&\qquad 0 \leqslant p_{jt} \leqslant p_{vjT}^{\mathrm{ESP}}, \forall j, \forall t \\
&\qquad p_{j0} = p_{vj0}^{\mathrm{ESP}}, p_{jT} = p_{vjT}^{\mathrm{ESP}}, \forall j \\
&\qquad p_{gi}^{\min} \leqslant p_{it} \leqslant p_{gi}^{\max}, \forall i, \forall t \\
&\qquad -p_{gi}^{\mathrm{dn}} \leqslant p_{it} - p_{it-1} \leqslant p_{gi}^{\mathrm{up}}, \forall i, \forall t \\
&\qquad -p_l^{\max} \leqslant p_{lt} \leqslant p_l^{\max}, \forall l, \forall t \\
&\qquad p_{kt}^{\min} \leqslant p_{kt}^{\mathrm{G}}, p_{kt}^{\mathrm{W}} \leqslant p_{kt}^{\max}, \forall k, \forall t
\end{aligned} \tag{13-47}$$

该调度模型的出发点是电网通过制定调度策略最小化大自然对系统发电成本的最坏影响，所得调度策略为鲁棒经济调度策略，所得发电成本为最大可能成本。换言之，采用由式 (13-47) 得到的调度策略时，无论实际的可用风功率如何，均可以保证实际发电成本小于式 (13-47) 中的最优解值。

电网的调度策略 X_G 由三部分组成，分别为传统发电机出力向量 ($p_g = \{p_{it}\}, \forall i, \forall t$)、电动汽车的充放电功率向量 ($u = \{u_{jt}\}, \forall j, \forall t$) 以及调度风功率 ($p_w^{\mathrm{G}} = \{p_{kt}^{\mathrm{G}}\}, \forall k, \forall t$)。大自然的策略 ($X_W = p_w^{\mathrm{W}} = \{p_{kt}^{\mathrm{W}}\}, \forall k, \forall t$) 为可用风功率。

式 (13-47) 所示优化问题的约束条件均为线性等式和不等式约束，且约束条件中，电网的策略空间 $S(X_G)$ 与大自然的策略空间 $S(X_W)$ 是解耦的，即没有约束同时包含变量 X_G 和 X_W。

13.4.2 求解算法

鉴于电网策略和大自然策略的解耦性，将其策略集分别记为 $S(X_{\mathrm{G}})$ 和 $S(X_{\mathrm{W}})$，从而可采用第 9 章介绍的两阶段松弛方法[24] 求解，详细流程如下。

第 1 步 初始化大自然的策略 $X_{\mathrm{W}}^1 \in S(X_{\mathrm{W}})$，并记迭代次数 $m=1$，收敛误差为 ε。

第 2 步 通过引入辅助变量 σ，求解松弛问题

$$\begin{aligned}
&\min_{X_{\mathrm{G}} \in S(X_{\mathrm{G}}), \sigma} \sigma \\
&\text{s.t.}\quad F(X_{\mathrm{G}}, X_{\mathrm{W}}^i) \leqslant \sigma, \quad i = 1, 2, \cdots, m
\end{aligned} \tag{13-48}$$

记最优解为 $(X_{\mathrm{G}}^k, \sigma^k)$，上式中不等式约束将会随着迭代次数的增加而增加，因此，松弛度不断降低。

第 3 步　求解极大化问题

$$\begin{aligned}&\max_{X_W} F(X_{\mathrm{G}}^k, X_{\mathrm{W}})\\&\text{s.t.}\quad X_{\mathrm{W}} \in S(X_{\mathrm{W}})\end{aligned} \tag{13-49}$$

在该优化问题中，电网的决策变量固定为上一步计算得到的 X_{G}^k，可用风功率为决策变量。记最优解为 X_{W}^{k+1}，最优值为 $\varphi(X_{\mathrm{G}}^k) = F(X_{\mathrm{G}}^k, X_{\mathrm{W}}^{k+1})$。

第 4 步　判断是否收敛。

若 $\varphi(X_{\mathrm{G}}^k) \leqslant \sigma^k + \varepsilon$，则算法终止，问题 (13-47) 的最优解为 $X_{\mathrm{G}}^k, X_{\mathrm{W}}^{k+1}$，否则 $k = k+1$，回到第 2 步，并在式 (13-48) 中增加约束条件

$$F(X_{\mathrm{G}}, X_{\mathrm{W}}^k) \leqslant \sigma$$

返回第 2 步。

13.4.3　仿真分析

本节采用加入风电和电动汽车的 IEEE 3 机 9 节点系统作为测试系统，验证本节所提模型的原理和有效性。不失一般性，在 4 号母线接入风机 WG，7 号母线接入电动汽车 PEV，如图 13.16 所示。考虑到电动汽车与电网之间的功率可双向流动，故图中 PEV 与电网之间用双向箭头连接。

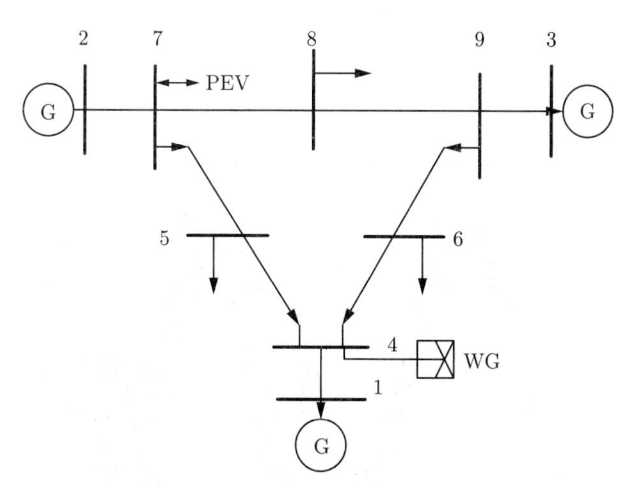

图 13.16　含风电和电动汽车的 IEEE 3 机 9 节点系统

1. 用于经济调度的系统参数设置

（1）传统发电机的发电费用、出力上下限均采用 IEEE 3 机 9 节点的标准数据，机组有功功率的最大上调和下调速率分别为 100MW/h 和 50MW/h，输电线路的容量设定为正常运行（IEEE 标准数据）下线路传输功率的 1.5 倍。

（2）电动汽车的额定容量设为传统发电机组容量的 10%，初始功率设为其额定容量的 15%。

（3）风电的额定功率设为传统发电机组容量的 10%，描述风功率不确定性的均值和方差（标幺值）的时间序列如图 13.17 所示。若取置信区间为 99%，则表示可用风功率变化范围的包络带如图 13.18的阴影区域所示。式 (13-46a) 和式 (13-46b) 中不等式约束即要求调度风功率以及可用风功率均落在该带状区域之内。

（4）日峰荷为 IEEE 9 节点标准数据，负荷曲线（与峰荷的比值）取自 IEEE-RTS 标准负荷数据中的某一天，如图 13.19 所示。由于电动汽车充放电相关的费用或收益需要用到电价信息，此处采用的分段电价信息如图 13.20 所示。当负荷需求低时，采用低电价；而当负荷高时，采用高电价。

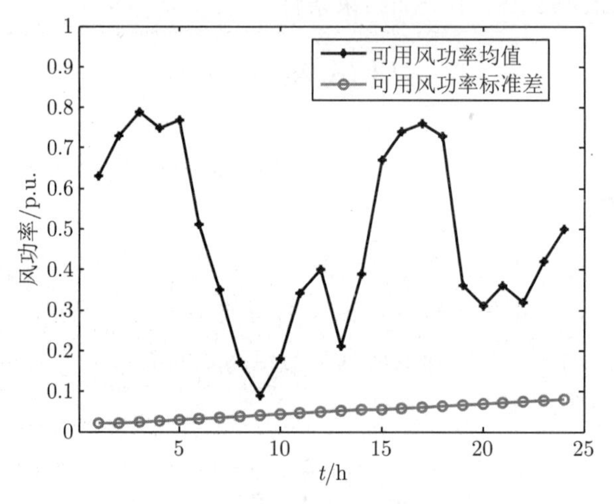

图 13.17 可用风功率均值与标准差

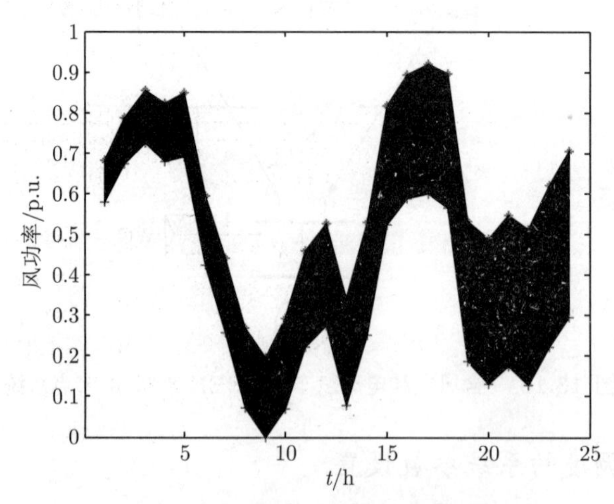

图 13.18 可用风功率的区间分布

此外，高估可用风功率带来的备用费用系数设为最高电价的 1.5 倍，而低估可用风功率带来的弃电费用系数选为最高电价，即

$$C_{o,wk} = 150\text{美元}/(\text{MW}\cdot\text{h}), \quad C_{u,wk} = 100\text{美元}/(\text{MW}\cdot\text{h})$$

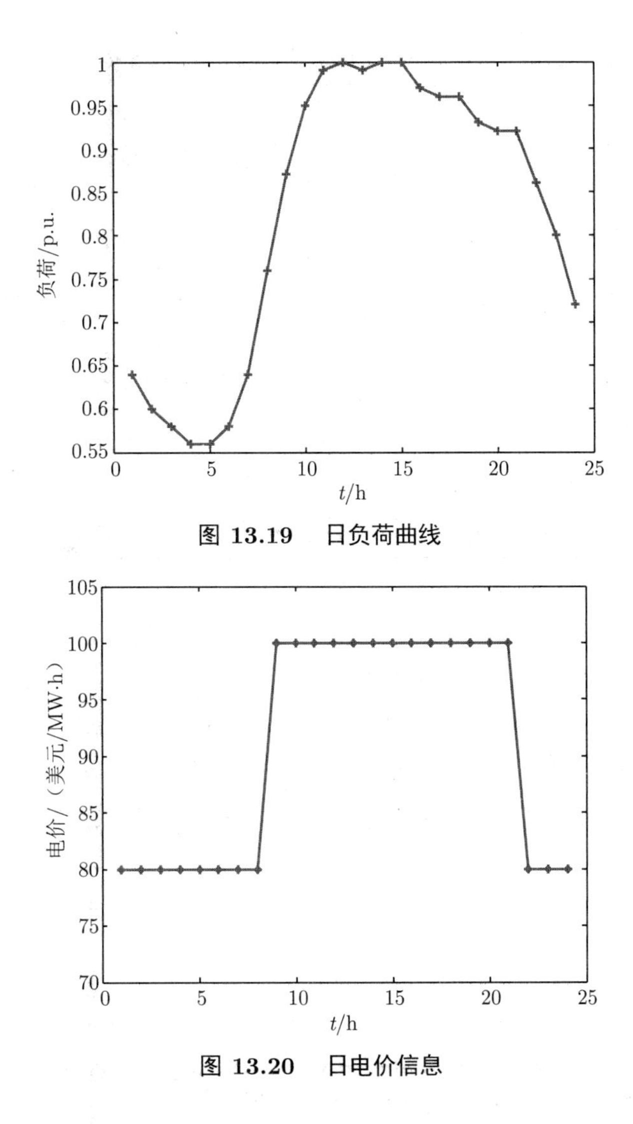

图 13.19 日负荷曲线

图 13.20 日电价信息

2. 鲁棒经济调度策略分析

本节考察不同调度时段的鲁棒经济调度问题，求解由式 (13-47) 所示的调度模型得到的鲁棒经济调度策略。优化问题 (13-48) 和问题 (13-49) 通过调用 MATLAB 函数 fmincon 求解。

1）$T=10\text{h}$ 的鲁棒经济调度

当调度时段 $T=10\text{h}$ 时，电网的决策变量共 50 个，大自然的决策变量共 10 个，两阶段松弛算法迭代 13 次收敛，相应的电网策略（鲁棒经济调度策略）、大自然策略（最坏可用风功率）如表 13.16 所示。发电成本分为两部分，传统费用为 32586 美元，表示传统发电机组的发电成本与电动汽车的充放电费用之和；风电费用为 7978 美元，即电网调度风功率高估与低估可用风功率带来的成本。总成本为 40564 美元的含义为，当电网采用表 13.16 中的调度策略时，无论未来的可用风功率为何种情景，系统发电成本均不会大于此值。

表 13.16　$T = 10\text{h}$ 的鲁棒经济调度策略

时段/h	电网/MW					大自然/MW
	p_{g1}	p_{g2}	p_{g3}	p_w^{G}	u	p_w^{W}
1	31.75	63.45	44.84	50.8	−10.76	47.43
2	31.75	63.45	44.84	58.9	9.94	55.08
3	31.75	63.45	44.84	63.7	21.07	59.45
4	31.75	63.45	44.84	60.3	23.96	67.39
5	31.75	63.45	44.84	61.85	25.49	69.58
6	32.45	64.35	45.47	40.42	0	34.83
7	42.52	77.38	54.51	27.19	0	36.24
8	59.02	98.73	69.32	12.32	0	5.85
9	71.73	115.18	80.73	6.41	0	16.03
10	77.53	123.36	85.44	12.92	0	23.96

以下，从 3 个方面分析表 13.16 中鲁棒经济调度策略的特点。

（1）发电机组出力。为对比分析各发电机组的出力情况，将 3 台传统发电机组的调度功率及电网调度风功率的时间序列绘于图 13.21。由该图可以看出，2 号机组的出力大于 3 号机组，3 号机组出力大于 1 号机组，这主要缘于 2 号机组的发电成本低于 3 号机组，3 号机组的发电成本低于 1 号机组。可见，所提鲁棒经济调度模型具有传统经济调度的经济性。

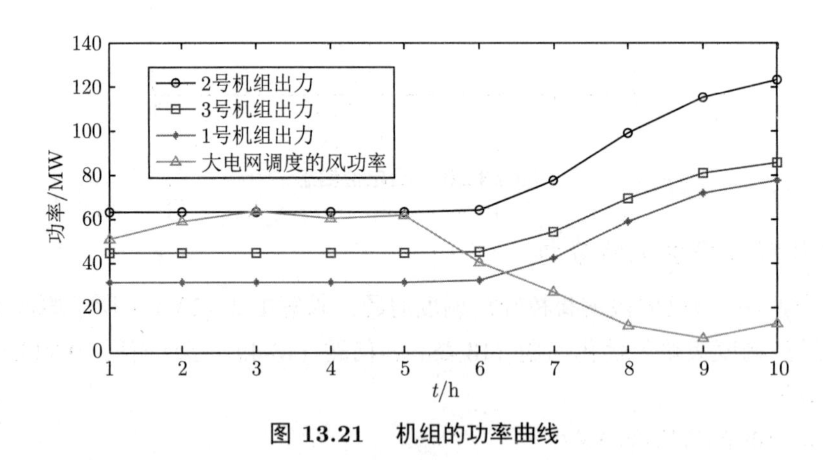

图 13.21　机组的功率曲线

（2）风功率。将表 13.16 中调度风功率 p_w^{G}、大自然决定的可用风功率 p_w^{W} 以及可用风功率的上下限绘于图 13.22。

图 13.22，在 10h 的调度时段内，调度风功率在各时刻均位于可用风功率区间之内；而当电网选择既定的策略时，由大自然决策的相对电网最坏的可用风功率总是位于风功率区间的边界上，这是由于式 (13-46a) 所示的极大化问题为线性规划问题，最优解必然位于可行域的极点。

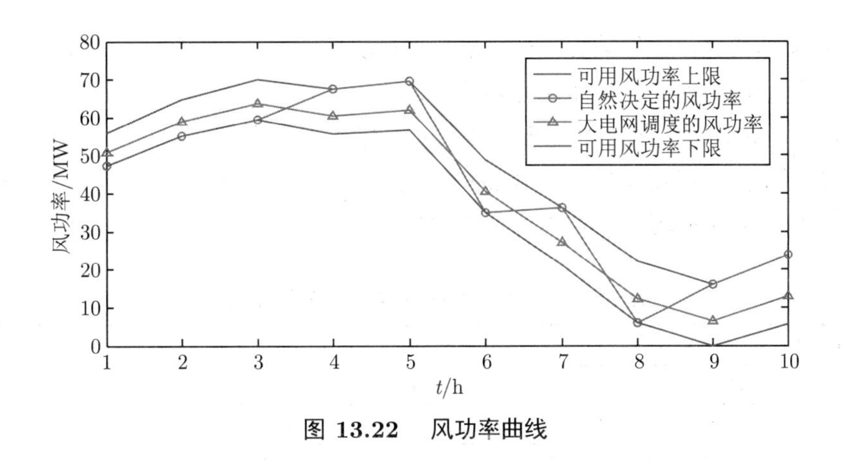

图 13.22 风功率曲线

（3）电动汽车充放电特性。在 $T = 10\text{h}$ 的调度周期内，电动汽车在低电价时段完成充电。由于低电价时段同时也是负荷低谷时段，电动汽车发挥了填充负荷低谷的作用。倘若将电动汽车的充放电功率与负荷需求相叠加形成加入电动汽车后的等效负荷曲线，可得到加入电动汽车前后的负荷曲线如图 13.23 所示。该图显示出电动汽车的填谷效应。从原理上讲，电动汽车可以通过放电降低峰荷，但由于调度的约束条件要求电动汽车的容量在调度周期末达到额定值，因此，在 10h 的调度时段内，为了最经济地实现充满电的目标，电动汽车仅仅会在低电价时段充电。

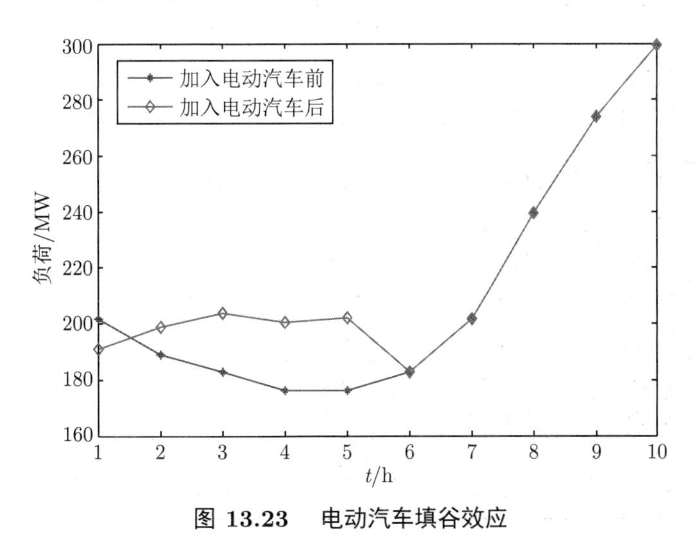

图 13.23 电动汽车填谷效应

2）$T = 24\text{h}$ 的鲁棒经济调度

当调度周期时，电网的决策变量共 120 个，大自然的决策变量共 24 个，两阶段松弛算法迭代 21 次可收敛，所得电网的鲁棒经济调度策略、大自然决定的可用风功率以及电网的成本如表 13.17 所示。该表的数据显示，电动汽车会在高电价时段放电获取收益，而在低电价时段以较小的成本充电。为分析各发电机出力情况，将 3 台传统发电机组的调度功率及电网调度风功率的时间序列绘于图 13.24。该图显示，2 号和 3 号机组主要跟踪负荷的变化，功率随着负荷需求的增减同步增减。1 号机组由于发电费用较高，其主要跟踪风电功率的变化，即风电功率升高时，1 号机组出力降低；风电功率降低时，1 号机组出力增加。为更加直观地表明该关系，将 1 号机组出力与电网调度风功率相加，如图 13.25 所示，可以看出二者的叠加功率波动较小，从另外一个角度来看，1 号机组可以看作风电的备用机组，实时跟踪风电的出力，抑制风电的波动性。

表 13.17　$T = 24\text{h}$ 的鲁棒经济调度策略

时段/h	电网/MW					大自然/MW
1	31.57	63.12	44.66	55.89	−6.36	47.43
2	30.59	61.87	43.81	63.61	10.88	55.08
3	30.76	62.18	43.95	62.09	16.28	70.11
4	30.99	62.37	44.09	59.2	20.26	55.61
5	30.33	61.42	43.54	66.33	25.21	56.7
6	31.47	62.96	44.39	47.31	3.43	48.81
7	43.36	78.23	55.09	24.93	0	21.16
8	56.14	94.77	66.46	22.03	0	5.85
9	72.39	115.93	81.07	4.67	0	16.03
10	75.09	119.41	83.79	18.57	−2.4	23.96
11	74.72	119.76	84.03	19.78	−13.55	18.13
12	67.6	121.53	82.27	27.61	−15.99	43.1
13	75.54	119.61	84.25	12.7	−19.75	6.37
14	54.92	124.77	79	41.85	−14.46	43.39
15	47.16	126.87	77.1	50.55	−13.31	42.98
16	36.45	129.43	74.2	62.97	−2.51	73.19
17	29.8	130.72	72.19	70.56	0.88	75.38
18	39.18	128.31	74.71	60.01	−0.2	73.47
19	74.79	118.5	83.6	15.35	−0.71	43.69
20	73.21	116.81	82.08	17.7	0	40.14
21	70.43	114.23	80.18	24.97	0	14.25
22	69.06	118.53	73.57	25.44	15.7	42.06
23	64.84	117.58	66.36	30.57	27.35	50.81
24	44.67	111.82	57.3	51.96	38.95	57.92

为深入分析电动汽车的充放电对负荷需求的影响，现将在鲁棒经济调度策略下加入电动汽车前后的负荷曲线绘于图 13.26。该图表明，通过在调度目标中加入电动汽车充放电费用或收益，最优的调度策略下，电动汽车削峰填谷效应明显。

进一步，为定量评估电动汽车充放电对负荷的影响，分别计算加入电动汽车前后的系统负荷率和最小负荷系数两个指标。以上两个指标用于描述负荷的波动特性，其中，负荷率为平均负荷与最大负荷的比值，最小负荷系数为最小负荷与最大负荷之比，显然负荷率数值越大或最小负荷系数越大，则系统负荷曲线越平滑，峰谷差越小。经计算，加入电动汽车前后的系统负荷率和最小负荷系数如表 13.18 所示。

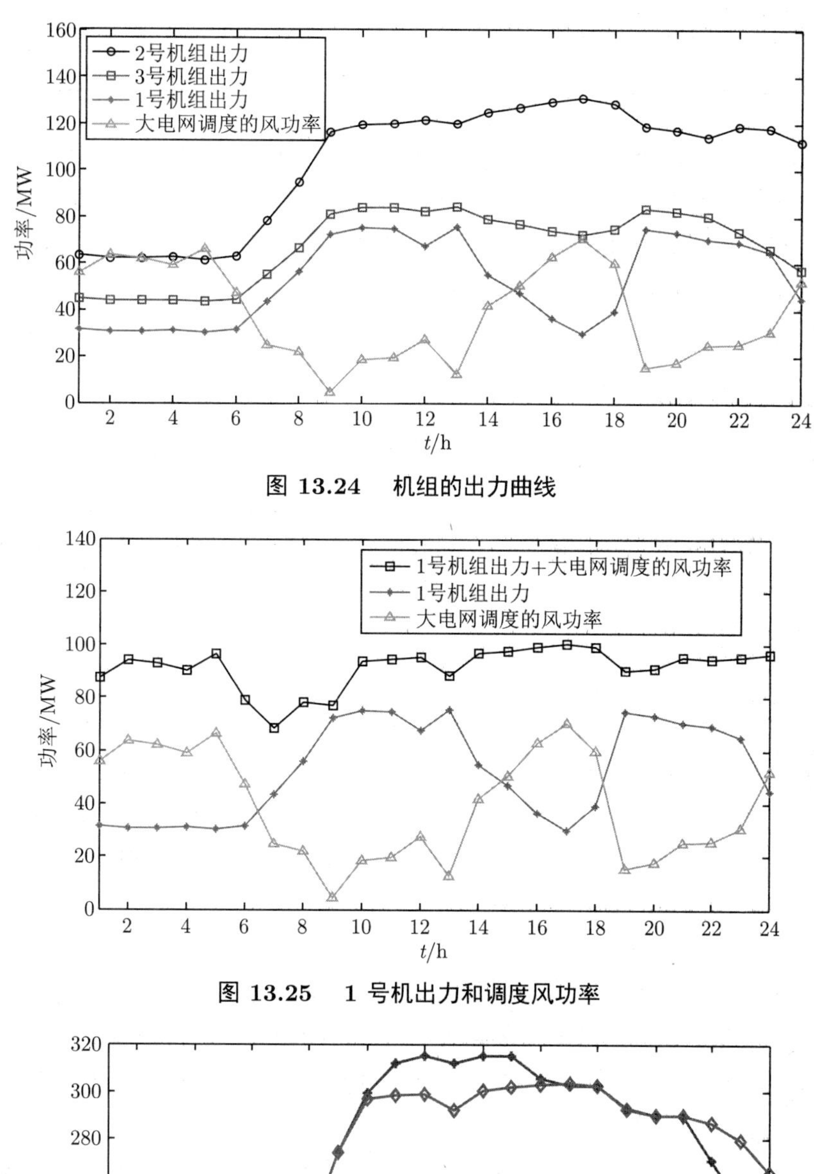

图 13.24　机组的出力曲线

图 13.25　1 号机出力和调度风功率

图 13.26　$T = 24$h 电动汽车削峰填谷效应

表 13.18 电动汽车加入前后系统负荷特性对比

	负荷率	最小负荷系数
加入电动汽车前	0.82	0.56
加入电动汽车后	0.86	0.61
改善程度/%	5.03	9.59

表 13.18 表明，通过对电动汽车的充放电控制，电动汽车对于提高系统负荷率和增大最小负荷系数的作用显著，其中，对最小负荷系数的改善程度最为明显，超过 9%。由此可见，对电动汽车的有效控制有望为电网调度削峰填谷提供一项可行的调控手段。

需要说明的是，电动汽车削峰填谷效应的发挥很大程度上依赖于电价信息，通过在负荷低谷时段采用低电价，高负荷时段采用高电价，才能发挥电动汽车的削峰填谷作用。

3. 参数影响分析

在所提的基于二人零和博弈的鲁棒经济调度模型中，大自然对电网调度的最直接影响表现为在目标函数中增加高估和低估可用风功率带来的备用费用和弃风成本。高估和低估风功率的费用系数 $C_{o,wk}$ 和 $C_{u,wk}$ 的取值显然会影响系统调度策略的制定，尤其是针对电网调度的风功率的制定。以下分 3 种情况讨论高估和低估可用风功率的费用系数对调度风功率的影响。

1）$C_{o,wk}=0, C_{u,wk}=100$

倘若系统备用费用极低，甚至可忽略不计，即 $C_{o,wk}=0$，弃风成本却很高，为 100 美元/（MW·h)，那么，在制定调度策略时不计高估可用风功率带来的备用费用，只计低估可用风功率的弃风成本。在此情况下，调度风功率总是位于可用风功率区间的上限，此时无论实际的可用风功率如何，电网均不会因低估可用风功率带来弃风成本。显然，这种以风功率上限作为调度策略的做法略显冒进。

2）$C_{o,wk}=150, C_{u,wk}=0$

另外一种极端情况是系统弃风成本为零，而高估可用风功率需要支付一定的备用费用。根据式 (13-47) 所示的模型，在该情形下，电网调度人员将倾向于选择可用风功率的下限作为调度风功率。显然地，在这种情况下制定的调度策略会过于保守。

3）$C_{o,wk}=150, C_{u,wk}=100$

当同时考虑高估的备用费用与低估的弃风成本时，调度风功率将会位于风功率的包络带内部，而大自然的策略（相对电网的最坏风功率）既可能是上限值，亦可能是下限值，如图 13.22 所示。

通过以上的分析即可以看出，通过控制参数 $C_{o,wk}$ 和 $C_{u,wk}$ 的相对大小，即可以实现调度策略的保守和冒进的平衡。在通常的情况下，当 $C_{o,wk}>C_{u,wk}$ 时，即高估可用风功率造成的备用成本较高时，系统调度人员的策略会偏于保守，选择制定较小的风功率计划，且 $C_{o,wk}$ 的数值越大，保守程度越高；当 $C_{o,wk}<C_{u,wk}$ 时，即弃风成本较高时，为了降低总成本，系统调度人员宁愿制定高的功率计划，以尽可能较少弃风，因此该策

略偏于冒进。在实际调度策略的制定中，可根据系统的情况确定参数 $C_{o,wk}$ 和 $C_{u,wk}$ 的大小。

4. 调度策略的鲁棒经济性分析

为检验所提鲁棒经济调度模型给出的调度策略的鲁棒经济性，本节将所提模型下的调度策略与基于确定风功率预测曲线的调度策略进行对比，分析两种策略下的经济风险。

倘若认为风功率的预测均值是未来最可能出现的风功率情形，则可基于该确定的风功率曲线制定经济调度策略。根据优先调度可再生能源发电的政策，此处可以假设每一时刻的风功率均被电网全额吸收，风功率此时已与负荷无异。在这种情况下，每个调度时刻的可用风功率均为确定的值，电网调度人员制定调度策略的决策已与传统经济调度无异，仅需要修改风电接入节点的注入功率值；与鲁棒经济调度模型相比，该调度情形下的目标函数也无需考虑高估或低估可用风功率的费用。以下给出 $T = 10\text{h}$ 的调度周期下，采用风功率预测均值的经济调度策略及经济风险。

1）确定风功率下的经济调度策略

通过求解相应的经济调度模型，可得到 $T = 10\text{h}$ 的经济调度策略如表 13.19 所示。发电成本中，传统费用为 32390 美元，风电费用为 0。对比表 13.19 与表 13.16 可以看出，在采用确定风功率制定的经济调度策略下，传统发电费用和总成本均小于鲁棒经济调度策略下的相应数值。出现这个结果的重要原因在于模型 (13-47) 考虑了未来一切可能的风功率情景，其调度目标在于保证在所有可能的风功率情景下的总成本不会超过该策略下的总成本。换言之，即使是在最坏可能的可用风功率情景下，发电成本亦不会大于采用鲁棒经济调度策略的值。就策略本身而言，鲁棒经济调度策略是保证最大可能发电成本最低的调度策略，也就是说，在其他一切调度策略下，所带来的最大可能总成本均会高于此调度策略下的值；对所有可能的风功率情景而言，在该调度策略下，无论未来的风功率情景为何，总发电成本均不会大于此成本值。

表 13.19　$T = 10\text{h}$ 的鲁棒经济调度策略

时段/h	电网/MW					大自然/MW
	p_{g1}	p_{g2}	p_{g3}	p_w^{G}	u	p_w^{W}
1	31.42	63.01	44.54	51.66	−10.97	51.66
2	31.42	63.01	44.54	59.86	9.83	59.86
3	31.42	63.01	44.54	64.78	21.05	64.78
4	31.42	63.01	44.54	61.50	24.07	61.50
5	31.42	63.01	44.54	63.14	25.71	63.14
6	32.02	63.79	45.08	41.82	0	41.82
7	42.05	76.77	54.08	28.70	0	28.70
8	58.51	98.08	68.87	13.94	0	13.94
9	71.42	114.78	80.46	7.38	0	7.38
10	76.94	122.72	84.83	14.76	0	14.76

2）经济风险分析

此处同时对鲁棒经济调度模型下的鲁棒经济调度策略与基于确定风功率的调度策略进行经济风险分析，检验本节所提鲁棒经济调度模型对于应对风功率不确定性的有效性。基本思路如下所所述。

第 1 步 随机抽样得到风功率情景。在风功率的预测带内随机模拟 10000 次可能的风功率情景。

第 2 步 在抽样得到的风功率情景下，分别计算鲁棒经济调度策略与基于确定风功率模型的调度策略下的总发电成本及高估和低估风功率的风电费用。

第 3 步 计算两种调度策略下的经济风险。

此处所谓的经济风险即为两种策略在各抽样获得的风功率情景下的总发电成本与调度模型计算所得成本之差，并以此作为评判两种调度策略应对风功率不确定性的能力。显然经济风险的数值越小，经济风险越低，相应策略应对风功率不确定性的能力越强。采用以上步骤，可统计得到鲁棒经济调度策略与确定风功率调度策略下风电费用、总发电成本与经济风险 3 个经济指标的最小值、最大值和均值如表 13.20 所示。

表 13.20 鲁棒经济调度与确定风功率下调度的经济性分析 美元

经济指标		鲁棒经济调度策略	确定风功率调度策略
风电费用	最小值	1032.44	1417.17
	最大值	6478.89	7254.9
	均值	3991.73	4140.24
总发电成本	最小值	33618.68	33807.83
	最大值	39065.13	39645.55
	均值	36577.97	36530.89
经济风险	最小值	−6945.49	1417.17
	最大值	−1499.04	7254.89
	均值	−3986.20	4140.23

从表 13.20 所示的风电费用项看，鲁棒经济调度策略下的风电费用最小值、最大值和均值均小于确定风功率下的情形，换句话说，鲁棒经济调度模型下的调度策略可以最小化系统高估和低估可用风功率带来的费用。从系统总成本看，鲁棒经济调度策略下的最小值和最大值均小于确定风功率的情形，均值与确定风功率的情形相差无几，仅高出 47 美元。可见，鲁棒经济调度策略下总发电成本的统计特性优于基于确定风功率下的经济调度策略。从经济风险看，由于鲁棒经济调度下各抽样所得总成本均小于调度模型所得成本，因此经济风险恒为负值；而确定风功率调度模型制定调度策略时忽略了风功率的不确定性，因此其经济风险较高，主要来自高估或低估可用风功率带来的备用或弃风费用，且最大经济风险值为 7254.89 美元，占总成本的 22.4%。由此可见，基于确定风功率制定的调度策略无法适应未来多变的风功率情景。此外，在 10000 次随机风功率抽样下，鲁棒经济调度策略下的总发电成本的最大值仅为 39065.13 美元。这也从统计的角度

验证了鲁棒经济调度策略下的发电成本为一切可能的风功率情景下的最大发电成本这一论断。

13.5 省级电网应用实例

13.5.1 系统概况

将鲁棒机组组合和鲁棒备用整定应用于我国某省级电网。该电力系统包含 174 台火电机组，1880 个节点和 2452 条传输线。该电网传统机组装机容量 58744MW，还需从省外购电约 10000MW。若开发可再生能源不但可以有效缓解供电压力，还可节省购电成本，较少污染物排放。为评价该省级电网接纳大规模可再生能源的能力，为该省未来开发利用风能提供技术支持，本节虚拟了总装机容量为 8000MW 的风电场从 6 个不同的城市接入该省电网，如此则该省可见风电装机比例接近 12%。某工作日负荷曲线如图 13.27 所示。虚拟风电场的总预测出力与区间如图 13.28 所示。

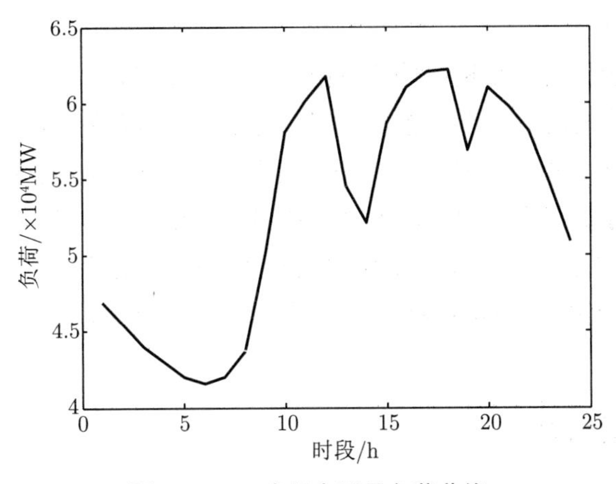

图 13.27 省级电网日负荷曲线

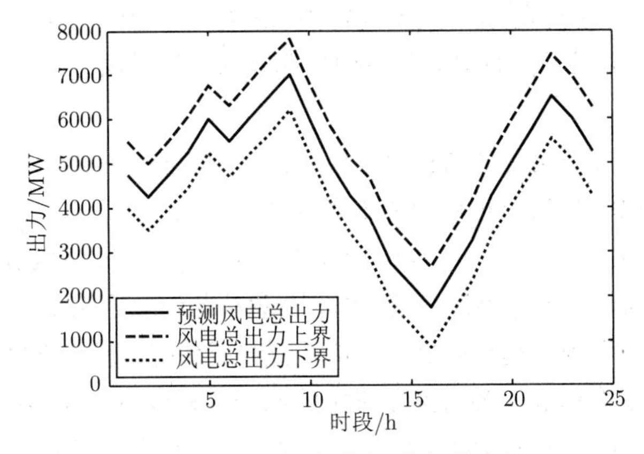

图 13.28 风电出力预测及区间

13.5.2 节能减排政策的考虑

节能减排成为工业生产中不容忽视的环节。电力行业作为一次能源消耗的大户，是二氧化碳及其他污染的主要来源之一，电力生产的节能减排具有重要意义。电力系统节能发电调度要求在保障电力可靠供应的前提下，按照节能、经济的原则，优先调度可再生能源，其后顺次调用核电、热电联产、气电与燃煤机组，同类型燃煤机组则按能耗水平由低到高依次调用，为此，国家发改委下发了“机组发电序位表”作为考核电网调度部门的标准。然而，发电调度需要考虑的电网运行安全约束众多，仅凭经验难以在工程中实际应用；另外，节能减排政策仅仅给出了一般调度原则，并没有提供具体模型及算法，这对于其在我国电网的实施与推广非常不利。为解决这一实际问题，本节提出了一种计及机组发电序位的调度模型，以实现该省级电网的节能发电调度。事实上，只要在机组组合或鲁棒机组组合模型中，加入如下对机组状态的约束，即可实现下述机组排序：

$$u_{1t} \geqslant u_{2t} \geqslant \cdots \geqslant u_{Nt}, \forall t \tag{13-50}$$

其中，N 为机组台数。

式 (13-50) 的含义是，将机组按“发电序位表”编号，排序靠前的机组编号小。由式 (13-50) 可见，若某机组工作状态为“1”，则排序在其之前的机组工作状态也为“1”；同理，若某机组工作状态为“0”，则排序在其之后的机组工作状态也为“0”。因此，将式 (13-50) 加入鲁棒机组组合模型的预调度约束中，即可实现常规机组的发电排序，与现行调度方法不同的是，工作的机组不一定满发，而且由于鲁棒机组组合中考虑了其他运行约束与可再生能源发电的不确定性，因此，可以在满足国家政策要求的前提下保证电网安全经济运行。

13.5.3 鲁棒机组组合

本节考察该省级电网的鲁棒机组组合问题。不确定集合方面，考虑含 6 个风电场 24 时段的机组组合，在 13.2 节的模型 (13-6) 中，取 $\varGamma^{\mathrm{S}}=4$ 和 $\varGamma^{\mathrm{T}}=8$ 即可充分刻画未来 24h 内风电出力的不确定性。此外，本例中传输线安全约束仅考虑 500kV 传输线中的有功潮流。

将不考虑风电出力不确定性的传统机组组合作为参照，其结果等同于在鲁棒机组组合中取 $\varGamma^{\mathrm{S}}=\varGamma^{\mathrm{T}}=0$。传统机组组合成本为 6.6312×10^{7} 元，对应于该机组组合的标称调度成本为 4.1453×10^{8} 元，总成本为 4.8084×10^{8} 元。然而该机组组合对不确定性的适应能力较差，当风电出力预测误差较大时，在该机组组合方案下不存在可行的调度解，故需改变机组状态或调用快速响应机组，从而影响了系统运行可靠性。进一步计算该省级电网的鲁棒机组组合问题。为考察不确定性的严重程度对结果的影响，对 $\varGamma^{\mathrm{S}}$ 和 $\varGamma^{\mathrm{T}}$ 取不同值进行计算，结果如表 13.21 所示。此时的机组组合方案对不确定集合 P^{W} 所描述的风电出力场景都是鲁棒的。

表 13.21 省级电网鲁棒机组组合计算结果

Γ^{T}	Γ^{S}	机组组合成本/×10^7 元	标称调度成本/×10^8 元	总成本/×10^8 元	增量/%
1	2	6.7698	4.1363	4.8133	0.10
2	4	6.8203	4.1326	4.8146	0.13
3	6	6.8727	4.1334	4.8207	0.26
4	8	6.9382	4.1321	4.8259	0.36

表 13.21 表明，随着参数 Γ^{S} 和 Γ^{T} 的增加，不确定集合 P^{W} 的测度也随之增加，意味着将考虑不确定性在更大范围内的变化情况，因此，机组组合的成本和总成本都随之增加，表明为应对不确定性将付出更大的成本。但由于空间集群效应和时间平滑效应，取 $\Gamma^{\mathrm{S}}=4$ 和 $\Gamma^{\mathrm{T}}=8$ 已足以描述 6 个风电场未来 24h 内风功率的波动状况。

最后，随机产生 10000 个场景对传统机组组合和鲁棒机组组合的鲁棒性进行了检验，结果如表 13.22 所示。表中鲁棒性的定义为：对应的机组组合下能够给出调度解的场景数占总场景数的比例。表 13.22 说明，鲁棒机组组合较常规机组组合能够大幅提高日前发电计划的可靠性。

表 13.22 不同机组组合鲁棒性对比

机组组合模型	可靠性 / %
鲁棒机组组合（$\Gamma^{\mathrm{S}}=4, \Gamma^{\mathrm{T}}=8$）	95.3
常规机组组合	84.7

13.5.4 鲁棒备用整定

本节考察该省级电网的备用整定问题，重点考虑电网安全，体现为在风电场任意可能的出力下，机组实施调频以后传输线安全约束不会越界，即不会造成线路阻塞。本节中假定备用整定的时间尺度是 1h。

假设调度时段为上午 9:00~10:00，系统负荷 57000MW。6 个风电场的预测出力分别为 1000MW、1000MW、1000MW、1000MW、1500MW 和 500MW。进一步假设提前 1h 每个风电场的出力预测误差是 15%，即总不确定性为 ±900MW。根据鲁棒机组组合第 9 时段结果，系统中运行的机组共有 129 台。

首先计算传统备用整定。先将 900MW 备用根据机组容量按比例分配，然后在经济调度约束中考虑备用整定结果，求解得到传统备用整定的调度成本为 1.2432×10^7 元，备用成本为 5.283×10^5 元，总成本为 1.2960×10^7 元。由于采用了鲁棒机组组合的结果和风电场预测出力，传输线未发生阻塞。经鲁棒可行性检验知，风电场出力任意变化时，仅在备用容量范围内调整机组出力即可满足系统运行条件。因此，传统备用整定的结果满足定义 13.1。传统备用整定的这种鲁棒性往往以较高的成本为代价。

考虑到 6 个风电场接入时取 $\Gamma^{\mathrm{S}}=4$ 可以较好地反映空间集群效应。为了考察空间集群效应对鲁棒备用整定结果的影响，本节考虑 Γ^{S} 从 0 到其最大值 6 均匀变化，求解鲁棒备用整定问题 (13-37)，结果如表 13.23 所示。

表 13.23 鲁棒备用整定结果

Γ^{S}	调度成本/$\times10^7$ 元	备用成本 /$\times10^5$ 元	总成本/$\times10^7$ 元	减少/%
0	1.2385	0	1.2385	4.44
2	1.2404	1.9520	1.2599	2.79
4	1.2422	3.5138	1.2773	1.44
6	1.2440	4.6849	1.2908	0.4

从表 13.23 可以看出，Γ^{S} 越小，备用成本越低，相应的总成本也越低，而取 $\Gamma^{\mathrm{S}}=4$ 可以较准确地反映空间集群效应。实际使用时取 $\Gamma^{\mathrm{S}}=4$ 即可以节约系统运行成本，又不会明显降低运行可靠性。

13.6 说明与讨论

为有效应对发电计划中新能源发电出力的不确定性，本章将第 9 章提出的鲁棒优化方法应用于电力系统发电调度问题，提出了鲁棒机组组合、鲁棒备用整定和鲁棒经济调度模型，其中，鲁棒机组组合和鲁棒备用整定对应于动态鲁棒优化，其鲁棒性体现在可行性上，即不论不确定性如何变化，电网总能够提供安全可靠的调度策略；鲁棒经济调度对应于静态鲁棒优化，其鲁棒性体现在最优性上，即不论不确定性如何变化，电网最优运行成本不会高于计算值。

由此可以引申出一系列值得进一步研究的问题，归纳如下：

（1）运行方面，考察不确定性对电网调度的影响，通过模拟预报准确性、空间集群效应以及时间平滑效应（通过改变不确定集合的参数），对比分析各种情况下电网调度策略及运行成本的变化情况。

（2）评估方面，在不确定程度确定的情况下，研究系统能够接纳的可再生能源发电比例并辨识系统消纳可再生能源的运行瓶颈。

（3）模型扩展方面，如何在模型中考虑更多种类的不确定性，如切机切线路事故，以及如何在再调度阶段引入离散变量，如调度快速响应机组，以及考虑需求响应，都是值得研究的问题。

（4）应对不确定性的机制方面，目前采用的是两阶段模型，即不确定性只需一次观测，而实际调度中，可再生能源出力是分时段逐渐被观测到的，而机组出力调度策略也是分时段给出的，因此，一个值得研究的方向是将多时段动态调度决策建模为调度员和大自然之间的多阶段动态博弈，进而考察二者之间的相互作用如何随时间变化达到均衡。

参考文献

[1] YANG X, SONG Y, WANG G, et al. A comprehensive review on the development of sustainable energy strategy and implementation in China [J]. IEEE Transactions on Sustainable Energy, 2010, 1(2): 57–65.

[2] MANJURE D, MISHRA Y, BRAHMA S, et al. Impact of wind power development on transmission planning at midwest iso [J]. IEEE Transactions on Sustainable Energy, 2012, 3(4): 845–852.

[3] APARICIO N, MACGILL I, ABBAD J, et al. Comparison of wind energy support policy and electricity market design in Europe, the United States, and Australia [J]. IEEE Transactions on Sustainable Energy, 2012, 3(4): 809–818.

[4] XIE L, CARVALHO P, FERREIRA L, et al. Wind integration in power systems: Operational challenges and possible solutions [J]. Proceedings of the IEEE, 2011, 99(1): 214–232.

[5] MAKAROV Y, ETINGOV P, MA J, et al. Incorporating uncertainty of wind power generation forecast into power system operation, dispatch, and unit commitment procedures [J]. IEEE Transactions on Sustainable Energy, 2011, 2(4): 433–442.

[6] KABOURIS J, KANELLOS F. Impacts of large-scale wind penetration on designing and operation of electric power systems [J]. IEEE Transactions on Sustainable Energy, 2010, 1(2): 107–114.

[7] 梅生伟, 郭文涛, 王莹莹, 等. 一类电力系统鲁棒优化问题的博弈模型及应用实例 [J]. 中国电机工程学报, 2013, 33(19): 47–56.

[8] 魏韡, 刘锋, 梅生伟. 电力系统鲁棒经济调度 (一) 理论基础 [J]. 电力系统自动化, 2013, 37(17): 37–43.

[9] 魏韡, 刘锋, 梅生伟. 电力系统鲁棒经济调度 (二) 应用实例 [J]. 电力系统自动化, 2013, 37(18): 60–67.

[10] WEI W, LIU F, MEI S W, et al. Robust energy and reserve dispatch under variable renewable generation [J]. IEEE Transactions on Smart Grid, 2015, 6(1): 369–380.

[11] WEI W, LIU F, MEI S, et al. Two-level unit commitment and reserve level adjustment considering large-scale wind power integration [J]. International Transactions on Electrical Energy Systems, 2014, 24(12): 1726–1746.

[12] WANG C, LIU F, WANG J, et al. Robust risk-constrained unit commitment with large-scale wind generation: An adjustable uncertainty set approach [J]. IEEE Transactions on Power Systems, 2017, 32(1): 723–733.

[13] WANG C, LIU F, WANG J, et al. Risk-based admissibility assessment of wind generation integrated into a bulk power system [J]. IEEE Transactions on Sustainable Energy, 2016, 7(1): 325–336.

[14] ARROYO J. Bilevel programming applied to power system vulnerability analysis under multiple contingencies [J]. Transmission Distribution IET Generation, 2010, 4(2): 178–190.

[15] ZENG B, ZHAO L. Solving two-stage robust optimization problems using a column-and-constraint generation method [J]. Operations Research Letters, 2013, 41(5): 457–461.

[16] WANG J, SHAHIDEHPOUR M, LI Z. Security-constrained unit commitment with volatile wind power generation [J]. IEEE Transactions on Power Systems, 2008, 23(3): 1319–1327.

[17] BERTSIMAS D, LITVINOV E, SUN X, et al. Adaptive robust optimization for the security constrained unit commitment problem [J]. IEEE Transactions on Power Systems, 2012, 28(1): 52–63.

[18] WOOD A, WOLLENBERG B. Power Generation, Operation and Control [M]. New York: John Wiley & Sons Inc, 1996.

[19] WANG J, WANG X, WU Y. Operating reserve model in power market [J]. IEEE Transactions on Power Systems, 2005, 20(1): 223–229.

[20] ANSTINE L, BURKE R, CASEY J, et al. Application of probability methods to the determination of spinning reserve requirements for Pennsylvania-New Jersey-Maryland [J]. IEEE Transaction on Power Apparatus and Systems, 1963, 82(68): 726-735.

[21] 赵俊华, 文福拴, 薛禹胜, 等. 计及电动汽车和风电出力不确定性的随机经济调度 [J]. 电力系统自动化, 2010, (20): 22–29.

[22] DENHOLM P, SHORT W. An evaluation of utility system impacts and benefits of optimally dispatched [J]. National Renewable Energy Laboratory, Tech. Rep. NREL/TP-620-40293, 2006.

[23] CASTRONUOVO E, LOPES J. On the optimization of the daily operation of a wind-hydro power plant [J]. IEEE Transactions on Power Systems, 2004, 19(3): 1599–1606.

[24] SHIMIZU K, AIYOSHI E. Necessary conditions for min-max problems and algorithms by a relaxation procedure [J]. IEEE Transactions on Automatic Control, 1980, 25(1): 62–66.

第14章　鲁棒控制设计实例

现代电力系统在其运行过程中不可避免地会受到不确定性（有时简称为干扰）的影响，如负荷扰动、线路跳闸、自动装置误操作、控制器的测量误差和输入控制器的参数误差等，而传统 PID 控制、线性以及非线性最优控制理论采用的数学模型具有固定结构和参数，故所构造的控制器难以充分抑制不确定性对系统的不利影响[1]。现代鲁棒控制理论的发展，为应对电力系统控制问题中的不确定性提供了有效途径。与最优控制理论将控制器设计建模为微分方程约束下的优化问题不同，鲁棒控制理论更加主动地考虑不确定性的影响，将鲁棒控制问题建模为控制策略与干扰激励之间的二人零和微分博弈，其中，干扰是支付型性能指标的极大化方，控制则是极小化方，在此背景下构造能够充分抑制干扰的鲁棒控制策略。鲁棒控制已在电力系统中得到广泛应用，如发电机组励磁控制[2-7]，水轮机水门开度和汽轮机气门开度控制[8-10] 及 FACTS 等设备的控制[11-16]。本章将第 10 章阐述的鲁棒控制设计方法应用于电力系统中的 4 个典型鲁棒控制设计问题，即水轮机励磁与调速协调鲁棒控制、非线性鲁棒电力系统稳定器设计、负荷频率鲁棒控制及 STATCOM 在线鲁棒控制。

14.1　水轮机励磁与调速的协调鲁棒控制

14.1.1　多机系统数学模型

大型水轮发电机组励磁与调速的协调控制对于提高电力系统的暂态稳定性具有非常重要的作用。然而，由于励磁系统动态与调速系统动态紧密耦合，大大增加了协调控制器设计的难度。一方面，在设计调速控制器时，需要同时考虑流体动态、机械动态及机电暂态过程，具有多时间尺度的特点；另一方面，水力发电系统特有的水锤效应与发电机电气特性固有的非线性特性交织在一起，使得综合控制器的设计尤为困难。此种背景下，基于传统的 PID 控制或线性最优控制方法设计的水门开度控制器很难使闭环系统达到期望的效果，甚至在一些情况下还会起负作用。为解决此问题，本节基于 Hamilton 系统设计法阐述一种大型水轮机组励磁与调速协调控制方法，可有效应对引水系统的非最小相位特性和发电系统的非线性特性。当考虑系统干扰时，根据第 10 章介绍的鲁棒控制微分博弈建模和求解方法，水轮机组非线性鲁棒控制问题可以转化为二人零和微分博弈问题。进一步求解该微分博弈问题的反馈 Nash 均衡，从而获得励磁与调速的非线性鲁棒控制策略，该策略不但能够使闭环系统渐近稳定，还能够充分抑制干扰对控制系统造成的不利影响。

考虑如图 14.1 所示的单机无穷大系统，其动态方程为

$$
\begin{cases}
\dot{\delta} = \Delta\omega = \omega - \omega_0 \\
\Delta\dot{\omega} = -\dfrac{\omega_0}{M}\left[\dfrac{V_\mathrm{s}E'_\mathrm{q}}{x'_\mathrm{ds}}\sin\delta - \dfrac{V_\mathrm{s}^2(x_\mathrm{qs}-x'_\mathrm{ds})}{2x'_\mathrm{ds}x_\mathrm{qs}}\sin 2\delta - P_\mathrm{m0}\right] + \dfrac{\omega_0}{M}\Delta P_\mathrm{m} - \dfrac{D}{M}\Delta\omega \\
\dot{E}'_\mathrm{q} = -\dfrac{1}{T'_\mathrm{d}}E'_\mathrm{q} + \dfrac{1}{T_\mathrm{d0}}\dfrac{x_\mathrm{d}-x'_\mathrm{d}}{x'_\mathrm{ds}}V_\mathrm{s}\cos\delta + \dfrac{1}{T_\mathrm{d0}}V_\mathrm{f} \\
\Delta\dot{P}_\mathrm{m} = \dfrac{2}{T_\mathrm{w}}\left[-\Delta P_\mathrm{m} + \Delta\mu - \dfrac{T_\mathrm{w}}{T_\mathrm{s}}(-\Delta\mu + u)\right] \\
\Delta\dot{\mu} = \dfrac{1}{T_\mathrm{s}}(-\Delta\mu + u)
\end{cases}
\tag{14-1}
$$

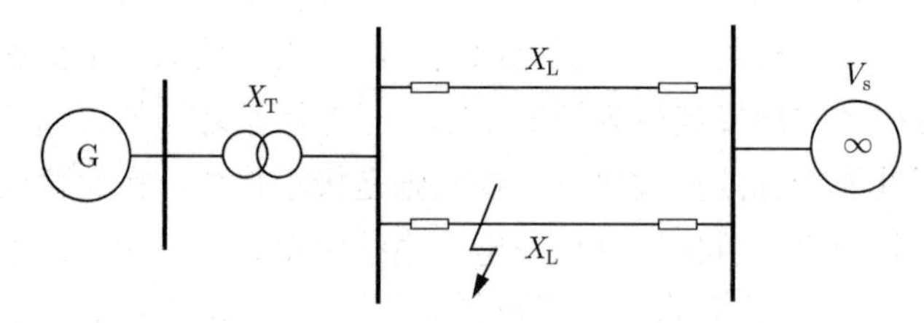

图 14.1　单机无穷大系统结构示意图

其中，ω_0 和 ω 是转子参考转速和实际转速；δ 是转子角；P_m 是水轮机的机械功率；P_m0 是 P_m 的初值；$\Delta P_\mathrm{m} = P_\mathrm{m} - P_\mathrm{m0}$；$E'_\mathrm{q}$ 是 q 轴暂态电势；V_s 是无穷大母线电压；D 是阻尼系数；$\Delta\mu$ 是水门开度增量；M 是发电机转子惯量；x_d、x'_d、x_qs、x'_ds、x_T、x_l 分别是发电机、变压器和网络相关电抗，$x'_\mathrm{ds} = x'_\mathrm{d} + x_\mathrm{T} + x_\mathrm{l}$，$x_\mathrm{ds} = x_\mathrm{d} + x_\mathrm{T} + x_\mathrm{l}$；$T_\mathrm{d0}$、$T'_\mathrm{d}$、$T_\mathrm{w}$、$T_\mathrm{s}$ 是相关时间常数；u 为输入到伺服电机的水门控制信号；V_f 是励磁控制输入。为简明起见，本节仅考虑较短的引水管道及刚性水锤效应。引入新的状态变量

$$
\begin{cases}
x_1 = \delta \\
x_2 = \Delta\omega \\
x_3 = E'_\mathrm{q} \\
x_4 = \Delta P_\mathrm{m} + 2\Delta\mu \\
x_5 = \Delta\mu
\end{cases}
$$

及控制输入

$$
\begin{cases}
u_1 = \dfrac{1}{T_\mathrm{s}}u \\
u_2 = \dfrac{1}{T_\mathrm{d0}}V_f
\end{cases}
$$

则系统 (14-1) 可重写为

$$\begin{cases}\dot{x}_1=x_2\\ \dot{x}_2=-\dfrac{\omega_0}{M}\left(P_{\mathrm{e}}(x_1,x_3)-P_{\mathrm{m}0}\right)-\dfrac{D}{M}x_2+\dfrac{\omega_0}{M}x_4-\dfrac{2\omega_0}{M}x_5\\ \dot{x}_3=-\dfrac{1}{T_{\mathrm{d}}'}x_3+\dfrac{1}{T_{\mathrm{d}0}}\dfrac{x_{\mathrm{d}}-x_{\mathrm{d}}'}{x_{\mathrm{ds}}'}V_{\mathrm{s}}\cos x_1+u_2\\ \dot{x}_4=-\dfrac{2}{T_{\mathrm{w}}}x_4+\dfrac{6}{T_{\mathrm{w}}}x_5\\ \dot{x}_5=-\dfrac{1}{T_{\mathrm{s}}}x_5+u_1\end{cases}\tag{14-2}$$

其中

$$P_{\mathrm{e}}(x_1,x_3)=\frac{V_{\mathrm{s}}x_3\sin x_1}{x_{\mathrm{ds}}'}-\frac{V_{\mathrm{s}}^2(x_{\mathrm{qs}}-x_{\mathrm{ds}}')\sin 2x_1}{2x_{\mathrm{ds}}'x_{\mathrm{qs}}}$$

以下采用 10.4.2 节讨论的 Hamilton 系统方法设计励磁与调速协调控制器。

首先构造 Hamilton 函数如下：

$$\begin{aligned}H(x)=&\frac{H}{2\omega_0}x_2^2+\frac{1}{2}\left(\frac{1}{2}x_4-x_5\right)^2+\frac{1}{2}x_5^2-\frac{V_{\mathrm{s}}}{x_{\mathrm{ds}}'}x_3\cos x_1+\\&\frac{T_{\mathrm{d}0}}{2T_{\mathrm{d}}'(x_{\mathrm{d}}-x_{\mathrm{d}}')}x_3^2+\frac{V_{\mathrm{s}}^2T_{\mathrm{d}}'(x_{\mathrm{d}}-x_{\mathrm{d}}')}{(x_{\mathrm{ds}}')^2T_{\mathrm{d}0}}+\frac{V_{\mathrm{s}}^2}{4}\frac{(x_{\mathrm{ds}}'-x_{\mathrm{qs}})}{x_{\mathrm{ds}}'x_{\mathrm{qs}}}\cos 2x_1+\\&\frac{V_{\mathrm{s}}^2}{4}\frac{(x_{\mathrm{ds}}'-x_{\mathrm{qs}})}{x_{\mathrm{ds}}'x_{\mathrm{qs}}}+P_{\mathrm{m}0}(\pi-x_1)-\frac{1}{3}x_4(x_1-x_{10})+\frac{1}{3}(C\pi+x_{10})\end{aligned}\tag{14-3}$$

其中，x_{10} 是状态变量 x_1 期望的平衡点。将 $H(x)$ 改写为

$$\begin{aligned}H(x)=&\frac{T_{\mathrm{d}0}}{2T_{\mathrm{d}}'(x_{\mathrm{d}}-x_{\mathrm{d}}')}\left[x_3-\frac{V_{\mathrm{s}}T_{\mathrm{d}}'(x_{\mathrm{d}}-x_{\mathrm{d}}')}{x_{\mathrm{ds}}'T_{\mathrm{d}0}}\cos x_1\right]^2+\frac{H}{2\omega_0}x_2^2+\\&\left[\frac{T_{\mathrm{d}}'(x_{\mathrm{d}}-x_{\mathrm{d}}')}{x_{\mathrm{ds}}'T_{d0}}+\frac{(x_{\mathrm{ds}}'-x_{\mathrm{qs}})}{2x_{\mathrm{qs}}}\right]\frac{V_{\mathrm{s}}^2}{x_{\mathrm{ds}}'}\sin^2 x_1+\frac{1}{2}\left(\frac{1}{2}x_4-x_5\right)^2+\\&\frac{1}{2}x_5^2+P_{\mathrm{m}0}(\pi-x_1)-\frac{1}{3}x_4(x_1-x_{10})+\frac{1}{3}(C\pi+x_{10})\end{aligned}\tag{14-4}$$

记 $x_0=[x_{10},\cdots,x_{50}]^{\mathrm{T}}$ 为系统的平衡点，不难验证，若平衡点 x_0 满足

$$\frac{T_{\mathrm{d}0}}{T_{\mathrm{d}}'(x_{\mathrm{d}}-x_{\mathrm{d}}')}\left[\frac{V_{\mathrm{s}}}{x_{\mathrm{ds}}'}x_{30}\cos x_{10}+\frac{V_{\mathrm{s}}^2(x_{\mathrm{ds}}'-x_{\mathrm{qs}})}{x_{\mathrm{qs}}x_{\mathrm{ds}}'}\cos 2x_{10}\right]>\frac{V_{\mathrm{s}}^2}{x_{\mathrm{ds}}'}\sin^2 x_{10}\tag{14-5}$$

则有

$$\nabla H(x)|_{x=x_0}=0$$

且 x_0 是 $H(x)$ 的严格极小点。不等式 (14-5) 给出了系统 (14-2) 的平衡点处对 x_{10} 和 x_{30} 的要求。事实上，对于 $x_{10}\in[0,\pi/2)$，通过调节设置励磁控制器的稳态输出，容易满足上述不等式。

设置预反馈

$$u_1 = \frac{x_4}{3T_{\mathrm{s}}} + \tilde{u}_1 \tag{14-6}$$

于是有

$$\tilde{u} = \begin{bmatrix} \tilde{u}_1 \\ \tilde{u}_2 \end{bmatrix} = \begin{bmatrix} u_1 - \dfrac{x_4}{3T_{\mathrm{s}}} \\ u_2 \end{bmatrix} \tag{14-7}$$

原系统 (14-2) 通过预反馈可以转化为

$$\begin{bmatrix} \dot{x}_1 \\ \dot{x}_2 \\ \dot{x}_3 \\ \dot{x}_4 \\ \dot{x}_5 \end{bmatrix} = \begin{bmatrix} 0 & \dfrac{\omega_0}{M} & 0 & 0 & 0 \\ -\dfrac{\omega_0}{M} & -\dfrac{D\omega_0}{M^2} & 0 & 0 & -\dfrac{2\omega_0}{3M} \\ 0 & 0 & -\dfrac{(x_{\mathrm{d}} - x'_{\mathrm{d}})}{T_{\mathrm{d0}}} & 0 & 0 \\ 0 & 0 & 0 & 0 & \dfrac{2}{T_{\mathrm{w}}} \\ 0 & 0 & 0 & 0 & -\dfrac{1}{3T_{\mathrm{s}}} \end{bmatrix} \frac{\partial H}{\partial x} + \begin{bmatrix} 0 & 0 \\ 0 & 0 \\ 0 & 1 \\ 0 & 0 \\ 1 & 0 \end{bmatrix} \begin{bmatrix} \tilde{u}_1 \\ \tilde{u}_2 \end{bmatrix} \tag{14-8}$$

其中

$$\frac{\partial H}{\partial x} = \begin{bmatrix} P_{\mathrm{e}}(x_1, x_3) - P_{\mathrm{m0}} - x_4/3 \\ Mx_2/\omega_0 \\ \eta(x_1, x_3) \\ x_4/2 - x_5 - \Delta x_1/3 \\ -x_4 + 3x_5 \end{bmatrix}$$

$$\Delta x_1 = x_1 - x_{10}$$

$$\eta(x_1, x_3) = \frac{T_{\mathrm{d0}} x_3}{T'_{\mathrm{d}}(x_{\mathrm{d}} - x'_{\mathrm{d}})} - \frac{V_{\mathrm{s}}}{x'_{\mathrm{ds}}} \cos x_1$$

选择

$$v = \begin{bmatrix} v_1 \\ v_2 \end{bmatrix} = \begin{bmatrix} \tilde{u}_1 - \dfrac{2x_2}{3} + \dfrac{2}{T_{\mathrm{w}}} \left(\dfrac{x_4}{2} - x_5 - \dfrac{\Delta x_1}{3} \right) \\ \tilde{u}_2 \end{bmatrix} \tag{14-9}$$

则系统 (14-8) 可以写为

$$\dot{x} = (J - R) \frac{\partial H}{\partial x} + \tilde{g} v \tag{14-10}$$

其中

$$
J=\begin{bmatrix} 0 & \dfrac{\omega_0}{M} & 0 & 0 & 0 \\ -\dfrac{\omega_0}{M} & & 0 & 0 & -\dfrac{2\omega_0}{3M} \\ 0 & 0 & & 0 & 0 \\ 0 & 0 & 0 & 0 & \dfrac{2}{T_{\mathrm{w}}} \\ 0 & \dfrac{2\omega_0}{3M} & 0 & -\dfrac{2}{T_{\mathrm{w}}} & \end{bmatrix}
$$

$$
R=\begin{bmatrix} 0 & & 0 & 0 & 0 \\ & \dfrac{D\omega_0}{M^2} & 0 & 0 & \\ 0 & 0 & \dfrac{(x_{\mathrm{d}}-x'_{\mathrm{d}})}{T_{\mathrm{d0}}} & 0 & 0 \\ 0 & 0 & 0 & 0 & \\ 0 & 0 & 0 & 0 & \dfrac{1}{3T_{\mathrm{s}}} \end{bmatrix}
$$

$$
\tilde{g}=\begin{bmatrix} 0 & 0 & 0 & 0 & 1 \\ 0 & 0 & 1 & 0 & 0 \end{bmatrix}^{\mathrm{T}}
$$

系统输出函数为

$$
y=g^{\mathrm{T}}\nabla H=\begin{bmatrix} -x_4+3x_5 \\ \eta(x_1,x_3) \end{bmatrix}
$$

14.1.2　镇定控制器设计

根据 Hamilton 系统设计方法，使系统 (14-10) 渐近稳定的控制律为[2]

$$
v=-Ky=-K\tilde{g}^{\mathrm{T}}(x)\frac{\partial H}{\partial x}
$$

其中，矩阵 K 可选为如下正定矩阵：

$$
K=\begin{bmatrix} k_1 & 0 \\ 0 & k_2 \end{bmatrix},\quad k_1>0,k_2>0
$$

由式 (14-7) 与式 (14-9) 可以推出励磁与调速协调控制律为

$$
\begin{bmatrix} u \\ V_{\mathrm{f}} \end{bmatrix}=\begin{bmatrix} T_{\mathrm{s}}\left[\dfrac{2x_2}{3}+\dfrac{x_4}{3T_{\mathrm{s}}}-\dfrac{2}{T_{\mathrm{w}}}\left(\dfrac{x_4}{2}-x_5-\dfrac{\Delta x_1}{3}\right)-k_1(3x_5-x_4)\right] \\ -k_2T_{\mathrm{d0}}\left[\dfrac{T_{\mathrm{d0}}}{T'_{\mathrm{d}}(x_{\mathrm{d}}-x'_{\mathrm{d}})}x_3-\dfrac{V_{\mathrm{s}}}{x'_{\mathrm{ds}}}\cos x_1\right] \end{bmatrix} \tag{14-11}
$$

由 $\mathrm{d}H(x)/\mathrm{d}t=0$ 以及系统方程 (14-10) 最终闭环系统状态趋向于下述不变集：

$$A=\left\{x\in\mathbb{R}^5\left|\begin{array}{l}x_2=0\\ \dfrac{V_\mathrm{s}}{x'_\mathrm{ds}}x_3\sin x_1-\dfrac{V_\mathrm{s}^2(x_\mathrm{qs}-x'_\mathrm{ds})}{2x_\mathrm{qs}x'_\mathrm{ds}}\sin 2x_1-P_\mathrm{m0}+\dfrac{2\Delta x_1}{3}=0\\ \dfrac{x_3}{T'_\mathrm{d}}-\dfrac{V_\mathrm{s}(x_\mathrm{d}-x'_\mathrm{d})}{x'_\mathrm{ds}T_{d0}}\cos x_1=0\\ x_4-\Delta x_1=0\\ x_5-\dfrac{\Delta x_1}{3}=0\end{array}\right.\right\} \tag{14-12}$$

显然，当 $\Delta x_1=0$ 时，该不变集正是系统的平衡点。然而还可能有 $\Delta x_1\neq 0$ 的解存在。注意到不变集 A 中的元素包含平衡点在内的状态空间中的孤立点，且在平衡点处有 $\nabla H(x)|_{x=x_0}=0$，即 x_0 是 $H(x)$ 的一个严格极小点，故可找到一个适当的平衡点邻域 $\varOmega$，使得包含于 $\varOmega$ 中的最大不变集只有平衡点 x_0。有鉴于此，由 LaSalle 不变原理可知，闭环系统局部渐近稳定。

14.1.3 工作点调节问题

在实际系统运行中，常常需要把系统调节到一个期望的工作点，此即所谓工作点调节问题，通常在结构稳定的条件下，这样的调节是可行的。在水轮机的励磁与调速协调控制中，由于调速器模型采用偏差型状态变量，因此，在建模中已经考虑了工作点调节问题。下面只需要考虑励磁控制的工作点调节问题。

对一个希望的平衡点 $(x_{10},0,x_{30},0,0,0)$，可以在 v 的分量 v_2 中嵌入一项常数控制，即

$$\bar{v}_2=\eta(x_{10},x_{30})=\frac{x_\mathrm{d}-x'_\mathrm{d}}{T_\mathrm{d0}}\eta_0$$

然后对预反馈进行修正，即

$$v_2=\Delta v_2+\bar{v}_2$$

相应地，Hamilton 函数应该修正为

$$H_\mathrm{c}(x)=H(x)-\eta_0 x_3$$

从而系统动态方程可写为

$$\dot{x}=(J-R)\frac{\partial H_\mathrm{c}}{\partial x}+\tilde{g}\tilde{v} \tag{14-13}$$

其中

$$\frac{\partial H_\mathrm{c}}{\partial x}=\begin{bmatrix}P_\mathrm{e}(x_1,x_3)-P_\mathrm{m0}-x_4/3\\ Mx_2/\omega_0\\ \eta(x_1,x_3)-\eta_0\\ x_4/2-x_5-\Delta x_1/3\\ -x_4+3x_5\end{bmatrix}$$

$$\tilde{v}=\begin{bmatrix} v_1 \\ \Delta v_2 \end{bmatrix}$$

因此，可以得到反馈控制律为

$$\tilde{v}=-K\tilde{g}^{\mathrm{T}}(x)\frac{\partial H_{\mathrm{c}}}{\partial x}$$

最终励磁与调速协调鲁棒控制器的表达式为

$$\begin{bmatrix} u \\ V_{\mathrm{f}} \end{bmatrix}=\begin{bmatrix} T_{\mathrm{s}}\left[\dfrac{2x_2}{3}+\dfrac{x_4}{3T_{\mathrm{s}}}-\dfrac{2}{T_{\mathrm{w}}}\left(\dfrac{x_4}{2}-x_5-\dfrac{\Delta x_1}{3}\right)-k_1(3x_5-x_4)\right] \\ (x_{\mathrm{d}}-x_{\mathrm{d}}')\eta_0-k_2T_{\mathrm{d0}}\left[\dfrac{T_{\mathrm{d0}}}{T_{\mathrm{d}}'(x_{\mathrm{d}}-x_{\mathrm{d}}')}x_3-\dfrac{V_{\mathrm{s}}}{x_{\mathrm{ds}}'}\cos x_1-\eta_0\right] \end{bmatrix} \tag{14-14}$$

容易验证，在上述励磁与调速协调控制律作用下，水轮发电机组闭环系统在调节后的工作点处是局部渐近稳定的。

14.1.4　鲁棒控制器设计

当考虑扰动时，系统动态方程为

$$\begin{cases} \dot{x}_1=x_2 \\ \dot{x}_2=-\dfrac{\omega_0}{M}\left(P_{\mathrm{e}}(x_1,x_3)-P_{\mathrm{m0}}\right)-\dfrac{D}{M}x_2+\dfrac{\omega_0}{M}x_4-\dfrac{2\omega_0}{M}x_5+w_1 \\ \dot{x}_3=-\dfrac{1}{T_{\mathrm{d}}'}x_3+\dfrac{1}{T_{\mathrm{d0}}}\dfrac{x_{\mathrm{d}}-x_{\mathrm{d}}'}{x_{\mathrm{ds}}'}V_{\mathrm{s}}\cos x_1+u_2+\dfrac{1}{T_{\mathrm{d0}}}w_2 \\ \dot{x}_4=-\dfrac{2}{T_{\mathrm{w}}}x_4+\dfrac{6}{T_{\mathrm{w}}}x_5 \\ \dot{x}_5=-\dfrac{1}{T_{\mathrm{s}}}x_5+u_1+\dfrac{1}{T_{\mathrm{s}}}w_3 \end{cases} \tag{14-15}$$

其中，w_1 是发电机转子上的机械扰动；w_2 和 w_3 可以分别视为励磁控制输入与水门控制输入通道中带入的干扰，其作用是使系统动态性能恶化。鲁棒控制器的设计目标即是设计控制律 u 使得闭环系统内部稳定，同时最大程度地抑制干扰带来的不利影响，该设计过程正好构成一类二人零和微分博弈格局。

在引入了反馈镇定控制器 (14-14) 后，系统 (14-15) 在外部干扰为零的情况下局部渐近稳定，干扰 $w\neq 0$ 时，系统 (14-15) 可重新写为

$$\begin{cases} \dot{x}=(J-R)\dfrac{\partial H_{\mathrm{c}}}{\partial x}+g_1w \\ y=\tilde{g}^{\mathrm{T}}\dfrac{\partial H_{\mathrm{c}}}{\partial x} \end{cases} \tag{14-16}$$

其中

$$g_1=\begin{bmatrix} 0 & 1 & 0 & 0 & 0 \\ 0 & 0 & \dfrac{1}{T_{\mathrm{d0}}} & 0 & 0 \\ 0 & 0 & 0 & 0 & \dfrac{1}{T_{\mathrm{s}}} \end{bmatrix}^{\mathrm{T}}$$

选择调节输出函数为

$$z=\begin{bmatrix} g_2^{\mathrm{T}}\dfrac{\partial H_{\mathrm{c}}}{\partial x} \\ v_1 \\ \Delta v_2 \end{bmatrix}=\begin{bmatrix} Mx_2/\omega_0 \\ [\eta(x_1,x_3)-\eta_0]/T_{\mathrm{d0}} \\ (-x_4+x_5)/T_{\mathrm{s}} \\ v_1 \\ \Delta v_2 \end{bmatrix}$$

对于水轮机励磁与调速协调控制器设计，给出如下定理。

定理 14.1 [2] 对于式 (14-15) 描述的水轮机励磁与调速系统，假设期望的工作点满足条件 (14-5)，且该系统具有式 (14-16) 所示的动态方程，如果对于一个给定的正数 $\gamma>0$，存在某个正数 $\beta>0$，使得

$$\begin{cases} \left(\dfrac{D\omega_0}{M^2}\beta-\dfrac{1}{2}\right)-\dfrac{\beta^2}{2\gamma^2}\geqslant 0 \\ \left(\dfrac{x_{\mathrm{d}}-x'_{\mathrm{d}}}{T_{\mathrm{d0}}}\beta-\dfrac{1}{2T_{\mathrm{d0}}^2}\right)+\dfrac{\beta^2}{2}-\left(\dfrac{\beta^2}{2T_{\mathrm{d0}}^2\gamma^2}\right)\geqslant 0 \\ \left(\dfrac{1}{3T_{\mathrm{s}}}\beta-\dfrac{1}{2T_{\mathrm{s}}^2}\right)+\dfrac{\beta^2}{2}-\left(\dfrac{\beta^2}{2T_{\mathrm{s}}^2\gamma^2}\right)\geqslant 0 \end{cases} \tag{14-17}$$

则反馈控制

$$u=-\beta\tilde{g}^{\mathrm{T}}\frac{\partial H_{\mathrm{c}}}{\partial x} \tag{14-18}$$

是该控制系统关于调节输出函数 z 的鲁棒控制问题的一个解。

这里还需要讨论不等式 (14-17) 的解是否存在。事实上，若选择一个足够大的正数 β，使得

$$\begin{cases} \dfrac{D\omega_0}{H^2}\beta-\dfrac{1}{2}>0 \\ \dfrac{x_{\mathrm{d}}-x'_{\mathrm{d}}}{T_{\mathrm{d0}}}\beta-\dfrac{1}{2T_{\mathrm{d0}}^2}+\dfrac{\beta^2}{2}>0 \\ \dfrac{1}{3T_{\mathrm{s}}}\beta-\dfrac{1}{2T_{\mathrm{s}}^2}+\dfrac{\beta^2}{2}>0 \end{cases}$$

这时，一定会存在某个 $\gamma>0$ 使式 (14-17) 成立，于是总可以找到一对 $\beta>0$ 和 $\gamma>0$ 满足式 (14-17)，从而得到系统 (14-16) 的鲁棒控制律。然而，如果给定的正数 $\gamma>0$ 太小，则有可能并不存在满足 (14-17) 的正数 β，这意味着 γ 有最小值。事实上，式 (14-17) 等价于不等式组

$$
\begin{cases}
\gamma^2 \geqslant \dfrac{\beta^2}{\dfrac{2D\omega_0}{M^2}\beta - 1} \\
\gamma^2 \geqslant \dfrac{\beta^2}{\beta^2 + \dfrac{2(x_{\rm d} - x'_{\rm d})}{T_{\rm d0}}\beta - \dfrac{1}{T_{\rm d0}^2}} \\
\gamma^2 \geqslant \dfrac{\beta^2}{\beta^2 + \dfrac{2}{3T_{\rm s}}\beta - \dfrac{1}{T_{\rm s}^2}}
\end{cases}
$$

通过代数运算可知，γ 的最小值为

$$
\gamma^* = \max\left\{\frac{M^2}{D\omega_0}, \frac{1}{(x_{\rm d} - x'_{\rm d})T_{\rm d0}}, \frac{3}{T_{\rm s}}\right\}
$$

满足式 (14-17) 的正数 β 即为 γ^*。

综上，上述控制器 (14-18) 赋予闭环系统充分抑制干扰的能力，其物理本质则来源于系统本身的耗散结构，这是因为从关于 γ 的讨论可以看出，系统的干扰抑制能力只由系统本身的参数和结构决定。从另外一个角度看，上述设计方法还为解决 L_2 增益干扰抑制控制中关于最佳抑制能力的估计问题提供了一条新径。

14.1.5 控制效果

为验证所设计控制器的效果，基于图 14.1 所示的单机无穷大系统进行仿真分析。故障设置为：0.1 s 时，双回线中一条线路靠近机端处发生三相短路，0.35 s 时保护动作切除该线路，0.85 s 时重合闸成功。仿真中考虑两种不同的输入限幅。

弱限幅： $|u| \leqslant 0.65$ 及 $|\Delta V_{\rm f}| \leqslant 0.75 (V_{\rm f0} = 0.766)$

强限幅： $|u| \leqslant 0.3$ 及 $|\Delta V_{\rm f}| \leqslant 0.5 (V_{\rm f0} = 0.766)$

测试系统的参数选择为（标幺值）

$$
M = 5,\quad T_{\rm d0} = 7.4,\quad D = 1,\quad P_{\rm m0} = 0.6530,\quad x_{\rm d} = 0.909,\quad x_{\rm q} = 0.537
$$

$$
x'_{\rm d} = 0.211,\quad x_{\rm t} = 0.12,\quad x_{\rm l} = 0.4,\quad T_{\rm s} = 5,\quad T_{\rm w} = 3,\quad \omega_0 = 314.16
$$

对于干扰抑制参数我们也选取两种不同情形。

情况 1： $\beta^* = \gamma^* = 0.6$。

情况 2： $\gamma = 1, \beta = 0.3$。

图 14.2 ~ 图 14.11 是系统在不同限幅及对应参数下发电机功角曲线、转子速度、q 轴暂态电势、水门开度以及受限的控制输入在故障后的变化趋势。仿真结果中，实线表示采用情况 1 中的参数，点划线表示采用情况 2 中的参数。从这些图中可以看出，两种抑制参数下，所设计的控制器均能很好地镇定系统。熟知，由于存在水锤效应，在水门开度减小的瞬间，水轮机输出的有功功率不是减少而是会突然增加，此种非最小相位特性使得常规 PI 控制器难以取得好的控制效果，甚至可能导致更严重的振荡。采用本节提出的鲁棒控制器在建模中考虑了水锤效应，从图 14.6 可以看出，故障瞬间，为了减小

输出的机械功率，水门开度不是立刻减小，而是先增大，后减小，从而使得有功功率迅速减小。这一现象在两种抑制参数设置下的曲线图中都得到印证。另一个事实是当选取更小的抑制参数时，闭环系统有更好的动态性能。这也与理论分析相符合。当限幅较强时，系统不能保持稳定。图 14.10 和图 14.11 显示控制输入达到了顶值，然后系统失稳。

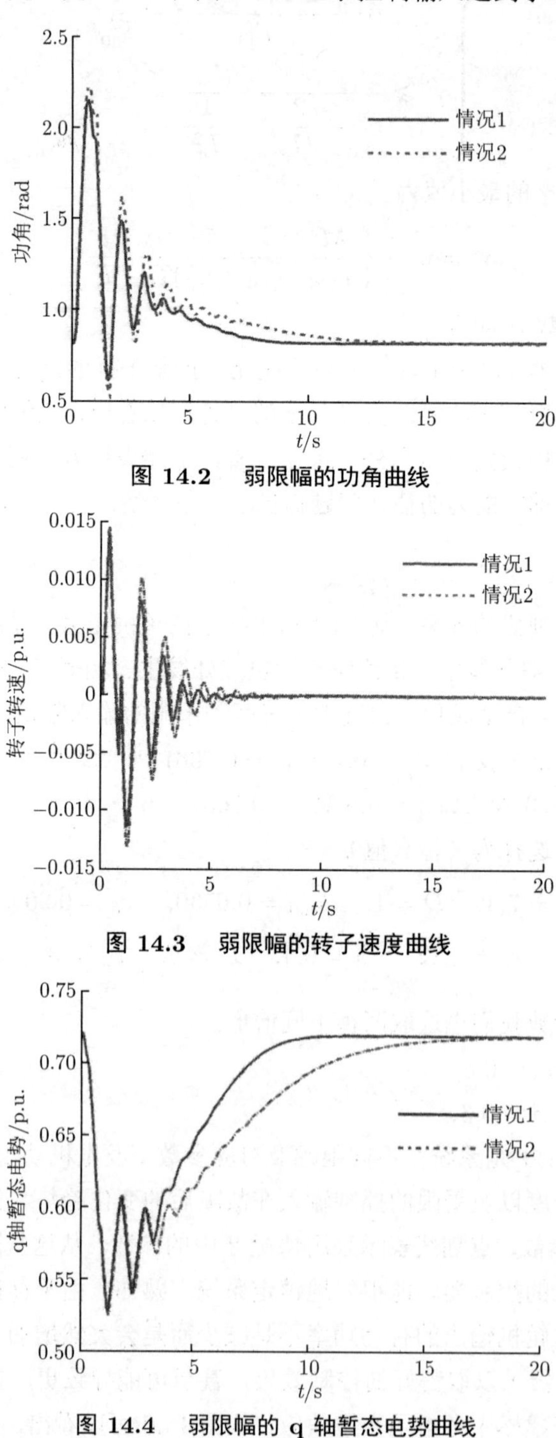

图 14.2　弱限幅的功角曲线

图 14.3　弱限幅的转子速度曲线

图 14.4　弱限幅的 q 轴暂态电势曲线

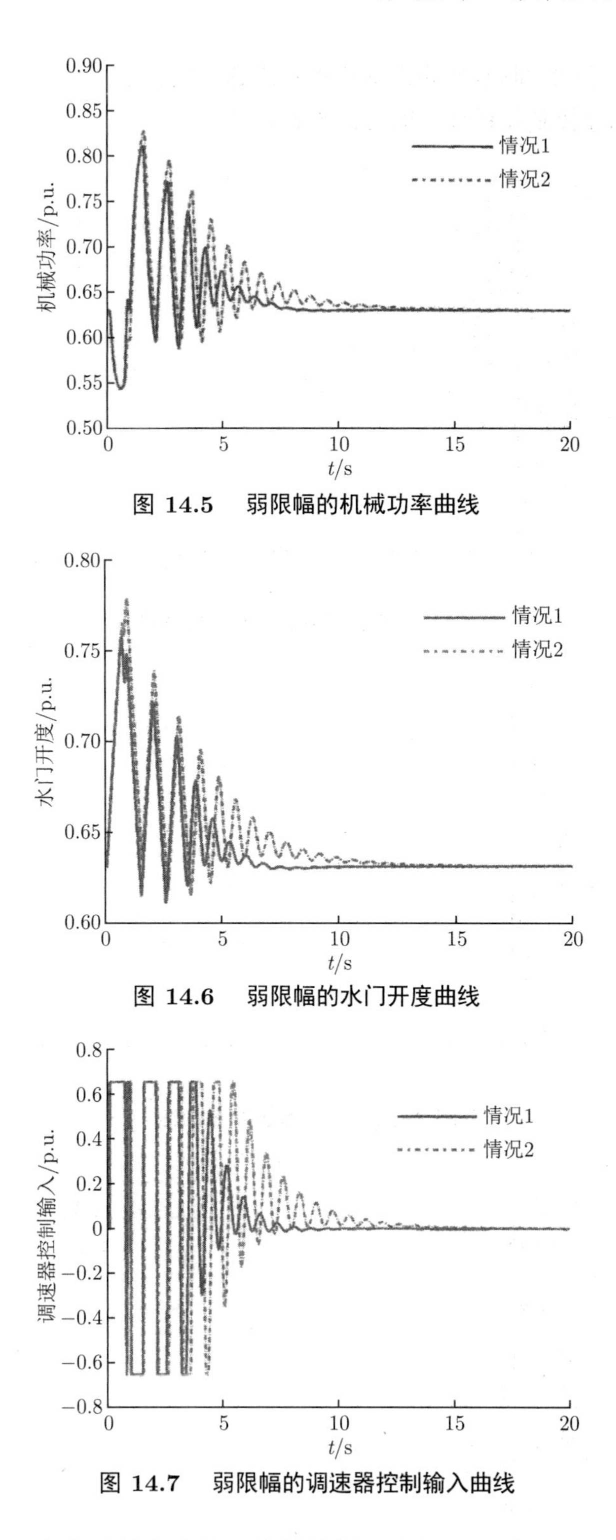

图 14.5　弱限幅的机械功率曲线

图 14.6　弱限幅的水门开度曲线

图 14.7　弱限幅的调速器控制输入曲线

如前所述，由于电力系统本身的非线性特性和水门调速系统的非最小相位特性，水轮机励磁与调速的协调控制问题是一类复杂的鲁棒控制问题。本节通过将其建模为微分博弈问题，并在此基础上采用第 10 章中给出的 Hamilton 系统方法设计系统的协调鲁棒控制器，同时对于干扰抑制水平和控制器参数的选取进行了讨论。本节工作较好地解决了水轮机励磁与调速控制器设计中的协调难题。

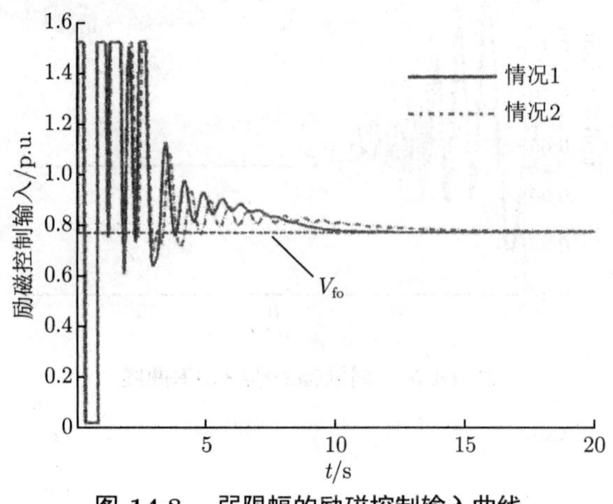

图 14.8 弱限幅的励磁控制输入曲线

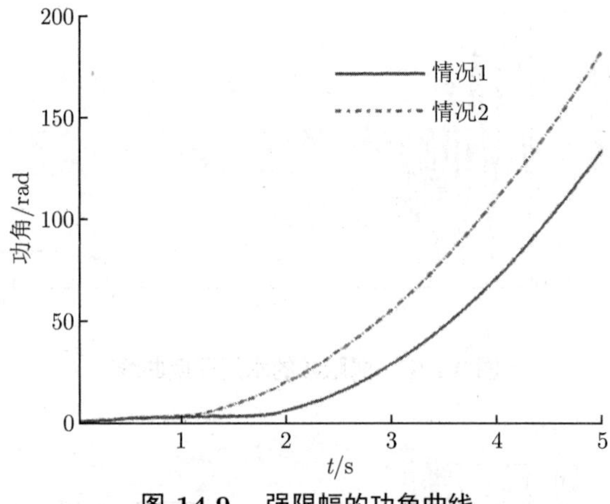

图 14.9 强限幅的功角曲线

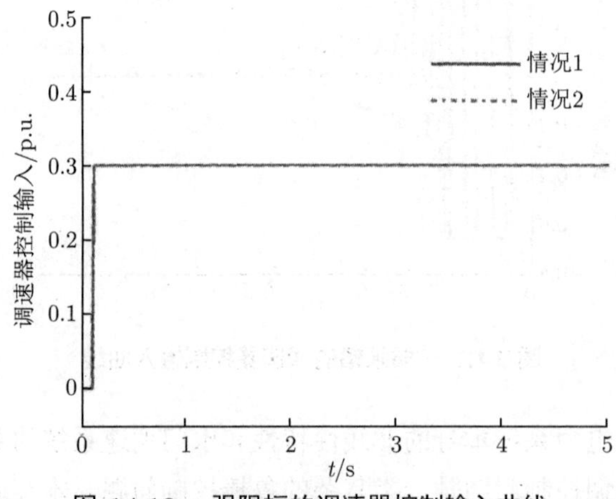

图 14.10 强限幅的调速器控制输入曲线

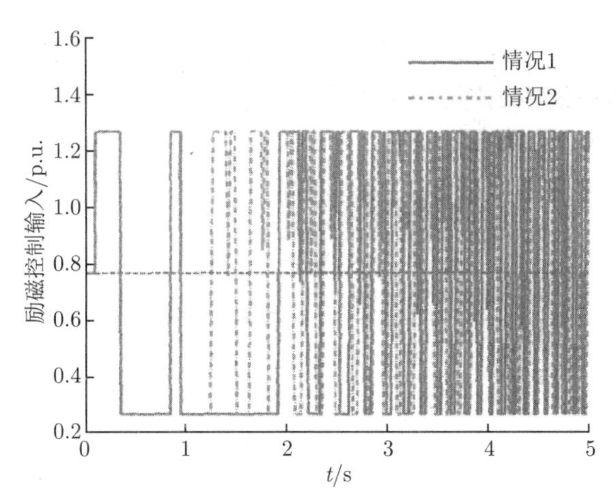

图 14.11 强限幅的励磁控制输入曲线

14.2 非线性鲁棒电力系统稳定器

发电机励磁系统的主要作用是调节发电机电压、保障发电机稳定满发，它对电力系统的静态、动态和暂态稳定起着重要的作用，尤其是对大规模互联电力系统的稳定性具有不可低估的影响。长期以来，世界各国的电力科技工作者在该领域艰苦探索，研究各类控制策略并研发出多种励磁控制技术，如比例积分微分（proportional-integral-derivative，PID）控制、电力系统稳定器（power system stabilizer，PSS）、线性最优励磁控制（linear optimal excitation control，LOEC）和非线性最优励磁控制（nonlinear optimal excitation control，NOEC）。虽然这些技术均不同程度地应用于电力系统且取得了较好的工程效果，但面对现代互联电网最关键的设备之一——大型发电机组的励磁控制，仍存在难以克服的局限性。这主要是因为现代电力系统在其运行中不可避免地会受到不确定性（如外界干扰和未建模动态等）的影响，同时电力系统动态呈强非线性和高耦合性。而上述 4 种控制方法在建模时无一例外地采用具有固定结构和参数的模型，即没有考虑系统所受到的不确定性，特别是 PID 控制、PSS 和 LOEC 均基于系统运行工作点附近的近似线性化模型，从而忽略了系统固有的非线性特性。

为了克服现有励磁控制技术的不足，文献 [1,4,5] 从提高电力系统稳定性的角度出发，建立了考虑干扰的多机电力系统励磁系统非线性模型，并在此基础上应用变尺度反馈线性化 H_∞ 方法设计并研制了新一代的大型发电机组非线性鲁棒电力系统稳定器（nonlinear robust power system stabilizer，NR-PSS），进一步进行了 NR-PSS 工程实用化研究和工业装置的实现。以下简要介绍上述成果。

14.2.1 多机系统数学模型

考虑一个由 n 台发电机组成的电力系统，并作如下假定。

（1）同步发电机采用静止可控硅快速励磁方式，即励磁机时间常数 $T_{\rm e}=0$。

（2）发电机机械功率在暂态过程中保持不变，即 P_{m} 为恒定值。

（3）在模型中考虑发电机转子上的机械功率扰动 w_{i1} 和励磁回路中的电气扰动 w_{i2}，w_{i1} 和 w_{i2} 均属于扩展 L_2 空间。

在上述假设下，多机系统模型可以描述为

$$\begin{cases}\dot{\delta}_i = \omega_i - \omega_0 \\ \dot{\omega}_i = \dfrac{\omega_0}{H_i}(P_{\mathrm{m}i} - P_{\mathrm{e}i} - P_{\mathrm{D}i} + w_{i1}) \\ \dot{E}'_{\mathrm{q}i} = \dfrac{1}{T_{\mathrm{d}0i}}(-E_{\mathrm{q}i} + V_{i\mathrm{NR-PSS}} + w_{i2})\end{cases} \tag{14-19}$$

其中

$$P_{\mathrm{e}i} = G_{ii}{E'}_{\mathrm{q}i}^2 + E'_{\mathrm{q}i}\sum_{j=1,j\neq i}^{n} B_{ij}{E'}_{\mathrm{q}j}\sin\delta_{ij}$$

$$P_{\mathrm{D}i} = \frac{D_i}{\omega_0}(\omega_i - \omega_0)$$

$$E_{\mathrm{q}i} = E'_{\mathrm{q}i} + I_{\mathrm{d}i}(x_{\mathrm{d}i} - x'_{\mathrm{d}i})$$

$$I_{\mathrm{d}i} = -B_{ii}E'_{\mathrm{q}i} + \sum_{j=1,j\neq i}^{n} Y_{ij}E'_{\mathrm{q}j}\sin(\delta_{ij} - \phi_{ij})$$

式中，下标 i 和 j 分别表示第 i 台和第 j 台发电机的参数和状态量（以下同）；I_{d} 为电枢电流的 d 分量；δ 是转子运行角（rad）；ω 是角速度（rad/s）；P_{m} 是机械功率（标幺值）；P_{e} 是电磁功率（标幺值）；P_{D} 是阻尼功率（标幺值）；D 是阻尼系数（标幺值）；E'_{q} 和 E_{q} 为同步机暂态电势和空载电势（标幺值）；$x_{\mathrm{d}}, x_{\mathrm{q}}, x'_{\mathrm{d}}$ 分别为 d 轴同步电抗、q 轴同步电抗和 d 轴暂态电抗（标幺值）；$T_{\mathrm{d}0}$ 为定子开路时励磁绕组时间常数（s）；H 是转动惯量（s）；P_{m} 为发电机原动机机械功率；w_1 为发电机转子上的机械功率扰动；w_2 为励磁回路中的电气扰动；B_{ii} 是第 i 节点电纳（标幺值）；G_{ii} 是第 i 节点电导（标幺值）；Y_{ij} 是第 i 节点和第 j 节点之间的导纳（标幺值）；ϕ_{ij} 为阻抗角，$V_{i\mathrm{NR\text{-}PSS}}$ 是 NR-PSS 控制器输出（标幺值）。

14.2.2 NR-PSS 控制器设计

本节采用 10.4.1 节的变尺度反馈线性化 H_∞ 方法设计多机系统的鲁棒励磁控制律。

根据式 (14-19)，第 i 台发电机的动态方程为

$$\dot{x}_i = f_i(x) + g_i(x)u_i + q_{i1}(x)w_{i1} + q_{i2}(x)w_{i2}, \quad 1 \leqslant i \leqslant n \tag{14-20}$$

其中

$$x_i = [\delta_i \quad \omega_i \quad E'_{\mathrm{q}i}]^{\mathrm{T}}, \quad u_i = V_{i\mathrm{NR\text{-}PSS}}, \quad w_i = [0 \quad w_{i1} \quad w_{i2}]^{\mathrm{T}}$$

$$f_i(x) = \left[\omega_i - \omega_0 \quad \frac{\omega_0}{H_i}(P_{\mathrm{m}i} - P_{\mathrm{e}i} - P_{\mathrm{D}i}) \quad -\frac{1}{T_{\mathrm{d}0i}}E_{\mathrm{q}i}\right]^{\mathrm{T}}$$

$$g_i(x)=\begin{bmatrix}0 & 0 & \dfrac{1}{T_{\mathrm{d0}i}}\end{bmatrix}^{\mathrm{T}},\quad q_{i1}(x)=\begin{bmatrix}0 & \dfrac{\omega_0}{H_i} & 0\end{bmatrix}^{\mathrm{T}},\quad q_{i2}(x)=\begin{bmatrix}0 & 0 & \dfrac{1}{T_{\mathrm{d0}i}}\end{bmatrix}^{\mathrm{T}}$$

NR-PSS 的设计属于非线性鲁棒控制问题，其控制目标是要保证在干扰为零的情况下，闭环系统内部稳定；在干扰属于 $L_2[0,T]$ 空间时，闭环系统满足 L_2 增益不等式。根据第 10 章中的论述，该控制问题实质上是一类二人零和微分博弈问题。

式 (14-20) 中，两个扰动项 w_{i1},w_{i2} 出现在第 i 台发电机的第 2、3 个动态方程中，分别代表发电机转子轴系的机械扰动以及励磁电压扰动。扰动项的决策目标是尽可能地恶化闭环系统性能，而需要设计的励磁控制器 u_i，其决策目标则是在保证闭环系统稳定性的同时最小化扰动对系统性能的影响。决策双方目标相悖，且其动态行为始终受微分方程 (14-20) 的约束，从而构成一个二人零和微分博弈问题。下面采用 10.4.1 节介绍的变尺度反馈线性化方法求解该微分博弈问题，进而设计多机系统的鲁棒励磁控制策略。

选取输出信号为 $y_i=h_i(x)=\delta_i-\delta_0$，选取变尺度坐标变换

$$z_i=m_i\phi(x),\quad 1\leqslant i\leqslant n$$

即

$$\begin{cases}z_{i1}=m_i(\delta_i-\delta_0)\\ z_{i2}=m_iL_{\mathrm{f}_i}h_i(x)=m_i(\omega_i-\omega_0)\\ z_{i3}=m_iL_{\mathrm{f}_i}^2h_i(x)=\dfrac{m_i\omega_0}{H_i}(P_{\mathrm{m}i}-P_{\mathrm{e}i}-P_{\mathrm{D}i})\end{cases}\tag{14-21}$$

其中，m_i 是待定的常数，其意义为某一向量在上述映射下从 x 空间到 z 的压缩比，$z_i=[z_{i1},\ z_{i2},\ z_{i3}]^{\mathrm{T}}$。此坐标系下，新的干扰变量为

$$\xi_i=\begin{bmatrix}0 & 0\\ m_i & 0\\ -m_iD_i\omega_0 & m_iI_{\mathrm{q}i}T_{\mathrm{d0}i}\end{bmatrix}w_i$$

根据微分几何方法构造非线性预反馈律为

$$v_i=\alpha(x)+\beta(x)u_i=m_i\left(-\frac{\omega_0}{H_i}\dot{P}_{\mathrm{e}i}-\frac{D_i}{H_i}\dot{\omega}_i\right)\tag{14-22}$$

其中，v_i 是新引入的控制变量，$\alpha(x)=L_{\mathrm{f}_i}^3h_i(x)$，$\beta(x)=L_{\mathrm{g}_i}L_{\mathrm{f}_i}^2h_i(x)$。

利用变尺度坐标变换 (14-21) 和预反馈 (14-22)，可以将系统 (14-20) 转化为如下形式：

$$\begin{cases}\dot{z}_i=A_iz_i+B_{1i}\xi_i+B_{2i}v_i\\ y_i=C_iz_i\end{cases}\tag{14-23}$$

其中

$$A_i=m_i\begin{bmatrix}0&1&0\\0&0&1\\0&0&0\end{bmatrix},\quad B_{1i}=m_i\begin{bmatrix}0&0&0\\0&1&0\\0&0&1\end{bmatrix},\quad B_{2i}=\begin{bmatrix}0\\0\\1\end{bmatrix}$$

$$C_i = [\ 1\quad 0\quad 0\ ],\quad z_i = [\ z_{i1}\quad z_{i2}\quad z_{i3}\ ]$$

对于线性系统 (14-23)，根据第 10 章介绍的鲁棒控制理论，可求得如下线性最优控制策略和最坏干扰激励分别为

$$v_i^* = -B_{2i}^{\mathrm{T}} P^* z_i = -(p_{31}^* z_{i1} + p_{32}^* z_{i2} + p_{33}^* z_{i3}) = -k_{1i} z_{i1} - k_{2i} z_{i2} - k_{3i} z_{i3} \tag{14-24}$$

$$\xi_i^* = \frac{1}{\gamma^2} B_{1i}^{\mathrm{T}} P^* z_i \tag{14-25}$$

其中，P^* 为如下 Riccati 不等式：

$$A_i^{\mathrm{T}} P + P A_i + \frac{1}{\gamma^2} P B_{1i} B_{1i}^{\mathrm{T}} P - P B_{2i} B_{2i}^{\mathrm{T}} P + C_i^{\mathrm{T}} C_i < 0 \tag{14-26}$$

的半正定解。

将发电机系统有功功率表述为

$$P_{\mathrm{e}i} = E'_{\mathrm{q}i} i_{\mathrm{q}i} + (x_{\mathrm{q}i} - x'_{\mathrm{d}i}) i_{\mathrm{d}i} i_{\mathrm{q}i} \tag{14-27}$$

此处考虑发电机的瞬态凸极效应，即采用发电机的双轴模型，使得所设计的鲁棒励磁控制器对大型水轮机和汽轮机组具有更强的针对性和更广的适用范围。此外，从控制功能上讲，采用双轴模型还可使得闭环系统能够更有效地抑制干扰。

由式 (14-27) 可得

$$\dot{P}_{\mathrm{e}i} = -\frac{1}{T'_{\mathrm{d}0i}} i_{\mathrm{q}i} E_{\mathrm{q}i} + E'_{\mathrm{q}i} \dot{i}_{\mathrm{q}i} + (x_{\mathrm{q}i} - x'_{\mathrm{d}i})(i_{\mathrm{d}i} \dot{i}_{\mathrm{q}i} + i_{\mathrm{q}i} \dot{i}_{\mathrm{d}i}) + \frac{1}{T'_{\mathrm{d}0i}} i_{\mathrm{q}i} V_{i\text{NR-PSS}} \tag{14-28}$$

将式 (14-28) 代入非线性预反馈式 (14-22)，并假设 $D_i = 0$，则非线性预反馈律为

$$v_i = -m_i \dot{P}_{\mathrm{e}i} \omega_0 / H_i$$

进一步有

$$v_i = -m_i \frac{\omega_0}{H_{ji}} \left[-\frac{1}{T'_{\mathrm{d}0}} i_{\mathrm{q}i} E_{\mathrm{q}i} + E'_{\mathrm{q}i} \dot{i}_{\mathrm{q}i} + (x_{\mathrm{q}i} - x'_{\mathrm{d}i})(i_{\mathrm{d}i} \dot{i}_{\mathrm{q}i} + i_{\mathrm{q}i} \dot{i}_{\mathrm{d}i}) + \frac{1}{T'_{\mathrm{d}0}} i_{\mathrm{q}i} V_{i\text{NR-PSS}} \right]$$

从而可得第 i 台发电机的非线性鲁棒励磁控制律为

$$V_{i\text{NR-PSS}} = E_{\mathrm{q}i} - \frac{T'_{\mathrm{d}0i}}{i_{\mathrm{q}i}} \left[E'_{\mathrm{q}i} \dot{i}_{\mathrm{q}i} + (x_{\mathrm{q}i} - x'_{\mathrm{d}i})(i_{\mathrm{q}i} \dot{i}_{\mathrm{d}i} + i_{\mathrm{d}i} \dot{i}_{\mathrm{q}i}) \right] + \frac{1}{m_i} \frac{H_i T'_{\mathrm{d}0i}}{\omega_0 i_{\mathrm{q}i}} v_i^* \tag{14-29}$$

将式 (14-24) 代入式 (14-29) 可求得最终的 NR-PSS 控制律为

$$\begin{aligned} V_{i\text{NR}-\text{PSS}} = {} & E_{\mathrm{q}i} - \frac{T'_{\mathrm{d}0i}}{i_{\mathrm{q}i}} \left[E'_{\mathrm{q}i} \dot{i}_{\mathrm{q}i} + (x_{\mathrm{q}i} - x'_{\mathrm{d}i})(i_{\mathrm{q}i} \dot{i}_{\mathrm{d}i} + i_{\mathrm{d}i} \dot{i}_{\mathrm{q}i}) \right] + \\ & C_{1i} \frac{H_i T'_{\mathrm{d}0i}}{\omega_0 i_{\mathrm{q}i}} \left(k_{1i} \Delta\delta_i + k_{2i} \Delta\omega_i - k_{3i} \frac{\omega_0}{H_i} \Delta P_{\mathrm{e}i} \right) \end{aligned} \tag{14-30}$$

其中 $C_{1i}=1/m_i$。

由式 (14-30) 可知 NR-PSS 控制律具有以下特点。

（1）由于系统建模时充分考虑了干扰的影响，因此所设计的控制律对干扰具有显著的抑制作用；又由于该控制律中只含本发电机参数，即不依赖网络参数，因此对网络结构的变化具有适应性，从而保证了控制律的鲁棒性。

（2）控制律中的反馈量均为本地量测量，与其他机组的状态量或输出量无直接关系，因而适用于多机系统分散协调控制。

（3）控制律基于发电机的双轴模型进行设计，既考虑了发电机的瞬变凸极效应，又去除了非线性最优励磁控制器 $x'_{\mathrm{d}}=x_{\mathrm{q}}$ 的假设，使得控制系统模型能够更全面地刻画大型发电机组的动态特性，从而大大扩展了该控制器的适用范围。

若 NR-PSS 与 AVR 采用并联接入方式，记 AVR 的输出为 $V_{i\mathrm{AVR}}$，同时为获取良好的电压控制效果，而引入 NR-PSS 增益系数 C_{2i} 和 AVR 增益系数 C_{3i}，则最终系统励磁控制规律为

$$V_{\mathrm{f}i}=C_{3i}V_{i\mathrm{AVR}}+C_{2i}V_{i\mathrm{NR\text{-}PSS}}$$

其实用化算法如图 14.12 所示。

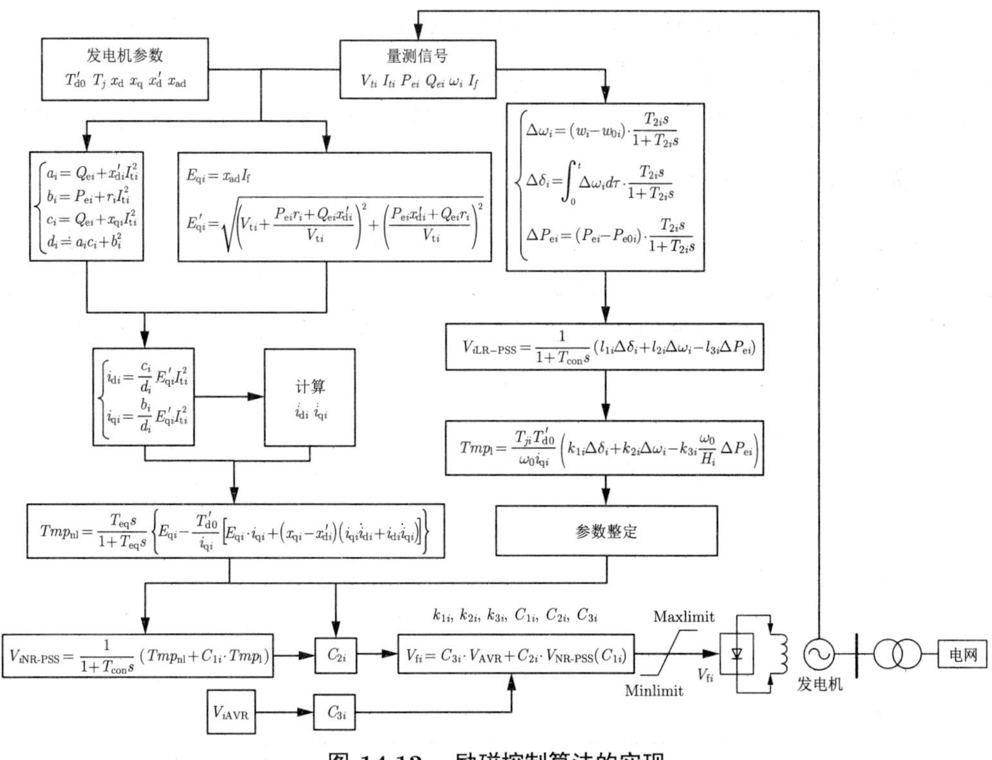

图 14.12　励磁控制算法的实现

NR-PSS 工业装置硬件构架如图 14.13 所示，主要由 A、B、C 三个调节通道、模拟量总线板、开关量总线板、人机界面、接口电路等组成。

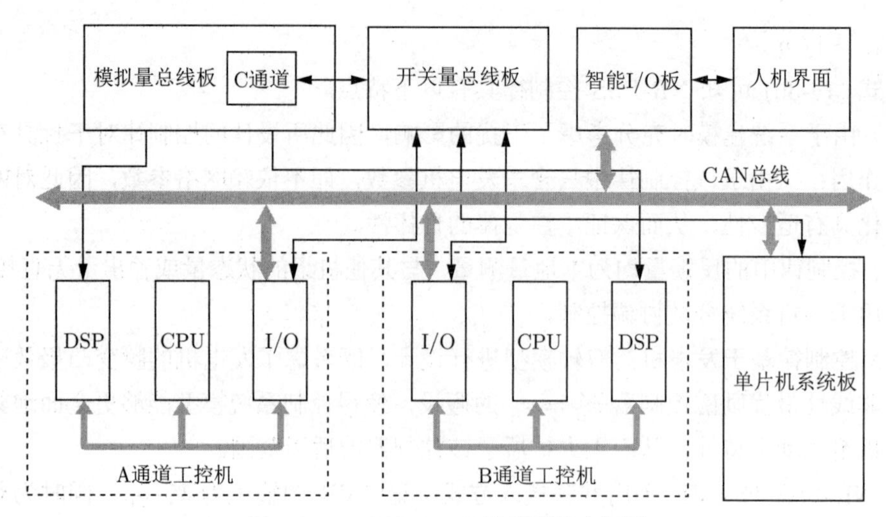

图 14.13 NR-PSS 装置硬件方框图

14.2.3 NR-PSS 的动模实验

为全面检验 NR-PSS 装置的性能，本节针对闭环系统运行中可能出现的多种工况设计了以下几类实验，包括 4% 给定值电压阶跃实验、抑制低频振荡实验、投切线路实验、三相短路故障实验和扰动信号抑制实验。动模实验系统模拟三峡发电机所组成的单机无穷大系统。该系统线路阻抗大，系统阻尼弱，稳定极限低。此外，在进行各项动模实验之前已根据文献 [3] 介绍的基于频域测试的参数整定方法，确定 NR-PSS 的各个参数。

1. 4% 给定值电压阶跃实验

图 14.14 与图 14.15 显示了 4% 给定值电压阶跃的实验结果。由于实验系统稳定极限较低，PSS2A 投运时有功功率振荡 20s 内尚未平息。NR-PSS 投运时有功功率振荡在 2s 内得以平息，可见 NR-PSS 显著改善了系统的阻尼特性，提高了系统的稳定性。

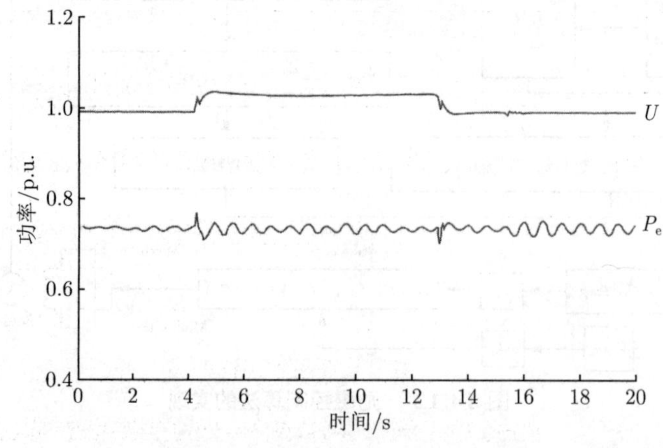

图 14.14 PSS2A 4% 给定值电压阶跃实验有功与电压曲线

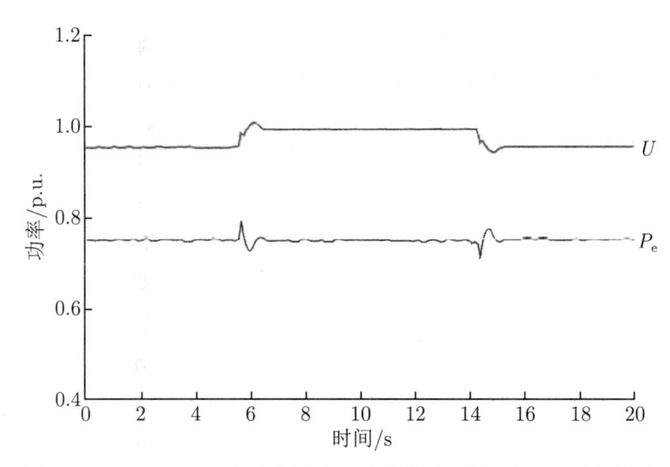

图 14.15　NR-PSS4% 给定值电压阶跃实验有功与电压曲线

2. 低频振荡抑制实验

低频振荡抑制实验是指当改变系统工况，使有功功率出现低频振荡后，分别投入 PSS2A 和 NR-PSS 予以镇定。图 14.16 显示在 8s 时投入 PSS2A，经过 7s 振荡得以平息，而图 14.17 则显示投入 NR-PSS 经过 2s 后，系统恢复稳定。可见 NR-PSS 阻尼系统功率振荡的效果更为明显，具有更强的抑制低频振荡能力。

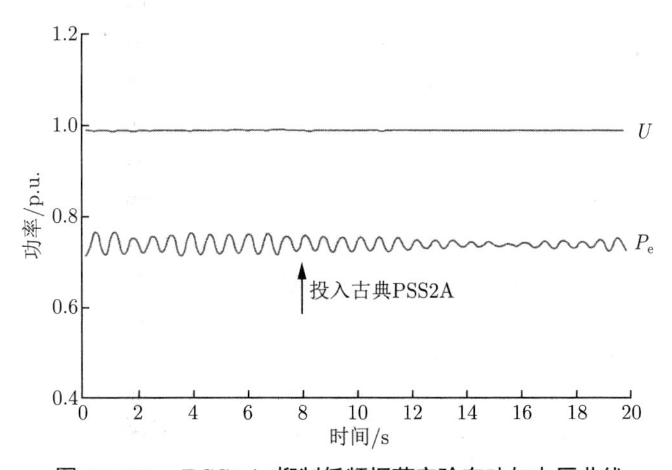

图 14.16　PSS2A 抑制低频振荡实验有功与电压曲线

3. 投切线路实验

投切线路实验是指在变压器出口的两回输电线路分别对其中的一回线路进行合线路与切线路的操作，继而分别投入 PSS2A 与 NR-PSS 对系统予以镇定。图 14.18 显示投入 PSS2A 合一回线路后，经过 4.5s 功率振荡仍然未完全平息；而投入 NR-PSS 合一回线路后仅经过 2.5s 系统就完全恢复稳定。图 14.19 中投入 PSS2A 切一回线路振荡平息需要 2.25s，而投入 NR-PSS 切一回线路仅需要 0.75s 即能平息有功功率振荡。由

图 14.18 和图 14.19 表明，相比于 PSS2A，NR-PSS 能够在系统发生较大扰动的情况下，更为迅速地镇定系统，具有更为优良的阻尼特性和动态性能。

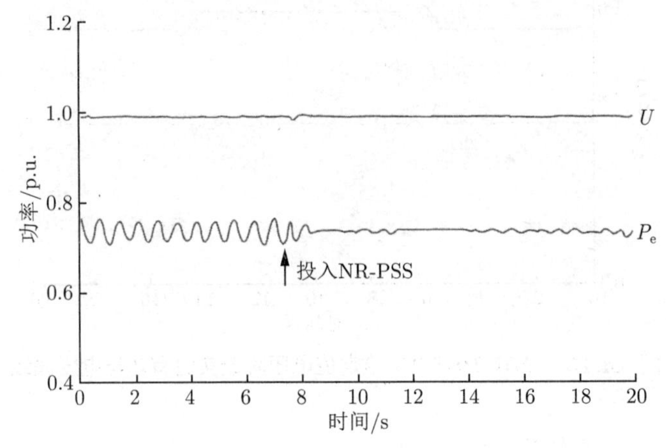

图 14.17 NR-PSS 抑制低频振荡实验有功与电压曲线

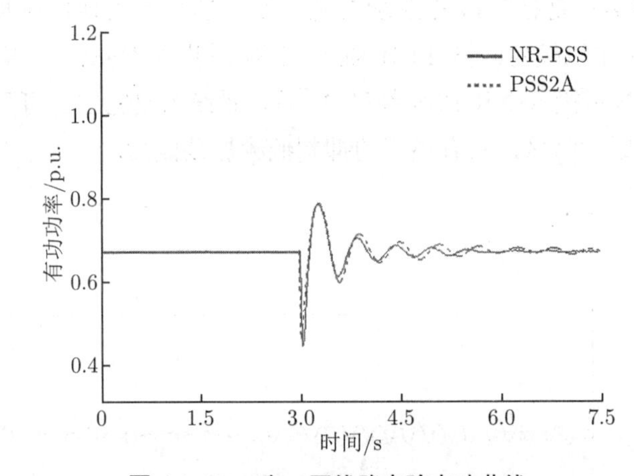

图 14.18 合一回线路实验有功曲线

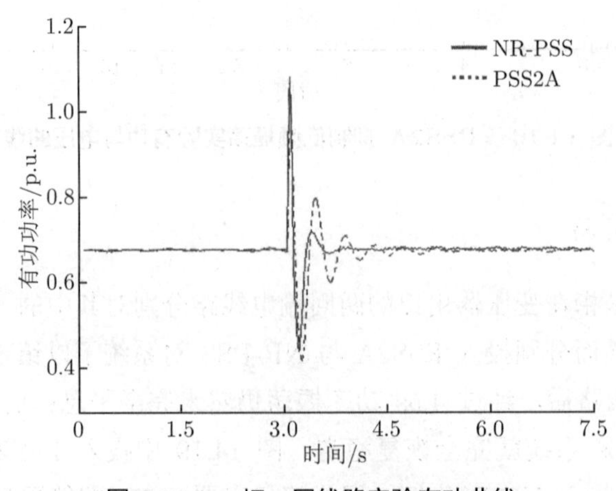

图 14.19 切一回线路实验有功曲线

4. 三相短路故障实验

三相短路故障实验是指输电线路始端 0s 发生三相短路故障，0.2s 故障切除后分别投入 PSS2A 与 NR-PSS 对系统予以镇定。图 14.20 显示投入 PSS2A 需要较长的时间才能平息有功振荡；而投入 NR-PSS 运行时仅经过 2s 后可使系统恢复稳定，显著缩短了系统的暂态过渡过程。这是由于 NR-PSS 充分考虑了电力系统的非线性特性，能够适应系统运行工况的大范围变化。该实验充分验证了 NR-PSS 在系统发生大干扰的情况下的优越性。

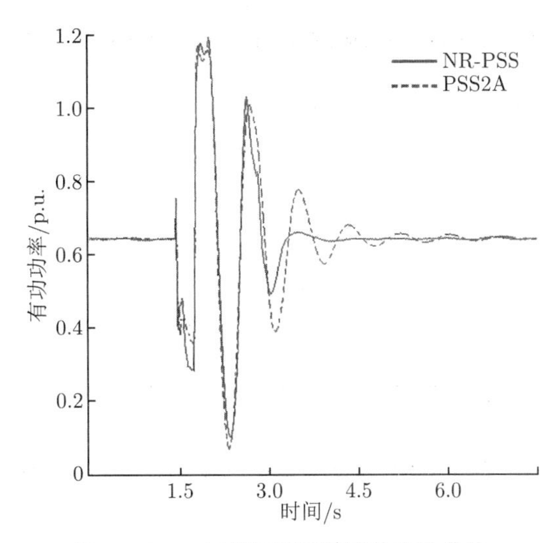

图 14.20　三相短路故障实验有功曲线

5. 扰动信号抑制实验

扰动信号抑制实验是指在 AVR 的输入端持续输入不同频率的正弦小干扰信号，测试 PSS2A 与 NR-PSS 抑制各种频率的干扰信号的能力，实验中输入扰动信号有 0.1Hz、0.5Hz、1.4Hz 和 2.0Hz 信号。图 14.21 ~ 图 14.24 显示，由于受外界干扰信号的影响，机端电压出现振荡，引发有功功率相应频率的振荡。在投入 NR-PSS 后，有功功率振荡的幅度明显减小，可见 NR-PSS 能够抑制各种频率的低频振荡，具有较强的鲁棒性。

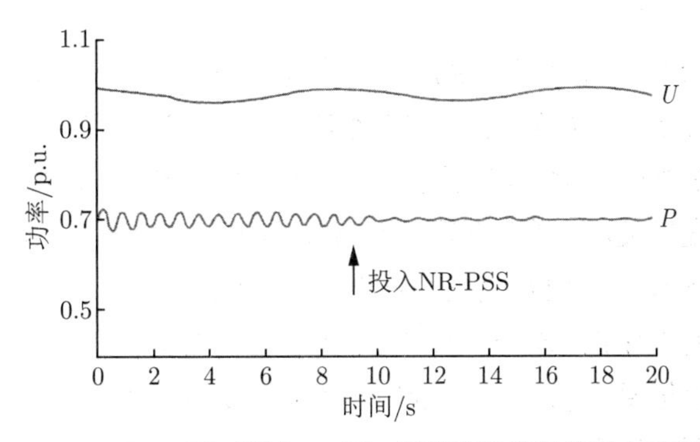

图 14.21　NR-PSS 抑制 0.1Hz 干扰信号实验有功与电压曲线

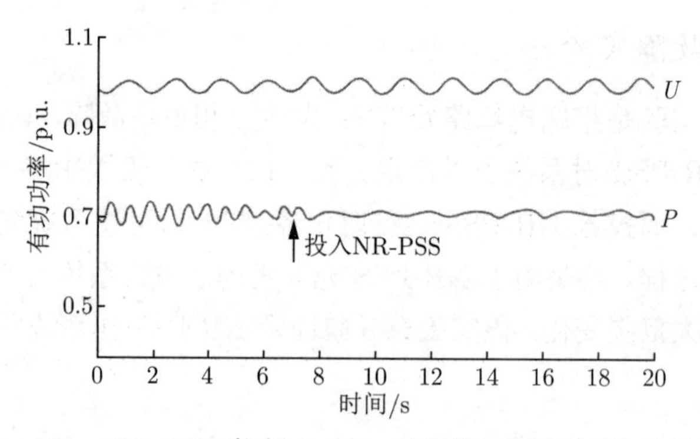

图 14.22 NR-PSS 抑制 0.5Hz 干扰信号实验有功与电压曲线

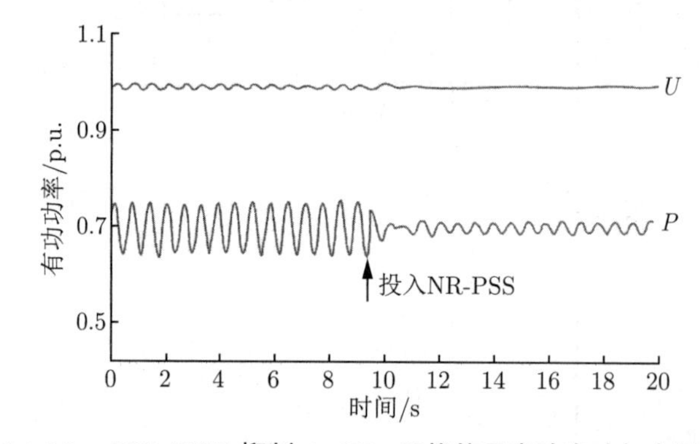

图 14.23 NR-PSS 抑制 1.4Hz 干扰信号实验有功与电压曲线

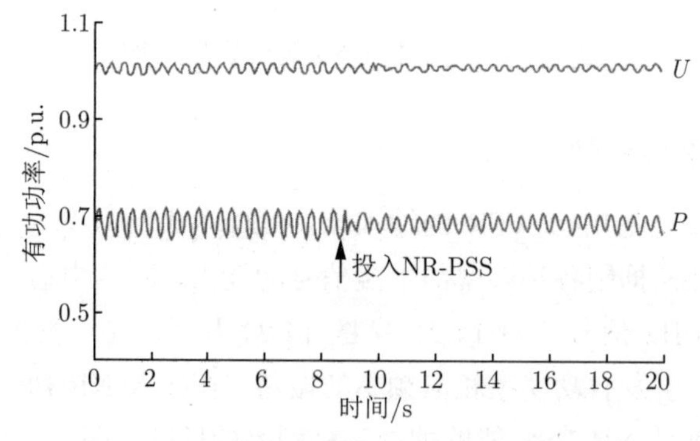

图 14.24 NR-PSS 抑制 2.0Hz 干扰信号实验有功与电压曲线

上述实验结果表明，与现有励磁控制方式（AVR 加 PSS2A）相比，NR-PSS 在小干扰与大干扰的工况下，均能够更为迅速地抑制低频振荡，减少振荡次数，增加系统阻尼并提高系统的稳定极限，因而具有更为优良的综合动态性能和阻尼特性。

本节从工程角度出发，以微分博弈理论为基本工具，基于第 10 章介绍的变尺度反馈线性化 H_∞ 方法，设计了面向发电机双轴模型的非线性鲁棒励磁控制律，该控制律对于各种干扰具有较强的鲁棒性和适应性。在此基础上研制了新一代大型发电机组 NR-PSS 工业装置，动模实验结果表明，NR-PSS 能够显著改善系统阻尼，有效地抑制系统运行中的各种干扰，大幅提升系统暂态稳定性。

14.3　负荷频率鲁棒控制器设计

电力系统中发电和负荷间的不平衡将引起系统频率波动，负荷频率控制（load-frequency control，LFC）则是维持系统频率在额定值附近的一种有效手段，对提高电力系统供电质量至关重要。

不同于一般负荷频率鲁棒控制器的离线设计思想，本节采用第 10 章介绍的 ADP 方法设计在线负荷频率鲁棒控制器，并将其应用于单机无穷大系统负荷频率控制，从而赋予负荷频率控制器在线学习和适应不确定性的能力。

14.3.1　负荷频率鲁棒控制模型

为简明起见，本节基于电力系统线性化模型设计负荷频率鲁棒控制器。由于 ADP 方法具有学习能力和自适应性，故一般适用于非线性模型。

负荷频率控制器的系统动态模型可描述为

$$\begin{cases}\Delta\dot{f}\left(t\right)=-\dfrac{1}{T_{\mathrm{p}}}\Delta f\left(t\right)+\dfrac{K_{\mathrm{p}}}{T_{\mathrm{p}}}\Delta P_{\mathrm{g}}\left(t\right)-\dfrac{K_{\mathrm{p}}}{T_{\mathrm{p}}}\Delta P_{\mathrm{d}}\left(t\right)\\ \Delta\dot{P}_{\mathrm{g}}\left(t\right)=-\dfrac{1}{T_{\mathrm{T}}}\Delta P_{\mathrm{g}}\left(t\right)+\dfrac{1}{T_{\mathrm{T}}}\Delta X_{\mathrm{g}}\left(t\right)\\ \Delta\dot{X}_{\mathrm{g}}\left(t\right)=-\dfrac{1}{RT_{\mathrm{G}}}\Delta f\left(t\right)-\dfrac{1}{T_{\mathrm{G}}}\Delta X_{\mathrm{g}}\left(t\right)-\dfrac{1}{T_{\mathrm{G}}}\Delta E\left(t\right)+\dfrac{1}{T_{\mathrm{G}}}u\left(t\right)\\ \Delta\dot{E}\left(t\right)=K_{\mathrm{E}}\Delta f\left(t\right)\end{cases}\tag{14-31}$$

其中，$\Delta f\left(t\right)$ 为系统频率偏差；$\Delta P_{\mathrm{g}}(t)$ 为发电机输出功率增量；$\Delta X_{\mathrm{g}}(t)$ 为气门开度增量；$\Delta E(t)$ 为积分控制增量；$\Delta P_{\mathrm{d}}(t)$ 为考虑风电功率波动后的等效负荷扰动；T_{G} 为调速器时间常数；T_{T} 为汽轮机时间常数；T_{p} 为系统频率响应时间常数；K_{p} 为系统频率响应增益；R 为调差系数；u 为控制输入。模型 (14-31) 中所有变量与参数均采用标幺值。

将系统 (14-31) 表示为矩阵形式，有

$$\dot{x}\left(t\right)=Ax\left(t\right)+Bu\left(t\right)+Ew\tag{14-32}$$

其中，$w=\Delta P_{\mathrm{d}}$。系统状态量为

$$x\left(t\right)=\begin{bmatrix}\Delta f\left(t\right) & \Delta P_{\mathrm{g}}\left(t\right) & \Delta X_{\mathrm{g}}\left(t\right) & \Delta E\left(t\right)\end{bmatrix}^{\mathrm{T}}$$

系统矩阵满足

$$A=\begin{bmatrix}-1/T_{\mathrm{p}} & K_{\mathrm{p}}/T_{\mathrm{p}} & 0 & 0\\ 0 & -1/T_{\mathrm{T}} & 1/T_{\mathrm{T}} & 0\\ -1/RT_{\mathrm{G}} & 0 & -1/T_{\mathrm{G}} & 1/T_{G}\\ K_{\mathrm{E}} & 0 & 0 & 0\end{bmatrix}$$

$$B=\begin{bmatrix}0 & 0 & 1/T_{\mathrm{G}} & 0\end{bmatrix}^{\mathrm{T}}$$

$$E = \begin{bmatrix} -K_{\mathrm{p}}/T_{\mathrm{p}} & 0 & 0 & 0 \end{bmatrix}^{\mathrm{T}}$$

负荷频率鲁棒控制器问题可归结为设计一类状态反馈控制器 $u(t) = -Kx(t)$，以应对可能出现的最坏干扰激励 $\Delta P_{\mathrm{d}}^{*}(t)$，即所设计的鲁棒控制律 $u(t)$ 应使相应的闭环系统在无干扰时渐进稳定，并且满足下述 L_2 增益不等式：

$$\int_0^{\infty} \left(x^{\mathrm{T}}Qx + u^{\mathrm{T}}Ru\right) \mathrm{d}\tau \leqslant \gamma^2 \int_0^{\infty} w^{\mathrm{T}} w \mathrm{d}\tau, \quad \forall w \in L_2\left[0, \infty\right) \tag{14-33}$$

根据满足动态约束 (14-32) 的负荷频率鲁棒控制器设计过程恰好构成一类二人零和微分博弈格局。由于在实际工程中系统矩阵 A 可能无法精确获知，故设计不依赖于系统矩阵 A 的鲁棒控制器显得尤为必要。有鉴于此，本节采用 ADP 方法求解该二人零和微分博弈问题，一方面克服了矩阵 A 无法精确获知的困难，另一方面又能实现在线设计，从而更适于应对现代电力系统中风电、光伏等间歇性能源大规模并网所带来的强不确定性以及电力系统工作点变化时线性化模型带来的误差。

14.3.2 负荷频率鲁棒控制在线求解

以文献 [17] 所给系统参数为例，系统精确模型为

$$A = \begin{bmatrix} -0.0665 & 8.000 & 0 & 0 \\ 0 & -3.663 & 3.663 & 0 \\ -6.86 & 0 & -13.736 & -13.736 \\ 0.6 & 0 & 0 & 0 \end{bmatrix}$$

$$B = \begin{bmatrix} 0 & 0 & 13.736 & 0 \end{bmatrix}^{\mathrm{T}}$$

$$E = \begin{bmatrix} -8 & 0 & 0 & 0 \end{bmatrix}^{\mathrm{T}}$$

在系统矩阵 A、B、E 精确已知的情况下，采用标准的鲁棒控制器设计方法可得文献 [17] 所给系统 Riccati 方程的解为

$$P_{\mathrm{th}} = \begin{bmatrix} 0.4986 & 0.5080 & 0.0650 & 0.4983 \\ 0.5080 & 0.8274 & 0.1309 & 0.4116 \\ 0.0650 & 0.1309 & 0.0525 & 0.0342 \\ 0.4983 & 0.4116 & 0.0342 & 2.3689 \end{bmatrix}$$

相应的 Nash 均衡为

$$u^{*} = -R^{-1}B^{\mathrm{T}}P_{\mathrm{th}}x$$

$$w^{*} = \frac{1}{2\gamma^2}E^{\mathrm{T}}P_{\mathrm{th}}x$$

如前所述，现代电力系统在其运行过程中不可避免地会受到不确定性的影响，从而使得负荷频率控制问题 (14-32) 中系统矩阵 A 往往难以精确获知，为此本节采用 ADP 方法构造负荷频率鲁棒控制器。令

$$\gamma = 10, \quad Q = \mathrm{diag}[1, 1, 1, 1], \quad R = 1$$

满足文献 [17] 中收敛性条件的算法参数取值为

$$a_1 = 20, \quad a_2 = 1, \quad a_3 = 1, \quad F_1 = F_2 = I, \quad F_3 = F_4 = 10I$$

值函数近似采用的基函数为

$$\phi(x) = \begin{bmatrix} x_1^2 & x_1x_2 & x_1x_3 & x_1x_4 & x_2^2 & x_2x_3 & x_2x_4 & x_3^2 & x_3x_4 & x_4^2 \end{bmatrix}^{\mathrm{T}}$$

在系统矩阵 A 未知时，采用 ADP 方法在线学习结果为

$$P_{\text{learning}} = \begin{bmatrix} 0.4770 & 0.5443 & 0.0618 & 0.5099 \\ 0.5443 & 0.9218 & 0.1323 & 0.4093 \\ 0.0618 & 0.1323 & 0.0549 & 0.0299 \\ 0.5099 & 0.4093 & 0.0299 & 2.2206 \end{bmatrix}$$

可见，通过策略迭代和在线学习，在系统矩阵 A 未知的情况下 Riccati 方程的解 P_{learning} 收敛于系统矩阵 A 已知时采用标准鲁棒控制设计方法获取的解 P_{th}。

根据式 (10-52) 及式 (10-53) 可知，基于 ADP 方法求出的 Nash 均衡为

$$u = -R^{-1}B^{\mathrm{T}}P_{\text{learning}}x$$
$$w = \frac{1}{2\gamma^2}E^{\mathrm{T}}P_{\text{learning}}x$$

图 14.25 ~ 图 14.27 分别给出了基于策略迭代的负荷频率鲁棒控制器值函数网络参数 W_{c}、控制网络参数 W_{a} 及干扰网络参数 W_{d} 的在线学习过程。由图 14.25 ~ 图 14.27 可知，W_{c}、W_{a}、W_{d} 分别收敛于

$$W_{\text{c}}^* = [0.4770\ 1.0884\ 0.1236\ 1.0198\ 0.9218\ 0.2646\ 0.8186\ 0.0549\ 0.0598\ 1.1103]^{\mathrm{T}}$$
$$W_{\text{a}}^* = [0.4770\ 1.0886\ 0.1236\ 1.0198\ 0.9218\ 0.2645\ 0.8186\ 0.0549\ 0.0598\ 1.1103]^{\mathrm{T}}$$
$$W_{\text{d}}^* = [0.4770\ 1.0886\ 0.1236\ 1.0198\ 0.9218\ 0.2646\ 0.8186\ 0.0549\ 0.0599\ 1.1103]^{\mathrm{T}}$$

比较 P_{learning} 及 P_{th} 可知，通过在线学习，基于 ADP 方法求解出的控制策略 u 和干扰激励 w 近似收敛于标准鲁棒控制方法求出的 Nash 均衡 (u^*, w^*)。

需说明的是，上述值函数网络参数 W_{c}、控制网络参数 W_{a} 和干扰网络参数 W_{d} 分别对应式 (10-61) 中的 $\hat{W}_1$、式 (10-62) 中的 $\hat{W}_2$ 和式 (10-63) 中的 $\hat{W}_3$，其更新过程分别由式 (10-64)~ 式 (10-66) 决定。本算例中 W_{c}、W_{a}、W_{d} 初值不同，W_{c} 所有元素为 1，

W_a 和 W_d 中各元素随机取值。图 14.25 ~ 图 14.27 包含多个学习过程，放大部分显示了一次学习过程的权值动态。显见，在每次学习中，W_c、W_a 和 W_d 的动态过程并不一致，但每次学习收敛后的终值基本保持一致。

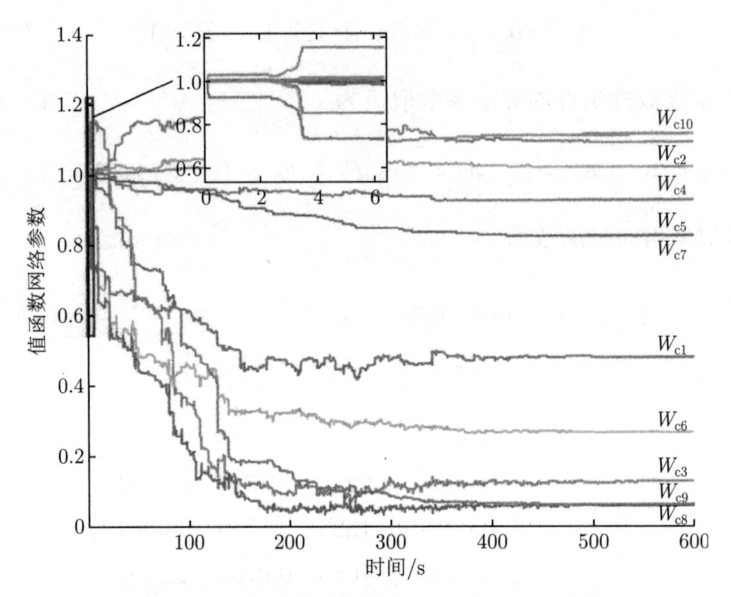

图 14.25 值函数网络参数 W_c 在线学习过程

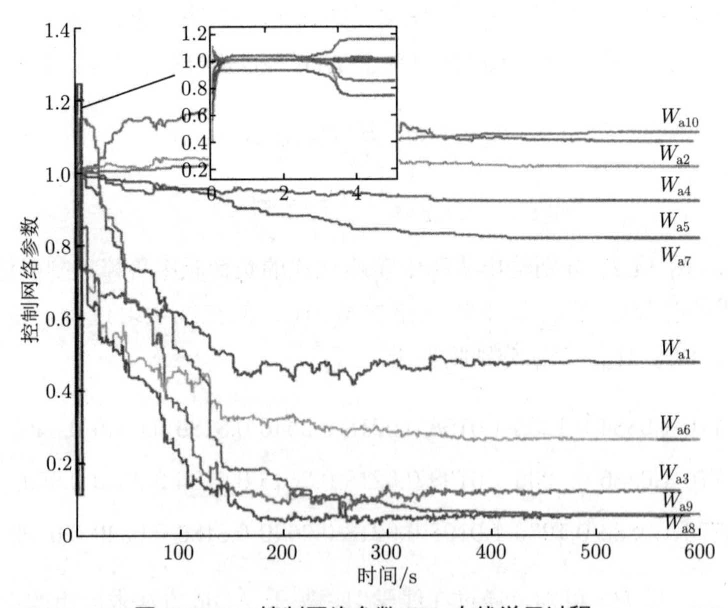

图 14.26 控制网络参数 W_a 在线学习过程

本节采用基于策略迭代及 ADP 的微分博弈理论设计了单区域负荷频率鲁棒控制器，该控制器的设计可归结为求解一类线性二人零和微分博弈的反馈 Nash 均衡。为便于在线求解该均衡，通过策略评估及策略更新两步过程，不断在线学习，直至近似收敛于微

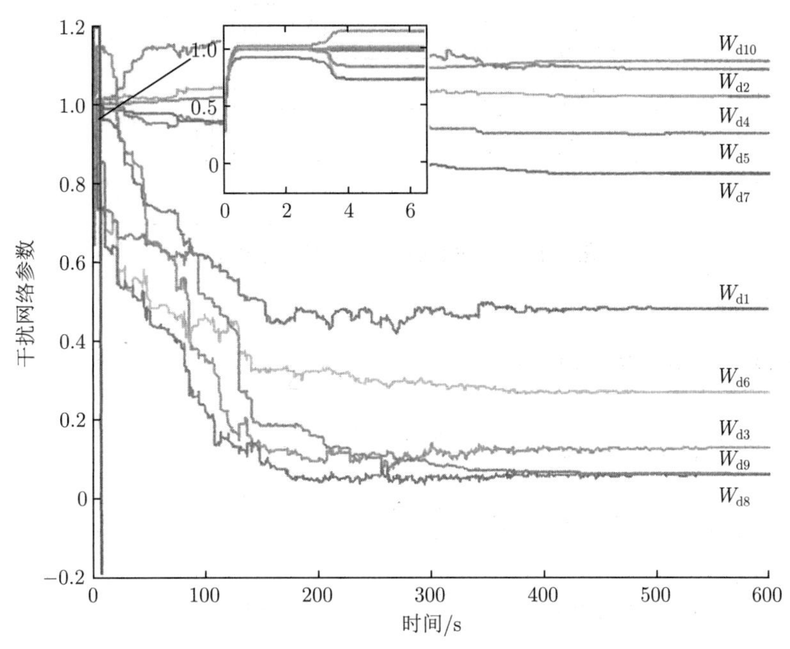

图 14.27　干扰网络参数 $\boldsymbol{W}_\mathrm{d}$ 在线学习过程

分博弈反馈 Nash 均衡，最终得到负荷频率鲁棒控制策略 u^* 和最坏干扰激励 w^*。

14.4　STATCOM 在线鲁棒控制器设计

作为一种新型的并联型动态无功补偿装置，STATCOM 的基本作用是对电力系统实行连续、精确的动态无功补偿。STATCOM 可视为连接在三相传输线路上的一个电压源逆变器，并只从线路吸取无功电流，该无功电流既可以是容性的，也可是感性的，并且几乎不受线路电压影响。相比于传统的 SVC，STATCOM 在响应速度、补偿容量、谐波含量、运行范围、灵活性等方面有着较明显优势，特别对于提高输电系统输电容量、改善电力系统稳定性、抑制电力系统低频振荡等方面具有重大意义。

本节采用第 10 章介绍的 ADP 方法求解 STATCOM 非线性鲁棒控制律。不同于已有的 STATCOM 非线性鲁棒控制器，ADP 方法采用在线学习，从而能够更好地应对电力系统运行过程中的多种不确定性且易于工程实现。

14.4.1　考虑干扰的含 STATCOM 的单机无穷大系统模型

STATCOM 典型结构如图 14.28 所示，主要包括交流侧串联电感及电阻、换流器、直流侧电容及并联电阻。图中，L 为交流侧耦合变压器的漏电感；R_s 为变压器及逆变器的导通损耗；R 为逆变器的关断损耗；V_ba、V_bb、V_bc 为三相线电压；V_a、V_b、V_c 为逆变器输出三相相电压；v_dc、I_dc 分别为直流侧电压和电流；i_a、i_b、i_c 为交流侧线电流。

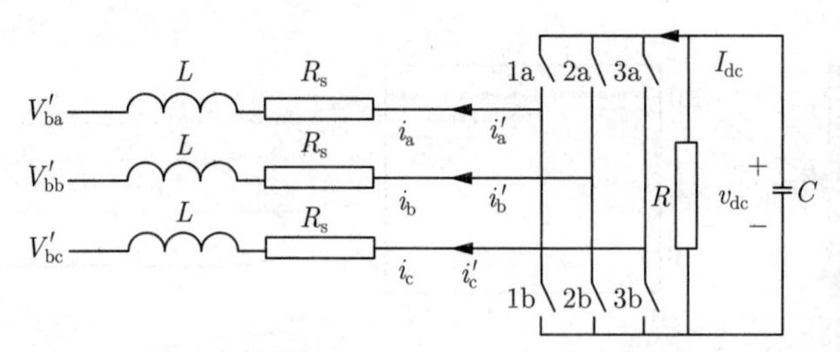

图 14.28 STATCOM 结构示意图

STATCOM 的动态模型为

$$\begin{cases}\dfrac{\mathrm{d}i_\mathrm{d}}{\mathrm{d}t}=-\dfrac{kR_\mathrm{s}}{L}i_\mathrm{d}(t)+ki_\mathrm{q}(t)-k\dfrac{K\cos(T(t))}{L}v_\mathrm{dc}(t)+k\dfrac{V_\mathrm{b}(t)}{L}\\\dfrac{\mathrm{d}i_\mathrm{q}}{\mathrm{d}t}=-\dfrac{kR_\mathrm{s}}{L}i_\mathrm{q}(t)-ki_\mathrm{d}(t)+\dfrac{kK\sin(T(t))}{L}v_\mathrm{dc}(t)\\\dfrac{\mathrm{d}v_\mathrm{dc}}{\mathrm{d}t}=-\dfrac{kC}{R}v_\mathrm{dc}(t)-\dfrac{3}{2}kCK(\cos(T(t))\,i_\mathrm{d}(t))-\dfrac{3}{2}kCK(\sin(T(t))\,i_\mathrm{q}(t))\end{cases}\tag{14-34}$$

其中，$i_\mathrm{d}(t)$ 为有功电流；$i_\mathrm{q}(t)$ 为无功电流；$v_\mathrm{dc}(t)$ 为电容电流；K 为与逆变器相关的常数，对于 12 路逆变器 $K=4/\pi$ ；$V_\mathrm{b}(t)$ 为 STATCOM 母线电压幅值；$i_\mathrm{d}(t)$、$i_\mathrm{q}(t)$、$v_\mathrm{dc}(t)$、$V_\mathrm{b}(t)$、L、R_s、R、C 均为标幺值，其基准容量为 STATCOM 的容量；k 为角速度触发角；触发角 $T(t)$ 为控制输入。

由于 STATCOM 采用电力电子装置控制，响应速度快，时间常数很小，因此在进行电力系统机电暂态过程的研究时，可忽略控制动态，从而将 STATCOM 等效为一个理想的可控电流源。针对含 STATCOM 的单机无穷大系统及其等值电路，假设向系统发出感性无功功率为正，则根据发电机转子运动方程及输出电磁功率的表达式，可得到下述含 STATCOM 装置的单机无穷大系统模型。

$$\begin{cases}\dot{\delta}=\omega_r\omega_\mathrm{s}\\\dot{\omega}_\mathrm{r}=\dfrac{1}{M}(P_\mathrm{m}-D\omega_\mathrm{r}-P_\mathrm{e}+w)\end{cases}\tag{14-35}$$

其中，w 为发电机转子回路的功率扰动，电磁功率的表达式为

$$P_\mathrm{e}=\frac{E'_\mathrm{q}V_\mathrm{s}}{x_1+x_2}\sin\delta\left(1+\frac{x_1x_2I_\mathrm{q}}{\sqrt{(x_2E'_\mathrm{q})^2+(x_1V_\mathrm{s})^2+2x_1x_2E'_\mathrm{q}V_\mathrm{s}\cos\delta}}\right)$$

其中，$x_1=x'_\mathrm{d}+x_\mathrm{T}+x_\mathrm{L}$，$x_2=x_\mathrm{L}$；$x'_\mathrm{d}$ 为发电机 d 轴暂态电抗（p.u.）；x_T 为变压器漏抗（p.u.）；x_L 为线路漏抗（p.u.）；I_q 为 STATCOM 的输出无功电流（p.u.），即为系统的控制输入量。

14.4.2　在线非线性鲁棒控制器设计

为便于分析与设计，将式 (14-35) 所示系统记为

$$
\begin{cases}
\dot{\delta} = \omega_{\mathrm{r}}\omega_{\mathrm{s}} \\
\dot{\omega}_{\mathrm{r}} = \dfrac{1}{M}\left(P_{\mathrm{m}} - D\omega_{\mathrm{r}} - a\sin\delta - aP\left(\delta\right)u + w\right)
\end{cases}
\tag{14-36}
$$

其中，系统控制输入 $u = I_{\mathrm{q}}$，其余参数表达式为

$$
a = \frac{E'_{\mathrm{q}}V_{\mathrm{s}}}{x_1 + x_2}
$$

$$
P\left(\delta\right) = \frac{x_1 x_2 \sin\delta}{\sqrt{\left(x_2 E'_{\mathrm{q}}\right)^2 + \left(x_1 V_{\mathrm{s}}\right)^2 + 2x_1 x_2 E'_{\mathrm{q}} V_{\mathrm{s}}\cos\delta}}
$$

以下采用基于 ADP 的方法在线设计含 STATCOM 的单机无穷大系统的鲁棒控制器。选取近似基函数为

$$
\varphi\left(x\right) = \begin{bmatrix} {x_1}^2 & {x_2}^2 & x_2\sin x_1 & x_2\cos x_1 \end{bmatrix}
$$

其梯度为

$$
\frac{\partial^{\mathrm{T}}\varphi}{\partial x} = \begin{bmatrix} 2x_1 & 0 & x_2\cos x_1 & -x_2\sin x_1 \\ 0 & 2x_2 & \sin x_1 & \cos x_1 \end{bmatrix}
$$

系统参数为

$$
D = 0.1,\quad M = 7,\quad V_{\mathrm{s}} = 0.995,\quad E'_{\mathrm{q}} = 1.7007,\quad \omega_{\mathrm{s}} = 1,
$$
$$
P_{\mathrm{m}} = 0.9,\quad X'_{\mathrm{d}} = 0.1,\quad X_{\mathrm{T}} = 0.15,\quad X_{\mathrm{L}} = 0.3252
$$

系统的平衡点为

$$
\left(\delta_{\mathrm{s}}, \omega_{\mathrm{rs}}\right) = \left(0.6519, 0\right)
$$

在线学习算法参数同 14.3.2 节，以下分别在不同运行工况下通过在线学习求解 STATCOM 的非线鲁棒控制律。

情形 1　假定由于某种干扰使得系统平衡点变为（0.65,0）。

基于 ADP 的 STATCOM 鲁棒控制器值函数网络参数、控制网络参数及干扰网络参数的在线学习过程分别如图 14.29 ~ 图 14.31 所示。

由图 14.29 ~ 图 14.31 可知，值函数网络参数 W_{c}、控制网络参数 W_{a}、干扰网络参数 W_{d} 分别收敛于

$$
W_{\mathrm{c}}^* = [0.0417\quad 0.8674\quad 1.9860\quad 2.7362]^{\mathrm{T}}
$$
$$
W_{\mathrm{a}}^* = [0.0418\quad 0.8674\quad 1.9860\quad 2.7362]^{\mathrm{T}}
$$
$$
W_{\mathrm{d}}^* = [0.0418\quad 0.8674\quad 1.9860\quad 2.7362]^{\mathrm{T}}
$$

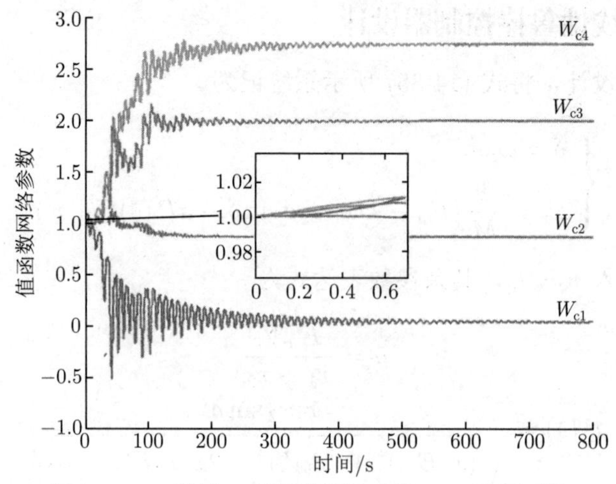

图 14.29　情形 1 值函数网络参数 $\boldsymbol{W}_c$ 学习过程

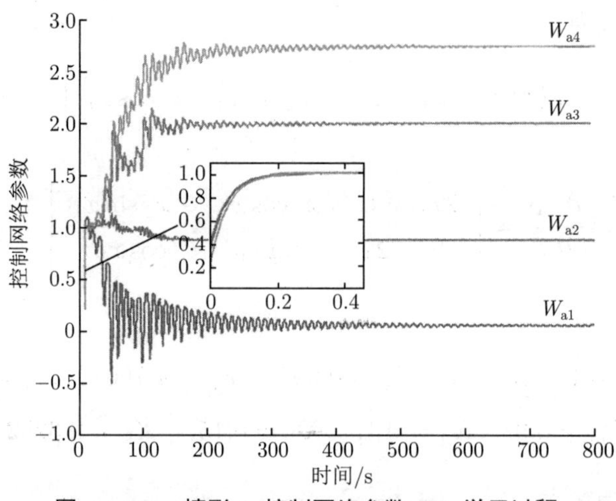

图 14.30　情形 1 控制网络参数 $\boldsymbol{W}_a$ 学习过程

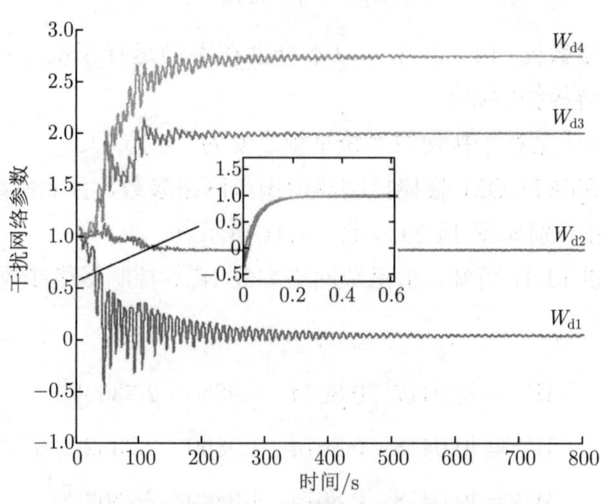

图 14.31　情形 1 干扰网络参数 $\boldsymbol{W}_d$ 学习过程

分析过程类似于图 14.25 ~ 图 14.27。

同时，根据式 (1-62) 及式 (1-63) 可知，在线学习过程中控制策略 u 及干扰激励 w 满足

$$u(x) = -\frac{1}{2}R^{-1}g_2^{\mathrm{T}}(x)\nabla\varphi^{\mathrm{T}}(x)W_{\mathrm{a}} \tag{14-37}$$

$$w(x) = \frac{1}{2\gamma^2}g_1^{\mathrm{T}}(x)\nabla\varphi^{\mathrm{T}}(x)W_{\mathrm{d}} \tag{14-38}$$

其中

$$g_1(x) = \frac{1}{M}$$

$$g_2(x) = -\frac{1}{M}aP(\delta)$$

由定理 10.3 可知，当控制网络参数 W_{a} 与干扰网络参数 W_{d} 分别收敛于 W_{a}^* 与 W_{d}^* 时，控制策略 $u(x)$ 与干扰激励 $w(x)$ 分别收敛于二人零和微分博弈 (14-36) 反馈 Nash 均衡 (u^*, w^*)。

情形 2　假定由于某种干扰使得系统平衡点变为（0.45,0）。

基于 ADP 的 STATCOM 鲁棒控制器值函数网络参数、控制网络参数及干扰网络参数在线学习过程分别如图 14.32 ~ 图 14.34 所示。

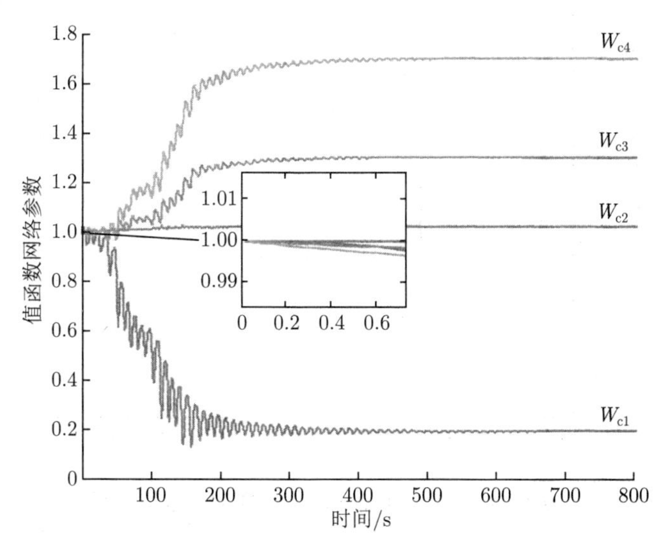

图 14.32　情形 2 值函数网络参数 W_{c} 学习过程

由图 14.32 ~ 图 14.34 可知，值函数网络参数 W_{c}，控制网络参数 W_{a}，干扰网络参数 W_{d} 分别收敛于

$$W_{\mathrm{c}}^* = [0.1907 \quad 1.0166 \quad 1.2997 \quad 1.6985]^{\mathrm{T}}$$

$$W_{\mathrm{a}}^* = [0.1906 \quad 1.0166 \quad 1.2993 \quad 1.6979]^{\mathrm{T}}$$

$$W_{\rm d}^* = [0.1906 \quad 1.0166 \quad 1.2994 \quad 1.6979]^{\rm T}$$

分析过程类似于图 14.25 ～ 图 14.27。

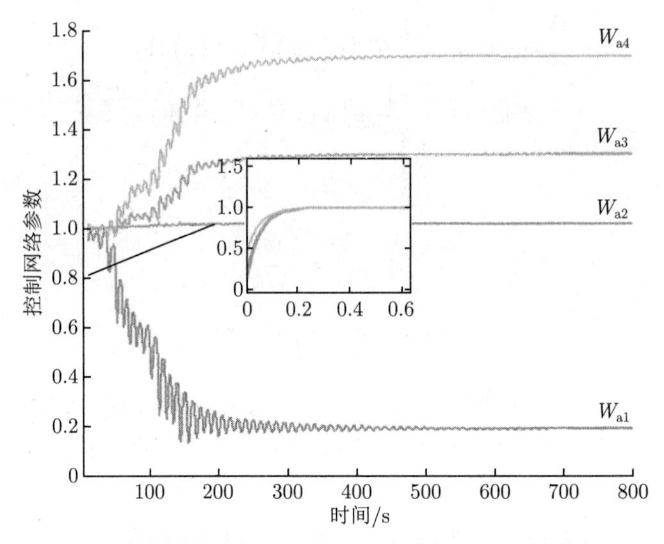

图 14.33 情形 2 控制网络参数 $\boldsymbol{W}_{\rm a}$ 学习过程

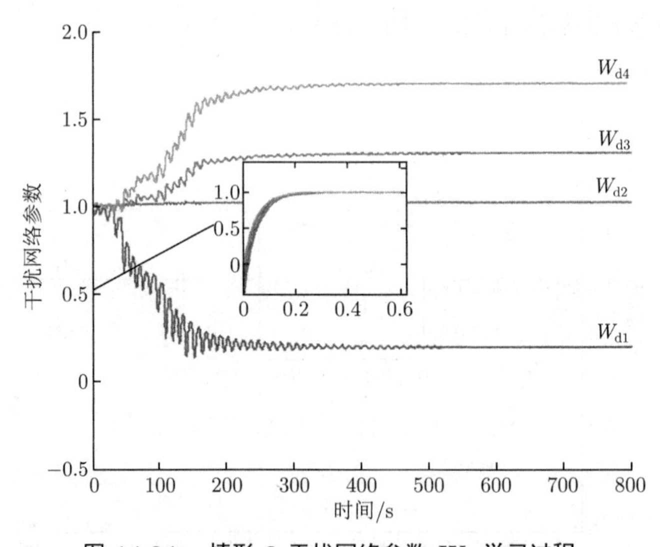

图 14.34 情形 2 干扰网络参数 $\boldsymbol{W}_{\rm d}$ 学习过程

可见，系统运行工况改变后 ADP 方法通过在线学习仍能快速有效地获取新运行工况下的 Nash 均衡，而无需直接求解 HJI 不等式。与情形 1 类似，该工况下微分博弈反馈 Nash 均衡可由式 (14-38) 及式 (14-37) 给定。

本节采用 ADP 方法设计 STATCOM 在线非线性鲁棒控制器，该控制器的设计可归结为求解一类非线性二人零和微分博弈问题的反馈 Nash 均衡。ADP 方法在策略迭代的基础上，引入值函数近似结构，该结构通过不断在线学习近似收敛于二人零和微分博弈问题的反馈 Nash 均衡 (u^*, w^*)，最终得到了 STATCOM 在线鲁棒最佳控制律 u^* 和最坏干扰激励 w^*。

14.5 说明与讨论

基于微分博弈的仿射非线性系统鲁棒控制问题等价于 HJI 不等式的求解，这是一类二次偏微分不等式，数学上没有一般求解方法。变尺度反馈线性化 H_∞ 设计方法、端口受控 Hamilton 系统设计方法、策略迭代方法和 ADP 方法从不同角度克服了这一困难。变尺度反馈线性化 H_∞ 方法通过非线性坐标变换将仿射非线性系统转化为线性系统，进而将 HJI 不等式的求解转化为代数 Riccati 方程的求解，使问题得以简化；端口受控 Hamilton 方法根据耗散系统理论通过构造 Hamilton 函数设计控制律；策略迭代方法将 HJI 方程的求解转化为非线性 Lyapunov 方程的求解，从而利用策略评估和策略更新交替求解。ADP 方法则利用函数近似结构在线实施策略迭代方法。综上所述，前两者实质上是一种离线设计、在线应用的设计方法，具有系统化的设计手段；后者则为在线设计、在线应用，更易应对动态系统不确定性。

应当指出，长久以来，基于频域设计方法的经典控制与基于时域设计方法的现代控制独立发展，形成了各自的方法论体系。由于设计手段相对简单，实现相对容易，经典控制理论仍然是当今工业应用的主流，而现代控制理论，如本节讨论的 Hamilton 系统理论、非线性鲁棒控制理论及 ADP 等在实际工程中的应用尚不广泛，一方面是由于广大工程技术人员对现代控制理论了解较少，另一方面是由于相应的行业标准仍然是基于经典控制理论制定的。经典控制理论的基本分析工具是传递函数，该理论主要以 Nyquist 判据判断系统稳定性。文献 [18] 指出，若不考虑非线性特性及干扰，非线性鲁棒控制问题将退化为线性最优控制问题；进一步，利用传递函数将被控对象模型从时域空间变换至频域空间，则代表非线性系统干扰抑制能力（或鲁棒性）的 L_2 增益不等式即退化为 Nyquist 判据。上述事实表明，经典控制理论是现代控制理论的基础，现代控制理论是经典控制理论的发展，二者一脉相承，不可分割。实际上，本书 10.1 节已将经典控制、最优控制和鲁棒控制纳入由控制 u 与干扰 w 形成的二人博弈格局。换言之，正是博弈论深刻揭示了古典控制与现代控制的内在联系。

参考文献

[1] LU Q, SUN Y, MEI S. Nonlinear Control Systems and Power System Dynamics[M]. Boston: Kluwer Academic Publishers, 2001.

[2] MEI S, LIU F, CHEN Y, et al. Co-ordinated H_∞ control of excitation and governor of hydroturbo-generator sets: a Hamiltonian approach[J]. International Journal of Robust and Nonlinear Control, 2004, 14(9-10): 807–832.

[3] MEI S, WEI W, ZHENG S, et al. Development of an industrial non-linear robust power system stabiliser and its improved frequency-domain testing method[J]. IET generation, transmission & distribution, 2011, 5(12): 1201–1210.

[4] 卢强，郑少明，梅生伟，等. 大型同步发电机组 NR-PSS 及 RTDS 大扰动实验研究 [J]. 中国科学: E 辑技术科学, 2008, 38(7): 979–992.

[5] 卢强，梅生伟，郑少明. 大型同步发电机组 NR-PSS 白山电厂 300MW 机组现场试验 [J]. 中国科学: E 辑技术科学, 2007, 37(7): 975–978.

[6] LU Q, SUN Y, XU Z, et al. Decentralized nonlinear optimal excitation control[J]. IEEE Transaction on Power Systems, 1996, 11(4): 1957–1962.

[7] LU Q, MEI S, HU W, et al. Nonlinear decentralized disturbance attenuation excitation control via new recursive design for multi-machine power systems[J]. IEEE Transaction on Power Systems, 2001, 16(4): 729–736.

[8] 卢强，桂小阳，梅生伟，等. 大型发电机组调速器的非线性最优 PSS[J]. 电力系统自动化, 2005, 29(9): 15–19.

[9] 桂小阳，梅生伟，卢强. 多机系统水轮机调速器鲁棒非线性协调控制研究 [J]. 电力系统自动化, 2006, 30(3): 29–33.

[10] 卢强，王仲鸿，韩英铎. 输电系统最优控制 [M]. 北京：科学出版社, 1982.

[11] 陈华元，王幼毅. STATCOM 鲁棒非线性控制 [J]. 电力系统自动化, 2001, 25(3): 44–49.

[12] 李啸骢，谢醉冰，梁志坚，等. 基于微分代数系统的 STATCOM 与发电机励磁的多指标非线性协调控制 [J]. 中国电机工程学报, 2014, 34(1): 123–129.

[13] YONG L, REHTANZ C, RUBERG S, et al. Wide-area robust coordination approach of HVDC and FACTS controllers for damping multiple inter-area oscillations[J]. IEEE Transactions on Power Delivery, 2012, 27(3): 1096–1105.

[14] ZARGHAMI M, CROW M, JAGANNATHAN S. Nonlinear control of FACTS controllers for damping inter-area oscillations in power systems[J]. IEEE Transactions on Power Delivery, 2010, 25(4): 3113–3121.

[15] CHAUDHURI B, PAL B, ZOLOTAS A, et al. Mixed-sensitivity approach to H_∞ control of power system oscillations employing multiple FACTS devices[J]. IEEE Transactions on Power Systems, 2003, 18(3): 1149–1156.

[16] SON K, PARK J. On the robust LQG control of TCSC for damping power system oscillations[J]. IEEE Transactions on Power Systems, 2000, 15(4): 1306–1312.

[17] LEWIS F, VRABIE D, VAMVOUDAKIS K. Reinforcement learning and feedback control: Using natural decision methods to design optimal adaptive controllers[J]. Control Systems, IEEE, 2012, 32(6): 76–105.

[18] 魏韡，梅生伟，张雪敏. 先进控制理论在电力系统中的应用综述及展望 [J]. 电力系统保护与控制, 2013, 41(12): 143–153.

第 15 章 网络安全博弈设计实例

美国国土安全部在 2002 年制定的国家国土安全策略报告[1] 中，将农业、银行与金融业、化学工业、国防工业、应急服务业、能源工业、食品行业、政府机构、信息与通信工业、邮政与航运业、公共卫生业、交通业以及供水业等 13 项基础设施系统认定为关键行业。以上基础设施系统均与国计民生息息相关。任何随机或蓄意的破坏行为，都可能造成巨大的经济损失和社会危害。因此，如何准确评估与分析上述系统在遭受外来攻击时的脆弱性，以及如何提高系统的安全水平是至关重要的问题。

实际工程往往采用系统可靠性分析方法来评估系统脆弱性。例如，电力系统中的 N-1 可靠性原则，即任何单一元件失效均不致影响电力系统稳定运行和正常供电。又如，交通行业中的故障树分析法，该方法可给出必定造成系统损失的最小事件集合，若该集合中事件发生的概率极低，则认为系统能够可靠运行。但需要指出的是，上述分析方法均不足以用于准确评估蓄意攻击下系统的脆弱程度。实际工程系统面临的蓄意攻击者往往具有较强的信息搜集能力，并能针对系统的脆弱环节，利用有限资源进行集中攻击，以极大化对系统造成的损失。因此在系统的脆弱性评估中必须考虑系统应对蓄意攻击的能力[2]。特别需要指出的是，目前基础设施建设与运行中信息的透明度已经为具有针对性的蓄意攻击提供了所需要的重要信息。事实上，即使对随机攻击具有良好鲁棒性的系统对蓄意攻击往往也呈现较高的脆弱性。另外，有关部门应针对可能面临的蓄意攻击，对关键设施进行重点防护，以对抗蓄意攻击，降低系统脆弱程度。因此，在上述背景下，需要对系统的脆弱性进行合理评估，同时采取合适的方法确定系统最优防御策略。

安全博弈理论为分析上述防御者与攻击者的交互行为提供了可行的研究手段。这里防御者与攻击者的“博弈”过程在复杂互联系统中展开。一方面，攻击者试图攻击系统中的薄弱环节以最大化系统损失；另一方面，防御者则采取适当防护策略以增强系统运行的安全性。在此背景下，采用安全博弈模型研究网络安全问题并求出其均衡解既可预测蓄意攻击行为，评估系统薄弱环节，又可为系统部署防御决策提供指导性意见，提高系统安全性与可靠性水平。

根据决策顺序的不同，本章主要介绍三种形式的安全博弈模型，即攻击者-防御者 (A-D) 模型，防御者-攻击者 (D-A) 模型及防御者-攻击者-防御者 (D-A-D) 模型。本章研究的安全博弈问题中，参与者顺次决策，因此上述三类安全博弈模型皆可归结为主从博弈范畴，进而可借鉴本书第 9 章和第 11 章阐述的算法求解。本章还给出了不同安全博弈模型在 IEEE 30 节点和河南电力系统的应用实例。

15.1 安全博弈及其构成要素

安全博弈是一种特殊的以防御者 D 与攻击者 A 为参与者的二人非合作博弈格局；其中攻击者 A 对系统进行蓄意攻击，而防御者 D 合理配置资源对系统的关键环节进行重点防护，以降低系统遭受攻击所带来的损失。不同于传统优化理论仅仅关注防御资源的优化配置问题，从而无法计及攻击者 A 的影响，安全博弈模型同时对防御者 D 与攻击者 A 双方行为进行刻画，不仅可以辅助防御者 D 进行决策，而且能够对攻击者 A 的行为进行合理预测，故采用安全博弈方法分析网络安全问题具有明显优势。本章主要讨论二人非合作安全博弈模型。

安全博弈模型的主要组成如下所示。

15.1.1 参与者

如上所述，安全博弈模型具有两个参与者，防御者 D 与攻击者 A。

攻击者 A，是对企图攻击系统并造成损失的一个或多个行为者的抽象概括。虽然不同攻击者可能攻击目标各异，但考虑到防御者 D 的信息局限性，上述简化做法仍具有一定合理性。

防御者 D，代表了系统管理者与相关安全运行人员。由于这些行为者往往具有相同的行为目标与信息集，因此可统一用防御者 D 进行概括。

15.1.2 策略空间

策略空间是指防御者 D 与攻击者 A 的行为构成的集合，包括二者可能采取的攻击与防御措施。

对于攻击者 A 而言，其相应措施为对系统中的薄弱环节进行判断，之后将其作为攻击对象，其显著特点是利用有限资源对其展开重点攻击。而这一被抽象化的单一攻击行为在实际工程中往往包含多阶段过程。粗略地讲，每一个攻击行为均为实现某一特定目标而展开。

而对于防御者 D 而言，其相应措施为选择系统中的关键环节，合理配置防御资源，对系统进行防护。

根据博弈参与者行为空间建模方式的不同[3]，安全博弈模型可分为有限与无限两种博弈。如果上述策略空间只包括有限种离散策略，则该博弈模型为有限型。如果上述策略空间为连续的，则该博弈模型为无限型。

参与者的策略指其决策准则，相应的结果即为一个行为。而对于上述单次决策的静态博弈模型，参与者的策略与行为是一致的。

一般地，$A^{\mathrm{A}} = \{a_1, a_2, \cdots, a_{N_{\mathrm{A}}}\}$ 表示攻击者的策略空间，$A^{\mathrm{D}} = \{d_1, d_2, \cdots, d_{N_{\mathrm{D}}}\}$ 表示防御者的策略空间。若博弈双方为混合策略，则攻击者的混合策略空间可表示为

$$p^{\mathrm{A}} = (p_1, p_2, \cdots, p_{N_{\mathrm{A}}}),\ 0 \leqslant p_i \leqslant 1, \quad \sum_{i=1}^{N_{\mathrm{A}}} p_i = 1$$

而防御者 D 的混合策略空间可表示为

$$q^{\mathrm{D}} = (q_1, q_2, \cdots, q_{N_{\mathrm{D}}}),\ 0 \leqslant q_i \leqslant 1, \quad \sum_{i=1}^{N_{\mathrm{D}}} q_i = 1$$

15.1.3　支付

安全博弈模型的支付由每一组可能的参与者行为造成的系统损失值（或支付值）量化表示，即将防御者 D 与攻击者 A 的行为分别映射为某一表示各参与者行动完成后所造成的损失（或支付）的具体数值。对于一有限二人非合作博弈，上述映射可针对不同参与者分别描述为相应系数矩阵，即由 $N_{\mathrm{A}} \times N_{\mathrm{D}}$ 矩阵 G^{A} 和 G^{D} 表示，这两个矩阵的行表示攻击者，列表示防御者。

如果一参与者的支付与另一方参与者的支付之和为 0，即 $G^{\mathrm{A}} = -G^{\mathrm{D}}$，则上述博弈格局可由一个矩阵表示，并称为矩阵型零和安全博弈，否则上述博弈为非零和的。对该类博弈，矩阵的每一行/列分别对应攻击者 A/防御者 D 的一组特定行为。因此，矩阵的每一个元素代表了攻击者 A 与防御者 D 在各自所选择的行动下的支付。对于较复杂的零和安全博弈，则可建模为极大-极小（max-min）/极小-极大（min-max）的双层模型或更为复杂的三层模型。

15.1.4　信息结构

在安全博弈模型中，攻击者 A 与防御者 D 有时无法完全了解对局者的动机与行为，同时也无法准确把握系统的发展演化过程，如此则产生了不完全信息问题，而 Bayes 博弈模型对此类问题提供了完备的解决方案。本章重点考虑在完全信息状态下，攻击者 A 与防御者 D 的博弈过程。

作为一种特殊的博弈，显然安全博弈问题的均衡解可以描述各参与者的最优策略[4]。具体而言，通过攻击者 A 的均衡策略，可以预估攻击者 A 的攻击行为，而防御者 D 的均衡策略则可以指导其部署有效的防御策略以应对蓄意攻击。由于本章考虑的安全博弈为主从博弈，故其均衡为 Stackelberg 均衡。

15.2　安全博弈的数学模型

一般而言，多数蓄意攻击下的系统脆弱性评估以及最优防御资源配置等系统安全问题均可建模为安全博弈。近年来的研究成果可见于文献 [5-13]。由此可见安全博弈在实际工程中应用广泛。本节重点介绍三种安全博弈模型。

15.2.1 攻击者-防御者模型

该模型为典型双层规划模型，所得求解结果即为攻击者 A 与防御者 D 博弈形成的 Stackelberg 均衡策略，进一步则可以通过攻击者 A 的 Stackelberg 均衡策略评估系统中元件的脆弱性与重要程度。

攻击者-防御者 (A-D) 模型的核心是求解防御策略涉及的优化问题[1]，该优化问题的目标函数多为实施防御策略的相关成本与代价。以电力系统为例，其优化问题的目标函数多为系统发电成本与负荷损失。从系统运行者，即防御者 D 的角度出发，其目标在于防御系统对抗外来攻击的同时，极小化该成本，故数学模型为

$$\min_{y \in Y} \quad c^{\mathrm{T}} y \tag{15-1}$$

其中，c 表示防御成本向量，y 表示防御策略向量，Y 表示系统安全运行的约束条件。

对于攻击者 A 而言，则希望极大化以上成本，并以此限制防御者 D 相关策略 y 的制定。令 x 表示攻击决策列向量，即攻击者 A 的相关策略。若攻击者 A 攻击系统中的第 k 个元件，则令 $x_k = 1$，否则 $x_k = 0$。进一步，可以认为若 $x_k = 1$，则系统中的第 k 个元件失效或退出运行。若防御者 D 的调控策略需要依靠上述元件，则该策略无法执行，进而有 $y_k = 0$。

综上，上述攻击者-防御者 (A-D) 模型可表述如下：

$$\max_{x \in X} \min_{y \in Y(x)} \quad c^{\mathrm{T}} y \tag{15-2}$$

其中，$x \in X$ 表示攻击者 A 发动攻击所需资源成本限制，其中 $x_k = 0/1$；$Y(x)$ 为在攻击者 A 攻击决策 x 的制约下，防御者 D 的可行策略集合。严格来说，此处防御者 D 的策略仅是对系统运行人员正常调控策略的模拟，并不涉及对系统元件的防护，这与实际电力系统中的常规防御策略有很大不同，此处特别予以说明。

从数学规划的角度看，攻击者-防御者 (A-D) 模型是典型的双层规划问题，可以归结为一类两阶段完全信息动态博弈问题，即 Stackelberg 博弈。其中，先决策者（leader）为攻击者 A，而后决策者（follower）为防御者 D。考虑到攻击者 A 与防御者 D 决策的顺序性，以及攻击者 A 对于防御者 D 策略制定的完全掌握程度和其蓄意最大化破坏的动机，可以认为以上基于主从博弈的攻击者-防御者 (A-D) 建模方法是合理的。简而言之，由上述双层规划问题所求得的最优解即为攻击者 A 与防御者 D 博弈格局产生的 Stackelberg 均衡策略。

在实际应用中，上述攻击者-防御者 (A-D) 模型具有多种改进形式。从攻击者 A 角度而言，可以设计某种攻击策略使得被攻击元件运行性能下降，而并非完全失效。从防御者 D 角度而言，鉴于其信息局限性，即对攻击者 A 的攻击能力与资源限制并非完全掌握，可以假设系统中的任一元件在未被防护的状态下均会因攻击而失效或退出运行。

在多数情况下，防御者 D 行为的优化模型可由线性规划问题来描述。例如，电力系统往往采用线性化的最优直流潮流模型进行系统安全分析。因此，有关防御者 D 决策行为的优化模型可表述如下：

$$\begin{aligned}\min_{y\geqslant 0}\quad & c^{\mathrm{T}}y \\ \text{s.t.}\quad & Ay=b \\ & Fy\leqslant u\end{aligned} \tag{15-3}$$

其中，等式约束表示系统正常运行约束，如对电力系统而言，该约束表示系统中各节点功率平衡限制条件。不等式约束表示系统中任一元件 $k\in K$ 的容量限制与运行限制条件，如电力系统中发电机出力上下限、输电线路传输容量限制等。系统元件可以包括输电线路、输油管道、功率、通信集线器等。

假设对元件 $k\in K$ 实施攻击后，导致其完全退出运行，此时攻击者-防御者 (A-D) 模型可表述为以下双层优化问题：

$$\begin{aligned}\max_{x\in X}\min_{y\geqslant 0}\quad & c^{\mathrm{T}}y \\ \text{s.t.}\quad & Ay=b \\ & Fy\leqslant U(1-x)\end{aligned} \tag{15-4}$$

其中，$U=\mathrm{diag}(u)$。这里应注意的是，内层线性规划模型应对任一 x 均是可行的，这意味着在任一可能攻击下系统仍能维持正常运行。同时，可认为系统元件在遭受攻击后并未完全退出运行，只是性能降低，即保留部分容量 u_0。因此，式 (15-4) 中的不等式约束可改写为

$$Fy\leqslant u_0+U(1-x)$$

进一步，通过攻击者 A 的策略来评估系统中元件的脆弱程度，即对于元件 k，若 $x_k=1$，则该元件极易被攻击，具有较高的脆弱性；若 $x_k=0$，则该元件脆弱性较低。

上述模型可用于评估所防御的系统在蓄意攻击下各元件的脆弱性与重要程度。

15.2.2 防御者-攻击者模型

防御者-攻击者 (D-A) 模型也可归结为双层规划模型，所得求解结果即为攻击者 A 与防御者 D 博弈形成的 Stackelberg 均衡策略，进一步可以基于防御者 D 的 Stackelberg 均衡策略制定系统防御资源的配置方案。

一般而言，防御者-攻击者 (D-A) 模型可以表述如下[1]。

1. 参数

k 为防御者 D 决定进行防护的元件，同时也为攻击者 A 企图攻击的元件。

c_k 为攻击者 A 攻击未被防护的元件 k 所获得的支付。

p_k 为攻击者 A 攻击被防护的元件 k 所造成的附加损失，即当攻击者 A 攻击被防护的元件 k 所得支付为 c_k+p_k，其中 $p_k\leqslant 0$。

2. 变量

$$x_k=\begin{cases}1, & \text{防御者 D 已防护第 } k \text{ 个元件}\\ 0, & \text{防御者 D 未防护第 } k \text{ 个元件}\end{cases}$$

这里并未对防御者 D 的具体防御策略详细建模，如增设保护装置或预留备用线路，因此无法考虑防御者 D 的详细防御策略制定问题。

3. 约束

X 表示防御者 D 实施防御策略所需满足的资源与成本约束条件，以及具体防御决策的 0/1 约束条件，即

$$X=\{x\in\{0,1\}^n|\,Gx\leqslant f\}$$

其中，n 为元件个数。

Y 表示攻击者 A 实施攻击的策略集，以及具体攻击决策的 0/1 约束条件，即

$$Y=\{y\in\{0,1\}^n|\,Ay=b\}$$

在此基础上，可以得到防御者-攻击者 (D-A) 模型如下：

$$\min_{x\in X}\max_{y\in Y}\left(c^{\mathrm{T}}+x^{\mathrm{T}}P\right)y \tag{15-5}$$

其中，P 是对角矩阵，对角线元素为 p_k。上述模型仍为一类双层规划问题，防御者先部署防护决策，攻击者随后选择攻击目标，其解即为防御者 D 与攻击者 A 形成的 Stackelberg 均衡。

15.2.3 防御者-攻击者-防御者模型

该模型为典型三层规划模型，所得优化解即为攻击者 A 与防御者 D 博弈形成的 Stackelberg 均衡策略。类似于攻击者-防御者 (A-D) 和防御者-攻击者 (D-A) 模型，我们也可以通过防御者 D 的 Stackelberg 均衡策略制定所防护系统面临蓄意攻击时的最优防御者案问题，因涉及三层规划，其求解往往较为困难。

若将攻击者-防御者 (A-D) 模型作为内层模型，则可将其拓展为三层防御者-攻击者-防御者 (D-A-D) 模型，即

$$\min_{w\in W}\max_{x\in X(w)}\min_{y\in Y(x)}c^{\mathrm{T}}y \tag{15-6}$$

其中，w 表示防御策略列向量。若系统中的第 k 个元件被防御，则令 $w_k=1$，否则 $w_k=0$。W 是可行的防御策略构成的集合。内层 max-min 模型仍表示为攻击者-防御者 (A-D) 模型，但攻击者 A 的攻击策略将受到系统防御策略的制约，故有 $x\in X\left(w\right)$。综上，防御者 D 制定的最优防御策略 w^* 应满足攻击者 A 所得最大支付，即

$$\max_{x\in X(w^*)}\min_{y\in Y(x)}c^{\mathrm{T}}y \tag{15-7}$$

即攻击者 A 所能造成的最严重损失被极小化。

相较于双层防御者-攻击者 (D-A) 模型，三层 (D-A-D) 模型更接近实际工程系统运行情况。事实上，已有研究表明，将按照三层 (D-A-D) 模型所得的优化防护策略实施于系统元件防御，能够更好地降低系统损失[10-13]。

15.3 求解方法

15.3.1 攻击者-防御者模型

由于攻击者-防御者 (A-D) 模型的内层防御者决策行为可由线性规划模型描述，故可采用下述两种方法进行求解。

1. 强对偶定理法

强对偶定理法的主要思路是，首先将原“容量攻击”问题转化为“成本攻击”问题，然后将内层线性规划问题用其对偶模型描述，最终将原 max-min 问题转化为单层 max 问题进行求解。

具体来说，令不等式约束 $Fy \leqslant U(1-x)$ 的对偶变量为 p，其分量 p_k 表示元件 k 的每单位容量对于防御者 D 的可利用价值。若系统中某一元件 k 失效或退出运行后，其可用容量降为 0，而系统仍应保持正常运行，则当系统运行者在制定策略时不应再考虑元件 k，否则会增加运行成本，如此 p_k 则可表示成本增加程度的高低。进而原模型 (15-3) 等价为

$$
\begin{aligned}
\max_{x\in X}\min_{y\geqslant 0} \quad & \left(c^{\mathrm{T}}+x^{\mathrm{T}}PF\right)y \\
\text{s.t.} \quad & Ay=b:\ \theta \\
& Fy\leqslant u:\beta
\end{aligned} \tag{15-8}
$$

其中，P 为由向量 p 的元素构成的对角矩阵;θ 和 β 为对应约束条件的对偶变量。本章后续部分也将采用这种方式表示对偶变量。

将内层极小化问题转化为其对偶极大化问题，进而可得到如下混合整数线性规划问题：

$$
\begin{aligned}
\max_{\beta\leqslant 0,\theta,x} \quad & b^{\mathrm{T}}\theta+u\beta \\
\text{s.t.} \quad & A^{\mathrm{T}}\theta+F^{\mathrm{T}}\beta-F^{\mathrm{T}}Px\leqslant c \\
& x\in X
\end{aligned} \tag{15-9}
$$

至此，攻击者-防御者模型安全博弈问题可采用成熟的数学计算软件，如 CPLEX 求解。

2. KKT 最优性条件法

针对双层模型 (15-3)，采用 KKT 最优性条件方法可将其转化为一般混合整数线性规划问题进行求解。特别对于内层为线性规划的双层规划问题，其一般模型可以表示为

$$
\begin{aligned}
\min_{\{x\}\cup\{y,\lambda,\mu\}} \quad & F(x,y,\lambda,\mu) \\
\text{s.t.} \quad & H(x,y,\lambda,\mu)=0 \\
& G(x,y,\lambda,\mu)=0 \\
\min_{y} \quad & f(x,y) \\
\text{s.t.} \quad & h(x,y)=0:\lambda \\
& g(x,y)\geqslant 0:\mu
\end{aligned} \tag{15-10}
$$

其中，$F(x,y,\lambda,\mu)$ 与 $f(x,y)$ 分别为上层与下层优化问题的目标函数。$h(x,y)=0$ 为下层优化问题的等式约束，相应对偶变量为 λ；$g(x,y)\geqslant 0$ 为下层优化问题的不等式约束，相应对偶变量为 μ；$H(x,y,\lambda,\mu)=0$ 与 $G(x,y,\lambda,\mu)\geqslant 0$ 分别为上层优化问题的等式约束与不等式约束，下层模型的优化变量即为 Follower 的决策变量 y，上层模型的优化变量除包含 Leader 的决策变量 x 外，还包含下层模型优化变量 y，以及下层模型对偶变量 λ 与 μ。

由于在上述博弈过程中，Leader 先行决策，故模型上层以 Leader 为决策主体，其决策变量为 x；Follower 在 Leader 之后决策，故其对应下层优化问题，相应决策变量为 y。由于决策的先后顺序性，对下层模型而言，Leader 的决策变量 x 被视为已知参数。此外，上层模型以下层优化问题作为约束条件之一，体现了 Follower 决策对于主导者的影响。由此可见，双层规划模型能够体现攻击者与防御者的相互制约关系。若下层模型为线性规划问题，则可将其用相应 KKT 条件等价替换，进而将原双层模型转化为下述单层优化问题：

$$\begin{aligned}\min_{x,y,\lambda,\mu}\quad & F(x,y,\lambda,\mu)\\ \text{s.t.}\quad & H(x,y,\lambda,\mu)=0,\ G(x,y,\lambda,\mu)\geqslant 0\\ & \nabla_y f(x,y)-\lambda^{\mathrm{T}}\nabla_y h(x,y)-\mu^{\mathrm{T}}\nabla_y g(x,y)=0\\ & h(x,y)=0,\ 0\leqslant \mu\perp g(x,y)\geqslant 0\end{aligned}\tag{15-11}$$

其中 $0\leqslant \mu\perp g(x,y)\geqslant 0$ 表示互补松弛条件 $\mu\geqslant 0, g(x,y)\geqslant 0, \mu_i g_i(x,y)=0,\forall i$。

优化问题 (15-11) 中，除互补松弛条件外，其余约束条件与目标函数均呈线性。为消去非线性互补松弛条件，可将其替换为如下不等式组：

$$\mu\geqslant 0,\quad g(x,y)\geqslant 0,\quad \mu\leqslant Mz,\quad g(x,y)\leqslant M(1-z)\tag{15-12}$$

其中，z 是 0-1 变量构成的向量；M 表示足够大的正常数。当 $g_i(x,y)\geqslant 0$ 时，$z_i=0$，从而 $\mu_i=0$；当 $\mu_i\geqslant 0$ 时，$z_i=1$，从而 $g_i(x,y)=0$。因此，式 (15-12) 与式 (15-11) 中的最后一个互补松弛条件等价。

至此，原双层规划模型 (15-10) 转换为下述混合整数线性规划问题：

$$\begin{aligned}\min_{x,y,\lambda,\mu}\quad & F(x,y,\lambda,\mu)\\ \text{s.t.}\quad & H(x,y,\lambda,\mu)=0,\ G(x,y,\lambda,\mu)\geqslant 0\\ & \nabla_y f(x,y)-\lambda^{\mathrm{T}}\nabla_y h(x,y)-\mu^{\mathrm{T}}\nabla_y g(x,y)=0\\ & h(x,y)=0, 0\leqslant \mu\leqslant Mz, 0\leqslant g(x,y)\leqslant M(1-z)\end{aligned}\tag{15-13}$$

对于上述优化问题，可采用 CPLEX 软件进行求解。

15.3.2 防御者-攻击者模型

通过式 (15-5) 可以看出，由于防御者-攻击者 (D-A) 模型的内层极大化问题并非线性规划，因此难以用类似于攻击者-防御者 (A-D) 模型中介绍的方法将其转化为单层混合整数线性规划进行求解。

为解决此问题，可以将约束条件 $\varUpsilon = \{y \in \{0,1\}^n | \, Ay = b\}$ 进行线性化松弛，即将其转化为

$$\varUpsilon_{\mathrm{LP}} = \left\{ y \in \mathbb{R}_+^n \middle| \, Ay = b, y \leqslant 1 \right\} \tag{15-14}$$

如此则可将模型 (15-5) 转化为单层混合整数线性规划问题，再通过 CPLEX 求解。

15.3.3 防御者-攻击者-防御者模型

如前所述，虽然防御者-攻击者-防御者 (D-A-D) 模型在理论上包含了最佳防御策略，但其求解计算复杂度较高。为此，本节介绍一种简化模型的求解方法。

假设对于系统中任一元件 k，若对其进行防护，即 $w_k = 1$，则元件 k 不会再被攻击者 A 选择攻击。令 $h^+ = \max\{0, h\}$，则 $(x-w)^+$ 表示在防御计划实施的情况下攻击者 A 的攻击策略列向量，如此则防御者-攻击者-防御者 (D-A-D) 模型可表述为

$$\begin{aligned} z_D^* = & \min_{w\in W} \max_{x\in X} \min_{y\in Y} \quad c^{\mathrm{T}} y \\ \text{s.t.} \quad & Ay = b \\ & 0 \leqslant y \leqslant U\left(1 - (x-w)^+\right) \end{aligned} \tag{15-15}$$

进一步有

$$\begin{aligned} z_D^* = & \min_{w\in W} \max_{x\in X} \max_{\alpha,\beta} \quad \alpha b^{\mathrm{T}} + \beta U\left(1 - (x-w)^+\right) \\ \text{s.t.} \quad & \alpha A + \beta I \leqslant c \\ & \beta \leqslant 0 \end{aligned} \tag{15-16}$$

或

$$\begin{aligned} \min_{w\in W, z} \quad & z \\ \text{s.t.} \quad & z \geqslant \hat{\alpha}_l b^{\mathrm{T}} + \hat{\beta}_l U\left(1 - (\hat{x}_l - w)^+\right), \forall \hat{x}_l \in X \end{aligned} \tag{15-17}$$

其中，$\hat{x}_l \in X$ 为可能的攻击策略；$(\hat{\alpha}_l, \hat{\beta}_l)$ 为攻击 $\hat{x}_l$ 发生后系统的应对措施。

进一步，上述防御者-攻击者-防御者 (D-A-D) 问题可转化为单层优化问题进行求解，从而可得攻击者与防御者二人博弈格局形成的 Stackelberg 均衡策略。

值得一提的是，近年来随着鲁棒优化求解算法的发展，针对多层优化模型求解算法又有了进一步发展。如枚举树算法[8,13]、C&CG 算法[7,12] 等。其关键在于辨识出攻击者对系统最具威胁的攻击，即式 (15-15) 中 x 的最优解。第 9 章与第 11 章介绍的方法可以求解该问题。

以下首先介绍电力系统安全防御背景及存在的问题，然后以此为例介绍求解安全博弈问题的枚举树算法和 C&CG 算法。

近年来，系统规模日益扩大以及系统元件复杂化成为电力系统发展的两大主要趋势，系统的灾变防治问题也随之产生。特别是随着交直流混联输电格局的逐步形成，并联运行的交流与直流线路关联紧密，交直流动态相互影响，系统运行特性也更为复杂。由电网局部故障波及整个网络造成的大规模停电事故，在国内外时有发生，造成了严重的社

会影响和经济损失。因此，在不能预知故障发生的情况下，准确辨识电网当前的脆弱源，并采取事故前主动防御措施，进而预防连锁故障的发生，是一项非常重要的研究课题。安全博弈理论为上述问题提供了合适的研究手段。在该理论中，由自然原因或蓄意攻击导致的电网故障被视为攻击者，而系统相关部门被视为防御者。一方面，攻击者试图制造系统元件的并发故障，使其退出运行，以最大化系统损失；另一方面，防御者则采取适当防御策略以增强系统运行的安全程度，降低系统故障后损失。安全博弈及其均衡解可为系统最优防御策略的制定提供指导性意见，同时可用于辨识系统薄弱环节，合理评估系统运行的可靠性与脆弱性。一般而言，结合系统实际，攻防双方先后决策，符合主从博弈的一般决策过程。采用安全博弈模型进行系统脆弱性评估及防御策略制定的相关研究在国内还较为少见。而在国外的研究中，攻击者-防御者 (A-D) 模型由于求解难度较低，常用于评估系统元件的关键程度，并基于所得结果进行防御策略的制定[5-9]。需要指出的是，攻击者-防御者 (A-D) 模型虽然考虑了相关部门所采取的调整措施对元件关键程度的影响，但调整措施在故障发生后才被动开展，对并发故障的抵御效果较差。而防御者-攻击者-防御者 (D-A-D) 模型[10-13] 可以弥补其不足，化“亡羊补牢”为“未雨绸缪”，从而显著降低系统损失。以下简要介绍防御者-攻击者-防御者 (D-A-D) 模型的两种求解方法。

1. 枚举树算法

本节模型中的参数与决策变量定义如下:

q_h 为防护元件 h 所需要的资源数。

Q 为用于系统防御的总资源数。

K 为同时停运的元件总数。

$w_{P\text{-}ldj}$ 为安全调度过程中负荷 j 的调整优先级。

$P_{dj}^{(0)}$ 为负荷 j 的初始需求量。

$P_{gi}^{(0)}$ 为发电机 i 的初始出力。

B_l 为交流线路 l 的导纳。

$P_{gi}^{\min}$ 为发电机 i 出力的下限。

$P_{gi}^{\max}$ 为发电机 i 出力的上限。

$P_{al}^{\max}$ 为交流线路 l 的传输极限。

Ω^g 为系统的发电机集合。

Ω^{ld} 为系统的负荷集合。

Ψ^l 为系统的交流线路集合。

$\Omega_{l:n}$ 为与节点 n 通过交流线路 l 相连接的节点集合。

x_l 为系统防御策略的制定情况，$x_l = 1/0$ 为元件 l 被防御/未被防御。

y_l 为元件停运策略的制定情况，$y_l = 1/0$ 为元件 l 停运/未停运。

θ_n 为节点 n 的相角。

ΔP_{gi} 为发电机 i 的出力调整量。

ΔP_{ldj} 为负荷 j 的切除量。

ref 为参考节点编号。

考察蓄意攻击下电力系统的两阶段防御问题。攻击发生前（第 1 阶段），调度部门需要利用有限资源对系统关键线路进行防护。假设线路被防护后便不会在后续过程中因攻击而退出运行。蓄意攻击者对系统中元件（此处只考虑线路）进行攻击，线路遭遇攻击后退出运行。攻击发生后（第 2 阶段），调度部门进行系统潮流调整，以维持系统正常运行。上述过程可描述为如下三层 D-A-D 模型：

$$\begin{aligned}&\min_{x}\sum_{j\in\Omega^{ld}}w_{P\text{-}ldj}\Delta P_{ldj}\\&\text{s.t.}\ \ y_l\leqslant 1-x_l,\ \forall l\in\Psi^l\\&\qquad\sum_{i\in\Psi^l}q_lx_l\leqslant Q, x_l\in\{0,1\},\ l\in\Psi^l\end{aligned}\tag{15-18}$$

$$\begin{aligned}&\max_{y}\sum_{j\in\Omega^{ld}}w_{P\text{-}ldj}\Delta P_{ldj}\\&\text{s.t.}\ \ \sum_{i\in\Psi^l}y_l=K,\ y_l\in\{0,1\},\ l\in\Psi^l\end{aligned}\tag{15-19}$$

$$\begin{aligned}\text{OPF}(y)=&\min_{\Delta P_{ldj},\Delta P_{gi}}\sum_{j\in\Psi^{ld}}w_{P\text{-}ldj}\Delta P_{ldj}\\\text{s.t.}\ \ &-\sum_{i\in\Psi_n^g}(P_{gi}^0+\Delta P_{gi})+\sum_{i\in\Psi_n^d}(P_{dj}^0-\Delta P_{dj})+\sum_{l\in\Omega_{l:n}}B_l(\theta_n-\theta_m)=0:\lambda_n,\\&\forall n,\ o(l)=n,t(l)=m\\&P_{gi}^{\min}\leqslant(P_{gi}^0+\Delta P_{gi})\leqslant P_{gi}^{\max}:\ \mu_{gi}^{\min},\mu_{gi}^{\max},\forall i\in\Omega^g\\&0\leqslant\Delta P_{ldj}\leqslant P_{ldj}^0:\ \mu_{ldj}^{\min},\mu_{ldj}^{\max},\forall i\in\Omega^{ld}\\&-(1-y_l)P_{al}^{\max}\leqslant B_l(\theta_n-\theta_m)\leqslant(1-y_l)P_{al}^{\max}:\\&v_l^{\min},v_l^{\max},\forall l\in\Psi^l,o(l)=n,t(l)=m\\&-\pi\leqslant\theta_n\leqslant\pi:\ \xi_n^{\min},\xi_n^{\max},\forall n\\&\theta_{\text{ref}}=0:\ \xi_1\end{aligned}\tag{15-20}$$

其中，上层模型的决策者为防御者，模拟第一阶段防御者动作行为，这里假设运行部门可保护 Q 条线路；中层模型的决策者为攻击者 A，对于线路 l 而言，若 $y_l=1$，则线路 l 被攻击而退出运行；下层模型的决策者为防御者 D，采用基于直流潮流的 OPF 模型，一般以最小失负荷量作为调整目标。$w_{P\text{-}ldj}$ 表示不同负荷的相应权重值。

1）等价双层模型转化：KKT 最优性条件

该阶段求解转换过程针对中层与下层模型进行。首先列出下层模型 (15-20) 的 KKT 条件，并将互补松弛条件采用大 M 法线性化，即可将原中层与下层优化问题，即

式 (15-19) 与式 (15-20) 转换为下述混合整数线性规划问题：

$$
\begin{aligned}
&\max_{y} \mathrm{OPF}(y) \\
&\text{s.t.} \quad \sum_{i\in\Psi^l} y_l = K, y_l \in \{0,1\}, l \in \Psi^l \\
&\qquad \mathrm{OPF}(y) = \min_{\Delta P_{ldj}} \sum_{j\in\Psi^{ld}} w_{P\text{-}ldj}\Delta P_{ldj} \\
&\text{s.t.} \quad -\sum_{i\in\Psi_n^g} P_{gi} + \sum_{j\in\Psi_n^{ld}} (P_{ldj}^0 - \Delta P_{ldj}) + \sum_{l\in\Omega_{l:n}} B_l(\theta_n - \theta_m) = 0, \forall n \\
&\qquad \theta_{\mathrm{ref}} = 0 \\
&\qquad -\mu_{gi}^{\min} + \mu_{gi}^{\max} + \lambda_{n:i} = 0, \forall i \in \Omega^g \\
&\qquad w_{P\text{-}ldj} - \mu_{ldj}^{\min} + \mu_{ldj}^{\max} + \lambda_{n:j} = 0, \forall i \in \Omega^{ld} \\
&\qquad -\sum_{o(l)=n} B_l\lambda_n + \sum_{t(l)=n} B_l\lambda_n - \sum_{o(l)=n} B_l v_l^{\min} + \sum_{t(l)=n} B_l v_l^{\min} - \sum_{o(l)=n} B_l v_l^{\max} \\
&\qquad -\sum_{t(l)=n} B_l v_l^{\max} - \xi_n^{\min} + \xi_n^{\max} - \xi_1 = 0,\ n = \mathrm{ref} \\
&\qquad -\sum_{o(l)=n} B_l\lambda_n + \sum_{t(l)=n} B_l\lambda_n - \sum_{o(l)=n} B_l v_l^{\min} + \sum_{t(l)=n} B_l v_l^{\min} + \sum_{o(l)=n} B_l v_l^{\max} \\
&\qquad -\sum_{t(l)=n} B_l v_l^{\max} - \xi_n^{\min} + \xi_n^{\max} = 0,\ \forall n \neq \mathrm{ref} \\
&\qquad 0 \leqslant \mu_{gi}^{\min} \leqslant M z_{gi}^{\min}, 0 \leqslant -(1-y_i)P_{gi}^{\min} + P_{gi} \leqslant M(1 - z_{gi}^{\min}), \forall i \in \Psi^g \\
&\qquad 0 \leqslant \mu_{gi}^{\max} \leqslant M z_{gi}^{\max}, 0 \leqslant (1-y_i)P_{gi}^{\max} - P_{gi} \leqslant M(1 - z_{gi}^{\max}), \forall i \in \Psi^g \\
&\qquad 0 \leqslant \mu_{ldj}^{\min} \leqslant M z_{ldj}^{\min}, 0 \leqslant \Delta P_{ldj} \leqslant M(1 - z_{ldj}^{\min}), \forall j \in \Psi^{ld} \\
&\qquad 0 \leqslant \mu_{ldj}^{\max} \leqslant M z_{ldj}^{\max}, 0 \leqslant -\Delta P_{ldj} + P_{ldj}^0 \leqslant M(1 - z_{ldj}^{\max}),\ \forall j \in \Psi^{ld} \\
&\qquad 0 \leqslant v_l^{\min} \leqslant M z_l^{\min},\ 0 \leqslant B_l(\theta_n - \theta_m) + (1-y_l)P_{al}^{\max} \leqslant M(1 - z_l^{\min}) \\
&\qquad \forall l \in \Psi^l, o(l) = n, t(l) = m \\
&\qquad 0 \leqslant v_l^{\max} \leqslant M z_l^{\max}, 0 \leqslant -B_l(\theta_n - \theta_m) + (1-y_l)P_{al}^{\max} \leqslant M(1 - z_l^{\max}) \\
&\qquad \forall l \in \Psi^l, o(l) = n, t(l) = m \\
&\qquad 0 \leqslant \xi_n^{\min} \leqslant M z_n^{\min}, 0 \leqslant \theta_n + \pi \leqslant M(1 - z_n^{\min}), \forall n \\
&\qquad 0 \leqslant \xi_n^{\max} \leqslant M z_n^{\max}, 0 \leqslant -\theta_n + \pi \leqslant M(1 - z_n^{\max}), \forall n \\
&\qquad z_{gi}^{\min}, z_{gi}^{\max} \in \{0,1\}, \forall i \in \Psi^g \\
&\qquad z_{ldj}^{\min}, z_{ldj}^{\max} \in \{0,1\}, \forall j \in \Psi^{ld} \\
&\qquad z_l^{\min}, z_l^{\max} \in \{0,1\}, \forall l \in \Psi^l \\
&\qquad z_n^{\min}, z_n^{\max} \in \{0,1\}, \forall n
\end{aligned}
\tag{15-21}
$$

其中，0-1 变量 $z_{gi}^{\min}$、$z_{gi}^{\max}$、$z_{ldj}^{\min}$、$z_{ldj}^{\max}$、$z_l^{\min}$、$z_l^{\max}$、$z_n^{\min}$、$z_n^{\max}$ 是为线性化互补松弛条件引入的附加变量；M 为充分大的正数。

2）等价双层模型求解：枚举树算法

经过前述转换消去了防御者-攻击者-防御者 (D-A-D) 模型中的下层问题，得到双层规划问题 (15-21)，可采用枚举方法进行求解。算法具体过程如下：

第 1 步　生根策略

令 $k=0$，$x(0)=0$，求解无防御状态下的故障元件集 $y^*(0)$。该集合为当前无防御状态下，可使系统损失最大的故障元件集合，对应于攻击者的最优攻击策略。$\{x(0),y^*(0)\}$ 即为枚举树的根节点。

第 2 步　生长节点

在父节点 $\{x(k),y^*(k)\}$ 的故障元件集合 $y^*(k)$ 中依次选择一个元件进行防御，求解一系列新的故障元件集合 $y^*(k+1)$，降低系统的最大损失，进而得到若干新的子节点。新生子节点与父节点的树枝长度取决于相应选择元件所需的防御资源数。

第 3 步　终止策略

若当前节点距离根节点的树枝总长度等于限定防御资源总数，或剩余防御资源不足以展开进一步防御，则认为该节点为叶节点，不再另生新枝。否则重复上述生长策略，至所有节点均为叶节点为止。

第 4 步　确定最优防御策略

分析所求得的所有叶节点，其中具有最小系统损失者即对应系统的最优防御策略，表明该类元件（节点）应当优先被防御。

2. C&CG 算法

本节使用的符号定义如下:

R 为用于系统防御的总资源数。

K 为同时停运的元件总数。

$w_{P\text{-}ldj}$ 为安全调度过程中负荷 j 的调整优先级。

$P_{gi}^{(0)}$ 为发电机 i 的初始出力。

B_l 为交流线路 l 的导纳。

$P_{gi}^{\min}, P_{gi}^{\max}$ 为发电机 i 出力的上、下限。

$P_{al}^{\max}$ 为交流线路 l 的传输极限。

$\varPsi^g$ 为系统的发电机集合。

$\varPsi^{ld}$ 为系统的负荷集合。

$\varPsi^l$ 为系统的交流线路集合。

z_l 为系统防御策略的制定情况，$z_l=1/0$ 为元件 l 被防御/未被防御。

v_l 为元件停运策略的制定情况，$v_l=1/0$ 为元件 l 停运/未停运。

θ_n 为节点 n 的相角。

ΔP_{gi} 为发电机 i 的出力调整量。

ΔP_{ldj} 为负荷 j 的切除量。

Δf_l 为线路 l 的传输潮流。

ref 为参考节点编号

继续考察蓄意攻击下电力系统的两阶段防御问题，其模型为

$$
\begin{aligned}
&\min_{z} \sum_{j\in\Psi^{ld}} \Delta P_{ldj}^{*} \\
&\text{s.t.} \quad \sum_{l\in\Psi^{l}} z_l \leqslant R, z_l \in \{0,1\}, \forall l \in \Psi^{l} \\
&\qquad v^{*} \in \arg\left\{\max_{v} \sum_{j\in\Psi^{ld}} \Delta P_{ldj}^{*}\right\} \\
&\text{s.t.} \quad \sum_{l\in\Psi^{l}} (1-v_l) \leqslant K, v_l \in \{0,1\}, \forall l \in \Psi^{l} \\
&\qquad \Delta P_{ld}^{*} \in \arg\left\{\min_{\theta,\Delta P_g,\Delta P_{ld},f_l} \sum_{j\in\Psi^{ld}} \Delta P_{ldj}\right\} \\
&\text{s.t.} \quad -\sum_{i\in\Psi_n^{g}} (P_{gi}^{0}+\Delta P_{gi})+ \\
&\qquad \sum_{i\in\Psi_n^{ld}} (P_{ldj}^{0}-\Delta P_{ldj}) + \sum_{l|o(l)=n} f_l - \sum_{l|t(l)=n} f_l = 0, \lambda_n, \forall n \\
&\qquad f_l = (z_l + v_l - z_l v_l) B_l (\theta_n - \theta_m) : \delta_l, \forall l \in \Psi^{l}, o(l)=n, t(l)=m \\
&\qquad P_{al}^{\max} \leqslant f_l \leqslant P_{al}^{\max} : v_l^{\min}, v_l^{\max}, \forall l \in \Psi^{l} \\
&\qquad P_{gi}^{\min} - P_{gi}^{0} \leqslant \Delta P_{gi} \leqslant P_{gi}^{\max} - P_{gi}^{0} : \mu_{gi}^{\min}, \mu_{gi}^{\max}, \forall i \in \Psi^{g} \\
&\qquad 0 \leqslant \Delta P_{ldj} \leqslant P_{ldj}^{0} : \mu_{ldj}^{\min}, \mu_{ldj}^{\max}, \forall i \in \Psi^{ld} \\
&\qquad -\pi \leqslant \theta_n \leqslant \pi : \xi_n^{\min}, \xi_n^{\max}, \forall n \\
&\qquad \theta_{\text{ref}} = 0 : \xi_1
\end{aligned}
\tag{15-22}
$$

其中，上层决策变量 z_l 表示线路 l 被防御状态，$z_l=0$ 表示线路 l 未被防御，$z_l=1$ 表示线路 l 被防护。中层决策变量 v_l 表示线路 l 运行状态，$v_l=0$ 表示线路 l 停运，$v_l=1$ 表示线路 l 正常运行。下层模型为基于直流潮流的 OPF 模型，其决策变量为节点相角 θ、发电机出力调整 ΔP_g、负荷切除量 ΔP_d。约束条件冒号后是其对偶变量。

参照文献 [7] 中的算法，可将上述模型分解为主、子两个问题进行求解。

1）主问题

主问题（MP）旨在获得给定故障集下系统最优防护策略。给定下述初始故障集：

$$
\hat{V} = \{\hat{v}^{1}, \cdots, \hat{v}^{k}\} \subseteq V, \quad V = \left\{ v \left| \sum_{l\in\Psi^{l}} (1-v_l) \leqslant K, v_l \in \{0,1\}, l \geqslant \Psi^{l} \right.\right\}
$$

假设对于任一 $\hat{v}^{r}$，$\hat{v}^{r} = \{\hat{v}_l^{r}, l \in \Psi^{l}\}$ 下层问题存在可行解，则主问题可表示为

$$
\begin{aligned}
&\min_{z} \alpha \\
&\text{s.t.} \quad \sum_{l\in\Psi^l} z_l \leqslant R, z_l \in \{0,1\}, \forall l \in \Psi^l \\
&\qquad \alpha \geqslant \sum_{j\in\Psi^{ld}} \Delta P_{ldj}^r, \forall r \leqslant k \\
&\qquad -\sum_{i\in\Psi_n^g}\left(P_{gi}^{(0)} + \Delta P_{gi}^r\right) + \sum_{i\in\Psi_n^{ld}}\left(P_{ldj}^{(0)} - \Delta P_{ldj}^r\right) + \\
&\qquad \sum_{l|o(l)=n} f_l^r - \sum_{l|t(l)=n} f_l^r = 0, \forall n, \forall r \leqslant k \\
&\qquad f_l^r = (z_l + \hat{v}_l^r - z_l\hat{v}_l^r)B_l(\theta_n^r - \theta_m^r)_l, \forall l \in \Psi^l, \forall r \leqslant k \\
&\qquad -P_{al}^{\max} \leqslant f_l^r \leqslant P_{al}^{\max}, \forall l \in \Psi^l, \forall r \leqslant k \\
&\qquad P_{gi}^{\min} - P_{gi}^{(0)} \leqslant \Delta P_{gi}^r \leqslant P_{gi}^{\max} - P_{gi}^{(0)}, \forall i \in \Psi^g, \forall r \leqslant k \\
&\qquad 0 \leqslant \Delta P_{ldj}^r \leqslant P_{ldj}^{(0)}, \forall i \in \Psi^{ld}, \forall r \leqslant k \\
&\qquad -\pi \leqslant \theta_n^r \leqslant \pi, \forall n, \forall r \leqslant k \\
&\qquad \theta_{\text{ref}}^r = 0, \forall r \leqslant k
\end{aligned}
\tag{15-23}
$$

对于上述优化问题，可采用大 M 法线性化其线路潮流表达式，将其转化为混合整数线性规划问题，从而可用商业软件进行求解。

2）子问题

子问题（SP）旨在确定给定的防御策略下最严重的故障。对于给定的防御策略 $\hat{z}, \hat{z} = \{\hat{z}_l, l \in \Psi_l\}$，若要辨识造成最大损失的最严重故障，则需求解问题 (15-22) 的中下两层优化问题。通过 KKT 最优条件表示下层优化问题的最优解，可将子问题表示为如下混合整数线性规划问题：

$$
\begin{aligned}
&\max_{v} \sum_{j\in\Psi^{ld}} \Delta P_{ldj}^* \\
&\text{s.t.} \quad \sum_{l\in\Psi^l} (1 - v_l) \leqslant K, v_l \in \{0,1\}, \forall l \in \Psi^l \\
&\qquad \Delta P_{ld}^* \in \arg\left\{\min_{(\theta,\Delta P_g,\Delta P_{ld},f_l)} \sum_{j\in\Psi^{ld}} \Delta P_{ldj}\right\} \\
&\text{s.t.} \quad -\sum_{i\in\Psi_n^g}\left(P_{gi}^{(0)} + \Delta P_{gi}\right) + \sum_{i\in\Psi_n^{ld}}\left(P_{ldj}^{(0)} - \Delta P_{ldj}\right) + \\
&\qquad \sum_{l|o(l)=n} f_l - \sum_{l|t(l)=n} f_l = 0 : \lambda_n, \forall n \\
&\qquad f_l = (\hat{z}_l + v_l - \hat{z}_l v_l)B_l(\theta_n - \theta_m) : \delta_l, \\
&\qquad \forall l \in \Psi^l, o(l) = n, t(l) = m \\
&\qquad P_{gi}^{\min} - P_{gi}^{(0)} \leqslant \Delta P_{gi} \leqslant P_{gi}^{\max} - P_{gi}^{(0)} : \mu_{gi}^{\min}, \mu_{gi}^{\max}, \forall i \in \Psi^g \\
&\qquad 0 \leqslant \Delta P_{ldj} \leqslant P_{ldj}^{(0)} : \mu_{ldj}^{\min}, \mu_{ldj}^{\max}, \forall i \in \Psi^{ld} \\
&\qquad -\pi \leqslant \theta_n \leqslant \pi : \xi_n^{\min}, \xi_n^{\max}, \forall n \\
&\qquad \theta_{\text{ref}} = 0 : \xi_1
\end{aligned}
\tag{15-24}
$$

结合上述主问题与子问题的求解方法，以下给出求解三层优化问题 (15-22) 的计算步骤。

第 1 步 令下界 $\mathrm{LB}=-\infty$，上界 $\mathrm{UB}=+\infty$，迭代次数 $k=1$，$\hat{V}=\varnothing$。

第 2 步 求解主问题得到最优解 $(\hat{z}^k,\alpha_k^*)$，并更新 $\mathrm{LB}=\alpha_k^*$。

第 3 步 给定 $\hat{z}^k$，求解子问题得到最优值 β_k^*、最优解 $\hat{V}^k$，令 $\hat{V}=\hat{V}\cup\{\hat{v}^k\}$，更新 $\mathrm{UB}=\min\{\mathrm{UB},\beta_k^*\}$，并在子问题中加入割约束。

第 4 步 若 $\mathrm{UB}-\mathrm{LB}\geqslant\varepsilon$, 则终止迭代。否则令 $k=k+1$，至第 2 步。

15.4 应用设计实例

15.4.1 双层安全博弈设计实例

近年来，电网的大规模互联已成为国内外电力系统发展的主流趋势。电网互联可以使系统的可靠性与经济性得到改善，但也会使得系统的动态行为变得更加复杂，更易因连锁故障而引发大停电事故。此种背景下，仅按照现有的稳定性、可靠性分析方法评估电力系统的安全性远远不够。若能够对电力系统的脆弱性进行科学的评估与分析，对于提高电网安全性、防御电力系统灾变具有不可低估的重要意义。

从理论上讲，通过双层攻击者-防御者 (A-D) 模型所得的攻击者 (A) 与防御者 (D) 博弈形成的 Stackelberg 均衡策略，即可评估系统中元件的脆弱性与重要程度。以下通过一个电力系统脆弱性评估实例进行说明。

1. 模型构建

1）防御者的作用与策略集

（1）防御者的策略集。防御部门对于电网中发生的扰动或故障采取的应对措施，包括以下 3 个阶段。

第 1 阶段 预防，即采取措施降低攻击发生可能性或避免攻击。

第 2 阶段 响应，在故障或扰动较为严重的阶段采取措施降低攻击的负面影响。

第 3 阶段 修复，即采取措施使被攻击后的网络恢复到正常状态。

在对防御者策略集的建模过程中，应考虑到其在不同阶段所采取的相应措施。在本模型中，假设防御者投入资源仅用于增强系统元件的防护，减少元件的故障修复时间；不考虑在网络中引入新的元件。

令防御者可调度资源总量为 c_{total}，则有

$$c_{\text{total}}=c_{\text{prevent}}+c_{\text{recovery}} \tag{15-25}$$

其中，c_{prevent} 为元件防护所需资源，而 c_{recovery} 为元件修复所需资源，用于降低元件的故障修复时间。

用于元件防护和故障修复的资源总体配置情况可表示为

$$c = (c_1, c_2, \cdots, c_{\text{recovery}})$$

其中，c_i 表示投入在防护元件 i 上的资源量。

综上，防御者的纯策略集可表示为

$$S_{\text{IMM}} = \left\{ c = (c_1, \cdots, c_m, c_{\text{recovery}}) \middle| \sum_{i=1}^{m} c_i \leqslant c_{\text{prevent}}, c_{\text{total}} = c_{\text{prevent}} + c_{\text{recovery}} \right\} \tag{15-26}$$

式 (15-26) 表示防御者投入到元件防护和修复方面的资源配置信息。

（2）防御作用指标的确定。基于上述分析，可以通过网络中元件的所受防护程度 p_i 和故障修复时间 t_i 两个指标衡量防御作用的影响。

① 防护程度

假设所有元件的停运均相互独立。令 p_i 表示元件 i 受到的防护程度，该参数取值与攻击元件 i 的失败概率密切相关。假设攻击元件 i 成功（攻击元件 i 使之发生故障而停运）的概率仅取决于该元件受到的防护程度（攻击者具有足够的资源，并总可以执行完美攻击），那么攻击元件 i 成功的概率即为 $1 - p_i$。

元件 i 受到的防护程度 p_i 定义为投入在防护该元件上资源量 c_i 的函数。防御者对网络中的资源进行分配，用于所选择的 m 个元件的故障防护。因此，防御者对于网络中各元件的防护程度可由向量 $p = (p_1, p_2, \cdots, p_m)$ 表示，即

$$p_i = p_i(c_i), \quad i = 1, 2, \cdots, m$$

$$0 \leqslant p_i \leqslant 1, \quad i = 1, 2, \cdots, m$$

$$\sum_{i=1}^{m} c_i \leqslant c_{\text{prevent}}$$

为了便于分析，假设防御函数 $p_i(c_i)$ 为连续增函数，并且不考虑投入防护资源的边际效用。

② 修复时间

令常数 t_i^{base} 表示在没有额外资源投入的情况下，元件 i 的故障修复时间。若防御者选择投入额外资源用于元件 i 的故障修复，则其故障修复时间 t_i 将减小，即

$$t_i = t_i^{\text{base}} f_i(c_{\text{recover}}) \tag{15-27}$$

其中，f 为连续递减函数。若多个元件同时停运，则假设所有元件同时被修复。防御部门对于多个故障元件修复方案的选择，并不会对该模型的分析结果造成影响。

2）攻击者的影响与策略集

（1）攻击者的策略集。攻击者的纯策略集表示为 S_{ATK}，其含义为攻击者选择的攻击目标，即其可能攻击的元件或元件组合。

令 T 表示所有攻击目标的集合，M 表示集合中包含攻击目标的个数。若攻击者每次仅攻击一个元件，则 T 为网络中所有元件的集合，$M=m$。若攻击者每次同时攻击 $l\ (l>1)$ 个元件，则 T 中包含了网络中任意 l 个元件 $\{i_1,i_2,\cdots,i_l\}$ 的所有可能组合，且有

$$M=C_m^l=\begin{pmatrix} m \\ l \end{pmatrix}=\frac{m!}{l!(m-l)!} \tag{15-28}$$

因此，攻击者的纯策略集 S_{ATK} 可描述为

$$S_{\mathrm{ATK}}=\{\beta|1\leqslant\beta\leqslant M,\beta\in T\}$$

对于攻击者而言，设其具有 M 个纯策略，即 M 个可供选择的攻击目标，故攻击者的一个混合策略即为一个概率分布

$$S_{\mathrm{ATK}}=(q_1,q_2,\cdots,q_M)$$

其中 q_j 表示目标 j 被攻击的概率，即有

$$\begin{cases} q_j=P(\text{目标 } j \text{ 被攻击}) \\ q_j\geqslant 0, j=1,2,\cdots,M \\ \sum\limits_{j=1}^{M}q_j=1 \end{cases} \tag{15-29}$$

故防御者的混合策略集 S_{ATK}^* 可描述为

$$S_{\mathrm{ATK}}^*=\left\{s_{\mathrm{ATK}}=(q_1,q_2,\cdots,q_M)\middle|q_j\geqslant 0,j=1,2,\cdots,M;\sum_{j=1}^{M}q_j=1\right\} \tag{15-30}$$

（2）攻击影响指标的确定。令 $x_i\geqslant 0$ 表示元件 i 遭受攻击后停运造成的停电损失 (MW)。由电网拓扑结构可知，l 个 $(l\geqslant 1)$ 元件同时停运所造成的停电损失，并不是各元件停运损失的叠加，但总损失不低于这 l 个元件的任意子元件集所造成的停电损失，即若 x_S 表示元件集 S 停运的停电损失，则对于任意元件子集 $S'\subset S$，有 $x_S\geqslant x_{S'}$。

设 t_i 表示元件修复时间 (h)，即元件 i 的故障停运时间，其取值可由防御者确定。令 y_i(MW·h) 表示元件 i 停运造成的电能损失，则有

$$y_i=x_it_i$$

进一步，令随机变量 Y_j 表示攻击目标 j 造成的损失。由前述分析可知，Y_j 取决于防御者对目标中所含元件的防护程度。针对攻击目标中包含元件个数的不同，可分别确定攻击目标 j 所造成的损失。

若攻击目标 j 仅为单个元件 i，则有

$$\begin{cases} P(Y_j = y_i) = 1 - p_i \\ P(Y_j = 0) = p_i \end{cases} \tag{15-31}$$

同前所述，y_i 表示元件 i 停运造成的电能损失。

若攻击目标 j 包含 $l(l > 1)$ 个元件，则需要考虑在该次攻击中只有部分元件停运的可能性。由之前分析可知，多个元件同时停运造成的损失，并不是各元件停运损失的叠加。因此，需要对于这 l 个元件中不同的停运元件子集分别进行分析。令 T_j 表示攻击目标 j 中包括的元件集合，S 表示 T_j 的一个子集，y_S 表示 S 中所有元件全部停运造成的损失，则有

$$P\left(Y_j = y_S\right) = \prod_{i \in S} \left(1 - p_i\right) \prod_{i \notin S} p_i \tag{15-32}$$

3）博弈双方支付函数的确定

（1）攻击者。由于攻击者的动机不同，其选择的攻击目标也会不同，即攻击者并不总是选择造成最大损失的攻击目标。因此，不同动机下攻击者进行网络攻击所设计的支付函数也不尽相同。以下列举三种典型的攻击类型及相应的支付函数。

① 最恶蓄意攻击

该种攻击模式下，攻击者希望选择的攻击目标故障停运后，会造成系统最大损失，即

$$\max(u_j) = \max(E(Y_j))$$

其中，u_j 表示攻击目标 j 造成的期望损失，实际上 u_j 即为在该类型攻击下攻击者攻击目标 j 所获的支付。

② 基于概率的蓄意攻击

对于给定的最低停运损失 $y_{\min}$，攻击者选择的攻击目标，应具有故障停运后损失大于 $y_{\min}$ 的最大概率，即

$$\max(P(Y_j > y_{\min}))$$

上述最大概率即为该攻击模式下攻击者攻击目标 j 所获的支付。

③ 随机攻击

该种攻击模式下，攻击者随机选择攻击目标，对每个目标的攻击概率相同。在此种背景下，攻击者的策略为固定的。

通过对瑞典电网近年来事故原因分析可知，仅有极少部分的故障是由蓄意攻击造成的。事实上，攻击者更愿意攻击那些容易攻击，或不需要任何电力系统专业知识便可攻击成功的电网元件。因此，这些攻击往往具有随机性。

（2）防御者。在本模型中，防御者的支付设定为攻击者支付的负值，如此则安全博弈本质上可归结为一类二人零和主从博弈问题。

2. 模型求解

对于最恶蓄意攻击和基于概率的蓄意攻击，攻击者基于其自身动机选择攻击目标，同时防御者选择防御资源的配置方案以对抗来自攻击者的网络攻击。二者之间相互作用行为可描述为一类二人零和主从博弈问题，该博弈问题可转化为一类极小极大优化问题，进而求解 Stackelberg 均衡策略。

针对上述三种类型的攻击，相应博弈模型的均衡策略求解方法分别简介如下。

1）最恶蓄意攻击

在此类型攻击下，攻击者企图极大化攻击造成的停运损失，而防御者试图极小化这一损失，故可将博弈模型描述为如下极大极小优化问题：

$$\max_{q}\left[\min_{c}\sum_{j=1}^{M}u_j(c)q_j\right] \tag{15-33}$$

若攻击目标 j 仅包含单一元件 i，则攻击所造成的损失为

$$u_j=(1-p_i)y_i$$

同理，可以计算当攻击目标 j 中包含 $l(l>1)$ 个元件时相应的故障损失。以 $l=2$ 为例，即若攻击目标 j 中包含两个元件 i_1、i_2，则有

$$u_j=(1-p_{i_1})(1-p_{i_2})y_{\{i_1,i_2\}}+(1-p_{i_1})p_{i_2}y_{i_1}+p_{i_1}(1-p_{i_2})y_{i_2} \tag{15-34}$$

2）基于概率的蓄意攻击

在此类型攻击下，攻击者的支付为攻击目标 j 使其故障停运后，所造成的损失大于最低停电损失 $y_{\min}$ 的概率 $P(Y_j>y_{\min})$。攻击者企图极大化这一概率，而防御者希望极小化这一个概率。因此，该博弈模型可转化为下述优化问题：

$$\max_{q}\left[\min_{c}\sum_{j=1}^{M}P\left(Y_j>y_{\min}\right)\right] \tag{15-35}$$

在该种攻击者式下，攻击者的一次攻击目标往往包含多个元件。令 S 表示攻击目标集中由某些元件组成的一个子集，即攻击中发生故障停运的元件集。定义指示变量 I_S，当 S 中元件故障停运造成的损失 y_S 大于 $y_{\min}$ 时，$I_S=1$；反之，$I_S=0$，即

$$I_S=\begin{cases}1, & y_S>y_{\min}\\0, & y_S\leqslant y_{\min}\end{cases} \tag{15-36}$$

进一步，将最恶蓄意攻击下目标函数中的 y_S 替换成 I_S，则可得到基于概率的蓄意攻击下安全博弈问题的目标函数表达式。至于防御者，则可通过对网络中元件修复资源 c_{recovery} 的调整，改变 I_S 的取值。需要说明的是，由于上述模型中支付函数关于 c_{recovery} 不连续，故难以保证 Stackelberg 均衡解的存在性。

3）随机攻击

若攻击者随机选择攻击目标，则可认为其策略中攻击各目标的概率相同，即

$$q_j = \frac{1}{M}, \quad j = 1, 2, \cdots, M \tag{15-37}$$

式 (15-37) 说明攻击者策略已确定。对于防御者，该模型为一个优化问题，目标是尽可能减小网络攻击造成的损失，即

$$\min_c \frac{1}{M}\sum_{j=1}^{M} u_j(c) \tag{15-38}$$

应当指出，由于电力系统实际情况的复杂性，防御者与攻击者可能无法充分知晓对方的策略集和支付函数。为简明起见，本章研究模型均是基于完全信息的主从博弈。此外，还可通过分别求解最恶蓄意攻击和随机攻击下造成的损失，确定未知攻击策略可能造成损失的分布区间边界。相应地，通过分析不同防御策略对最恶蓄意攻击和随机攻击后果的影响，可制定应对上述攻击的防御策略。

3. 仿真算例

基于上述安全博弈模型，文献 [5] 对瑞典国家高压输电网络进行元件关键性评估。选择如表 15.1 中 12 种典型情景模拟攻击者行为。

表 15.1　攻击者典型攻击场景

攻击场景	运行工况	攻击策略	攻击规模 (n)
A_1	正常	随机	1
A_2	正常	最坏攻击	1
A_3	正常	基于概率	1
A_4	极端	随机	1
A_5	极端	最坏攻击	1
A_6	极端	基于概率	1
A_7	正常	随机	2
A_8	正常	最坏攻击	2
A_9	正常	基于概率	2
A_{10}	极端	随机	2
A_{11}	极端	最坏攻击	2
A_{12}	极端	基于概率	2

基于 $N-1$ 准则，计算不同攻击情景 $A_1 \sim A_6$ 下的最优防御策略 $D_1 \sim D_6$。进一步，给定防御总成本 c_{total}，针对上述 12 种攻击场景，采取不同防御策略的攻击后果 u 的取值情况，如表 15.2 所示。

表 15.2 不同攻击与防御策略下攻击后果取值情况

攻击场景	防御策略					
	D_1	D_2	D_3	D_4	D_5	D_6
A_1	**2.0**	2. 5	5. 0	2. 5	3. 0	3. 2
A_2	33	**15**	166	73	61	65
A_3	**0.0**	**0.0**	**0.0**	**0.0**	**0.0**	**0.0**
A_4	36	50	65	**32**	37	40
A_5	314	432	641	220	**121**	189
A_6	192	208	170	172	121	**64**
A_7	**4.8**	6.1	11.3	5.6	7.0	7.4
A_8	190	260	340	135	**127**	136
A_9	190	260	166	135	84	**64**
A_{10}	81	112	144	**71**	83	91
A_{11}	703	966	1187	435	**423**	559
A_{12}	122	65	**46**	189	189	189

不同情景下攻击后果 u 随防御成本 c_{total} 变化曲线如图 15.1 所示。

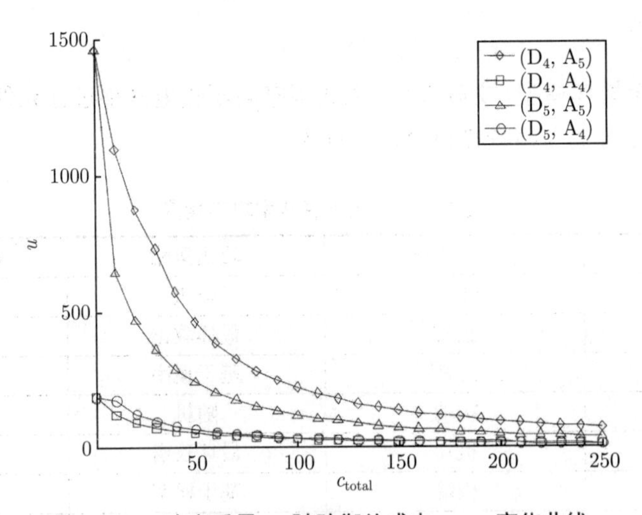

图 15.1 攻击后果 u 随防御总成本 c_{total} 变化曲线

在最坏蓄意攻击情况下，当总防御成本变化时，攻击造成的后果 [定义见式 (15-34)] 如图 15.2 所示。图中横坐标按元件停运电能损失由高到低依次排序。在总防御成本 c_{total} 一定的情况下，应根据元件的关键程度确定其被防护的优先级，即优先保护停运后造成后果相对严重的元件。

15.4.2 三层安全博弈设计实例

通过三层防御者-攻击者-防御者 (D-A-D) 模型所得攻击者 A 与两阶段防御者 D 博弈格局形成的 Stackelberg 均衡策略，可以用于指导系统防御。随着我国交直流混联输电的格局逐步形成，并联运行的交流与直流线路关联紧密，彼此间相互影响，系统运行特性也更为复杂。在此背景下，准确锁定脆弱源，并采取事前主动防御措施可预防连锁故障的发生。安全博弈理论恰好为上述问题提供了合适的研究手段。以下通过交直流混联电力系统防御策略制定实例来进一步说明。

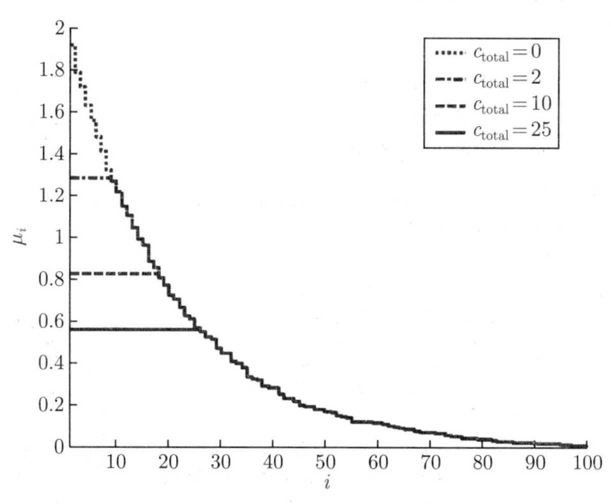

图 15.2　攻击不同元件造成的攻击后果

1. 模型构建

1）问题背景描述

防御者（电力系统调度部门）与攻击者（系统故障）之间的主从博弈过程能够由 D-A-D 模型来刻画。该模型可自然反映电力系统相关部门的真实动作过程，具体分为以下 3 个阶段。

第 1 阶段　系统调度制定防御规划策略，对资源进行优化配置，选择系统中的关键元件进行重点防护，以降低故障带来的系统损失。具体的防御措施可以为备用元件的投入、安全监控设施的部署等。

第 2 阶段　由系统故障集中可能的蓄意攻击导致电网多个元件同时故障，此类攻击者试图极大化系统损失。

第 3 阶段　系统调度进行事故后潮流调整。由于直流线路传输功率具有可控性，因此相关调整手段可考虑为直流传输功率调节量 ΔP_d、发电机出力调节量 ΔP_g、负荷切除量 ΔP_{ld} 三种。

在实际电力系统中，上述 3 个阶段相互影响、相互作用。各决策者间相互博弈满足自身优化目标。第 1 阶段的防御措施与第 3 阶段的校正措施均将影响系统脆弱性与关键元件分布，进而影响并发故障元件集合的确定。为了确保第 1 阶段防御措施的鲁棒性，即该防御措施应足以应对最严重的并发元件故障情况，必须在第 1 阶段防御策略制定时即考虑后续两个阶段的影响。上述 3 个阶段的决策者构成主从博弈关系。

2）博弈模型

本节使用的参数与变量含义如下，相应博弈结构图如图 15.3 所示，对应于 15.2.3 节中的防御者-攻击者-防御者 (D-A-D) 模型。

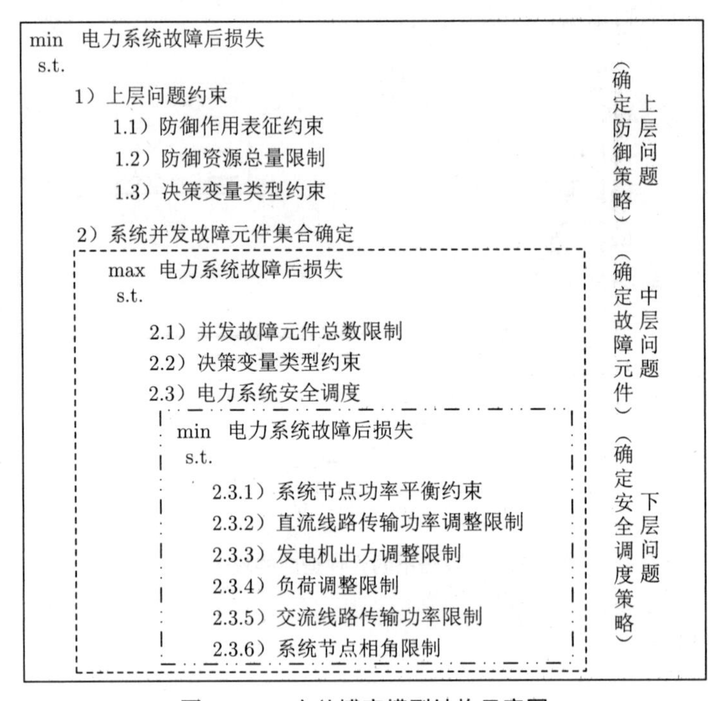

图 15.3 主从博弈模型结构示意图

q_h 为防护元件 h 所需要的资源数。

Q 为用于系统防御的总资源数。

K 为同时停运的元件总数。

$w_{P\text{-}dk}$ 为安全调度过程中直流线路 k 的调整优先级。

$w_{P\text{-}gl}$ 为安全调度过程中发电机 i 的调整优先级。

$w_{P\text{-}ldj}$ 为安全调度过程中负荷 j 的调整优先级。

$P_{dk}^{(0)}$ 为直流线路 k 的初始传输功率。

$P_{gi}^{(0)}$ 为发电机 i 的初始出力。

$P_{dj}^{(0)}$ 为负荷 j 的初始需求量。

$s_{n:k}$ 为直流线路 k 的换流节点 n 的类型，$s_{n:k}=1/-1$ 为整流节点/逆变节点。

$o(l)=n$ 为线路 l 的首节点为 n。

$t(l)=m$ 为线路 l 的末节点为 m。

B_l 为交流线路 l 的导纳。

$P_{dk}^{\min},P_{dk}^{\max}$ 为直流线路 k 传输功率的上、下限。

$P_{gi}^{\min},P_{gi}^{\max}$ 为发电机 i 出力的上、下限。

$P_{al}^{\max}$ 为交流线路 l 的传输极限。

Ω^d 为系统的直流线路集合。

Ω^g 为系统的发电机集合。

Ω^{ld} 为系统的负荷集合。

Ψ^l 为系统的交流线路集合。

Ω_n^l 为与节点 n 通过交流线路 l 相连接的节点集合。

x_h 为系统防御策略的制定情况，$x_h=1/0$ 表示元件 h 被防御/未被防御。

y_h 为元件停运策略的制定情况，$y_h=1/0$ 表示元件 h 停运/未停运。

θ_n 为节点 n 的相角。

ΔP_{dk} 为直流线路 k 的传输功率调整量。

ΔP_{gi} 为发电机 i 的出力调整量。

ΔP_{ldj} 为负荷 j 的切除量。

ref 为参考节点编号。

（1）下层模型

下层模型的安全调度问题可采用基于直流潮流的 OPF 模型。由于面向交直流混联系统，因此需要在安全调度过程中考虑直流线路传输功率可控性对系统运行的影响。为此在模型中以直流传输功率调节量 ΔP_d、发电机出力调节量 ΔP_g、负荷切除量 ΔP_{ld} 作为系统潮流的调节手段。另一方面，由于系统在安全正常运行状态下往往具有最小运行成本，并且考虑到直流系统的有功特性，即过高直流传输功率将增加系统运行风险，而过低直流传输功率有违经济性原则，故该 OPF 模型以最小调整量作为目标函数。通过引入成本系数 $w_{P\text{-}dk}$、$w_{P\text{-}gi}$、$w_{P\text{-}ldj}$ 将目标函数表示为调度成本。综上，下层模型可表述为

$$
\begin{aligned}
\min_{\left(\Delta P_{dk}^+,\Delta P_{dk}^-,\Delta P_{gi}^+,\Delta P_{gi}^-,\Delta P_{ldj},\theta_n\right)} & \sum_{k\in\Omega^d} w_{P\text{-}dk}\left(\Delta P_{dk}^+ + \Delta P_{dk}^-\right)+ \\
& \sum_{i\in\Omega^g} w_{P\text{-}gi}\left(\Delta P_{gi}^+ + \Delta P_{gi}^-\right) + \sum_{j\in\Omega^{ld}} w_{P\text{-}ldj}\Delta P_{ldj} \\
\text{s.t.}\quad & \sum_{k\in\Omega_n^d} s_{n:k}\left(P_{dk}^{(0)} + \Delta P_{dk}^+ - \Delta P_{dk}^-\right)- \\
& \sum_{i\in\Omega_n^g}\left(P_{gi}^{(0)} + \Delta P_{gi}^+ - \Delta P_{gi}^-\right) + \sum_{j\in\Omega_n^{ld}}\left(P_{ldj}^{(0)} - \Delta P_{ldj}\right)+ \\
& \sum_{l\in\Psi_n^l} B_l\left(\theta_n-\theta_m\right)=0:\lambda_n,\quad \forall n, o(l)=n, \\
& t(l)=m\backslash t(l)=n, o(l)=m \\
& \left(1-y_k\right)P_{dk}^{\min} - P_{dk}^{(0)} \leqslant \Delta P_{dk}^+ - \Delta P_{dk}^- : \mu_{dk}^{\min},\quad \forall k\in\Omega^d \\
& \left(1-y_k\right)P_{dk}^{\max} - P_{dk}^{(0)} \geqslant \Delta P_{dk}^+ - \Delta P_{dk}^- : \mu_{dk}^{\max},\quad \forall k\in\Omega^d \\
& \Delta P_{dk}^+ \geqslant 0 : \alpha_{dk}^+,\quad \forall k\in\Omega^d \\
& \Delta P_{dk}^- \geqslant 0 : \alpha_{dk}^-,\quad \forall k\in\Omega^d \\
& \left(1-y_i\right)P_{gi}^{\min} - P_{gi}^{(0)} \leqslant \Delta P_{gi}^+ - \Delta P_{gi}^- : \mu_{gi}^{\min},\quad \forall i\in\Omega^g \\
& \left(1-y_i\right)P_{gi}^{\max} - P_{gi}^{(0)} \geqslant \Delta P_{gi}^+ - \Delta P_{gi}^- : \mu_{gi}^{\max},\quad \forall i\in\Omega^g
\end{aligned}
$$

$$
\begin{aligned}
&\Delta P_{gi}^{+} \geqslant 0 : \alpha_{gi}^{+}, \quad \forall i \in \Omega^{g} \\
&\Delta P_{gi}^{-} \geqslant 0 : \alpha_{gi}^{-}, \quad \forall i \in \Omega^{g} \\
&0 \leqslant \Delta P_{ldj} \leqslant P_{ldj}^{(0)} : \mu_{ldj}^{\min}, \mu_{ldj}^{\max}, \quad \forall j \in \Omega^{ld} \\
&-(1-y_l) P_{al}^{\max} \leqslant B_l (\theta_n - \theta_m) : v_l^{\min}, \quad \forall l \in \Psi^{l}, \\
&o(l) = n, t(l) = m \\
&(1-y_l) P_{al}^{\max} \geqslant B_l (\theta_n - \theta_m) : v_l^{\max}, \quad \forall l \in \Psi^{l}, \\
&o(l) = n, t(l) = m \\
&-\pi \leqslant \theta_n \leqslant \pi : \xi_n^{\min}, \xi_n^{\max}, \quad \forall n \\
&\theta_{\text{ref}} = 0 : \xi_1
\end{aligned} \tag{15-39}
$$

其中，各约束条件冒号后是其对偶变量。需要说明的是，下层模型仅考虑直流线路、发电机、交流线路三类元件的停运问题。

（2）中层模型

中层模型通过确定总数为 K 的并发故障元件集合 y，模拟电力系统 $N-k$ 事故，进一步，以极大化故障后系统损失为攻击目标，则具体数学模型可表示为

$$
\begin{aligned}
\max_{y} & \sum_{k \in \Omega^{d}} w_{P\text{-}dk} \left(\Delta P_{dk}^{+} + \Delta P_{dk}^{-}\right) + \sum_{i \in \Omega^{g}} w_{P-gi} \left(\Delta P_{gi}^{+} + \Delta P_{gi}^{-}\right) + \sum_{j \in \Omega^{ld}} w_{P\text{-}ldj} \Delta P_{ldj} \\
\text{s.t.} & \sum_{k \in \Omega^{d}} y_k + \sum_{i \in \Omega^{g}} y_i + \sum_{i \in \Psi^{l}} y_l = K, \quad y_k, y_i, y_l \in \{0,1\}, k \in \Omega^{d}, i \in \Omega^{g}, l \in \Psi^{l}
\end{aligned} \tag{15-40}
$$

（3）上层模型

在上层模型中，电力系统相关部门利用有限资源 Q 保护关键元件。上层、中层与下层模型构成防御者-攻击者-防御者 (D-A-D) 模型，即

$$
\begin{aligned}
\min_{x} & \sum_{k \in \Omega^{d}} w_{P\text{-}dk} \left(\Delta P_{dk}^{+} + \Delta P_{dk}^{-}\right) + \sum_{i \in \Omega^{g}} w_{P\text{-}gi} \left(\Delta P_{gi}^{+} + \Delta P_{gi}^{-}\right) + \sum_{j \in \Omega^{ld}} w_{P\text{-}ldj} \Delta P_{ldj} \\
\text{s.t.} \; & y_k \leqslant (1 - x_k), \quad \forall k \in \Omega^{d} \\
& y_i \leqslant (1 - x_i), \quad \forall i \in \Omega^{g} \\
& y_l \leqslant (1 - x_l), \quad \forall l \in \Psi^{l} \\
& \sum_{k \in \Omega^{d}} q_k x_k + \sum_{i \in \Omega^{g}} q_i x_i + \sum_{i \in \Psi^{l}} q_l x_l \leqslant Q \\
& x_k, x_i, x_l \in \{0,1\}, k \in \Omega^{d}, i \in \Omega^{g}, l \in \Psi^{l}
\end{aligned} \tag{15-41}
$$

上述三层优化问题可参照 15.3.3 节方法进行求解。

2. 仿真算例

本节以 IEEE 30 节点系统为例进行仿真分析。此处将 IEEE 30 节点系统中的交流线路 4-6 替换为直流线路，其中节点 4 为整流节点，节点 6 为逆变节点。考虑到系统实际情况，此处设置几类元件的防御成本如下：

$$q_k = 3,\ \forall k \in \Omega^d, \quad q_i = 1,\ \forall i \in \Omega^g, \quad q_l = 2, \forall l \in \Omega^l$$

在安全调度模型中，设置控制成本系数

$$w_{P\text{-}d} = 5, \quad w_{P\text{-}g} = 1, \quad w_{P\text{-}ld} = 10$$

通过求解防御者-攻击者-防御者 (D-A-D) 模型 (15-39)~(15-41)，可以得到系统在不同并发故障元件数下的最优防御元件集合，如表 15.3 ~ 表 15.5 所示。可以看出，在不同并发故障数下，相较于无防御状态，在引入防御措施后，系统的失负荷量大大降低，从而有效地缓解了系统故障带来的不利影响。当系统防御总资源较少时，所需防御资源相对偏低的发电机被选择为防御元件。而随着系统防御总资源的增加，一些交流线路被选作防御对象，如线路 24-25、线路 27-28。上述线路多为电网末端与主体连接线路，开断后极易引发系统解列。从系统并发故障情况来看，发电机及相应出线、直流线路、电网末端与主网连线，若出现多个并发故障，则极易给系统带来较严重的损失，这一事实与电力系统实际情况相符合。综上，仿真结果表明了安全博弈模型的合理性与有效性。

表 15.3　$K = 3$ 时的最优防御策略集合及相关信息

	最优防御策略	对应并发故障
$Q = 3$	发电机 5,8,13	发电机 2 交流线路 2-5, 交流线路 8-28
$Q = 4$	发电机 2,5,8,13	发电机 1 直流线路 4-6 交流线路 27-28
$Q = 5$	发电机 1,2,5,8,13	直流线路 4-6 交流线路 24-25, 交流线路 27-28
$Q = 6$	发电机 1,2,5,8,13 交流线路 27-28	发电机 1,11 交流线路 6-7
$Q = 7$	发电机 1,2,5,8,13 交流线路 27-28, 交流线路 24-25	直流线路 4-6 交流线路 24-25, 交流线路 27-28
平均损失减少		46.08%

表 15.4　$K = 4$ 时的最优防御策略集合及相关信息

	最优防御策略	对应并发故障
$Q = 3$	发电机 5,8,13	发电机 1,2 交流线路 2-5, 交流线路 8-28
$Q = 4$	发电机 2,5,8,13	发电机 1,11 直流线路 4-6 交流线路 27-28
$Q = 5$	发电机 2,5,8,11,13	发电机 1 直流线路 4-6 交流线路 24-25, 交流线路 27-28
$Q = 6$	发电机 2,5,8,11,13	发电机 1 直流线路 4-6 交流线路 24-25, 交流线路 27-28
$Q = 7$	发电机 1,2,5,8,13 交流线路 24-25	发电机 11, 直流线路 4-6, 交流线路 25-27, 交流线路 27-28
平均损失减少		50.21%

表 15.5　$K = 5$ 时的最优防御策略集合及相关信息

	最优防御策略	对应并发故障
$Q = 3$	发电机 5,8,13	发电机 1,2,11 交流线路 2-5, 交流线路 8-28
$Q = 4$	发电机 2,5,8,11	发电机 1,13 直流线路 4-6 交流线路 24-25, 交流线路 27-28
$Q = 5$	发电机 1,2,5,8,11	发电机 13 直流线路 4-6 交流线路 24-25, 交流线路 25-26, 交流线路 27-28
$Q = 6$	发电机 2,5,8,13 交流线路 24-25	发电机 1,11 直流线路 4-6 交流线路 6-8, 交流线路 27-29, 交流线路 29-30
$Q = 7$	发电机 1,2,5,8,13 交流线路 24-25	发电机 11 直流线路 4-6 交流线路 9-11, 交流线路 25-27, 交流线路 27-28
平均损失减少		50.21%

15.4.3 河南特高压交直流混联系统安全博弈设计实例

河南特高压交直流混联系统结构如图 15.4 所示。本节采用前述提出的三层安全博弈模型对河南电网中的关键线路进行辨识并提出有效防护措施。考虑到实际电力系统网架结构特点，可将河南电网中的输电线路按照其地理特点划分为如下三类[14]。

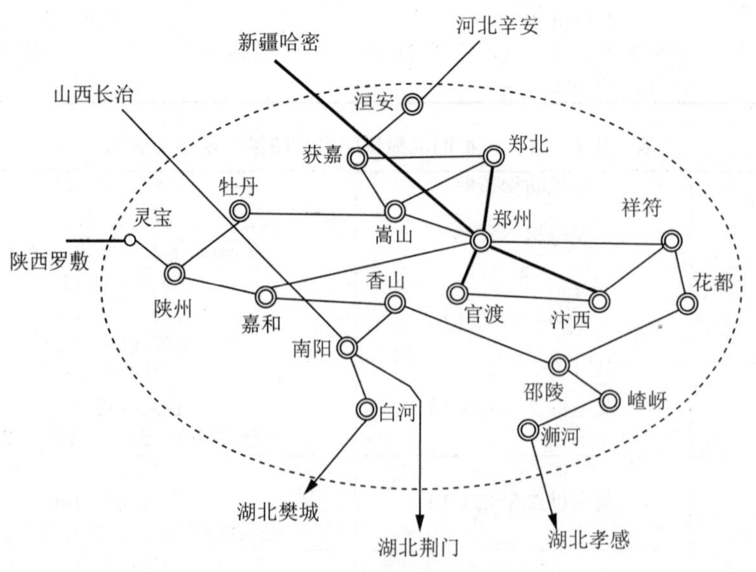

图 15.4　河南特高压电网示意图

1. 区域间输电联络线

按照河南省地理区域与经济活动的集中性，将河南省各市进行组合，并划分为如下区域。

3001：安阳、濮阳、鹤壁。

3002：焦作、新乡。

3003：三门峡、济源、洛阳。

3004：郑州。

3005：开封、商丘。

3006：许昌、周口。

3007：驻马店、信阳。

3008：平顶山、漯河。

3009：南阳。

上述区域之间通过 500kV 输电线路进行连接。若区域间联络线发生故障开断，将可能引发系统出现严重潮流转移，进而导致部分线路发生过载，线路开断风险增加，使系统运行工况恶化，可能引发大停电事故。

考虑到上述输电线路的地理跨度与运行工况，考虑其防护成本参数为

$$q_{\text{area}} = 2$$

2. 大区间输电联络线

在原区域划分的基础上，进一步按照河南省地理区域的集中性，将原区域划分情况进行部分合并，得到如下大区划分情况。

豫北地区（3001、3002）：安阳、濮阳、鹤壁、焦作、新乡。

豫西地区（3003）：三门峡、济源、洛阳。

豫中东地区（3004、3005）：郑州、开封、商丘。

豫南地区（3006、3007、3008、3009）：许昌、周口、南阳、驻马店、信阳、平顶山、漯河。

上述大区之间通过若干关键 500kV 输电线路连接。这些为数不多的大区联络线承担着区域间电力传输与支援的重要任务，传送潮流相对较大。考虑到上述输电线路的地理跨度与运行工况，设定其防护成本参数为

$$q_{\text{inter-area}} = 3$$

3. 区域内输电线路

各区域内部仍存在一些关键线路，其故障与否对于整个系统运行情况至关重要。考虑到此类输电线路的地理跨度与运行工况，设定其防护成本参数为

$$q_{\text{inter-area}} = 1$$

4. 其他关键输电环节

此外，河南电网中存在一些关键输电环节，如哈密-郑州直流输电线路、南阳特高压交流输电线路等。考虑到此类线路的运行与结构特点，设定其防护成本参数为

$$q_{dc}=3,\quad q_{hv}=3$$

当 $K=3$ 和 $K=4$ 时的河南电网最优防御策略示于表 15.6 与表 15.7，由此二表可见河南电网中重点被攻击或被防御的线路多为直流输电线路、特高压输电线路或区域间联络输电线路，因为这些线路或负载率较高，或承担跨区输电等重要任务。部分线路的运行信息如表 15.8 所示。从表 15.8 中可以看出这些线路的有功潮流均较大。

表 15.6 $K=3$ 时河南电网最优防御策略集合及相关信息

	最优防御策略	对应并发故障
$Q=3$	哈密-郑州直流线路	豫香山 500 母线 II-豫郑南 500 母线 II 交流线路
		豫姚孟 500 母线 II-豫郑南 500 母线 II 交流线路
		嘉和 500 母线 II-豫郑州 500 母线 II 交流线路
$Q=4$	南阳特高压交流线路	豫塔 500kV 母线 1-仓 500kV 母线 1 交流线路
		豫邵陵 500 母线 I-豫周口 500 母线 II 双回线
$Q=5$	南阳特高压交流线路 豫香山-豫郑南交流线路	哈密-郑州直流线路
		豫邵陵 500 母线 I-豫周口 500 母线 II 双回线
平均损失减少		5.34%

表 15.7 $K=4$ 时河南电网最优防御策略集合及相关信息

	最优防御策略	对应并发故障
$Q=3$	哈密-郑州直流线路	豫邵陵 500 母线 I-豫周口 500 母线 II 双回线 豫香山 500 母线 II-豫郑南 500 母线 II 交流线路 豫姚孟 500 母线 II-豫郑南 500 母线 II 交流线路
$Q=4$	南阳特高压交流线路	豫群英 500 母线 II-豫白河 500 母线 II 双回线 豫彰德 1B-豫彰德 500 母线 I 交流线路 豫塔 500kV 母线 1-仓 500kV 母线 1 交流线路
$Q=5$	南阳特高压交流线路 豫邵陵-豫周口双回线	南阳特高压交流线路，哈密-郑州直流线路 豫邵陵 500 母线 I-豫周口 500 母线 II 双回线 豫群英 500 母线 II-豫白河 500 母线 II 双回线 豫姚孟 500 母线 II-豫郑南 500 母线 II 交流线路
平均损失减少		8.67%

15.4.4 变电站网络安全应用

随着恶意网络入侵、攻击等威胁的增加，公共事业和政府机构电力系统的网络安全受到大量关注。网络系统（信息和通信技术（information and communication technology,

ICT）系统）和物理系统（即变电站）是电网重要的组成部分，同时有序地对多个变电站进行攻击将对电力系统造成重大影响，并引发连锁故障[15,16]。因此，变电站网络安全已成为公认的关键问题[17]。

表 15.8 河南电网部分线路运行信息

首端区域	末端区域	首端节点	末端节点	有功/MW	负载率/%
安濮鹤地区	焦新地区	豫塔 500kV 母线 I	仓 500kV 母线 I	832.3	41.5
豫西	豫中东	豫香山 500 母线 II	豫郑南 500 母线 II	−826.7	41.2
		豫姚孟 500 母线 II	豫郑南 500 母线 II	−824.5	41.1
豫西	豫中东	嘉和 500 母线 II	豫郑州 500 母线 II	−274.5	9.1

在针对电力系统的网络攻击中，网络攻击者花费大量时间入侵主要变电站，他们利用现有漏洞进行端口扫描、鱼叉式网络钓鱼等非法侦察活动[18]。在获得目标变电站的关键信息和控制权后，他们可以很容易地发动破坏性网络攻击。例如，根据多年的侦察经验，Stuxnet 恶意软件常被用于破坏电力设施[19]。同时，一些防御工具也已经出现，如防火墙、入侵检测系统（intrusion detection system，IDS）和异常检测系统（anomaly detection system，ADS）。通过监控和分析网络活动，这些工具可以阻止恶意的主动或被动攻击。现在，越来越多的变电站配备了这些防御工具。因此，在产生破坏性影响之前，网络攻击者需要与防御者（或防御工具）竞争从而控制目标变电站。变电站的网络安全状况与攻防结果密切相关，这促使研究者建立基于双人 Markov 决策过程（Markov decision process，MDP）来模拟这种竞争格局[20]。

本节提出了一个网络攻击前入侵和防御的竞争模型，并在此基础上评估目标变电站的网络安全水平。首先，假设网络入侵是高级持续威胁，通过探索弱点获取变电站的控制权。然后，将网络入侵成功的概率建模为攻击者破解漏洞数量的 Poisson 分布。在此基础上，综合考虑攻击和防御对入侵过程的影响。求解 MDP 得到攻击者和防御者的最优策略，即他们在意识到漏洞数量的情况下的最佳行动。利用获得的最优策略，将入侵成功的综合概率模型建立为 Markov 链。然后在有限和无限的时间范围内，分别对所得 Markov 链的状态转移情况进行评估，其结果反映了变电站受到持续网络入侵威胁时的网络安全水平。

1. 问题描述及模型构建

假设电网中有多个变电站，攻击者试图对其中一个变电站进行网络入侵，而电力系统运营商（本节其余部分中的网络防御者）则采取行动保护目标变电站。在这种情况下，攻击者和防御者可以根据他们的独立观察来估计入侵成功的概率。

如前所述，攻击者寻求获取变电站的控制权，进而危害变电站中的智能电子设备（intelligent electronic devices，IED）、注入虚假数据或危害 IDS 和 ADS。因此，如果网络攻击者获得了变电站的控制权，则为入侵成功。相反，则为入侵失败。在执行网络攻击之前，攻击者无法得知他们是否可以成功入侵目标变电站。因此，他们通过概率测度进行决策。

假设攻击者试图破坏变电站的网络系统。他们有着相同的目标，但是他们每个人都有不同的知识和技能[21,22]。成功入侵变电站后，攻击者必须发现并利用（破解）某些漏洞。设 V 表示一组破解漏洞，其大小表示为 N_v, N_v 是与成功攻击的离散事件相关联的随机变量。设 λ_v 表示 N_v 的平均值（目标变电站的网络安全级别）。

文献 [21-23] 指出，若每个入侵实验的结果都是独立的，发现的漏洞可视为低概率事件，因为目标变电站的网络空间可能包含许多组件和连接，离散事件（如发现的漏洞）在时间和支付上相互独立，则攻击者成功入侵所利用的漏洞数量将大致遵循 Poisson 分布[24]，表示为 $N_v \sim \mathrm{Poi}(\lambda_v)$。根据文献 [24] 和文献 [25]，如果不同攻击者对复杂变电站进行入侵，则条件 1）和条件 2）正确。此外，文献 [21] 和文献 [22] 指出，获得漏洞的时间成本将大致遵循指数分布。由指数分布无记忆性[25] 可以导出离散事件的独立性，从而第三个条件满足。

令 $f(n_v,\lambda_v)$ 和 $F(n_v,\lambda_v)$ 分别表示 n_v 的概率质量函数和累积分布函数，可计算得

$$f(n_v,\lambda_v)=P(N_v=n_v)=\frac{\lambda_v^{n_v}\mathrm{e}^{-\lambda_v}}{n_v!} \tag{15-42}$$

$$F(n_v,\lambda_v)=P(N_v<=n_v)=\mathrm{e}^{-\lambda_v}\sum_{i=0}^{\mathrm{floor}(n_v)}\frac{\lambda_v^i}{i!} \tag{15-43}$$

其中，n_v 是攻击者利用的漏洞数。

在式 (15-42) 中，$f(n_v,\lambda_v)$ 为攻击者成功入侵并利用 n_v 漏洞的概率，该值有助于攻击者估计持续侦察活动的结果。此外，当发现和利用更多的网络漏洞时，$F(n_v,\lambda_v)$ 随着 n_v 的增加而迅速增加。这使得网络攻击者通过各种方式利用所有可能的漏洞，对目标变电站进行高级持久的攻击。综上，攻击者根据 n_v 估计正在进行的网络入侵的概率结果。如果 $n_v \to 0$，入侵必定失败。如果 $n_v \to N$，其中 N 是一个很大的数字，攻击者就会确信它可以成功入侵目标变电站。

注意到，成功入侵能让攻击者控制目标变电站。那么,$F(n_v,\lambda_v)$ 也被认为是攻击者非法获得的控制权比率。也就是说，当 $F(n_v,\lambda_v)>1$ 时，攻击者完全获得进行网络攻击所需的控制权；当 $F(n_v,\lambda_v)=0$，目标变电站由其操作员完全控制。

虽然防御者有检测网络攻击的方法（如安全传感器、IDS、ADS 和防火墙等），但很难找到一个完美的解决方案来检测恶意行为和入侵。原因是：① 防火墙无法监视内部侦察活动；② 基于知识的检测系统（如 IDS 和 ADS）可能无法对不依赖漏洞的入侵做出正确响应；③ 高级攻击者可以通过各种方式逃避基于行为的检测系统[26,27]；④ 攻击者可能会为将来的攻击保留已发现的漏洞，在实际使用之前无法检测到该漏洞。

这里给出一个简单的数学模型，从防御者的角度描述对入侵的有限观察。假设当攻击者在目标变电站中发现某个漏洞时，会生成大量日志。同时，基于异常检测可以发出

入侵报警。然后，对给定报警的入侵条件概率（基于贝叶斯检测率[28]）进行估计，即

$$P(I|A)=\frac{P(I)P(A|I)}{P(I)P(A|I)+P(\neg I)P(A|\neg I)} \tag{15-44}$$

其中，I 和 A 分别代表入侵和警报；$P(I)$ 是入侵的概率；$P(A|I)$ 是为入侵发出警报的条件概率，即安全传感器（IDS 或 ADS）的检测率；$P(\neg I)$ 是正常状态下无入侵的概率；而 $P(A|\neg I)$ 是虚警的概率，即虚警率。注意 $P(A|I)$ 和 $P(A|\neg I)$ 可以在给定入侵测试 IDS 或 ADS 时测量。一般来说，$P(I)$ 和 $P(\neg I)$ 可以通过与入侵行为相关的异常日志的比率来估计，即

$$P(I)=\frac{\sum_{k=1}^{n_v}F(k,\lambda_v)\alpha(v^k)}{\sum_{k=1}^{n_v}(F(k,\lambda_v)\alpha(v^k)+\eta(v^k))} \tag{15-45}$$

$$P(\neg I)=1-P(I) \tag{15-46}$$

其中，n_v 是攻击者破解的漏洞数；$\alpha(v^k)$ 和 $\eta(v^k)$ 是利用漏洞 v^k 期间记录的异常和正常日志数。高级攻击者可以利用已经发现的漏洞找到另一个漏洞并隐藏其攻击痕迹，这被称为“入侵和检测规避”。假设 $\alpha(v^k)$ 和 $\eta(v^k)$ 都是与破解漏洞 v^k 相关的常数, 它们可以由 IDS 和 ADS 执行试听的频率和粒度来决定。图 15.5 给出了 $P(I|A)$、n_v 和 λ_v 之间的关系。第一条线显示了无规避技术时的入侵检测率，其他曲线显示 $P(I|A)$ 随 n_v 和 λ_v 值的变化。所需变量 $\alpha(v^k)=10$，$\eta(v^k)=1000$，$P(A|I)=0.98$，$P(A|\neg I)=0.01$。如图 15.5 所示，随着攻击者获得目标变电站更多的知识和更大的控制权，检测率将降低。此外，如果变电站受到良好的网络入侵保护，预计会出现较大的 λ_v，然后，检测率将适度下降。还可以看出，对于 $P(A|I)\gg P(A|\neg I)$ 及没有检测规避的场景，入侵检

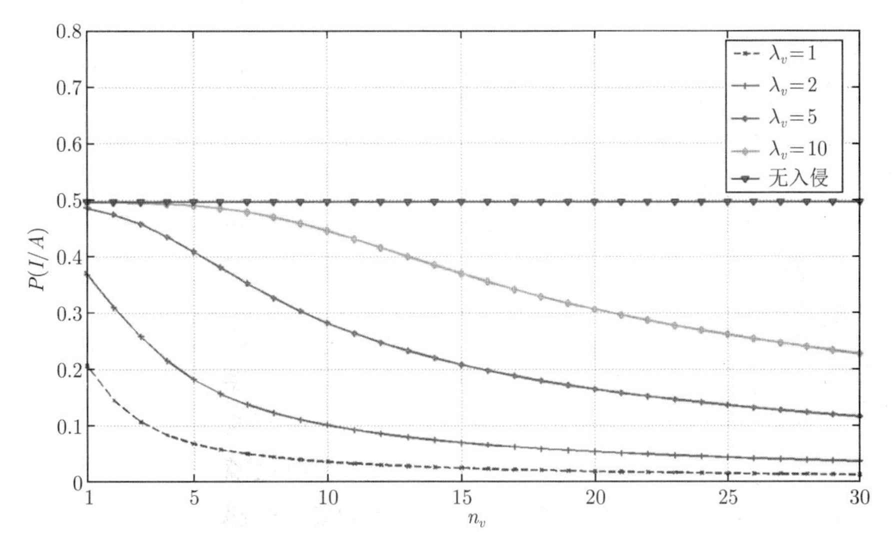

图 15.5 $P(I|A), n_v, \lambda_v$ 之间的关系

测系统只能正确地检测到约 50% 的入侵。总之，缺乏攻击者的信息使得防御者无法完全观察到正在进行的入侵。

为了描述攻防交互随时间变化的特性，需要在多个时刻观察网络入侵，如 $t_r(r=1,2,\cdots,N_r)$，N_r 是相关的时刻数目。在每个时间间隔内，攻击者都会利用漏洞进行攻击，而防御者则通过被动和主动防御措施保护变电站。也就是说，进攻方和防守方通过采取一轮行动相互竞争。如果 $N_r\to+\infty$, 则不存在持续入侵的时间限制。否则，网络入侵必须在有限的时间内完成。

在上述假设和推导的基础上，本节研究变电站入侵防御模型的两个基本问题：① 攻击者和防御者的最优策略是什么？② 如果攻击者和防御者从不同的系统状态开始竞争，它将如何更改结果？为了回答这些问题，我们考虑多轮竞争并采用基于马尔可夫决策过程的动态规划方法对这些问题进行建模和求解。

2. 网络攻防的 MDP 模型

MDP 是由五个元素组成的离散控制过程：状态、行为、报酬、转移概率和贴现因子，用五元组 $(S,A,P_a(s,s^{'}),R_a(s,s^{'}),\gamma)$ 表示[29]。$S=s$ 表示一组状态；$A=a$ 表示决策者的一组策略；$P_a(s,s^{'})=P(s^{t_{r+1}}=s^{'}|s^{t_r}=s,a^{t_r}=a)$ 描述了从时间 t_r 的 s 到时间 t_{r+1} 的 $s^{'}$ 的状态转换概率，伴随一组策略 a；$R_a(s,s^{'})$ 是从 s 转换到 $s^{'}$ 后收到的奖励；$\gamma(0<\gamma<1)$ 是未来报酬的贴现权重因子。

每个参与者的目标是选择一个策略 π，以最大化其折扣奖励的预期总和，即

$$\pi(s):=\arg\max_a\left(\sum_{s^{'}}P_a(s,s^{'})(R_a(s,s^{'})+\gamma V(s^{'}))\right)\tag{15-47}$$

$$V(s):=\sum_{s^{'}}P_{\pi(s)}(s,s^{'})(R_{\pi(s)}(s,s^{'})+\gamma V(s^{'}))\tag{15-48}$$

其中，$V(s)$ 是状态 s 的效用值，$\pi(s)$ 是从状态到策略的映射函数。标准的 MDP 可以通过值或策略迭代方法有效地求解[30]。

如果考虑到参与者的竞争行为，则可以制定双层 MDP。设 $a=\{a_{\mathrm{A}},a_{\mathrm{D}}\}$ 为目标相反的攻击者 (A) 和防御者 (D) 的一组策略。如果攻击者使用 $a_{\mathrm{A}}=\pi_{\mathrm{A}}(s)$ 最大化其奖励，则防御者将采用 $a_{\mathrm{D}}=\pi_{\mathrm{D}}(s)$ 最小化其奖励。攻击者和防御者分别使用最坏的场景假设来制定他们的竞争策略。对于攻击者来说，最坏的情况意味着防御者将在所有系统状态下采取防御行动。同样，对于防御者来说，最坏的情况是攻击者总是试图利用新的漏洞。将它们的最优策略结合起来，即可预测入侵和防御交互的概率结果。$F(n_v,\lambda_v)$ 可用于估计攻击者通过攻击活动获得的控制权。因此，与正在进行的网络入侵相关联的状态 s 可以定义如下（在当前时刻 t_r）：

$$s=\{n_v,\lambda_v\}\tag{15-49}$$

其中，λ_v 由变电站安装的 ICT 系统的结构和安全配置决定。此外，如果 λ_v 是一个非常大的数字，这意味着变电站是高度安全的，攻击者将永远无法破坏它。因此，这里为 n_v

和 λ_v 设置了阈值，即 $0 \leqslant n_v \leqslant \bar{n_v}$ 和 $0 \leqslant \lambda_v \leqslant \bar{\lambda_v}$，并且考虑了状态数量的有限性。使用式 (15-49)，$F(n_v, \lambda_v)$ 也可以简化为 $F(s)$。

设 a_{A} 和 a_{D} 分别为攻击者和防御者在 t_r 时刻的动作决策变量，其值为 1 表示采取了行动，为 0 则表示没有行动，即

$$\begin{cases} a = \{a_{\mathrm{A}}, a_{\mathrm{D}}\} \\ a_{\mathrm{A}} = 0 \text{ or } 1 \\ a_{\mathrm{D}} = 0 \text{ or } 1 \end{cases} \tag{15-50}$$

攻击者每一轮执行两个过程，首先从可能的候选漏洞中选择一个漏洞，然后运行该漏洞对系统进行攻击。如文献 [21] 所述，攻击者的知识和技能是决定网络攻击是否成功的关键因素。

另一方面，当安全传感器（如防火墙、IDS 和 ADS）发出警报时，防御者会采取行动来阻止正在进行的入侵。该行动可以是主动防御，也可以是被动防御。主动防御旨在加强目标变电站的网络安全。目前，最常见的主动防御是执行完整的系统诊断或漏洞扫描。扫描后，通过重新配置网络组件，可以发现并消除一些漏洞。因此，如果防御者能够有效地增加 λ_v，攻击者将需要更多的时间进行复杂而隐蔽的侦察。这一行动可以降低攻击成功的概率。被动防御是指根据安全传感器收集的信息进行在线修补。在重新配置网络系统后，防御者可以同时禁用违规和非法控制权。因此，执行被动防御可以减少暴露给攻击者的漏洞数量，即 n_v。

攻击者和防御者的直接回报被定义为目标变电站在时刻 t_r 因网络入侵而获得和丢失的控制权，如下所示：

$$\begin{cases} R_{a_{\mathrm{A}}}(s, s') = R_{\mathrm{A}}(s') = F(s') \\ R_{a_{\mathrm{D}}}(s, s') = R_{\mathrm{D}}(s') = 1 - F(s') \end{cases} \tag{15-51}$$

（1）攻击者行为的影响：假设攻击者从预定义的候选集中选择一个新漏洞，并在每轮中执行一次攻击以破解该漏洞。在时刻 t_r 破解此漏洞的概率为

$$P_{+n_v} = a_{\mathrm{A}} P_{\mathrm{I}} P_{\mathrm{II}} \tag{15-52}$$

其中，P_{I} 和 P_{II} 分别是在 t_r 时刻发现和破解新漏洞的概率。它们可以被估计为

$$P_{\mathrm{I}} = \frac{N_v - n_v}{N_{cv} - n_v} \tag{15-53}$$

$$P_{\mathrm{II}} = \mathrm{e}^{-\lambda_{te}(1-F(s))} \tag{15-54}$$

其中，N_v 是变电站 ICT 系统中现有漏洞的数量，N_{cv} 是攻击者建立的候选漏洞的大小。假设攻击者根据以前在互联网上的经验和资源，可以获取一般网络系统（如 PC 和 Web 服务器）中的漏洞知识。所有这些已知漏洞都可以包含在候选集中。然后，由于 ICT 系

统是专门为公用事业应用而设计的，因此预计 $N_{cv} << N_v$。N_v/N_{cv} 的测试结果反映了攻击者对入侵目标变电站准备知识的有效性。

式 (15-54) 分两步导出。首先，用 n_{te} 表示攻击者试图利用目标变电站中的一个漏洞进行攻击的次数；n_{te} 近似地遵循 Poisson 分布，即 $n_{te} \sim \mathrm{Poi}(\lambda_{te})$。这里，$\lambda_{te}$ 代表 n_{te} 的平均值。然后，利用一条线索破解一个漏洞的概率可以估计如下：

$$P(n_{te}=1)=\mathrm{e}^{-\lambda_{te}} \tag{15-55}$$

由于获得了控制权，攻击者可以更加有效地利用新破解的漏洞进行侦察。因此，$1-F(n_v,\lambda_v)$ 用于反映这种加速侦察，即

$$\lambda_{te}=\lambda_{te}(1-F(s)) \tag{15-56}$$

可以看出，当 $F(n_v,\lambda_v)$ 接近 1 时，攻击者获得对目标变电站的完全控制。此时，λ_{te} 等于 0，这也表明攻击者可以直接管理 ICT 系统中所需的组件。将式 (15-56) 代入式 (15-55)，可以得出在一轮侦察行动中破解一个漏洞的概率为式 (15-54)。

（2）防御者行动的影响：一旦网络攻击开始，安全传感器可能会检测到一些入侵并生成异常日志，然后将其报告给防御者。防御者的行为包括主动防御和被动防御。通过扫描系统漏洞（即主动防御），防御者可以在时刻 t_r 的一轮行动中增加 λ_v，这可以算作 $n_{+\lambda_v}$，其作用效果近似为

$$P_{+\lambda_v}=a_{\mathrm{D}}P(n_{+\lambda_v}=1)=a_{\mathrm{D}}e^{-\Delta\lambda_v} \tag{15-57}$$

其中，$\Delta\lambda_v$ 是从 t_r 开始的一轮防御行动中 λ_v 增量的平均值，即

$$\Delta\lambda_v=\frac{r_s}{T_s-r_s}\lambda_v \tag{15-58}$$

其中，r_s 表示已完成系统扫描的漏洞检测率，T_s 是已完成系统扫描所需的操作轮数（时间间隔）。

与主动防御相比，被动防御的效率更高，尽管其有效性取决于入侵检测的准确性（贝叶斯检测率在式 (15-45) 和式 (15-46) 中给出）。设 P_{-n_v} 表示被动防御使一个破解漏洞失效的概率，近似为

$$P_{-n_v}=a_{\mathrm{D}}P(I|A) \tag{15-59}$$

其中，$P(I|A)$ 是由式 (15-45) 和式 (15-46) 计算的 t_r 时刻的估计贝叶斯检测率。

（3）基于动作的状态转换：在给定的时间间隔内，假设攻击者和防御者的动作同时执行，可以导出这种动作的状态转换概率，如表 15.9 所示。

3. 变电站网络安全评估

图 15.6 说明了如何使用所提出的网络入侵和防御 MDP 模型来评估变电站的网络安全。网络安全评估分以下三步进行。

（1）在电力系统模型中选择目标变电站并给定 MDP 所需参数，如状态空间规模以及攻击者和防御者的能力。注意，状态总数为 $N_s = \bar{n_v}\bar{\lambda_v}$。对于由 (15-49) 定义的每个状态，序列索引为 s^k $(k = (\lambda_v - 1)\bar{\lambda_v} + n_v)$。

（2）设置贴现因子 $0 < \gamma < 1$ 并令 $\pi_{\mathrm{D}}(s) = 1, \forall s$，通过值迭代法[20] 求得最优攻击策略 $\pi_{\mathrm{A}}(s)$；类似地，令 $\pi_{\mathrm{A}}(s) = 1, \forall s$，通过值迭代法求得最优防御策略 $\pi_{\mathrm{D}}(s)$。

（3）基于简化的 MDP 模型，进行网络安全评估。攻击者和防御者的联合策略定义为 $\pi(s) = \{\pi_{\mathrm{A}}(s), \pi_{\mathrm{D}}(s)\}$。使用这种联合策略，状态转换的概率只与当前相关状态有关。因此，所提出的 MDP 模型被简化为一个 Markov 链，其状态定义为式 (15-49)，并且在式 (15-60) 中给出了一个固定的状态转移矩阵 $\varGamma$：

$$\begin{cases} \varGamma = \tau_{k,j} \in R^{N_s \times N_s} \\ \tau_{k,j} = P_a(s^k, s^j), a = \pi(s^k) \end{cases} \tag{15-60}$$

然后通过以下两个子步骤评估入侵的概率结果。

表 15.9 基于动作的状态转移概率

s	s'	$P_a(s, s')$
$\{n_v, \lambda_v\}$	$\{+0, +0\}$	$(1 - P_{+\lambda_v})((1 - P_{-n_v})(1 - P_{+n_v}) + P_{-n_v}P_{+n_v})$
	$\{+0, +1\}$	$P_{+\lambda_v}((1 - P_{-n_v})(1 - P_{+n_v}) + P_{-n_v}P_{+n_v})$
	$\{-1, +1\}$	$P_{+\lambda_v}P_{-n_v}(1 - P_{+n_v})$
	$\{+1, +1\}$	$P_{+\lambda_v}(1 - P_{-n_v})P_{+n_v}$
	$\{+1, +0\}$	$(1 - P_{+\lambda_v})(1 - P_{-n_v})P_{+n_v}$
	$\{-1, +0\}$	$(1 - P_{+\lambda_v})P_{-n_v}(1 - P_{+n_v})$

其中，$s' = \{\pm\circ, +\star\} + s$，$\star = 0$ 或 1，$\circ = 0$ 或 1。

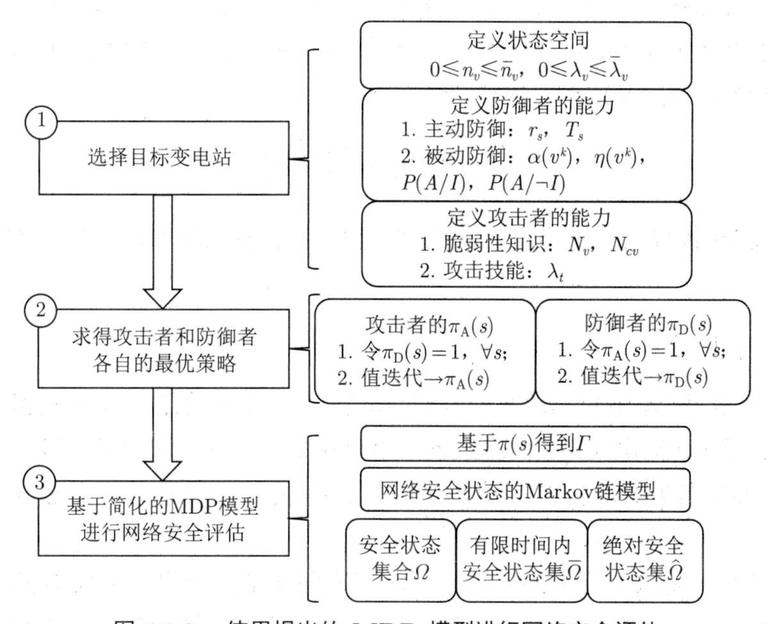

图 15.6 使用提出的 MDP 模型进行网络安全评估

(a) 假设网络入侵是从 s^k 开始的。然后，状态的初始分布被设置为 $p^k=[0,\cdots,0,1,0,\cdots,0]^{\mathrm{T}}$。它在第 k 个位置只有一个非零元素 1。通过矩阵分析可以得到马尔可夫链的稳态分布[31]，$\rho^k=[\rho_1^k,\rho_2^k,\cdots,\rho_{N_s}^k]$, 其中 $\rho_j^k\in(0,1),\sum_{j=1}^{N_s}\rho_j^k=1$ 是状态 s^j 出现的概率。用式 (15-61) 计算攻击者 E_{A}^k 和防御者 E_{D}^k 在状态 s^k 的期望收益

$$E_{\mathrm{A}}^k=\sum_{j=1}^{N_s}\rho_j^k R_{\mathrm{A}}(s^j),\quad E_{\mathrm{D}}^k=\sum_{j=1}^{N_s}\rho_j^k R_{\mathrm{D}}(s^j) \tag{15-61}$$

(b) 设置攻防双方之间的行动回合数为 N_r, 马尔可夫链的有限时间状态分布 $\bar{\rho}^k$ 计算如下：

$$\bar{\rho}^k=(\Gamma)_r^N p^k \tag{15-62}$$

攻击者 $\bar{E}_{\mathrm{A}}^k$ 和防御者 $\bar{E}_{\mathrm{D}}^k$ 在状态 s^k 下（在有限时间内）的预期回报可以获得如下：

$$\bar{E}_{\mathrm{A}}^k=\sum_{j=1}^{N_s}\bar{\rho}_j{}^k R_{\mathrm{A}}(s^j),\quad \bar{E}_{\mathrm{D}}^k=\sum_{j=1}^{N_s}\bar{\rho}_j{}^k R_{\mathrm{D}}(s^j) \tag{15-63}$$

利用马尔可夫链对目标变电站的网络安全状态进行评估。首先，阈值需要设置为 $0\leqslant\epsilon\ll 1$（攻击者拥有的最大可容忍控制权）。然后，将变电站的安全状态集定义为

$$\varOmega=\left\{s^k|E_{\mathrm{A}}^k<\varepsilon\right\},\quad \varPsi=\left\{s^k|E_{\mathrm{A}}^k\geqslant\varepsilon\right\} \tag{15-64}$$

$$\bar{\varOmega}=\left\{s^k|\bar{E}_{\mathrm{A}}^k<\varepsilon\right\},\quad \bar{\varPsi}=\left\{s^k|\bar{E}_{\mathrm{A}}^k\geqslant\varepsilon\right\} \tag{15-65}$$

其中，$\varOmega$ 和 $\varPsi$ 分别是由 E_{A}^k 和 ε；$\bar{\varOmega}$ 和 $\bar{\varPsi}$ 定义的有限时间内安全和不安全状态集。

如果目标变电站中大部分元件状态属于 $\varOmega$，则网络安全风险较低。相比之下，如果 $\varOmega$ 是空的，变电站将面临很高的网络入侵风险。此外，当 N_r 增加时，可以观察到 $\bar{E}_{\mathrm{A}}^k$ 的最大值，它被用来定义如下的绝对安全状态集：

$$\widehat{\varOmega}=\left\{s^k|\max_{N_r}\bar{E}_{\mathrm{A}}^k<\varepsilon\right\} \tag{15-66}$$

对每个绝对安全的状态来说，无论攻击者何时停止对目标变电站的侦察，网络入侵都会失败。

4. 算例分析及讨论

图 15.7 给出了目标变电站的物理层和网络层。物理系统包含一个负载和一个发电机以及变压器、母线和输电线路。网络系统由用户界面、双层 ICT 网络、基于 IEC 61850 的防护 IED 和设备组成。安装防火墙是为了与控制中心和远程访问点通信以进行控制和维护。

攻击者的目的是入侵变电站，并打开所有断路器从而对电网造成损害。之前的工作[32] 已经证明，攻击者可以危害远程访问点，并穿透防火墙到达变电站内的重要控件

和设备。描述可能入侵路径的攻击树如图 15.8 所示。为了达到最终目标（9. 打开断路器），攻击者需要通过不同的网络组件来实现对目标变电站的充分控制。用 V_i 表示每个网络组件的脆弱性，根据攻击树计算出有效攻击路径上脆弱性组件的平均数目，并以此估计 λ_v 从而定义所提出的 MDP 模型中状态空间大小的阈值。例如，假设攻击者可以利用每个网络组件的一个漏洞对其进行攻击。然后，通过计算从接入点到最终目标的路径上的漏洞（在图 15.8 中），可以将 λ_v 估计为 5。因此，选择 λ_v 为 10，这是 λ_v 近似最大值的两倍。进一步选择 n_v 为 30，这确保模型能够考虑在高级别网络保护下的成功入侵。安全传感器（集成 ADS）的参数可见[33,34]。表 15.10 给出了变电站网络安全评估所需的参数。

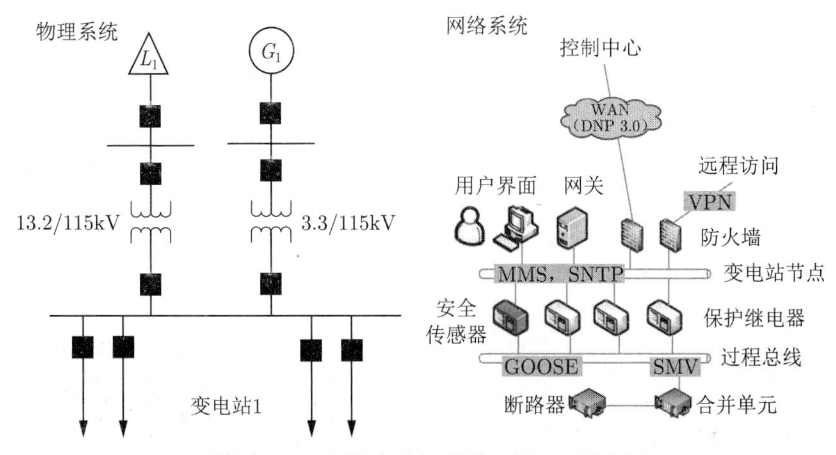

图 15.7　目标变电站的物理层和网络层

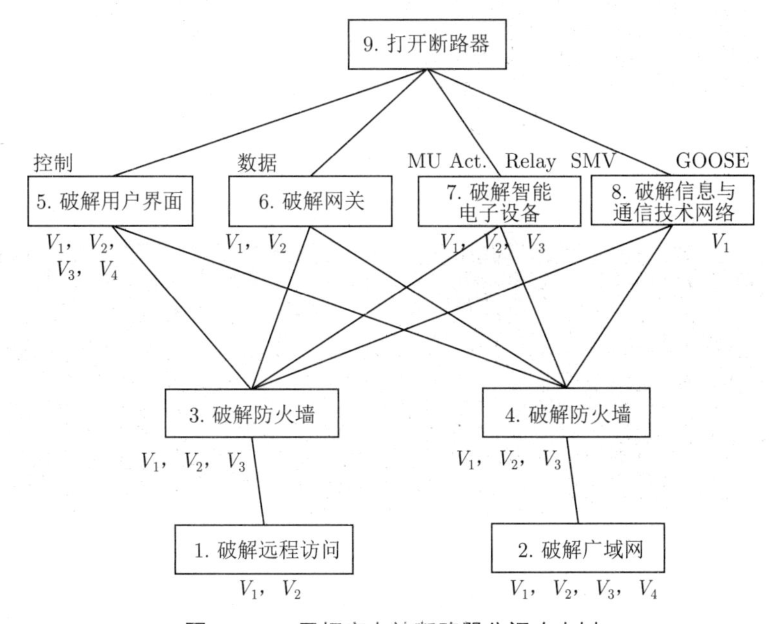

图 15.8　目标变电站断路器分闸攻击树

表 15.10　拟建 MDP 目标变电站参数

状态空间的大小		$\lambda_v = 10, n_v = 30, N_s = 300$
防御者	主动防御	$r_s = 0.08, T_s = 200$
	被动防御	$\alpha(v^k) = 1000, \eta(v^k) = 10, P(A\|I) = 0.985, P(A\| \neg I = 10^{-4})$
攻击者	脆弱性知识	$N_v = 200, N_{cv} = 6787$
	攻击技能	$\lambda_{te} = 5$
行动回合数		$N_r = 100$

需要注意的是，图 15.8 中的攻击树只能由防御者创建并用于推断可能的入侵路径，因为防御者拥有目标变电站网络系统的详细信息；如果没有有效的侦察，攻击者无法得知目标变电站的网络结构和可能的攻击路径。另外，防御者可以根据这些路径估计成功入侵所需的平均漏洞数；但由于防御者不知道攻击者已经破解了多少漏洞，所以只能根据估计采取被动和主动的防御措施。

利用上述参数，执行图 15.6 中的步骤 2。利用 Matlab 的 MDP 工具箱提供的值迭代函数[35]，求解最优策略 $\pi_\mathrm{A}(s)$ 和 $\pi_\mathrm{D}(s)$。贴现因子 $\gamma = 0.1$。图 15.9 表示不同网络安全状态下的最优攻防策略 $\pi_\mathrm{A}(s)$ 和 $\pi_\mathrm{D}(s)$。

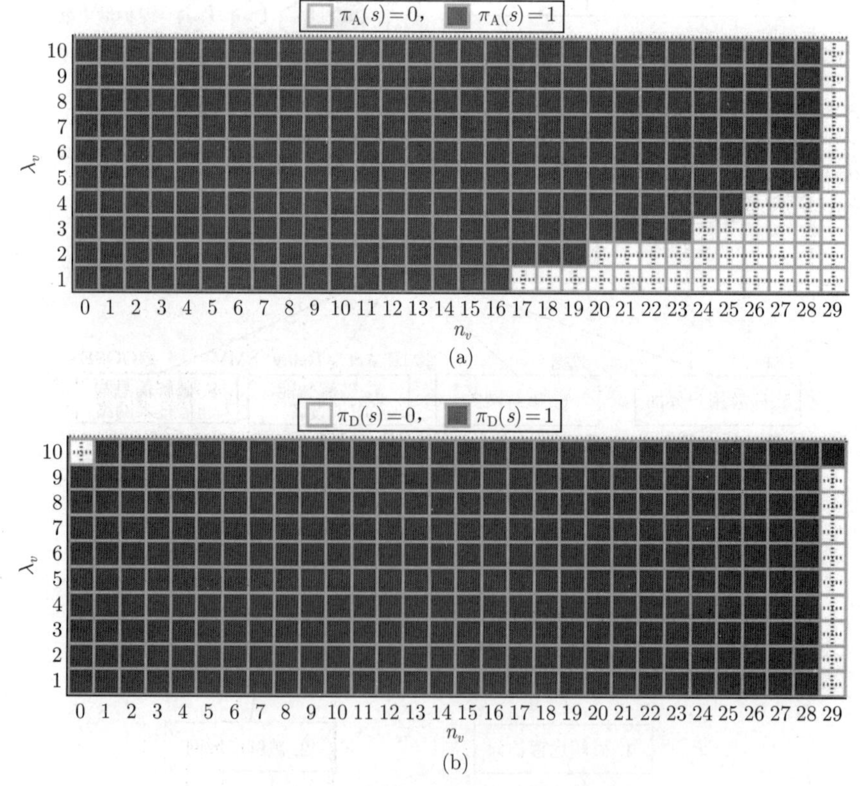

(a)

(b)

图 15.9　入侵者和防御者的最优策略

（a）攻击者的最优策略 $\pi_\mathrm{A}(s)$；（b）防御者的最优策略 $\pi_\mathrm{D}(s)$

如图 15.9 所示，攻击者和防御者对于最坏情况有不同的最优策略。例如，当 n_v 太大时（$n_v = 29$, 图 15.9（a）的最后一列），攻击者将停止攻击变电站。另一方面，在没有安全问题（如 $\lambda_v = 10$ 和 $n_v = 0$）或没有损失（如 $\lambda_v \in [1,9]$ 和 $n_v = 29$）之前，防御者不会停止保护变电站。

结果显示，防御者比攻击者更具主动性，因为当做出决定时，贴现因子 γ 减弱了对未来奖励的影响。注意，主动防御被认为是耗时的，它使防御者比攻击者更依赖未来的奖励。因此，当采用小 γ 时，防御者将更积极地保护目标变电站。

对于 $\pi_{\mathrm{A}}(s)$ 和 $\pi_{\mathrm{D}}(s)$，由于 MDP 的状态转移概率只与当前状态有关，因此可以将其简化为 Markov 链。然后，基于 Markov 链的稳态分析计算入侵（从每个状态 s^k 开始）的预期回报 E_{A}^k，结果如图 15.10（a）所示。

图 15.10（a）和（b）中的每个单元表示不同的状态。网络入侵可以从任意状态开始。一般来说，外部攻击者会从 0 个破解漏洞开始入侵，而内部攻击者往往在知道多个网络漏洞后，才开始对目标变电站进行破坏的侦察行动[36]。因此，从 $n_v > 0$ 状态开始的入侵通常可视为内部攻击。

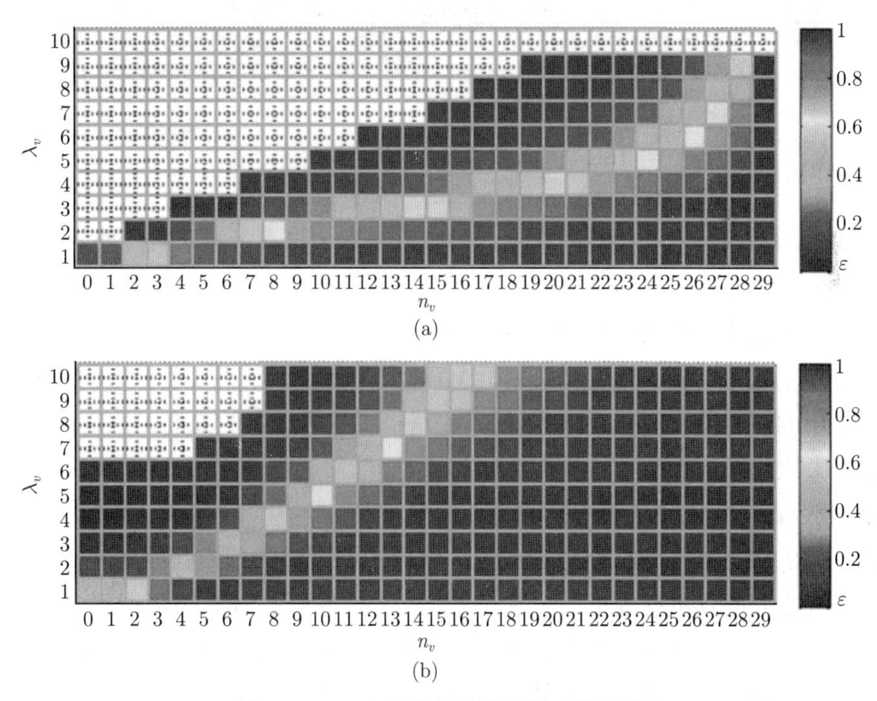

图 15.10　入侵目标变电站的预期回报

（a）攻击者的预期回报 E_{A}^k；（b）有限时间内攻击者的预期回报 $\bar{E}_{\mathrm{A}}^k$

图 15.10（a）中的有色单元格构成了式 (15-64) 中定义的不安全状态集 Ψ，$\epsilon = 10^{-3}$；而空单元格构成安全状态集 Ω。可见，当 λ_v 等于 1 时（图 15.10（a）的最下面一行），防御者仍不足以抵御攻击。如果变电站内的网络系统配置均匀，且包含大量现有漏洞，则 λ_v 将非常小。这表明攻击者会很快破坏目标变电站。此外，即使变电站受到很好的保护

并且具有很高的安全级别（如 $\lambda_v > 2$），它也可能受到通过现有漏洞入侵的危害，这些漏洞可由内部攻击者执行。同时，在图 15.10（b）中观察到，如果入侵时间有限（例如，如果只考虑几个回合的操作），攻击者会获得更多的控制权。Ω 仅包含网格左上角的 28 个单元格（空单元格）。这意味着防御者需要更多的时间通过主动防御来增强变电站的网络安全强度。基于这一观察可知，一个小的贴现因子，如 $\gamma = 0.1$，对于求解所提出的 MDP 是合理的。

在图 15.11 中，状态单元用 $\max\limits_{N_r} \bar{E}_{\mathrm{A}}^k$ 重绘。然后，将绝对安全状态集表示为无颜色状态。与图 15.10（a）和（b）相比，图 15.11 中的安全状态的数目减少了。只有 5 个状态为式 (15-66) 中定义的绝对安全状态。

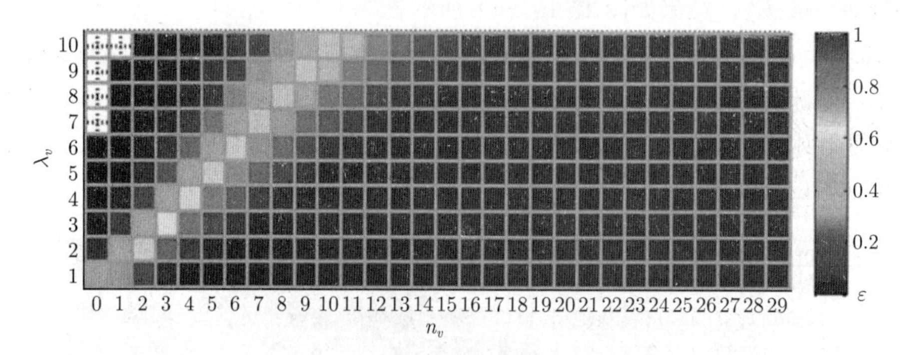

图 15.11　入侵的最大有限时间期望回报

也可以看出，如果入侵和防御竞争的时间范围完全由攻击者决定，例如，攻击者总是在 $\max\limits_{N_r} \bar{E}_{\mathrm{A}}^k$ 时刻停止，那么就网络安全而言，目标变电站处于最坏的状态。此时，攻击者可能会发起破坏性的网络攻击，而不是进一步的侦察活动。

当目标变电站采用防御增强措施时，λ_v 增大。例如，如果安装了新的 IDS 来过滤目标变电站中的命令流，图 15.8 所示的入侵路径将包含更多的漏洞。假设最初 $\lambda_v = 3$，当网络系统升级为新的 ID 后，它将变为 4 和 5。然后，在图 15.12 中，用动作轮数 N_r 的增量绘制从 $n_v = 0$ 入侵的有限时间预期回报。

从图 15.12 可以看出，随着 λ_v 的增加，入侵的有限时间预期回报显著降低。如果攻击者和防守者之间的竞争继续下去，当考虑到较大的 N_r 时，$\bar{E}_{\mathrm{A}}^k$ 下降缓慢。这些结果是合理的，因为安装的网络安全增强功能有效地降低了入侵的预期回报。同时也证明了所提出的入侵相关模型能够适应目标变电站网络系统结构的变化。

当考虑不同网络攻击时，应改变变电站、攻击者和防御者的特征参数，以反映入侵路径的变化和利用漏洞的困难。例如，如果研究拒绝服务攻击，攻击者需要探索工业网络以找到重要服务器和交换机的网络地址；如果以打开所有断路器为目的，攻击者必须进行更深入、更困难的入侵，才能获得工业控制系统的管理权限。假设，当进行拒绝服务攻击时，$\lambda_v^{\mathrm{DOS}}, \lambda_{te}^{\mathrm{DOS}}$ 和 $P^{\mathrm{DOS}}(A|I)$ 为 MDP 模型的参数；当以打开所有断路器为目的进行攻击时，相应参数变为 $\lambda_v^{\mathrm{OAB}}, \lambda_{te}^{\mathrm{OAB}}$ 和 $P^{\mathrm{OAB}}(A|I)$。那么，应该有 $\lambda_v^{\mathrm{OAB}} > \lambda_v^{\mathrm{DOS}}, \lambda_{te}^{\mathrm{OAB}} > \lambda_{te}^{\mathrm{DOS}}$

和 $P^{\mathrm{OAB}}(A|I) > P^{\mathrm{DOS}}(A|I)$。利用这些参数，所提出的模型和方法可以区分这些入侵活动的成功概率和威胁水平。

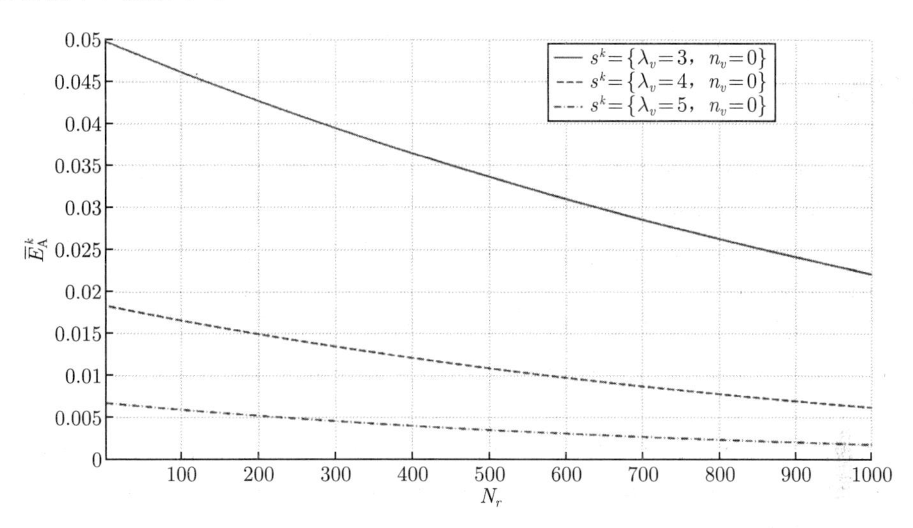

图 15.12　不同 N_r 入侵的有限时间期望回报

成功入侵概率与网络攻击影响的乘积可以作为电力系统网络安全风险的估计。风险评估结果可以指导攻击者和防御者在制定其最佳行动策略。

还应指出的是，本节提出的网络入侵模型可以进行修改和拓展，以应用于电力系统其他部件的网络安全研究。该模型的应用要求包括：① 考虑高级的持久性威胁；② 采取主动和被动防御措施。

15.5　说明与讨论

本章简要介绍安全博弈理论及其电力系统应用概况，旨在为互联电网安全防御策略制定与脆弱性评估提供新的研究思路与计算方法。本章重点介绍了攻击者-防御者 (A-D)、防御者-攻击者 (D-A) 及防御者-攻击者-防御者 (D-A-D) 三种类型的安全博弈模型。由于本章讨论的安全博弈中参与者顺次决策，故可归结为主从博弈或多层优化问题，其中前两者为典型 Stackelberg 博弈问题，后者为三层零和主从博弈（或线性 min-max-min 问题)，如此则可借鉴第 11 章双层优化以及第 9 章两阶段鲁棒优化相关算法求解。就目前研究来看，安全博弈理论由于可以较好模拟实际工程中的攻防过程，从而为网络安全性分析提供了新的研究思路。但由于实际系统攻防过程的复杂性，且受到多层优化算法局限性的限制，现有研究对于攻防过程的模拟还停留在较为抽象的阶段，在后续的研究中有待进一步改进。需要说明的是，本章所述方法仅仅是安全博弈研究的冰山之一角。由于工程实际情况复杂多变，需要考虑的因素繁多，如何应用安全博弈提高系统安全水平也将视具体情况而定。事实上，安全博弈的形式也将随具体情况而改变，并非所有的安全博弈都可归结为主从博弈或多层优化，例如，15.4.4 节中的变电站网络安全博弈属于 Markov 型安全博弈。总而言之，笔者希望并相信安全博弈将成为未来电力系统安全技术的有力工具之一。

参考文献

[1] Department of Homeland Security. National strategy for homeland security[R]. Washington DC: The white House, 2002.

[2] 王元卓，林闯，程学旗，等. 基于随机博弈模型的网络攻防量化分析方法 [J]. 计算机学报, 2010, 33(9): 1748–1762.

[3] 李久光. 博弈论基础教程 [M]. 北京: 化学工业出版社, 2005.

[4] BASAR T, OLSDER G J. Dynamic noncooperative game theory[M]. London: Academic Press, 1995.

[5] HOLMGREN A J, JENELIUS E, WESTIN J. Evaluating strategies for defending electric power networks against antagonistic attacks[J]. IEEE Transactions on Power Systems, 2007, 22(1): 76–84.

[6] CHEN G, DONG Z, HILL D, et al. Exploring reliable strategies for defending power systems against targeted attacks[J]. IEEE Transactions on Power Systems, 2011, 26(3): 1000–1009.

[7] ZHAO L, ZENG B. Vulnerability analysis of power grids with line switching[J]. IEEE Transactions on Power Systems, 2013, 28(3): 2727–2736.

[8] SCAPARRA M P, CHURCH R. A bilevel mixed-integer program for critical infrastructure protection planning[J]. Computers & Operations Research, 2008, 35(6): 1905–1923.

[9] ARROYO J M. Bilevel programming applied to power system vulnerability analysis under multiple contingencies[J]. IET Generation, Transmission & Distribution, 2010, 4(2): 178–190.

[10] SAN MARTIN P A. Tri-level optimization models to defend critical infrastructure[R]. DTIC Document, 2007.

[11] YAO Y, EDMUNDS T, PAPAGEORGIOU D, et al. Trilevel optimization in power network defense[J]. IEEE Transactions on Systems, Man, and Cybernetics, Part C: Applications and Reviews, 2007, 37(4): 712–718.

[12] YUAN W, ZHAO L, ZENG B. Optimal power grid protection through a defender-attacker-defender model[J]. Reliability Engineering & System Safety, 2014, 121: 83–89.

[13] ALGUACIL N, DELGADILLO A, ARROYO J M. A trilevel programming approach for electric grid defense planning[J]. Computers & Operations Research, 2014, 41: 282–290.

[14] 龚媛，梅生伟，张雪敏，等. 考虑电力系统规划的 OPA 模型及自组织临界特性分析 [J]. 电网技术, 2014, 38(8): 2021–2028.

[15] WANG J M, RONG L L. Cascade-based attack vulnerability on the us power grid[J]. Safety Science, 2009, 47: 1332–1336.

[16] SIDDHARTH S, HAHN A, GOVINDARASU M. Cyber-physical system security for the electric power grid[J]. Proceedings of the IEEE, 2011, 100: 210–224.

[17] MCDONALD J D. Electric Power Substations Engineering[M]. CRC press. 2016.

[18] SOOD A K, ENBODY R J. Targeted cyberattacks: A superset of advanced persistent threats[J]. IEEE Security & Privacy, 2012, 11(1): 54–61.

[19] LANGNER R. Stuxnet: Dissecting a cyberwarfare weapon[J]. IEEE Security & Privacy, 2011, 9(3): 49–51.

[20] BELLMAN R. A markovian decision process[J]. Journal of mathematics and mechanics, 1957, 11: 679–684.

[21] MCQUEEN M A, Boyer W F, FLYNN M A, et al. Time-to-compromise model for cyber risk reduction estimation[M]//Quality of Protection, Boston: Springer, 2006.

[22] JONSSON E, OLOVSSON T. A quantitative model of the security intrusion process based on attacker behavior[J]. IEEE Transactions on Software Engineering, 1997, 23: 235–245.

[23] SCHNEIDEWIND N. Cyber security prediction models[M]. Systems and Software Engineering With Applications. New York: Wiley, 2009.

[24] KATTI S K, RAO A V. Handbook of the Poisson Distribution[J]. New York: Wiley, 1967.

[25] DASGUPTA A. Fundamentals of Probability: a First Course[M]. New York: Wiley, 2010.

[26] PTACEK T H, NEWSHAM T N. Insertion, evasion, and denial of service: eluding network intrusion detection[R]. Calgary: Secure Netw, 1998.

[27] XU L，ZHAN Z，XU S，et al. An evasion and counter-evasion study in malicious websites detection[C]//2014 IEEE Conference on Communication anwetwork Security IEE, 2014: 265–273.

[28] AXELSSON S. The base-rate fallacy and the difficulty of intrusion detection[J]. ACM Trans. Inf. Syst. Security, 2000, 3: 186–205.

[29] LITTMAN M L. Markov games as a framework for multi-agent reinforcement learning[J]. Proc. 11th Int. Conf. Mach. Learn., 1994, 157: 157–163.

[30] BELLMAN R. Dynamic programming[M]. Princeton: Princeton Univ. Press, 1966.

[31] MEYN S P，TWEEDIE R L. Markov chains and stochastic stability[M]. Cambridge: Cambridge Univ. Press, 2012.

[32] HONG J，CHEN Y，LIU C C，et al. Cyber-physical security testbed for substations in a power grid[M]//Cyber Physical Systems Approach to Smart Electric Power Grid, Heidelberg, Germany: Springer, 2015, 261–301.

[33] HONG J，LIU C C，GOVINDARASU M. Detection of cyber intrusions using network-based multicast messages for substation automation[C]//SGT2014, IEEE, 2014: 1–5.

[34] HONG J，LIU C C，GOVINDARASU M. Integrated anomaly detection for cyber security of the substations[J]. IEEE Trans. Smart Grid, 2014, 5: 1643–1653.

[35] MURPHY K. Markov decision process (mdp) toolbox for MATLAB[E/OL]. http://www.cs.ubc.ca/murphyk/software/mdp/mdp.html, 2002.

[36] STOLFO S J. Insider Attack and Cyber Security: Beyond the Hacker[M]. New York: Springer, 2008.

第16章 综合能源系统商业模式设计实例

综合能源系统以电力系统为核心，以可再生能源、煤炭、石油、天然气等多种一次能源为主要产能单元，涵盖电网、区域热网（冷网）、油/气管网等多类型、多形态的基础设施，其物理本质可视为一类多能互补网络。随着能量转换途径的高效化、畅通化，电力系统和供热、燃气、交通等多个系统之间的联系日益密切，日前，综合能源系统已成为国家能源战略关注的焦点。在传统能源行业中，供电、供热（制冷）、供气、供油等不同产业相对独立，互联程度有限，并不利于资源的优化配置和整体能源效率的提升。多能互补网络打破了传统能源行业间的壁垒，利用各供能系统在生产—输配—消费—存储等环节间的耦合性和互补性实现多能流、多维度协同优化调控和不同品位能源的梯级利用，可有效提升系统灵活性，促进新能源消纳。

为支持综合能源系统的发展，各国均出台了相应的政策。如瑞典通过税收减免政策来促进大规模电锅炉及热泵接入区域供热网络，消纳多余电能[1]。2013 年，丹麦也颁布了类似的税收优惠规定，旨在激励热电系统间的耦合互补互动[2]。德国联邦经济与技术部为挖掘利用热泵在风电消纳中的潜力也进行了系列研究[3]。应用综合能源系统相关理论和技术成果，国内外已建成了若干多能互补示范工程。美国能源部启动了 Chevron Energy、ecoENERGY 等多个项目，促进用户侧综合能源系统发展；日本 NEDO 的智能工业园区示范工程项目，通过充分利用多能互补特性，以提高用户能源利用质量；德国也于 2019 年基于 E-Energy 计划建立了 6 个示范区。此外，国内也有多项试点工程，如浙江南麂岛和鹿西岛的海岛配用电系统工程、蒙东微电网接入试点工程、河北科技园区光储热一体化示范工程等[4]。

考虑到综合能源系统覆盖范围广且涉及多方主体，统一管理运行难以协调各主体间的利益等现状，世界各国正积极推动综合能源市场化建设，探讨综合能源系统的商业运营模式。多能源市场设计的主要难点在于以下两个方面。

（1）参与者分布式自趋优决策。在分布式能源蓬勃发展，产消者大量出现的大背景下，传统的集中管理模式一方面无法满足日益增多的主体的参与需求，另一方面难以协调各主体间的利益。为实现多主体间资源的有效分配，需要引入合理的市场机制，间接引导各主体行为，进而使其自发达到最优状态。何种市场机制能有效协调众多参与者，以分布式决策的方式达到整体最优的效果，是亟需考虑的问题。

（2）多能源市场出清与均衡分析。多能源网络涉及电力系统、供热系统、天然气系统等不同一、二次能源的基础设施，各系统之间存在利益的耦合与竞争，必要时又可以相互支援，实现共赢，同时系统内部的参与主体也存在类似的竞争与合作的关系。为提高自身收益，在信息不对称情况下多能源市场中还存在虚假申报等问题。因此，构建多能源市场的主要难点在于如何设计出清规则，在保护用户隐私的前提下消除信息不对称的问题，以及在涉及多主体利益冲突的情况下达到或接近社会最优的市场效率。

事实上，分布式自趋优就是参与者在博弈格局中考虑对手策略与己方之收益相互作用并做出利己决策的过程。市场均衡即为所有参与者均无法通过单方面改变策略而获益的状态。因此，工程博弈论为解决上述问题提供了有效工具。本章采用第 11 章中的 N-S-N 博弈框架研究批发市场、零售集中市场和零售共享市场，提出了相应的交易机制及市场均衡分析方法，并采用第 3 章和第 4 章中不完全信息博弈的分析方法讨论了如何在保护用户隐私的前提下避免虚假申报的问题。内容主要源自文献 [5-7]。

16.1 综合能源系统商业模式概述

近年来，以智能电网、智能热网[8]、区域集中冷热联供[9]、新型多能联产联储、需求侧管理[10] 等为典型代表的新型能源技术和以大数据、云计算、移动互联网等为代表的新型信息技术发展迅猛。上述技术之间的深度融合已在能源领域引发了第三次工业革命，成为了各国能源战略的焦点。其主要关注点在于不同能源系统基础设施之间的紧密耦合，通过能源转化设备支持能量在不同物理网络中的双向流动，实现多能源协同优化配置，即综合能源系统的智能化运营。

综合能源系统的物理本质可视为一类多能互补网络[11]，并无固定组成，例如冷-热-电联供系统、天然气-电力耦合系统、交通网-电动车-充电站-配电网耦合系统等皆可称为综合能源系统。随着能量转换途径的高效化、畅通化，电力系统和供热、燃气、交通等多个系统之间的联系日益密切，综合能源系统正在迅猛发展，成为未来能源系统发展的必然趋势。多能互补网络打破了传统能源行业间的壁垒，利用各供能系统在生产—输配—消费—存储等环节间的耦合性和互补性实现多能流、多维度协同优化调控和不同品位能源的梯级利用[12]，同时利用储能设备（多能联储），支持分布式能源和电动汽车等主动负荷的灵活接入，实现用电设施的即插即用。

在综合能源交易方面，全球能源结构目前正朝着多元化、清洁化和低碳化的方向发展，世界各国均积极推动跨区域、跨行业、多主体和多能源交易平台的建设。2009 年欧盟出台了第三部能源法案，推动天然气市场及电力市场的融合，旨在打造统一的欧洲能源交易平台。2015 年 4 月 16 日，美国联邦能源监管委员会通过了 809 法令，该法令制定了天然气批发市场和电力批发市场之间的若干规则，有助于气、电市场融合[13]。同时，随着分布式能源的快速发展，产消者间的点对点（P2P）交易应运而生。代表性的国际项目包括荷兰的 Vandebron 在线交易平台、德国的 Peer Energy Cloud 云交易平台以及英国的 Piclo 项目等[14]，与此相关的研究方兴未艾。

为了分析综合能源交易下的市场均衡、探寻高效的商业模式，本章针对批发市场、零售集中市场和零售共享市场提出了相应的交易机制及其市场均衡分析方法，内容主要源自文献 [5,15]。

16.2 综合能源网络均衡

本节在市场环境下研究城市配电网和集中供热系统构成的综合能源网络：首先分别给出两个能源市场的边际价格出清模型；接着对其他市场参与主体（如能量供应商和具有弹性负荷的用户）进行建模；最后，刻画各市场中各个主体间的耦合关系，市场整体框架如图 16.1 所示。在电-热批发市场中，参与者包括：能量供应商（拥有发电机、热锅炉和热电联产机组）、电力系统运营商、供热系统运营商、弹性负荷和固定负荷等。在供能层面，能量供应商分别向电力市场和供热市场进行策略性竞价，以最大化其自身收益；在市场层面，系统运营商进行能源市场出清定价，设定调度计划，与能量供应商签订合同，同时允许供热系统直接向电力系统购电；在需求层面，弹性负荷根据能源价格调整其需求量。在市场均衡下，各参与者不能单方面通过改变自身策略来获益。

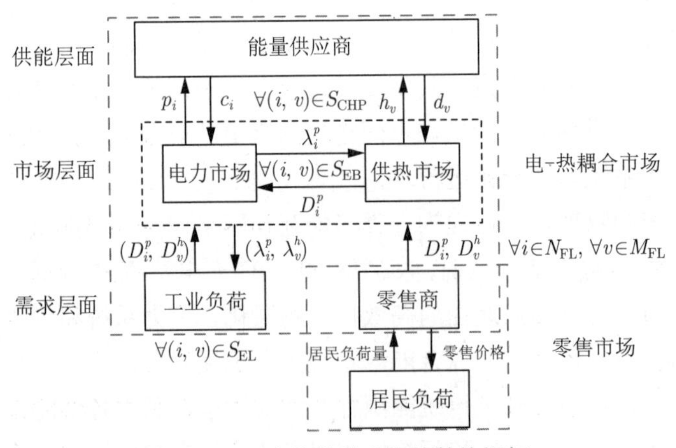

图 16.1 电热批发市场的整体框架

从时间上来说，能量供应商先决策，电热耦合市场及用户后决策，构成 Stackelberg 博弈；就每时段参与者内部而言，各能量供应商间、各市场间、各用户间均构成 Nash 博弈；电-热批发市场整体构成 Nash-Stackelberg-Nash （N-S-N）博弈。该多能源批发市场组织模式具体如下（相关变量及集合的含义将在后文中解释）。

步骤 1：能量供应商分别向电力、供热系统申报供能价格 c_i 和 $d_v, \forall(i,v)\in S_{\text{CHP}}$。

步骤 2：接收到能量供应商的报价后，电力市场和供热市场同时进行出清，返回

购买量 p_i 和 $h_v, \forall(i,v) \in S_{\text{CHP}}$ 给能量供应商；决定电力市场向供热市场售电的电价 $\lambda_i^p, \forall(i,v) \in S_{\text{EB}}$ 和供热市场的购电量 $D_i^p, \forall(i,v) \in S_{\text{EB}}$；发布提供给用户的电价 $\lambda_i^p, \forall i \in N_i$ 和热价 $\lambda_v^h, \forall v \in M_v$。

步骤 3：获知电价 λ_i^p 和热价 λ_v^h 后，弹性用户决定购电量 D_i^p 和购热量 D_v^h。

步骤 4：返回步骤 2，对电力/供热市场出清情况进行调整，直至市场收敛，即能源价格和购买量均不再变化。

16.2.1　网络均衡的数学建模

1. 供热市场问题

区域供热系统由热源、供水管道、回水管道和热负荷组成，如图 16.2 所示，经热源加热的传热工质（水）经供水管道传输至热负荷处，向热负荷释放热量后经回水管道流回热源处重新加热。本章中，供热系统在固定质量流量（constant flow variable temperature，CF-VT）模式下运行[16]，即传热工质的流量为定值，仅通过调节系统温度满足热负荷需求。该工作模式在我国北方各省份的供热系统中被证明是有效的[17]，且在电-热耦合系统的相关研究中已被广泛采用。在固定质量流量模式下，供热市场问题建模为

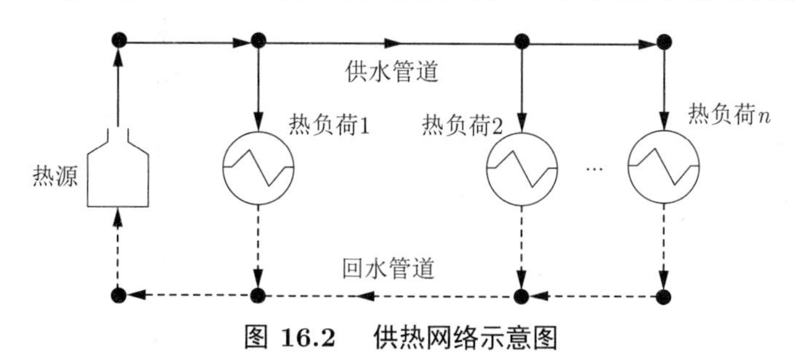

图 16.2　供热网络示意图

$$\min_{D_i^p, h_v, T_v} \sum_{(i,v)\in S_{\text{EB}}} \lambda_i^p D_i^p + \sum_{v \in M_k} d_v h_v \tag{16-1a}$$

$$\text{s.t.} \quad \underline{D}_i^p \leqslant D_i^p \leqslant \overline{D}_i^p, \ \forall(i,v) \in S_{\text{EB}} \tag{16-1b}$$

$$\underline{H}_v \leqslant h_v \leqslant \overline{H}_v, \ \forall v \in M_k \tag{16-1c}$$

$$T_{v_2} = (T_{v_1} - T_a) e^{-\frac{\lambda_0 L_0}{c_p \dot{m}_{v_1 \to v_2}}} + T_a, \ \forall v_1 \in M_v, \forall v_2 : v_1 \to v_2 \tag{16-1d}$$

$$\eta_{\text{eh}} D^p_{i:(i,v)\in S_{\text{EB}}} + h_{v:v\in M_k} = c_p \dot{m}_{vR\to vS}(T_{vR} - T_{vS}), \ \forall v \in M_p \tag{16-1e}$$

$$D^h_{v:(i,v)\in S_{\text{EL}}} + D^h_{v:v\in M_{\text{FL}}} = c_p \dot{m}_{vS\to vR}(T_{vS} - T_{vR}), \ \forall v \in M_L \tag{16-1f}$$

$$T_v = \frac{\sum\limits_{\kappa\in S_v} \dot{m}_\kappa T_\kappa}{\sum\limits_{\kappa\in S_v} \dot{m}_\kappa}, \ \forall v \in M_m \tag{16-1g}$$

其中，$(i,v) \in S_{\text{EB}}$ 表示电锅炉于节点 i 处接入电力系统，于节点 v 处接入供热系统；M_k 表示供热系统中接有热电联产机组或热泵的节点集合；M_p 表示供热系统中接有热

源的节点集合；M_L 表示供热系统中负荷节点集合；M_v 表示供热系统中的所有节点集合；M_m 表示供热系统中汇流节点集合；S_v 表示供热系统中末端节点为 v 的管道集合；$(i,v) \in S_{\mathrm{EL}}$ 表示弹性负荷接于电力系统节点 i 和供热系统节点 v；M_{FL} 表示供热系统中包含固定负荷的节点集合。

上述问题中的决策变量为购电量 $D_i^p, \forall(i,v) \in S_{\mathrm{EB}}$ 及热源出力 $h_v, \forall v \in M_k$（包括自有传统锅炉的出力和向能量供应商购买的热量）；$\lambda_i^p, \forall(i,v) \in S_{\mathrm{EB}}$ 是供热系统的购电价格，d_v $(\forall v \in M_k)$ 是热源的成本系数（包括传统锅炉的成本系数和由能量供应商申报的价格）。在供热市场出清问题中，λ_i^p、d_v 均为给定值。目标函数 (16-1a) 为最小化供热总成本，包括购电用以产热的成本和向能量供应商的支付。约束 (16-1b) ~ (16-1c) 限制了购电量、传统锅炉出力及向能量供应商的购热量。式 (16-1d) 描述了管道热量损失，即管道两端传热工质（水）的温度变化情况。在固定质量流量的模式下，管道末端水温可表示为管道始端水温的线性函数。式 (16-1e) ~ (16-1f) 代表热源和热负荷的热量交换约束。其中，$\underline{D}_i^p/\overline{D}_i^p$ 为供热系统最小/最大购电量；$\underline{H}_v/\overline{H}_v$ 为供热系统最小/最大购热量或产热量；T_v 为节点 v 的温度；T_a 为环境温度，λ_0 为管道单位长度热传导系数，L_0 为热工质传输管道长度，c_p 为传热工质比热容，$\dot{m}$ 为管道流量，其中 $\dot{m}_\kappa$ 表示管道 κ 的流量，$\dot{m}_{v_1 \to v_2}$ 表示从 v_1 流向 v_2 的流量；η_{eh} 为电热转换效率；$D_v^h, \forall(i,v) \in S_{\mathrm{EL}}$ 表示节点 v 处的弹性热负荷量，$D_v^h, \forall v \in M_{\mathrm{FL}}$ 表示节点 v 处的固定热负荷量。汇流节点的温度混合方程如式 (16-1g) 所示。节点供热价格由热负荷热量平衡约束 (16-1f) 的对偶变量给出，记为 λ_v^h。类似的供热市场边际定价模型可见文献 [18]。

2. 基于交流潮流的电力市场问题

通过求解电力系统交流最优潮流模型，可给出自有发电机出力、从能量供应商处的购电量及节点边际电价。对于放射状网络，电力市场出清问题可建模为

$$\min_{p_i} \quad \sum_{i \in N_p} c_i p_i \tag{16-2a}$$

$$\text{s.t.} \quad v_j - v_i = 2(r_{ji}P_{ji} + x_{ji}Q_{ji}) - (r_{ji}^2 + x_{ji}^2)l_{ji} \tag{16-2b}$$

$$P_{ji}^2 + Q_{ji}^2 = l_{ji}v_j, \ \forall i \in N_i, j : j \to i \tag{16-2c}$$

$$P_{in,i} = \sum_{k:i \to k} P_{ik} - (P_{ji} - l_{ji}r_{ji}), \ \forall i \in N_i, j : j \to i \tag{16-2d}$$

$$Q_{in,i} = \sum_{k:i \to k} Q_{ik} - (Q_{ji} - l_{ji}x_{ji}), \ \forall i \in N_i, j : j \to i \tag{16-2e}$$

$$P_{in,i} = p_{i:i \in N_p} - D_{i:(i,v) \in S_{EL}}^p - D_{i:i \in N_{FL}}^p, \ \forall i \in N_i \tag{16-2f}$$

$$Q_{in,i} = q_{i:i \in N_p} - D_{i:(i,v) \in S_{EL}}^q - D_{i:i \in N_{FL}}^q, \ \forall i \in N_i \tag{16-2g}$$

$$\underline{P}_i \leqslant p_i \leqslant \overline{P}_i, \ \underline{Q}_i \leqslant q_i \leqslant \overline{Q}_i, \ \forall i \in N_p \tag{16-2h}$$

$$\underline{v}_i \leqslant v_i \leqslant \overline{v}_i, \ \forall i \in N_i \tag{16-2i}$$

$$l_{ji} \geqslant 0,\ \underline{P}_{ji} \leqslant P_{ji} \leqslant \overline{P}_{ji}, \forall i \in N_i, j: j \to i \tag{16-2j}$$

其中，N_p 为电力系统中包含发电机/热电联产机组的节点集合；N_i 为电力系统节点集合；$N_{\rm FL}$ 为电力系统中包含固定负荷的节点集合。决策变量为电源出力 $p_i \in [\underline{P}_i, \overline{P}_i], \forall i \in N_p$（包括自有发电机的出力和向能量供应商的购电量），其对应的成本系数为 $c_i, \forall i \in N_p$。目标函数 (16-2a) 为最小化电力系统运行成本。约束 (16-2b) ~ (16-2g) 代表支路潮流方程，约束 (16-2h) ~ (16-2j) 表示其他物理限制，包括发电机出力、节点电压、传输线功率限制。其中，$v_i \in [\underline{v}_i, \overline{v}_i]$ 代表电力系统节点 i 处的电压平方值；$q_i \in [\underline{Q}_i, \overline{Q}_i]$ 为电源的无功；l_{ji} 为电力系统线路 ji 的电流平方值；$P_{ji} \in [\underline{P}_{ji}, \overline{P}_{ji}]/Q_{ji} \in [\underline{Q}_{ji}, \overline{Q}_{ji}]$ 为电力系统线路 ji 的有功/无功功率；r_{ji}、x_{ji} 为线路 ji 的电阻、电抗值。$D^p_{i:(i,v)\in S_{\rm EL}}$ 为节点 i 处的弹性电负荷，$D^p_{i:i\in N_{\rm FL}}$ 为节点 i 处的固定电负荷，$D^p_{i:(i,v)\in S_{\rm EB}}$ 为供热系统的购电量。

在上述电力市场出清问题中，除约束 (16-2c) 外其余均为线性约束。为应对非凸约束 (16-2c) 带来的求解困难，首先利用文献 [19] 的凸松弛方法，将等式约束转化为如下二阶锥约束：

$$\sqrt{(2P_{ji})^2 + (2Q_{ji})^2 + (l_{ji} - v_j)^2} \leqslant l_{ji} + v_j, \quad \forall i \in N_i, j: j \to i \tag{16-3}$$

文献 [20] 给出了该凸松弛的紧性条件，放射状网络一般满足该条件。此时，约束 (16-2c) 转化为凸约束 (16-3)，但其非线性仍不利于后续市场出清及边际电价的计算。进一步采用文献 [21] 中的多面体近似方法对其进行线性化。

步骤 1: 将式 (16-3) 等价拆分为 $\mathbb{R}^3$ 中的两个标准二阶锥约束

$$\sqrt{(2P_{ji})^2 + (2Q_{ji})^2} \leqslant W_{ji} \tag{16-4a}$$

$$\sqrt{(W_{ji})^2 + (l_{ji} - v_j)^2} \leqslant l_{ji} + v_j \tag{16-4b}$$

步骤 2: 对于每个形如 $\sqrt{x_1^2 + x_2^2} \leqslant x_3$ 的二阶锥约束，利用下式对其进行等价线性化：

$$\begin{cases} \xi^0 \geqslant |x_1| \\ \eta^0 \geqslant |x_2| \end{cases} \tag{16-5a}$$

$$\begin{cases} \xi^j = \cos\left(\dfrac{\pi}{2^{j+1}}\right)\xi^{j-1} + \sin\left(\dfrac{\pi}{2^{j+1}}\right)\eta^{j-1} \\ \eta^j \geqslant \left|-\sin\left(\dfrac{\pi}{2^{j+1}}\right)\xi^{j-1} + \cos\left(\dfrac{\pi}{2^{j+1}}\right)\eta^{j-1}\right|, \end{cases} \quad j = 1, \cdots, v-1 \tag{16-5b}$$

$$\begin{cases} \xi^v \leqslant x_3 \\ \eta^v \leqslant \tan\left(\dfrac{\pi}{2^{v+1}}\right)\xi^v \end{cases} \tag{16-5c}$$

其中 v 为近似段数，文献 [20] 证明该近似误差上界为

$$\sqrt{(2P_{ji})^2 + (2Q_{ji})^2 + (l_{ji} - v_j)^2} \leqslant [1 + \varepsilon(v)](l_{ji} + v_j) \tag{16-6}$$

其中

$$\varepsilon(v) = [1+\varepsilon_l(v)]^2 - 1 = \frac{1}{\cos^2\left(\dfrac{\pi}{2^{v+1}}\right)} - 1 \tag{16-7}$$

可以通过调整参数 v 使近似误差满足精度要求。利用约束集合 (16-5a) 代替原约束 (16-2c)，可将基于交流潮流的电力市场出清问题等价转化为线性模型，其节点边际电价则由功率平衡方程 (16-2d) 的对偶变量给出。

3. 能量供应商决策问题

能量供应商通过策略性报价参与电-热市场，其决策问题为

$$\max_{c,d,s^{\pm},\delta} \sum_{(i,v)\in S_{\mathrm{CHP}}} (c_i p_i + d_v h_v) - \mathrm{Pen}(s^{\pm}) \tag{16-8a}$$

$$\text{s.t.}\quad \underline{c}_i \leqslant c_i \leqslant \overline{c}_i,\ \underline{d}_v \leqslant d_v \leqslant \overline{d}_v,\ \forall (i,v) \in S_{\mathrm{CHP}} \tag{16-8b}$$

$$\begin{cases} h_v = \displaystyle\sum_{j=1}^{n_{\mathrm{CHP}}} \delta_j^{iv} H_j^v + s_{h,v}^+ - s_{h,v}^-, & \forall (i,v) \in S_{\mathrm{CHP}} \\ p_i = \displaystyle\sum_{j=1}^{n_{\mathrm{CHP}}} \delta_j^{iv} P_j^i + s_{p,i}^+ - s_{p,i}^-, & \forall (i,v) \in S_{\mathrm{CHP}} \\ \displaystyle\sum_{j=1}^{n_{\mathrm{CHP}}} \delta_j^{iv} = 1,\ 0 \leqslant \delta_j^{iv} \leqslant 1, & \forall (i,v) \end{cases} \tag{16-8c}$$

其中，$(i,v) \in S_{\mathrm{CHP}}$ 表示热电联产机组接于电力系统节点 i 和供热系统节点 v。对于 $(i,v) \in S_{\mathrm{CHP}}$，$h_v$ 为出售给供热系统的热量，p_i 为出售给电力系统的电量。目标函数 (16-8a) 为最大化销售电能和热能的净收入（销售收入减去热电联产机组出力越限的惩罚）。约束 (16-8b) 限制了供能价格，$\underline{c}_i/\overline{c}_i$ 为供电价格下/上限，$\underline{d}_v/\overline{d}_v$ 为供热价格下/上限。约束 (16-8c) 定义了热电联产机组的出力可行域，如图 16.3 中阴影部分所示[22]。热电联产机组出力 (p_i, h_v) 可表示为该区域顶点（共 n_{CHP} 个顶点）所代表的出力 $(P_j^i, H_j^v), j = 1,\cdots,n_{\mathrm{CHP}}$ 的凸组合，$s_{p,i}^{\pm}$、$s_{h,v}^{\pm}$ 为松弛变量。通过向目标函数中加入惩罚项，能够保证销售电量和热量在热电联产机组的出力可行域内。一种可能的惩罚函数为 $\mathrm{Pen}(s^{\pm}) =$

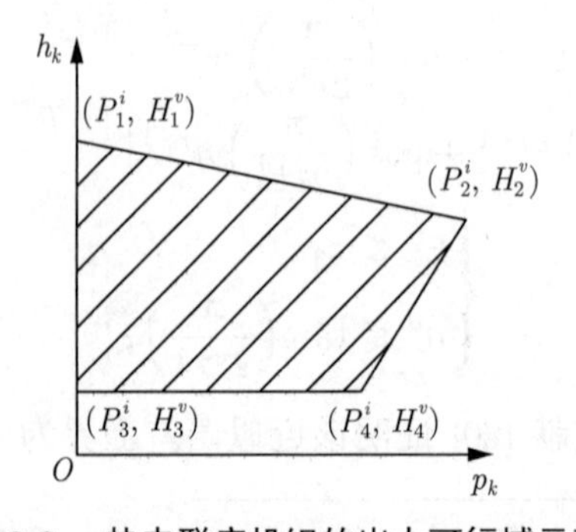

图 16.3　热电联产机组的出力可行域示意图

$M(1^{\mathrm{T}}s^- + 1^{\mathrm{T}}s^+)$，其中 M 是一个足够大的常数。需要注意的是，销售热量 h_v 和电量 p_i 受供能价格的影响，因此，能量供应商在决策时，需考虑其随供能价格的预期变化关系。

4. 含弹性负荷用户的决策问题

本节讨论的电-热市场中包含两类负荷：固定负荷和弹性负荷。拥有弹性负荷的用户在预算约束的限制下，需要在电能消费和热能消费之间权衡，以最大化其效用。其决策问题如下：

$$\max_{D_i^p, D_v^h, \forall (i,v) \in S_{\mathrm{EL}}} \quad U(D_i^p, D_v^h) = (D_i^p)^{\alpha} (D_v^h)^{1-\alpha} \tag{16-9a}$$

$$\text{s.t.} \quad \lambda_i^p D_i^p + \lambda_v^h D_v^h \leqslant \bar{I} \tag{16-9b}$$

其中，用户的效用函数采用柯布道格拉斯（Cobb-Douglas）效用函数 (16-9a)，该效用函数被广泛应用于多种商品消费下的用户效用分析[23]。考虑到用户同时消费电能、热能，且 Cobb-Douglas 函数具有单调性、边际效用递减等优良性质，满足能源用户的效用刻画需求[24]，故此处采用该效用函数。式 (16-9b) 为预算平衡约束，其中 λ_i^p 和 λ_v^h 分别为电价和热价，D_i^p/D_v^h 分别为用户弹性电/热负荷量，$\bar{I}$ 为用户预算约束。

由于 Cobb-Douglas 函数为凸函数，且满足 Slater 约束规范，因此 KKT 条件 (16-10a) 为问题 (16-9) 最优解的充要条件

$$\alpha \left(\frac{D_v^h}{D_i^p} \right)^{1-\alpha} - \xi \lambda_i^p = 0 \tag{16-10a}$$

$$(1-\alpha) \left(\frac{D_i^p}{D_v^h} \right)^{\alpha} - \xi \lambda_v^h = 0 \tag{16-10b}$$

$$0 \leqslant \xi \perp (\bar{I} - \lambda_i^p D_i^p - \lambda_v^h D_v^h) \geqslant 0 \tag{16-10c}$$

从式 (16-10a)，式 (16-10b) 可知，$\xi \neq 0$，因此有 $\lambda_i^p D_i^p + \lambda_v^h D_v^h = \bar{I}$。根据 (16-10a) $\times$ $D_i^p +$ 式 (16-10b) $\times$ D_v^h，可得

$$(D_i^p)^{\alpha} (D_v^h)^{1-\alpha} = \xi (\lambda_i^p D_i^p + \lambda_v^h D_v^h) = \xi \bar{I} \tag{16-11}$$

将式 (16-11) 分别代入式 (16-10a) $\times$ D_i^p 及式 (16-10b) $\times$ D_v^h，则在最优解处有

$$\frac{\lambda_i^p D_i^p}{\alpha} = \frac{\lambda_v^h D_v^h}{1-\alpha} = \bar{I} \tag{16-12}$$

16.2.2 网络均衡及其求解

1. 电-热批发市场交易 N-S-N 博弈模型

该电-热批发市场框架如图 16.1 所示。为表示方便，将常系数简记为

$$p^l := [D_i^p : \forall i \in N_{\mathrm{FL}};\ 0 : \forall i \in N_i / N_{\mathrm{FL}}]^{\mathrm{T}}, \quad h^l := \left[D_v^h : \forall v \in M_{\mathrm{FL}};\ 0 : \forall v \in M_v / M_{\mathrm{FL}}\right]^{\mathrm{T}}$$

将决策变量简记为

$$c := [c_i : \forall i \in N_p;\ 0 : \forall i \in N_i/N_p]^{\mathrm{T}},\ d := [d_v : \forall v \in M_k;\ 0 : \forall v \in M_v/M_k]^{\mathrm{T}}$$
$$f := [c_i, d_v, \forall (i,v) \in S_{\mathrm{CHP}}]^{\mathrm{T}},\ x := [p_i, h_v, \forall (i,v) \in S_{\mathrm{CHP}}]^{\mathrm{T}}$$
$$s := [s_{p,i}^+, s_{p,i}^-, s_{h,v}^+, s_{h,v}^-, \forall (i,v) \in S_{\mathrm{CHP}}]^{\mathrm{T}},\ \delta := [\delta_j^{iv}, \forall j, \forall (i,v) \in S_{\mathrm{CHP}}]^{\mathrm{T}}$$
$$p := [p_i : \forall i \in N_p; 0 : \forall i \in N_i/N_p]^{\mathrm{T}},\ z := [P_{ji}, Q_{ji}, v_i, l_{ji}, \forall i \in N_i, j : j \to i]^{\mathrm{T}}$$
$$h^D := \left[D_v^h : \forall (i,v) \in S_{\mathrm{EL}}\right]^{\mathrm{T}},\ p^D := [D_i^p : \forall (i,v) \in S_{\mathrm{EL}}]^{\mathrm{T}}$$
$$h := [h_v : \forall v \in M_k; 0 : \forall v \in M_v/M_k]^{\mathrm{T}},\ T := [T_{vS}, T_{vR}, \forall v \in M_v]^{\mathrm{T}}$$
$$p^h := [D_i^p : \forall (i,v) \in S_{\mathrm{EB}}; 0 : \text{otherwise}]^{\mathrm{T}},\ \gamma := [\lambda_i^p : \forall (i,v) \in S_{\mathrm{EB}}; 0 : \text{otherwise}]^{\mathrm{T}}$$

电-热批发市场交易可建模为双层博弈问题：在上层，能量供应商根据预期市场出清结果进行最佳生产成本申报。在下层，电力市场（式 (16-2)）、供热市场（式 (16-1)）和拥有电热弹性负荷的用户（式 (16-9)）分别决策以达到市场均衡。下层问题记作 EP(f)，各部分的具体表达式如式 (16-14) ~ 式(16-17) 所示：

$$\mathrm{Prov}(f):\left\{\begin{array}{ll}\max f^{\mathrm{T}}x - \mathrm{Pen}(s) & \\ \text{s.t.} & \text{能量供应商相关约束} \\ & x\text{由下层均衡 EP}(f)\text{得到}\end{array}\right\} \tag{16-13}$$

供能层面：能量供应商

$$\begin{aligned}&\max_{f,s,\delta} f^{\mathrm{T}}x - \mathrm{Pen}(s)\\ &\text{s.t.}\quad A_1 f \geqslant b_1\\ &\qquad A_2\delta + A_3 s \geqslant b_2\\ &\qquad B_1\delta + B_2 s = x, \mathbf{1}^{\mathrm{T}}\delta = 1\end{aligned} \tag{16-14}$$

市场层面：电力市场出清

$$\begin{aligned}&\min_{p,z} c^{\mathrm{T}}p\\ &\text{s.t.}\quad A_4 p + A_5 z \geqslant b_3 : \mu\\ &\qquad B_3 p = p^l + \varGamma_1(p^h)\\ &\qquad\quad + \varGamma_2(p^D) : \lambda^p\end{aligned} \tag{16-15}$$

市场层面：供热市场出清

$$\begin{aligned}&\min_{h,p^h,T} d^{\mathrm{T}}h + \gamma^{\mathrm{T}}p^h\\ &\text{s.t.}\quad A_6 h + A_7 p^h \geqslant b_4 : \eta\\ &\qquad B_4 h + B_5 p^h = B_6 T + b_5 : \rho\\ &\qquad B_7 T = \varGamma_3(h^D) + h^l : \lambda^h\end{aligned} \tag{16-16}$$

需求层面：弹性负荷

$$D_i^p = \frac{\alpha \bar{I}}{\lambda_i^p}, \quad D_v^h = \frac{(1-\alpha)\bar{I}}{\lambda_v^h} \tag{16-17}$$

在电力市场出清问题中，μ 代表不等式约束的对偶变量，λ^p 代表等式约束的对偶变量，可从中得到节点边际电价（locational marginal price，LMP），且 $\lambda_i^p, \forall(i,v) \in S_{\mathrm{EB}}$ 代表从节点 i 处接入电网的供热系统的购电价格；$\lambda_i^p, \forall(i,v) \in S_{\mathrm{EL}}$ 是弹性负荷的节点电价，$\varGamma_1$、$\varGamma_2$ 为将负荷对应到电力系统各节点的映射。

在供热市场出清问题中，η 代表不等式约束的对偶变量，ρ 代表不包含负荷的等式约束的对偶变量，λ^h 代表包含负荷的等式约束的对偶变量，可从中得到节点热价；$\lambda_v^h, \forall(i,v) \in S_{\mathrm{EL}}$ 是弹性负荷的节点热价，$\varGamma_3$ 为将热负荷对应到供热系统各节点的映射。

2. 均衡求解算法

首先在固定能量供应商申报的成本及弹性负荷不变的情况下，给出求解电-热市场均衡的混合整数线性规划模型。接着进一步将弹性负荷随能源价格的变化关系及能量供应商的最佳决策纳入考虑。整个算法流程如图 16.4 所示。

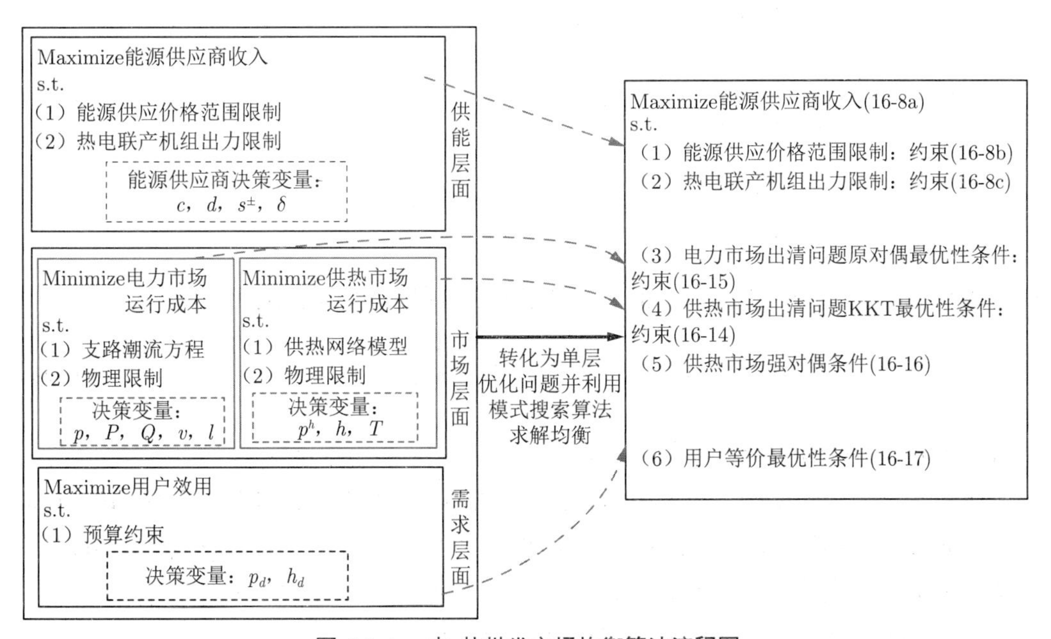

图 16.4 电-热批发市场均衡算法流程图

1）电-热批发市场均衡的混合整数线性规划模型

（1）供热市场的 KKT 最优性条件

供热市场模型以等式约束为主，采用 KKT 转化时不至于引入过多的互补松弛约束，且其为线性模型，下述 KKT 条件为最优解的充要条件。

$$
\begin{cases}
d^{\mathrm{T}}-\eta^{\mathrm{T}}A_6-\rho^{\mathrm{T}}B_4=0\\
\gamma^{\mathrm{T}}-\eta^{\mathrm{T}}A_7-\rho^{\mathrm{T}}B_5=0\\
\rho^{\mathrm{T}}B_6-(\lambda^h)^{\mathrm{T}}B_7=0\\
B_4h+B_5p^h=B_6T+b_5\\
B_7T=\mathit{\Gamma}_3(h^D)+h^l\\
0\leqslant(A_6h+A_7p^h-b_4)\perp\eta\geqslant 0
\end{cases}
\tag{16-18}
$$

供热系统的节点热价可从 λ^h 中得到，只有不等式约束 (16-1b) $\sim$ (16-1c) 会引入互补松弛条件，可进一步通过文献 [25] 中的方法将其线性化。

（2）电力市场的原对偶最优条件

在前文中，通过对二阶锥约束进行多面体近似，可将电力市场问题转化为线性问题。但由于电力市场问题中包括较多等式约束，若采用 KKT 条件等效替换，则会引入较多的互补松弛条件，极大地影响计算效率。因此，此处采用原对偶最优性条件等效替代电力市场问题

$$
\begin{cases}
\mu^{\mathrm{T}}b_3+(\lambda^p)^{\mathrm{T}}[\mathit{\Gamma}_1(p^h)+\mathit{\Gamma}_2(p^D)+p^l]=c^{\mathrm{T}}p\\
\mu^{T}A_4+(\lambda^p)^{\mathrm{T}}B_3=c^{\mathrm{T}}\\
\mu^{\mathrm{T}}A_5=0\\
\mu\geqslant 0\\
A_4p+A_5z\geqslant b_3\\
p^l+\mathit{\Gamma}_1(p^h)+\mathit{\Gamma}_2(p^D)=B_3p
\end{cases}
\tag{16-19}
$$

以 $(\lambda^p)^{\mathrm{T}}\mathit{\Gamma}_1(p^h)=\gamma^{\mathrm{T}}p^h$ 为前提，根据供热市场原对偶目标函数值相等，即

$$
\eta^{\mathrm{T}}b_4+\rho^{\mathrm{T}}b_5+(\lambda^h)^{\mathrm{T}}(\mathit{\Gamma}_3(h^D)+h^l)=d^{\mathrm{T}}h+\gamma^{\mathrm{T}}p^h \tag{16-20}
$$

可消去式 (16-19) 中的双线性项 $(\lambda^p)^{\mathrm{T}}\mathit{\Gamma}_1(p^h)$。

综合供热市场的 KKT 条件 (16-18)、电力市场的线性化原对偶最优条件 (16-19) 和供热市场原对偶目标函数值相等条件 (16-20)，可得在给定弹性负荷量 $[p^D,h^D]$ 和能量供应商申报 f 时的电-热市场联合出清混合整数线性规划模型，记作 MILP（M）。

2）考虑能量供应商和弹性负荷行为的均衡求解

电-热市场均衡条件 MILP（M）可作为包含能量供应商和弹性负荷最优决策的复杂交易均衡问题的约束条件，以此条件为基础，可根据下述步骤进行求解：

（1）含弹性负荷用户决策问题的线性化

当考虑弹性负荷的决策时，电-热市场均衡条件 MILP（M）中的 $(\lambda^p)^{\mathrm{T}}\mathit{\Gamma}_2(p^D)$ 和 $(\lambda^h)^{\mathrm{T}}\mathit{\Gamma}_3(h^D)$ 均为双线性项。但事实上，根据用户决策的最优性条件 (16-12)，对于 $\forall(i,v)\in$

S_{EL} 均有

$$\begin{cases} \lambda_i^p D_i^p = \alpha \bar{I} \\ \lambda_v^h D_v^h = (1-\alpha)\bar{I} \end{cases} \tag{16-21}$$

条件 (16-12) 为单变量非线性函数，可利用分段线性化方法[26] 近似。所得的给定能量供应商申报下的下层电力市场-供热市场-弹性用户均衡条件记作 MILP（f）。

（2）基于模式搜索的能量供应商最优决策

在供能层面，能量供应商申报成本系数 f，由下层市场均衡条件 MILP（f）得到合同能量 x，并计算出其收益。能量供应商的目标是选择最佳 f 以最大化其收益，即

$$\mathrm{Prov}(f): \left\{ \begin{array}{ll} \max & f^{\mathrm{T}}x - \mathrm{Pen}(s) \\ \text{s.t.} & \text{能量供应商相关约束} \\ & x\text{由 MILP}(f)\text{得到} \end{array} \right\}$$

由于每个能量供应商通常只拥有少数机组，f 通常为一低维向量，因此可以通过模式搜索算法[27] 求解能量供应商的最优决策。具体来说，首先将 f 的可能取值离散化为一系列格点，分别求解下层 MILP（f）问题并计算相应的收益；根据计算得到的收益，将最优解可能出现的区域的格点进行更新，直至搜索误差小于给定值。

16.2.3　算例分析

本算例采用 IEEE-33 节点电力系统及 32 节点供热系统验证所提模型及方法的可行性。其中，混合整数线性条件 MILP（M）,MILP（f）均采用 CPLEX12.6 进行求解；并将 MILP（f）嵌入模式搜索算法中，进而求解得到能量供应商的最优申报策略。

1. 测试数据

测试系统的拓扑如图 16.5 所示。其中，电力系统中共有 4 台传统机组和 1 台热电联产机组，供热系统 32 号节点处连接有 1 台自有传统热锅炉。供热系统可从电网 2 号节点和 11 号节点处购电，并从 18 号节点处的热电联产机组购热。其中，传统机组 G_1、G_5 由电力系统运营商拥有，传统机组 G_3、G_4 及热电联产机组 G_2 由能量供应商拥有。拥有多能源弹性负荷的用户从 3 号节点处接入电力系统，节点 3 处接入供热系统。其他有关参数详见文献 [28]。

2. 基础算例

在上述设定下，求解电-热批发市场交易均衡模型，得到电力系统的最小运行成本为 72785.0 美元，供热系统的最小运行成本为 23653.7 美元，能量供应商收益为 39275.6 美元。能量供应商的最佳申报及各机组出力如表 16.1 所示。由于此处能量供应商缺乏竞争，且电力系统自有机组不足以满足负荷需求，因此能量供应商有倾向于提高报价（按允许的上界进行报价）。但对于热电联产机组 G_2 而言，由于其电量和热量具有耦合关系，为保证合同能量在热电联产机组的出力可行域内，其选择申报一个较低的价格。

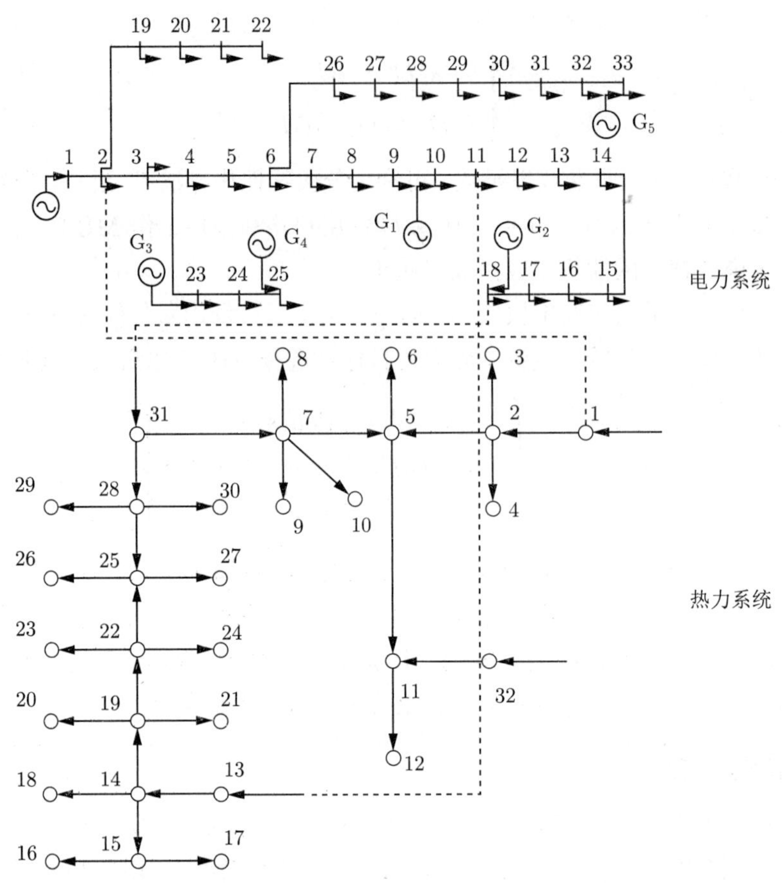

图 16.5 IEEE-33 节点电力系统-32 节点供热系统的网络拓扑

表 16.1 基础算例下的最优解

机组	G_2	G_3	G_4	H_2
$\underline{c}$/(美元/(MW·h))	240	230	330	190
$\overline{c}$/(美元/(MW·h))	260	251	345	210
c_{opt}/(美元/(MW·h))	252.5	251	342.8	210
出力/MW	24.39	80.0	34.05	6.59

电力系统各节点的边际电价如图 16.6 所示。其中，发电机节点边际电价较低，且电价随着与电源距离的增大而提高。这是因为电能通过线路传输时会有损耗，传输距离越远，损耗越大，因此增加单位负荷所需的成本增量更多。与图中基于直流潮流的电力市场模型得到的电价相比两者差距较大，这说明了采用交流潮流模型的必要性。

3. 所提算法的优越性

此处对比四种模型和方法，包括：① 本节所提模型及方法，即线性化的交流潮流电力市场模型及基于原对偶-KKT 条件的混合整数线性规划等价的求解算法；② LPAC-FP，代表线性化的交流潮流电力市场模型及迭代求解均衡算法；③ SOCP-FP，代表二阶锥松弛交流潮流电力市场模型及迭代求解均衡算法；④ LPDC-FP，代表直流潮流电力市场模型及迭代求解均衡算法。四种模型及方法下的结果如表 16.2 ~ 表 16.3 所示。固定能量供应商决策为基础算例中的最优策略，且以基础算例下的市场均衡值 $\varXi^* = (\lambda_v^{h*} : \forall v \in M_v,\ D_v^{h*} : \forall(i,v) \in S_{EL},\ D_i^{p*} : \forall(i,v) \in S_{\mathrm{EB}})$ 作为初值。

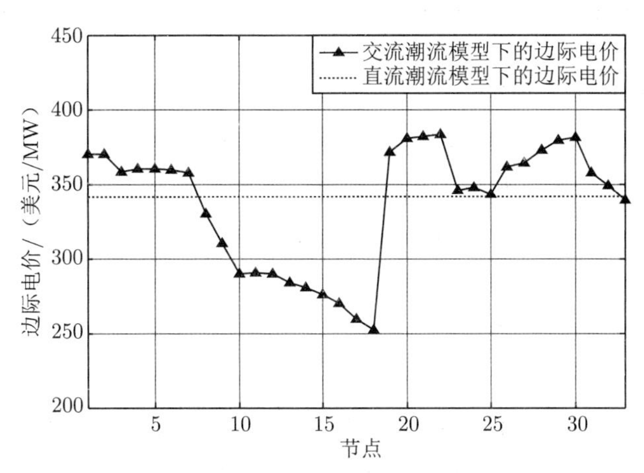

图 16.6　交流潮流和直流潮流模型下各节点的边际电价

表 16.2　不同初值下各算法的计算时间

s

初值	$0.8\varXi^*$	$0.9\varXi^*$	$\varXi^*$	$1.1\varXi^*$	$1.2\varXi^*$
LPAC-MILP			5.82		
LPAC-FP	不收敛	22.56	10.29	19.48	不收敛
SOCP-FP	不收敛	48.17	30.21	48.48	不收敛
LPDC-FP	不收敛	12.91	11.12	13.37	不收敛

表 16.3　不同初值下各算法的最优成本

美元

初值	$0.8\varXi^*$	$0.9\varXi^*$	$\varXi^*$	$1.1\varXi^*$	$1.2\varXi^*$
LPAC-MILP			72785.0		
LPAC-FP	不收敛	72784.6	72784.6	72784.6	不收敛
SOCP-FP	不收敛	72785.0	72784.9	72784.9	不收敛
LPDC-FP	不收敛	67736.0	67736.0	67736.0	不收敛

表 16.2 中结果显示，迭代求均衡解的算法强烈依赖于初值的选取。初值越接近均衡解，求解时间越短；当初值选取不当时，可能会出现不收敛的情况。从表 16.3 中可以看出，以电力市场交流潮流二阶锥模型为基准，LPAC-MILP 及 LPAC-FP 得到的均衡解（当后者收敛时）与之接近，说明对二阶锥模型的多面体近似能达到较高的精度。LPDC-FP 给出的结果差距较大，再次阐明了采用交流潮流模型的必要性。综上所述，相比于迭代求均衡解的算法，本节所提方法计算时间更短且更为鲁棒（无收敛性问题）。

当存在多个拥有弹性负荷的用户时计算时间如表 16.4 所示。可以看出，当拥有弹性负荷的用户数量不太多时，计算时间均在可接受范围内。由于小负荷并不直接参加配网级别的电力市场，故配电级市场的参与用户数量有限。因此，该方法可适用于实际系统。

表 16.4 不同数量的用户下的计算时间

用户数	1	2	4	8	16
计算时间/s	4.52	5.52	9.64	21.55	53.06

4. 用户之间的相互影响

进一步探究拥有弹性多能源负荷的用户之间的相互作用。考虑两个用户的情况，其中，用户 1（C1）从节点 3 处接入电力系统，从节点 3 处接入供热系统；用户 2（C2）分两种情况：① C2 从节点 20 处接入电力系统，从节点 4 处接入供热系统；② C2 从与 C1 相同节点处接入电力系统和供热系统。接下来将探究预算和用户偏好变化下二者的相互作用及市场均衡的变化。

1）预算变化

令 $\alpha_1 = \alpha_2 = 1/2$，让用户 C2 的预算 $\bar{I}$ 从初始值的 0.7 倍变化为 1.3 倍，情况 1（C1 和 C2 于不同节点处接入）和情况 2（C1 和 C2 于相同节点处接入）下，能源价格和用户能源需求量随预算的变化关系分别如图 16.7、图 16.8 所示。

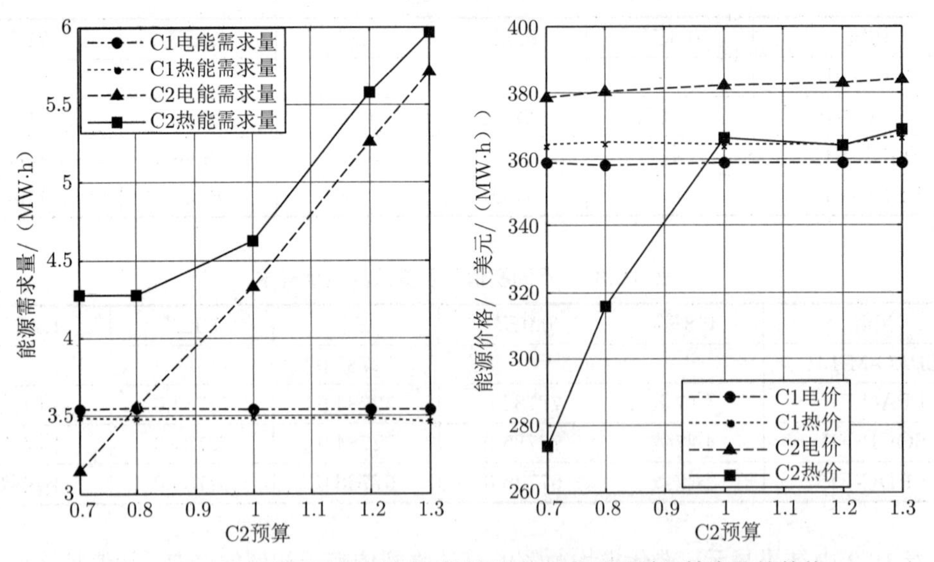

图 16.7 用户于不同节点接入时能源价格及需求量随预算变化的趋势

可以看出，当 C2 的预算增加时，其消费的电能和热能在两种情况下均增加。同时，能源需求量的增加导致了 C2 购买能源所需支付的价格上涨，热价上涨的表现尤为明显。当两个用户于不同节点处接入时，C2 负荷变化对 C1 购买能源所需支付的价格影响很小，因此 C1 的最优购买量保持不变。当两个用户于同一节点处接入时，由于热价的明显上升，C1 购买的热量会减少。

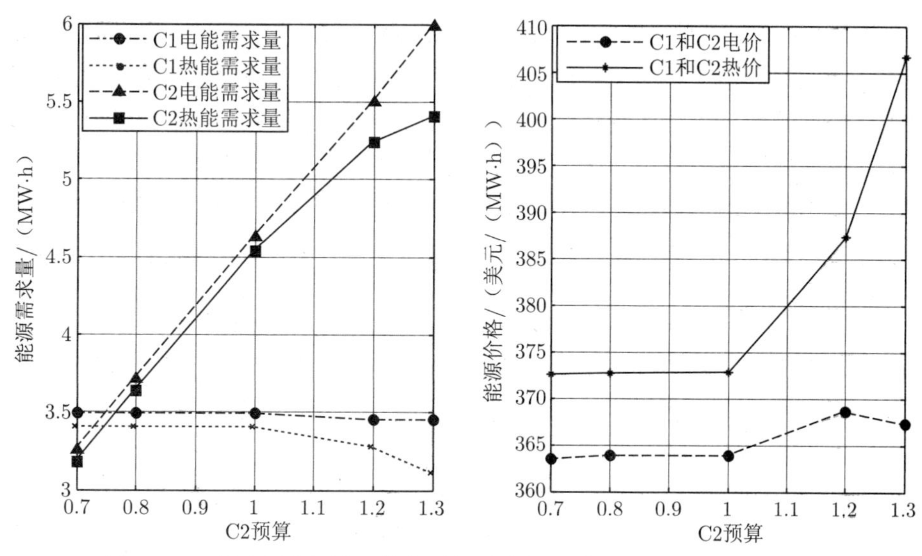

图 16.8　用户于相同节点接入时能源价格及需求量随预算变化的趋势

2）用户偏好变化

分别令 $\alpha_1 = 1/3, 2/5, 1/2, 3/5, 2/3$，记作类型 A ~ 类型 F，预算保持不变。当 C1 的偏好变化时，情况 1（C1 和 C2 于不同节点处接入）和情况 2（C1 和 C2 于相同节点处接入）下，能源价格和用户能源需求量变化关系分别如图 16.9、图 16.10 所示。

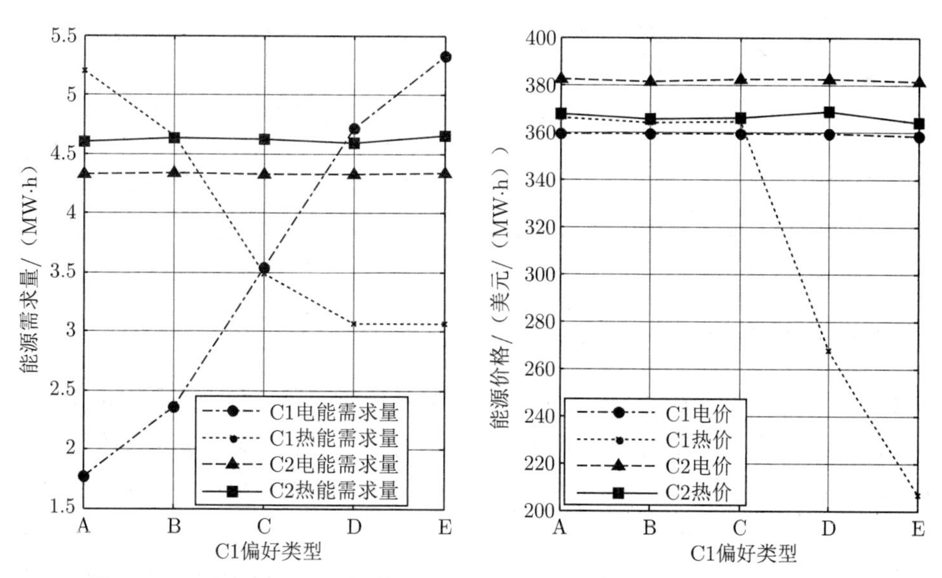

图 16.9　用户于不同节点接入时能源价格及需求量随偏好发生的变化趋势

可以看出，当 α_1 增加时，用户 C1 更偏好消费电能，但由于预算约束的限制，在两种情况下均有其消费的电能增加而热能减少的现象。当两个用户于不同节点处接入时，C1 消费热能的减少导致其所需支付的热价降低，但对 C2 的热价影响较小。因此，C2 消费的能源量基本不变。当两个用户于相同节点处接入时，情况则较为复杂。一般来说，

当 α_1 增加时，C1 会消费更多的电能和更少的热能，进而导致电价上涨，而热价下降。但从图中可以观察到对于类型 C 而言，两种能源的价格都在减少。这是因为热能需求的减少导致了供热系统向电力系统的购电量减少，而当电力系统总负荷量减少时，电价会随之下降。在这种情况下，C2 两种能源的消费量均随着能源价格的下降而增加。对于类型 D 而言，因用户偏好变化导致的电负荷增加量超过了供热系统导致的电负荷减少量，因此电力总负荷增加，电价上涨，热价也随之上涨。此时，C2 两种能源的消费量均随着能源价格的上升而减少。

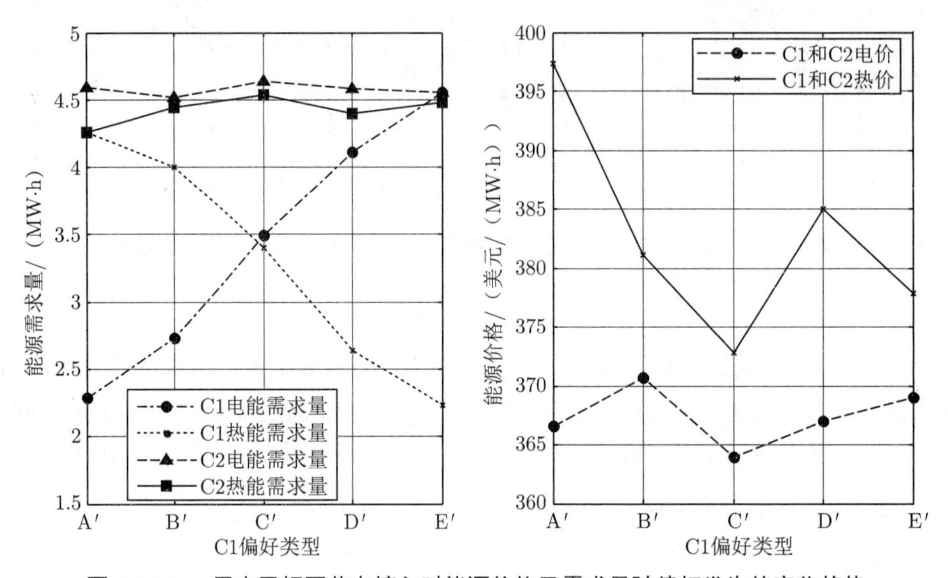

图 16.10 用户于相同节点接入时能源价格及需求量随偏好发生的变化趋势

总体来说，当两个用户于相同节点接入时，他们之间的相互作用较为复杂，能源价格和能源需求量的变化不再是简单的单调关系；当于不同节点接入时，他们之间的相互影响较小。

5. 多个能量供应商竞争下的均衡

接下来将考虑市场存在多个能量供应商，即供应商间存在竞争关系时的情况。假设发电机 G_3 和 G_4 由两个不同的能量供应商所拥有，固定热电联产机组报价为电价 240 美元/（MW·h），热价为 200 美元/（MW·h）。发电机 G_3 的报价区间为 [250,270] 美元/（MW·h），发电机 G_4 的报价区间为 [240,250] 美元/（MW·h）。两个能量供应商各自的最佳反应曲线如图 16.11 所示，曲线的交点为市场均衡，即 G_3 报价为 250 美元/（MW·h），G_4 报价为 240 美元/（MW·h）。由于竞争的存在，两个能量供应商均按价格区间的最低价进行报价以抢占市场，由此能源市场及用户都可以从竞争中间接获益。一般来说，当存在更多的供应商时，他们也会倾向于按照价格区间的最低点进行报价，但需要注意的是，某些时候由于物理约束的存在，某些供应商可能拥有市场力进而拥有更多的议价权。

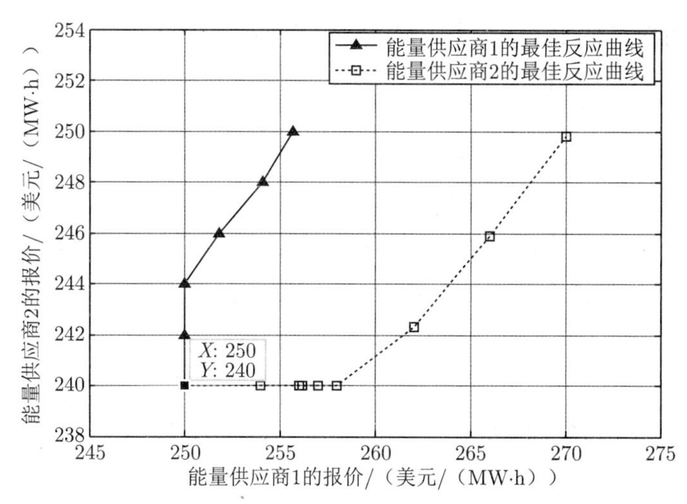

图 16.11　竞争下两个能量供应商的最佳反应曲线

16.3　多能源零售市场套餐机制及均衡分析

在零售市场中，零售商从批发市场购买能量，并出售给终端消费者，起着承上启下的作用。零售商面向用户的最优合同定价及面向批发市场的最优能量购买计划是零售市场的两大关键问题。已有研究常在对称信息的框架下进行分析，即假设所有参与者的成本参数、负荷量、偏好等为公共信息。事实上，信息不对称在能源市场各参与者间广泛存在。例如，即便零售商可以通过历史数据预测用户的可能耗能水平，但其真实的购买意愿也难以准确获知。这些私有信息的存在，加上多种能源形式交易的耦合，导致零售商分析用户行为并基于此进行最优定价变得困难。另一方面，某些用户会刻意隐瞒其真实信息，并谎报其购买意愿，以影响零售商的定价决策，进而从中获益[29]。

一个现实中不对称信息对零售市场产生影响的例子为新英格兰的日前负荷响应计划[30]。在该计划中，用户基值被设定为 10 日内没有负荷响应动作的测量值的滚动平均。在日前，用户提供可削减负荷量，将该值与基值进行对比，并按照日前节点边际价格进行支付。在实时，如果实际削减量与日前申报削减量出现偏差，则偏差部分按照实时电价结算。此机制的设计者预期各个参与者会按照其最大可削减量进行真实日前申报，而实际试运行至 2007 年 8 月为止，设计者观察到了大量的用户投机行为。此现象背后的原因是：实时价格通常高于日前价格，而用户的真实可削减负荷量为私有信息，因此申报者倾向于在日前谎报一个较低的可削减量，然后在实时运行中执行更高的削减量，利用偏差部分通过日前和实时节点边际价格差来套利。在此案例中，由于用户的负荷弹性是私有信息，机制设计者无法获知，因此存在信息不对称，导致市场运行成本上升。信息不对称对电力系统运行造成影响的其他例子可见文献 [31]。在同时考虑多能源交易、零售商参与批发市场及零售市场两种复杂情况下，不对称信息的影响更加不容忽视。本节将对考虑不对称信息下的多能源零售市场套餐制定机制及其均衡进行分析。

16.3.1 套餐制定机制的信号博弈模型与求解

1. 问题描述

假设存在 n 种用户类型，类型集合记作 $N := \{1, 2, \cdots, n\}$。为简化起见且不失一般性，每种用户类型以一个用户作为代表。在下文中，以用户 i 指代所有类型为 i 的用户。能源市场中有两种能源（电能和热能）同时进行交易。一个多能源零售商通过提供能量套餐的方式，与用户签订合同，打包销售两种能量。能量套餐是指以某一价格出售的两种能源的组合，可表示为 (p_d, h_d, S)，其中，p_d 为电量，h_d 为热量，S 为套餐价格。假设零售商知道用户可能的类型及其数量 n，并针对每一类型的用户设定相应的套餐。第 i 类用户设定的套餐为 $\Xi_i := (p_{i,d}, h_{i,d}, S_i)$，并令 $\Xi := \{\div_i, i \in \mathcal{N}\}$。假设第 i 类用户的效用函数为 $A_i U(p_{i,d}, h_{i,d})$，其中 $U(p_{i,d}, h_{i,d})$ 为公共部分，A_i 为私有部分（即私有信息）。A_i 和 $U(\cdot)$ 都取正值，并令 $\mathcal{A} := \{A_i, i \in \mathcal{N}\}$ 为类型集合。此时第 i 类用户购买第 j 类套餐时的净效用为 $NU_i^j = A_i U(p_{j,d}, h_{j,d}) - S_j$。

市场的信息结构设定为：① 函数 $U(\cdot)$ 为公共知识；② 用户 i 的类型参数 A_i，是私有信息，反映其购买意愿且仅为用户 i 所知[①]。A_i 越大，购买相同量的电能 $p_{i,d}$ 和热能 $h_{i,d}$ 时用户 i 愿意支付的价格更高。假设用户类型分布为 $\mathcal{P} := \{\pi_i, i \in \mathcal{N}\}$，其中 π_i 为第 i 种类型出现的概率，且满足 $\sum\limits_{i \in \mathcal{N}} \pi_i = 1$。此市场信息结构是非对称的，零售商和用户所拥有的信息并不完全一致，二者间存在信号博弈。本节将针对这一非对称信息结构设计相应的能量套餐制定机制，并分析非对称信息对市场均衡的影响。

2. 多能源零售商能量套餐制定机制

零售商参与多能源市场的结构如图 16.12 所示，其包含两个层面：① 批发市场层面，多能源价格由各能源市场出清给定；② 零售市场层面，由零售商在考虑信息不对称的情况下制定能量套餐合同，将从批发市场购买的能量以套餐的方式出售给用户。假设零售商从节点 w 处接入能源市场 1，从节点 v 处接入能源市场 2，且分别以节点边际电价 λ_w^p 和 λ_v^h 购买两种能量。零售商需要制定 n 种套餐合同 $\{\Xi_i, i \in \mathcal{N}\}$ 供用户选择，旨在最大化其自身收益。每个用户选择签订一种合同，旨在最大化其自身效用。这里假设用户的保留效用为 0，即给定某种合同下，只要用户的净效用大于等于 0，则愿意签订合同。本节的理论分析方法可直接推广至保留效用非 0 的一般情况。

以上所提出的多能源零售市场运行流程如图 16.13 所示，分为以下四步。

步骤 1：零售商通过历史数据统计得出用户可能的类型 $\mathcal{A} := \{A_i, i \in \mathcal{N}\}$ 及相应的分布 $\mathcal{P} := \{\pi_i, i \in \mathcal{N}\}$。根据上述信息制定能量套餐 $\Xi_i := (p_{i,d}, h_{i,d}, S_i), \forall i \in \mathcal{N}$ 供用户进行选择。

步骤 2：获得可供选择的套餐 $\Xi_i, \forall i \in \mathcal{N}$ 后，每个用户选择签订相应的套餐，以最大化其净效用。

---

① 为简化表达，文中在不会引起歧义处，不加区分地以“类型 A_i”指代效用函数系数为 A_i 的用户类型。

步骤 3：与用户签订合同后，零售商向批发市场申报所需购买的电量 d_w^p 和热量 d_v^h。

步骤 4：批发市场以最小化其运行成本为目标函数进行出清，给出两个市场间交换的能量 $x_h^1=[d_{r_1}^p,\cdots,d_{r_m}^p]$ 及出清电价 λ_w^p 和出清热价 λ_v^h。

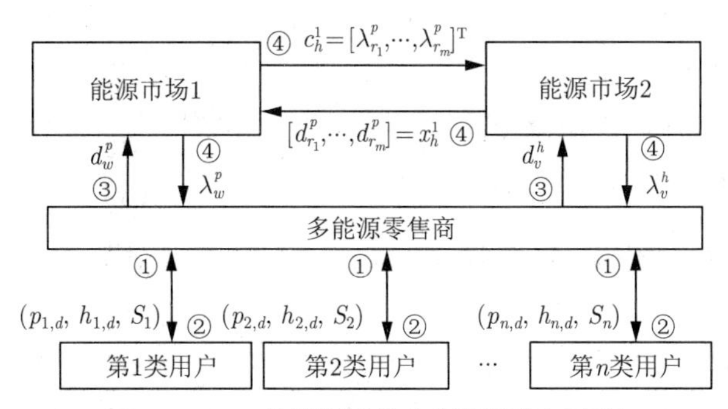

图 16.12　多能源零售市场的架构示意图

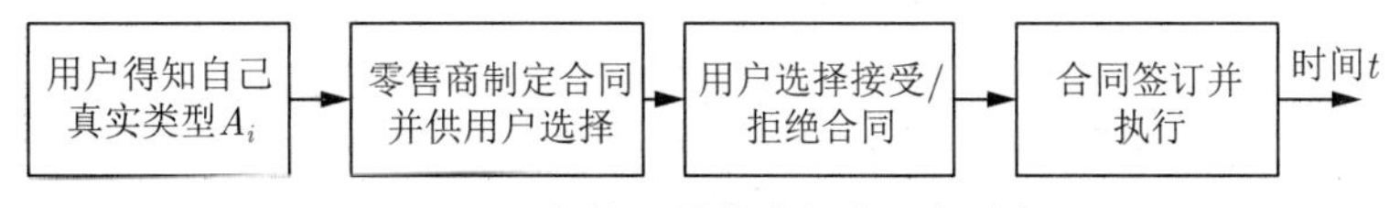

图 16.13　多能源零售市场的运行流程图

3. 多能源批发市场出清模型

图 16.12 中的能源价格 λ_w^p 和 λ_v^h 均由能源市场问题（market clearing problem，MCP）出清得到。能源市场 1 的出清问题可表示为

$$\text{MCP1:}\quad \min_{x_p}\quad c_p^{\mathrm{T}}x_p \tag{16-22a}$$

$$\text{s.t.}\quad F_p\mathit{\Pi}_p(x_p)\leqslant b_p\quad :\omega^p \tag{16-22b}$$

$$B_px_p=d^p\quad :\lambda^p \tag{16-22c}$$

其中，x_p 是能量市场决策变量，例如电力市场中的机组发电量；$\mathit{\Pi}_p(.)$ 为将机组出力对应到各节点的映射。目标函数 (16-22a) 期望最小化运行成本，其中 c_p 为机组成本系数；不等式 (16-22b) 为相关物理约束，如出力限制、传输线功率约束等；等式 (16-22c) 表示能量平衡方程，d^p 代表负荷量。ω^p 和 λ^p 为两个约束分别对应的对偶变量，节点电价可通过 λ^p 求得。

供热市场的出清模型与之类似，可为

$$\text{MCP2:}\quad \min_{x_h}\quad c_h^{\mathrm{T}}x_h \tag{16-23a}$$

$$\text{s.t.}\quad F_h\Pi_h(x_h)\leqslant b_h\quad :\omega^h \tag{16-23b}$$

$$B_hx_h=d^h\quad :\lambda^h \tag{16-23c}$$

当两种能源市场耦合时，即某一市场可直接向另一市场出售/购买能量时，能源价格 λ^p 和 λ^h 会相互影响。同时，电负荷量 d^p 或热负荷量 d^h 也均会影响两种能源的价格。

不失一般性，假设能源市场 2 通过节点 $r_1,\cdots,r_m$ 以节点边际能价向能源市场 1 购买能量，则其成本系数 c_h 可分为两部分，即 $c_h=[c_h^1;c_h^2]$。其中，c_h^1 指通过向能源市场 1 购买能量进行生产的机组的成本，c_h^2 指传统机组的成本。对应的机组出力 x_h 也可分为 x_h^1 和 x_h^2 两部分，且有 $c_h^1=[\lambda_{r_1}^p,\cdots,\lambda_{r_m}^p]^{\mathrm{T}}$。能源市场 2 向能源市场 1 购买的能量表现为其负荷，即 $[d_{r_1}^p,\cdots,d_{r_m}^p]=x_h^1$。考虑到两个市场的问题在多数情况下仅有唯一最优解，为后续表达方便，以函数 $\varphi_p(\cdot)$、$\varphi_h(\cdot)$ 表示零售商申报量和能源价格的关系，即 $\lambda_w^p:=\varphi_p(d_w^p,d_v^h)$ 和 $\lambda_v^h:=\varphi_h(d_w^p,d_v^h)$。

4. 多能源零售商能量套餐制定问题

零售商通过节点 w 和节点 v 分别向两个能源市场购买能量，相应能源价格为 λ_w^p 和 λ_v^h；并制定能量套餐 $\varXi=\{\varXi_i,i\in\mathcal{N}\}$ 供用户选择。在信息对称的情况下，零售商知道每个用户的类型，因此可以准确地、有针对性地制定套餐，其能量套餐制定问题为

$$\max_{S_i,p_{i,d},h_{i,d},\forall i\in\mathcal{N}} f(\varXi)=\sum_{i\in\mathcal{N}}\pi_i\varGamma(S_i-\lambda_w^p p_{i,d}-\lambda_v^h h_{i,d}) \tag{16-24a}$$

$$\text{s.t.}\quad A_iU(p_{i,d},h_{i,d})-S_i\geqslant 0,\quad \forall i\in\mathcal{N} \tag{16-24b}$$

$$d_w^p=\sum_i\pi_i p_{i,d},\quad d_v^h=\sum_i\pi_i h_{i,d} \tag{16-24c}$$

$$\lambda_w^p=\varphi_p(d_w^p,d_v^h),\quad \lambda_v^h=\varphi_h(d_w^p,d_v^h) \tag{16-24d}$$

其中，目标函数 (16-24a) 旨在最大化零售商收益，$\varGamma(\cdot)$ 是风险偏好函数，且假设其可微（对于风险厌恶的零售商，有 $\varGamma'(\cdot)\leqslant 0$，对于风险偏好的零售商，有 $\varGamma'(\cdot)\geqslant 0$，对于风险中性的零售商，有 $\varGamma'(\cdot)=0$）。式 (16-24b) 代表用户的参与约束。总电能负荷 d_w^p 和总热能负荷 d_v^h 分别为 $p_{i,d}$ 和 $h_{i,d}$ 的加权和，如式 (16-24c) 所示。λ_w^p 和 λ_v^h 分别为节点电价和节点热价，如式 (16-24d) 所示。

当零售商和用户之间存在信息不对称时，由于零售商无法准确获知用户类型，因而无法有针对性地设置套餐，所以此时需要考虑用户可能的投机行为，其套餐制定问题建模为如下的信号博弈问题：

$$\max_{S_i,p_{i,d},h_{i,d},\forall i\in\mathcal{N}} f(\varXi)=\sum_{i\in\mathcal{N}}\pi_i\varGamma(S_i-\lambda_w^p p_{i,d}-\lambda_v^h h_{i,d}) \tag{16-25a}$$

$$\text{s.t.}\quad A_iU(p_{i,d},h_{i,d})-S_i\geqslant 0,\quad \forall i\in\mathcal{N} \tag{16-25b}$$

$$i=\arg\max_{j\in\mathcal{N}}\{A_iU(p_{j,d},h_{j,d})-S_j\} \tag{16-25c}$$

$$d_w^p=\sum_i\pi_i p_{i,d},\quad d_v^h=\sum_i\pi_i h_{i,d} \tag{16-25d}$$

$$\lambda_w^p=\varphi_p(d_w^p,d_v^h),\quad \lambda_v^h=\varphi_h(d_w^p,d_v^h) \tag{16-25e}$$

5. 相关定义及假设

在模型 (16-25) 中，零售商总是期望第 i 种类型的用户会签订为之制定的套餐 Ξ_i。然而，用户 i 有可能选择签订套餐 Ξ_j 而非套餐 Ξ_i。这种情况称为“用户类型 i 企图模仿用户类型 j”。由于不对称信息的存在，用户可能通过模仿行为获利，这种因其模仿能力而获得的利益称为信息租金。记第 i 类用户签订第 j 类合同 Ξ_j 时的净效用为

$$\mathrm{NU}_i^j := A_i U(p_{j,d}, h_{j,d}) - S_j \tag{16-26}$$

信息租金的定义如下：

定义 16.1（信息租金） 对第 i 类用户而言，其通过签订能量套餐合同所能获得的最大净效用被称作其信息租金，即

$$\mathrm{IR}_i := \max\{\mathrm{NU}_i^j : \forall \Xi_j \in \Xi\} \tag{16-27}$$

在市场均衡处，满足第 i 类用户恰好签订第 i 类合同 Ξ_i，因此，信息租金的定义 (16-27) 等价于

$$\mathrm{IR}_i := \mathrm{NU}_i^i = A_i(p_{i,d}, h_{i,d}) - S_i \tag{16-28}$$

为简化分析，不失一般性，本节分析将基于以下假设。

假设 16.1 对于任意 $i < j$ $(i, j \in \mathcal{N})$，有 $A_i > A_j > 0$。

假设 16.2 优化问题 (16-25) 的最优解 $\Xi^* := \{(p_{i,d}^*, h_{i,d}^*, S_i^*),\ \forall i \in \mathcal{N}\}$ 存在，即多能源批发市场问题及零售商套餐制定问题均有解。

假设 16.3 用户的边际效用非负且关于 $p_{i,d}$ 和 $h_{i,d}$ 递减，这意味着对于所有的 $i \in \mathcal{N}$，有

$$\frac{\partial U(p_{i,d}, h_{i,d})}{\partial p_{i,d}} \geqslant 0\ ,\quad \frac{\partial U(p_{i,d}, h_{i,d})}{\partial h_{i,d}} \geqslant 0 \tag{16-29}$$

$$\frac{\partial^2 U(p_{i,d}, h_{i,d})}{\partial p_{i,d}^2} \leqslant 0\ ,\quad \frac{\partial^2 U(p_{i,d}, h_{i,d})}{\partial h_{i,d}^2} \leqslant 0 \tag{16-30}$$

且 $\nabla^2 U(p_{i,d}, h_{i,d})$ 非负，并有

$$\frac{\partial^2 U(p_{i,d}, h_{i,d})}{\partial p_{i,d} \partial h_{i,d}} = \frac{\partial^2 U(p_{i,d}, h_{i,d})}{\partial h_{i,d} \partial p_{i,d}} \geqslant 0 \tag{16-31}$$

16.3.2 最优能量套餐及市场力分析

1. 模型降阶化简及相应的经济含义

模型 (16-25) 约束复杂，既不便于分析也不容易计算。因此，通过削减冗余约束并识别起作用约束，可对模型 (16-25) 进行降阶处理，进而揭示了每次化简背后的经济含义。

1）削减冗余约束

由于存在有限种能量套餐，通过简单枚举，可将约束 (16-25c) 等价表示为

$$\mathrm{NU}_i^i \geqslant \mathrm{NU}_i^j, \quad \forall i,j \in \mathcal{N} \tag{16-32}$$

式 (16-32) 中的约束可分为两类：关于相邻类型的约束和关于非相邻类型的约束。根据效用参数 A_i 的大小关系对用户进行排序，则相邻和非相邻的定义如下：

定义 16.2（相邻和非相邻类型） 当满足 $k=i-1$ 或 $k=i+1$ 时，类型 k 被称作类型 i 的相邻类型。

根据此定义，式 (16-32) 中关于相邻类型的约束为

$$\mathrm{NU}_i^i \geqslant \mathrm{NU}_i^{i+1}, \quad \forall i \in \mathcal{N}\backslash\{n\} \tag{16-33a}$$

$$\mathrm{NU}_i^i \geqslant \mathrm{NU}_i^{i-1}, \quad \forall i \in \mathcal{N}\backslash\{1\} \tag{16-33b}$$

下述引理表明，式 (16-32) 可被化简为式 (16-33)，并从零售商的角度描述了其背后隐藏的经济含义。

引理 16.1 若假设 16.1 成立，则当式 (16-33) 成立时，式 (16-32) 必成立。

根据引理 16.1，约束 (16-25c)（或约束 (16-32)）可化简为约束 (16-33)，从而使零售商套餐制定问题 (16-25) 得到简化。此引理反映了用户的行为模式，即只要零售商制定的套餐能保证用户不会模仿其相邻类型的用户，则其也不会模仿非相邻类型的用户。

证明 为证明引理 16.1，只需证明涉及非相邻类型用户的约束可由涉及相邻类型用户的约束推得即可。根据式 (16-33a)，$\forall i \in \mathcal{N}\backslash\{n\}$，可得

$$A_i U(p_{i,d}, h_{i,d}) - S_i \geqslant A_i U(p_{i+1,d}, h_{i+1,d}) - S_{i+1} \tag{16-34}$$

且

$$A_{i+1} U(p_{i+1,d}, h_{i+1,d}) - S_{i+1} \geqslant A_{i+1} U(p_{i+2,d}, h_{i+2,d}) - S_{i+2} \tag{16-35}$$

不等式 (16-35) 等价于

$$A_{i+1}\left(U(p_{i+1,d}, h_{i+1,d}) - U(p_{i+2,d}, h_{i+2,d})\right) \geqslant S_{i+1} - S_{i+2} \tag{16-36}$$

结合假设 16.1 ($A_i > A_{i+1}$)，代入式 (16-34)，可得

$$A_i U(p_{i,d}, h_{i,d}) - S_i \geqslant A_i U(p_{i+2,d}, h_{i+2,d}) - S_{i+2} \tag{16-37}$$

重复上述步骤，交替利用式 (16-33a) 及式 (16-33b) 可证明，只要涉及相邻类型用户的约束成立，则涉及非相邻类型用户的约束也必然成立。

引理 16.2 若假设 16.1 成立，当如下条件成立时，约束 (16-25b) 对于 $\forall i \in \mathcal{N}\backslash\{n\}$ 成立：

（1）式 (16-33a) 中的约束成立；

（2）式 (16-25b) 对于 $i=n$ 成立。

证明 假设在 $i=n$ 时约束 (16-25b) 成立，及式 (16-33a) 代表的所有约束均成立。则对于 $i=n-1$ 有

$$\begin{aligned} & A_{n-1}U(p_{n-1,d},h_{n-1,d})-S_{n-1} \\ \geqslant\ & A_{n-1}U(p_{n,d},h_{n,d})-S_n \\ \geqslant\ & A_nU(p_{n,d},h_{n,d})-S_n\geqslant 0 \end{aligned} \tag{16-38}$$

第一个不等号根据式 (16-33a) 代表的所有约束均成立得到；第二个不等号根据假设 16.1 得到；最后一个不等式根据在 $i=n$ 时约束 (16-25b) 成立得到。

式 (16-38) 说明，$i=n-1$ 时约束 (16-25b) 成立，类似地，可以得到在 $i=1,2,\cdots,(n-2)$ 时约束均成立，问题得证。

根据引理 16.2，约束 (16-25b) 中除 $i=n$ 对应的约束外都可被移除，大大简化了多能源零售商的套餐制定问题 (16-25)。引理 16.2 表明，只要具有最小效用参数 A_i 的用户（即对应于 A_n 的用户）愿意接收为其设定的套餐 $\varXi_n$，则其他用户 $i\in\mathcal{N}\backslash\{n\}$ 也愿意接收对应的套餐 $\varXi_i$。实际上当约束 (16-33a) 被满足时，每种类型的用户均不会模仿具有参数 A_n 的用户，即 $\mathrm{IR}_i\geqslant\mathrm{NU}_i^n$。且由于 A_n 为 $\mathcal{A}$ 中的最小值，故有 $\mathrm{NU}_i^n\geqslant\mathrm{IR}_n$。因此，零售商只需保证 $\mathrm{IR}_n\geqslant 0$ 成立，即可保证 $\mathrm{IR}_i\geqslant 0$ 对所有 $i\in\mathcal{N}$ 成立，即所有用户均愿意参与多能源零售市场。

2）识别起作用约束

记决策问题 (16-25) 的最优解为 $\varXi^*=\{(p_{i,d}^*,h_{i,d}^*,S_i^*),\quad\forall i\in\mathcal{N}\}$。接下来证明式 (16-25b) 和式 (16-33) 中的某些约束一定取等号，并基于此进一步简化模型 (16-25)。

引理 16.3 若假设 16.1 和假设 16.2 成立，则在决策问题 (16-25) 的最优解 $\varXi^*$ 处，下述结论成立：

（1）式 (16-33a) 中所有约束均取等号；

（2）式 (16-25b) 在 $i=n$ 时取等号。

证明 首先利用反证法证明第一个结论。若约束 (16-33a) 不是对所有 i 均取等号，则令

$$\varDelta_i\ :=\ A_iU(p_{i,d}^*,h_{i,d}^*)-S_i^*-A_iU(p_{i+1,d}^*,h_{i+1,d}^*)+S_{i+1}^*$$

必存在一个 $\varDelta_i>0$。根据下述规则，利用 $\varDelta_i$ 构造出另一个可行解 $\varXi'$：

$$\varXi':=\begin{cases}(p_{j,d}^*,h_{j,d}^*,S_j^*+\varDelta_i) & :\ \forall j\leqslant i\\ (p_{j,d}^*,h_{j,d}^*,S_j^*) & :\ \forall j>i\end{cases}$$

因为 $i<n$，所以 $(p_{n,d}',h_{n,d}',S_n')=(p_{n,d}^*,h_{n,d}^*,S_n^*)$，在 $i=n$ 时约束 (16-25b) 成立。当 $j<i-1$ 时，$\varDelta_i$ 可以从不等式两端同时减去，约束 (16-33a) 和 (16-33b) 仍成立。同理，当 $j=i$ 时约束 (16-33b) 成立。根据 $\varDelta_i$ 的定义，式 (16-33a) 取等号，因而约束成立。当 $j=i+1$ 时，显然约束 (16-33a) 成立。约束 (16-33b) 的左边与 $\varXi^*$ 下的值相同，

而右边的值减去 Δ_i，因此约束 (16-33b) 成立。对于 $j > i+1$，Ξ' 对应的合同与 Ξ^* 完全相同，因此约束成立。

综上所述，Ξ' 同样为一个可行解，且有 $f(\Xi') > f(\Xi^*)$，与 Ξ^* 是零售商合同制定问题 (16-25) 的最优解矛盾。因此，第一个结论成立。

接下来证明第二个结论。假设在 $i = n$ 时，约束 (16-25b) 不成立，令 $\Delta_n := A_n U(p^*_{n,d}, h^*_{n,d}) - S^*_n$，则必有 $\Delta_n > 0$。构造 $\Xi'' := (p^*_{i,d}, h^*_{i,d}, S^*_i + \Delta_n), i \in \mathcal{N}$。类似地，可证 Ξ'' 同样为一个可行解，且有 $f(\Xi'') > f(\Xi^*)$，这与 Ξ^* 是最优解矛盾。因此第二个结论也成立。问题得证。

引理 16.3 的证明表明，若上述结论之一不成立，总可以找到比 Ξ^* 更优的解，与其最优性相矛盾。因此，不等式 (16-33a) 及 $i = n$ 时的约束 (16-25b) 均取等号。该引理说明，一个具有高效用参数 A_i 的用户没有动力去模仿一个具有低效用参数 A_{i+1} 的用户，但反之则有可能发生。由引理 16.3 可得

$$\mathrm{IR}_i = \sum_{j=i}^{n-1} (A_j - A_{j+1}) U(p_{j+1}, h_{j+1}) \tag{16-39}$$

且

$$\mathrm{IR}_n = 0 \tag{16-40}$$

这表明，第 n 类用户的信息租金 IR_n 为 0，而其他类型的用户可以获得正的信息租金。同时，根据前文分析，在信息对称的情况下，零售商可以针对每个用户制定合同，每个用户的信息租金为 0。然而，由于不对称信息的存在，用户可以利用其优势地位获得正的信息租金。

3）等效降阶模型

由于约束 (16-33a) 全取等号，代入式 (16-33b) 并消掉 S_i，则式 (16-33b) 可转化为

$$(A_i - A_{i-1})[U(p_{i,d}, h_{i,d}) - U(p_{i-1,d}, h_{i-1,d})] \geqslant 0 \tag{16-41}$$

根据引理 16.1~ 引理 16.3，可得到决策问题 (16-25) 的等效简化模型如下定理所示。

定理 16.1 若假设 16.1、假设 16.2 均成立，则决策问题 (16-25) 等价于

$$\max_{p_{i,d}, h_{i,d}, \forall i \in \mathcal{N}} f(\Xi) = \sum_{i \in \mathcal{N}} \pi_i \Gamma \Big(A_i U(p_{i,d}, h_{i,d}) + \sum_{j=i}^{n-1} (A_{j+1} - A_j) U(p_{j+1,d}, h_{j+1,d}) - \lambda^p_w p_{i,d} - \lambda^h_v h_{i,d} \Big) \tag{16-42a}$$

$$\text{s.t.} \quad (A_i - A_{i-1}) \cdot [U(p_{i,d}, h_{i,d}) - U(p_{i-1,d}, h_{i-1,d})] \geqslant 0 \tag{16-42b}$$

$$d^p_w = \sum_i \pi_i p_{i,d}, \quad d^h_v = \sum_i \pi_i h_{i,d} \tag{16-42c}$$

$$\lambda^p_w = \varphi_p(d^p_w, d^h_v), \quad \lambda^h_v = \varphi_h(d^p_w, d^h_v) \tag{16-42d}$$

其中，式 (16-42a) 的前两项可根据引理 16.3 代入起作用约束 (16-33a) 和式 (16-25b) $(i = n)$ 得到；利用式 (16-41) 替换式 (16-33b) 可得式 (16-42b)。

2. 最优能量套餐及策略性行为

本部分将进一步解释零售商在非对称信息下的决策行为。

1）分离均衡的存在性

根据第 4 章中的理论，信号博弈存在两种均衡，即混同均衡和分离均衡。在分离均衡下，不同类型的用户会选择不同的能量套餐合同，此行为向零售商揭示了其类型信息，具有重要价值。接下来将给出风险中性零售商决策问题的分离均衡存在性的充要条件，对于风险厌恶/偏好的零售商，将通过算例进行分析。分离均衡存在，使式 (16-42b) 中所有约束取严格不等号。此处先假设存在分离均衡，忽略约束条件 (16-42b)，利用求导给出 $p_{i,d}$ 的最优性条件

$$0=\left\{\frac{\sum_{j=1}^{i-1}[\pi_j\Gamma'(V_j)\cdot(A_i-A_{i-1})]}{\pi_i\Gamma'(V_i)}+A_i\right\}\cdot\frac{\partial U_p}{\partial p_{i,d}}-\lambda_w^p-\frac{\sum_{k=1}^{n}\pi_k\Gamma'(V_k)p_{k,d}}{\Gamma'(V_i)}\cdot\frac{\partial\phi_p}{\partial d_w^p}-\frac{\sum_{k=1}^{n}\pi_k\Gamma'(V_k)h_{k,d}}{\Gamma'(V_i)}\cdot\frac{\partial\phi_h}{\partial d_w^p}\tag{16-43}$$

其中 V_i 为

$$V_i:=A_iU(p_{i,d},h_{i,d})+\sum_{j=i}^{n-1}(A_{j+1}-A_j)U(p_{j+1,d},h_{j+1,d})-\lambda_w^p p_{i,d}-\lambda_v^h h_{i,d}$$

类似地可得 $h_{i,d}$ 的最优性条件。

令

$$C_i:=\frac{\sum_{j=1}^{i-1}[\pi_j\Gamma'(V_j)\cdot(A_i-A_{i-1})]}{\pi_i\Gamma'(V_i)}+A_i$$

$$B_i:=\frac{\sum_{k=1}^{n}\pi_k\Gamma'(V_k)p_{k,d}}{\Gamma'(V_i)}$$

$$D_i:=\frac{\sum_{k=1}^{n}\pi_k\Gamma'(V_k)h_{k,d}}{\Gamma'(V_i)}$$

则最优性条件可简记为

$$C_i\frac{\partial U}{\partial p_{i,d}}=\lambda_w^p+B_i\frac{\partial\varphi_p}{\partial d_w^p}+D_i\frac{\partial\varphi_h}{\partial d_w^p}\tag{16-44a}$$

$$C_i \frac{\partial U}{\partial h_{i,d}} = \lambda_v^h + D_i \frac{\partial \varphi_h}{\partial d_w^h} + B_i \frac{\partial \varphi_p}{\partial d_w^h} \tag{16-44b}$$

接下来将给出风险中性的零售商决策问题分离均衡存在性的充要条件。首先，证明如下引理：

引理 16.4 若假设 16.3 成立，则对于风险中性的零售商来说，即 $\Gamma'(\cdot) =$ 常数，若 $C_i > C_j$ ($\forall i, j \in \mathcal{N}$)，则有 $p_{i,d} > p_{j,d}$ 且 $h_{i,d} > h_{j,d}$ 成立。

证明 对于风险中性的零售商，有 $\Gamma'(V_i) =$ 常数，$\forall i \in \mathcal{N}$，则 $B_i = B_j$ 且 $D_i = D_j$，$\forall i, j \in \mathcal{N}$。若 $C_i > C_j$，根据式 (16-44a) 及式 (16-44b) 可得 $\Delta U_p^{'} = -U_p^{'}(p_{i,d}, h_{i,d}) + U_p^{'}(p_{j,d}, h_{j,d}) > 0$ 且 $\Delta U_h^{'} = -U_h^{'}(p_{i,d}, h_{i,d}) + U_h^{'}(p_{j,d}, h_{j,d}) > 0$。令 $\Delta p := p_{j,d} - p_{i,d}, \Delta h := h_{j,d} - h_{i,d}$，则有

$$\Delta U_p^{'} = U_{pp}^{''} \Delta p + U_{ph}^{''} \Delta h \tag{16-45a}$$

$$\Delta U_h^{'} = U_{hp}^{''} \Delta p + U_{hh}^{''} \Delta h \tag{16-45b}$$

可得

$$\Delta p = \frac{\Delta U_p^{'} \cdot U_{hh}^{''} - \Delta U_h^{'} \cdot U_{ph}^{''}}{U_{pp}^{''} \cdot U_{hh}^{''} - U_{hp}^{''} \cdot U_{ph}^{''}} \tag{16-46a}$$

$$\Delta h = \frac{\Delta U_h^{'} \cdot U_{pp}^{''} - \Delta U_p^{'} \cdot U_{ph}^{''}}{U_{pp}^{''} \cdot U_{hh}^{''} - U_{hp}^{''} \cdot U_{ph}^{''}} \tag{16-46b}$$

根据假设 16.3，有 $U_{hh}^{''} \leqslant 0$，$U_{ph}^{''} \geqslant 0$，且

$$U_{pp}^{''} \cdot U_{hh}^{''} - U_{hp}^{''} \cdot U_{ph}^{''} > 0$$

由于 $\Delta U_p' > 0$ 且 $\Delta U_h' > 0$，故易得

$$\Delta U_p^{'} \cdot U_{hh}^{''} - \Delta U_h^{'} \cdot U_{hp}^{''} < 0$$

因此，有 $\Delta p < 0, \Delta h < 0$，即 $p_{i,d} > p_{j,d}, h_{i,d} > h_{j,d}$，问题得证。

根据上述引理可得如下定理：

定理 16.2（分离均衡的存在性） 若假设 16.3 成立，则对于风险中性的零售商决策问题，分离均衡存在当且仅当 $C_1 > C_2 > \cdots > C_{n-1} > C_n$。

证明 充分性：若 $C_1 > C_2 > \cdots > C_{n-1} > C_n$，根据引理 16.4 可得 $p_{1,d} > p_{2,d} > \cdots > p_{n,d}, h_{1,d} > h_{2,d} > \cdots > h_{n,d}$。结合假设 16.3，约束 (16-42b) 取严格不等号，说明其为分离均衡。

必要性：如果存在一个分离均衡，但 $C_i \leqslant C_j$。若 $C_i < C_j$，根据引理 16.4 可推出矛盾；若 $C_i = C_j$，则有 $p_{i,d} = p_{j,d}, h_{i,d} = h_{j,d}$，其与该均衡为分离均衡亦相矛盾。故问题得证。

定理 16.2 表明，当 $C_1 > C_2 > \cdots > C_{n-1} > C_n$ 时，一个风险中性的零售商会给不同类型的用户提供不同类型的合同，即约束 (16-42b) 均不起作用，故可以将其舍去，进一步化简决策模型。针对风险厌恶/偏好的零售商，后文将结合算例进行分析。

2）零售商策略的扭曲

接下来对比信息对称和信息不对称两种情况下零售商最优决策的差别，以揭示信息不对称对市场均衡产生的影响。令 $\hat{\Xi} := \{(\hat{p}_{i,d}, \hat{h}_{i,d}, \hat{S}_i),\ \forall i \in \mathcal{N}\}$ 为信息对称情况下零售商决策问题 (16-24) 的最优解，则其最优性条件为

$$A_i \frac{\partial U}{\partial p_{i,d}} = \lambda_w^p + B_i^{'} \frac{\partial \varphi_p}{\partial d_w^p} + D_i^{'} \frac{\partial \varphi_h}{\partial d_w^p} \tag{16-47a}$$

$$A_i \frac{\partial U}{\partial h_{i,d}} = \lambda_v^h + D_i^{'} \frac{\partial \varphi_h}{\partial d_w^h} + B_i^{'} \frac{\partial \varphi_p}{\partial d_w^h} \tag{16-47b}$$

其中

$$B_i^{'} := \frac{\sum_{k=1}^{n} \pi_k \Gamma'(V_k^{'}) p_{k,d}}{\Gamma'(V_i^{'})}$$

$$D_i^{'} := \frac{\sum_{k=1}^{n} \pi_k \Gamma'(V_k^{'}) h_{k,d}}{\Gamma'(V_i^{'})}$$

$$V_i^{'} := A_i U(p_{i,d}, h_{i,d}) - \lambda_w^p p_{i,d} - \lambda_v^h h_{i,d}$$

假设批发市场能源价格不变，则由于 $C_i < A_i (i > 1)$，$C_1 = A_1$，有：

（1）$p_{1,d}^* = \hat{p}_{1,d}, h_{1,d}^* = \hat{h}_{1,d}$；

（2）$p_{i,d}^* < \hat{p}_{i,d}, h_{i,d}^* < \hat{h}_{i,d}$，$\forall i \in \mathcal{N} \backslash \{1\}$。

此分析表明，对于拥有最高效用参数 A_1 类型的用户，其在信息对称/不对称情况下获得的能量套餐相同；而其他类型的用户获得的能量套餐将被扭曲；零售商从批发市场购买的总能量 $d_w^{p*} < \hat{d}_w^p$ 且 $d_v^{h*} < \hat{d}_v^h$。考虑批发市场能源价格的变化的情况将结合算例进行说明。

16.3.3　算例分析

本节将采用一个电-热零售市场的例子来说明前文所提的考虑不对称信息的能量套餐制定模型和方法的可行性。在该双层模型中，上层为多能源零售商套餐制定问题 (16-25)，下层为 16.2 节所提的电-热批发市场。当满足本章前文引理及定理的假设条件时，其上层问题可化简为式 (16-42)；下层电-热批发市场出清问题根据 16.2 节中所提算法，可利用原对偶-KKT 条件进行替换，得到等价混合整数线性规划模型。对于每个可能的可行合同电量 $p_{i,d}$/热量 $h_{i,d}, \forall i \in \mathcal{N}$，将其代入下层批发市场问题，得到能源价格 λ_w^p、λ_v^h，进而计算得到零售商的收益；根据结果细化格点继续最优解搜索，直至满足精度要求。算法流程如图 16.14 所示。

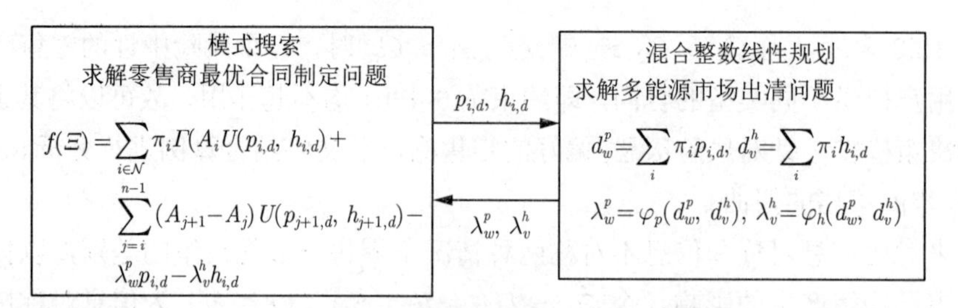

图 16.14 最优能量套餐的求解算法流程图

1. 基础算例

本算例采用 IEEE-33 节点电力系统及 32 节点供热系统，如图 16.15 所示。其中电力系统中有 5 台发电机，供热系统从节点 2 和节点 11 处购电，供电锅炉使用。两台传统锅炉在节点 18 和节点 32 处接入供热系统。一台热电联产机组连接于电力系统的节点 18 和供热系统的节点 31。零售商从电力系统节点 3 处购电，从供热系统节点 3 处购热。此处先考虑简单情况（只存在 2 种用户类型），分别记作 H 型和 L 型，概率分别为 $\pi_{\rm H}=\pi_{\rm L}=0.5$。用户的效用函数取 $U(p_{i,d},h_{i,d})=A_i(\sqrt{a_pp_{i,d}/N}+\sqrt{a_hh_{i,d}/N})$，其中，

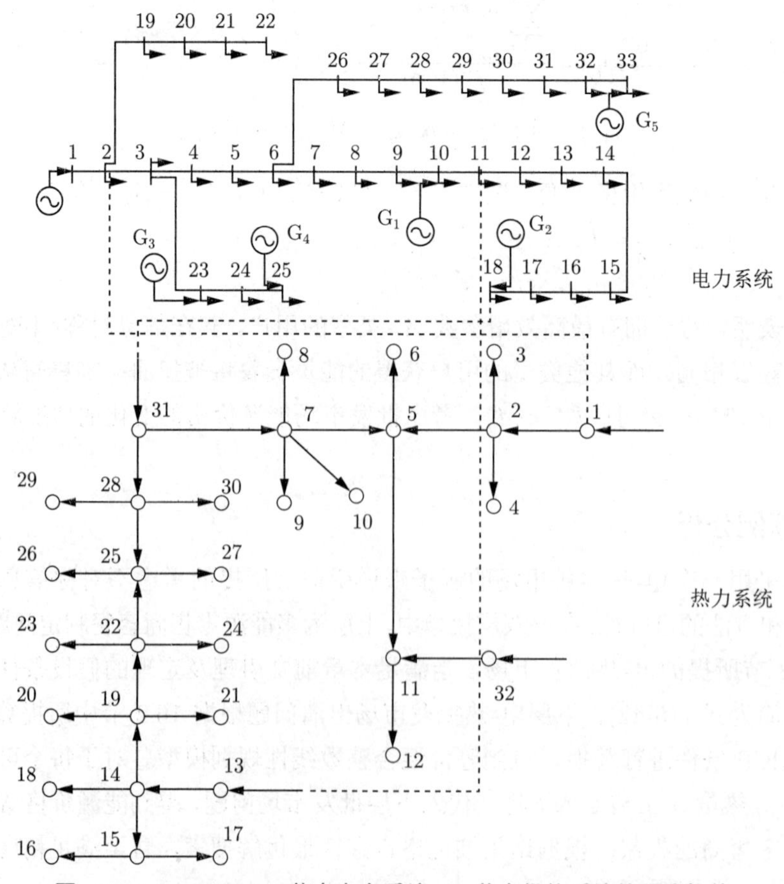

图 16.15 IEEE-33 节点电力系统-32 节点供热系统的网络拓扑

$N = 100$，$a_p = 2.00$,$a_h = 2.93$，H 型用户 $A_{\mathrm{H}} = 0.623$，L 型用户 $A_{\mathrm{L}} = 0.492$。容易验证其满足假设 16.1 和假设 16.3。

根据上述设定求解多能源零售商的最优能量套餐制定问题，可得在市场均衡处供热系统从节点 2 处购买电量为 $p_{u1} = 3033.6\mathrm{kW{\cdot}h}$，从节点 11 处购买电量为 $p_{u2} = 2443.8\mathrm{kW{\cdot}h}$，利用自身供热机组生产热量 $p_{u3} = 3076.0\mathrm{kW{\cdot}h}$ 及 $p_{u4} = 659.3\mathrm{kW{\cdot}h}$。在信息对称/不对称情况下，零售商制定的最优能量套餐及用户的信息租金如表 16.5 所示。根据该表数据结果，可得出如下结论：

表 16.5　零售商制定的最优能源合同及用户的信息租金

类型	风险厌恶		风险中性		风险偏好	
	对称	非对称	对称	非对称	对称	非对称
p_h/（kW·h）	520.0	595.1	520.0	600.0	520.0	598.8
h_h/（kW·h）	617.2	674.7	617.2	674.7	617.2	678.5
S_h/美元	465.9	429.8	465.9	432.9	465.9	446.0
p_l/（kW·h）	321.9	215.6	321.9	197.5	321.9	124.1
h_l/（kW·h）	342.8	240.3	342.8	225.3	342.8	140.8
S_l/美元	280.5	232.5	280.5	224.0	280.5	177.3
IR_h/美元	0	62.2	0	59.9	0	47.4
IR_l/美元	0	0	0	0	0	0

（1）零售商为 H 型用户设定的套餐能源量及价格均高于 L 型用户，这是因为一个高效用消费者更有意愿去消费更多的能量，并愿意为之支付更高的价格。且 H 型用户与 L 型用户的套餐不同，满足引理 16.4 对分离均衡概念的阐述。

（2）在非对称信息下，市场均衡将被扭曲。具体来说，H 型用户由于具有模仿 L 型用户的能力，因而获得一个正的信息租金；L 型用户的信息租金为 0。同时，为了减少支付给 H 型用户的信息租金，且由于批发市场能价随购买量减少而降低，相比于对称信息的情况，H 型用户的合同电量/热量被提高，而 L 型用户被降低。

（3）对于三种类型的零售商，相比于信息对称的情况，风险厌恶类型零售商所制定的最优套餐扭曲最小；而风险偏好类型零售商所制定的套餐扭曲最大。这是因为，风险厌恶的零售商的风险承受能力较低，其宁愿通过支付更高的信息租金保证实现两类用户的区分。

2. 关于用户“模仿”行为的再认识

接下来，进一步分析用户模仿行为背后的原理。其基础算例的结果如表 16.5 所示，令对称信息下的最优能量套餐为 $(\hat{p}_h, \hat{h}_h, \hat{S}_h)$ 和 $(\hat{p}_l, \hat{h}_l, \hat{S}_l)$，非对称信息下的最优能量套餐为 (p_h^*, h_h^*, S_h^*) 和 (p_l^*, h_l^*, S_l^*)。在各个能量套餐下，计算各类用户的净效用如表 16.6 所示。

在信息对称时，零售商知道每个用户的效用系数 A_i，因此可以有针对性地设定能量套餐，具体来说，针对 H 型用户制定套餐 $(\hat{p}_h, \hat{h}_h, \hat{S}_h)$，针对 L 型用户制定套餐 $(\hat{p}_l, \hat{h}_l, \hat{S}_l)$，并使用户不得任意选择套餐。从表 16.6 中可以看出，此时两类用户的信息租金均为 0，零售商收益最大化。然而，在现实中，用户的类型为私有信息，通常不为零售商所知晓，也就是说用户具有信息优势。零售商无法有针对性地制定套餐，而只能将两种套餐交给用户自由选择。此时，若零售商仍提供合同 $(\hat{p}_h, \hat{h}_h, \hat{S}_h)$、$(\hat{p}_l, \hat{h}_l, \hat{S}_l)$ 供用户选择，则从表 16.6 可以看到，由于 $75.0 = \hat{\mathrm{NU}}_{\mathrm{H}}^{l} > \hat{\mathrm{NU}}_{\mathrm{H}}^{h} = 0.0$，H 型用户的最佳选择是去模仿 L 型用户，并选择套餐 $(\hat{p}_l, \hat{h}_l, \hat{S}_l)$。因此，能量套餐合同 $(\hat{p}_h, \hat{h}_h, \hat{S}_h)$、$(\hat{p}_l, \hat{h}_l, \hat{S}_l)$ 无法有效区分两类用户。按照本节所提的考虑不对称信息的套餐制定方法可得到的最佳能量套餐合同为 (p_h^*, h_h^*, S_h^*) 和 (p_l^*, h_l^*, S_l^*)。从表 16.6 中可以看到，$59.9 = \mathrm{NU}_{\mathrm{H}}^{h^*} = \mathrm{NU}_{\mathrm{H}}^{l^*} = 59.9$ 且 $0.0 = \mathrm{NU}_{\mathrm{L}}^{l^*} > \mathrm{NU}_{\mathrm{L}}^{h^*} = -43.7$，每类用户都会选择与其类型相符的能量套餐合同而不会去模仿其他类型的用户。在对称信息下，零售商的收益为 397.03 美元；在不对称信息下，若仍采用对称信息下制定的合同，其收益将下降为 304.95 美元，若利用本节所提方法制定合同，其收益为 328.10 美元，上升约 7.6%。这说明所提模型及方法能有效区分各类型用户，从而增加多能源零售商的收益，提高零售商参与多能源市场的积极性。

表 16.6　对称/非对称信息下各种能量套餐下的用户净效用

NU_i^j/美元	信息对称		信息不对称	
	$(\hat{p}_h, \hat{h}_h, \hat{S}_h)$	$(\hat{p}_l, \hat{h}_l, \hat{S}_l)$	(p_h^*, h_h^*, S_h^*)	(p_l^*, h_l^*, S_l^*)
A_{H}	0.0	**75.0**	**59.9**	59.9
A_{L}	−97.9	**0.0**	−43.7	**0.0**

接下来，利用如下例子进一步阐明引理 16.1。取 $A_1 = 0.505$，$A_2 = 0.472$，$A_3 = 0.429$，$A_4 = 0.343$ 满足 $A_1 > A_2 > A_3 > A_4$，a_p, a_h 的值与基础算例中一致。令信息不对称下为每类用户制定的能量套餐合同为 $(p_i^*, h_i^*, S_i^*), \forall i = 1, 2, 3, 4$，此时各类用户选择各种合同时的净效用如表 16.7 所示。

表 16.7　各类用户选择各种合同时的净效用

NU_i^j/美元	A_1	A_2	A_3	A_4
(p_1^*, h_1^*, S_1^*)	**89.87**	64.24	30.84	−35.58
(p_2^*, h_2^*, S_2^*)	89.87	**66.19**	35.34	−26.01
(p_3^*, h_3^*, S_3^*)	88.03	66.19	**37.75**	−18.82
(p_4^*, h_4^*, S_4^*)	71.30	56.73	37.75	**0.00**

从表 16.7 可以看出，第 i 类用户的最优策略是选择第 i 种合同 (p_i^*, h_i^*, S_i^*)。以效用系数为 A_1 的用户为例，零售商为其相邻类型制定的能量套餐合同为 (p_2^*, h_2^*, S_2^*)，为其非相邻类型制定的能量套餐合同为 (p_3^*, h_3^*, S_3^*) 和 (p_4^*, h_4^*, S_4^*)。当零售商制定合同时，根据引理 16.1，其只需保证用户类型 A_1 不会模仿用户类型 A_2，即保证 $\mathrm{NU}_1^1 > \mathrm{NU}_1^2$ 即可。接着从表 16.7 可以看出，有 $89.87 = \mathrm{NU}_1^2 > \mathrm{NU}_1^3 = 88.03$ 且 $89.87 = \mathrm{NU}_1^2 > \mathrm{NU}_1^4 = 71.30$，故用户类型 A_1 也没有动力去模仿其非相邻类型。与其类似，对于 A_2 型用户由于 $66.19 = \mathrm{NU}_2^3 > \mathrm{NU}_2^4 = 56.73$，故结论成立。

3. 用户类型概率的影响

各种用户类型的概率 π_i 是影响零售商最优能量套餐制定策略的重要因素之一。本小节探究该参数变化下的最优决策，以反映该概率估计的偏差对市场均衡产生的影响。令 π_{H} 的变化幅度为从 $0.3 \sim 0.7$，同时令 $\pi_{\mathrm{L}} = 1 - \pi_{\mathrm{H}}$，其他参数保持与基础算例中一致，则均衡下的套餐价格、用户效用和零售商收益随 π_{H} 的变化如图 16.16 所示；最优套餐能源量变化如图 16.17 所示。

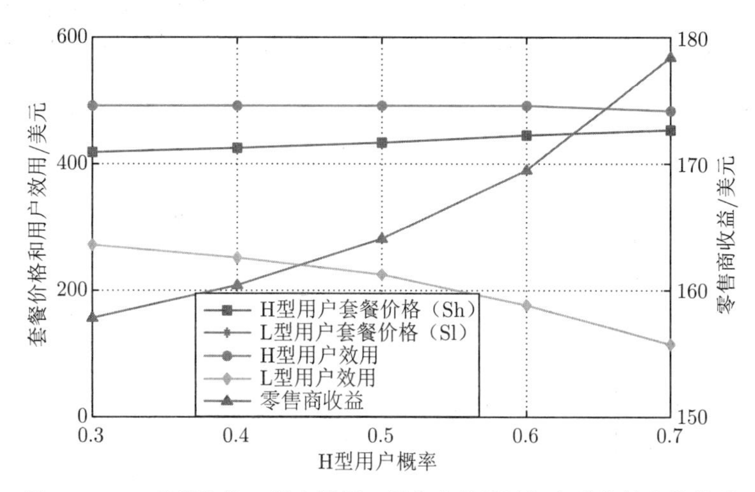

图 16.16　套餐价格、用户效用、零售商收益随概率发生的变化关系

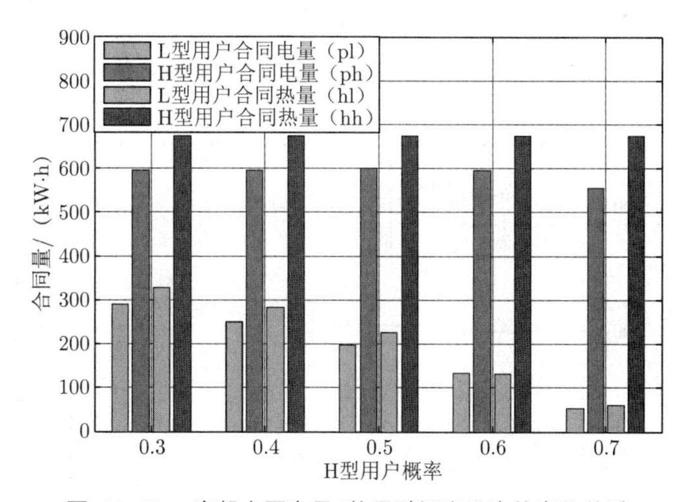

图 16.17　套餐合同电量/热量随概率发生的变化关系

在图 16.16 中，H 型用户的效用基本不变，且其信息租金将逐渐减少。对于 L 型用户而言，其效用减少且信息租金保持为 0。原因是当 π_{H} 增加时，H 型用户所占的比例更高，对零售商收益的影响更大。为提高收益，零售商倾向于向 H 型用户设置一个更高的套餐价格。同时为保证 H 型用户不会模仿 L 型用户，零售商将会减少 L 型用户的套餐能源量（以减少 H 型用户可从中获得的效用），如图 16.17 所示。在一个极端的情况下，当 π_H 足够高时，零售商会选择放弃 L 型用户，而直接根据 H 型用户设置能量套餐。且从图中可以看出，对概率的估计偏差对最佳合同热量影响较小，而对最佳合同电量影响较大。

4. 电-热转换效率的影响

批发市场中电-热转换效率会影响能源价格，进而影响零售商的决策。在本节中，当电-热转换效率 η_{eh} 从 0.75 变化到 0.95 时，能源价格的变化如图 16.18 所示；其对应的能量套餐价格、用户效用、零售商收益变化如图 16.19 所示；套餐合同电量/热量如图 16.20 所示。

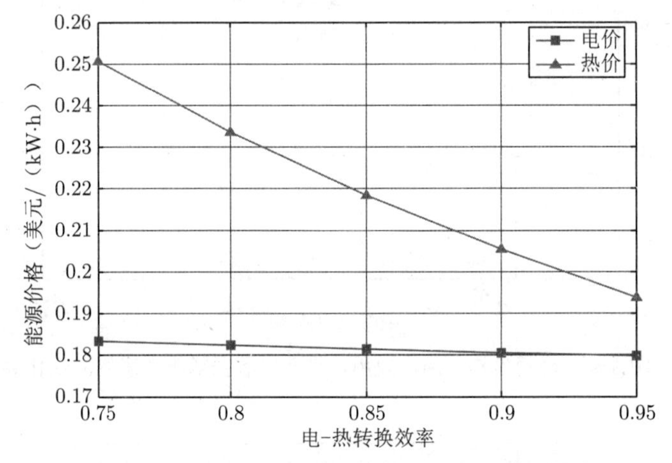

图 16.18 能源价格随转换效率发生的变化关系

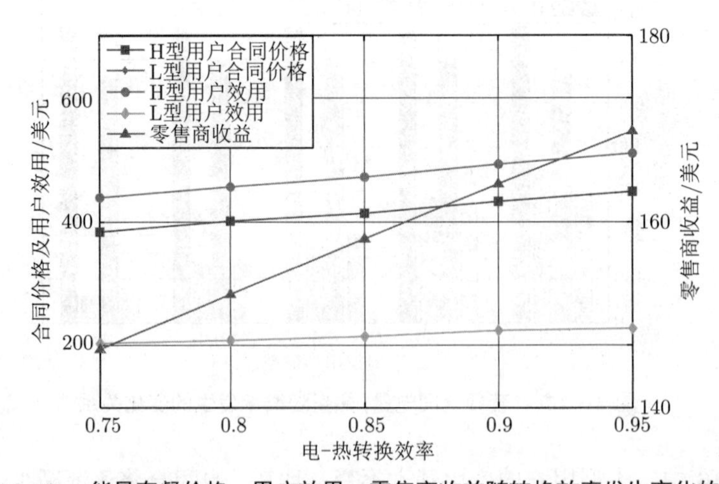

图 16.19 能量套餐价格、用户效用、零售商收益随转换效率发生变化的关系

当电-热转换效率提高时，两种能源价格均下降，但热价下降更为明显。这是因为一方面当转换效率提高时，生产相同的热能所需的电能减少，供热系统运行成本下降促使对热能的负荷需求增多；另一方面热能负荷需求的增多又会增加对购买电能的需求，这部分增长抵消了效率提高所带来的对电能需求的减小，因此电价的变化较为平缓。图 16.20 中能量套餐中电量/热量变化的关系也验证了这一点。在图 16.19 中，能量套餐价格、用户效用和零售商收益均随电-热转换效率的提高而提高，这是因为较高的转换效率可以降低能源价格和能源需求，零售商可从中获益。

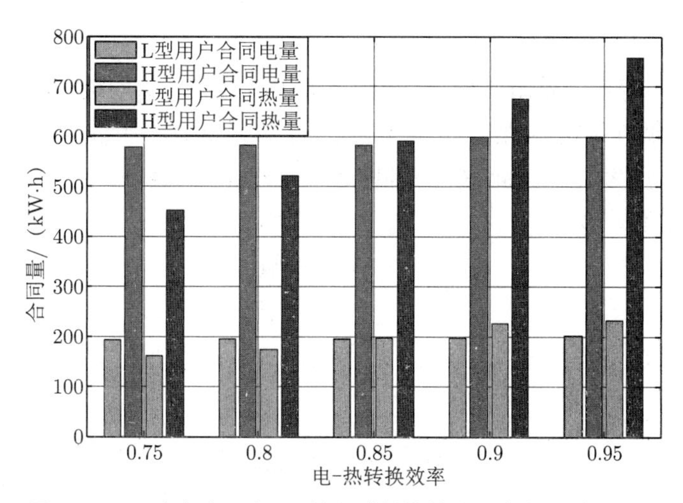

图 16.20　套餐合同电量/热量随转换效率发生变化时的关系

16.4　互联能源枢纽市场均衡

在多能源市场中，能量枢纽（energy hub，EH）是其关键元件之一，它可以实现多能源输入、转换、分配和输出。能量枢纽从日前市场购买燃气、电能，在实时通过能量转化、能量交换和向实时市场购售能量等来满足消费者对能量的需求，实现能量供需平衡。能量枢纽既可购买能量又可出售能量，可视为一种广义的产消者。多能量枢纽的运营模式对多能源市场效率具有重要的影响，亟须研究。

16.4.1　三种运营模式及效率分析

本节将从简化模型出发，首先从理论上对三种模式下多能量枢纽运行的效率进行对比分析。假设能量枢纽从日前市场以 λ_g 价格购买燃气、以 λ_e 价格购买电能，在实时调度阶段通过能量转化、能量交换和向实时市场购售能量等来满足用户对能量的需求，实现能量供需平衡。能量枢纽在日前市场签订能量购买合的同时往往无法准确预知用户的能量需求量，故其真实负荷存在不确定性，其目标是实现期望效用的最大化。

为简化分析过程，这里假设用户实时能量需求存在两种情况：用户只消费电能（概率为 π），用户只消费热能（概率为 $1-\pi$）。本节结论可以类似方式拓展至同时消费两种能源的情况。d_e 和 d_h 分别表示两类用户实时可得的能量，在上述两种情况下，能量枢纽的效用函数分别为 $u_1(d_e)$ 和 $u_2(d_h)$，均为单增可微凹函数[24]，其期望效用如下式所示：

$$U(d_e,d_h)=\mathbb{E}[u]=\pi u_1(d_e)+(1-\pi)u_2(d_h) \tag{16-48}$$

等期望效用曲线可以表示为 $U(d_e,d_h)=c$，其中 c 为常数，其对应的显性表达式为

$$d_h=f_{\text{cont}}(d_e)=u_2^{-1}\left(\frac{c-\pi u_1(d_e)}{1-\pi}\right)$$

命题 16.1 等期望效用曲线 $d_h=f_{\text{cont}}(d_e)$ 是在第一象限递减的凸函数。

该函数的单调性是明显的：$\pi u_1(d_e)$ 关于 d_e 单调递增，而 $(1-\pi)u_2(d_h)$ 关于 d_h 单调递增，且其和为常数 c。因此 d_e 的增长必将导致 d_h 的减少。关于该函数的凸性，由于 $u_1(d_e)$ 为凹函数，令

$$g(d_e)=\frac{c-\pi u_1(d_e)}{1-\pi}$$

则 $g(d_e)$ 为凸函数。同时，由于 $u_2(d_h)$ 是单增凹函数，其逆函数 u_2^{-1} 为单增函数，且二阶导

$$(u_2^{-1})''=-\frac{u_2''}{(u_2')^2}>0$$

因此，u_2^{-1} 为凸函数。根据复合定理（文献 [32] 第 84 页）可知，$d_h=f_{\text{cont}}(d_e)$ 为凸函数。

假设每个能量枢纽的日前预算为 $\bar{I}$（固定常数），其中 θ 部分被用于购买电能，而剩余部分 $\bar{I}-\theta$ 则被用于购买燃气。能量枢纽可以将电能转化为热能（效率为 η_{eh}），也可以将燃气同时转化为电能和热能（效率分别为 η_{ge} 和 η_{gh}）。本节将基于以下两个假设进行分析：

假设 16.4 直接购买电能优于购买燃气进而利用燃气发电，即

$$\frac{1}{\lambda_e}\geqslant\frac{\eta_{ge}}{\lambda_g} \tag{16-49}$$

假设 16.5 日前市场中，燃气和电能的销售量均不为 0。

事实上，当日前价格远高于实时价格时，日前市场的燃气、电能销售量可能均为 0。但在这种情形下交易仅在实时市场出现，各能量枢纽在进行决策时不存在不确定性，问题退化为确定性优化问题，不存在交换的必要。当日前市场中燃气或者电能之一的销售量为 0 时，问题退化为单一能源购买问题，同样不存在交换的必要。因此，通过引入假设 16.5 排除了这两种特殊情况。

典型管理模式效率对比

由于能量枢纽可以根据实时负荷需求对日前购买的能量进行转化，因此各能量枢纽之间存在共享的空间。这里分析三种典型的能量枢纽管理模式：

（1）单独决策模式（individual scheme，IDL）：每个能量枢纽单独决策，各枢纽间不允许进行能量交换。文献 [33] 的中长期管理问题及文献 [34] 的日内决策问题均采用了此模式。

（2）能量共享模式（sharing market scheme，SMK）：每个能量枢纽可以以固定的交换比 λ_M 与其他能量枢纽进行交换。λ_M 表示一个单位的燃气可以交换多少单位的电能。此类模式应用于微网运行[35] 和产消者管理[36] 中。

（3）集中管理模式（aggregation scheme，AGG）：存在一个集中的管理者（或零售商），负责收集各个能量枢纽的信息并进行集中决策与能量分配。此类模式常见于现行电力系统中[37]。

下面分别针对三种模式进行建模。

1）单独决策模式（IDL）

总预算 $\bar{I}$ 中的 θ 用于购买电能，$\bar{I}-\theta$ 用于购买燃气。在实时阶段，对于只消费电能的用户而言其获得的电能为

$$d_e = \frac{\theta}{\lambda_e} + \frac{\bar{I}-\theta}{\lambda_g}\cdot\eta_{ge} \tag{16-50}$$

其中第一项代表日前签订的电能购买量；第二项代表通过热电联产机组将日前购买的燃气转化所得到的电量。

对于只消费热能的用户而言，其获得的热能为

$$d_h = \frac{\theta}{\lambda_e}\cdot\eta_{eh} + \frac{\bar{I}-\theta}{\lambda_g}\cdot\eta_{gh} \tag{16-51}$$

其中第一项代表通过电锅炉将日前购买的电能转化所得到的热能；第二项代表通过热电联产机组将日前购买的燃气转化所得到的热能。

单独决策模式下的最优决策如图 16.21 所示。当 $\theta=0$ 时，有 $d_e=\eta_{ge}\bar{I}/\lambda_g$ 且 $d_h=\eta_{gh}\bar{I}/\lambda_g$；当 $\theta=\bar{I}$ 时，有 $d_e=\bar{I}/\lambda_e$ 且 $d_h=\eta_{eh}\bar{I}/\lambda_e$；当 θ 从 0 变化到 $\bar{I}$ 时，对应的可行 (d_e,d_h) 构成的曲线为线段 ab。图中的等期望效用曲线 $U(d_e,d_h)$ 与可行性曲线的切点为最优决策点。当假设 16.4 成立时，能量枢纽的最佳策略是只购买电能。

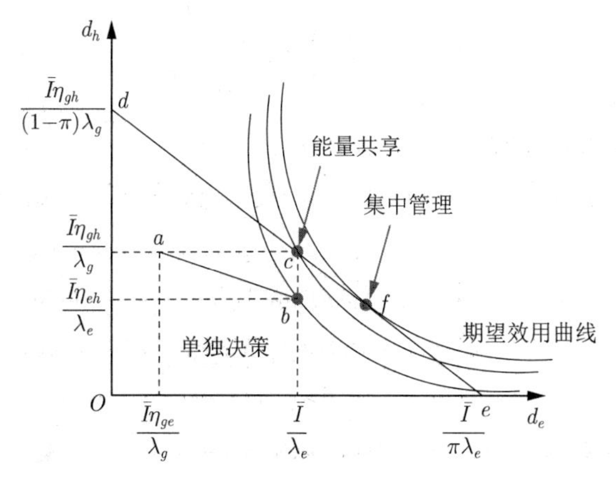

图 16.21　三种管理模式下的可行域及最优决策点

2）能量共享模式（SMK）

在能量共享模式下，能量枢纽可以以 λ_M 比率与其他枢纽进行能量交换，则两类用户的实时消费量为

$$\begin{cases} d_e = \dfrac{\theta}{\lambda_e} + \max\left\{\dfrac{\bar{I}-\theta}{\lambda_g}\lambda_M, \dfrac{\bar{I}-\theta}{\lambda_g}\eta_{ge}\right\} \\ d_h = \max\left\{\dfrac{\theta}{\lambda_e}\eta_{eh}, \dfrac{\theta}{\lambda_e}\dfrac{\eta_{gh}}{\lambda_M}\right\} + \dfrac{\bar{I}-\theta}{\lambda_g}\eta_{gh} \end{cases} \tag{16-52}$$

以纯电能用户为例，上式第一项代表日前签订的电能购买量；第二项代表从其他渠道获得的电能，包括利用自有热电联产机组对燃气进行转换获得的电能以及用燃气与其他能量枢纽交换所得的电能，能量枢纽会选择二者中所得电能量较多的方式。

为分析能量共享模式下能量枢纽的最优决策，这里给出如下引理。

引理 16.5 当假设 16.4，假设 16.5 成立时，有

$$\frac{\eta_{eh}}{\lambda_e} \leqslant \frac{\eta_{gh}}{\lambda_g}, \quad \lambda_M = \frac{\lambda_g}{\lambda_e}, \quad d_e = \frac{\bar{I}}{\lambda_e}, \quad d_h = \frac{\bar{I}}{\lambda_g}\eta_{gh} \tag{16-53}$$

证明 对于第一个不等号，利用反证法进行证明。假设

$$\frac{\eta_{eh}}{\lambda_e} > \frac{\eta_{gh}}{\lambda_g}$$

即利用电能产热优于利用燃气产热。根据式 (16-49) 可知，直接购买电能优于购买燃气进而利用燃气发电。因此，所有能量枢纽在日前只会购买电能，而燃气日前销售量为 0，与假设 16.5 矛盾，因此有

$$\frac{\eta_{eh}}{\lambda_e} \leqslant \frac{\eta_{gh}}{\lambda_g}$$

结合 (16-49) 可得

$$\eta_{ge} \leqslant \frac{\lambda_g}{\lambda_e} \leqslant \frac{\eta_{gh}}{\eta_{eh}} \tag{16-54}$$

接下来分三种情况进行讨论。

（1）如果 $\lambda_M \leqslant \eta_{ge}$ 且式 (16-54) 成立，则有 $\eta_{gh}/\lambda_M \geqslant \eta_{eh}$，式 (16-52) 可化简为

$$\begin{cases} d_e = \dfrac{\theta}{\lambda_e} + \dfrac{\bar{I}-\theta}{\lambda_g}\eta_{ge} \\ d_h = \dfrac{\theta}{\lambda_e}\dfrac{\eta_{gh}}{\lambda_M} + \dfrac{\bar{I}-\theta}{\lambda_g}\eta_{gh} \end{cases} \tag{16-55}$$

从式 (16-54) 可得 $\lambda_M \leqslant \lambda_g/\lambda_e$，因此有

$$\frac{\eta_{gh}}{\lambda_e\lambda_M} \geqslant \frac{\eta_{gh}}{\lambda_g}$$

即面向纯热能用户，从日前市场购买电能并在实时市场通过交换得到燃气用以产热的方案将优于直接从日前市场购买燃气用以产热。因此，日前市场燃气销售量为 0，这一结论与假设 16.5 矛盾。

（2）如果 $\lambda_M > \eta_{ge}$，且 $\eta_{gh}/\lambda_M \geqslant \eta_{eh}$，则式 (16-52) 可化简为

$$\begin{cases} d_e = \dfrac{\theta}{\lambda_e} + \lambda_M \dfrac{\bar{I}-\theta}{\lambda_g} \\ d_h = \dfrac{\theta}{\lambda_e}\dfrac{\eta_{gh}}{\lambda_M} + \dfrac{\bar{I}-\theta}{\lambda_g}\eta_{gh} \end{cases} \tag{16-56}$$

在这种情况下，如果

$$\lambda_M > \frac{\lambda_g}{\lambda_e} \text{ 或} \frac{1}{\lambda_g} > \frac{1}{\lambda_e\lambda_M}$$

即在相同预算下，从日前市场直接购买燃气并在实时交换中得到电能会优于从日前市场直接购买电能。因此，日前市场电能销售量为 0，这一结论与假设 16.4 矛盾；反之，则有日前市场燃气销售量为 0，此二结论均与假设 16.5 矛盾。所以

$$\lambda_M = \frac{\lambda_g}{\lambda_e}$$

（3）如果 $\lambda_M > \eta_{ge}$，且 $\eta_{gh}/\lambda_M < \eta_{eh}$，则式 (16-52) 可化简为

$$\begin{cases} d_e = \dfrac{\theta}{\lambda_e} + \lambda_M \dfrac{\bar{I}-\theta}{\lambda_g} \\ d_h = \dfrac{\theta}{\lambda_e}\eta_{eh} + \dfrac{\bar{I}-\theta}{\lambda_g}\eta_{gh} \end{cases} \tag{16-57}$$

在这种情况下，根据 (16-54) 的第二个不等式可以得出 $\lambda_M > \lambda_g/\lambda_e$，与（2）中讨论的情况类似，可推出矛盾。

综上所述，有 $\lambda_M = \lambda_g/\lambda_e$ 成立，即属于（2）中的情况。将此条件代入式 (16-56) 可得

$$d_e = \frac{\bar{I}}{\lambda_e}, \quad d_h = \frac{\bar{I}}{\lambda_g}\eta_{gh} \tag{16-58}$$

引理 16.5 得证。

式 (16-58) 表明，能量枢纽会从日前市场同时购买燃气和电能，并根据所面向的用户类型不同进行实时能量交换。能量共享模式下的可行域 (d_e, d_h) 对应于图 16.21 中的点 c，该点也即为最优决策点。

3）集中管理模式（AGG）

在此模式下，N 个能量枢纽由零售商统一管理。零售商代表各个能量枢纽对外统一签订日前合同，并对资源进行统一调配。当能量枢纽数量足够多时，根据大数定律可知，有 $N\pi$ 个能量枢纽面向纯电能用户，而 $N(1-\pi)$ 个能量枢纽面向纯热能用户。因此，零

售商的统一决策应满足

$$\begin{cases} N\pi \cdot d_e = \dfrac{N\theta}{\lambda_e} \\ N(1-\pi) \cdot d_h = \dfrac{N(\bar{I}-\theta)}{\lambda_g}\eta_{gh} \end{cases} \tag{16-59}$$

该式等价于

$$d_e = \frac{\theta}{\pi\lambda_e}, \quad d_h = \frac{(\bar{I}-\theta)\eta_{gh}}{(1-\pi)\lambda_g} \tag{16-60}$$

在集中管理模式下，当 θ 从 0 变化到 $\bar{I}$ 时，可行点 (d_e, d_h) 构成的可行性曲线为线段 de，可行性曲线与期望效用曲线的切点 f 为最优决策点。

根据上述分析，可得如下命题。

命题 16.2 令 $\mathrm{EU_{IDL}}$、$\mathrm{EU_{SMK}}$、$\mathrm{EU_{AGG}}$ 分别表示单独决策、能量共享和集中管理三种模式下能量枢纽的最优期望效用，若假设 16.4、假设 16.5 成立，则有

$$\mathrm{EU_{IDL}} < \mathrm{EU_{SMK}} \leqslant \mathrm{EU_{AGG}}$$

由图 16.21 可知，这三种模式下的最优决策点分别为点 b、点 c 和点 f。由于期望效用 $U(d_e, d_h)$ 随着 d_e, d_h 的增加而增加，因此易得 $\mathrm{EU_{IDL}} < \mathrm{EU_{SMK}}$。能量共享模式下的可行点 c 处于集中管理模式可行性曲线 de 上，且已知该曲线上最大期望值在点 f 处取到，因此有 $\mathrm{EU_{SMK}} \leqslant \mathrm{EU_{AGG}}$。

16.4.2 多能源市场的应用

上节基于简化模型得到命题 16.2，在此节中，将结合具体应用实例，将能量枢纽的决策建模为双层随机优化模型。在能量枢纽决策层面，考虑能量枢纽在三种管理模式下的决策行为；在能源市场层面，由考虑交流潮流的电力市场模型得到节点边际电价。各部分的模型如下所示。

1. 能量枢纽模型

能量枢纽是多能源市场的重要参与者。本节考虑两输入（燃气和电能）-两输出（电能和热能）的能量枢纽，如图 16.22 所示。输入的电能可以通过电锅炉（electric boiler，EB）转换为热能，或者储存于储电装置（electricity storage unit，ESU）中；燃气可以通过热电联产机组转化为电能和热能。多余的热能可以存储于储热装置（heat storage unit，HSU）中。对于 $\forall i = 1, 2, \cdots, N_E, t = 1, 2, \cdots, T$：

$$(1-\rho_{it})p_{it}^{e,\mathrm{in}} + p_{it}^{g,\mathrm{in}}\eta_{ge} + p_{it}^{dis} - p_{it}^{ch} = p_{it}^{e,\mathrm{out}} \tag{16-61a}$$

$$\rho_{it}p_{it}^{e,\mathrm{in}}\eta_{eh} + p_{it}^{g,\mathrm{in}}\eta_{gh} + h_{it}^{dis} - h_{it}^{ch} = p_{it}^{h,\mathrm{out}} \tag{16-61b}$$

$$E_{i(t+1)} = E_{it} + p_{it}^{\mathrm{ch}}\eta_{es}^{+} - p_{it}^{\mathrm{dis}}/\eta_{es}^{-}, \quad E_{i0} = 0 \tag{16-61c}$$

$$H_{i(t+1)} = H_{it} + h_{it}^{\mathrm{ch}}\eta_{hs}^{+} - h_{it}^{\mathrm{dis}}\eta_{hs}^{-}, \quad H_{i0} = 0 \tag{16-61d}$$

$$0 \leqslant p_{it}^{\mathrm{ch}} \leqslant u_{it} R_{pm}^{+}, \quad 0 \leqslant p_{it}^{\mathrm{dis}} \leqslant (1-u_{it}) R_{pm}^{-} \tag{16-61e}$$

$$0 \leqslant h_{it}^{\mathrm{ch}} \leqslant s_{it} R_{hm}^{+}, \quad 0 \leqslant h_{it}^{\mathrm{dis}} \leqslant (1-s_{it}) R_{hm}^{-} \tag{16-61f}$$

$$0 \leqslant E_{it} \leqslant E_m, \quad 0 \leqslant H_{it} \leqslant H_m \tag{16-61g}$$

其中，ρ_{it} 表示用于产热的电量占输入电能的比例，$p_{it}^{e,\mathrm{in}}/p_{it}^{g,\mathrm{in}}$ 为能量枢纽的输入电量/气量，$p_{it}^{e,\mathrm{out}}/p_{it}^{g,\mathrm{out}}$ 为能量枢纽的输出电量/气量，$p_{it}^{\mathrm{dis}}/p_{it}^{\mathrm{ch}}$ 为电储能充/放电功率，$h_{it}^{\mathrm{dis}}/h_{it}^{\mathrm{ch}}$ 为热储能充/放热功率；E_{it}/H_{it} 为储电/热量，E_m/H_m 为储电/热上限，u_{it}/s_{it} 为 0-1 变量，其中 0 代表储能放电/热，1 代表储能充电/热；η_{ge} 和 η_{gh} 分别为气转电和气转热的效率，$\eta_{es}^{\pm}/\eta_{hs}^{\pm}$ 为电/热储能的充/放电效率；$R_{pm}^{\pm}/R_{hm}^{\pm}$ 为电/热储能机组最大充/放能功率。约束 (16-61a) 和 (16-61b) 分别为电能和热能平衡条件；约束 (16-61c) ~ (16-61d) 刻画了储能装置的性质；约束 (16-61e) ~ (16-61f) 为最大充放电/热功率限制，并保证不会同时进行充放能；约束 (16-61g) 是储能容量限制。需要注意的是约束 (16-61a) 和 (16-61b) 中的第一项为双线性项。引入附加变量 $p_{it}^{e,e}$ 和 $p_{it}^{e,h}$ 及附加约束 $p_{it}^{e,e}+p_{it}^{e,h}=p_{it}^{e,\mathrm{in}}$ 来替换约束 (16-61a) 和 (16-61b) 中双线性项即可得到能量枢纽线性决策模型。

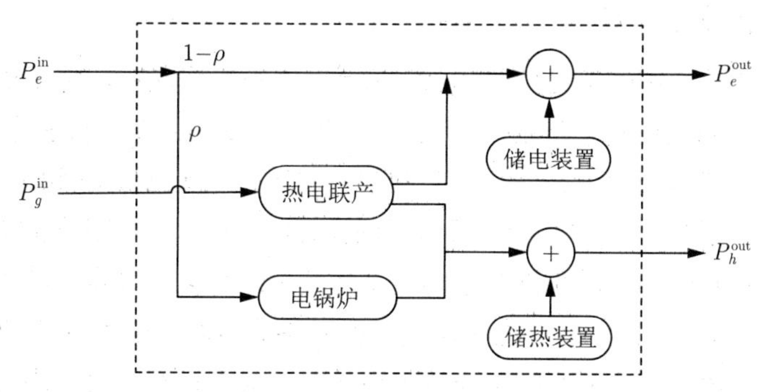

图 16.22　能量枢纽的内部结构

2. 实时电力市场出清模型

假设能量枢纽接入电力系统某一节点，其实时购电价格为该节点边际电价，且由于在配网中线路电阻值相对较大，线路损耗对节点电价有本质影响，故此处采用基于交流潮流的电力市场模型[19]:

$$\min_{p,P,Q,l,v} \quad \sum_{n\in N_p} c_n p_n \tag{16-62a}$$

$$\text{s.t.} \quad v_m - v_n = 2(r_{mn}P_{mn} + x_{mn}Q_{mn}) - (r_{mn}^2 + x_{mn}^2) l_{mn} \tag{16-62b}$$

$$l_{mn} v_m = P_{mn}^2 + Q_{mn}^2, \forall n \in N_n, m: m \to n \tag{16-62c}$$

$$p_n - p_n^l = \sum_{k:n\to k} P_{nk} - (P_{mn} - l_{mn} r_{mn}) : \lambda_n, \forall n \in N_n, m: m \to n \tag{16-62d}$$

$$q_n - q_n^l = \sum_{k:n\to k} Q_{nk} - (Q_{mn} - l_{mn} x_{mn}), \forall n \in N_n, m: m \to n \tag{16-62e}$$

$$\underline{P}_n \leqslant p_n \leqslant \overline{P}_n,\ \underline{Q}_n \leqslant q_n \leqslant \overline{Q}_n, \forall n \in N_p \tag{16-62f}$$

$$\underline{v}_n \leqslant v_n \leqslant \overline{v}_n; 0 \leqslant l_{mn} \leqslant \overline{l}_{mn}, \forall n \in N_n, m: m \to n \tag{16-62g}$$

其中，c_n 为发电机成本系数，p_n 为其对应出力。目标函数 (16-62a) 为最小化系统运行总成本。约束 (16-62b)~(16-62e) 代表支路潮流模型[19]，对于放射状网络而言，其与节点注入模型[38] 的结果相同。约束 (16-62d) 是功率平衡约束，而 λ_n 为其对应的对偶变量，代表了节点电价值。约束 (16-62f)~(16-62g) 限制了发电机功率、节点电压幅值、线路电流幅值的范围。N_p 为电力系统中包含发电机/热电联产机组的节点集合；N_n 为电力系统节点集。$\underline{P}_n/\overline{P}_n$ 为发电机有功出力下/上限，$\underline{Q}_n/\overline{Q}_n$ 为发电机无功出力下/上限。$v_n \in [\underline{v}_n, \overline{v}_n]$ 代表电力系统节点 n 处的电压平方值；q_n 为电源的无功；l_{mn} 为电力系统线路 mn 的电流平方值；$P_{mn} \in [\underline{P}_{mn}, \overline{P}_{mn}]/Q_{mn} \in [\underline{Q}_{mn}, \overline{Q}_{mn}]$ 为电力系统线路 mn 的有功/无功功率；r_{mn}、x_{mn} 为线路 mn 的电阻、电抗值。p_n^l 为节点 n 处的有功负荷，包括居民负荷、工业负荷以及来自能量枢纽的弹性负荷。假设电力市场在每个时段 t 分别进行出清，为简化起见，此处省略 (16-62) 中的表示时间的下标 t。

3. 多能源市场整体架构

多能量枢纽参与市场的架构如图 16.23 所示。在日前市场中，每个能量枢纽决定其签订的日前购气量和购电量，日前气价为 $\lambda_t^{gc}, \forall t = 1, 2, \cdots, T$，日前电价为 $\lambda_t^{ec}, \forall t = 1, 2, \cdots, T$，均假设为给定值。能量枢纽在日前决策时往往无法获知实时电能、热能需求量的准确值，仅可根据历史数据分析得到其可能的概率分布。当需求量准确获知后，能量枢纽可以通过与实时电力市场和供热市场交易能量来最小化其成本。其中，实时电力市场电价由模型 (16-62) 给出的边际电价决定，实时供热市场价格为 $\lambda_t^{hr}, \forall t = 1, 2, \cdots, T$，此处假设其为给定值。除了从实时市场买卖能量外，能量枢纽还可利用自身能量设备进行相应的能量转换。

对应上文中的三种能量枢纽管理模式，结合日前-实时两阶段决策过程，可分别构建三种模式下的双层决策如下。

1）阶段 1：日前市场

假设日前市场电价为 $\lambda_t^{ec}, \forall t = 1, 2, \cdots, T$，气价为 $\lambda_t^{gc}, \forall t = 1, 2, \cdots, T$。对于单独决策和能量共享模式而言，每个能量枢纽 i 单独决策其日前合同电量 $p_{it}^{e0}, \forall t = 1, 2, \cdots, T$ 和合同气量 $p_{it}^{g0}, \forall t = 1, 2, \cdots, T$。对于集中管理模式而言，零售商统一代表能量枢纽对外签订总合同电量 $\sum_{i=1}^{N_E} p_{it}^{e0}, \forall t = 1, 2, \cdots, T$ 和总合同气量 $\sum_{i=1}^{N_E} p_{it}^{g0}, \forall t = 1, 2, \cdots, T$。

2）阶段 2：实时市场

假设实时市场电价为 $\lambda_t^{er}, \forall t = 1, 2, \cdots, T$ （边际节点电价），热价为 $\lambda_t^{hr}, \forall t = 1, 2, \cdots, T$。为尽可能满足实时能量供应需求并最小化自身成本，在单独决策模式下，每个能量枢纽 i 需要向实时市场购买/销售 $\delta_{it,\omega}^{e\pm}, \forall t = 1, 2, \cdots, T$ 的电量和 $\delta_{it,\omega}^{h\pm}, \forall t = 1, 2, \cdots, T, \omega = 1, 2, \cdots, \Omega$ 的热量。在能量共享模式下，$\forall t = 1, 2, \cdots, T, \omega = 1, 2, \cdots, \Omega$，

每个能量枢纽可以按 $\lambda_{t,\omega}^{M}$ 的固定交换比，以 $p_{it}^{ex}\lambda_{t,\omega}^{M}$ 的电量换取 p_{it}^{ex} 的气量，并向实时市场购买/销售 $\delta_{it,\omega}^{e\pm}$ 的电量和 $\delta_{it,\omega}^{h\pm}$ 的热量。在集中管理模式下，零售商统一向实时市场购买/销售 $\sum\limits_{i=1}^{N_E}\delta_{it,\omega}^{e\pm}$ 的总电量和 $\sum\limits_{i=1}^{N_E}\delta_{it,\omega}^{h\pm}$ 的总热量。

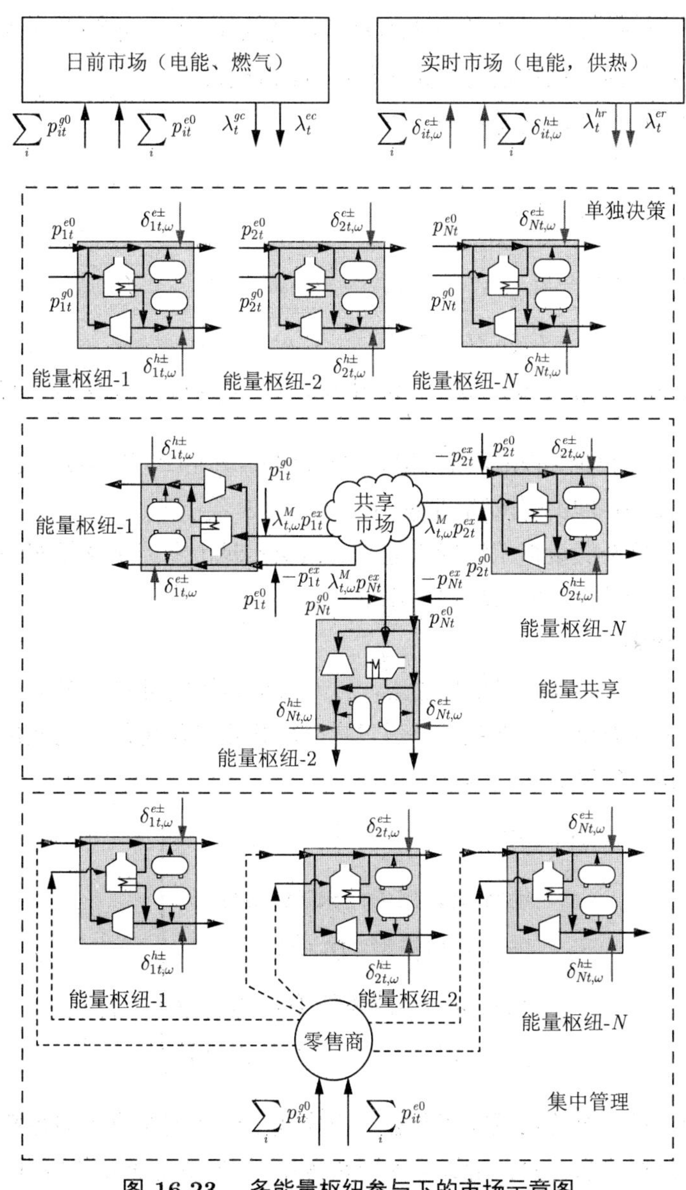

图 16.23　多能量枢纽参与下的市场示意图

4. 能量枢纽参与市场的博弈模型

在多能源市场中，各能量枢纽的目标均为最大化其效用或最小化其成本。能量枢纽 i 的成本函数为

$$C_i^H = \sum_{t=1}^{T} \left(\lambda_t^{ec} p_{it}^{e0} + \lambda_t^{gc} p_{it}^{g0} + \sum_{\omega=1}^{\Omega} \pi_\omega \left[-\lambda_{t,\omega}^{er} \delta_{it,\omega}^{e-} - \right. \right.$$

$$\left. \left. \lambda_{t,\omega}^{hr} \delta_{it,\omega}^{h-} + \lambda_{t,\omega}^{er} \delta_{it,\omega}^{e+} + \lambda_{t,\omega}^{hr} \delta_{it,\omega}^{h+} + \mathrm{Pen}(\delta_{it,\omega}^{h\pm}, \delta_{it,\omega}^{e\pm}) \right] \right) \tag{16-63}$$

其中，( ) 中前两项代表从日前市场购买能量的总成本。[ ] 中的前四项为不同场景下的实时市场收益；最后一项代表无法完成日前合同的惩罚。

日前及实时市场的能源交易相关约束为

$$\sum_{t=1}^{T} \left(\lambda_t^{ec} p_{it}^{e0} + \lambda_t^{gc} p_{it}^{g0} \right) \leqslant \bar{I} \tag{16-64a}$$

$$p_{it,\omega}^{e,\text{out}} + \delta_{it,\omega}^{e+} - \delta_{it,\omega}^{e-} = \tilde{l}_{it,\omega}^{e}, \forall t = 1,2,\cdots,T; \omega = 1,2,\cdots,\Omega \tag{16-64b}$$

$$p_{it,\omega}^{h,\text{out}} + \delta_{it,\omega}^{h+} - \delta_{it,\omega}^{h-} = \tilde{l}_{it,\omega}^{h}, \forall t = 1,2,\cdots,T; \omega = 1,2,\cdots,\Omega \tag{16-64c}$$

$$\delta_{it,\omega}^{e+},\ \delta_{it,\omega}^{e-},\ \delta_{it,\omega}^{h+},\ \delta_{it,\omega}^{h-},\ p_{it}^{e0},\ p_{it}^{g0} \geqslant 0, \forall t = 1,2,\cdots,T; \omega = 1,2,\cdots,\Omega \tag{16-64d}$$

其中，式 (16-64a) 为日前市场的预算约束；式 (16-64b) 和式 (16-64c) 分别为实时电能、热能平衡条件；式 (16-64d) 为能量非负约束。

接下来将结合单个能量枢纽运行模型、日前及实时市场能源交易相关约束，给出三种典型管理模式下能量枢纽的市场均衡模型。

1）单独决策模式

在此模式下，每个能量枢纽单独决策，且无法与其他枢纽进行交易。在实时运行中，各能量枢纽在获知需要供给的能量后，通过自身转化设备尽可能满足能量供应以最小化其成本。能量枢纽 i 的决策问题为

$$\left.\begin{array}{ll} \min & C_i^H \\ \text{s.t.} & \text{能源交易相关约束 (16-64)} \\ & \text{能量枢纽模型 (16-61)} \\ & \text{电力市场出清条件 (16-62)}, \forall t \\ & p_{it}^{e0} = p_{it,\omega}^{e,\text{in}},\ p_{it}^{g0} = p_{it,\omega}^{g,\text{in}}, \forall \omega, \forall t \end{array}\right\}, \forall i \tag{16-65}$$

上述问题中最后一个约束反映了单独决策模式下能量枢纽决策的特性。即由于各能量枢纽间不允许进行能量交易，因此其实时输入电量/气量等于日前签订的合同电量/气量。此外，由于实时电力市场价格由 (16-62) 给定，问题 (16-65) 为双层博弈模型，其求解算法将于下节中给出。

2）能量共享模式

在此模式下，每个能量枢纽允许与其他枢纽进行交易，因而拥有更多的灵活性。令 $\lambda_{t,\omega}^{M}$ 表示时段 t 时场景 ω 下的共享价格（交换比），则单个能量枢纽的决策问题为

$$\left.\begin{aligned} &\min C_i^H \\ &\text{s.t.}\quad \text{能源交易相关约束 (16-64)} \\ &\qquad \text{能量枢纽模型 (16-61)} \\ &\qquad \text{电力市场出清条件 (16-62)}, \forall t \\ &\qquad p_{it}^{e0} - p_{it,\omega}^{ex}\lambda_{t,\omega}^{M} = p_{it,\omega}^{e,\text{in}}, \forall t, \forall\omega \\ &\qquad p_{it}^{g0} + p_{it,\omega}^{ex} = p_{it,\omega}^{g,\text{in}}, \forall t, \forall\omega \end{aligned}\right\}, \forall i \tag{16-66}$$

$$\sum_{i=1}^{N_E} p_{it,\omega}^{ex} = 0, \forall t, \forall\omega$$

除能量交换条件外，模型 (16-66) 与模型 (16-65) 类似。为保证实时能量共享市场的供需平衡，需要引入最后一个约束代表的能量共享市场出清条件。问题 (16-66) 可以被转化为带均衡约束的数学规划问题（mathematical program with equilibrium constraints, MPEC），其求解算法将在下节中给出。

3）集中管理模式

在此模式下，零售商统一收集信息、统一签订合同并统一分配能量，其决策问题为

$$\begin{aligned} &\min \sum_{i=1}^{N_E} C_i^H \\ &\text{s.t.}\quad \text{能源交易相关约束 (16-64)}, \forall i \\ &\qquad \text{能量枢纽模型 (16-61)}, \forall i \\ &\qquad \text{电力市场出清条件 (16-62)}, \forall t, \forall i \\ &\qquad \sum_{i=1}^{N_E} p_{it}^{e0} = \sum_{i=1}^{N_E} p_{it,\omega}^{e,\text{in}},\ \sum_{i=1}^{N_E} p_{it}^{g0} = \sum_{i=1}^{N_E} p_{it,\omega}^{g,\text{out}}, \forall t, \forall i, \forall\omega \end{aligned} \tag{16-67}$$

与模型 (16-66) 不同的是，模型 (16-67) 在所有能量枢纽决策可行域的笛卡尔积下最小化所有能量枢纽的运行总成本。

综上所述，各管理模式下能量枢纽模型 (16-65)～ 模型 (16-67) 的关键区别在于其能量再分配约束，且其灵活性从单独决策、能量共享到集中管理逐渐递增。

16.4.3 算例分析

本节利用 IEEE 33 节点系统对所述能量共享机制的可行性及相关结论的正确性进行验证。测试系统的拓扑如图 16.24 所示，30 个相同的能量枢纽于节点 3 处接入电网，各能量枢纽的相关参数如表 16.8 所示。考虑 4 个时间段，每个时段为 1 小时，各时段的日前电价 λ_t^{ec}、日前气价 λ_t^{gc} 及实时热价 λ_t^{hr} 如表 16.9 所示。电力负荷的预测值为 [3.74、3.75、4.12、3.73]MW·h，供热负荷的预测值为 [2.18、2.25、3.45、2.89]MW·h，不确定方差为 0.2(MW·h)^2，并采用文献 [39] 提出的基于康托洛维奇（Kantorovich）距离的方法进行场景筛选与削减。本节中混合整数线性规划模型利用 CPLEX12.6 进行求解。

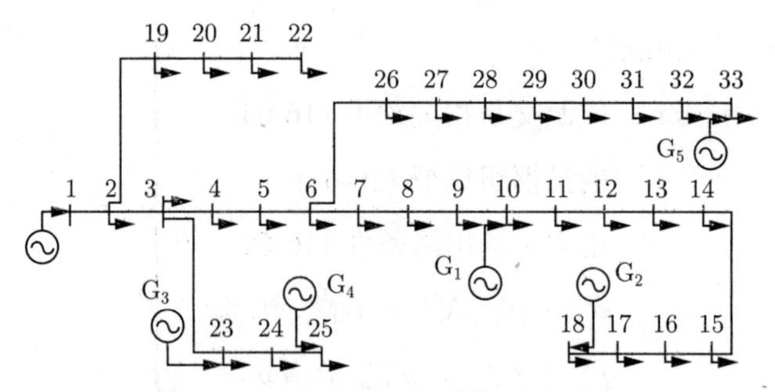

图 16.24 IEEE33 节点测试系统

表 16.8 能量枢纽参数

参数名称	范围/MW	参数名称	值
p^{ch}	[0,2.0]	η_{eh}	0.98
p^{dis}	[0,2.0]	η_{gh}	0.65
h^{ch}	[0,2.0]	η_{es}	0.98
h^{dis}	[0,2.0]	η_{hs}	0.98
E	[0,10]	$\bar{I}$	5000
H	[0,10]	η_{ge}	0.35

表 16.9 能源价格 美元/（MW·h）

时段	1	2	3	4
日前电价 λ_t^{ec}	264.9	270.6	272.2	262.4
日前气价 λ_t^{gc}	145.6	151.9	157.4	149.2
实时热价 λ_t^{hr}	328.0	337.8	345.2	332.1

1. 随机采样和场景数量的影响

首先测试样本数量对均衡的影响。增加场景数并分别求解各模式下的决策问题，成本及计算时间如表 16.10 所示。其中，期望成本值随着场景数的增多基本不变，说明选取 5 个场景足以刻画该算例下负荷的不确定性。随着场景数的增多，计算时间将逐渐增大，但仍在可接受范围之内，说明了所提方法的有效性。

表 16.10 不同场景数下的成本（美元）和计算时间（s）

场景数	单独决策		能量共享		集中管理	
	成本	时间	成本	时间	成本	时间
5	69011.1	11.14	65936.6	43.44	65690.2	17.75
6	68951.1	30.68	65769.8	57.06	65477.4	30.94
7	69589.5	36.98	65858.6	67.27	65591.5	56.23
8	68694.8	53.80	64996.9	113.24	64786.0	84.02
9	69432.5	55.97	65944.3	208.87	65678.2	127.65

进一步测试采样随机性对算例结果的影响，对采样求解各管理模式下的均衡的过程重复 5 次，各模式下单次成本、平均成本及相对标准差如表 16.11 所示。可以看出，各次求解得到的均衡满足单独决策模式成本最高，能量共享模式次之，集中管理模式成本最低，这一结果验证了命题 16.2 的正确性。计算结果的相对标准差总小于 2%，说明此例中选取的 5 个场景已经可以较好地描述该负荷的不确定性。表 16.11 中列出了单次求解时间，说明所提方法的计算效率是可以接受的。

表 16.11　不同样本下的成本（美元）和计算时间（s）

样本	单独决策		能量共享		集中管理	
	成本	时间	成本	时间	成本	时间
1	68659.9	7.73	65119.8	47.12	64853.6	12.26
2	70440.9	10.59	66626.8	21.35	66363.4	11.78
3	70227.9	11.52	67055.9	46.61	66842.3	16.52
4	71661.3	9.72	68004.9	48.21	67740.1	14.89
5	69194.1	8.78	65528.4	38.71	65267.3	10.37
平均成本	70036.8		66467.1		66213.3	
相对标准差	1.67%		1.75%		1.77%	

2. 能量枢纽数量的影响

能量枢纽的数量是影响三种管理模式表现的关键因素。在极端场景下，当仅存在 1 个能量枢纽时，三种管理模式效率完全一致。当能量枢纽数量从 10 变化到 60 时，三种管理模式下的期望成本变化如图 16.25 所示，任意两种模式间的成本差如图 16.26 所示。需要指出的是为消除能量枢纽总容量对节点边际价格的影响，这里假设总容量不变，而单个能量枢纽容量随数量增多而减小。

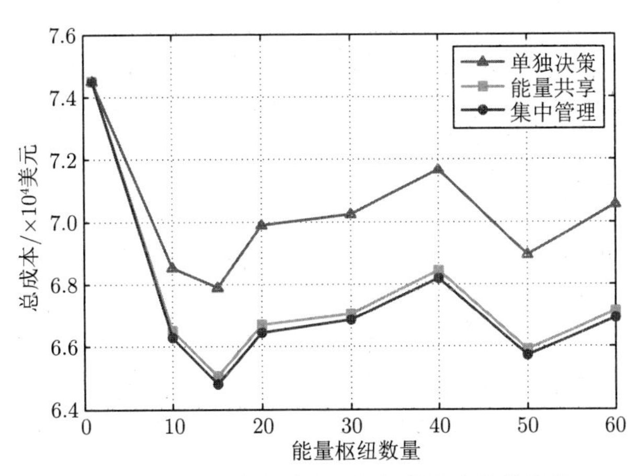

图 16.25　总成本随能量枢纽数量变化的趋势

从图中可以得到很多有价值的结论：首先，当能量枢纽数量 N 变化时，命题 16.2 总是成立的。此外，当 N 增加时，任两种模式间的成本差首先增加，接着趋于平稳。这种表现是因为尽管单个能量枢纽的负荷具有随机性，但能量枢纽总负荷的波动性较低。例如，假设当 $N=1$ 时，单个能量枢纽期望负荷为 3MW·h，方差为 $0.04(\text{MW}\cdot\text{h})^2$；当 $N=50$ 时，单个能量枢纽的期望负荷为 0.06MW·h，方差仅为 $1.6\times10^{-5}(\text{MW}\cdot\text{h})^2$。根据大数定律，在第二种情况下，尽管总负荷的期望值仍为 3MW，但其总方差仅为 $0.0008(\text{MW}\cdot\text{h})^2$。在现实中此现象表明参与的能量枢纽增多可有效平滑系统的不确定性。当能量枢纽数量 $N\geqslant20$ 时，系统总不确定性已处于较低水平，成本趋于平缓。

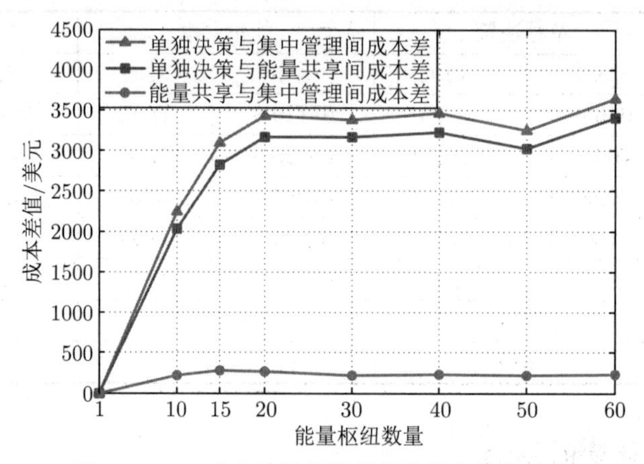

图 16.26 成本差随能量枢纽数量变化的趋势

3. 不确定性程度的影响

系统面临的负荷不确定性的大小是影响三种管理模式表现的又一关键因素。在这里假设负荷不确定性服从正态分布，其期望值与基础设定相同。当正态分布标准差从 0 变化到 0.4MW·h 时，三种管理模式下的期望成本变化如图 16.27 所示。

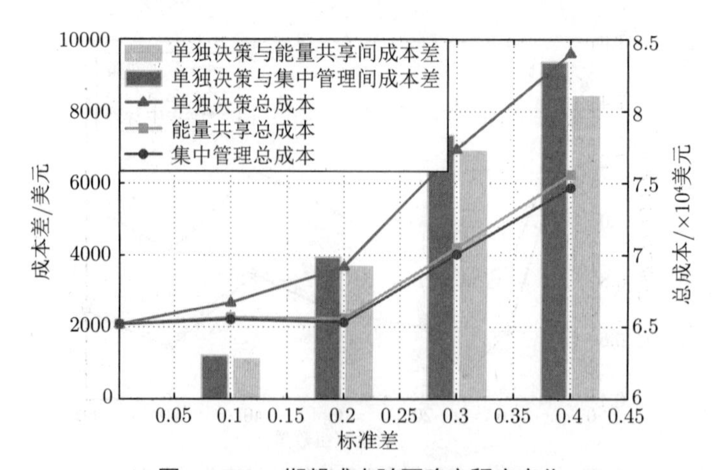

图 16.27 期望成本随不确定程度变化

当标准差等于 0 时负荷是确定的，此时由于日前能源价格低于实时能源价格，各能量枢纽仅签订日前合同而无需实时买卖，三种管理模式的表现一致。当不确定性程度增加时，期望成本随之上升。同时从图 16.27 中可以看出，当不确定性较小（$\sigma < 0.2\text{MW}\cdot\text{h}$）时，由于能量共享模式和集中管理模式下存在能量枢纽间的实时再分配现象，所以其期望成本变化不大。即使在存在较大不确定性时，能量共享和集中管理模式的成本增长率也远低于单独决策模式。随着不确定性的增大，单独决策模式与能量共享模式下的期望成本差也将不断加大，这说明能量资源在枢纽间的共享在节省成本方面具有更大的潜力。

同时还应注意到在上述算例分析中，能量共享模式和集中管理模式下的成本差距较小，这表明能量共享能在无统一调控者的情况下达到接近集中管理的效率。

16.5　说明与讨论

本章简要介绍了综合能源系统的商业模式设计，旨在为攻克综合能源系统市场化运营中的关键问题、提出创新管理模式等方面提供研究思路和分析方法。本章分别结合了批发市场、零售集中市场和零售共享市场等三个例子，阐明了利用工程博弈论进行机制设计、交互建模及市场均衡分析的具体方法。其中，批发市场的关注点在于各主体交易的竞争性和时序性，故建模为 N-S-N 博弈；零售集中市场重点分析零售商与用户间的信息不对称对市场行为的影响，利用信号博弈模型提出能量套餐定价方法；零售共享市场中，各主体在耦合约束的限制下交换资源，故可建模为广义 Nash 博弈。针对这些问题，可借鉴本书第 3、4 章非合作博弈知识及第 11 章双层优化问题相关算法求解。机制设计的问题在广告定价等经典领域被广泛研究，其主要关注的是：设计机制以实现用户激励相容，使其决策行为真实反映其私有信息；探究特定机制下的市场效率，即无政府状态的代价（price of anarchy，PoA）；设计算法在多项式时间内达到该机制下的市场均衡。上述三个问题在本章研究中均有所体现。但由于综合能源市场的设计涉及复杂的工程建模、通信、控制等系列问题，故本章仅作初步探讨，以期抛砖引玉。笔者相信，综合能源市场商业模式设计将具有广阔的研究前景。

参考文献

[1] AVERFALK H, INGVARSSON P, PERSSON U, et al. On the use of surplus electricity in district heating systems[C]//The 14th International Symposium on District Heating and Cooling, Stockholm, Sweden, 7-9 September, 2014. Swedish District Heating Association, 2014: 469–474.

[2] NIELSEN M G, MORALES J M, ZUGNO M, et al. Economic valuation of heat pumps and electric boilers in the Danish energy system[J]. Applied Energy, 2016, 167: 189–200.

[3] PAPAEFTHYMIOU G, HASCHE B, NABE C. Potential of heat pumps for demand side management and wind power integration in the German electricity market[J]. IEEE Transactions on Sustainable Energy, 2012, 3(4): 636–642.

[4] 梅生伟, 李瑞, 黄少伟, 等. 多能互补网络建模及动态演化机理初探 [J] . 全球能源互联网, 1（1）：10–22, 2018.

[5] CHEN Y, WEI W, LIU F, et al. Energy trading and market equilibrium in integrated heat-power distribution systems[J]. IEEE Transactions on Smart Grid, 2018, 10(4): 4080–4094.

[6] CHEN Y, WEI W, LIU F, et al. Optimal contracts of energy mix in a retail market under asymmetric information[J]. Energy, 2018, 165: 634–650.

[7] CHEN Y, WEI W, LIU F, et al. Analyzing and validating the economic efficiency of managing a cluster of energy hubs in multi-carrier energy systems[J]. Applied energy, 2018, 230: 403–416.

[8] LUND H, WERNER S, WILTSHIRE R, et al. 4th Generation District Heating (4GDH): Integrating smart thermal grids into future sustainable energy systems[J]. Energy, 2014, 68: 1–11.

[9] LI Y, REZGUI Y, ZHU H. District heating and cooling optimization and enhancement–Towards integration of renewables, storage and smart grid[J]. Renewable and Sustainable Energy Reviews, 2017, 72: 281–294.

[10] SCHOT J, KANGER L, VERBONG G. The roles of users in shaping transitions to new energy systems[J]. Nature energy, 2016, 1(5): 1–7.

[11] 马钊, 周孝信, 尚宇炜, 等. 能源互联网概念, 关键技术及发展模式探索 [J] . 电网技术, 2015, 39(11): 3014–3022.

[12] HEMMES K, ZACHARIAH-WOLF J L, GEIDL M, et al. Towards multi-source multi-product energy systems[J]. International Journal of Hydrogen Energy, 2007, 32(10-11): 1332–1338.

[13] 李晓露, 宋燕敏, 唐春童, 等. 跨区域跨行业能源交易平台体系架构 [J]. 电力信息与通信技术, 2017, 15(11): 1–7.

[14] ZHANG C, WU J, LONG C, et al. Review of existing peer-to-peer energy trading projects[J]. Energy Procedia, 2017, 105: 2563–2568.

[15] CHEN Y, MEI S, ZHOU F, et al. An energy sharing game with generalized demand bidding: Model and properties[J]. IEEE Transactions on Smart Grid, 2019, 11(3): 2055–2066.

[16] LI Z, WU W, WANG J, et al. Transmission-constrained unit commitment considering combined electricity and district heating networks[J]. IEEE Transactions on Sustainable Energy, 2015, 7(2): 480–492.

[17] 孙刚, 贺平, 王飞, 等. 供热工程 [M]. 4 版. 中国建筑工业出版社, 2009.

[18] GEBREMEDHIN A, MOSHFEGH B. Modelling and optimization of district heating and industrial energy system—an approach to a locally deregulated heat market[J] . International journal of energy research, 2004, 28(5): 411–422.

[19] FARIVAR M, LOW S H. Branch flow model: Relaxations and convexification—Part I[J]. IEEE Transactions on Power Systems, 2013, 28(3): 2554–2564.

[20] GAN L, LI N, TOPCU U, et al. Exact convex relaxation of optimal power flow in radial networks[J]. IEEE Transactions on Automatic Control, 2014, 60(1): 72–87.

[21] BEN-TAL A, NEMIROVSKI A. On polyhedral approximations of the second-order cone[J]. Mathematics of Operations Research, 2001, 26(2): 193–205.

[22] LI Z, WU W, SHAHIDEHPOUR M, et al. Combined heat and power dispatch considering pipeline energy storage of district heating network[J]. IEEE Transactions on Sustainable Energy, 2015, 7(1): 12–22.

[23] HEFFETZ O. Cobb-Douglas utility with nonlinear Engel curves in a conspicuous consumption model[J]. Available at SSRN 1004544, 2007.

[24] SAMADI P, MOHSENIAN-RAD H, SCHOBER R, et al. Advanced demand side management for the future smart grid using mechanism design[J]. IEEE Transactions on Smart Grid, 2012, 3(3): 1170–1180.

[25] FORTUNY-AMAT J, MCCARL B. A representation and economic interpretation of a two-level programming problem[J]. Journal of the operational Research Society, 1981, 32(9): 783–792.

[26] VIELMA J P. Mixed integer linear programming formulation techniques[J]. Siam Review, 2015, 57(1): 3–57.

[27] LEWIS R M, TORCZON V. Pattern search algorithms for bound constrained minimization[J]. SIAM Journal on optimization, 1999, 9(4): 1082–1099.

[28] Data of test systems for heat-power distribution system, 2017.

[29] CHAO H. Demand response in wholesale electricity markets: the choice of customer baseline[J]. Journal of Regulatory Economics, 2011, 39(1): 68–88.

[30] England I S O N. Docket No[R] . ER08-538-000, 2008.

[31] Status report on the future of price-responsive demand programs[R]. ISO New England Inc., 2009.

[32] BOYD S, BOYD S P, VANDENBERGHE L. Convex optimization[M]. Cambridge university press, 2004.

[33] NAJAFI A, FALAGHI H, CONTRERAS J, et al. Medium-term energy hub management subject to electricity price and wind uncertainty[J]. Applied Energy, 2016, 168: 418–433.

[34] NAJAFI A, FALAGHI H, CONTRERAS J, et al. A stochastic bilevel model for the energy hub manager problem[J]. IEEE Transactions on Smart Grid, 2016, 8(5): 2394–2404.

[35] LIU N, YU X, WANG C, et al. Energy-sharing model with price-based demand response for microgrids of peer-to-peer prosumers[J]. IEEE Transactions on Power Systems, 2017, 32(5): 3569–3583.

[36] SHA A, AIELLO M. A novel strategy for optimising decentralised energy exchange for prosumers[J]. Energies, 2016, 9(7): 554.

[37] YAZDANI-DAMAVANDI M, NEYESTANI N, SHAFIE-KHAH M, et al. Strategic behavior of multi-energy players in electricity markets as aggregators of demand side resources using a bi-level approach[J]. IEEE Transactions on Power Systems, 2017, 33(1): 397–411.

[38] SUBHONMESH B, LOW S H, CHANDY K M. Equivalence of branch flow and bus injection models[C]//2012 50th Annual Allerton Conference on Communication, Control, and Computing (Allerton). IEEE, 2012: 1893–1899.

[39] GROWE-KUSKA N, HEITSCH H, ROMISCH W. Scenario reduction and scenario tree construction for power management problems[C]//2003 IEEE Bologna Power Tech Conference Proceedings,. IEEE, 2003, 3(3): 7.

第17章 综合能源系统演化分析实例

17.1 研究背景

对能源使用效率的迫切需求使得综合能源系统应运而生。综合能源系统打破了传统的单一能源系统结构，促进了多能网络的优势互补，互联互济，使整个系统具有更高的灵活性。综合能源系统主要分为以下几类。

（1）电-热耦合系统：电力系统与热力系统相结合，以电锅炉、热电联产机组（combined heat and power unit）、储能元件等作为耦合元件，以区域热网（district heating network）为主要形式存在，其发展受能源生产、传输、市场交易问题等各环节的影响。

（2）电-气耦合系统：电力系统与天然气系统相结合，以燃气发电机组作为耦合元件，其通常与电-热耦合系统相结合形成电-热-气耦合系统。

（3）电-可再生能源耦合系统：大量的风电、光伏发电接入电网，以风力发电机、光伏电板作为耦合元件，形成电-可再生能源系统。目前我国可再生能源存在传输能力不足，就地消纳困难的问题，其发展同时受到了高成本的阻碍，需要探索新的发展模式。

（4）电-交通耦合系统：电力系统与交通网络相结合，以电动汽车充电桩作为耦合元件形成电-交通耦合系统。随着电动汽车产业逐步发展，电动汽车保有量大幅提升，电-交通耦合系统将迎来新的春天。但限于充电设施建设不足，该系统的发展存在巨大的潜力。

综合能源系统涉及面广，对象结构复杂，具有以下特点：

（1）大规模群体性：综合能源系统发展涉及的主体种类多，时空分布广泛，总量巨大，包含信息丰富（如位置信息，竞争关系信息，连接关系信息等），传统的经典博弈理论难以分析这些包含海量信息的群体行为策略。

（2）复杂网络结构特性：各耦合系统通常都具有复杂的物理网络结构，在演化过程中部分网络结构动态发展，同时部分结构保持静态不变，综合社会关系网络等结构还呈现出复杂的网络发展特性。

（3）发展不平衡性：综合能源系统具有空间发展的不平衡性，取决于资源丰富程度、经济发展程度等诸多方面的影响，同时又具有时间发展的不平衡性，在系统发展不同阶段具有不同的特性与结构。

（4）市场机制与国家政策导向性：综合能源系统的发展演化深受政策导向的影响，故分析综合能源系统的演化过程需着重考虑国家政策导向。同时，综合能源系统的使用者，即消费者则受市场机制引导，因此系统设计还需考虑多方利益，从微观-宏观层面综合分析。

在国家大力发展倡导下，新能源发电大量接入系统，综合能源系统成为产业行业的主流，未来将逐渐演化为第三代电网[1]。综合能源系统的演化是工程系统随社会经济发展、人类需求逐渐变化而发生的必然过程[2]。“工程演化论”从哲学层面分析了微观-中观-宏观层面工程演化的动力学构成，为开展能源、信息等具体行业的演化研究提出了很好的蓝图[3]。然而，在指导多能互补网络的政策规划、结构调整时，仍然需要大量的研究以便量化社会、自然、创新、竞争等重要因素在演化模型中的作用[4]。本章采用演化博弈研究综合能源系统各参与主体在演化过程中的决策，主要包括以下几个方面。

（1）演化发展主要驱动因素的确定：综合能源系统的演化发展受生产、传输、销售、使用等各环节各主体的决策影响。各耦合系统具有的网络结构特征及发展特点导致其演化发展主要影响因素各不相同，需确定各子系统的发展演化驱动因素，才能进一步确定综合能源系统演化发展主要驱动因素。

（2）演化博弈模型的构建：考虑到综合能源系统具有体量大、信息广泛且发展不平衡的特点，可将综合能源系统的发展演化问题分为几类典型子问题，针对各系统具有的特征，结合领域信息及历史信息、位置信息等构建演化博弈模型，包括复制者动态方程，策略选择及演化更新规则等。

（3）演化均衡的分析：基于已构建的演化博弈模型，结合控制理论，分析演化博弈的演化稳定策略，并给出 ESS 的稳定条件。

（4）演化激励方案的设计：基于（1）所确定的演化发展主要驱动因素，制定相应的激励政策以促进综合能源系统的平稳发展，引导市场进入目标状态，并为政策制定者提出一系列参考建议。

17.2 计及动态财政政策激励的城市供暖系统演化问题

17.2.1 问题描述

随着经济发展，能源需求日渐增长，而传统能源如煤炭、石油等给环境造成了严重污染，危害人类健康。现在社会各界已经逐渐意识到气候变化和环境保护的重要性，亟须探索清洁的、可持续发展的能源使用方式，并最终取代化石能源。各个领域中目前都在鼓励使用清洁能源替代传统能源，比如在城市供暖系统中，使用煤炭、天然气和电这三种主要的能源形式进行供暖，传统的供暖系统以燃煤供暖（coal heating，CH）为主，但现在则逐渐被电供暖（electric heating，EH）取代[5,6]。随着全世界各地可再生能源的迅速发展，使用电热泵进行区域供暖将成为一种主要趋势。然而，尽管从环保的角度来说应大力发展电供暖，但在实际应用中，受制于较高的电价，电供暖的发展规模仍处于初级阶段。提高电供暖的比例，需要相关政策的支持作为采暖政策的主要对象，集中供暖公司（centralized heating companiy，CHC）采用电供暖或者燃煤供暖与当前政策机制密切相关。本节采用演化博弈论分析城市供暖系统的动态演化过程，并分析税收及补贴政策对演化稳定策略的影响，研究最终的系统演化稳定状态与政策参数间的关系。

17.2.2 演化博弈模型的构建

在城市供暖系统中，目前燃煤供暖占比较高，而政府从可持续发展的角度则鼓励集中供暖公司以电供暖的方式逐步替代燃煤供暖，为了达到这一目标，政府可颁布一系列税收及补贴政策。然而，对于期望目标，政府往往难以准确设计各税率及补贴标准以保证能够达到最终的目标。比如，政府预计在五年后实现 50% 的燃煤供暖被电供暖取代，当下给出多少补贴或者征收多少税才能够达到这一目标，是需要研究的问题。为此需要解答以下三个问题：① 如何使城市供暖系统的发展过程曲线可视化；② 如何精确给出财政政策标准使其在预期时间后达到调控目标；③ 如何使城市供暖系统以最平稳的方式过渡到期望状态。

为了回答以上问题，首先应对城市供暖公司和政府的策略、收益进行数学描述，构建数学模型，利用复制者动态方程来分析其演化曲线并计算均衡，得到演化稳定策略的表达式。其次需要分别考虑静态补贴静态税率政策、静态补贴动态税率政策、动态补贴静态税率政策和动态补贴动态税率政策等四种场景下该博弈问题的演化稳定均衡。然后提出最优参数设计算法来优化演化过程的曲线。最后结合仿真数据对结果进行验证，并结合实际情况给出参考建议。

为了进行理论分析，此处提出以下基本假设。

假设 17.1 博弈中政府和集中供暖公司均为参与者。政府有两个策略，即采用严格政策干预系统发展或采用宽松政策不干预系统发展；集中供暖公司有两个策略，即采用电供暖或采用燃煤供暖。

假设 17.2 参与者通过比较自己与他人的收益，学习群体中获得最高收益的个体的决策，在演化博弈论中，这一学习过程由复制者动态方程表征，即当某种策略能带来更高的收益，则群体中选择该策略的比例会相应增加。

假设 17.3 假定集中供暖公司遵从政府统一定价；政府仅对集中供暖公司采用燃煤供暖进行征税；动态税率与燃煤供暖比例成正比，动态补贴与电供暖比例成反比；环境质量提升效果通过碳减排成本计算；供暖质量通过消费者愿意支付的服务价格衡量。

假设 17.4 假设集中供暖公司采用燃煤供暖获得的收入高于采用电供暖的补贴前收入，即 $I_{ch} - I_{eh} > 0$，且所有的参数取值范围为 [0,1000]。

基于上述假设条件，本节将先介绍模型的基本要素，包括参与者策略集和支付矩阵。图 17.1描述了城市供暖系统的演化博弈框架。在该博弈模型中，集中供暖公司有两个策略，即采用电供暖，或采用燃煤供暖，其策略集可记为 $A=(\mathrm{EH},\mathrm{CH})$。若集中供暖公司采用电供暖，则可获得政府补贴；若采用煤供暖，则需支付煤供暖税费。假设 x 为集中供暖公司采用电供暖的比例，$1-x$ 为集中供暖公司采用燃煤供暖的比例。政府有两个策略，即采用严格政策或采用宽松政策，其策略集可记为 $B=(\mathrm{SP},\mathrm{MP})$。若政府采用宽松政策，即对供暖产业的发展不做干预，没有补贴激励和税收惩罚；若采用严格政策，则通过奖惩机制对城市供暖系统发展进行干预和控制。假设 y 为政府拟采用严格政策的意向程度，$1-y$ 为政府拟采用宽松政策的意向程度。

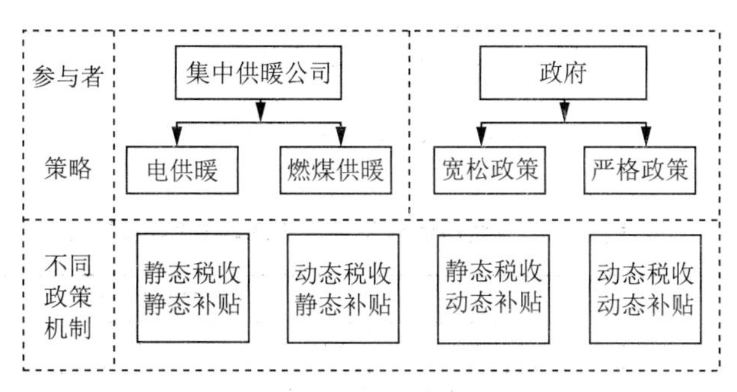

图 17.1　城市供暖系统演化博弈框架图

根据参与者的策略组合可得到该博弈的支付矩阵，如表 17.1所示。集中供暖公司的收益主要来自向消费者供热的利润，由售价、成本、税收和补贴决定。如果集中供暖公司选择使用电供暖，将获得补贴并支付高昂的使用成本。政府将获得环境质量提升 R，并向集中供暖公司提供补贴 S，通过用电供暖替代燃煤供暖减少碳排放的成本来衡量环境改善质量。如果集中供暖公司选择燃煤供暖，则必须在享受低使用成本的同时支付税赋。政府将获得税收 T，并负责环境治理费用 E。因此，当政府采取严格政策，当集中供暖公司采取电供暖时，其收益函数为 $R-S$；而当集中供暖公司采取燃煤供暖时，收益函数为 $T-E$。当政府采用宽松政策，当集中供暖公司采取电供暖时，其收益函数为 R；当集中供暖公司采取燃煤供暖时，其收益函数为 $-E$。为简单起见，当政府采用宽松政策时，下文分别将策略电供暖和燃煤供暖对应的集中供暖公司的收益记为 I_{eh} 和 I_{ch}。其中，I_{eh} 是电供暖的单位售价 ω_e 与电供暖的单位成本 c_e 之间的差额。另外，采用电供暖的成本 c_e 包括电供暖设备的初始投资，维护成本和运营成本等。I_{ch} 是燃煤供暖的单位售价 ω_c 与燃煤供暖的单位成本 c_c 之间的差额。当政府采用严格政策时，选择电供暖和燃煤供暖的集中供暖公司的收益分别为 $I_{eh}+S$ 和 $I_{ch}-T$，其中

$$I_{eh}=\omega_e-c_e \tag{17-1}$$

$$I_{ch}=\omega_c-c_c \tag{17-2}$$

设 α_{eh}、α_{ch}、$\overline{\alpha}$ 分别为集中供暖公司选择电供暖、燃煤供暖的收益及两者的期望收

益，其表达式为

$$\alpha_{eh} = y(I_{eh} + S) + (1 - y)I_{eh} \tag{17-3}$$

$$\alpha_{ch} = y(I_{ch} - T) + (1 - y)I_{ch} \tag{17-4}$$

$$\overline{\alpha} = x\alpha_{eh} + (1 - x)\alpha_{ch} \tag{17-5}$$

设 β_{sp}、β_{mp}、$\overline{\beta}$ 分别为政府选择严格政策、宽松政策的收益及两者的期望收益，其表达式为

$$\beta_{sp} = x(R - S) + (1 - x)(T - E) \tag{17-6}$$

$$\beta_{mp} = xR - (1 - x)E \tag{17-7}$$

$$\overline{\beta} = y\beta_{sp} + (1 - y)\beta_{mp} \tag{17-8}$$

表 17.1　城市供暖系统演化博弈支付矩阵

政府	集中供暖公司	
	电供暖	燃煤供暖
严格政策	$R-S, I_{eh}+S$	$T-E, I_{ch}-T$
宽松政策	R, I_{eh}	$-E, I_{ch}$

基于集中供暖公司和政府收益的表达式，以下将分成四个场景分析其演化过程及演化稳定均衡。

为了研究税收和补贴政策如何影响城市供热系统的发展演化过程，假设税收和补贴在系统发展过程中随电供暖的比例而变化。在发展初期，考虑高补贴额以鼓励集中供暖公司使用电供暖，并对集中供暖公司征收高额税费以减少燃煤供暖的使用。随着城市供热系统的发展，当使用电供暖的比例接近或高于预期目标时，补贴率和税率相应降低。本节介绍了四种不同的政策设计方案：静态税收和静态补贴，动态税收和静态补贴，静态税收和动态补贴，动态税收和动态补贴，并在各场景下分别讨论其演化稳定策略，根据四种情况下的结果进行综合分析。

场景一：静态税收和静态补贴机制

对于静态税收和静态补贴机制，T 和 S 是常数。集中供暖公司选择电供暖策略的复制者动态方程为

$$F(x) = \frac{\mathrm{d}x}{\mathrm{d}t} = x(\alpha_{eh} - \overline{\alpha}) = x(1 - x)[y(S + T) + I_{eh} - I_{ch}] \tag{17-9}$$

政府选择严格策略的复制者动态方程为

$$F(y) = \frac{\mathrm{d}y}{\mathrm{d}t} = y(\beta_{sp} - \overline{\beta}) = y(1 - y)[x(-S - T) + T] \tag{17-10}$$

令式 (17-9) 和式 (17-10) 右端等于 0，可得出 (0,0)、(0,1)、(1,0)、(1,1) 四个固定的均衡点。若

$$0 \leqslant \frac{I_{ch} - I_{eh}}{S+T} \leqslant 1, \quad 0 \leqslant \frac{T}{S+T} \leqslant 1$$

则

$$(x^*, y^*) = \left(\frac{T}{S+T}, \frac{I_{ch} - I_{eh}}{S+T}\right) \tag{17-11}$$

也是一个均衡点。但并非所有均衡点都是博弈的 ESS。为了区分 ESS，考察 Jacobian 矩阵的特征值来评估均衡点的渐近稳定性，即

$$J = \begin{bmatrix} (1-2x)[y(S+T) + I_{eh} - I_{ch}] & x(1-x)(S+T) \\ y(1-y)(T+S) & (1-2y)[x(-S-T)+T] \end{bmatrix} \tag{17-12}$$

根据 Lyapunov 稳定性条件[7]，如果 J 的特征值在平衡点具有负实部，则它是渐近稳定的，对应的平衡点是博弈的 ESS。

表 17.2总结了场景一中各均衡点的渐近稳定条件。由于税率和补贴为正数，均衡点（0,0）和（1,1）处的渐进稳定条件将无法满足。因此，（0,0）和（1,1）不是 ESS。当满足均衡点（0,1）的渐近稳定条件时，（0,1）是 ESS，均衡点（1,0）类似。

表 17.2 场景一中各均衡点的渐近稳定条件

ESS	渐进稳定条件
$(0,0)$	$I_{eh} < I_{ch}, T < 0$
$(0,1)$	$I_{ch} > I_{eh} + S + T, T > 0$
$(1,0)$	$I_{eh} > I_{ch}, S > 0$
$(1,1)$	$I_{ch} < I_{eh} + S + T, S < 0$

场景二：动态税收和静态补贴机制

场景二考虑动态税收和静态补贴政策，并分析了新的演化均衡。假设 q 是税率的上限。由于燃煤供暖对环境造成污染，因此税收应与采用燃煤供暖的比例成正相关。假设

$$T(x) = q * (1-x) \tag{17-13}$$

将式 (17-13) 代入式 (17-9) 和式 (17-10) 中并令其等于 0，即可获得均衡点。四个固定的均衡点（0,0）、（0,1）、（1,0）、（1,1）不是 Lyapunov 稳定的。另一个均衡点为

$$x_1^* = 1 + \frac{S - \sqrt{S^2 + 4qS}}{2q}, \quad y_1^* = \frac{2(I_{ch} - I_{eh})}{S + \sqrt{S^2 + 4qS}} \tag{17-14}$$

注意到 $\partial x_1^*/\partial S < 0$, 即电供暖的比例随补贴额增大而减少。$\partial x_1^*/\partial q > 0$ 即电供暖比例随税率上限增大而增加。$\partial y_1^*/\partial S < 0$ 即政府采用严格政策的意向程度随补贴额增大而变小；$\partial y_1^*/\partial q < 0$ 即政府采用严格政策的意向程度随税率上限增大而降低。

场景三：静态税收和动态补贴机制

政府需要提供补贴以鼓励集中供暖公司使用电供暖，但是，补贴政策应该随着现实中城市供暖系统的发展而不断调整。场景三将讨论静态税收和动态补贴政策机制下的 ESS。

假设 p 是补贴额的上限，补贴随电供暖比例的提高而逐渐降低。故

$$S(x) = p(1-x) \tag{17-15}$$

将式 (17-15) 代入式 (17-9) 和式 (17-10) 中并令其等于 0，即可获得均衡点。四个固定的均衡点（0,0）、（0,1）、（1,0）、（1,1）不是 Lyapunov 稳定的。另一个均衡点为

$$x_2^* = \frac{(p+T)-\sqrt{(p-T)^2}}{2p}, \quad y_2^* = \frac{2(I_{ch}-I_{eh})}{p+T+\sqrt{(p-T)^2}} \tag{17-16}$$

注意到 $\partial x_2^*/\partial T > 0$，即电供暖的比例随税率增大而增加；$\partial x_2^*/\partial p < 0$ 即电供暖的比例随补贴上限增大而减少；$\partial y_2^*/\partial T < 0$ 表示政府采用严格政策的意向程度随税率增大而变小；$\partial y_2^*/\partial p < 0$ 表示政府采用严格政策的意向程度随补贴上限增大而变小。

场景四：动态税收和动态补贴机制

从以上结果可知 ESS 在不同场景下有不同的表达式，当补贴政策和税收政策随时间变化时，场景四考虑动态税收和动态补贴政策下的 ESS。将式 (17-13) 和式 (17-15) 代入到式 (17-9) 和式 (17-10) 中并令其等于 0，即可获得均衡点。四个固定的均衡点（0,0），（0,1），（1,0），（1,1）不是 Lyapunov 稳定的。另一个均衡点为

$$x_3^* = \frac{q}{p+q}, \quad y_3^* = \frac{I_{ch}-I_{eh}}{p} \tag{17-17}$$

注意到 $\partial x_3^*/\partial p < 0$，即电供暖的比例随补贴额上限增大而减少；$\partial x_3^*/\partial q > 0$ 即电供暖的比例随税率增大而增加；$\partial y_3^*/\partial p < 0$ 表示政府采用严格政策的意向程度随补贴额上限增大而变小。同时，政府采用严格政策的意向程度不受税收上限影响。

均衡点 (x_1^*, y_1^*)、(x_2^*, y_2^*)、(x_3^*, y_3^*) 处的近似稳定性由 Jacobian 矩阵 J_1'、J_2' 及 J_3' 判定

$$J_1' = \begin{bmatrix} \dfrac{q^2(I_{eh}-I_{ch})(1-x)S}{[(1-x)q+S]^3} & \dfrac{S(1-x)q}{[(1-x)q+S]} \\ \dfrac{D_1'}{[(1-x)q+S]^3} & 0 \end{bmatrix} \tag{17-18}$$

式中，$D_1' = (I_{ch}-I_{eh})[(1-x)q+S-I_{ch}+I_{eh}][qS-((1-x)q+S)^2]$。

$$J_2' = \begin{bmatrix} \dfrac{p^2(I_{eh}-I_{ch})(1-x)T}{[(1-x)q+T]^3} & \dfrac{qT(1-x)}{[(1-x)p+T]} \\ \dfrac{D_2'}{[(1-x)p+T]^3} & 0 \end{bmatrix} \tag{17-19}$$

式中，$D_2^{'} = (I_{ch} - I_{eh})[(1-x)p + T - I_{ch} + I_{eh}][pT - ((1-x)p+T)^2]$。

$$J_3^{'} = \begin{bmatrix} \dfrac{q(I_{eh} - I_{ch})}{p+q} & \dfrac{p^2 q}{[(p+q)^2]} \\ \dfrac{(I_{eh} - I_{ch})(p + I_{eh} - I_{ch})}{p} & 0 \end{bmatrix} \tag{17-20}$$

其特征值由表 17.3中给出，其中 Δ 为正数。除了 (x^*, y^*)，其他三个均衡点皆稳定。各种场景下参与者策略选择演化发展过程如图 17.2（a）～（d）所示。在图 17.2（a）中，(x^*, y^*) 不是 ESS。在图 17.2（b）、（c）和（d）中，(x_1^*, y_1^*)、(x_2^*, y_2^*) 和 (x_3^*, y_3^*) 是 ESS。因此参与者策略最终将演化收敛到 ESS。根据 ESS 的表达式 (17-14)、式 (17-16) 和式 (17-17)，在场景二、三、四下，通过等式可以准确定义政策与电供暖使用率之间的关系。因此，当政府设定转型目标时，可根据等式确定相应的税率和补贴率。

表 17.3　场景一、二、三、四中均衡的稳定性

均衡	Jacobian 矩阵	均衡处的特征值
(x^*, y^*)	$J^{'}$	$\lambda_{1,2} = \pm \dfrac{i\sqrt{-TS(I_{ch} - I_{eh})(S + T - I_{eh} - I_{ch})}}{S+T}$
(x_1^*, y_1^*)	$J_1^{'}$	$\lambda_{1,2}^{'} = \dfrac{q^2(I_{eh} - I_{ch})S(1-x) \pm i\sqrt{\Delta}}{2[(1-x)q+S]^3}$
(x_2^*, y_2^*)	$J_2^{'}$	$\lambda_{1,2}^{''} = \dfrac{p^2(I_{eh} - I_{ch})(1-x)T \pm i\sqrt{\Delta}}{2[(1-x)p+T]^3}$
(x_3^*, y_3^*)	$J_3^{'}$	$\lambda_{1,2}^{'''} = \dfrac{q(I_{eh} - I_{ch})}{p+q} \pm \dfrac{i\sqrt{\Delta}}{2}$

下面讨论优化税率和补贴标准以减少演化轨迹的波动，尽快将市场引导到稳定状态的方法。在“煤改电”过程中，如果税收和补贴标准不合适，市场将产生不稳定状态并出现波动。比如在发展初期，电供暖的比例迅速增加，但高额补贴或税收将导致政府受到较大资金压力而放弃发展电供暖。通过优化演化发展轨迹，可最大限度地减少市场波动。在场景一到场景四的分析中，ESS 由 p、q、S、T、I_{eh}、I_{ch} 确定。在这些参数中，p、q、S、T 是与补贴和税收政策相对应的参数。本节旨在找到通过提出不同的政策来控制电供暖和煤供暖的比例并优化政策参数的方法。这里将分析 p、q、S、T 对 ESS 的影响。

将演化发展轨迹的最优化问题视为最优控制问题，某状态方程由 (17-9) 描述，在场景二中，$u = (q, S)$，即考虑动态税收和静态补贴政策。在场景三中，$u = (p, T)$，即静态税收和动态补贴政策。在场景四中，$u = (p, q)$，即动态税收和动态补贴政策。由于在场景一中，均衡点 (x^*, y^*) 不是渐近稳定的，故不再讨论场景下的参数设计。给定 x 的目标值，向量 u 的解由式 (17-14)，式 (17-16) 和式 (17-17) 确定。

为了优化演化轨迹并减少波动，轨迹与目标值间的差值平方积分必须具有较小的值，建立如下最优控制模型：

$$\begin{aligned}&\min_{u}\ \Phi(u)=\int_{0}^{T}f(x(t))\mathrm{d}t=\int_{0}^{\infty}(x(u)-x^{*})^{2}\mathrm{d}t\\&\text{s.t.}\quad \dot{x}=f(x,u)\end{aligned}\tag{17-21}$$

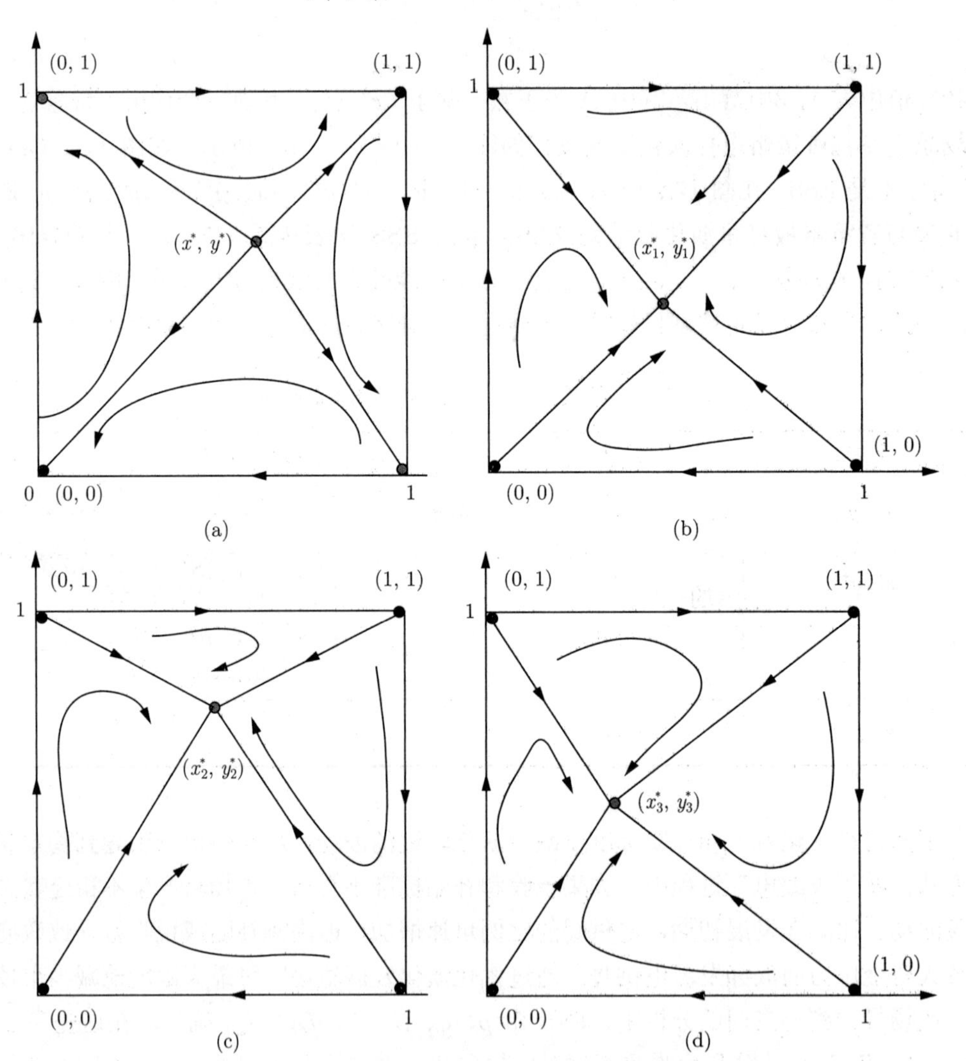

图 17.2　各种场景下参与者策略选择的演化发展过程

（a）场景一；（b）场景二；（c）场景三；（d）场景四

对于任一组参数向量 u，可以进行数值积分并获得 $\Phi(u)$ 的值，从而将问题转化为如何找到使函数 $\Phi(u)$ 最小化的最优参数 u^*。使用 patternsearch 算法[8] 可计算 u 的目标函数值，并朝可能包含其最佳值的区域更新采样点。此过程由 MATLAB 中的 patternsearch 功能实现。

该算法的流程如下所示。

Step 1: 设置参数向量 u 的初始值，电供暖比例 x 的初值及调控目标值 x^*。

Step 2: 设置参数的数值范围 [0,1000]，以此定义搜索区域。

Step 3: 分别根据方程式 (17-14)、式 (17-16) 和式 (17-17) 设置参数的约束条件。

Step 4: 计算演化轨迹的积分值。

Step 5: 使用 patternsearch 工具搜索积分的最小值以确定 u 的值。

u 的最优解即调整后的参数值，即为最优参数。该方法可以应用在所有存在 ESS 的场景中，从而获得优化的演化发展轨迹。

17.2.3 算例分析

本节通过算例模拟四种税收和补贴政策场景下中国北方城市供热系统的演化过程。算例仿真基于 MATLAB 2017b 实现，首先计算集中供暖公司选择电供暖和煤供暖的收益，然后计算环境与社会效益，并分析税收和补贴对集中供暖公司和政府战略决策的影响。最后，通过最优参数设计算法确定最优的演化轨迹。在本算例中，集中供暖公司和政府是博弈参与者，消费者偏好将影响二者的收益，城市供暖系统可视为区域供热系统。在区域供热系统中，供热网络由集中供热公司管理。因此，即使在讨论自由竞争市场的情况下，消费者也需要支付采暖费用。我国的采暖价格由政府统一制定，但考虑到若未来供热公司可通过市场化定价，则需根据消费者的需求响应分别计算电热和煤热的最优售价。在本节讨论中，最优售价由市场决定，通过效用函数计算极值得到。效用函数是指供暖公司给消费者提供的供暖方式带来的满意度与他们支付的费用之间的差值。文献[9]中说明了消费者效用、偏好和需求之间的关系。设 UT 为消费者效用，θ 为消费者选择电供暖或燃煤供暖的偏好程度。若消费者选择使用电供暖，则消费者的效用为 UT_e；若选择使用燃煤供暖，则消费者的效用为 UT_c：

$$\mathrm{UT}_e = \theta\gamma_e - \omega_e \tag{17-22}$$

$$\mathrm{UT}_c = \theta\gamma_c - \omega_c \tag{17-23}$$

其中 ω_e 和 ω_c 分别为电供暖和燃煤供暖的单位售价，γ_e 和 γ_c 即对应的供暖质量，c_e 和 c_c 分别为电供暖和燃煤供暖的单位成本。

令式 (17-22) 和式 (17-23) 相等，则得到 θ 的极值为

$$\theta_1 = \frac{\omega_e - \omega_c}{\gamma_e - \gamma_c} \tag{17-24}$$

令式 (17-23) 等于 0，得到 θ 的另一个极值为

$$\theta_2 = \frac{\omega_c}{\gamma_c} \tag{17-25}$$

假设消费者选择电供暖的偏好程度在 $\theta \in [\theta_1, 1]$ 区间内；选择煤供暖的偏好程度在 $\theta \in [\theta_2, \theta_1]$ 区间内; 不使用暖气的偏好程度在 $\theta \in [0, \theta_2]$ 区间内。则对电供暖的需求可记为 $d_e = 1 - \theta_1$，煤供暖的需求可记为 $d_c = \theta_1 - \theta_2$，即

$$d_e = \frac{\gamma_e - \gamma_c - \omega_e + \omega_c}{\gamma_e - \gamma_c} \tag{17-26}$$

$$d_c = \frac{\omega_e\gamma_c - \omega_c\gamma_e}{\gamma_c(\gamma_e - \gamma_c)} \tag{17-27}$$

集中供暖公司选择电供暖或是燃煤供暖的效用由售价和消费者需求决定，分别记为 U_{eh} 和 U_{ch}，其表达式为

$$U_{eh} = (\omega_e - c_e)d_e \tag{17-28}$$

$$U_{ch} = (\omega_c - c_c)d_c \tag{17-29}$$

为了得到 ω_e 和 ω_c 的极值，令 $\dfrac{\partial U_{eh}}{\partial \omega_e} = 0$，$\dfrac{\partial U_{ch}}{\partial \omega_c} = 0$。则得到最优售价为

$$\omega_e^* = \frac{2\gamma_e(\gamma_e - \gamma_c) + 2\gamma_e c_e + \gamma_e c_c}{4\gamma_e - \gamma_c} \tag{17-30}$$

$$\omega_c^* = \frac{\gamma_c(\gamma_e - \gamma_c) + \gamma_c c_e + 2\gamma_e c_c}{4\gamma_e - \gamma_c} \tag{17-31}$$

算例中涉及的各参数初值在表 17.4中列出。根据北京市统计局 2018 年给出的统计数据，居民采暖需求量占供暖总需求的 38%，非居民需求占供暖总需求的 62%。根据国家发改委给出的华北地区冬季清洁供暖方案（2017—2021 年）[10] 所示，目前燃煤供暖比例为 87%，政府计划降低燃煤供暖比例，到 2019 年控制到 50%，到 2021 年则降为 30%。故 $1-x$ 的初始值设为 0.87。根据国家统计局的数据，在中国北方所有提供公共供暖的城市中，有 60% 的城市对电供暖实施补贴政策。因此，y 的初始值设为 0.6。根据北京供热公司 2018 年的数据[11]，整个采暖季居民用户电供暖的价格为 30 元/m^2，燃煤供暖价格为 16.5 元/m^2。对于非居民用户，其售价为 42 元/m^2。为简单起见，设电供暖和燃煤供暖的平均价格分别为 36 元/m^2 和 29.25 元/m^2，即 $\omega_e = 36, \omega_c = 29.25$，其供暖成本则分别为 $c_c = 60$ 和 $c_e = 13.45$。假设在静态场景中补贴标准为 40 元/m^2，补贴上限为 40 元/m^2。燃煤供暖的征税标准为 10 元/m^2，上限为 40 元/m^2，环境质量提升效果设为 $R = 30$，环境治理费设为 50 元/m^2。

表 17.4　参数初值表

参数	x	y	ω_e	ω_c	c_e	c_c	γ_e	γ_c
初值	0.13	0.6	36	29.25	60	13.45	30	25
参数	ω_e^*	ω_c^*	S	T	p	q	R	E
初值	45.3	25.6	40	10	40	40	30	50

根据式 (17-30) 和式 (17-31)，若未来集中供暖公司可采用市场定价，则最优售价由 $\gamma_e, \gamma_c, c_e, c_c$ 确定。参照华北地区冬季清洁供暖方案（2017—2021 年）[10] 可知，电采暖的质量好于煤采暖，因为电采暖的温度可以调节，且采暖方式完全清洁。供暖质量通过服务值来衡量，设电供暖的供暖质量为 30 元/m^2，燃煤供暖的质量为 25 元/m^2，标记为 $\gamma_e = 30$，$\gamma_c = 25$。因此，经过计算可知，电供暖最优售价为 45.3 元/m^2，燃煤供暖

最优售价为 25.6 元/m^2。从结果可以看出，电供暖的最优售价高于政府固定售价。因此，供热公司可以通过在自由竞争市场中提高售价的方式将增加的成本转嫁给用户。

将上述各参数值，代入四种场景下的复制者动态方程计算演化博弈的 ESS。图 17.3中给出了静态税收和静态补贴政策下的策略演化轨迹。实线表示以政府定价计算的供热公司策略演化轨迹；虚线表示政府的策略演化轨迹。

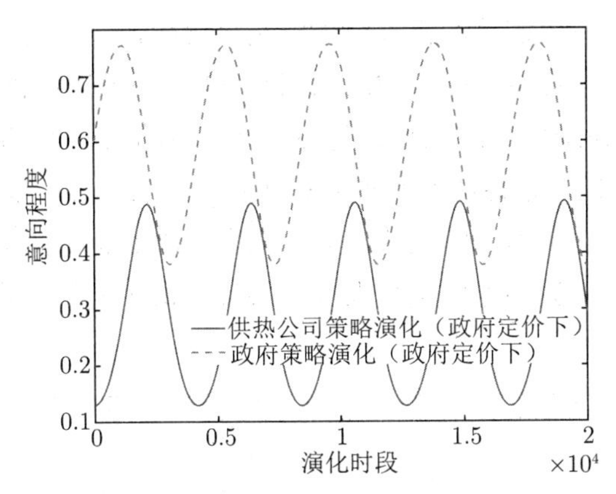

图 17.3 静态税收和静态补贴政策下策略的演化轨迹

在图 17.3中，供热公司选择策略电供暖和政府选择策略严格政策的演化轨迹无法收敛到均衡点 $x = 0.28, y = 0.58$。选择电供暖的初值为 0.13，政府可通过补贴政策干预调节电供暖的比例。随着政府的激励政策开始实施，供热公司采用电供暖的比例也随之提高。但电供暖的比例越来越高，高额补贴将给政府带来较大资金压力，从而使其干预市场的意愿逐渐减弱，而集中供暖公司在补贴减少后采用电供暖的比例也会逐步降低，因此，集中供暖公司和政府的策略都会随时间增加不断波动。

当改变税率和补贴额以满足渐进稳定条件时，ESS 将会发生变化，如图 17.4（a）和（b）所示。当 $S = 15, T = 12$ 时，ESS 为（0,1）。在这种情况下，环境治理成本过高，政府倾向于鼓励供热公司使用电供暖。但是，如果补贴和税费很低，则集中供暖

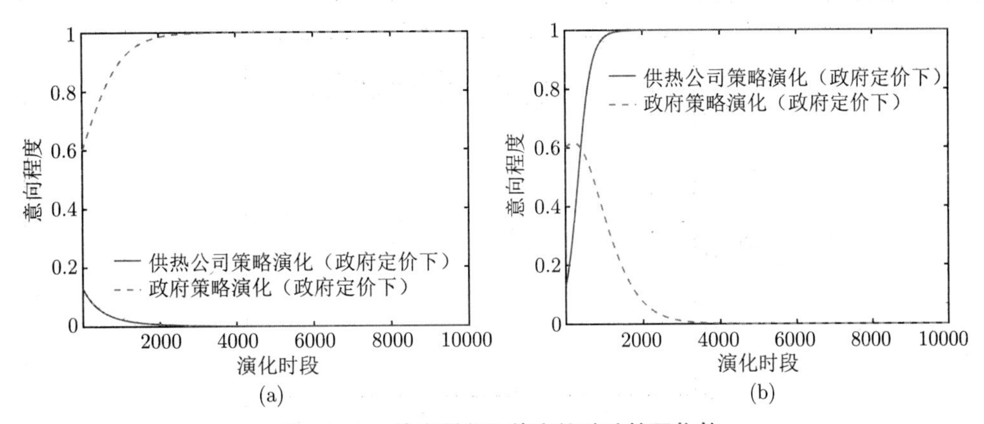

图 17.4 静态税收和静态补贴政策下收敛

（a）(0, 1)；（b）(1, 0)

公司将选择支付税费而不是使用电供暖。当 $S=10, T=100$ 时，ESS 为（1,0）。在这种情况下，电供暖的收益高于煤供暖则供热公司倾向于使用电供暖。

图 17.5（a）显示，在动态税收和静态补贴政策的推动下，供热公司选择使用电供暖的倾向和政府选择 SP 干预市场的意愿起初会剧烈波动，并逐渐收敛至 ESS，即 $x=0.34, y=0.54$。由于此处假设 $q=40$，$q<E$，即征税的上限低于环境治理的成本，所以这种现象可以理解为政府无法从严格政策中获利。这样，政府将失去鼓励电供暖和限制煤供暖的动力，供热公司也将对政策做出响应并降低电供暖的比例。

图 17.5（b）显示，在采用静态税收和动态补贴政策的情况下，供热公司选择电供暖的意愿和政府选择策略 SP 的意愿都收敛到 ESS，即 $x=0.25, y=0.51$。由于 $p=40$,$p<E$，补贴的上限低于环境治理费用，因此政府为鼓励电供暖而花费的成本会更低。从而，政府将有更多的鼓励措施来鼓励电供暖和限制煤供暖，供热公司也将响应该政策并使用更多电供暖。

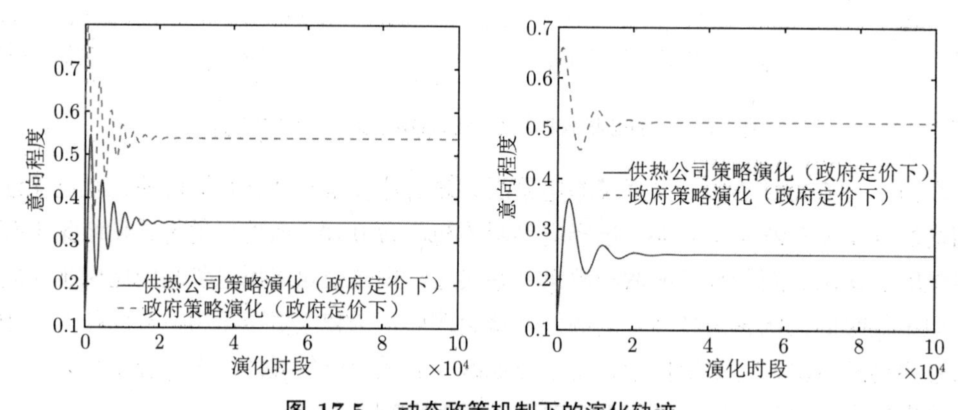

图 17.5　动态政策机制下的演化轨迹

（a）税率上限为 $q=40$；（b）补贴上限为 $p=40$

从图 17.6中可以看出，在动态税收和动态补贴政策下，供热公司选择策略电供暖和政府选择策略 SP 的演化轨迹收敛到 ESS 为 $x=0.33, y=0.51$。

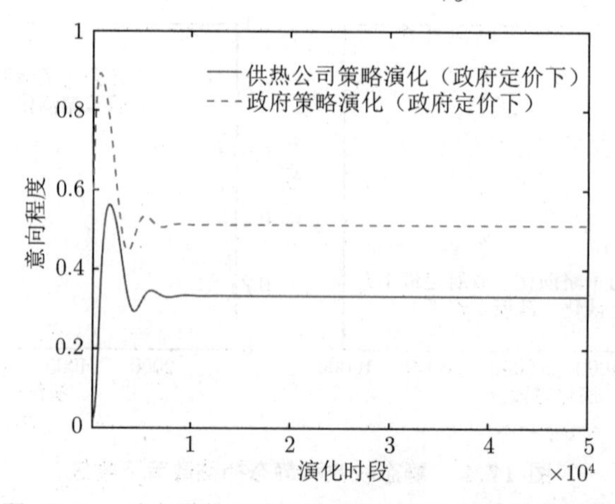

图 17.6　动态税收和动态补贴机制下的策略演化轨迹

为了研究两个参与者演化轨迹的方向，此处将模拟四种场景下的两者轨迹动态调整过程和策略的演化轨迹收敛方向。假设 ESS 为 $x = 0.7, y = 0.8$，结果在图 17.7中给出。在图 17.7（a）中，相图的形状为圆形，无法收敛到 ESS。在图 17.7（b）、（c）和（d）中，演化轨迹从不同初值开始，最终全部收敛到 ESS。这些仿真结果证明了理论分析的合理性。

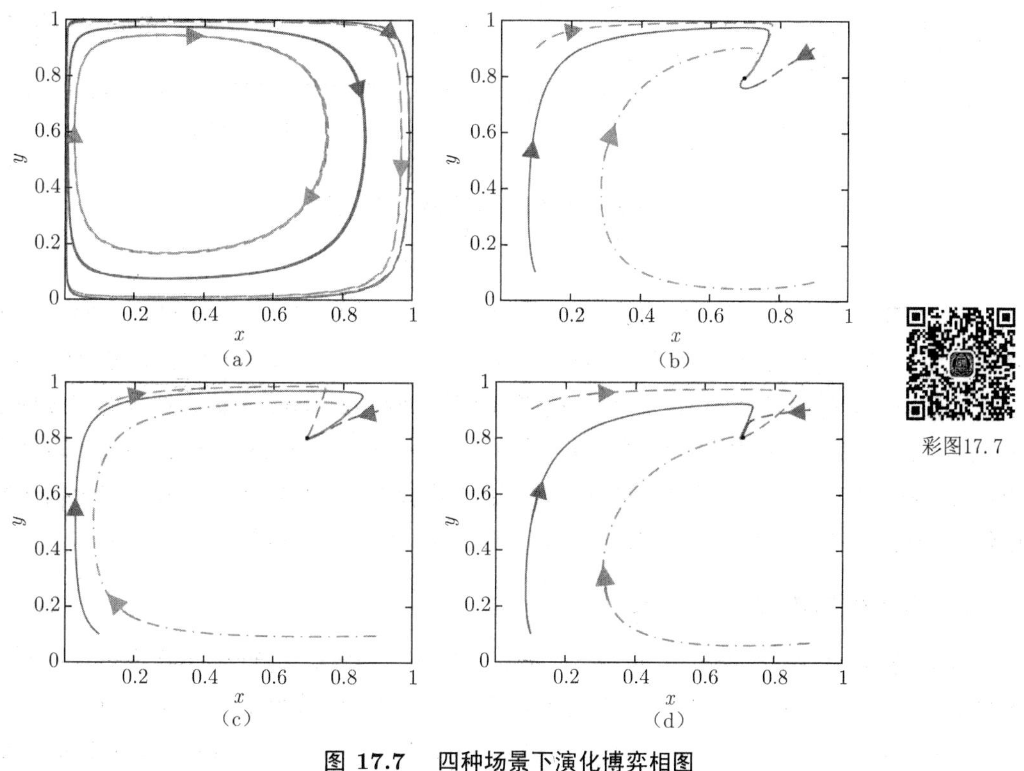

图 17.7　四种场景下演化博弈相图

（a）场景一；（b）场景二；（c）场景三；（d）场景四

1. 税率和补贴额度的影响分析

根据上述分析可得，在动态财政政策机制下，参与者选择策略的演化轨迹可收敛至 ESS。初值将影响 ESS 的大小。在下面的讨论中，将考虑动态税收和动态补贴政策，图 17.8（a）和（b）中给出了动态税收和补贴初值的影响。

图 17.8（a）显示，电供暖的比例随着税率的初值增大而增加。因此，政府可以通过提出适当的政策来控制电供暖的比例。图中两条演化轨迹的交点为 $(T = 40, x = 0.5)$。若政府期望电供暖的比例达到 $x = 0.5$，则应将税率设为 $T = 40$。同时该点为极点，如果税率过高，集中供暖公司将难以负担。尽管使用电供暖的公司的比例会随着税率的增加而增加，但实际上这不会发生。供热公司的选择电供暖的演化轨迹斜率绝对值大于政府选择 SP 的演化轨迹的斜率绝对值，这意味着此税收政策在鼓励使用电供暖的供热公司方面效率更高。

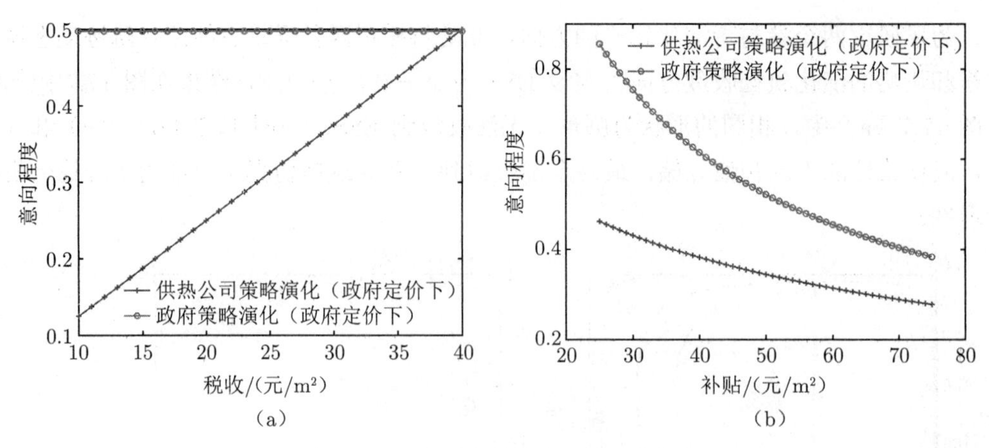

图 17.8 财政政策初值的影响分析

（a）动态税收；（b）动态补贴

图 17.8（b）显示，电供暖的比例随着补贴的初始值而降低。政府使用策略 SP 的意愿随着补贴初值的增加而降低，因为政府支付给公司的补贴远高于其获得的所有收益。这里应注意到，随着补贴的增加，政府选择 SP 的比例小于 0.5，这意味着政府将倾向于采用 MP，并且不会给予集中供暖公司任何补贴，进而供热公司将转而使用成本较低的煤供暖。图 17.8（a）中斜率的绝对值较大，这意味着用动态税收机制激励供热公司选择电供暖比动态补贴机制更有效。以上结果证明了理论分析的合理性。

2. 政策机制实施效果对比

政府的调控目标是到 2019 年将煤供暖比例降低到 50%，到 2021 年将煤供暖比例降低到 30%。到 2019 年，平均 60% 的地区应对电供暖予以政策支持；到 2021 年，该比率应为 80%。因此，为了达到这一目标，应分别考虑在 $x=0.5, y=0.6$ 和 $x=0.7, y=0.8$ 的目标下调整参数，并比较几种财政政策机制的实施效果。

图 17.9（a）给出了动态税收和静态补贴政策下收敛于 $x=0.5, y=0.6$ 的演化轨迹，

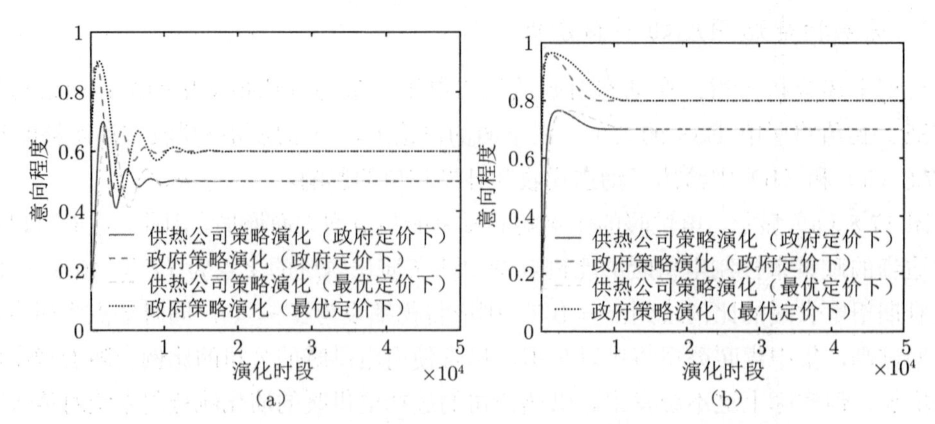

图 17.9 动态税率静态补贴机制下两种收敛情况的演化轨迹

（a）$x=0.5$，$y=0.6$；（b）$x=0.7$，$y=0.8$

此时对应的政策参数为 $S=34.2, q=68.3$（对应政府定价）以及 $S=44.8, q=22.4$（对应最优售价）。由于电供暖的最优售价为 45.3 元/m^2，且电供暖的政府定价为 36 元/m^2，为了达到相同的电供暖比例，相应的补贴标准分别为 44.8 元/m^2 和 34.2 元/m^2。政府需要给予更多的补贴以激励供热公司使用电供暖。

图 17.9（b）给出了动态税收和静态补贴政策下收敛于 $x=0.7, y=0.8$ 的演化轨迹，此时对应的政策参数为 $S=14.9, q=116.1$（对应政府定价），$S=10.1, q=78.3$（对应最优售价）。

图 17.10（a）中给出了静态税率动态补贴机制下收敛于 $x=0.5, y=0.6$ 的演化轨迹，此时对应的政策参数为 $T=34.2, p=68.3$(对应政府定价)，$T=22.4, p=44.8$（对应最优售价）。在图 17.10（b）中给出了静态税率动态补贴机制下收敛于 $x=0.7, y=0.8$ 的演化轨迹，此时对应的政策参数为 $T=35.9, p=51.2$（对应政府定价），$T=23.5, p=33.6$（对应最优售价）。

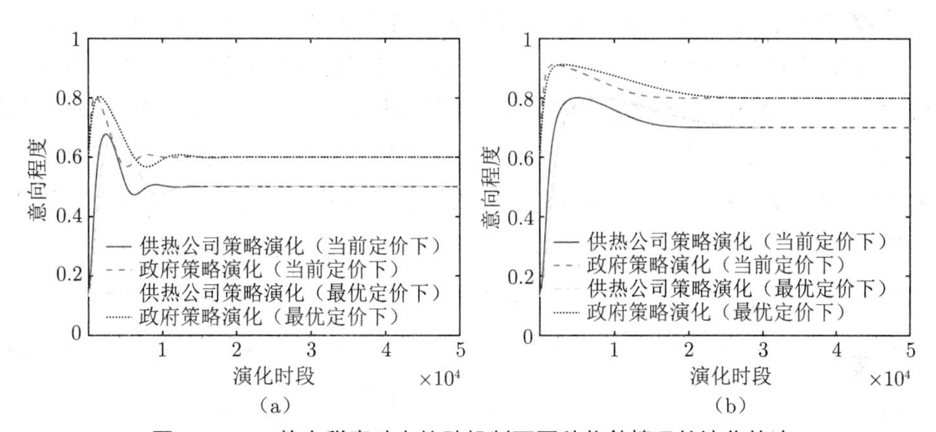

图 17.10　静态税率动态补贴机制下两种收敛情况的演化轨迹

（a）$x=0.5$，$y=0.6$；（b）$x=0.7$，$y=0.8$

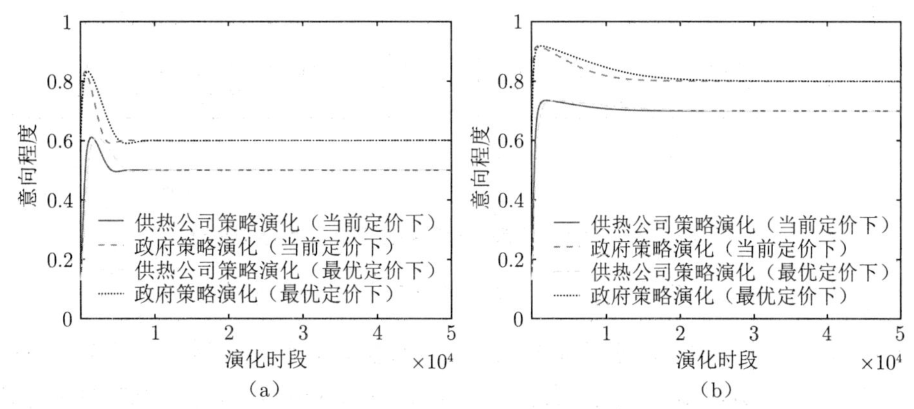

图 17.11　动态税率动态补贴机制下两种收敛情况的演化轨迹

（a）$x=0.5$，$y=0.6$；（b）$x=0.7$，$y=0.8$

图 17.11（a）中给出了动态税率动态补贴机制下收敛于 $x=0.5, y=0.6$ 的演化轨迹，

此时对应的政策参数为 $p=68.3, q=68.3$（对应政府定价），$p=44.8, q=44.8$（对应最优售价）。图 17.11（b）中给出了动态税率动态补贴机制下收敛于 $x=0.7, y=0.8$ 的演化轨迹，此时对应的政策参数为 $p=51.25, q=119.6$（对应政府定价），$p=33.6, q=78.3$（对应最优售价）。

假设收敛条件为 $|x(t-1)-x(t)|<e-10$，当收敛目标为（0.5,0.6）时，场景二、三、四中供热公司选择电供暖的演化轨迹 (对应政府定价) 迭代收敛次数分别为 14540、13340、6769。当收敛目标为（0.7,0.8）时，场景二、三、四中供热公司选择电供暖的演化轨迹（对应政府定价）迭代收敛次数分别为 14008、33426、12008。因此，在动态税收和动态补贴政策机制下，演化轨迹收敛速度最快。

3. 最优参数设计

由于环境问题亟待解决，因此政府期望尽快促成“煤改电”的大规模实施，欲逐步将 EH 的使用率提高到 50% 和 70%。在不同的政策标准下，达到预期目标所需的时间不同，因此需要找到最有效的政策参数设计。若将电供暖的比例设为 $x=0.5$ 或 $x=0.7$，根据最优参数设计算法优化演化轨迹。在动态税收机制下 q 和 S 是变量，在动态补贴机制下 p 和 T 是变量，故在动态税收和动态补贴机制下 p 和 q 是变量。

图 17.12对应动态税率静态补贴机制下的最优参数设计，达到 $x=0.5$ 的最优参数为 $q=72$ 和 $S=36$，演化轨迹收敛到 $x=0.5, y=0.57$；达到 $x=0.7$ 的最优政策参数为 $q=26.5$ 和 $S=36$，演化轨迹收敛到 $x=0.7, y=0.36$。

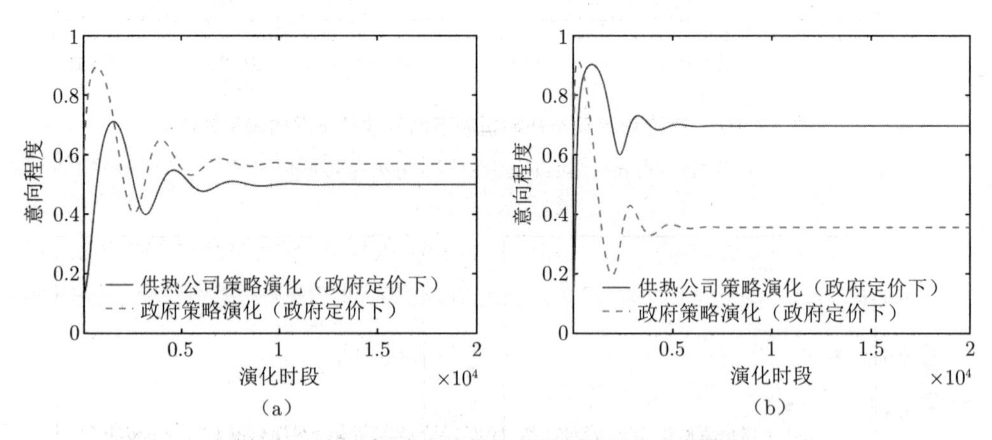

图 17.12　动态税率静态补贴机制下的最优参数设计

（a）$x=0.5$，$q=72$，$S=36$；（b）$x=0.7$，$q=26.5$，$S=35$

图 17.13对应静态税率动态补贴机制下的最优参数设计，达到 $x=0.5$ 的最优参数为 $p=62$ 和 $T=31$，演化轨迹收敛到 $x=0.5, y=0.66$；达到 $x=0.7$ 的最优参数为 $p=52$ 和 $T=36$，演化轨迹收敛到 $x=0.7, y=0.79$。

图 17.14对应动态税率动态补贴机制下的最优参数设计，达到 $x=0.5$ 的最优参数为 $p=68$ 和 $q=68$，演化轨迹收敛到 $x=0.5, y=0.60$；达到 $x=0.7$ 的最优参数为

$p=69$ 和 $q=159$，演化轨迹收敛到 $x=0.7, y=0.59$。

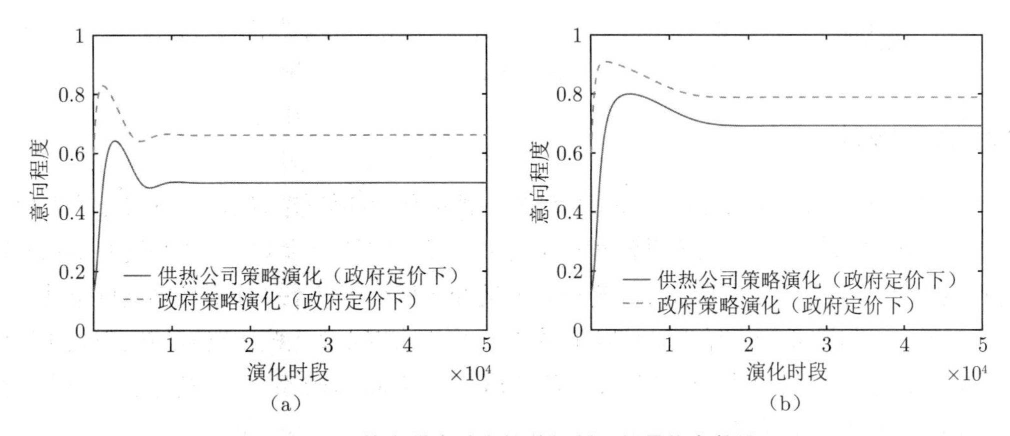

图 17.13 静态税率动态补贴机制下的最优参数设计

（a）$x=0.5$，$p=62$，$T=31$；（b）$x=0.7$，$p=52$，$T=36$

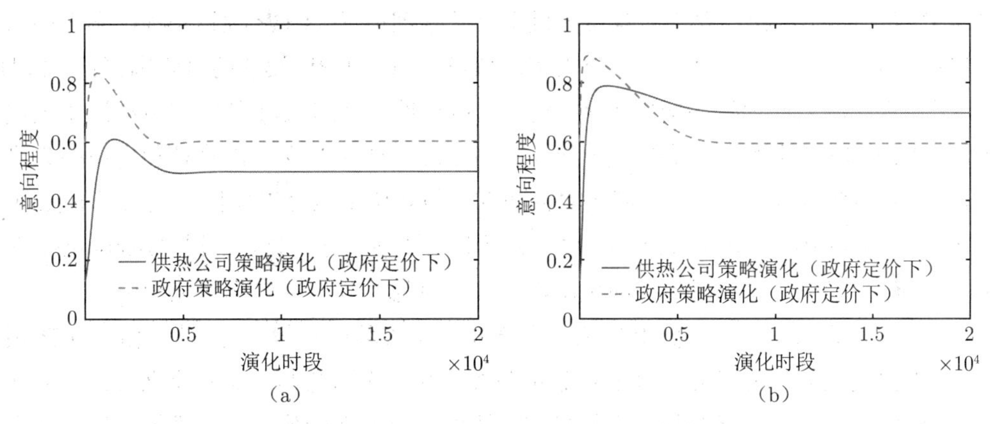

图 17.14 动态税率动态补贴机制下的最优参数设计

（a）$x=0.5$，$p=68$，$q=68$；（b）$x=0.7$，$p=69$，$q=159$

以上分析显示，场景四中演化轨迹的振荡次数最少，说明在动态税收和动态补贴机制下，政府可以控制城市供暖系统的发展进程，并引导系统在最短时间内平稳有序地达到预期目标。与静态税收和静态补贴政策相比，动态政策需要随着城市供暖系统的发展调整税收和补贴的标准。在发展初期，电供暖的比例较低，对电供暖的高额补贴和对燃煤供暖的高额税费将引导集中供暖公司大力发展使用电供暖。当电供暖比例提高到一定水平时，政府将减少补贴。同时随着电供暖技术的发展，需要减少对燃煤供暖征收税费，以防部分以传统燃煤供暖方式为主的公司在有能力发展电供暖之前破产。然而，静态补贴和静态税收政策将导致上述问题频现，不适用于引导城市供暖系统的发展。动态的政策将有助于激励集中供暖公司发展电供暖并保持市场平稳，动态税收和动态补贴政策比静态税收和动态补贴政策以及动态税收和静态补贴政策实施效率更高，显然双重激励措施比单一激励措施效果更明显。

17.3 基于 PPP 模式的光伏发电与电动汽车充电合作行为演化问题

17.3.1 概要

电动汽车（electric vehicle，EV）作为一种可移动的储能系统，具有与光伏发电应用相结合的潜力[12]。一种将电动汽车充电与光伏发电相结合的策略是在快速充电站安装光伏板[13]。但是，受空间限制，在充电站安装光伏板功率过小往往不足以支持电动汽车充电。另一种策略是应用屋顶光伏发电系统[14,15]，比如加拿大安大略省的屋顶光伏发电系统，其发电功率可满足家庭能源需求的 30%[16]。因此，将屋顶光伏发电系统和电动汽车相结合是一种可行方式。

考虑到安装光伏发电板和充电桩的投资成本高昂，为了在有限的预算范围内完成公共基础设施项目，政府提出了一种政府与社会资本的合作模式（public-private partnership，PPP）[17]，该模式允许私营公司投资公共基础项目。PPP 项目的应用和风险研究随即应运而生，文献 [18] 分析了在垃圾焚烧项目中引入 PPP 模式的风险因素；文献 [19] 研究了在水资源处理项目中应用 PPP 模式的可行性；文献 [20] 就中国电动汽车充电基础设施 PPP 项目的税收政策提出了建议。为了减少政府开支并借鉴私营公司的先进管理经验，本章将考虑基于 PPP 模式的电动汽车与光伏发电合作项目。该项目的愿景为，投资公司（investment companies，IC）愿意对该计划进行投资，居民（residents，RS）愿意使用屋顶光伏电池板发电，而电动汽车车主则愿意使用居民充电桩充电。

本节基于演化博弈论分析 IC，EV 和 RS 三个群体的决策行为，提出的 PPP 项目涉及三类决策主体，为了分析每个利益相关者相互协作的意愿，需要建立考虑三方演化博弈的模型，以采取最终合作行为的参与者比例为该博弈的均衡，并推导出演化稳定均衡的稳定条件，最后根据灵敏度分析确定合作行为的关键影响因素，本研究结果可为政府及企业决策提供参考。

17.3.2 演化博弈模型构建

PPP 项目合作方式如下，当 IC，EV 和 RS 都选择合作时，IC 负责投资充电桩和其他配套充电装置，成本记为 β_2，RS 在屋顶安装光伏太阳板，成本为 β_3，EV 用户使用私人充电桩充电，电价为 i_2 元/kW。私人充电桩充电电价低于公共充电桩充电电价，价差为 $i_3 - i_2$ 元/kW。IC 和 RS 作为光伏发电的投资者将从卖电中获取收益，记为 β_1，并以比例 k_1 分配卖电收益。为激励 IC、EV、RS 参与合作，政府将提供一定补贴，分别记为 G_1、G_2 和 G_3。光伏发电板将太阳能转换为电能，充电桩将电能转换为电池的化学能。基于 PPP 模式的博弈关系在图 17.15中给出。

为了进行理论分析，现提出以下基本假设。

假设 17.5 演化博弈中的参与者为 IC，RS 和 EV，三个群体相互独立。

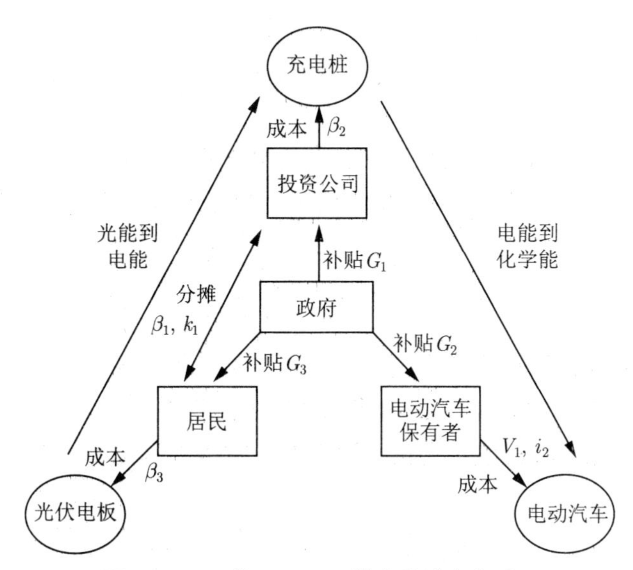

图 17.15 基于 PPP 模式的博弈关系图

假设 17.6 参与者通过比较自己与他人的收益学习群体中获得最高收益的个体的决策，在演化博弈论中，这一学习过程由复制者动态方程表征，即当某种策略能带来更高的收益时，群体中选择该策略的比例会相应增加。

假设 17.7 假设 $i_1 < i_2 < i_3$，其中 i_1 是指光伏发电返送电网的售出价，i_2 是私人充电桩充电电价。i_3 是公共充电桩充电电价。

假设 17.8 RS 与 IC 合作时的利益分配比例（IC 所占利润的份额）为 k_1，RS 不与 IC 合作时的利益分配比例 k_2。假设 $k_1 < k_2$，因为当 RS 不与 IC 合作时，IC 必须承担所有费用，也将获得更多收益。

演化博弈的要素分析如下。

（1）博弈参与者：该博弈中参与者为 IC，RS 和 EV。

（2）策略：每个参与者都有两种策略：加入和不加入 PPP 项目，分别代表合作行为和非合作行为，其策略集记为 $S_{\text{IC1}}/S_{\text{IC2}}$，$S_{\text{RS1}}/S_{\text{RS2}}$，$S_{\text{EV1}}/S_{\text{EV2}}$。

（3）支付：支付即各参与者的收益，通过收入减去成本得到。

（4）演化稳定策略：演化博弈的均衡，没有参与者可以通过从演化稳定策略出发改变策略获得更高的利润。

充电桩年化投资成本：考虑充电桩的使用寿命，利用全寿命周期成本计算充电桩的年度投资成本如下：

$$C_1 = C_{\text{cp}} * \frac{r(1+r)^{L_{\text{cp}}}}{(1+r)^{L_{\text{cp}}} - 1} \tag{17-32}$$

其中，C_1 是充电桩的年化投资成本；C_{cp} 是充电桩的初始投资成本；L_{cp} 是充电桩的使用寿命；r 是设备折旧率。

充电桩年化回收价值：充电桩的回收收益是使用寿命结束时的剩余价值，年化回收

价值为

$$B_1 = B_{\mathrm{cp}} * \frac{r(1+r)^{L_{\mathrm{cp}}}}{(1+r)^{L_{\mathrm{cp}}} - 1} \tag{17-33}$$

其中，B_1 为充电桩的年化回收价值，B_{cp} 为充电桩的回收价值。

光伏电池板年化投资成本: 屋顶光伏系统的投资成本与光伏电池板的功率有关，计算公式为

$$C_2 = P_1 * m * \frac{r(1+r)^{L_{\mathrm{sp}}}}{(1+r)^{L_{\mathrm{sp}}} - 1} \tag{17-34}$$

其中，C_2 为光伏电池板的年化投资成本，P_1 为居民屋顶安装光伏太阳板的额定功率，m 为光伏电池板的单位投资成本，L_{sp} 为光伏太阳板的使用寿命。

光伏电池板年化回收价值: 光伏电池板的回收收入为使用寿命结束时的剩余价值。年化回收价值为

$$B_2 = P_1 * n * \frac{r(1+r)^{L_{\mathrm{sp}}}}{(1+r)^{L_{\mathrm{sp}}} - 1} \tag{17-35}$$

其中，B_2 为光伏电池板的年化回收价值，n 为光伏电池板的单位回收价值。

根据全寿命周期成本计算得到年化投资成本和回收价值，进而计算支付矩阵，如表 17.5所示。假设 IC 选择策略 S_{IC1} 的比例为 $x(0 < x < 1)$，EV 选择策略 S_{EV1} 的比例为 $y(0 < y < 1)$，RS 选择策略 S_{RS1} 的比例为 $z(0 < z < 1)$，则其收益分别记为 ϕ_1, ϕ_2 和 ϕ_3 ($\phi = (a, b, c, d, e, f, g, h)$)。此处考虑 $2^3 = 8$ 的情况来计算支付矩阵的具体表达式。

表 17.5　演化博弈支付矩阵

		S_{RS1} (z)	S_{RS2} $(1-z)$
S_{IC1} (x)	S_{EV1} (y)	(a_1, a_2, a_3)	(b_1, b_2, b_3)
	S_{EV2} $(1-y)$	(c_1, c_2, c_3)	(d_1, d_2, d_3)
S_{IC2} $(1-x)$	S_{EV1} (y)	(e_1, e_2, e_3)	(f_1, f_2, f_3)
	S_{EV2} $(1-y)$	(g_1, g_2, g_3)	(h_1, h_2, h_3)

场景一: 当 IC，EV 和 RS 都选择合作时，策略集为 $(S_{\mathrm{IC1}}, S_{\mathrm{EV1}}, S_{\mathrm{RS1}})$，相应的支付矩阵为 (a_1, a_2, a_3)。此时，投资公司在居民用户家安装充电桩，居民在屋顶安装光伏太阳能板，电动汽车用户使用居民充电桩充电。IC 和 RS 的收入包括电动汽车用户充电收费和向电网返送电量的收入，分别为 $P_2 i_2 T$ 和 $(P_1 - P_2) i_1 T$。其中，P_1 是居民屋顶安装光伏太阳板的额定功率，P_2 是电动汽车充电桩的额定功率，i_1 是指光伏发电返送电网的售出价，i_2 是私人充电桩的充电电价。RS 与 IC 合作时的利益分配比例（IC 所占利润的份额）为 k_1。IC 承担充电桩的年化投资成本 C_1，年维护成本 C_3，获得充电桩的年化回收收益 B_1。EV 支付充电费用 $P_2 i_2 T$ ，同时承担使用居民充电站的风险 V_1。RS 承担屋顶光伏系统的安装成本 C_2 及年维护成本 C_5，获得光伏发电板的年化回收收益 B_2。此外，RSs 承担停车位预留成本 R_1 及充电事故风险 R_2，另收取充电桩管理费 C_6 以避

免充电桩售电量超过光伏发电的电量。IC、EV、RS 选择合作时，分别可获得政府补贴 G_1, G_2 和 G_3。此时

$$\begin{cases} a_1 = [P_2 i_2 + (P_1 - P_2) i_1] T k_1 - C_1 + B_1 - C_3 + G_1 \\ a_2 = -P_2 i_2 T - V_1 + G_2 \\ a_3 = [P_2 i_2 + (P_1 - P_2) i_1] T (1 - k_1) - C_2 + \\ \quad B_2 - R_1 - R_2 - C_5 - C_6 + G_3 \end{cases} \tag{17-36}$$

场景二： 当 IC 和 EV 选择合作而 RS 不合作时，策略集为 $(S_{\mathrm{IC1}}, S_{\mathrm{EV1}}, S_{\mathrm{RS2}})$，相应的支付矩阵为 (b_1, b_2, b_3)。在这种情况下，IC 将同时支付充电桩的安装维护费用和屋顶光伏电池板的安装维护费用。由于 IC 需要使用居民房屋的屋顶，因此 IC 必须与 RS 共享收益，它们之间的收益比为 k_2。同时，所有风险和成本均由 IC 承担。此时

$$\begin{cases} b_1 = [P_2 i_2 + (P_1 - P_2) i_1] T k_2 - C_1 + B_1 - C_3 - C_2 + \\ \quad B_2 - R_1 - R_2 - C_5 - C_6 + G_1 \\ b_2 = -P_2 i_2 T - V_1 + G_2 \\ b_3 = [P_2 i_2 + (P_1 - P_2) i_1] T (1 - k_2) \end{cases} \tag{17-37}$$

场景三： 当 IC 和 RS 选择合作而 EV 不合作时，策略集为 $(S_{\mathrm{IC1}}, S_{\mathrm{EV2}}, S_{\mathrm{RS1}})$，相应的支付矩阵为 (c_1, c_2, c_3)。此时，IC 和 RS 支付安装充电桩和屋顶的光伏电池板的费用。由于 EV 不合作，IC 和 RE 的收入来自向电网出售电力所得。电动汽车以 $i_3/(\mathrm{kW \cdot h})$ 的价格从电网购买电力。此时

$$\begin{cases} c_1 = P_1 i_1 T k_1 - C_1 + B_1 - C_3 + G_1 \\ c_2 = -P_2 i_3 T \\ c_3 = P_1 i_1 T (1 - k_1) - C_2 + B_2 - R_1 - R_2 - C_5 - C_6 + G_3 \end{cases} \tag{17-38}$$

场景四： 当 EV 和 RS 不合作而 IC 仍然投资时，策略集为 $(S_{\mathrm{IC1}}, S_{\mathrm{EV2}}, S_{\mathrm{RS2}})$，相应的支付矩阵为 (d_1, d_2, d_3)。此时投资公司将支付建立充电桩和屋顶光伏电池板的费用，IC 和 RE 的收入来自向电网出售电力所得。在上述条件下，

$$\begin{cases} d_1 = P_1 i_1 T k_2 + G_1 - C_1 + B_1 - C_3 - C_2 + B_2 - R_1 - R_2 - C_5 - C_6 \\ d_2 = -P_2 i_3 T \\ d_3 = P_1 i_1 T (1 - k_2) \end{cases} \tag{17-39}$$

场景五： 当 RS 和 EV 选择合作而 IC 不参与投资时，策略集为 $(S_{\mathrm{IC2}}, S_{\mathrm{EV1}}, S_{\mathrm{RS1}})$，相应的支付矩阵为 (e_1, e_2, e_3)。此场景下，居民建立充电桩并安装屋顶光伏电池板，RS 从电动汽车和电网出售电力获得收入。由于 IC 不投资，RS 无需与 IC 共享收益。故有

$$\begin{cases} e_1 = 0 \\ e_2 = -P_2 i_2 T - V_1 + G_2 \\ e_3 = [P_2 i_2 + (P_1 - P_2) i_1] T - C_1 + B_1 - C_3 - C_2 + B_2 - \\ \quad R_1 - R_2 - C_5 - C_6 + G_3 \end{cases} \tag{17-40}$$

场景六: 当 IC 和 RS 不合作而 EV 仍需购电时，策略集为 $(S_{\mathrm{IC2}}, S_{\mathrm{EV1}}, S_{\mathrm{RS2}})$，相应的支付矩阵为 (f_1, f_2, f_3)。此时，无论是 RS 还是 IC 都不投资充电桩和屋顶光伏电池板，即使电动汽车用户愿意购电，也无法实现合作，只能使用电网电力，故有

$$\begin{cases} f_1 = 0 \\ f_2 = -P_2 i_3 T + G_2 \\ f_3 = 0 \end{cases} \tag{17-41}$$

场景七: 当 IC 和 EV 不参与合作而 RS 愿意发电时，策略集为 $(S_{\mathrm{IC2}}, S_{\mathrm{EV2}}, S_{\mathrm{RS1}})$，相应的支付矩阵为 (g_1, g_2, g_3)。在这种情况下，RS 将建造充电桩和光伏电池板。由于没有电动汽车用户愿意合作，故 RS 会将电力出售给电网，故有

$$\begin{cases} g_1 = 0 \\ g_2 = -P_2 i_3 T \\ g_3 = P_1 i_1 T - C_1 + B_1 - C_3 - C_2 + B_2 - R_1 - R_2 - C_5 - C_6 + G_3 \end{cases} \tag{17-42}$$

场景八: 当 IC、EV 和 RS 都不参与合作时，策略集为 $(S_{\mathrm{IC2}}, S_{\mathrm{EV2}}, S_{\mathrm{RS2}})$，相应的支付矩阵为 (h_1, h_2, h_3)，其中

$$\begin{cases} h_1 = 0 \\ h_2 = -P_2 i_3 T \\ h_3 = 0 \end{cases} \tag{17-43}$$

基于已知的支付矩阵表达式，通过建立复制者动态方程求解博弈均衡，并推导 ESS 的稳定性条件。复制者动态方程刻画了选择合作策略的参与者比例的演化过程，该过程由不同策略的收益决定。其比例的增加可以直接通过公式计算得出，并且与不同策略的收益差值呈正相关。例如，当 IC 通过合作获得的收益比没有合作获得的收益高时，选择合作的 IC 的比例将增加，并且增加的比例与两种策略的收益差值呈线性关系。当比例的增量等于零时，这一比例将达到一个恒定和稳定的水平，即演化过程的均衡。当人们无法通过改变策略获得更高的回报时，对应的策略称为演化稳定策略，即 ESS。

设 α_{IC1} 为 IC 选择合作策略 S_{IC1} 的期望收益，α_{IC2} 为 IC 选择非合作策略 S_{IC2} 的期望收益，α_{IC} 则为 IC 的综合期望收益

$$\begin{cases} \alpha_{\mathrm{IC1}} = y[za_1 + (1-z)b_1] + (1-y)[zc_1 + (1-z)d_1] \\ \alpha_{\mathrm{IC2}} = y[ze_1 + (1-z)f_1] + (1-y)[zg_1 + (1-z)h_1] \\ \overline{\alpha_{\mathrm{IC}}} = x\alpha_{\mathrm{IC1}} + (1-x)\alpha_{\mathrm{IC2}} \end{cases} \tag{17-44}$$

以类似的方式，可获得 EV 和 RS 的期望收益如下:

$$\begin{cases} \alpha_{\mathrm{EV1}} = z[xa_2 + (1-x)e_2] + (1-z)[xb_2 + (1-x)f_2] \\ \alpha_{\mathrm{EV2}} = z[xc_2 + (1-x)g_2] + (1-z)[xd_2 + (1-x)h_2] \\ \overline{\alpha_{\mathrm{EV}}} = y\alpha_{\mathrm{EV1}} + (1-y)\alpha_{\mathrm{EV2}} \end{cases} \tag{17-45}$$

$$\begin{cases} \alpha_{\mathrm{RS1}} = x[ya_3 + (1-y)c_3] + (1-x)[ye_3 + (1-y)g_3] \\ \alpha_{\mathrm{RS2}} = x[yb_3 + (1-y)d_3] + (1-x)[yf_3 + (1-y)h_3] \\ \overline{\alpha_{\mathrm{RS}}} = z\alpha_{\mathrm{RS1}} + (1-z)\alpha_{\mathrm{RS2}} \end{cases} \tag{17-46}$$

其中，α_{EV1} 为 EV 选择合作策略 S_{EV1} 的期望收益，α_{EV2} 为 EV 选择非合作策略 S_{EV2} 的期望收益，α_{EV} 为 EV 的综合期望收益; α_{RS1} 为 RS 选择合作策略 S_{RS1} 的期望收益，α_{RS2} 为 RS 选择非合作策略 S_{RS2} 的期望收益，α_{RS} 为 RS 的综合期望收益。

x、y 和 z 的演化动态方程表达式已在式 (17-47)～式 (17-49) 中给出：

$$\begin{aligned} f_{\mathrm{IC}}(x) &= \frac{\mathrm{d}x}{\mathrm{d}t} = x(\alpha_{\mathrm{IC1}} - \alpha_{\mathrm{IC}}) \\ &= x(1-x)\{(\beta_1 + P_1 i_1 T)(k_1 - k_2)yz + k_2(\beta_1 - P_1 i_1 T)y + \\ &\quad [P_1 i_1 T(k_1 - k_2) - \beta_3]z + (P_1 i_1 k_2 T + \beta_2 + \beta_3 + G_1)\} \end{aligned} \tag{17-47}$$

$$\begin{aligned} f_{\mathrm{EV}}(y) &= \frac{\mathrm{d}y}{\mathrm{d}t} = y(\alpha_{\mathrm{EV1}} - \alpha_{\mathrm{EV}}) \\ &= y(1-y)\{[-P_2 T(i_3 - i_2) + V_1]zx + [P_2 T(i_3 - i_2) - V_1](x+z) + G_2\} \end{aligned} \tag{17-48}$$

$$\begin{aligned} f_{\mathrm{RS}}(z) &= \frac{\mathrm{d}z}{\mathrm{d}t} = z(\alpha_{\mathrm{RS1}} - \alpha_{\mathrm{RS}}) \\ &= z(1-z)\{(\beta_1 - P_1 i_1)(k_2 - k_1)xy + [P_1 i_1 T(k_2 - k_1 - 1) - \beta_2 - \beta_3 - \\ &\quad G_3]x + (\beta_1 T - P_1 i_1 T)y + (P_1 i_1 T + \beta_2 + \beta_3 + G_3)\} \end{aligned} \tag{17-49}$$

为简单起见，记 $\beta_1 = [P_2 i_2 + (P_1 - P_2)i_1]T$，$\beta_2 = -C_1 + B_1 - C_3$，$\beta_3 = -C_2 + B_2 - C_5 - C_6 - R_1 - R_2$。$\beta_1$ 为出售光伏电量的净利润，$\beta_1 > 0$。β_2 为充电桩使用成本，$\beta_2 < 0$。β_3 为屋顶光伏发电系统使用成本，$\beta_3 < 0$。

根据复制者动态方程可知，IC、EV 和 RS 选择合作策略的比例受他们在不同情况下获得的收益的影响。在式（17-47）中，当选择合作的 IC 的预期收益高于 IC 的平均预期收益时，IC 的合作意愿将增加，同时 x 的比例也将增加，$\mathrm{d}x/\mathrm{d}t$ 与两个预期收益之间的差值正相关，这取决于 EV 和 RS 合作的比例。类似的表达在式（17-48）和式（17-49）中已给出。

令 $f_{\mathrm{IC}}(x)$、$f_{\mathrm{EV}}(x)$ 和 $f_{\mathrm{RS}}(x)$ 等于 0，可得到八个均衡点 (0,0,0), (1,0,0), (0,1,0), (0,0,1), (1,1,0), (1,0,1), (0,1,1), (1,1,1)。为了判定 ESS，需计算矩阵

$$J = \begin{bmatrix} \dfrac{\partial f_{\mathrm{IC}}(x)}{\partial x} & \dfrac{\partial f_{\mathrm{IC}}(x)}{\partial y} & \dfrac{\partial f_{\mathrm{IC}}(x)}{\partial z} \\ \dfrac{\partial f_{\mathrm{EV}}(y)}{\partial x} & \dfrac{\partial f_{\mathrm{EV}}(y)}{\partial y} & \dfrac{\partial f_{\mathrm{EV}}(y)}{\partial z} \\ \dfrac{\partial f_{\mathrm{RS}}(z)}{\partial x} & \dfrac{\partial f_{\mathrm{RS}}(z)}{\partial y} & \dfrac{\partial f_{\mathrm{RS}}(z)}{\partial z} \end{bmatrix} \tag{17-50}$$

在均衡点处的特征值。若所有特征值均具有负实部，则该均衡为演化博弈的 ESS[21]。

（1）在均衡点 (0,0,0) 处，J 矩阵的特征值为

$$\begin{cases} \lambda_1^1 = P_1 i_1 k_2 T + \beta_2 + \beta_3 + G_1 \\ \lambda_2^1 = G_2 \\ \lambda_3^1 = P_1 i_1 T + \beta_2 + \beta_3 + G_3 \end{cases} \tag{17-51}$$

其中，G_2 为政府给 EV 选择合作时的补贴，为正数。因此，$\lambda_2^1 > 0$，不满足稳定性条件，故 (0,0,0) 不稳定。

（2）在均衡点 (1,0,0) 处，J 矩阵的特征值为

$$\begin{cases} \lambda_1^2 = -\lambda_1^1 \\ \lambda_2^2 = P_2 T(i_3 - i_2) - V_1 + G_2 \\ \lambda_3^2 = P_1 i_1 T(k_2 - k_1) + \beta_3 + G_3 \end{cases} \tag{17-52}$$

其中，$\lambda_1^2 = -\lambda_1^1$ 说明均衡 (0,0,0) 和 (1,0,0) 无法同时成为 ESS。当 $P_1 i_1 k_2 T + G_1 < -\beta_2 - \beta_3$、$P_2 T(i_3 - i_2) + G_2 < V_1$ 且 $P_1 i_1 T(k_2 - k_1) + G_3 < -\beta_3$ 时，均衡 (1,0,0) 是 ESS。如果 IC 将光伏发电的电力出售给电网获得的收入高于其不与 RS 合作情况下的成本，则 IC 将选择合作。

（3）在均衡点 (0,1,0) 处，J 矩阵的特征值为

$$\begin{cases} \lambda_1^3 = \beta_1 k_2 + \beta_2 + \beta_3 + G_1 \\ \lambda_2^3 = -\lambda_2^1 \\ \lambda_3^3 = \beta_1 + \beta_2 + \beta_3 + G_3 \end{cases} \tag{17-53}$$

其中，$\lambda_2^3 = -\lambda_2^1$ 说明均衡 (0,1,0) 和 (0,0,0) 无法同时成为 ESS。当 $\beta_1 k_2 + G_1 < -\beta_2 - \beta_3$ 且 $\beta_1 + G_3 < -\beta_2 - \beta_3$ 时，均衡 (0,1,0) 为 ESS，即稳定条件为在不与 RS 合作的情况下，IC 将光伏发电的电力出售给 EV 和电网而获得的收入低于成本，并且对 EV 的补贴为正，RS 的收入低于成本。

（4）在均衡点 (0,0,1) 处，J 矩阵的特征值为

$$\begin{cases} \lambda_1^4 = P_1 i_1 T k_1 + \beta_2 + G_1 \\ \lambda_2^4 = P_2 T(i_3 - i_2) - V_1 + G_2 \\ \lambda_3^4 = -\lambda_3^1 \end{cases} \tag{17-54}$$

其中，$\lambda_3^4 = -\lambda_3^1$ 说明均衡 (0,0,1) 和 (0,0,0) 无法同时成为 ESS。当 $P_1 i_1 T k_1 + G_1 < -\beta_2$、$P_2 T(i_3 - i_2) + G_2 < V_1$ 且 $P_1 i_1 T + G_3 > -\beta_2 - \beta_3$ 时，均衡 (0,0,1) 为 ESS。如果 RS 向电网出售光伏发电所得的收入高于成本，则其将选择合作。

（5）在均衡点 (1,1,0) 处，J 矩阵的特征值为

$$\begin{cases} \lambda_1^5 = -\lambda_1^3 \\ \lambda_2^5 = -\lambda_2^2 \\ \lambda_3^5 = -\beta_1(k_1 - k_2) + \beta_2 + G_3 \end{cases} \tag{17-55}$$

其中，$\lambda_1^5=-\lambda_1^3$ 和 $\lambda_2^5=-\lambda_2^2$ 说明如果均衡 (0,1,0) 或 (1,0,0) 为 ESS，则均衡 (1,1,0) 无法成为 ESS。当 $\beta_1k_2+G_1>-\beta_2-\beta_3$、$P_2T(i_3-i_2)+G_2>V_1$ 且 $G_3<\beta_1(k_1-k_2)-\beta_2$ 时，均衡 (1,1,0) 为 ESS。如果将光伏发电的电力出售给 EV 和电网的收入高于不与 RS 合作的成本，并且使用光伏发电充电的 EV 的收益高于其承担的风险，那么 EV 和 IC 将合作。在这种情况下，RS 将无法通过合作获得更多利润，RS 也将放弃合作。

（6）在均衡点 (1,0,1) 处，J 矩阵的特征值为

$$\begin{cases}\lambda_1^6=-\lambda_1^4\\ \lambda_2^6=P_2T(i_3-i_2)-V_1+G_2\\ \lambda_3^6=-\lambda_3^2\end{cases}\tag{17-56}$$

其中，$\lambda_1^6=-\lambda_1^4$ 和 $\lambda_3^6=-\lambda_3^2$ 说明如果均衡 (0,0,1) 或 (1,0,0) 为 ESS，则均衡 (1,0,1) 不是 ESS。当 $P_1i_1Tk_1+G_1>-\beta_2$、$P_2T(i_3-i_2)+G_2<V_1$ 且 $P_1i_1T(k_2-k_1)+G_3>-\beta_3$，均衡 (1,0,1) 为 ESS。在这种情况下，IC 和 RS 可以从合作行为中获利，而 EV 必须承担高风险。

（7）在均衡点 (0,1,1) 处，J 矩阵的特征值为

$$\begin{cases}\lambda_1^7=\beta_1k_1+\beta_2+G_1\\ \lambda_2^7=-\lambda_2^4\\ \lambda_3^7=-\lambda_3^3\end{cases}\tag{17-57}$$

其中，$\lambda_2^7=-\lambda_2^4$ 和 $\lambda_3^7=-\lambda_3^3$ 说明如果均衡 (0,0,1) 或 (0,1,0) 为 ESS 则 (0,1,1) 不是 ESS。当 $G_1<-\beta_1k_1-\beta_2$、$P_2T(i_3-i_2)+G_2>V_1$ 且 $\beta_1+G_3>-\beta_2-\beta_3$, 均衡 (0,1,1) 为 ESS。在这种情况下，EV 和 RS 均可以从合作行为中获利。

（8）在均衡点 (1,1,1) 处，J 矩阵的特征值为

$$\begin{cases}\lambda_1^8=-\lambda_1^7=-\beta_1k_1-\beta_2-G_1\\ \lambda_2^8=-\lambda_2^6=P_2T(i_2-i_3)+V_1-G_2\\ \lambda_3^8=-\lambda_3^5=\beta_1(k_1-k_2)-\beta_3-G_3\end{cases}\tag{17-58}$$

其中，$\lambda_1^8=-\lambda_1^7$, $\lambda_2^8=-\lambda_2^6$，$\lambda_3^8=-\lambda_3^5$。若均衡 (1,1,1) 为 ESS, 均衡 (1,1,0), (1,0,1) 和 (0,1,1) 的稳定性条件自然不满足。

PPP 项目的发展目标是达到唯一的 ESS（1,1,1)，为此需要满足如下条件。

（1）$\lambda_1^8<0$，$\lambda_2^8<0$，$\lambda_3^8<0$。也即 $\beta_1k_1+G_1>-\beta_2$，说明对于 IC，获得政府补贴后出售光伏发电电力的净收入应高于其投资充电桩的成本。$P_2T(i_3-i_2)+G_2>V_1$，说明对于 EV 而言，获得政府补贴后使用光伏发电电力节省的充电成本高于 EV 承担的风险。$\beta_1(k_2-k_1)+G_3>-\beta_3$，说明对于 RS 而言，获得政府补贴后合作与不合作的净收入差额应高于扣除政府补贴后的投资屋顶光伏系统的成本。这三个条件需要同时满足。

（2）$\lambda_1^1>0$，或 $\lambda_2^1>0$，或 $\lambda_3^1>0$。根据以上分析，本条件自然成立。

（3）$\lambda_1^2>0$，或 $\lambda_2^2>0$，或 $\lambda_3^2>0$。由于 $\lambda_2^2=-\lambda_2^8$ 且 $\lambda_2^8<0$，本条件自然成立。

（4）$\lambda_1^3>0$，或 $\lambda_2^3>0$，或 $\lambda_3^3>0$。即，$\beta_1 k_2+G_1>-\beta_2-\beta_3$，这意味着对于 IC 而言，获得补贴后售电的净收入要高于投资充电桩和屋顶光伏系统的总成本。$\beta_1+G_3>-\beta_2-\beta_3$，即对于 RS 而言，获得补贴后售电的净收入要高于投资充电桩和屋顶光伏系统的总成本。

（5）$\lambda_1^4>0$，或 $\lambda_2^4>0$，或 $\lambda_3^4>0$。由于 $\lambda_2^4=-\lambda_2^8$ 且 $\lambda_2^8<0$，故本条件自然成立。

17.3.3 算例分析

目前，国内大多数充电桩都是功率限制为 7kW 的慢速充电桩，为了满足至少两个电动汽车的充电需求，假设屋顶光伏系统的功率为 15kW，记为 P_1。假设一天中 2/3 的时间是工作时间，则用于充电的已用功率 P_2 可假定为 10kW，用于充电的功率为总功率的 2/3；充电服务费设为 1.2 元/(kW·h)，居民电价为 0.6 元/(kW·h)。i_3 为 1.8 元/(kW·h)。光伏上网电平均价格为 0.6 元/(kW·h)，则 i_1 应为 0.6 元/(kW·h)。$i_2=1.2$ 元/(kW·h)。光伏板全年工作时长为 $T=3000$h。当 RS 与 IC 合作时，收益分配比率为 $k_1=0.6$。该比例低于 RS 不与 IC 合作时的比例，$k_2=0.8$。IC，RS 和 EV 的合作成本包含太阳能电池板和充电桩的建造和维护成本以及使用风险等。建筑充电桩的总成本包括硬件成本，材料成本和安装成本，其中安装成本还包括人工成本。一个 7kW 慢速充电桩的平均成本估计为 12000 元。固定资产的折旧率统一为 5%。充电桩 B_{cp} 的回收价值通常为成本的 5%，即 600 元。充电桩的使用寿命为 $L_{\mathrm{cp}}=6$ 年。

单晶太阳能电池板的单位成本 C_{sp} 通常为 2.4 元/ W。$P_1=15$kW，故光伏电池板的总成本为 36000 元。设 m 为 2400 元/kW。光伏电池板的回收价值通常为成本的 5%，n 应为 20 元。光伏电池板的使用寿命 $L_{\mathrm{sp}}=25$ 年，折旧率为 5%。对于电动汽车来说，假定每年使用光伏发电充电桩的风险 V_1 为 1200 元，其中包括寻找充电桩的成本和发生事故的风险。年度维护费由人工费和相关材料成本组成，占建筑成本的 5%。因此，假定充电桩的年维护费 C_3 为 600 元，而光伏电池板的年维护费 C_5 为 1800 元。假定充电桩的电力监测费 C_6 为 1200 元。车位使用年成本 R_1 约为 3000 元。发生事故的风险 R_2 是根据保险的价格计算得出的，设为 3000 元。为激励参与者合作，设政府的补贴分为别 $G_1=900$ 元，$G_2=1200$ 元和 $G_3=600$ 元。

表 17.6中列出了参数的值。假设 x,y 和 z 的初始值为 0.1。不失一般性，下面将详细讨论初始值的影响。

表 17.6 参数列表

名称	P_1	P_2	i_1	i_2	i_3	k_1	k_2	T	G_1	G_2	G_3	R_1
取值	15	10	0.6	1.2	1.8	0.6	0.8	3000	900	1200	600	3000
名称	V_1	C_{cp}	B_{cp}	L_{cp}	m	n	L_{sp}	C_5	C_6	r	C_3	R_2
取值	1200	12000	600	6	2400	120	35	1800	1200	5%	600	3000

利用以上数据可得到演化过程如图 17.16（a）所示。红/蓝/绿线是 RS/IC/EV 选择

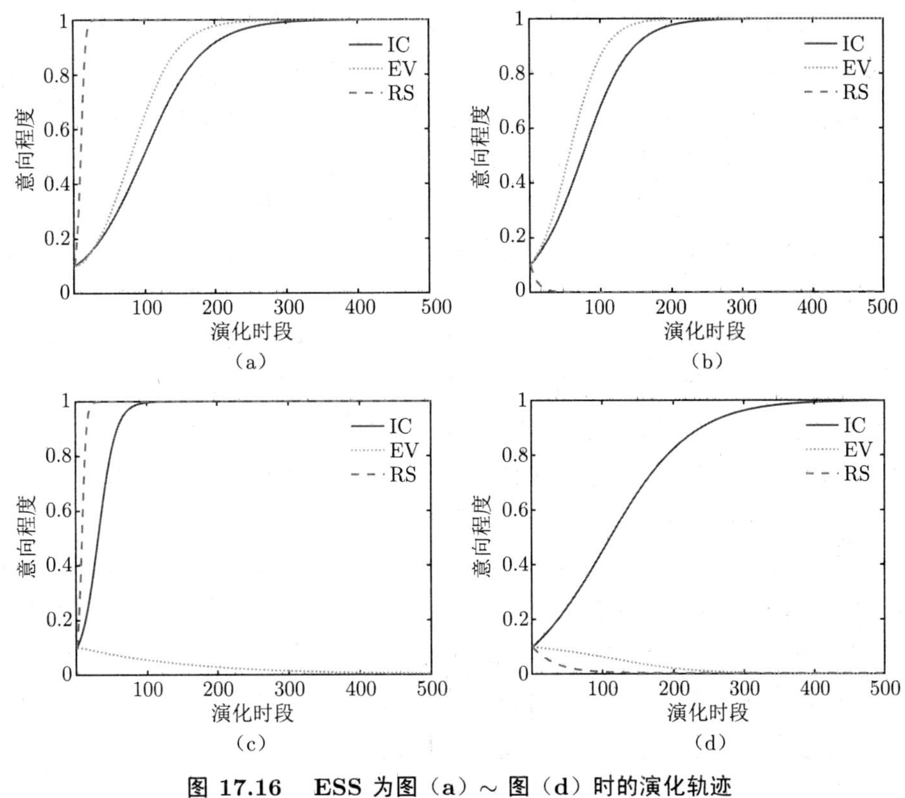

图 17.16　ESS 为图（a）～ 图（d）时的演化轨迹

(a)（1,1,1）；(b)（1,1,0）；(c)（1,0,1）；(d)（1,0,0）

合作的比例的演化轨迹，其最终状态将达到平衡（1,1,1）。RS 比 EV 和 IC 的轨迹更早达到 1，故 RS 的合作意愿最强，其次是 EV 和 IC。

图 17.16（b）中的演化轨迹收敛到 ESS（1,1,0）。在这种情况下，$i_1 = 1.14$, $i_3 = 1.26$, $G_2 = 0$。当电价差较小时，EV 使用光伏发电进行充电的成本与使用公共电网充电桩充电的成本相差较小，同时 EV 若选择光伏充电桩还需要承担找不到充电桩的风险。因此，EV 用户选择合作的意愿降低。但是，IC 和 RS 将选择参与合作，因为他们可以通过向电网出售电力的行为获利。

在图 17.16（c）中，演化轨迹收敛到了 ESS（1,0,1）。在这种情况下，$i_1 = 0.36$，$i_2 = 0.6$，$i_3 = 1.2$，$k_1 = 0.89$，$k_2 = 0.9$，$T = 300$。当售电价格下降且所在地区光照强度不够导致全年发电小时较短时，IC 和 RS 的收益将下降。当 RS 无论选择合作与否其收益占比都较小时，RS 参加该计划的意愿将急剧下降。但是，由于 IC 可以获取大部分收入，因此他将愿意与 EV 合作，ESS 为（1,1,0）。

在图 17.16（d）中，演化轨迹收敛到 ESS（1,0,0）。在这种情况下，$i_1 = 0.54$, $i_2 = 0.84$, $i_3 = 0.9$, $k_1 = 0.89$, $k_2 = 0.9$, $G_2 = G_3 = 0$, $G_1 = 81000$, $V_1 = 12000$。i_2 和 i_3 之间的价格差异太小，将无法吸引电动汽车用户开展合作。当政府取消对 EV 和 RS 的补贴时，政府将把所有财政补贴给 IC，促使 IC 选择合作，但这时会降低 EV 和 RS 的意愿。

当 $P_1 = 4$, $P_2 = 2$, $i_1 = 1.08$, $T = 2000$, $G_1 = G_2 = G_3 = 0$, $V_1 = 300000$, $C_5 = 4800$, $C_3 = 6000$ 时，(0,0,0）成为 ESS。仿真结果如图 17.17（a）所示。取消补贴后随着光伏电池板额定功率的降低，售电收入减少，RS 和 IC 合作的意愿迅速降低。由于 EV 无法从光伏充电桩获得足够的电力，故其将承受高充电风险。

当 $k_1 = 0.4$，$k_2 = 0.9$，(0,1,1）成为 ESS。仿真结果如图 17.17（b）所示。在这种情况下，当合作的收益分配比例从 0.6 降低到 0.4 时，IC 的收益会降低，从而促使其放弃与 RS 的合作。

当 $P_1 = 4$, $P_2 = 2$, $i_1 = 0.96$, $i_2 = 1.56$, $k_1 = 0.3$, $k_2 = 0.9$, $G_1 = G_2 = G_3 = 0$, $V_1 = 48$ 时, (0,0,1）成为 ESS，仿真结果如图 17.17（c）所示。如果取消补贴，IC 将无法获得收益。因此，IC 的合作比例将急剧下降。同时，有限的电源也将无法满足电动汽车的充电需求，充电风险随之增加。因此，EV 的合作比例降低。但是，RS 可以将光伏发电的电力出售给电网，故 RS 的合作比例仍然可能增加。

当 $P_1 = 3$, $P_2 = 2$, $i_1 = 0.54$, $i_2 = 0.6$, $T = 3000$, $G_1 = G_3 = 0$, $G_2 = 9000$ 时，(0,1,0）是 ESS，仿真结果如图 17.17（d）所示。光伏电池板的额定功率降低，同时电价差异变小。当对 IC 和 RS 的补贴减少到 0，而对 EV 的补贴大大增加时，EV 选择合作的意愿将增加到 1，而另外两个参与者则会迅速放弃合作。

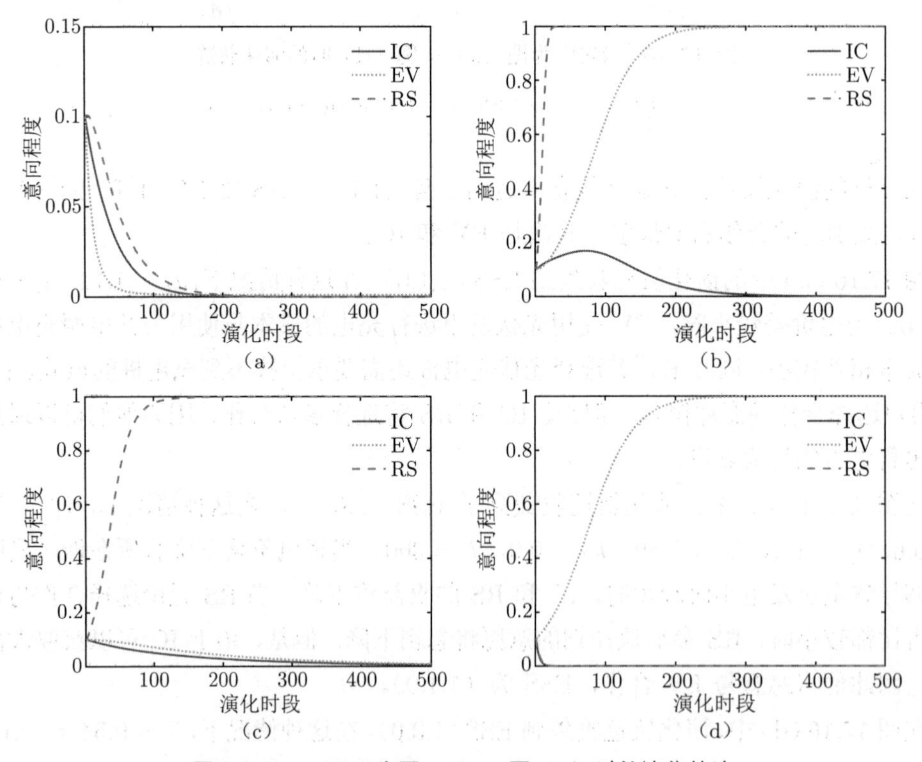

图 17.17 ESS 为图（a）～ 图（d）时的演化轨迹

(a）(0,0,0)；(b）(0,1,1)；(c）(0,0,1)；(d）(0,1,0)

以下分析 (x,y,z) 初值的影响。首先，令 $(x,y,z)=(0.01,0.01,0.01)$，即初期只有一小部分参与者愿意合作，此时仿真结果如图 17.18（a）所示。演化轨迹逐渐收敛到 ESS（1,1,1）。然后，令 $(x,y,z)=(0.3,0.4,0.5)$，其仿真结果在图 17.18（b）中给出。以上可知当博弈参数相同时，即激励不变时，无论初值如何，ESS 都相同。然而，初值将影响达到平衡的时间。例如，在图 17.16，图 17.18（a）和（b）中，IC 的演化轨迹分别需要 321 个、486 个和 234 个步长收敛到 1。

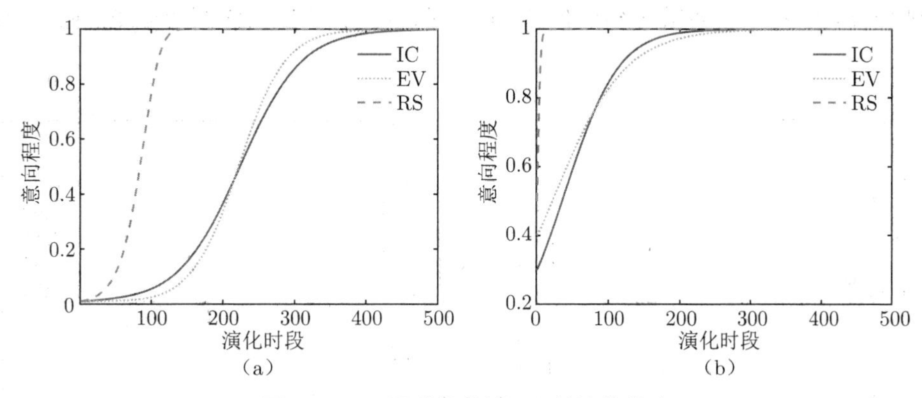

图 17.18　两种初值情况下的演化轨迹

（a）(0.01, 0.01, 0.01)；（b）(0.3, 0.4, 0.5)

以下通过灵敏度分析确定影响 ESS 的主要驱动因素。

当博弈均衡为（1,1,1）时，其灵敏度分析如图 17.19所示。图 17.19（a）中给出了受 k_1 影响的 IC 的演化轨迹。k_1 越大，IC 的合作行为演化轨迹越早达到 1。因此 IC 与 RS 之间的收益分配比至关重要。图 17.19（b）中显示了受 i_2 影响的 EV 的合作行为演化轨迹。i_2 越小，愿意合作的电动汽车用户比例就越大。因此，光伏发电的充电定价是影响 EV 合作意愿的主要因素。当 i_2 涨到 130% 时，EV 仍然愿意合作，但当 i_2 涨到 150% 时，EV 将放弃合作。

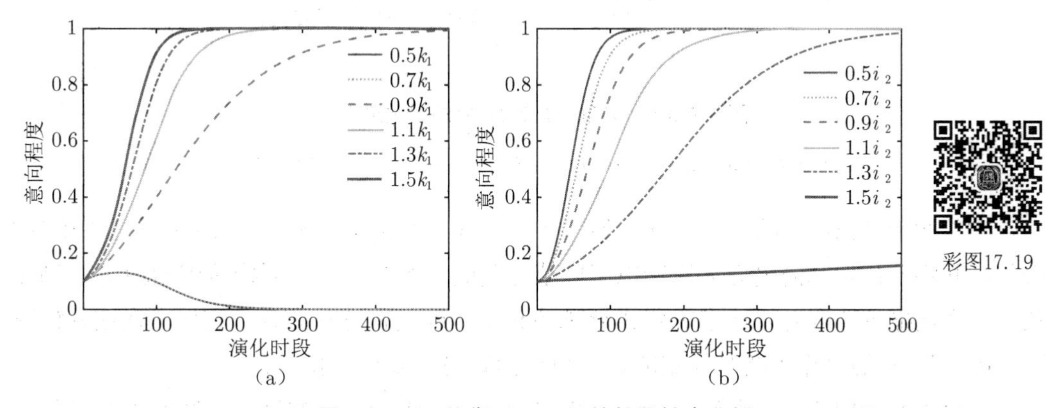

图 17.19　均衡 (1,1,1) 处的灵敏度分析

（a）k_1 对 IC 的影响；（b）i_2 对 EV 的影响

当博弈均衡为（1,0,0）时，其灵敏度分析如图 17.20所示。此时博弈的主要影响因素为 T 和 P_1。图 17.20（a）中给出了受 T 影响的 IC 的演化轨迹，由于销售电力的收入增加，IC 选择合作的比例随着 T 的增加而增加；图 17.20（b）中给出了受 T 影响的 RS 的演化轨迹，当 T 增加到 50% 时，选择合作的 RS 的比例将达到 1。当年度发电小时数 T 增加到 150% 或降低到 50% 时，ESS 将变为（1,0,1）或（0,0,0）；图 17.20（c）中给出了受 P_1 影响的 IC 的演化轨迹，P_1 的取值越大，IC 的演化轨迹就越早达到 1，当光伏电池板 P_1 的额定功率减小到原值的 50% 时，IC 合作比例将减少到 0，ESS 将变为（0,0,0）。

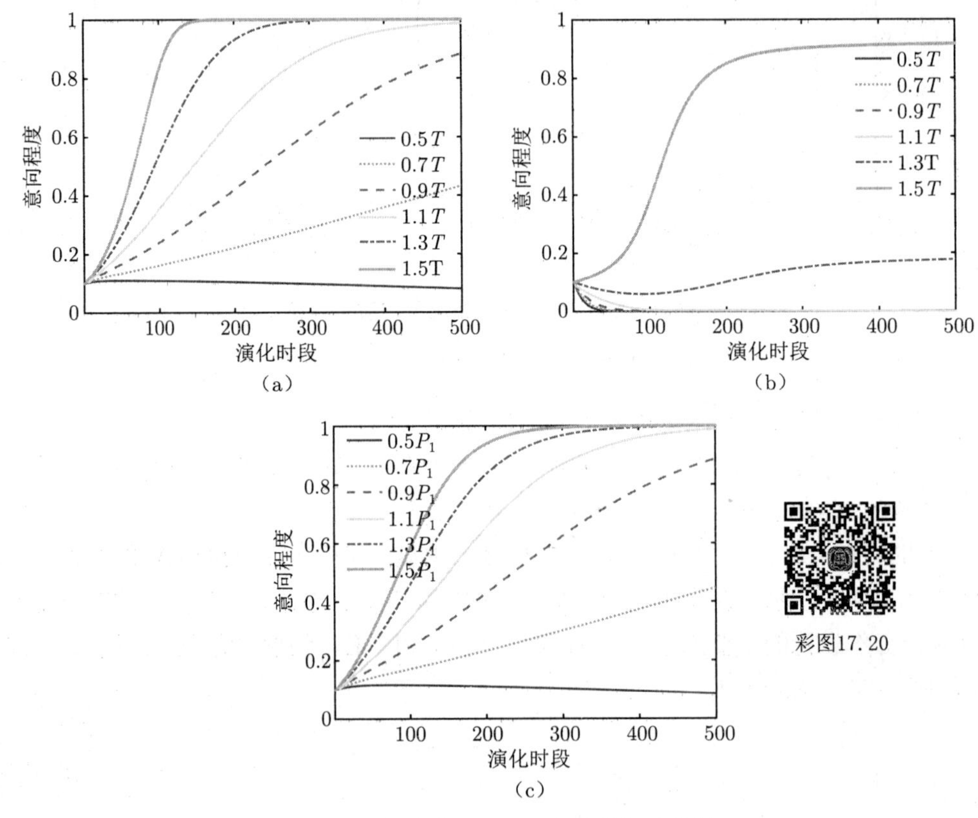

图 17.20　均衡 (1,0,0) 处的灵敏度分析

（a）T 对 IC 的影响；（b）T 对 RS 的影响；（c）P_1 对 IC 的影响

演化均衡（1,0,1）的灵敏度分析如图 17.21（a）所示。均衡（1,0,1）代表 IC 和 RS 合作，并将光伏发电的电力返送给电网以获得利润。此时，其主要影响因素为 i_2。当光伏发电充电电价下降时，即使 EV 需要承担充电风险其也有较高合作意愿。在这种情况下，IC 和 RS 的合作策略是稳定的，因为他们始终可以获得收益。

演化均衡 (0,1,0) 的灵敏度分析如图 17.21（b）所示。影响这一均衡的主要参数是 G_2。初始的均衡（0,1,0）下只有 EV 可以通过合作获得正收益。当政府不再向 EV 提供补贴时，EV 选择合作的意愿将保持不变。在这种情况下，IC 和 RS 将拒绝合作，因为当光伏太阳电池板的额定功率受到限制且售电价格太低时，他们将亏本。

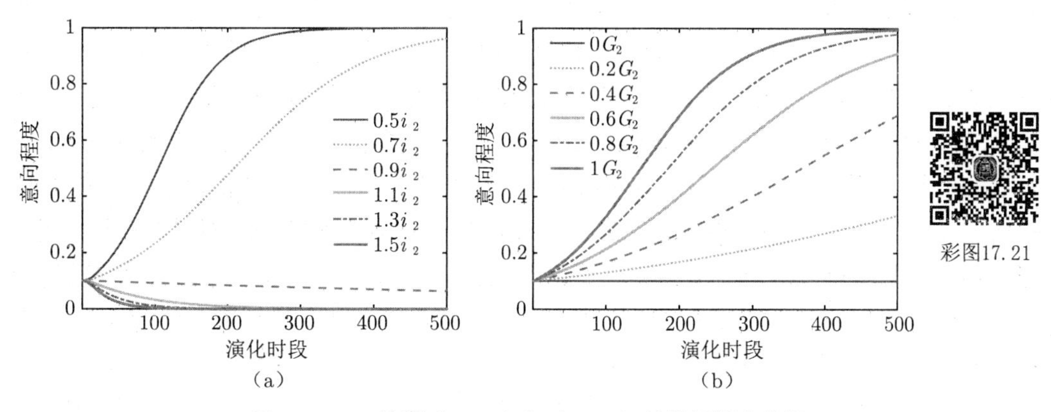

图 17.21 均衡 (1,0,1) 和 (0,1,0) 处的灵敏度分析

(a) 均衡为 (1, 0, 1) 时 i_2 对 EV 的影响；(b) 均衡为 (0, 1, 0) 时 G_2 对 EV 的影响

演化均衡（0,0,1）的灵敏度分析如图 17.22所示。初始的均衡（0,0,1）下只有 RS 才能通过合作获得正收益。此时可以通过调整 T、P_1 或 i_2 来改变均衡。图 17.22（a）中给出了受 T 影响的 RS 的演化轨迹，当年发电小时数增加时，总发电量以及售电收益

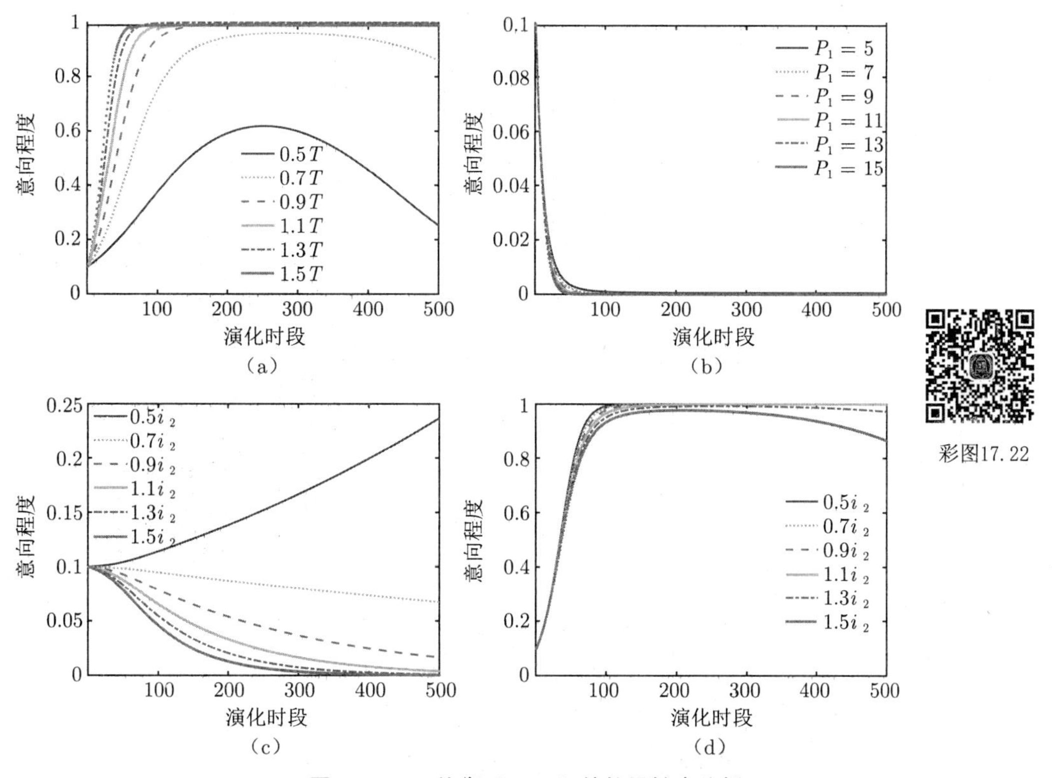

图 17.22 均衡 (0,0,1) 处的灵敏度分析

(a) T 对 RS 的影响；(b) P_1 对 EV 的影响；(c) i_2 对 EV 的影响；(d) i_2 对 RS 的影响

都会增加，因此 T 越大，RS 选择合作比例越高；图 17.22（b）中给出了受 P_1 影响的 EV 的演化轨迹，P_1 越大，演化轨迹越早达到 0，由于 EV 的收益由 P_2 和 i_2 决定，所以 P_1 的改变不会直接影响 EV 合作的比例，但是，P_1 的大小将影响 RS 选择合作的比例，当 P_1 增加时，光伏电池板的成本增加，RS 的合作比例将降低，最初，电动汽车的比例随着 P_1 的增加而增加，渐渐地，RS 不再合作，进而将使 EV 的合作比例下降，当 P_1 减少到原始值的 50%（等于 P_2 的值）时，光伏发电的电力将全部用于给 EV 充电，从而使 EV 的合作比例增加；图 17.22（c）中给出了受 i_2 影响的 EV 的演化轨迹；受 i_2 影响的 RS 的演化轨迹在图 17.22（d）中给出，i_2 值越小，EV 和 RS 加入合作将越积极。

演化均衡（0,1,1）的灵敏度分析如图 17.23所示，其初始均衡（0,1,1）表示 EV 和 RS 合作以获取利润。在该均衡下 EV 和 RS 的策略是稳定的，其主要影响因素为 i_2，T 和 k_1。图 17.23（a）中给出了受 i_2 影响的 IC 的演化轨迹，i_2 越大，售电获得的利润越多，IC 合作的比例越大；图 17.23（b）中给出了受 T 影响的 IC 的演化轨迹，随着年发电小时数的增加，选择合作的 IC 的比例急剧下降；图 17.23（c）中给出了受 k_1 影响的 IC 的演化轨迹，当 IC 和 RS 之间的收益分配比例增加时，IC 可获得更多利润，其合作比例上升。

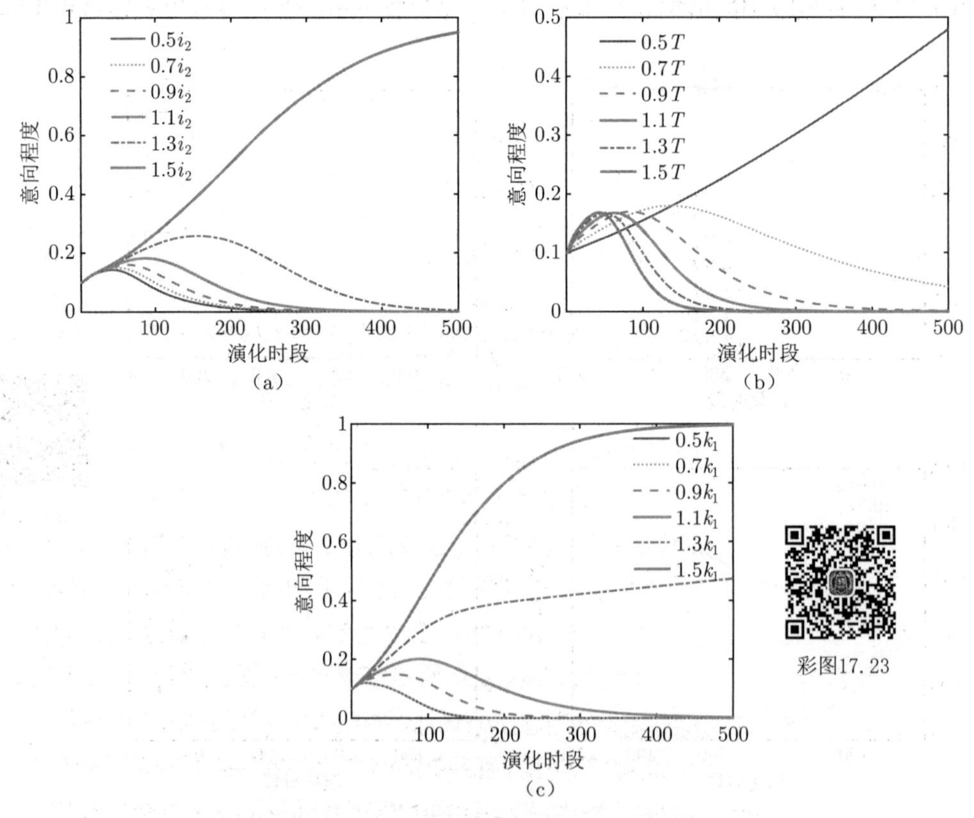

图 17.23　均衡 (0,1,1) 处的灵敏度分析

（a）i_2 对 IC 的影响；（b）T 对 IC 的影响；（c）k_1 对 IC 的影响

演化均衡（1,1,0）的灵敏度分析如图 17.24所示。初始（1,1,0）下 IC 和 EV 合作获得利润，其中 IC 的策略是稳定的，演化均衡主要受 i_2 影响。图 17.24（a）中给出了受 i_2 影响的 EV 的演化轨迹；图 17.24（b）中给出了受 i_2 影响的 RS 的演化轨迹。EV 合作的比例随着价格 i_2 的降低而增加。当 i_2 为 1.56 时，ESS 为（1,0,1）；如果 i_2 为 1.8，则 ESS 为（1,0,0）。

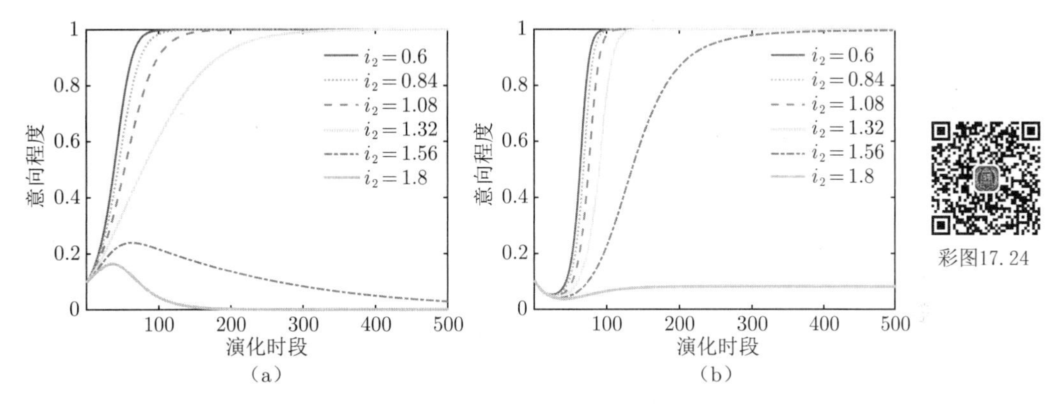

图 17.24　均衡 (1,1,0) 处的灵敏度分析

（a）i_2 对 EV 的影响；（b）i_2 对 RS 的影响

演化均衡（0,0,0）的灵敏度分析如图 17.25 所示。初始均衡（0,0,0）表示所有参与者都不愿意合作。在这种情况下，需调整参数以促进合作行为产生。通过灵敏度分析可知，k_1,i_2,G_2 和 P_1 是影响均衡的关键参数。图 17.25（a）给出了受 k_1 影响的 IC 的演化轨迹，IC 选择合作的意愿随着利益分配比例的增加而增加；图 17.25（b）给出了受 i_2 影响的 EV 的演化轨迹，EV 选择合作的比例随着光伏发电充电电价的下降而增加；图 17.25（c）给出了受 G_2 影响的 EV 的演化轨迹，EV 选择合作的比例随着补贴的增加而增加；图 17.25（d）给出了受 P_1 影响的 IC 的演化轨迹；图 17.25（e）给出了受 P_1 影响的 RS 的演化轨迹，IC 和 RS 的合作比例随 P_1 增大而增大，因为他们可以通过售电获得更多收益。因此，调整上述参数可以有效地促进合作行为的比例增加。

通过灵敏度分析可以得到各 ESS 的主要影响因素，如表 17.7 所示。结果显示 G_2、i_2、k_1、T、P_1 是本章提出的 PPP 合作项目的关键参数。屋顶光伏系统的成本和收益主要取决于 P_1 的大小，而光伏电池板和充电桩的单位成本对合作行为的影响很小。年发电小时数 T 直接决定售电收益。EV 的收益由 G_2 和 i_2 决定，它们直接影响 EV 的策略选择。通过调整光伏发电系统充电的价格，可提高 EV 合作比例。在政府补贴方面，G_1 和 G_3 对 ESS 的影响很小。因此，对政府而言，只需对 EV 提供补贴即可促进 PPP 项目的合作。此外，IC 和 RS 的合作行为受收益分配比例 k_1 的影响很大。以上这些结果可以为政府的政策设计提供参考。

为了更清楚地说明灵敏度分析的结果，图 17.26 给出了受各参数影响的 ESS 的发展方向，从图中可知，通过调整关键参数可使博弈达到均衡（1,1,1），但并非所有的均衡都可以调整到（1,1,1），如果 k_1 或 G_2 的标准设置不当，合作关系就会破裂。

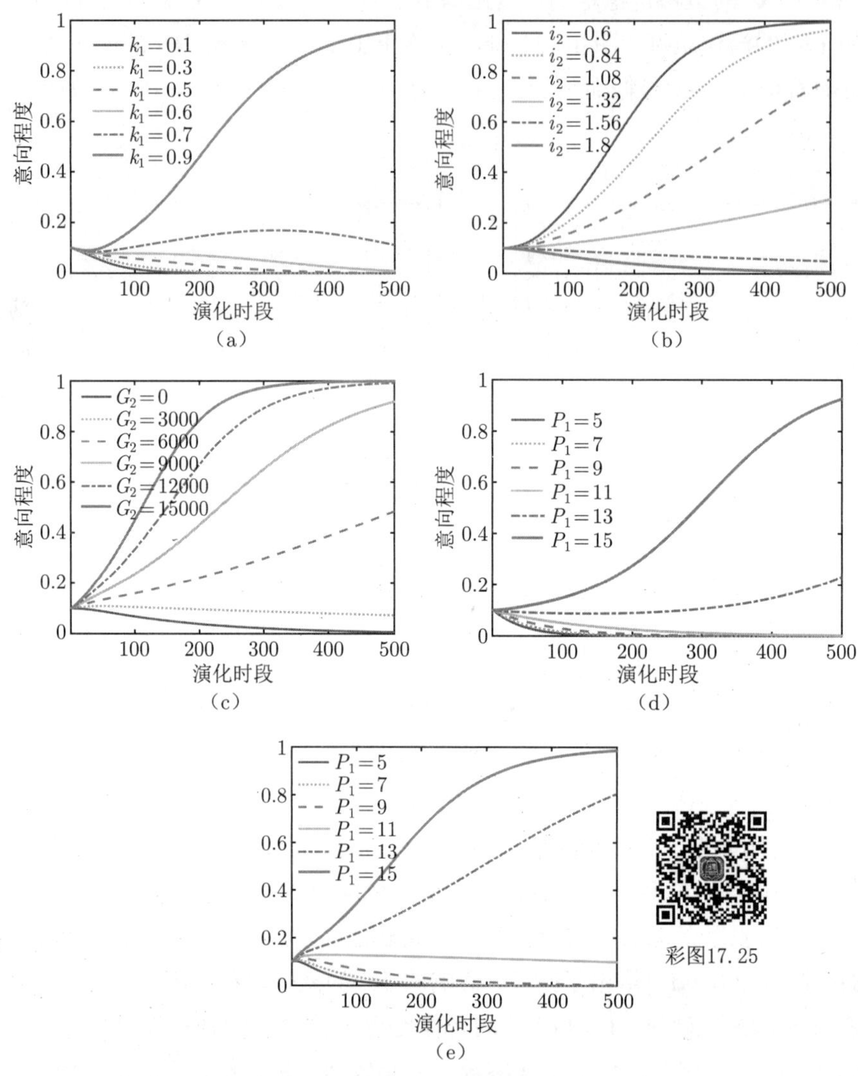

图 17.25　均衡 (0,0,0) 处的灵敏度分析

（a）k_1 对 IC 的影响；（b）i_2 对 EV 的影响；（c）G_2 对 EV 的影响；（d）P_1 对 IC 的影响；（e）P_1 对 RS 的影响

1. 投资公司合作的关键因素

根据本章给出的演化博弈均衡稳定性条件和灵敏度分析结果可知，影响投资公司合作行为的关键因素在于两点，即向电动汽车用户使用光伏发电的充电电价，以及投资公司参与合作时与居民用户之间的收益分配比。同时，光伏发电系统的年发电小时数也至关重要，其直接决定了总收入的多少。在相关研究中，文献 [22] 基于演化博弈论分析企业策略行为，结果发现，企业对政府补贴（包括补贴和监管）的期望决定了清洁低碳的生产方式是否能得以推广以及推广速度的快慢。在该论文中提出，公司的合作行为主要受到补贴的影响，因为公司可以从政府那里获得大量补贴以保证其收入，而本节中投资公司的合作行为则不受政府补贴影响。

表 17.7　ESS 主要影响因素表

初始 ESS	主要影响因素	新的 ESS
(0,0,0)	G_2, i_2	(0,1,0)
	k_1	(1,0,0)
	P_1	(1,0,1)
(0,0,1)	P_1, i_2	(0,1,1)
	T, i_2	(0,0,0)
(0,1,1)	P_1	(0,0,1)
	k_1, T, i_2	(1,1,1)
(0,1,0)	G_2	(0,0,0)
(1,0,0)	T, P_1	(1,0,1)
	T, P_1	(0,0,0)
(1,0,1)	i_2	(1,1,1)
(1,1,0)	i_2	(1,0,1)
	i_2	(1,1,1)
(1,1,1)	i_2	(1,0,1)
	k_1	(0,1,1)

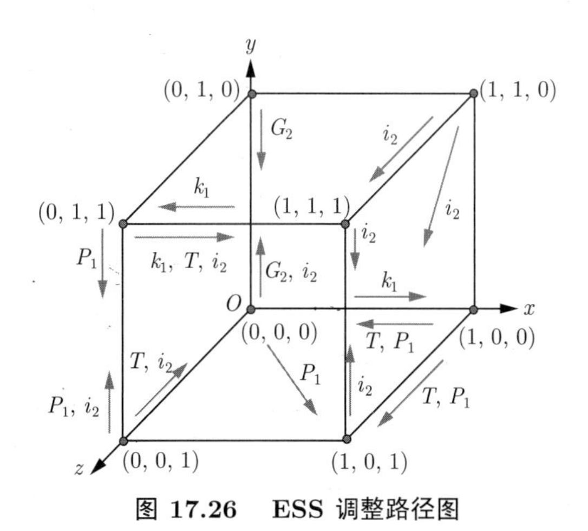

图 17.26　ESS 调整路径图

2. 电动汽车用户合作的关键因素

与投资公司不同，政府补贴是影响电动汽车用户决策的主要因素。因此，在政府政策设计中需要考虑为电动汽车用户提供高额补贴以吸引他们参与项目。文献 [23] 和文献 [24] 给出了类似的结果，其中文献 [25] 指出，项目发展不应依赖于补贴政策，当电动汽车用户的消费习惯形成，居民屋顶光伏发电系统发展成熟时，对电动汽车用户的补贴应减少。同时，电动汽车用户使用光伏发电的充电电价直接影响电动汽车用户的合作比例，如果居民充电桩充电价格和公共充电桩充电电价之间的差异太小，则电动汽车用户可能选择放弃合作，从而不必考虑在寻找居民充电桩的路上承担掉电的风险。文献 [26] 也提到了这一因素，电价上涨是发展电动汽车充电设备的主要障碍，只有通过公共部门和私营部门之间的有效协调和运作，才能促进电动汽车相关 PPP 项目的成功发展。

3. 居民合作的关键因素

居民进行合作的驱动因素是电动汽车用户使用光伏发电的充电电价，这一因素直接影响其售电收入。与公共充电站相比，居民安装光伏发电系统的成本相对较低，因为他们不需要额外的土地而是利用屋顶来安装太阳能电池板。文献 [27] 在他们的工作中也提到占地问题是发展光伏发电充电基础设施的一大风险因素，而在居民屋顶安装光伏充电系统则可解决土地征用问题。

17.4 政策激励下考虑消费者类型的电动汽车充电站规划方案的演化分析

17.4.1 概要

随着社会对可持续发展这一认识的逐渐提高、电池和汽车制造技术的迅速发展，电动汽车用户数量在世界各地均快速增长。然而，目前与大量电动汽车用户形成对比的是公共充电设施的紧缺，充电基础设施和电动汽车的比例小于 20%，无法满足大量电动汽车用户的充电需求。为了填补这一巨大缺口，发展建设充电基础设施已刻不容缓。

为解决这一问题，提高电动汽车充电站的比例，可考虑从市场竞争和政府调控两个方面进行分析。一方面，从市场竞争的角度来看，供需关系是决定产品发展的主要因素，因此消费者对 EV 充电的需求至关重要，并且 EV 充电站之间的竞争会影响 EV 充电的供给。另一方面，从政府调控的角度来看，对发展电动汽车充电站的补贴政策和针对加油站的税收政策直接影响电动汽车充电站或加油站的收入。本节解答以下问题：① 如何激励投资公司积极投资建设电动汽车充电站？② 补贴或税收政策对电动汽车充电站推广有哪些影响？③ 消费者的偏好将如何影响电动汽车充电站的发展？

17.4.2 演化博弈模型

针对现如今许多国家电动汽车数量迅速增加而电动汽车充电基础设施不足的现象，本节提出了促进电动汽车充电基础设施建设的演化博弈模型，研究重点在于如何激励投资公司投资建设电动汽车充电站，这在很大程度上受到政策和消费者偏好的影响。有鉴于此，将消费者分为三类，并分析每一类的准确比例与电动汽车充电基础设施建设的演化过程之间的关系。在政策激励上，本节将提出一种税收补贴自平衡的政策机制，并在静态和动态情况下与传统的补贴政策机制进行对比。由于区域站点之间的竞争关系会影响投资收益，故本节将考虑对站点之间的网络关系进行仿真。

博弈中投资者、政府和消费者是主要参与者。政策需要鼓励投资者对电动汽车充电设施进行投资。但投资者以利润为导向，政府需要通过给予补贴的形式鼓励他们进行合作。消费者可以选择使用电动汽车或燃油汽车，电动汽车的比例将影响电动汽车充电站的利润。假设对投资公司而言存在 N 个潜在的投资站点，根据投资公司的决策可能将其开设为充电站 (charging station, CS) 或加油站 (gas station, GS)。每个站点的利润将受其附近站点类型，电动汽车和电动汽车用户的数量以及税收或补贴政策影响。如果该站是 CS/GS，它将得到补贴/需要缴税。在投资站点 i 周围的区域中，当站点 i 及其相邻站点都属于同一类型时，他们将获得该区域的平均充电收入。当站点 i 是 CS/GS，相邻站点是 GS/CS 时，它将从本地的电动汽车（燃油汽车）用户那里获得所有利润。参与者的策略将由收益决定，每个参与者都有一定的可能学习其他参与者的策略。参与者之间的关系和博弈分析框架图如图 17.27 所示。

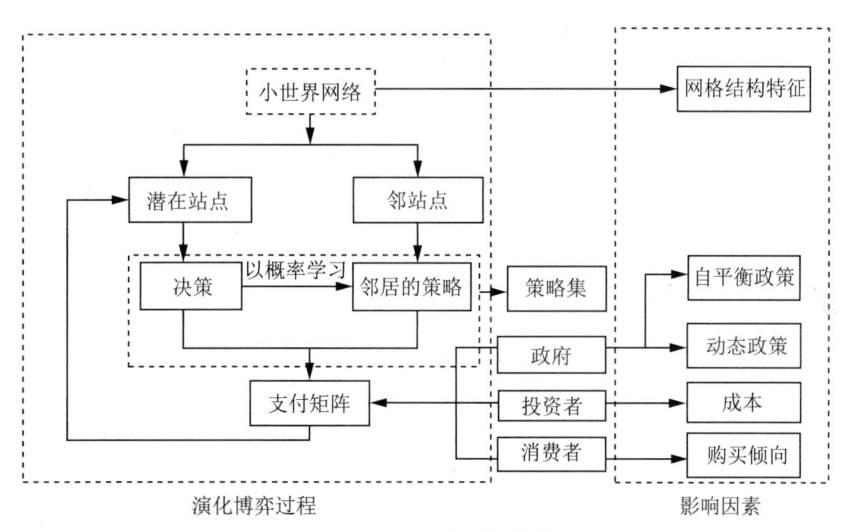

图 17.27 参与者之间的关系和博弈分析框架图

为了进行理论分析，现提出以下基本假设。

假设 17.9 博弈参与者为 N 个站点，其中充电站的比例为 x，而加油站的比例为 $1-x$。充电站 i 相邻站点中同为充电站的站点所占的比例为 y_i。消费者中选择电动汽车的比例为 z。

假设 17.10 所有参与者仅具有有限理性和不完全信息，通过比较自己与他人的收益，以一定概率学习群体中获得最高收益的个体的决策。

假设 17.11 具有连接关系的两个站点信息共享，即站点 i 可获取其所在区域其他站点的收益。

假设 17.12 消费者分为三种类型，第一类消费者使用电动汽车。第二类消费者选择燃油汽车。第三类消费者持中立态度，根据所在区域站点类型做出选择，即如果所在区域所有站点都是电动汽车充电站，则选择使用电动汽车。第三类消费者的比例为 β。

假设 17.13 车辆分布均匀，在站点 i 所在区域，车辆分布密度 ω 相等，如下式所示：

$$\frac{M}{N}=\frac{M_i}{N_i}=\omega \tag{17-59}$$

其中，M 为汽车总数；N 为站点总数；M_i 为站点 i 附近车辆总数；N_i 为站点 i 附近站点总数。

为了构建演化博弈模型，此处定义演化博弈的基本要素如下。

（1）博弈参与者：博弈中考虑了 N 个站点，每个站点都将与所在区域中的相邻站点博弈。

（2）策略：根据投资公司的决策，每个站点有两种策略，分别为充电站和加油站，记为 $S_{\mathrm{cs}}, S_{\mathrm{gs}}$。

（3）支付：即各站点的收益为收入减去成本所得出的余额。

模型中使用的成本 (根据全寿命周期成本计算) 如下所示：

充电站的年化投资成本：为了分摊购买充电设备和建立充电站的投资成本，根据全寿命周期计算方法得到充电站的年度投资成本如下：

$$C_1=C_{\mathrm{cs}}*\frac{r(1+r)^{L_{\mathrm{cs}}}}{(1+r)^{L_{\mathrm{cs}}}-1} \tag{17-60}$$

其中，C_1 为充电站的年化投资成本；C_{cs} 为充电站的初始投资成本；L_{cs} 为充电站充电设备的使用寿命；r 为设备折旧率。

加油站的年化投资成本：与充电站类似，加油站的年化投资成本为

$$C_3=C_{\mathrm{gs}}*\frac{r(1+r)^{L_{\mathrm{gs}}}}{(1+r)^{L_{\mathrm{gs}}}-1} \tag{17-61}$$

其中，C_3 为加油站年化投资成本；C_{gs} 为加油站初始投资成本；L_{gs} 为加油站加油设备使用寿命。

对于站点 i 而言，其策略受选择电动汽车的消费者比例及其相邻站点 j 的策略影响。站点 i 可知其相邻站点的策略及其收益。根据站点 i、站点 j 的决策以及消费者的选择，总结了 8 种策略组合。在每种场景下，站点 i 和站点 j 的收益与他们的策略密切相关。以下将逐一介绍 8 种场景下的收益函数。

场景一： 若站点 i 为充电站，而其相邻站点都是充电站，站点 i 所在区域的消费者都是电动汽车用户，则站点 i 将与其相邻站点获得相同的收益，站点 i 和站点 j 的收益为

$$a_i=a_j=(b_e-c_e)\omega p_1+G-(C_1+C_2) \tag{17-62}$$

其中，ωp_1 为一辆电动汽车的年平均用电量，b_e 为电动汽车充电站的充电价格，c_e 为电动汽车充电站的充电成本，G 是每个站点获得的政府补贴，C_1 和 C_2 为充电站年投资成本和年运行成本。

场景二: 若站点 i 为电动汽车充电站，其相邻站点都为电动汽车充电站，而其所在区域消费者都是倾向于选择燃油车，则此时第三类消费者将转而选择使用电动汽车，因为他们能更方便地获得充电服务。此时，充电利润将由站点 i 及其相邻站点平均分配，站点 i 和站点 j 的收益为

$$b_i = b_j = (b_e - c_e)\omega p_1 \frac{\beta}{1-z} + G - (C_1 + C_2) \tag{17-63}$$

其中，β 是第三类消费者的占比，$1-z$ 是偏好燃油汽车的消费者的占比，此时总充电需求为 $\omega p_1 \dfrac{\beta}{1-z}$。

场景三: 若站点 i 为充电站，其所有相邻站点为加油站，而所有消费者偏好为电动汽车，则站点 i 将获得所有利润，而站点 j 无法获得利润，站点 i 和站点 j 的收益为

$$\begin{cases} c_i = (b_e - c_e)\omega p_1 \dfrac{1}{x} + G - (C_1 + C_2) \\ c_j = -F - (C_3 + C_4) \end{cases} \tag{17-64}$$

总充电需求 Mp_1 将平均分配到 xN 个充电站中，因此充电站 i 的利润为 $(b_e - c_e)Mp_1/xN = (b_e - c_e)\omega p_1/x$，其中 F 为政府向加油站征收的税费，C_3 和 C_4 为加油站的年投资成本和年运行成本。

场景四: 若站点 i 为充电站，其相邻站点都是加油站，而所有消费者都偏好燃油汽车，则站点 i 的相邻站点将获得所有利润，而站点 i 无法获得利润，站点 i 和站点 j 的收益为

$$\begin{cases} d_i = G - (C_1 + C_2) \\ d_j = (b_g - c_g)\omega q_1 \dfrac{1}{1-x} - F - (C_3 + C_4) \end{cases} \tag{17-65}$$

其中，b_g 为加油站的加油价格，c_g 为加油站的加油成本。总加油需求 Mq_1 将平均分配到 $(1-x)N$ 个加油站中，故站点 j 的收益为 $(b_g-c_g)Mq_1/(1-x)N = (b_g-c_g)\omega q_1/(1-x)$。

场景五: 若站点 i 为加油站，其相邻站点都是充电站，而所有消费者都偏好电动汽车，则相邻站点 j 将获得全部利润，站点 i 和站点 j 的收益为

$$\begin{cases} e_i = -F - (C_3 + C_4) \\ e_j = (b_e - c_e)\omega p_1 \dfrac{1}{x} + G - (C_1 + C_2) \end{cases} \tag{17-66}$$

场景六: 若站点 i 为加油站，其相邻站点都是充电站，而所有消费者都偏好燃油汽车，则站点 i 将获得所有利润，站点 i 和站点 j 的收益为

$$\begin{cases} f_i = (b_g - c_g)\omega q_1 \dfrac{1}{1-x} - F - (C_3 + C_4) \\ f_j = G - (C_1 + C_2) \end{cases} \tag{17-67}$$

场景七: 若站点 i 是加油站，其相邻站点都是加油站，而所有消费者都偏好电动汽车，则第三类消费者将选择购买燃油汽车，因为加油比充电更方便。此时，利润由站点

i 和其相邻站点 j 平均获得，站点 i 和站点 j 的收益为

$$g_i = g_j = (b_g - c_g)\omega q_1 \frac{\beta}{z} - F - (C_3 + C_4) \tag{17-68}$$

场景八：若站点 i 是加油站，其相邻站点都是加油站，而所有消费者都偏好燃油汽车，则利润由站点 i 和其相邻站点 j 平均获得，站点 i 和站点 j 的收益为

$$h_i = h_j = (b_g - c_g)\omega q_1 - F - (C_3 + C_4) \tag{17-69}$$

综上所述，站点 i 的期望收益 U_i 计算如下：

$$U_i = xU_i^{\mathrm{cs}} + (1-x)U_i^{\mathrm{gs}} \tag{17-70}$$

其中

$$U_i^{\mathrm{cs}} = \begin{pmatrix} y_i & 1-y_i \end{pmatrix} \begin{pmatrix} a_i & b_i \\ c_i & d_i \end{pmatrix} \begin{pmatrix} z \\ 1-z \end{pmatrix} \tag{17-71}$$

$$U_i^{\mathrm{gs}} = \begin{pmatrix} y_i & 1-y_i \end{pmatrix} \begin{pmatrix} e_i & f_i \\ g_i & h_i \end{pmatrix} \begin{pmatrix} z \\ 1-z \end{pmatrix} \tag{17-72}$$

分别是站点 i 作为充电站和加油站的期望收益。

根据各场景下的收益函数可获得完整的支付矩阵。此时，根据税收和补贴标准是否随电动汽车充电站发展情况而调整，分为静态政策和动态政策两种情况进行讨论。

情况一：静态政策

此时，税收和补贴额为常数。

$$G = F \tag{17-73}$$

情况二：动态政策

此时，补贴和税收标准随电动汽车充电站的比例而动态变化。当充电站的比例较低时，可以给充电站高补贴，对加油站征收高税费，激励投资公司投资电动汽车充电站。但当电动汽车充电站比例达到一定水平时，建议减少补贴以节省财政支出。因此，电动汽车充电站的比例与补贴和税收标准之间存在负相关关系，如式（17-74）中的 $G(x)$ 和 $F(x)$ 所示。

$$G(x) = G \times (1-x) = F \times (1-x) = F(x) \tag{17-74}$$

基于上述支付矩阵，各站点在博弈后将获得收益。每轮博弈后，站点将以一定概率更改其策略，如式（17-75）表示的是费米规则[28]。

$$P(i \to j) = \frac{1}{1 + \exp[(\pi_j - \pi_i)k]} \tag{17-75}$$

其中，站点 i 将以概率 $P(i \to j)$ 学习其相邻站点中收益最高的站点 j 的策略。k 为选择强度，描述了决策过程中的不确定性，例如波动和错误等，详见参考文献 [30]。此处可将 k 设为 0.1。

基于小世界复杂网络模拟参与者之间的关系。小世界复杂网络理论由文献 [31] 发现并提出，该文指出在完全竞争市场中，利益相关者之间的联系呈现小世界网络特性。这类网络结构由向量 $G=(V,E)$ 表征，其中 $V=v_1,v_2,\cdots,v_N$，即表示 N 个节点 (站点)，$E=e_1,e_2,\cdots,e_n$，即表示节点间的 n 条边，节点和边形成无向图。若站点 i 与站点 j 有连接关系，则站点 j 被称为站点 i 的邻居，连接 i 和 j 的边在相邻矩阵中被标记为 1，如果没有边相接则标记为 0。网络的度为 d(偶数)。网络中边重连的概率为 pr。

综上所述，该博弈决策仿真流程如下。

步骤 1: 根据文献 [29] 提出的算法构建小世界网络。网络中每个节点的初始策略随机设为充电站或加油站。若初始策略为充电站，则其值为 1，若为加油站，则其值为 0。

步骤 2: 设置所有参数的初值。

步骤 3: 每一轮中，站点 i 与其相邻站点博弈并得到各自的收益。根据收益的实际状况，站点 i 以概率 $P(i\rightarrow j)$ 学习可获得最高收益的策略。

步骤 4: 所有站点同步更新策略，进入下一轮博弈。

步骤 5: 得到充电站的比例。

17.4.3　算例分析

本节基于我国当前实际数据进行算例分析，通过蒙特卡洛方法模拟结果，对每个数据取 100 次独立的蒙特卡洛模拟数据的平均值，每轮模拟迭代 100 次。最后对参数进行灵敏度分析，为研究问题提供更深入的讨论。算例中，设定汽油零售价格为 6.48 元/L，成本 c_g 为 4.68 元/L。根据统计数据可知，家用车辆年行驶距离为 20000km，燃油汽车平均汽油消耗量为 0.09L/km，电动汽车的耗电量约为每 0.25kW·h/km。因此，燃油汽车的年汽油消耗量可被设为 1800L。电动汽车的年耗电量可被设为 5000kW·h。

充电站的投资成本包括基本设备成本和运营成本。城市充电站的充电容量每天应足以满足 100 辆电动汽车的充电需求，需要 10 个快速充电桩，造价约 150 万元。配电设备包括变压器，配电柜，电缆和有源滤波器组件，其成本约为 180 万元。因此，$C_{\rm cs}$ 为 330 万元。运营成本包括维护成本，人工成本等，C_2 的值为 24 万元。充电器的使用寿命通常为 6 年，即 $L_{\rm cs}$。城市级加油站的标准容量按 90m^3 计，设备的投资包括加油柜，油罐，液位计，成本为 18 万元。其年运行成本 $C_{\rm gs}$ 为 180 万元，C_4 为 18 万元。油罐的使用寿命一般为 10 年，这是 $L_{\rm gs}$。根据《中华人民共和国国有资产法》[30]，设备折现率约为 5 %，记为 r。参考文献 [31] 中的数据，我国大多数省份对电动汽车充电基础设施建设的补贴额为总投资的 20%。因此，这里考虑使用 $C_{\rm cs}$ 的 20% 作为初始补贴 G，即 60 万元。假设加油站的征税初始值为零，即 $F=0$。

算例中考虑 $N=100$ 个站点;生成度为 $d=2$ 的小世界网络;边重连概率为 $pr=0.1$;车辆分布密度为 $\omega=200$；设 x 的初值为 0.2；假定偏好电动汽车的消费者比例为 0.3，记为 z；β 表示第三类消费者的比例，设为 0.4。所有参数的取值如表 17.8 所示。

表 17.8 参数取值列表

x	z	ω	N	b_e	c_e	b_g	c_g	p_1	q_1
0.2	0.3	200	100	0.18	0.6	6.48	4.68	5000	1800
C_{cs}	C_{gs}	C_2	C_4	r	G	F	L_{cs}	L_{gs}	k
330 万	180 万	24 万	18 万	5%	66 万	0	6	10	0.1

首先在情况一，即静态政策机制下对比税收补贴自平衡政策与不平衡政策的差异，其结果在图 17.28中给出。其中实线表示在不平衡政策下充电站比例的演化过程；虚线表示在自平衡政策下充电站比例的演化过程。从图中可以看出，在 10 轮迭代后，自平衡政策下充电站的比例从 0.2 迅速增加到 0.8，此后，充电站的比例保持稳定，最终为 0.78。与此相反，在不平衡政策下，电动汽车充电站的比例小于 0.5。由此可见，自平衡政策在推进充电站建设时具有明显的优势，而若政府仅出台补贴政策，市场将处于不稳定状态。因为当政府为建设充电站提供补贴时，初期投资者大量进入市场，但此时市场竞争并不充分，部分投资者仅期望得到政府的补贴然后退出市场转而投资加油站。但在自平衡的政策下，建设加油站将面临被征税的境况，投资者需要为投资加油站付出更多成本。

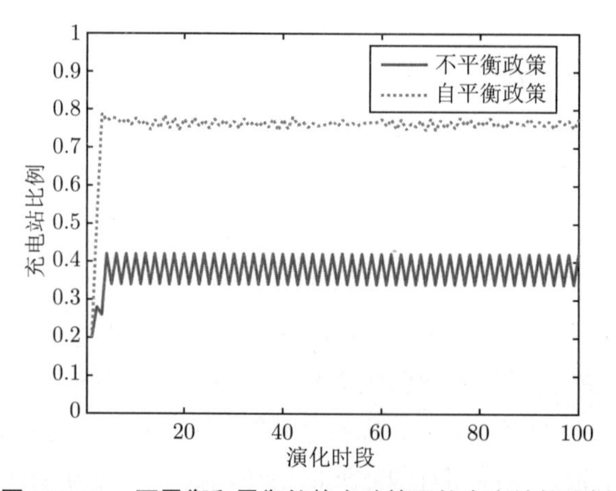

图 17.28 不平衡和平衡的静态政策下的充电站的比例

从财政预算的角度来看，由图 17.29 和图 17.30 中可知，补贴越大则充电站的比例越高，投资公司将通过政策补贴获得额外收益。其次，在不平衡政策机制下，当补贴标准少于 90 万元时，充电站的比例约为 0.2。但是，在自平衡的政策机制下，当补贴为 42 万元时，充电站的比例已接近 0.7。结果表明，通过实施自平衡的税收补贴政策，可以在快速推进充电站建设的同时减少财政预算支出。

基于以上分析可知，自平衡政策机制在减少财政预算的同时能引导市场稳定发展。当充电站的比例达到一定水平，补贴和税收可适当减少。为了研究动态策略的影响，图 17.31中模拟了动态及静态自平衡政策下充电站比例以进行比较。从结果可以看出，最终充电站的比例都达到了 0.78，且发展速度相近。但是，采用动态补贴政策时，补贴总额为 5280 万元，而采用静态补贴政策时，补贴总额为 6600 万元。因此，通过实施动态平衡的政策可以节省 1320 万元。随着充电站市场的发展，补贴会逐步减少，同时充电站市场也将更具竞争力。从图中也可看出由于市场调整，充电站的比例发展过程是波动的。

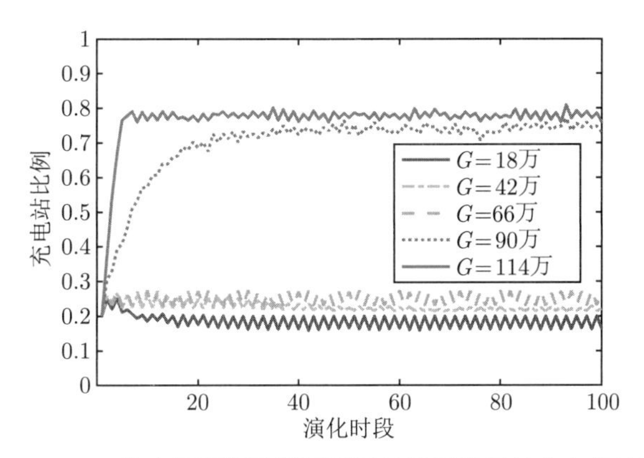

图 17.29 静态不平衡政策下不同补贴标准下的充电站比例

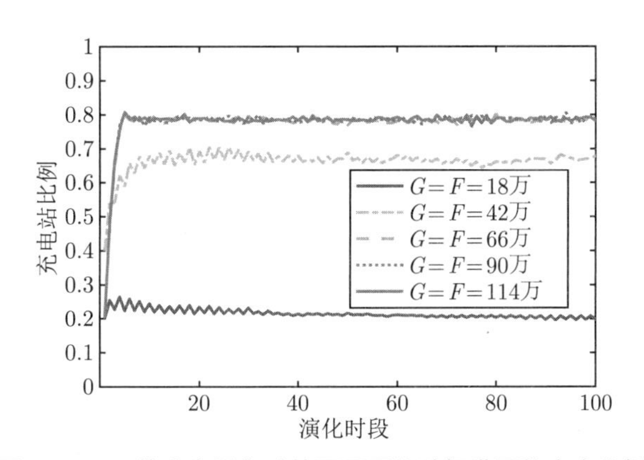

图 17.30 静态自平衡政策下不同补贴标准下的充电比例

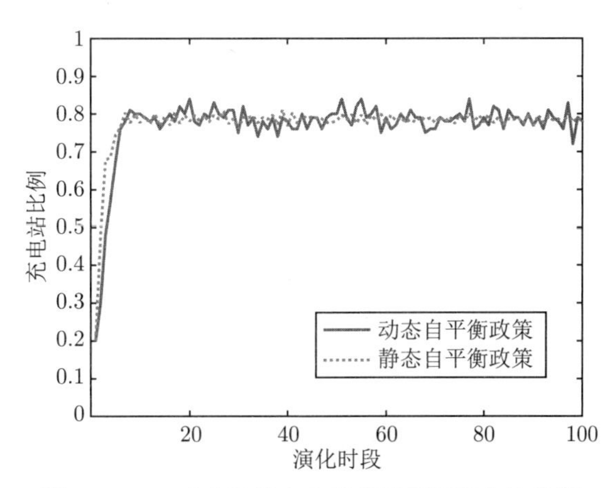

图 17.31 动态及静态自平衡政策下充电站比例

从财政预算上分析结果，图 17.32 模拟了动态自平衡政策下不同补贴标准下的充电比例。由此可知，补贴和税收可以减少到 18 万元，充电站达到 0.72 的比例。与图 17.30 所示的结果相比，补贴和税收为 18 万元时，该比例为 0.2。因此，在相同的财政预算下，采用动态平衡政策推进充电站建设效果更明显。

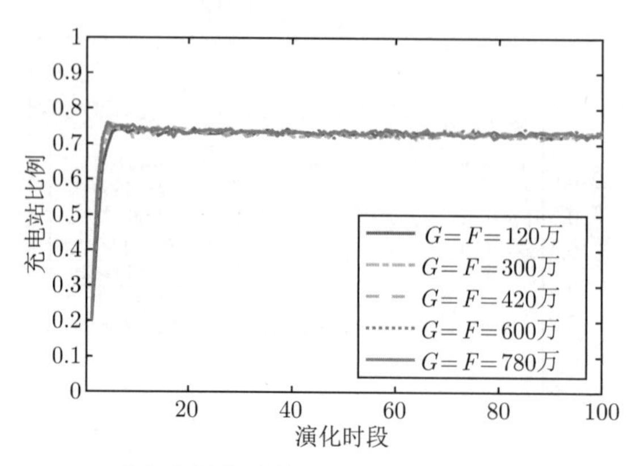

图 17.32　动态自平衡政策下不同补贴标准下的充电站比例

消费者对电动汽车的偏好对于促进电动汽车充电基础设施的建设至关重要。为了详细研究消费者偏好的影响，图 17.33 和图 17.34 分别模拟了不同消费者偏好比例下的充电站比例和第三类消费者占比对充电站比例的影响。图 17.33 中充电站的比例随着偏好电动汽车的消费者的比例增加而增加，尤其在充电站建设初期，消费者偏好越高，充电站的比例也将越高，因为这些消费者将成为第一批潜在用户。此外，当消费者对电动汽车偏好为 0 时，即所有消费者偏好燃油汽车，充电站的比例将先下降然后再增加到约 0.4。造成这种现象的原因是第三类消费者的决策影响，当充电站为第三类消费者带来便捷时，他们将转而选择电动汽车。因此，即使在充电站建设发展初期消费者对电动汽车偏好为 0，充电站比例也会逐渐增加。

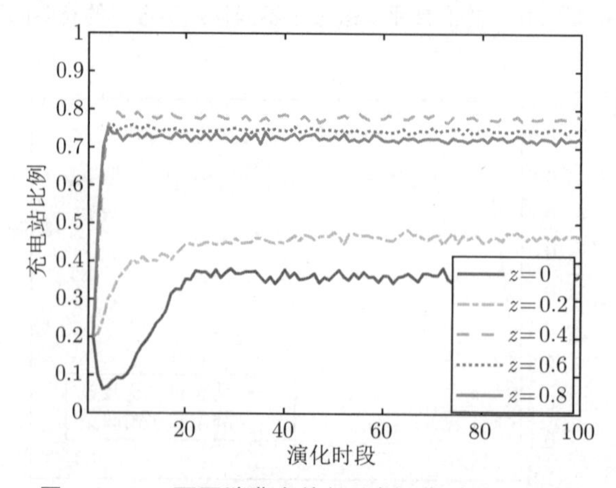

图 17.33　不同消费者偏好比例下的充电站比例

图 17.34中模拟了第三类消费者占比对充电站比例的影响。当第三类消费者的比例

为零时，市场频繁波动，最终充电站的比例约为 0.3。因为第一类消费者的比例即选择电动汽车的消费者比例也即 0.3。由于充电站具有固定用户，因此充电站最终比例为 0.3。当第三类消费者的比例增加时，充电站的比例也会增加，原因是第三类消费者是潜在的电动汽车和充电站用户，当所在区域充电站较多时，这些潜在的电动汽车用户将选择使用电动汽车。

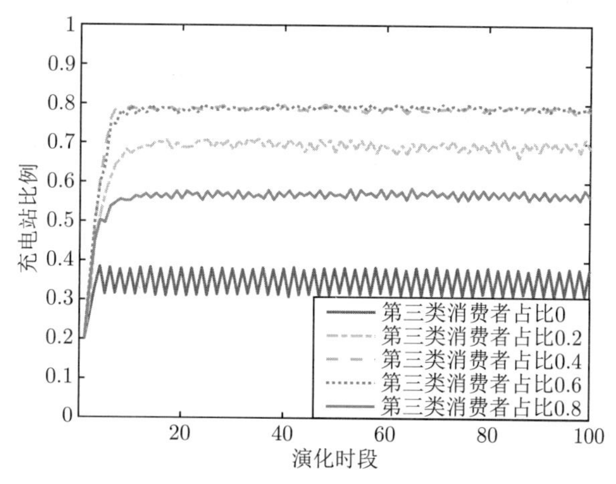

图 17.34　第三类消费者占比对充电站比例的影响

在各站点之间，连接关系呈小世界网络特性，其主要特征量即网络的度。图 17.35中模拟了不同网络结构下充电站的比例，结果可见，网络的度越大，则充电站的比例越大，因为网络的度越大意味着站点之间的连接越复杂站点可获得的信息量更大，站点可以向更多的邻居学习，并且更有可能向所有站点中收益最高的站点学习。但是，当度数大于 6 时，充电站的比例增加的速度将变慢。

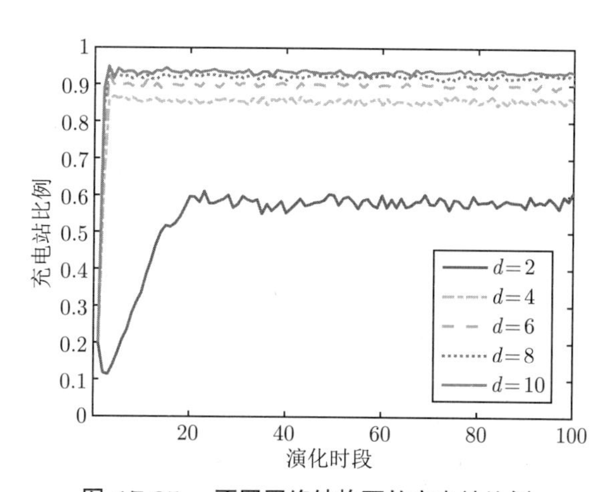

图 17.35　不同网络结构下的充电站比例

为研究初始投资成本对充电站建设的影响，本节在无补贴和无税收政策的情况下模拟不同初始投资额下充电站的比例，结果如图 17.36所示。首先，充电站的初始投资成本对充电站的建设影响很小，从仿真结果可推断，尽管充电基础设施的投资成本很高，但这并不是限制充电站建设的主要障碍。在完全竞争市场中，当电动汽车数量足够大时，充电需求大，充电站的收入将增加，当收益大于成本时，充电站市场将吸引更多投资者。但从图中也可发现，在没有政府财政支持的情况下充电站的最终比例约为 0.55，而在有补贴政策的情况下充电站的最终比例约为 0.8。这表明在没有政府干预的商业市场中，由于投资者之间的竞争，充电站的发展程度具有上限。当充电站的利润很高时，大量的投资者会流入市场并产生竞价，导致其利润空间被压缩。在政府的支持下，充电站的利润可以得到保证，因此充电站的比例会更高。

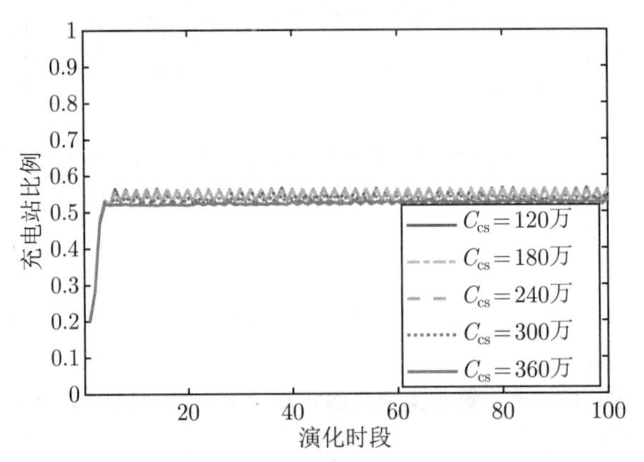

图 17.36　无政策干预时不同初始投资额下充电站的比例

图 17.37中模拟了无政策干预时不同充电电价条件下的充电站比例，由结果可知，充电电价越高充电站的最终比例越高。

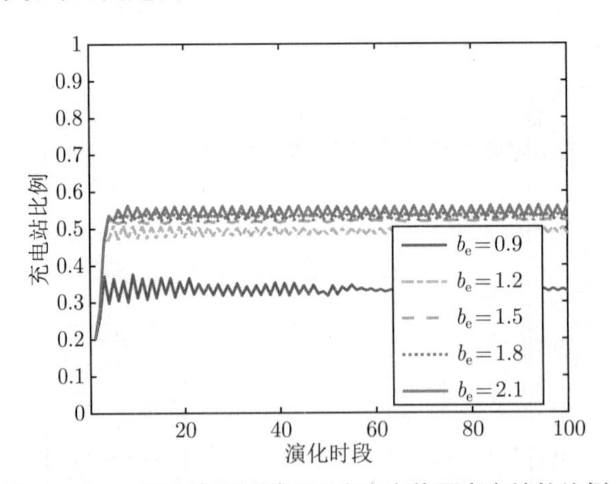

图 17.37　无政策干预时不同充电电价下充电站的比例

下面根据以上仿真结果，从政策机制、消费者偏好、网络特性和投资成本进行讨论，并从清洁生产的角度提出建议。

从仿真结果可得到以下结论：① 相比不平衡的税收补贴政策，税收补贴自平衡的政策机制在促进充电基础设施建设上具有明显优势。② 如果政府仅出台补贴政策，市场将不稳定。③ 若要达到同样的充电站比例，动态自平衡政策比静态自平衡政策需要的补贴和税收标准更低。若补贴和税收标准相同，则动态自平衡政策机制对充电站发展的推动作用更明显。④ 在没有政府干预的商业市场中，由于投资者之间存在竞争，充电站的发展具有上限。

以上结论能为政府制定补贴和税收政策带来一些启发。首先，缺少政策干预的电动汽车充电设施建设市场存在上限，因此建议采取政策干预措施来促进电动汽车基础设施的建设。其次，仅实施补贴政策效果往往不显著，不利于市场稳定发展，因此，建议政府提出税收补贴自平衡政策以减轻财政压力。最后，建议补贴和税收政策随市场的发展程度动态调整。

此外，当政府采用政策干预的方式支持电动汽车产业和电动汽车充电基础设施的发展时，其积极影响体现在很多方面。首先，电动汽车及其相关行业如电池研发制造等都将直接受益。其次，投资者和消费者可明确国家在汽车工业方面的未来发展方向，更多的投资者和投资资金将流入市场以扶持电动汽车充电基础设施的发展。最后，该财政政策还将促进相关的低碳和清洁生产企业的进一步发展。

偏好电动汽车的消费者越多，投资充电站的比例也就越高。但值得注意的是即使在发展初期消费者对电动汽车的偏好比例为 0，由于第三类消费者的存在，电动汽车用户也会逐渐增加。当第三类消费者的比例为 0 时，充电站的比例将与第一类消费者的比例相同。当第三类消费者的比例增加时，充电站的最终比例也会增加。

因此，政府和企业有必要通过一些措施使消费者对电动汽车的未来发展更有信心，例如，发展电池技术消除里程焦虑，为电动汽车使用、更换电池提供更完善的售后服务，发展光伏智能充电站等。这些措施也有助于提升可再生能源的利用率，通过电动汽车和电池的回收利用减少污染排放，实现清洁可持续发展。

综上所述，这里对投资公司和政府提出以下建议。

（1）建议投资公司为消费者提供电动汽车试驾体验，比如在购物中心和广场展览。良好的驾车体验可以提高消费者对电动汽车的接受程度。

（2）培养更多第三类消费者，在消费者中宣传电动汽车相关知识，着重阐述电动汽车的优势。部分消费者并不是环保主义者，但由于他们获得了更多电动汽车相关信息，有可能转向电动车消费。

（3）建议采取汽车上牌限制政策。第一类消费者的比例可由政府采取汽车上牌限制政策来控制。在我国大多数城市已实施限牌限号政策，这类政策极大地提升了电动汽车用户比例。

站点之间的联系程度会影响充电站比例，因此投资公司可通过合理安排充电站的分布位置来提升投资收益。根据仿真结果可知，站点之间的最佳连接度为 6。受此启发，建议投资公司设计一套内部信息共享系统并及时更新数据。因此，资源的有效管理在电动汽车充电基础设施市场的发展中也起着重要作用。适当规划电动汽车充电站的位置及发展规模可获得更高的投资效益，通过获得更多的决策信息，可使得电动汽车充电站在与加油站竞争时赢得更多的市场份额，从而避免产生劣币驱逐良币效应。从清洁生产的角度来看，这种现象在其他领域经常发生，例如可再生能源的扩散和垃圾焚烧发电等，因此，在这些产业中需要考虑资源分配、设定合理的发展规模。

根据图 17.36中的仿真结果可以得出一个有趣的结论，即充电基础设施的投资成本不是制约其发展的主要障碍，即使这一投资成本十分高昂。

在从使用传统能源到低碳清洁能源的发展过程中，不可避免地需要大量投资，包括理论研究、实验测试、设备更新以及监管成本等。但当清洁的、可持续发展的能源被消费者接受并逐渐成为潮流时，该行业将迅速发展，投资者将从其中收回成本并获得利润。因此，尽管充电站的初始投资很高，但并没有对投资者的投资策略造成那么大的影响。充电站发展建设的主要障碍在于电动汽车的用户数量和充电价格，当大量电动汽车用户进入市场时，投资者对充电站的投资自然增加，从而使充电站比例上升。因此，建议投资者在选址时应放在电动汽车潜在用户更多的区域。文献 [32] 也指出，充电站的投资可以转嫁给电动汽车用户，关键在于充电站是否足够方便并吸引足够多的电动汽车消费者。

17.5 说明与讨论

本章系统性地分析了综合能源系统的演化机理，针对综合能源系统各耦合部分构建了演化博弈模型，讨论了涉及网络结构的演化博弈分析方法，通过复制者动态方程分析了演化过程，研究了演化博弈均衡及演化过程的最优控制问题，结合综合能源系统物理网络结构与社会联系网络结构，分析了演化博弈均衡，并为政府设计各激励政策调节方案提升演化博弈的合作率。

由于本章所研究的问题以 5~20 年的长期规划为主，在模型构建上主要考虑宏观发展因素，包括政策标准，全寿命周期收益及成本等，未考虑各能源系统具体的运行细节，旨在从宏观规划的角度为综合能源系统的演化发展提供决策参考。17.2 节对城市供暖问题进行了研究，假设供暖价格标准由政府制定。但在欧美国家，供暖价格由市场供需决定，考虑到这一点，读者可在本章提出的模型基础上采用供需函数来计算市场供暖价格。17.3 节提出了基于 PPP 模式的光伏发电供给电动汽车充电的机制，并假设居民、电动汽车使用者、投资公司三者独立，但实际应用中同一参与者可能具有两个以上的身份，此时该参与者的收益则为其所有对应角色收益的叠加。17.4 节考虑了电动汽车充电站的规划问题，并假设各站点周围汽车分布均匀，而实际生活中汽车分布密度与居民密集度等因素相关，读者可采用概率分布函数对这一假设做进一步处理。

综合能源系统的演化博弈分析研究工作目前尚处于发展阶段，本章就综合能源系统的演化机理分析和政策激励机制方面取得了一定突破，但研究成果仍存在进一步发展空间，还有诸多问题可在后续工作中展开，比如在综合能源系统发展过程中，网络节点之间因重组或结构调整，节点间的联系会发生变化，为实现利益最大化，随着发展程度不同和侧重点不同，这些节点间会形成新的连接关系。因此，考虑动态复杂网络结构特性的系统演化机理也十分具有研究价值。

参考文献

[1] 周孝信. 构建新一代能源系统的设想 [J]. 陕西电力, 2015, 43(9): 1-4.

[2] 梅生伟，刘锋，魏韡. 工程博弈论基础及电力系统应用 [M]. 北京：科学出版社，2016：56-190

[3] 段瑞钰，李伯聪，汪应洛. 工程演化论 [M]. 北京：高等教育出版社，2011.

[4] 梅生伟，李瑞，黄少伟，等. 多能互补网络建模及动态演化机理初探 [J]. 全球能源互联网，2018，0(1)：10-22.

[5] YU S, WEI Y M, GUO H, et al. Carbon emission coefficient measurement of the coal-to-power energy chain in China[J]. Applied Energy, 2014, 114: 290-300.

[6] LI Y, FU L, ZHANG S, et al. A new type of district heating system based on distributed absorption heat pumps[J]. Energy, 2011, 36(7): 4570-4576.

[7] LU Q, SUN Y, MEI S. Nonlinear Control Systems and Power System Dynamics[M]. Springer Science & Business Media, 2013.

[8] TORCZON V. On the convergence of pattern search algorithms[J]. SIAM Journal on optimization, 1997, 7(1): 1-25.

[9] MANKIW G N. Principles of macroeconomics[M]. Stanford: Cengage Learning. 2014.

[10] 中华人民共和国国家发展和改革委员会. 北方地区冬季清洁取暖规划（2017—2021 年）[EB/OL]. [2018-12-20].http://www.gov.cn/xinwen/2017-12/20/5248855/files/7ed7d7cda8984ae39a4e9620a4660c7f.pdf.

[11] 北京市人民政府. 2018—2019 冬季供暖 [EB/OL]. [2019-01-10]. http://www.beijing.gov.cn/bmfw/zt/2017djgn/,2018.

[12] HE Y, CHEN Y, YANG Z, et al. A review on the influence of intelligent power consumption technologies on the utilization rate of distribution network equipment[J]. Protection and Control of Modern Power Systems, 2018, 3(1): 1-11.

[13] LEE W, XIANG L, SCHOBER R, et al. Electric vehicle charging stations with renewable power generators: A game theoretical analysis[J]. IEEE transactions on smart grid, 2014, 6(2): 608-617.

[14] FREITAS S, CATITA C, REDWEIK P, et al. Modelling solar potential in the urban environment: State-of-the-art review[J]. Renewable and Sustainable Energy Reviews, 2015, 41: 915-931.

[15] HONG T, KOO C, PARK J, et al. A GIS (geographic information system)-based optimization model for estimating the electricity generation of the rooftop PV (photovoltaic) system[J]. Energy, 2014, 65: 190-199.

[16] WIGINTON L K, NGUYEN H T, PEARCE J M. Quantifying rooftop solar photovoltaic potential for regional renewable energy policy[J]. Computers, Environment and Urban Systems, 2010, 34(4): 345-357.

[17] OSEI-KYEI R, CHAN A P C. Review of studies on the Critical Success Factors for Public-Private Partnership (PPP) projects from 1990 to 2013[J]. International journal of project management, 2015, 33(6): 1335-1346.

[18] XU Y, CHAN A P C, XIA B, et al. Critical risk factors affecting the implementation of PPP waste-to-energy projects in China[J]. Applied energy, 2015, 158: 403-411.

[19] CHAN A P C, LAM P T I, WEN Y, et al. Cross-sectional analysis of critical risk factors for PPP water projects in China[J]. Journal of Infrastructure Systems, 2015, 21(1): 04014031.

[20] YANG T, LONG R, LI W. Suggestion on tax policy for promoting the PPP projects of charging infrastructure in China[J]. Journal of Cleaner Production, 2018, 174: 133-138.

[21] LU Q, SUN Y, MEI S. Nonlinear Control Systems and Power System Dynamics[M]. Springer Science & Business Media, 2013.

[22] WU B, LIU P, XU X. An evolutionary analysis of low-carbon strategies based on the government-enterprise game in the complex network context[J]. Journal of cleaner production, 2017, 141: 168-179.

[23] OSEI-KYEI R, CHAN A P C. Review of studies on the Critical Success Factors for Public-Private Partnership (PPP) projects from 1990 to 2013[J]. International journal of project management, 2015, 33(6): 1335-1346.

[24] LIU C, HUANG W, YANG C. The evolutionary dynamics of China's electric vehicle industry-Taxes vs. subsidies[J]. Computers & Industrial Engineering, 2017, 113: 103-122.

[25] HAO H, OU X, DU J, et al. China's electric vehicle subsidy scheme: Rationale and impacts[J]. Energy Policy, 2014, 73: 722-732.

[26] LIU J, WEI Q. Risk evaluation of electric vehicle charging infrastructure public-private partnership projects in China using fuzzy TOPSIS[J]. Journal of Cleaner Production, 2018, 189: 211-222.

[27] WU Y, SONG Z, LI L, et al. Risk management of public-private partnership charging infrastructure projects in China based on a three-dimension framework[J]. Energy, 2018, 165: 1089-1101.

[28] PERC M , SZOLNOKI A . Coevolutionary Games - A Mini Review[J]. Social Science Electronic Publishing.

[29] WATTS D J, STROGATZ S H. Collective dynamics of 'small-world' networks[J]. nature, 1998, 393(6684): 440-442.

[30] 中华人民共和国中央人民政府. 中华人民共和国国有资产法 [EB/OL]. [2019-02-26]. http://www.gov.cn/flfg/2008-10/28/content_1134207.htm.

[31] ZHANG L, ZHAO Z, XIN H, et al. Charge pricing model for electric vehicle charging infrastructure public-private partnership projects in China: A system dynamics analysis[J]. Journal of Cleaner Production, 2018, 199: 321-333.

[32] PETERSON S B, MICHALEK J J. Cost-effectiveness of plug-in hybrid electric vehicle battery capacity and charging infrastructure investment for reducing US gasoline consumption[J]. Energy policy, 2013, 52: 429-438.

名 词 索 引